「太感謝你了！你的書讓我的職涯平步青雲。」

—Ryan White，遊戲開發者

「如果你是 C# 開發新手（歡迎加入！），我強烈推薦這本《深入淺出 *C#*》。Andrew 與 Jennifer 寫出一本簡明、權威的 C# 開發介紹書籍，重點是它非常有趣。真希望當初我學 C# 時就有這本書了！」

—Jon Galloway，微軟 .NET 社群團隊資深程式經理

「《深入淺出 *C#*》不但涵蓋了我花費大量時間才了解的所有細節，也具備深入淺出系列的魅力一讀起來超級有趣。」

—Jeff Counts，資深 C# 開發者

「《深入淺出 *C#*》這本書太棒了，它用許多好玩的範例來讓閱讀的過程充滿樂趣。」

—Lindsey Bieda，首席軟體工程師

「《深入淺出 *C#*》是一本超讚的書，無論是對全新的開發者來說，還是像我這樣來自 Java 背景的開發者來說都是如此。這本書不預設讀者的熟練程度，但是略有基礎的人也可以快速地學習，它做到難得的平衡，協助我迅速掌握我的第一個大型 C# 開發專案的進度 — 我強烈推薦它。」

—Shalewa Odusanya，社長

「《深入淺出 *C#*》是一本傑出的書籍，可讓你用簡單且有趣的方式學習 C#。據我所知，它是最適合初學者的書籍，它的範例很清楚，主題很簡明，而且寫得很好。裡面教你處理各種挑戰的迷你遊戲絕對可以把知識牢牢地植入你的大腦。這是一本很棒的「做中學」書籍！」

—Johnny Halife，合夥人

「《深入淺出 *C#*》是一本詳細的 C# 學習指南，讀起來就像和朋友聊天一樣輕鬆。它的許多程式挑戰非常有趣，即使在講解艱澀的概念時也是如此。」

—Rebeca Dunn-Krahn，Sempahore Solutions 創辦合夥人

「我從來沒有完整地看完一本電腦書籍，但是這一本書從第一頁到最後一頁都讓我興味盎然，如果你想要深入學習 C#，而且希望在過程中充滿樂趣，看這本書就對了。」

—Andy Parker，剛起步的 C# 程式員

更多對本書的讚譽

「如果沒有吸引人的好範例就很難真正學會一種程式語言，但是這本書充滿這種範例！《深入淺出 *C#*》可以帶領初學者和 C# 及 .NET Framework 建立長期而且具有生產力的關係。」

—Chris Burrows，軟體工程師

「Andrew 與 Jenny 透過《深入淺出 *C#*》展示傑出的 C# 教學方式，他們用獨特的風格、平易近人的方式介紹大量的細節。如果傳統的 C# 書籍無法引起你的興趣，你會喜歡這本書。」

—Jay Hilyard，總監暨軟體安全架構師，《*C# 6.0 Cookbook*》作者

「我把這本書推薦給想要用了不起的指南進入程式設計和 C# 領域的所有人，作者從第一頁開始就用簡單、易懂的方式帶領讀者了解一些有挑戰性的 C# 概念，當讀者完成較大型的專案 / 實驗並回顧成果時，他們會覺得那是個了不起的成就。」

—David Sterling，軟體開發長

「《深入淺出 *C#*》是一本非常有趣的書籍，充滿令人印象深刻的範例和有趣的練習。讀者一定會被它活潑的風格吸引—包括幽默的範例和爐邊對談，你將會看到抽象類別與介面在激烈的爭論之中正面交鋒！對每一位新手來說，沒有比這本書更好的入門管道了。」

— Joseph Albahari，LINQPad 的發明者，
《*C# 8.0 in a Nutshell*》和《*C# 8.0 Pocket Reference*》的合著者

「《深入淺出 *C#*》是容易閱讀和理解的書籍，我會把這本書推薦給每一位想要深入了解 C# 的開發者。我會推薦給想要更深入了解他們的程式發生了什麼事的進階開發者。我也會推薦給想要用更好的方式向經驗不足的同事解釋 C# 如何運作的開發者。」

—Giuseppe Turitto，工程總監

「Andrew 與 Jenny 設計了另一個令人興奮的「深入淺出」學習體驗，拿起筆，打開電腦，啟動你的左腦、右腦與笑點，開始享受這段旅程吧。」

—Bill Mietelski，高級系統分析師

「閱讀這本《深入淺出 *C#*》是很棒的體驗，我沒有看過這麼會教的系列書籍…我一定會把這本書推薦給學習 C# 的人。」

—Krishna Pala，MCP

對 *Head First* 叢書的讚譽

「我是昨天拿到這本書的，當我開始閱讀之後…我就停不下來了，這本書真的太酷了。它很有趣，但是它涵蓋許多領域，而且都命中要點，真是讓我印象深刻。」

—Erich Gamma，IBM 傑出工程師，《*Design Patterns*》的合著者

「這是我所看過最有趣且最聰明的軟體設計書籍之一。」

— Aaron LaBerge，SVP 科技與產品開發，ESPN

「他們將漫長的、從犯錯中學習的過程簡化成一本引人入勝的平裝書。」

— Mike Davidson，Twitter 前設計副總，Newsvine 的創辦人

「每一章都以優雅的設計為核心，每一個概念都以一致的實用主義和智慧來傳達。」

— Ken Goldstein，Disney Online 的執行副總兼總經理

「當我閱讀設計模式的書籍或文章時，往往會忍不住按摩雙眼來維持注意力，但是看這本書不必如此，雖然這聽起來很奇怪，但這本書讓設計模式學起來很有趣。」

「當其他的設計模式書籍用沉悶的語調讓你讀書時，這本書卻大聲嚷嚷「搖起來！寶貝！」

— Eric Wuehler

「我太喜歡這本書了，我甚至在我老婆面前親了這本書。」

— Satish Kumar

O'Reilly 的相關書籍

- C# 8.0 in a Nutshell
- C# 8.0 Pocket Reference
- C# Database Basics
- C# Essentials，第 2 版
- Concurrency in C# Cookbook，第 2 版
- Mobile Development with C#
- Programming C# 8.0

O'Reilly 深入淺出系列的其他書籍

- Head First 2D Geometry
- Head First Agile
- Head First Ajax
- Head First Algebra
- Head First Android Development
- Head First C
- Head First Data Analysis
- Head First Design Patterns
- Head First EJB
- Head First Excel
- Head First Go
- Head First HTML5 Programming
- Head First HTML with CSS and XHTML
- Head First iPhone and iPad Development
- Head First Java
- Head First JavaScript Programming
- Head First Kotlin
- Head First jQuery
- Head First Learn to Code
- Head First Mobile Web
- Head First Networking
- Head First Object-Oriented Analysis and Design
- Head First PHP & MySQL
- Head First Physics
- Head First PMP
- Head First Programming
- Head First Python
- Head First Rails
- Head First Ruby
- Head First Ruby on Rails
- Head First Servlets and JSP
- Head First Software Development
- Head First SQL
- Head First Statistics
- Head First Web Design
- Head First WordPress

深入淺出 C#

第四版

要是看這本談 C# 的書比背字典有趣，
那該有多好！這應該只是我的幻想吧…

Andrew Stellman
Jennifer Greene

賴屹民　編譯

Beijing • Boston • Farnham • Sebastopol • Tokyo

謹將本書獻給 2007 年 4 月 17 日游到布魯克林，讓我們有美好回憶的鯨魚「Sludgie」。

雖然你只在運河裡待了一天，但你永遠活在我們的心中。

感謝你閱讀我們的書！我們真的很喜歡寫這些東西，也希望你從中獲益良多…

…因為我們知道，你即將進入一段很棒的 C# 學習時光。
Andrew
Jenny

這張照片（以及 Gowanus 運河的照片）是 Nisha Sondhe 拍攝的

Andrew Stellman 是土生土長的紐約客，但他住過的城市包括 Minneapolis、Geneva 與 Pittsburgh… 兩次，第一次是他從卡內基梅隆大學計算機科學學院畢業時，第二次是他與 Jenny 創辦顧問公司，並且為 O'Reilly 寫第一本書時。

Andrew 在大學畢業之後的第一份工作是在 EMI-Capitol Records 唱片公司做軟體研發，這其實很合理，因為他曾經在紐約曼哈頓演藝學院學習大提琴和爵士低音吉他。他與 Jenny 最初在華爾街的一家金融軟體開發公司合作，在那裡管理一個程式設計團隊。幾年來，他曾經在一家大型投資銀行擔任副總裁，設計大型即時後端系統、管理大型國際軟體團隊，擔任公司、學校和各種機構的顧問，包括微軟、美國全國經濟研究所與麻省理工學院。在那段時間，他有幸和一些非常傑出的程式員一起工作，並且向他們學習。

當 Andrew 沒有在寫書時，他會忙著編寫沒有實際用途（但很有趣）的軟體、玩（與製作）音樂和電玩、練習以色列近身格鬥術、太極和合氣道，以及飼養一隻瘋博美犬。

Jennifer Greene 在大學時學的是哲學，但是就像這個領域的其他人一樣，她找不到這方面的工作，幸運的是，她也是一位出色的軟體工程師，所以她開始從事線上服務，那是她第一次真正了解優秀的軟體開發過程是什麼樣子。

她在 1998 年移居紐約，在一家金融軟體公司從事軟體品質工作，從那之後，她陸續管理過開發團隊、測試團隊，以及在媒體和金融公司擔任軟體 PM。

Jenny 曾經在世界各地和各種軟體團隊合作，並且建構了各式各樣很酷的專案。

她熱愛旅遊、觀賞寶萊塢電影，偶爾會看看漫畫、玩電玩、和西伯利亞大貓 Sascha 以及迷你牛頭㹴 Greta 一起出去玩。

*自從 Jenny 與 Andrew 在 1998 年認識以來，他們就一起建構軟體和撰寫軟體工程文章，他們的第一本書是《**Applied Software Project Management**》，由 O'Reilly 在 2005 年出版。Stellman 與 Greene 為 O'Reilly 撰寫的書籍還有《**Beautiful Teams**》(2009)、《**Learning Agile**》(2014)，以及他們的第一本深入淺出書籍，《**Head First PMP**》(2007)，現在這本書已經是第 4 版了。*

他們在 2003 年創辦了 Stellman & Greene Consulting，為科學家開發簡潔的軟體專案，來協助他們研究接觸除草劑的越戰老兵。除了開發軟體和寫書之外，他們也擔任公司顧問，並且在軟體工程師、架構師和專案經理的會議上發表演說。

*你可以到他們的網站 **Building Better Software** 進一步認識他們：https://www.stellman-greene.com。*

*或是在 Twitter 上關注他們：**@AndrewStellman** 與 **@JennyGreene***

☮♥👾 Jenny 與 Andrew

目錄（精要版）

我們來讓遊戲更刺激吧！我們在視窗底部顯示遊戲開始之後經過的時間，讓它不斷增加，直到找到最後一對動物之後才停止。

目錄（詳實版）

序

把你的心思放在 C# 上面。 雖然你已經坐下來試著學一些東西了，但你的大腦卻不斷告訴你學習*並不重要*。你的大腦說：「最好保留一些空間給重要的事情，例如避開某些野生動物，以及光著屁股射箭是不是很蠢。」那麼，如何讓你的大腦覺得學 C# 對你的一生真的很重要？

開始用 C# 來建構程式

1 做出很棒的東西…以飛快的速度！

想要寫出偉大的 app 嗎？而且立刻開始？

學會 C#，你就掌握一種**現代的程式語言**，和一種很**寶貴的工具**。而且使用 **Visual Studio** 的話，你就擁有一種**了不起的開發環境**，它具備高度直觀的功能，可讓寫程式的過程盡可能地簡單。Visual Studio 不僅是非常適合用來寫程式的工具，在探索 C# 時，也是**很有價值的學習工具**。聽起來很誘人？現在就翻到下一頁，開始寫程式吧。

建立專案

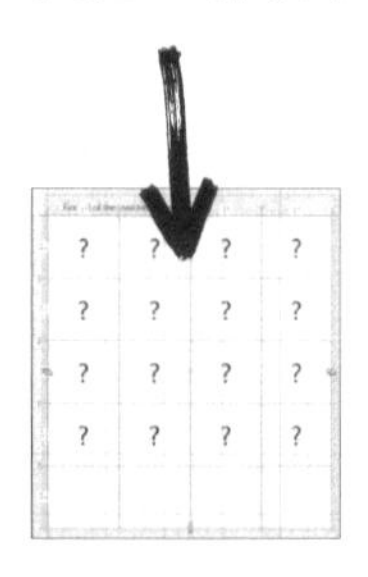

設計視窗

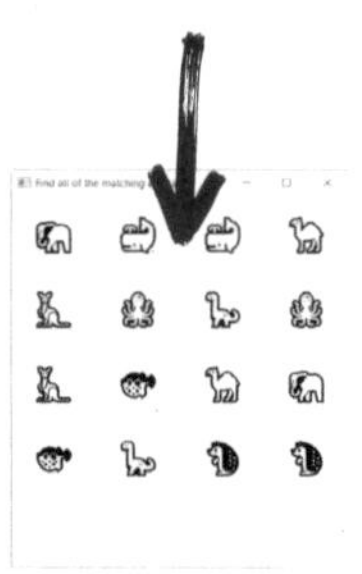

撰寫 C# 程式

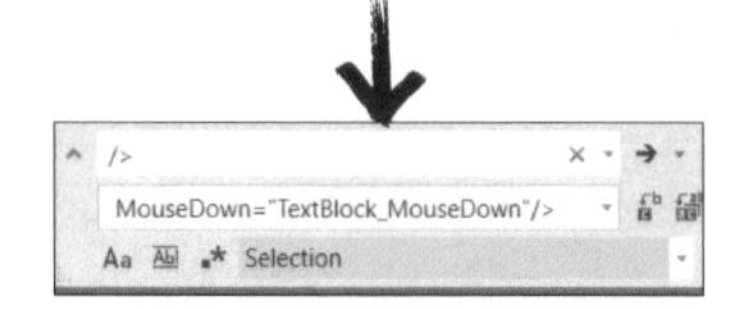

處理滑鼠按鍵

加入遊戲計時器

探究 C#

陳述式、類別與程式碼

2

你不僅僅是 IDE 的使用者，你也是一位開發者。

雖然你可以讓 IDE 幫你完成許多工作，但它能幫的忙也就僅止於此了，Visual Studio 是有史以來最高級的軟體開發工具之一，但**強大的 IDE** 只是故事的開始，現在我們要**研究 C# 程式碼**：它的結構、它如何運作、你如何控制它…因為你可以讓 app 做無窮無盡的事情。

（特別強調一下，無論你喜歡使用哪一種鍵盤，你都可以成為**真正的開發者**。你唯一的工作就是好好地**寫程式**！）

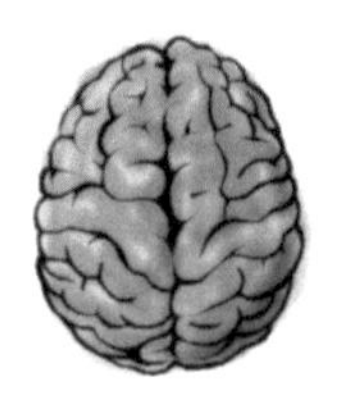

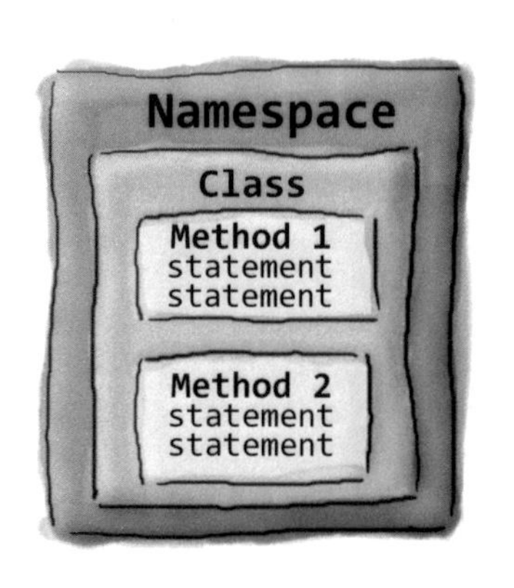

Unity 實驗室 #1

用 Unity 來探索 C#

歡迎光臨你的第一個深入淺出 C# Unity 實驗室。寫程式是一門技術，如同任何其他技術，你必須透過**實際操作和進行實驗**才能熟練這門技術。對此，Unity 是非常寶貴的工具，在這個實驗室裡，你可以演練你在第 1 章與第 2 章學到的 C# 知識。

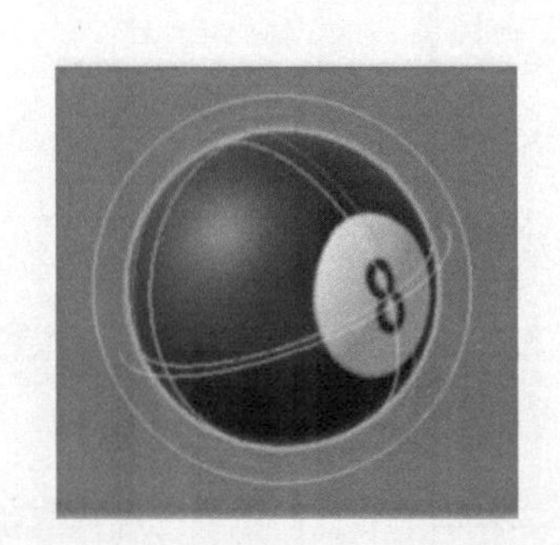

物件…導向了！

3 讓程式有意義

你寫的每一個程式都是為了解決一個問題。

在設計程式時，你要先想一下你的程式想要解決什麼問題，這就是為什麼**物件**很方便。它們可以讓你根據想要解決的問題來設計程式架構，如此一來，你就可以把時間用來思考你必須處理的問題，而不是陷入撰寫程式的機制之中。如果你會正確地使用物件（並認真思考如何設計它們），你就可以想出寫起來很直覺、容易閱讀及修改的程式。

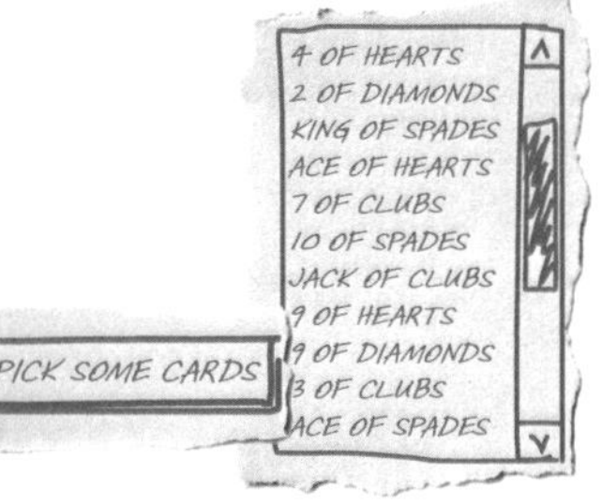

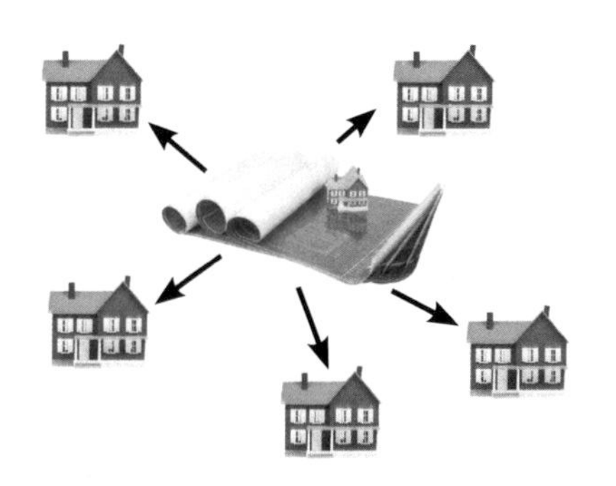

型態與參考

4 取得參考

如果你的 app 沒有資料會怎樣？花一分鐘想一下。如果沒有資料，你的程式將…嗯，其實我們難以想像如何寫出不使用資料的程式。你需要用戶傳來的**資訊**，而且你會用它來查詢或產生新資訊，並傳回去給他們。事實上，程式做的每一件事都會以某種方式**使用資料**。這一章會教你 C# 的**資料型態**和**參考**的細節，讓你知道怎麼在程式中使用資料，甚至學習一些關於**物件**的事情（沒想到吧…物件也是資料！）。

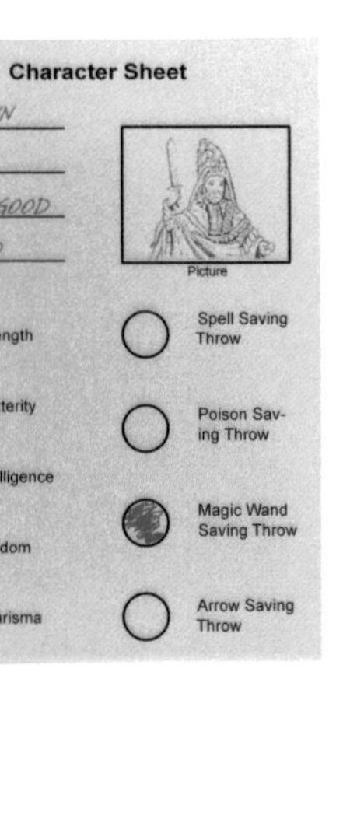

建立參考就像在便利貼寫下名稱，並將它貼在物件上。你會用它來幫物件加上標籤，以便稍後可以引用它。

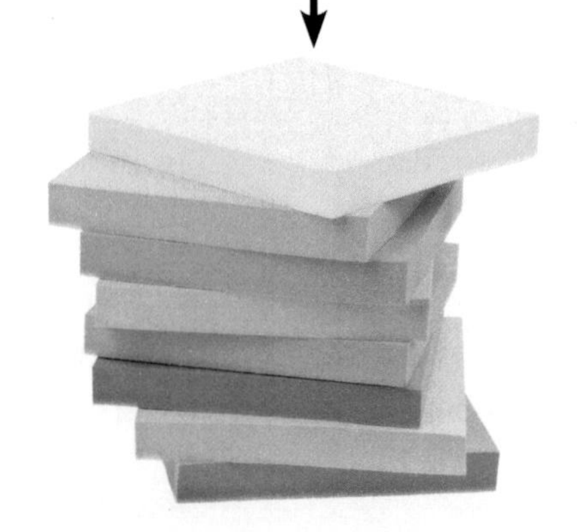

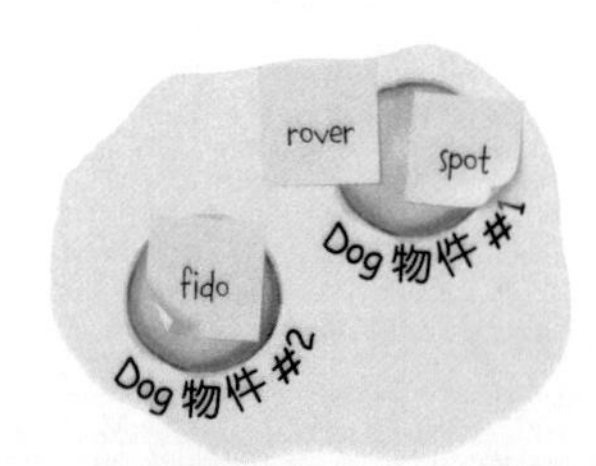

Unity 實驗室 #2

用 Unity 編寫 C# 程式

Unity 不僅僅是強大的跨平台引擎、2D 和 3D 遊戲的編輯器和模擬器，**也是練習編寫 C# 程式的好地方**。在這個實驗室裡，你將在 Unity 裡面為專案撰寫更多 C# 程式碼。

封裝

5 讓你的秘密…保持隱密

想要多一點隱私嗎？

有時你的物件也有相同的感受。你不想讓不信任的人翻閱你的日記，或翻閱你的銀行對帳單，好的物件也不想讓**別的**物件亂動它們的欄位。這一章會告訴你**封裝**的威力，這種設計方式可以幫助你寫出靈活、容易使用，而且很難誤用的程式。你會**將物件的資料變成私用的**，並且加入一些**屬性**來保護資料的存取。

SwordDamage
Roll MagicMultiplier FlamingDamage Damage
CalculateDamage SetMagic SetFlaming

```
RealName: "Herb Jones"
Alias: "Dash Martin"
Password: "the crow flies at midnight"
```

繼承

6 物件的族譜

有時你會希望與你的雙親一樣。

你是否遇過，有些類別的功能**幾乎**與你打算**自行**編寫的類別一樣？你是否在想，只要修改一些東西，就可以把它變成完美的類別了？透過**繼承**，你可以**擴充**既有的類別，讓新類別獲得它的所有行為 — 你可以靈活地改變它的行為，按照你的意思來調整它。繼承是 C# 最強大的概念與技術，它可以**避免重複的程式**，更貼切地**模擬現實世界**，最終做出**容易維護**且 **bug 更少**的 app。

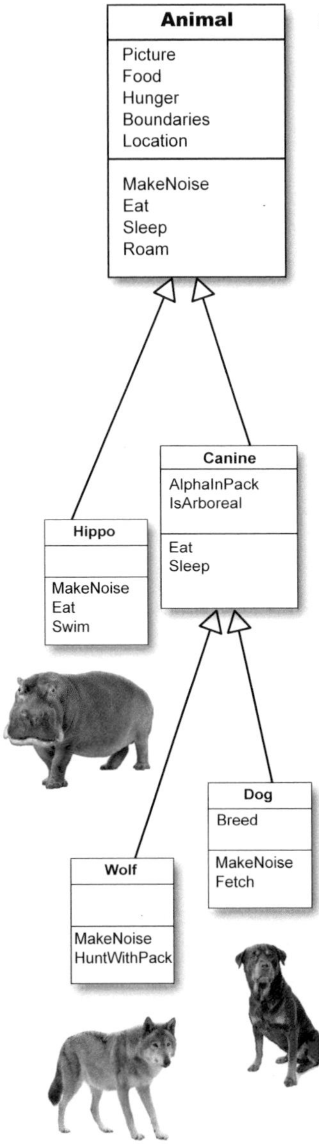

Unity 實驗室 #3

GameObject 實例

這些深入淺出 C# Unity 實驗室都是為了讓你練習撰寫 C# 程式，C# 是物件導向語言，所以想當然耳，這些實驗室的重點是建立物件。

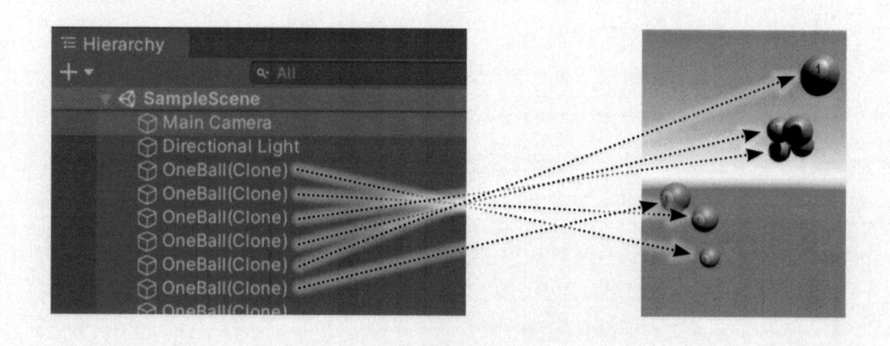

介面、轉型與「is」

7 讓類別遵守它們的承諾

需要讓物件進行特定的工作嗎？那就使用介面（interface）吧！

有時你需要根據物件**可以做的事情**（而不是它們繼承的類別）來組織物件，此時可以使用**介面**。你可以使用介面來定義**特定的工作**，任何一個**實作**該介面的類別實例都保證會做那項工作，無論它與其他的類別有什麼關係。為了讓它們都可以工作，實作介面的類別都必須承諾**履行它的所有義務**，否則編譯器會打斷它的腳骨，明不明白？

是的，陛下！

列舉與集合

8 組織你的資料

資料不一定都像你希望的那麼整潔。

在現實世界裡，你不會零散地接收資料，你的資料會**如雪片般成堆飛來**，你必須用強大的工具來組織所有資料，此時就要使用**列舉**和**集合**了。列舉可讓你定義用來分類資料的有效值。集合是特殊物件，裡面有許多值，可讓你**儲存**、**排序和管理**程式將要分析的所有資料，如此一來，你就可以把時間花在思考如何編寫程式來處理資料，把記錄資料的工作交給集合負責。

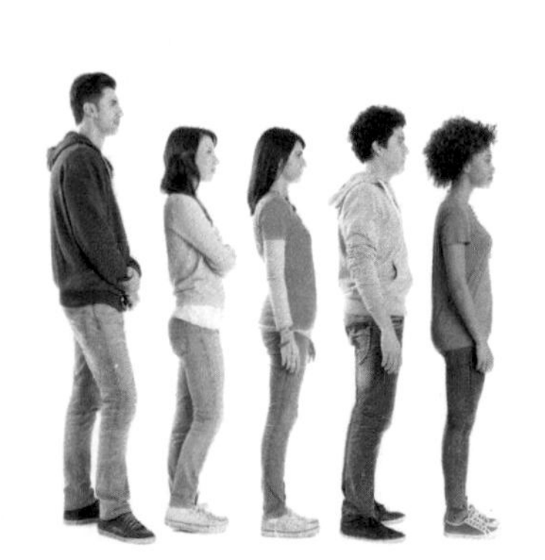

沒什麼人打過的牛 D 牌

Unity 實驗室 #4

使用者介面

你在上一個 Unity 實驗室裡開始建構遊戲，並使用 prefab 在遊戲 3D 空間的隨機地點建立 GameObject 實例，讓它們旋轉飛行。這個 Unity 實驗室將延續上一個，讓你應用你學會的 C# 介面和其他知識。

這個螢幕畫面是執行中的遊戲。我們加入許多球，讓玩家按下它們來獲得分數。

當最後一顆球被加入時，遊戲會切換到它的 Game Over 模式，顯示 Play Again 按鈕，並停止加入球。

LINQ 與 lambda

9 控制你的資料

這是個資料驅動的世界…我們都必須知道如何在裡面生活。

能夠連續好幾天甚至好幾週在不需要處理大量資料的情況下寫程式的日子已經過去了，如今，任何東西都與資料有關，所以你要使用 LINQ。LINQ 是 C# 與 .NET 的功能，它不但可以讓你用直覺的方式查詢 .NET 集合裡面的資料，也可以讓你組織及合併來自不同資料源的資料。你將加入單元測試來確保程式一如預期地運作。一旦你知道如何把資料整理成可管理的區塊，你就可以使用 lambda 運算式來重構 C# 程式碼，讓它更具表現力。

子句 #2：只加入某些值

子句 #3：排序元素

0 12 36 13 8

36 13 12 8 0

讀取與寫入檔案

10 幫我儲存最後一個 byte！

有時，具備一些持久性是有價值的。

到目前為止，你的程式都很短命。它們在啟動之後，都稍微跑一下就結束了。但是這種模式有時沒有用處，尤其是在處理重要的資訊時，因為你必須設法**儲存工作成果**。這一章要介紹如何將資料寫入檔案，以及如何從檔案將那些資訊讀回來。你將學習資料流，以及如何用序列化來將物件存入檔案，並實際了解如何處理十六進制、Unicode 與二進制資料的位元與位元組。

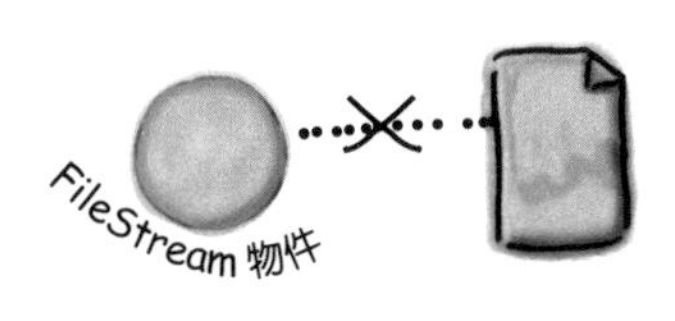

Eureka! → 69 117 114 101 107 97 33
0 1 2 3 4 5 6

Unity 實驗室 #5

Raycasting

在 Unity 裡面設置場景，相當於幫遊戲角色創造一個 3D 虛擬世界，來讓它們可以四處移動。但是在大多數的遊戲裡，大多數的物件都不是玩家可以直接控制的。那些物件怎麼決定它們在場景中的位置？在這個實驗室裡，我們要來看看 C# 可以提供什麼幫助。

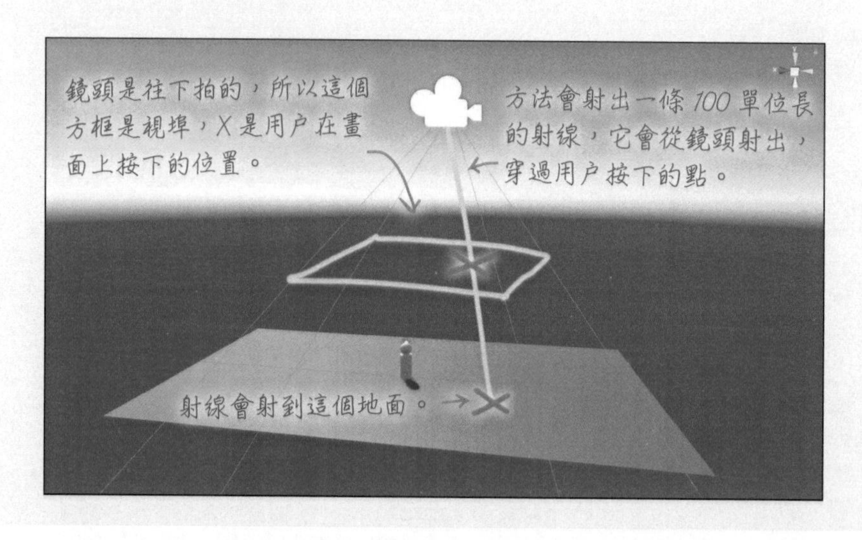

鏡頭是往下拍的，所以這個方框是視埠，X 是用户在畫面上按下的位置。
方法會射出一條 100 單位長的射線，它會從鏡頭射出，穿過用户按下的點。
射線會射到這個地面。

神奇隊長
物件之死

深入淺出 C#	
售價 4 元	第 11 章

幾分鐘之後，你和我
的軍隊就會變成垃圾了
（被記憶體回收了）

只…需要做…
- 喘息聲 -
最後…一…件事…

例外處理

12 忙於救火會讓人老化

程式員不應該扮演救火隊的角色。

你好不容易認真地看完幾本技術手冊和引人入勝的深入淺出叢書，並且迎來職業生涯的高峰，但是你仍然會在半夜接到工作單位打來的電話，因為你寫的程式**表現不符預期**，或**崩潰**了。修改奇怪的 bug 最容易讓人脫離設計節奏了…但是**例外處理**可以讓你用程式來**處理**將來可能出現的**問題**。更棒的是，你甚至可以幫這些問題擬定計畫，並且在問題發生時，**讓程式保持運行**。

```
int[] anArray = {3, 4, 1, 11};
int aValue = anArray[15];
```

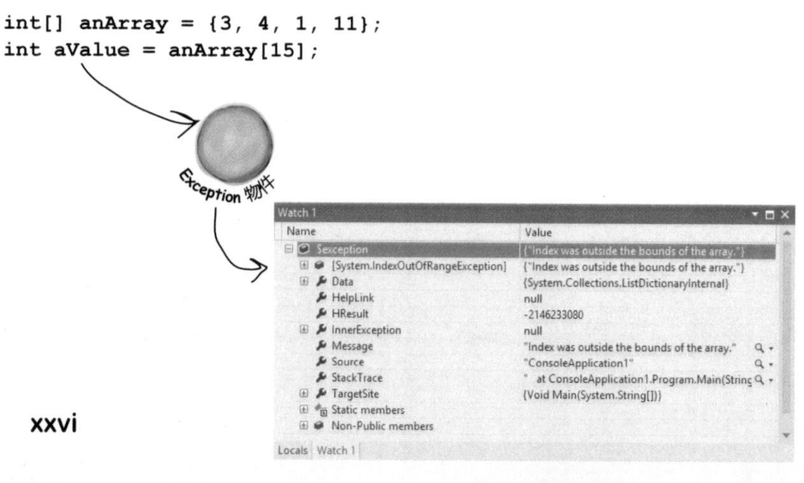

Unity 實驗室 #6

場景導航

在上一個 Unity 實驗室裡，你建立了一個場景，裡面有一個地板（平面）與一位角色（一個套在圓柱體下面的球體），你用 NavMesh、NavMesh Agent 與射線來讓角色跑到你用滑鼠按下的場景地點。在這個實驗室裡，你要透過 C# 的協助，在場景中加入東西。

這個 NavMesh Obstacle 會在 NavMesh 裡面切割一個會移動的洞，以防止 Player 上坡。你接下來會加入一個腳本，讓用戶可以把它往上和往下拉，來封閉或開放斜坡。

附錄 1：ASP.NET Core Blazor 專案

Visual Studio for Mac 學習指南

Matches found: 2

Time: 10.9s

附錄 2：Code Kata

學習指南—寫給進階的和（或）沒耐心的讀者

序

真不敢相信，他們竟然把這些東西放在 C# 書裡！
C#

在這一節，我們要回答一個火線問題：
「他們到底為什麼要把那些東西放入 C# 書裡面？」

誰適合這本書？

如果對你來說，這些問題的答案都是「肯定」的：

1. 你想要**學 C#**（並且在過程中，學一些遊戲開發和 Unity）？
2. 你喜歡修修補補？你想要透過實際操作來學習，而非只是透過閱讀？
3. 你喜歡**有趣且重口味的談話**，而不是**枯燥乏味的學術口吻**？

那麼這本書很適合你。

誰可能要離這本書遠一點？

如果對你而言，以下任何一個問題的答案是「肯定」的：

1. 你比較喜歡理論而不是實際操作？
2. 你覺得進行專案和寫程式很無聊，而且有些不安？
3. 你**害怕嘗試不一樣的東西**？你認為介紹「開發」這種嚴肅主題的書就應該正經八百？

那麼，或許你要先試試其他的書。

Code Kata
學習路徑

你是已經學會很多種語言的**進階開發者**，想要快速地提升 C# 和 Unity 的能力？

你是不是**沒耐心學習**，想要直接開始寫程式？

如果對你來說，這兩個問題的答案都是是的！我們也幫你準備了 **code kata** 學習路徑。詳情見本書結尾的 Code Kata 附錄。

我需要知道其他的程式語言才能看這本書嗎？

很多人把 C# 當成第二（或第三，或第四）語言來學習，但你不需要寫過很多程式就可以看這本書了。

如果你曾經用**任何**一種語言寫過程式（就算只是小型的！），或曾經在網路或學校上過入門的程式設計課程，或是曾經使用資料庫查詢語言，那麼，你**絕對**夠格看這本書，而且輕鬆寫意，彷彿置身家中。

如果你**沒那麼多經驗**，卻依然想要學習 C# 呢？到目前為止已經有成千上萬位初學者（尤其是寫過網頁或用過 Excel 函數的）用這本書來學習 C# 了。但如果你是一張白紙，我們推薦 Eric Freeman 的《深入淺出學會編寫程式（*Head First Learn to Code*）》。

如果你還不確定《**深入淺出 C#**》適不適合你，你可以到 https://github.com/head-first-csharp/fourth-edition 免費下載前四章並試讀，如果你看完之後覺得沒問題，那就代表這本書是你要的！如果它們讓你一頭霧水，那就代表你要先看《**深入淺出學會編寫程式**》，完成之後，你就可以開始看這本書了。

我們知道你在想什麼

『這怎麼會是一本正經的 C# 程式書？』

『這一堆圖在搞什麼鬼？』

『這樣真的可以讓我學到東西嗎？』

也知道你的大腦在想什麼

你的大腦渴望新奇的事物，它總是在搜尋、掃描，及期待不尋常的事物。你的大腦生來如此，也正因為如此，它才可以幫你活下去。

那麼，如果你面對一成不變、平淡無奇的事物，你的大腦又作何反應？它會用盡一切手段阻止那些事情干擾它真正的工作，也就是記錄真正要緊的事情。它不會費心儲存無聊事，絕不會讓它們通過「這顯然不重要」的過濾機制。

你的大腦究竟怎麼知道哪些事情才重要？假設你去爬山，有一隻老虎突然跳到你面前，你的大腦和身體會作何反應？

神經元觸發、情緒高漲、腎上腺素激增。

這就是大腦「知道」的方式...

這絕對很重要，不要忘記喔！

然而，想像你在家裡或圖書館，燈光好、氣氛佳，而且沒有老虎出沒。你正在用功讀書、準備考試，或研究某項技術難題，你的老闆認為需要一週或者頂多十天就能夠完成。

但是，有個問題。你的大腦試著幫你忙，它試圖確保這件顯然不重要的事不會弄亂你的有限資源。畢竟，資源最好用來儲存真正的大事，像是噬人老虎、風災水患，或不應該 PO 到臉書的那些「派對」照片。

而且，也沒有什麼簡單的方法可以告訴你的大腦說：『大腦呀！甘溫啊…不管這本書有多枯燥，多讓我昏昏欲睡，求求你把這些內容全部記下來。』

你的大腦認為
這才重要。
好極了！「只」
剩下 700 多頁枯
燥、無聊且乏味的
內容…Orz…
你的大腦認為這
不值得存起來。

我們認為「深入淺出」系列的讀者想要學習

那麼，要怎麼學習呢？首先，你必須理解它，然後確保不會忘記它。我們不會用填鴨的方式對待你，認知科學、神經生物學、教育心理學的最新研究顯示，能幫助你學習的東西絕對不是只有書中的文字。我們知道如何幫助你的大腦「開機」。

「深入淺出」學習守則：

Dog物件

0 1 2 3 4 5 6

在陣列裡面的所有元素都是參考，陣列本身是個物件。

視覺化。圖像遠比文字容易記憶，可讓學習更有效率（可將記憶力和舉一反三能力提升 89% 之多）。圖像也能讓事情更容易理解，**將文字放入相關圖像或放在它旁邊**，而不是把文字放在頁腳或下一頁，可以讓學員解決問題的機率翻倍。

使用對話式與擬人化的風格。最新的研究發現，相較於正經八百的敘述方式，以第一人稱的角度、談話式的風格直接與讀者對話，可以將學員課後測驗的成績提升達 40% 。以故事代替論述；以輕鬆的口語取代正式的演說。別太嚴肅，試想，伴侶在晚宴上的耳邊細語比較能夠吸引你，還是課堂上的死板演說？

我每一餐都是在「邋遢齋」吃的！

讓學習者更深入地思考。換句話說，你必須主動刺激神經才能讓大腦有所作為。讀者必須接受刺激、投入其中、感到好奇、接受啟發，以便解決問題，做出結論，並且形成新知識。為了達成這個目的，你需要可以挑戰、練習、以及刺激思考的問題與活動，同時運用左右腦，充分利用多重感知。

引起 — 並保持 — 讀者的注意力。我們都有這樣的經驗：『我真的很想學會這個東西，但是還沒看完第一頁就快要見周公了』。你的大腦只會注意特殊、有趣、怪異、引人注目、以及超乎預期的東西。新穎、困難、技術性的主題不一定要用乏味的方式來呈現，一旦不無聊，大腦的學習效率就可以大幅提昇。

觸動心弦。我們已經知道，記憶的效率大大仰賴情感與情緒。你會記得你在乎的事，當你心有所感時，你就會記住事情。不！我不是在說靈犬萊西與小主人之間心有靈犀的故事，而是在說，當你解開謎題、學會別人覺得很難的東西、或者發現自己學會很多很棒的新東西，而且發現自己有能力活用它時，產生的驚訝、好奇心、樂趣、『哇靠 ...』以及『我好棒！』這類的情緒與感覺。

就算是恐懼的情緒也可以把概念牢牢地植入你的大腦。

後設認知：「想想」如何思考

如果你真的想要學習，想要學得更快、更深入，那麼，請注意你是如何「注意」的，「想想」如何思考，「學學」如何學習。

大多數人在成長過程中，都沒有修過後設認知（metacognition）或者「學習理論」，雖然師長期望我們學習，卻沒有教導我們如何學習。

既然你已經拿到這本書了，我們假設你想要學好 C#，而且大概不想花太多時間。如果你想充分運用從本書讀到的東西，就必須牢牢記住你學過的東西，為此，你必須充分理解它。想要從本書（或者任何書籍與學習經驗）得到最多利益，你就必須讓大腦負起責任，讓它好好注意這些內容。

秘訣在於：讓你的大腦認為你正在學習的新知識**真的很重要**，攸關你的生死存亡，就像噬人的老虎一樣。否則，你會不斷陷入苦戰：想要記住那些知識，卻老是記不住。

那麼，如何讓大腦將 C# 視為飢餓的大老虎？

方法有又慢又無聊的，也有又快又有效的。慢的辦法就是多讀幾次，你知道的，勤能補拙，只要重複的次數夠多，再乏味的知識也能夠學會並且記住，你的大腦認為：『雖然這些東西感覺起來不重要，但他卻一而再，再而三地苦讀，所以我想，它們應該很重要吧！』

較快的方法則是做**任何促進大腦活動**的事情，特別是不同類型的大腦活動。上一頁提到的事情是解決方案的一大部分，已被證實有助於大腦運作。比方說，研究顯示，將文字放在它所描述的圖像內（而不是頁面的其他地方，比如圖像說明或內文），可以幫助大腦嘗試將兩者連結起來，進而觸發更多神經元。觸發更多神經元可以給大腦更多機會，將此內容視為值得關注的資訊，並且盡可能將它記下來。

對話式的風格也相當有幫助，當人類認為自己處於對話情境時，他們會更專心，因為他們必須豎起耳朵，注意整個對話的進行，跟上雙方的節奏與內容。神奇的是，你的大腦根本不在乎那是你與書本之間的「對話」！另一方面，如果書本的寫作風格既官腔且枯燥，你的大腦會以為你在聆聽一場演講，只是一位被動的聽眾，所以根本不需要保持清醒。

然而，圖像與對話式的風格，只不過是開端。

這是我們的做法

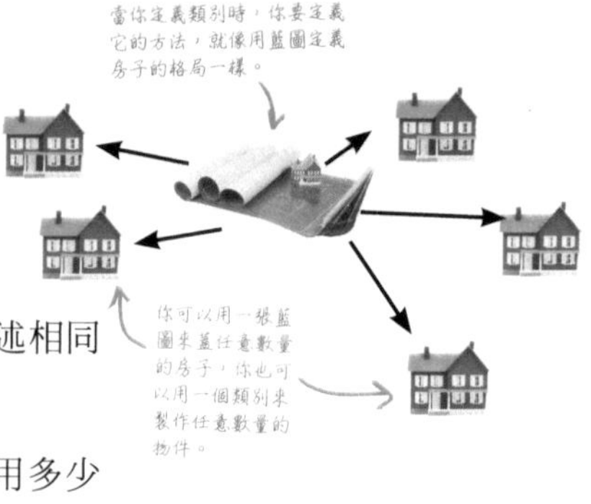

當你定義類別時，你要定義它的方法，就像用藍圖定義房子的格局一樣。
你可以用一張藍圖來蓋任意數量的房子，你也可以用一個類別來製作任意數量的物件。

我們使用**圖片**，因為你的大腦是視覺性的，不是文字性的。對你的大腦來說，一張圖勝過千言萬語。我們將文字嵌入圖像，因為將文字放在它所指涉的圖像裡頭時（而不是在圖旁的說明或埋在內文某處），大腦的運作比較有效率。

我們會**重複呈現**相同內容，以不同的表現方式、不同的媒介、多重的感知敘述相同的事物。這是為了增加機會，將內容烙印在大腦的不同區域。

我們以**出人意外**的方式使用概念和圖像，讓你的大腦覺得新鮮有趣。我們使用多少帶有一點**情緒性**的圖像與想法，讓你的大腦覺得感同身受。讓你心有所感的事物自然比較容易被記住，那些感覺不外乎**好笑**、**驚訝**、**有趣**…等。

我們使用擬人化、**對話式風格**，因為讓大腦相信你正處於對話之中，而不是被動地聆聽演說時，它會更專心，即使交談對象只是一本書，也就是說，即使你其實是在閱讀，大腦還是會如此。

我們加入大量的**活動**，因為當你在**做**事情，而不是在讀東西時，大腦會學得更多，記住更多。我們讓紙上謎題與程式練習維持在具有挑戰性，又不會太困難的程度，因為多數人都喜歡這樣。

我們使用**多重學習風格**，因為你可能比較喜歡一步一步的程序，有些人喜歡先瞭解大局，有些人喜歡直接看範例，然而，不管你是哪一種人，你都可以從本書以各種方式表現同樣內容的風格中受益。

重點提示

本書的設計同時考慮**你的左右腦**，因為有愈多腦細胞參與，你就愈有可能學會並記住事情，並保持更長久的專注。因為只使用一半大腦，通常代表另一半大腦有機會休息，這樣你就可以學得更久、更有效率。

我們也運用**故事**和練習，呈現**多重觀點**，因為，當大腦被迫進行評估與判斷時，會學得更深入。

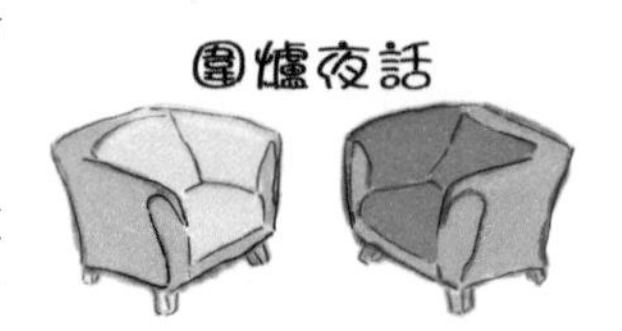

本書也有很多**挑戰**和練習，並且問一些不見得有簡單答案的**問題**，因為我們要讓大腦參與其中，學得更多、記得更牢。想想看 — 光是看別人在健身房運動無法雕塑自己的身材。但是，我們會盡力確保你的努力都用在正確的事情上。**你不會花費額外的腦力**去處理很難理解的範例，或是解析困難、充斥術語、或過度簡單的論述。

我們運用**人物**。在故事、範例、圖像中，到處都有人物，因為你也是人！你的大腦對人比對事物更有興趣。

馴服大腦的方法

好吧！該做的我們都做了，剩下的就靠你了。下面有一些小技巧，但它們只是開端，你應該傾聽大腦的聲音，看看哪些對你的大腦有效，哪些無效。記得嘗試新東西！

沿虛線剪下，用小七送的公仔磁鐵貼在冰箱上。

---

① 放慢腳步，你理解的內容越多，需要死背的就越少。

不要只是讀書，記得停下來，好好思考。當本書問你問題時，不要不加思索就直接看答案。你要想像真的有人問你問題，越是強迫大腦深入思考，就越有機會學習並記住更多知識。

② 勤做練習，寫下心得。

我們在書中安排練習，如果我們幫你完成那些練習，那就相當於叫別人幫你練身體，不要光看不練。**使用鉛筆作答**。大量證據顯示，在學習的**同時**讓身體動起來可以提升學習的效果。

③ 認真閱讀『沒有蠢問題』單元

仔細閱讀所有的『沒有蠢問題』，那可不是可有可無的說明，而是**核心內容的一部分！**千萬別跳過。

④ 將閱讀本書當成睡前最後一件事，至少當成睡前最後一件有挑戰性的事。

有一部分的學習過程是在放下書本之後才發生的，尤其是將知識轉化成長期記憶更是如此。你的大腦需要自己的時間，進行更多的處理。如果你在這個處理期胡亂塞進新知識，你就會忘掉一些剛學到的東西。

⑤ 喝水，喝大量的水。

大腦必須泡在豐沛的液體中才有很棒的效率，脫水（往往在你感覺口渴之前就發生了）會降低認知能力。

⑥ 說出來，大聲說出來。

說話可以觸發大腦的各種部位，如果你想要了解某件事情，或增加記憶，那就大聲說出來。更好的做法是大聲解釋給別人聽，這樣你會學得更快，甚至發現默默讀書時無法理解的新想法。

⑦ 傾聽大腦的聲音。

注意你的大腦是不是精疲力竭了，如果你發現自己開始漫不經心，或者過目即忘，就是該休息的時候了。當你錯過某些重點時，放慢腳步，否則你將失去更多。

⑧ 用心感受！

你必須讓大腦知道這一切都很重要，讓自己融入情境，幫插圖標上你自己的敘述，就算是抱怨笑話太冷，都比毫無感覺來得好。

⑨ 撰寫大量的程式碼！

真正學好 C# 只有一條路：**寫大量的程式**。這正是你要在這本書裡面做的事情。寫程式是一種技術，精通之道唯有不斷練習，我們會提供許多實作的機會：每一章都有一些練習，讓你解決一些問題，不要跳過它們 — 很多東西都是在解決問題的過程中學到的。如果你卡住了，**偷瞄一下答案**也無妨！我們幫每一個練習提供解答有一個原因：我們很容易處理不了某些小問題。無論如何，先解決問題再看解答。而且在進入下個單元之前，務必讓程式正常運行。

讀我

這是一段學習體驗，不是一本參考書，本書已經刻意排除所有可能妨礙學習的因素了。當你第一次閱讀時，必須從頭開始看起，因為本書假設讀者具備某些知識背景。

我們使用許多圖表來讓難懂的概念更容易理解。

不要跳過任何活動。

練習與活動不是附屬品，它們是本書的核心內容。它們有些可以幫助記憶，有些可以幫助了解，有些可以幫助你運用所學。**不要跳過問題**。書中只有「池畔風光」**可以**跳過，但它們是可以讓大腦轉彎思考的邏輯謎題，絕對是加快學習速度的好方法。

重複的內容是故意寫進去的，也是必要的。

深入淺出系列最特別的地方在於我們希望你真的學到東西，我們也希望你看完這本書之後，能夠記得看過的內容，但大部分參考用書並非以此為目標。本書把重點放在學習，所以為了加深你的印象，有些重要的內容會一再出現。

你要完成所有的「削尖你的鉛筆」活動。

削尖你的鉛筆

完成所有練習！

當我們在寫這本書時假設你想要學習如何用 C# 來寫程式。所以我們知道你想要立刻動手操作，並且直接研究程式碼，我們會在每一章加入許多練習，來讓你有很多磨練技術的機會，我們將其中一些練習稱為「動手做！」，當它出現時，代表我們即將帶你一起完成一個問題的所有步驟。但是有跑步鞋圖示的「習題」代表我們會讓你解決大部分的問題，並提供我們想出來的解答。偷瞄一下解答是沒關係的，**這不是作弊！**但是先試著解決問題可以學到最多東西。

我們也會提供所有練習解答的原始碼，你可以在我們的 GitHub 網頁找到它們：https://github.com/headfirst- csharp/fourth-edition。

標為「習題」的活動（跑步鞋圖示）非常重要！如果你真的想學習 C#，那就不要跳過它們。

「動動腦」練習沒有答案。

有些「動動腦」練習沒有一定的答案，有些則讓你自行判斷答案是否正確，以及何時正確。我們會在一些「動動腦」練習中提供提示，幫你指出正確的方向。

「池畔風光」代表這個活動是選擇性的，如果你不喜歡拐彎抹角的邏輯，你應該也不喜歡它們。

我們使用 C# 8.0，Visual Studio 2019，以及 Visual Studio 2019 for Mac。

本書的目的完全為了協助你學習 C#。開發和維護 C# 的微軟團隊已經為這種語言發表許多版本了，在筆者寫書的當下，**C# 8.0** 是現行版本。我們也會重度使用微軟的整合開發環境（IDE）Visual Studio 來學習、教學和探索 C#。本書的螢幕截圖來自筆者撰稿時**最新版的 Visual Studio 2019 與 Visual Studio 2019 for Mac**。我們會在第 1 章介紹如何安裝 Visual Studio，在 *Visual Studio for Mac* 學習指南附錄中介紹如何安裝 Visual Studio for Mac。

我們已經聽到 C# 9.0 會在本書出版不久之後發表的風聲，它有一些很棒的新功能！被本書當成學習核心的 C# 功能不會改變，所以你可以用未來的 C# 版本來操作這本書。負責維護 Visual Studio 與 Visual Studio for Mac 的微軟團隊會定期發表新版本，將來的變化幾乎不會影響本書的螢幕截圖。

本書的 Unity 實驗室單元使用 **Unity 2020.1**，它是本書付梓時的最新版本。我們會在第一個 Unity 實驗室介紹如何安裝 Unity。

> 本書的所有程式都是按照開放原始碼授權條款發表的，你可以在你自己的專案中使用。你可以從我們的 GitHub 網頁下載它們（https://github.com/head-first-csharp/fourth-edition）。你也可以下載一些 PDF，它們裡面有本書未介紹的 C# 功能，包括一些最新的 C# 功能。

遊戲設計…漫談

我們如何在本書中使用遊戲

在這本書裡面，你會寫一些專案，許多專案都是遊戲。我們採取這種做法不僅僅是因為我們熱愛遊戲，遊戲也是**學習和教導 C# 的好工具**，原因是：

- 遊戲很**親切**。你會讓自己沉浸在許多新概念和新想法之中。讓你掌握熟悉的東西可以讓學習的過程更順利。
- 遊戲讓我們更容易**解釋專案**。當你進行本書的任何一項專案時，你都要先了解我們希望你做出什麼東西，這件事有時出人意外地困難。使用遊戲專案可以讓你更快速地知道我們的要求，直接開始寫程式。
- 遊戲**寫起來充滿樂趣**！一旦你覺得有趣，大腦就更容易接受新資訊，所以在遊戲建構專案裡面加入程式設計根本…嗯…無需多想。

這本書使用遊戲來幫助你學習更廣泛的 C# 和程式設計概念，它們是很重要的部分，你必須做與遊戲有關的所有專案，即使你對開發遊戲沒有興趣。（Unity 實驗室是可以跳過的，但強烈建議你閱讀這些單元。）

技術審閱小組

以下是第三版和第二版的審閱者，他們的照片沒有被放上來（但同樣令人讚嘆）：Rebeca Dunn-Krahn、Chris Burrows、Johnny Halife 與 David Sterling。

還有第一版的：Jay Hilyard、Daniel Kinnaer、Aayam Singh、Theodore Casser、Andy Parker、Peter Ritchie、Krishna Pala、Bill Meitelski、Wayne Bradney、Dave Murdoch，特別是 Bridgette Julie Landers。

特別超級感謝了不起的讀者們，尤其是 Alan Ouellette、Jeff Counts、Terry Graham、Sergei Kulagin、Willian Piva 與 Greg Combow，他們把看書時發現的問題告訴我們，以及莫哈克學院的 Joe Varrasso 教授，他是第一位在課程中使用我們的書的人。

非常感謝你們！！

「如果我可以看得比別人遠，那是因為我站在巨人的肩膀上。」 – 艾薩克．牛頓

你現在看的這本書幾乎沒有錯誤，我把它的高品質歸功於令人驚嘆的技術審閱小組，他們是好心地讓我們站在肩膀上面的巨人。致審閱小組：非常感謝你們為本書所做的工作。非常感謝你們！

Lindsey Bieda 是住在賓州匹茲堡市的軟體工程師，她所擁有的鍵盤數量無人能及。在她不寫程式的時候，她會和她的貓咪 Dash 一起出遊，還有品茶。你可以在 rarlindseysmash.com 找到她的專案和散文。

Tatiana Mac 是獨立的美國工程師，她直接與許多組織合作，建構清晰且一致的產品和設計系統。她認為，可及性、性能，以及包容性可以共生地發揮作用，以數位和物理的方式改善我們的社會環境。他認為從倫理的角度來看，技術專家可以拆除排他性的系統，促成以社群為中心、具包容性的系統。

我們完全贊成 Tatiana 的這個觀點！

Ashley Godbold 博士是程式員、遊戲設計師、作家、藝術家、數學家、教師，和媽媽。她在一家大型零售商擔任全職的軟體工程教練，同時也經營一家小型的獨立電玩工作室，Mouse Potato Games。她是 Unity Certified Instructor，在大學教導電腦科學、數學和遊戲開發課程。她寫過《*Mastering Unity 2D Game Development*》（第 2 版）、*Mastering UI Development with Unity*，並且舉辦視訊課程 *2D Game Programming in Unity* 與 *Getting Started with Unity 2D Game Development*。

我們真的想要感謝 **Lisa Kellner** — 這是她為我們審閱的第 12 本（!!!）書，非常感謝您！

我們也要特別感謝 **Joe Albahari** 與 **Jon Skeet** 令人印象深刻的技術指導，並且仔細且週到地審閱第一版，為我們多年來的成功奠定了基礎。你們的投入讓我們獲益良多，事實上，比我們當時預期的還要多。

誌謝

給我們的編輯：

Nicole Taché

首先，我們要感謝傑出的編輯 **Nicole Taché** 為這本書所做的一切，你做了好多事情來幫助我們出版這本書，也提供大量令人難以置信的回饋。非常感謝您！

O'Reilly 團隊：

Katherine Tozer

我們想要感謝的 O'Reilly 人太多了，希望不要遺漏任何人。首先、最後、永遠，我們想要感謝 **Mary Treseler** 從一開始就在這趟 O'Reilly 旅程陪伴我們。特別感謝生產編輯 **Katherine Tozer**、索引製作 **Joanne Sprott**，以及 **Rachel Head** 的銳眼校對一他們都協助這本書用創紀錄的時間從生產階段進入出版階段。由衷地感謝 **Amanda Quinn**、**Olivia MacDonald** 與 **Melissa Duffield** 讓整個專案步上正軌。我們要向 O'Reilly 的其他朋友們大聲喊話：**Andy Oram**、**Jeff Bleiel**、**Mike Hendrickson**，當然，還有 Tim O'Reilly。如果你正在閱讀這本書，你可以感謝業界最好的宣傳團隊：**Marsee Henon**、**Kathryn Barrett** 還有 Sebastopol 的其他了不起的人員。

我們想要特別點出我們最喜歡的一些 O'Reilly 作者：

- **Paris Buttfield-Addison** 博士、**Jon Manning** 與 **Tim Nugent**，他們的書《*Unity Game Development Cookbook*》太棒了。我們熱切期盼 Paris 與 Jon 的《*Head First Swift*》。
- **Joseph Albahari** 與 **Eric Johannsen** 寫了絕對不可或缺的《*C# 8.0 in a Nutshell*》。

最後…

非常感謝 Indie Gamer Chick 的 **Cathy Vice** 提供第 10 章所使用的 epilepsy 文章，並且 *takk skal du ha*（挪威語的謝謝）**Patricia Aas** 教導如何將 C# 當成第二語言來學習的出色影片，我們在 Code Kata 附錄中使用它，也感謝她提供如何幫助進階學員使用這本書的回饋。

Jon Galloway

非常感謝協助我們完成這本書的**微軟朋友們**，你們在這個專案提供的支援太令人讚嘆了。非常感謝 Visual Studio for Mac 團隊的 **Dominic Nahous**（恭喜寶寶誕生！）、**Jordan Matthiesen** 與 **John Miller**，以及 **Cody Beyer** 協助我們建立與該團隊合作的夥伴關係。感謝 **David Sterling** 對第三版的出色審閱，以及 **Immo Landwerth** 協助我們拍板定案這一版涵蓋的主題。特別感謝 C# 語言的程式經理 **Mads Torgersen** 多年來提供很棒的指導和建議。你們都非常了不起。

我們要特別感謝 **Jon Galloway**，他為本書的 Blazor 專案提供了許多出色的程式。Jon 是 .NET Community Team 的資深程式經理。他與別人合著了許多 .NET 書籍，協助營運 .NET Community Standups，以及共同主持 *Herding Code podcast*。非常感謝您！

1 開始用 C# 來建構程式

做出很棒的東西…以飛快的速度！

想要寫出偉大的 app 嗎？而且立刻開始？

學會 C#，你就掌握一種**現代的程式語言**，和一種很**寶貴的工具**。而且使用 **Visual Studio** 的話，你就擁有一種**了不起的開發環境**，它具備高度直觀的功能，可讓寫程式的過程盡可能地簡單。Visual Studio 不僅是非常適合用來寫程式的工具，在探索 C# 時，也是**很有價值的學習工具**。聽起來很誘人？現在就翻到下一頁，開始寫程式吧。

為什麼你要學 C#

C# 是一種簡單、現代的語言，可讓你做很多了不起的事情。當你學 C# 時，你學的不是只有一種語言，C# 可以打開整個 .NET 世界的大門，.NET 是一種非常強大的開放原始碼平台，可讓你建構各式各樣的應用程式。

請安裝 Visual Studio，而不是 Visual Studio Code。

Visual Studio Code 是很了不起的開放原始碼、跨平台的程式編輯器；但是 Visual Studio 是為 .NET 開發量身訂做的，Visual Studio Code 不是，這就是為什麼我們在這本書裡，將 Visual Studio 當成學習和探索的工具。

Visual Studio 是通往 C# 的大門

如果你還沒有安裝 Visual Studio 2019，現在就是安裝它的好時機。前往 https://visualstudio.microsoft.com **下載 Visual Studio Community 版本**。（如果你已經安裝了，那就執行 Visual Studio Installer 來更新你已經安裝的項目。）

如果你使用 Windows…

務必將「.NET Core 跨平台開發（.NET Core cross-platform development）」和「.NET 桌面開發（.NET desktop development）」這兩個選項打勾，來安裝針對它們的支援。但是不要將使用 *Unity* 進行遊戲開發（*Game development with Unity*）打勾－稍後你會用 Unity 來進行 3D 遊戲開發，但你會獨立安裝 Unity。

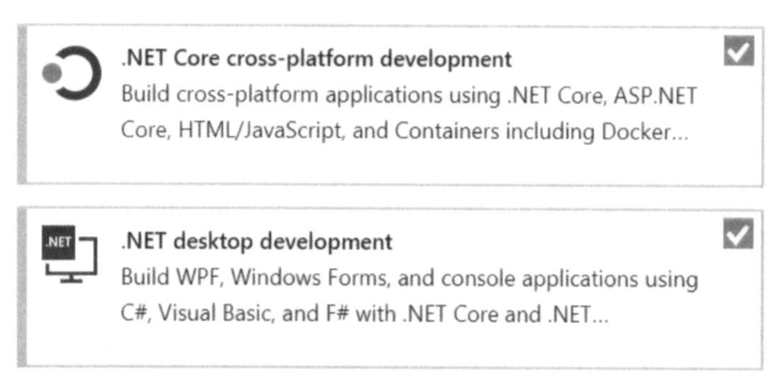

如果你使用 Mac…

下載並執行 Visual Studio for Mac 安裝程式，務必將 .NET Core 的 Targets 打勾。

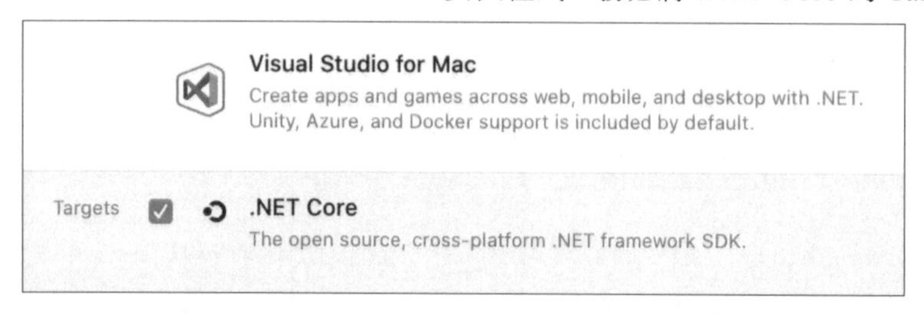

你也可以在 Windows 進行 ASP.NET 專案！只要在安裝 Visual Studio 時，核取「ASP.NET 與網頁程式開發」選項即可。

本書大部分的專案都是 .NET Core 主控台 app，可以在 Windows 和 Mac 上面運行。有些章節裡面的專案是 Windows 桌面專案，例如本章稍後的動物配對遊戲。在遇到這些專案時，請閱讀 Visual Studio for Mac 學習指南**附錄。它有完整的第 1 章替代版，以及其他 WPF 專案的 ASP.NET Core Blazor 版本。**

Visual Studio 是用來編寫程式和探索 C# 的工具

雖然你可以使用 Notepad 或其他文字編輯器來撰寫 C# 程式，但是有更好的工具可以使用。**IDE**（***i****ntegrated* ***d****evelopment* ***e****nvironment* 的縮寫）是文字編輯器、視覺化設計器、檔案管理器、偵錯工具…很像可以在寫程式時處理任何需求的多功能工具。

Visual Studio 可以提供的協助包括：

1. **建構 app，快速地**。C# 語言很靈活也很容易學習，Visual Studio IDE 可以幫你自動完成許多手工工作，來讓你的學習更簡單。以下這些只是 Visual Studio 可以幫你做的一些事情而已：

   - 管理所有專案檔案
   - 讓你輕鬆地編輯專案的程式碼
   - 記錄專案的圖片、音訊、圖示，還有其他資源
   - 逐行執行程式來幫你進行偵錯

2. **設計很漂亮的使用者介面**。Visual Studio IDE 的 Visual Designer 是最容易使用的設計工具之一。它可以幫你做很多事情，讓你覺得製作使用者介面是開發 C# app 的過程中最滿意的部分。你不需要花好幾個小時調整使用者介面（除非你想這樣做），就可以做出功能完整的專業程式。

如果你使用的是 Visual Studio for Mac，你也可以建構一些很漂亮的 app，但不是使用 XAML，而是一起使用 C# 與 HTML。

3. **建構賞心悅目的程式。一起使用 C# 與 XAML**（為 WPF 桌面 app 設計使用者介面的視覺標記語言）等於使用最有效率的視覺程式創作工具之一…你可以用它來建構外觀和功能都很出色的軟體。

> 任何一種 WPF 的使用者介面（或 UI）都是用 XAML（可延伸應用程式標記語言，eXtensible Application Markup Language 的縮寫）來建構的。Visual Studio 可讓你很輕鬆地使用 XAML。

4. **學習和探索 C# 及 .NET**。Visual Studio 是一種世界級的開發工具，幸運的是，它也是一種很棒的學習工具。**我們會用 *IDE* 來探索 *C#***，以便快速地將重要的程式設計概念植入你的大腦。

本書通常會將 Visual Studio 簡稱為 IDE。

Visual Studio 是了不起的開發環境，但我們也會將它當成學習工具，用來探索 C#。

在 Visual Studio 裡面建立你的第一個專案

學習 C# 最好的方法就是開始寫程式，所以我們要用 Visual Studio 來**建立一個新的專案**…並且立刻開始寫程式！

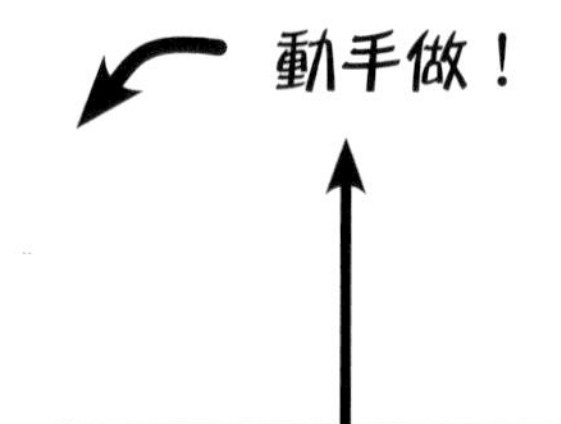

當你看到**動手做！**（或**立刻動手做！**或**解決這個 bug！**…等）時，請打開 Visual Studio，並且跟著操作。我們會告訴你該做些什麼，並指出你需要注意哪些地方，才可以從範例中學到最多東西。

1 建立新的 Console（主控台）App（.NET Core）專案。

啟動 Visual Studio 2019，第一次啟動它時，它會顯示一個「Create a new project」視窗，裡面有各種不同的選項。選擇 **Create a new project**。如果你關閉這個視窗了，不用擔心，你隨時可以在選單選擇 File >> New >> Project 叫出它。

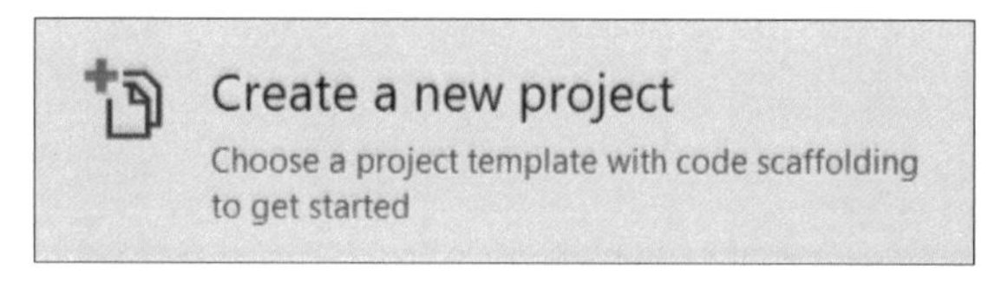

按下 **Console App (.NET Core)** 來選擇專案類型，然後按下 **Next** 按鈕。

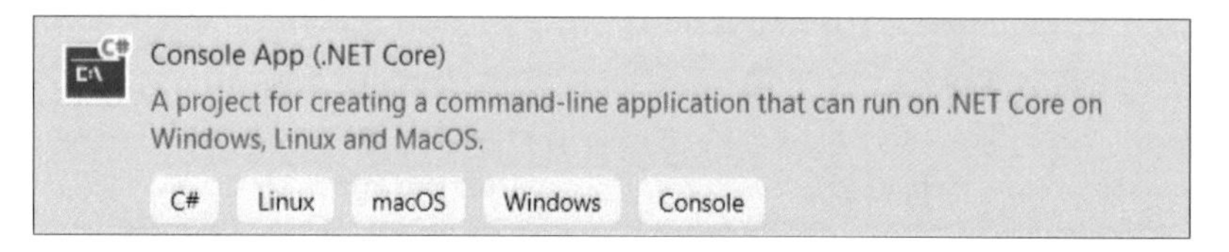

將專案命名為 **MyFirstConsoleApp**，按下 Next 按鈕，再按下 Create 按鈕。

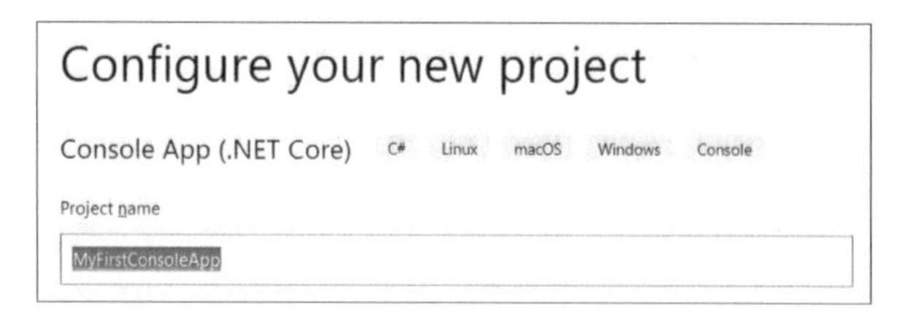

如果你使用 **Visual Studio for Mac**，這個專案（以及本書的所有 .NET Core Console App 專案）的所有程式碼都是一樣的，不過有一些 IDE 功能會不一樣。**Visual Studio for Mac 學習指南**附錄有本章的 Mac 版本。

2 看看新 app 的程式碼。

用 Visual Studio 建立新專案時，它會提供一個起點來讓你開始建構程式，當它為 app 建立新檔案之後，它會打開一個稱為 *Program.cs* 的檔案，裡面有這些程式：

```
0 references
class Program
{
    0 references
    static void Main(string[] args)
    {
        Console.WriteLine("Hello World!");
    }
}
```

當 Visual Studio 建立新的 Console App 專案時，它會自動加入 Program 類別。

這個類別的開頭是 Main 方法，它裡面有一個陳述式，該陳述式會將一行文字寫到控制台。第 2 章會更仔細討論類別與方法。

❸ 執行新 app。

Visual Studio 為你建立的 app 可以執行了。在 Visual Studio IDE 的最上面，找到有綠色三角形和你的 app 名稱的按鈕，並按下它：

❹ 看看程式的輸出。

執行程式會出現 Microsoft Visual Studio Debug Console 視窗，顯示程式的輸出：

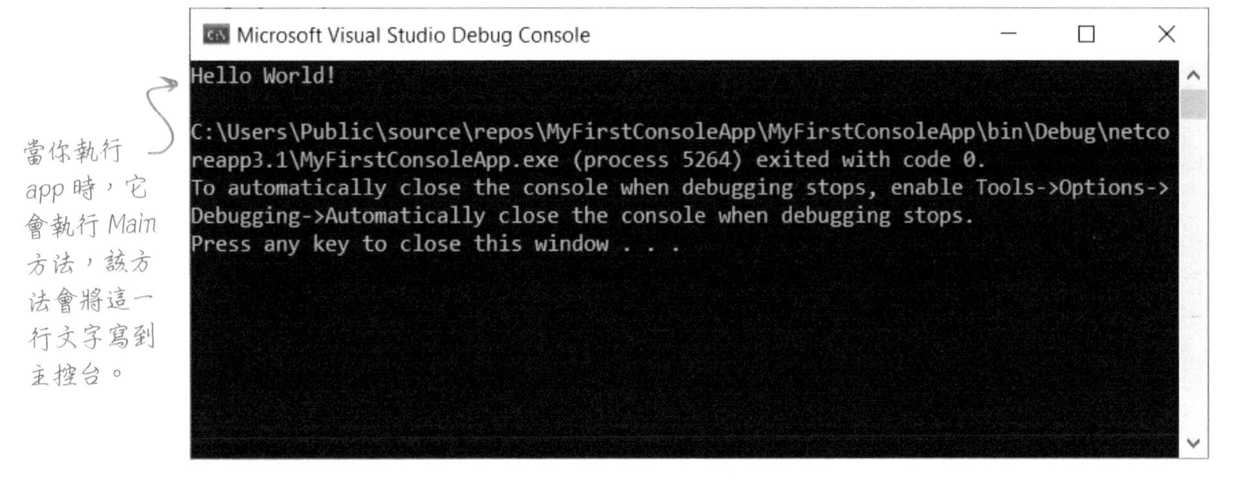

學習語言最好的方法是用它來寫大量的程式，所以你會在這本書裡面建構大量的程式，它們很多都是 .NET Core Console App 專案，我們來仔細地看看你剛才做了什麼。

顯示在視窗最上面的是**程式的輸出**：

```
Hello World!
```

接著有一行空白，然後是一些其他的文字：

```
C:\path-to-your-project-folder\MyFirstConsoleApp\MyFirstConsoleApp\bin\
Debug\netcoreapp3.1\MyFirstConsoleApp.exe (process ####) exited with code 0.
To automatically close the console when debugging stops, enable Tools->
Options->Debugging->Automatically close the console when debugging stops.
Press any key to close this window . . .
```

你會在每一個 Debug Console 視窗底下看到同樣的訊息。你的程式印出一行文字（`Hello World!`），然後結束。Visual Studio 會讓輸出視窗維持開啟，直到你按下一個按鈕來關閉它為止，如此一來，你就可以在視窗消失之前看到輸出。

按下一個按鍵來關閉視窗。然後再次執行你的程式。這就是執行你在整本書裡面建構的所有 .NET Core Console App 專案的方法。

我們來建構遊戲！

太棒了！你剛才已經寫出你的第一個 C# app 了！完成它之後，我們來做比較複雜的東西。我們要來做一個**動物配對遊戲**，這個遊戲會顯示一個內含 16 種動物的網格，讓玩家按下成對的動物來移除它們。

這是你要建構的動物配對遊戲。

Find all of the matching animals

6.7s

這個遊戲會顯示 8 對不同的動物，隨機放在視窗的各個位置。玩家要按下兩種動物，如果牠們一樣，牠們就會從視窗消失。

這個計時器會記錄玩家完成遊戲的時間。遊戲的目標是用最短的時間找到所有的配對。

在你的 C# 學習工具箱裡面，建構各種不同的專案是很重要的工具。我們讓這本書的一些專案使用 WPF（即 Windows Presentation Foundation），因為它有一些工具可以讓你設計非常詳細的使用者介面，而且可以在許多不同的 Windows 版本運行，包括很舊的版本，例如 Windows XP。

但是 C# 不是只能在 Windows 上使用！

你使用 Mac 嗎？你很幸運！我們也為你加入一條學習路徑，使用 **Visual Studio for Mac**，請參考本書結尾的 Visual Studio for Mac 學習指南附錄。它有這一章的完整替代專案，以及本書的所有 WPF 專案的 Mac 版本。

WPF 專案的 Mac 版本使用 ASP.NET Core。你也可以在 Windows 建構 ASP.NET Core 專案。

你的動物配對遊戲是 WPF app

如果你只需要輸入與輸出文字，主控台 app 是很棒的選項。如果你想要製作在視窗中顯示的視覺化 app，你就要使用不同的技術。這就是為什麼動物配對遊戲是 **WPF app**。WPF（或 Windows Presentation Foundation）可讓你做出可在任何 Windows 版本上運行的桌面應用程式。本書大部分的章節都有一個 WPF app。這個專案的目標是介紹 WPF，並提供可讓你做出強大視覺效果的桌面應用程式和主控台 app 的工具。

當你完成這個專案時，你會更熟悉你將在本書中用來學習和探索 C# 的工具。

這就是建構遊戲的方法

本章接下來的內容會帶領你建構動物配對遊戲，你會用一系列獨立的部分完成它：

1.首先，在 Visual Studio 裡面建立一個新的桌面應用程式專案。

2.然後，使用 XAML 來建構視窗。

3. 編寫 C# 程式來將隨機的動物 emoji 加入視窗。

4. 遊戲會讓用戶按下每一對 emoji 來進行配對。

5. 最後，加入計時器來讓遊戲更刺激。

這個專案可能會耗時 15 分鐘到 1 小時，取決於你的打字速度。慢慢學習有比較好的效果，請給自己充足的時間。

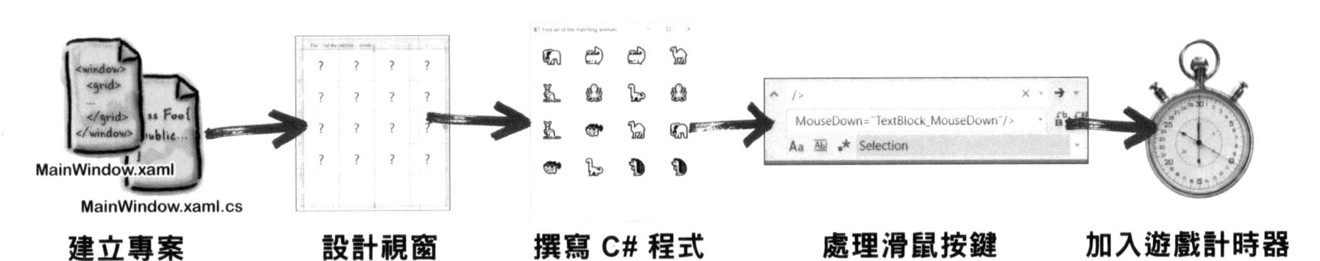

注意本書的這些「遊戲設計…漫談」單元，我們會藉由遊戲設計原則來學習和探索重要的程式設計概念和想法，這些概念和想法適合各種類型的專案，不僅僅是遊戲。

遊戲設計…漫談

什麼是遊戲？

「遊戲是什麼」似乎無需多言，但仔細想想，這個問題不像乍看之下那麼簡單。

- 遊戲都有**贏家**嗎？都會結束嗎？不一定如此。飛行模擬遊戲呢？遊樂園設計遊戲？模擬市民（The Sims）之類的遊戲？
- 遊戲都很**好玩**嗎？不是所有人都有相同的感受。有些玩家喜歡「刷任務」，反覆做同樣的事情，有些人卻覺得這種玩法是在自虐。
- 遊戲一定要**進行決策、有衝突，或一定要解決問題嗎？**不是所有遊戲都是如此。在行走模擬器這種遊戲中，玩家所做的事情只是探索一個環境，通常完全沒有謎題或衝突。
- 事實上，我們很難定義遊戲是什麼。當你閱讀遊戲設計教科書時，你會發現各種不同的定義。因此，出於我們的目的，我們將「**遊戲**」定義成：

遊戲是一種程式，（希望）至少可讓玩家獲得遊戲作者期望提供的樂趣。

在 Visual Studio 裡建構 WPF 專案

啟動一個 Visual Studio 2019 的新實例，並建立一個新專案：

我們完成本章第一個部分的 Console App 專案了，你可以安心地關閉那個 Visual Studio 實例。

我們要用 WPF 來將遊戲做成桌面 app，所以**選擇 WPF App (.NET)** 並按下 Next：

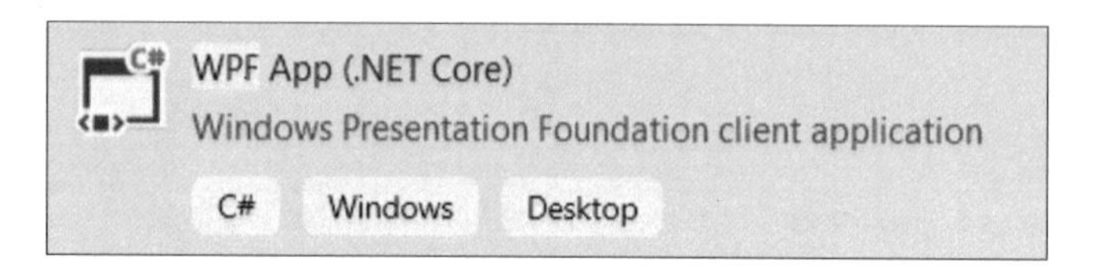

Visual Studio 會要求你設置你的專案。在**專案名稱輸入 `MatchGame`**（喜歡的話，你也可以改變建立專案的位置）：

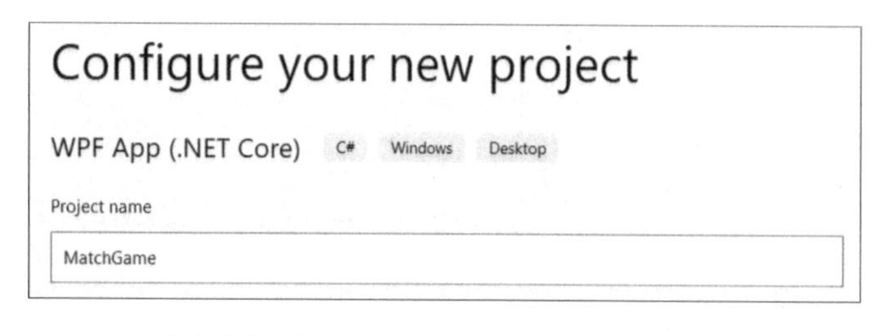

這個檔案裡面有定義主視窗介面的 XAML 程式碼。

<window>
<grid>
...
</grid>
</window>

按下 Create（建立）按鈕，Visual Studio 會建立一個稱為 MatchGame 的新專案。

Visual Studio 會幫你建立一個充滿檔案的專案資料夾

當你建立新專案時，Visual Studio 會加入一個稱為 MatchGame 的新資料夾，並且在裡面放入專案需要的所有檔案與資料夾。你要修改其中的兩個檔案，*MainWindow.xaml* 與 *MainWindow.xaml.cs*。

如果你在進行這個專案時遇到任何問題，可以到我們的 GitHub 網頁尋找引導你操作的影片連結：https://github.com/head-first-csharp/fourth-edition。

削尖你的鉛筆

在這本書裡面的這種紙筆練習都不能跳過，它們非常重要，可以幫助你學習、練習和提升 C# 技術。

調整你的 IDE，讓它與下面的畫面一致。首先，在 Solution Explorer 視窗裡面按下 ***MainWindow.xaml*** 兩次，以**開啟**它。然後，**在 View 選單**選擇 *Toolbox* 與 *Error List* 視窗來打開它們。你其實可以透過視窗和檔案的名稱和你的常識來猜出它們的功能！花一分鐘填空一試著填入 Visual Studio IDE 的每一個部分的功能。為了協助你踏出第一步，我們已經完成一個部分了。看看你能不能有根據地猜出其他的功能。

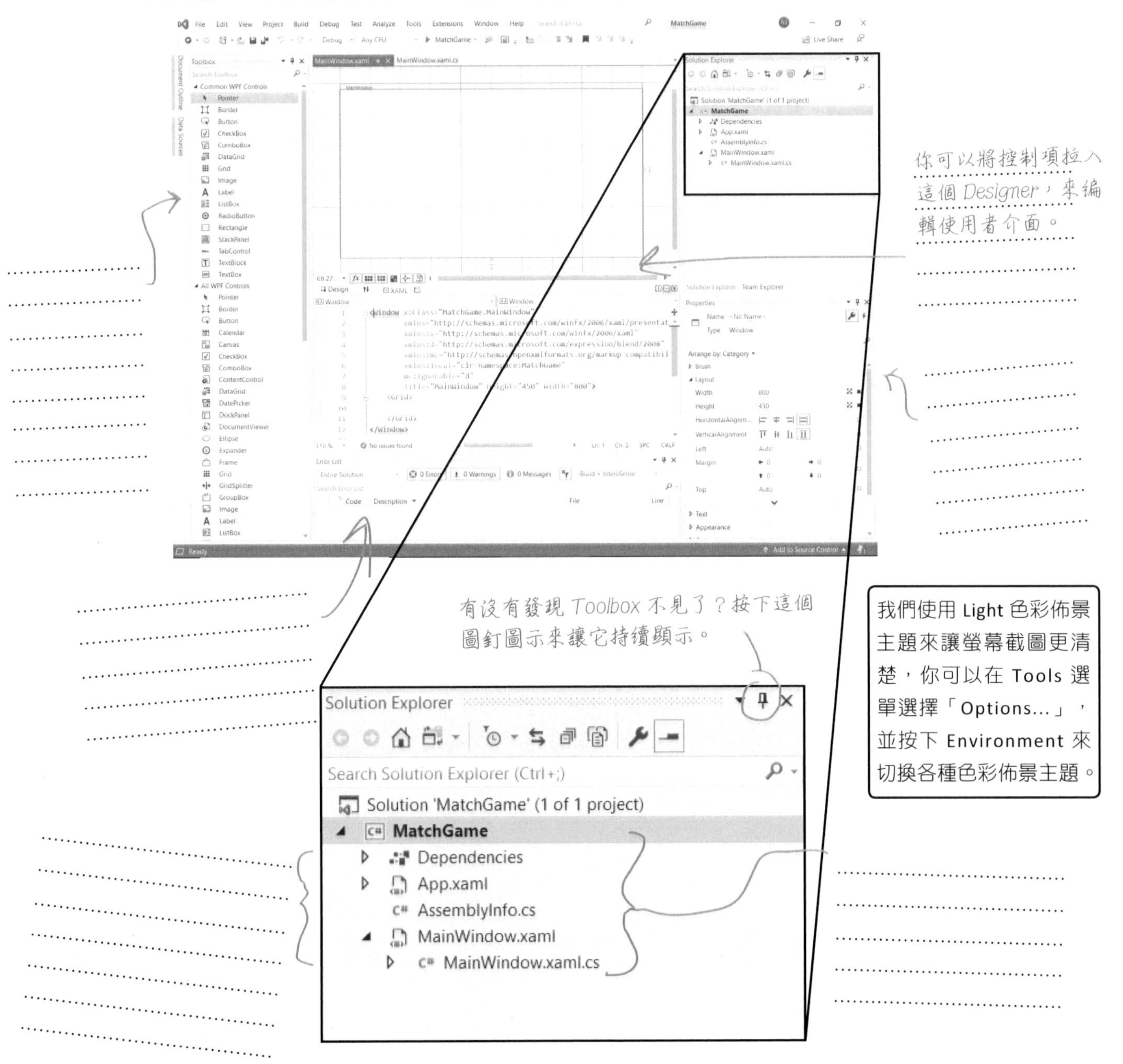

你可以將控制項拉入這個 Designer，來編輯使用者介面。
有沒有發現 Toolbox 不見了？按下這個圖釘圖示來讓它持續顯示。
我們使用 Light 色彩佈景主題來讓螢幕截圖更清楚，你可以在 Tools 選單選擇「Options...」，並按下 Environment 來切換各種色彩佈景主題。
Solution Explorer
Search Solution Explorer (Ctrl+;)
Solution 'MatchGame' (1 of 1 project)
MatchGame
Dependencies
App.xaml
AssemblyInfo.cs
MainWindow.xaml
MainWindow.xaml.cs

削尖你的鉛筆 解答

我們已經填寫 Visual Studio C# IDE 的每個區域的說明了，你寫的東西可能與我們不一樣，希望你可以認出 IDE 的各個視窗與區域的基本用途。別擔心你的答案和我們的略有不同。你會用 IDE 做**很多**練習。

提醒你：這本書會使用「Visual Studio」與「IDE」，包括這一頁。

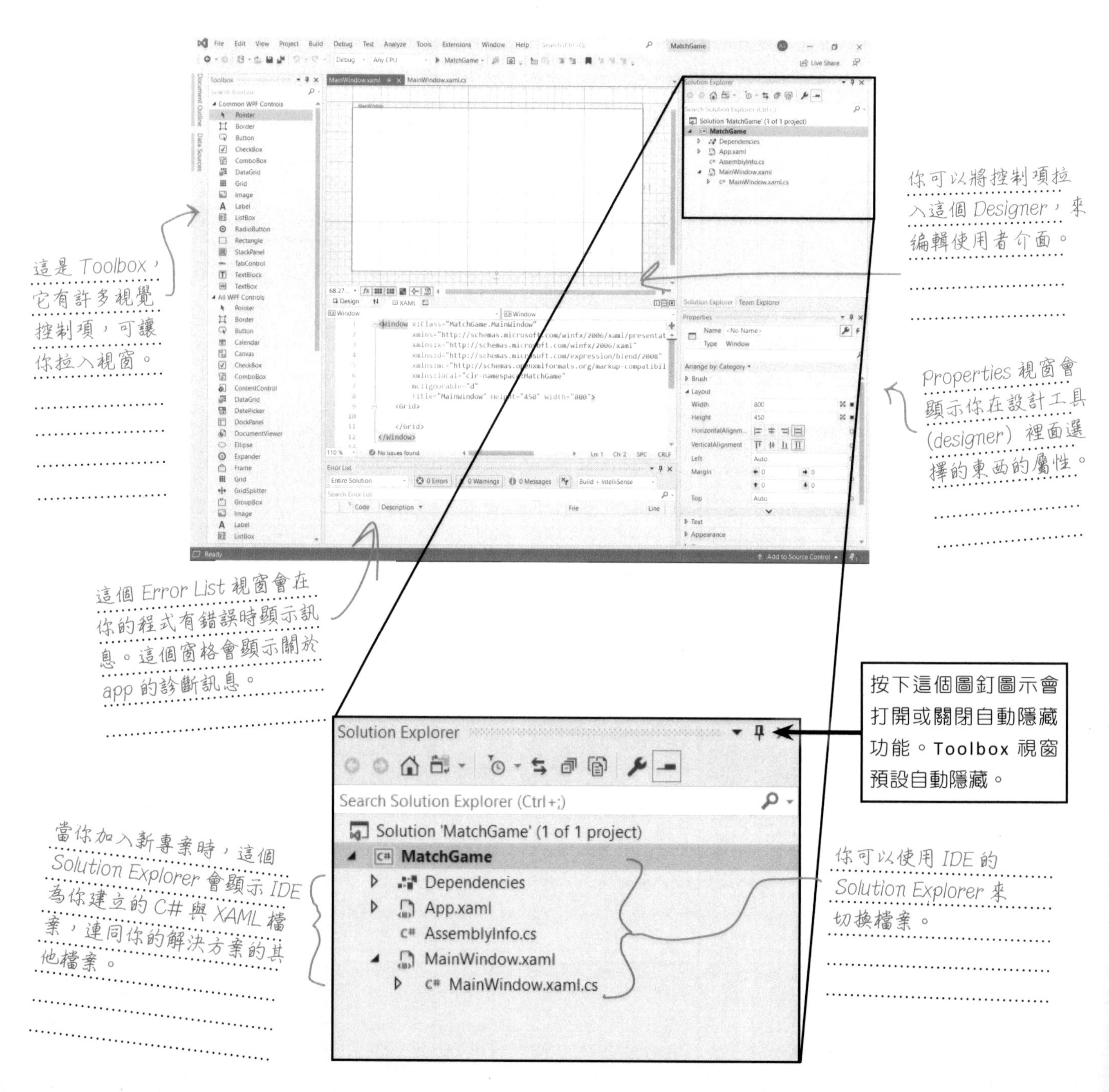

這是 Toolbox，它有許多視覺控制項，可讓你拉入視窗。
你可以將控制項拉入這個 Designer，來編輯使用者介面。
Properties 視窗會顯示你在設計工具(designer)裡面選擇的東西的屬性。
這個 Error List 視窗會在你的程式有錯誤時顯示訊息。這個窗格會顯示關於 app 的診斷訊息。
按下這個圖釘圖示會打開或關閉自動隱藏功能。Toolbox 視窗預設自動隱藏。
當你加入新專案時，這個 Solution Explorer 會顯示 IDE 為你建立的 C# 與 XAML 檔案，連同你的解決方案的其他檔案。
你可以使用 IDE 的 Solution Explorer 來切換檔案。
Solution Explorer
Search Solution Explorer (Ctrl+;)
Solution 'MatchGame' (1 of 1 project)
MatchGame
Dependencies
App.xaml
AssemblyInfo.cs
MainWindow.xaml
MainWindow.xaml.cs

留意這些 Q&A 單元。它們經常回答最要緊的問題，並指出其他讀者正在思考的問題。事實上，有很多問題真的是之前版本的讀者提出來的！

問：**既然 Visual Studio 為我寫好全部的程式了，那麼是不是只要學會 Visual Studio，就學會 C# 了？**

答：不，雖然 IDE 很棒，可以自動為你產生一些程式碼，但它的能力僅止於此，它很擅長做一些事情，例如為你設置很好的出發點，以及自動改變 UI 控制項的屬性。但任何 IDE 都無法為你代勞程式設計最重要的部分 — 釐清程式需要做什麼，並且讓程式做那些事情。雖然 Visual Studio IDE 是最進階的開發環境，但是它只能做到這樣。寫程式來實際完成工作的人是**你**，不是 IDE。

問：**如果 IDE 產生我不想要在專案中使用的程式，該怎麼辦？**

答：你可以修改或刪除它。IDE 在設計上，會根據你所拉入或加入的元素最常見的用法來建立程式碼，但有時它不是你要的。IDE 為你做的任何事情（它建立的每一行程式、它加入的每一個檔案）都可以修改，無論是親手編輯檔案，還是透過 IDE 的介面。

問：**為什麼你叫我們安裝 Visual Studio Community 版本？你確定本書的任何工作都不需要使用 Visual Studio 的付費版本嗎？**

答：本書的任何事情都可以用免費的 Visual Studio 版本來完成（你可以從微軟的網站下載它）。Community 與其他版本的主要差異不會阻礙你編寫 C# 與建立完整的應用程式。

問：**你說過一起使用 C# 與 XAML，什麼是 XAML？如何一起使用 XAML 與 C#？**

答：XAML（X 的發音類似 Z，這是為了與「camel」同韻）是一種**標記語言**，可用來建構 WPF app 的使用者介面。XAML 以 XML 為基礎（所以如果你用過 HTML，你就有一個很好的起點）。這是畫出灰色橢圓的 XAML **標籤**：

```
<Ellipse Fill="Gray"
  Height="100" Width="75"/>
```

回到你的專案，在 XAML 程式中的 `<Grid>` 後面輸入這個標籤，你的視窗中間會出現一個灰色橢圓。因為它的開頭是 `<` 接下來有一個單字（`Ellipse`）（形成一個**開始標籤**），所以你可以認出它是個標籤，這個 `Ellipse` 標籤有三個**屬性**：一個屬性將填充顏色設為灰色，另兩個屬性設定它的高度與寬度。這個標籤的結尾是 `/>`，但有些 XAML 標籤的裡面有其他的標籤。我們可以將 `/>` 換成 `>`，加入其他標籤（這些標籤也可以放入額外的標籤）並且用 `</Ellipse>` 這種結束標籤來關閉它，來將它變成**容器標籤**。

你會在本書學到 XAML 如何運作，以及各種不同的 XAML 標籤。

問：**我們的畫面長得跟你的不一樣！它缺少一些視窗，而且有些視窗在不同的位置。我是不是哪裡做錯了？怎麼重設它？**

答：在 Window 選單裡面按下 **Reset Window Layout**，IDE 就會恢復成預設的視窗配置。然後在 **View>>Other Windows** 選單，打開 Toolbox 和 Error List 視窗，這樣你的畫面就會跟這一章的一樣了。

Toolbox 在預設清況下會收起來，你可以使用 Toolbox 視窗的右上角的圖釘按鈕來讓它保持展開。

Visual Studio 會產生一些程式碼來當成 app 的起點，確保 app 做它該做的事情完全是你的責任。

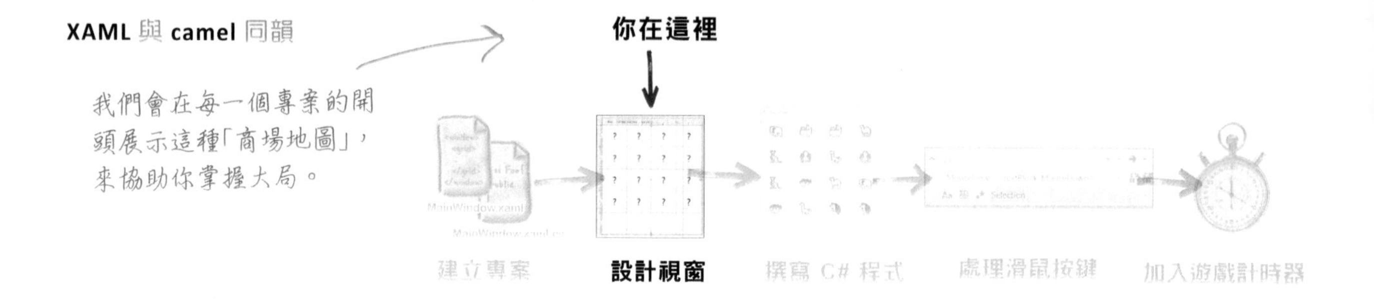

使用 XAML 來設計視窗

讓 Visual Studio 為你建立一個 WPF 專案之後，接下來要開始使用 **XAML** 了。

XAML 是 **Extensible Application Markup Language** 的縮寫，它是一種非常靈活的標記語言，C# 開發者可用它來設計使用者介面。你接下來會用兩種不同的程式來建構 app。首先，你會用 XAML 來設計使用者介面（或 UI），然後，你會加入 C# 程式碼，來讓遊戲動起來。

如果你曾經使用 HTML 來設計網頁，你會發現它與 XAML 有許多相似處。這是使用 XAML 來顯示一個小視窗的小範例：

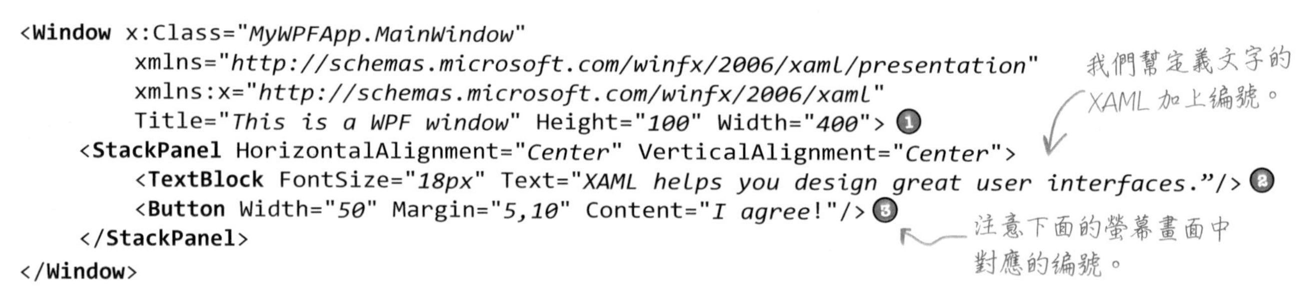

```
<Window x:Class="MyWPFApp.MainWindow"
        xmlns="http://schemas.microsoft.com/winfx/2006/xaml/presentation"
        xmlns:x="http://schemas.microsoft.com/winfx/2006/xaml"
        Title="This is a WPF window" Height="100" Width="400"> ❶
    <StackPanel HorizontalAlignment="Center" VerticalAlignment="Center">
        <TextBlock FontSize="18px" Text="XAML helps you design great user interfaces."/> ❷
        <Button Width="50" Margin="5,10" Content="I agree!"/> ❸
    </StackPanel>
</Window>
```

我們幫定義文字的 XAML 加上編號。
注意下面的螢幕畫面中對應的編號。

下面是當 WPF **轉譯**這個視窗（或是在螢幕上畫出它）時的樣子。它會畫出一個視窗，裡面有兩個可見的**控制項**，包含一個顯示文字的 TextBlock 控制項，以及一個讓用戶按下的 Button 控制項。它們是用不可見的 StackPanel 控制項來排版的，StackPanel 會將其中一個顯示在另一個上面。你可以先在視窗截圖裡面找出想要比對的控制項，再到 XAML 找出它的 `TextBlock` 與 `Button` 標籤。

設計遊戲視窗

我們的應用程式需要一個圖形化的使用者介面、讓遊戲動起來的物件，以及一個可執行檔，才可以執行。看起來我們有很多事情要做，但你會在本章其餘的內容建構所有東西，最後，你將完全知道如何用 Visual Studio 來設計漂亮的 WPF app。

這是我們要製作的 app 的視窗配置：

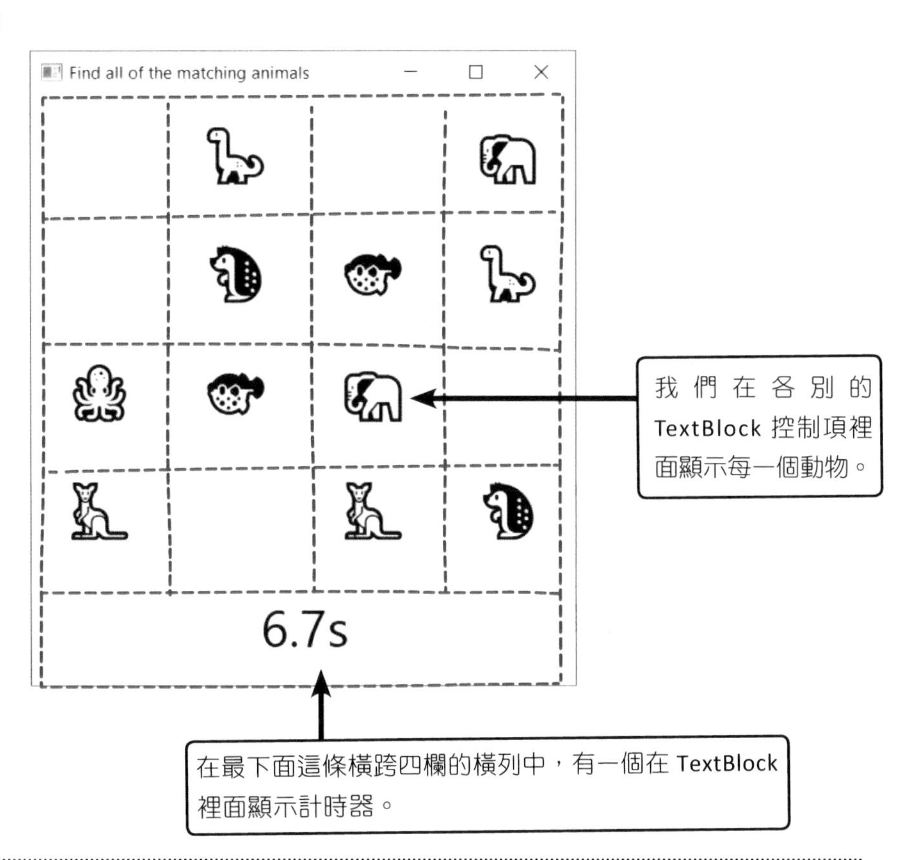

這個視窗是用一個網格來配置的，網格裡面有四個直欄、五個橫列。

我們在各別的 TextBlock 控制項裡面顯示每一個動物。

在最下面這條橫跨四欄的橫列中，有一個在 TextBlock 裡面顯示計時器。

Fun 輕鬆

對 C# 開發者來說，XAML 是重要的技能。

你可能在想：「不是吧！這是《深入淺出 *C#*》，為什麼要花這麼多時間學習 XAML ？我們應該把精力放在 C# 才對吧？」

WPF 應用程式使用 XAML 來設計使用者介面，其他類型的 C# 專案也一樣。你不但可以用它來製作桌面 app，也可以運用同一種技術，使用 Xamarin Forms（採用 XAML 的變體，具有稍微不同的控制項組合）來建構 C# Android 與 iOS 行動 app。這就是為什麼對每位 C# 開發者來說，使用 XAML 來建構使用者介面都是很重要的技能，也是你將在這本書學到許多 XAML 的原因。我們會**一步一步地**帶領你建構 XAML — 你可以在 Visual Studio 2019 XAML 設計工具裡面使用拖曳工具來建立使用者介面，而不需要打太多字。把話講白：

XAML 是定義使用者介面的程式，C# 是定義行為的程式。

使用 XAML 屬性來設定視窗尺寸與標題

我們來為動物配對遊戲建構 UI。你的第一個工作是把視窗變窄，並且改變它的標題，你將會更熟悉 Visual Studio 的 XAML 設計工具，它是一種強大的工具，可幫助你為 app 設計出很漂亮的使用者介面。

❶ 選擇主視窗。

在 Solution Explorer 裡面按兩下 *MainWindow.xaml*。

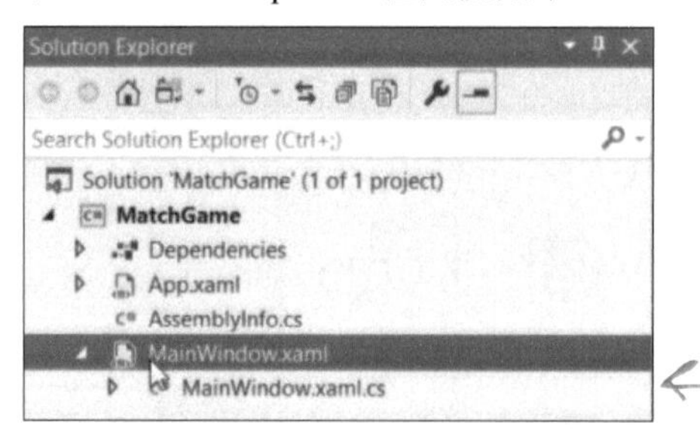

在 Solution Explorer 裡面的檔案按兩下可以用適當的編輯器打開它。結尾為 .cs 的 C# 程式檔案會在程式碼編輯器裡面開啟。結尾為 .xaml 的 XAML 檔案會在 XAML 設計工具裡面開啟。

按兩下之後，Visual Studio 會在 XAML 設計工具裡面打開它。

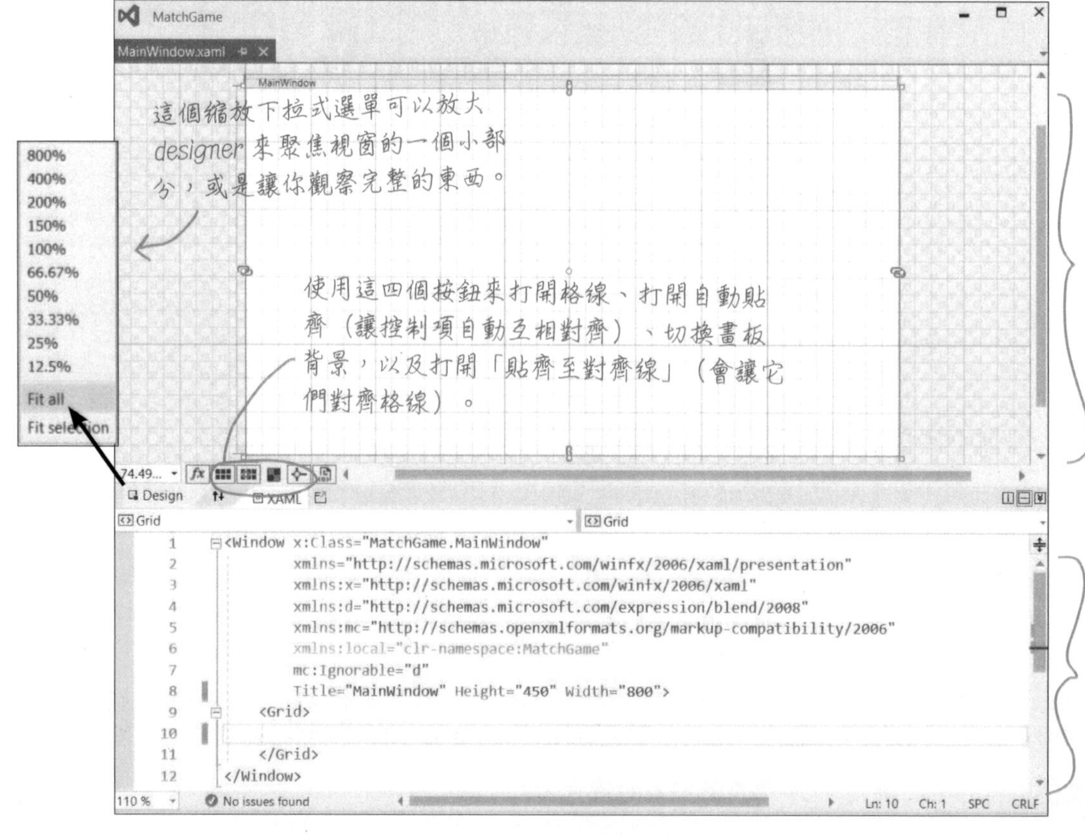

設計工具會顯示你正在編輯的視窗的預覽畫面。在這裡做的任何更改都會更改下面的 XAML。

你可以修改這裡的 XAML，並且在上面的視窗中即時看到更新。

❷ 改變視窗的尺寸。

將滑鼠移到 XAML 編輯器，在 XAML 程式碼的前八行隨便按下一個地方，你應該可以在 Properties 視窗看到視窗的屬性。

展開版面配置區域，**將寬度改成 400**。在設計窗格裡面的視窗會立刻變窄。仔細地看一下 XAML 程式 — Width 屬性變成 400 了。

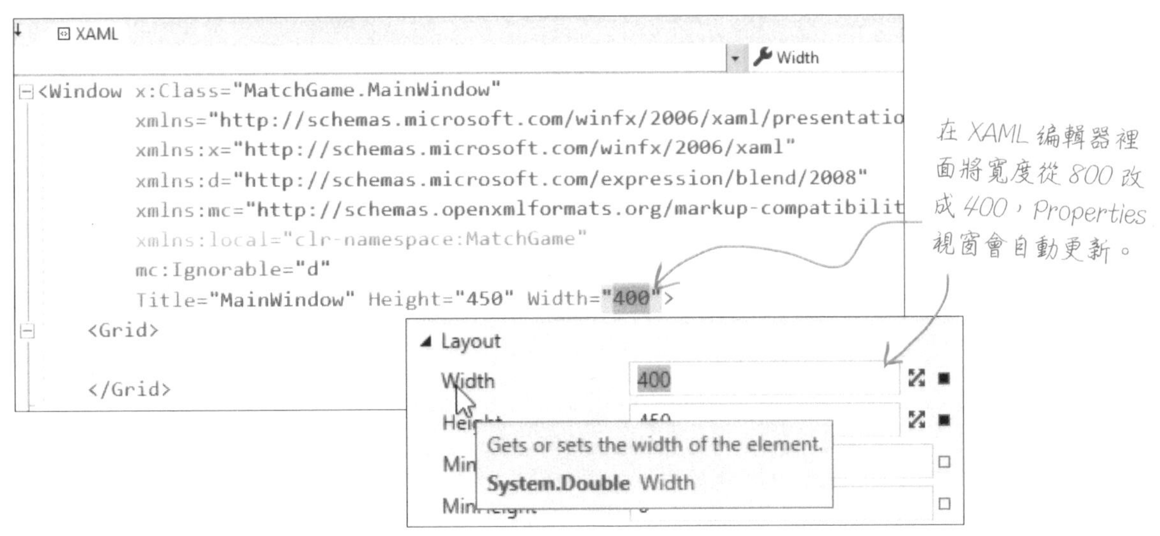

❸ 改變視窗標題。

找到 `Window` 標籤最後面的這一行 XAML 程式碼：

```
Title="MainWindow" Height="450" Width="400">
```

將標題改成 **`Find all of the matching animals`**，變成這樣：

```
Title="Find all of the matching animals" Height="450" Width="400">
```

你會在 Properties 視窗的 Common 區域看到這個改變，更重要的是，現在視窗的標題列顯示出新文字了。

當你修改 XAML 標籤裡面的屬性時，修改的部分會立刻出現在 Properties 視窗裡面。當你使用 Properties 視窗來修改 UI 時，IDE 會更新 XAML。

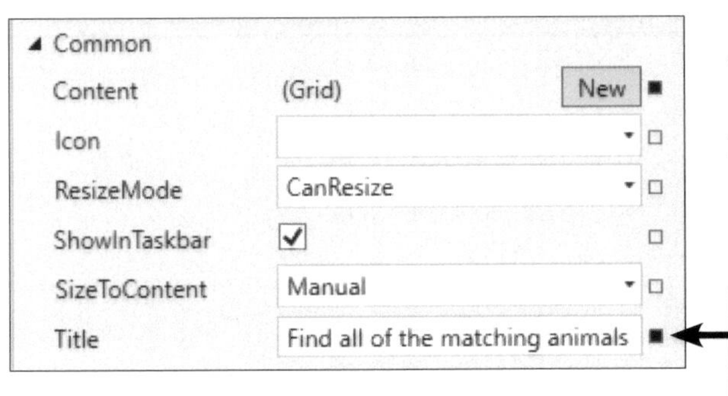

Find all of the matching animals

在 XAML 格線裡面加入橫列與直欄

乍看之下，你的主視窗是空的，但是仔細看一下 XAML 的最下面，有沒有看到 <**Grid**>，還有它下面的 </**Grid**>？你的視窗其實是**格線**，你看不到任何東西是因為它沒有任何橫列與直欄。我們來加入一列。

將你的滑鼠移到設計工具裡面的視窗的左側。當游標出現加號時，按下滑鼠來加入一列。

WPF app 的 UI 是用按鈕、標籤、確認方塊等控制項來建構的。格線是一種特殊的控制項，稱為容器（container），可以容納其他的控制項。它使用橫列與直欄來定義版面配置。

你會看到一個數字還有它旁邊的星號，以及跨越視窗的橫線，這樣你就在格線中加入一列了！現在要加入橫列與直欄：

- ★ 再重複做四次，總共加入五列。
- ★ 把滑鼠移到視窗的最上面，按下按鍵，加入四個直欄。此時你的視窗會變成下面的畫面（但是你的數字會不同，這不是問題）。
- ★ 回到 XAML。現在裡面有一組 `ColumnDefinition` 與 `RowDefinition` 標籤，符合你剛才加入的橫列與直欄。

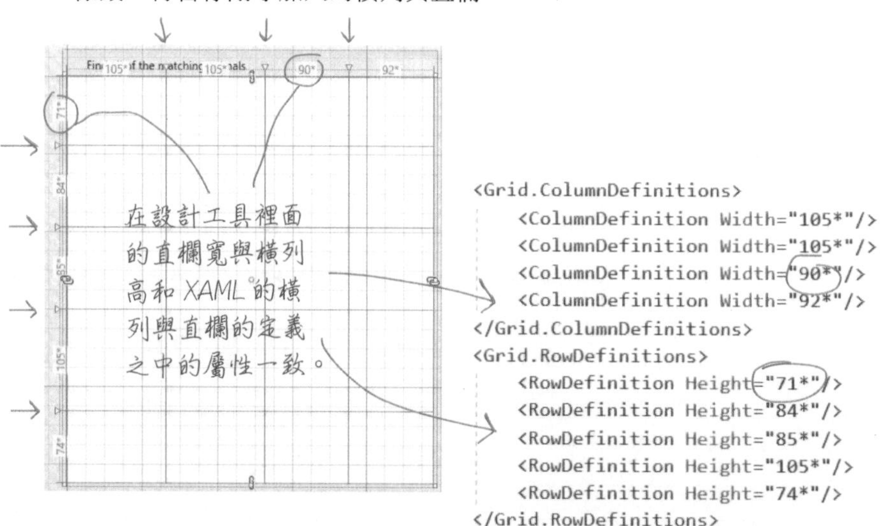
在設計工具裡面的直欄寬與橫列高和 XAML 的橫列與直欄的定義之中的屬性一致。

```
<Grid.ColumnDefinitions>
    <ColumnDefinition Width="105*"/>
    <ColumnDefinition Width="105*"/>
    <ColumnDefinition Width="90*"/>
    <ColumnDefinition Width="92*"/>
</Grid.ColumnDefinitions>
<Grid.RowDefinitions>
    <RowDefinition Height="71*"/>
    <RowDefinition Height="84*"/>
    <RowDefinition Height="85*"/>
    <RowDefinition Height="105*"/>
    <RowDefinition Height="74*"/>
</Grid.RowDefinitions>
```

這些「照過來！」單元會提醒你一些重要卻經常令人困惑的事情，它們可能會讓你犯錯，或減緩你的速度。

BANG!

照過來！

你的 IDE 看起來可能會不一樣。

本書的螢幕畫面都來自 **Visual Studio Community 2019 for Windows**，如果你使用 Professional 或 Enterprise 版本，你可能會看到一些小地方不一樣。

別擔心，一切事物的運作方式都一模一樣。

把橫列與直欄變成相同的尺寸

我們希望遊戲將動物整齊排列來讓玩家配對，我們會把動物放在格線的格子裡面，而且格線會被自動調整成視窗的大小，所以我們要讓橫列與直欄都有相同的尺寸。幸好，XAML 可讓我們輕鬆地調整橫列與直欄的尺寸。**在 XAML 編輯器裡面按下第一個 RowDefinition 標籤**，讓 Properties 視窗顯示它的屬性：

實心的方塊代表屬性值不是預設值，按下方塊，然後在選單裡面選擇 Reset 可將它重設為預設值。

按下這裡的文字

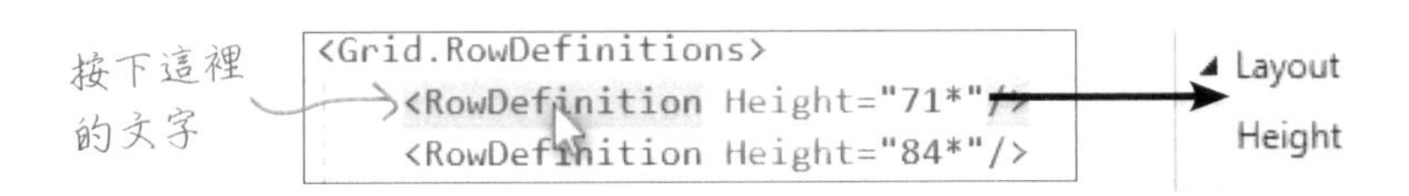

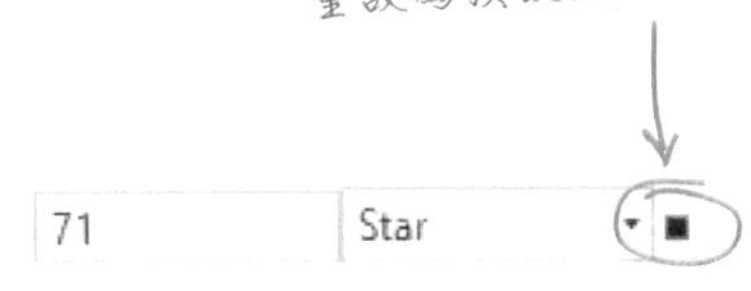

在 Properties 視窗**按下** Height 屬性右邊的**方塊**，然後在跳出來的**選單裡面選擇 Reset**。嘿！等一下！這樣做之後，designer 裡面的橫列消失了。事實上，它沒有消失，只是變得很窄，繼續**重設**每一列的 **Height 屬性**。然後**重設**所有直欄的 **Width 屬性**。現在你的格線應該是四條大小相同的直欄，與五條大小相同的橫列。

試著認真閱讀 XAML，如果你沒有用過 HTML 或 XML，在一開始可能會覺得它們看起來像一堆 < 括號 > 與 / 斜線，你閱讀它的次數越多，你就越了解它。

你會在設計工具裡面看到這個畫面：

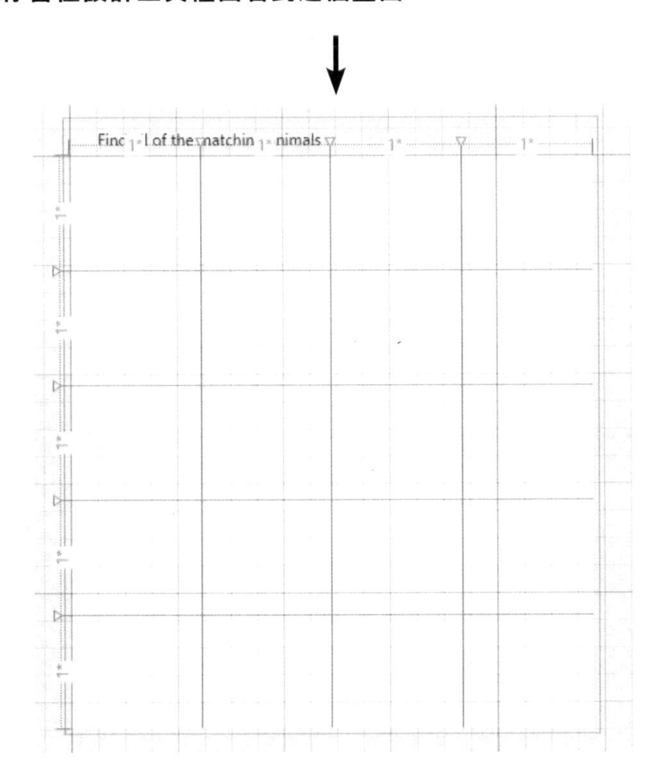

你會在 XAML 編輯器裡面的 <Window ... > 開始標籤與 </Window> 結束標籤之間看到這些東西：

```
<Grid>
    <Grid.ColumnDefinitions>
        <ColumnDefinition/>
        <ColumnDefinition/>
        <ColumnDefinition/>
        <ColumnDefinition/>
    </Grid.ColumnDefinitions>
    <Grid.RowDefinitions>
        <RowDefinition/>
        <RowDefinition/>
        <RowDefinition/>
        <RowDefinition/>
        <RowDefinition/>
    </Grid.RowDefinitions>
</Grid>
```

這是建立四條同樣大小的直欄，與五條同樣大小的橫列的 XAML 程式碼。

在格線裡面加入 TextBlock 控制項

當你從工具箱拉一個控制項到格子裡面時，IDE 會在你的 XAML 裡面加入 TextBlock，並設定它的橫列、直欄與邊界。

WPF app 使用 **TextBlock 控制項**來顯示文字，我們要用它們來顯示動物，讓玩家可以尋找和配對。我們在視窗中加入一個。

在 Toolbox 裡，展開 Common WPF Controls，**將一個 TextBlock 拉到第二欄、第二列的格子裡**。IDE 會在 `Grid` 的開始與結束標籤之間加入一個 `TextBlock`：

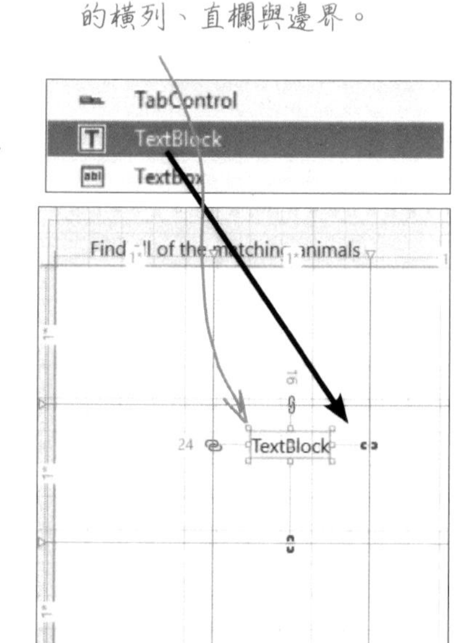


```
<TextBlock Text="TextBlock"
   HorizontalAlignment="Left" VerticalAlignment="Center"
   Margin="560,0,0,0" TextWrapping="Wrap" />
```

這個 TextBlock 的 XAML 有五個屬性：

- `Text` 可讓 TextBlock 知道要在視窗裡顯示什麼文字。
- `HorizontalAlignment` 可以把文字對齊左邊、右邊或中央。
- `VerticalAlignment` 將它對齊格子的頂部、中間或底部。
- `Margin` 設定它與容器的頂部、側邊或底部之間的距離。
- `TextWrapping` 設定是否加入分行符號，來將文字分成多行。

你的屬性可能有不同的順序，而且 Margin 屬性會有不同的數字，因為它們取決於你把它拉到格子裡面的哪裡。你可以用 IDE 的 Properties 視窗來修改或重設以上所有屬性。

我們想要把所有動物置中。在設計工具裡面**按下標籤**，然後在 Properties 視窗按下 ▷ Layout 來展開 **Layout 區域**。為直向對齊與橫向對齊屬性按下 **Center**，然後使用視窗右邊的方塊來**重設 Margin 屬性**。

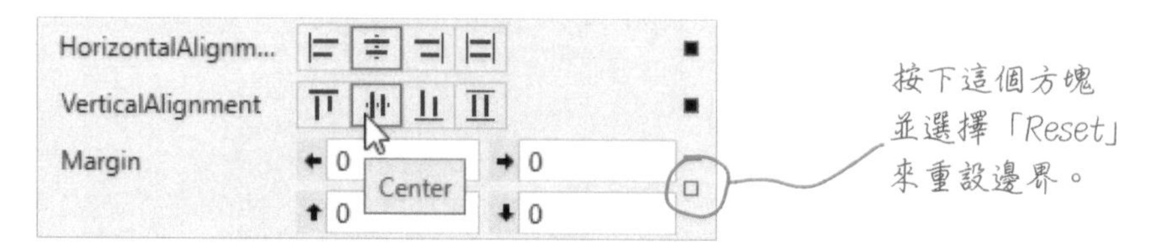

按下這個方塊並選擇「Reset」來重設邊界。

我們也想要讓動物大一些，所以在 Properties 視窗裡面**展開 Text 區域**，**將字型大小改成** `36 px`。然後在 Common 區域將 Text 屬性改成 **?** 來讓它顯示一個問號。

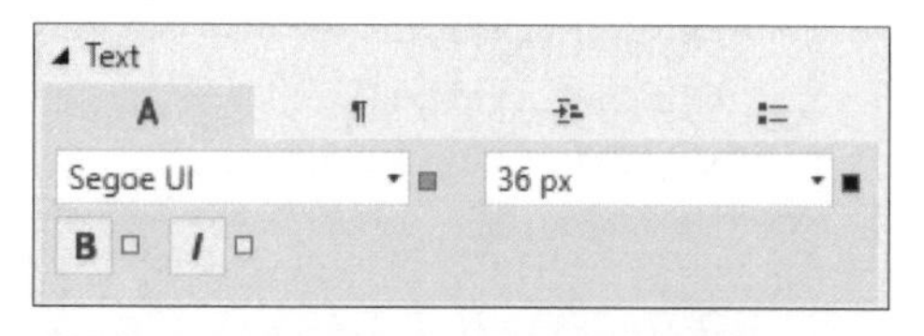

Text 屬性（在 Common 底下）可設定 TextBlock 的文字。

Common
Text ?

在 Properties 視窗最上面**按下搜尋欄**，然後輸入 **`wrap`** 來尋找符合它的屬性。使用視窗右邊的方塊來重設 TextWrapping 屬性。

問：**當我重設前四列的高（height）時，它們消失了，但是當我重設最後一列的高之後，它們又出現了，為什麼會這樣？**

答：那幾列看起來消失的原因是在預設情況下，WPF 格線會**按比例調整**橫列與直欄的**大小**。如果最後一列的高是 74*，當你將前四列改成預設高度 1* 時，格線會改變列的大小，讓前四列都占格線高度的 1/78（或 1.3%），讓最後一列占 74/78（或 94.8%），導致前四列看起來非常小。當你將最後一列重設成預設高 1* 時，格線會將每一列的大小平均調整為格線高的 20%。

問：**我們將視窗的寬設成 400，它的單位是什麼？400 有多寬？**

答：WPF 使用**非關設備的像素**，它永遠是一英寸的 1/96。也就是說，在*未縮放*的畫面上，96 個像素一定等於 1 英寸。但如果你拿尺來測量你的視窗，你可能會發現它並非剛好是 400 像素（或大約 4.16 英寸）寬。這是因為 Windows 有一個很有用的功能，可讓你更改畫面的尺度，如此一來，當你將房間另一頭的電視當成電腦螢幕來使用時，你的 app 看起來就不會太小。非關設備的像素可協助 WPF 讓 app 在任何尺度之下都很漂亮。

所以如果我想讓其中一欄的寬度是其他欄的兩倍，我只要將它的寬度設成 2*，格線就會處理它了。

你會在這本書看到類似這樣的練習。它們可以提升你的程式技術。偷看答案絕對是 OK 的！

習題

你有一個 TextBlock 了—這是很棒的起點！但是我們需要 16 個 TextBlock 來顯示所有的動物。你可以想出如何加入更多 XAML，將相同的 TextBlock 加入格線的前四列的每一格裡面嗎？

先看一下你剛才建立的 XAML 標籤。它應該長這樣—裡面的屬性可能有不同的順序，我在這裡將它分成兩行（如果你想要讓 XAML 更容易閱讀，你也可以這樣做）：

```
<TextBlock Text="?" Grid.Column="1" Grid.Row="1" FontSize="36"
      HorizontalAlignment="Center" VerticalAlignment="Center"/>
```

你的工作是**複製那個 TextBlock**，讓格線上面的 16 格都有一模一樣的 TextBlock — 為了完成這個練習，你*必須在 app 再加入 15 個 TextBlock*。請記得這些事情：

- 橫列與直欄的編號是從 0 開始的，其預設值也是 0。所以如果你沒有設定 `Grid.Row` 或 `Grid.Column` 屬性，TextBlock 會出現在最左邊那一列或最上面那一欄。
- 你可以在設計工具裡面編輯 UI，或複製貼上 XAML。嘗試這兩種做法，看看哪一種適合你！

習題解答

這是讓玩家配對的動物的 16 個 TextBlock 的 XAML 程式碼一它們除了 Grid.Row 與 Grid.Column 屬性之外都是一致的，這段程式在一個 5 列 4 欄的格線上方的 16 個格子裡面各放入一個 TextBlock。（*Window 標籤保持不變，所以在這裡沒有列出它。*）

這是加入所有 TextBlock 之後，在 Visual Studio 設計工具裡面的視窗。

當你將各列與各欄的大小都設為相同時，橫列與直欄的定義就是這樣。

```
<Grid>
  <Grid.ColumnDefinitions>
     <ColumnDefinition/>
     <ColumnDefinition/>
     <ColumnDefinition/>
     <ColumnDefinition/>
  </Grid.ColumnDefinitions>

  <Grid.RowDefinitions>
     <RowDefinition/>
     <RowDefinition/>
     <RowDefinition/>
     <RowDefinition/>
     <RowDefinition/>
  </Grid.RowDefinitions>

  <TextBlock Text="?" FontSize="36" HorizontalAlignment="Center" VerticalAlignment="Center"/>
  <TextBlock Text="?" FontSize="36" HorizontalAlignment="Center" VerticalAlignment="Center" Grid.Column="1"/>
  <TextBlock Text="?" FontSize="36" HorizontalAlignment="Center" VerticalAlignment="Center" Grid.Column="2"/>
  <TextBlock Text="?" FontSize="36" HorizontalAlignment="Center" VerticalAlignment="Center" Grid.Column="3"/>

  <TextBlock Text="?" FontSize="36" HorizontalAlignment="Center" VerticalAlignment="Center" Grid.Row="1"/>
  <TextBlock Text="?" FontSize="36" Grid.Row="1" Grid.Column="1"
        HorizontalAlignment="Center" VerticalAlignment="Center"/>
  <TextBlock Text="?" FontSize="36" Grid.Row="1" Grid.Column="2"
        HorizontalAlignment="Center" VerticalAlignment="Center"/>
  <TextBlock Text="?" FontSize="36" Grid.Row="1" Grid.Column="3"
        HorizontalAlignment="Center" VerticalAlignment="Center"/>

  <TextBlock Text="?" FontSize="36" Grid.Row="2" HorizontalAlignment="Center" VerticalAlignment="Center"/>
  <TextBlock Text="?" FontSize="36" Grid.Row="2" Grid.Column="1"
        HorizontalAlignment="Center" VerticalAlignment="Center"/>
  <TextBlock Text="?" FontSize="36" Grid.Row="2" Grid.Column="2"
        HorizontalAlignment="Center" VerticalAlignment="Center"/>
  <TextBlock Text="?" FontSize="36" Grid.Row="2" Grid.Column="3"
        HorizontalAlignment="Center" VerticalAlignment="Center"/>

  <TextBlock Text="?" FontSize="36" Grid.Row="3" HorizontalAlignment="Center" VerticalAlignment="Center"/>
  <TextBlock Text="?" FontSize="36" Grid.Row="3" Grid.Column="1"
        HorizontalAlignment="Center" VerticalAlignment="Center"/>
  <TextBlock Text="?" FontSize="36" Grid.Row="3" Grid.Column="2"
        HorizontalAlignment="Center" VerticalAlignment="Center"/>
  <TextBlock Text="?" FontSize="36" Grid.Row="3" Grid.Column="3"
        HorizontalAlignment="Center" VerticalAlignment="Center"/>
</Grid>
```

這四個 TextBlock 控制項的 Grid.Row 屬性都設為 1，所以它們位於上面算下來的第二列（因為第一列是 0）。

加入設為 0 的 Grid.Row 或 Grid.Column 屬性是 OK 的，我們不加入它們是因為 0 是預設值。

這裡的程式很多，但是它其實只是將同一行程式碼複製 16 次並稍微修改。開頭為<TextBlock 的每一行都有相同的四個屬性（Text、FontSize、HorizontalAlignment 與 VerticalAlignment）。它們只是有不同的 Grid.Row 與 Grid.Column 屬性。（屬性可以用任何順序排列。）

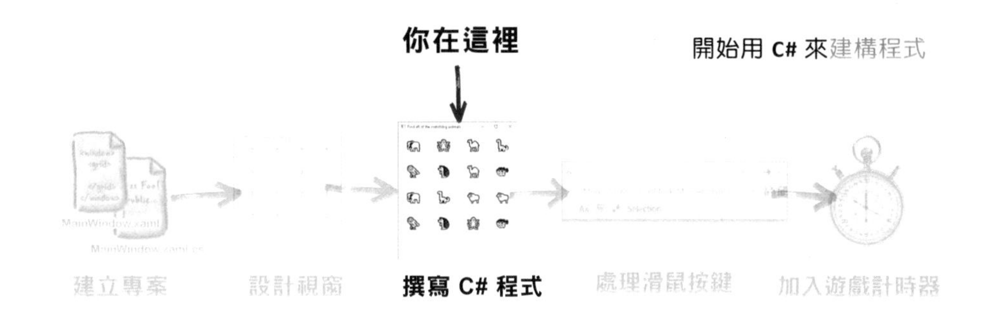

現在你可以開始寫遊戲程式了

剛才你已經設計好視窗了，或者說，至少足以進入遊戲製作的下一個部分了。接下來要加入 C# 程式，來讓遊戲可以運作。

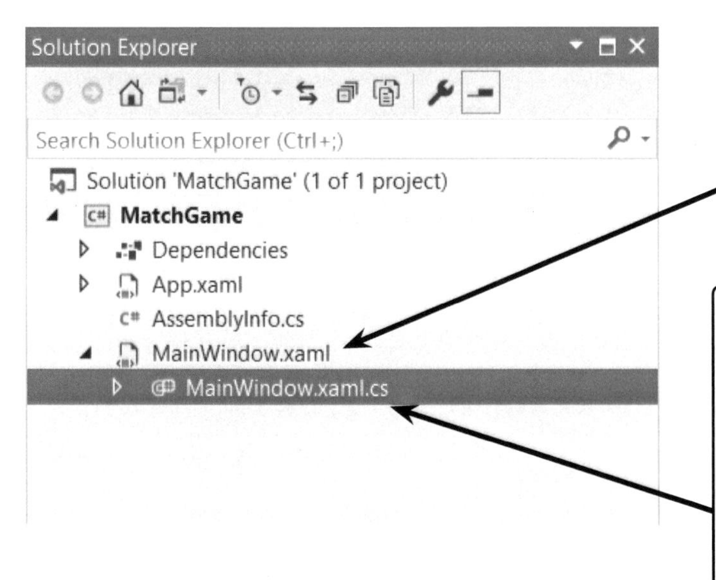

你剛才在 *MainWindow.xaml* 裡面編輯 XAML 程式，它是存放視窗的所有設計元素的地方－這個檔案內的 XAML 定義了視窗的外觀和版面配置。

現在你要開始撰寫 C# 程式碼，它們位於 *MainWindow.xaml.cs* 裡面。它稱為視窗的 code-behind（程式碼後置），因為它是與 XAML 檔裡面的標記連結的。正因為如此，除了結尾的「.cs」之外，它們的名稱是相同的。你接下來要在這個檔案裡面加入 C# 程式碼來定義遊戲的行為，包括在格線中加入 emoji、處理滑鼠按鍵，以及讓計時器運作的程式碼。

照過來！

你輸入的 C# 程式碼必須完全正確。

有人說，除非你曾經花了好幾個小時找出一個擺錯位置的句點，否則不會成為真正的開發者。大小寫非常重要：`SetUpGame` 與 `setUpGame` 不一樣。多餘的逗號、分號、括號…等可能會破壞你的程式碼，更糟糕的情況是，它們可能改變你的程式，讓程式可以通過組建，但產生出乎意外的行為。雖然 IDE 的 **AI 輔助 IntelliSense** 可以協助你避免這些問題…但是它沒辦法幫你做每一件事。

產生一個方法來設置遊戲

設置好使用者介面之後，我們要開始撰寫遊戲程式了。接下來你會**產生一個方法**（如同之前看過的 Main 方法），然後在裡面加入程式碼。

產生它！

Solution 'MatchGame' (1 of 1 project)
MatchGame
Dependencies
App.xaml
AssemblyInfo.cs
MainWindow.xaml
MainWindow.xaml.cs
使用視窗最上面的標籤來切換 C# 編輯器與 XML 設計工具。
MainWindow.xaml
MainWindow.xaml.cs
MatchGame

1. **在編輯器裡面打開 MainWindow.xaml.cs**

   在 Solution Explorer 裡面，按下 *MainWindow.xaml* 旁邊的（三角符號），然後**按兩下 *MainWindow.xaml.cs***，在 IDE 的程式編輯器裡面打開它。這個檔案裡面已經有程式了。Visual Studio 會幫助你在裡面加入方法。

如果你還不太知道方法是什麼，先不用擔心。

2. **產生一個稱為 SetUpGame 的方法。**

   在你打開的程式中，找到的這個部分：

```
public MainWindow()
{
    InitializeComponent();
}
```

將游標移到 `InitializeComponent();` 這一行最後面的分號右邊，按下滑鼠按鍵，然後按下 Enter 兩次，輸入：`SetUpGame();`。

當你輸入分號之後，在 SetUpGame 下面會出現紅波浪線，按下 SetUpGame 這個字 — 你會在視窗的左邊看到一個亮燈泡圖示，按下它，打開 **Quick Actions 選單**，用它來產生一個方法。

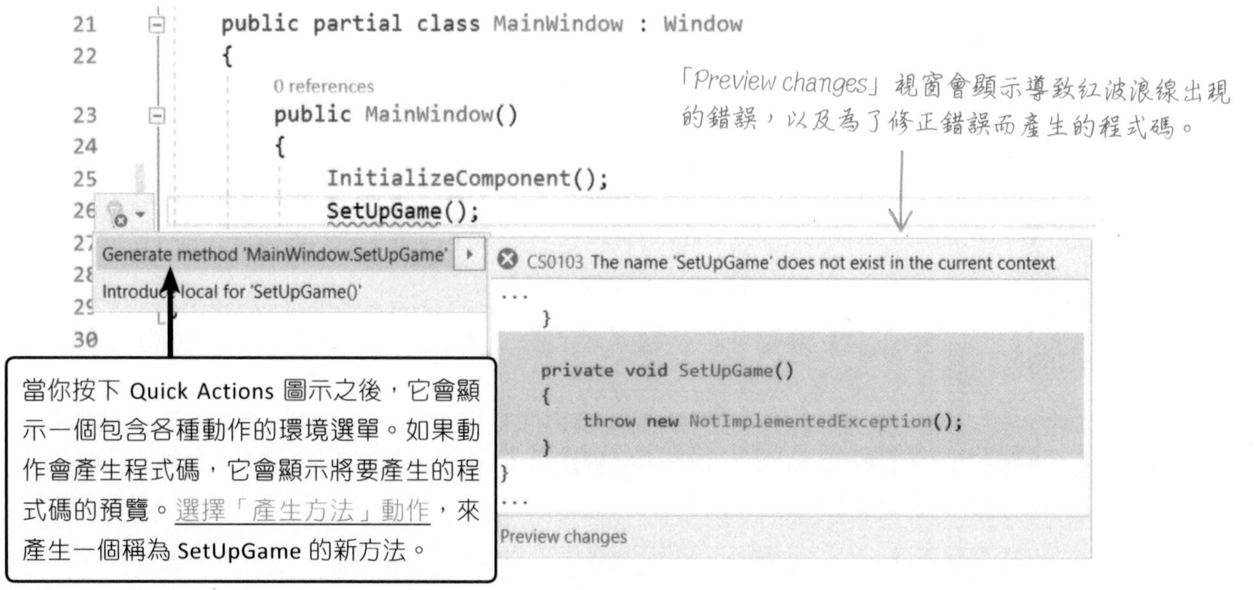

21 public partial class MainWindow : Window
22 {
0 references
23 public MainWindow()
24 {
25 InitializeComponent();
26 SetUpGame();
30
Generate method 'MainWindow.SetUpGame'
Introduce local for 'SetUpGame()'
CS0103 The name 'SetUpGame' does not exist in the current context
private void SetUpGame()
{
throw new NotImplementedException();
}
Preview changes
「Preview changes」視窗會顯示導致紅波浪線出現的錯誤，以及為了修正錯誤而產生的程式碼。
當你按下 Quick Actions 圖示之後，它會顯示一個包含各種動作的環境選單。如果動作會產生程式碼，它會顯示將要產生的程式碼的預覽。選擇「產生方法」動作，來產生一個稱為 SetUpGame 的新方法。

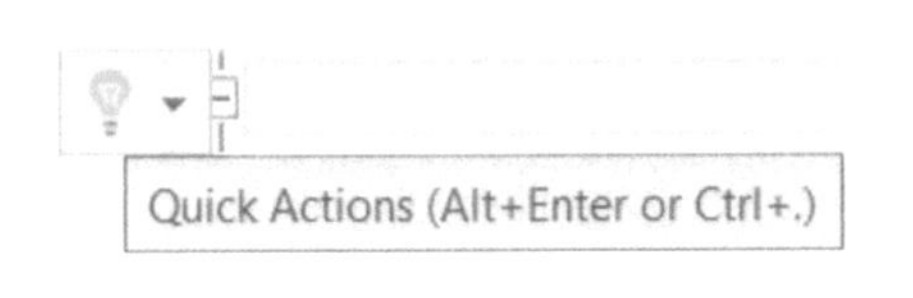

亮燈泡圖示代表你選擇的程式碼有快速動作可以使用，這意味著有一個工作是 Visual Studio 可以為你自動完成的。你可以按下亮燈泡或 Alt+Enter 或 Ctrl+.（句點）來查看可用的快速動作。

❸ 試著執行程式。

按下 IDE 最上面的按鈕來啟動你的程式，就像之前在主控台 app 做過的那樣。

按下 IDE 最上面的工具列裡面的「Start Debugging」按鈕即可啟動 app。你也可以使用 Debug 選單裡面的 Start Debugging (F5) 來啟動 app。

噢噢 — 出問題了。它沒有顯示一個視窗，而是**丟出一個例外**：

```
21      public partial class MainWindow : Window
22      {
            0 references
23          public MainWindow()
24          {
25              InitializeComponent();
26              SetUpGame();
27          }
28
            1 reference
29          private void SetUpGame()
30          {
31              throw new NotImplementedException();
32          }
33      }
34  }
35
```

Exception User-Unhandled

System.NotImplementedException: 'The method or operation is not implemented.'

View Details | Copy Details | Start Live Share session...

▷ Exception Settings

雖然表面上它們壞掉了，但其實這在我們的預料之中！IDE 會暫停你的程式，並醒目提示最後執行的一行程式，仔細看一下：

```
throw new NotImplementedException();
```

IDE 產生的方法要求 C# 丟出一個例外。仔細看一下例外的訊息：

```
System.NotImplementedException: 'The method or operation is not implemented.'
```

這是合理的結果，因為**實作 IDE 所產生的方法是你的責任**。如果你忘了實作它，例外可以提醒你還有工作需要完成。如果你產生許多方法，有這種提醒機制是很好的事情！

按下工具列的 Stop Debugging 按鈕（或是在 Debug 選單裡面選擇 Stop Debugging (F5)）來停止程式，以便完成 SetUpGame 方法的實作。

當你使用 IDE 來執行 app 時，Stop Debugging 按鈕可以立刻停止它。

完成你的 SetUpGame 方法

這是一種稱為建構式 (constructor) 的特殊方法，第 5 章會詳細介紹它的工作方式。

我們將 SetUpGame 方法放入 `public MainWindow()` 方法的原因是，在這個方法裡面的所有東西都會在 app 啟動時執行。

① **開始在 SetUpGame 方法裡面加入程式碼。**

SetUpGame 方法將會接收八對動物 emoji 字元，並將它們隨機分給 TextBlock 控制項，來讓玩家進行配對。因此，你的方法首先需要一系列的 emoji，IDE 可以幫你寫這種程式。選擇 IDE 加入的 `throw` 陳述式，刪除它。把游標移到那個陳述式原本的位置，輸入 `List`。IDE 會彈出 **IntelliSense** 視窗，裡面有一堆開頭為「List」的關鍵字：

你很快就會學到更多關於方法的知識。

你剛才已經使用 IDE 在 app 中加入方法了，但如果你還不清楚方法是什麼，先不用擔心，你會在下一章學到關於方法的知識，以及 C# 程式碼的架構。

```
private void SetUpGame()
{
    List
}
    JournalEntryListConverter
    LinkedList<>
    LinkedListNode<>
    List
```

在 IntelliSense 快顯視窗裡選擇 List，然後輸入 `<str`，此時，另一個 IntelliSense 視窗會出現，裡面有符合的關鍵字：

```
private void SetUpGame()
{
    List<str
}
    List<T>
    Represents a strongly typed list of objects that can be accessed by index. Provides methods to search, sort, and manipulate lists.
    T: The type of elements in the list.
        Stretch
        StretchDirection
        String
        string          string Keyword
```

選擇 `string`。輸入這一行程式碼，但是**還不要按下 Enter**：

```
List<string> animalEmoji = new List<string>()
```

List 是一種集合，它會按照順序儲存一組值。第 8 章與第 9 章會告訴你集合的所有細節。

使用「new」關鍵字來建立 List，第 3 章會介紹它。

② 在 List 裡面加入值。

你的 C# 陳述式還沒完成。把游標放在那一行結尾的) 後面，然後輸入開始的大括號 {，IDE 會幫你加入結束的大括號，並且把你的游標放在這兩個括號之間。**按下 Enter** — IDE 會自動幫你加入分行符號：

```
List<string> animalEmoji = new List<string>()
{

}
```

你可以在 emoji 面板出現時，輸入「octopus」之類的單字，它會被換成 emoji。

使用 **Windows emoji** 面板（按下 Windows 圖示鍵 + 句點）或是到你喜歡的 emoji 網站（例如 https://emojipedia.org/nature）複製一個 emoji 字元。回到你的程式，輸入 "，然後貼上字元，再輸入一個 " 還有一個逗號、空格、另一個 "，再次輸入同一個字元，最後加上一個 " 和逗號。再幫另外七個 emoji 做同一件事，最後在**大括號之間加入八對動物 emoji**。在結束的大括號後面加上一個 ;：

```
List<string> animalEmoji = new List<string>()
{
    "🐙","🐙",
    "🐡","🐡",
    "🐘","🐘",
    "🐳","🐳",
    "🐪","🐪",
    "🦕","🦕",
    "🦘","🦘",
    "🦔","🦔",
};
```

把游標移到 animalEmoji 下面的三個點，IDE 會告訴你：你指派給它的值都不會被用到。當你在方法接下來的地方使用這個 emoji List 之後，這個警告訊息就會消失。

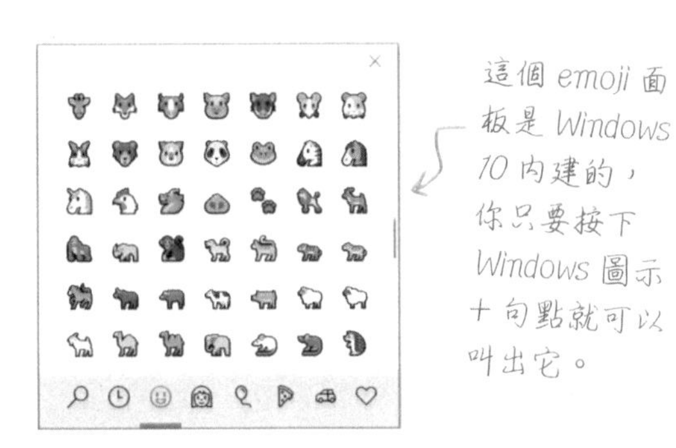

這個 emoji 面板是 Windows 10 內建的，你只要按下 Windows 圖示 + 句點就可以叫出它。

③ 完成方法。

現在幫方法**加入其餘的程式碼** — 特別注意句點、小括號與中括號：

```
Random random = new Random();

foreach (TextBlock textBlock in mainGrid.Children.OfType<TextBlock>())
{
    int index = random.Next(animalEmoji.Count);
    string nextEmoji = animalEmoji[index];
    textBlock.Text = nextEmoji;
    animalEmoji.RemoveAt(index);
}
```

在結束的大括號與分號後面加入這一行。

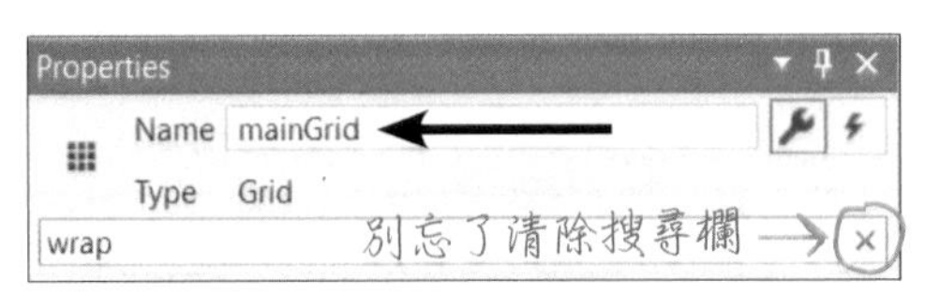

在 mainGrid 下面的紅波浪線是 IDE 提示有錯誤的方式，它代表程式無法組建，因為在程式的任何地方都找不到稱為那個名稱的東西。**回到 XAML 編輯器**，按下 <Grid> 標籤，在 Properties 視窗的名稱欄輸入 mainGrid。

在 XAML 裡，你會看到格線的最上面有 <Grid x:Name="mainGrid">，現在你的程式應該沒有任何錯誤了。如果還有，**仔細地檢查每一行** — 我們很容易遺漏某些東西。

如果你在執行遊戲時看到例外，請確定在 animalEmoji List 裡面有 8 對 emoji，而且在 XAML 裡面有 16 個 <TextBlock ... /> 標籤。

執行你的程式

在 IDE 的工具列按下 ▶ Start ▾ 按鈕來執行程式。你會看到一個視窗跳出來，裡面有八對分別位於隨機位置的動物：

當程式第一次執行時，你可能會在視窗的最上面看到這些**執行期工具**：
Hot Reload available
Go to Live Visual Tree
按下執行期工具的第一個按鈕會在 IDE 出現 Live Visual Tree 面板：
Live Visual Tree
Search Live Visual Tree (Alt+`)
Show runtime tools in application
(21)
按下 Live Visual Tree 的第一個按鈕來停用執行期工具。

IDE 會在程式執行時進入偵錯模式：Start 按鈕會變成淡灰色的 Continue，工具列會出現**偵錯控制項** ⏸ ■ ↻，裡面有全部中斷、停止偵錯與重新啟動等按鈕。

按下視窗右上角的 X 或按下偵錯控制項的 Stop 按鈕來停止程式。多執行它幾次，你會發現每一次動物都會被重新洗牌。

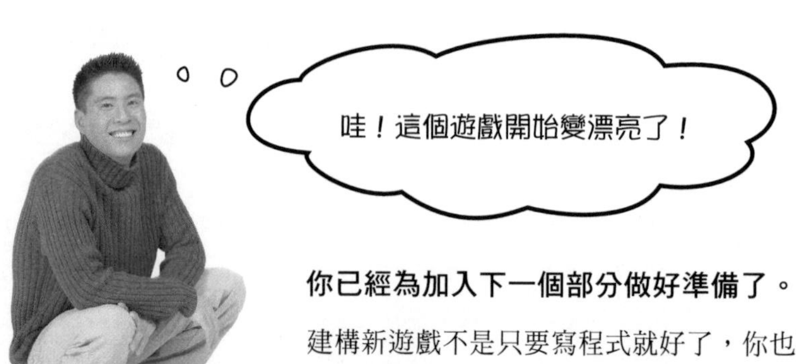

你已經為加入下一個部分做好準備了。

建構新遊戲不是只要寫程式就好了，你也要執行專案。在執行專案時，有一種高效的方法是一次只建構一小部分，並且在過程中不斷確認一切都朝著正確的方向前進。如此一來，你就有很多改變路線的機會。

這是另一個紙筆練習。你應該要花時間來完成全部的問題，因為它們會幫你更快速地把重要的 C# 概念植入大腦。

恭喜你，你已經寫出一個可以運作的程式了！寫程式當然不是只要把書本裡面的程式複製出來就好了，但即使你沒有寫過程式，你可能也會被你已經知道那麼多東西嚇一跳。將左邊的每一個 C# 陳述式連到右邊關於那些陳述式的行為敘述。我們已經幫你完成第一題了。

C# 陳述式

```
List<string> animalEmoji = new List<string>()
{
    "🐙","🐙",
    "🐡","🐡",
    "🐘","🐘",
    "🐳","🐳",
    "🐪","🐪",
    "🦕","🦕",
    "🦘","🦘",
    "🦔","🦔",
};
```

```
Random random = new Random();
```

```
foreach (TextBlock textBlock in
    mainGrid.Children.OfType<TextBlock>())
```

```
int index = random.Next(animalEmoji.Count);
```

```
string nextEmoji = animalEmoji[index];
```

```
textBlock.Text = nextEmoji;
```

```
animalEmoji.RemoveAt(index);
```

它做了什麼？

用 List 裡面的隨機 emoji 來更新 TextBlock

找出主格線的每一個 TextBlock，並且為每一個 TextBlock 重複執行接下來的陳述式

將 List 裡面的隨機 emoji 移除

建立一個有八對 emoji 的 List

在 0 與 List 剩餘的 emoji 數量之間隨機選擇一個數字，並將它稱為「index」

建立新的隨機數產生器

使用稱為「index」的隨機數，從 List 隨機取出一個 emoji

C# 陳述式

```
List<string> animalEmoji = new List<string>()
{
    "🐙","🐙",
    "🐡","🐡",
    "🐘","🐘",
    "🐳","🐳",
    "🐪","🐪",
    "🦕","🦕",
    "🦘","🦘",
    "🦔","🦔",
};

Random random = new Random();

foreach (TextBlock textBlock in
    mainGrid.Children.OfType<TextBlock>())

int index = random.Next(animalEmoji.Count);

string nextEmoji = animalEmoji[index];

textBlock.Text = nextEmoji;

animalEmoji.RemoveAt(index);
```

它做了什麼？

用 list 裡面的隨機 emoji 來更新 TextBlock

找出主格線的每一個 TextBlock，並且為每一個 TextBlock 反覆執行接下來的陳述式。

將 List 裡面的隨機 emoji 移除

建立一個有八對 emoji 的 List

在 0 與 List 剩餘的 emoji 數量之間隨機選擇一個數字，並將它稱為「index」

建立新的隨機數產生器

使用稱為「index」的隨機數，從 List 隨機取出一個 emoji

迷你削尖你的鉛筆

這個紙筆練習可以協助你真正了解 C# 程式碼。

1. 拿一張紙，把它橫放，在中間畫一條直線。
2. 在紙的左邊寫下整個 SetUpGame，在每一個陳述式之間保留一些空間。（不需要準確地畫出 emoji。）
3. 在紙的右邊寫下每一個陳述式在上面的「它做了什麼？」之中的答案。從上往下閱讀兩邊 — 你應該可以看得懂它們了。

我對這些「削尖你的鉛筆」和「連連看」練習不太有信心，你難道不能**直接給我程式**，讓我在 IDE 中輸入嗎？

提升程式理解能力可以成為更好的開發者。

紙筆練習是**必做的**，它們可以讓大腦用不同的方式吸收資訊。但是它們有更重要的功用：它們提供**犯錯**的機會。犯錯是學習的一部分，我們都會犯下大量錯誤（你甚至可能在這本書找到一兩個拼字錯誤！）。沒有人可以第一次就寫出完美的程式 — 真正優秀的程式員總是假設今日寫好的程式明天就有可能需要修改。事實上，在本書稍後，你會學到重構，它是一種程式設計技術，專門在你寫好程式之後改善它們。

我們用這個重點提示來快速回顧介紹過的概念和工具。

重點提示

- Visual Studio 是**微軟的 IDE**，或稱為**整合開發環境**，它可以簡化、協助你編輯、管理 C# 程式檔案。
- .NET Core **主控台 app** 是使用文字來輸入與輸出資訊的跨平台 app。
- IDE 的 **AI 輔助 IntelliSense** 可協助你更快速地輸入程式碼。
- **WPF**（或 Windows Presentation Foundation）是可以在 C# 裡面用來建構視覺 app 的技術。
- WPF 使用者介面是用 **XAML**（eXtensible Application Markup Language）來設計的，這是一種基於 XML 的標記語言，它使用標籤和屬性來定義使用者介面裡面的控制項。
- **Grid XAML 控制項**並且反覆幫每一個 TextBlock 執行下面的陳述式。提供格線版面配置來容納其他的控制項。
- **TextBlock XAML 標籤**可加入有文字的控制項。
- IDE 的 **Properties 視窗**可以讓你輕鬆地編輯控制項的屬性，例如改變它們的版面配置、文字或它們在格線的哪一列與哪一欄。

將你的新專案加入原始檔控制系統

你即將在這本書裡建構許多不同的專案，如果有一種方法可以備份它們，而且可以讓你在任何地方取得它們，是不是很棒？如果你可以在犯錯時恢復到程式的上一個版本是不是*超級方便*？你很幸運！這就是**原始檔控制系統**的功能：它可以讓你輕鬆地備份所有程式碼，以及記錄你做過的任何更改。Visual Studio 可讓你輕鬆地將專案加入原始檔控制系統。

Git 是一種流行的版本控制系統，Visual Studio 會將你的原始檔發送到任何一種 Git **存放庫（repository）（或 repo）**。我們認為 **GitHub** 是最容易使用的 Git 供應方之一。你需要 GitHub 帳號才能把程式碼推送到它那裡，但如果你還沒有，你很快就會建立一個。

你不一定要將專案加入原始檔控制系統。

也許你的工作電腦使用的是無法連接 GitHub 的辦公室網路，也許你只是不想要做這件事，無論你的理由是什麼，你都可以跳過這一步，或者，如果你想要進行備份，但不想要讓別人找到它，你也可以將它發布到私用的存放庫。

在 IDE 的最下面的狀態列裡找到 **Add to Source Control**：

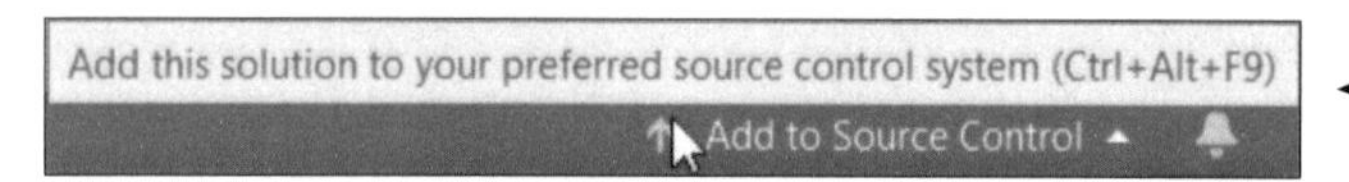

當你將程式加到 Git 之後，狀態列會改變，告訴你專案的程式碼已經被 source control 了。Git 是一種非常流行的原始檔控制系統，Visual Studio 具備功能齊全的 Git 用戶端。你的專案資料夾現在有一個隱藏的資料夾，稱為 *.git*，Git 會用它來記錄你對程式做的每一個修改。

按下它—Visual Studio 會提示你將你的程式碼加至 Git：

按下 Git。Visual Studio 會顯示 ***Create a Git repository*** 視窗：

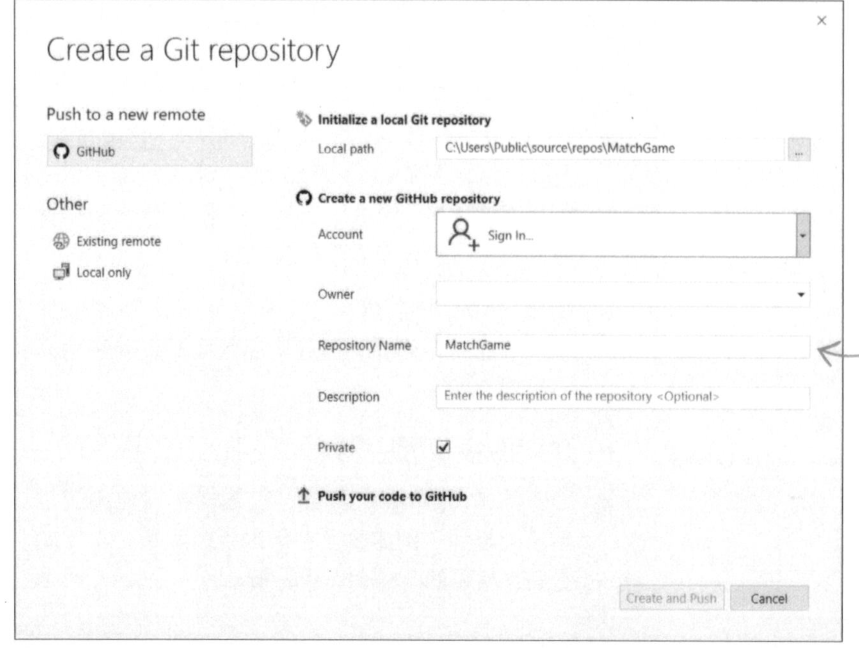

Visual Studio 會在你的 GitHub 帳户裡建立一個存放庫。在預設情況下，它的名稱會與你的專案一樣。

> Git 是一種開放原始碼的版本控制系統。現在有很多類似 GitHub 的第三方服務提供 Git 服務（像是儲存你的程式碼的空間，以及透過網路進入你的 repo）。你可以到 https://git-scm.com 更深入學習 Git。

按下 [Sign in...] 後，Visual Studio 會在一個瀏覽視窗裡啟動一個 **GitHub 登入表單**。輸入你的 GitHub 使用者名稱與密碼。（如果你設定雙重身分驗證，它也會要求你使用它。）當你登入後，你可能會看到一個畫面，提示你授權 GitHub 向 Visual Studio 授與權限，如果你看到這個畫面，按下「Authorize GitHub」按鈕，來讓 Visual Studio 建立存放庫，並推送程式碼。

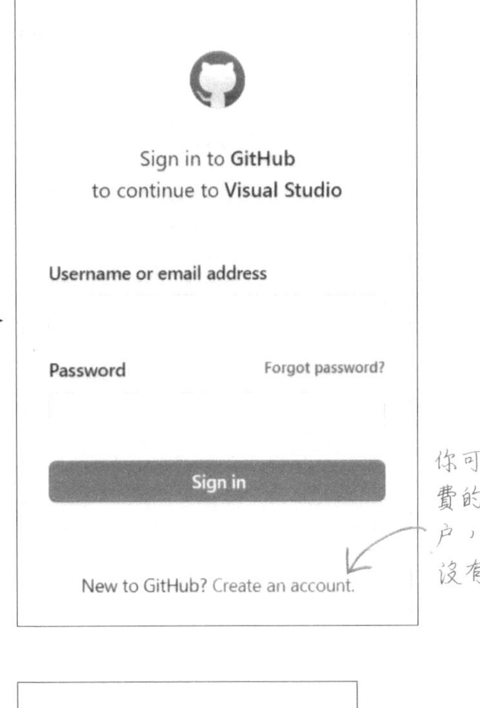

你可以註冊免費的 GitHub 帳戶，如果你還沒有的話。

當你登入 GitHub 後，你會回到 Visual Studio 裡的「Create a Git Repository」視窗。如果你想讓別人看你的程式碼，**取消 Private 核取方塊**，來將你的新存放庫設為公用的。

Private

按下 **Create and Push** 按鈕來建立新的 GitHub 存放庫，並將你的程式碼發布到它那裡。當你推送至 GitHub 後，在狀態列的 Git 狀態會更新，顯示沒有未被**推送**至電腦外部位置的 **commits**（或你的程式碼的儲存版本），這意味著現在你的專案與你的 GitHub 帳戶裡的存放庫是同步的。

Create and Push

登入 GitHub 之後，使用這顆按鈕來將你的專案發布至你的帳戶。

There are currently no unpushed commits (Ctrl+E, Ctrl+C)
↑ 0 ✎ 0 MatchGame

注意狀態列。如果你看到 ↑ 2 這類的數字，它的意思是現在有可以推送至 GitHub 存放庫，而且未被推送出去的 commits。

將程式碼推送至 GitHub 之後，你可以使用 Git 選單裡的命令來操作你的 Git repo。

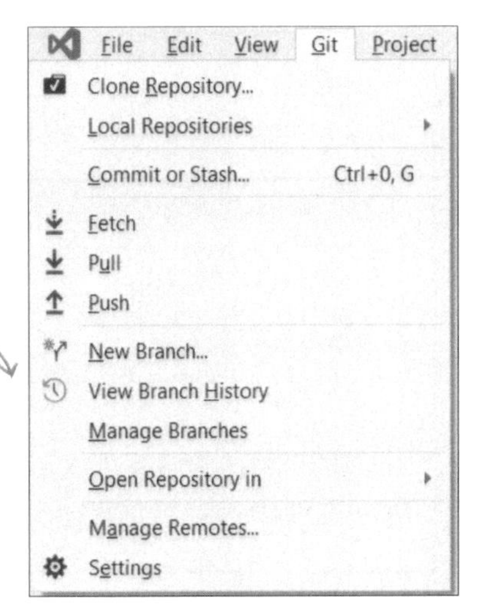

> 你可以到 https://github.com/< 你的 github 使用者名稱 >/MatchGame 查看你剛才推送的程式碼。當你讓專案與遠端 repo 同步之後，你可以在 Commits 區域看到更新的結果。

問：XAML 真的是程式碼嗎？

答：沒錯，如假包換。還記得在 C# 程式碼的 `mainGrid` 下面的紅波浪線嗎？當你在 XAML 的 **`Grid`** 標籤裡面加入名稱之後，它才會消失，那是因為你其實是在修改程式，當你在 XAML 加入名稱之後，C# 程式就可以使用它了。

問：我原本以為 XAML 很像 HTML，HTML 是由瀏覽器解譯的，XAML 不是這樣嗎？

答：不是，XAML 是與 C# 程式一起組建的程式。下一章會告訴你如何使用 partial 關鍵字來將一個類別拆成多個檔案。它就是將 XAML 與 C# 結合起來的機制：用 XAML 定義使用者介面，用 C# 定義行為，然後用 partial 類別來結合它們。

這就是為什麼將 XAML 視為程式很重要，以及為什麼 XAML 對每一位 C# 開發者來說，都是必學的技術。

問：我在 C# 檔案的最上面看到很多行 `using`，為什麼那麼多行？

答：WPF app 往往會使用來自各種不同的名稱空間的程式（下一章會介紹名稱空間）。當 Visual Studio 為你建構 WPF 專案時，它會在 *MainWindow.xaml.cs* 檔案的最上面自動加入 `using` 指示詞。事實上，你已經用過其中的一些了：IDE 會使用比較淺的文字顏色來顯示你沒有在程式中使用的名稱空間。

問：桌面 app 看起來比主控台 app 複雜許多，它們的工作方式真的是相同的嗎？

答：是的，當你仔細研究之後，你會發現所有的 C# 程式都以相同的方式運作：執行一個陳述式，然後下一個，然後再下一個。桌面 app 比較複雜的原因是有些方法只會在某些事情發生時被呼叫，例如在顯示視窗時，或用戶按下按鈕時，當方法被呼叫之後，程式的工作方式就和主控台 app 一模一樣了。

IDE 小撇步：錯誤清單

看一下程式編輯器的最下面，注意它說 [No issues found]。這代表你的程式碼可以**組建**，組建就是 IDE 將你的程式碼轉換成**二進制檔**，讓作業系統可以執行的程序。我們來破壞你的程式。

前往新方法 SetUpGame 的第一行程式，按下 Enter 兩次，然後在單獨的一行輸入：**Xyz**。

再次看看程式碼編輯器的最下面，現在它顯示 [3]。如果 Error List 視窗沒有開啟，先在 View 選單選擇 Error List 來打開它。你會在 Error List 裡面看到三個錯誤：

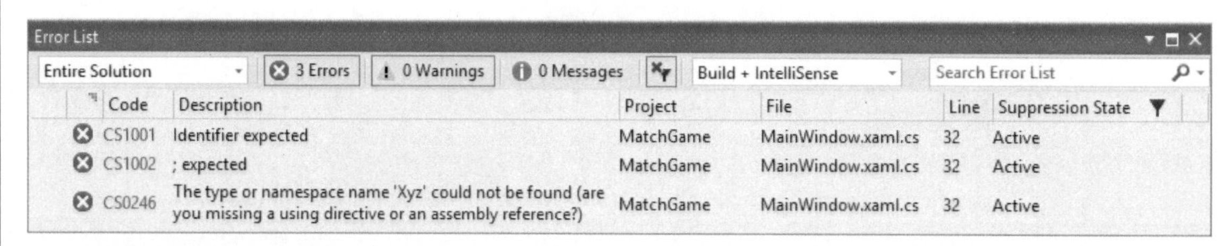

IDE 顯示這些錯誤是因為 **Xyz** 不是有效的 C# 程式碼，它會阻止 IDE 組建你的程式碼。只要程式裡面有錯誤，它就無法執行，請刪除你剛才加入的 **Xyz**。

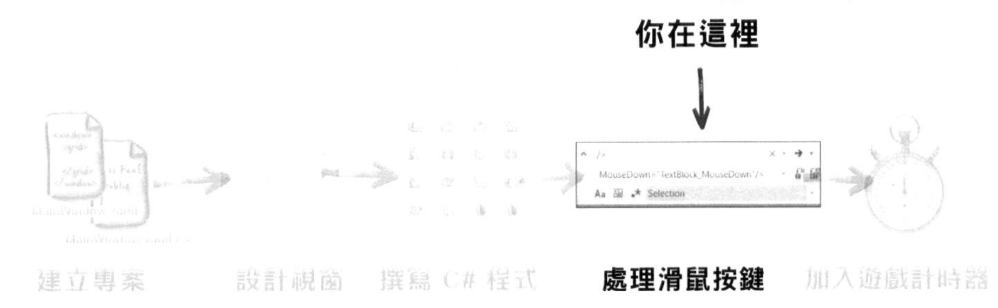

建構遊戲的下一步是處理滑鼠按鍵

現在遊戲已經顯示可讓玩家按下去的動物了，我們要加入一些程式來讓遊戲可以玩。玩家將按下成對的動物，被按下的第一個動物會消失，當玩家按下的第二個動物與第一個一樣時，那一個也會消失，如果不一樣，第一個動物會再次出現。我們要加入一個**事件處理常式**來做上面的事情，事件處理常式其實是當 app 發生某些動作（例如按滑鼠按鍵、按兩下按鍵、改變視窗大小…等）時就會被呼叫的方法。

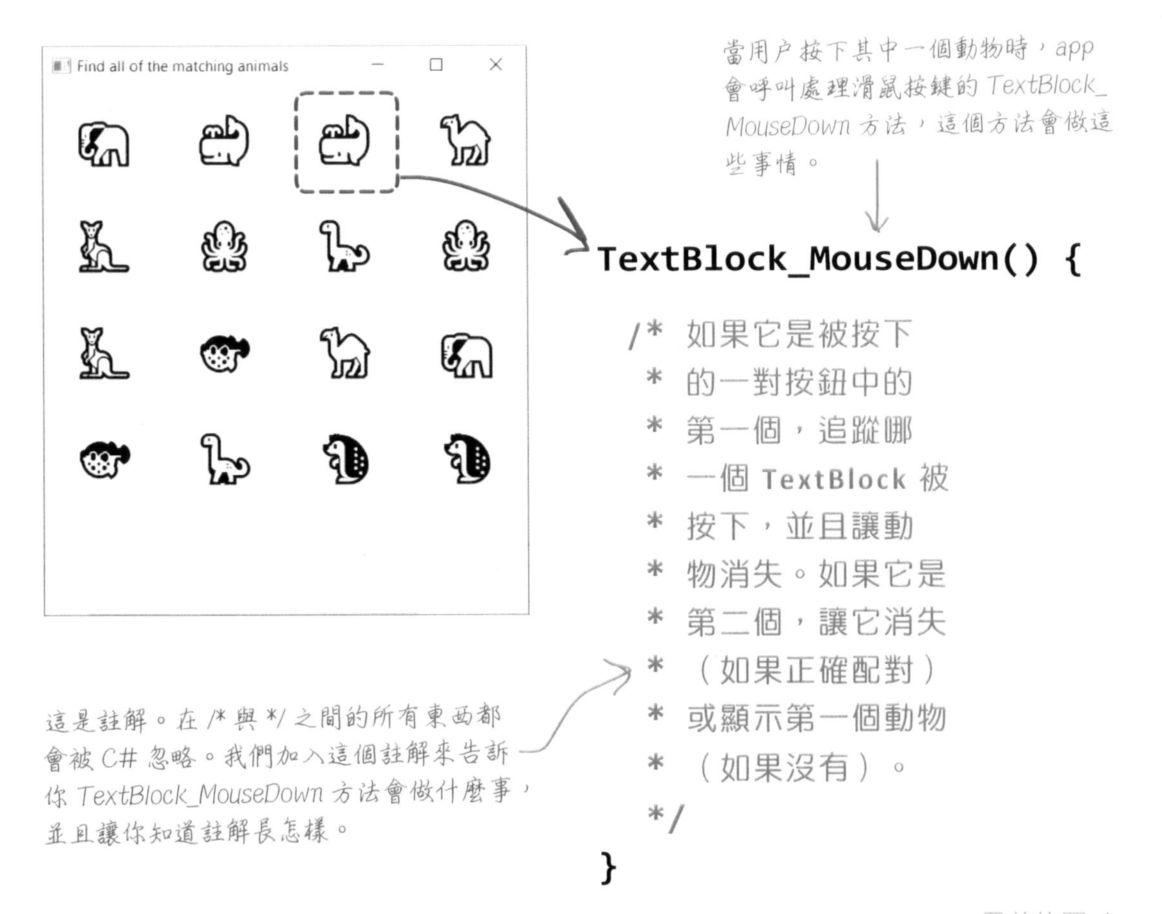

Find all of the matching animals
當用戶按下其中一個動物時，app 會呼叫處理滑鼠按鍵的 TextBlock_MouseDown 方法，這個方法會做這些事情。
這是註解。在 /* 與 */ 之間的所有東西都會被 C# 忽略。我們加入這個註解來告訴你 TextBlock_MouseDown 方法會做什麼事，並且讓你知道註解長怎樣。


```
TextBlock_MouseDown() {
  /* 如果它是被按下
   * 的一對按鈕中的
   * 第一個，追蹤哪
   * 一個 TextBlock 被
   * 按下，並且讓動
   * 物消失。如果它是
   * 第二個，讓它消失
   * （如果正確配對）
   * 或顯示第一個動物
   * （如果沒有）。
   */
}
```

讓 TextBlocks 回應滑鼠按鍵

在 SetUpGame 方法中修改 TextBlocks 來顯示動物 emoji 之後，你已經知道程式怎麼修改 app 的控制項了。接下來要寫反向的程式 — 讓控制項呼叫程式碼，IDE 可以協助你完成這項工作。

回到 XAML 編輯器視窗，**按下第一個** `TextBlock` **標籤**之後，IDE 會在 designer 中選擇它，讓你可以編輯它的屬性。在 Properties 視窗按下 Event Handlers（事件處理常式）按鈕（⚡）。**事件處理常式**是 app 在特定事件發生時呼叫的方法，那些事件包括鍵盤按鍵被按下、拖放、改變視窗尺寸，當然，還有滑鼠的移動和按鍵被按下。在 Properties 視窗往下捲動，看看 TextBlock 可以為哪些事件添加事件處理常式。**在 MouseDown 事件右邊的格子裡面按兩下**。

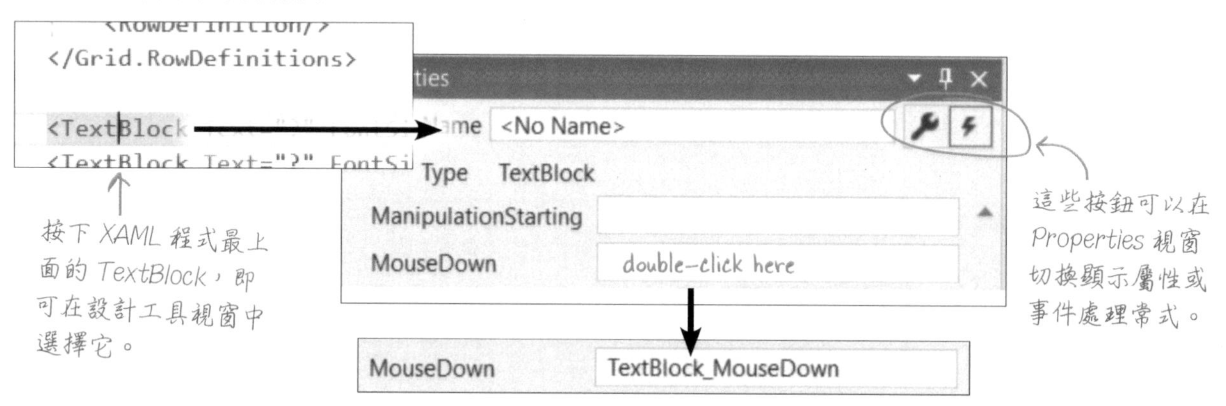

IDE 會在 MouseDown 格子裡填入一個方法名稱，TextBlock_MouseDown，而且現在 TextBlock 的 XAML 有一個 MouseDown 屬性了：

```
<TextBlock Text="?" FontSize="36" HorizontalAlignment="Center"
     VerticalAlignment="Center" MouseDown="TextBlock_MouseDown"/>
```

或許你還沒有發現，IDE 也會在 code-behind（與 XAML 連接的程式）**加入一個新方法**，並且立刻切換到 C# 編輯器來顯示它。你隨時可以從 XAML 編輯器跳回去那裡，做法是在 XAML 編輯器裡面的 TextBlock_MouseDown 按下右鍵，並選擇 View Code。這是 IDE 加入的方法：

```
private void TextBlock_MouseDown(object sender, MouseButtonEventArgs e)
{

}
```

當玩家按下 TextBlock 時，app 會自動呼叫 TextBlock_MouseDown 方法，所以現在我們只要在裡面加入程式就好。然後我們要連接所有其他的 TextBlocks，讓它們也會呼叫它。

事件處理常式是 app 為了回應事件（例如滑鼠按鍵、鍵盤按鍵或視窗尺寸改變）而呼叫的方法。

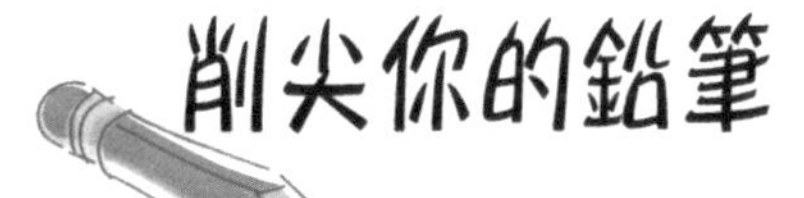

這是 TextBlock_MouseDown 方法的程式碼。在加入這段程式碼之前，先閱讀它，並試著理解它在做什麼。沒辦法 100% 答對是沒問題的！你的目的是訓練大腦，讓它將 C# 視為你可以閱讀和理解的東西。

```
TextBlock lastTextBlockClicked;
bool findingMatch = false;

private void TextBlock_MouseDown(object sender, MouseButtonEventArgs e)
{
    TextBlock textBlock = sender as TextBlock;
    if (findingMatch == false)
    {
        textBlock.Visibility = Visibility.Hidden;
        lastTextBlockClicked = textBlock;
        findingMatch = true;
    }
    else if (textBlock.Text == lastTextBlockClicked.Text)
    {
        textBlock.Visibility = Visibility.Hidden;
        findingMatch = false;
    }
    else
    {
        lastTextBlockClicked.Visibility = Visibility.Visible;
        findingMatch = false;
    }
}
```

1. *findingMatch* 在做什麼？

____

____

2. *if (findingMatch == false)* 開頭的程式段落在做什麼？

____

____

3. *else if (textBlock.Text == lastTextBlockClicked.Text)* 開頭的程式段落在做什麼？

____

____

4. *else* 開頭的程式段落在做什麼？

____

____

這是 TextBlock_MouseDown 方法的程式碼。在加入這段程式碼之前，先閱讀它，並試著理解它在做什麼。沒辦法 100% 答對是沒問題的！你的目的是訓練大腦，讓它將 C# 視為你可以閱讀和理解的東西。

```
TextBlock lastTextBlockClicked;
bool findingMatch = false;

private void TextBlock_MouseDown(object sender, MouseButtonEventArgs e)
{
    TextBlock textBlock = sender as TextBlock;
    if (findingMatch == false)
    {
        textBlock.Visibility = Visibility.Hidden;
        lastTextBlockClicked = textBlock;
        findingMatch = true;
    }
    else if (textBlock.Text == lastTextBlockClicked.Text)
    {
        textBlock.Visibility = Visibility.Hidden;
        findingMatch = false;
    }
    else
    {
        lastTextBlockClicked.Visibility = Visibility.Visible;
        findingMatch = false;
    }
}
```

這是在 TextBlock_MouseDown 方法裡面的程式碼做的所有事情。閱讀新程式語言的程式碼就像閱讀樂譜，這是一種需要練習的技能，練習越多次就越熟練。

1. *findingMatch* 在做什麼？

記錄玩家剛才是否按下對子的第一個動物，現在要試著尋找與它相符的。

2. *if (findingMatch == false)* 開頭的程式段落在做什麼？

玩家剛才按下對子的第一個動物，所以將那個動物隱藏起來，並記錄它的 TextBlock，以備將來再次顯示它。

3. *else if (textBlock.Text == lastTextBlockClicked.Text)* 開頭的程式段落在做什麼？

玩家成功配對了！所以它也將對子的第二個動物隱藏起來（而且不能被按下），並且重設 findingMatch，讓下一個被按下的動物再次成為對子的第一個。

4. *else* 開頭的程式段落在做什麼？

玩家按下不相符的動物，所以它再次顯示第一個被按下的動物，並且重設 findingMatch。

加入 TextBlock_MouseDown 程式

看完 TextBlock_MouseDown 的程式之後，接下來要將加入你的程式了。這是你接下來要做的事情：

1. 在 IDE 裡的 `TextBlock_MouseDown` 方法的**第一行上面**，加入包含 `lastTextBlockClicked` 與 `findingMatch` 的前兩行。將它們放在 SetUpGame 結束的大括號與 IDE 加入的新程式之間。

2. **填入** TextBlock_MouseDown 的**程式**。注意等號，= 與 == 大不相同（下一章會說明這一點）。

這是它在 IDE 裡面的樣子：

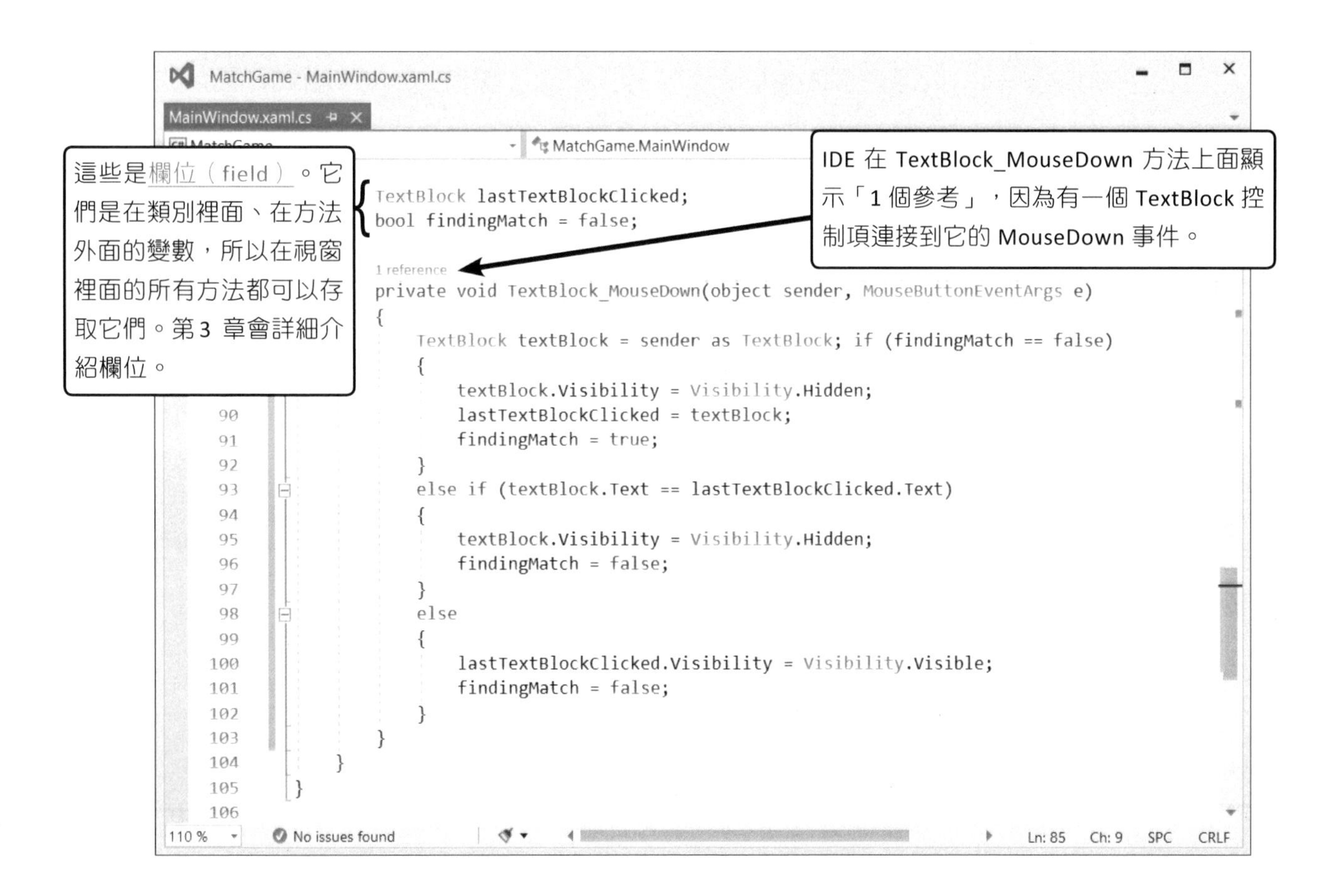
MatchGame - MainWindow.xaml.cs
MainWindow.xaml.cs
MatchGame.MainWindow
這些是欄位（field）。它們是在類別裡面、在方法外面的變數，所以在視窗裡面的所有方法都可以存取它們。第 3 章會詳細介紹欄位。
IDE 在 TextBlock_MouseDown 方法上面顯示「1 個參考」，因為有一個 TextBlock 控制項連接到它的 MouseDown 事件。
1 reference
110 %
No issues found
Ln: 85
Ch: 9
SPC
CRLF

```
TextBlock lastTextBlockClicked;
bool findingMatch = false;

private void TextBlock_MouseDown(object sender, MouseButtonEventArgs e)
{
    TextBlock textBlock = sender as TextBlock; if (findingMatch == false)
    {
        textBlock.Visibility = Visibility.Hidden;
        lastTextBlockClicked = textBlock;
        findingMatch = true;
    }
    else if (textBlock.Text == lastTextBlockClicked.Text)
    {
        textBlock.Visibility = Visibility.Hidden;
        findingMatch = false;
    }
    else
    {
        lastTextBlockClicked.Visibility = Visibility.Visible;
        findingMatch = false;
    }
}
    }
}
```

讓其餘的 TextBlocks 呼叫同一個 MouseDown 事件處理常式

現在只有第一個 TextBlock 把事件處理常式連接到它的 MouseDown 事件。我們也要讓其餘的 15 個 TextBlocks 連接它。雖然你可以在設計工具裡選擇每一個 TextBlock 並且在 MouseDown 旁邊的格子裡輸入 TextBlock_MouseDown，但我們已經知道，它其實是在 XAML 裡面加入一個屬性，所以我們採取快速的做法。

1. **在 XAML 編輯器裡面選擇後 15 個 TextBlocks。**

   在 XAML 編輯器裡面，按下<u>第二個</u> TextBlock 標籤的左邊，往下拉到 **</Grid>** 標籤上面的最後一個 TextBlock，現在你已經選擇後 15 個 TextBlocks 了（但沒有選擇第一個）。

2. **使用 Quick Replace 來加入 MouseDown 事件處理常式。**

   在 Edit 選單裡，選擇 **Find and Replace >> Quick Replace**。尋找 `/>`，將它換成 `MouseDown="TextBlock_MouseDown"/>`，務必讓 `MouseDown` 前面有一個空格，而且搜尋範圍是 ***Selection***，讓它只會將屬性加到被你選擇的 TextBlocks。

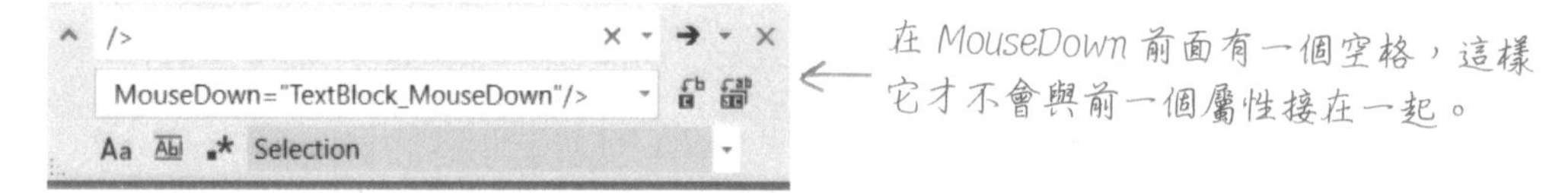
/>
MouseDown="TextBlock_MouseDown"/>
Aa
Selection
在 MouseDown 前面有一個空格，這樣
它才不會與前一個屬性接在一起。

3. **替換你選擇的 15 個 TextBlocks。**

   按下全部替換按鈕（ ）來將 MouseDown 屬性加入 TextBlocks，它應該會顯示「已取代 15 個指定項目」。仔細檢查 XAML 程式碼，來確定它們都與第一個 TextBlock 一樣，有 MouseDown 屬性。

   在 C# 編輯器裡面，確認方法現在顯示 **16 個參考**（在組建選單裡面選擇組建方案來更新它）。如果你看到 17 個參考，代表你不小心把事件處理常式接到 Grid 了。你當然<u>不能</u>這樣做，否則，你會在按下動物時看到例外。

執行程式。現在你可以按下一對動物來讓它們消失。你按下的第一個動物會消失。如果你按下與它一樣的動物，那一個也會消失。如果你按下不一樣的動物，第一個會再次出現。當所有動物都消失時，請重新啟動或關閉程式。

當你看到動動腦單元時，請花一分鐘仔細思考裡面的問題。

動動腦

你已經抵達專案的檢查點了！雖然遊戲還沒有完成，但它已經可以動作，而且可以玩了，所以現在是時候後退一步，想一下怎麼改善它。怎麼修改可以讓它更有趣？

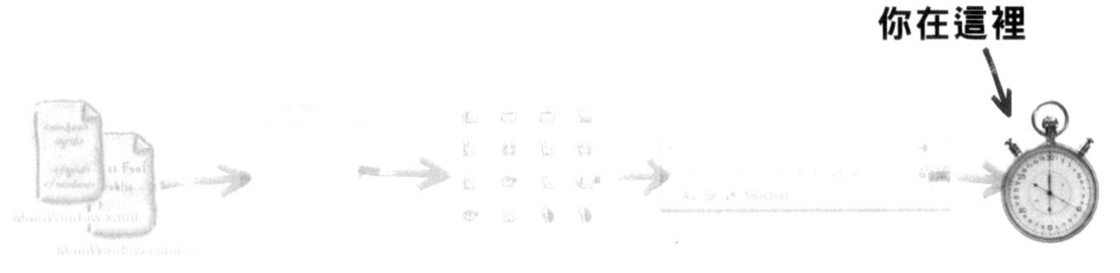

加入計時器來完成遊戲

讓玩家挑戰最佳時間紀錄可以讓動物配對遊戲更刺激。我們要加入一個**計時器**，藉著重複呼叫一個方法，每隔一段固定的時間「跳動」一次。

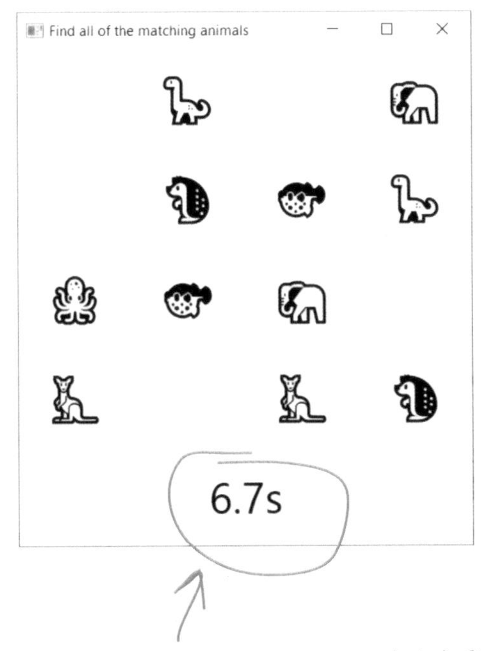

我們來讓遊戲更刺激吧！我們在視窗底部顯示遊戲開始以來的時間，讓它不斷增加，直到配對最後一個動物之後才停止。

計時器藉著不斷呼叫方法，每隔一段時間「跳動」一次。當玩家啟動遊戲時，計時器就會啟動，並在最後一組對子被找到時停止。

在遊戲程式加入計時器

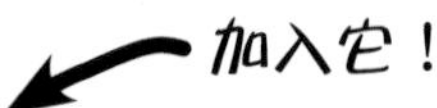

① 在 *MainWindow.xaml.cs* 最上面找到 `namespace` 關鍵字，在它下面加入 `using System.Windows.Threading;`：

```
namespace MatchGame
{
    using System.Windows.Threading;
```

② 找到 *public partial class MainWindow* 並且在開始的大括號 { 後面**加入這段程式**：

```
public partial class MainWindow : Window
{
    DispatcherTimer timer = new DispatcherTimer();
    int tenthsOfSecondsElapsed;
    int matchesFound;
```

加入這三行程式來建立新計時器，並加入兩個欄位來記錄經過的時間，以及玩家找到的對子數量。

③ 我們要告訴計時器多久「跳動」一次，以及該呼叫哪個方法。按下呼叫 SetUpGame 方法的那一行程式的開頭，將編輯器的游標移到那裡。按下 Enter，輸入下面的畫面中的兩行程式來啟動**計時器**。當你輸入 += 時，IDE 會顯示一個訊息：

```
0 references
public MainWindow()
{
    InitializeComponent();

    timer.Interval = TimeSpan.FromSeconds(.1);
    timer.Tick +=
    SetUpGame();    Timer_Tick;   (Press TAB to insert)
}
```

接下來，加入這兩行程式。開始輸入第二行：「timer.Tick +=」。

當你輸入等號時，IDE 會顯示這個「按 TAB 鍵插入」訊息。

④ 按下 Tab 鍵。IDE 會完成這一行程式，並加入一個 `Timer_Tick` 方法：

```
0 references
public MainWindow()
{
    InitializeComponent();

    timer.Interval = TimeSpan.FromSeconds(.1);
    timer.Tick += Timer_Tick;
    SetUpGame();
}

1 reference
private void Timer_Tick(object sender, EventArgs e)
{
    throw new NotImplementedException();
}
```

當你按下 Tab 鍵時，IDE 會自動插入一個方法讓計時器呼叫。

⑤ 這個 Timer_Tick 方法會更新格線最下面的一列的 TextBlock。這是設定它的方法：

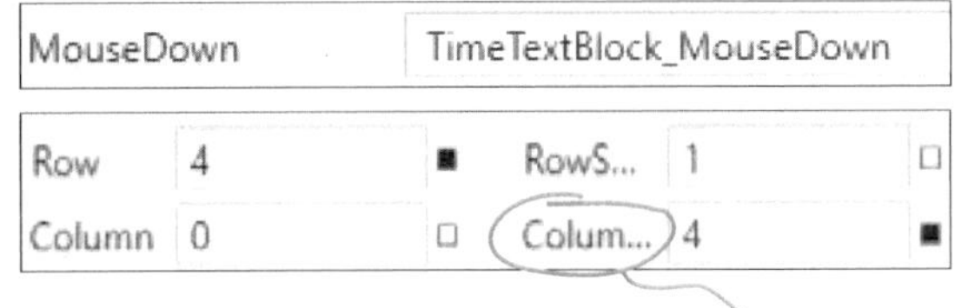

ColumnSpan 在 Properties 視窗的 Layout 區域裡面。請使用視窗上面的按鈕來切換屬性與事件。

- ★ 將 **TextBlock** 拉到左下方的格子。
- ★ 在 Properties 視窗最上面的 **Name 方塊**裡面，將它命名為 **`timeTextBlock`**。
- ★ 重設它的**邊界**（**margin**），讓它在格子裡**置中**，將 FontSize 屬性設成 36px，將 Text 屬性設成「Elapsed time」（如同處理其他控制項的做法）。
- ★ 找到 **`ColumnSpan`** 屬性，將它設成 4。
- ★ 加入一個稱為 TimeTextBlock_MouseDown 的 **MouseDown 事件處理常式**。

這是 XAML 的樣子 — 仔細確認你的 IDE 裡面的程式是否與它一樣：

```
<TextBlock x:Name="timeTextBlock" Text="Elapsed time" FontSize="36"
    HorizontalAlignment="Center" VerticalAlignment="Center"
    Grid.Row="4" Grid.ColumnSpan="4" MouseDown="TimeTextBlock_MouseDown"/>
```

⑥ 加入 MouseDown 事件處理常式之後，Visual Studio 會在 code-behind 建立一個稱為 TimeTextBlock_MouseDown 的方法，和處理其他的 TextBlocks 時一樣。在它裡面加入這些程式：

```
private void TimeTextBlock_MouseDown(object sender, MouseButtonEventArgs e)
{
    if (matchesFound == 8)
    {
        SetUpGame();
    }
}
```

它會在玩家完成 8 對配對時重設遊戲（否則它不會做任何事情，因為遊戲還在運行中）。

⑦ 現在你已經完成 Timer_Tick 方法了，它會將 TextBlock 更新為遊戲開始以來的時間，並且在玩家找到所有對子時停止計時器。

```
private void Timer_Tick(object sender, EventArgs e)
{
    tenthsOfSecondsElapsed++;
    timeTextBlock.Text = (tenthsOfSecondsElapsed / 10F).ToString("0.0s");
    if (matchesFound == 8)
    {
        timer.Stop();
        timeTextBlock.Text = timeTextBlock.Text + " - Play again?";
    }
}
```

但是有一些事情不太對勁。當你執行程式時…哎呀！你看到**例外**。

我們接下來要處理這個問題，但是在那之前，先仔細看一下錯誤訊息，以及 IDE 醒目提示的那一行。

你可以猜到錯誤的原因嗎？

哎呀！你覺得為何如此？

使用偵錯工具來處理例外

你應該聽過「bug」這個字。或許你甚至對朋友說過：「那個遊戲有很多 bug，漏洞也很多。」每一個 bug 都有原因（在你的程式裡發生的每一件事都有原因），但並非每一個 bug 都很容易追蹤。

了解 bug 是修正它的第一步。幸好，Visual Studio 偵錯工具是很棒的工具。（這就是它稱為偵錯工具（debugger）的原因：它是幫助你擺脫 bug 的工具！）

解決這個 bug！

1 重新啟動你的遊戲幾次。

首先，你會發現，程式總是丟出同一種例外，顯示同樣的訊息：

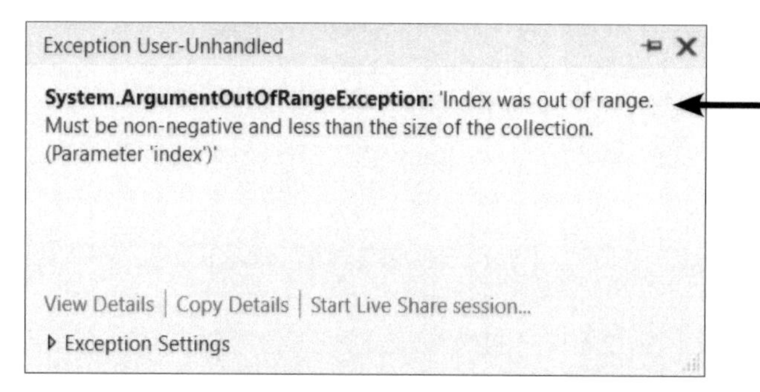

例外是 C# 讓你知道程式在運行時出錯的方式。每一個例外都有一種類型：這一個是 ArgumentOutOfRangeException。例外也有實用的訊息，可幫助你找到出錯的地方。這個例外的訊息說「Index was out of range.」這是一個實用的訊息，可幫助我們找出哪裡出錯了。

當你看到例外時，通常可將它當成一件好事，因為你找到一個可以修正的 bug 了。

當你將例外視窗移開時，你會看到 IDE 一直停在同一行：

```
foreach (TextBlock textBlock in mainGrid.Children.OfType<TextBlock>())
{
    int index = random.Next(animalEmoji.Count);
    string nextEmoji = animalEmoji[index];
    textBlock.Text = nextEmoji;
    animalEmoji.RemoveAt(index);
}
}

TextBlock lastTextBlockClicked;
bool findingMatch = false;

16 references
private void TextBlock_MouseDown(object sender,
{
```

這是丟出例外的那一行程式。

Exception User-Unhandled
System.ArgumentOutOfRangeException: 'Index was out of range. Must be non-negative and less than the size of the collection. (Parameter 'index')'
View Details | Copy Details | Start Live Share session...
Exception Settings

這個例外是**可重現的**：你可以穩定地讓程式丟出相同的例外，而且你非常清楚問題出在哪裡。

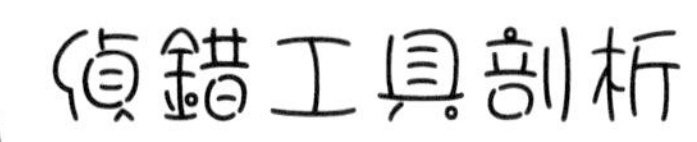

當你的 app 在偵錯工具裡面暫停時（稱為「中斷（break）」app），工具列會出現偵錯控制項。你將在本書大量練習使用它們，所以不必死記它們的功能。就目前而言，你只要閱讀我們寫的說明，並且把游標移到它們上面，看看它們的名稱與快捷鍵即可。

Step Into 按鈕會執行下一個陳述式。如果那個陳述式是一個方法，它只會執行該方法裡面的第一個陳述式。

你可以使用 Break All 按鈕來暫停 app。當你的 app 已經處於暫停狀態時，它會變成灰色的。

Restart 按鈕會重新啟動你的 app。就像是先停止它並再次執行它。

Step Over 按鈕也會執行下一個陳述式，但如果它是一個方法，它會執行整個方法。

這個按鈕會讓你的 app 再次開始運行。現在按下它的話，它只會丟出同一個例外。

你用過 Stop Debugging 按鈕來停止 app 了。

Show Next Statement 按鈕會將你的游標移到下一個將要執行的陳述式。

Step Out 按鈕會將目前的方法執行完畢，並在呼叫它的程式碼的後面那一行中斷。

❷ 在丟出例外的那一行加入中斷點。

再次執行程式，讓它停在例外。在停止它之前，在 Debug 選單裡面選擇 **Toggle Breakpoint（F9）**，那一行會出現紅色的醒目提示，而且在那一行的左邊界會出一個紅點。**再次停止 app**，醒目提示與紅點會留在那裡：

```
67    int index = random.Next(animalEmoji.Count);
68    string nextEmoji = animalEmoji[index];
69    textBlock.Text = nextEmoji;
```

你剛才已經在那一行加入一個中斷點了。現在程式每次執行到那一行時都會中斷。試試看，再次執行 app。程式會停在那一行，但是這一次**它不會丟出例外**。按下 Continue。它會再次停在那一行。再次按下 Continue，它同樣停在那裡。持續做這件事，直到你看到例外為止。現在停止 app。

削尖你的鉛筆

再次執行你的 app，但是這一次要密切注意並回答這些問題。

1. 你的 app 停在中斷點幾次才出現例外？

2. 當你對 app 進行偵錯時會出現一個 Locals 視窗。你覺得它有什麼作用？（如果你沒有看到 Locals 視窗，選擇 ***Debug >> Windows >> Locals (Ctrl D, L)***）。

削尖你的鉛筆 解答

你的 app 中斷 17 次。在第 17 次之後，它會丟出例外。

Locals 視窗會顯示變數與欄位目前的值。你可以用它來觀察它們在程式執行時如何改變。

3 收集證據，找出問題的原因。

當你執行 app 時，有沒有在 Locals 視窗裡面發現有趣的事情？重新啟動它，並且密切注意 animalEmoji 變數。當你的 app 第一次中斷時，你應該會在 Locals 視窗看到這個東西：

▷ animalEmoji	Count = 16

按下 Continue。你會看到 Count 減 1，從 16 變成 15：

▷ animalEmoji	Count = 15

app 從 animalEmoji List 隨機將 emoji 加入 TextBlocks，然後從 List 裡面移除它們，所以它的計數每一次都會減 1。在 animalEmoji List 變成空的（因此 Count 變成 0）之前一些都很正常，但接下來，你會看到例外。這是一項證據！另一項證據是：這是在 **foreach 迴圈** 裡面發生的。最後一項證據是：**它們都是新的 *TextBlock* 被加入視窗之後開始出現的。**

是時候戴上福爾摩斯帽子了，你能不能找出引發異常狀態的元兇？

幕後花絮

foreach 是一種迴圈，它會遍歷集合裡面的每一個元素。

迴圈是反覆執行一段程式的方式。你的程式使用一個 **foreach 迴圈**，它是一種特殊的迴圈，會對著集合（例如你的 animalEmoji List）裡面的每一個元素執行同樣一段程式。在這個例子裡，foreach 迴圈處理一個數字 List：

```
List<int> numbers = new List<int>() { 2, 5, 9, 11 };
foreach (int aNumber in numbers)
{
    Console.WriteLine("The number is " + aNumber);
}
```

這個 foreach 迴圈會對著一個 List int 裡面的每一個數字執行 Console.WriteLine 陳述式。

上面的 foreach 迴圈會建立一個稱為 aNumber 的新變數，然後逐一查看 numbers List，並且為每一個元素執行 Console.WriteLine，依序將 aNumber 設成 List 裡面的每一個值：

```
The number is 2
The number is 5
The number is 9
The number is 11
```

foreach 迴圈為集合內的每一個元素反覆執行同一段程式，每一次都將變數設為下一個元素。所以在這個例子裡，它將 aNumber 設成 List 的下一個數字，並使用它來印出一行文字。

這裡有一個新概念，但目前只是稍微說明一下，這是為了避免你對程式的運作有任何疑問。第 2 章會詳細介紹迴圈。然後在第 3 章，我們會回到 foreach 迴圈，你將會寫出一個類似的迴圈。雖然進度似乎有點快，但是你可以在讀到第 3 章時回顧這個範例，看看能不能比第一次看到它時更了解它。我們發現在獲得更多背景知識之後重新閱讀程式碼會更容易理解它…所以如果你對這個概念似懂非懂，先不用擔心。

④ 調查造成 bug 的元兇。

程式崩潰的原因是它試著從 `animalEmoji` List 取出下一個 emoji，但是 List 是空的，導致程式丟出 ArgumentOutOfRange 例外。為什麼它會用光 emoji？

程式在你上一次修改之前可以正常運作。然後你加入 TextBlock…然後它就無法正常運作了。在逐一查看所有 TextBlocks 的迴圈裡面，有一個很有意思的線索。

當你執行 app 時，視窗的每一個 *TextBlock* 都會讓它在這一行中斷，前 16 個 TextBlocks 不會造成任何問題，因為在集合裡面有足夠的 emoji：

```
foreach (TextBlock textBlock in mainGrid.Children.OfType<TextBlock>())
{
    int index = random.Next(animalEmoji.Count);
    string nextEmoji = animalEmoji[index];
    textBlock.Text = nextEmoji;
    animalEmoji.RemoveAt(index);
}
```

偵錯工具醒目提示將要執行的陳述式。這是它丟出例外之前的樣子。

但是，現在在視窗最下面有一個新的 TextBlocks，它造成第 17 次中斷，因為 `animalEmoji` 集合裡面只有 16 個 emoji，現在它是空的：

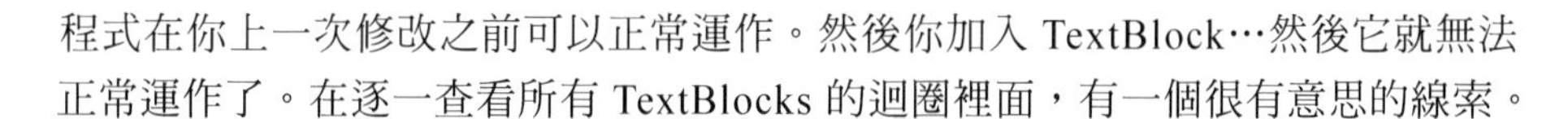

在你進行修改之前，你有 16 個 TextBlocks 與 16 個 emoji，所以有足夠的 emoji 可以放入每一個 TextBlock。但是現在有 17 個 TextBlocks，emoji 卻仍然只有 16 個，所以程式用完可以加入的 emoji 了…於是，它丟出例外。

⑤ 修正 bug。

因為丟出例外的原因是：我們在逐一查看 TextBlocks 的迴圈裡面用光 emoji 了，所以我們可以藉著跳過後來加入的 TextBlock 來修正這個 bug。具體做法是檢查 TextBlock 的名稱，並且跳過顯示時間的那一個。再次切換中斷點來移除它，或是在 Debug 選單裡面選擇 **Delete All Breakpoints**（**Ctrl+Shift+F9**）。

```
foreach (TextBlock textBlock in mainGrid.Children.OfType<TextBlock>())
{
    if (textBlock.Name != "timeTextBlock")
    {
        textBlock.Visibility = Visibility.Visible;
        int index = random.Next(animalEmoji.Count);
        string nextEmoji = animalEmoji[index];
        textBlock.Text = nextEmoji;
        animalEmoji.RemoveAt(index);
    }
}
```

在 foreach 迴圈裡面加入這個 `if` 陳述式，讓它跳過稱為 timeTextBlock 的 TextBlock。

加入這段程式來修正 bug。

這不是唯一的修正手段。你會在寫程式的過程中知道一件事：解決任何問題的手段都有很多、很多、**很多種**…這個 bug 也不例外（這可不是雙關語喔！）。

加入其餘的程式，並完成遊戲

你還有一項工作要做。雖然 TimeTextBlock_MouseDown 方法會檢查 matchesFound 欄位，但是那個欄位在任何地方都沒有被設定過。在 SetUpGame 方法裡面的 foreach 迴圈的結束大括號後面加入這三行程式：

```
                animalEmoji.RemoveAt(index);
            }
        }

        timer.Start();
        tenthsOfSecondsElapsed = 0;
        matchesFound = 0;
    }
```

在 SetUpGame 方法的最後面加入這三行來啟動計時器，並重設欄位。

然後在 TextBlock_MouseDown 中間的 **if/else** 段落加入這個陳述式：

```
else if (textBlock.Text == lastTextBlockClicked.Text)
{
    matchesFound++;
    textBlock.Visibility = Visibility.Hidden;
    findingMatch = false;
}
```

加入這一行程式，每次玩家成功找到配對時，就將 matchesFound 加一。

現在你的遊戲有一個計時器，它會在玩家完成動物配對時停止，當遊戲結束時，你可以按下它來再玩一次。**你已經用 *C#* 製作你的第一個遊戲了。恭喜你！**

現在遊戲有一個顯示玩家花多久時間找到所有配對的計時器了，你可以突破你的最短時間嗎？

你可以到 https://github.com/head-first-csharp/fourth-edition 查看與下載這個專案與書中所有專案的完整程式碼。

在原始檔控制系統中更新程式碼

讓遊戲可以正常執行之後，現在是**將修改推送到 Git** 的好時機，Visual Studio 可讓你輕鬆地做這件事。你只要暫存（*stage*）你的 commits，輸入 commit 訊息，然後與遠端 repo 同步即可。

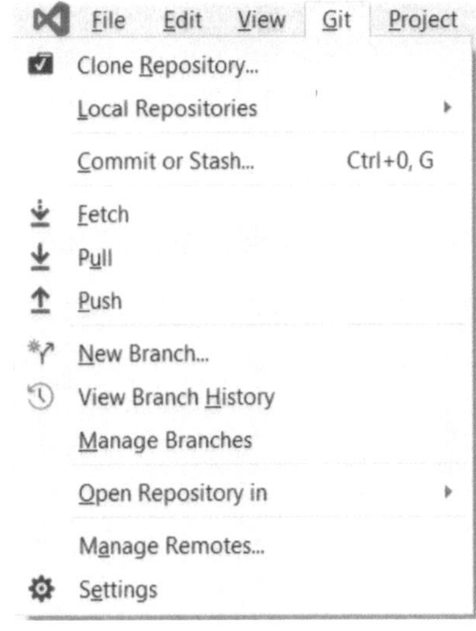

你可以使用 Git 選單裡的命令來建立一個包含最新的更改的新 commit，並將它推送至你的 Git repo。

1. 在 Git 選單裡選擇 **Commit or Stash... (Ctrl+0, G)**，輸入 **commit 訊息**來描述改變了什麼。

Enter a message

Commit All ▾ ☐ Amend

2. 按下 **Commit All 按鈕**，Visual Studio 會顯示一個訊息，指出 commit 已在本地建立。

ⓘ Commit 037aada4 created locally. ✕

每一個 commit 都有一個唯一的代號，它是由數字和字母組成的字串（例如畫面中的 `037aada4`）。

3. 在 Git 選單選擇 **Push** 來將你的 commit 推送回去存放庫。它會在推送完成時顯示一個訊息。

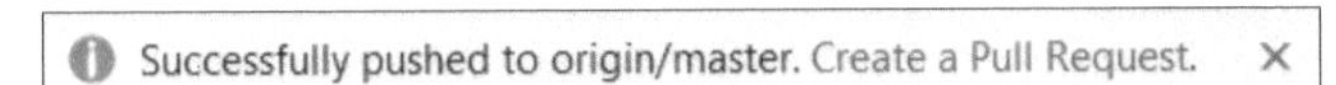

Successfully pushed to origin/master. Create a Pull Request.

將你的程式碼推送至 Git repo 不是必要的，但這是很好的做法！

把遊戲拆成更小的部分很方便，因為如此一來，我就可以一次處理一個部分了。

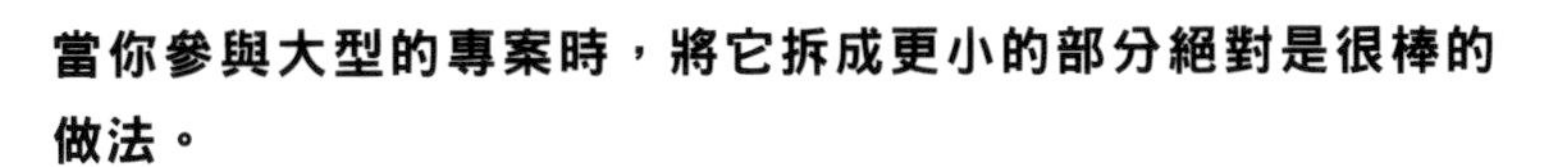

當你參與大型的專案時，將它拆成更小的部分絕對是很棒的做法。

將一個既龐大且困難的問題拆成更小、更容易解決的問題是值得培養的程式設計技術。

我們很容易在遇到龐大的專案時失去信心，想著：「哇！這實在是太…大了！」但是一旦你找到可以處理的一小部分，你就有一個很好的起點。完成那個部分之後，你就可以繼續處理另一個小部分，然後處理另一個，接著再處理另一個。你可以在建構各個部分的過程中，越來越了解那個龐大的專案。

怎樣可以更好…

你的遊戲很棒！但是每一個遊戲（其實是幾乎每一個程式）都有改善的空間。我們覺得這些做法可以讓遊戲更好：

- ★ 加入不同種類的動物，以免每一次都顯示同一組動物。
- ★ 記錄玩家的最佳時間，讓他們可以試著打破那個紀錄。
- ★ 讓計時器倒數計時，而不是讓時間不斷增加，以限制玩家的時間。

迷你 削尖你的鉛筆

你可以幫遊戲想出你自己的「如果…可以更好」的改善方式嗎？這是很棒的練習，花幾分鐘，寫下動物配對遊戲可以改善的地方，至少三項。

我們是認真的 — 花幾分鐘做這一題。退一步回想剛才完成的專案，可以將已經學會的知識牢牢植入大腦。

重點提示

- Visual Studio 會記錄方法被別處的 C# 或 XAML 程式碼**參考**的次數。
- **事件處理常式**是你的 app 在特定事件發生時呼叫的方法，那些事件包括按下按鍵、改變視窗尺寸…等。
- IDE 可以方便你**加入和管理**事件處理常式方法。
- IDE 的 **Error List 視窗**會顯示導致程式碼無法組建的任何錯誤。
- **計時器**會在指定的時間間隔內反覆執行 Tick 事件處理常式方法。
- **foreach** 是一種迴圈，它會逐一查看一個項目集合。
- 當你的程式丟出**例外**時，請收集證據，試著找出元兇。
- 如果例外是**可重現的**，它就比較容易修正。
- Visual Studio 可以讓你非常輕鬆地使用**原始檔控制系統**來備份程式碼，並記錄你做過的所有更改。
- 你可以 commit 程式碼到**遠端的 Git repo**。這本書使用 GitHub 來當成原始碼的存放庫。

提醒你一下：我們將在書中經常使用「IDE」來代表 Visual Studio。

幹得好！

2 探究 C#

陳述式、類別與程式碼

聽說真正的開發者只會使用「喀喀作響」的機械式鍵盤，真的是這樣嗎？

你不僅僅是 IDE 的使用者，你也是一位開發者。

雖然你可以讓 IDE 幫你完成許多工作，但它能幫的忙也就僅止於此了，Visual Studio 是有史以來最高級的軟體開發工具之一，但**強大的 IDE** 只是故事的開始，現在我們要**研究 C# 程式碼**：它的結構、它如何運作、你如何控制它…因為你可以讓 app 做無窮無盡的事情。

（特別強調一下，無論你喜歡使用哪一種鍵盤，你都可以成為**真正的開發者**。你唯一的工作就是好好地**寫程式**！）

我們來仔細觀察主控台 app 的檔案

你在上一章建立了一個新的 .NET Core Console App 專案，並且將它命名為 MyFirstConsoleApp。

我們來仔細看一下它建立的 Program.cs 檔案。在 Visual Studio 裡打開它：

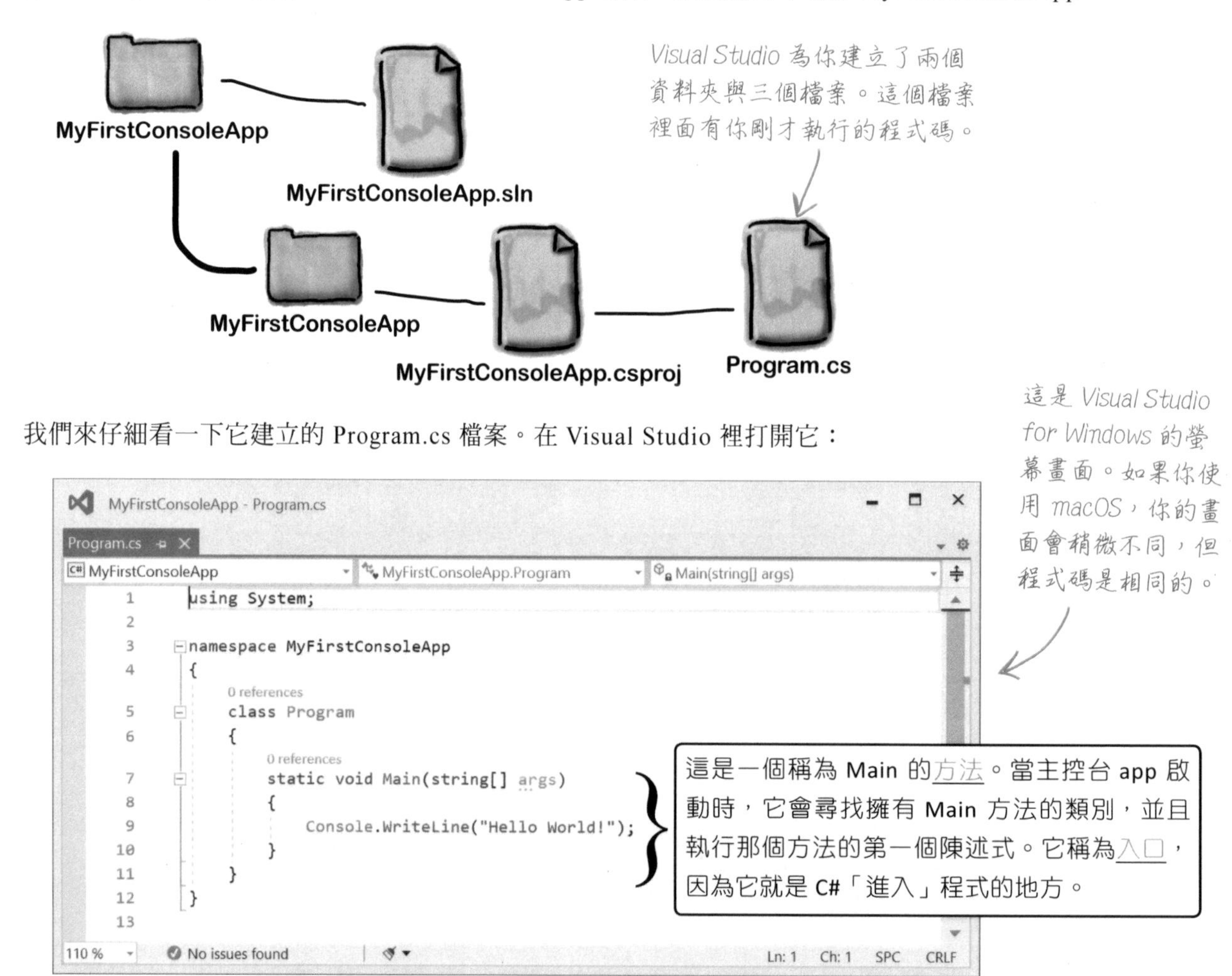

MyFirstConsoleApp
MyFirstConsoleApp.sln
MyFirstConsoleApp
MyFirstConsoleApp.csproj
Program.cs
Visual Studio 為你建立了兩個資料夾與三個檔案。這個檔案裡面有你剛才執行的程式碼。
這是 Visual Studio for Windows 的螢幕畫面。如果你使用 macOS，你的畫面會稍微不同，但程式碼是相同的。
MyFirstConsoleApp - Program.cs
using System;
namespace MyFirstConsoleApp
{
class Program
{
static void Main(string[] args)
{
Console.WriteLine("Hello World!");
}
}
}
這是一個稱為 Main 的方法。當主控台 app 啟動時，它會尋找擁有 Main 方法的類別，並且執行那個方法的第一個陳述式。它稱為入口，因為它就是 C#「進入」程式的地方。

- 在檔案的最上面有 `using` **指示詞**。你會在所有的 C# 程式碼檔案裡面看到這種 `using`。
- 在 `using` 指示詞後面有 `namespace` **關鍵字**。你的程式碼位於 MyFirstConsoleApp 名稱空間裡面。在它後面有個開始的大括號 **{**，在檔案的結尾有個結束的大括號 **}**。在這兩個大括號之間的所有東西都在那個名稱空間裡面。
- 在名稱空間裡面有一個**類別**。你的程式有一個稱為 Program 的類別。在類別宣告式後面有一個開始的大括號，與它對映的大括號在檔案的倒數第二行。
- 在類別裡面有個稱為 Main 的**方法**，同樣在後面有一對大括號和它的內容。
- 你的方法有一個**陳述式**：`Console.WriteLine("Hello World!");`

C# 程式剖析

每一個 C# 程式的程式碼都是用一模一樣的模式來建構的。所有的程式都使用名稱空間、類別與方法來讓程式碼更容易管理。

當你建立類別時，你要為它們定義名稱空間，如此一來，你的類別就可以和 .NET 附帶的類別分開。

在類別裡面有一些你的程式（雖然有一些非常小的程式只有一個類別）。

一個類別有一或多個方法。方法一定要放在類別裡面。方法是用陳述式組成的，例如 app 用來將一行文字印到控制台的 Console.WriteLine 陳述式。

方法在類別裡面的順序無關緊要。方法 2 也可以放在方法 1 前面。

一個陳述式會執行一個動作

每一個方法都是用類似 Console.WriteLine 的**陳述式**組成的。當你的程式呼叫一個方法時，它會執行第一個陳述式，然後下一個，然後再下一個，以此類推。當方法沒有陳述式可執行時，或是遇到 `return` 陳述式時，它就會結束，程式會在當初呼叫該方法的陳述式後面繼續執行。

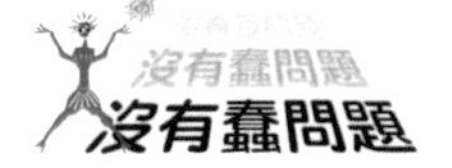

問：我知道 *Program.cs* 的用途了 — 我的程式就是放在那裡。但是我的程式需要另外兩個檔案與資料夾嗎？

答：當你在 Visual Studio 裡面建立一個新專案時，它會幫你建立一個**方案（solution）**。方案只是專案的容器。方案檔的結尾是 *.sln*，它裡面有一系列的專案，以及少量的額外資訊（例如用來建立它的 Visual Studio 版本）。**專案（project）**位於方案資料夾裡面的一個資料夾裡面。它使用獨立的資料夾是因為有些方案可能有多個專案，但是你的只有一個，它的名稱剛好與方案的一樣（MyFirstConsoleApp）。你的 app 的專案資料夾裡面有兩個檔案，一個稱為 *Program.cs*，裡面有程式碼，以及一個稱為 *MyFirstConsoleApp.csproj* 的專案檔案，裡面有 Visual Studio **組建**程式碼（將程式轉換成電腦可以執行的東西）所需的資訊。你最後會在專案資料夾裡面看到**另外兩個資料夾：bin/ 資料夾**，裡面有用你的 C# 程式碼組建的可執行檔，以及 **obj 資料夾**，裡面有用來組建它的臨時檔案。

在同一個名稱空間（與檔案！）裡面可以有兩個類別

看一下這兩個來自 PetFiler2 程式的 C# 程式碼檔案。它們有三個類別：一個 Dog 類別，一個 Cat 類別，以及一個 Fish 類別。因為它們都在同一個 PetFiler2 名稱空間，所以在 Dog.Bark 方法裡面的陳述式可以呼叫 Cat.Meow 與 Fish.Swim，而且**不需要加入 using 指示詞**。

SomeClasses.cs

```
namespace PetFiler2 {

  public class Dog {
     public void Bark() {
       // 從這裡開始是陳述式
     }
  }

  public partial class Cat {
     public void Meow() {
        // 其他的陳述式
     }
  }
}
```

宣告成 public 的方法代表其他的類別可以使用它。

MoreClasses.cs

```
namespace PetFiler2 {

 public class Fish {
     public void Swim() {
       // 陳述式
     }
 }

  public partial class Cat {
     public void Purr() {
       // 陳述式
     }
  }
}
```

你也可以將一個類別分成多個檔案，但是你必須在宣告它時使用 partial 關鍵字，無論你如何將名稱空間和類別分成不同的檔案，它們在執行時都會有相同的行為。

在使用 partial 關鍵字時，你只能將一個類別拆成不同的檔案，本書大部分的程式都不會這樣做，但是稍後你會看到它。我們想要確保不會有什麼意外。

加此說來，IDE 真的可以幫助我，它
可以產生程式碼，也可以幫助我找到
程式中的問題。

IDE 可以幫助你正確地建構程式。

很久、很久、很久以前，程式員必須使用簡單的文字編輯器，像是 Windows Notepad 或 macOS TextEdit，來編輯他們的程式。事實上，當時它們有些功能是走在時代尖端的（例如尋找和取代，或 Notepad 的 Ctrl+G 可以「移到某一行」）。我們曾經使用許多複雜的命令列應用程式來組建、執行、偵錯和部署程式碼。

多年來，微軟（公平地說，許多其他的公司，以及許多個人開發者）想出許多很有幫助的功能，例如醒目提示錯誤、IntelliSense、WYSIWYG 拖曳式視窗 UI 編輯法、程式碼自動生成，以及許多其他功能。

經過多年的演變，Visual Studio 已經成為有史以來最高級的程式碼編輯工具了。你很幸運，它也是**很適合用來學習和探索 *C#* 和 *app* 開發的工具**。

問：**我看過「Hello World」這個短句，它有什麼特殊的含義嗎？**

答：「Hello World」的目的是輸出「Hello World」來證明你真的可以讓程式動起來。它通常是你用新語言寫出來的第一個程式 — 對很多人來說，它也是他們用任何一種語言寫出來的第一段程式。

問：**我看到好多大括號，幫它們配對好難，我真的需要用那麼多大括號嗎？**

答：C# 使用大括號（有人稱之為「braces」或「curly braces」，我們有時使用「braces」來取代「brackets」，有些人會用「mustaches」，但我們不會用這個字）（譯注：無論英文怎麼說，本書一律翻譯成「大括號」）來將陳述式組成區塊。大括號都是成對的。有開始的大括號才會有結束的大括號。IDE 可以幫你配對大括號—按下一個大括號之後，你就可以看到它和它的另一半的顏色改變了。你也可以使用編輯器左邊的（⊟）按鈕來將它們收起來或展開。

問：**名稱空間到底是什麼？為什麼需要使用它？**

答：名稱空間可以協助你組織程式使用的所有工具。當你的 app 印出一行輸出時，它會使用一個稱為 Console 的類別，該類別屬於 **.NET Core**。它是開放原始碼、跨平台的框架，裡面有很多可以用來建構 app 的類別，類別的數量真的**很多**，有成千上萬個類別，所以 .NET 使用名稱空間來組織它們。Console 類別位於稱為 System 的名稱空間裡面，所以你的程式要在最上面使用 `using System;` 才能使用它。

問：**我不太明白入口是什麼，可不可以再解釋一下？**

答：你的程式裡面有很多陳述式，但它們無法同時一起執行。程式會從第一個陳述式開始執行，然後前往下一個，再下一個，以此類推。陳述式通常被組織成許多類別。

程式要從哪個陳述式開始執行？這就是入口的作用。除非你有**一個稱為 Main 的方法**，否則你的程式將無法組建。它稱為入口是因為程式會從 Main 方法的第一個陳述式開始執行，我們稱之為進入程式。

問：**所以，我的 .NET core 主控台 app 真的可以在其他的作業系統上執行嗎？**

答：是的！ .NET Core 是 .NET 的跨平台實作（包含 List 與 Random 等類別），所以你可以在任何一台運行 Windows、macOS 或 Linux 的電腦上運行。

你現在就可以試試看。你以後需要使用 .NET Core。Visual Studio 安裝程式**會自動安裝 *.NET Core***，但是你也可以在 https://dotnet.microsoft.com/download 下載它。

安裝它之後，在 IDE 裡面的 MyFirstConsoleApp 專案按下右鍵，選擇 *Open Folder in File Explorer*（Windows）或 *Reveal in Finder*（macOS）來找到你的專案資料夾。前往 bin/Debug/ 底下的子目錄，並將所有檔案複製到你想要用來執行的電腦。然後你就可以執行它了，它可以在**任何一台安裝 .NET Core 的 Windows、Mac 或 Linux box** 上運作。

```
Andrews-MacBook-Pro — -bash — 46×5
$ dotnet MyFirstConsoleApp.dll
Hello World!
$
```

這個螢幕畫面來自 macOS，但是 dotnet 命令在 Windows 上的動作是一模一樣的。

問：**我通常可以在程式上面按兩下來執行它們，但是沒辦法在 *.dll* 檔案上面按兩下。我可不可以製作能夠直接執行的 Windows 可執行檔或 macOS app？**

答：可以。你可以使用 `dotnet` 來為不同的平台發布**可執行二進制檔**。打開 Command Prompt 或 Terminal，切換到存有你的 *.sln* 或 *.csproj* 檔案的資料夾，執行這個命令來產生 Windows 可執行檔，它可以在任何一個安裝了 `dotnet` 的作業系統上運作，而不是只有 Windows：

```
dotnet publish -c Release -r win10-x64
```

輸出訊息的最後一行應該是 `MyFirstConsoleApp ->`，後面接著一個資料夾。那個資料夾裡面有 `MyFirstConsoleApp.exe`（以及它執行時需要的一些 DLL 檔）。你也可以為其他的平台組建可執行程式。將 `win10-x64` 改成 `osx-x64` 即可發布**功能齊全的 macOS app**：

```
dotnet publish -c Release -r osx-x64
```

或指定 `linux-x64` 來發布 Linux app。那個參數稱為 **runtime identifier**（或 RID），你可以在這裡找到一系列的 RID：https://docs.microsoft.com/en-us/dotnet/core/rid-catalog。

陳述式是 app 的基本元素

你的 app 是用類別組成的，那些類別裡面有方法，方法裡面有陳述式。所以如果我們想要做出可以做很多事情的 app，我們就要用各種**不同類型的陳述式**來讓 app 運作。你已經看過一種陳述式了：

```
Console.WriteLine("Hello World!");
```

這是一個**呼叫方法的陳述式**，具體來說，它呼叫 Console.WriteLine 方法，這個方法會將一行文字印到控制台。我們也會在這一章與這本書裡面使用一些其他類型的陳述式。例如：

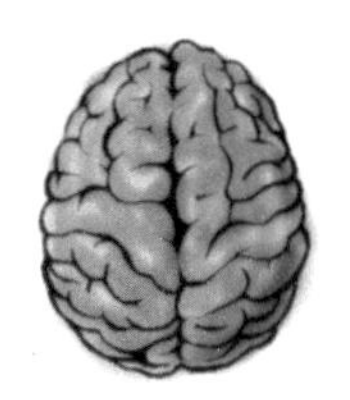

我們會使用變數與變數宣告式來讓 app 儲存和使用資料。

因為有許多程式使用數學，所以我們會使用數學運算子來做加法、減法、乘法、除法…等。

條件式可讓程式選擇各種選項，決定要執行某段程式還是另一段。

迴圈可讓程式反覆執行同一段程式，直到滿足條件為止。

程式使用變數來操作資料

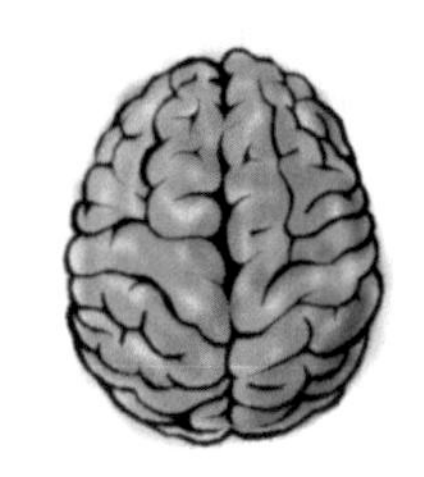

每一個程式，無論它多大或多小，都會處理資料。有時資料是文件、電玩的一張圖像，或社交媒體的更新，但它們都只是資料。變數就是程式用來儲存資料的東西。

宣告你的變數

在**宣告**變數時，你要告訴程式它的型態與它的名稱。當 C# 知道變數的型態之後，如果你試著做不合理的事情，例如將 `48353` 減去 `"Fido"`，C# 會產生錯誤，並且阻止程式的組建。變數是這樣宣告的：

```
// 我們來宣告一些變數
int maxWeight;
string message;
bool boxChecked;
```

// 開頭的每一行都是註解，它們都不會被執行。你可以使用註解來為程式加入說明，協助別人閱讀和理解它。

這是變數型態。C# 使用型態來定義這些變數保存哪一種資料。

這是變數名稱。C# 不在乎你幫變數取什麼名字 — 這些名稱是讓你使用的。

這就是為什麼選擇合理且清楚的變數名稱對你來說很有幫助。

當你的程式需要操作數字、文字、true/false 值，或任何其他類型的資料時，你都要使用變數來記錄它們。

變數會改變

變數會在程式執行時，在不同的時間擁有不同的值。換句話說，變數的值**會改變**。（所以「變數」是很棒的名字。）知道這件事很重要，因為這個概念是每一個程式的核心。假如你的程式將變數 `myHeight` 設為等於 63：

```
int myHeight = 63;
```

每當 `myHeight` 出現在程式裡，C# 就會將它換成它的值，63。後來，如果你將它的值改成 12：

```
myHeight = 12;
```

從那時起，C# 就會將 `myHeight` 換成 12（直到它被再次設定），但是變數仍然稱為 `myHeight`。

你必須先幫變數指定值才能使用它們

在你的新主控台 app 的「Hello World」陳述式下面輸入這些陳述式：

動手做！

```
string z;
string message = "The answer is " + z;
```

執行它之後，你會看到錯誤訊息，IDE 會拒絕組建你的程式碼。因為它會檢查每一個變數，確保你在使用它之前已經幫它指定一個值了。為了避免忘記指定變數值，最簡單的方法是將「宣告變數的陳述式」與「指定值的陳述式」結合起來：

```
int maxWeight = 25000;
string message = "Hi!";
bool boxChecked = true;
```

這些值會被指派給變數。你可以用一個陳述式來宣告變數並且指派它的初始值（但是你不一定要這樣做）。

如果你的程式使用未賦值的變數，程式將無法組建。在一個陳述式裡面將變數宣告與賦值結合起來可以避免這種錯誤。

當你將值指派給變數之後，那個值可能會改變。所以，在宣告變數時為它指定初始值沒有任何壞處。

一些實用的型態

每一個變數都有一個型態，用來告訴 C# 它可以保存哪一種資料。我們會在第 4 章詳細說明 C# 的許多型態。同時，我們將關注三種最常見的型態，保存整數的 `int`，保存文字的 `string`，以及保存**布林** true/false 值的 `bool`。

> var-i-a-ble（變數），名詞
>
> 可能會改變的元素或特徵。
>
> 如果氣象學家不需要考慮那麼多**變數**，預測天氣就容易得多。

產生一個新方法來使用變數

在上一章，你已經知道 Visual Studio 可以**幫你產生程式碼**了，這在寫程式時很方便，***Visual Studio 也是非常寶貴的學習工具***。我們接下來要用學過的知識，更仔細地觀察產生的程式碼。

動手做！

① **在你的 MyFirstConsoleApp 新專案加入一個方法。**

打開你在上一章建立的 **Console App 專案**。IDE 為你的 app 建立一個 Main 方法，裡面有一個陳述式：

```
Console.WriteLine("Hello World!");
```

將它改成呼叫方法的陳述式：

```
OperatorExamples();
```

② **讓 Visual Studio 告訴你哪裡出錯了。**

改好陳述式之後，Visual Studio 會在方法呼叫式下面顯示一個紅波浪底線。將游標移到它的上面。IDE 會顯示快顯視窗：

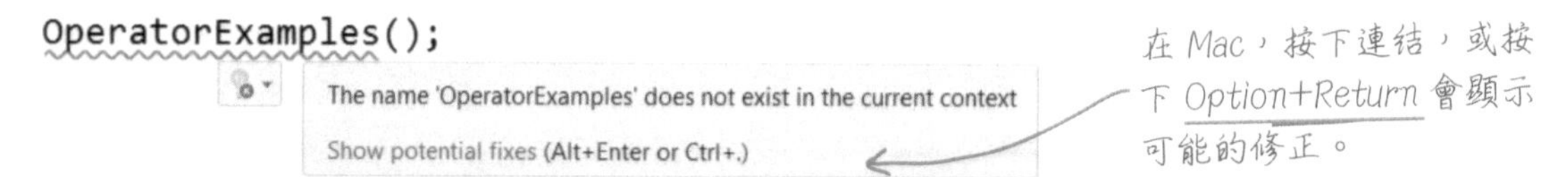

Visual Studio 指出兩件事：現在有一個問題 — 你正試著呼叫一個不存在的方法（它會讓你的程式碼無法組建），以及它有一個可能的修正法。

③ **產生 OperatorExamples 方法。**

在 **Windows**，快顯視窗會要求你按下 Alt+Enter 或 Ctrl+. 來看看可能的修正法。在 **macOS**，它有一個「Show potential fixes」連結，按下 Option+Return 即可看見可能的修正法。按下這些組合按鍵（或按下快顯視窗左邊的下拉式選單）。

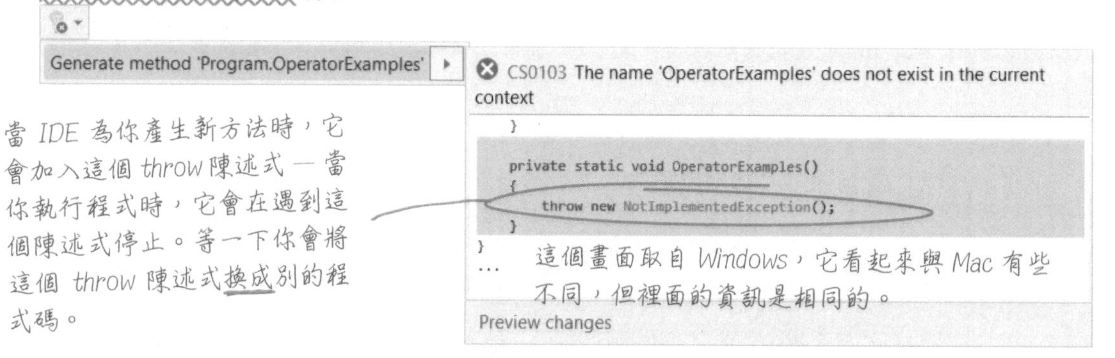

IDE 有一個解決方案：它會在你的 Program 類別裡面產生一個稱為 OperatorExamples 的方法。**按下「Preview changes」**會顯示一個視窗，裡面有可能的修正：加入一個新方法。然後**按下 Apply**，來將方法加入程式。

在你的方法中加入使用運算子的程式碼

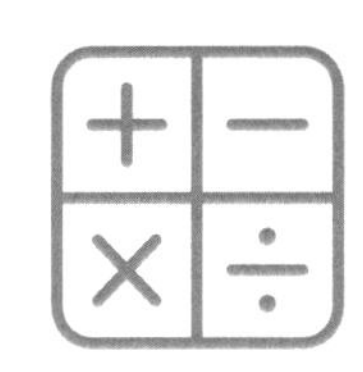

將資料存入變數之後，你可以用它來做什麼？如果它是數字，你可能會用它來做加法或乘法。如果它是字串，你可能會把它和別的字串接起來。這時候就要使用**運算子**了。下面是 OperatorExamples 新方法的主體。**將這些程式碼加入你的程式**，並閱讀註解來了解它使用的運算子。

```
private static void OperatorExamples()
{
  // 這個陳述式宣告一個變數並將它設成 3
  int width = 3;

  // 這個 ++ 運算子會遞增變數（為它加 1）
  width++;

  // 再宣告兩個 int 變數來保存數字，
  // 並使用 + 與 * 運算子來對值進行加法與乘法
  int height = 2 + 4;
  int area = width * height;
  Console.WriteLine(area);

  // 接下來的兩個陳述式宣告字串變數
  // 並且使用 + 來串連它們（把它們接在一起）
  string result = "The area";
  result = result + " is " + area;
  Console.WriteLine(result);

  // 布林變數不是 true 就是 false
  bool truthValue = true;
  Console.WriteLine(truthValue);
}
```

字串變數可以保存文字。當你對著字串使用 + 運算子時，它會將它們接在一起，所以「abc」+「def」會產生一個字串「abcdef」。這樣連接字串稱為**串連**（concatenation）。

迷你 削尖你的鉛筆

你在程式中加入的陳述式會在主控台寫出三行文字：每一個 Console.WriteLine 陳述式都會印出單獨的一行。**在你執行程式之前**，先想一下它們會產生什麼結果，並且將結果寫下來。不用費心尋找解答了，因為我們沒有提供！你只要執行程式就可以檢查答案了。

提示一下：將布林轉換成字串會產生 *False* 或 *True*。

Line 1: ______________________

Line 2: ______________________

Line 3: ______________________

使用偵錯工具來看看變數的變動

你剛才執行程式時，它在**偵錯工具（debugger）**裡面執行 — 它是超級方便的工具，可以幫助你了解程式如何運作。你可以使用**中斷點（breakpoint）**，在它遇到某些陳述式時暫停程式，並加入**監看式（watch）**來觀察變數的值。我們將使用偵錯工具的三個功能來觀察程式的動作，你可以在工具列看到它們：

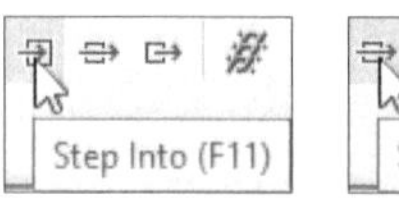

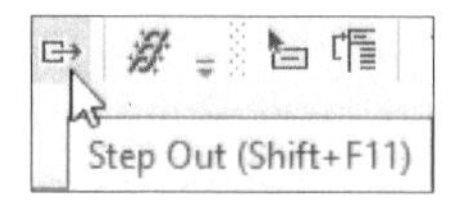

如果你遇到意外的狀態，只要使用 Restart 按鈕（ ）來重新啟動偵錯工具即可。

解決這個 bug！

1. **加入中斷點並執行程式。**

   把游標移到你在程式的 Main 方法中加入的方法呼叫式，並**在 Debug 選單選擇 Toggle Breakpoint (F9)**。現在這一行會變成：

```
      0 references
 7    static void Main(string[] args)
 8    {
 9        OperatorExamples();
10    }
```

> Mac 的偵錯快捷鍵是 Step Over (⇧⌘O)、Step In (⇧⌘I) 與 Step Out (⇧⌘U)。正如第 1 章的 *Mac 學習指南*所述，它的畫面與這裡有些不同，但偵錯工具的動作完全相同。

   然後按下 ▶ MyFirstConsoleApp 按鈕，即可在偵錯工具中執行程式，與之前的做法一樣。

2. **逐步執行（step Into）方法。**

   偵錯工具會在呼叫 OperatorExamples 方法的那個陳述式的中斷點停止。

```
 7    static void Main(string[] args)
 8    {
 9        OperatorExamples();
10    }
```

   按下 *Step Into F11* 之後，偵錯工具會跳到方法裡面，然後在它執行第一個陳述式之前停止。

3. **檢查 width 變數的值。**

   當你**逐步執行程式碼**，偵錯工具會在執行每一個陳述式之後暫停，讓你可以檢查變數的值。把游標移到 width 變數上面。

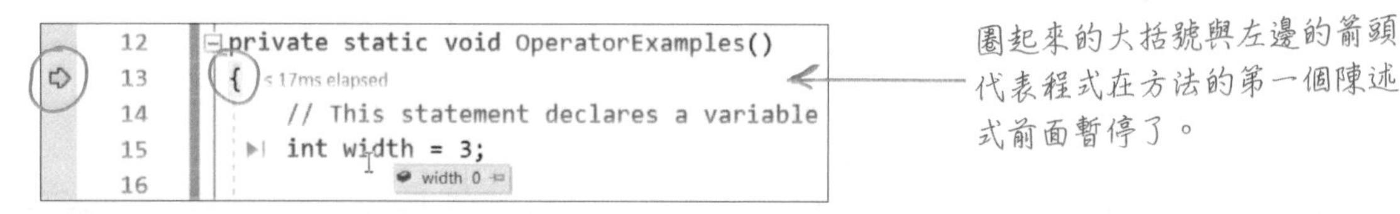

圈起來的大括號與左邊的箭頭代表程式在方法的第一個陳述式前面暫停了。

   IDE 會顯示一個快顯視窗，裡面有變數目前的值 — 它目前是 0。現在**按下 Step Over (F10)** 會跳過第一個陳述式的註解，並且醒目提示該陳述式。我們想要執行它，所以**再度按下 Step Over F10**。再次把游標移到 width 上面，現在它的值是 3。

4 **Locals 視窗會顯示變數的值。**

你宣告的變數是 OperatorExamples 方法的**區域**變數，意思是它們只會出現在那個方法裡面，而且只能被那個方法的陳述式使用。Visual Studio 在偵錯時，會在 IDE 下方的 Locals 視窗顯示它們的值。

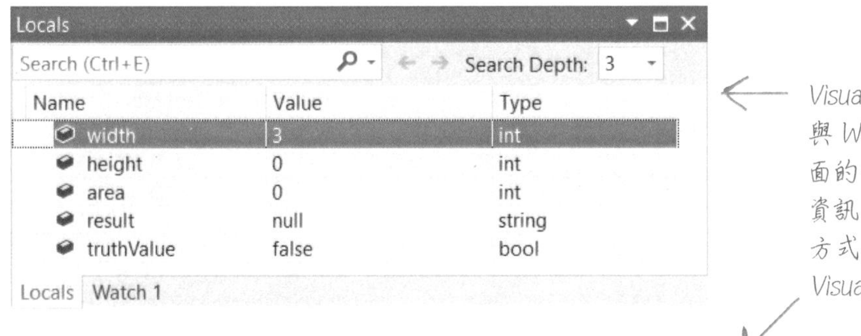

Visual Studio for Mac 的 Locals 與 Watch 視窗與 Windows 裡面的有些不同，但它們顯示的資訊是相同的。加入監看式的方式在 Windows 與 Mac 版的 Visual Studio 裡面都一樣。

5 **為 height 變數加入監看式。**

Watch 視窗是偵錯工具的一種非常方便的功能，它的位置通常在 IDE 下方的 Locals 視窗的同一個面板裡面。當你把游標移到變數上面時，你可以在變數名稱按下右鍵，並在快顯視窗裡面選擇 Add Watch。把游標移到 `height` 變數上面，按下右鍵，在選單裡選擇 **Add Watch**。

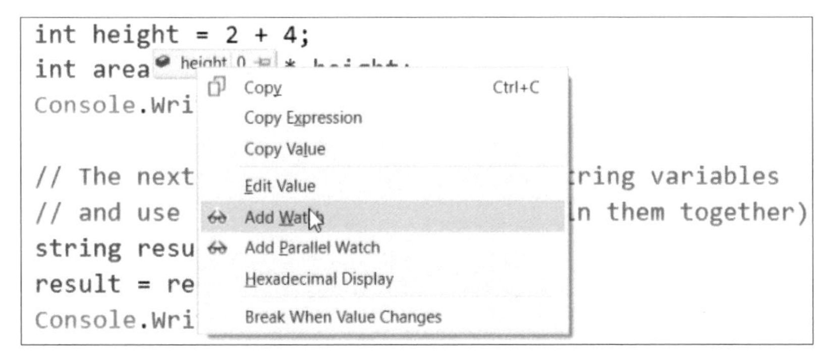

偵錯工具是 Visual Studio 最重要的功能之一，它是了解你的程式如何運作的好工具。

現在你可以在 Watch 視窗裡面看到 `height` 變數了。

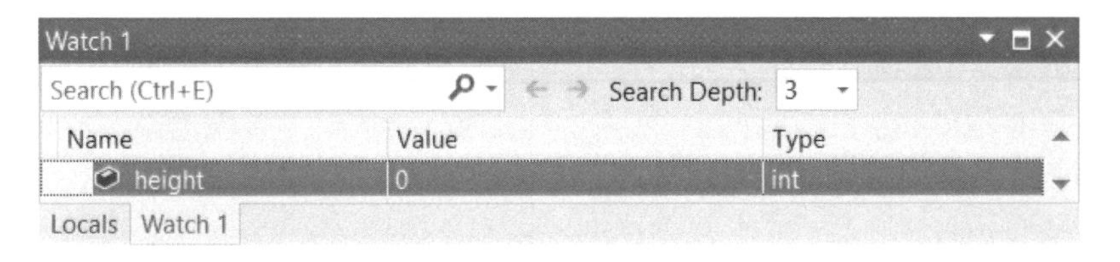

6 **逐步執行其餘的方法。**

逐步執行 OperatorExamples 的每一個陳述式。當你逐步執行方法時，注意 Locals 或 Watch 視窗，看看值如何變化。如果你使用 **Windows**，在 Console.WriteLine 的前面與後面按下 **Alt+Tab**，來切換到 Debug Console 觀察輸出。如果你使用 **macOS**，你會在 Terminal 視窗看到輸出，所以不需要切換視窗。

使用運算子來處理變數

把資料放入變數之後可以做什麼？通常你會讓程式用值來做某些事情。這時候**等號比較運算子**、**關係運算子**與**邏輯運算子**就很重要了。

等號比較運算子

== 運算子會比較兩個東西，當它們相等時，則為 true。

!= 運算子的動作很像 ==，但是當兩個東西不相等時，它是 true。

關係運算子

使用 > 與 < 來比較數字，看看在一個變數裡面的數字是不是比另一個更大或更小。

你也可以使用 >= 來檢查一個值是否大於或等於另一個，以及使用 <= 來檢查它是否小於或等於另一個。

邏輯運算子

你可以使用 && 運算子來代表 ***and***，以及使用 || 運算子來代表 ***or***，來將個別的條件測試式結合成一個更長的測試式。

這是檢查是否 i 等於 3 **或** j 小於 5 的方式：

```
(i == 3) || (j < 5)
```

照過來！ **不要把雙等號運算子搞錯了！**

一個等號（=）的功能是設定變數的值，兩個等號（==）的功能是比較兩個變數。你可能不相信，很多 bug 都是因為把 = 當成 == 來使用造成的，經驗老到的程式員也經常犯下這種錯誤！如果你看到 IDE 抱怨「cannot implicitly convert type 'int' to 'bool'」，它應該就是這種錯誤。

使用運算子來比較兩個 int 變數

你可以使用比較運算子檢查變數的值來做簡單的測試。這是比較兩個 int，x 與 y 的做法：

x < y（小於）

x > y（大於）

x == y（等於，是的，使用兩個等號）

它們將是你最常使用的。

用「if」陳述式來做決定

你可以用 **if 陳述式**來告訴程式：在你設定的一些**條件**是（或不是）true 時才做某些事情。if 陳述式會**測試條件**，測試通過才會執行程式碼。許多 if 陳述式都是為了檢查兩個東西是否相等，此時要使用 == 運算子。它與用來設定值的單等號（=）運算子不一樣。

```
int someValue = 10;
string message = "";

if (someValue == 24)
{
    message = "Yes, it's 24!";
}
```

每一個 if 陳述式在一開始都會在一對小括號裡面進行測試，接下來有一個用大括號包起來的陳述式區塊，它會在測試通過時執行。

在大括號裡面的陳述式測試為 true 時才會執行。

if/else 陳述式也會在條件不是 true 時做事

if/else 陳述式的功能與它的名稱一樣：當條件為 true 時，它們會做某件事，**否則**做另一件事。if/else 陳述式有一個 if 陳述式，後面接著 **else 關鍵字**，後面再接著第二組要執行的陳述式。如果測試為 true，程式會執行第一組大括號之間的陳述式，否則，它會執行第二組之間的陳述式。

```
if (someValue == 24)
{
  // 你可以在大括號裡面
  // 放入任意數量的陳述式
  message = "The value was 24.";
}
else
{
  message = "The value wasn't 24.";
}
```

切記，一定要使用雙等號來檢查兩個東西是否相等。

迴圈會反覆執行一個動作

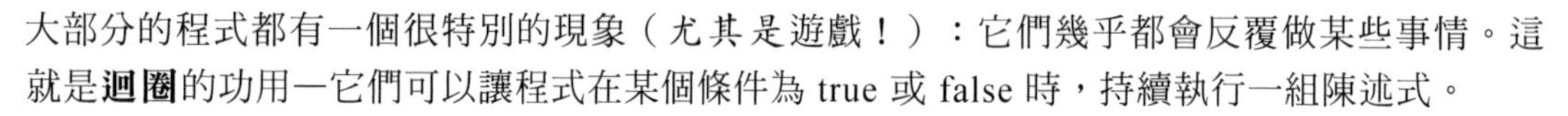

大部分的程式都有一個很特別的現象（尤其是遊戲！）：它們幾乎都會反覆做某些事情。這就是**迴圈**的功用—它們可以讓程式在某個條件為 true 或 false 時，持續執行一組陳述式。

while 迴圈會在條件為 true 時，反覆執行陳述式

在 **while 迴圈**中，只要小括號裡面的條件是 true，大括號裡面的陳述式都會被執行。

```
while (x > 5)
{
  // 在兩個大括號之間的陳述式
  // 只會在 x 大於 5 時執行，然後
  // 只要 x > 5，它們就會繼續反覆執行
}
```

do/while 迴圈會先執行陳述式再檢查條件

do/while 迴圈有點像 while 迴圈，但有一個差異，while 迴圈會先做測試，在測試為 true 時，接著才會執行陳述式。do/while 迴圈則是先執行陳述式，**再**執行測試。所以當你希望迴圈無論如何至少執行一次時，do/while 迴圈是很好的選項。

```
do
{
  // 在這兩個大括號之間的陳述式會執行一次，
  // 然後只要 x > 5 就會反覆執行
} while (x > 5);
```

for 迴圈會在每一次迴圈之後執行一個陳述式

for 迴圈會在執行一次迴圈之後執行一個陳述式。

每一個 for 迴圈都有三個陳述式。第一個陳述式會設定迴圈。只要第二個陳述式為 true，迴圈就會持續反覆執行。第三個陳述式會在每完成一次迴圈之後執行。

```
for (int i = 0; i < 8; i = i + 2)
{
    // 在這兩個大括號之間的所有東西
    // 都會執行 4 次
}
```

for 陳述式的各個元素分別稱為初始式（initializer）（int i = 0），條件測試式（conditional test）（i < 8），與迭代式（iterator）（i = i + 2）。每完成一次 for 迴圈（或任何迴圈）稱為一次迭代（iteration）。

條件測試式一定會在每一次迭代開始時執行，迭代式一次會在迭代結束時執行。

for 迴圈探究

for 迴圈比簡單的 while 迴圈或 do 迴圈複雜一些，用途也比較廣。最常見的 for 迴圈類型會往上計數到一個值。**for 迴圈的程式碼片段**會讓 IDE 建立這種 for 迴圈範例：

```
for (int i = 0; i < length; i++)
{

}
```

當你使用 for 迴圈的程式碼片段時，按下 Tab 鍵可以在 i 與 length 之間切換。當你改變變數 i 的名稱時，程式碼片段會自動改變另外兩個 i。

for 迴圈有四個區域 — 初始式、條件式、迭代式與主體：

```
for ( 初始式 ; 條件式 ; 迭代式 ) {
    主體
}
```

我們通常用初始式來宣告新變數，例如，在上面的 for 程式碼片段的初始式 `int i = 0` 宣告一個稱為 `i` 的變數，此變數只能在 `for` 迴圈裡面使用。接下來只要條件為 true，迴圈就會執行主體（它可能只是一個陳述式，也可能是用大括號包起來的陳述式區塊）。在每一次迭代結束時，for 迴圈會執行迭代器。所以這個迴圈：

```
for (int i = 0; i < 10; i++) {
    Console.WriteLine("Iteration #" + i);
}
```

會迭代 10 次，在主控台印出 `Iteration #0, Iteration #1, ..., Iteration #9`。

削尖你的鉛筆

下面有一些迴圈。寫下每一個迴圈會永遠反覆執行，還是最終會結束。如果它最終會結束，它會迭代幾次？此外，回答迴圈 #2 與 #3 的註解裡面的問題。

```
// 迴圈 #1
int count = 5;
while (count > 0) {
   count = count * 3;
   count = count * -1;
}
```

切記，for 迴圈一定會在區塊的開頭執行條件測試，在區塊的結尾執行迭代式。

```
// 迴圈 #4
int i = 0;
int count = 2;
while (i == 0) {
   count = count * 3;
   count = count * -1;
}
```

```
// 迴圈 #2
int j = 2;
for (int i = 1; i < 100;
     i = i * 2)
{
    j = j - 1;
    while (j < 25)
    {
       // 接下來的陳述式
       // 會執行
       // 幾次？
       j = j + 5;
    }
}
```

```
// 迴圈 #5
while (true) { int i = 1;}
```

```
// 迴圈 #3
int p = 2;
for (int q = 2; q < 32;
     q = q * 2)
{
   while (p < q)
   {
      // 接下來的陳述式
      // 會執行
      // 幾次？
      p = p * 2;
   }
   q = p - q;
}
```

提示：p 最初等於 2。想一下迭代式「p = p * 2」什麼時候執行。

我們通常會在紙筆練習的下一頁
提供答案。

削尖你的鉛筆

下面有一些迴圈。寫下每一個迴圈會永遠反覆執行，還是最終會結束。如果它最終會結束，它會迭代幾次？此外，回答迴圈 #2 與 #3 的註解裡面的問題。

```
// 迴圈 #1
int count = 5;
while (count > 0) {
   count = count * 3;
   count = count * -1;
}
```

迴圈 #1 執行一次。

記住，count = count * 3 會將 count 乘以 3，然後將結果（15）存到同一個 count 變數。

```
// 迴圈 #2
int j = 2;
for (int i = 1; i < 100;
     i = i * 2)
{
    j = j - 1;
    while (j < 25)
    {
       // 接下來的陳述式
       // 會執行幾次？
       j = j + 5;
    }
}
```

迴圈 #2 會執行 7 次。

陳述式 j = j + 5 會執行 6 次。

```
// 迴圈 #3
int p = 2;
for (int q = 2; q < 32;
     q = q * 2)
{
   while (p < q)
   {
      // 接下來的陳述式
      // 會執行幾次？
     p = p * 2;
   }
   q = p - q;
}
```

迴圈 #3 執行 8 次。

陳述式 p = p * 2 執行 3 次。

```
// 迴圈 #4
int i = 0;
int count = 2;
while (i == 0) {
   count = count * 3;
   count = count * -1;
}
```

迴圈 #4 會永遠執行。

```
// 迴圈 #5
while (true) { int i = 1;}
```

迴圈 #5 也是無限迴圈。

花點時間認真研究迴圈 #3 的運作方式。這是自行嘗試偵錯工具的好機會。在 q = p - q; 設定中斷點，並使用 Locals 視窗來觀察在逐步執行迴圈時，p 與 q 的值如何改變。

使用程式碼片段來協助寫迴圈

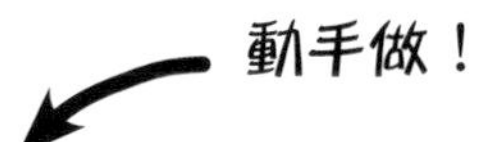

你會在書中大量撰寫迴圈，Visual Studio 可以透過**片段（snippet）**來協助提升速度，片段是可以加入程式的簡單模板。我們使用片段在 OperatorExamples 方法裡面加入一些迴圈。

如果程式還在執行，在 Debug 選單選擇 **Stop Debugging (Shift+F5)**（或按下工具列的方塊停止按鈕（■））。然後在 OperatorExamples 方法裡面找到 `Console.WriteLine(area);`，按下這一行的結尾，把游標移到分號後面，然後按下 Enter 幾次，加入一些空行。接下來要開始加入片段，**輸入 `while`，並按兩次 Tab 鍵**，IDE 會在程式中加入一個 while 迴圈的模板，並且醒目提示條件測試式：

```
while (true)
{

}
```

輸入 **`area < 50`**，IDE 會將 `true` 換成那段文字。**按下 Enter** 來結束片段。然後在大括號之間加入兩個陳述式：

```
while (area < 50)
{
    height++;
    area = width * height;
}
```

IDE 小撇步：括號

如果括號沒有成對，程式就無法組建，產生令人煩惱的 bug。幸好 IDE 可以幫你處理這種事情！將游標放在一個括號上，IDE 就會醒目提示它的配對。

接下來，在你剛才加入的 while 迴圈後面使用 **`do/while` 迴圈片段**來加入另一個迴圈。輸入 **`do` 並按下 Tab 兩次**。IDE 會加入這個片段：

```
do
{

} while (true);
```

輸入 **`area > 25`** 並按下 Enter 來完成片段。然後在大括號之間加入兩個陳述式：

```
do
{
    width--;
    area = width * height;
} while (area > 25);
```

現在**使用偵錯**工具來了解這些迴圈如何運作：

1. 按下第一個迴圈上面的那一行，並在 Debug 選單裡面選擇 **Toggle Breakpoint (F9)**。然後執行程式，並**按下 F5** 跳到新的中斷點。
2. 使用 **Step Over (F10)** 來逐步執行兩個迴圈。在 Locals 視窗觀察 `height`、`width` 與 `area` 如何改變。
3. 停止程式，然後將 while 迴圈的測試式改成 **`area < 20`**，來讓這兩個迴圈的條件式都是 false。再次對程式進行偵錯。while 會先檢查條件式並跳過迴圈，但是 do/while 會執行一次再檢查條件式。

削尖你的鉛筆

我們來練習一下條件式與迴圈。修改你的主控台 app 的 Main 方法，讓它與下面的 Main 方法一致，然後加入 TryAnIf、TryAnIfElse 與 TrySomeLoops 方法。在執行程式之前，試著回答這些問題。然後執行程式，看看你有沒有答對。

```
static void Main(string[] args)
{
    TryAnIf();
    TrySomeLoops();
    TryAnIfElse();
}

private static void TryAnIf()
{
    int someValue = 4;
    string name = "Bobbo Jr.";
    if ((someValue == 3) && (name == "Joe"))
    {
        Console.WriteLine("x is 3 and the name is Joe");
    }
    Console.WriteLine("this line runs no matter what");
}
```

TryAnIf 方法會在主控台輸出什麼內容？

....

....

```
private static void TryAnIfElse()
{
    int x = 5;
    if (x == 10)
    {
        Console.WriteLine("x must be 10");
    }
    else
    {
        Console.WriteLine("x isn't 10");
    }
}
```

TryAnIfElse 方法會在主控台輸出什麼內容？

....

```
private static void TrySomeLoops()
{
    int count = 0;

    while (count < 10)
    {
        count = count + 1;
    }

    for (int i = 0; i < 5; i++)
    {
        count = count - 1;
    }

    Console.WriteLine("The answer is " + count);
}
```

TrySomeLoops 方法會在主控台輸出什麼內容？

....

本書沒有這個練習的解答，你只要執行程式就可以知道是否答對了。

關於 C# 程式的實用須知

* **別忘了所有陳述式最後都有一個分號。**

  ```
  name = "Joe";
  ```

* **在一行程式碼的開頭加上兩條斜線會加入註解。**

  ```
  // 這段文字會被忽略
  ```

* **你可以使用 /* 與 */ 來開始與結束一段包含分行符號的註解。**

  ```
  /* 這個註解
   * 有很多行 */
  ```

* **V 變數是用型態加上名稱來宣告的。**

  ```
  int weight;
  // 這個變數的型態是 int，名稱是 weight
  ```

* **多數情況下，加入多餘的空格是沒問題的。**

  所以這一段：　　　int　　　j　　　=　　　1234　　　;
  與這一段一模一樣：int j = 1234;

* **If/else、while、do 與 for 都會測試條件。**

  我們看過的每一個迴圈都會在條件為 true 時持續執行。

你的邏輯有缺陷！如果迴圈的條件測試式**永遠不會變成 false** 會怎樣？

這個迴圈會一直執行下去。

條件測試式的結果不是 **true**，就是 **false**。如果它是 **true**，程式會再迭代迴圈一次。任何迴圈都應該在執行足夠的次數時，讓條件測試式回傳 **false**，否則迴圈就會一直執行下去，直到你強制結束程式，或關掉電腦！

這種情況有時稱為**無窮迴圈**，你將來一定會在程式中刻意使用它。

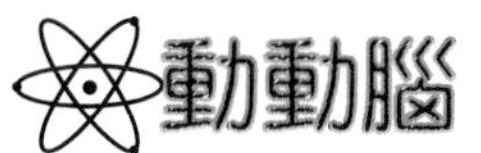

你能不能想出使用永遠不會停止的迴圈的理由？

機制

遊戲設計…漫談

遊戲**機制**是構成實際玩法的遊戲元素：遊戲規則、玩家可以採取的行動，以及遊戲對此做出的回應。

- 我們從一個經典的電玩說起。**小精靈的機制**包括如何用搖桿控制畫面中的主角、圓點和大力丸的點數、鬼魂如何移動、它們變成藍色的時間、當主角吃到大力丸時，鬼魂的行為如何改變、主角什麼時候可以得到更多條命、鬼魂經過隧道時怎麼減速 — *所有的*規則驅動了整個遊戲。
- 遊戲設計師口中的**機制**通常是一種互動或控制模式，例如平台遊戲的二段跳動作，或是在射擊遊戲中只能承受幾次砲擊的碉堡。將機制獨立出來進行測試與改善通常很有幫助。
- **桌面遊戲**可以讓我們充分了解機制的概念。骰子、轉盤或卡牌等亂數產生法都是機制的典型案例。
- 你已經看過一個很好的機制案例了：我們在動物配對遊戲中加入的**計時器**可以改變整個遊戲體驗。計時器、障礙物、敵人、地圖、種族、點數…這些東西都是機制。
- 不同的機制可能有各種不同的**組合**，一起對遊戲體驗造成重大的影響。大富翁就是一個很好的例子，它結合兩種不同的隨機數產生器（骰子和卡牌），讓遊戲更有趣且更微妙。
- 遊戲機制也包含**資料如何架構**，以及處理資料的**程式如何設計**，即使該機制是無意造成的！小精靈的傳奇關卡 *256 glitch* 有一個 bug 會用垃圾資訊顯示一半畫面，讓遊戲沒辦法玩，它也是遊戲機制的一部分。
- 所以我們所謂的「**C# 遊戲的機制」包含類別與程式碼**，因為它們驅動遊戲的運作方式。

我猜，機制的概念可以幫助我進行**任何一種專案**，而不是只限於遊戲？

完全正確！每一種程式都有它自己的機制種類。

每一種等級的軟體設計都有機制。機制在電玩的背景之下比較容易討論和理解。我們會利用這個特性來協助你更深入了解機制，在設計和建構任何一種專案時，機制都很有價值。

舉個例子。遊戲的機制決定了它玩起來多難或多簡單。讓小精靈跑得更快或是讓鬼跑得更慢都會讓遊戲更簡單。這不一定會讓遊戲變得更好或更壞，只是會帶來改變。猜猜怎麼著？同樣的概念也適用於類別的設計方式！你可以將**如何設計方法與欄位**視為類別的機制。用不同的方式將程式拆成方法，或在不同的時機使用欄位，都會讓它們更容易或更難以使用。

控制項驅動了使用者介面的機制

你曾經在上一章使用 TextBlock 與 Grid **控制項**來製作一個遊戲。但是控制項有許多不同的用法，而且選擇不同的控制項會讓 app 產生很大的變化。聽起來很奇怪？其實它與設計遊戲時做出的選擇非常相似。當你設計一個需要使用隨機數產生器的桌遊時，你可以使用骰子、轉盤，或卡牌。如果你設計平台遊戲時，你可以選擇讓玩家跳躍、做二段跳、踏牆跳，或飛起來（或是在不同的時間做不同的事情）。app 也一樣：當你要設計可讓用戶輸入數字的 app，你可以挑選各種不同的控制項來做這件事，**你的選擇會影響用戶的 app 體驗**。

Enter a number

4

★ **文字方塊**可讓用戶輸入任何文字。但是我們要確保他們只輸入數字，而不是任何文字。

1
2
3
4
5

★ **清單方塊**可讓用戶從一系列的項目中進行選擇。如果清單很長，它會顯示捲軸來讓用戶尋找項目。

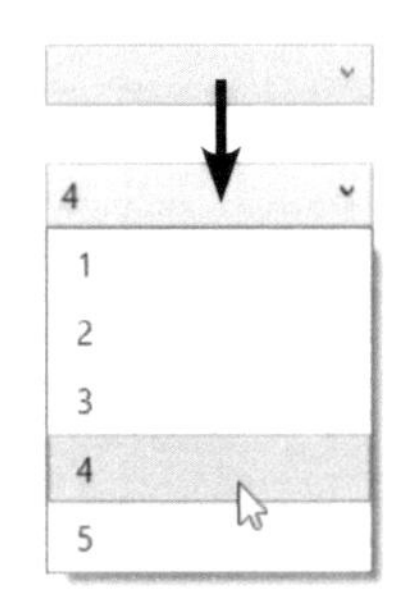

★ **下拉式方塊**結合了清單方塊與文字方塊的行為。它看起來很像一般的文字方塊，但是當用戶按下它時，它下面會彈出清單方塊。

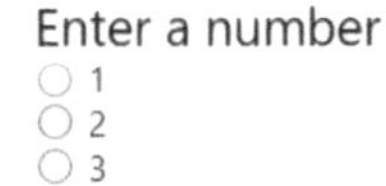

★ **選項按鈕**可限制用戶的選擇。你可以用它們來顯示想用的數字，也可以選擇它們的排列方式。

控制項是常用的使用者介面（UI）元件，它是 UI 的基本元素。選擇不同的控制項種類會改變 app 的機制。

我們可以從電玩借用「機制」的概念來了解我們的選項，為每一種 app 做出絕佳的選擇，而不是只有遊戲。

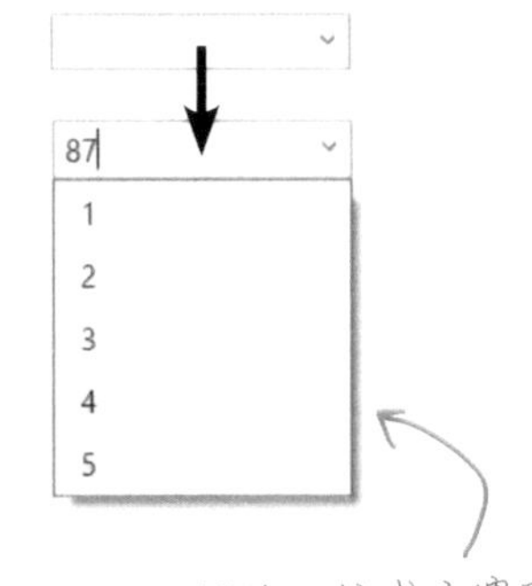

可編輯的下拉式方塊可讓用户從項目清單裡面選擇項目，或輸入他們自己的值。

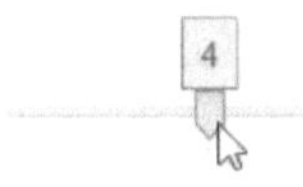

★ 本頁的其他控制項可以用來顯示其他類型的資料，但**滑桿**只能用來選擇數字。電話號碼也只是數字。所以在技術上你可以使用滑桿來選擇電話號碼。你認為這樣做好嗎？

7,183,876,962

本章接下來的專案將建構 Windows 的 WPF 桌面 app。如果你想進行對應的 macOS 專案，可以翻到 Visual Studio for Mac 學習指南。

建立 WPF app 來實驗控制項

動手做！

如果你曾經在網頁上填寫表單，你就看過剛才展示的控制項（雖然你以前不知道它們的官方名稱）。接下來，我們要**建立一個 WPF app** 來練習使用這些控制項。這個 app 很簡單，它的唯一功能就是讓用戶選擇一個數字，並且顯示被選擇的數字。

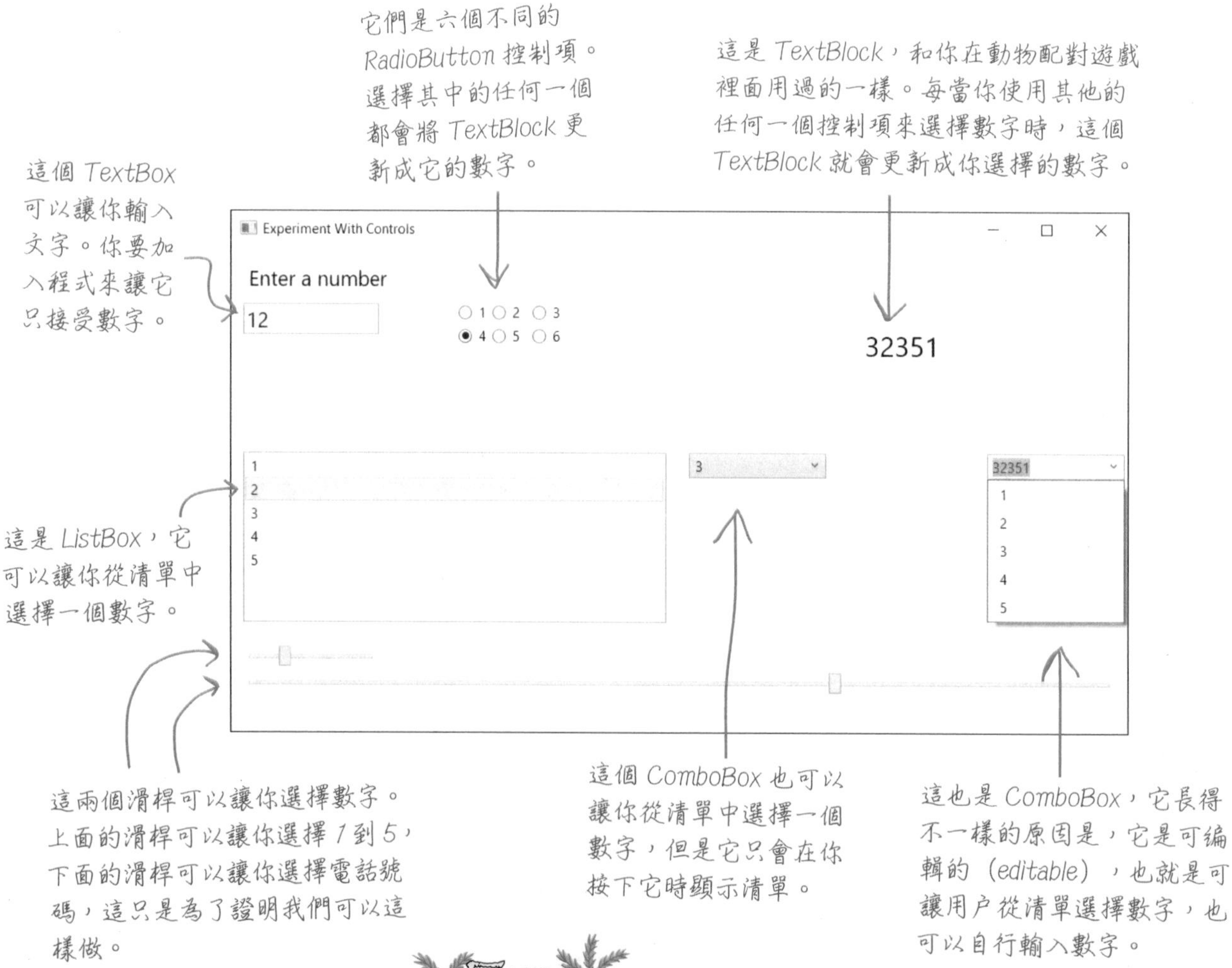

它們是六個不同的 RadioButton 控制項。選擇其中的任何一個都會將 TextBlock 更新成它的數字。
這是 TextBlock，和你在動物配對遊戲裡面用過的一樣。每當你使用其他的任何一個控制項來選擇數字時，這個 TextBlock 就會更新成你選擇的數字。
這個 TextBox 可以讓你輸入文字。你要加入程式來讓它只接受數字。
Experiment With Controls
Enter a number
12
1
2
3
4
5
6
32351
這是 ListBox，它可以讓你從清單中選擇一個數字。
這兩個滑桿可以讓你選擇數字。上面的滑桿可以讓你選擇 1 到 5，下面的滑桿可以讓你選擇電話號碼，這只是為了證明我們可以這樣做。
這個 ComboBox 也可以讓你從清單中選擇一個數字，但是它只會在你按下它時顯示清單。
這也是 ComboBox，它長得不一樣的原因是，它是可編輯的（editable），也就是可讓用戶從清單選擇數字，也可以自行輸入數字。

Fun 輕鬆

你不需要將這些控制項的 XAML 背起來。

這個**動手做！**與這些練習的目的，都是為了讓你練習使用 XAML 來建構有控制項的 UI。當你在接下來的專案裡面用到這些控制項時，你隨時可以翻回來參考。

在第 1 章，你曾經將橫列與直欄的定義加入 WPF app 的格線裡面，具體來說，你建立了一個格線，裡面有五個相同大小的橫列與四個相同大小的直欄。你要幫這個 app 做同一件事。在這個練習中，你要使用你在第 1 章學到的 XAML 知識來製作 WPF app。

建立新的 WPF 專案

啟動 Visual Studio 2019 並**建立一個新的 WPF 專案**，就像你在第 1 章製作動物配對遊戲時做過的那樣。選擇「Create a new project」，再選擇 WPF App (.NET)。

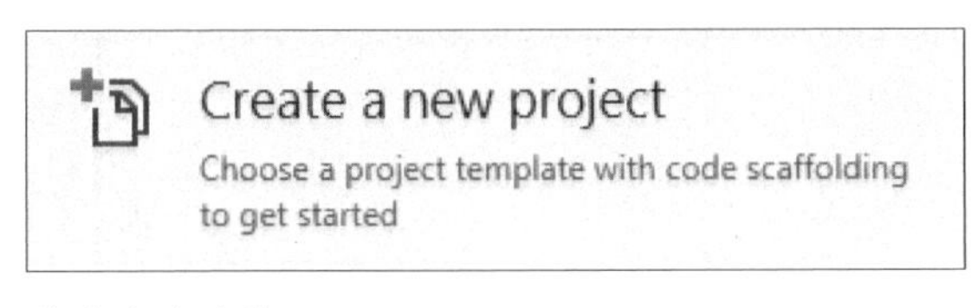

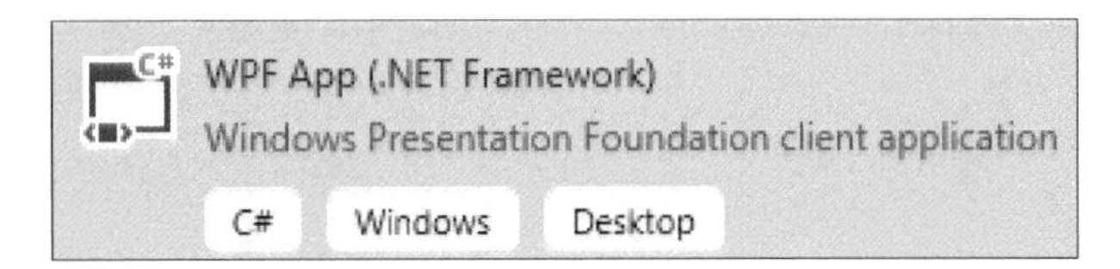

將專案命名為 **ExperimentWithControls**。

設定視窗標題

修改 `<Window>` 標籤的 `Title` 屬性，將視窗的標題設成 `Experiment With Controls`。

加入橫列與直欄

加入三列與兩欄。讓前兩列都是第三列的兩倍高，讓兩欄有相同的寬。

這就是你的視窗在設計工具裡面的樣子：

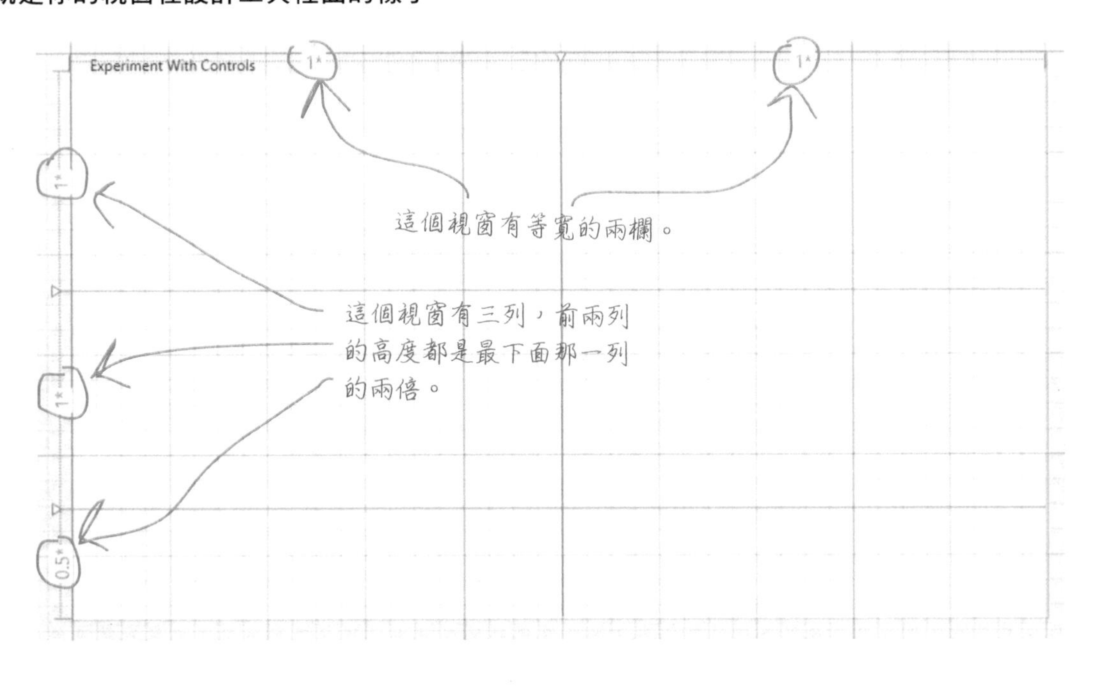

這是主視窗的 XAML。我們使用淺色來代表 Visual Studio 為你建立且不需要修改的 XAML 程式碼。你必須修改 `<Window>` 標籤裡面的 Title 屬性，然後加入 `<Grid.RowDefinitions>` 與 `<Grid.ColumnsDefinitions>` 段落。

```
<Window x:Class="ExperimentWithControls.MainWindow"
        xmlns="http://schemas.microsoft.com/winfx/2006/xaml/presentation"
        xmlns:x="http://schemas.microsoft.com/winfx/2006/xaml"
        xmlns:d="http://schemas.microsoft.com/expression/blend/2008"
        xmlns:mc="http://schemas.openxmlformats.org/markup-
compatibility/2006"
        xmlns:local="clr-namespace:ExperimentWithControls"
        mc:Ignorable="d"
        Title="Experiment With Controls" Height="450" Width="800">
    <Grid>

        <Grid.RowDefinitions>
            <RowDefinition/>
            <RowDefinition/>
            <RowDefinition Height=".5*"/>
        </Grid.RowDefinitions>

        <Grid.ColumnDefinitions>
            <ColumnDefinition/>
            <ColumnDefinition/>
        </Grid.ColumnDefinitions>

    </Grid>
</Window>
```

改變 Window 的 Title 屬性來設定視窗的標題。

將最下面一列的高設成 .5* 會讓它的高是其他列的一半。你也可以將另外兩列的高設成 2*（或是把上面兩列設成 4*，把最下面一列設成 2*，或是把上面兩列設成 1000*，把最下面一列設成 500*…等）。

現在應該很適合將專案放到原始檔控制系統吧…

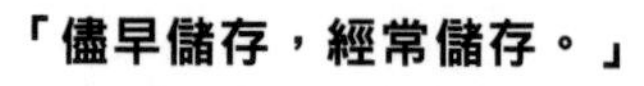

「儘早儲存，經常儲存。」

這是很久以前，當電玩沒有自動儲存功能，而且需要將磁片插入電腦來備份專案時的一句老話，但是現在它仍然是很棒的建議！Visual Studio 可讓你輕鬆地將專案加入原始檔控制系統，並且讓它維持最新狀態，如此一來，你隨時都可以回到從前，查看你經歷過的所有進度。

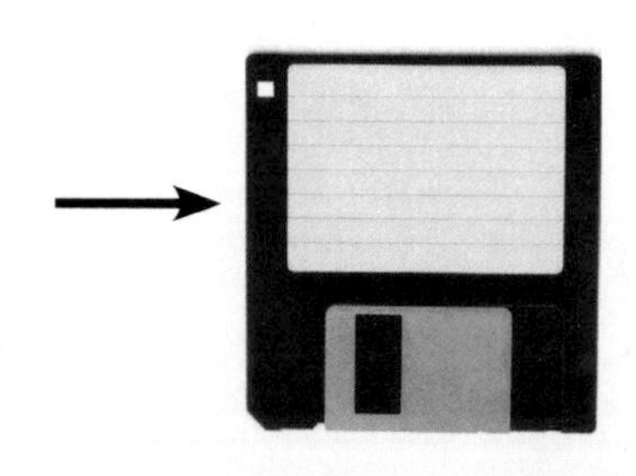

在 app 加入 TextBox 控制項

TextBox 控制項可以提供一個方塊來讓用戶輸入文字，我們來加入一個到 app 裡面。但是我們不想只放入一個沒有標籤的 TextBox，所以我們會先加入一個 **Label 控制項**（它很像 TextBlock，但它是專門用來加入其他控制項的標籤的）。

1. **從 Toolbox 拉一個 Label 到格線的左上格子。**

   這個動作與你在第 1 章將 TextBlock 控制項加入動物配對遊戲時的做法一樣，只是這一次使用 Label 控制項。將它拉到格子內的任何地方都無妨，只要它在左上方的格子裡面即可。

2. **設定標籤的文字大小與內容。**

   選擇 Label 控制項，在 Properties 視窗展開文字區域，將字型大小設成 **18px**。然後展開 Common 區域，將 Content 設成 `Enter a number`。

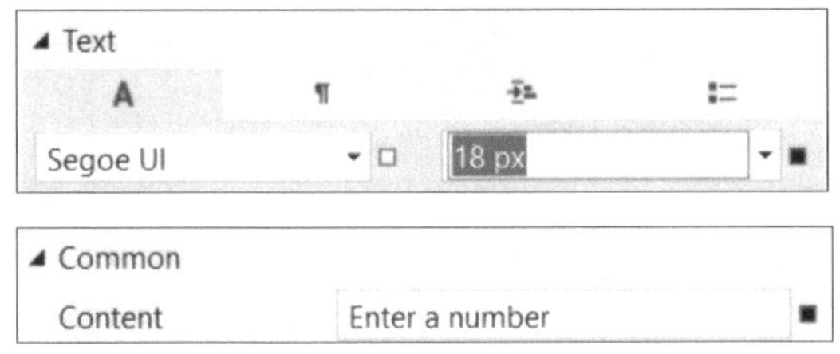

3. **將 Label 拉到格子的左上角。**

   在設計工具裡面按下 Label，並將它拉到左上角。當它與格子的邊界相距 10 像素時，你會看到灰色的長條，而且它會對齊 10px 的邊界（margin）。

   現在視窗的 XAML 應該有一個 Label 控制項：

```
<Label Content="Enter a number" FontSize="18"
       Margin="10,10,0,0" HorizontalAlignment="Left"
       VerticalAlignment="Top"/>
```

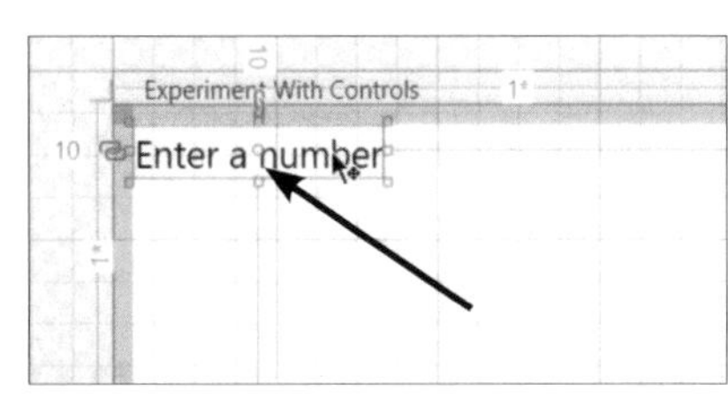

迷你習題

你曾經在第 1 章將 TextBlock 控制項放到格線的許多格子裡面，並且在它們裡面放入一個 **?**，當時你也幫 Grid 控制項和 TextBlock 控制項取了名字。在這個專案中，**加入一個 TextBlock 控制項**，將它命名為 ***number***，將文字設成 **#**，將字型大小設成 **24px**，並且在格線的**右上格子**裡面將它**置中**。

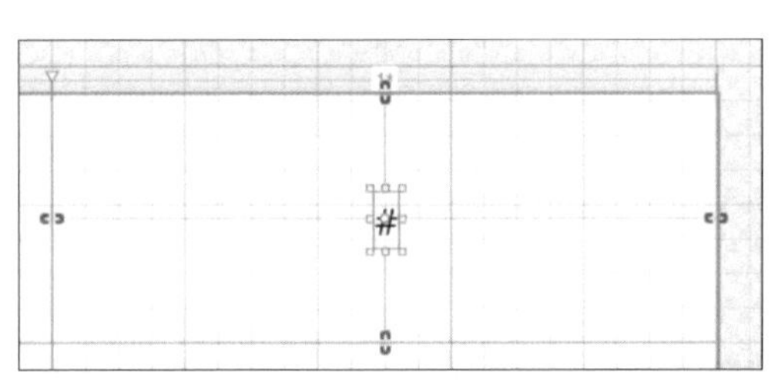

迷你習題解答

這是格線的右上格子裡面的 TextBlock 的 XAML。你可以使用視覺化設計工具或親自輸入 XAML。只要確定你的 TextBlock 的屬性與這個解決方案一模一樣就可以了，但是與之前一樣，屬性的順序不一樣沒關係。

```
<TextBlock x:Name="number" Grid.Column="1" Text="#" FontSize="24"
        HorizontalAlignment="Center" VerticalAlignment="Center" TextWrapping="Wrap"/>
```

4 **將 TextBox 拉入格線的左上格子。**

app 會在 Label 下面顯示一個 TextBox 來讓用戶輸入數字。將它拉到左側與標籤的下面，你會看到同樣的灰色長條，將它放在 Label 下面，與左邊界相距 10px 的地方。 將它的名稱設成 **numberTextBox**，字型大小設成 **18px**，文字設成 **0**。

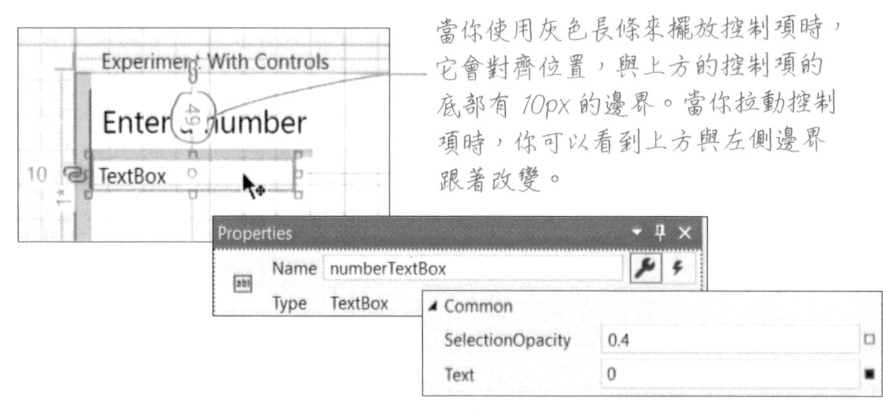

當你使用灰色長條來擺放控制項時，它會對齊位置，與上方的控制項的底部有 10px 的邊界。當你拉動控制項時，你可以看到上方與左側邊界跟著改變。

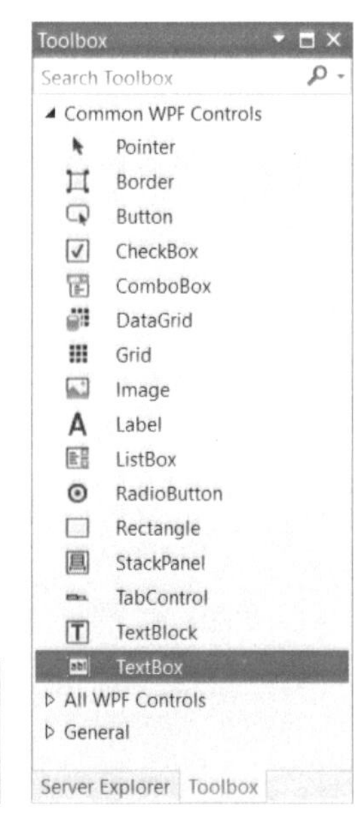

現在你的視窗應該長這樣：→

在 <Grid> 裡，務必在列與行的定義後面，並且在 </Grid> 之前，填入這段 XAML 程式碼，先寫 Label，然後 TextBox，然後 TextBlock。

記住，屬性有不一樣的順序或是被分成好幾行都沒有關係。

```
<Label Content="Enter a number" FontSize="18" Margin="10,10,0,0"
       HorizontalAlignment="Left" VerticalAlignment="Top" />

<TextBox x:Name="numberTextBox" FontSize="18" Margin="10,49,0,0" Text="0" Width="120"
         HorizontalAlignment="Left" TextWrapping="Wrap" VerticalAlignment="Top" />

<TextBlock x:Name="number" Grid.Column="1" Text="#" FontSize="24"
           HorizontalAlignment="Center" VerticalAlignment="Center" TextWrapping="Wrap" />
```

加入 C# 程式來更新 TextBox

我們曾經在第 1 章使用**事件處理常式**來處理動物配對遊戲的滑鼠按鍵，事件處理常式是有事件被**發出來（raised）**（有時稱為事件**被觸發（triggered** 或 **fired）**）時，C# 會呼叫的方法。現在我們要在 code-behind 裡加入事件處理常式，每當有用戶在 TextBox 輸入文字時就執行它，來將文字複製到小練習中的右上格子的 TextBlock 裡面。

當你在 TextBox 控制項按兩下時，IDE 會幫 TextChanged 事件加入一個事件處理常式，每當用戶改變它的文字時，該常式就會被呼叫。在其他類型的控制項按兩次有時會加入其他的事件處理常式，有時不會加入任何事件處理常式（例如 TextBlock）。

1. **在 TextBox 控制項按兩下，加入方法。**

   當你在 TextBox 按兩下時，IDE 會**自動加入**一個綁定它的 TextChanged 事件的 **C# 事件處理常式方法**。IDE 會產生一個空方法，並且幫它指定一個名稱，該名稱是控制項的名稱（numberTextBox）加上一個底線，再加上它所處理的事件的名稱 — numberTextBox_TextChanged：

```
private void numberTextBox_TextChanged(object sender, TextChangedEventArgs e)
{

}
```

2. **將程式加入新的 TextChanged 事件處理常式。**

   每一次用戶在 TextBox 輸入文字時，我們就讓 app 將文字複製到格線右上方的格子裡的 TextBlock。因為你已經幫那個 TextBlock 取一個名稱（**number**），也幫 TextBox 取一個名稱（**numberTextBox**）了，所以只要一行程式就可以複製它的內容：

```
private void numberTextBox_TextChanged(object sender, TextChangedEventArgs e)
{
    number.Text = numberTextBox.Text;
}
```

這一行程式會設定 TextBlock 裡面的文字，讓它與 TextBox 裡面的文字一樣，每當用戶改變 TextBox 裡面的文字時，它就會被呼叫。

現在執行 app，哎呀！出錯了 — 它丟出例外。

```
private void numberTextBox_TextChanged(object sender, TextChangedEventArgs e)
{
    number.Text = numberTextBox.Text;
}
```

Exception Thrown

System.NullReferenceException: 'Object reference not set to an instance of an object.'

number was null.

View Details | Copy Details | Start Live Share session...

▶ Exception Settings

只會寫幾行程式無法成為偉大的開發者！這是另一個需要調查的例外，如同你曾經在第 1 章做過的，追蹤與修正這類的問題是非常重要的程式設計技能。

看一下 IDE 的下面。它有一個 Autos 視窗，裡面有每一個已定義的變數。

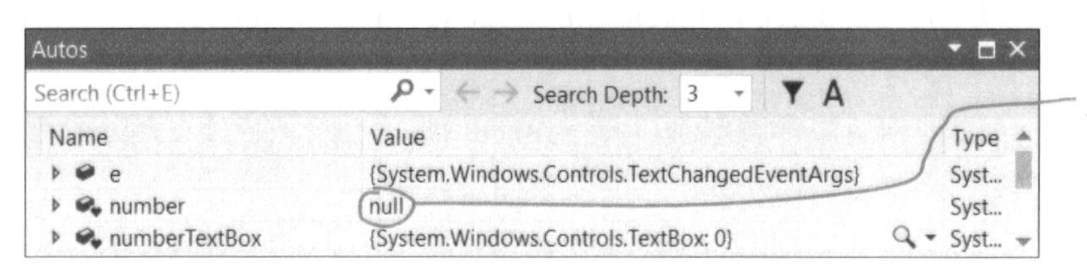

number TextBox 是「null」，NullReferenceException 也是同一個字眼。

究竟發生什麼事，**而且，更重要的是，怎麼修正它？**

查明真相

Autos 視窗會顯示陳述式使用且丟出例外的變數：number 與 numberTextBox。numberTextBox 的值是 *{System.Windows.Controls.TextBox: 0}*，它是健康的 TextBox 在偵錯工具裡面的樣子。但是 number（你在裡面複製文字的 TextBlock）的值是 **null**。稍後會告訴你 null 是什麼意思。

但是這裡有一個非常重要的線索：IDE 告訴你 **number TextBlock 沒有初始化**。

癥結在於，TextBox 的 XAML 有 Text="0"，所以當 app 開始執行時，它會初始化 TextBox，並且試著設定文字。這會觸發 TextChanged 事件處理常式，它會試著將文字複製到 TextBlock。但是 TextBlock 仍然是 null，所以 app 丟出例外。

所以，為了修正這個 bug，我們要確保 TextBlock 是在 TextBox 之前初始化的，當 WPF app 啟動時，控制項**會按照它們出現在 XAML 裡面的順序開始初始化**。所以你可以藉著**改變 *XAML* 裡面的控制項的順序**來修正這個 bug。

對調 TextBlock 與 TextBox 控制項的**順序**，讓 TextBlock 在 TextBox 上面：

```
<Label Content="Enter a number" ... />
<TextBlock x:Name="number" Grid.Column="1" ... />
<TextBox x:Name="numberTextBox" ... />
```

將 XAML 裡面的 TextBlock 標籤移到 TextBox 上面會讓 TextBlock 先執行初始化。

在 XAML 編輯器裡面選擇 TextBlock 標籤，將它移到 TextBox 上面，來讓它先被初始化。

在設計工具裡面顯示的 app 會保持不變，這是合理的現象，因為它的控制項是相同的。再次執行 app，這一次它可以啟動了。

3 **執行 app 並試用 TextBox。**

使用 Start Debugging（或是在 Debug 選單裡面選擇 Start Debugging (F5)）來啟動 app，如同你在第 1 章的動物配對遊戲做過的那樣。（如果出現執行階段工具，你可以像在第 1 章那樣停用它們。）在 TextBox 輸入任何數字都會被複製過去。

當你在 TextBox 輸入數字時，TextChange 事件處理常式就會將它複製到 TextBlock。

但是出錯了，你可以在 TextBox 裡面輸入任何文字，而不是只能輸入數字！

我們必須設法讓用戶只能輸入數字！你認為我們會怎麼做？

加入只能讓用戶輸入數字的事件處理常式

在第 1 章，當你在 TextBlock 加入 MouseDown 事件時，你曾經使用 Properties 視窗右上角的按鈕來切換屬性與事件。現在你要做同一件事，不過這一次你會使用 **PreviewTextInput 事件**，只接受以數字組成的輸入，並且拒絕任何不是數字的輸入。

在 Properties 視窗右上角的扳手按鈕會顯示被選擇的控制項的屬性，按下閃電按鈕會顯示它的事件處理常式。

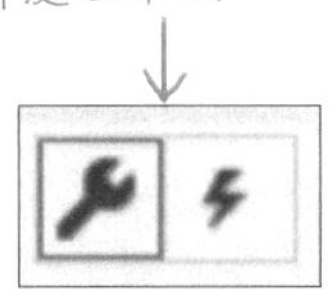

如果 app 正在執行，先停止它。然後在設計工具裡面，按下 TextBox 來選取它，接著切換到 Properties 視窗，看看它的事件。往下捲動，**在 PreviewTextInput 旁邊的方塊裡面按兩下**，來讓 IDE 產生一個事件處理常式方法。

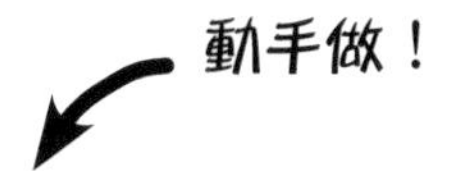

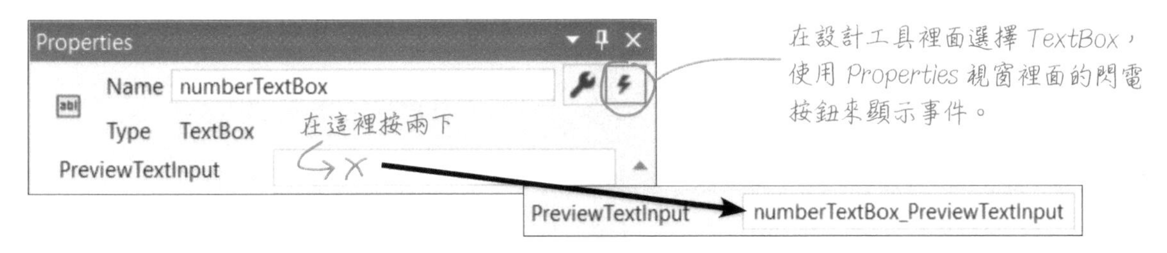

你的新事件處理常式方法裡面有一個陳述式：

```
private void numberTextBox_PreviewTextInput(object sender, TextCompositionEventArgs e)
{
    e.Handled = !int.TryParse(e.Text, out int result);
}
```

稍後會介紹 int.TryParse，現在先輸入這裡的程式碼就好。

這個事件處理常式是這樣運作的：

1. 當用戶在 TextBox 裡面輸入文字之後，在 TextBox 更新**之前**，事件處理常式會被呼叫。
2. 它使用特殊方法 `int.TryParse` 來檢查用戶輸入的文字是不是數字。
3. 如果用戶輸入非數字字元，它會將 `e.Handled` 設為 `true`，讓 WPF 忽略輸入。

在執行程式之前，回去檢查 TextBox 的 XAML 標籤：

```
<TextBox x:Name="numberTextBox" FontSize="18" Margin="10,49,0,0" Text="0" Width="120"
         HorizontalAlignment="Left" TextWrapping="Wrap" VerticalAlignment="Top"
         TextChanged="numberTextBox_TextChanged"
         PreviewTextInput="numberTextBox_PreviewTextInput" />
```

現在它綁定兩個事件處理常式：TextChange 事件綁定 numberTextBox_TextChanged 事件處理常式方法，在它下面，PreviewTextInput 事件綁定 numberTextBox_PreviewTextInput 方法。

為 ExperimentWithControls app 加入其餘的 XAML 控制項：選項按鈕、清單方塊、兩種不同的下拉式方塊，以及兩個滑桿。讓每一個控制項都可以更新格線右上角格子裡的 TextBlock。

在 TextBox 旁邊的左上角格子裡加入選項按鈕

將 Toolbox 裡面的 RadioButton 拉到格線的左上角格子裡面。然後移動它，讓它的左邊與格子中央對齊，它的最上面與 TextBox 對齊。當你在設計工具裡面拉動控制項時，IDE 會顯示**引導線**來協助你整齊地排列所有東西，控制項會貼到這些引導線。

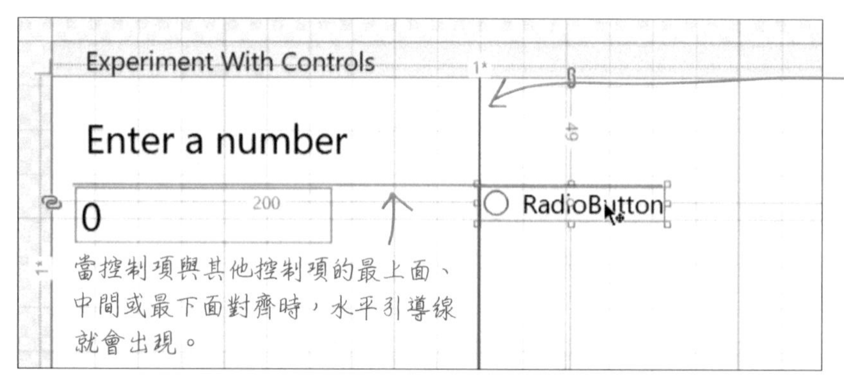

垂直引導線會在你移動的控制項的左邊與格子的中央對齊時出現。

展開 Properties 視窗的 Common 區域，將 RadioButton 控制項的 Content 屬性設成 1。

然後加入五個 RadioButton 控制項，對齊它們，設定它們的 Content 屬性。但是這一次，不要將它們拉出 Toolbox，而是**在 Toolbox 裡面按下 RadioButton，然後在格子裡面按下按鍵**。（這樣做的原因是，當你選擇了一個 *RadioButton*，然後將另一個控制項拉出 *Toolbox* 時，*IDE* 會將新的控制項嵌入 *RadioButton*。稍後會告訴你嵌入控制項的機制。）

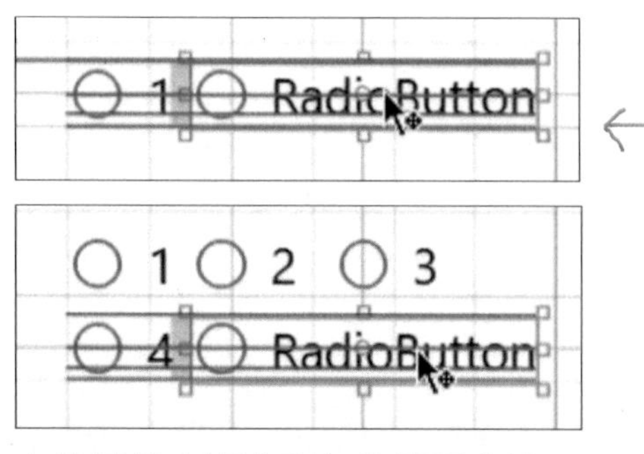

加入各個選項按鈕之後，你可以使用長條與引導線來將它與其他的對齊。

你的 Properties 視窗裡面仍然顯示事件處理常式，而不是屬性嗎？使用扳手按鈕來再度顯示屬性 — 如果你曾經使用搜尋方塊，你也一定要清除它。

在格線的中間左邊加入清單方塊

在 Toolbox 按下 ListBox，然後在中間左邊格子裡面按下去，來加入該控制項。在版面配置區域，將它的所有邊界（margin）都設成 10。

Margin	← 10	→ 10
	↑ 10	↓ 10

當你將 ListBox 加入格子，並且將它的邊界都設成 10 時，在中間左邊的格子裡看起來有一個空的方塊。

習題

將 ListBox 命名為 myListBox 並在裡面加入 ListBoxItems

ListBox 的目的是讓用戶選擇一個數字。我們的做法是在清單中加入項目。選擇 ListBox，在 Properties 視窗展開 Common，**按下 Items 旁邊的 Edit Items 按鈕**（ ... ）。**加入五個 ListBoxItem 項目**，並將它們的 Content 值設為 1 至 5。

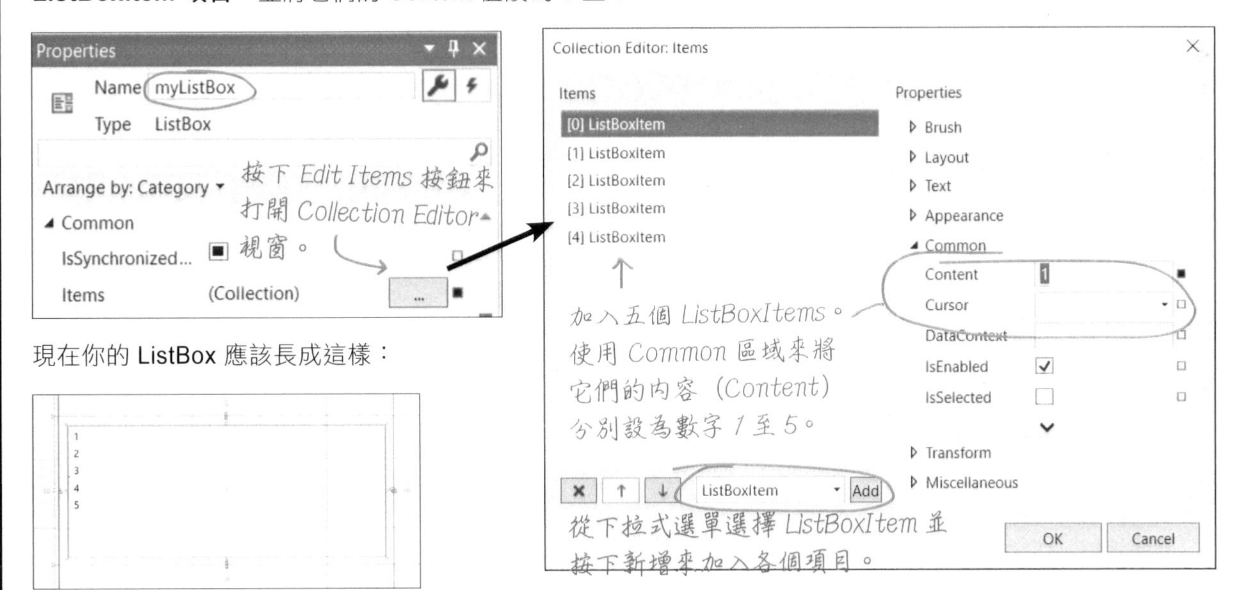

現在你的 ListBox 應該長成這樣：

在格線的中間右邊格子加入兩個不同的 ComboBoxes

在 Toolbox 裡面按下 ComboBox，然後在中間右邊格子裡面按下按鍵，**加入 ComboBox，將它命名為 readOnlyComboBox**。將它拉到左上角，並使用灰色長條來讓它的左邊界與上邊界都是 10。然後在同一個格子**加入另一個 ComboBox，並命名為 editableComboBox**，將它與右上角對齊。

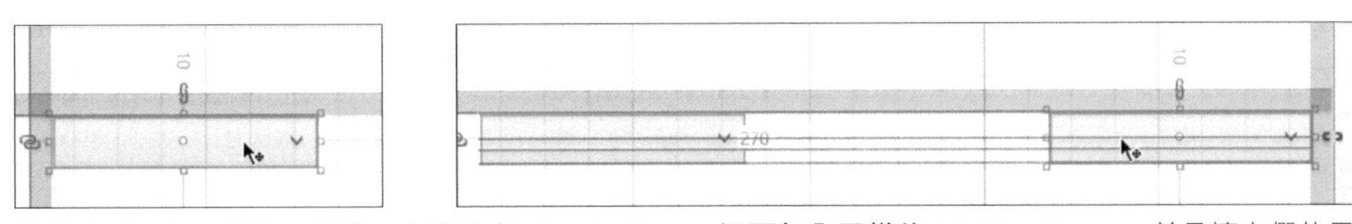

使用 Collection Editor 視窗，在這**兩個** ComboBoxes 裡面**加入同樣的 ListBoxItems**，並且讓它們使用數字 1、2、3、4 與 5，因此你必須先幫第一個 ComboBox 做這件事，再處理第二個 ComboBox。

最後，**讓右邊的 ComboBox 可被編輯**，在 Properties 視窗展開 Common 區域，按下 IsEditable。現在用戶可以在那個 ComboBox 輸入他們自己的數字了。

Common
IsDropDownOpen
IsEditable
IsReadOnly

可編輯的 ComboBox 有不一樣的外觀，讓用戶知道他們可以自行輸入值，也可以從清單裡面選擇。

習題解答

這是你在練習中加入的 RadioButton、ListBox 與兩個 ComboBox 控制項的 XAML。這個 XAML 在格線（grid）內容的最下面一你應該可以在 </Grid> 結束標籤上面找到這幾行。如同你看過的其他 XAML，在程式碼裡面，你可以將標籤的屬性排列成各種順序，或使用各種分行方式。

```
<RadioButton Content="1" Margin="200,49,0,0"
             HorizontalAlignment="Left" VerticalAlignment="Top"/>
<RadioButton Content="2" Margin="230,49,0,0"
             HorizontalAlignment="Left" VerticalAlignment="Top"/>
<RadioButton Content="3" Margin="265,49,0,0"
             HorizontalAlignment="Left" VerticalAlignment="Top"/>
<RadioButton Content="4" Margin="200,69,0,0"
             HorizontalAlignment="Left" VerticalAlignment="Top"/>
<RadioButton Content="5" Margin="230,69,0,0"
             HorizontalAlignment="Left" VerticalAlignment="Top"/>
<RadioButton Content="6" Margin="265,69,0,0"
             HorizontalAlignment="Left" VerticalAlignment="Top"/>
```

當你將各個 RadioButton 控制項拉到特定位置時，IDE 會幫它們加入邊界與對齊屬性。

```
<ListBox x:Name="myListBox" Grid.Row="1" Margin="10,10,10,10">
    <ListBoxItem Content="1"/>
    <ListBoxItem Content="2"/>
    <ListBoxItem Content="3"/>
    <ListBoxItem Content="4"/>
    <ListBoxItem Content="5"/>
</ListBox>
```

當你使用 Collection Editor 視窗在 ListBox 或 ComboBox 裡面加入 ListBoxItem 項目時，它會建立 </ListBox> 或 </ComboBox> 結束標籤，並且在開始與結束標籤之間加入 <ListBoxItem> 標籤。

```
<ComboBox x:Name="readOnlyComboBox" Grid.Column="1" Margin="10,10,0,0" Grid.Row="1"
        HorizontalAlignment="Left" VerticalAlignment="Top" Width="120">
    <ListBoxItem Content="1"/>
    <ListBoxItem Content="2"/>
    <ListBoxItem Content="3"/>
    <ListBoxItem Content="4"/>
    <ListBoxItem Content="5"/>
</ComboBox>
```

務必幫 ListBox 與兩個 ComboBoxes 取正確的名稱。我們會在 C# 程式裡面使用它們。

這兩個 ComboBox 控制項唯一的差別是 IsEditable 屬性。

```
<ComboBox x:Name="editableComboBox" Grid.Column="1" Grid.Row="1" IsEditable="True"
     HorizontalAlignment="Left" VerticalAlignment="Top" Width="120" Margin="270,10,0,0">
    <ListBoxItem Content="1"/>
    <ListBoxItem Content="2"/>
    <ListBoxItem Content="3"/>
    <ListBoxItem Content="4"/>
    <ListBoxItem Content="5"/>
</ComboBox>
```

當你執行程式時，它應該會長這樣。你可以使用所有的控制項，但是只有 TextBox 可以改變右上角的值。

在格線的最下面一列加入滑桿

我們要在最下面一列加入兩個滑桿，然後綁定它們的事件處理常式，讓它們可以更新右上角的 TextBlock。

為了在 Toolbox 裡面找到 Slider 控制項，你要展開「All WPF Controls」區域，然後捲到最下面。

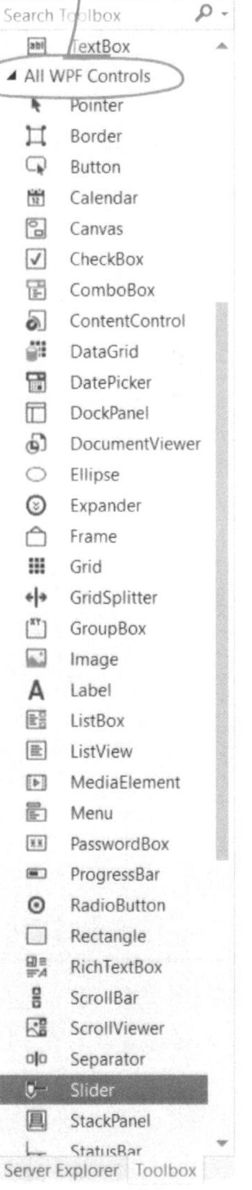

❶ 在 app 加入一個滑桿。

從 Toolbox 把一個 Slider 拉到右下格子裡的左上角，並使用灰色長條來讓它的左邊界與上邊界都是 10。

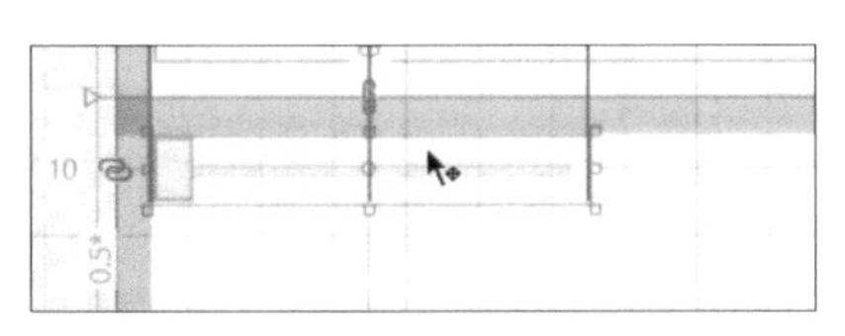

使用 Properties 視窗的 Common 區域來將 AutoToolTipPlacement 設成 **`TopLeft`**，將 Maximum 設成 **`5`**，將 Minimum 設成 **`1`**。將它命名為 **`smallSlider`**。然後在滑桿按兩下來加入事件處理常式：

```
private void smallSlider_ValueChanged(
        object sender, RoutedPropertyChangedEventArgs<double> e)
{
    number.Text = smallSlider.Value.ToString("0");
}
```

Slider 控制項的值是帶小數點的小數。這個「0」會將它轉換成整數。

❷ 加入很蠢的滑桿來選擇電話號碼。

有句老話：「即使一個想法很糟糕，甚至很愚蠢，你也不是不能那樣做。」我們來做一些有點蠢的事情：加入一個用來選擇電話號碼的滑桿。

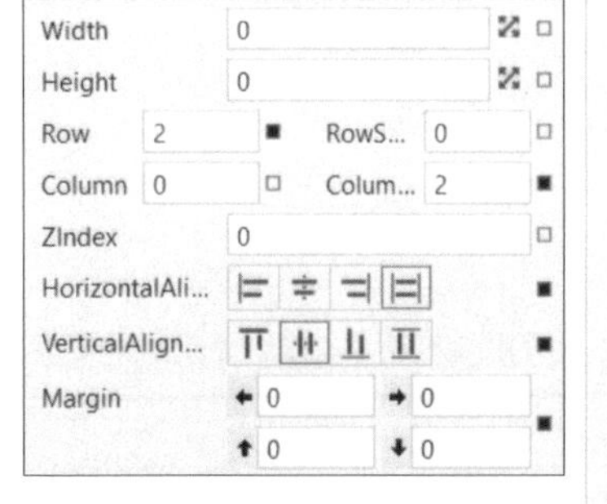

將另一個滑桿拉到最下面一列。使用 Properties 視窗的版面配置區域來**重設它的寬（width）**，將 ColumnSpan 設成 **`2`**，將所有 margin 設成 **`10`**，將 vertical alignment 設成 **`Center`**，將 horizontal alignment 設成 **`Stretch`**。然後在 Common 區域將 AutoToolTipPlacement 設成 **`TopLeft`**，將 Minimum 設成 **`1111111111`**，將 Maximum 設成 **`9999999999`**，將 Value 設成 **`7183876962`**。將它命名為 **`bigSlider`**。然後對著它按兩下，加入這個 ValueChanged 事件處理常式：

```
private void bigSlider_ValueChanged(
        object sender, RoutedPropertyChangedEventArgs<double> e)
{
    number.Text = bigSlider.Value.ToString("000-000-0000");
}
```

使用 0 和連字號可以讓這個方法將任何 10 位數字轉換成美國電話號碼格式。

加入 C# 程式碼，來讓其餘的控制項可以動作

你希望讓 app 的每一個控制項都做同一件事：將右上角的 TextBlock 更新成一個數字，所以當你選擇一個選項按鈕，或是從 ListBox 或 ComboBox 選擇一個項目時，TextBlock 就會變成你選擇的值。

① **為 RadioButton 控制項加入 Checked 事件處理常式。**

在第一個 RadioButton 按兩下按鍵。IDE 會加入一個新的事件處理常式，稱為 RadioButton_Checked（因為你還沒有幫這個控制項取名字，所以 IDE 會使用控制項的類型來產生方法）。加入這一行程式：

即時可用的程式碼

```
private void RadioButton_Checked(
        object sender, RoutedEventArgs e)
{
    if (sender is RadioButton radioButton) {
        number.Text = radioButton.Content.ToString();
    }
}
```

這個陳述式使用 is 關鍵字，第 7 章會介紹它。接下來，你只要小心地按照本頁的內容輸入程式即可（其他的事件處理方法也一樣）。

② **讓其他的 RadioButtons 使用同一個事件處理常式。**

仔細看看你剛才修改的 RadioButton 的 XAML。IDE 加入了屬性 Checked="RadioButton_Checked"，其他的事件處理常式也是用同一種方式來綁定的。**將這個屬性複製到其他的 RadioButton 標籤**，讓它們都有一致的 Checked 屬性，**現在它們都被綁到同一個 *Checked* 事件處理常式了**。你可以使用 Properties 視窗的 Events 畫面來確認每一個 RadioButton 都正確地綁定。

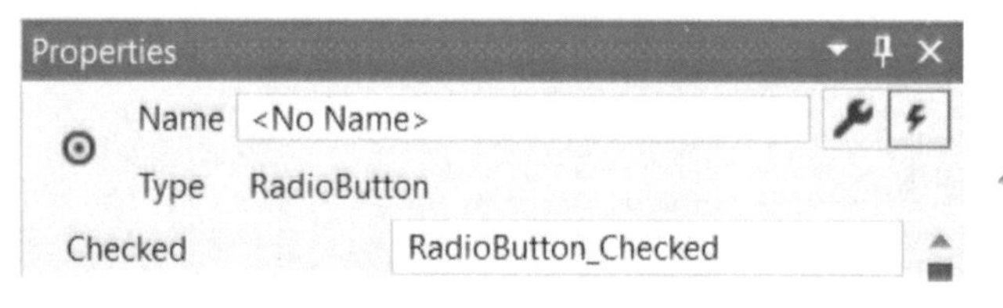

將 Properties 視窗切換到 Events 畫面之後，你可以選擇任何一個 RadioButton 控制項，並確保它們的 Checked 事件都綁定 RadioButton_Checked 事件處理常式。

③ **讓 ListBox 更新右上格的 TextBlock。**

你曾經在前面的練習中，將 ListBox 命名為 **myListBox**。現在你要加入一個事件處理常式，讓它在用戶選擇一個項目時觸發，並使用名稱來取得用戶選擇的數字。

在項目下面的 ListBox 裡面的空白區域裡面按兩下，來讓 IDE 為 SelectionChanged 事件加入一個事件處理常式方法。在它裡面加入這個陳述式：

```
private void myListBox_SelectionChanged(
        object sender, SelectionChangedEventArgs e)
{
  if (myListBox.SelectedItem is ListBoxItem listBoxItem) {
      number.Text = listBoxItem.Content.ToString();
  }
}
```

務必按下清單項目下面的空白區域，如果你只是按下一個項目，IDE 就只會幫那個項目添加事件處理常式，而不是為整個 ListBox。

④ **讓唯讀的下拉式方塊更新 TextBlock。**

對著唯讀的下拉式方塊按兩下，來讓 Visual Studio 為 SelectionChanged 事件加入事件處理常式，每當用戶在 ComboBox 裡面選擇新項目時，它就會觸發。程式如下，它與 ListBox 的很像：

```
private void readOnlyComboBox_SelectionChanged(
        object sender, SelectionChangedEventArgs e)
{
    if (readOnlyComboBox.SelectedItem is ListBoxItem listBoxItem)
        number.Text = listBoxItem.Content.ToString();
}
```

你也可以使用 Properties 視窗來加入 SelectionChanged 事件。如果你不小心做了這件事，你可以按下「復原 (undo)」（但是要在兩個檔案裡面都做這件事）。

⑤ **讓可編輯的下拉式方塊更新 TextBlock。**

可編輯的下拉式方塊就像 ComboBox 與 TextBox 的組合。你可以從清單裡面選擇項目，也可以輸入你自己的文字。因為它的動作很像 TextBox，我們可以加入 PreviewTextInput 事件處理常式，來確保用戶只能輸入數字，如同處理 TextBox 時的做法。事實上，你可以**重複使用**已經幫 TextBox 加入的**同一個事件處理常式**。

在 XAML 找到可編輯的 ComboBox，將游標移到結束的 > 前面，**開始輸入 *PreviewTextInput***。IDE 會彈出一個 IntelliSense 視窗來幫助你完成事件名稱。然後**加入一個等號**，完成之後，IDE 會讓你選擇新的事件處理常式或是選擇你已經加入的。請選擇現有的事件處理常式。

```
<ComboBox x:Name="editableComboBox" Grid.Column="1" Grid.Row="1" IsEditable="True"
    HorizontalAlignment="Left" VerticalAlignment="Top" Width="120" Margin="270,10,0,0"
    PreviewTextInput="" >
                          <New Event Handler>
                          numberTextBox_PreviewTextInput
```

之前的事件處理常式使用清單項目來更新 TextBlock，但是用戶可以在可編輯的 ComboBox 裡面輸入任何文字，所以這一次你要**加入不同種類的事件處理常式**。

再次編輯 XAML，在 ComboBox 下面加入新標籤。這一次**輸入 TextBoxBase.**，當你輸入句點時，自動完成功能會提供建議，選擇 **TextBoxBase.TextChanged** 並輸入等號。在下拉式選單選擇 <New Event Handler>。

```
TextBoxBase.>                     →   TextBoxBase.TextChanged="">
        SelectionChanged                      <New Event Handler>
        TextChanged                           numberTextBox_TextChanged
```

IDE 會在 code-behind 加入新的事件處理常式。其程式碼如下：

```
private void editableComboBox_TextChanged(object sender, TextChangedEventArgs e)
{
    if (sender is ComboBox comboBox)
        number.Text = comboBox.Text;
}
```

現在執行你的程式，所有的控制項都可以運作了，漂亮！

可以讓用戶選擇數字的方法有這麼多種，
這讓我在設計 app 時，有好多選項可以
選擇。

控制項可以讓你靈活地簡化用戶的動作。

當你建構 app 的 UI 時，你可以做出很多選擇，例如：該使用哪些控制項、要將它們擺在哪裡、如何處理它們的輸入。選擇某個特定的控制項相當於暗示用戶如何使用 app。例如，顯示一組選項按鈕代表用戶必須從少量的選項裡面做出選擇，顯示可編輯的下拉式方塊則暗示它的選項幾乎沒有限制。所以不要把 UI 設計視為非對即錯的事情，而是要將它視為一種盡量方便用戶的手段。

重點提示

- C# 程式是以**類別**組成的，類別裡面有**方法**，方法裡面有**陳述式**。
- 每一個類別都屬於一個**名稱空間**。有些名稱空間（例如 System.Collections.Generic）裡面有 .NET 類別。
- 類別可以擁有**欄位**，欄位在方法的外面。不同的方法可以存取同一個欄位。
- 標為 **public** 的方法代表它可被其他的類別呼叫。
- **.NET Core 主控台 app** 是沒有圖形化使用者介面的跨平台程式。
- IDE 會**組建**程式碼，將它轉換成**二進制檔**，二進制檔是可執行的檔案。
- 如果你有跨平台 .NET Core 主控台 app，你可以使用 **dotnet** 命令列程式來為各種作業系統**組建二進制檔**。
- **Console.WriteLine 方法**可將字串寫到主控台輸出。
- 在使用變數之前，你必須先**宣告**它們，你也可以同時設定變數的值。
- Visual Studio 偵錯工具可讓你**暫停 app**，並檢查變數的值。
- 控制項可以幫發生變化的事情**發出事件**，例如按下滑鼠按鍵、改變選項、輸入文字…等。有人將它稱為**觸發**事件，這種說法與**發出**事件一樣。
- **事件處理常式**是當事件被發出時，為了回應（或**處理**）事件而呼叫的方法。
- TextBox 控制項可以使用 **PreviewTextInput 事件**來接受或拒絕文字輸入。
- **滑桿**是取得數字輸入的好工具，但是用它來選擇電話號碼很蠢。

Unity 實驗室 #1

用 Unity 來探索 C#

歡迎光臨你的第一個**深入淺出 C# Unity 實驗室**。寫程式是一門技術，如同任何其他技術，你必須透過**實際操作和進行實驗**才能熟練這門技術。對此，Unity 是非常寶貴的工具。

Unity 是一種跨平台遊戲開發工具，你可以用它來製作專業級的遊戲、模擬程式…等。用它來**練習**本書將教導的 **C# 工具和想法**也非常有趣，而且非常適合。我們設計這些簡短、有目標的實驗來**強化**你剛學到的概念與技術，來協助你磨練 C# 的技能。

這些實驗是可省略的，但它們是寶貴的練習 — **即使你不打算使用 C# 來製作遊戲**。

第一個實驗室會教你開始使用 Unity。你將會熟悉 Unity 編輯器，並開始製作和操作 3D 形狀。

Unity 是強大的遊戲設計工具

歡迎光臨 Unity 的世界，它不僅是完整的專業級遊戲設計系統（包括二維（2D）與三維（3D）遊戲），也可以用來設計模擬器、工具和各種專案。Unity 有許多強大的工具，包括…

跨平台遊戲引擎

遊戲引擎可以顯示圖形、追蹤 2D 或 3D 角色、檢測它們何時撞在一起、讓它們像真實物理物件一樣動作，還有許多其他功能。Unity 可以為你所建構的 3D 遊戲做以上所有事情。

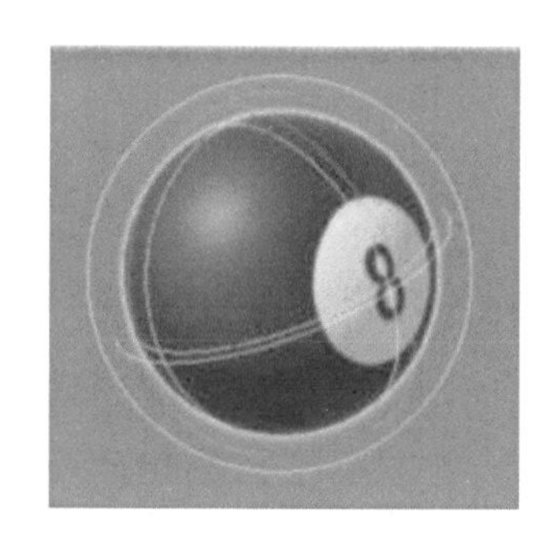

強大的 2D 與 3D 場景編輯器

你接下來會花很多時間使用 Unity 編輯器。它可讓你編輯充滿 2D 或 3D 物件的關卡，提供許多工具來讓你設計完整的遊戲世界。Unity 遊戲使用 C# 來定義它們的行為，Unity 編輯器可以和 Visual Studio 整合，提供無縫的遊戲開發環境。

雖然這些 Unity 實驗室的焦點是在 Unity 裡面進行 C# 開發，但如果你是視覺藝術家或設計師，Unity 編輯器也有很多專門為你設計的藝術家工具。詳細資訊請參考：https://unity3d.com/unity/features/editor/art-and-design。

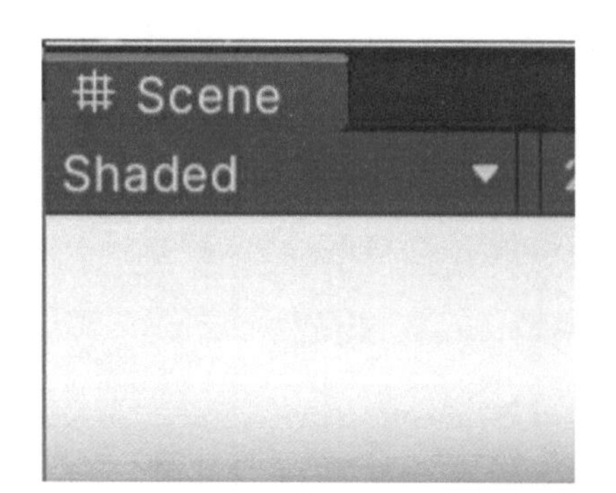

遊戲製作生態系統

Unity 不但是強大的遊戲製作工具，也擁有一個可以協助你建構和學習的生態系統。Learn Unity 網站（https://unity.com/learn）有寶貴的自助學習資源，Unity 論壇（https://forum.unity.com）可協助你聯繫其他的遊戲設計師並提出問題。Unity Asset Store（https://assetstore.unity.com）有免費與付費的資源，例如角色、形狀與效果，可在你的 Unity 專案中使用。

Unity 實驗室會把 Unity 當成探索 C# 的工具，在裡面練習 C# 工具和本書教導的概念。

《深入淺出 *C#*》Unity 實驗室把焦點放在**以開發者為中心的學習路徑**。這些實驗室的目標是協助你快速提升 Unity 能力，如同你在《深入淺出 *C#*》中所看到的對大腦友善、即時的學習方式，這些實驗室也提供**許多針對性的、有效的練習，以加強你的 *C#* 概念和技術**。

本書的所有螢幕截圖都取自免費的 Personal Edition of Unity。你必須在 Unity Hub 輸入 unity.com 的使用者名稱和密碼才能啟用授權。

下載 Unity Hub

Unity Hub 是協助你管理 Unity 專案與安裝 Unity 的應用程式，也是建立新 Unity 專案的起點。在 https://store.unity.com/download 下載 Unity Hub，然後安裝並執行它。

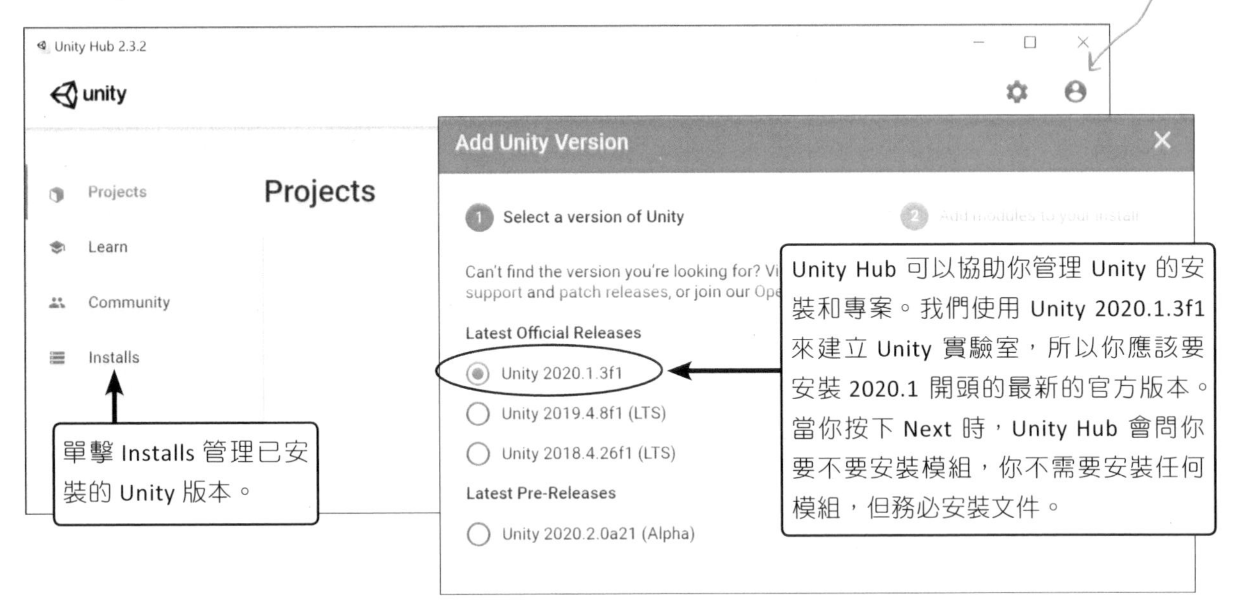

Unity Hub 可讓你在同一台電腦上安裝多個 Unity 版本，請安裝與我們製作這些實驗時一樣的版本。**按下 Installs Official Releases** 並安裝 ***Unity 2020.1*** 開頭的最新版本，它就是我們在這些實驗室裡面擷取畫面的版本。安裝之後，將它設為喜好的版本（preferred version）。

Unity 安裝程式可能會提示你安裝不同的 Visual Studio 版本。你也可以在同一台電腦安裝多個 Visual Studio，但如果你已經安裝了一個 Visual Studio 版本，你就不需要讓 Unity 安裝程式加入另一個了。

你可以在這裡了解如何在 Windows、macOS 與 Linux 安裝 Unity Hub：https://docs.unity3d.com/2020.1/Documentation/Manual/GettingStartedInstallingHub.html。

Unity Hub 可讓你在同一台電腦安裝許多 Unity。所以即使有新的 Unity 版本可用，你也可以使用 Unity Hub 來安裝 Unity 實驗室使用的版本。

照過來！

Unity Hub 可能長得有些不同。

本書的畫面取自 Unity 2020.1（Personal Edition）與 Unity Hub 2.3.2。雖然你可以使用 Unity Hub 在同一台電腦安裝許多不同的 Unity 版本，但是你只能安裝最新版的 Unity Hub。 Unity 開發團隊會持續改善 Unity Hub 與 Unity 編輯器，所以你看到的畫面可能與這一頁不太一樣。我們會在新印刷的《**深入淺出** ***C#***》更新這些 Unity 實驗室。我們也會將更新過的實驗室以 PDF 檔放到 GitHub 網頁上：https://github.com/head-first-csharp/fourth-edition。

使用 Unity Hub 來建立新專案

在 Unity Hub 按下 Project 頁面的 NEW 按鈕來建立一個新的 Unity 專案。將它命名為 ***Unity Lab 1***，選擇 3D 樣板，並且確定你在合理的位置建立它（通常是在你的主目錄下面的 Unity Projects 資料夾）。

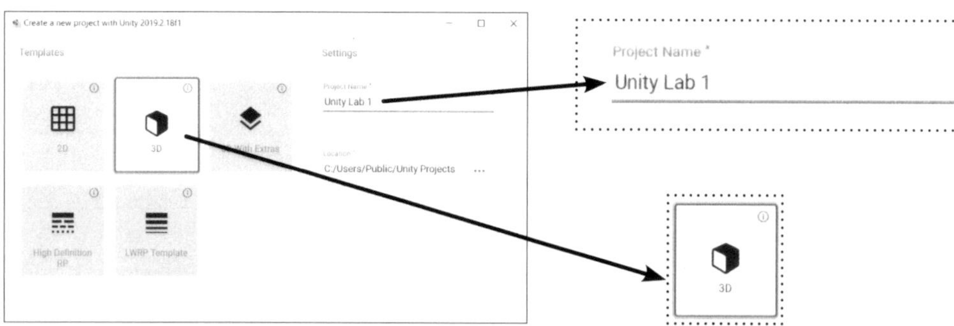

按下 Create Project 來建立儲存 Unity 專案的新資料夾。當你建立新專案時，Unity 會產生一些檔案（很像 Visual Studio 為你建立新專案時那樣）。Unity 可能會花一兩分鐘來為你的新專案建立所有檔案。

將 Visual Studio 設為 Unity 腳本編輯器

Unity 編輯器可以和 Visual Studio IDE 密切配合，讓你非常輕鬆地為遊戲編寫程式和偵錯。所以我們的第一項工作是讓 Unity 綁定 Visual Studio。**在 Edit 選單**（在 Mac，則是在 Unity 選單）**選擇 Preferences**，打開 Unity Preferences 視窗。按下左邊的 External Tools，然後在 External Script Editor 下拉式選單裡面**選擇 Visual Studio**。

*在一些舊版的 Unity 裡，你可能會看到 **Editor Attaching** 核取方塊，若是如此，將它打勾（它會讓你在 IDE 裡面對 Unity 程式進行偵錯）。*

你可以使用 Visual Studio 來對 Unity 遊戲的程式碼進行偵錯，只要在 Unity 的 preferences 選擇 Visual Studio 作為 external script editor 即可。

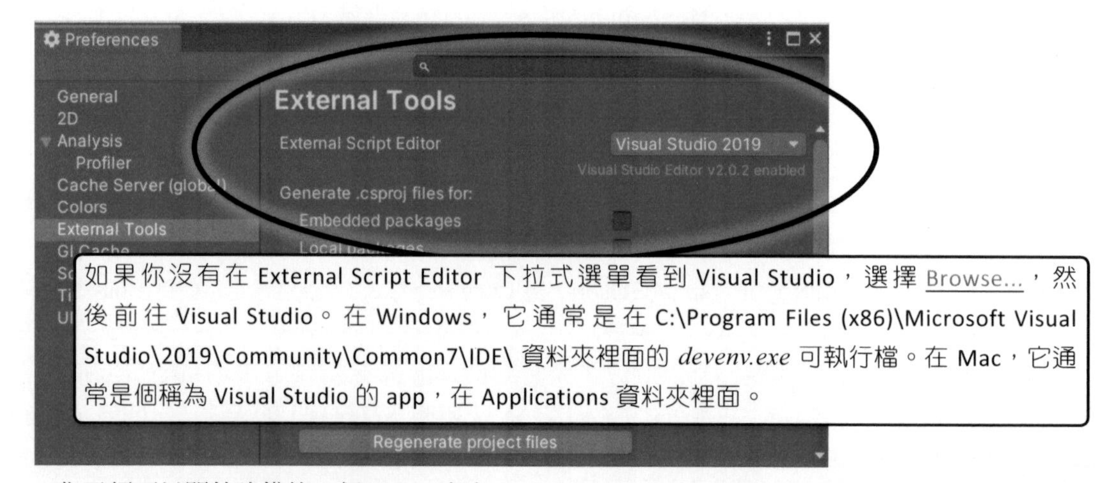

如果你沒有在 External Script Editor 下拉式選單看到 Visual Studio，選擇 Browse...，然後前往 Visual Studio。在 Windows，它通常是在 C:\Program Files (x86)\Microsoft Visual Studio\2019\Community\Common7\IDE\ 資料夾裡面的 *devenv.exe* 可執行檔。在 Mac，它通常是個稱為 Visual Studio 的 app，在 Applications 資料夾裡面。

OK！你已經可以開始建構第一個 Unity 專案了。

控制 Unity 配置

Unity 編輯器相當於在 Unity 專案中，除了 C# 之外的部分的 IDE。你將用它來處理場景、編輯 3D 形狀、建立材質…等。如同 Visual Studio，在 Unity 編輯器裡面的視窗與面板可以排列成許多不同的配置。

在視窗的最上面找到 Scene 標籤，按下那個標籤並拉開，讓它與該視窗分開：

試著把它擺在其他的面板裡面或旁邊，然後把它拉到編輯器的中間，讓它變成浮動的視窗。

選擇 Wide layout，讓你的畫面與我們的螢幕截圖一致

選擇 Wide layout 的原因是它在這些實驗室裡面的效果最好。找到 Layout 下拉式選單，並選擇 Wide，讓 Unity 編輯器看起來與我們的一樣。

Scene view 是你正在建立的世界的主要互動畫面。你會用它來擺放 3D 形狀、鏡頭、光線，以及遊戲裡的所有其他物件。

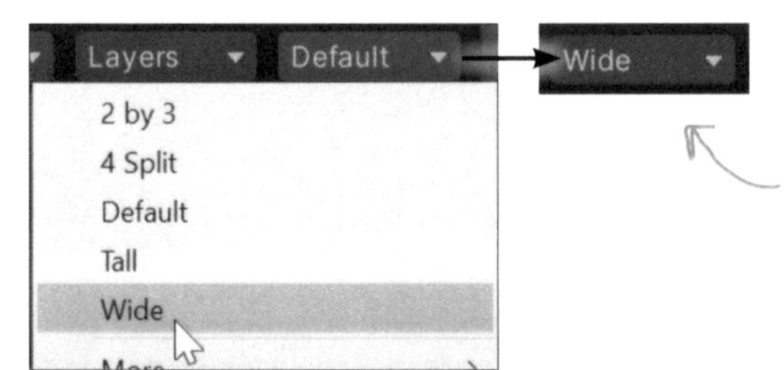

當你用工具列右邊的 Layout 下拉式選單來改變版面配置之後，下拉式清單的標籤會變成你選擇的配置。

這是 Unity 編輯器使用 Wide layout 時的樣子：

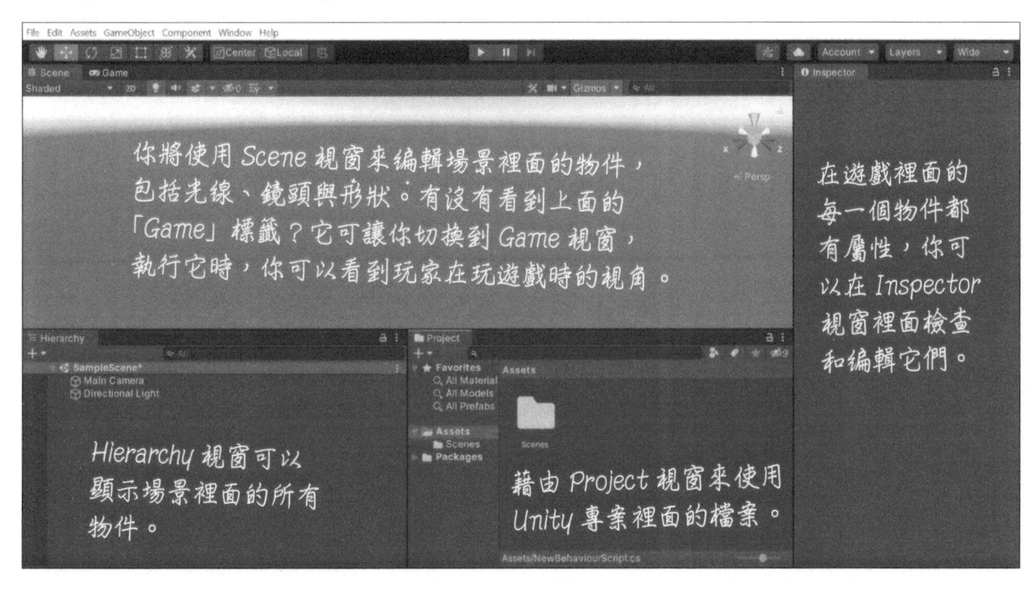

你將使用 Scene 視窗來編輯場景裡面的物件，包括光線、鏡頭與形狀。有沒有看到上面的「Game」標籤？它可讓你切換到 Game 視窗，執行它時，你可以看到玩家在玩遊戲時的視角。
在遊戲裡面的每一個物件都有屬性，你可以在 Inspector 視窗裡面檢查和編輯它們。
Hierarchy 視窗可以顯示場景裡面的所有物件。
藉由 Project 視窗來使用 Unity 專案裡面的檔案。
Scene
Game
Inspector
Hierarchy
SampleScene*
Main Camera
Directional Light
Project
Favorites
Assets
Packages
Account
Layers
Wide

場景是個 3D 環境

當你啟動編輯器之後，你就開始編輯一個**場景（scene）**了。你可以將場景想成 Unity 遊戲裡面的關卡。在 Unity 裡面的每一個遊戲都是由一或多個場景組成的。每一個場景都有一個獨立的 3D 環境，有它自己的光線、形狀和其他 3D 物件。當你建立專案時，Unity 會加入一個稱為 SampleScene 的場景，並且將它儲存在一個稱為 *SampleScene.unity* 的檔案裡面。

在選單選擇 **GameObject >> 3D Object >> Sphere** 在你的場景中加入一顆球：

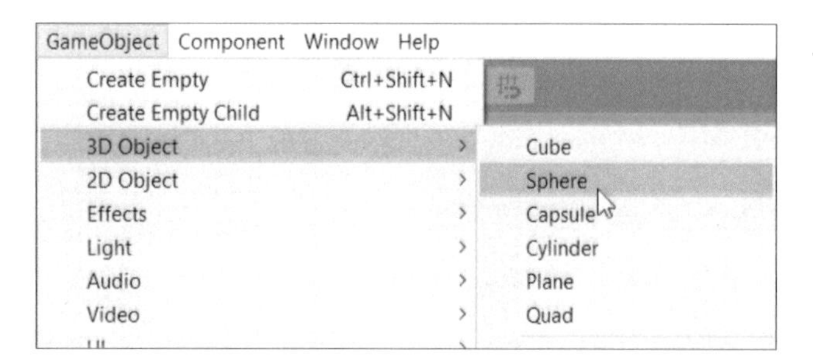

它們稱為 Unity 的「基本物件（primitive objects）」。我們會在 Unity 實驗室裡大量使用它們。

在你的 Scene 視窗裡面會出現一顆球體。你在 Scene 視窗裡面看到的所有東西都是從**場景視野鏡頭（Scene view camera）**的角度顯示的，它會「看著」場景，並顯示它看到的東西。

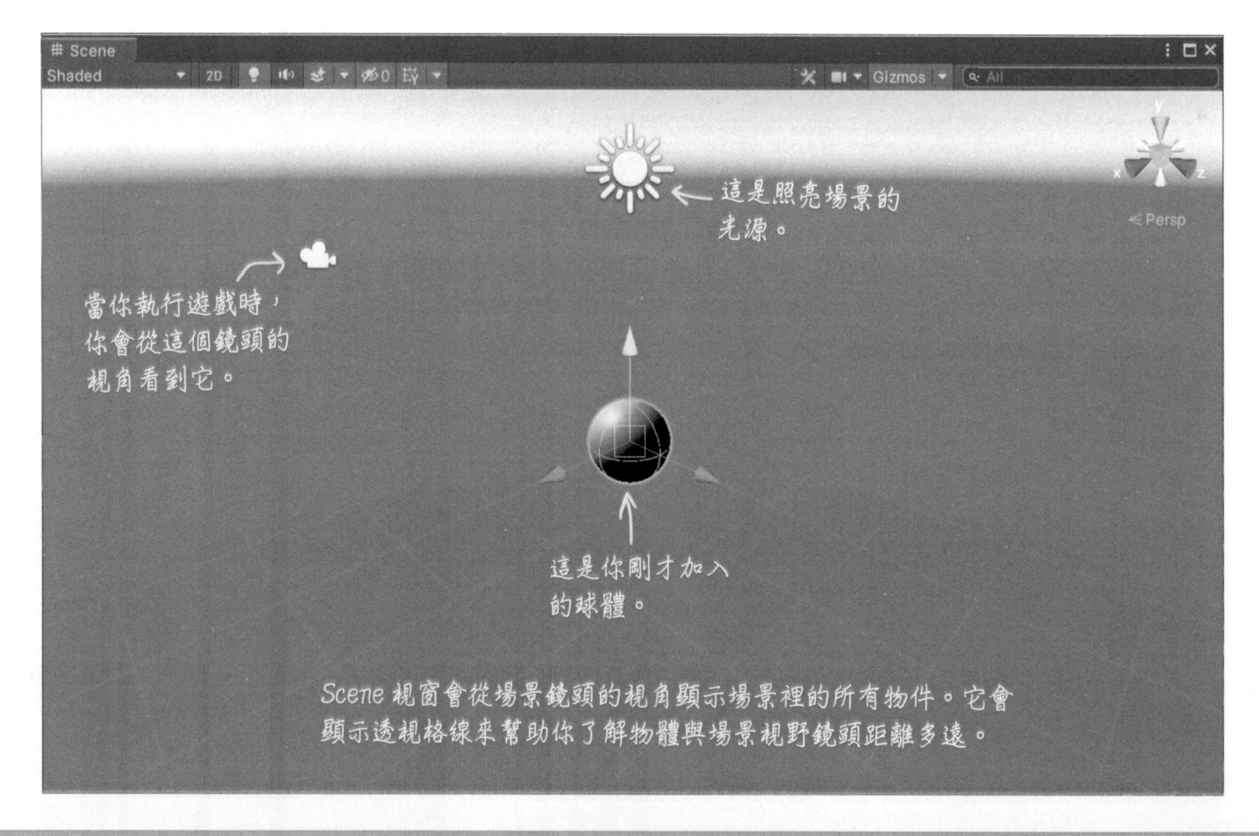

Scene
Shaded
2D
Gizmos
All
Persp
這是照亮場景的光源。
當你執行遊戲時，你會從這個鏡頭的視角看到它。
這是你剛才加入的球體。
Scene 視窗會從場景鏡頭的視角顯示場景裡的所有物件。它會顯示透視格線來幫助你了解物體與場景視野鏡頭距離多遠。

Unity 遊戲是用 GameObject 來製作的

當你在場景中加入球體時，你就已經製作一個新的 **GameObject** 了。GameObject 是 Unity 的基本概念。在 Unity 遊戲裡面的每一個項目、形狀、角色、光線、鏡頭，或特效都是一個 GameObject。你在遊戲中使用的任何場景、角色和道具都是用 GameObject 來表示的。

在這些 Unity 實驗室裡，你會用各種不同的 GameObject 來建構遊戲，包括：

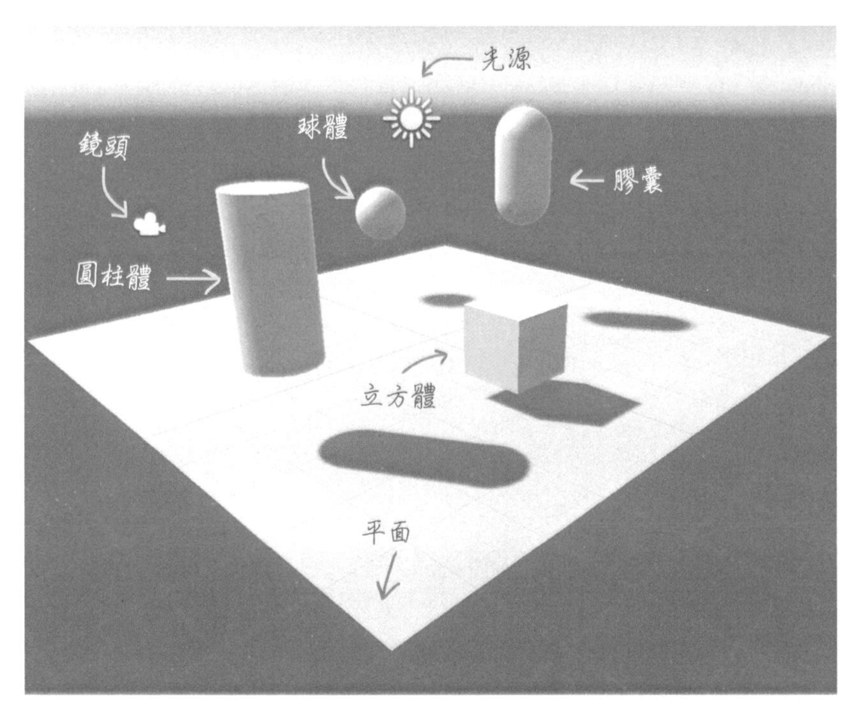

GameObject 是 Unity 的基本物件，元件是其行為的基本元素。Inspector 視窗會顯示場景中的各個 GameObject 的細節及其元件。

每一個 GameObject 都有一些**元件（component）**，提供它的形狀、位置，並且賦予它的所有行為。例如：

★ 轉換元件（*transform component*）決定 GameObject 的位置與轉向。

★ 材質元件（*material component*）藉著改變顏色、反射、光滑度…等等，來改變 GameObject 的**轉譯（render）**方式（也就是 Unity 繪製它的方式）。

★ 腳本元件（*script component*）使用 C# 腳本來決定 GameObject 的行為。

> ren-der（呈現、轉譯），動詞（譯注）
>
> **藝術性地呈現或描繪。**
>
> 米開朗基羅在**呈現**他最喜歡的模特兒時，使用了他在過往的畫作都未曾使用的細節。

譯注：render 這個字在不同的語境、不同的軟體有不同的譯法，微軟官方譯為「轉譯」，Unity 目前譯為「渲染」（個人覺得「渲染」有「過度吹噓誇大」的意思，所以這種譯法有待商榷），此外還有「算繪」、「彩現」、「設色」等譯法。無論如何，在左下方的句子裡，說米開朗基羅在「轉譯」或「渲染」他的畫作都很奇怪，所以只好使用「呈現」。雖然譯者認為「算繪」、「設色」都是不錯的譯法，但本書一律採用微軟的官方譯法：轉譯。

使用 Move Gizmo 來移動你的 GameObject

你可以在 Unity 編輯器上面的工具列選擇 Transform 工具。如果你的 Move Tool 沒有被按下，按下這個按鈕來選擇它。

在工具列左側的按鈕可以讓你選擇 Move Tool 等 Transform Tools，Move Tool 會顯示箭頭形式的 Move Gizmo，並且在目前被選取的 GameObject 上面顯示一個立方體。

Move Tool 可以讓你使用 **Move Gizmo** 在 3D 空間裡移動 GameObject。你可以在視窗的中間看到紅色、綠色與藍色箭頭，還有一個立方體。它就是 Move Gizmo，可以讓你在場景中四處移動被選取的物體。

將游標移到 Move Gizmo 中間的立方體，當你將游標移到立方體的每一面時，有沒有發現它們變亮了？按下左上面，並拉著球體四處移動，你正在 X-Y 平面上移動球體。

當你按下 Move Gizmo 中間的立方體的左上面時，它的 X 與 Y 箭頭會變亮，你可以拉著球體在場景的 X-Y 平面上四處移動。

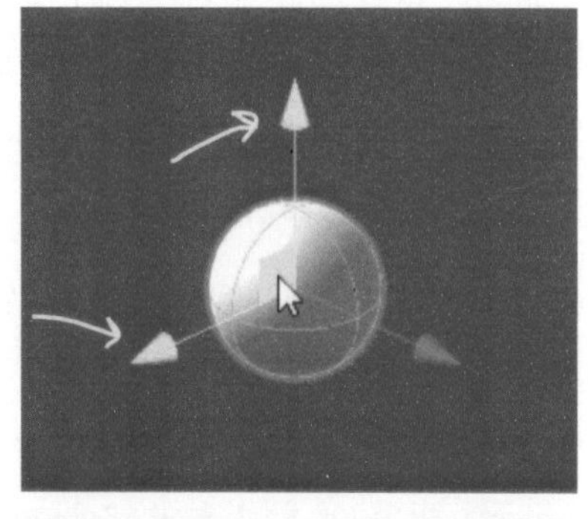

Move Gizmo 可讓你沿著場景的 3D 空間的任何軸或平面移動 GameObject。

在場景中四處移動球體來體驗 Move Gizmo 的運作方式。分別按下並拉動三個箭頭，分別沿著各個平面拉動它。試著按下 Scene Gizmo 裡面的立方體的每一面，在全部的三個平面上四處拉動它。注意當球體遠離你（或者，其實是場景鏡頭）時會變小，當它接近你時會變大。

Inspector 可以顯示 GameObject 的元件

當你在 3D 空間裡面移動球體時，觀察 **Inspector 視窗**，當你使用 Wide 版面時，它位於 Unity 編輯器的右邊。瀏覽一下 Inspector 視窗，你可以看到球體有四個元件，分別是 Transform、Sphere (Mesh Filter)、Mesh Renderer 與 Sphere Collider。

每一個 GameObject 都有一組元件，它們提供行為的基本元素，每一個 GameObject 都有一個驅動其位置（location）、旋轉（rotation）和縮放（scale）的 **Transform 元件**。

當你使用 Move Gizmo 在 X-Y 平面上拉動球體時，你可以看到 Transform 元件也會跟著改變。在移動球體時，觀察 Transform 元件的 Position 列裡面的 X 與 Y 數字。

如果你不小心取消選取 GameObject，你只要再次按下它就可以了。如果它在場景裡面不見了，你可以在 Hierarchy 視窗裡面選擇它，這個視窗會顯示場景內的所有 GameObject。當你將版面設成 Wide 時，Hierarchy 視窗位於 Unity 編輯器的左下角。

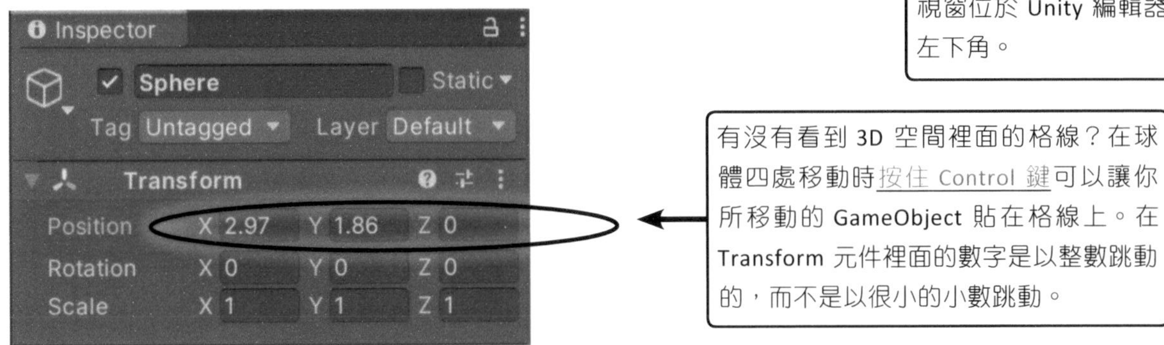

有沒有看到 3D 空間裡面的格線？在球體四處移動時按住 Control 鍵可以讓你所移動的 GameObject 貼在格線上。在 Transform 元件裡面的數字是以整數跳動的，而不是以很小的小數跳動。

試著按下 Move Gizmo 立方體的另兩面，並且在 X-Z 與 Y-Z 平面拉動球體。然後按下紅色、綠色與藍色箭頭，只沿著 X、Y 或 Z 軸拉動球體。在移動球體時，你可以看到 Transform 元件裡面的 X、Y 和 Z 值隨著改變。

現在**按住 Shift** 來將 Gizmo 中間的立方體變成正方形。按下並拉動那個正方形會在一個與場景視野鏡頭平行的平面上移動球體。

試用 Move Gizmo 之後，使用球體的 Transform 元件的 context 選單來將元件重設成它的預設值。在 Transform 面板的最上面，按下 **context 選單按鈕**（⋮），並且在選單中選擇 Reset。

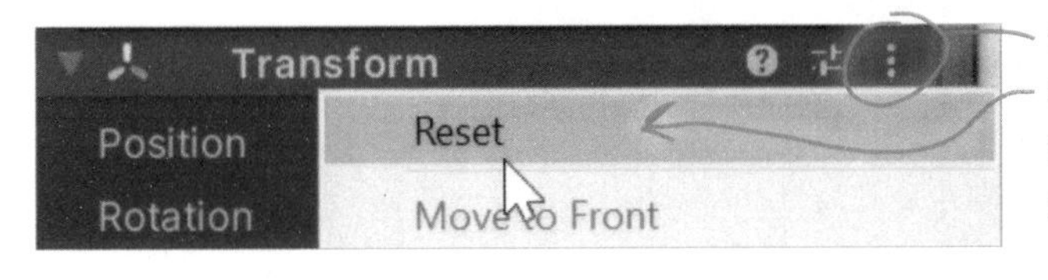

使用 context 選單來重設元件。你可以按下這三個點，或是在 Inspector 視窗的 Transform 面板的最上面一行的任何地方按下右鍵，來顯示 context 選單。

位置會被重設回到 [0, 0, 0]。

你可以在 Unity Manual 裡面進一步了解這些工具，以及如何使用它們來放置 GameObject。按下 Help >> Unity Manual 並搜尋「Positioning GameObjects」頁面。

經常儲存你的場景！現在就使用 File >> Save 或 Ctrl+S / ⌘S 來儲存場景。

為球體 GameObject 加入材質

Unity 使用 **material（材質）**來提供顏色、圖案、紋理和其他視覺效果。現在你的球體看起來很單調，因為它使用預設的材質，所以用純白色來轉譯 3D 物件。我們來讓它看起來像一顆撞球。

① **選擇球體。**

選擇球體之後，你可以在 Inspector 視窗看到它的 material 被視為元件顯示出來。

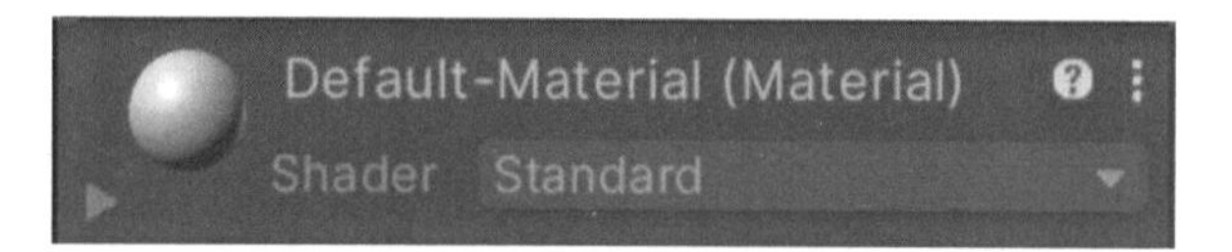

我們要加入**紋理（texture）**來讓球體更有趣，紋理是簡單的圖像檔，它會被包在整個 3D 形狀上，很像把圖片印到塑膠皮上，再用它來包覆物體。

② **前往我們的 GitHub Billiard Ball Textures 網頁。**

在 https://github.com/head-first-csharp/fourth-edition，按下 *Billiard Ball Textures* 連結，來瀏覽存有完整的撞球紋理檔案的資料夾。

③ **下載 8 號球的紋理。**

按下 *8 Ball Texture.png* 來看看 8 號球的紋理。它是一個普通的 1200 × 600 PNG 圖像檔，你可以在圖片瀏覽器裡面打開它。

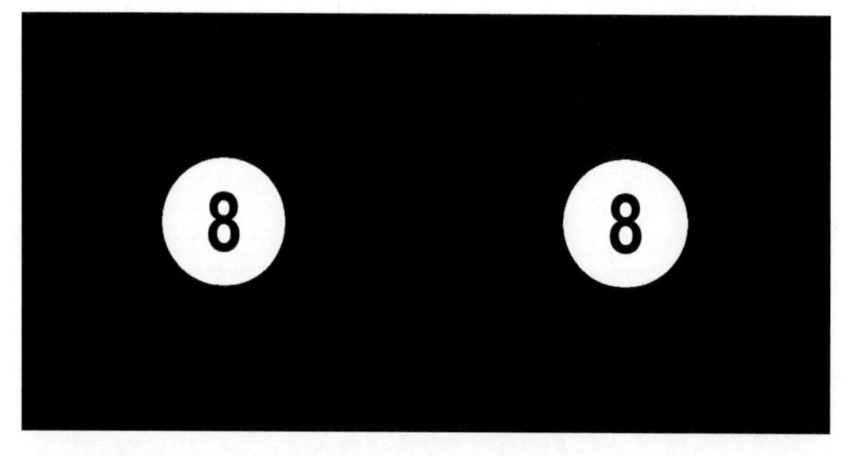

當 Unity 把這張圖像檔「包」在球體外面時，球體看起來就像一顆 8 號球。

將這個檔案下載到你的電腦的某個資料夾裡面。

（你可能要在 *Download* 按鈕上面按下右鍵來儲存檔案，或是按下 *Download* 來打開它，然後再儲存它，依你的瀏覽器而定。）

④ **將 8 號球紋理圖像匯入你的 Unity 專案。**

在 Project 視窗裡面的 Assets 資料夾按下右鍵，選擇 **Import New Asset...**，匯入紋理檔。在 Project 視窗按下 Assets 資料夾之後，你應該會看到它。

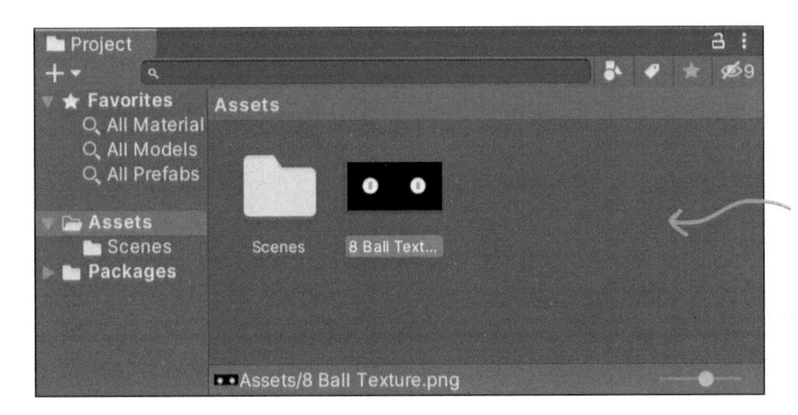

在 Project 視窗的 Assets 資料夾裡面按下右鍵來匯入新資源，讓 Unity 將紋理匯入該資料夾。

⑤ **將紋理加到你的球體。**

現在你只要把那個紋理「包」在球體外面即可。在 Project 視窗按下 8 Ball Texture 來選擇它，選擇它之後，**把它拉到球體上面**。

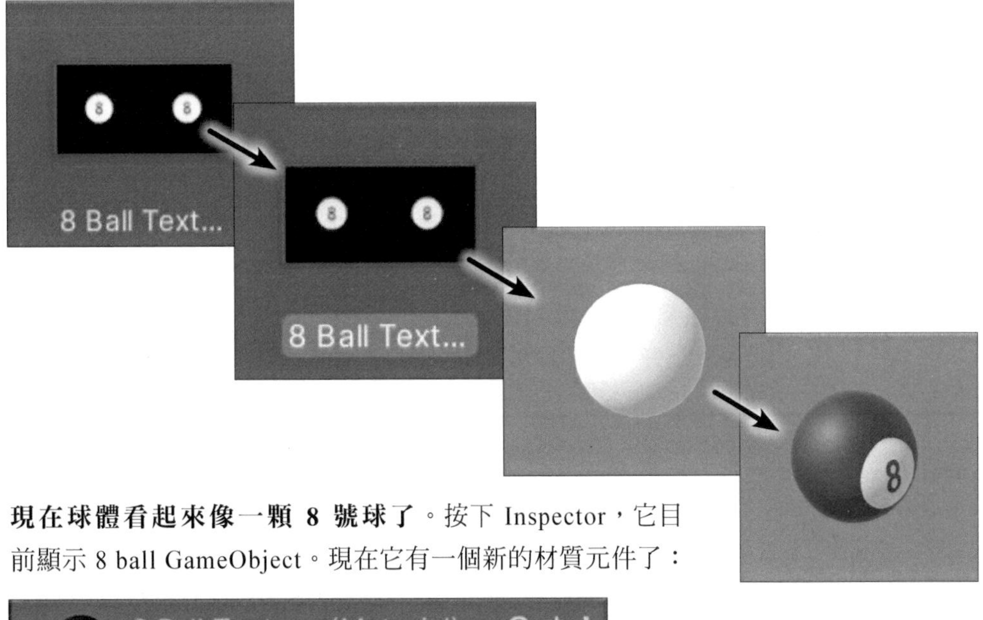

現在球體看起來像一顆 8 號球了。按下 Inspector，它目前顯示 8 ball GameObject。現在它有一個新的材質元件了：

8 Ball Texture (Material)
Shader Standard

我是為了工作而學習 C# 的，不是為了寫遊戲。Unity 關我什麼事？

Unity 是讓你真正「了解」C# 的好方法。

程式設計是一門技術，你寫的 C# 程式越多，寫程式的技術就越好。這就是為什麼我們要設計 Unity 實驗室來**協助你磨練 C# 技術**，和強化你在每一章學到的 C# 工具和概念。當你寫越多 C# 程式之後，你就越擅長它，這是成為優秀 C# 開發者的捷徑。神經科學家說，做實驗可以提升學習效果，所以我們設計這些 Unity 實驗室，提供許多實驗項目，以及建議你如何發揮創意並繼續進行每一項實驗。

但是 Unity 提供更重要的機會來協助你牢牢記住重要的 C# 概念和技術。當你學習新的程式語言時，了解「那一種語言與各種平台和技術是怎麼搭配的」有很大的幫助。這就是我們在主章節裡面加入主控台 app 和 WPF app，有時甚至使用兩種技術來進行同一項專案的原因。在這個組合中加入 Unity 可以提供第三個視角，加快你了解 C# 的速度。

GitHub for Unity 擴充包（https://unity.github.com）可以讓你在 GitHub 儲存你的 Unity 專案。使用它的方法是：

- **安裝 GitHub for Unity**：到 https://assetstore.unity.com 將 GitHub for Unity 加入你的資源（asset）。回到 Unity，在 Window 選單**選擇 Package Manager**，在「My Assets」選擇「GitHub for Unity」並匯入它。你要將 GitHub 匯入每一個新的 Unity 專案。
- **將修改推送到 GitHub repo**：在 Window 選單選擇 GitHub。在你的 GitHub 帳號裡面，每一個 Unity 專案都會被存放在一個獨立的 repo，所以**按下 Initialize 按鈕**來初始化一個新的*本地* repo（你會看到一個視窗讓你登入 GitHub），然後**按下 Publish 按鈕**，為專案在 GitHub 帳號裡面建立一個新的 repo。每當你想要把修改推送到 GitHub 時，就**按下** GitHub 視窗的 **Changes 標籤，按下 All**，輸入**認可摘要**（任何文字都可以），然後按下 GitHub 視窗最下面的 **Commit**。接著按下 GitHub 視窗最上面的 **Push (1)**，來將你的修改推送回到 GitHub。

你也可以使用 **Unity Collaborate** 來備份和分享你的 Unity 專案，它可以讓你將專案發布到它們的雲端存放區。你的 Unity Personal 帳號有 1 GB 的免費雲端儲存空間，足以存放本書的所有 Unity 實驗室專案。Unity 甚至會記錄你的專案歷史（不會被計入你的儲存空間額度）。要發布專案，按下工具列的 **Collab**（Collab）**按鈕**，然後按下 Publish。你可以使用同一個按鈕來發布任何更新。要查看你發布的專案，可登入 https://unity3d.com，並使用帳號圖示來查看你的帳號，然後按下帳號概要網頁的 Projects 連結來查看你的專案。

旋轉球體

在工具列按下 **Rotate（旋轉）工具**。你可以使用 Q、W、E、R、T 與 Y 鍵來快速切換 Transform 工具，按下 E 與 W 可以切換 Rotate 工具與 Move（移動）工具。

重設視窗和場景鏡頭很簡單。

如果你改變 Scene 視角，以致於無法看到球體，或是將視窗拉到別的位置，你只要使用右上角的 layout 下拉式選單來**將 Unity 編輯器重設為 Wide 版面**即可。它不但會重設視窗的版面，也會將場景視野鏡頭放回預設的位置。

1. **按下球體**，Unity 會顯示一個線框球體 Rotate Gizmo，裡面有紅色、藍色與綠色圓圈。按下紅色圓圈並拉動它，可以讓球體沿著 X 軸旋轉。

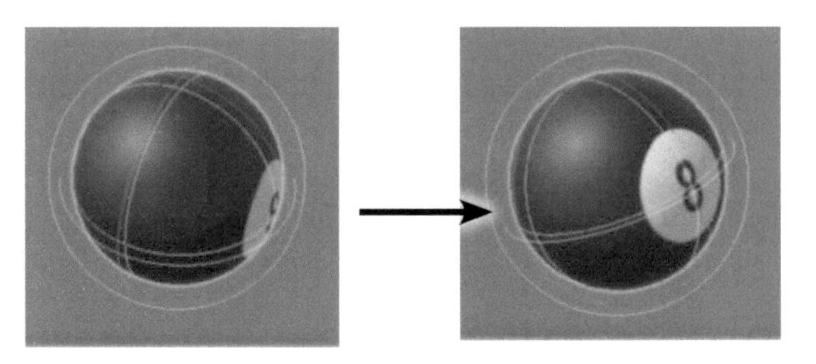

2. **按下並拉動綠色與藍色圓圈可以沿著 Y 軸與 Z 軸旋轉。**最外面的白色圓圈會讓球體沿著場景視野鏡頭射出來的軸旋轉。在 Inspector 視窗裡觀察 Rotation（旋轉）數字的改變。

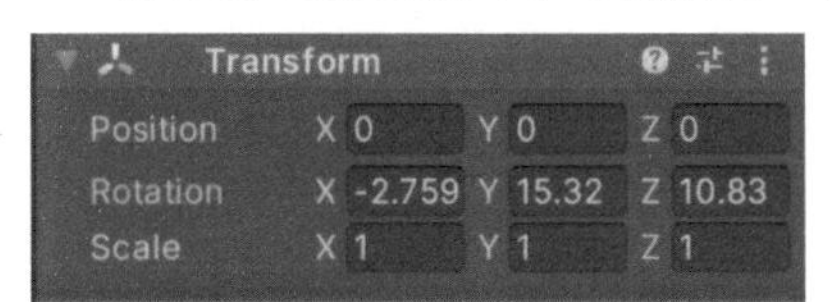

3. **在 Inspector 視窗裡面，打開 Transform 面板的 context 選單。**與之前一樣按下 Reset。它會將 Transform 元件裡面的所有東西都重設為預設值，在這個例子裡，它會將球體的旋轉設回 [0, 0, 0]。

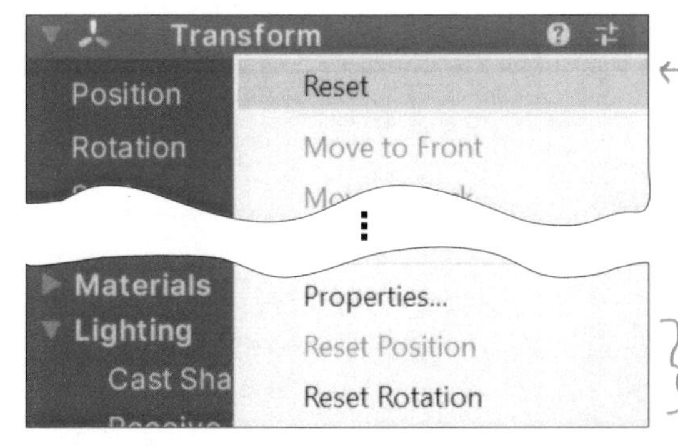

按下這三個點（或在 Transform 面板的最上面的任何位置按下右鍵）即可打開 context 選單。在選單最上面的 Reset 選項可將元件重設為它的預設值。

使用 context 選單底下的這些選項來重設 GameObject 的位置和旋轉。

現在就使用 File >> Save 或 Ctrl+S / ⌘S 來儲存場景。儘早儲存，經常儲存！

使用 Hand Tool（平移工具）與 Scene Gizmo 來移動場景視野鏡頭

使用滑鼠滾輪或觸控板的捲動功能來拉近或拉遠鏡頭，以及在 Move 與 Rotate Gizmos 之間切換。注意，雖然球體的尺寸改變了，但 Gizmos 沒有。在編輯器裡面的 Scene 會顯示從虛擬**鏡頭**看到的視野，捲動功能可將鏡頭拉近與拉遠。

按下 Q 來選擇 **Hand tool**，或是在工具列選擇它。你的游標會變成手的圖案。

按住 Alt（在 Mac 則是按下 Option）並且拉動，Hand Tool 會變成眼睛圖案，並繞著視窗的中央旋轉視野。

Hand tool 會藉著改變場景鏡頭的位置與旋轉角度在場景裡面平移。當你選擇 Hand tool 時，你可以在場景中按下任何地方來平移。

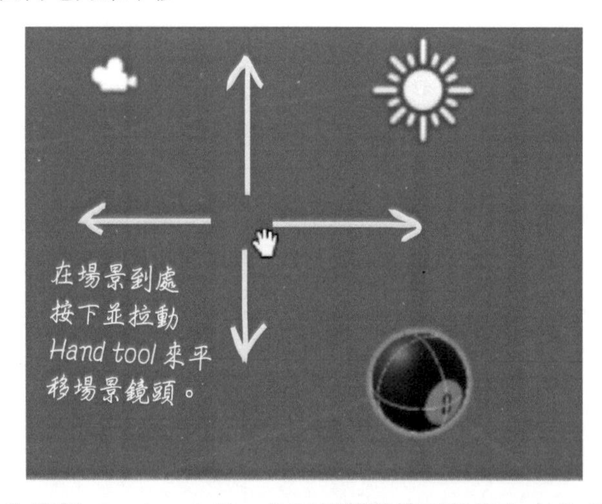

在場景到處按下並拉動 Hand tool 來平移場景鏡頭。

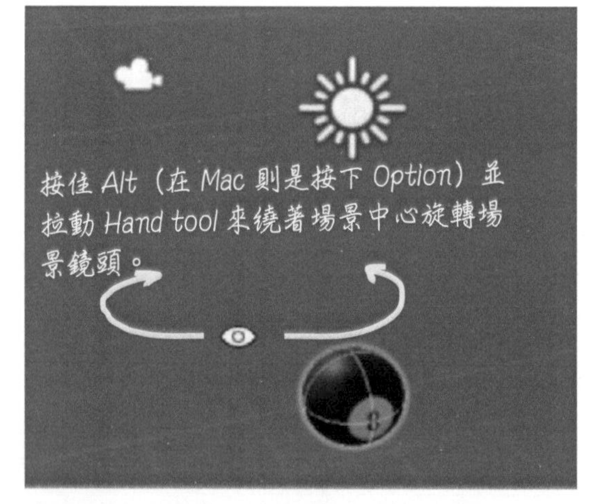

當你選擇 Hand tool 時，你可以藉著按下並拖曳來**平移**場景鏡頭，你也可以藉著**按住 Alt（或 Option）並拖曳**來**旋轉**它。使用**滑鼠滾輪**來拉近或拉遠。按住**滑鼠右鍵**並使用 W-A-S-D 鍵**在場景上飛行**。

當你旋轉場景鏡頭時，注意 Scene 視窗右上角的 **Scene Gizmo**。Scene Gizmo 永遠會顯示相機的方向，當你使用 Hand tool 來移動場景視野鏡頭時注意一下它。按下 X、Y 與 Z 圓錐可以把鏡頭對齊那個軸。

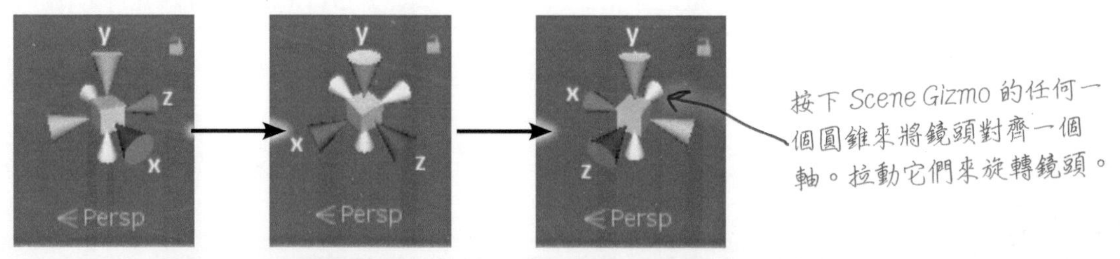

y
z
x
Persp
按下 Scene Gizmo 的任何一個圓錐來將鏡頭對齊一個軸。拉動它們來旋轉鏡頭。

Unity Manual 有很棒的場景導覽小技巧：https://docs.unity3d.com/Manual/SceneViewNavigation.html。

問：我還是不太了解元件到底是什麼。它是的功能是什麼？與 GameObject 有什麼不同？

答：GameObject 本身其實沒有太大的功用。所有 GameObject 其實只是元件的容器。當你使用 GameObject 選單來將球體加入場景時，Unity 會建立一個新的 GameObject，並加入組成球體的所有元件，包括提供其位置、旋轉與縮放的 Transform 元件、將它設成純白色的預設 Material 元件，以及讓它有那個外形，還有協助遊戲知道它何時與其他物件撞在一起的其他元件。那些元件就是組成球體的東西。

問：這麼說來，我可以把任何元件附加到一個 GameObject，來讓 GameObject 得到那些行為囉？

答：完全答對！當 Unity 建立場景時，它會加入兩個 GameObject，一個稱為 Main Camera，另一個稱為 Directional Light。按下 Hierarchy 視窗裡面的 Main Camera 之後，你會看到它有三個元件：Transform、Camera 與 Audio Listener。仔細想想，它們其實都是攝影機需要做的事情：待在某個地方、拍攝視野和錄音。Directional Light GameObject 只有兩個元件：Transform 與 Light，它會在場景中對著其他的 GameObject 發光。

問：把 Light 元件附加到任何一個 GameObject 都可以將它變成光源嗎？

答：可以！光只不過是有 Light 元件的 GameObject。當你按下 Inspector 最下面的 Add Component 按鈕並且幫球體加上 Light 元件之後，它就會開始發射（emit）光。當你將其他 GameObject 加入場景時，它會反射（reflect）那個光線。

問：你似乎很謹慎地講解光的概念，你用「發射」與「反射」光這種說法，有特別的原因嗎？為什麼你不說「發光（glow）」就好了？

答：因為發射光的 GameObject 與發光的 GameObject 是不一樣的。幫球體加入 Light 元件會讓它開始發射光 — 但是它看起來不會有任何不同，因為 Light 只會影響反射它發出的光的其他 GameObject。要讓 GameObject 發光（glow），你就要改變它的材質，或使用其他元件來影響它的轉譯方式。

你可以按下任何元件的 Help 圖示來顯示它的 Unity Manual 頁面。

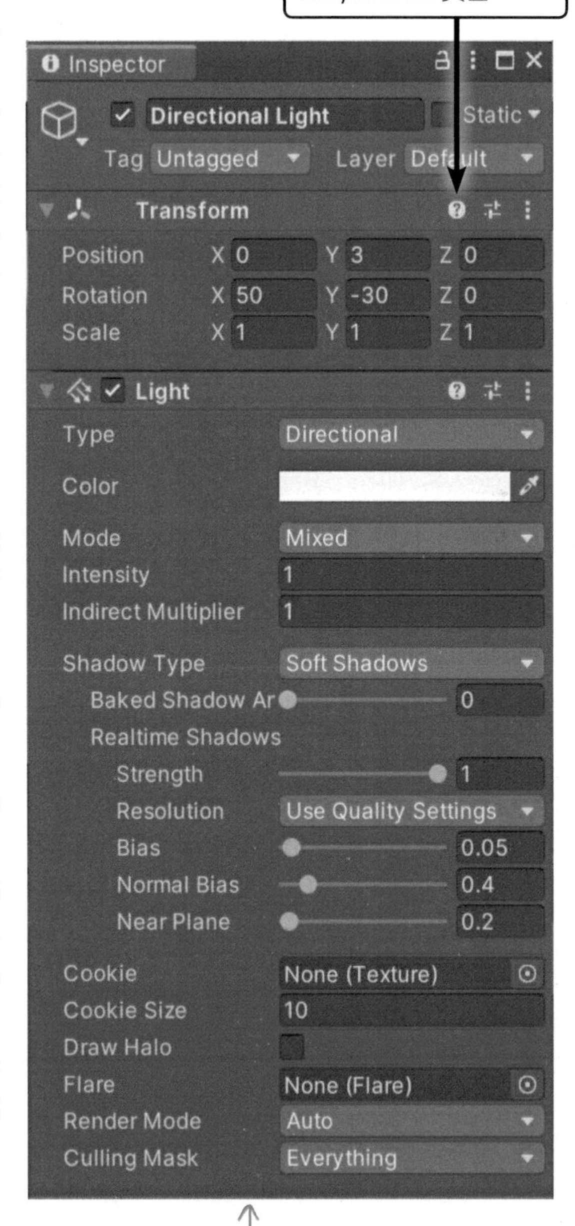

當你在 Hierarchy 視窗裡面按下 Directional Light GameObject 時，Inspector 會顯示它的元件，元件只有兩個：提供它的位置和旋轉的 Transform 元件，以及實際發光的 Light 元件。

發揮創意！

我們設計這些 Unity 實驗室提供一個**平台來讓你自己試驗 C#**，因為做實驗是成為偉大的 C# 開發者的唯一途徑。在每一個 Unity 實驗室結束時，我們會建議一些你可以自己嘗試的事情。花一些時間實驗你剛學會的所有東西，再繼續閱讀下一章：

- 在場景中加入更多球體。試著使用一些其他的撞球圖片。你可以從下載 *8 Ball Texture.png* 的同一個地方下載它們。
- 試著加入其他的形狀，在 GameObject >> 3D Object 選單中選擇 Cube、Cylinder 或 Capsule。
- 試著將不同的圖像當成紋理來使用。試著使用人物或風景照來建立紋理，並將它們附加到各種形狀，看看會怎樣。
- 你可以用各種形狀、紋理和光源來建立有趣的 3D 場景嗎？

你寫的 C# 程式越多，你就越了解它。要成為偉大的 C# 開發者，這是最有效的途徑。我們設計這些 Unity 實驗室來提供一個讓你練習和實驗的平台。

當你準備進入下一章時，務必儲存專案，因為在下一個實驗室裡，你還會回到這個專案…當你退出 Unity 時，它會提示你進行儲存。

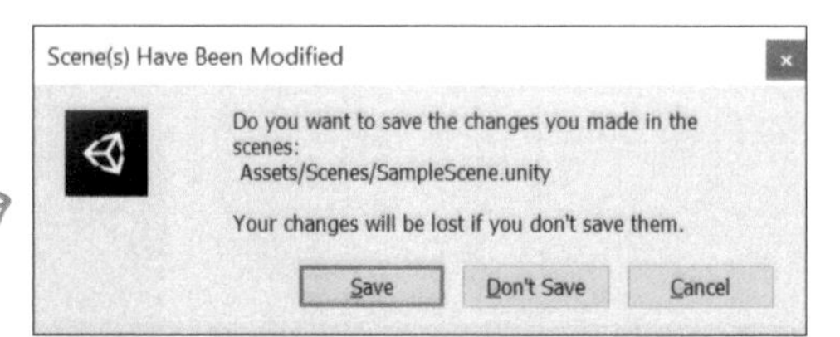

Scene(s) Have Been Modified
Do you want to save the changes you made in the scenes:
Assets/Scenes/SampleScene.unity
Your changes will be lost if you don't save them.
Save
Don't Save
Cancel

重點提示

- **Scene view** 是你所建立的世界的主要互動畫面。
- **Move Gizmo** 可讓你在場景中四處移動物件。**Scale Gizmo** 可讓你改變 GameObject 的大小。
- **Scene Gizmo** 一定會顯示鏡頭的方向。
- Unity 使用**材質**來提供顏色、圖案、紋理和其他視覺效果。
- 有些材質使用**紋理**，也就是包在形狀外面的圖像檔。
- 遊戲的場景、角色、道具、鏡頭與光源都是用 **GameObject** 來建構的。
- GameObject 是 Unity 的基本物件，**元件**是它們的行為的基本元素。
- 每一個 GameObject 都有一個 **Transform 元件**，該元件提供了它的位置、旋轉和大小。
- **Project 視窗**使用資料夾來讓你查看專案資源，資源包括 C# 腳本與紋理。
- **Hierarchy 視窗**顯示場景中的所有 GameObject。
- **GitHub for Unity**（https://unity.github.com）可讓你輕鬆地將 Unity 專案存入 GitHub。
- **Unity Collaborate** 也可以讓你將專案備份到 Unity Personal 帳號附帶的免費雲端空間。

3 物件…導向了！

讓程式有意義

…這就是為什麼我的 LittleBrother（弟弟）物件有 EatsHisBoogers（吃他的鼻屎）方法，並將它的 SmellsLikePoop（聞起來像便便）欄位設為 true。
我要告訴媽。

你寫的每一個程式都是為了解決一個問題。

在設計程式時，你要先想一下你的程式想要解決什麼問題，這就是為什麼物件很方便。它們可以讓你根據想要解決的問題來設計程式架構，如此一來，你就可以把時間用來思考你必須處理的問題，而不是陷入撰寫程式的機制之中。如果你會正確地使用物件（並認真思考如何設計它們），你就可以想出寫起來很直覺、容易閱讀及修改的程式。

如果程式很好用，那就要重複使用它

開發者從程式設計的早期就開始重複使用程式碼了，原因可想而之。如果你曾經為一個程式寫過一個類別，現在有另一個程式需要做同一件事，那麼在新程式中**重複使用**同一個類別是很合理的做法。

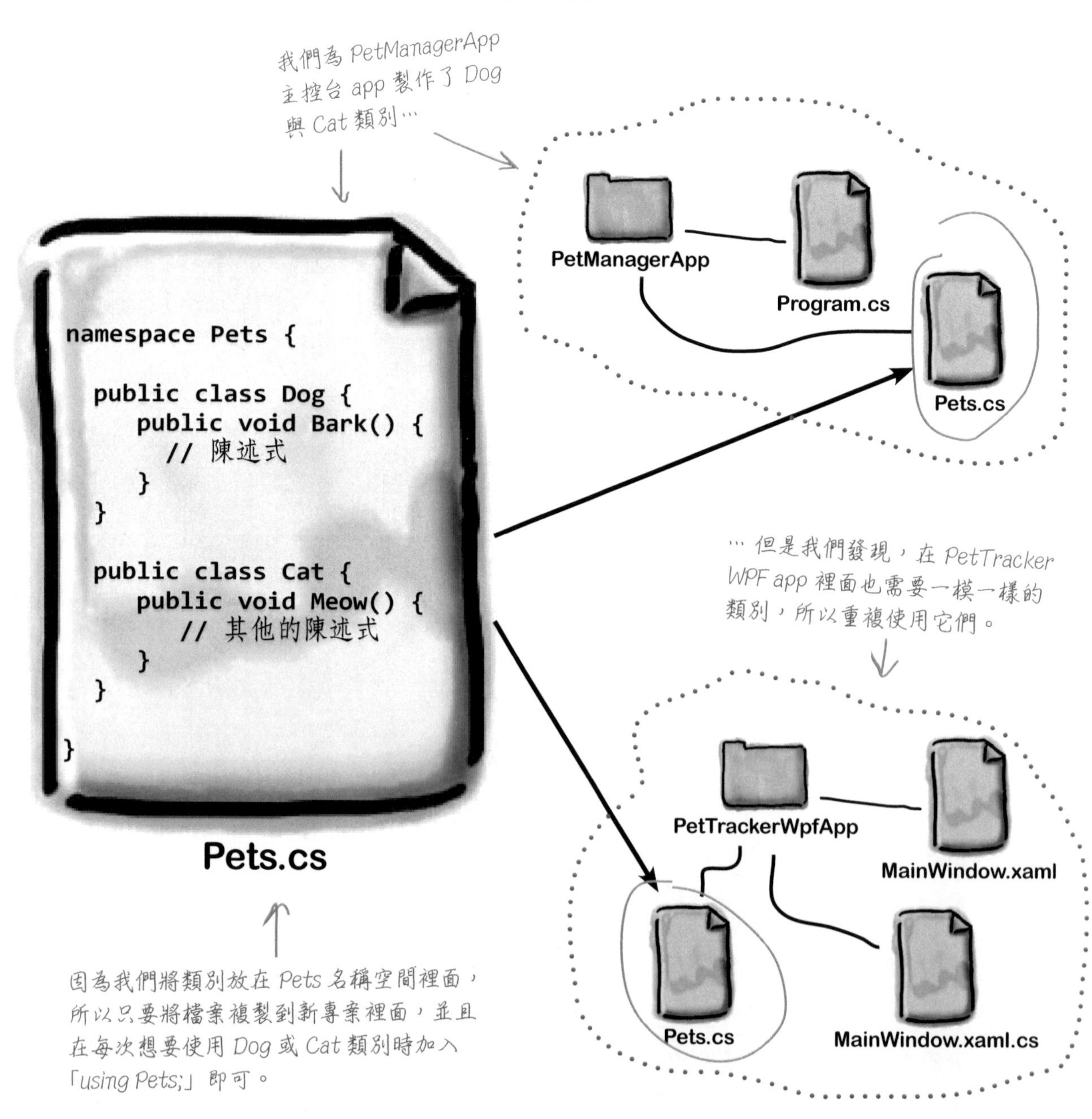
我們為 PetManagerApp 主控台 app 製作了 Dog 與 Cat 類別…
namespace Pets {
public class Dog {
public void Bark() {
// 陳述式
}
}
public class Cat {
public void Meow() {
// 其他的陳述式
}
}
}
Pets.cs
PetManagerApp
Program.cs
Pets.cs
… 但是我們發現，在 PetTracker WPF app 裡面也需要一模一樣的類別，所以重複使用它們。
PetTrackerWpfApp
MainWindow.xaml
Pets.cs
MainWindow.xaml.cs
因為我們將類別放在 Pets 名稱空間裡面，所以只要將檔案複製到新專案裡面，並且在每次想要使用 Dog 或 Cat 類別時加入「using Pets;」即可。

有些方法會接收參數並回傳一個值

你已經看過一些做事情的方法了，例如在第 1 章設定遊戲的 SetUpGame 方法。方法可以做的事情不止那樣：它們可以使用**參數**來取得輸入，用輸入來做某些事情，然後使用**回傳值**來產生輸出，讓那個輸出可以被呼叫方法的陳述式使用。

參數是方法當成輸入來使用的值。它們在方法宣告式（在括號之間）裡面被宣告成變數。回傳值是在方法裡面計算或產生的值，它會被回傳給呼叫方法的陳述式。回傳值的型態（例如 *string* 或 *int*）稱為**回傳型態**。如果方法有回傳型態，它就必須使用 **return 陳述式**。

這個方法有兩個 int 參數與一個 int 回傳型態：

```
int Multiply(int factor1, int factor2)
{
   int product = factor1 * factor2;
   return product;
}
```

回傳型態是 int，所以方法必須回傳一個 int 值。

這個方法接收稱為 factor1 與 factor2 的兩個 int 參數作為輸入。它們會被當成 int 變數來使用。

return 陳述式會將值回傳給呼叫此方法的陳述式。

這個方法接收兩個**參數**，稱為 factor1 與 factor2。它使用乘法運算子 * 來計算結果，並使用 return 關鍵字來回傳它。

下面的程式呼叫 Multiply 方法，並將結果存入稱為 area 的變數：

```
int height = 179;
int width = 83;
int area = Multiply(height, width);
```

你可以將 3 與 5 這種值傳給方法，例如：Multiply(3, 5)，但是你也可以在呼叫方法時使用變數。變數的名稱與參數的名稱不一樣沒關係。

動手做！ ⟶ 既然你要建立可以回傳值的方法，現在很適合寫一些程式，並使用偵錯工具來實際了解 *return* 陳述式如何運作。

★ 當方法執行所有陳述式之後會發生什麼事？自己找出答案，打開你到目前為止寫好的一段程式，在方法裡面設置一個中斷點，然後持續逐步執行它。

★ 當方法執行所有陳述式時，它會**回到**呼叫它的陳述式，然後繼續執行下一個陳述式。

★ 方法也可以使用 return 陳述式，這個陳述式會讓它立刻退出，不會執行方法其餘的任何陳述式。試著在方法的中間加入其他的 return 陳述式，然後逐步執行它。

我們要建構一個抽牌程式

在本章的第一個專案裡，你將建構一個稱為 PickRandomCards 的 .NET Core 主控台 app，它可以隨機抽出撲克牌。這是它的結構：

當你在 Visual Studio 裡面建立主控台 app 時，它會用專案名稱來建立名稱空間，在這個名稱空間裡面建立一個 Program 類別，類別裡面有個 Main 方法，這個方法是入口。

你要加入另一個稱為 CardPicker 的類別，它有三個方法。Main 方法會呼叫新類別裡面的 PickSomeCards 方法。

PickSomeCards 方法會使用字串值來代表撲克牌。若要抽出五張牌，你要這樣呼叫它：

```
string[] cards = PickSomeCards(5);
```

cards 變數的型態是你還沒有看過的。中括號 [] 代表它是**字串的陣列（array）**。陣列可讓你用一個變數來儲存多個值，在這個例子中，那些值就是撲克牌的字串。這是 PickSomeCards 方法可能回傳的字串陣列：

```
{ "10 of Diamonds",
  "6 of Clubs",
  "7 of Spades",
  "Ace of Diamonds",
  "Ace of Hearts" }
```

這是一個包含五個字串的陣列，你的抽牌 app 會建立這種陣列，來代表隨機選擇的撲克牌。

產生陣列之後，你要使用 foreach 迴圈來將它寫到主控台。

建立 PickRandomCards 主控台 app

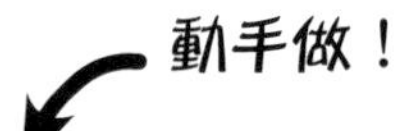

我們運用你學過的東西來建立一個隨機抽出一些撲克牌的程式。打開 Visual Studio 並**建立一個新的 Console App 專案，將它命名為 PickRandomCards**。你的程式裡面有一個 CardPicker 類別。下面是類別圖，裡面有它的名稱與方法：

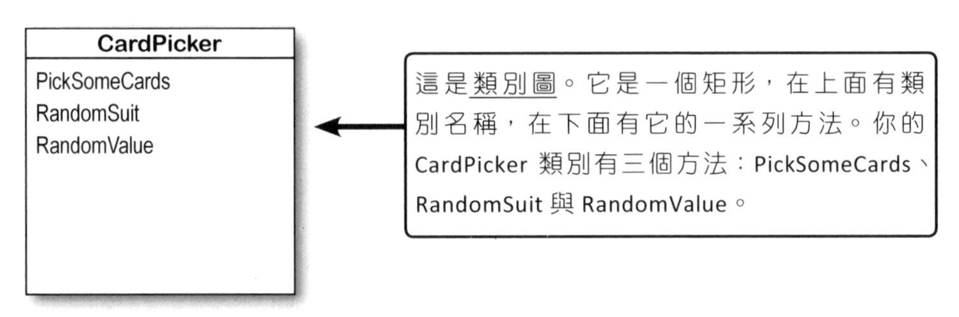

在 Solution Explorer 的 PickRandomCards 專案上面按下右鍵，如果你使用 Windows，在快顯選單裡面**選擇 Add >> Class…**（在 macOS 是 **Add >> New Class…**）。Visual Studio 會要求你輸入類別名稱，選擇 *CardPicker.cs*。

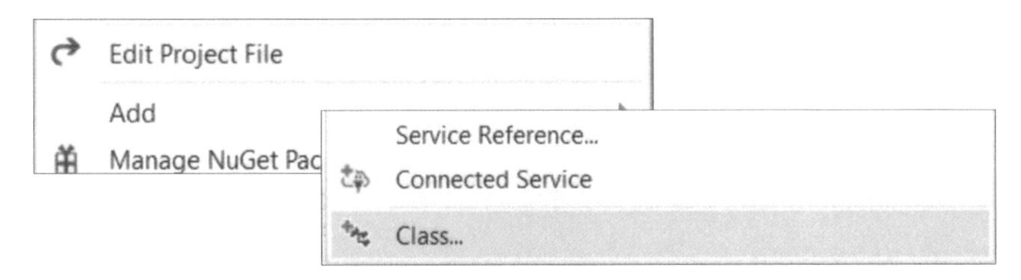

Visual Studio 會在你的專案裡面建立一個新類別，稱為 CardPicker：

你的新類別是空的，它的開頭是 class CardPicker，以及一對大括號，但是它裡面沒有任何東西。**加入一個稱為 PickSomeCards 的新方法**。你的類別應該長這樣：

```
class CardPicker
{
    public static string[] PickSomeCards(int numberOfCards)
    {
    }
}
```

務必加入 public 與 static 關鍵字。本章稍後會進一步介紹它們。

當你仔細地輸入這個方法時，你會在 PickSomeCards 下面看到紅波浪線，你認為它是什麼意思？

完成你的 PickSomeCards 方法

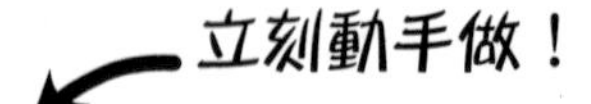

1 **你的 *PickSomeCards* 方法需要一個 return 陳述式，所以我們來加入它。**繼續完成方法剩餘的內容，現在它使用一個 return 陳述式來回傳一個字串陣列值，且錯誤不見了：

```
class CardPicker
{
    public static string[] PickSomeCards(int numberOfCards)
    {
        string[] pickedCards = new string[numberOfCards];
        for (int i = 0; i < numberOfCards; i++)
        {
            pickedCards[i] = RandomValue() + " of " + RandomSuit();
        }
        return pickedCards;
    }
}
```

回傳一個型態與方法回傳型態一樣的值之後，紅波浪錯誤底線消失了。

2 **產生缺少的方法。**現在你的程式出現另一個錯誤，因為它沒有 RandomValue 或 RandomSuit 方法。像第 1 章那樣產生這些方法。按下程式碼編輯器左側的 Quick Actions 圖示，你會看到產生這兩個方法的選項：

```
14          pickedCards[i] = RandomValue() + " of " + RandomSui
15  Generate method 'CardPicker.RandomValue'
16  Generate method 'CardPicker.RandomSuit'
```

產生它們。你的類別現在有 RandomValue 與 RandomSuit 方法了：

```
class CardPicker
{
    public static string[] PickSomeCards(int numberOfCards)
    {
        string[] pickedCards = new string[numberOfCards];
        for (int i = 0; i < numberOfCards; i++)
        {
            pickedCards[i] = RandomValue() + " of " + RandomSuit();
        }
        return pickedCards;
    }

    private static string RandomValue()
    {
        throw new NotImplementedException();
    }

    private static string RandomSuit()
    {
        throw new NotImplementedException();
    }
}
```

使用 IDE 來產生的方法。如果它們的順序不一樣，沒問題，方法在類別裡面的順序無關緊要。

3 **使用 return 陳述式來建構 *RandomSuit* 與 *RandomValue* 方法**。一個方法可以使用不只一個 return 陳述式，當方法執行到其中的一個陳述式時，該方法會立刻返回，而且不會執行方法內的任何其他陳述式。

接下來的例子將告訴你如何在程式中利用 return 陳述式。假設你要製作一個卡牌遊戲，你要用一些方法來產生隨機的花色或數字。我們先建立一個亂數產生器，如同我們在第 1 章的動物配對遊戲裡面用過的那一個。在類別宣告的下面加入它：

```
class CardPicker
{
    static Random random = new Random();
```

接著在 RandomSuit 方法裡面加入程式，利用 return 陳述式在它找到配對時，停止執行這個方法。亂數產生器的 Next 方法可以接收兩個參數：random.Next(1, 5) 會回傳一個至少是 1，但是小於 5 的數字（也就是從 1 到 4 的隨機數）。你的 RandomSuit 會使用它來選擇一套隨機的牌組：

```
private static string RandomSuit()
{
    // 取得一個從 1 到 4 的隨機數
    int value = random.Next(1, 5);
    // 如果它是 1，回傳 Spades
    if (value == 1) return "Spades";
    // 如果它是 2，回傳 Hearts
    if (value == 2) return "Hearts";
    // 如果它是 3，回傳 Clubs
    if (value == 3) return "Clubs";
    // 如果還沒有回傳，回傳字串 Diamonds
    return "Diamonds";
}
```

我們加入註解來解釋它做的事情。

這是產生隨機值的 RandomValue 方法。看看你能不能理解它在做什麼：

```
private static string RandomValue()
{
    int value = random.Next(1, 14);
    if (value == 1) return "Ace";
    if (value == 11) return "Jack";
    if (value == 12) return "Queen";
    if (value == 13) return "King";
    return value.ToString();
}
```

有沒有發現我們回傳 value.ToString() 而非只是 value？那是因為 value 不是 int 變數，但 RandomValue 方法宣告了 string 回傳型態，所以我們必須將 value 轉換成字串。你可以為任何變數或值加上 .ToString() 來將它轉換成字串。

return 陳述式會讓方法立刻停止，並且返回呼叫它的陳述式。

你已經完成的 CardPicker 類別

這是你完成的 CardPicker 類別。它位於和專案名稱一樣的名稱空間裡面：

```
class CardPicker
{
    static Random random = new Random();

    public static string[] PickSomeCards(int numberOfCards)
    {
        string[] pickedCards = new string[numberOfCards];
        for (int i = 0; i < numberOfCards; i++)
        {
            pickedCards[i] = RandomValue() + " of " + RandomSuit();
        }
        return pickedCards;
    }

    private static string RandomValue()
    {
        int value = random.Next(1, 14);
        if (value == 1) return "Ace";
        if (value == 11) return "Jack";
        if (value == 12) return "Queen";
        if (value == 13) return "King";
        return value.ToString();
    }

    private static string RandomSuit()
    {
        // 取得一個從 1 到 4 的隨機數
        int value = random.Next(1, 5);
        // 如果它是 1，回傳 Spades
        if (value == 1) return "Spades";
        // 如果它是 2，回傳 Hearts
        if (value == 2) return "Hearts";
        // 如果它是 3，回傳 Clubs
        if (value == 3) return "Clubs";
        // 如果還沒有回傳，回傳 Diamonds
        return "Diamonds";
    }
}
```

這是個稱為「random」的 static 欄位，我們會用它來產生隨機數。

我們用這些註解來幫助你了解 RandomSuit 方法如何運作。試著在 RandomValue 方法加入類似的註解來解釋它的動作。

Fun 輕鬆

我們還沒有詳細介紹欄位。

你的 CardPicker 有一個稱為 **random** 的**欄位**。我們曾經在第 1 章的動物配對遊戲裡面看過欄位，但是我們尚未大量使用它們。別擔心，本章稍後會詳細討論欄位與 static 關鍵字。

動動腦

你曾經在加入 PickSomeCards 時使用 public 與 static 關鍵字。Visual Studio 在產生方法時，會使用 static 關鍵字，並且將它們宣告為 private（私用），不是 public（公用）。你認為這些關鍵字的目的是什麼？

現在你的 CardPicker 類別有一個選擇隨機撲克牌的方法了，所以你已經擁有所有的元素，可**填寫 Main** 方法來完成主控台 app 了。你只要用一些實用的方法來讓主控台 app 讀取用戶的輸入，並用它來選擇一些撲克牌就可以了。

實用的方法 #1：Console.Write

你已經看過 Console.WriteLine 方法，Console.Write 是它的近親，它可以將文字寫到主控台，但是不會在結尾加上分行符號。你將用它來顯示訊息給用戶：

```
Console.Write("Enter the number of cards to pick: ");
```

實用的方法 #2：Console.ReadLine

Console.ReadLine 方法會從輸入讀取一行文字，並回傳一個字串。你將使用它來讓用戶告訴你要選出幾張牌：

```
string line = Console.ReadLine();
```

實用的方法 #3：int.TryParse

你的 CardPicker.PickSomeCards 方法會接收一個 int 參數。用戶提供的輸入是字串，所以你要將它轉換成 int。你將使用 int.TryParse 方法來做這件事：

```
if (int.TryParse(line, out int numberOfCards))
{
  // 這個區塊會在 line 可以轉換成 int，
  // 並存入新變數 numberOfCards 時執行
}
else
{
   // 這個區塊會在 line 不能被轉換成 int 時執行
}
```

在第 2 章，你曾經在 TextBox 事件處理常式裡面使用 int.TryParse 方法來讓它只接受數字。花一分鐘再看一次那個事件處理常式如何運作。

整合起來

你的工作是幫主控台 app 將這些程式片段組合成一個全新的 Main 方法。修改 *Program.cs* 檔，並將 Main 方法裡面的「Hello World!」那一行換成做這些事情的程式碼：

★ 使用 Console.Write 來要求用戶輸入想要抽出幾張牌。

★ 使用 Console.ReadLine 來將輸入讀入一個稱為 `line` 的字串變數。

★ 使用 int.TryParse 來將它轉換成稱為 `numberOfCards` 的 int 變數。

★ 如果用戶的輸入**可以轉換成** int 值，使用 CardPicker 類別來挑出用戶指定的數量的撲克牌：CardPicker.PickSomeCards(numberOfCards)。使用 string[] 變數來儲存結果，然後使用 `foreach` 迴圈來對著陣列裡面的每一張牌呼叫 Console.WriteLine。翻回第 1 章，看一下 foreach 迴圈的範例，你將使用它來迭代陣列的每一個元素。這是迴圈的第一行：foreach (string card in CardPicker.PickSomeCards(numberOfCards))。

★ 如果用戶的輸入**不能轉換**，則使用 Console.WriteLine 來顯示訊息，告訴用戶該數字是無效的。

當你處理 Main 方法時，看一下它的回傳型態。你覺得為何如此？

習題解答

這是主控台 app 的 Main 方法。它會提示用戶輸入想要抽出來的撲克牌數量，試著將它轉換成 int，然後使用 CardPicker 類別的 PickSomeCards 方法來挑出那個數量的撲克牌。PickSomeCards 會用字串陣列來回傳每一張挑出來的牌，所以它用一個 `foreach` 迴圈來將每一張都寫到主控台。

```
static void Main(string[] args)
{
    Console.Write("Enter the number of cards to pick: ");
    string line = Console.ReadLine();
    if (int.TryParse(line, out int numberOfCards))
    {
        foreach (string card in CardPicker.PickSomeCards(numberOfCards))
        {
            Console.WriteLine(card);
        }
    }
    else
    {
        Console.WriteLine("Please enter a valid number.");
    }
}
```

將 Visual Studio 在 Program.cs 幫你建立的、印出「Hello World!」的那一個方法換成這個 Main 方法。

這個 foreach 迴圈會幫 PickSomeCards 回傳的陣列裡面的每一個元素執行 Console.WriteLine(card)。

Main 方法使用 void 回傳型態來告訴 C# 它不會回傳值。宣告 void 回傳型態的方法不需要使用 `return` 陳述式。

這是執行主控台 app 時的樣子：

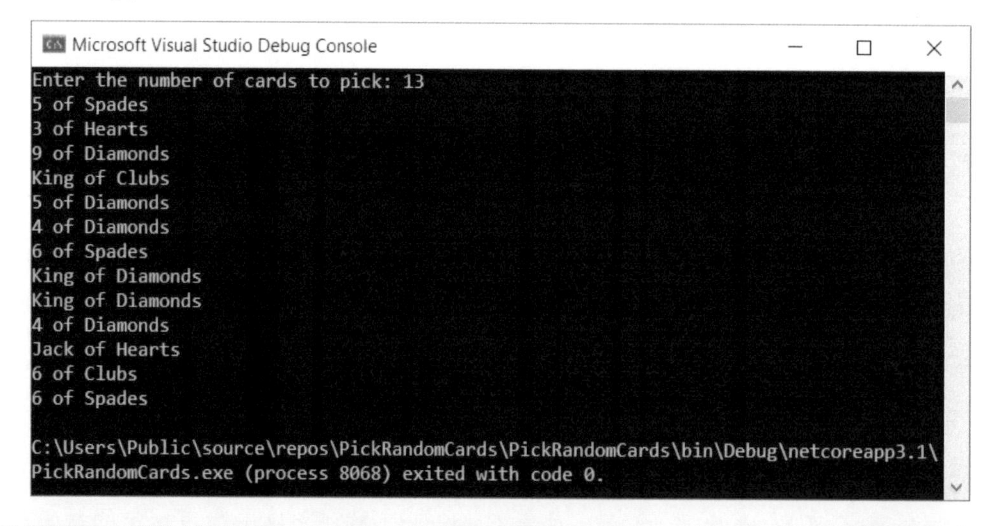

花一些時間<u>認真了解</u>這段程式如何運作，這時候很適合使用 Visual Studio 偵錯工具來探索程式碼。在 Main 方法的第一行設置一個中斷點，然後使用 Step Into (F11) 來逐步執行整個程式。幫 `value` 變數加入一個監看式，並且在你逐步執行 RandomSuit 與 RandomValue 方法時，注意它。

Ana 正在設計她的下一個遊戲

介紹 Ana 給你認識。她是獨立遊戲開發者。她的上一個遊戲賣出好幾千份，現在正開始製作下一個遊戲。

在我的下一個遊戲中，玩家要保衛自己的城鎮不被外星人入侵。

Ana 開始製作**雛型**。她正在編寫外星人程式，在遊戲的一個刺激的環節中，玩家必須在外星人尋找他們時逃離藏身之處。Ana 已經寫了幾個方法，用來定義敵人行為，那些行為包括搜索玩家上一次被發現的位置、在找不到玩家時放棄搜尋，還有在敵人離玩家夠近時抓到玩家。

```
SearchForPlayer();
```

```
if (SpottedPlayer()) {
    CommunicatePlayerLocation();
}
```

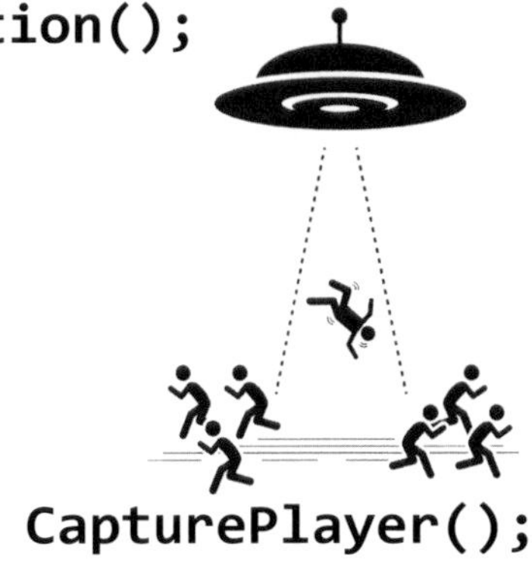

```
CapturePlayer();
```

Ana 的遊戲令人沉浸其中…

雖然人類 vs. 外星人的想法很棒，但是 Ana 還沒有 100% 確定這是遊戲的方向。她也想要做航海遊戲，讓玩家在裡面躲避海盜，在恐怖的農場裡的喪屍生存遊戲也不錯…。她認為在這三種想法裡，雖然敵人有不同的外形，但它們的行為可以用同一組方法來驅動。

我很確定這些敵人方法也可以在其他類型的遊戲裡面使用。

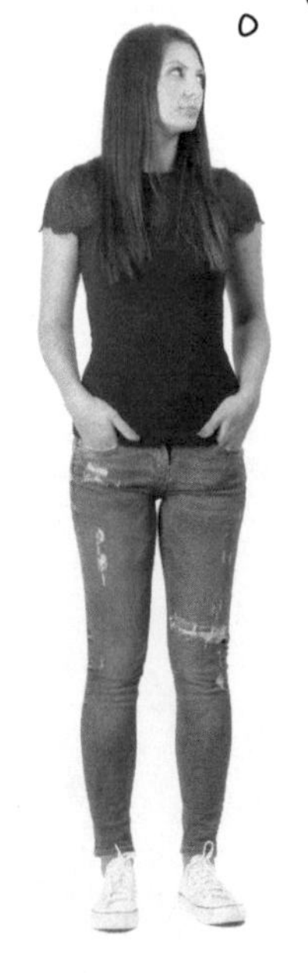

…那麼，Ana 如何讓自己更輕鬆？

Ana 還沒決定遊戲的方向，所以她想要製作各種雛型，她想要讓它們都使用同一組敵人程式，裡面有 SearchForPlayer、StopSearching、SpottedPlayer、CommunicatePlayerLocation 與 CapturePlayer 方法。這是很大的工作量。

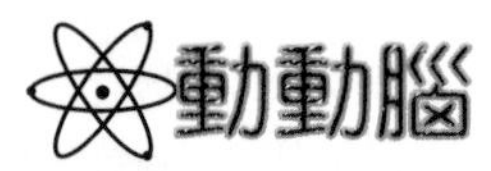

你可以幫 Ana 想出在不同的雛型中使用同一組敵人方法的好辦法嗎？

我把所有的敵人行為方法都放入一個 **Enemy** 類別了。
我可以在三個不同的遊戲雛型中**重複使用這個類別**嗎？

Enemy
SearchForPlayer SpottedPlayer CommunicatePlayerLocation StopSearching CapturePlayer

遊戲設計…漫談

雛型

雛型是遊戲的早期版本，可以用來玩、測試、從中學習，以及加以改善。雛型是非常寶貴的工具，可以協助你提早進行修改。雛型特別好用的地方在於，你可以先用它來迅速地實驗各種不同的想法，再做出永久性的決定。

- 第一個雛型通常是**紙上雛型**，在紙上畫出遊戲的核心元素。例如，你可以用便利貼或索引卡來代表各種遊戲元素，並在大張的紙上面畫出關卡和遊戲區域，然後在紙上到處移動遊戲元素，來了解遊戲的許多事情。
- 建立雛型有一個很棒的地方在於，它們可以協助你**迅速將想法轉換成可運作、可以玩的遊戲**，讓你可以掌握當你把可運作的遊戲（或任何一種程式）交到玩家（或用戶）之後的多數情況。
- 大部分的遊戲在開發過程都會經歷**許多雛型**，它們可以讓你嘗試許多不同的事情，並且從中學習。如果某件事不順利，你可以把它當成實驗，而不是一個錯誤。
- 建立雛型是一種**技術**，如同任何其他技術，**透過練習可以讓你更熟練**。幸運的是，建構雛型也很有趣，而且是提升 C# 編寫技術的好方法。

雛型不是遊戲設計專屬的技術！當你需要建構任何一種程式時，先製作雛型來實驗各種想法通常是很棒的做法。

為經典遊戲建構紙上雛型

在建構遊戲時，紙上雛型可以幫助你掌握遊戲將會如何運作，為你節省大量的時間。有一種快速的方式可以建構它們，你只需要幾張紙與一隻筆或鉛筆即可。首先，選擇一個你最喜歡的經典遊戲。因為平台遊戲的效果特別好，所以我們選擇有史以來**最流行**、**辨識度最高**的經典電玩…但是你可以選擇你喜歡的任何遊戲！這是我們接下來要做的事情。

畫出它！

1. **在一張紙上面畫出背景**。在建立雛型時，你要先製作背景。在雛型中，地面、磚塊與水管都不會移動，所以我們把它們畫在紙上。我們也在最上面加入分數、時間與其他文字。

2. **撕下幾張紙片，畫出會動的部分**。在雛型裡，我們在不同的紙片上畫出各種角色，包括食人花、蘑菇、子彈花，以及錢幣。如果你不會畫圖也沒關係！你只要畫出棒線畫和粗糙的形狀就可以了。別人不會看到這些東西！

3. **「玩」遊戲**。有趣的地方來了！試著模擬玩家的動作，在頁面上移動玩家，你也要移動非玩家角色。你可以先花幾分鐘玩遊戲，再回到雛型，看看能不能盡量重現動作。（雖然這樣做在一開始感覺很奇怪，但那是 OK 的！）

在畫面最上面的文字稱為 HUD，即 head-up display（抬頭顯示區）。在紙上雛型中，它通常被畫在背景。

當玩家吃到蘑菇時，他會變成兩倍大，所以我們也在另一張紙片上畫出一個小角色。

地面、磚塊與水管不會移動，所以我們把它們畫在背景紙上。沒有任何規則硬性地規定背景該擺什麼東西，以及哪些東西可以移動。

玩家的跳躍機制是精心設計的。在紙上雛型模擬它們是很有價值的學習練習。

紙上雛型應該不是只能用來設計遊戲，我猜，
我也可以在其他專案裡使用它們吧？

在「遊戲設計⋯漫談」單元裡面的工具和概念都是很重要的程式設計技術，它們不是只能用來開發遊戲，但我們發現，讓你透過遊戲來嘗試它們會讓你學起來更容易。

沒錯！紙上雛型對任何專案來說，都是很棒的第一步。

如果你要建構桌面 app、行動 app 或任何其他具備使用者介面的專案，建構紙上雛型都是很好的第一步。有時你需要先建立一些紙上雛型，才能掌握它。這就是為什麼我們先用經典遊戲來介紹紙上雛型⋯因為那是了解如何建構紙上雛型的好方法。對任何類型的開發者來說，建構雛型都是很有價值的技術，不是只有對遊戲開發者如此。

在下一個專案，你將建立一個 WPF app 使用 CardPicker 類別來產生一組隨機的撲克牌。在這個紙筆練習裡，你要為你的 app 建構紙上雛型，以嘗試各種設計選項。

首先，在大張的紙上面畫出視窗框架，並且在小紙片上面畫出一個標籤。

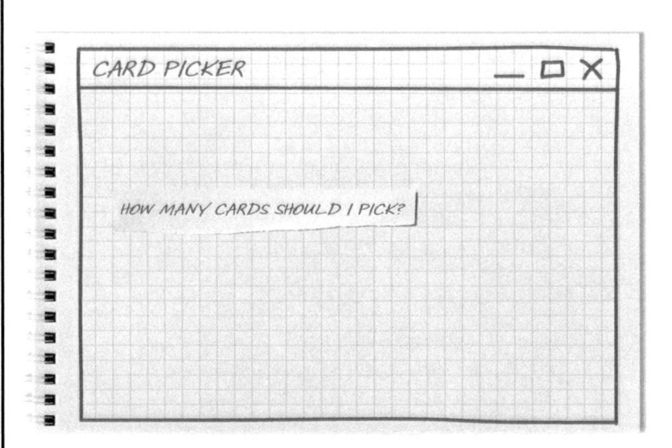

你的 app 必須在視窗的某個地方放一個顯示撲克牌的清單方塊，以及一個顯示「Pick some cards」的按鈕。

接下來，在其他的小紙片上面畫出各種類型的控制項。在視窗四處移動它們，試著用各種方式來擺放它們。你覺得哪一種設計最好？這個問題沒有唯一的正確答案，任何一種 app 都有很多種設計方法。

你的 app 需要用某種方式來讓用户選擇他想要抽出來的撲克牌數量。試著畫出一個可以讓他們在 app 輸入數字的輸入方塊。

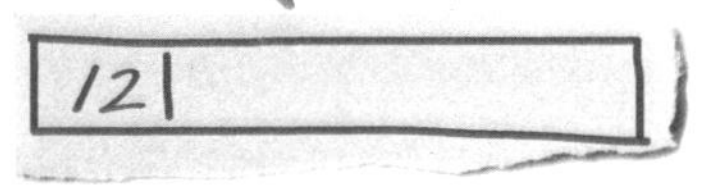

並且試一下滑桿和選項按鈕。你有沒有想到你曾經用來輸入數字的其他控制項？或許使用下拉式方塊？發揮你的創意！

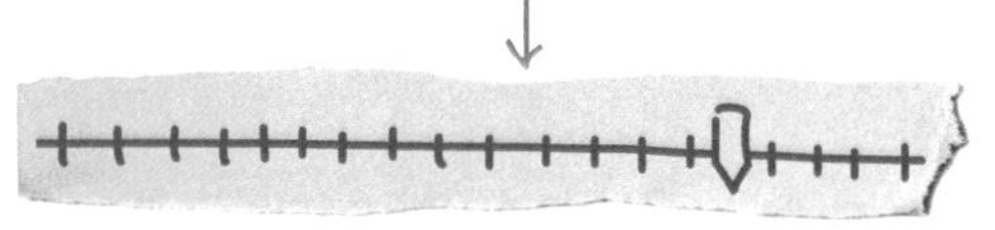

1
2
3
4
5

接下來：建構抽牌 app 的 WPF 版本

在下一個專案，你將建構一個稱為 PickACardUI 的 WPF app。這是它的樣子：

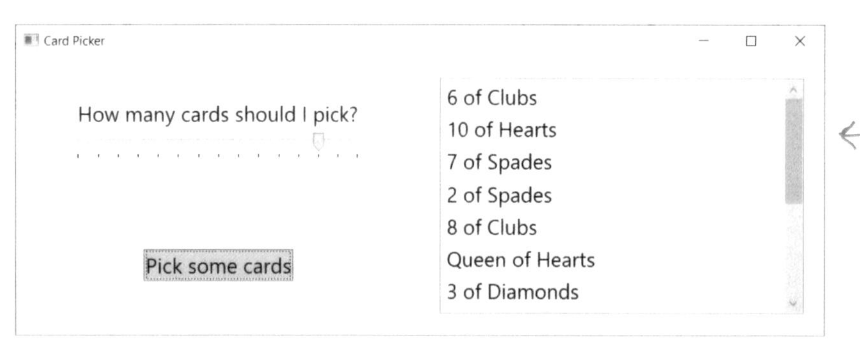

我們決定使用滑桿來選擇撲克牌的數量，但這不代表這個 app 只能採取這種設計！你是否用紙上雛型想出不同的設計？它們都是 OK 的！每一種 app 都有許多種設計方式，而且幾乎不會有唯一的正確（或錯誤）答案。

你的 PickACardUI app 有個 Slider 控制項可以用來選擇想要抽出來的隨機撲克牌數量。選擇撲克牌數量之後，你會按下一個按鈕來抽出它們，並將它們加入 ListBox。

這是視窗的版面配置：

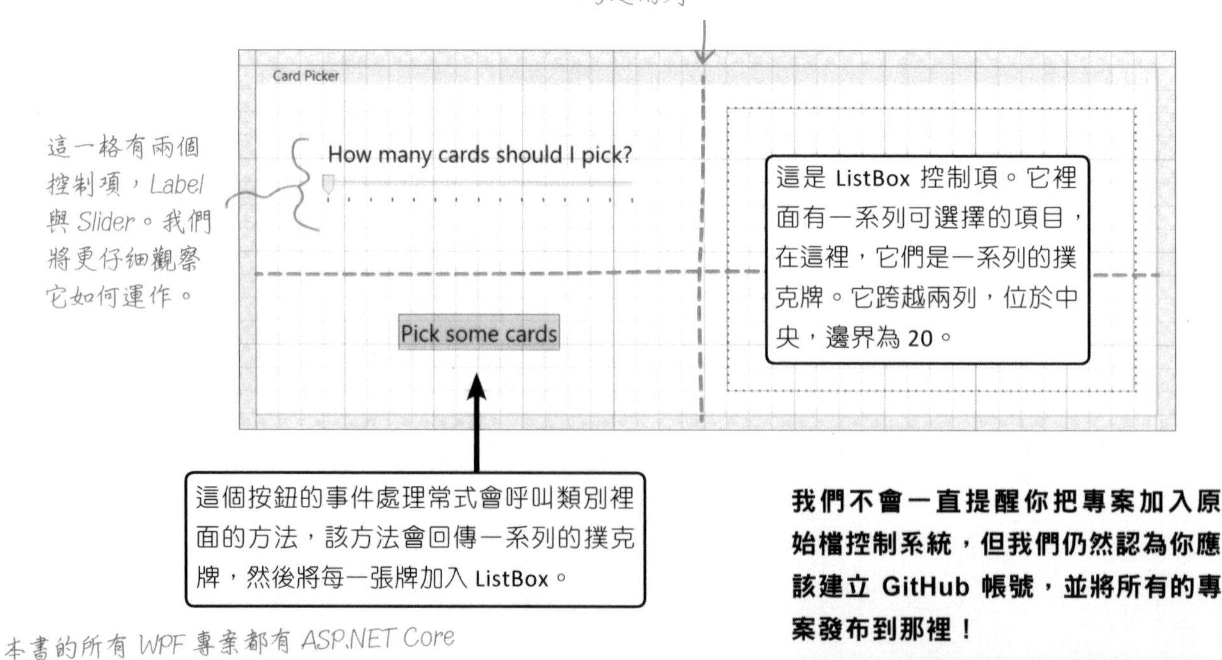

這個視窗有兩列與兩欄。ListBox 在右邊那一欄，跨越兩列。
Card Picker
How many cards should I pick?
Pick some cards
這一格有兩個控制項，Label 與 Slider。我們將更仔細觀察它如何運作。
這是 ListBox 控制項。它裡面有一系列可選擇的項目，在這裡，它們是一系列的撲克牌。它跨越兩列，位於中央，邊界為 20。
這個按鈕的事件處理常式會呼叫類別裡面的方法，該方法會回傳一系列的撲克牌，然後將每一張牌加入 ListBox。

我們不會一直提醒你把專案加入原始檔控制系統，但我們仍然認為你應該建立 GitHub 帳號，並將所有的專案發布到那裡！

Add to Source Control

本書的所有 WPF 專案都有 ASP.NET Core 版本，它們的螢幕畫面取自 Visual Studio for Mac。

你可以在 Visual Studio for Mac 學習指南找到這個專案的 Mac 版本。

StackPanel 是把其他的控制項疊起來的容器

你的 WPF app 將使用 Grid 來擺放它的控制項，如同你在配對遊戲裡面的用法。在開始寫程式之前，先仔細看一下格線的左上格子裡面的兩個控制項：

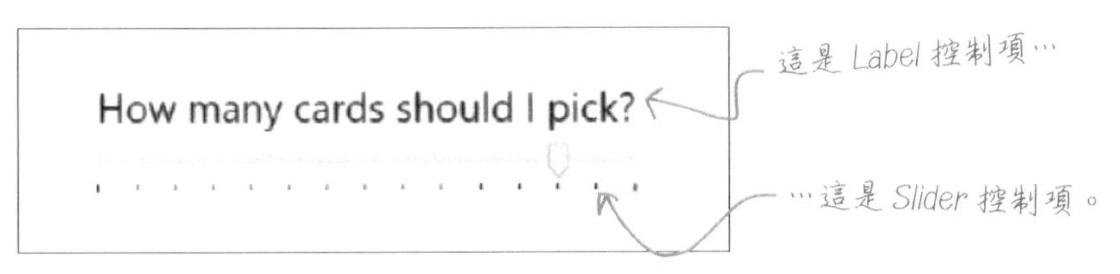

這是 Label 控制項…

…這是 Slider 控制項。

我們該如何將它們疊成這樣？雖然我們**可以**試著把它們放在格線的同一個格子內：

```
<Grid>
    <Label HorizontalAlignment="Center" VerticalAlignment="Center" Margin="20"
        Content="How many cards should I pick?" FontSize="20"/>
    <Slider VerticalAlignment="Center" Margin="20"
        Minimum="1" Maximum="15" Foreground="Black"
        IsSnapToTickEnabled="True" TickPlacement="BottomRight" />
</Grid>
```

這是 Slider 控制項的 XAML。當我們將表單組合起來時，會更仔細研究它。

但是這種做法會讓它們重疊：

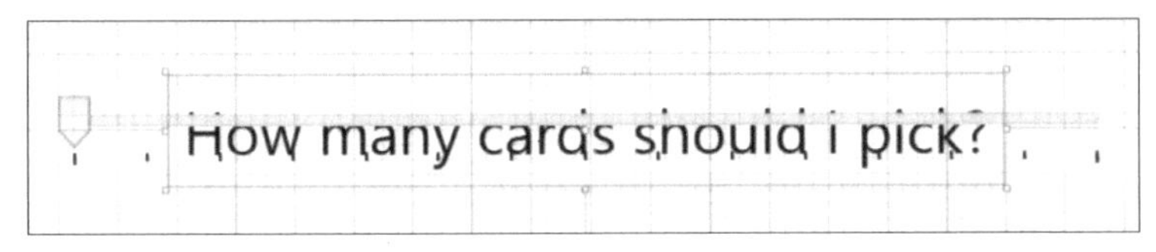

此時很適合使用 **StackPanel 控制項**。StackPanel 是一種容器控制項，如同 Grid，它的工作是容納其他的控制項，並且確保它們待在正確的位置。Grid 可讓你用橫列與直欄來排列控制項，StackPanel 則是讓你用**垂直或水平堆疊**來排列控制項。

我們使用同一組 Label 與 Slider 控制項，但是這一次要使用 StackPanel 來排列它們，將 Label 疊在 Slider 上面。留意，我們將 alignment 與 margin 屬性移到 StackPanel，我們想要把面板（panel）本身置中，並且讓它周圍有邊界：

```
<StackPanel HorizontalAlignment="Center" VerticalAlignment="Center" Margin="20" >
    <Label Content="How many cards should I pick?" FontSize="20" />
    <Slider Minimum="1" Maximum="15" Foreground="Black"
            IsSnapToTickEnabled="True" TickPlacement="BottomRight" />
</StackPanel>
```

StackPanel 會把控制項擺在格子裡，看起來就像我們期望的樣子：

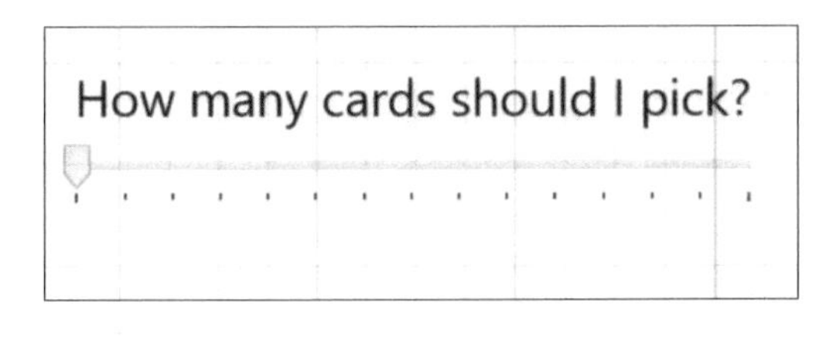

這就是專案的運作方式，我們要開始建構它了！

在新的 WPF app 裡面重複使用你的 CardPicker 類別

當你為某個程式寫好一個類別之後，往往會在另一個程式裡使用相同的行為。所以，類別的好處是它們可以讓你輕鬆地**重複使用**程式碼。我們來幫抽牌 app 做一個全新的使用者介面，但是藉著重複使用 CardPicker 來維持相同的行為。

① **建立一個稱為 PickACardUI 的 WPF app。**

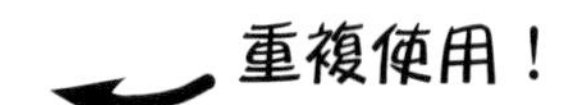

採取你在第 1 章建立動物配對遊戲時的步驟：

★ 打開 Visual Studio 並建立一個新專案。

★ 選擇 **WPF App (.NET)**。

★ 將新 app 命名為 **PickACardUI**。Visual Studio 會建立這個專案，加入 *MainWindow.xaml* 與 *MainWindow.xaml.cs* 檔案，讓它的名稱空間是 PickACardUI。

② **加入你為 Console App 專案建立的 CardPicker 類別。**

在專案名稱按下右鍵，在選單中選擇 **Add >> Existing Item…**。

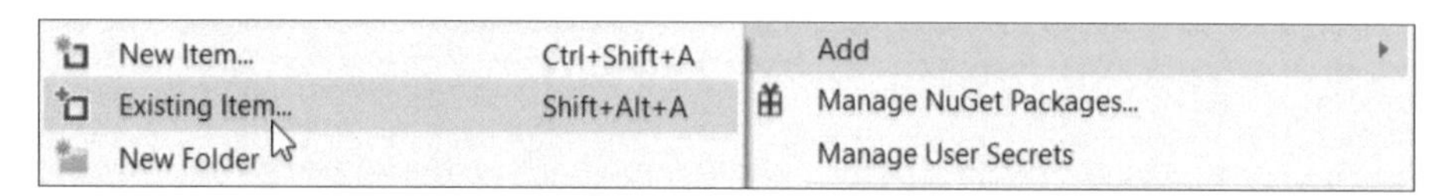

巡覽至主控台 app 的資料夾，並選擇 *CardPicker.cs* 來將它加入你的專案。你的 WPF 專案現在有一個來自主控台 app 的 *CardPicker.cs* 檔案的複本了。

③ **改變 CardPicker 類別的名稱空間。**

在 Solution Explorer 裡面，**對著 *CardPicker.cs* 按兩下**。它仍然使用主控台 app 的名稱空間。將**名稱空間改成**你的專案名稱。IntelliSense 會建議使用名稱空間 PickACardUI，**按下 Tab 來接受建議：**

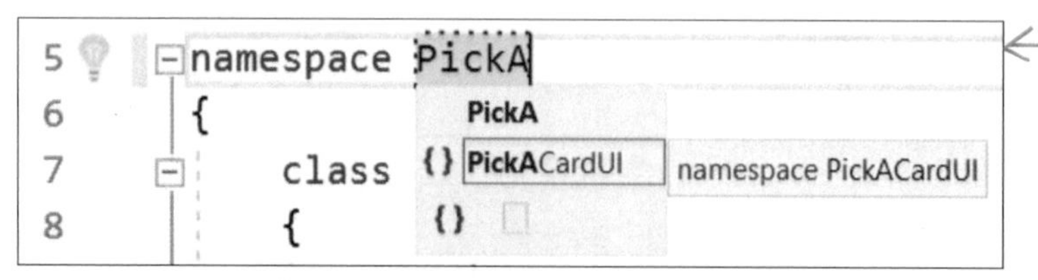

改變 *CardPicker.cs* 檔案裡面的名稱空間，讓它與 Visual Studio 為新專案建立檔案時使用的名稱空間一樣，如此一來，你才可以在新專案的程式中使用 CardPicker 類別。

現在 CardPicker 類別應該在 PickACardUI 名稱空間裡面了：

```
namespace PickACardUI
{
    class CardPicker
    {
```

恭喜你！你已經重複使用 CardPicker 類別了！你可以在 Solution Explorer 裡面看到這個類別，接下來你可以在 WPF app 的程式裡面使用它了。

使用 Grid 與 StackPanel 來製作主視窗版面

你曾經在第 1 章使用 Grid 來為動物配對遊戲排版。花幾分鐘複習一下你在那一章放置格線的部分，因為接下來你會做同樣的事情來製作視窗版面。

1. **設置橫列與直欄**。按照第 1 章的同一組步驟，在格線中**加入兩列與兩欄**。當你正確執行時，你會在 XAML 的 <Grid> 標籤裡面看到列與欄的定義：

```
<Grid.RowDefinitions>
    <RowDefinition/>
    <RowDefinition/>
</Grid.RowDefinitions>
<Grid.ColumnDefinitions>
    <ColumnDefinition/>
    <ColumnDefinition/>
</Grid.ColumnDefinitions>
```

你可以使用 Visual Studio 設計工具來加入兩個相等的橫列與兩個相等的直欄。當你遇到問題時，你也可以直接在編輯器裡面輸入 XAML。

2. **加入 StackPanel**。我們很難在視覺化的 XAML 設計工具裡面處理空的 StackPanel，因為它很難按下，所以我們在 XAML 編輯器裡面工作。**在 Toolbox 的 StackPanel 按兩下**，將一個空的 StackPanel 加入格線。你應該會看到：

```
</Grid.ColumnDefinitions>

<StackPanel/>

  </Grid>
</Window>
```

使用 Toolbox 面板右上角的圖釘來將它釘到視窗，可讓你更容易將控制項拉出 Toolbox。

3. **設定 StackPanel 的屬性**。當你在 Toolbox 裡面的 StackPanel 按兩下之後，它會加入**一個沒有屬性的 *StackPanel***。在預設情況下，它會在格線的左上角格子裡，所以現在我們只要設定它的 alignment 和 margin 即可。**在 *XAML* 編輯器裡面按下 StackPanel 標籤**來選擇它。在程式碼編輯器裡面選擇它之後，你可以在 Properties 視窗裡面看到它的屬性。將 vertical 與 horizontal alignment 設為置中，並將所有的 margin 設為 20。

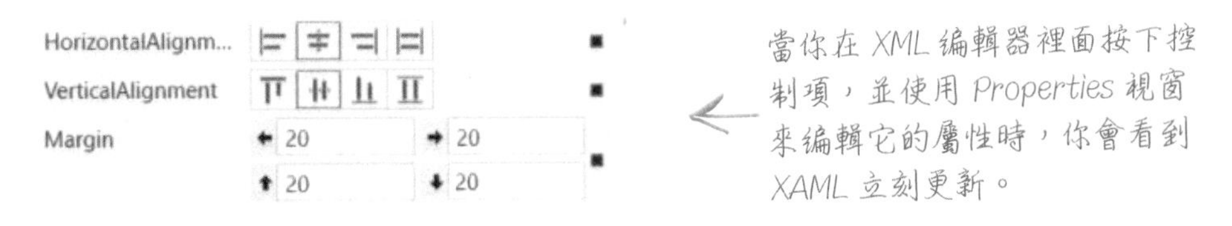

當你在 XML 編輯器裡面按下控制項，並使用 Properties 視窗來編輯它的屬性時，你會看到 XAML 立刻更新。

現在 XAML 程式碼裡面有一個這樣的 StackPanel：

```
<StackPanel HorizontalAlignment="Center" VerticalAlignment="Center" Margin="20" />
```

這代表所有的邊界都被設為 20。也許你的 Margin 屬性被設為「20, 20, 20, 20」，兩者的效果是一樣的。

排列 Card Picker 桌面 app 的視窗版面

排列抽牌 app 的視窗版面，把它的用戶控制項放在左邊，把抽出來的撲克牌顯示在右邊。你會在左上格使用 **StackPanel**，它是**容器**，也就是說，它會容納其他的控制項，和 Grid 一樣。但是它不是在許多格子裡排列控制項，而是將它們水平或垂直疊起來。用 Label 與 Slider 來排版 StackPanel 之後，你要加入 ListBox 控制項，就像你在第 2 章使用過的那一個。

設計它！

1 在 StackPanel 加入 Label 與 Slider。

StackPanel 是容器。當 StackPanel 裡面沒有其他控制項時，*你無法在設計工具裡面看到它*，所以你很難把控制項拉到它裡面。幸好，設定它的屬性與對它加入控制項一樣快。**按下 StackPanel 來選擇它**。

```
<StackPanel HorizontalAlignment="Center" VerticalAlignment="Center" M
    System.Windows.Controls.StackPanel
```

選擇 StackPanel 之後，**在 Toolbox 工具裡面對著 Label 按兩下**，將新的 Label 控制項放入 *StackPanel*。Label 會出現在設計工具裡面，而且 `Label` 標籤會出現在 XAML 編輯器裡面。

接下來，在 Toolbox 裡面展開*所有 WPF 控制項*區域，並且**對著 Slider 按兩下**。你的左上格現在應該有一個 StackPanel，裡面有疊在 Slider 上面的 Label。

2 設定 Label 與 Slider 控制項的屬性。

在 StackPanel 裡面放入 Label 與 Slider 之後，你只要設定它們的屬性即可：

★ 在設計工具裡面按下 Label。在 Properties 視窗裡面展開 Common 區域，並將它的內容設為 `How many cards should I pick?`，然後展開文字區域，將它的字型大小設成 `20px`。

★ 按下 Escape 來取消選擇 Label，然後**在設計工具裡面按下 Slider** 來選擇它。使用 Properties 視窗最上面的名稱方塊來將它的名稱改為 `numberOfCards`。

★ 展開版面配置區域，使用方塊（■）來重設寬度。

★ 展開 Common 區域，將它的 Maximum 屬性設為 `15`，Minimum 設為 `1`，AutoToolTipPlacement 設為 `TopLeft`，TickPlacement 設為 `BottomRight`。然後按下 caret（⌄）來展開版面配置區域，

★ 並顯示額外的屬性，包括 IsSnapToTickEnabled 屬性，將它設為 `True`。

★ 我們來讓刻度更明顯一些。展開 Properties 視窗裡面的筆刷區域，**按下 Foreground 右邊的大長方形**，它可以讓你使用色彩選取器來選擇滑桿的前景色彩。按下 R 方塊，將它設成 `0`，然後將 G 與 B 也設成 `0`。Foreground 方塊現在應該是黑色的，滑桿下面的刻度標記也是黑色的。

XAML 應該會變成這樣，如果你很難使用設計工具，你可以直接編輯 XAML：

```
<StackPanel HorizontalAlignment="Center" VerticalAlignment="Center" Margin="20">
    <Label Content="How many cards should I pick?" FontSize="20"/>
    <Slider x:Name="numberOfCards" Minimum="1" Maximum="15" TickPlacement="BottomRight"
     IsSnapToTickEnabled="True" AutoToolTipPlacement="TopLeft" Foreground="Black"/>
</StackPanel>
```

❸ 在左下格子加入按鈕。

從工具箱拉出一個 Button，將它放入格線的左下格子裡面，然後設定它的屬性：

- ★ 展開 Common 區域，將它的 Content 屬性設為 `Pick some cards`。
- ★ 展開文字區域，將它的字型大小設為 `20px`。
- ★ 展開版面配置區域，重設它的 margin、width 與 height。然後將它的 vertical 與 horizontal alignment 設成 `Center`（ 與 ）。

你的 Button 控制項的 XAML 應該長這樣：

```
<Button Grid.Row="1" Content="Pick some cards" FontSize="20"
        HorizontalAlignment="Center" VerticalAlignment="Center" />
```

❹ 加入 ListBox，讓它跨越兩列，來填滿視窗的右半部。

將 ListBox 控制項拉到右上格子，並設定它的屬性：

- ★ 使用 Properties 視窗最上面的名稱方塊來將 ListBox 的名稱設為 `listOfCards`。
- ★ 展開文字區域，將它的字型大小設為 `20px`。
- ★ 展開版面配置區域，將它的 margin 都設為 `20`，就像處理 StackPanel 控制項時那樣。重設它的 width、height、horizontal alignment 與 vertical alignment。
- ★ 將 Row 設為 0，Column 設為 1。然後**將 RowSpan 設為 2**，讓 ListBox 占據整欄，並跨越兩列：

Row	0	□	RowSpan	2	■
Column	1	■	ColumnSpan	1	□

ListBox 控制項的 XAML 應該長這樣：

```
<ListBox x:Name="listOfCards" Grid.Column="1" Grid.RowSpan="2"
         FontSize="20" Margin="20,20,20,20"/>
```

如果這個值只是 "20" 而不是 "20, 20, 20, 20" 也沒關係，它們代表同一件事。

❺ 設定視窗的標題與尺寸。

當你建立新的 WPF app 時，Visual Studio 會建立一個 450 像素寬，800 像素高的視窗，並將它的標題設為「Main Window」。 我們來改變它的尺寸，如同你在動物配對遊戲裡面做過的那樣：

- ★ 在設計工具裡面按下視窗的標題列來選擇視窗。
- ★ 使用版面配置區域來將 Height 設為 300，Width 設為 800。。
- ★ 使用 Common 區域來將 title 設為 **`Card Picker`**。

捲到 XAML 編輯器的最上面，看一下 `Window` 標籤的最後一行，你應該可以看到這些屬性：

```
Title="Card Picker" Height="300" Width="800"
```

為 Button 控制項加入事件處理常式。

在 **code-behind**（綁定 XAML 的 *MainWindow.xaml.cs* 裡面的 C# 程式）裡面有一個方法。在設計工具裡面對著按鈕按兩下，IDE 會加入一個稱為 Button_Click 的方法，並且讓它是 Click 事件處理常式，就像我們在第 1 章做過的那樣。這是新方法的程式碼：

```
private void Button_Click(object sender, RoutedEventArgs e)
{
    string[] pickedCards = CardPicker.PickSomeCards((int)numberOfCards.Value);
    listOfCards.Items.Clear();
    foreach (string card in pickedCards)
    {
        listOfCards.Items.Add(card);
    }
}
```

code-behind 就是連接 XAML 視窗而且內含事件處理常式的 C# 程式碼。

現在執行 app，使用滑桿來選擇要抽出來的隨機撲克牌的數量，然後按下按鈕來將它們加入 ListBox。**幹得好！**

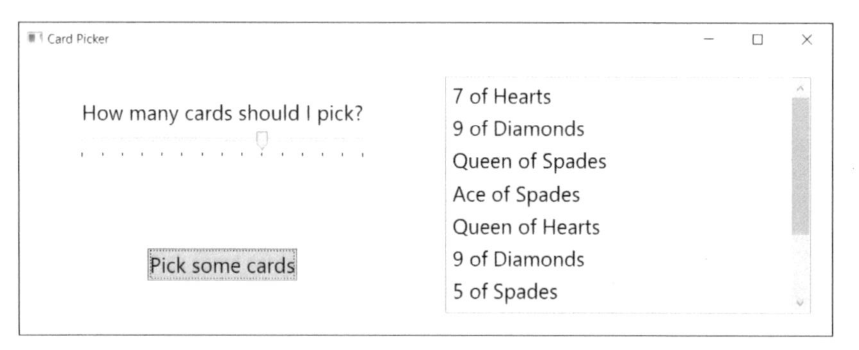

重點提示

- 類別有方法，方法裡面有執行動作的陳述式。設計良好的類別都使用合理的方法名稱。
- 有些方法有 **return 型態**。你可以在方法的宣告式設定它的 return 型態。如果方法宣告式的開頭是 `int` 關鍵字，它會回傳一個 int 值。這個陳述式範例會回傳一個 int 值：`return 37;`
- 當方法有回傳型態時，它**必須**用一個 `return` 陳述式來回傳符合回傳型態的值。所以如果方法宣告式使用 string 回傳型態，你就要加入回傳字串的 `return` 陳述式。
- 當程式執行到方法裡面的 `return` 陳述式時，它會跳回去呼叫方法的陳述式。
- 並非所有方法都有回傳型態。以 `public void` 開頭的方法完全不會回傳任何東西。你仍然可以使用 return 陳述式來離開 void 方法，例如：`if (finishedEarly) { return; }`
- 開發者通常都希望在多個程式裡面**重複使用**同樣的程式碼。類別可以協助你讓程式碼更容易重複使用。
- 在 XAML 編輯器裡面**選擇一個控制項**之後，你就可以在 Properties 視窗裡面編輯它的屬性了。

Enemy
SearchForPlayer
SpottedPlayer
CommunicatePlayerLocation
StopSearching
CapturePlayer

Ana 的雛型看起來很棒…

Ana 發現，無論她的玩家被外星人、海盜、活屍或邪惡的小丑殺手追殺，她都可以用 Enemy 類別的方法來讓它們動起來。她的遊戲開始有一點樣子了。

… 但是如果她希望敵人不只一個呢？

程式的設計是很棒啦…在 Ana 想要加入複數的敵人之前。在她的早期雛型裡面，敵人都只有一個，該如何在遊戲裡面加入第二個或第三個敵人？

Ana 可以複製 Enemy 類別程式碼，將它貼到另外兩個類別檔案裡面，然後使用它們的方法來控制三個不同的敵人。技術上，這是在重複使用程式碼吧？

嘿！ Ana，你覺得這個點子怎麼樣？

她有不一樣的看法。如果她想要製作有幾十個活屍的關卡呢？建立幾十個一模一樣的類別是不切實際的做法。

Enemy1
SearchForPlayer
SpottedPlayer
CommunicatePlayerLocation
StopSearching
CapturePlayer

Enemy2
SearchForPlayer
SpottedPlayer
CommunicatePlayerLocation
StopSearching
CapturePlayer

Enemy3
SearchForPlayer
SpottedPlayer
CommunicatePlayerLocation
StopSearching
CapturePlayer

你在開玩笑嗎？用多個一模一樣的類別來表示各個敵人實在**糟透**了。如果我一次想要加入三個以上的敵人呢？

維護同一段程式的三份複本真的很麻煩。

很多問題都需要多次表示同一件**事物**，在這個案例中，那件事物就是遊戲裡面的敵人，但是那些事物也有可能是音樂播放 app 裡面的歌曲，或是社交媒體 app 裡面的朋友。這些案例有一個共同點：它們都要用同一種方式來處理同一件事物，無論那個事物有多少個。我們來看看能不能找到更好的解決辦法。

Ana 可以使用物件來解決她的問題

物件是 C# 的工具，可以用來處理一堆類似的事物。使用物件的話，Ana 只需要編寫 Enemy 類別一次，就可以在程式中，以任意的次數使用它。

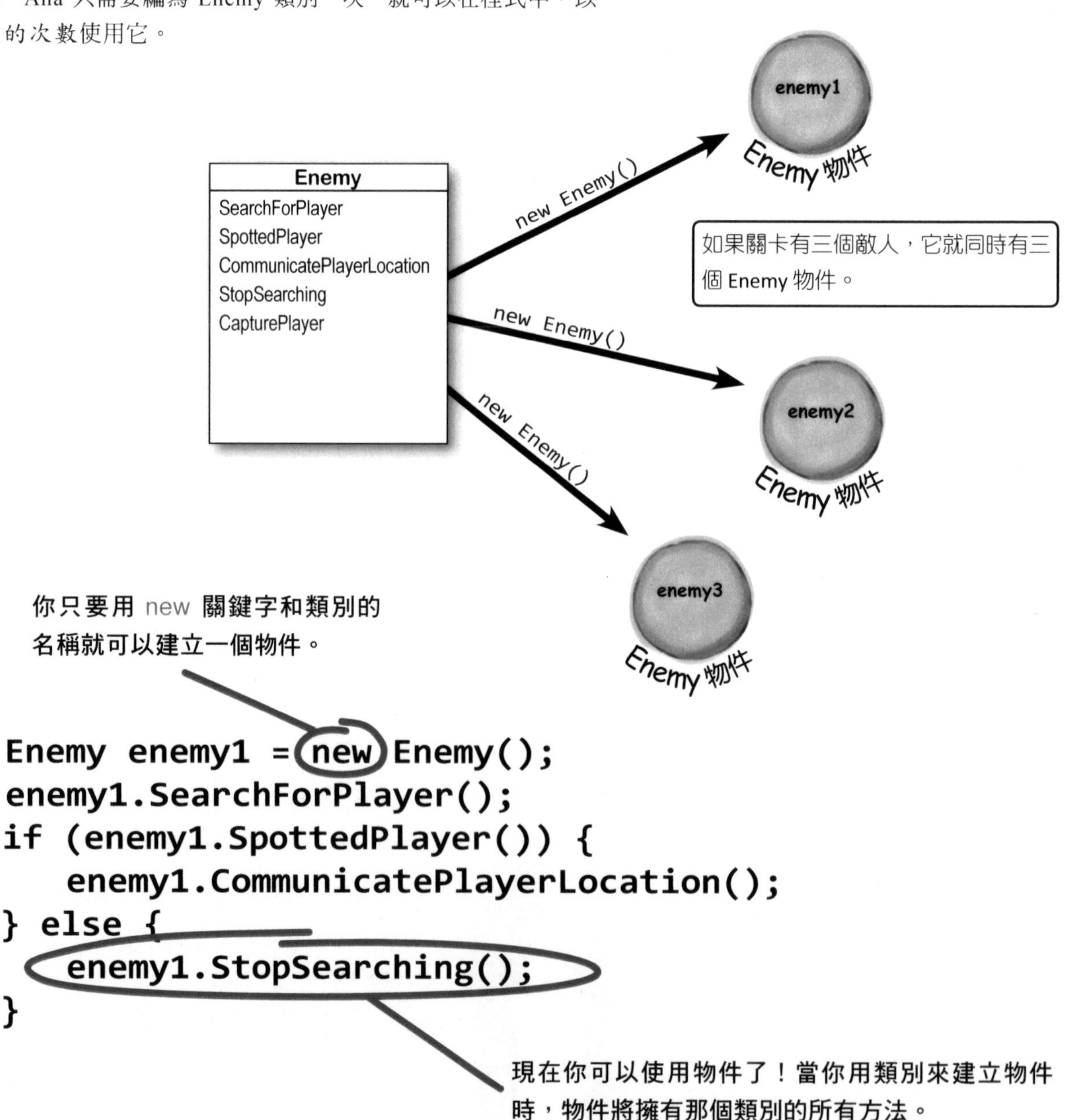
Enemy
SearchForPlayer
SpottedPlayer
CommunicatePlayerLocation
StopSearching
CapturePlayer
new Enemy()
new Enemy()
new Enemy()
enemy1
Enemy 物件
enemy2
Enemy 物件
enemy3
Enemy 物件
如果關卡有三個敵人，它就同時有三個 Enemy 物件。
你只要用 new 關鍵字和類別的名稱就可以建立一個物件。
現在你可以使用物件了！當你用類別來建立物件時，物件將擁有那個類別的所有方法。

```
Enemy enemy1 = new Enemy();
enemy1.SearchForPlayer();
if (enemy1.SpottedPlayer()) {
   enemy1.CommunicatePlayerLocation();
} else {
   enemy1.StopSearching();
}
```

你要使用類別來建立物件

類別就像是物件的藍圖。如果你想要在一個市郊的開發專案中蓋五棟一模一樣的房子，你一定不會要求建築設計師畫出五份一模一樣的藍圖。你只要使用一份藍圖就可以蓋五棟房子了。

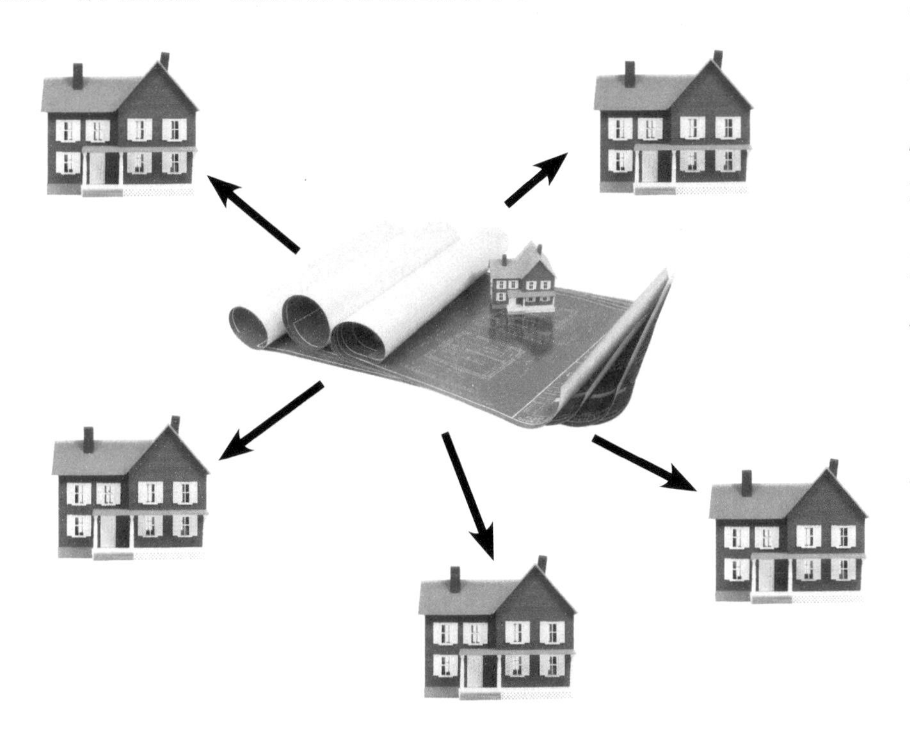

類別定義了物件的成員，就像藍圖定義房子的格局。你可以用一張藍圖來蓋任意數量的房子，你也可以用一個類別來製作任意數量的物件。

物件會從它的類別得到它的方法

做出類別之後，你可以使用 `new` 陳述式來用它建立任意數量的物件。當你做這件事時，在類別裡面的每一個方法都會變成物件的一部分。

House
GrowLawn ReceiveDeliveries AccruePropertyTaxes NeedRepairs

26A Elm Lane — House 物件

38 Pine Street — House 物件

115 Maple Drive — House 物件

這個 House 類別有四個方法，讓每一個 House 實例可以使用。

當你用類別建立新物件時，它稱為該類別的實例

你要用 **new 關鍵字**與一個搭配它的變數來建立物件。你要將類別當成變數型態，並用它來宣告變數，因此你會使用 House 或 Enemy 之類的類別，而不是 int 或 bool。

> **in-stance（實例），名詞**
>
> 某項事物的一個案例或一次發生。
>
> IDE 的「尋找和取代」功能可以找到一個單字的每一個**實例**，並將它換成另一個。

之前：這是當你的程式開始執行時的電腦記憶體。

你的程式執行一個 new 陳述式。

```
House mapleDrive115 = new House();
```

這個 new 陳述式會建立一個新的 House 物件，並將它指派給一個稱為 mapleDrive115 的變數。

之後：現在它的記憶體裡面有一個 House 類別的實例了。

那個 **NEW 關鍵字**看起來很眼熟。
我是不是在哪裡看過它？

是的！你已經在你自己的程式裡面建立過實例了。

回到你的動物配對程式，尋找這一行程式：

```
Random random = new Random();
```

你建立了一個 Random 類別的實例，然後你呼叫了它的 Next 方法。現在看一下你的 CardPicker 類別，並尋找 **new** 陳述式。你其實一直在使用物件！

對 Ana 而言更好的方案…使用物件

Ana 透過物件來重複使用 Enemy 類別裡面的程式碼，擺脫那些會在專案裡面留下重複程式的複本了。下面是她的做法。

❶ Ana 建立一個 Level 類別，它在一個稱為 enemyArray 的 **Enemy 陣列**裡面儲存所有敵人，就像你之前使用字串陣列來儲存撲克牌與動物 emoji 那樣。

```
public class Level {
    Enemy[] enemyArray = new Enemy[3];
```

嗯，這個陣列在類別裡面，但是在方法外面。你覺得這是什麼意思？

使用類別的名稱來宣告該類別的實例的陣列。

我們使用 new 關鍵字來建立一個 Enemy 物件陣列，如同之前處理字串那樣。

❷ 她使用一個迴圈，在裡面使用 new 陳述式來為關卡建立 Enemy 類別的新實例，並將它們加入一個 enemy 陣列。

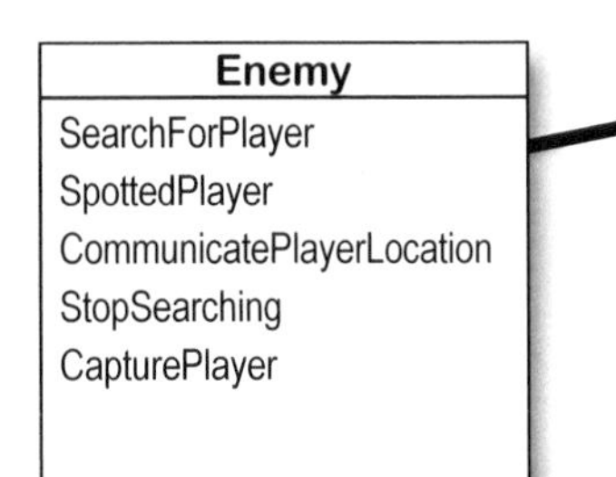

enemy1 物件是 Enemy 類別的一個實例。

```
for (int i = 0; i < 3; i++)
{
    Enemy enemy = new Enemy();
    enemyArray[i] = enemy;
}
```

這個陳述式使用 new 關鍵字來建立一個 Enemy 物件。

這個陳述式將新建立的 Enemy 物件加入陣列。

❸ 她在每一次更新影格時呼叫各個 Enemy 實例的方法，來展現敵人的行為。

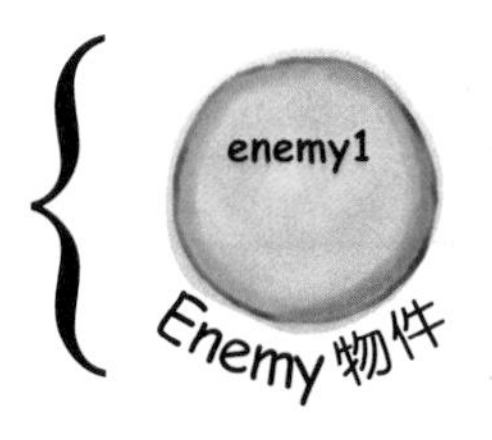

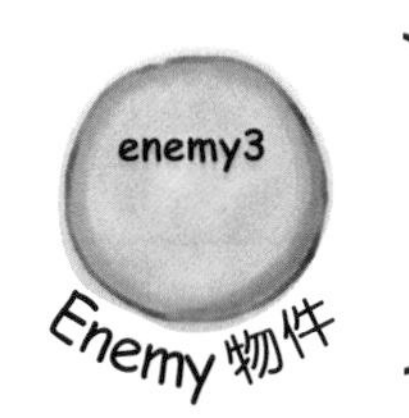


```
foreach (Enemy enemy in enemyArray)
{
    // 呼叫 Enemy 方法的程式碼
}
```

這個 foreach 迴圈會逐一查看 Enemy 物件陣列。

建立類別的新實例就是實例化那個類別。

等一下！你們沒有給我**足夠的資訊**來建構 Ana 的遊戲。

沒錯，我們沒有。

有些遊戲雛型非常簡單，有些則複雜許多，但是複雜的程式與簡單的程式**採取的模式是一樣的**。Ana 的遊戲程式展示了一些人在現實生活裡使用物件的方式，物件不是只能用來開發遊戲！無論你設計哪一種程式，你都會用 Ana 在她的遊戲裡面的同一種方式來使用物件。Ana 的範例只是把這個概念植入你腦海的開始，我們還會在本章其餘的內容給你**許多其他範例**，而且因為這個概念太重要了，所以我們在未來的章節還會回顧它。

理論與實作

說到模式，你會在本書一而再、再而三地看到這個模式：我們會用幾頁的篇幅來展示一個概念或想法（例如物件），並且在過程中使用一些圖片與簡短的程式，讓你先不用擔心如何讓程式動起來，而是先後退一步，試著了解事情的來龍去脈。

```
House mapleDrive115 = new House();
```

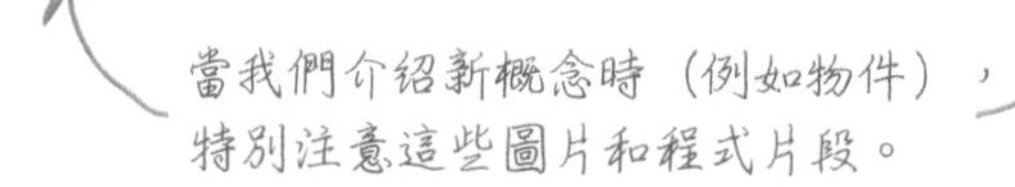

當我們介紹新概念時（例如物件），
特別注意這些圖片和程式片段。

了解物件如何運作之後，我們先回到 CardPicker 類別，好好認識你所使用的 Random 類別。

1. 把游標移到任何一個方法裡面，按下 Enter 來開始一個新的陳述式，然後輸入 **random.**，當你輸入句點時，Visual Studio 會彈出 IntelliSense 視窗，裡面有它的方法。每一個方法的前面都有一個立方體圖示（）。我們已經填入一些方法了，請幫 Random 類別的類別圖填入其餘的方法。

Random
Equals GetHashCode GetType .... ToString

2. 撰寫程式來建立一個新的 double 陣列，稱之為 **randomDoubles**，然後使用一個 for 迴圈來將 20 個 double 值加入那個陣列。 你只能加入大於或等於 0.0，而且小於 1.0 的隨機浮點數。使用 IntelliSense 快顯視窗來選擇 Random 類別的正確方法在程式中使用。

```
Random random = ..........
double[] randomDoubles = new double[20];
..........
{
    double value = ..........
    ..........
}
```

我們已經填入部分的程式了，包括大括號。你的工作是完成這些陳述式，然後撰寫其餘的程式碼。

削尖你的鉛筆 解答

了解物件如何運作之後，我們先回到 CardPicker 類別，好好認識你所使用的 Random 類別。

1. 把游標移到任何一個方法裡面，按下 Enter 來開始一個新的陳述式，然後輸入 **random.**，當你輸入句點時，Visual Studio 會彈出 IntelliSense 視窗，裡面有它的方法。每一個方法的前面都有一個立方體圖示（ ）。我們已經填入一些方法了，請幫 Random 類別的類別圖填入其餘的方法。

Random
Equals GetHashCode GetType Next NextBytes NextDouble ToString

```
random.
  Equals
  GetHashCode
  GetType
  Next        int Random.Next() (+ 2 overloads)
              Returns a non-negative random integer.
  NextBytes
  NextDouble
  ToString
```

這是當你在 CardPicker 的方法裡面輸入「random.」時，Visual Studio 彈出來的 IntelliSense 視窗。

當你在 IntelliSense 視窗裡面選擇 NextDouble 時，IDE 會顯示該方法的文件。

```
double Random.NextDouble()
Returns a random floating-point number that is greater than or equal to 0.0, and less than 1.0.
```

2. 撰寫程式來建立一個新的 double 陣列，稱之為 **randomDoubles**，然後使用一個 for 迴圈來將 20 個 double 值加入那個陣列。 你只能加入大於或等於 0.0，而且小於 1.0 的隨機浮點數。使用 IntelliSense 快顯視窗來選擇 Random 類別的正確方法，在程式中使用。

```
Random random = new Random();
double[] randomDoubles = new double[20];
for (int i = 0; i < 20; i++)
{
    double value = random.NextDouble();
    randomDoubles[i] = value;
}
```

它們很像你在 CardPicker 類別裡面用過的程式。

實例使用欄位來記錄事情

你已經知道類別可以容納欄位與方法了。我們已經知道如何使用 static 關鍵字在 CardPicker 類別裡面宣告一個欄位了：

```
static Random random = new Random();
```

移除 static 關鍵字會怎樣？如此一來，這個欄位會變成**實例欄位**，每當你將這個類別實例化時，產生的新實例都會得到它自己的欄位複本。

有些人覺得「實例化」聽起來有一點奇怪，但是如果你仔細想一下它的意思，它其實是有意義的。

當我們在類別圖裡面加入欄位時，會在矩型裡面加入一個水平線，在線上面的是欄位，在線下面的是方法。

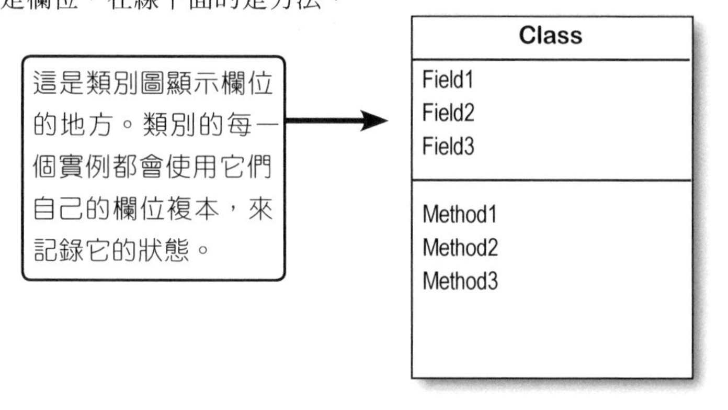

這是類別圖顯示欄位的地方。類別的每一個實例都會使用它們自己的欄位複本，來記錄它的狀態。

類別圖通常會列出類別裡面的所有欄位與方法。我們將它們稱為類別成員。

方法是物件該做什麼，欄位是物件知道什麼。

當 Ana 的雛型建立三個 Enemy 類別的實例時，每一個物件都會被用來記錄遊戲裡的不同敵人。各個實例會分別保存相同資料的複本：設定 enemy2 實例的欄位完全不會影響 enemy1 或 enemy3 實例。

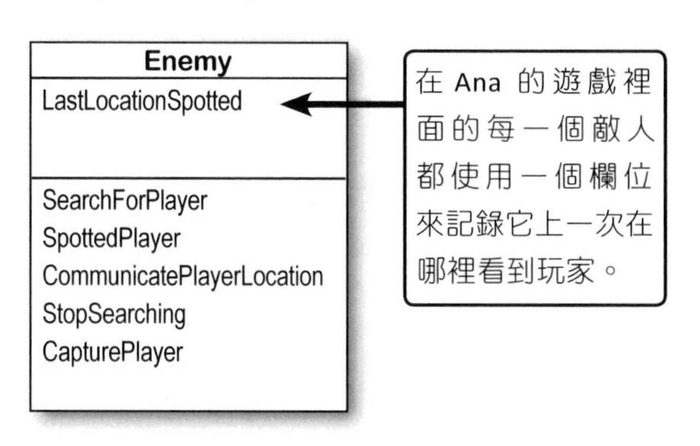

Enemy
LastLocationSpotted
SearchForPlayer
SpottedPlayer
CommunicatePlayerLocation
StopSearching
CapturePlayer
在 Ana 的遊戲裡面的每一個敵人都使用一個欄位來記錄它上一次在哪裡看到玩家。

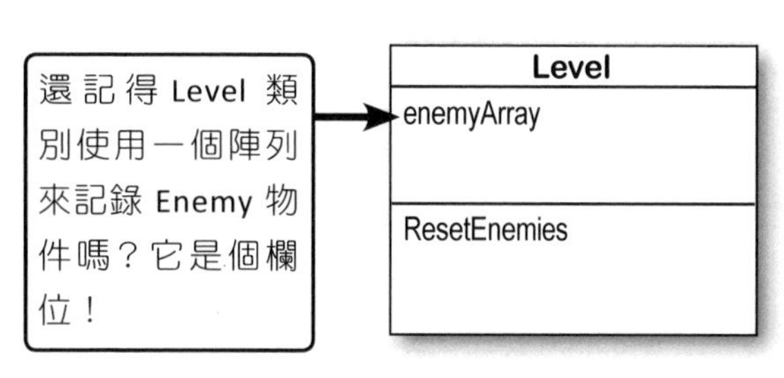

還記得 Level 類別使用一個陣列來記錄 Enemy 物件嗎？它是個欄位！
Level
enemyArray
ResetEnemies

物件的行為是用它的方法來定義的，而且它使用欄位來記錄它的狀態。

雖然我使用 **new** 關鍵字來建立一個 **Random** 的實例，但我**從未建立** **CardPicker** 類別的**新實例**。這意味著我不用建立物件就可以呼叫方法嗎？

是的！這就是為什麼你在宣告式裡面使用 static 關鍵字。

再看一下 CardPicker 類別的前幾行：

```
class CardPicker
{
    static Random random = new Random();

    public static string PickSomeCards(int numberOfCards)
```

當你在類別裡面使用 **static** 關鍵字來宣告欄位或方法之後，你不需要建立類別的實例就可以使用它了，你只要這樣呼叫方法即可：

```
    CardPicker.PickSomeCards(numberOfCards)
```

這就是呼叫 static 方法的方式。如果你將 PickSomeCards 方法宣告式的 `static` 關鍵字拿掉，你就必須建立一個 CardPicker 的實例，才能呼叫那個方法。除了這種區別之外，static 方法與物件方法一樣，它們可以接收引數、回傳值，而且它們住在類別裡面。

當欄位是 static 時，**它只有一個版本，而且被所有實例共用**。所以如果你建立多個 CardPicker 實例，它們都會共用同一個 *random* 欄位。你甚至可以把**整個類別**宣告成 static，如此一來，它的所有成員**必定**也是 static。如果你試著在 static 方法裡面加入非 static 方法，你的程式將無法組建。

當欄位是 static 時，它就只有一個讓所有實例共用的版本。

問：**「靜態（static）」讓我想到不會改變的東西。所以，意思是說，非 static 的方法可能改變，但 static 方法不會改變嗎？這兩種方法的行為是否不同？**

答：沒有，static 與非 static 方法的行為完全一樣。唯一的區別是 static 方法不需要實例即可使用，但非 static 方法需要實例。

問：**所以我必須建立物件的實例才能使用類別嗎？**

答：你可以使用類別的 static 方法，但是非 static 的方法必須先宣告實例才能使用。

問：**這樣的話，何必有「需要宣告實例才能使用的方法」？何不乾脆將所有方法都宣告成 static 就好？**

答：因為用物件來記錄資料的話，例如當 Ana 用 Enemy 類別的實例來記錄不同的敵人之後，她就可以用各個實例的方法來處理那些資料。所以，當 Ana 的遊戲呼叫 enemy2 實例的 StopSearching 方法時，那個方法只會讓一個敵人停止搜尋玩家，不會影響 emy1 或 enemy3 物件，所以它們會繼續搜尋。這就是為什麼 Ana 可以用任何數量的敵人來建立遊戲雛型，而且她的程式可以同時追蹤全部敵人。

削尖你的鉛筆

這是一個 .NET 主控台 app，它會將一些文字寫到主控台。它有一個稱為 Clown 的類別，該類別有兩個欄位，Name 與 Height，以及一個稱為 TalkAboutYourself 的方法。你的工作是閱讀程式，寫下被它印到主控台的文字。

這是 Clown 類別的類別圖與程式碼：

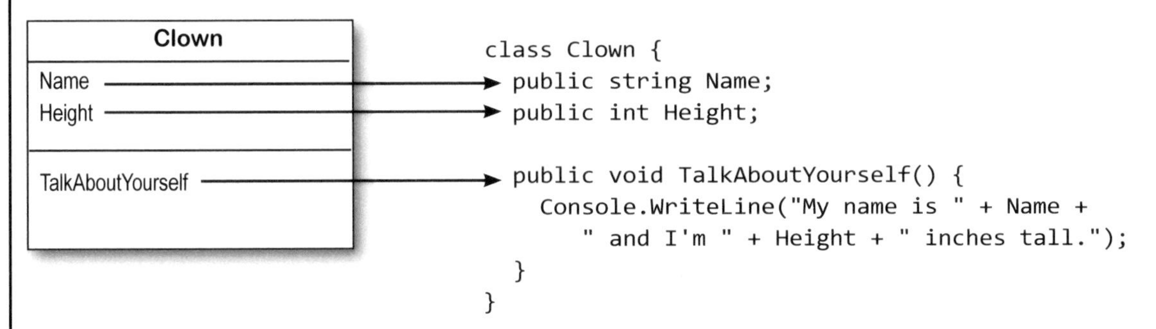


```
class Clown {
  public string Name;
  public int Height;

  public void TalkAboutYourself() {
    Console.WriteLine("My name is " + Name +
       " and I'm " + Height + " inches tall.");
  }
}
```

這是主控台 app 的 Main 方法。每一個呼叫 TalkAboutYourself 方法的程式旁邊都有註解，那些呼叫式都會在主控台印出文字。你的工作是填寫註解的空格，讓它們與輸出一致。

```
static void Main(string[] args) {
    Clown oneClown = new Clown();
    oneClown.Name = "Boffo";
    oneClown.Height = 14;
    oneClown.TalkAboutYourself();      // My name is _______ and I'm ____ inches tall."

    Clown anotherClown = new Clown();
    anotherClown.Name = "Biff";
    anotherClown.Height = 16;
    anotherClown.TalkAboutYourself();  // My name is _______ and I'm ____ inches tall."

    Clown clown3 = new Clown();
    clown3.Name = anotherClown.Name;
    clown3.Height = oneClown.Height - 3;
    clown3.TalkAboutYourself();        // My name is _______ and I'm ____ inches tall."

    anotherClown.Height *= 2;
    anotherClown.TalkAboutYourself();  // My name is _______ and I'm ____ inches tall."
}
```

這個 *= 運算子會要求 C# 將運算子左邊的東西乘以運算子右邊的東西，所以它會更新 Height 欄位。

感謝記憶體

當你的程式建立物件時，它會待在電腦記憶體的 **heap** 區域裡面。當你的程式用新陳述式來建立物件時，C# 會立刻在 heap 裡面保留空間，以便為那個物件儲存資料。

這是在專案開始前的 heap。注意它是空的。

當你的程式建立新物件時，它會被加到 heap。

削尖你的鉛筆 解答

這是程式印到主控台的訊息。你應該花幾分鐘編寫新的 .NET 主控台 app，加入 Clown 類別，並且讓它的 Main 方法符合這一個，然後在偵錯工具裡面逐步執行它。

```
static void Main(string[] args) {
    Clown oneClown = new Clown();
    oneClown.Name = "Boffo";
    oneClown.Height = 14;
    oneClown.TalkAboutYourself();      // My name is Boffo and I'm 14 inches tall."

    Clown anotherClown = new Clown();
    anotherClown.Name = "Biff";
    anotherClown.Height = 16;
    anotherClown.TalkAboutYourself();  // My name is Biff and I'm 16 inches tall."

    Clown clown3 = new Clown();
    clown3.Name = anotherClown.Name;
    clown3.Height = oneClown.Height - 3;
    clown3.TalkAboutYourself();        // My name is Biff and I'm 11 inches tall."

    anotherClown.Height *= 2;
    anotherClown.TalkAboutYourself();  // My name is Biff and I'm 32 inches tall."
}
```

當你在偵錯工具裡面逐步執行這個方法時，你應該可以看到 Height 欄位的值在這一行執行之後被設成 14。

這一行使用舊 oneClown 實例的 Height 欄位來設定新 clown3 實例的 Height 欄位。

程式在想什麼

仔細看一下「削尖你的鉛筆」練習裡面的程式，從 Main 方法的第一行開始看起。它其實將兩個陳述式結合成一個：

```
Clown oneClown = new Clown();
```

這個陳述式宣告一個型態為 Clown，稱為 oneClown 的變數。

這個陳述式建立一個新物件，並將它指派給 oneClown 變數。

這個物件是 Clown 類別的實例。

接著，仔細看一下每一組陳述式執行之後，heap 變成怎樣：

```
// 這些陳述式建立 Clown 的實例
// 並設定它的欄位
Clown oneClown = new Clown();
oneClown.Name = "Boffo";
oneClown.Height = 14;
oneClown.TalkAboutYourself();
```

```
// 這些陳述式實例化第二個 Clown 物件，
// 並對它填入資料
Clown anotherClown = new Clown();
anotherClown.Name = "Biff";
anotherClown.Height = 16;
anotherClown.TalkAboutYourself();
```

```
// 現在我們實例化第三個 Clown 物件
// 並使用其他兩個實例的資料
// 來設定它的欄位。
Clown clown3 = new Clown();
clown3.Name = anotherClown.Name;
clown3.Height = oneClown.Height - 3;
clown3.TalkAboutYourself();
```

```
// 注意這裡沒有 "new" 陳述式
// 我們不是在建立新物件，
// 只是修改一個已經在記憶體裡面的物件。
anotherClown.Height *= 2;
anotherClown.TalkAboutYourself();
```

有時程式碼很難閱讀

或許你沒有意識到，你其實一直在決定「如何架構程式碼」。要不要用一個方法來做某件事？要不要將它拆成多個？是不是需要一個新方法？與方法有關的選擇可能讓程式碼更直觀，如果你不夠謹慎，也可能讓程式碼更難以理解。

下面是一段精美、緊湊的程式碼，來自一個控制牛軋糖製造機的程式：

```
int t = m.chkTemp();
if (t > 160) {
    T tb = new T();
    tb.clsTrpV(2);
    ics.Fill();
    ics.Vent();
    m.airsyschk();
}
```

非常緊湊的程式碼可能有很大的問題

花一秒鐘看一下程式。你可以了解它在做什麼嗎？如果不行，不用覺得難過，因為它本來就很難閱讀！原因是：

- ★ 我們可以看到一些變數名稱：tb、ics、m。它們是很糟糕的名稱！因為我們無法從名稱知道它們的用途。還有，T 類別是用來幹嘛的？
- ★ chkTemp 方法回傳一個整數…但是它是用來做什麼的？我們猜，或許它與檢查某個東西的溫度有關？
- ★ clsTrpV 方法有一個參數。我們知道那個參數的用途嗎？為什麼它是 2 ？ 160 這個數字代表什麼？

在工業設備裡面的 C# 程式碼？！ C# 不是只能用來製作桌面 app、商業系統、網站與遊戲嗎？

到處都有 C# 與 .NET …沒錯，我們的意思是任何地方。

你有沒有玩過 Raspberry PI ？它是在一片電路板上的低成本電腦，這種電腦可以在各種機器裡面找到。拜 Windows IoT（或 Internet of Things）之賜，你的 C# 程式碼可以在它們上面運行。它有用來建構雛型的免費版本，所以你可以隨時用任何硬體嘗試它。

你可以在這裡進一步了解 .NET IoT app：https://dotnet.microsoft.com/apps/iot。

大部分的程式碼都沒有使用手冊

這些陳述式沒有提供它們在做什麼的任何提示。寫出這個例子的程式員應該對結果很滿意，因為他可以把所有程式都放入一個方法。但是把程式寫得非常緊湊不太實用！我們將它拆成多個方法，來讓它更容易閱讀，並且確保類別都使用有意義的名稱。

我們先來理解程式碼的作用應該是什麼。幸運的是，我們知道這段程式來自一個**嵌入式系統**，也就是大型的電子或機械系統裡面的控制器。而且我們剛好有這段程式碼的文件，它是程式員當初建構系統時使用的手冊。

通用電子 5 型牛軋糖製造機手冊

牛軋糖的溫度必須每隔 3 分鐘用自動系統檢查一次。如果溫度**超過 160° C**，牛軋糖就會過熱，系統必須**執行糖果隔離冷卻系統（CICS）排水程序：**

- 關閉渦輪 #2 的閘閥。
- 將水注入隔離冷卻系統。
- 排水。
- 開始自動檢查系統中的氣體。

如何理解程式碼在做什麼？所有程式碼都有編寫的理由，因此，你要自行找出那個理由！在這個例子裡，我們很幸運，因為我們有手冊可以查看。

我們可以比較程式碼與手冊，來理解程式碼可能在做什麼。加入註解可以協助我們理解它在做什麼。

```
/* 這段程式每隔 3 分鐘執行一次來檢查溫度。
 * 如果它超過 160C，我們就必須讓冷卻系統排水。
 */
int t = m.chkTemp();
if (t > 160) {
   // 取得渦輪的控制系統
   T tb = new T();

   // 渦輪 #2 的閘閥
   tb.clsTrpV(2);

   // 注入冷卻系統與排水
   ics.Fill();
   ics.Vent();

   // 開始檢查氣體系統
   m.airsyschk();
}
```

程式碼註解是很好的開始。你可以想出讓這段程式更容易理解的方法嗎？

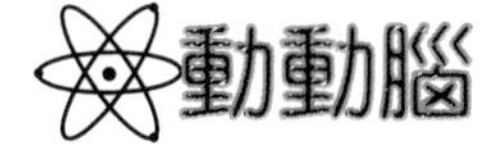

在程式中的一些地方加入額外的分行符號可以讓它更容易閱讀。

使用直觀的類別與方法名稱

手冊的內容讓我們更容易了解程式碼。它也提供很棒的提示，告訴我們如何讓程式更容易理解。我們來看一下前兩行：

```
/* 這段程式會每隔 3 分鐘執行一次來檢查溫度。
 * 如果它超過 160C，我們就必須讓冷卻系統排水。
 */
int t = m.chkTemp();
if (t > 160) {
```

我們加入的註解已經解釋很多事情了。現在我們知道為什麼條件測試式要檢查變數 **t** 是否大於 160 了，因為手冊說，只要溫度大於 160° C，就代表牛軋糖過熱了。原來，**m** 是控制牛軋糖製造機的類別，它用 static 方法來檢查牛軋糖溫度與氣體系統。

所以，我們將溫度檢查程式放入一個方法，並且幫類別和方法選一個可以清楚說明它們的目的的名稱。我先將前兩行移入它們自己的方法，讓該方法回傳一個布林值，當牛軋糖過熱時為 true，當它 OK 時為 false：

```
/// <summary>
/// 如果牛軋糖溫度超過 160C，它就過熱了。
/// </summary>
public bool IsNougatTooHot() {
   int temp = CandyBarMaker.CheckNougatTemperature();
   if (temp > 160) {
     return true;
   } else {
     return false;
   }
}
```

將類別的名稱改成「CandyBarMaker」，將方法的名稱改成「CheckNougatTemperature」之後，程式碼更容易理解了。

有沒有發現 CandyBarMaker 的 C 是大寫？如果我們讓類別名稱的開頭都使用大寫，讓變數都使用小寫，我們就更容易掌握目前是在呼叫一個 static 方法，還是使用一個實例。

有沒有看到在方法上面的 /// 註解？它稱為 *XML Documentation Comment*。IDE 使用這些註解來展示方法的文件，很像你在使用 IntelliSense 視窗來了解 Random 類別有哪些方法可用時看到的文件。

IDE 小撇步：方法與欄位的 XML 文件

Visual Studio 可以幫助你加入 XML 文件。把游標移到任何方法上面一行，並輸入三個斜線，它會加入一個空的文件範本。如果你的方法有參數與回傳型態，它也會幫它們加入 <param> 與 <returns> 標籤。試著回到 CardPicker 類別，並在 PickSomeCards 方法上面一行輸入 ///，IDE 會加入空白的 XML 文件。填入內容，並且觀察它在 IntelliSense 顯示的情況。

```
/// <summary>
/// 抽出一些撲克牌並回傳它們。
/// </summary>
/// <param name="numberOfCards">要抽出幾張牌</param>
/// <returns>存有撲克牌名稱的字串陣列。</returns>
```

你也可以幫欄位建立 XML 文件。試著在 IDE 裡面，在任何欄位上面一行輸入三個斜線。放在 <summary> 後面的關於欄位的所有內容都會被顯示在 IntelliSense 視窗裡面。

手冊說牛軋糖過熱時該怎麼辦？它說，我們要執行糖果隔離冷卻系統（或 CICS）排水程序。所以我們來製作另一個方法，幫 T 類別（它原來是用來控制渦輪的）與 ics 類別（它控制隔離冷卻系統，而且有兩個 static 方法來注入與排水）選擇易懂的名稱，並且加上一些精簡的 XML 文件：

```
/// <summary>
/// 糖果隔離冷卻系統（CICS）排水程序。
/// </summary>
public void DoCICSVentProcedure() {
   TurbineController turbines = new TurbineController();
   turbines.CloseTripValve(2);
   IsolationCoolingSystem.Fill();
   IsolationCoolingSystem.Vent();
   Maker.CheckAirSystem();
}
```

宣告成 void return 型態的方法代表它不會回傳值，而且不需要 return 陳述式。你在上一章寫的所有方法都使用 void 關鍵字！

完成 IsNougatTooHot 與 DoCICSVentProcedure 方法之後，我們將**原本令人一頭霧水的程式改寫成一個方法**，並且幫它取一個可以說明其功能的名稱：

```
/// <summary>
/// 這段程式每隔 3 分鐘執行一次來檢查溫度。
/// 如果它超過 160C，我們就要幫冷卻系統排水。
/// </summary>
public void ThreeMinuteCheck() {
   if (IsNougatTooHot() == true) {
      DoCICSVentProcedure();
   }
}
```

我們將這些方法放入一個稱為 TemperatureChecker 的類別。這是它的類別圖。

TemperatureChecker
ThreeMinuteCheck DoCICSVentProcedure IsNougatTooHot

現在程式碼直觀多了！即使你不知道牛軋糖過熱時必須執行 CICS 排水程序，**但你也更明白這段程式在做什麼了**。

使用類別圖來規劃你的類別

類別圖是在開始編寫程式碼之前，用來設計程式的好工具。你要在類別圖的最上面寫上類別的名稱，然後在底下的欄位裡面寫入各個方法。現在你可以一眼看出類別的所有部分了 — 類別圖可以讓你發現可能會讓程式難以使用或理解的問題。

暫停一下，我們剛才做了很有趣的事情！我們對一段程式做了很多修改，它看起來有很大的不同，而且更容易閱讀了，**但是它做的事情仍然是一樣的**。

是的。改變程式碼的結構但不改變它的行為稱為重構。

優秀的開發者會盡量寫出容易了解的程式碼，就算在一段很長的時間後再來閱讀也可以看懂。雖然註解也有幫助，但是幫方法、類別、變數與欄位取直觀的名稱是最好的做法。

你可以藉著思考你的程式碼想要解決什麼問題來讓它更容易閱讀。如果你選擇的方法名稱對了解那個問題的人來說是有意義的，你的程式碼就更容易解讀與開發。無論你如何規劃程式碼，你幾乎都不會在第一次就完全做對。

這就是**進階的開發者都會定期重構程式碼**的原因。他們會把一些程式碼寫成方法，幫它們取一個有意義的名稱，也會更改變數的名稱。每當他們發現無法 100% 看懂一段程式時，他們就會花幾分鐘重構它。他們知道花時間做這件事是值得的，因為這會讓他們在一小時（或一天、一個月、一年！）之後更容易加入更多程式碼。

削尖你的鉛筆

這裡的每一個類別都有明顯的設計缺陷。寫下你認為各個類別哪裡有問題，以及如何修正它。

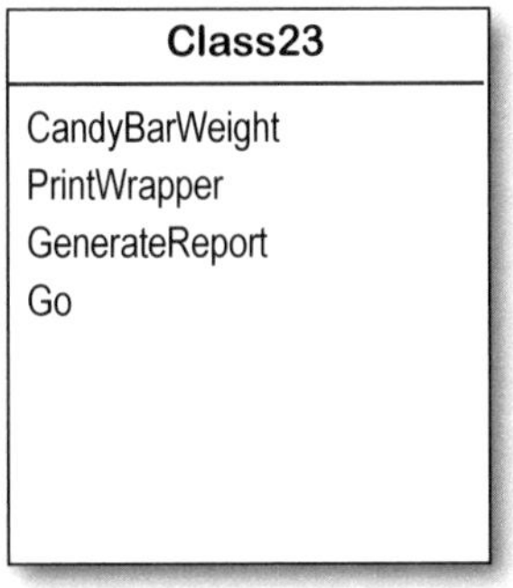

Class23
CandyBarWeight PrintWrapper GenerateReport Go

這個類別是之前的牛軋糖製造系統的一部分。

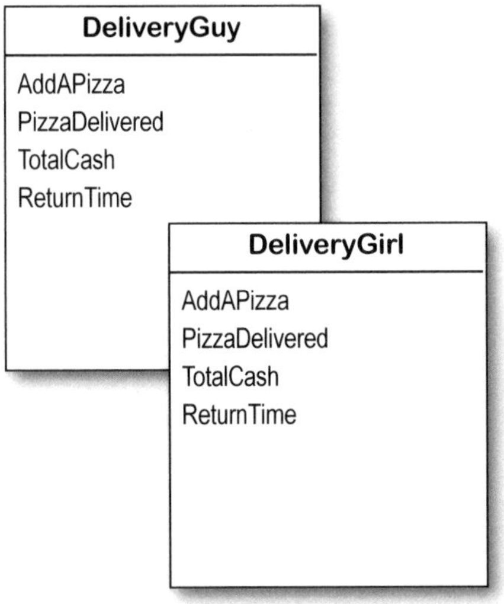

....

....

....

....

DeliveryGuy
AddAPizza PizzaDelivered TotalCash ReturnTime

DeliveryGirl
AddAPizza PizzaDelivered TotalCash ReturnTime

這兩個類別是披薩店的外送披薩追蹤系統的一部分。

....

....

....

....

CashRegister
MakeSale NoSale PumpGas Refund TotalCashInRegister GetTransactionList AddCash RemoveCash

這個 CashRegister 類別是自動便利商店結帳系統程式的一部分。

....

....

....

....

削尖你的鉛筆 解答

我們是這樣子修正這些類別的。我們只展示一種修正問題的方法，但是你也可以根據這些類別的用途，用許多其他方式設計它們。

這個類別是之前的牛軋糖製造系統的一部分。

這個類別的名稱沒有描述類別的作用。當程式員看到一行呼叫 Class23.Go 的程式時，他無法知道那一行在幹嘛。我們也把方法的名稱改成比較具有描述性的，我們選擇 MakeTheCandy，但你也可以改成任何名稱。

CandyMaker
CandyBarWeight PrintWrapper GenerateReport MakeTheCandy

這兩個類別是披薩店的外送披薩追蹤系統的一部分。

DeliveryGuy 與 DeliveryGirl 類別做的事情看起來是一樣的，它們都是用來追蹤一位披薩外送員。比較好的設計是將它們改成一個類別，並在裡面加入性別（Gender）欄位。

DeliveryPerson
~~Gender~~
AddAPizza PizzaDelivered TotalCash ReturnTime

我們決定不加入 Gender 欄位，因為這個披薩外送類別沒有記錄外送員性別的理由，我們應該尊重他們的隱私！你一定要小心偏見以各種方式偷偷跑到程式碼裡面。

這個 CashRegister 類別是自動便利商店結帳系統程式的一部分。

這個類別裡面的所有方法都與收銀機有關—做一筆買賣、獲得一個交易清單、加入現金，除了一件事之外：加油（pump gas）。我們最好將那個方法拉出來，放到另一個類別裡面。

CashRegister
MakeSale NoSale Refund TotalCashInRegister GetTransactionList AddCash RemoveCash

程式小提示：設計直覺類別的一些想法

我們接下來要回去繼續寫程式了。你會在本章其餘內容中寫程式，也會在這本書裡寫大量的程式。所以你會製作大量的類別。以下是當你決定如何設計它們時，必須特別注意的事情：

★ **你是為了解決問題而建構程式的。**

花一些時間思考那個問題。它很容易拆成很多部分嗎？你怎麼跟別人解釋那個問題？當你設計類別時，這些都是值得考慮的好問題。

★ **你的程式會使用哪些實際的東西？**

用來協助動物園管理員追蹤動物餵食時間表的程式可能有代表各種食物和動物的類別。

★ **讓類別與方法使用描述性的名稱。**

你要讓別人只需要看一眼類別與方法的名稱，就可以知道它們的用途。

★ **找出類別的相似之處。**

如果有兩個類別非常相似，有時你可以將它們結合成一個。雖然糖果製造系統有三個或四個渦輪，但是你可以用一個方法來關閉閘閥，用參數來接收渦輪編號。

Fun 輕鬆

如果你在寫程式時卡住了，沒關係，事實上，這是好事！

寫程式完全是為了解決問題－有些問題可能很棘手！但是注意一些事情可以讓程式練習更順利：

★ 我們很容易被語法問題困住，例如缺少括號或引號。一個遺漏的括號可能會造成許多組建錯誤。

★ 與其愁容滿面地看著問題，看一下解答是**好很多**的做法，挫折感會讓大腦討厭學習。

★ 本書的所有程式碼都經過測試，絕對可以在 Visual Studio 2019 運作！但是你很容易不小心打錯字（例如把小寫的 L 打成 1）。

★ 如果你的解決方案無法組建，試著從本書的 GitHub repo 下載它，那裡有本書所有東西的程式碼：https://github.com/head-first-csharp/fourthedition。

閱讀程式可以讓你學到很多東西。所以如果你在做練習時遇到問題，看一下解答不會怎樣，這不是作弊！

建構類別來使用一些小伙子

Joe 與 Bob 一直互相借錢。我們來建立一個類別，來記錄他們分別有多少現金。我們先大概了解將要建構什麼。

1 我們將建立兩個「Guy（小伙子）」類別的實例。

我們將使用兩個 Guy 變數，分別稱為 joe 與 bob，來記錄實例。建立它們之後的 heap 長這樣：

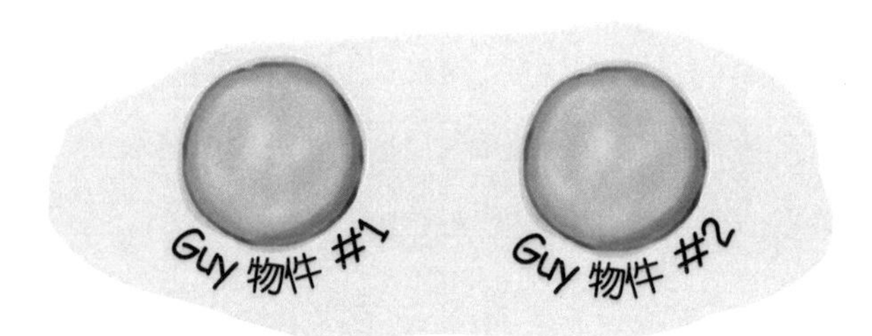

Guy
Name Cash
WriteMyInfo GiveCash ReceiveCash

2 設定 Guy 物件的 Cash 與 Name 欄位。

這兩個物件代表不同的小伙子，分別有它們自己的名稱，以及它們口袋裡的現金數量。每一個小伙子都有一個 Name 欄位，記錄他的名字，以及一個 Cash 欄位，記錄口袋裡面的現金數量。

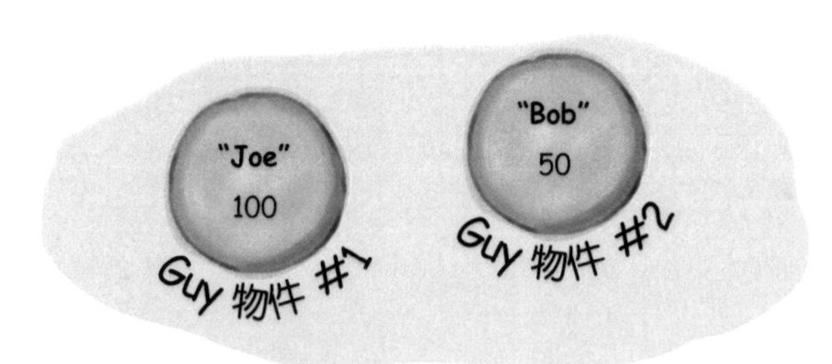

幫方法選擇有意義的名稱。我們會呼叫 Guy 物件的 GiveCash 方法來讓它交出現金，若要給它現金（所以它會接收現金），則是呼叫它的 ReceiveCash 方法。

3 加入方法來交出和接收現金。

我們會呼叫 GiveCash 方法，讓小伙子從它的口袋交出現金（並且扣除它的 Cash 欄位），這個方法會回傳它交出去的金額。我們會呼叫它的 ReceiveCash 方法來讓它接收現金並加入它的口袋（增加它的 Cash 欄位）。

如果我們想要給 Bob 25 美元，那就呼叫它的 ReceiveCash 方法（因為它接收現金）。

"Bob" 50 Guy 物件 #2 → `bob.ReceiveCash(25);` → "Bob" 75 Guy 物件 #2

ReceiveCash 會將金額加到 Bob 的 Cash 欄位來將錢加入它的口袋 — 所以它有 75 美元。

```
class Guy
{
    public string Name;
    public int Cash;

    /// <summary>
    /// 把我的名字和我擁有的金額寫到主控台。
    /// </summary>
    public void WriteMyInfo()
    {
        Console.WriteLine(Name + " has " + Cash + " bucks.");
    }

    /// <summary>
    /// 付出一些現金，將它從我的皮包移除
    /// （或者，如果我沒有足夠的現金，就在主控台列印訊息）。
    /// </summary>
    /// <param name="amount"> 要給多少錢 </param>
    /// <returns>
    /// 從我的皮包移除的金額，或者，
    /// 如果我沒有足夠的現金（或金額是無效的）則為 0
    /// </returns>
    public int GiveCash(int amount)
    {
        if (amount <= 0)
        {
            Console.WriteLine(Name + " says: " + amount + " isn't a valid amount");
            return 0;
        }
        if (amount > Cash)
        {
            Console.WriteLine(Name + " says: " +
                "I don't have enough cash to give you " + amount);
            return 0;
        }
        Cash -= amount;
        return amount;
    }

    /// <summary>
    /// 接收一些現金，將它加到我的皮包（或者，
    /// 如果金額是無效的，在主控台列印訊息）。
    /// </summary>
    /// <param name="amount"> 要收多少錢 </param>
    public void ReceiveCash(int amount)
    {
        if (amount <= 0)
        {
            Console.WriteLine(Name + " says: " + amount + " isn't an amount I'll take");
        }
        else
        {
            Cash += amount;
        }
    }
}
```

Name 與 Cash 欄位記錄小伙子的名字，以及他的口袋裡面有多少錢。

有時你會讓物件執行一項工作，例如將它的敘述印到主控台。

GiveCash 與 ReceiveCash 方法會確認它們被要求付出或接收的金額是有效的。如此一來，我們就不會要求小伙子接收負數，導致它們失去現金。

請拿這段程式的註解和類別圖以及 Guy 物件的插圖進行比較。如果你不太理解一些地方，先花一點時間搞懂。

我們可以用更方便的方式來初始化 C# 物件

你建立的物件幾乎都要以某種方式來初始化，Guy 物件也不例外—在你設定它的 Name 與 Cash 欄位之前，它一點用處都沒有。因為初始化欄位是如此常見的動作，所以 C# 提供一種便利的做法，稱為**物件初始設定式（object initializer）**。IDE 的 IntelliSense 可以協助你使用它。

物件初始設定式可以節省你的時間，讓程式碼更緊湊且更容易閱讀…而且 IDE 可以協助你撰寫它們。

你將做一個練習，在裡面建立兩個 Guy 物件。**雖然你可以**使用一個 new 陳述式與另外兩個陳述式來設定它的欄位：

```
joe = new Guy();
joe.Name = "Joe";
joe.Cash = 50;
```

但是，你可以輸入：`Guy joe = new Guy() {`

當你輸入左邊的大括號時，IDE 會彈出一個 IntelliSense 視窗，顯示可以初始化的所有欄位：

```
Guy joe = new Guy() { }
                      Cash   (field) int Guy.Cash
                      Name
```

選擇 Name 欄位，將它設成 50，並加入一個逗點：

```
Guy joe = new Guy() { Cash = 50,
```

現在輸入一個空格，另一個 IntelliSense 視窗會彈出來，裡面有需要設定的其餘欄位：

```
Guy joe = new Guy() { Cash = 50, }
                                 Name   (field) string Guy.Name
```

設定 Name 欄位，並加入分號。現在你用一個陳述式來初始化你的物件了：

```
Guy joe = new Guy() { Cash = 50, Name = "Joe" };
```

← 這個 new 宣告式做的事情與上面的三行程式一模一樣，但是它更簡短而且更容易閱讀。

你已經完成所有元素，可以開始建構一個使用兩個 Guy 類別實例的主控台 app 了。這是它的長相： ⟶

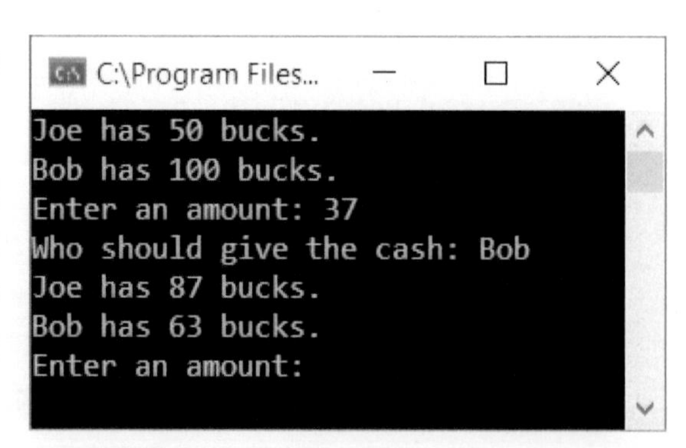
C:\Program Files...
Joe has 50 bucks.
Bob has 100 bucks.
Enter an amount: 37
Who should give the cash: Bob
Joe has 87 bucks.
Bob has 63 bucks.
Enter an amount:

首先，它會呼叫 Guy 物件的 WriteMyInfo 方法。然後它會從輸入讀取金額，並詢問要把錢給誰。它會呼叫一個 Guy 物件的 GiveCash 方法，然後呼叫另一個 Guy 物件的 ReceiveCash 方法。它會持續執行，直到用戶輸入空白的一行為止。

這是讓 Guy 物件給彼此現金的主控台 app 的 Main 方法。你的工作是把註解換成程式碼，閱讀每一個註解，並且寫出程式來做它說的事情。完成之後，你的程式會長得與上一頁的螢幕畫面一樣。

將所有註解換成程式碼，來做註解所說的事情。

```
static void Main(string[] args)
{
    // 建立一個新的 Guy 物件，放入變數 joe
    // 將它的 Name 欄位設成 "Joe"
    // 將它的 Cash 欄位設成 50

    // 建立一個新的 Guy 物件，放入變數 bob
    // 將它的 Name 欄位設成 "Bob"
    // 將它的 Cash 欄位設成 100

    while (true)
    {
        // 呼叫各個 Guy 物件的 WriteMyInfo 方法

        Console.Write("Enter an amount: ");
        string howMuch = Console.ReadLine();
        if (howMuch == "") return;
        // 使用 int.TryParse 來試著將 howMuch 字串轉換成 int
        // 如果它成功了（如同你在本章稍早做過的那樣）
        {
            Console.Write("Who should give the cash: ");
            string whichGuy = Console.ReadLine();
            if (whichGuy == "Joe")
            {
                // 呼叫 joe 物件的 GiveCash 方法並儲存結果
                // 用儲存起來的結果呼叫 bob 物件的 ReceiveCash 方法
            }
            else if (whichGuy == "Bob")
            {
                // 呼叫 bob 物件的 GiveCash 方法並儲存結果
                // 用儲存起來的結果呼叫 joe 物件的 ReceiveCash 方法
            }
            else
            {
                Console.WriteLine("Please enter 'Joe' or 'Bob'");
            }
        }
        else
        {
            Console.WriteLine("Please enter an amount (or a blank line to exit).");
        }
    }
}
```

這是主控台 app 的 Main 方法。它使用一個無窮迴圈來不斷詢問用戶想在 Guy 物件之間移動多少現金。如果用戶在金額輸入空白的一行，方法會執行 return 陳述式，這會導致 Main 結束，程式也會結束。

```
static void Main(string[] args)
{
    Guy joe = new Guy() { Cash = 50, Name = "Joe" };
    Guy bob = new Guy() { Cash = 100, Name = "Bob" };

    while (true)
    {
        joe.WriteMyInfo();
        bob.WriteMyInfo();
        Console.Write("Enter an amount: ");
        string howMuch = Console.ReadLine();
        if (howMuch == "") return;
        if (int.TryParse(howMuch, out int amount))
        {
            Console.Write("Who should give the cash: ");
            string whichGuy = Console.ReadLine();
            if (whichGuy == "Joe")
            {
                int cashGiven = joe.GiveCash(amount);
                bob.ReceiveCash(cashGiven);
            }
            else if (whichGuy == "Bob")
            {
                int cashGiven = bob.GiveCash(amount);
                joe.ReceiveCash(cashGiven);
            }
            else
            {
                Console.WriteLine("Please enter 'Joe' or 'Bob'");
            }
        }
        else
        {
            Console.WriteLine("Please enter an amount (or a blank line to exit).");
        }
    }
}
```

當 Main 方法執行 return 陳述式時，它會結束程式，因為主控台 app 會在 Main 方法結束時停止。

這是讓一個 Guy 物件從它的口袋交出現金，讓另一個 Guy 物件接受現金的程式碼。

除非第一個部分可以動作，而且你已經了解來龍去脈，否則不要進入下一個部分的練習。你可以花一些時間，使用偵錯工具來逐步執行程式，以確保你真的了解它。

習題
（第 2 部分）

讓 Guy 物件可以動作之後，我們來看看能不能在博奕遊戲裡面重複使用它。仔細看一下這個畫面，來了解它如何工作，以及它將什麼東西印到主控台。

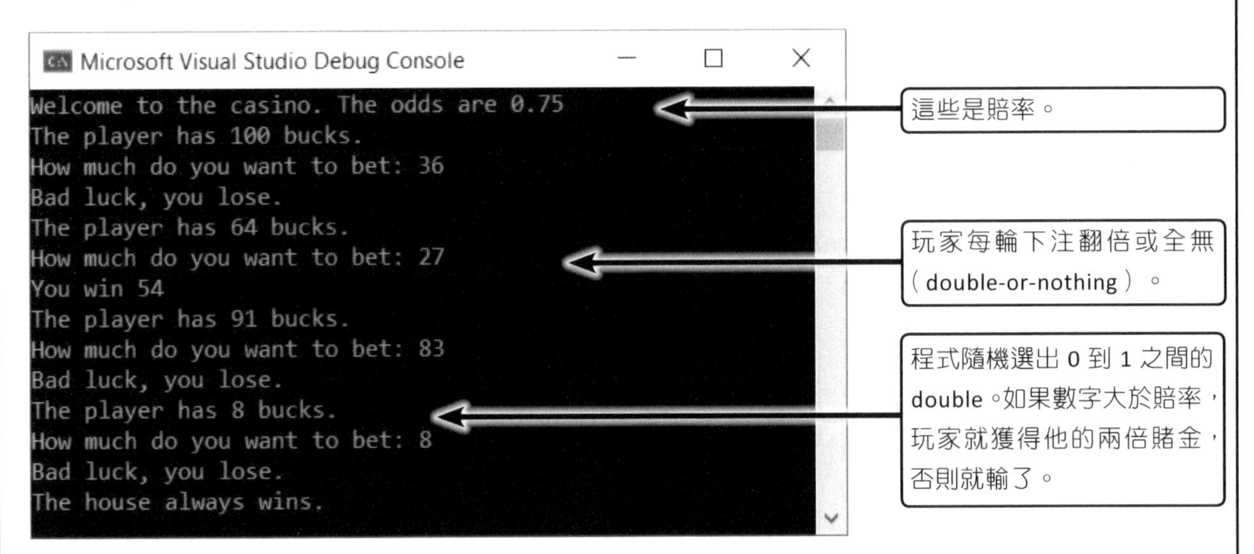

Microsoft Visual Studio Debug Console
Welcome to the casino. The odds are 0.75
The player has 100 bucks.
How much do you want to bet: 36
Bad luck, you lose.
The player has 64 bucks.
How much do you want to bet: 27
You win 54
The player has 91 bucks.
How much do you want to bet: 83
Bad luck, you lose.
The player has 8 bucks.
How much do you want to bet: 8
Bad luck, you lose.
The house always wins.
這些是賠率。
玩家每輪下注翻倍或全無（double-or-nothing）。
程式隨機選出 0 到 1 之間的 double。如果數字大於賠率，玩家就獲得他的兩倍賭金，否則就輸了。

建立一個新的主控台 app，並加入同一個 Guy 類別。然後，在 Main 方法裡面，宣告三個變數：一個稱為 **random** 的 Random 變數，存有 Random 類別的一個新實例；一個稱為 **odds** 的 double 變數，存有賠率，設為 .75；以及一個稱為 **player** 的 Guy 變數，存有 Guy 的實例，名字叫做 "The player"，有 100 元。

在主控台寫一行訊息來歡迎玩家，並印出賠率。然後執行這個迴圈：

1. 讓 Guy 物件印出它擁有的金額。
2. 詢問用戶要下注多少錢。
3. 把輸入存入一個稱為 howMuch 的字串變數。
4. 試著將它轉換成一個稱為 amount 的 int 變數。
5. 如果它可以轉換，玩家就把金額傳給一個稱為 pot 的 int 變數，將它乘以二，因為它是一場兩倍或全無的賭局。
6. 程式從 0 與 1 之間隨機選出一個數字。
7. 如果數字大於 odds，讓玩家收到 pot。
8. 如果沒有，玩家失去他下注的金額。
9. 如果玩家還有錢，就持續執行程式。

削尖你的鉛筆 額外紅利問題：Guy 是這個類別的最佳名稱嗎？為什麼是？或為什麼不是？

....

....

這是可以動作的博奕遊戲 Main 方法。你能不能想到讓它更有趣的方法？看看你能不能想出如何加入額外的玩家，或提供不同的賠率選項，或是想出更聰明的方法。**這是發揮創意的好機會！**

…並且做一些練習。練習寫程式是成為偉大開發者的最佳途徑。

```
static void Main(string[] args)
{
    double odds = .75;
    Random random = new Random();

    Guy player = new Guy() { Cash = 100, Name = "The player" };

    Console.WriteLine("Welcome to the casino. The odds are " + odds);
    while (player.Cash > 0)
    {
        player.WriteMyInfo();
        Console.Write("How much do you want to bet: ");
        string howMuch = Console.ReadLine();
        if (int.TryParse(howMuch, out int amount))
        {
            int pot = player.GiveCash(amount) * 2;
            if (pot > 0)
            {
                if (random.NextDouble() > odds)
                {
                    int winnings = pot;
                    Console.WriteLine("You win " + winnings);
                    player.ReceiveCash(winnings);
                } else
                {
                    Console.WriteLine("Bad luck, you lose.");
                }
            }
        } else
        {
            Console.WriteLine("Please enter a valid number.");
        }

    }
    Console.WriteLine("The house always wins.");
}
```

你的程式是否有些不同？如果它也可以動作，並且產生正確的輸出，那就沒問題！同一個程式有很多種不同的寫法。

…而且隨著本書的進展，以及答案越來越長，你的程式也會和我們的越來越不一樣。切記，當你練習時，看一下解答是沒問題的！

削尖你的鉛筆 這是額外紅利問題的解答—你有沒有想出不同的答案？

當我們使用 Guy 來代表 Joe 與 Bob 時，這個名稱很好。現在它被當成賭局的玩家，使用比較有描述性的類別名稱應該比較直觀，例如 Bettor 或 Player。

這是一個在主控台寫出三行訊息的 .NET 主控台 app。你的工作是想出它會寫什麼，不能使用電腦。從 Main 方法的第一行開始，記錄當它執行時，物件裡面的各個欄位的值。

```
class Pizzazz
{
    public int Zippo;

    public void Bamboo(int eek)
    {
        Zippo += eek;
    }
}

class Abracadabra
{
    public int Vavavoom;

    public bool Lala(int floq)
    {
        if (floq < Vavavoom)
        {
            Vavavoom += floq;
            return true;
        }
        return false;
    }
}

class Program
{
    public static void Main(string[] args)
    {
        Pizzazz foxtrot = new Pizzazz() { Zippo = 2 };
        foxtrot.Bamboo(foxtrot.Zippo);
        Pizzazz november = new Pizzazz() { Zippo = 3 };
        Abracadabra tango = new Abracadabra() { Vavavoom = 4 };
        while (tango.Lala(november.Zippo))
        {
            november.Zippo *= -1;
            november.Bamboo(tango.Vavavoom);
            foxtrot.Bamboo(november.Zippo);
            tango.Vavavoom -= foxtrot.Zippo;
        }
        Console.WriteLine("november.Zippo = " + november.Zippo);
        Console.WriteLine("foxtrot.Zippo = " + foxtrot.Zippo);
        Console.WriteLine("tango.Vavavoom = " + tango.Vavavoom);
    }
}
```

這段程式會在主控台輸出什麼？

november.Zippo = ...

foxtrot.Zippo = ...

tango.Vavavoom = ...

在 Visual Studio 輸入程式並執行它，來看一下答案。如果你沒有答對，逐步執行每一行程式，幫物件的每一個欄位加入監看式。

如果你不想輸入所有程式，你可以從 GitHub 下載它：https://github.com/head-first-csharp/fourth-edition。

如果你使用 Mac，IDE 會產生一個稱為 MainClass 的類別，不是 Program，這不會讓練習有任何差異。

使用 C# Interactive 視窗來執行 C# 程式

當你只想執行一些 C# 程式時，你不一定要在 Visual Studio 裡面建立新專案。在 **C# Interactive 視窗**裡面輸入的 C# 都會立刻執行。你可以選擇 View >> Other Windows >> C# Interactive 來打開它。試著使用一下它，並且把練習解答的**程式貼到裡面**。你可以輸入這段程式並按下 Enter 來執行它：`Program.Main(new string[] {})`。

在「args」參數傳入空陣列。

```
C# Interactive (64-bit)
.                tango.Vavavoom -= f
.            }
.            Console.WriteLine("nove
.            Console.WriteLine("foxt
.            Console.WriteLine("tang
.        }
. }
> Program.Main(new string[] { })
november.Zippo = 4
foxtrot.Zippo = 8
tango.Vavavoom = -1
> |
```

```
Macintosh HD — mono --gc-params=nursery-size=64m --clr-memory-model
Andrews-MacBook-Pro / % csi
Microsoft (R) Visual C# Interactive Compiler version 3.4.0-beta3-195
Copyright (C) Microsoft Corporation. All rights reserved.

Type "#help" for more information.
> class Pizzazz
. . . . . . . .
> class Abracadabra
. . . . . . . . . . . . .
> class Program
. . . . . . . . . . . . . . . . . . .

> Program.Main(new string[] {})
november.Zippo = 4
foxtrot.Zippo = 8
tango.Vavavoom = -1
>
```

貼入各個類別，你會看到貼上去的每一行都有一些句點。

執行 Main 方法來觀察輸出，按下 Ctrl+D 來停止。

別擔心關於入口（entry point）的錯誤。

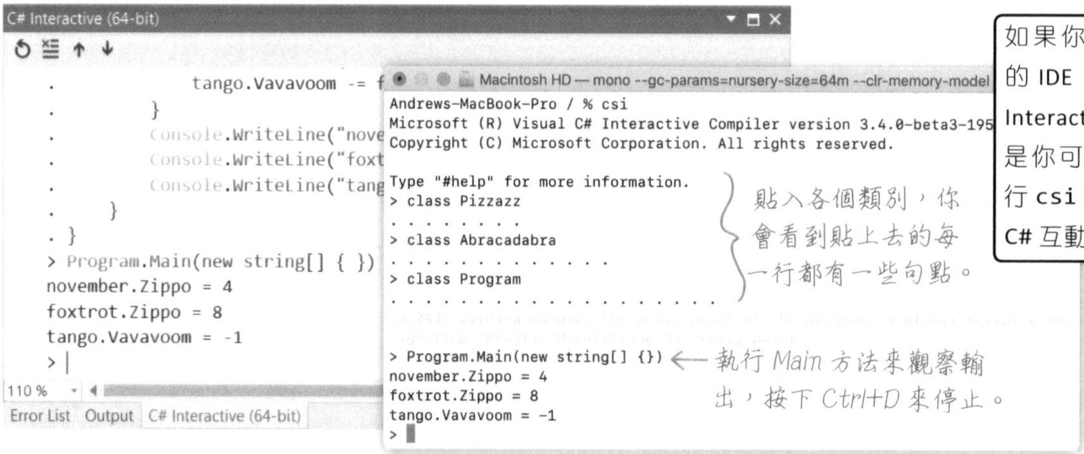

如果你使用 Mac，你的 IDE 可能沒有 C# Interactive 視窗，但是你可以在終端機執行 csi 來使用 dotnet C# 互動編輯器。

你也可以在命令列執行互動式 C# 工作階段（session）。在 Windows，在開始選單搜尋 **developer command prompt**，啟動它，然後輸入 **csi**。在 macOS 或 Linux，執行 **csharp** 來啟動 Mono C# Shell。在採取這兩種做法時，你都可以直接在提示（prompt）直接貼上之前練習的 Pizzazz、Abracadabra 與 Program 類別，然後執行 `Program.Main(new string[] {})`，來運行主控台 app 的入口。

重點提示

- 使用 **new 關鍵字**來建立類別的實例。一個程式（program）可以擁有同一個類別的多個實例。
- 每一個**實例**都有類別的所有方法，並且可以獲得屬於它們自己的欄位複本。
- 寫出 new Random(); 就是在建立 **Random 類別的實例**。
- 使用 **static 關鍵字**來將類別裡面的欄位或方法宣告為 static。你不需要宣告那個類別的實例就可以使用 static 方法或欄位。
- 當欄位被宣告成 **static** 時，它只有一個版本供所有實例共用。當你在類別宣告式加上 static 關鍵字時，它的所有成員也必然是 static 的。
- 如果你將 static 位的 static 關鍵字移除，它就會變成實例欄位。
- 類別的欄位與方法就是它的**成員**。
- 當程式建立物件時，它會待在電腦記憶體的 **heap** 區域。
- Visual Studio 可以協助你為欄位與方法加入 **XML 文件**，並且在 IntelliSense 視窗顯示它。
- **類別圖**可以協助你規劃類別，並且讓它們更容易使用。
- 改變程式的結構卻不改變它的行為稱為**重構**。進階的開發者會定期重構他們的程式。
- **物件初始設定式**可以省下你的時間，讓程式更緊湊且更容易閱讀。

4 型態與參考

取得參考

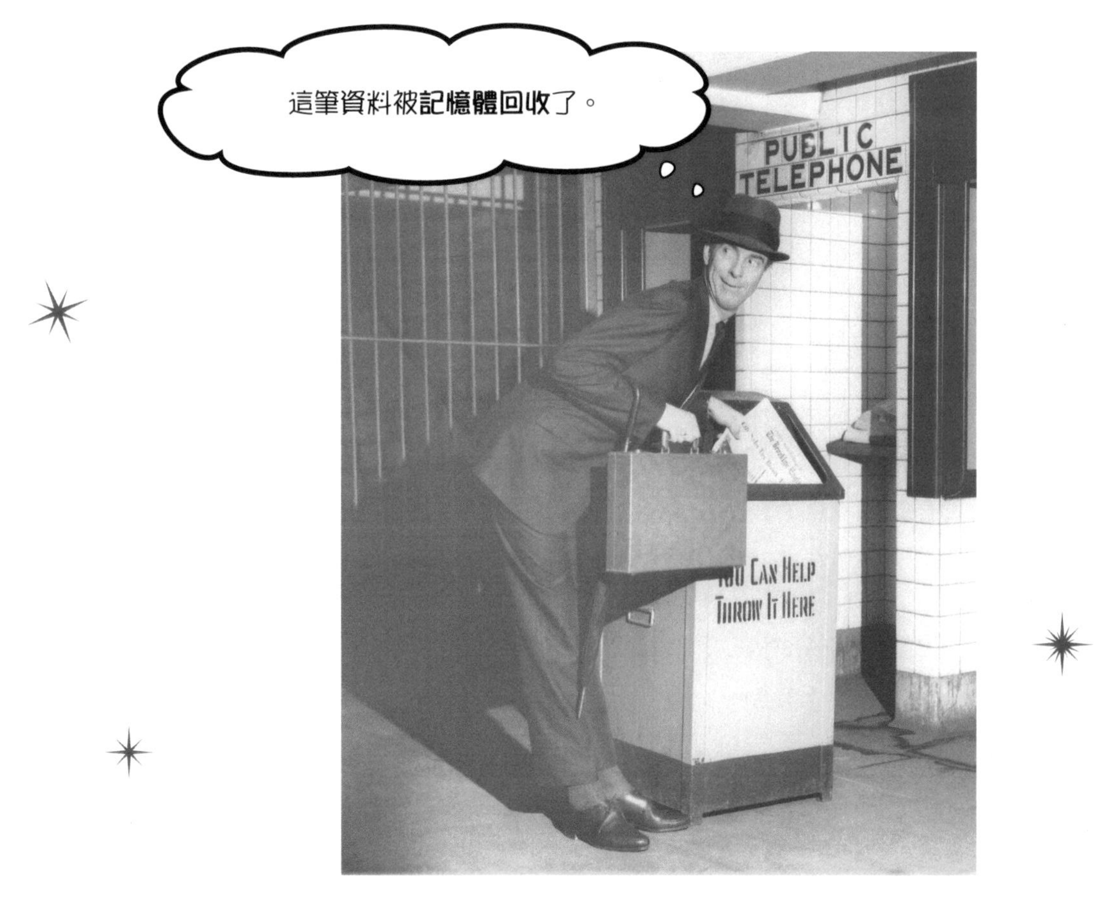

如果你的 app 沒有資料會怎樣？花一分鐘想一下。如果沒有資料，你的程式將…嗯，其實我們難以想像如何寫出不使用資料的程式。你需要用戶傳來的**資訊**，而且你會用它來查詢或產生新資訊，並傳回去給他們。事實上，程式做的每一件事都會以某種方式**使用資料**。這一章會教你 C# 的**資料型態**和**參考**的細節，讓你知道怎麼在程式中使用資料，甚至學習一些關於**物件**的事情（沒想到吧…物件也是資料！）。

Owen 可以利用我們的協助！

Owen 是位遊戲大師，很傑出的那一種。他組織了一個團體，每個星期都會在他家玩各種角色扮演遊戲（RPG），而且如同任何一位優秀的遊戲大師，他費盡心思地讓玩家沉迷於遊戲。

說故事、幻想世界與機制

Owen 特別擅長講故事。在過去幾個月來，他為團隊創造了一個複雜的幻想世界，但是他不喜歡這個遊戲的機制。

我們能不能設法協助 Owen 改善他的 *RPG*？

https://forms.gle/iCrzotFFRZ6pQSCy7

能力分數（例如力量、耐力、魅力和智力）在許多角色扮演遊戲裡面是很重要的機制。玩家經常擲骰子並藉由公式來決定角色的分數。

角色卡有各種類型的資料

如果你玩過 RPG，你應該看過角色卡，它是一張卡片，上面有關於角色的詳細資訊、統計數據、背景資訊，以及其他說明。如果你要製作一個類別來保存角色卡，你會幫這些欄位宣告成哪一種型態？

CharacterSheet
CharacterName Level PictureFilename Alignment CharacterClass Strength Dexterity Intelligence Wisdom Charisma SpellSavingThrow PoisonSavingThrow MagicWandSavingThrow ArrowSavingThrow
ClearSheet GenerateRandomScores

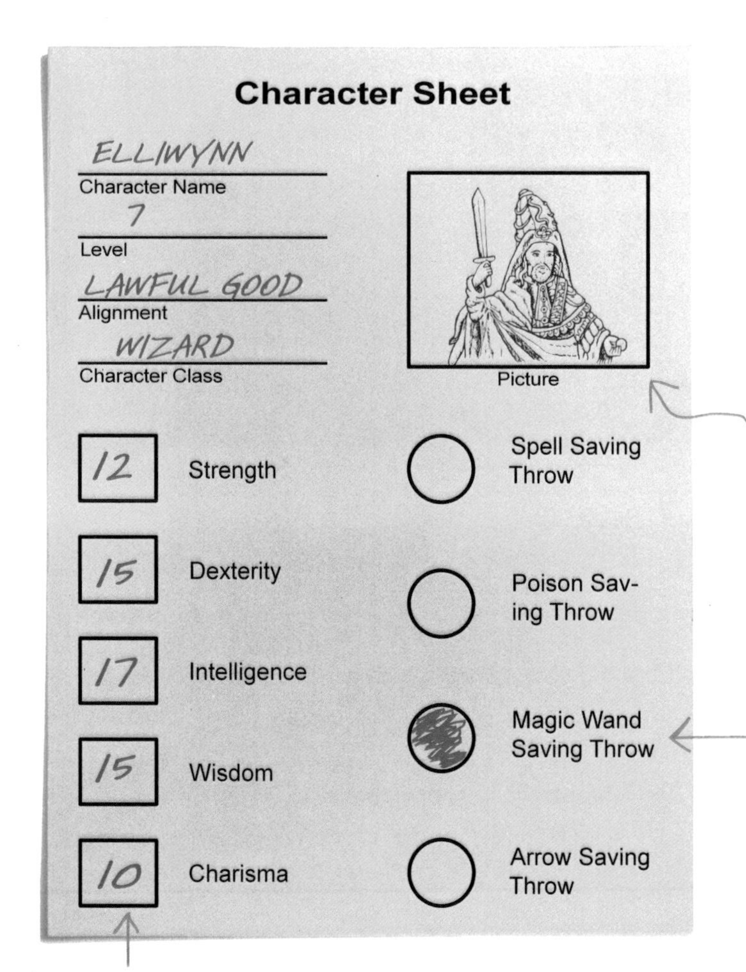

這個方塊是用來擺放角色的圖片的。如果你要為角色卡建構一個 C# 類別，你可以將圖片存入一張圖像檔。

在 Owen 玩的 RPG 裡面，saving throw（豁免）代表玩家可以擲骰子決定可否避免某種類型的攻擊。這個角色有魔杖豁免，所以玩家把這個圓圈塗黑。

玩家在建立角色時要擲骰子來決定角色的能力分數，並將分數寫在這些方塊裡面。

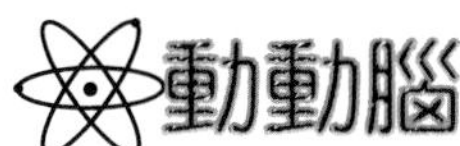

看一下 CharacterSheet 類別圖裡面的欄位。你要讓各種欄位使用哪一種型態？

變數的型態決定了它可以儲存哪一種資料

C# 內建許多**型態**，你會用它們來儲存各種不同的資料。你已經看過一些最常見的型態了，例如整數、字串、布林與浮點數。此外還有許多你沒有看過的型態，它們也很方便。

這些是你以後會經常使用的型態。

寧做明白的傻子，
不做糊塗的才子。

★ **int** 可以儲存 –2,147,483,648 到 2,147,483,647 之間的任何**整數**。整數沒有小數點。

★ **string** 可以保存任何長度的文字（包括空字串 ""）。

★ **bool** 是布林值，非 true 即 false。你會用它來代表只有兩個選項的任何東西：它可能非此即彼，但沒有別的選項。

★ **double** 可以儲存從 $\pm 5.0 \times 10^{-324}$ 到 $\pm 1.7 \times 10^{308}$ 的**實數**，最多 16 個有效位數。當你使用 XAML 屬性時，它是非常常見的型態。

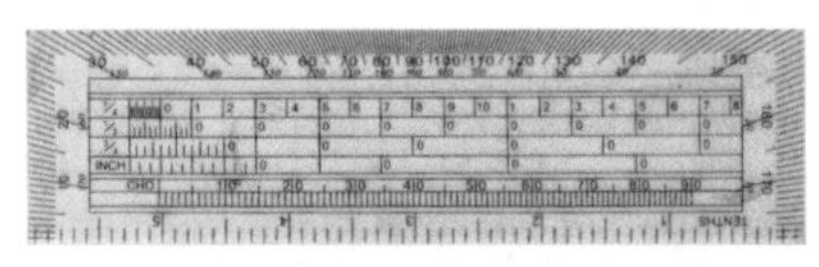

★ **float** 可以儲存從 $\pm 1.5 \times 10^{-45}$ 到 $\pm 3.4 \times 10^{38}$ 的**實數**，最多 8 個有效位數。

動動腦

C# 提供多種型態來儲存「有小數點的數字」，你認為原因是什麼？

C# 有許多儲存整數的型態

除了 int 之外，C# 也可以用其他的型態來儲存整數。你可能覺得有點奇怪（odd，雙關語），為什麼要用這麼多種型態來儲存無小數點的數字？對本書的大部分程式而言，無論你使用 int 還是 long 都沒有任何差別。如果你要寫一個程式來記錄數以百萬計的整數值，那麼選擇比較小的整數型態，例如 byte，而不是比較大的，例如 long，可以幫你節省許多記憶體。

有沒有發現我們說的是「integer」，而不是「whole number」？我們非常注意措辭，因為高中數學老師說，integer 是不帶分數的數字，而 whole number 是從 0 開始的 integer，不包括負數。

- ★ ***byte*** 可以儲存 0 到 255 之間的任何**整數（integer）**。
- ★ ***sbyte*** 可以儲存 –128 到 127 之間的任何**整數（integer）**。
- ★ ***short*** 可以儲存 –32,768 到 32,767 之間的任何**整數（integer）**。
- ★ ***long*** 可以儲存 –9,223,372,036,854,775,808 到 9,223,372,036,854,775,807 之間的任何**整數（integer）**。

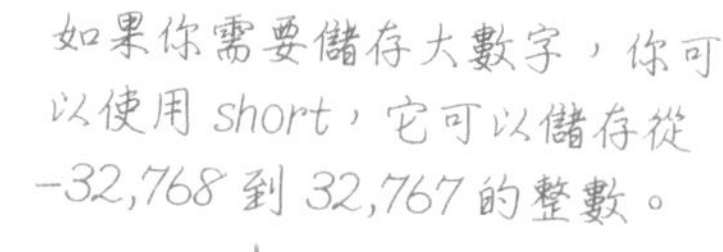

如果你需要儲存大數字，你可以使用 short，它可以儲存從 –32,768 到 32,767 的整數。

byte 只能儲存從 0 到 255 的小 whole number。

Long 也是用來儲存整數的，但它可以儲存很大的值。

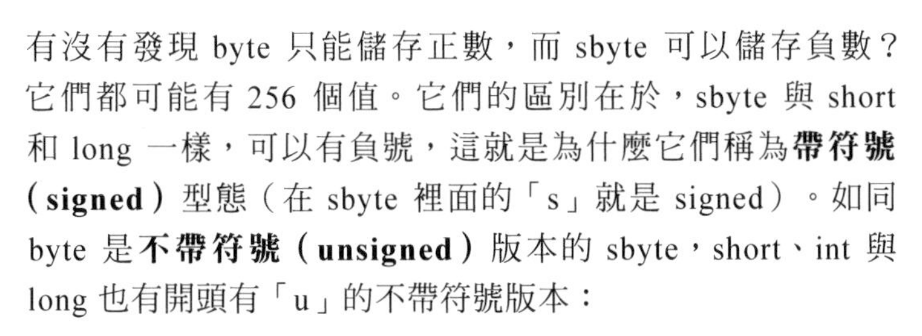

有沒有發現 byte 只能儲存正數，而 sbyte 可以儲存負數？它們都可能有 256 個值。它們的區別在於，sbyte 與 short 和 long 一樣，可以有負號，這就是為什麼它們稱為**帶符號（signed）**型態（在 sbyte 裡面的「s」就是 signed）。如同 byte 是**不帶符號（unsigned）**版本的 sbyte，short、int 與 long 也有開頭有「u」的不帶符號版本：

- ★ ***ushort*** 可以儲存 0 到 65,535 的 **whole number**。
- ★ ***uint*** 可以儲存 0 到 4,294,967,295 的 **whole number**。
- ★ ***ulong*** 可以儲存 0 到 18,446,744,073,709,551,615 的 **whole number**。

用來儲存極大的數字與極小的數字的型態

有時 float 還不夠精確。信不信由你，有時 10^{38} 還不夠大，而且 10^{-45} 還不夠小。因為有許多金融或科學研究程式經常遇到這種問題，所以 C# 提供各種**浮點型態**來處理巨大和微小的值：

★ ***float*** 可以儲存 $\pm 1.5 \times 10^{-45}$ 到 $\pm 3.4 \times 10^{38}$ 的任何 6–9 位數的有效數字。

★ ***double*** 可以儲存 $\pm 5.0 \times 10^{-324}$ 到 $\pm 1.7 \times 10^{308}$ 的任何 15–17 位數的有效數字。

★ ***decimal*** 可以儲存 $\pm 1.0 \times 10^{-28}$ 到 $\pm 7.9 \times 10^{28}$ 的任何 28–29 位數的有效數字。當你的程式**需要處理金錢或貨幣**時，你一定要用 decimal 來儲存數字。

decimal 型態精確很多（有更多有效位數），這就是為什麼它很適合金融計算。

float 與 double 型態稱為「浮點」是因為小數點可能移動（與之相反的是「定點」數，它永遠都有同樣的小數位數）。這件事看起來有點**奇怪**（事實上，很多東西都跟浮點數有關，尤其是精確度），所以我們來深入解釋一下。

「有效位數」代表數字的精確度：1,048,415、104.8415 與 .0000001048415 的有效位數都是 7 個。所以，我們所謂的 float 可以儲存 3.4×10^{38} 這麼大的數字，或 -1.5×10^{-45} 這麼小的數字，代表它可以儲存 8 位數後面加上 30 個 0 這麼大的數字，或是 8 位數後面接 37 個 0 這麼小的數字。

如果你已經有一段時間沒有用過指數了，3.4×10^{38} 代表 34 後面接上 37 個 0，且 -1.5×10^{-45} 是 –.00...(40 個 0) ...0015。

float 與 double 型態也可以儲存特殊的值，包括正零與負零、正無窮大與負無窮大，以及一種稱為 **NaN（not-a-number）**的特殊值，NaN 代表…完全不是數字的值。它們也有 static 方法可以用來測試這些特殊值。試著執行這個迴圈：

```
for (float f = 10; float.IsFinite(f); f *= f)
{
    Console.WriteLine(f);
}
```

現在試著用 double 來執行同一個迴圈：:

```
for (double d = 10; double.IsFinite(d); d *= d)
{
    Console.WriteLine(d);
}
```

我們來談談字串

你已經寫過很多使用**字串**的程式了。那麼，字串到底是什麼？

在任何一種 .NET app 裡，字串都是一種物件。它的全名是 System.String，換句話說，它的類別名稱是 String，而且它在 System 名稱空間裡面（如同你用過的 Random 類別）。使用 C# `string` 關鍵字就是在使用 System.String 物件。事實上，當你將之前的所有程式中的 `string` 換成 `System.String` 時，它仍然可以正常運作！（`string` 關鍵字稱為別名（*alias*），就你的 C# 程式碼而言，`string` 與 `System.String` 代表同一個東西。）

字串有兩種特殊值：空字串 ""（沒有字元的字串），以及 null 字串，也就是還沒有被設成任何東西的字串。本章稍後會介紹 null。

字串是字元構成的，具體來說，是 Unicode 字元（本書稍後會更詳細介紹它）。有時你需要儲存單一字元，例如 `Q` 或 `j` 或 `$`，此時你要使用 **`char`** 型態。字元的常值一定在單引號裡面（`'x'`、`'3'`）。你也可以在引號裡面放入**轉義序列（escape sequence）**（`'\n'` 是分行符號，`'\t'` 是 tab）。雖然 C# 使用兩個字元來編寫轉義序列，但是在記憶體裡面，程式會將每一個轉義序列存成一個字元。

最後還有一種重要的型態：**object**。如果變數的型態是 object，**你就可以指派任何值給它**。`object` 關鍵字也是個別名，它就是 `System.Object`。

削尖你的鉛筆

有時你會在一個陳述式裡面宣告一個變數並設定它的值，例如：`int i = 37;`，但是，如你所知，你不一定要設定值。那麼，當你使用變數卻不幫它賦值時，會發生什麼事？我們來找出答案！使用 **C# Interactive** 視窗（或者，如果你使用 Mac，使用 .NET 主控台）來宣告一個變數並檢查它的值。

啟動 C# Interactive 視窗（在 View >> Other Windows 選單裡），或是在 Mac Terminal 執行 `csi`。宣告各個變數，然後輸入變數名稱，來查看它的預設值。在空格裡面寫上各種型態的預設值。

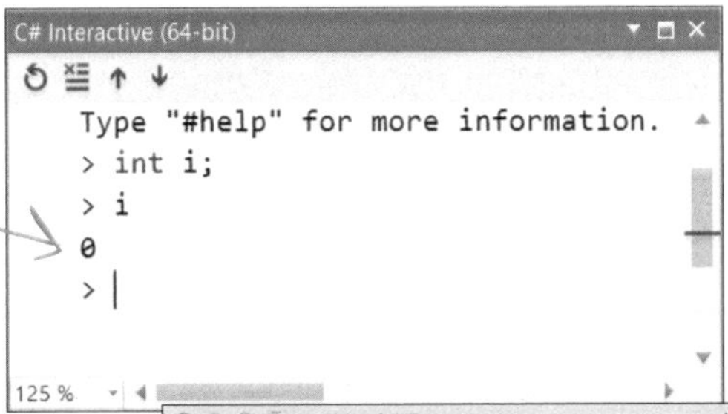

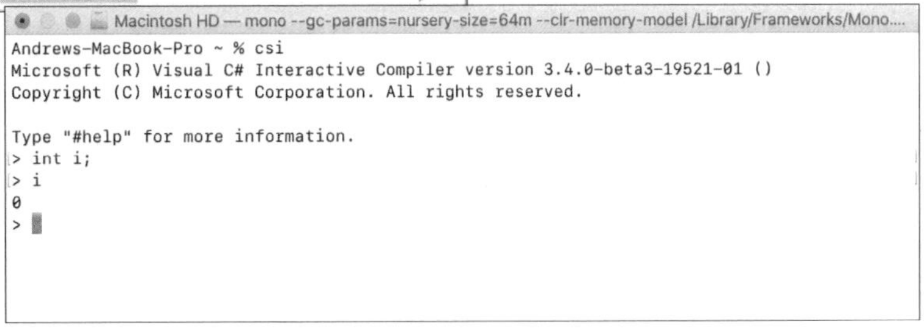

我們已經幫你寫好第一個答案了。

......0...... **`int i;`**

.... **`long l;`**

.... **`float f;`**

.... **`double d;`**

.... **`decimal m;`**

.... **`byte b;`**

.... **`char c;`**

.... **`string s;`**

.... **`bool t;`**

C# Interactive (64-bit)

```
Type "#help" for more information.
> int i;
> i
0
> |
```

Macintosh HD — mono --gc-params=nursery-size=64m --clr-memory-model /Library/Frameworks/Mono....

```
Andrews-MacBook-Pro ~ % csi
Microsoft (R) Visual C# Interactive Compiler version 3.4.0-beta3-19521-01 ()
Copyright (C) Microsoft Corporation. All rights reserved.

Type "#help" for more information.
> int i;
> i
0
>
```

常值（literal）是直接寫在程式碼裡面的值

常值是你在程式中加入的數字、字串，或其他固定值。你已經用過很多常值了，這些是你用過的數字、字串與其他常值：

```
int number = 15;
string result = "the answer";
public bool GameOver = false;
Console.Write("Enter the number of cards to pick: ");
if (value == 1) return "Ace";
```

你可以從之前的章節寫過的陳述式中找出所有常值嗎？最後一個陳述式有兩個常值。

所以當你輸入 `int i = 5;` 時，5 是常值。

使用尾碼來幫常值指定型態

你應該很想知道，為什麼在 Unity 裡面使用這個陳述式時，要加上 **F**：

```
InvokeRepeating("AddABall", 1.5F, 1);
```

有沒有發現當你移除常值 1.5F 或 0.75F 裡面的 F 時，程式無法組建？那是因為**常值有型態**。每一個常值都會被自動指定一個型態，C# 有一些關於如何結合不同型態的規則。你可以自己看看它是如何運作的。在任何 C# 程式裡加入這一行：

```
int wholeNumber = 14.7;
```

當你試著組建程式時，IDE 會在 Error List 裡顯示這個錯誤：

CS0266	Cannot implicitly convert type 'double' to 'int'. An explicit conversion exists (are you missing a cast?)

IDE 告訴你，常值 14.7 有型態，它是個 double。你可以使用尾碼來改變它的型態，試著在它後面加上 F 來將它變成 float（14.7F），或是加上 M 來變成 decimal（14.7M—M 其實代表「money」）。錯誤訊息說它無法轉換 float 或 decimal。

C# 預設沒有尾碼的整數（integer）常值（例如 371）是 int，有小數點的（例如 27.4）是 double。

削尖你的鉛筆 解答

0	int i;
0	long l;
0	float f;
0	double d;
0	decimal m;
0	byte b;
'\0'	char c;
null	string s;
false	bool t;

如果你在 Mac 或 Unix 裡面使用 C# 命令列，你可能會看到 char 的預設值是 '\x0' 而不是 '\0'。在本書稍後討論 Unicode 時，我們會更深入說明這是什麼意思。

C# 有幾十個**稱為關鍵字的保留字**。它們是 C# 編譯器保留的單字，不能當成變數名稱來使用。你已經知道許多關鍵字了，這個小回顧可以幫你牢牢記住它們。寫下你認為這些關鍵字在 C# 裡面的作用是什麼。

namespace

for

class

else

new

using

if

while

如果你真的想要把關鍵字當成變數名稱來使用，你可以在它前面加上 @，編譯器最多只能讓你這樣子使用保留字。你也可以在非保留字的名稱前面使用 @，如果你喜歡這樣做的話。

削尖你的鉛筆 解答

C# 有幾十個**稱為關鍵字的保留字**。它們是 C# 編譯器保留的單字，不能當成變數名稱來使用。你已經知道許多關鍵字了，這個小回顧可以幫你牢牢記住它們。寫下你認為這些關鍵字在 C# 裡面的作用是什麼。

namespace　程式的所有類別與方法都在一個名稱空間（namespace）裡面。名稱空間可以確保你在程式裡面使用的名稱不會與 .NET Framework 或其他類別裡面的名稱互相衝突。

for　它可以讓你製作一個執行三個陳述式的迴圈。它會先宣告一個它將使用的變數，然後用一個條件陳述式來評估變數，再用第三個陳述式對著值做某件事。

class　類別有方法與欄位，你要用它們來實例化物件。欄位是物件知道的東西，方法是它們做的事情。

else　以 else 開頭的程式段落必須位於 if 段落的後面，它會在前面的 if 陳述式失敗時執行。

new　你會用它來建立物件的新實例。

using　用來列出你在程式中使用的名稱空間。using 陳述式可讓你使用 .NET Framework 的各個部分裡面的類別。

if　這是在程式中設置條件陳述式的一種方式。它的意思是，如果某個條件是 true，就做某件事，如果不是 true，就做另一件事。

while　while 迴圈是只要迴圈開頭的條件是 true 就會持續執行的迴圈。

變數就像資料隨行杯（to-go cup）

你的所有資料都會在記憶體裡面占一些空間，（還記得上一章介紹的 heap 嗎？）。所以，當你在程式中使用字串或數字時，你也要想一下你需要多少空間。這就是你使用變數的理由之一。它們可以讓你在記憶體保留足夠的空間來儲存你的資料。

並非所有資料最終都會被在 heap 裡面。值(value) 型態通常會在「堆疊」這個記憶體區域保存資料。稍後會介紹堆疊。

你可以把變數想成保存資料的杯子。C# 使用各種不同的杯子來保存各種資料。如同咖啡店提供不同大小的杯子，變數也有各種大小。

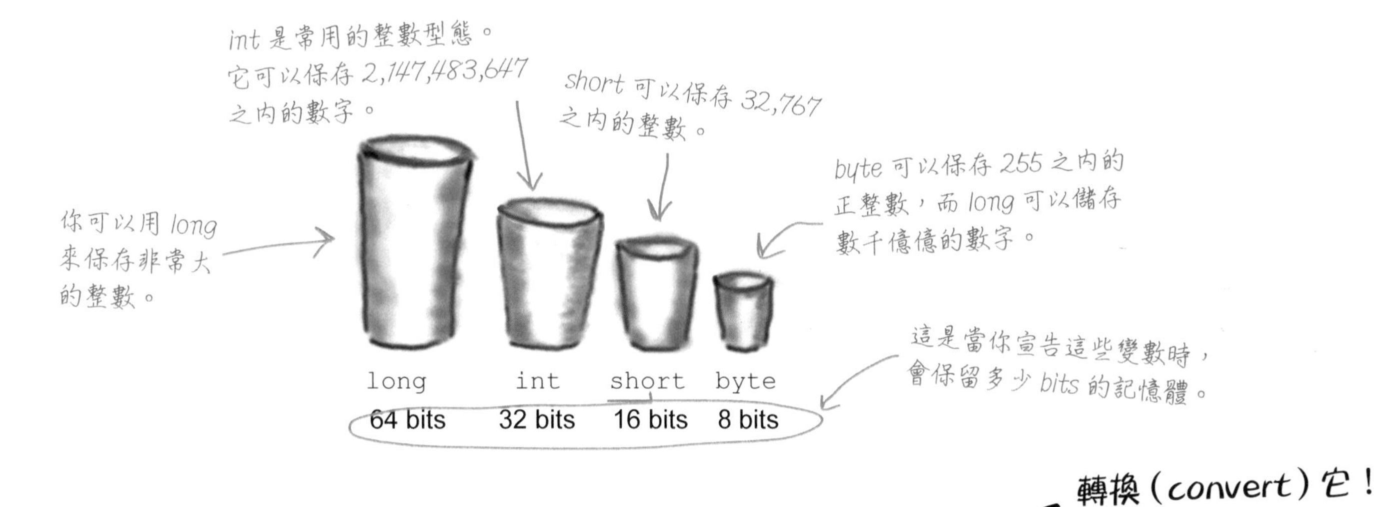

int 是常用的整數型態。它可以保存 2,147,483,647 之內的數字。
short 可以保存 32,767 之內的整數。
byte 可以保存 255 之內的正整數，而 long 可以儲存數千億億的數字。
你可以用 long 來保存非常大的整數。
這是當你宣告這些變數時，會保留多少 bits 的記憶體。
long
int
short
byte
64 bits
32 bits
16 bits
8 bits
轉換（convert）它！

使用 Convert 類別來探索 bits 與 bytes

我們經常聽到，程式只和 1 與 0 有關。.NET 有個 **static Convert 類別**可以在各種數值資料型態之間進行轉換。我們用它來看看 bit（位元）與 byte（位元組）如何運作。

一個 bit 是一個 1 或 0。一個 byte 有 8 bits，所以一個 byte 變數保存一個 8-bit 的數字，這意味著它是一個可以用 8 bits 來表示的數字。它長怎樣？我們使用 Convert 類別來將一些二進制數字轉換成 bytes：

```
Convert.ToByte("10111", 2) // 回傳 23
Convert.ToByte("11111111", 2); // 回傳 255
```

Convert.ToByte 的第一個引數是要轉換的數字，第二個是它的底數。二進制數字的底數是 2。

bytes 可以保存 0 到 255 之間的數字，因為它們使用 8 bits 的記憶體，一個 8-bit 數字是一個介於 0 與 11111111 之間的二進制數字（或 0 至 255 的十進制數字）。

一個 short 是一個 16-bit 值。我們用 Convert.ToInt16 來將二進制值 111111111111111（15 個 1）轉換成 short。一個 int 是一個 32-bit 值，所以我們用 Convert.ToInt32 來將 31 個 1 轉換成一個 int：

```
Convert.ToInt16("111111111111111", 2); // 回傳 32767
Convert.ToInt32("1111111111111111111111111111111", 2); // 回傳 2147483647
```

其他的型態也有不同的大小

C# 用不同的做法來儲存有小數點位置的數字和整數，並且用不同數量的記憶體來儲存各種浮點型態。你可以用 **float** 來處理有小數位數的大部分數字，float 是可以儲存小數的最小資料型態。如果你需要更精確的數字，那就使用 **double**。如果你要編寫金融 app，並且需要儲存貨幣值，你一定要使用 **decimal** 型態。

噢，還有一件事：**不要使用 *double* 來儲存金額或貨幣**，**<u>只能使用 *decimal*</u>**。

這些型態是用來儲存分數的。它們也可以用來儲存很大的數字。變數越大儲存越多小數位。

我們曾經談過字串，所以你知道 C# 編譯器也可以處理**字元與非數字型態**。char 型態可以保存一個字元，string 則是用來保存「串」在一起的多個字元。string 物件沒有集合大小，它可以伸縮，以保存你存入的任何資料量。bool 資料型態是用來儲存 true 或 false 值的，如同你曾經在 if 陳述式裡面用過的那樣。

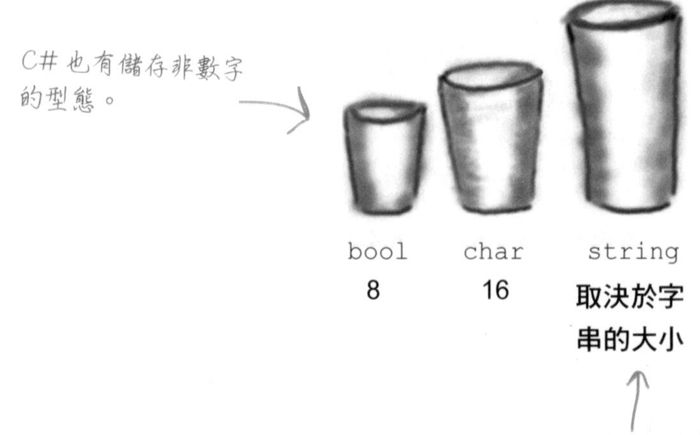

字串可能很大…大到不可思議！C# 使用 32-bit 整數來記錄字串長度，所以字串的最大長度是 2^{31}（或 2,147,483,648）個字元。

不同的浮點型態會使用不同數量的記憶體，float 是最小的，decimal 是最大的。

把 10 磅的資料放入 5 磅的袋子裡

當你將變數宣告為某種型態時，C# 編譯器會**配置**（或保留）足以保存該型態的最大值所需的記憶體。即使你的值離型態的上限還相去甚遠，但編譯器在乎的是裝著它的杯子，而不是杯子裡面的數字。所以這種做法是<u>無效</u>的：

```
int leaguesUnderTheSea = 20000;
short smallerLeagues = leaguesUnderTheSea;
```

20,000 可以放入 short，沒問題。但是因為 `leaguesUnderTheSea` 被宣告成 int，C# 會將它的尺寸視為 int，並且認為它實在太大，所以無法放入 short 容器。編譯器無法為你動態進行這種轉換。你必須確保資料使用正確的型態。

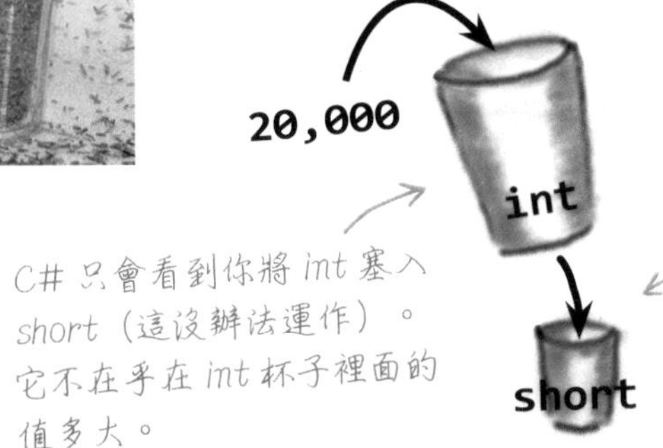

20,000
int
short
C# 只會看到你將 int 塞入 short（這沒辦法運作）。它不在乎在 int 杯子裡面的值多大。

這是合理的機制。如果你之後把一個更大的值放入 int 杯子，而且那個值是 short 杯子裝不下的呢？所以 C# 其實是在幫助你。

削尖你的鉛筆

下面有三個陳述式無法組建，原因是它們試著把太多資料塞入一個小變數，或是企圖放入型態不正確的資料。圈出它們，並且簡單地寫下錯誤的地方。

```
int hours = 24;                    string taunt = "your mother";

short y = 78000;                   byte days = 365;

bool isDone = yes;                 int radius = 3;

short RPM = 33;                    char initial = 'S';

int balance = 345667 - 567;        string months = "12";
```

轉型可以將 C# 沒辦法自動轉換的值複製到另一個型態

讓我們將一個 decimal 值指派給一個 int 變數，看看會怎樣。

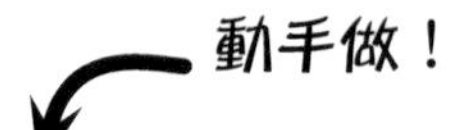

1. 建立一個新的 Console App 專案，並在 Main 方法裡面加入這段程式：

```
float myFloatValue = 10;
int myIntValue = myFloatValue;
Console.WriteLine("myIntValue is " + myIntValue);
```

隱性轉換代表 C# 可以將一個值自動轉換成另一個型態，而且不會失去資訊。

2. 試著組建你的程式。你應該會看到之前看過的 CS0266 錯誤。

CS0266 Cannot implicitly convert type 'float' to 'int'. An explicit conversion exists (are you missing a cast?)

仔細看一下錯誤訊息的最後幾個字：「are you missing a cast?」 C# 編譯器的提示非常實用，它告訴你如何修正問題。

3. 藉著將 decimal **轉型**成 int 來排除錯誤。做法是將你想要轉型成哪種型態放在小括號裡面：**(int)**。將第二行改成這樣之後，程式就可以編譯和執行了：

```
int myIntValue = (int) myFloatValue;
```

這是將 decimal 值轉型成 int 的地方。

當你將浮點值轉型成 int 時，它會將值進位成最近的整數。

發生什麼事了？

當你將一個值指派給一個變數時，如果型態是錯的，C# 編輯器不會讓你完成這件事，即使那個變數可以保存那個值！許多 bug 都是型態問題造成的，**編譯器在幫助你**朝著正確的方向前進。當你使用轉型時，其實是在告訴編譯器：你知道型態不一樣，而且確定讓 C# 把資料塞入新變數是沒問題的。

削尖你的鉛筆 解答

下面有三個陳述式無法組建，原因是它們試著把太多資料塞入一個小變數，或是企圖放入型態不正確的資料。圈出它們，並且簡單地寫下錯誤的地方。

```
short y = 78000;
```

short 型態只能保存 -32,767 到 32,768 的數字。這個數字太大了！

```
byte days = 365;
```

byte 只能保存 0 和 255 之間的值。你要用 short 來保存它。

```
bool isDone = yes;
```

你只能將「true」或「false」指派給 bool。

當你轉型一個太大的值時，C# 會調整它，來讓它可以放入新容器

你已經知道 decimal 可以轉型成 int 了。事實上，任何數字都可以轉型成任何其他數字。但是這不意味著**值**被轉型之後可以保持完整。假設你有一個 int 變數被設成 365。當你將它轉型成 byte 變數（最大值是 255）時，C# 不會顯示錯誤訊息，而是直接將值**環繞（wrap around）**。將 256 轉型成 byte 會得到 0 值，257 會變成 1，258 會變成 2，以此類推，到了 365，它會變成 **109**。當你再次回到 255，轉換值會「繞回」零。

如果你使用 +（或 *、/，或 -）來計算兩個不同的數字型態，運算子會**自動**將比較小的型態**轉換**成比較大的。舉個例子：

```
int myInt = 36;
float myFloat = 16.4F;
myFloat = myInt + myFloat;
```

因為 int 可以放入 float，但是 float 不能放入 int，所以 + 運算子會將 `myInt` 轉換成 float，再將它與 `myFloat` 相加。

削尖你的鉛筆

你不一定可以把任何型態轉換成任何其他型態。

建立一個新的 Console App 專案，在它的 Main 方法裡面輸入這些陳述式。然後組建你的程式，它會產生許多錯誤。劃掉產生錯誤的。這可以幫助你了解哪些型態可以轉型，哪些不行！

```
int myInt = 10;
byte myByte = (byte)myInt;
double myDouble = (double)myByte;
bool myBool = (bool)myDouble;
string myString = "false";
myBool = (bool)myString;
myString = (string)myInt;
myString = myInt.ToString();
myBool = (bool)myByte;
myByte = (byte)myBool;
short myShort = (short)myInt;
char myChar = 'x';
myString = (string)myChar;
long myLong = (long)myInt;
decimal myDecimal = (decimal)myLong;
myString = myString + myInt +
myByte + myDouble + myChar;
```

你可以在這裡讀到更多關於各種 C# 值型態的資訊，這個網站值得一看：
https://docs.microsoft.com/en-us/dotnet/csharp/language-reference/keywords/value-types。

我在第 2 章操作迴圈時，曾經在訊息方塊裡面結合數字與字串！我是不是早就在**轉換型態**了？

是的！當你串連字串時，C# 會轉換值。

使用 + 運算子來結合字串與另一個值稱為**串連**。當你將一個字串與一個 int、bool、float 或其他型態的值串連起來時，它會自動轉換值。這種轉換與轉型不一樣，因為在底層，它其實會幫值呼叫 ToString 方法…而且 .NET 保證**每一個物件都有一個 ToString 方法**可以將它轉換成字串（但是，它會讓各個類別決定那個字串是否有意義）。

自己環繞！

轉型「環繞」數字的做法不是秘密，你可以自己計算它。你只要打開任何一個有 Mod 按鈕（它是用來計算模數的，有時被放在科學模式底下）的計算機 app，並計算 365 Mod 256 就知道了。

削尖你的鉛筆 解答

你不一定可以把任何型態轉換成任何其他型態。建立一個新的 Console App 專案，在它的 Main 方法裡面輸入這些陳述式。然後組建你的程式，它會產生許多錯誤。劃掉產生錯誤的。這可以幫助你了解哪些型態可以轉型，哪些不行！

`int myInt = 10;`

`byte myByte = (byte)myInt;`

`double myDouble = (double)myByte;`

~~`bool myBool = (bool)myDouble;`~~

`string myString = "false";`

~~`myBool = (bool)myString;`~~

~~`myString = (string)myInt;`~~

`myString = myInt.ToString();`

~~`myBool = (bool)myByte;`~~

~~`myByte = (byte)myBool;`~~

`short myShort = (short)myInt;`

`char myChar = 'x';`

~~`myString = (string)myChar;`~~

`long myLong = (long)myInt;`

`decimal myDecimal = (decimal)myLong;`

`myString = myString + myInt + myByte + myDouble + myChar;`

C# 會自動做一些轉換

有兩種重要的轉換不需要你親自做轉型。第一種是每當你使用算術運算子時自動發生的轉換，例如：

```
long l = 139401930;
short s = 516;
double d = l - s;
d = d / 123.456;
Console.WriteLine("The answer is " + d);
```

這個 - 運算子會將 long 減去 short，= 運算子會將結果轉換成 double。

C# 自動轉換型態的另一種情況是當你使用 + 運算子來**串連**字串時（也就是把一個字串接到另一個字串的後面，就像你在處理訊息方塊時做過的那樣）。當你使用 + 來將字串與另一種型態的東西串連起來時，它會自動幫你將數字轉換成字串。舉個例子，試著在任何 C# 程式加入這幾行。前兩行沒問題，但是第三行無法編譯：

```
long number = 139401930;
string text = "Player score: " + number;
text = number;
```

C# 編譯器指出第三行有這個錯誤：

```
CS0029  Cannot implicitly convert type 'long' to 'string'
```

ScoreText.text 是字串欄位，所以當你使用 + 運算子來串連字串時，它可以正常地賦值。但是當你試著將 x 直接指派給它時，它無法自動將 long 值轉換成字串。你可以呼叫它的 ToString 方法來將它轉換成字串。

問：你曾經使用 Convert.ToByte、Convert.ToInt32 與 Convert.ToInt64 來將包含二進制數字的字串轉換成整數值。整數值可以轉回去二進制嗎？

答：可以。Convert 類別有一個 **Convert.ToString 方法**可以將許多不同型態的值轉換成字串。IntelliSense 快顯視窗會顯示它如何運作：

```
Console.WriteLine(Convert.ToString(8675309, 2));
```

▲ 26 of 36 ▼ string Convert.ToString(**int value**, int toBase)
Converts the value of a 32-bit signed integer to its equivalent string representation in a specified base.
value: *The 32-bit signed integer to convert.*

所以 `Convert.ToString(255, 2)` 會回傳字串 "11111111"，而 `Convert.ToString(8675309, 2)` 會回傳字串 "100001000101111111101101"，試著實驗它，來了解二進制數字如何運作。

當你呼叫方法時，引數必須與參數的型態一致

在上一章，你曾經使用 Random 類別，在 1 到（不包含）5 之間隨機選出一個數字，用來抽出一套撲克牌：

```
int value = random.Next(1, 5);
```

試著將第一個引數 1 改成 1.0：

```
int value = random.Next(1.0, 5);
```

現在變成傳遞一個 double 常值給期望收到 int 值的方法，所以編譯器無法組建程式是正常的，它會丟出一個錯誤：

CS1503 Argument 1: cannot convert from 'double' to 'int'

有時 C# 可以自動進行轉換。雖然它不知道如何將 double 轉換成 int（像是將 1.0 轉換成 1），但是它知道如何將 int 轉換成 double（像是將 1 轉換成 1.0）。具體來說：

- C# 編譯器知道如何將整數轉換成浮點型態。
- 而且它知道如何將整數型態轉換成另一個整數型態，或是將浮點型態轉換成另一個浮點型態。
- 但是它只能在原始型態比目標型態更小或一樣大時進行這些轉換。所以，它可以將 int 轉換成 long，或是將 float 轉換成 double，但是不能將 long 轉換成 int，或是將 double 轉換成 float。

當編譯器顯示「invalid argument」錯誤時，代表你試著用一個型態不符合方法參數的引數來呼叫一個方法。

但是除了 Random.Next 方法之外，當你試著將型態不符合參數的變數傳入任何方法時，它們都會產生編譯器錯誤，**即使是你自己寫的方法也不例外**。在主控台 app 加入這個方法：

```
public int MyMethod(bool add3) {
   int value = 12;

   if (add3)
      value += 3;
   else
      value -= 2;

   return value;
}
```

試著將 string 或 long 傳給它，你會得到 CS1503 錯誤，代表它無法將引數轉換成 bool。有些人無法記得**參數與引數的區別**。用白話講：

參數是你在方法裡面定義的東西。引數是你傳給它的東西。你可以將 byte 引數傳給宣告 int 參數的方法。

問：最後的 if 陳述式只寫成 if (add3)。它與 if (add3 == true) 一樣嗎？

答：是的。我們再看一次那個 if/else 陳述式：

```
if (add3)
    value += 3;
else
    value -= 2;
```

當某個東西是 true 時，if 陳述式都會成立。因為 add3 變數的型態是 bool，它的值不是 true 就是 false，這意味著我們不需要明確地加入 == true。

你也可以使用 !（一個驚嘆號，或 NOT 運算子）來檢查某個東西是不是 false。if (!add3) 與 if (add3 == false) 是一樣的東西。

在接下來的範例程式中，當我們使用條件測試式來檢查布林變數時，你通常只會看到我們寫成 if (add3) 或 if (!add3)，不會使用 == 來明確地確認布林是 true 還是 false。

問：你的 if 和 else 區塊沒有大括號，所以大括號不是必要的嗎？

答：是的，但是只限於 if 或 else 區塊只有一個陳述式時。我們可以省略 { 大括號 } 是因為 if 區塊（return 45;）只有一個陳述式，else 區塊（return 61;）也只有一個陳述式。當你想要在這些區塊之一加入另一個陳述式時，你就要使用大括號：

```
if (add3)
    value += 3;
else {
    Console.WriteLine("Subtracting 2");
    value -= 2;
}
```

當你省略大括號時要很小心，因為你很容易不小心寫出動作與預期不一樣的程式。加入大括號絕對沒有壞處，檢查 if 陳述式有沒有兩個大括號也是一個好習慣。

重點提示

- 有很多**值型態**可讓變數保存不同大小的數字。最大的數字使用型態 long，最小的數字（最多 255）可以宣告為 bytes。
- 每一個值型態都有**大小**，你不能把比較大的型態的值放入比較小的變數，無論實際的資料有多大。
- 當你使用**常值**時，可使用 F 尾碼來指定 float（15.6F）與 M 來指定 decimal（36.12M）。
- 使用 **decimal 型態來儲存金額與貨幣**。使用浮點精確度的話…有點奇怪。
- C# 知道如何自動**轉換**某些型態（隱性轉換），例如 short 至 int，int 至 double，或 float 至 double。
- 當編輯器不讓你將變數設成不同型態的值時，你就要轉型它。將一個值**轉型**（明確轉換）成另一個型態的做法是在那個值的前面加上小括號，並將目標型態放括號裡面。
- 有些關鍵字是程式語言**保留**的，你不能用它們來命名你的變數。它們是在語言中做特定工作的單字（例如 for、while、using、new 及其他）。
- **參數**是你在方法裡面定義的東西。**引數**是你傳給它的東西。
- 當你在 IDE 裡面組建程式碼時，它會使用 **C# 編譯器**來將它轉換成可執行的程式。
- 你可以使用 static **Convert 類別**的方法，在不同的型態之間轉換值。

Owen 持續不斷地改善他的遊戲…

優秀的遊戲大師總是努力為玩家創造最好的遊戲體驗。Owen 的玩家即將使用全新的角色組合，展開全新的戰役，他認為，稍微調整能力分數的公式，可以讓遊戲更有趣。

在遊戲一開始，當玩家填寫角色卡時，他們會按照這些步驟來計算角色能力分數。

能力分數公式

* 先做 4d6 ROLL，來得到一個 4 到 24 之間的數字
* 將擲出來的結果除以 1.75
* 將除法的結果加 2
* 用無條件捨去法算出最近的整數
* 如果結果太小，使用最小值 3

「4d6 Roll」就是擲四顆普通的六面骰子，並將結果加起來。

雖然這個遊戲的標準規則是個很好的起點，但我們可以做得更好。

…但是試誤法很耗時間

Owen 持續不斷地調整能力分數的算法。他很確定他的公式大致上是可行的，但是他很想調整一下數字。

雖然 Owen 很喜歡整體的公式：4d6 roll，除法、減法、無條件捨去、使用最小值…但是他不確定實際的數字究竟好不好。

我想，拿 1.75 這個值來計算除法可能太小了，另外，或許我們要將結果加 3，而不是 4。**我猜一定有更簡單的方法**可以測試這些想法！

動動腦

我們如何協助 Owen 找到能力分數公式值的最佳組合？

我們來幫助 Owen 試驗能力分數

在下一個專案，你將建構一個 .NET Core 主控台 app，讓 Owen 用來以各種值測試他的能力分數公式，看看它們如何影響最終的分數。公式有**四個輸入**：最初的 *4d6 roll*、將擲骰子結果除以什麼數字、將除法的結果加上多少值，以及當結果太小時的最小值。

Owen 會在 app 輸入四個數字，讓 app 用這些輸入來計算能力分數。他可能會測試許多不同的值，所以我們要不斷地要求他輸入新值，直到他結束 app 為止。我們也要記下他在每一輪使用的值，將之前的輸入當成**預設值**，來進行下一輪計算。

這是 Owen 遊戲大師筆記本的其中一頁，裡面有能力分數公式。

這就是當 Owen 執行 app 時的樣子：

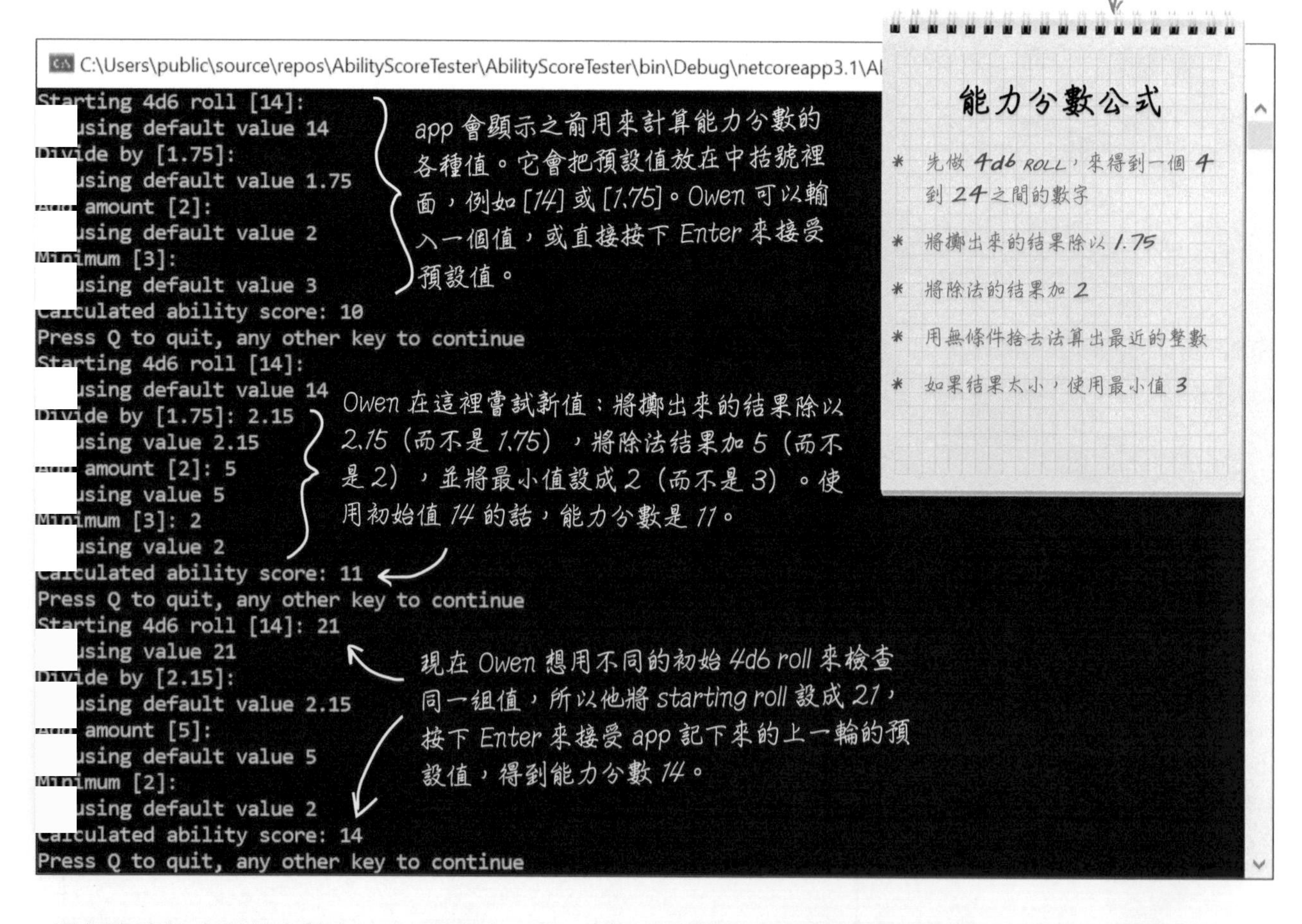

這個專案比之前的主控台 app 還要大一些，所以我們會分成幾個步驟來處理它。首先，你要削尖你的鉛筆，來了解計算能力分數的程式碼，接下來，你會做一個習題，來為 app 撰寫其餘的程式碼，最後，你要查明真相，找出程式裡面的 bug。開工！

削尖你的鉛筆

我們已經建構一個類別來幫助 Owen 計算能力分數了。在使用時，你要設定它的 Starting4D6Roll、DivideBy、AddAmount 與 Minimum 欄位，或是直接使用宣告式設定的值，並且呼叫它的 CalculateAbilityScore 方法。遺憾的是，**有一行程式有問題**。圈出有問題的那一行程式，並寫下它錯在哪裡。

看看你能不能直接看出問題，而不需要將類別輸入 IDE。你可以找出哪一行程式造成編譯器錯誤嗎？

```
class AbilityScoreCalculator
{
    public int RollResult = 14;
    public double DivideBy = 1.75;
    public int AddAmount = 2;
    public int Minimum = 3;
    public int Score;

    public void CalculateAbilityScore()
    {
        // 將擲骰子結果除以 DivideBy 欄位
        double divided = RollResult / DivideBy;

        // 將 AddAmount 加到除法結果
        int added = AddAmount += divided;

        // 如果結果太小，使用 Minimum
        if (added < Minimum)
        {
            Score = Minimum;
        } else
        {
            Score = added;
        }
    }
}
```

這些欄位最初被設成能力分數公式裡面的值。app 會用它們來顯示預設值給用戶看。

給你一個提示！比較程式註解與 Owen 的遊戲大師筆記本裡面的能力分數公式，註解少了公式的哪個部分？

在你**圈出有問題的程式**之後，寫下你找到的問題。

....

....

使用 C# 來找到有問題的一行程式

建立一個新的 .NET Core Console App，將它命名為 AbilityScoreTester。然後**加入**「削尖你的鉛筆」練習裡面的 **AbilityScoreCalculator 類別**程式碼。如果你正確地輸入程式，你應該可以看到 C# 編輯器錯誤：

```
AddAmount += divided;
```

(field) int AbilityScoreCalculator.AddAmount

CS0266: Cannot implicitly convert type 'double' to 'int'. An explicit conversion exists (are you missing a cast?)

Show potential fixes (Alt+Enter or Ctrl+.)

這個 C# 編譯器錯誤問你是否漏了轉型。

每當 C# 編譯器顯示錯誤時，你都要仔細閱讀它。它通常可以協助你找到問題。在這個例子裡，它準確地告訴我們哪裡出錯了：它無法在不使用轉型的情況下將 double 轉換成 int。`divided` 變數被宣告成 double，但是 C# 不讓你將它加入 AddAmount 這種 int 欄位，因為 C# 不知道如何轉換它。

C# 編譯器詢問「are you missing a cast?（是否漏了轉型？）」就是給你一個明顯的提示：你必須先明確地轉型 double 變數 `divided`，才能將它加到 int 欄位 AddAmount。

加上轉型來讓 AbilityScoreCalculator 類別可以編輯…

知道問題出在哪裡之後，你可以**加入一個 cast** 來修正 AbilityScoreCalculator 裡面有問題的程式。產生「Cannot implicitly convert type」錯誤的是這一行程式：

```
int added = AddAmount += divided;
```

它之所以造成錯誤，是因為 **`AddAmount += divided` 會回傳一個 *double* 值**，這個值不能指派給 int 變數 `added`。

你可以**將 `divided` 轉型成 int**，並且將它加上 AddAmount，然後回傳另一個 int 來修正錯誤。修改那一行程式，將 `divided` 改成 `(int)divided`。

```
int added = AddAmount += (int)divided;
```

轉型它！

加入 cast 也可以處理 Owen 的能力分數公式缺漏的部分：

* 用無條件捨去法算出最近的整數

當你將 double 轉型成 int 時，C# 會將它無條件捨去，例如，`(int)19.7431D` 會產生 `19`。藉著加入那個 cast，你也將能力分數公式缺少的步驟加入類別。

…但是還有 bug ！

事情還沒完！你已經修正編譯器錯誤了，所以現在專案可以組建了。雖然 C# 編輯器會接受它，但我們**還有一個問題**。你能不能在那一行程式發現 bug ？

看來我們還不能寫上「削尖你的鉛筆」答案！

習題

我們來完成這個使用 AbilityScoreCalculator 類別的主控台 app。這個練習提供主控台 app 的 Main 方法。你的工作是寫出兩個方法，一個方法稱為 ReadInt，它的工作是讀取用戶輸入，並使用 int.TryParse 來將它轉換成 int，另一個方法稱為 ReadDouble，它做一模一樣的事情，只是它轉換 double，而不是 int 值。

你將使用一個 AbilityScoreCalculator 實例，並使用用戶的輸入來更新它的欄位，讓它在 while 迴圈的下一次迭代時，記得預設值。

1. 加入下面的 Main 方法。它裡面的東西幾乎都已經在之前的專案裡用過了，唯一的新東西是 — 它呼叫 Console.ReadKey 方法：

```
        char keyChar = Console.ReadKey(true).KeyChar;
```

Console.ReadKey 會從主控台讀取一個按鍵。當你傳入引數 **true** 時，它會攔截輸入，因此它不會被印到主控台。加入 **.KeyChar** 會讓它用 **char** 來回傳按鍵。

這是完整的 Main 方法，把它加入你的程式：

```
static void Main(string[] args)
{
    AbilityScoreCalculator calculator = new AbilityScoreCalculator();
    while (true)
    {
        calculator.RollResult = ReadInt(calculator.RollResult, "Starting 4d6 roll");
        calculator.DivideBy = ReadDouble(calculator.DivideBy, "Divide by");
        calculator.AddAmount = ReadInt(calculator.AddAmount, "Add amount");
        calculator.Minimum = ReadInt(calculator.Minimum, "Minimum");
        calculator.CalculateAbilityScore();
        Console.WriteLine("Calculated ability score: " + calculator.Score);
        Console.WriteLine("Press Q to quit, any other key to continue");
        char keyChar = Console.ReadKey(true).KeyChar;
        if ((keyChar == 'Q') || (keyChar == 'q')) return;
    }
}
```

2. 加入稱為 ReadInt 的方法。它有兩個參數：一個是顯示給用戶看的提示，一個是預設值。它會將提示寫到主控台，後面接上放在中括號裡面的預設值。然後它會從主控台讀取一行輸入，並試著轉換它。如果值可以轉換，它就使用那個值，否則使用預設值。

```
/// <summary>
/// 寫入一個提示，並且從主控台讀取一個 int 值。
/// </summary>
/// <param name="lastUsedValue">預設值。</param>
/// <param name="prompt">要印到主控台的提示。</param>
/// <returns>讀取的 int 值，或者當無法轉換時，預設值</returns>
static int ReadInt(int lastUsedValue, string prompt)
{
    // 寫上提示，後面接上 [ 預設值 ]:
    // 讀取一行輸入，並使用 int.TryParse 來試著轉換它。
    // 如果它可以轉換，將 "using value" + value 寫到主控台。
    // 否則將 "using default value" + lastUsedValue 寫到主控台。
}
```

3. 加入一個很像 ReadInt 的 ReadDouble，只是**它使用 double.TryParse** 而不是 int.TryParse。double.TryParse 方法的功能很像 int.TryParse，只不過它的 **out** 變數必須是 double，不是 int。

這是 ReadInt 與 ReadDouble 方法，它們可以顯示有預設值的提示、從主控台讀一行輸入、試著把輸入轉換成 int 或 double，以及使用轉換過的值或預設值、將一個包含回傳值的訊息寫到主控台。

```
static int ReadInt(int lastUsedValue, string prompt)
{
    Console.Write(prompt + " [" + lastUsedValue + "]: ");
    string line = Console.ReadLine();
    if (int.TryParse(line, out int value))
    {
        Console.WriteLine("   using value " + value);
        return value;
    } else
    {
        Console.WriteLine("   using default value " + lastUsedValue);
        return lastUsedValue;
    }
}
```

認真地花一些時間了解 Main 方法裡面的 while 迴圈的每一次迭代，如何使用欄位來儲存用戶輸入的值，然後在下一次迭代將它們當成預設值來使用。

```
static double ReadDouble(double lastUsedValue, string prompt)
{
    Console.Write(prompt + " [" + lastUsedValue + "]: ");
    string line = Console.ReadLine();
    if (double.TryParse(line, out double value))
    {
        Console.WriteLine("   using value " + value);
        return value;
    }
    else
    {
        Console.WriteLine("   using default value " + lastUsedValue);
        return lastUsedValue;
    }
}
```

這是 double.TryParse 呼叫式，它的功能與 int 版本幾乎一樣，只是你必須使用 double 輸出變數型態。

感謝你幫我寫這個 app！
我忍不住想試試它了。

這是 app 的輸出。

```
Starting 4d6 roll [14]: 18
   using value 18
Divide by [1.75]: 2.15
   using value 2.15
Add amount [2]: 5
   using value 5
Minimum [3]:
   using default value 3
Calculated ability score: 13
Press Q to quit, any other key to continue
Starting 4d6 roll [18]:
   using default value 18
Divide by [2.15]: 3.5
   using value 3.5
Add amount [13]: 5
   using value 5
Minimum [3]:
   using default value 3
Calculated ability score: 10
Press Q to quit, any other key to continue
Starting 4d6 roll [18]:
   using default value 18
Divide by [3.5]:
   using default value 3.5
Add amount [10]: 7
   using value 7
Minimum [3]:
   using default value 3
Calculated ability score: 12
Press Q to quit, any other key to continue
Starting 4d6 roll [18]:
   using default value 18
Divide by [3.5]:
   using default value 3.5
Add amount [12]: 4
   using value 4
Minimum [3]:
   using default value 3
Calculated ability score: 9
Press Q to quit, any other key to continue
Starting 4d6 roll [18]:
   using default value 18
Divide by [3.5]:
   using default value 3.5
Add amount [9]:
   using default value 9
Minimum [3]:
   using default value 3
Calculated ability score: 14
Press Q to quit, any other key to continue
```

很奇怪，Owen 在上一次的 add amount 輸入 5，但是程式給它的預設選項是 10。

同樣的，Owen 上次輸入的 amount 是 7，但是它給的預設選項是 12。真奇怪。

9 這個數字是哪來的？我們看過它嗎？它可以讓你想到這個 bug 的原因嗎？

出問題了。它應該會記得我輸入的值才對，但有時不正常。

在這裡！在第一輪，我在 add amount 輸入 5，雖然它可以記得所有其他的值，但是它給我的 add amount 是預設的 *10*。

你沒錯，Owen。程式有 bug。

Owen 想要在他的能力分數公式裡面嘗試各種值，所以我們用一個迴圈來讓 app 反覆詢問這些值。

為了讓 Owen 更容易一次只改變一個值，我們在 app 加入一個功能，來記得他上次輸入的值，並且將它們顯示成預設選項。這個功能的做法是在記憶體裡面保留 AbilityScoreCalculator 類別的一個實例，並且在每一個 `while` 迴圈迭代更新它的欄位。

但是 app 有問題，雖然它可以正確地記得大部分的值，但是它記起來的「add amount」預設值是錯誤的數字。在第一輪，Owen 輸入 5，但是 app 給它的預設值是 10。然後他輸入 7，但它給的預設值是 12。為什麼會這樣？

動動腦

你可以採取哪些步驟來追蹤這個 app 的 bug？

當你偵錯時，你就像一位**程式偵探**，有東西造成 bug，你的工作是找出嫌犯，並追溯它們的足跡。我們來進行調查，看看能不能用神探福爾摩斯的方式逮到罪魁禍首。

這個問題看起來只與「add amount」值有關，所以我們先檢查接觸 AddAmount 欄位的每一行程式。Main 方法裡面的這一行程式使用 AddAmount 欄位，我們在它上面放一個中斷點：

```
39  calculator.DivideBy = ReadDouble(calculator.DivideBy, "Divide by");
40  calculator.AddAmount = ReadInt(calculator.AddAmount, "Add amount");
41  calculator.Minimum = ReadInt(calculator.Minimum, "Minimum");
```

在 AbilityScoreCalculator.CalculateAbilityScore 方法裡面有另一個，我們也幫那個嫌犯加入中斷點：

```
20  // Add to the result
21  int added = AddAmount += (int)divided;
```

這個陳述式希望更新「added」變數，但不更改 AddAmount 欄位。

現在執行你的程式，當 Main 方法中斷時，**選擇 calculator.AddAmount 並加入一個監看式**（如果你只是在 AddAmount 上面按右鍵，並且從選單中選擇「Add Watch」，它只會幫 AddAmount 加入監看式，而不是 calculator.AddAmount）。有沒有奇怪的地方？我們沒有看到任何不尋常的東西。它看起來有正常地讀值並更新它。OK，它應該不是問題，你可以停用或移除那個中斷點了。

繼續執行程式，在遇到 AbilityScoreCalculator.CalculateAbilityScore 中斷點時，**為 AddAmount 加入監看式**。根據 Owen 的公式，這一行程式應該將除法結果加上 AddAmount。現在**逐步執行**陳述式…

等等，怎麼這樣？！*AddAmount* 改變了。但是…這件事不應該發生才對 — 根本不可能這樣！不是嗎？正如神探福爾摩斯所說的：「當你排除所有不可能的東西之後，無論剩下什麼，無論它多麼不可思議，它一定是真相。」

看來我們已經調查出問題的根源了。那個陳述式應該將 divided 轉換成 int，以將它無條件捨去，成為整數，然後將它加到 AddAmount 並且將結果存入 added。它也有一個令人意外的副作用：它會將 AddAmount 更新成總和，因為**這個陳述式使用 += 運算子**，雖然它會回傳總和，但是它也會將總和指派給 AddAmount。

我們終於可以修正 Owen 的 bug 了

知道原因之後，你可以修正 bug 了，其實這只是個很小的修改。你只要把陳述式的 += 改成 + 即可：

```
int added = AddAmount + (int)divided;
```

將 += 改成 + 來讓這一行程式仍然可以更新「added」變數，並修正這個 bug。就像福爾摩斯會說的：「這是基本的道理」。

找到問題之後，我們終於可以提供「削尖你的鉛筆」解答了。

削尖你的鉛筆 解答

我們已經建構一個類別來幫助 Owen 計算能力分數了。在使用時，你要設定它的 Starting4D6Roll、DivideBy、AddAmount 與 Minimum 欄位，或是直接使用宣告式設定的值，並且呼叫它的 CalculateAbilityScore 方法。遺憾的是，**有一行程式有問題**。圈出有問題的那一行程式，並寫下它錯在哪裡。

```
int added = AddAmount += divided;
```

在你**圈出有問題的程式**之後，寫下你找到的問題。

第一個問題，它無法編譯是因為 AddAmount += divided 是 double，為了將它指派給 int，你必須使用轉型。第二個問題，它使用 += 而不是 +，導致這行程式更新 AddAmount。

沒有蠢問題

問：我還是不太明白 + 運算子與 += 運算子的區別。它們是怎麼動作的？為什麼我要用其中一個，而不是另一個？

答：許多運算子都可以和等號一起使用，包括加法的 +=、減法的 -=、除法的 /=、乘法的 *=，還有餘數的 %=。像 + 這種將兩個值結合起來的運算子稱為**二元運算子（binary operator）**。有些人覺得這個名稱很奇怪，在此，「二元（binary）」的意思是這個運算子可以結合兩個值，代表「涉及兩個東西」，而不是它只能處理二進制數字（binary number）。

二元運算子可以做所謂的**複合指派（compound assignment）**，也就是說，你可以把這個運算式：

```
a = a + c;
```

換成這個：

```
a += c;
```

+= 運算子會讓 C# 執行 a + c，然後將結果存到 a。

它們的意思是相同的。複合指派 x op= y 相當於 x = x op y（這是從技術上解釋它）。它們做一模一樣的事情。

像 += 或 *= 這種結合二元運算子與等號的運算子稱為複合賦值運算子。

問：但是，added 變數是怎麼被修改的？

答：在分數計算程式裡面，造成混淆的原因是**賦值運算子 = 也會回傳一個值**。你可以寫成這樣：

```
int q = (a = b + c)
```

它會正常地計算 a = b + c。= 運算子會**回傳**一個值，所以它也會**將 q 改成結果**。因此：

```
int added = AddAmount += divided;
```

就是：

```
int added = (AddAmount = AddAmount + divided);
```

它會將 AddAmount 加上 divided，但是也會將結果存入 added。

問：等等，什麼？等號運算子會回傳一個值？

答：沒錯，= 會回傳被設定的值。所以在這段程式裡：

```
int first;
int second = (first = 4);
```

最終 first 與 second 都等於 4。打開主控台 app 並使用偵錯工具來測試它。它真的是這樣！

孩子！想要看古怪的東西嗎？

試試看！

試著在主控台 app 裡面加入這個 if/else 陳述式：

```
if (0.1M + 0.2M == 0.3M) Console.WriteLine("They're equal");
else Console.WriteLine("They aren't equal");
```

你會在第二個 Console 下面看到一條綠波浪線，它是 **Unreachable code detected（偵測到不會執行的程式碼）**警告訊息。C# 編譯器知道 0.1 + 0.2 必然等於 0.3，所以程式永遠不會到達陳述式的 else 部分。執行程式時，它會在主控台印出 They're equal。

接下來，**將浮點常值改成 double**（切記，像 0.1 這種常值在預設情況下是 double）：

```
if (0.1 + 0.2 == 0.3) Console.WriteLine("They're equal");
else Console.WriteLine("They aren't equal");
```

很奇怪，警告線移到第一行的 if 陳述式了。試著執行程式…等等，怎麼可能！它在主控台印出 They aren't equal。0.1 + 0.2 怎麼會不等於 0.3？

再做一件事。把 0.3 改成 0.30000000000000004（在 3 與 4 之間有 15 個 0）。現在它又印出 They're equal 了。所以顯然 0.1D 加 0.2D 等於 0.30000000000000004D。

等等，怎麼這樣？！

這就是**金額**只能用 decimal 來儲存，絕對不能用 double 來儲存的原因嗎？

完全正確。decimal 比 double 或 float 精確多了，所以它可以避免 0.30000000000000004 問題。

有些浮點型態會產生**罕見**且古怪的錯誤，這種事情不是只有在 C# 裡面會發生，在大部分的程式語言裡面都是如此！這真的很古怪！ 0.1 + 0.2 怎麼會是 0.30000000000000004 ？

事實上，有一些數字無法準確地用 double 來表示，這與它們被存成二進制資料（在記憶體裡面的 0 與 1）的方式有關。例如，.1D 其實不是 .1。試著執行 **.1D * .1D**，你會得到 0.010000000000000002，不是 0.01。但是 **.1M * .1M** 會產生正確的解答。這就是 float 與 double 在很多情況下都很實用的原因（例如在 Unity 裡面擺放 GameObject）。如果你需要更高的精確度，例如處理金錢的金融 app，那麼 decimal 是你的選擇。

問：**我還是不清楚轉換與轉型之間的區別，你可以解釋得清楚一點嗎？**

答：轉換是廣義、通用的術語，代表將資料從某個型態轉換成另一個型態。轉型是具體許多的操作，它有明確的規則，規定哪些型態可以轉型成其他型態，以及當資料的原始值與目標型態不太符合時，該怎麼做。你已經看過其中一條規則了一當浮點數被轉型成 int 時，它會移除任何小數，做無條件捨去。你也看過一條關於環繞整數型態的規則，也就是當數字太大而無法放入目標型態時，它會用餘數運算子來環繞。

問：**等一下，你曾經叫我自己用計算機的 mod 功能來「環繞」數字，現在你又說餘數，它們有何不同？**

答：mod 與餘數是非常相似的運算。對正數來說，它們是一模一樣的：A % B 是 A 除以 B 的餘數，所以：5 % 2 是 5 ÷ 2 的餘數，或 1。（如果你試著回憶除法怎麼運作，這個運算的意思其實是 5 ÷ 2 等於 2 × 2 + 1，所以無條件捨去之後得到的商是 2，餘數是 1。）但是當你處理負數時，mod（模數）與餘數就有區別了。你可以自己試試看：你的計算機會說 –397 mod 17 = 11，但是如果你使用 C# 的餘數運算子，你會得到 –397 % 17 = –6。

問：**在 Owen 的公式中，我必須除兩個值，然後將結果無條件捨去，變成最近的整數。這與轉型有什麼關係？**

答：假如你有一些浮點值：

```
float f1 = 185.26F;
double d2 = .0000316D;
decimal m3 = 37.26M;
```

而且你想要先將它們轉型成 int 值，再將它們指派給 int 變數 `i1`、`i2` 與 `i3`。我們知道 int 變數只能保存整數，所以你的程式必須對數字的整數部分做一些事情。

所以 C# 有一條連貫的規則：它會移除小數並無條件捨去，所以 `f1` 會變成 `185`，`d2` 會變成 `0`，`m3` 會變成 `37`。但是先不要相信我說的，你可以自己編寫 C# 程式來將這三個浮點值轉型成 int，看看結果如何。

網路上有一整個網頁專門討論 0.30000000000000004 問題！你可以到 https://0.30000000000000004.com 看看各種語言的範例。

0.1D + 0.2D != 0.3D 是邊緣案例，也就是只會在某些罕見情況下發生的問題或情況，通常會在參數值是極端值的時候發生（例如非常大或非常小的數字）。如果你想要進一步了解它，Jon Skeet 寫了一篇很棒的文章討論 .NET 是如何將浮點數字存到記憶體裡面的。你可以在這裡閱讀它：https://csharpindepth.com/Articles/FloatingPoint。

Jon 在本書的第 1 版提供一些很棒的技術審閱回饋，給我們帶來很大的改變。非常感謝你，Jon！

使用參考變數來存取你的物件

當你建立新物件時，你要使用 new 陳述式來將它實例化，就像在上一章結尾的 new Guy() 那樣，new 陳述式會在 heap 建立一個新的 Guy 物件。你也需要接觸那個物件，此時就要使用 joe 這種變數了：Guy joe = new Guy()。我們來稍微更深入研究它的動作。

new 陳述式會建立實例，但光是建立實例還不夠，**你需要物件的參考**。所以你要建立一個**參考變數**，它是個型態為 Guy，並且具有 joe 這種名稱的變數。因此，joe 是你所建立的新 Guy 物件的參考。每當你想要使用那一個特定的 Guy 時，你都可以用 joe 這個參考變數來參考它。

當變數的型態是物件時，它就是參考變數，也就是指向特定物件的參考。我們來確保我們真正了解這些術語，因為我們會經常使用它。我們將使用上一章的「Joe 與 Bob」程式的前兩行：

建立參考就像在便利貼寫下名稱，並將它貼在物件上。你用它來幫物件加上標籤，以便稍後可以引用它。

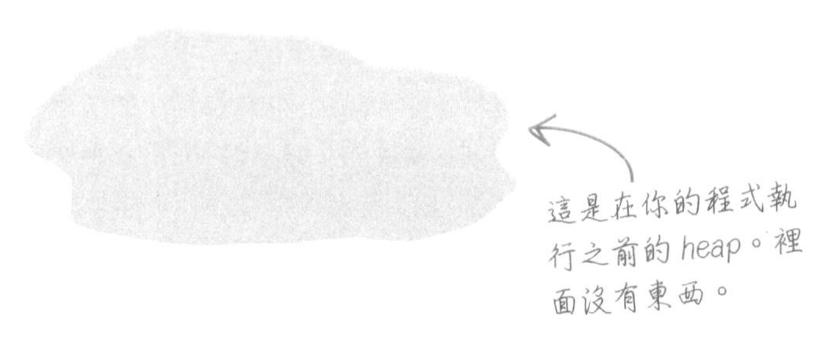

這是在你的程式執行之前的 heap。裡面沒有東西。

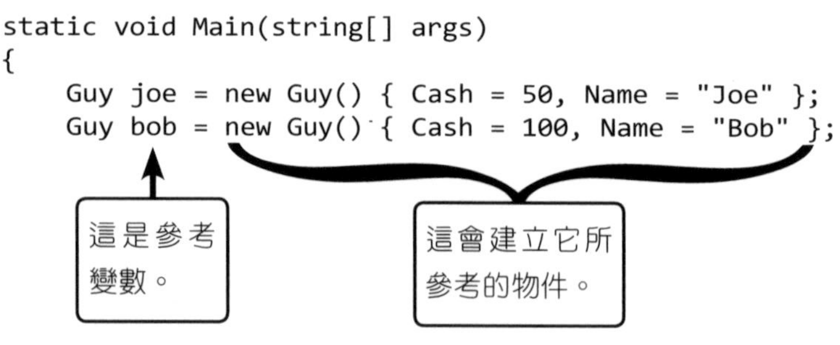

```
static void Main(string[] args)
{
    Guy joe = new Guy() { Cash = 50, Name = "Joe" };
    Guy bob = new Guy() { Cash = 100, Name = "Bob" };
```

這是參考變數。
這會建立它所參考的物件。

這是這段程式執行之後的 heap。它有兩個物件，變數「joe」引用一個物件，變數「bob」引用另一個物件。

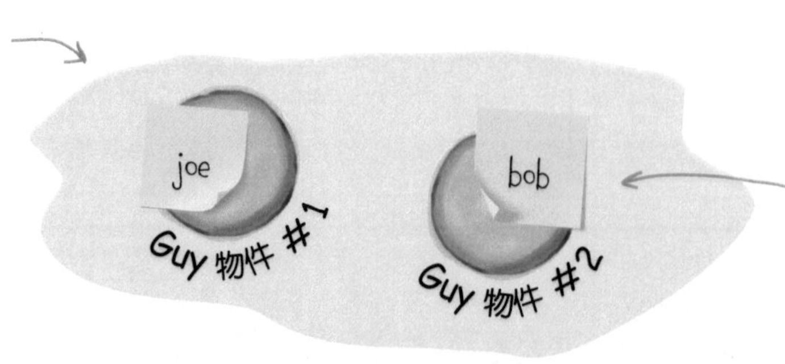

joe
bob
Guy 物件 #1
Guy 物件 #2

你**只能**透過名為「bob」的參考變數來參考這個 Guy 物件。

參考就像物件的便利貼

你的廚房裡面應該有裝鹽和糖的容器。對調它們的標籤會讓你做出味道很奇怪的一餐 — 雖然標籤改變了，但容器的內容並沒有改變。**參考就像標籤**。你可以四處移動標籤，並且讓它們指向不同的東西，但是決定你可以使用的方法與資料的東西是**物件**，不是參考本身，而且你可以像複製值一樣**複製參考**。

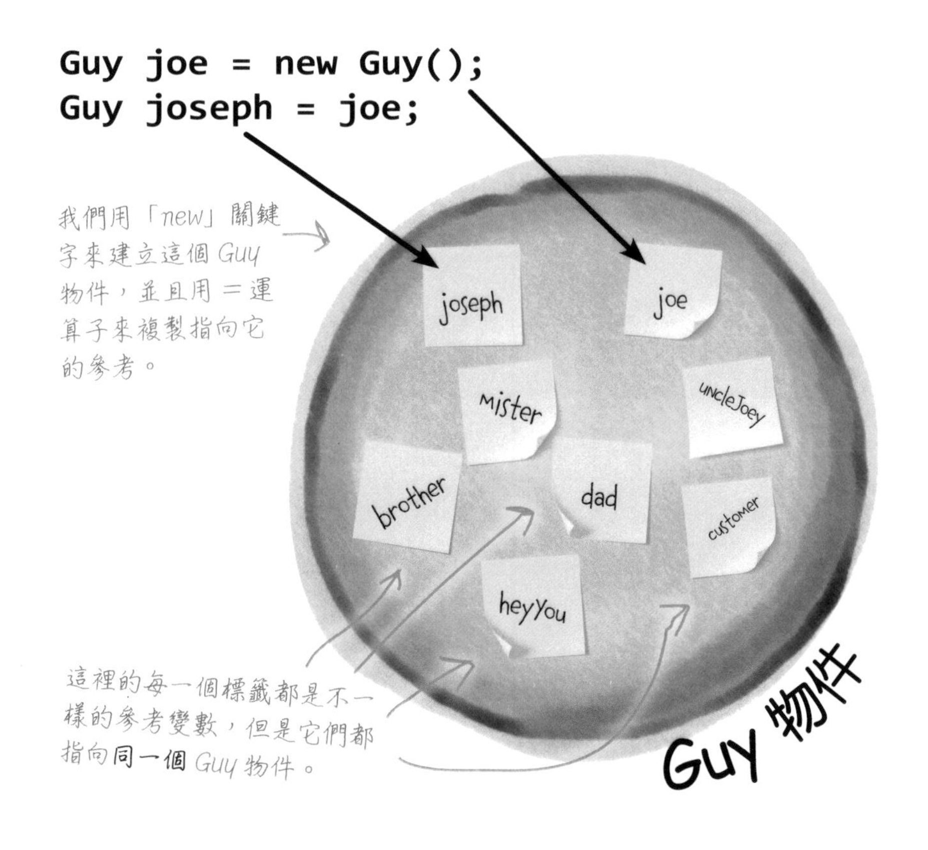
Guy joe = new Guy();
Guy joseph = joe;
我們用「new」關鍵字來建立這個 Guy 物件，並且用 = 運算子來複製指向它的參考。
joseph
joe
mister
uncleJoey
brother
dad
customer
heyYou
這裡的每一個標籤都是不一樣的參考變數，但是它們都指向同一個 Guy 物件。
Guy 物件

參考就像標籤，你的程式會用它來描述特定的物件。你透過它來存取它所指的物件的欄位，與呼叫它的方法。

我們在這個物件貼了好多便利貼！這一個 Guy 物件有許多不同的參考，因為有很多不同的方法用它來做很多不同的事情。每一個參考都有一個在它的背景之下有意義的名稱，且名稱各自不同。

這就是為什麼**讓多個參考指向同一個實例**很有用。如此一來，你就可以指定 `Guy dad = joe`，然後呼叫 `dad.GiveCash()`（這就是 Joe 的小孩每天做的事情）。如果你的程式想要使用物件，你就要使用那個物件的參考。如果你沒有那個參考，你就無法使用物件。

如果你的物件沒有參考，它就會被記憶體回收

如果物件的所有標籤都被撕掉，程式就再也無法接觸那個物件了，C# 可以將那個物件標記成可以**記憶體回收（garbage collection）**。在記憶體回收時，C# 會移除任何無參考的物件，並且回收那些物件占用的記憶體空間來讓程式使用。

1 這是建立物件的程式。

我們來回顧一下前面介紹的內容：使用 new 陳述式就是在要求 C# 建立一個物件。將一個參考變數（例如 joe）指派給那個物件就是在它上面貼一張新的便利貼。

```
Guy joe = new Guy() { Cash = 50, Name = "Joe" };
```

我們使用物件初始設定式來建立這個 Guy 物件。它的 Name 欄位有字串「Joe」，Cash 欄位有 int 50，我們把物件的參考放入稱為「Joe」的變數裡面。

2 接著建立第二個物件。

完成這件事之後，我們有兩個 Guy 物件實例與兩個參考變數：一個是第一個 Guy 物件的變數（joe），另一個是第二個 Guy 物件的變數（bob）。

```
Guy bob = new Guy() { Cash = 100, Name = "Bob" };
```

我們建立另一個 Guy 物件，並建立一個稱為「bob」並指向該物件的變數。變數就像便利貼，它們只是可以「貼」到任何物件的標籤。

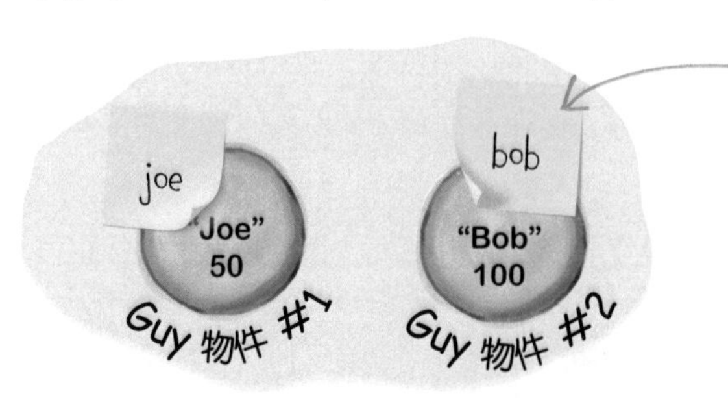

3 將指向第一個 Guy 物件的參考改成指向第二個 Guy 物件。

當你建立新的 Guy 物件時，仔細看一下你所做的事情，你用 = 賦值運算子來設定一個變數，在這個例子裡，你將變數設成 new 陳述式回傳的參考。那個賦值有效的原因是**你可以複製參考，就像複製值一樣**。

我們來複製那個值：

```
joe = bob;
```

這會要求 C# 讓 joe 指向 bob 所指的同一個物件。現在 joe 與 bob 變數**都指向同一個物件**。

當 CLR（接下來的「記憶體回收大公開」訪談會介紹）移除物件的最後一個參考時，它會將它標記成可以記憶體回收。

4 第一個 Guy 物件沒有參考了…所以它被記憶體回收了。

現在 joe 與 bob 指向同一個物件，它曾經參考的 Guy 物件沒有任何參考了，那會怎樣？C# 會把那個物件標記成可以記憶體回收，**最終**會把它丟到垃圾桶。噗的一聲一它消失了！

CLR 會記錄各個物件的所有參考，當最後一個參考消失時，它會將它標記為移除。但是它在當下可能有別的事情要做，所以物件可能還會存活幾毫秒，甚至更久！

物件必須被參考才能待在 heap 裡面。當物件的最後一個參考消失時，物件也會消失。

```
public partial class Dog {
  public void GetPet() {
    Console.WriteLine("Woof!");
  }
}
```

多個參考和它們的副作用

當你四處移動參考變數時必須非常小心。很多時候，你以為你只是將一個變數指向不同的物件，但是你可能在過程中移除指向另一個物件的所有參考。這不是一件壞事，但是結果可能不是你要的。看看這個例子：

Dog
Breed

❶
```
Dog rover = new Dog();
rover.Breed = "Greyhound";
```

物件：1

參考：1

rover 是一個 Dog 物件，它有一個設成 Greyhound 的 Breed 欄位。

❷
```
Dog fido = new Dog();
fido.Breed = "Beagle";
Dog spot = rover;
```

物件：2

參考：3

fido 是另一個 Dog 物件。spot 是第一個物件的另一個參考。

❸
```
Dog lucky = new Dog();
lucky.Breed = "Dachshund";
fido = rover;
```

物件：2

參考：4

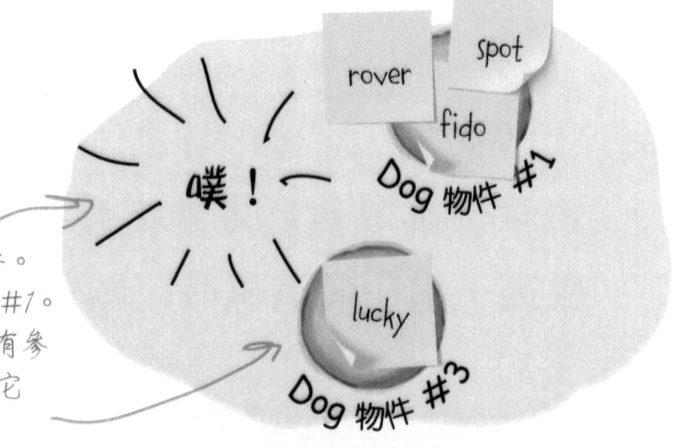

lucky 是第三個物件。fido 現在指向物件 #1。所以，物件 #2 沒有參考。對程式而言，它完了。

接下來換你上場了。下面有一長串程式，在各個階段，找出裡面有多少物件與參考。在右邊畫出 heap 裡面的物件與便利貼。

1

```
Dog rover = new Dog();
rover.Breed = "Greyhound";
Dog rinTinTin = new Dog();
Dog fido = new Dog();
Dog greta = fido;
```

物件：______

參考：______

2

```
Dog spot = new Dog();
spot.Breed = "Dachshund";
spot = rover;
```

物件：______

參考：______

3

```
Dog lucky = new Dog();
lucky.Breed = "Beagle";
Dog charlie = fido;
fido = rover;
```

物件：______

參考：______

4

```
rinTinTin = lucky;
Dog laverne = new Dog();
laverne.Breed = "pug";
```

物件：______

參考：______

5

```
charlie = laverne;
lucky = rinTinTin;
```

物件：______

參考：______

削尖你的鉛筆 解答

❶
```
Dog rover = new Dog();
rover.Breed = "Greyhound";
Dog rinTinTin = new Dog();
Dog fido = new Dog();
Dog greta = fido;
```

物件：3

參考：4

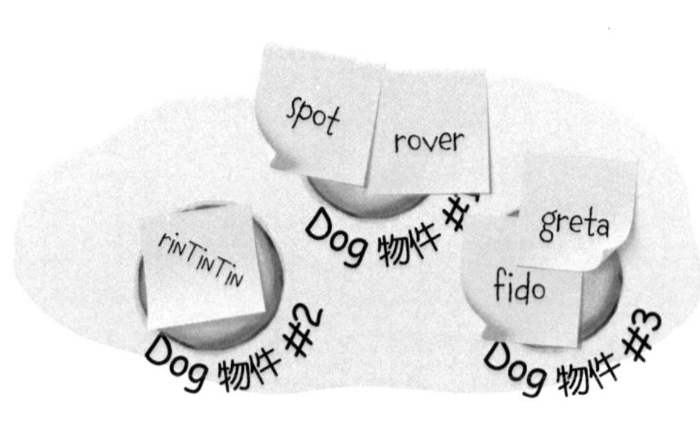

建立一個新的 Dog 物件，但是它只有 spot 這個參考。當 spot 被設成 rover 時，那個物件會消失。

❷
```
Dog spot = new Dog();
spot.Breed = "Dachshund";
spot = rover;
```

物件：3

參考：5

❸
```
Dog lucky = new Dog();
lucky.Breed = "Beagle";
Dog charlie = fido;
fido = rover;
```

當 fido 還在物件 #3 上面時，charlie 被設成 fido，然後，fido 被移到物件 #1，把 charlie 留在原處。

物件：4

參考：7

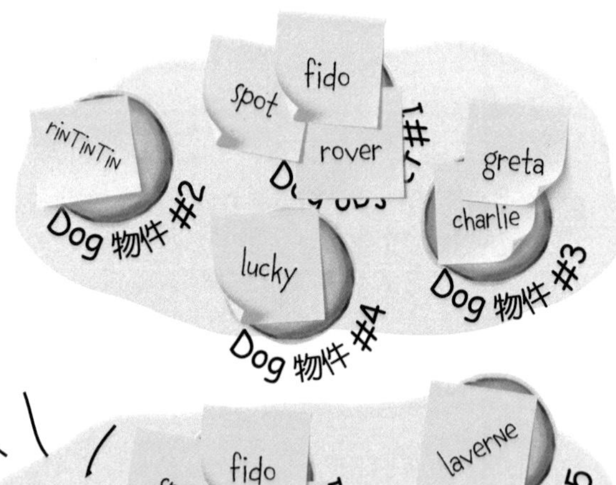

Dog #2 失去它的最後一個參考，然後它消失了。

❹
```
rinTinTin = lucky;
Dog laverne = new Dog();
laverne.Breed = "pug";
```

物件：4

參考：8

當 rinTinTin 被移到 lucky 的物件時，舊的 rinTinTin 物件會消失。

❺
```
charlie = laverne;
lucky = rinTinTin;
```

物件：4

參考：8

這一題移動參考，但是沒有建立新物件。將 lucky 設成 rinTinTin 等於什麼事都沒做，因為它們本來就指向同一個物件。

台灣念真情 — 記憶體回收大公開

本週主題：**.NET Common Language Runtime**

深入淺出：我們都知道，你幫我們做了很重要的工作，你可以更詳細地告訴我們你做了什麼嗎？

Common Language Runtime (CLR)：就很多方面而言，工作非常簡單。我會執行你的程式碼，每當你使用 .NET app 時，我就會讓它可以運行。

深入淺出：讓它可以運行是什麼意思？

CLR：我會在你的程式與執行它的電腦之間做某種「翻譯」，幫你做一些低階的「事情」。我就是管理你所謂的「實例化物件」或「進行記憶體回收」這類事情的人。

深入淺出：那它們到底是怎麼運作的？

CLR：這樣說吧，當你在 Windows、Linux、macOS 或大多數的其他作業系統上執行程式時，OS 會從二進制檔載入機器語言。

深入淺出：先等一下，可以告訴我們什麼是機器語言嗎？

CLR：沒問題，用機器語言撰寫的程式是以 CPU 可以直接執行的程式碼組成的，它比 C# 還要難懂許多。

深入淺出：如果說 CPU 會執行實際的機器碼，那 OS 的工作是什麼？

CLR：OS 會確保每一個程式都有它自己的程序、遵守系統的安全規則，以及提供 API。

深入淺出：能不能向不懂的讀者解釋什麼是 API？

CLR：API（應用程式介面）是由 OS、程式庫或程式提供的一組方法。OS API 可以協助你使用檔案系統、進行與硬體互動等事情。但是它們通常很難使用，尤其是用來做記憶體管理的，也會因 OS 而異。

深入淺出：回到你的工作。你提到二進制檔，它到底是什麼？

CLR：二進制檔是（通常）由編譯器製作的檔案，編譯器的工作是將高階語言轉換成機器碼之類的低階程式碼。Windows 二進制檔通常使用 *.exe* 或 *.dll* 副檔名。

深入淺出：但是我猜事情並不單純，你說「機器碼之類的低階程式碼」，意思是還有其他類型的低階程式碼？

CLR：沒錯。我不會執行 CPU 的機器語言。當你組建 C# 程式時，Visual Studio 會要求 C# 編譯器建立 **Common Intermediate Language (CIL)**，那就是我執行的語言。C# 程式碼會被轉換成 CIL，我會讀取並執行它。

深入淺出：你說過管理記憶體，那包括記憶體回收嗎？

CLR：是的！我替你們做了一個非常方便的事情：為了嚴格地管理電腦的記憶體，我會掌握程式何時再也不會使用某些物件了，再也用不到它們時，我會幫你丟掉它們，來釋出那些記憶體。以前的程式員必須親自做這種事情，但是多虧有我，現在你不需要煩惱這種事了。或許你根本不知道這些事情，但我讓 C# 學起來簡單許多。

深入淺出：你提到 Windows 二進制檔，如果我在 Mac 或 Linux 執行 .NET 程式呢？你也會幫這些 OS 做同一件事嗎？

CLR：如果你使用 macOS 或 Linux（或運行 Mono on Windows），那麼在技術上，你不會使用我。你會使用我的表兄弟，Mono Runtime，它實作了與我一樣的 *ECMA Common Language Infrastructure (CLI)*。所以就我提到的工作而言，我們兩個做的事情完全一樣。

用 Elephant 類別來寫一個程式。實例化兩個 Elephant 實例，然後對調指向它們的參考值，並且**不讓**任何 Elephant 實例被記憶體回收。這是當程式執行時的樣子。

你要建立一個新的主控台 app，裡面有一個 Elephant 類別。

這是程式的輸出範例：

```
Press 1 for Lloyd, 2 for Lucinda, 3 to swap
You pressed 1
Calling lloyd.WhoAmI()
My name is Lloyd.
My ears are 40 inches tall.

You pressed 2
Calling lucinda.WhoAmI()
My name is Lucinda.
My ears are 33 inches tall.

You pressed 3
References have been swapped

You pressed 1
Calling lloyd.WhoAmI()
My name is Lucinda.
My ears are 33 inches tall.

You pressed 2
Calling lucinda.WhoAmI()
My name is Lloyd.
My ears are 40 inches tall.

You pressed 3
References have been swapped

You pressed 1
Calling lloyd.WhoAmI()
My name is Lloyd.
My ears are 40 inches tall.

You pressed 2
Calling lucinda.WhoAmI()
My name is Lucinda.
My ears are 33 inches tall.
```

Elephant 類別有一個 WhoAmI 方法，它會將這兩行寫到主控台，來顯示 Name 與 EarSize 欄位的值。

對調參考會讓 *lloyd* 變數呼叫 *Lucinda* 物件的方法，反之亦然。

再次對調它們會讓所有事物回到程式開始的樣子。

這是你要製作的 *Elephant* 類別的類別圖。

Elephant
Name EarSize
WhoAmI

CLR 會幫沒有參考的任何物件做記憶體回收。所以給你一個提示：如果你想要把一杯咖啡倒到另一杯已經裝滿茶的杯子裡，你就要先把茶倒到第三個杯子裡…

習題

你的工作是建立一個 .NET Core 主控台 app，裡面有一個符合類別圖的 Elephant 類別，並使用它的欄位和方法來產生符合範例輸出的輸出。

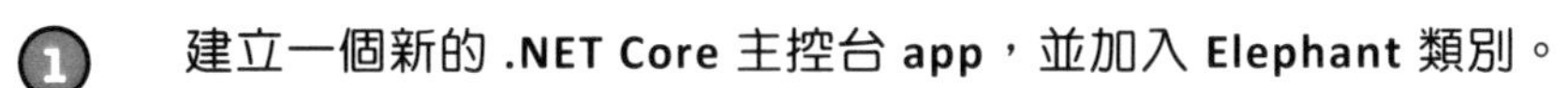

1 建立一個新的 .NET Core 主控台 app，並加入 Elephant 類別。

將 Elephant 類別加入物件。看一下 Elephant 類別圖，你需要一個稱為 EarSize 的 int 欄位與一個稱為 Name 的 string 欄位。加入它們，並且將它們都宣告成 public。然後加入一個稱為 WhoAmI 方法，用它在主控台輸出兩行訊息，來顯示大象的名字和耳朵尺寸。參考範例輸出，來了解它應該印出什麼。

2 建立兩個 Elephant 實例與一個參考。

使用物件初始設定式來實例化兩個 Elephant 物件：

```
Elephant lucinda = new Elephant() { Name = "Lucinda", EarSize = 33 };
Elephant lloyd = new Elephant() { Name = "Lloyd", EarSize = 40 };
```

3 呼叫它們的 WhoAmI 方法。

當用戶按下 1 時，呼叫 lloyd.WhoAmI。當用戶按下 2 時，呼叫 lucinda.WhoAmI。務必讓輸出符合範例。

4 好玩的來了：對調參考。

這是這個練習好玩的部分。當用戶按下 3 時，讓 app 呼叫一個**對調兩個參考**的方法。你必須編寫那個方法。對調參考之後，按下 1 會將 Lucinda 的訊息寫到主控台，按下 2 會顯示 Lloyd 的訊息。如果你再次對調參考，一切事物都會回歸正常。

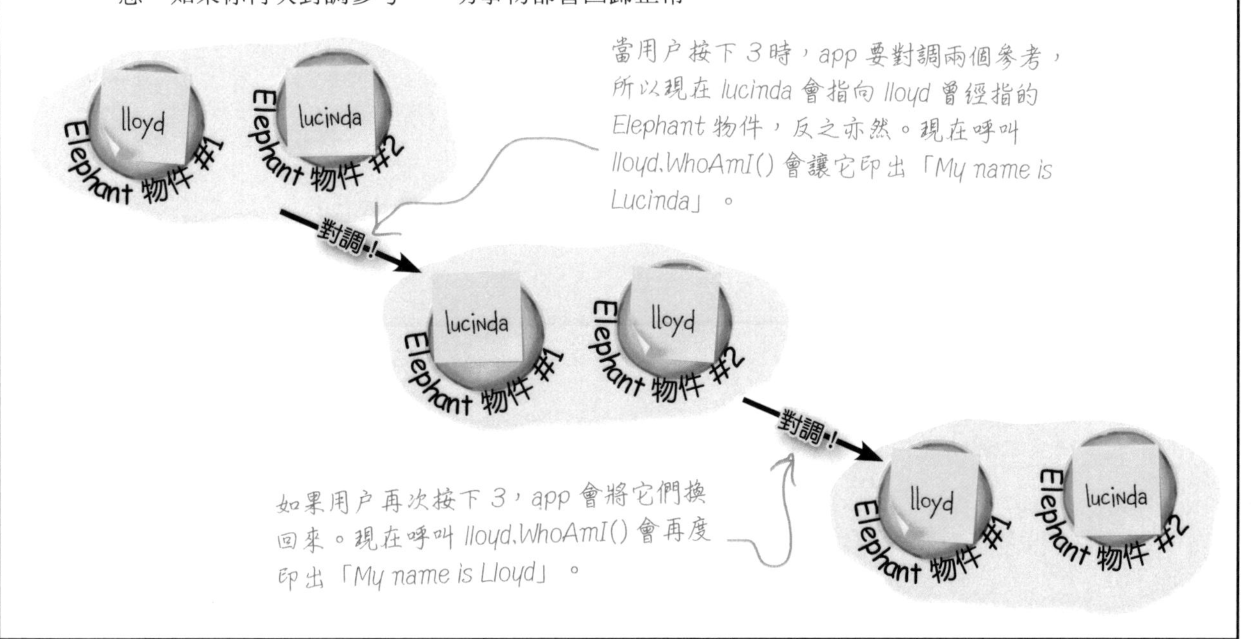
lloyd
Elephant 物件 #1
lucinda
Elephant 物件 #2
當用戶按下 3 時，app 要對調兩個參考，所以現在 lucinda 會指向 lloyd 曾經指的 Elephant 物件，反之亦然。現在呼叫 lloyd.WhoAmI() 會讓它印出「My name is Lucinda」。
對調！
lucinda
Elephant 物件 #1
lloyd
Elephant 物件 #2
對調！
如果用户再次按下 3，app 會將它們換回來。現在呼叫 lloyd.WhoAmI() 會再度印出「My name is Lloyd」。
lloyd
Elephant 物件 #1
lucinda
Elephant 物件 #2

用 Elephant 類別來寫一個程式。實例化兩個 Elephant 實例，然後對調指向它們的參考值，並且**不讓**任何 Elephant 實例被記憶體回收。

這個是 Elephant 類別：

Elephant
Name EarSize
WhoAmI

```
class Elephant
{
    public int EarSize;
    public string Name;
    public void WhoAmI()
    {
        Console.WriteLine("My name is " + Name + ".");
        Console.WriteLine("My ears are " + EarSize + " inches tall.");
    }
}
```

這是 Program類別的 Main方法：

```
static void Main(string[] args)
{
    Elephant lucinda = new Elephant() { Name = "Lucinda", EarSize = 33 };
    Elephant lloyd = new Elephant() { Name = "Lloyd", EarSize = 40 };

    Console.WriteLine("Press 1 for Lloyd, 2 for Lucinda, 3 to swap");
    while (true)
    {
        char input = Console.ReadKey(true).KeyChar;
        Console.WriteLine("You pressed " + input);
        if (input == '1')
        {
            Console.WriteLine("Calling lloyd.WhoAmI()");
            lloyd.WhoAmI();
        } else if (input == '2')
        {
            Console.WriteLine("Calling lucinda.WhoAmI()");
            lucinda.WhoAmI();
        } else if (input == '3')
        {
            Elephant holder;
            holder = lloyd;
            lloyd = lucinda;
            lucinda = holder;
            Console.WriteLine("References have been swapped");
        }
        else return;
        Console.WriteLine();
    }
}
```

如果你只將 *Lloyd* 指向 *Lucinda*，那就沒有任何參考指向 *Lloyd*，它的物件會消失。這就是為什麼你要用額外的變數（我們稱之為「*holder*」）來保存 *Lloyd* 物件參考，直到 *Lucinda* 得到它。

當我們宣告「*holder*」變數時，並未使用「*new*」陳述式，因為我們不想要建立另一個 *Elephant* 實例。

有兩個參考代表有兩個變數可以改變同一個物件的資料

除了失去物件的所有參考之外，當你讓多個參考指向同一個物件時，你可能會無意間改變那個物件，換句話說，物件的某個參考可能會**改變**那個物件，但是那個物件的其他參考**不知道**有東西改變了。我們來看看這是什麼情況。

動手做！

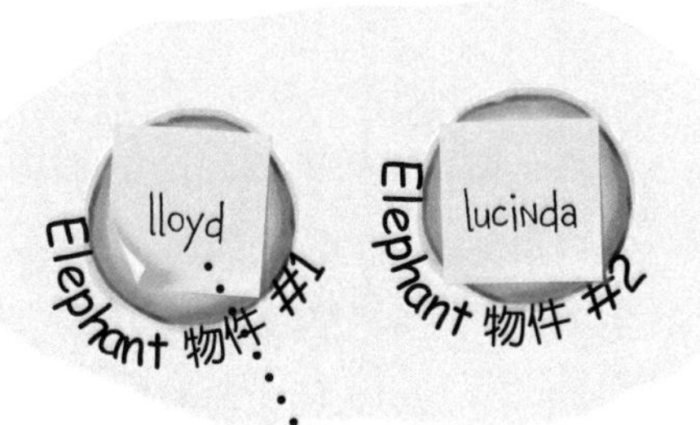

在 Main 方法再加入一個「else if」區塊。你可以猜到當它執行時會怎樣嗎？

```
else if (input == '3')
{
    Elephant holder;
    holder = lloyd;
    lloyd = lucinda;
    lucinda = holder;
    Console.WriteLine("References have been swapped");
}
else if (input == '4')
{
    lloyd = lucinda;
    lloyd.EarSize = 4321;
    lloyd.WhoAmI();
}
else
{
    return;
}
```

在這個陳述式執行之後，lloyd 與 lucinda 變數都會參考同一個 Elephant 物件。

這個陳述式的意思是將 lloyd 變數裡面的參考所指的物件的 EarSize 設成 4321。

噗！

lloyd

lucinda

Elephant 物件 #2

對調這兩個便利貼不會改變任何事情，因為它們貼在同一個物件上。

而且因為 lloyd 參考沒有指向第一個 Elephant 物件，所以它被記憶體回收了…你再也無法挽回它了！

現在執行你的程式，你會看到：

```
You pressed 4
My name is Lucinda
My ears are 4321 inches tall.

You pressed 1
Calling lloyd.WhoAmI()
My name is Lucinda
My ears are 4321 inches tall.

You pressed 2
Calling lucinda.WhoAmI()
My name is Lucinda
My ears are 4321 inches tall.
```

程式正常執行…直到你按下 4。當你按下 4 之後，雖然按下 1 或 2 會印出同樣的輸出，但是按下 3 來對調參考不會做任何事了。

當你按下 4 並執行你加入的新程式之後，lloyd 與 lucinda 變數都有第二個 Elephant 物件的參考。按下 1 來呼叫 lloyd.WhoAmI 會印出與按下 2 來呼叫 lucinda.WhoAmI 一模一樣的訊息。對調它們沒有差異，因為你在對調兩個一致的參考。

物件使用參考來對談

Elephant

Name
EarSize

WhoAmI
HearMessage
SpeakTo

到目前為止，你已經看過表單（form）藉著使用參考變數來呼叫物件的方法與檢查它們的欄位。物件也可以使用參考來呼叫彼此的方法。事實上，表單可以做的事情，物件都可以做，因為**你的表單只是另一個物件**。當物件互相對談時，它們會使用 `this` 這個好用的關鍵字。每當物件使用 `this` 關鍵字時，這個關鍵字都代表它自己，這個參考指向呼叫它的物件。我們來修改 Elephant 類別，讓實例可以呼叫彼此的方法，看看這是怎麼回事。

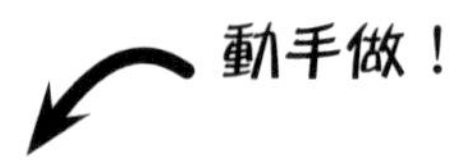

1 加入一個方法來讓 Elephant 聆聽訊息。

我們在 Elephant 類別加入一個方法。它的第一個參數是另一個 Elephant 物件傳來的訊息，第二個參數是傳遞那個訊息的 Elephant 物件：

```
public void HearMessage(string message, Elephant whoSaidIt) {
    Console.WriteLine(Name + " heard a message");
    Console.WriteLine(whoSaidIt.Name + " said this: " + message);
}
```

這是呼叫它的情況：

```
lloyd.HearMessage("Hi", lucinda);
```

我們呼叫 `lloyd` 的 HearMessage 方法，並將兩個參數傳給它：字串 `"Hi"` 與指向 Lucinda 的物件的參考。這個方法使用 `whoSaidIt` 參數來存取被傳進來的大象的 Name 欄位。

2 加入一個方法來讓 Elephant 傳送訊息。

接下來我們在 Elephant 類別加入 SpeakTo 方法，讓它使用特殊關鍵字：`this`。`this` 是一個參考，**可讓物件取得它自己的參考**。

```
public void SpeakTo(Elephant whoToTalkTo, string message) {
    whoToTalkTo.HearMessage(message, this);
}
```

這個 Elephant 的 SpeakTo 方法使用「this」關鍵字來將指向它自己的參考傳給另一個 Elephant。

我們來仔細地看看發生什麼事。

當我們呼叫 Lucinda 物件的 SpeakTo 方法時：

```
lucinda.SpeakTo(lloyd, "Hi, Lloyd!");
```

它會呼叫 Lloyd 物件的 HearMessage 方法如下：

```
whoToTalkTo.HearMessage("Hi, Lloyd!", this);
```

Lucinda 使用 whoToTalkTo（它有 Lloyd 的參考）來呼叫 HearMessage。

this 被換成指向 Lucinda 物件的參考。

Lloyd 的參考 .HearMessage("Hi, Lloyd!", *指向 Lucinda 物件的參考*);

③ 呼叫新方法。

在 Main 方法加入更多 `else if` 區塊來讓 Lucinda 物件傳送訊息給 Lloyd 物件：

```
else if (input == '4')
{
    lloyd = lucinda;
    lloyd.EarSize = 4321;
    lloyd.WhoAmI();
}
else if (input == '5')
{
    lucinda.SpeakTo(lloyd, "Hi, Lloyd!");
}
else
{
    return;
}
```

「this」關鍵字可讓物件取得它自己的參考。

現在執行程式並按下 5，你會看到這個輸出：

```
You pressed 5
Lloyd heard a message
Lucinda said this: Hi, Lloyd!
```

④ 使用偵錯工具來了解發生什麼事。

在剛才加入 Main 方法的陳述式放置中斷點：

```
● 45 | lucinda.SpeakTo(lloyd, "Hi, Lloyd!");
```

1. 執行程式並按下 5。
2. 當它到達中斷點時，使用 Debug >> Step Into (F11) 來逐步執行 SpeakTo 方法。
3. 為 Name 加入監看式，來顯示你在哪個 Elephant 物件裡面。你目前在 Lucinda 物件裡面，沒錯，因為 Main 方法呼叫了 lucinda.SpeakTo。
4. 把游標移到行尾的 **this** 關鍵字上面，並展開它。它是指向 Lucinda 物件的參考。

   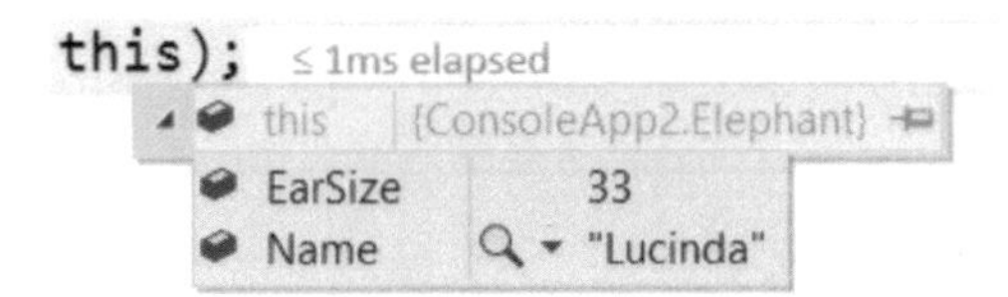

   把游標移到 **whoToTalkTo** 並展開它 — 它是指向 Lloyd 物件的參考。
5. SpeakTo 方法有一個陳述式 — 它呼叫 whoToTalkTo.HearMessage，逐步執行它。
6. 現在你在 HearMessage 方法裡面，再次檢查監看式，現在 Name 欄位的值是「Lloyd」— Lucinda 物件呼叫了 Lloyd 物件的 HearMessage 方法。
7. 把游標移到 **whoSaidIt** 上面並展開它。它是指向 Lucinda 物件的參考。

完成逐步執行，花幾分鐘認真了解來龍去脈。

陣列保存多個值

字串與陣列和本章介紹過的其他資料型態不一樣，因為它們是沒有集合大小的型態（想一下這一點）。

如果你想要記錄同一種型態的許多資料，例如一系列的價格，或是一群狗狗，你可以使用**陣列**（**array**）。陣列特別的地方在於它是一**群**被視為單一物件的**變數**。陣列可讓你儲存與修改多筆資料，使你免於分別記錄各個變數。宣告陣列的方式與宣告其他變數一樣，你也要使用名稱與型態，但是**型態的後面有一對中括號**：

```
bool[] myArray;
```

使用 new 關鍵字來建立陣列。我們來建立一個有 15 個 bool 元素的陣列：

```
myArray = new bool[15];
```

你可以使用中括號來設定陣列裡面的一個值。下面的陳述式使用中括號與**索引** 4 來將 myArray 的第 5 個元素的值設成 true。它是第 5 個的原因是，第一個元素是 myArray[0]，第二個是 myArray[1]，以此類推。

```
myArray[4] = false;
```

你要使用 new 關鍵字來建立陣列，因為它是物件—所以陣列變數是一種參考變數。在 C#，陣列是 zero-based，也就是第一個元素的索引是 0。

像使用一般的變數那樣使用陣列的元素

當你使用陣列時，你要先**宣告一個**指向陣列的**參考變數**。然後使用 new 陳述式來**建立陣列物件**，並指定陣列的大小。然後你可以**設定**陣列裡面的**元素**。下面的例子宣告並填寫一個陣列，並說明在過程中 heap 的情況。陣列的第一個元素的**索引**是 0。

```
// 宣告一個有 7 個元素的 decimal 陣列
decimal[] prices = new decimal[7];
prices[0] = 12.37M;
prices[1] = 6_193.70M;

// 我們並未設定
// 索引 2 的元素
// 它仍然是預設值 0

prices[3] = 1193.60M;
prices[4] = 58_000_000_000M;
prices[5] = 72.19M;
prices[6] = 74.8M;
```

prices 變數是個參考，如同任何其他物件參考。它所指的物件是個 decimal 值的陣列，那些值全部都在同一塊 heap 裡面。

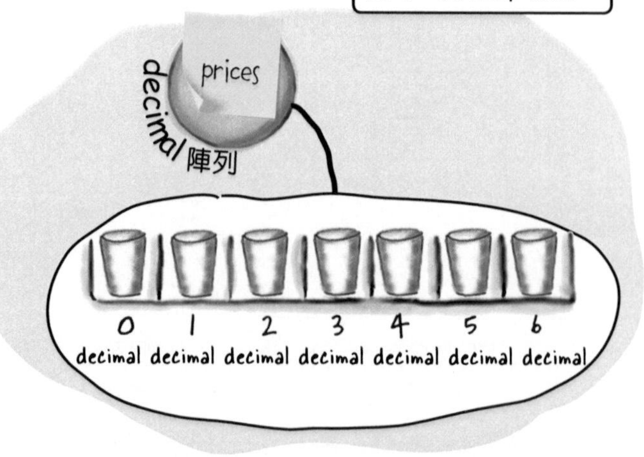

陣列可以儲存參考變數

你可以像建立數字或字串陣列一樣建立**物件參考陣列**。陣列不會去管它們儲存的是哪一種變數型態，那是由你決定的。所以你可以使用 int 陣列或 Duck 物件陣列，沒有任何問題。

當你設定或取出陣列的一個元素時，在中括號裡面的數字稱為索引。第一個陣列元素的索引是 0。

下面的程式建立一個有 7 個 Dog 變數的陣列，將陣列初始化的那一行程式只會建立參考變數。因為我們只有兩行 new Dog()，所以只會建立兩個 Dog 類別實例。

```
// 宣告一個變數來保存
// Dog 物件的參考的陣列
Dog[] dogs = new Dog[7];
// 建立兩個新的 Dog 實例
// 並將它們放入索引 0 和 5
dogs[5] = new Dog();
dogs[0] = new Dog();
```

第一行程式只會建立陣列，不會建立實例。陣列有 7 個 Dog 參考變數，但是我們只建立兩個 Dog 物件。

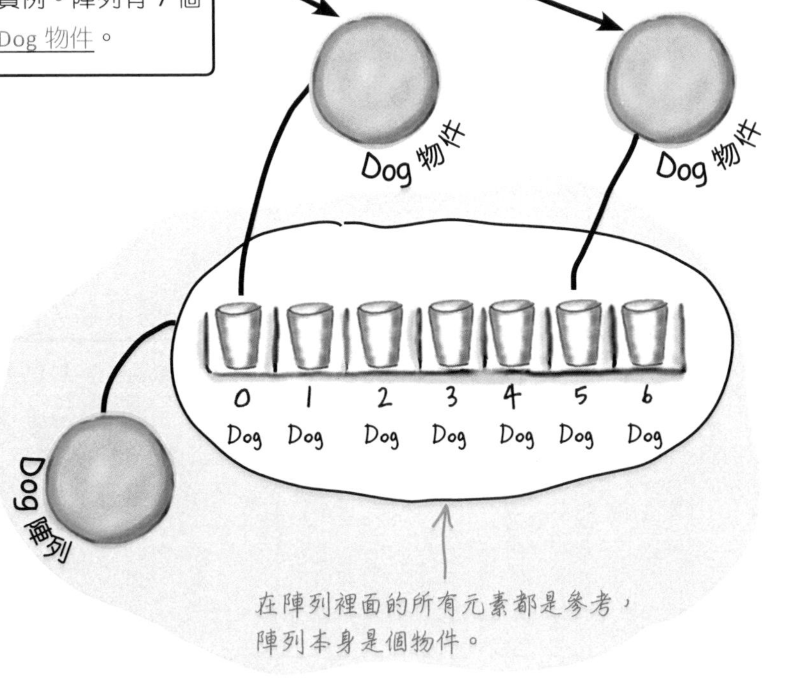

在陣列裡面的所有元素都是參考，陣列本身是個物件。

陣列的長度

你可以用 Length 屬性來確認陣列裡面有多少元素。所以如果你有一個稱為「prices」的陣列，你可以使用 prices.Length 來確認它有多長。如果這個陣列有 7 個元素，它會給你 7 — 這意味著陣列元素的編號是從 0 到 6。

下面有一個 Elephant 物件陣列，以及一個遍歷它來找出哪一隻大象耳朵最大的迴圈。在每一次的 for 迴圈迭代**之後**，biggestEars.EarSize 的值是什麼？

```
private static void Main(string[] args)
{
    Elephant[] elephants = new Elephant[7];
    elephants[0] = new Elephant() { Name = "Lloyd", EarSize = 40 };
    elephants[1] = new Elephant() { Name = "Lucinda", EarSize = 33 };
    elephants[2] = new Elephant() { Name = "Larry", EarSize = 42 };
    elephants[3] = new Elephant() { Name = "Lucille", EarSize = 32 };
    elephants[4] = new Elephant() { Name = "Lars", EarSize = 44 };
    elephants[5] = new Elephant() { Name = "Linda", EarSize = 37 };
    elephants[6] = new Elephant() { Name = "Humphrey", EarSize = 45 };

    Elephant biggestEars = elephants[0];
    for (int i = 1; i < elephants.Length; i++)
    {
        Console.WriteLine("Iteration #" + i);

        if (elephants[i].EarSize > biggestEars.EarSize)
        {
            biggestEars = elephants[i];
        }

        Console.WriteLine(biggestEars.EarSize.ToString());
    }
}
```

我們建立一個儲存 7 個 Elephant 參考的陣列。

陣列的第一個索引是 0，所以在陣列裡的第一個 Elephant 是 elephants[0]。

這會將 biggestEars 參考設成 elephants[i] 所指的物件。

小心，這個迴圈從陣列的第二個元素開始（在索引 1），並且迭代 6 次，直到「i」等於陣列的長度為止。

迭代 #1 biggestEars.EarSize = _________

迭代 #2 biggestEars.EarSize = _________

迭代 #3 biggestEars.EarSize = _________

迭代 #4 biggestEars.EarSize = _________

迭代 #5 biggestEars.EarSize = _________

迭代 #6 biggestEars.EarSize = _________

null 代表參考沒有指向任何東西

有一個重要的關鍵字經常與物件一起使用，當你建立一個新參考，而且沒有將它設成任何東西時，它也有一個值，它最初會被設為 null，代表**它沒有指向任何物件**。我們來仔細觀察這個情況：

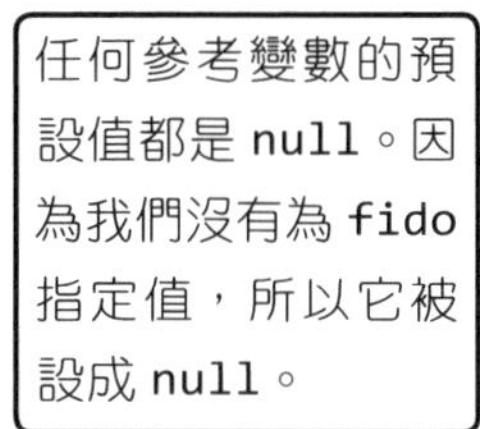

任何參考變數的預設值都是 null。因為我們沒有為 fido 指定值，所以它被設成 null。

```
Dog fido;
Dog lucky = new Dog();
```

現在 fido 被設成另一個物件的參考，所以它不等於 null。

```
fido = new Dog();
```

當我們將 lucky 設成 null 之後，它就不指向物件了，所以它會被標成記憶體回收。

```
lucky = null;
```

沒錯。null 關鍵字非常方便。

在一般的程式裡面，null 有幾種用法，最常見的用法是確保參考有指向物件：

```
if (lloyd == null) {
```

這個測試式會在 lloyd 參考被設成 null 時回傳 true。

另一種 null 關鍵字的用法是當你**想要**讓物件被記憶體回收時。如果你已經取得物件的參考，而且再也不會使用那個物件了，將參考設成 null 會立刻把它標成記憶體回收（除非它在別的地方有其他的參考）。

下面有一個 Elephant 物件陣列，以及一個遍歷它來找出哪一隻大象耳朵最大的迴圈。在每一次的 for 迴圈迭代**之後**，biggestEars.EarSize 的值是什麼？

for 迴圈從第二個 Elephant 開始處理，並且拿它與 Elephant biggestEars 所指的東西進行比較。如果它的耳朵比較大，它會將 biggestEars 改成指向那個 Elephant。然後它前往下一個，然後再下一個…在迴圈结束時，biggestEars 會指向耳朵最大的。

```
private static void Main(string[] args)
{
    Elephant[] elephants = new Elephant[7];
    elephants[0] = new Elephant() { Name = "Lloyd", EarSize = 40 };
    elephants[1] = new Elephant() { Name = "Lucinda", EarSize = 33 };
    elephants[2] = new Elephant() { Name = "Larry", EarSize = 42 };
    elephants[3] = new Elephant() { Name = "Lucille", EarSize = 32 };
    elephants[4] = new Elephant() { Name = "Lars", EarSize = 44 };
    elephants[5] = new Elephant() { Name = "Linda", EarSize = 37 };
    elephants[6] = new Elephant() { Name = "Humphrey", EarSize = 45 };

    Elephant biggestEars = elephants[0];
    for (int i = 1; i < elephants.Length; i++)
    {
        Console.WriteLine("Iteration #" + i);

        if (elephants[i].EarSize > biggestEars.EarSize)
        {
            biggestEars = elephants[i];
        }

        Console.WriteLine(biggestEars.EarSize.ToString());
    }
}
```

你還記得這個迴圈從陣列的第二個元素開始處理嗎？你認為為何如此？

biggestEars 參考會記錄我們看過的哪隻 Elephant 的耳朵最大。使用偵錯工具來檢查它！把中斷點設在這裡，並且監看 biggestEars.EarSize。

迭代 #1 biggestEars.EarSize = 40

迭代 #2 biggestEars.EarSize = 42

迭代 #3 biggestEars.EarSize = 42

迭代 #4 biggestEars.EarSize = 44

迭代 #5 biggestEars.EarSize = 44

迭代 #6 biggestEars.EarSize = 45

問：**我對參考的運作方式仍然似懂非懂。**

答：參考是讓你用來使用物件的所有方法與欄位的手段。當你建立一個指向 Dog 物件的參考之後，你就可以藉由那個參考來使用你為 Dog 物件建立的任何方法。如果 Dog 類別有稱為 Bark 與 Fetch 的（非 static）方法，你可以建立一個稱為 spot 的參考，然後透過它來呼叫 spot.Bark() 或 spot.Fetch()。你也可以使用參考來改變物件欄位裡面的資訊（所以你可以用 spot.Breed 來改變 Breed 欄位）。

問：**所以，是不是每當我用參考來改變一個值時，也幫那個物件的所有其他參考改變它？**

答：是的。如果 rover 變數與 spot 變數儲存的參考指向同一個物件，將 rover.Breed 改成「beagle」也會讓 spot.Breed 變成「beagle」。

問：**再幫我複習一下 — this 的功能是什麼？**

答：this 是只能在物件裡面使用的特殊變數。當你在類別裡面時，你可以用 this 來引用那個特定實例的欄位或方法。如果類別內的方法會呼叫其他的類別，this 尤其方便，物件可以用它來將**指向它自己的參考**傳給另一個物件。所以當 spot 呼叫 rover 的方法，並且用參數來傳送 this 時，它可以將 spot 物件的參考傳給 rover。

問：**你不斷提到記憶體回收，到底是誰負責進行回收？**

答：每一個 .NET app 都是在 **Common Language Runtime** 裡面運行的（或 Mono Runtime — 當你在 macOS、Linux 裡面運行，或使用 Mono on Windows 的話）。CLR 為你做很多工作，其中有兩件非常重要的事情正是我們現在關注的。第一個，它會**執行你的程式**，具體來說，就是 C# 編譯器產生的東西。第二個，它會管理程式使用的記憶體。這意味著它會追蹤所有的物件，確認何時物件的最後一個參考消失了，以及釋出它本來使用的記憶體。微軟的 .NET 團隊與 Xamarin 的 Mono 團隊（它們多年來是不同的公司，但是現在都屬於微軟了）付出大量的心血來確保它既快速且高效。

問：**我還是不太明白關於「不同的型態保存不同大小的值」的事情，你可以再解釋一次嗎？**

答：沒問題，變數會指派一個記憶體大小給你的數字，無論你的數字值的大小為何。所以如果你讓一個變數使用 long 型態，即使數字很小（例如 5），CLR 也會幫它指定足夠的記憶體，以防它變得非常大。仔細想想，這真的很方便，畢竟，它們之所以稱為變數，是因為它們一直在改變。

CLR 認為你知道你在做什麼而且你不會給變數超乎需求的型態。雖然數字現在還不大，但是經過幾次數學計算之後可能會改變，所以 CLR 給它足夠的記憶體，來應付該型態可以容納的最大值。

每當你在物件裡面實例化某個東西時，該實例都可以使用特殊的 this 變數來取得指向物件的參考。

桌遊

遊戲設計…漫談

桌遊有豐富的歷史，而且，事實上，桌遊悠久的歷史深深影響電玩，至少早在第一款商業角色扮演遊戲問世的時候就開始了。

- 第一版的龍與地下城（D&D）是在 1974 年發表的，在同一年，大學的大型電腦開始出現名稱裡面有「地下城」與「dnd」的遊戲。
- 你曾經使用 Random 類別來產生數字。使用隨機數來玩遊戲的概念已經有悠久的歷史了，例如，桌遊會使用骰子、卡牌、轉盤與其他隨機性來源。
- 我們在上一章看到，紙上雛型是設計電玩時很有價值的第一步。紙上雛型與桌遊非常相似。事實上，你通常可以把電玩的紙上雛型變成可玩的桌遊，並且用它來測試一些遊戲機制。
- 你可以把桌遊（尤其是卡牌遊戲和圖板遊戲）當成學習工具來了解遊戲機制的廣義概念。發牌、洗牌、擲骰子、在棋盤上移動棋子的規則、沙漏計時器，以及合作規則都是一種機制。
- Go Fish 的機制包括發牌、向其他玩家索取卡牌、當別人向你索取你手裡沒有的卡牌時說「Go Fish」、決定贏家…等。你可以到這裡花幾分鐘閱讀規則：https://en.wikipedia.org/wiki/Go_Fish#The_game。

如果你沒有玩過 Go Fish，花幾分鐘閱讀規則。本書稍後會使用它們。

就算我們不打算寫電玩程式，我們還是可以從桌遊學到很多東西。

許多程式都會使用**隨機數**（或稱為亂數）。例如，你曾經在一些 app 裡面使用 Random 類別來建立隨機數。多數人在日常生活中不會遇到真正的隨機數…除了玩遊戲之外，擲骰子、洗牌、轉轉盤、丟硬幣…這些都是**產生隨機數的好方法**。Random 類別是 .NET 的隨機數產生器，你會在許多程式裡使用它。在玩桌遊時使用隨機數的經驗可以幫助你了解它是怎麼回事。

隨機數測試

你將在本書一直使用 .NET Random 類別，所以我們來試著操作它，以進一步了解它。啟動 Visual Studio 跟著操作，並且執行程式碼多次，因為你每次都會得到不同的隨機數。

1. **建立新的主控台 app** — 所有的程式都要放在 Main 方法裡面。先建立一個 Random 的新實例，產生一個隨機的 int，並將它寫到主控台：

```
Random random = new Random();
int randomInt = random.Next();
Console.WriteLine(randomInt);
```

指定**最大值**來取得從 0 到最大值之間（但不包含它）的隨機數。將最大值設成 10 會產生從 0 到 9 的隨機數：

```
int zeroToNine = random.Next(10);
Console.WriteLine(zeroToNine);
```

2. **模擬擲骰子**。你可以指定最小與最大值。最小值 1 與最大值 7 可以產生從 1 到 6 的隨機數：

```
int dieRoll = random.Next(1, 7);
Console.WriteLine(dieRoll);
```

3. **NextDouble 方法**可以產生隨機 double 值。把游標移到方法名稱上面來顯示工具提示 一它會產生從 0.0 到 1.0 的浮點數。

```
double randomDouble = random.NextDouble();
```

double Random.NextDouble()
Returns a random floating-point number that is greater than or equal to 0.0, and less than 1.0.

你可以藉著**乘上隨機 double** 來產生大很多的隨機數，所以如果你想要得到從 1 到 100 的隨機 double 值，那就將隨機 double 乘以 100：

```
Console.WriteLine(randomDouble * 100);
```

使用**轉型**來將隨機 double 轉換成其他型態。試著執行這段程式幾次，你會看到 float 與 decimal 值之間有微小的精確度差異。

```
Console.WriteLine((float)randomDouble * 100F);
Console.WriteLine((decimal)randomDouble * 100M);
```

使用最大值 2 來**模擬丟硬幣**。這會產生不是 0 就是 1 的隨機值。使用特殊的 **Convert 類別**，它有一個 static ToBoolean 方法可將它轉換成布林值：

```
int zeroOrOne = random.Next(2);
bool coinFlip = Convert.ToBoolean(zeroOrOne);
Console.WriteLine(coinFlip);
```

如何使用 Random，從一個字串陣列隨機選出一個字串？

歡迎來到邋遢喬的小資三明治店！

邋遢喬有一大堆肉、一大堆麵包，還有一大堆調味料。但是他沒有菜單！你可以寫一個程式來幫他每天列出一份新的隨機菜單嗎？你當然可以…只要使用**新的 WPF app**、一些陣列，以及一些實用的新技術即可。

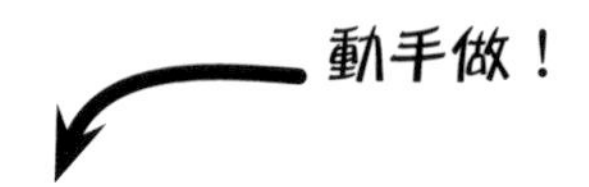

MenuItem
Randomizer Proteins Condiments Breads Description Price
Generate

1 **在專案加入一個新的 MenuItem 類別，並加入它的欄位。**

看一下類別圖。它有四個欄位：一個 Random 實例，以及三個保存各個三明治成分的陣列。陣列欄位使用**集合初始設定式**，可讓你把陣列裡面的項目放在大括號裡面來定義它們。

```
class MenuItem
{
    public Random Randomizer = new Random();

    public string[] Proteins = { "Roast beef", "Salami", "Turkey",
                "Ham", "Pastrami", "Tofu" };
    public string[] Condiments = { "yellow mustard", "brown mustard",
                "honey mustard", "mayo", "relish", "french dressing" };
    public string[] Breads = { "rye", "white", "wheat", "pumpernickel", "a roll" };

            public string Description = "";
            public string Price;
}
```

2 **將 GenerateMenuItem 方法加入 MenuItem 類別。**

這個方法使用你看過很多次的同一個 Random.Next 來從 Proteins、Condiments 與 Breads 欄位裡面的陣列隨機選出項目，並將它們串成一個字串。

```
public void Generate()
{
    string randomProtein = Proteins[Randomizer.Next(Proteins.Length)];
    string randomCondiment = Condiments[Randomizer.Next(Condiments.Length)];
    string randomBread = Breads[Randomizer.Next(Breads.Length)];
    Description = randomProtein + " with " + randomCondiment + " on " + randomBread;

    decimal bucks = Randomizer.Next(2, 5);
    decimal cents = Randomizer.Next(1, 98);
    decimal price = bucks + (cents * .01M);
    Price = price.ToString("c");
}
```

這個方法藉著把兩個隨機的 int 轉換成 decimal，來產生介於 2.01 與 4.97 之間的隨機價格。看一下最後一行，它回傳 price.ToString("c")。傳給 ToString 方法的參數是格式。在這個例子裡，"c" 格式告訴 ToString 用當地的貨幣符號來格式化那個值，如果你在美國，你會看到 $，在英國會看到 £，在歐元區會看到 €，以此類推。

你可以在 Visual Studio for Mac 學習指南找到這個專案的 Mac 版本。

3 建立 XAML 來排列視窗版面。

你的 app 會在一個兩欄的視窗裡面顯示隨機的菜單項目，比較寬的直欄顯示菜單項目，比較窄的顯示價格。在格線裡的每一格都有個 TextBlock，它們的 FontSize 是 **18px**，但最底下那一列是一個靠右對齊且跨越兩欄的 TextBlock。視窗的標題是「Welcome to Sloppy Joe's Budget House o' Discount Sandwiches!」，它的高是 **350**，寬是 **550**。格線的邊距是 **20**。

我們將運用上一章的兩個 WPF 專案教導的 XAML。你可以在設計工具裡面排列它、親自輸入它，或混合這兩種做法。

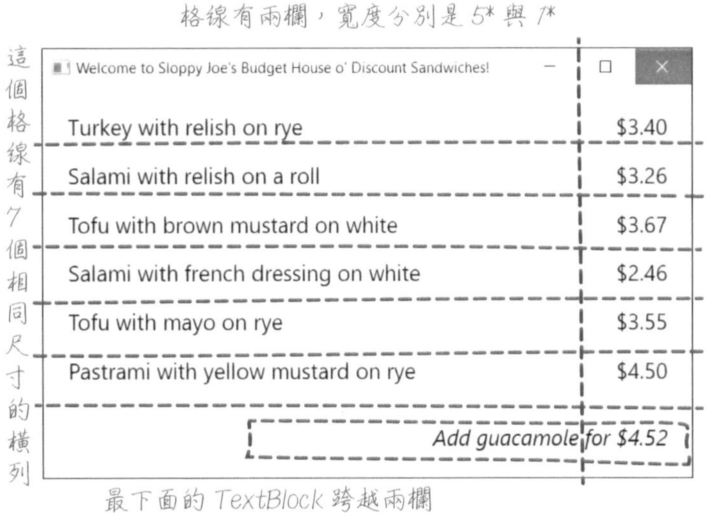

格線的邊距是 20，讓整個選單有一些額外的空間。

格線有兩欄，寬度分別是 5* 與 1*

這個格線有 7 個相同尺寸的橫列

Turkey with relish on rye	$3.40
Salami with relish on a roll	$3.26
Tofu with brown mustard on white	$3.67
Salami with french dressing on white	$2.46
Tofu with mayo on rye	$3.55
Pastrami with yellow mustard on rye	$4.50
Add guacamole for $4.52	

Welcome to Sloppy Joe's Budget House o' Discount Sandwiches!

最下面的 TextBlock 跨越兩欄

將左邊直欄裡面的各個 TextBlocks 命名為 item1、item2、item3 …等，右邊直欄裡面的 TextBlocks 命名為 price1、price2、price3 …等。把最下面的 TextBlock 命名為 *guacamole*。

```
<Grid Margin="20">
    <Grid.RowDefinitions>
        <RowDefinition/>
        <RowDefinition/>
        <RowDefinition/>
        <RowDefinition/>
        <RowDefinition/>
        <RowDefinition/>
        <RowDefinition/>
    </Grid.RowDefinitions>
    <Grid.ColumnDefinitions>
        <ColumnDefinition Width="5*"/>
        <ColumnDefinition/>
    </Grid.ColumnDefinitions>

    <TextBlock x:Name="item1" FontSize="18px" />
    <TextBlock x:Name="price1" FontSize="18px" HorizontalAlignment="Right" Grid.Column="1"/>
    <TextBlock x:Name="item2" FontSize="18px" Grid.Row="1"/>
    <TextBlock x:Name="price2" FontSize="18px" HorizontalAlignment="Right"
               Grid.Row="1" Grid.Column="1"/>
    <TextBlock x:Name="item3" FontSize="18px" Grid.Row="2" />
    <TextBlock x:Name="price3" FontSize="18px" HorizontalAlignment="Right" Grid.Row="2"
               Grid.Column="1"/>
    <TextBlock x:Name="item4" FontSize="18px" Grid.Row="3" />
    <TextBlock x:Name="price4" FontSize="18px" HorizontalAlignment="Right" Grid.Row="3"
               Grid.Column="1"/>
    <TextBlock x:Name="item5" FontSize="18px" Grid.Row="4" />
    <TextBlock x:Name="price5" FontSize="18px" HorizontalAlignment="Right" Grid.Row="4"
               Grid.Column="1"/>
    <TextBlock x:Name="item6" FontSize="18px" Grid.Row="5" />
    <TextBlock x:Name="price6" FontSize="18px" HorizontalAlignment="Right" Grid.Row="5"
               Grid.Column="1"/>
    <TextBlock x:Name="guacamole" FontSize="18px" FontStyle="Italic" Grid.Row="6"
               Grid.ColumnSpan="2" HorizontalAlignment="Right" VerticalAlignment="Bottom"/>
</Grid>
```

為 XAML 視窗加入 code-behind。

產生的菜單方法是 MakeTheMenu，你的視窗會在呼叫 InitializeComponent 之後呼叫它。它使用 MenuItem 類別的陣列來產生菜單裡面的各個項目。我們想要讓前三個項目是一般的菜單項目，讓接下來兩個只使用貝果。最後一個項目是特殊項目，有它自己的食材組合。

```
public MainWindow()
{
    InitializeComponent();
    MakeTheMenu();
}

private void MakeTheMenu()
{
    MenuItem[] menuItems = new MenuItem[5];
    string guacamolePrice;

    for (int i = 0; i < 5; i++)
    {
        menuItems[i] = new MenuItem();
        if (i >= 3)
        {
            menuItems[i].Breads = new string[] {
            "plain bagel", "onion bagel", "pumpernickel bagel", "everything bagel"
            };
        }
        menuItems[i].Generate();
    }

    item1.Text = menuItems[0].Description;
    price1.Text = menuItems[0].Price;
    item2.Text = menuItems[1].Description;
    price2.Text = menuItems[1].Price;
    item3.Text = menuItems[2].Description;
    price3.Text = menuItems[2].Price;
    item4.Text = menuItems[3].Description;
    price4.Text = menuItems[3].Price;
    item5.Text = menuItems[4].Description;
    price5.Text = menuItems[4].Price;

    MenuItem specialMenuItem = new MenuItem()
    {
        Proteins = new string[] { "Organic ham", "Mushroom patty", "Mortadella" },
        Breads = new string[] { "a gluten free roll", "a wrap", "pita" },
        Condiments = new string[] { "dijon mustard", "miso dressing", "au jus" }
    };
    specialMenuItem.Generate();

    item6.Text = specialMenuItem.Description;
    price6.Text = specialMenuItem.Price;

    MenuItem guacamoleMenuItem = new MenuItem();
    guacamoleMenuItem.Generate();
    guacamolePrice = guacamoleMenuItem.Price;

    guacamole.Text = "Add guacamole for " + guacamolePrice;
}
```

我們來仔細看看程式內發生的事情。菜單項目 #4 與 #5（在索引 3 與 4）會得到一個用物件初始設定式來初始化的 MenuItem 物件，如同你在處理 Joe 與 Bob 時那樣。這個物件初始設定式會將 Breads 欄位設成新的字串陣列。該字串陣列使用集合初始設定式與四個描述貝果類型的字串。有沒有發現集合初始設定式使用陣列型態（new string[]）？你在定義欄位時沒有使用它。雖然你可以幫 MenuItem 欄位裡面的集合初始設定式加上 new string[]，但你不需要這樣做，可做可不做的原因是這些欄位的宣告式已經有定義型態了。

這裡使用「new string[]」來宣告被初始化的陣列的型態。MenuItem 欄位不需要使用它，因為它們已經有型態了。

務必呼叫 Generate 方法，否則 MenuItem 欄位會是空的，而且頁面大部分都會是空白的。

菜單的最後一個項目是使用高級食材製作的每日特別三明治，所以它有自己的 MenuItem 物件，而且它的三個字串陣列欄位都用物件初始設定式來初始化。

這個獨立的菜單項目為酪梨醬（guacamole）設定一個新價格。

工作原理…

Randomizer.Next(7) 方法會產生一個小於 7 的隨機 int。Breads.Length 會回傳在 Breads 陣列裡面的元素數量。所以 Randomizer.Next(Breads.Length) 會給你一個大於或等於零，但是小於 Breads 陣列的元素數量的隨機數。

```
Breads[Randomizer.Next(Breads.Length)]
```

Breads 是字串陣列。它有五個元素，編號是 0 到 4。所以 Breads[0] 等於「rye」，Breads[3] 等於「a roll」。

如果你的電腦夠快，你的程式可能不會遇到這個問題。如果你在慢很多的電腦執行它，你就會看到它。

5 執行你的程式，看看隨機產生的新菜單。

噢…出問題了。菜單上的價格都一樣，而且菜單項目很奇怪，前三道是相同的，接下來的兩道也是，它們的蛋白質來源看起來都一樣。為什麼會這樣？

原來，.NET Random 類別其實是**偽隨機數**產生器，也就是說，它是使用數學公式來產生一系列可以通過某些隨機統計測試的數字，所以它們好到足以在我們想要建構的任何 app 裡面使用（但是不要在依靠真正隨機數的安全系統使用它！）。這就是為什麼方法的名稱是 Next — 因為你要取得序列的下一個數字。這個公式在一開始有個「種子值」，它會使用那個值來找出序列的下一個數字。當你建立一個新的 Random 實例時，它會使用系統時鐘來「種植」公式，但是你也可以提供自己的種子。試著使用 C# Interactive 視窗來呼叫 **new Random(12345).Next();** 幾次，這等於要求它用同一個種子值（12345）來建立新的 Random 實例，所以每一次 Next 方法都會產生相同的「隨機」數字。

Welcome to Sloppy Joe's Budget House o' Discount Sandwiches!

Ham with honey mustard on wheat	$3.71
Ham with honey mustard on wheat	$3.71
Ham with honey mustard on wheat	$3.71
Ham with honey mustard on onion bagel	$3.71
Ham with honey mustard on onion bagel	$3.71
Mushroom patty with miso dressing on wrap	$3.71

Add guacamole for $3.38

為什麼菜單項目與價格不是隨機的？

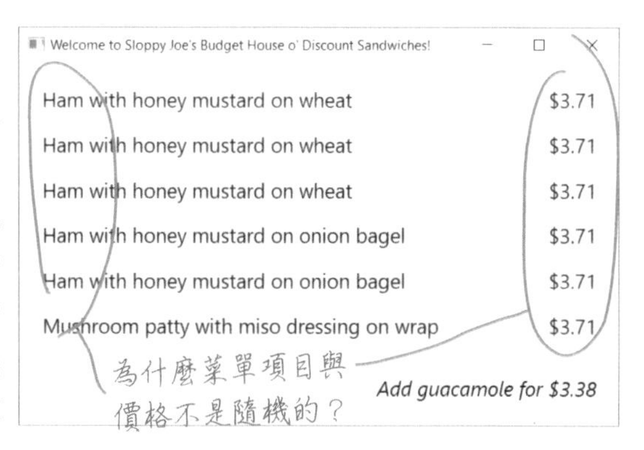

Welcome to Sloppy Joe's Budget House o' Discount Sandwiches!

Ham with brown mustard on italian bread	$3.71
Salami with relish on rye	$2.13
Roast beef with honey mustard on rye	$2.56
Pastrami with brown mustard on pumpernickel bage	$2.15
Pastrami with honey mustard on plain bagel	$4.82
Mushroom patty with dijon mustard on a wrap	$2.23

Add guacamole for $2.85

如果你看到很多不同的 Random 實例都產生相同的值，那是因為它們被種植的時間太接近了，系統時間還沒有改變，導致它們都使用相同的種子值。怎麼修正這個問題？我們可以藉著將 Randomizer 欄位宣告成 static，來只產生一個 Random 實例，如此一來，所有的 MenuItems 都會共用一個 Random 實例：

```
public static Random Randomizer = new Random();
```

再次執行程式，現在菜單將是隨機的了。

重點提示

- new 關鍵字會**回傳一個指向物件的參考**，你可以將它存入參考變數。
- 你可以**讓同一個物件有多個參考**。你可以用一個參考來改變一個物件，並且用其他參考來讀取結果。
- 物件必須**被參考**才能持續待在 heap 裡面。當物件的最後一個參考消失時，它就會被記憶體回收，原本使用的記憶體會被收回。
- .NET 程式會在 **Common Language Runtime** 上面運行，它是介於 OS 和程式之間的一個「階層」。C# 編譯器會將你的程式碼組建成 **Common Intermediate Language (CIL)**，CLR 會執行它。
- **this 關鍵字**可以讓物件取得指向它自己的參考。
- **陣列**是保存多個值的物件。它們可以容納值或參考。
- **宣告陣列變數**的做法是在變數宣告式的型態後面加上中括號（例如 **bool[] trueFalseValues** 或 **Dog[] kennel**）。
- 使用 new 關鍵字來**建立新陣列**，並在中括號裡面指定陣列長度（例如 **new bool[15]** 或 **new Dog[3]**）。
- 在陣列後面加上 Length **方法**可以取得它的長度（例如 kennel.Length）。
- 在中括號裡面使用陣列值的**索引**來存取它（例如 bool[3] 或 Dog[0]）。陣列的索引是從 0 開始算起的。
- **null** 代表沒有指向任何東西的參考。null 關鍵字可以用來測試一個參考是不是 null，或清除參考變數，讓物件被標記成記憶體回收。
- 為了使用**集合初始設定式**來將陣列初始化，你要讓陣列等於 new 關鍵字加上陣列型態，接著在大括號裡面加入以逗號分隔的清單（例如 new int[] { 8, 6, 7, 5, 3, 0, 9 }）如果你在宣告變數或欄位的陳述式裡面設定變數或欄位的值，你可以省略陣列的型態。
- 你可以將**格式參數**傳給物件或值的 ToString 方法。在呼叫數值型態的 ToString 方法時，傳入 "c" 格式值可以將值格式化成當地貨幣符號。
- .NET Random 類別是用系統時鐘來種植的偽隨機數產生器。使用同一個 Random 實例可以避免你用相同的種子產生多個相同的數字序列。

Unity 實驗室 #2

用 Unity 編寫 C# 程式

Unity 不僅僅是強大的跨平台引擎、2D 和 3D 遊戲的編輯器和模擬器，也是**練習編寫 C# 程式的好地方**。

在上一個 Unity 實驗室裡，你已經知道如何在 Unity 和 3D 空間裡面巡覽了，你也製作和探索了 GameObject。接下來我們要寫一些程式來控制 GameObject。上一個實驗室的目標是讓你熟悉 Unity 編輯器（並且提供一種簡便的方法，在必要時用來提醒你自己如何巡覽它）。

在這個 Unity 實驗室裡，你將使用程式來控制 GameObject。你會透過編寫 C# 程式來探索其餘的 Unity 實驗室將使用的概念。我們要先寫一個方法來旋轉上一個 Unity 實驗室製作的 8 號球 GameObject。你也會開始一起使用 Visual Studio 偵錯程式和 Unity 來偵查遊戲的問題。

C# 腳本可以為 GameObject 加入行為

在場景中加入 GameObject 之後，你要設法讓它做一些事情。此時就要運用你的 C# 技能了。Unity 使用 **C# 腳本**來定義遊戲裡面的所有東西的行為。

這個 Unity 實驗室將會介紹可以讓你同時使用 C# 與 Unity 的工具。你將建構一個簡單的「遊戲」，它其實是一個只有視覺效果的程式：讓 8 號球繞著場景飛行。在 Unity Hub **打開**你在第一個 Unity 實驗室裡面建立的**同一個專案**。

這個 Unity 實驗室會從你上次離開的地方繼續進行，所以在 Unity Hub 打開你在上一個實驗室建立的專案。

你將在這個 Unity 實驗室裡面做這些事情：

1. **把 C# 腳本附加到 GameObject**。你會在球體 GameObject 裡面加入一個 Script 元件。當你加入它時，Unity 會幫你建立一個類別。你要修改那個類別，讓它驅動 8 號球的行為。

2. **使用 Visual Studio 來編輯腳本**。還記得你曾經設定 Unity 編輯器的 preferences 來將 Visual Studio 設成腳本編輯器嗎？如此一來，你只要在 Unity 編輯器裡面的腳本上面按兩下，就可以在 Visual Studio 裡面打開它了。

3. **在 Unity 裡面玩遊戲**。在電腦畫面的上方有一個 Play 按鈕。當你按下它時，它會開始執行場景內的所有 GameObject 腳本。你將使用那個按鈕來執行被附加到球體的腳本。

Play 按鈕不會儲存遊戲！所以你一定要盡早儲存、經常儲存。很多人習慣在每次執行遊戲時儲存場景。

4. **使用 Unity 與 Visual Studio 來找出腳本的錯誤**。你已經知道，當你試圖找出 C# 程式的問題時，Visual Studio 偵錯工具多麼好用了。Unity 與 Visual Studio 可以緊密地配合，讓你可以在遊戲運行的同時加入中斷點、使用 Locals 視窗以及你所熟悉的 Visual Studio 偵錯工具。

在 GameObject 裡面加入 C# 腳本

Unity 不僅是優秀的 2D / 3D 遊戲製作平台，很多人也用它來進行藝術工作、將資料視覺化、製作擴增實境…等。它對 C# 學員而言特別有價值，因為你可以用程式來控制 Unity 遊戲裡面的所有東西。所以 Unity 是**學習和探索 C# 的絕佳工具**。

我們現在開始使用 C# 與 Unity 吧！選擇球體 GameObject，然後**按下** Inspector 視窗最下面的 **Add Component 按鈕**。

Add Component

當你按下它時，Unity 會彈出一個視窗，裡面有可以加入的所有元件，**為數不少**。**選擇「New script」**來將一個新 C# 腳本附加到球體 GameObject。它會要求你輸入名字，**將腳本命名為 BallBehaviour**。

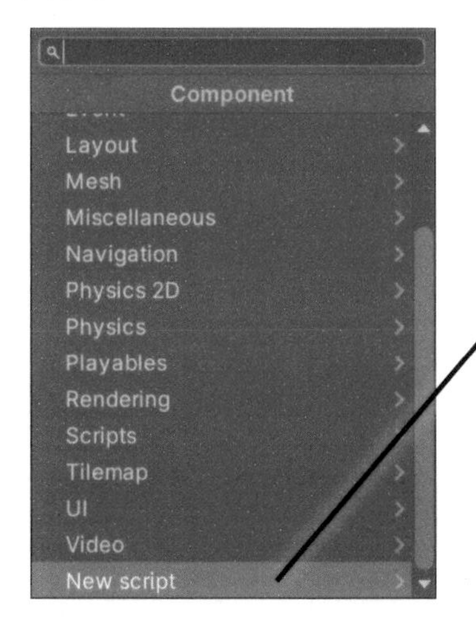

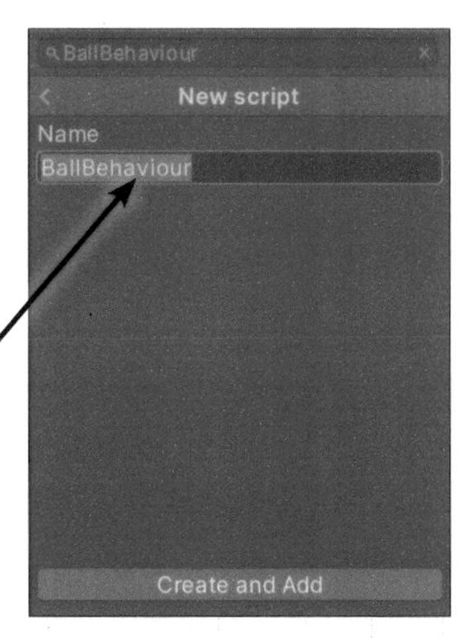

照過來！

Unity 的程式使用英式拼法。

如果你是美國人（跟我們一樣），或是你習慣使用 **behavior** 這種美式拼法，務必在使用 Unity 腳本時特別小心，因為它的類別名稱通常採取英式拼法。

按下「Create and Add」按鈕來加入腳本。你會在 Inspector 視窗裡面看到一個稱為 *Ball Behaviour* (*Script*) 的元件。

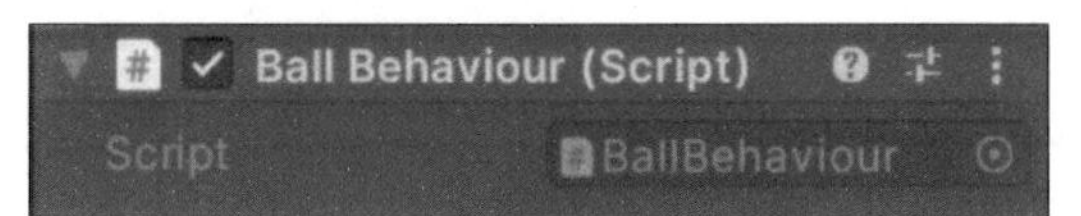

你也會在 Project 視窗裡面看到 C# 腳本。

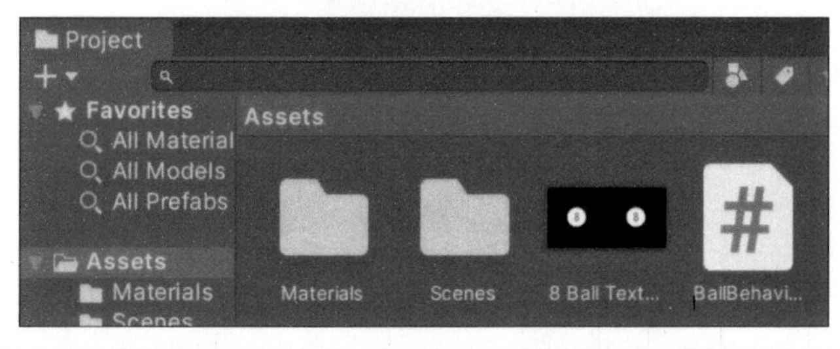

Project 視窗會用資料夾來展示你的專案。你的 Unity 專案是以檔案組成的，包括媒體檔、資料檔、C# 腳本、紋理…等。Unity 將這些檔案稱為 assets。當你在 Project 視窗裡面按下右鍵來匯入紋理時，它會顯示一個稱為 Assets 的資料夾，所以 Unity 會把它加到那個資料夾。

有沒有發現當你將 8 號球紋理拉到球體上時，Project 視窗裡面出現 Materials 資料夾？

編寫 C# 程式來旋轉球體

在第一個實驗室裡，你曾經將 Visual Studio 設成 Unity 的外部腳本編輯器，**在新的 C# 腳本按兩下，*Unity 會在 Visual Studio 裡面打開腳本*。**C# 腳本裡面有一個稱為 BallBehaviour 的類別，它有兩個空的方法，分別稱為 Start 與 Update：

```
using System.Collections;
using System.Collections.Generic;
using UnityEngine;

public class BallBehaviour : MonoBehaviour
{
    // Start 會在第一次影格更新之前被呼叫
    void Start()
    {

    }

    // Update 會在每一個影格呼叫一次
    void Update()
    {

    }
}
```

為了在 Visual Studio 裡面打開 C# 腳本，你要在 Hierarchy 視窗裡面按下它，Hierarchy 視窗會顯示在目前的場景裡面的每一個 GameObject。當 Unity 建立專案時，它會加入一個稱為 SampleScene 的場景，裡面有一個鏡頭與一個光源。你曾經在裡面加入一個球體，所以你的 Hierarchy 視窗會顯示這些東西。

如果你的 Unity 沒有啟動 Visual Studio 並且在它裡面打開 C# 腳本，請回到 Unity 實驗室 1 的開頭，按照那裡的步驟設定 External Tools。

這一行程式將旋轉你的球體。**把它加入你的 Update 方法：**

```
transform.Rotate(Vector3.up, 180 * Time.deltaTime);
```

現在**回到 Unity 編輯器**，按下工具列的 Play 按鈕來啟動遊戲：

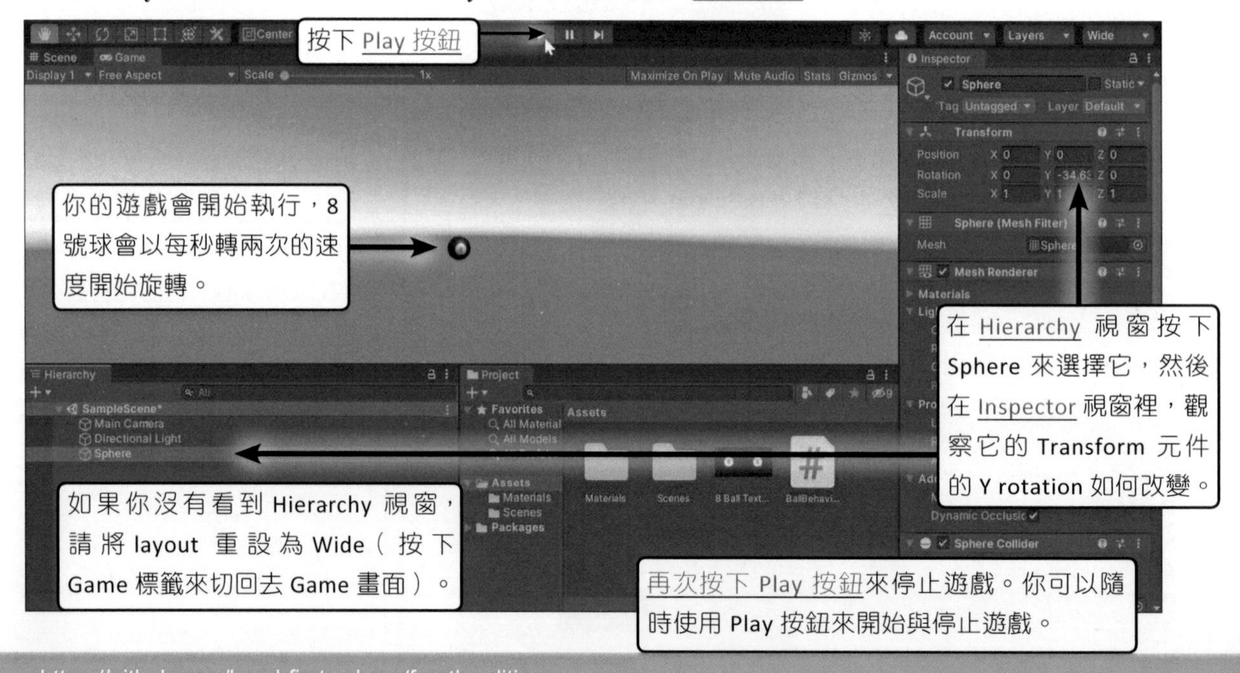

按下 Play 按鈕
你的遊戲會開始執行，8 號球會以每秒轉兩次的速度開始旋轉。
在 Hierarchy 視窗按下 Sphere 來選擇它，然後在 Inspector 視窗裡，觀察它的 Transform 元件的 Y rotation 如何改變。
如果你沒有看到 Hierarchy 視窗，請將 layout 重設為 Wide（按下 Game 標籤來切回去 Game 畫面）。
再次按下 Play 按鈕來停止遊戲。你可以隨時使用 Play 按鈕來開始與停止遊戲。

你的程式探究

```
using System.Collections;
using System.Collections.Generic;
using UnityEngine;

public class BallBehaviour : MonoBehaviour
{
    // Start 會在第一次影格更新之前被呼叫
    void Start()
    {

    }

    // Update 會在每一個影格呼叫一次
    void Update()
    {
        transform.Rotate(Vector3.up, 180 * Time.deltaTime);
    }
}
```

你曾經在第 2 章學過名稱空間。當 Unity 建立 C# 腳本檔案時，它會在最上面加入幾行 using 程式，以便使用 UnityEngine 名稱空間與其他常用的名稱空間裡面的程式碼。

影格（frame）是動畫的基本概念。Unity 會先繪製一幅靜止的影格，再非常迅速地繪製下一幅，你的眼睛會將這些影格之間的變化解讀成動態。Unity 會在每一個影格之前呼叫每一個 GameObject 的 Update 方法，讓它可以移動、旋轉，或做出它需要做的任何變化。比較快的電腦的影格播放速率（或每秒影格顯示數量（FPS））比慢的電腦更高。

這個 transform.Rotate 方法會讓 GameObject 旋轉。它的第一個參數是旋轉軸。這個例子的程式使用 Vector3.up，意思是繞著 Y 軸旋轉。第二個參數是旋轉角度。

不同的電腦會以不同的影格播放速率來執行你的遊戲。如果遊戲以 30 FPS 運行，那就代表 60 個影格旋轉一次，如果是 120 FPS，那就是 240 個影格旋轉一次。遊戲的影格播放速率甚至會在電腦需要執行越多或越少複雜的程式時改變。

所以我們要使用 Time.deltaTime 值。每當 Unity 引擎呼叫 GameObject 的 Update 方法（每個影格一次）時，它就會將 Time.deltaTime 設成從上一個影格以來經過幾分之一秒。因為我們希望球體每兩秒完整地旋轉一次，也就是每秒旋轉 180 度，所以我們要將它乘以 Time.deltaTime 來確保旋轉幅度與那一個影格所需要的完全一樣。

在 Update 方法裡將任何值乘以 Time.deltaTime 都可以將它轉換成每秒的值。

Time.deltaTime 是 static，正如同你在第 3 章看過的，你不需要 Time 類別的實例就可以使用它了。

加入中斷點來找出遊戲的錯誤

我們來找出 Unity 遊戲的錯誤。如果遊戲還在運行，先**停止它**（再次按下 Play 按鈕）。然後切換到 Visual Studio，在你加入 Update 方法的那一行**加入中斷點**。

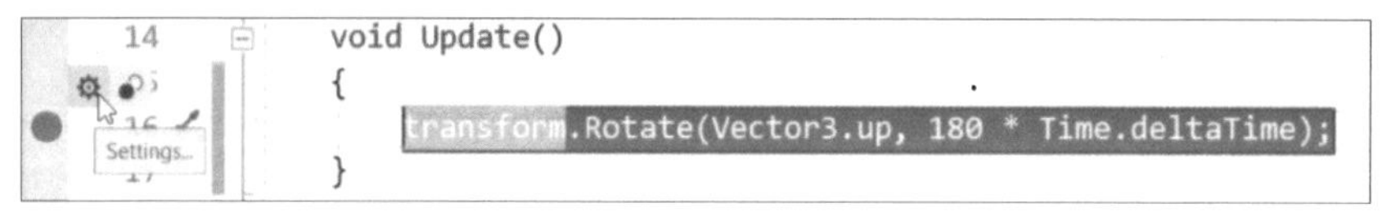

在 Visual Studio 最上面找到啟動偵錯工具的按鈕：

★ 在 Windows 裡，它長這樣（▶ Attach to Unity ▾），或是在選單選擇 Debug >> Start Debugging (F5)

★ 在 macOS 裡，它長這樣（▶ Debug › Attach to Unity），或是選擇 Run >> Start Debugging (⌘↩)

按下那個按鈕來**啟動偵錯工具**。現在回到 Unity 編輯器。如果這是你第一次在這個專案裡面偵錯，Unity 編輯器會彈出一個對話視窗，裡面有這些按鈕：

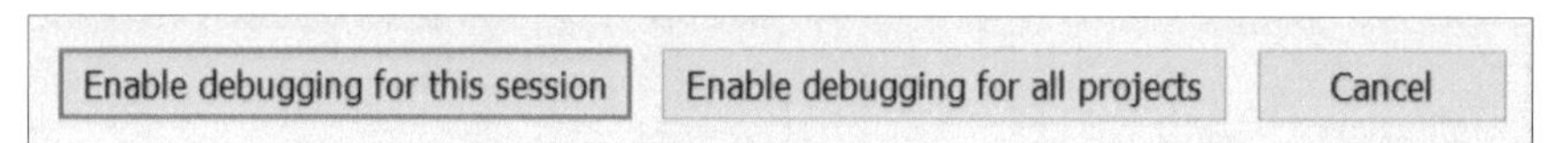

按下「Enable debugging for this session」按鈕（或是如果你想要讓那個快顯視窗再次出現，按下「Enable debugging for all projects」）。Visual Studio 現在已經**附加**到 Unity 了，也就是說，它可以對遊戲進行偵錯了。

現在**在 Unity 裡按下 Play 按鈕**來啟動遊戲。因為 Visual Studio 已經接到 Unity，所以它會在你加入的中斷點**立刻中斷**，如同你之前設過的任何其他中斷點。

使用 hit count 來跳過影格

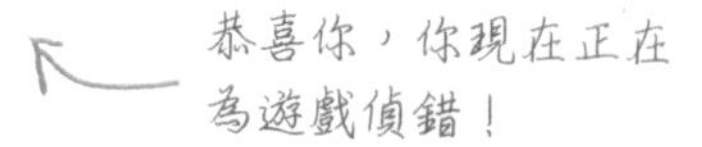

有時你希望遊戲先執行一段時間才被中斷點停止，例如，你可能希望遊戲先產生和移動敵人，再被中斷點停止。我們來要求中斷點每隔 500 個影格中斷一次。你可以為中斷點加入 **Hit Count 條件**：

★ 如果你使用 Windows，在程式左邊的中斷點圓點按下右鍵（●），在快顯選單裡選擇 **Conditions**，從下拉式選單裡選擇 *Hit Count* 與 *Is a multiple of*，在欄位中輸入 500：

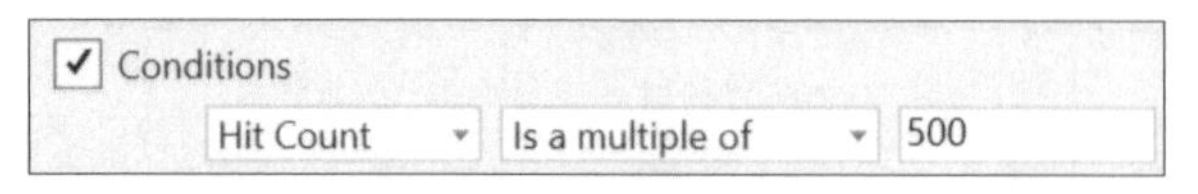

★ 如果你使用 macOS，在中斷點按下右鍵（◎），在選單選擇 **Edit breakpoint...**，然後在下拉式選單中選擇 *When hit count is a multiple of*，在欄位中輸入 500：

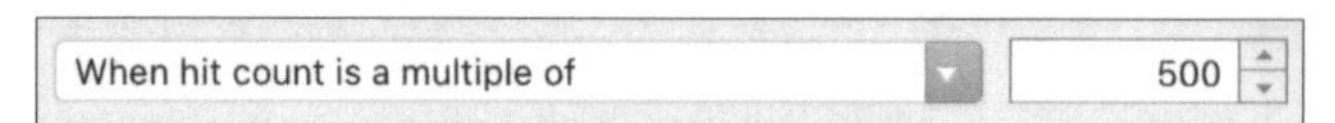

現在中斷點會在 Update 方法每執行 500 次時暫停遊戲，也就是每隔 500 個影格。如果你的遊戲是以 60 FPS 運行的，這意味著當你按下 Continue 時，遊戲會先執行 8 秒多才會再次中斷。**按下 Continue，然後回到 Unity** 來觀察球旋轉，直到中斷點中斷為止。

使用偵錯工具來了解 Time.deltaTime

你以後會在許多 Unity 實驗室專案裡面使用 Time.deltaTime。我們接下來要利用中斷點與偵錯工具來徹底了解這個值到底是怎麼回事。

當遊戲在中斷點暫停時，在 Visual Studio 裡，**把游標移到 Time.deltaTime 上面**，看看從上一個影格以來的秒數（你必須把滑鼠游標移到 deltaTime 上面）。然後**為 Time.deltaTime 加入監看式**，選擇 Time.deltaTime，然後按下右鍵，在選單裡面選擇 Add Watch。

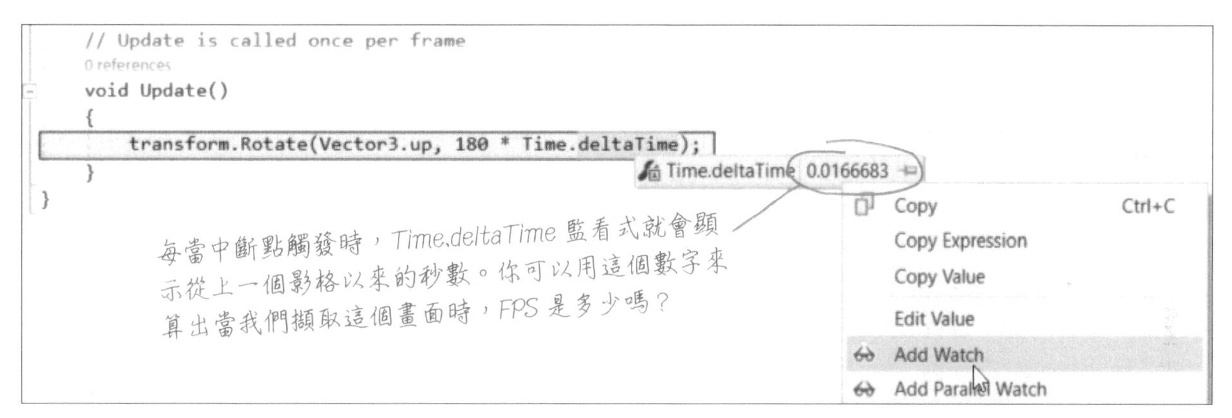

繼續偵錯（在 Windows 按下 F5，或是在 macOS 按下 ⇧⌘↩，如同你之前為其他 app 偵錯那樣），來恢復執行遊戲。球體會再次開始旋轉，再經過 500 個影格，中斷點再次觸發。你每次都可以持續執行遊戲 500 個影格。每次中斷時，注意 Watch 視窗。

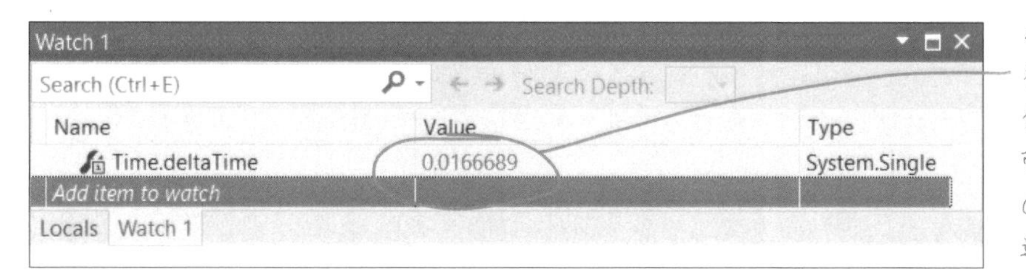

按下 Continue 按鈕，來取得另一個 Time.deltaTime 值，然後再另一個。你可以藉著計算 1 ÷ Time.deltaTime 來取得 FPS 的近似值。

停止偵錯（在 Windows 按下 Shift+F5，在 macOS 按下 ⇧⌘↩）來停止程式。然後**再次開始偵錯**。因為遊戲還在運行，當你再次將 Visual Studio 附加到 Unity 時，中斷點會繼續運作。當你完成偵錯時，**再次按下中斷點**，讓 IDE 仍然會記錄它，但是不會在遇到它時中斷。再次**停止偵錯**來與 Unity 分開。

回到 Unity，**停止遊戲**，並儲存它，因為 Play 按鈕不會自動儲存遊戲。

在 Unity 裡面的 Play 按鈕會開始與停止遊戲。雖然遊戲停止了，但 Visual Studio 仍然會持續連接 Unity。

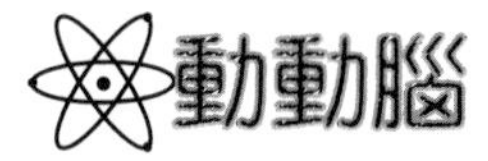

再次對遊戲進行偵錯，並且把游標移到「Vector3.up」來觀察它的值，你必須把游標移到 up 上面。它的值是 (0.0, 1.0, 0.0)。你認為這是什麼意思？

加入圓柱體來顯示 Y 軸在哪裡

你的球體會在場景的正中央繞著 Y 軸旋轉。我們要加入一個又高又瘦的圓柱體，用它來代表 Y 軸。在 GameObject 選單選擇 *3D Object >> Cylinder* 來**建立一個新的圓柱體**。在 Hierarchy 視窗選取它，然後在 Inspector 視窗確認 Unity 將它設在位置 (0, 0, 0)，如果不是，使用 context 選單（⋮）來重設它。

我們來讓圓柱體又高又瘦。在工具列選擇 Scale 工具，你可以按下它（⤢）或按下 R 鍵。你會看到圓柱出現 Scale Gizmo：

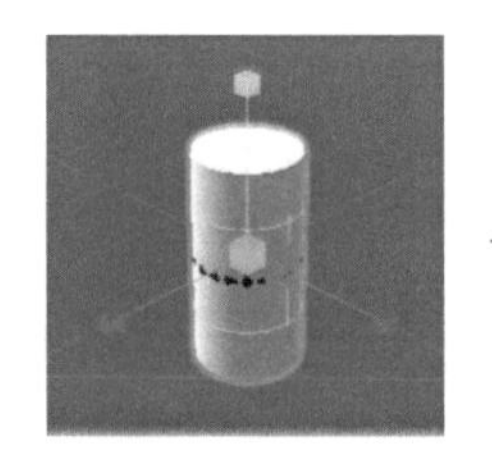

Scale Gizmo 有點像 Move Gizmo，不過它的每一軸的末端是立方體，不是圓錐。現在新圓柱的位置在球體的上面，你可以從圓柱的中間稍微看到球體。沿著 X 與 Z 軸改變圓柱的尺度來讓它變瘦之後，球體就會出現。

按下並拉動綠色立方體，沿著 Y 軸拉長圓柱。然後按下紅色立方體，並朝著球體拉動它，沿著 X 軸將它變成很窄，並且用藍色立方體做同一件事，沿著 Z 軸將它變成很窄。當你改變圓柱的尺度時，觀察 Inspector 裡面的 Transform 面板，Y 會變大，X 與 Z 值會小很多。

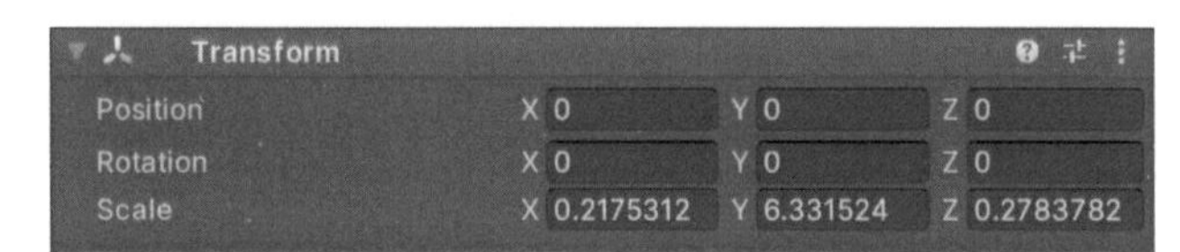

在 Transform 面板按住 Scale 列的 X 標籤並往上和往下拉動。務必按下包含數字的輸入方塊左邊的 X 標籤。當你按下標籤時，它會變成藍色的，而且在 X 值周圍會出現藍色的框。當你把滑鼠往上和往下拉動時，在方塊裡面的數字也會往上和往下變化，Scene 畫面也會隨著你的改變而更改尺度。在拉動時注意數字，尺度可能是正數與負數。

現在**選擇 X 方塊裡面的數字並輸入 .1**，圓柱會變很瘦。按下 Tab 並輸入 20，再按下 Tab 並輸入 .1，然後按下 Enter。

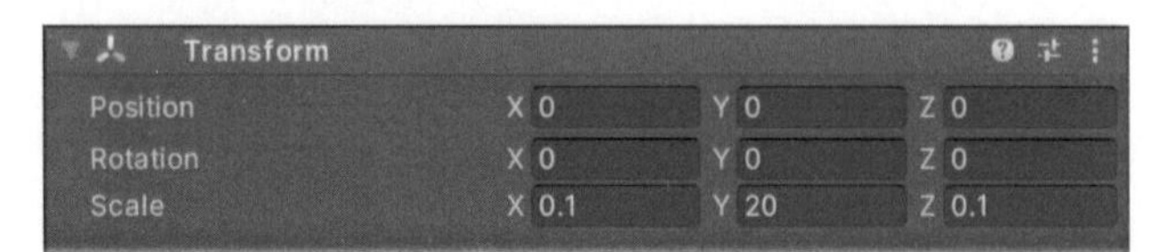

現在球體被一個很長的圓柱穿越，那個圓柱就是 Y 軸，也就是 Y = 0。

在類別裡面加入旋轉角度與速度欄位

第 3 章說過，C# 的類別可以用**欄位**來儲存值，來讓方法使用。我們修改程式來使用欄位。在類別宣告式的下面加入這四行，**就在第一個大括號 { 的下面**：

```
public class BallBehaviour : MonoBehaviour
{
    public float XRotation = 0;
    public float YRotation = 1;
    public float ZRotation = 0;
    public float DegreesPerSecond = 180;
```

它們就像你在第 3 章與第 4 章的專案裡面加入的欄位。它們是記錄值的變數—每當 Update 被呼叫時，它就會重複使用同樣的欄位。

XRotation、YRotation 與 ZRotation 欄位分別儲存一個介於 0 與 1 之間的值，你會結合它們來建立一個決定球的旋轉方向的**向量**：

```
new Vector3(XRotation, YRotation, ZRotation)
```

DegreesPerSecond 欄位裡面有每秒旋轉角度數，你要像之前一樣，將它乘以 Time.deltaTime。**修改 Update 方法來使用欄位**。新程式會建立一個稱為 axis 的 Vector3 變數，並將它傳給 transform.Rotate 方法：

```
void Update()
{
    Vector3 axis = new Vector3(XRotation, YRotation, ZRotation);
    transform.Rotate(axis, DegreesPerSecond * Time.deltaTime);
}
```

在 Hierarchy 視窗裡面選擇 Sphere。現在欄位會出現在 Script 元件裡面。當 Script 元件轉譯欄位時，它會在大寫的字母之間加上空格，來讓它們更容易閱讀。

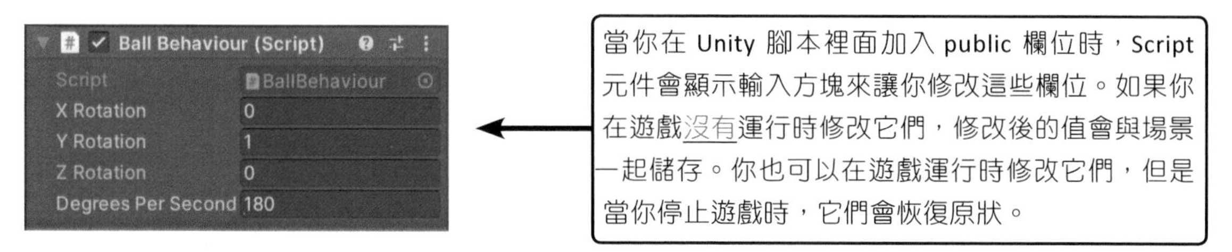

當你在 Unity 腳本裡面加入 public 欄位時，Script 元件會顯示輸入方塊來讓你修改這些欄位。如果你在遊戲沒有運行時修改它們，修改後的值會與場景一起儲存。你也可以在遊戲運行時修改它們，但是當你停止遊戲時，它們會恢復原狀。

再次執行遊戲，**當它運行時**，在 Hierarchy 視窗選擇 Sphere，並且將 Degrees Per Second 改成 360 或 90，球體會開始以兩倍或一半的速度旋轉。停止遊戲，那個欄位會重設回 180。

在遊戲停止時，使用 Unity 編輯器來將 X Rotation 欄位改成 1，將 Y Rotation 欄位改成 0。啟動遊戲，球會往前轉。按下 X Rotation 並將它往上和往下拉，在遊戲運行時改變它的值。當數字變成負數時，球會開始往後轉。再次把它變成正數，它會開始往前轉。

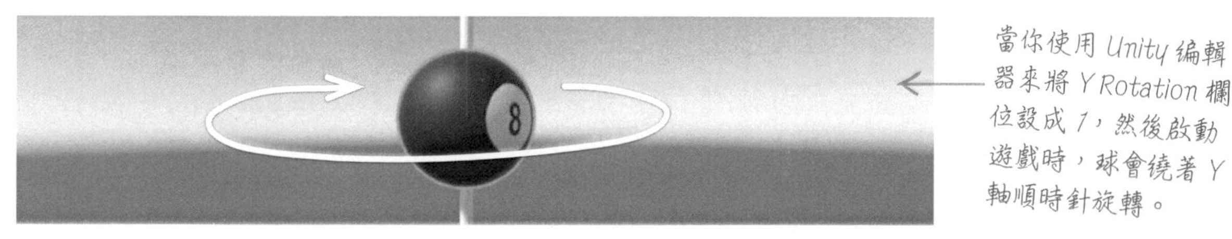

當你使用 Unity 編輯器來將 Y Rotation 欄位設成 1，然後啟動遊戲時，球會繞著 Y 軸順時針旋轉。

使用 Debug.DrawRay 來探索 3D 向量如何運作

向量是有**長度**（或大小）與**方向**的值。如果你曾經在數學課學過向量，你應該看過許多類似這個 2D 向量的圖：

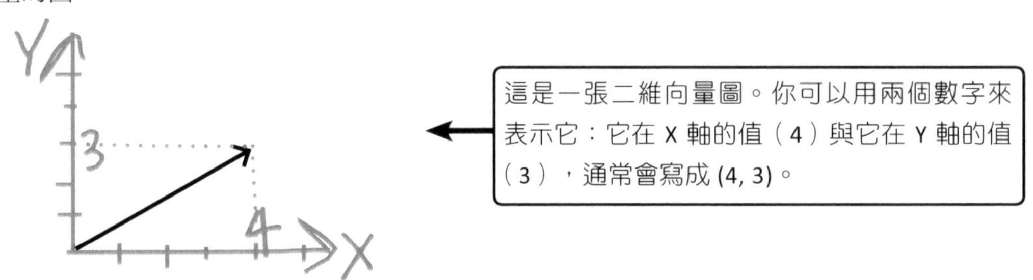

Y
3
4
X
這是一張二維向量圖。你可以用兩個數字來表示它：它在 X 軸的值（4）與它在 Y 軸的值（3），通常會寫成 (4, 3)。

在知識的層面上，這不難理解。但是即使是我們這些上過向量課的人，也不一定可以**直觀地**了解向量如何運作，尤其是在 3D 空間裡面的。這是我們可以使用 C# 和 Unity 來學習和探索的另一個領域。

使用 Unity 來將 3D 向量視覺化

你將在遊戲裡面加入程式來真正「了解」3D 向量如何運作。先仔細看一下 Update 方法的第一行：

```
Vector3 axis = new Vector3(XRotation, YRotation, ZRotation);
```

這一行告訴我們哪些關於向量的事情？

★ **它有型態：Vector3**。每一個變數宣告式的開頭都是一個型態。你用 Vector3 型態來宣告它，不是 string、int 或 bool。它是 Unity 用來代表 3D 向量的型態。

★ **它有變數名稱：axis**。

★ **它使用 new 關鍵字來建立 Vector3**。它使用 XRotation、YRotation 與 ZRotation 欄位的值來建立向量。

那麼，3D 向量長怎樣？我們不需要用猜的 — 我們可以使用 Unity 的偵錯工具來畫出向量。**將這一行程式加到 Update 方法的結尾**：

```
void Update()
{
    Vector3 axis = new Vector3(XRotation, YRotation, ZRotation);
    transform.Rotate(axis, DegreesPerSecond * Time.deltaTime);
    Debug.DrawRay(Vector3.zero, axis, Color.yellow);
}
```

Debug.DrawRay 方法是 Unity 提供的特殊方法，可以協助你對遊戲進行偵錯。它會畫出一條**射線**（從一點到另一點的向量），用參數來接收它的起點、終點與顏色。但是有個問題，**射線只會在 *Scene* 畫面中出現**。在 Unity 的 Debug 類別裡面的方法不會干擾遊戲。它們通常只會影響遊戲與 Unity 編輯器的互動方式。

執行遊戲，在 Scene 畫面裡觀察射線

再次執行遊戲。在 Game 畫面裡面沒有任何不同，因為 Debug.DrawRay 是一種偵錯工具，完全不會影響遊戲。使用 Scene 標籤來**切換到 Scene 畫面**。你可能也要**重設 Wide 版面配置**，在 Layout 下拉式選單裡面選擇 Wide。

我們回到熟悉的 Scene 畫面了。做這些事情來真正了解 3D 向量如何運作：

- 使用 Inspector 來**修改 BallBehaviour 腳本的欄位**。將 X Rotation 設成 0，Y Rotation 設成 0，**Z Rotation 設成 3**。現在你應該可以看到 Z 軸有一條黃色的線直接射出來，球會繞著它轉（切記，射線只會在 Scene 畫面中出現）。

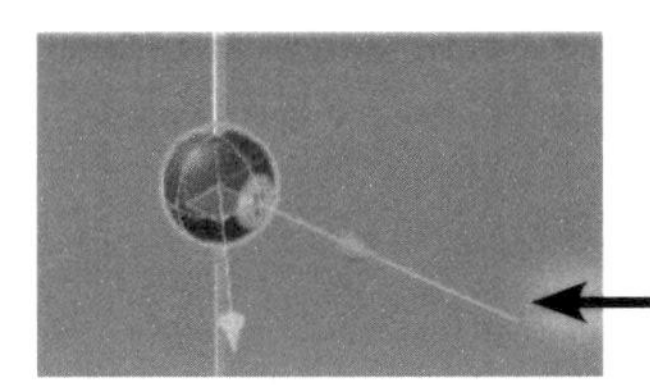

向量 (0, 0, 3) 會沿著 Z 軸延伸 3 個單位。仔細看一下 Unity 編輯器裡面的格線，這個向量正是 3 個單位長。試著在 Inspector 裡面的 Script 元件中，按下並拉動 Z Rotation 標籤，射線會隨著你的拉動而變長或變短。當向量裡面的 Z 值是負數時，球會往另一個方向旋轉。

- 將 Z Rotation 設回 3。試著拉動 X Rotation 與 Y Rotation 值，看看它們如何影響射線。每當你改變 Transform 元件之後，務必重設它。

- 使用 Hand 工具與 Scene Gizmo 來設置更好的視野。按下 Scene Gizmo 的 X 圓錐，將它設成從右邊看過來。繼續按下 Scene Gizmo，直到你從前看著畫面為止。如果你迷失方向了，可以**重設 Wide 版面來返回熟悉的畫面**。

在射線加上持續時間，讓它留下殘影

你可以在 Debug.DrawRay 方法呼叫式加入第四個引數，來指定射線停留在畫面上的秒數。加入 **.5f** 來讓每一個射線停留在畫面半秒：

```
Debug.DrawRay(Vector3.zero, axis, Color.yellow, .5f);
```

現在再次執行遊戲，並切換到 Scene 畫面。當你將數字往上和往下拉時，你會看到射線的殘影。這看起來很有趣，但更重要的是，它是將 3D 向量視覺化的好工具。

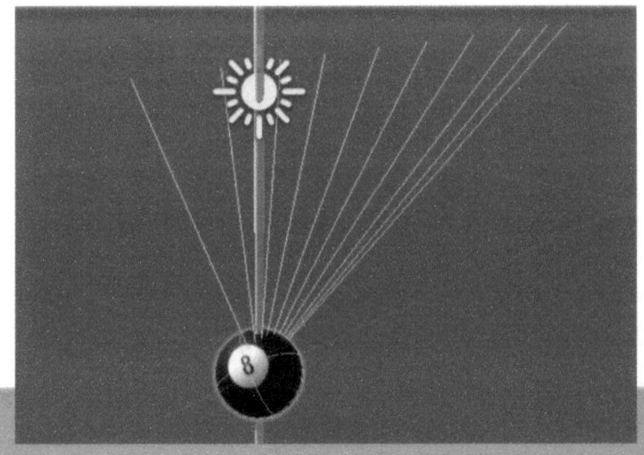

讓射線留下殘影可以幫助你直接了解 3D 向量如何運作。

在場景內讓球繞著一個點旋轉

你的程式呼叫 transform.Rotate 方法來讓球繞著它的圓心轉，這會改變它的 X、Y 與 Z 旋轉值。**在 Hierarchy 視窗選擇 Sphere**，並在 Transform 元件裡，**將它的 X position 改成 5**。使用 **BallBehaviour Script 元件裡面的 context 選單**（⋮）來重設它的欄位。再次執行遊戲，現在球在位置 (5, 0, 0)，並繞著它自己的 Y 軸轉。

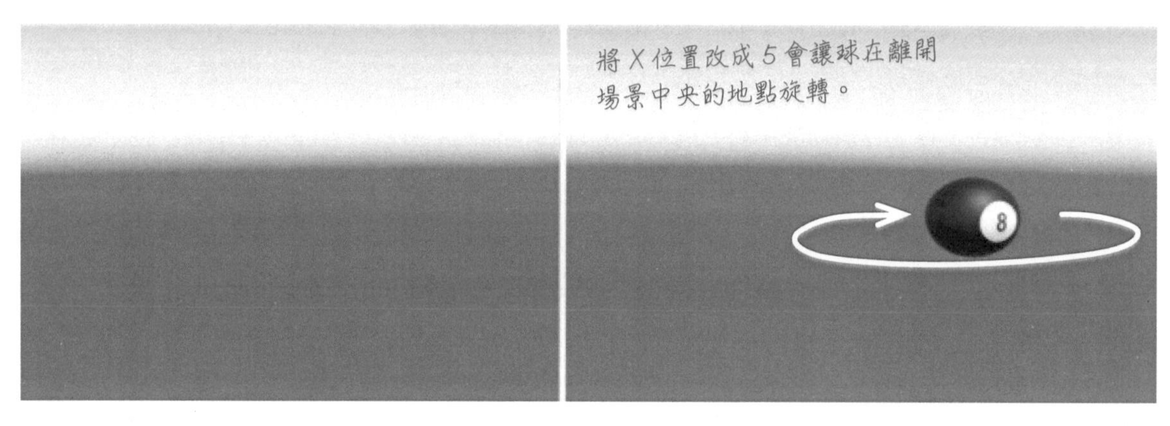
將 X 位置改成 5 會讓球在離開
場景中央的地點旋轉。
8

我們修改 Update 方法，來使用不同類型的旋轉。現在我們要讓球繞著場景中央的座標 (0, 0, 0) 旋轉，我們**使用 transform.RotateAround 方法**，它會讓 GameObject 繞著場景中的一個點旋轉。（它與你之前使用的 transform.Rotate 方法不一樣，transform.Rotate 是讓 GameObject 繞著它的中心旋轉。）方法的第一個參數是要繞著哪個點旋轉。我們在那個參數使用 **Vector3.zero**，它是 `new Vector3(0, 0, 0)` 的簡寫。

這是新的 Update 方法：

這個新的 Update 方法會讓球繞著場景中的點 (0, 0, 0) 旋轉。

```
void Update()
{
    Vector3 axis = new Vector3(XRotation, YRotation, ZRotation);
    transform.RotateAround(Vector3.zero, axis, DegreesPerSecond * Time.deltaTime);
    Debug.DrawRay(Vector3.zero, axis, Color.yellow, .5f);
}
```

執行程式，這一次它會讓球以大圓圈的軌跡繞著中間點旋轉：

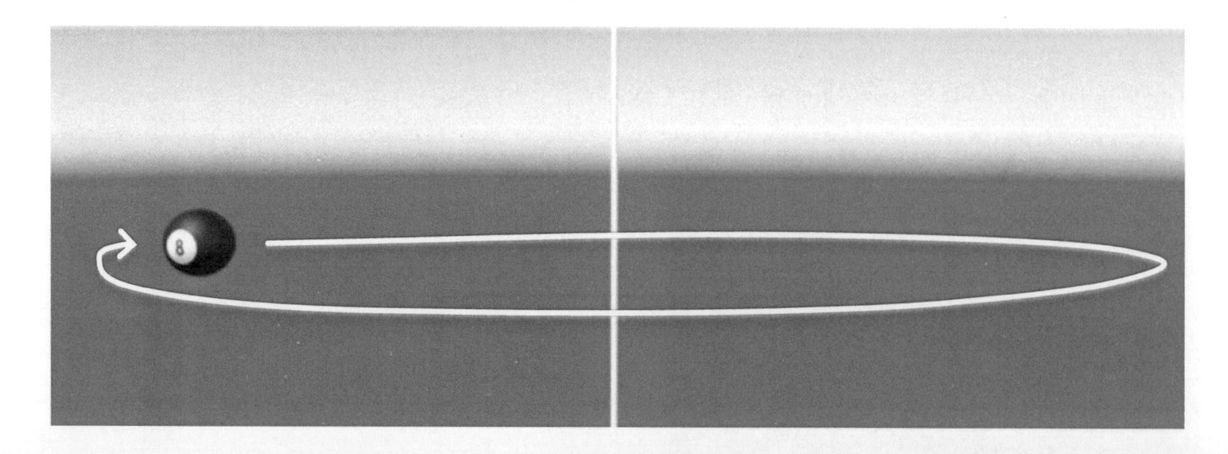
8

使用 Unity 來仔細觀察旋轉與向量

你會在本書接下來的 Unity 實驗室裡面使用 3D 物件與場景。即使是我們這種已經花很多時間玩 3D 遊戲的人，也無法完美地感受向量與 3D 物件如何運作，以及如何在 3D 空間裡面移動與旋轉。幸好，Unity 是**探索 3D 物件如何運作**的好工具。我們來實驗一下。

在程式執行時，試著改變參數來試驗旋轉。

★ **切回去 Scene 畫面**，以便觀察 Debug.DrawRay 在 BallBehaviour.Update 方法裡面轉譯的黃色射線。

★ 使用 Hierarchy 視窗來**選擇 Sphere**。你應該可以在 Inspector 視窗裡面看到它的元件。

★ 將 Script 元件裡面的 **X Rotation、Y Rotation 與 Z Rotation 值**改成 **10**，將向量轉譯成長射線。使用 Hand 工具（Q）來旋轉 Scene 畫面，直到你可以清楚地看到射線為止。

★ 使用 Transform 元件的 context 選單（⋮）來**重設 Transform 元件**。因為現在球體的中心在場景的零點 (0, 0, 0)，所以它會繞著它自己的中心旋轉。

★ 將 Transform 元件裡面的 **X position 改成 2**。現在球會繞著向量旋轉。當球飛行時，你會在 Y 軸圓柱上看到它的影子。

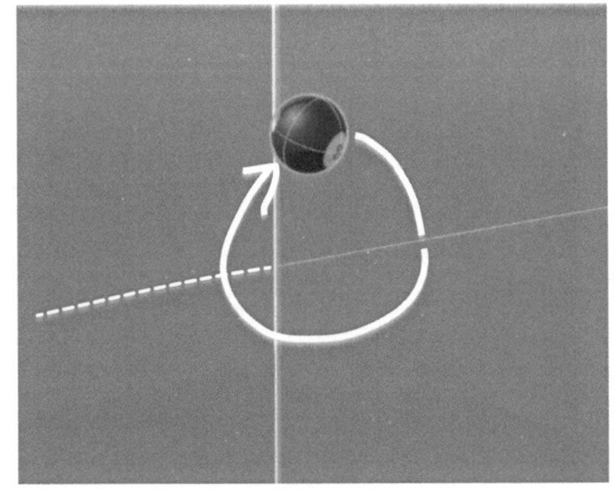

在遊戲執行時，將 BallBehaviour Script 元件的 X、Y 與 Z Rotation 欄位設成 10，重設球體的 Transform 元件，並將它的 X position 改成 2，完成之後，它會開始繞著射線旋轉。

試著**重複最後三個步驟**並使用不同的 X、Y 與 Z rotation 值，每次都要重設 Transform 元件，這樣才可以從固定的點開始。然後試著按下 rotation 欄位的標籤，並且將它們往上和往下拉，看看你能不能感受旋轉如何運作。

Unity 是探索 3D 物件如何運作的好工具，因為你可以即時修改 GameObject 的屬性。

發揮創意！

這是你自己**用 C# 與 Unity 來做實驗**的好機會。你已經知道一起使用 C# 與 Unity GameObject 的基本知識了。花一些時間試試你在前兩個 Unity 實驗室裡面學到的各種 Unity 工具和方法。給你一些建議：

★ 在場景中加入立方體、圓柱或膠囊。對它們附加新腳本（務必讓各個腳本使用不一樣的名稱！），並且讓它們用不同的方式旋轉。

★ 試著將旋轉的 GameObject 放在場景中不同的位置。看看你能不能用多個旋轉的 GameObject 做出有趣的視覺效果。

★ 試著在場景中加入光源。當你使用 transform.rotateAround 來讓新光源繞著各個軸旋轉時會怎樣？

★ 給你一個簡單的挑戰：試著以 += 將一個值加到 BallBehaviour 腳本的一個欄位。務必將那個值乘以 Time.deltaTime。試著加入一個 `if` 陳述式，在欄位太大時，將它重設為 0。

在你執行程式之前，試著想一下它會怎樣動作。它的行為與你預期的一樣嗎？試著預測你新增的程式碼有什麼行為可以提升你的 C# 技術。

花時間試試你學過的各種工具與技術。這是利用 Unity 與 Visual Studio 來進行探索與學習的良機。

重點提示

- **Scene Gizmo** 一定會顯示鏡頭的方向。
- 你可以**將 C# 腳本附加**到任何 GameObject。每一個影格都會呼叫腳本的 Update 方法一次。
- **transform.Rotate 方法**會讓 GameObject 繞著一個軸旋轉某個度數。
- 在 Update 方法裡面將任何值乘以 **Time.deltaTime** 可以將它轉換成每秒的值。
- 你可以將 Visual Studio 偵錯工具**附加**到 Unity，在遊戲運行時，對它進行偵錯。就算遊戲停止運行了，Visual Studio 也會持續附加到 Unity。
- 為中斷點加上 **Hit Count 條件**可以讓它在陳述式執行一段時間之後中斷。
- **欄位**是在類別裡面，但是在類別的方法外面的變數，它可以在不同的方法呼叫之間保存它的值。
- 在 Unity 腳本裡，幫類別欄位加上 public 欄位可以讓 Script 元件顯示**輸入方塊，來讓你可以修改這些欄位**。它會在欄位名稱的大寫字母之間加上空格來讓它們更容易閱讀。
- 你可以使用 `new Vector3` 來建立 3D 向量（第 3 章介紹過 new 關鍵字）。
- **Debug.DrawRay 方法** 會在 Scene 畫面中畫出向量（但是不會在 Game 畫面中畫出）。你可以把向量當成偵錯工具，但它也是學習工具。
- **transform.RotateAround 方法** 會繞著場景裡的一點旋轉 GameObject。

5 封裝

讓你的秘密…保持隱密

想要多一點隱私嗎？

有時你的物件也有相同的感受。你不想讓不信任的人翻閱你的日記，或翻閱你的銀行對帳單，好的物件也不想讓**別的**物件亂動它們的欄位。這一章會告訴你**封裝**的威力，這種設計方式可以幫助你寫出靈活、容易使用，而且很難誤用的程式。你會**將物件的資料變成私用的**，並且加入一些**屬性**來保護資料的存取。

我們來幫助 Owen 決定傷害點數

Owen 對他的能力分數計算程式非常滿意，所以想要製作更多讓遊戲使用的 C# 程式，你將會繼續協助他。在他正在製作的遊戲中，每當出現劍擊時，他就會擲骰子，並且用一個公式來計算傷害。Owen 已經在他的遊戲大師筆記本裡寫下**劍傷公式**了。

這是在 Owen 的遊戲大師筆記本裡面的劍傷公式敘述。

- 取得劍傷攻擊點數（HP）的方法是擲三顆六面骰（3d6），並且加上「基本傷害」3HP。
- 有些劍是火焰劍，會導致額外的 2HP 傷害。
- 有些劍有魔法。計算魔法劍傷害時，要將 3d6 的結果乘以 1.75，並四捨五入，再幫結果加上基本傷害與火焰傷害。

這是進行計算的 **SwordDamage 類別**。仔細閱讀這段程式，你將製作一個使用它的 app。

```
class SwordDamage
{
    public const int BASE_DAMAGE = 3;
    public const int FLAME_DAMAGE = 2;

    public int Roll;
    public decimal MagicMultiplier = 1M;
    public int FlamingDamage = 0;
    public int Damage;

    public void CalculateDamage()
    {
        Damage = (int)(Roll * MagicMultiplier) + BASE_DAMAGE + FlamingDamage;
    }

    public void SetMagic(bool isMagic)
    {
        if (isMagic)
        {
            MagicMultiplier = 1.75M;
        }
        else
        {
            MagicMultiplier = 1M;
        }
        CalculateDamage();
    }

    public void SetFlaming(bool isFlaming)
    {
        CalculateDamage();
        if (isFlaming)
        {
            Damage += FLAME_DAMAGE;
        }
    }
}
```

這是實用的 C# 工具。因為基本傷害與火焰傷害不會被程式改變，你可以使用 const 關鍵字來將它們宣告成常數，它就像變數，只是它的值絕對不會改變。當你用程式來改變常數時，你會看到編譯器錯誤。

這是計算傷害公式的地方。花一分鐘閱讀程式，來了解它如何實作公式。

因為火焰劍會造成骰子點數之外的傷害，這個 SetFlaming 方法會先計算傷害，再加上 FLAME_DAMAGE。

現在我不用花那麼多時間計算傷害了，所以可以用更多時間來讓遊戲更有趣。

建立主控台 app 來計算傷害

我們來為 Owen 製作一個使用 SwordDamage 類別的主控台 app。它會在主控台印出訊息，來要求用戶指定劍是不是魔法的或火焰的，然後進行計算。這是 app 的輸出範例：

```
0 for no magic/flaming, 1 for magic, 2 for flaming, 3 for both, anything else to quit: 0
Rolled 11 for 14 HP
```

如果劍不是魔法的、火焰的，擲出 11 會產生 11 + 3 = 14 HP 的傷害。

```
0 for no magic/flaming, 1 for magic, 2 for flaming, 3 for both, anything else to quit: 0
Rolled 15 for 18 HP

0 for no magic/flaming, 1 for magic, 2 for flaming, 3 for both, anything else to quit: 1
Rolled 11 for 22 HP
```

為魔法劍擲出 11 會造成（11 × 1.75 無條件捨去 = 19）+ 3 = 22。

```
0 for no magic/flaming, 1 for magic, 2 for flaming, 3 for both, anything else to quit: 1
Rolled 8 for 17 HP

0 for no magic/flaming, 1 for magic, 2 for flaming, 3 for both, anything else to quit: 2
Rolled 10 for 15 HP
```

為魔法火焰劍擲出 17 會造成（17 × 1.75 無條件捨去 = 29）+ 3 + 2 = 34。

```
0 for no magic/flaming, 1 for magic, 2 for flaming, 3 for both, anything else to quit: 3
Rolled 17 for 34 HP

0 for no magic/flaming, 1 for magic, 2 for flaming, 3 for both, anything else to quit: q
Press any key to continue…
```

習題

為 SwordDamage 類別**畫出類別圖。然後建立一個新的主控台 app**，並加入 SwordDamage 類別。當你小心翼翼地輸入程式時，仔細看看 SetMagic 與 SetFlaming 方法如何運作，以及它們的做法的小差異。了解它之後，你就可以建構 Main 方法了，它做的事情有：

1. 建立 SwordDamage 類別的新實例，以及 Random 的新實例。
2. 在主控台印出訊息，並讀取按鍵。呼叫 Console.ReadKey(false) 來將用戶按下的按鍵印到主控台。如果按鍵不是 0、1、2 或 3，那就執行 **return**，結束程式。
3. 擲 3d6，做法是呼叫 random.Next(1, 7) 三次並將結果加起來，設定 Roll 欄位。
4. 如果用戶按下 1 或 3，呼叫 SetMagic(true)，否則呼叫 SetMagic(false)。你不需要用 `if` 陳述式在 `key == '1'` 時回傳 true，你可以直接在引數裡面使用 || 來檢查按鍵。
5. 當用戶按下 2 或 3 時，呼叫 SetFlaming(true)，否則呼叫 SetFlaming(false)。同樣的，你可以在單一陳述式裡面用 == 與 || 來做這件事。
6. 將結果寫到主控台。仔細檢查輸出，並且在需要時，使用 \n 來插入分行符號。

這個主控台 app 會建立 SwordDamage 類別的新實例（以及一個產生 3d6 的 Random 實例），並用它們來決定傷害值，然後產生符合範例的輸出。

SwordDamage
Roll MagicMultiplier FlamingDamage Damage
CalculateDamage SetMagic SetFlaming

```
public static void Main(string[] args)
{
    Random random = new Random();
    SwordDamage swordDamage = new SwordDamage();
    while (true)
    {
        Console.Write("0 for no magic/flaming, 1 for magic, 2 for flaming, " +
                      "3 for both, anything else to quit: ");
        char key = Console.ReadKey().KeyChar;
        if (key != '0' && key != '1' && key != '2' && key != '3') return;
        int roll = random.Next(1, 7) + random.Next(1, 7) + random.Next(1, 7);
        swordDamage.Roll = roll;
        swordDamage.SetMagic(key == '1' || key == '3');
        swordDamage.SetFlaming(key == '2' || key == '3');
        Console.WriteLine("\nRolled " + roll + " for " + swordDamage.Damage + " HP\n");
    }
}
```

這個結果**很棒**！但是我不禁在想…
能不能製作更**視覺化的 app**？

可以！我們可以用同樣的類別來建構 WPF app。

我們來設法在 WPF app 中**重複使用** SwordDamage 類別。第一個問題是如何提供直觀的使用者介面。劍可能是魔法的、火焰的、兩者兼具的，或不屬於兩者的，所以我們必須想出如何在 GUI 裡處理這件事－而且選項有很多個。我們可以使用包含四個選項的選項按鈕或下拉式選單，就像主控台 app 提供的四個選項那樣。但是，我們認為使用**核取方塊**更清楚，而且在視覺上更明顯。

在 WPF，CheckBox 使用 Content 屬性來顯示方塊右邊的標籤，如同 Button 使用 Content 屬性來設定它顯示的文字。我們已經有 SetMagic 與 SetFlaming 方法了，所以可以使用 CheckBox 控制項的 **Checked 與 Unchecked 事件**，指定當用戶在方塊裡核取或取消核取時該呼叫哪個方法。

你可以在 Visual Studio for Mac 學習指南找到這個專案的 Mac 版本。

為 WPF 版的傷害計算程式設計 XAML

建立一個新的 WPF app，將主視窗的標題設為 **Sword Damage**，並將它的高設為 **175**，寬設為 **300**。在格線裡加入三列與兩欄。最上面的橫列有兩個 CheckBox 控制項，標為 Flaming 與 Magic，中間的橫列有一個跨越兩欄的 Button 控制項，標為「Roll for damage」，最下面的橫列有個跨越兩欄的 TextBlock 控制項。

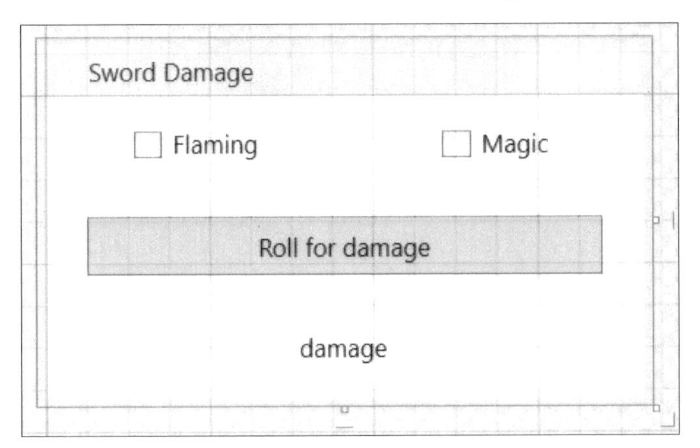

設計它！

選擇一個 CheckBox，然後使用 Properties 視窗裡面的事件按鈕來顯示事件。在視窗最上面輸入控制項名稱之後，在 Checked 與 Unchecked 方塊裡面按兩下，IDE 會自動加入它們，並使用控制項名稱來產生事件處理常式方法的名稱。

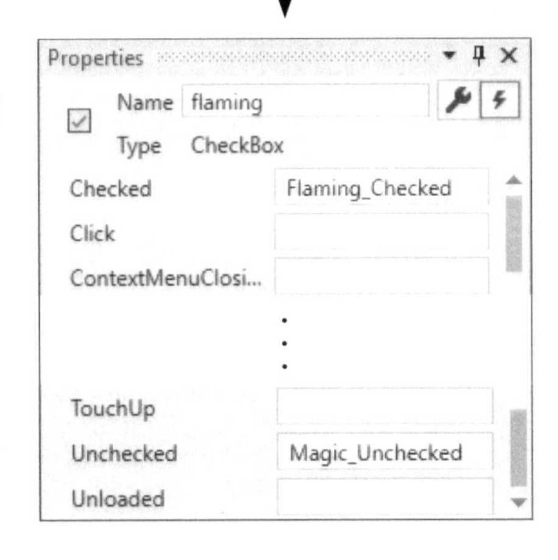

這是 XAML，你當然可以使用設計工具來建構表單，但是你應該也可以輕鬆地親自編輯 XAML：

將 CheckBox 控制項命名為 magic 與 flaming，將 TextBlock 控制項命名為 damage。確保在 XAML 裡面，x:Name 屬性的名稱都正確。

```
<Grid>
    <Grid.RowDefinitions>
        <RowDefinition/>
        <RowDefinition/>
        <RowDefinition/>
    </Grid.RowDefinitions>
    <Grid.ColumnDefinitions>
        <ColumnDefinition/>
        <ColumnDefinition/>
    </Grid.ColumnDefinitions>

    <CheckBox x:Name="flaming" Content="Flaming"
            HorizontalAlignment="Center" VerticalAlignment="Center"
            Checked="Flaming_Checked" Unchecked="Flaming_Unchecked"/>

    <CheckBox x:Name="magic" Content="Magic" Grid.Column="1"
            HorizontalAlignment="Center" VerticalAlignment="Center"
            Checked="Magic_Checked" Unchecked="Magic_Unchecked" />

    <Button Grid.Row="1" Grid.ColumnSpan="2" Margin="20,10"
            Content="Roll for damage" Click="Button_Click"/>

    <TextBlock x:Name="damage" Grid.Row="2" Grid.ColumnSpan="2" Text="damage"
               VerticalAlignment="Center" HorizontalAlignment="Center"/>
</Grid>
```

Checked 與 Unchecked 事件處理常式會在用戶核取或取消核取方塊時被呼叫。

這段文字會被換成輸出（"Rolled 17 for 34 HP"）。

WPF 傷害計算程式的 code-behind

為 WPF 傷害計算程式**加入這個 code-behind**。它會建立 SwordDamage 與 Random 的實例，並且讓核取方塊與按鈕計算傷害：

動手做！

```
public partial class MainWindow : Window
{
    Random random = new Random();
    SwordDamage swordDamage = new SwordDamage();

    public MainWindow()
    {
        InitializeComponent();
        swordDamage.SetMagic(false);
        swordDamage.SetFlaming(false);
        RollDice();
    }

    public void RollDice()
    {
        swordDamage.Roll = random.Next(1, 7) + random.Next(1, 7) + random.Next(1, 7);
        DisplayDamage();
    }

    void DisplayDamage()
    {
        damage.Text = "Rolled " + swordDamage.Roll + " for " + swordDamage.Damage + " HP";
    }

    private void Button_Click(object sender, RoutedEventArgs e)
    {
        RollDice();
    }

    private void Flaming_Checked(object sender, RoutedEventArgs e)
    {
        swordDamage.SetFlaming(true);
        DisplayDamage();
    }

    private void Flaming_Unchecked(object sender, RoutedEventArgs e)
    {
        swordDamage.SetFlaming(false);
        DisplayDamage();
    }

    private void Magic_Checked(object sender, RoutedEventArgs e)
    {
        swordDamage.SetMagic(true);
        DisplayDamage();
    }

    private void Magic_Unchecked(object sender, RoutedEventArgs e)
    {
        swordDamage.SetMagic(false);
        DisplayDamage();
    }
}
```

即時可用的程式碼

你知道的，你可以用很多不同的方式寫出特定的程式。在本書大部分的專案中，可以用不同的方式來解決問題（但是它們必須是等效的）是很棒的成就，但是對 Owen 的傷害計算程式而言，我們希望你照原樣輸入程式碼，因為（劇透警告）**我們故意加入一些 bug**。

仔細地閱讀這段程式，你可以在執行它之前找到任何 bug 嗎？

桌遊對談（或者說…骰子討論？）

遊戲之夜來臨！ Owen 的遊戲聚會開始了，他即將推出全新的劍傷計算程式。我們來看看它的效果如何。

OK，夥伴們，我想出一個新的遊戲規則，
你一定會喜歡這種了不起的新技術。

Jayden：Owen，你要介紹什麼東西？

Owen：就是這個新 app，它可以計算劍傷…而且是**自動的**喔！

Matthew：我懂，因為擲骰子不是件容易的事。

Jayden：別這樣挖苦啦…給它一個機會。

Owen：Jayden，謝啦。現在剛好適合使用它，因為 Brittany 正在用她的火焰魔法劍攻擊狂牛，來吧，Bittany，試試看。

Brittany：OK，打開 app，核取 Magic 方塊，這看起來是上一次擲骰子的結果，我按下 roll 再擲一次…

Jayden：不對吧，你擲出 14，但是它一樣顯示 3 HP，再按一下，它擲出 11，同樣是 3 HP，再按幾次，擲出 9、10、5 都會產生 3 HP。Owen，怎麼會這樣？

Brittany：它有時是正常的耶！按下 roll，然後按下方塊幾次之後，它就可以產生正確的答案了。你看，我擲出 10，得到 22 HP。

Jayden：沒錯，只是我們必須用**特定的順序**按下它們，先按 roll，再核取右邊的方塊，然後，為了確認，我們核取 Flaming 兩次。

Owen：沒錯，如果我們**完全按照這個順序**，程式就沒問題了。但如果用任何其他順序，它就會出錯。OK，我們可以使用它。

Matthew：要不然…我們還是與之前一樣，用真的骰子來玩好了…

Brittany 與 Jayden 沒錯。雖然程式可以運作，但是只能用特定的順序來操作。這是當它啟動時的樣子。

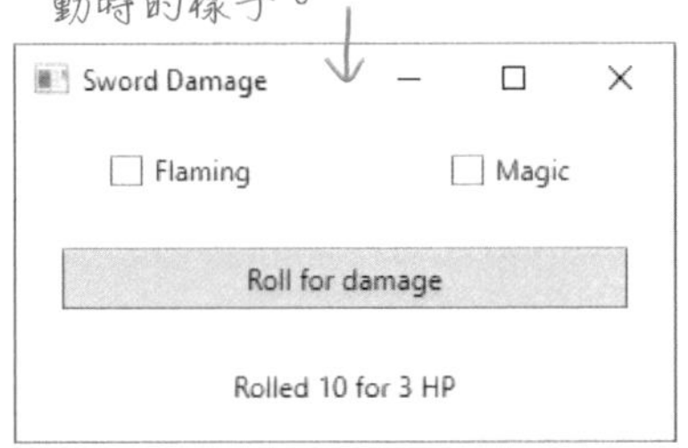

我們先核取 Flaming，然後核取 Magic，試著計算火焰魔法劍的傷害。唉呀，數字不對。

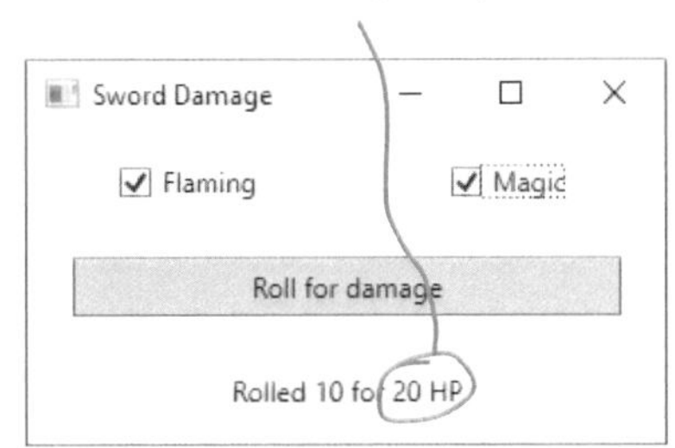

但是當我們按 Flaming 方塊兩次之後，它就會顯示正確的數字了。

我們來試著修正那個 bug

當你執行程式時，它會先做哪一件事？仔細地看一下在 MainWindow 類別的最上面的這個方法：

```
public partial class MainWindow : Window
{
    Random random = new Random();
    SwordDamage swordDamage = new SwordDamage();

    public MainWindow()
    {
        InitializeComponent();
        swordDamage.SetMagic(false);
        swordDamage.SetFlaming(false);
        RollDice();
    }
```

這個方法是個建構式。它會在 MainWindow 類別第一次被實例化時呼叫，你可以用它來將實例初始化。它不需要回傳型態，而且它的名稱與類別名稱一樣。

如果類別有建構式，建構式就是在那個類別的新實例被建立時，第一個執行的東西。當 app 啟動，並建立 MainWindow 實例時，它會先初始化欄位，包括建立一個新的 SwordDamage 物件，然後呼叫建構式。所以程式會在顯示視窗之前呼叫 RollDice，每當我們按下 roll 就會看到問題，所以，也許我們可以在 RollDice 方法裡面修改程式來修正它。**在 RollDice 方法裡面進行這些修改：**

修改它！

```
public void RollDice()
{
    swordDamage.Roll = random.Next(1, 7) + random.Next(1, 7) + random.Next(1, 7);
    swordDamage.SetFlaming(flaming.IsChecked.Value);
    swordDamage.SetMagic(magic.IsChecked.Value);
    DisplayDamage();
}
```

呼叫核取方塊的 IsChecked.Value 會在它被核取時得到 true，未被核取時得到 false。

現在**測試你的程式**。執行程式並按下按鈕幾次。到目前為止都沒問題，數字看起來沒錯。現在**核取 Magic 方塊**，再多幾次按鈕。OK，我們的做法似乎生效了！但還有一件事需要測試。**核取 Flaming 方塊**並按下按鈕…**咦！**它仍然是錯的！當你按下按鈕時，它會乘以 1.75 的魔法倍數，但是不會加上額外的 3 HP 火焰傷害。你仍然要核取和取消核取 Flaming 核取方塊才能得到正確的數字。所以程式仍然是錯的。

雖然我們猜測問題在哪，並且快速寫出一些程式，卻無法修正問題，因為**我們還沒有真的想出**造成 bug 的原因是什麼。

在你試著修正 bug 之前，一定要想一下 bug 的原因是什麼。

當程式出錯時，我們很容易忍不住直接開始撰寫程式來嘗試修正它。雖然表面上你迅速地採取行動，但是這樣子往往只會加入更多 bug。與其試著快速修改，多花點時間找出 bug 真正的原因絕對比較安全。

使用 Debug.WriteLine 來印出診斷資訊

在前幾章，你曾經使用偵錯工具來追蹤 bug，但開發者還可以用其他方法找出程式的問題。事實上，當專業開發者試著在程式中找出 bug 時，他們經常先**加入陳述式來列印輸出**，我們接下來要用這種方式來找出這個 bug。

字串內插

你曾經使用 + 運算子來串連字串。它是很強大的工具，因為它可以將你使用的任何值（只要不是 null 即可）轉換成字串（通常藉著呼叫它的 *ToString* 方法）。問題在於，串連可能會讓程式非常難以閱讀。

幸好，C# 提供一種很棒的工具，可讓我們更輕鬆地串連字串。它稱為**字串內插（string interpolation）**，用法是在你的字串前面加上一個錢號，然後在字串裡面，用大括號將你想要放入的變數、欄位，或複雜的運算式（甚至可以呼叫方法！）包起來。如果你想要在字串裡面加入真正的大括號，你只要加入兩對大括號即可，例如 {{ }}。

在 Visual Studio 的 View 選單選擇輸出（Ctrl+O W）來**打開 Output 視窗**。在 WPF app 裡面呼叫 Console.WriteLine 來列印的文字都會顯示在這個視窗裡。你只能使用 Console.WriteLine 來顯示想要給用戶看的輸出。當你為了偵錯而列印輸出時，你就要改用 **Debug.WriteLine**。Debug 類別在 System.Diagnostics 名稱空間裡面，所以先在 SwordDamage 類別檔案的最上面加入一行 using：

```
using System.Diagnostics;
```

接下來，在 CalculateDamage 方法的結尾**加入一個 Debug.WriteLine 陳述式**：

```
public void CalculateDamage()
{
    Damage = (int)(Roll * MagicMultiplier) + BASE_DAMAGE + FlamingDamage;
    Debug.WriteLine($"CalculateDamage finished: {Damage} (roll: {Roll})");
}
```

然後，在 SetMagic 方法的結尾加上另一個 Debug.WriteLine 陳述式，在 SetFlaming 方法的結尾再加上一個。它們與 CalculateDamage 裡面的一致，只是它們會輸出「SetMagic」或「SetFlaming」，而不是「CalculateDamage」：

```
public void SetMagic(bool isMagic)
{
    // SetMagic 方法其餘的部分維持不變
    Debug.WriteLine($"SetMagic finished: {Damage} (roll: {Roll})");
}

public void SetFlaming(bool isFlaming)
{
    // SetFlaming 方法其餘的部分維持不變
    Debug.WriteLine($"SetFlaming finished: {Damage} (roll: {Roll})");
}
```

現在你的程式會在 Output 視窗印出實用的診斷資訊了。

調查這個 bug 不需要設定任何中斷點。這是開發者常做的事情…所以你也要學會怎麼做！

查明真相

我們要使用 **Output 視窗**來對 app 進行偵錯。執行程式，並觀察 Output 視窗。當它載入時，你會看到好幾行訊息告訴你 CLR 載入各種 DLL（這很正常，現在先忽略它們）。

當你看到主視窗時，按下 Clear All（☰）按鈕來清除 Output 視窗。然後核取 Flaming 方塊。當我們擷取這個畫面時，我們擲出 9，所以它印出這些資訊：

```
Output
Show output from: Debug
 CalculateDamage finished: 12 (roll: 9)
 SetFlaming finished: 14 (roll: 9)
```

14 是正確的答案，算法是 9 加基本傷害 3，再加上火焰劍的 2。到目前為止沒問題。

你可以在 Output 視窗看到剛才發生什麼事：SetFlaming 方法先呼叫 CalculateDamage，它算出 12，再加上 FLAME_DAMAGE 得到 14，最後執行你加入的 Debug.WriteLine 陳述式。

現在按下按鈕來再次擲骰子。程式會在 Output 視窗另外印出三行訊息：

```
Output
Show output from: Debug
 SetFlaming finished: 17 (roll: 12)
 CalculateDamage finished: 15 (roll: 12)
 SetMagic finished: 15 (roll: 12)
```

我們擲出 12，所以它應該要算出 17 HP。那麼，偵錯的輸出告訴我們發生了什麼事？

首先，它呼叫 SetFlaming，將 Damage 設成 17，這是對的：12 + 3（基本） + 2（火焰）。

但是當程式呼叫 CalculateDamage 方法時，它**改寫 Damage 欄位**，將它設回 15。

問題在於 **SetFlaming 是在 CalculateDamage 之前呼叫的**，雖然它有加上正確的火焰傷害，但是隨後呼叫的 CalculateDamage 取消那件事。所以，造成程式出錯的元兇在於 SwordDamage 類別裡面的欄位與方法，必須按照**非常特定的順序來使用**：

1. 將 Roll 欄位設成 3d6 擲法。
2. 呼叫 SetMagic 方法。
3. 呼叫 SetFlaming 方法。
4. 不能呼叫 CalculateDamage 方法，因為 SetFlaming 會幫你做那件事。

啊哈！現在我們真的知道為何程式有錯了。

> Debug.WriteLine 是開發工具箱裡面最基本（而且最實用！）的偵錯工具。有時在程式中找出 bug 最快的做法是有條理地加入 Debug.WriteLine 陳述式來顯示重要的線索，以協助你破案。

這就是主控台 app 是正確的，WPF 卻不正確的原因。主控台 app 以特定的方式使用 SwordDamage 類別，可以正確動作。WPF app 用錯誤的順序呼叫方法，所以得到不正確的結果。

這會造成 bug！目前我們還不會修正這個專案。我們將在更了解封裝之後，回來修正這個專案。

所以方法必須**按照特定的順序呼叫**。這很簡單吧？我只要對調一下呼叫它們的順序，程式就可以正確運作了。

別人不一定都可以完全按照你想像的方式使用你的類別。

而且在多數情況下，那位使用你的類別的「人」就是你自己！你今天寫出來的類別可能會在明天或是下個月使用。幸好，C# 提供一種強大的技術來確保你的程式一定可以正確運作，就算別人做了出乎你的意料的事情。這種技術叫做**封裝（encapsulation）**，用它來處理物件非常方便。封裝的目的是防止別人接觸類別的「內部」，如此一來，類別的所有成員用起來都很<u>安全</u>**，而且難以誤用**。它可以讓你設計出更難以錯誤使用的類別，而且它**可以防止**你在劍傷計算程式中發現的那種 ***bug***。

沒有蠢問題

問：Console.WriteLine 與 Debug.WriteLine **有什麼區別？**

答：Console 類別是主控台 app 用來取得用戶輸入，以及傳送輸出給用戶的。它使用作業系統提供的三個**標準資料流（stream）**：標準輸入（stdin）、標準輸出（stdout）與標準錯誤（stderr）。標準輸入是被輸入程式的文字，標準輸出是它印出來的東西。（如果你曾經在命令介面或命令提示字元視窗使用 <、>、|、<<、>> 或 || 來 pipe 輸入或輸出，你就用過 stdin 與 stdout。）Debug 類別位於 System.Diagnostics 名稱空間，所以你可以猜出它的用途：它可以讓你找出與修正問題，來協助你診斷問題。Debug.WriteLine 會將它的輸出傳給**追蹤監聽項（trace listener）**，或監視從程式傳出來的診斷輸出，並將它們寫到主控台、log 檔，或從程式收集資料來進行分析的診斷工具。

Fun 輕鬆

本章稍後會用建構式來做更多事情。

現在先把建構式當成一種可以用來初始化物件的特殊方法。

問：**我可以在自己的程式中使用建構式嗎？**

答：當然可以。建構式是當 CLR 建立物件的新實例時呼叫的方法。它只是一般的方法，沒有什麼奇怪或特別的地方。你可以在任何類別中加入建構式，做法是宣告一個方法，讓它的**名稱與類別一樣**，而且**沒有回傳型態**（所以在開頭沒有 void、int 或其他型態）。每當 CLR 在類別裡面看到這種方法時，它就會將它視為建構式，並且在建立新物件並將物件放到 heap 時呼叫它。

我們很容易誤用物件

Owen 的 app 之所以遇到問題，是因為我們預設 CalculateDamage 方法可以 ... 計算傷害。事實上，**直接呼叫那個方法並不安全**，因為它會替換 Damage 值，移除已經完成的計算。我們要讓 SetFlaming 方法為我們呼叫 CalculateDamage，但是**這樣還不夠**，因為我們也要確保 SetMagic 一定會先被呼叫。所以雖然 SwordDamage 類別在技術上是可以運作的，但是一旦你用不尋常的方式呼叫它時，它就會出問題。

我們期望如何使用 **SwordDamage 類別**

SwordDamage 類別提供一個很好的方法來讓 app 計算總劍傷。它的工作是設定擲骰子的方式，然後呼叫 SetMagic 方法，最後呼叫 SetFlaming 方法。如果沒有按照這個順序，Damage 欄位就會被改成算出來的傷害。但是那不是 app 該有的行為。

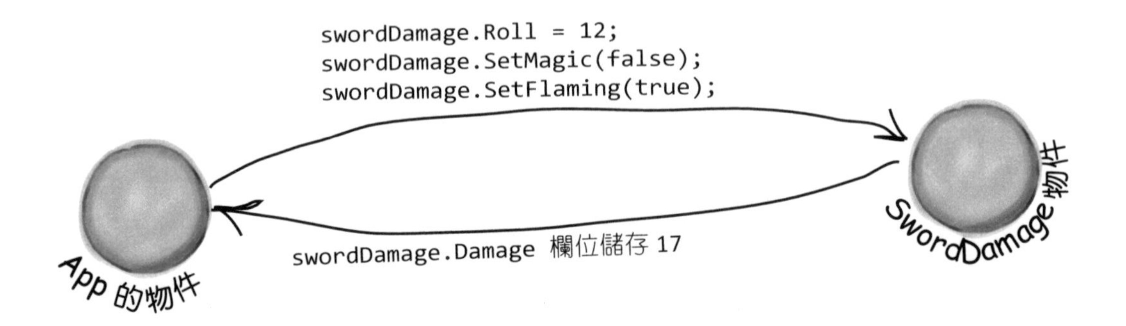
swordDamage.Roll = 12;
swordDamage.SetMagic(false);
swordDamage.SetFlaming(true);
SwordDamage 物件
swordDamage.Damage 欄位儲存 17
App 的物件

SwordDamage 類別實際上被如何使用

它先設定 Roll 欄位，然後呼叫 SetFlaming，幫火焰劍的 Damage 欄位加上額外的傷害。然後呼叫 SetMagic，最後呼叫 CalculateDamage，這會重設 Damage 欄位，將額外的火焰傷害移除。

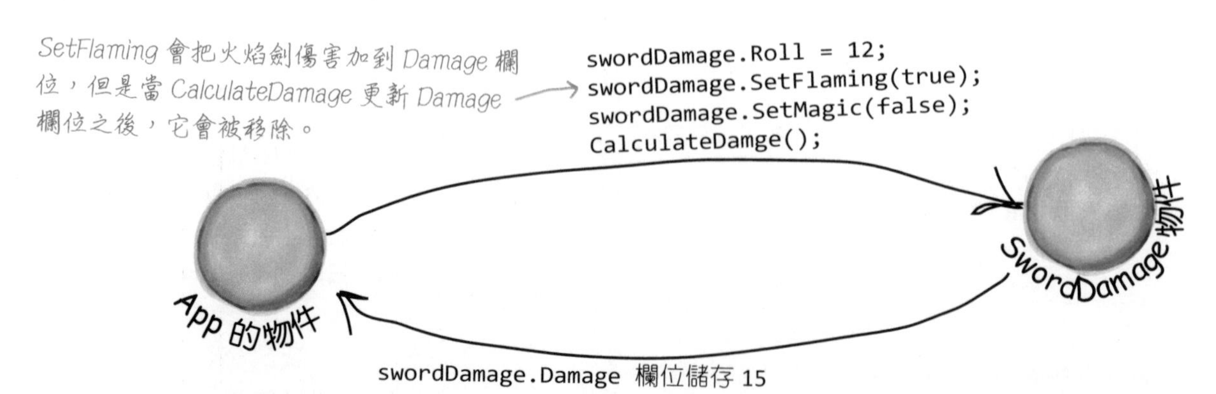
SetFlaming 會把火焰劍傷害加到 Damage 欄位，但是當 CalculateDamage 更新 Damage 欄位之後，它會被移除。
swordDamage.Roll = 12;
swordDamage.SetFlaming(true);
swordDamage.SetMagic(false);
CalculateDamge();
SwordDamage 物件
App 的物件
swordDamage.Damage 欄位儲存 15

封裝的意思是讓類別裡面的一些資料保持隱密

要避免物件被誤用，有一種做法是確保類別只能用一種方式來使用。C# 可以讓你將一些欄位宣告成 **private** 來做到這件事。到目前為止，你只看過 public 欄位。當物件有 public 欄位時，任何其他物件都可以讀取或改變那個欄位。如果你將它宣告成 private 欄位，那麼，**那個欄位只能在那個物件裡面存取**（或只能被同一個類別的其他實例存取）。

Fun 輕鬆

如果你不知道該怎麼辦，那就設成 private 吧。

不知道要將哪些欄位和方法設成 private 嗎？你可以先將每一個成員都設成 private，在必要時才將它們改成 public。**此時，懶一點是好事。**如果你沒有宣告「private」或「public」，C# 會直接認為你的欄位或方法是 private。

```
class SwordDamage
{
   public const int BASE_DAMAGE = 3;
   public const int FLAME_DAMAGE = 2;

   public int Roll;
   private decimal magicMultiplier = 1M;
   private int flamingDamage = 0;
   public int Damage;

   private void CalculateDamage()
   {
     ...
```

如果你想要將一個欄位設成 private，你只要在宣告時使用 private 關鍵字即可。它會告訴 C#：SwordDamage 實例的 magicMultiplier 與 flamingDamage 欄位只能被 SwordDamage 實例裡面的方法讀取和寫入。其他物件完全無法看到它們。

有沒有發現我們也改變 private 欄位名稱，讓它們的開頭是小寫字母？

將 CalculateDamage 方法設為 *private* 可以防止 app 不小心呼叫它，並重設 Damage 欄位。將計算時使用的欄位設成 private 可以避免 app 干擾計算。先將某一筆資料宣告成 private，再編寫程式來使用那筆資料，稱為封裝。當類別為了保護它的資料而提供用起來很安全且難以誤用的成員時，我們稱那個類別被妥善封裝（*well-encapsulated*）。

en-cap-su-la-ted（封裝），形容詞

用保護性塗層或薄膜來包裝物體。

潛水員被潛水器完全**封裝**起來，只能用氣閘進出。

使用封裝來限制對於方法與欄位的使用

當你將所有的欄位和方法都宣告成 public 時，其他的類別都可以存取它們。你的類別做的和知道的每一件事，都會被程式的其他類別一覽無遺…而且，如你所知，這會讓程式出現出乎意外的行為。

這就是為什麼 public 與 private 關鍵字稱為**存取修飾詞（access modifier）**：它們可以控制對於類別成員的存取。封裝可以讓你控制想分享類別裡面的哪些東西，以及讓哪些東西保持隱密。我們來看看它是如何運作的。

SecretAgent
Alias RealName Password
AgentGreeting

1. 超級特務 Herb Jones 是 ***1960 年代的特務遊戲裡面的一位特務物件***，他潛伏在蘇聯，捍衛著人類的生命、自由和幸福。他的物件是 SecretAgent 類別的實例。

SecretAgent

```
RealName: "Herb Jones"
Alias: "Dash Martin"
Password: "the crow flies at midnight"
```

EnemyAgent
Borscht Vodka
ContactComrades OverthrowCapitalists

2. Agent Jones 用一種辦法來躲避敵方特務物件。他加入一個 AgentGreeting 方法，用參數來接受密碼。如果他收到的密碼不正確，他只會展示他的化名，Dash Martin。

3. 這種做法看起來可以萬無一失地保護特務身分，對吧？只要呼叫他的特務物件沒有正確的密碼，特務的名字就不會洩漏出去。

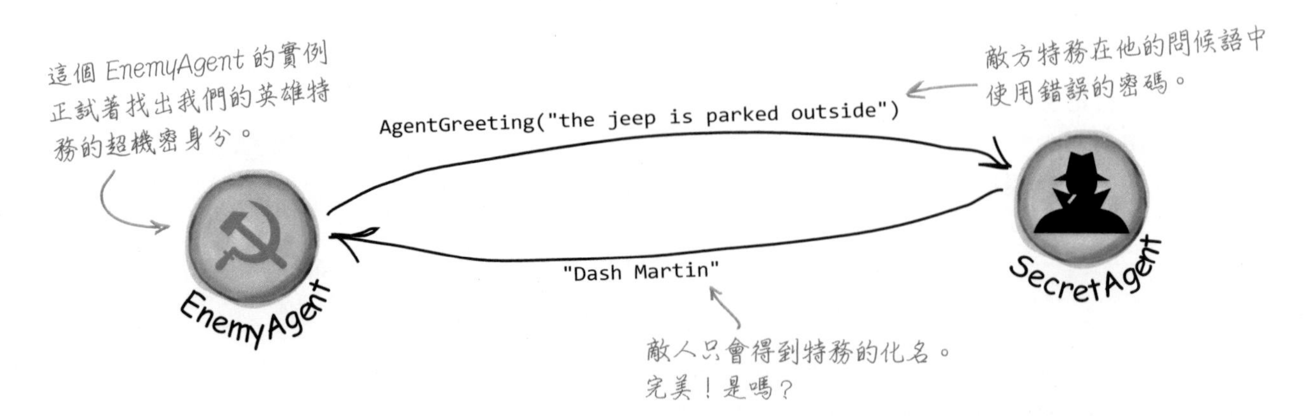
這個 EnemyAgent 的實例正試著找出我們的英雄特務的超機密身分。
AgentGreeting("the jeep is parked outside")
敵方特務在他的問候語中使用錯誤的密碼。
EnemyAgent
SecretAgent
"Dash Martin"
敵人只會得到特務的化名。完美！是嗎？

不過，RealName 欄位真的有被保護起來嗎？

所以，只要敵人不知道 SecretAgent 物件密碼，特務的真名就不會洩漏。不是嗎？但是如果資料被放在 public 欄位，這種做法就沒有任何好處。

```
public string RealName;
public string Password;
```

將欄位設成 public 代表它們可以被任何其他物件讀取（甚至可以改變！）。

啊哈！他把欄位設成 public！何必費盡心思地猜測 AgentGreeting 方法的密碼？我可以直接拿到他的名字！

```
string iSpy = herbJones.RealName;
```

EnemyAgent

Agent Jones 可以怎麼做？他可以使用 **private** 欄位來保護身分秘密不讓敵方特務物件知道。當他將 realName 欄位宣告成 private 時，你就只能**藉著呼叫能夠存取該類別的 *private* 成員的方法來讀取它**。導致敵方特務的失敗！

EnemyAgent 物件不能存取 SecretAgent 的 private 欄位，因為它們是不相同的類別的實例。

只要將 public 換成 private，就可以讓不屬於同一個類別的任何物件看不到那個欄位。將正確的欄位和方法設成 private 可以確保外部程式無法出乎意外地改變你正在使用的值。我們將欄位名稱改成以小寫字母開頭，來讓程式更容易閱讀。

```
private string realName;
private string password;
```

動動腦

將傷害計算 app 裡面的方法與欄位宣告成 private 可以避免 app 直接使用它們，進而防止 bug。但是我們**仍然有一個問題！**如果 SetMagic 在 SetFlaming 之前被呼叫，我們一樣會得到錯誤的答案。private 關鍵字可以防止這個問題嗎？

private 欄位與方法只能在同一個類別的實例裡面存取

你只能透過一種辦法讓一個物件取得另一個物件的 private 欄位的資料：使用回傳該資料的 public 欄位與方法。EnemyAgent 與 AlliedAgent 特務都需要使用 AgentGreeting 方法，但同樣是 SecretAgent 實例的友方特務可以看到所有東西…因為**任何類別都可以看到同一個類別的其他實例裡面的 private 欄位。**

其他的 SecretAgent 實例可以看到 private 類別成員。所有其他物件都必須使用 public 成員。

AlliedAgent 類別是盟國派來的特務，獲得授權可以得知那位特務的身分。但是 AlliedAgent 實例無法存取 SecretAgent 物件的 private 欄位。只有另一個 SecretAgent 物件可以看到它們。

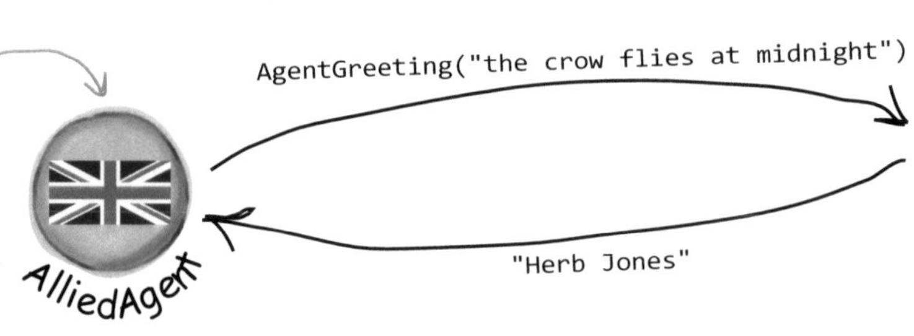

問：為什麼要讓別的物件不能讀寫某個物件的欄位？

答：有時類別必須記錄它進行操作時需要的資訊，但其他物件不需要看到那些資訊，你已經看過這種例子了。上一章的 Random 類別使用特殊的種子值來初始化偽隨機數產生器。在底層，Random 類別的每一個實例其實都有一個陣列，陣列裡面有幾十個數字，讓實例用來確保 Next 方法一定會給你一個隨機數。但是那個陣列是 private，當你建立一個 Random 實例時，你無法存取那個陣列。如果你可以存取它，你就可以把值放在它裡面，讓它提供非隨機值。所以種子被完全封裝，避免被你接觸。

問：OK，所以我要透過 public 方法才能接觸 private 資料。如果有 private 欄位的類別不提供方法來讓我取得那些資料，但是我的物件需要使用它呢？

答：這樣的話，你就無法從物件的外面存取資料。當你編寫類別時，你一定要讓其他物件可以用某種方式取得它們需要的資料。private 欄位是很重要的封裝成分，但是它們不是封裝的全部。在編寫妥善封裝的類別時，你要提供合理的、容易使用的方式來讓其他物件取得它們需要的資料，同時不讓它們可以劫持你的類別所依賴的資料。

問：嘿！我發現在 IDE 使用「產生方法（Generate method）」時，它會使用 private 關鍵字。為什麼？

答：因為那是 IDE 最安全的做事方式。除了用「產生方法」建立的方法是 private 之外，當你在控制項按兩下來加入事件處理常式時，IDE 也會幫它建立 private 方法。原因在於，**將欄位或方法宣告成 private 是最安全的**，可以避免傷害計算程式的那種 bug。如果你要讓別的類別存取資料，你隨時可以將類別成員宣告成 public。

要讓一個物件取得另一個類別物件的 private 欄位裡面的資料，唯一的方法是使用回傳那筆資料的 public 方法。

接下來要使用 private 關鍵字來做一個小練習。我們要**製作一個小型的 Hi-Lo 遊戲**，這個遊戲在一開始的賭資總額是 10 元，它會隨機選出 1 到 10 的數字。玩家要猜下一個數字比較大還是比較小。如果玩家猜對了，他會贏得一塊，否則他會輸掉一塊。接下來，下一個數字會變成當前的數字，遊戲繼續進行。

我們來為這個遊戲**建立一個新的主控台 app**。這是它的 Main 方法：

```
public static void Main(string[] args)
{
    Console.WriteLine("Welcome to HiLo.");
    Console.WriteLine($"Guess numbers between 1 and {HiLoGame.MAXIMUM}.");
    HiLoGame.Hint();
    while (HiLoGame.GetPot() > 0)
    {
        Console.WriteLine("Press h for higher, l for lower, ? to buy a hint,");
        Console.WriteLine($"or any other key to quit with {HiLoGame.GetPot()}.");
        char key = Console.ReadKey(true).KeyChar;
        if (key == 'h') HiLoGame.Guess(true);
        else if (key == 'l') HiLoGame.Guess(false);
        else if (key == '?') HiLoGame.Hint();
        else return;
    }
    Console.WriteLine("The pot is empty. Bye!");
}
```

別忘了，看一下答案不是作弊！

接下來，加入一個稱為 HiLoGame 的 **static 類別**，並**加入下面的成員**。因為這是個 static 類別，所以所有的成員都必須是 static。務必在宣告各個成員時加入 public 或 private：

1. 一個常數整數 **MAXIMUM**，預設值為 10。別忘了，你不能幫常數加上 **static** 關鍵字。

2. 一個 Random 實例，名為 **random**。

3. 兩個 int 欄位，名為 **currentNumber** 與 **nextNumber**，將它們的初始值設為隨機數。

4. 一個名為 **pot** 的 int 欄位，存有賭資金額。**將這個欄位設為 private**。

   我們把 pot 宣告成 private 是因為我們不想要讓其他的類別增加金額，但是 Main 方法仍然需要將 pot 的大小印到主控台。仔細閱讀 Main 方法裡面的程式，你可以想出讓 Main 方法取得 pot 欄位的值，但是又不讓它設定該欄位的做法嗎？

5. 一個名為 Guess 的**方法**，讓它有一個名為 **higher** 的 bool 參數，該方法要做這些事情（仔細看一下 Main 方法來了解它是怎麼被呼叫的）：

   - 如果玩家猜測數字較大，而且下一個數字 >= 當前的數字，**或**玩家猜測數字較小，而且下一個數字 <= 當前的數字，它會將 "You guessed right!" 寫到主控台，並增加賭資。
   - 否則，它將 "Bad luck, you guessed wrong." 寫到主控台，並減少賭資。
   - 它將 currentNumber 設為 nextNumber,，然後將 nextNumber 設成一個隨機數，讓玩家猜。
   - 它將 "The current number is {currentNumber}" 寫至主控台。

6. 一個 **Hint** 方法，計算最大數字的一半，然後寫出 "The current number is {currentNumber}, the next is at least {half}" 或 "The current number is {currentNumber}, the next is at most {half}"，然後減少賭資。

紅利問題：如果你將 HiLoGame.random 設為公用欄位，你可以利用「Random 類別如何產生數字」的知識來**協助你作弊嗎**？

習題解答

這是 Hi-Lo 遊戲其餘的程式碼。這個遊戲在一開始的賭資是 10 元，它會隨機選出 1 到 10 的數字。玩家要猜下一個數字比較大還是比較小。如果玩家猜對了，他會贏得一塊，否則他會輸掉一塊。接著，下一個數字變成目前的數字，遊戲繼續進行。

這是 HiLoGame 類別的程式：

如果你幫常數加上 static 關鍵字，你會得到編譯器錯誤，因為所有常數都是 static。試著在任何一個類別裡面加入一個一你可以從另一個類別讀取它，就像任何其他 static 欄位一樣。

```
static class HiLoGame
{
    public const int MAXIMUM = 10;
    private static Random random = new Random();
    private static int currentNumber = random.Next(1, MAXIMUM + 1);
    private static int nextNumber = random.Next(1, MAXIMUM + 1);
    private static int pot = 10;

    public static int GetPot() { return pot; }

    public static void Guess(bool higher)
    {
        if ((higher && nextNumber >= currentNumber) ||
                (!higher && nextNumber <= currentNumber))
        {
            Console.WriteLine("You guessed right!");
            pot++;
        }
        else
        {
            Console.WriteLine("Bad luck, you guessed wrong.");
            pot--;
        }
        currentNumber = nextNumber;
        nextNumber = random.Next(1, MAXIMUM + 1);
        Console.WriteLine($"The current number is {currentNumber}");
    }

    public static void Hint()
    {
        int half = MAXIMUM / 2;
        if (nextNumber >= half)
            Console.WriteLine($"The current number is {currentNumber}," +
                              $" the next number is at least {half}");
        else Console.WriteLine($"The current number is {currentNumber}," +
                               $" the next is at most {half}");
        pot--;
    }
}
```

pot 欄位是 private，但是 Main 方法可以使用 GetPot 方法來取得它的值，卻無法修改它。

這是很棒的封裝範例。你藉著將 pot 欄位宣告成 private 來保護它。你只能藉著呼叫 Guess 或 Hint 方法來修改它，而且 GetPot 方法提供唯讀的存取。

這是重點。花幾分鐘了解它如何運作。

Hint 方法必須是 public，因為它是從 Main 呼叫的。有沒有發現我們沒有幫 if/else 陳述式加上大括號？只有一行程式的 if 和 else 子句不需要使用大括號。

紅利：你可以將 public random 欄位換成**以不一樣的種子來初始化**的 Random 新實例，然後，你可以使用 Random 的新實例與同樣的種子來提前找出數字！

```
HiLoGame.random = new Random(1);
Random seededRandom = new Random(1);
Console.Write("The first 20 numbers will be: ");
for (int i = 0; i < 10; i++)
    Console.Write($"{seededRandom.Next(1, HiLoGame.MAXIMUM + 1)}, ");
```

用同樣的種子初始化的每一個 Random 實例都會產生同一系列的偽隨機數。

有件事不對勁。把一個欄位宣告成 private 只會讓程式在另一個類別使用它時**無法編譯**。但如果我把「private」改成「public」，程式又可以組建了！加入「private」只會破壞我的程式。

那我為什麼**要把欄位宣告成** private？

因為你有時會讓類別隱藏資訊，避免讓其餘的程式看到。

很多人在第一次進行封裝時會覺得它有點奇怪，因為隱藏一個類別的欄位、屬性或方法不讓別的類別看到有一點違反直覺。在某些情況下，你應該考慮讓一些資訊可被其他的程式看到。

封裝代表讓一個類別隱藏資訊，不讓別的類別看到。它可以協助你防止程式中的 bug。

照過來！

封裝與安全是兩回事。private 欄位並不安全。

如果你要建構一個 **1960 年代的特務遊戲**，封裝是預防 bug 的好方法。如果你要為**真正的特務設計程式**來保護他們的資料，封裝是很糟糕的做法。舉個例子，我們回到 Hi-Lo 遊戲。在 Main 方法的第一行設一個中斷點，幫 **HiLoGame.random** 加入一個監看式，並且對程式進行偵錯。**展開 Non-Public Members 區域**，你會看到 Random 類別的內部，包括一個稱為 `_seedArray` 的陣列，它會用這個陣列來產生它的偽隨機數。

物件的 `private` 不是只有 IDE 可以看到而已，.NET 也有一種稱為 **reflection** 的工具可以用來編寫程式，來讀取記憶體裡面的物件，並且查看它們的內容，甚至包括 private 欄位。我用這個簡單的例子來說明它是如何運作的。**建立一個新的主控台 app**，並加入一個稱為 HasASecret 的類別：

```
class HasASecret
{
    // 這個類別有一個 secret 欄位。private 關鍵字可以保護它的安全嗎？
    private string secret = "xyzzy";
}
```

reflection 類別在 **System.Reflection 名稱空間**裡面，所以在存放 Main 方法的檔案中加入這個 `using` 陳述式：

```
using System.Reflection;
```

下面的 main class 使用 Main 方法來建立 HasASecret 的新實例，然後使用 reflection 來讀取它的 **secret** 欄位。它呼叫 GetType 方法，你可以對著任何物件呼叫這個方法，來取得關於它的型態的資訊：

```
class MainClass
{
    public static void Main(string[] args)
    {
        HasASecret keeper = new HasASecret();

        // 把這個 Console.WriteLine 陳述式註解改回去，程式碼會造成編譯錯誤：
        // 'HasASecret.secret' is inaccessible due to its protection level
        // Console.WriteLine(keeper.secret);

        // 但是我們仍然可以使用 reflection 來取得 secret 欄位的值
        FieldInfo[] fields = keeper.GetType().GetFields(
                        BindingFlags.NonPublic | BindingFlags.Instance);

        // 這個 foreach 迴圈會將 "xyzzy" 印到主控台
        foreach (FieldInfo field in fields)
        {
            Console.WriteLine(field.GetValue(keeper));
        }
    }
}
```

每一個物件都有一個 GetType 方法，這個方法會回傳一個 Type 物件，Type.GetFields 方法會回傳一個陣列，陣列裡面有許多 FieldInfo 物件，物件的一個欄位有一個這種物件。每一個 FieldInfo 物件都有關於欄位的資訊。如果你用物件實例來呼叫它的 GetValue 方法，它會回傳該物件的欄位裡面的值一即使那個欄位是 private。

為什麼要封裝？把物件當成黑盒子…

有時你會聽到程式員把物件稱為「黑盒子」，如此看待它們很好，它的意思是：雖然我們可以看到它的行為，但是無法知道它是怎麼做到的。

當你呼叫物件的方法時，你並不在乎那個方法如何工作，至少不是在那當下。你在乎的是它可以接收你提供的輸入，並且做正確的事情。

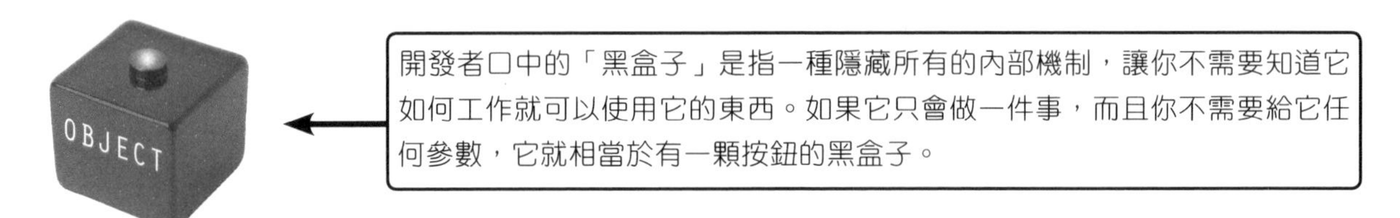

OBJECT
開發者口中的「黑盒子」是指一種隱藏所有的內部機制，讓你不需要知道它如何工作就可以使用它的東西。如果它只會做一件事，而且你不需要給它任何參數，它就相當於有一顆按鈕的黑盒子。

雖然你可以加入更多控制項，例如顯示盒子內部運行情況的視窗，以及用來調整內部結構的旋鈕和轉盤。但是如果那些控制項無法滿足系統的任何實際需求，它們就沒有任何好處，只會帶來問題。

封裝讓你的類別…

★ **更容易使用**

你已經知道類別使用欄位來記錄它們的狀態了。很多類別會使用方法來讓這些欄位維持最新狀態，而那些方法是其他類別不會呼叫的。類別經常有其他的類別都不會呼叫的欄位、方法與屬性。如果你把這些成員宣告成 private，之後當你使用那個類別時，那些成員就不會顯示在 IntelliSense 視窗裡面。在 IDE 裡面減少雜訊可讓類別更容易使用。

★ **較不會出現 bug**

在 Owen 的程式裡面的 bug 正是因為 app 直接使用一個方法，而不是透過類別裡面的其他方法呼叫它。如果那個方法被宣告成 private，我們就可以避免那個 bug。

★ **靈活**

很多時候，你會回去閱讀以前編寫的程式並且加入功能。如果你的類別妥善地封裝，你就知道如何使用它們，以及加入程式碼。

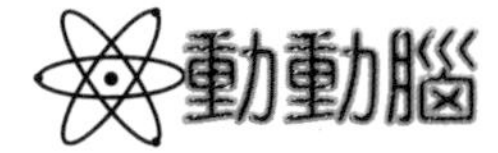

封裝不良的類別為什麼會讓程式更難修改呢？

一些封裝類別的想法

- **在你的類別裡面的所有東西都是 public 嗎？**

  如果你的類別只有 public 欄位與方法，你應該要花多一點時間考慮封裝。

- **想一下欄位和方法會被如何誤用。**

  如果它們沒有被正確地設定或呼叫，可能造成什麼問題？

- **哪些欄位在設定時需要做一些處理或計算？**

  它們都是封裝的主要對象，如果有人寫一個方法來改變其中任何一個成員的值，程式可能會出問題。

我們的基本和火焰傷害使用常數。將它們設成 public 是沒問題的，因為它們無法被修改。

但是因為它們不會被其他類別使用，或許我們也可以把它們設成 private。

- **除非必要，否則不要將欄位和方法設為 public。**

  如果你沒有特別的理由非得將某個成員宣告成 public 不可，那就不要。把程式的所有欄位都宣告成 public 會把事情搞得一團糟。但是也不要把所有東西都宣告成 private。花一些時間想想哪些欄位真的需要宣告成 public，哪些不需要，因為這可以為你節省很多時間。

妥善封裝的類別與封裝不良的類別**所做的事情一模一樣！**

沒錯！它們的區別在於，妥善封裝的類別可以防止 bug，而且更容易使用。

把妥善封裝的類別變成封裝不良的類別很簡單，你只要使用「尋找和取代」功能來將所有的 `private` 改成 `public` 即可。

關於 `private` 關鍵字有一件很有趣的事情：當你在任何程式中執行這種「尋找和取代」時，程式通常仍然可以編譯，而且會以完全相同的方式工作。這也是有些程式員在第一次看到封裝時，有點難以真正「理解」它的原因之一。

當你回去閱讀很久沒有看過的程式時，你往往會忘記當時的你希望它該怎麼使用，這就是為什麼封裝可以讓你過得更輕鬆！

本書到目前為止一直都在介紹如何讓程式**做事**，也就是執行某些行為。封裝有點不同。它不會改變程式的行為。它比較像是程式設計的「棋局」面：讓你在設計和建構類別時，隱藏它們裡面的某些資訊，並且為它們將來如何互動擬定策略。策略越好，程式就**越靈活且越容易維護**，你就可以避免越多 bug。

而且，如同下棋，
好的封裝策略幾乎
有無限多種！

今日妥善地封裝類別可以讓它們在明日更容易重複使用。

重點提示

- 在試著修正 bug 之前，**你都要先想一下 bug 的原因**。花一些時間真正了解事情的原委。
- 加入陳述式來印出訊息是很有效的偵錯手段。在加入陳述式來印出診斷資訊時，使用 **Debug.WriteLine**。
- **建構式**是 CLR 建立物件的新實例時呼叫的方法。
- **字串內插**可以讓字串串連更容易閱讀，做法是在字串前面加上 $，並且在 { 大括號 } 裡面加入值。
- System.Console 類別可以將它的輸出寫到**標準資料流**，標準資料流為主控台 app 提供標準的輸入與輸出。
- System.Diagnostics.Debug 類別會將它的輸出寫到**追蹤監聽項**（一種特殊類別，可用診斷輸出來執行特定的動作），包括可將輸出寫到 IDE 的 Output（Window）或 Application Output（macOS）視窗的追蹤監聽項。
- 別人不一定會完全按照你期望的方式使用你的類別。**封裝**是讓類別成員更靈活且更難被誤用的技術。
- 封裝通常需要使用 **private** 關鍵字，來將類別的一些欄位或方法變成私用，以免被其他類別誤用。
- 當類別可以保護它的資料，並且提供用起來很安全且難以誤用的成員時，我們稱之為**妥善封裝**。

OK，我們知道劍傷 app 的程式有一些問題了，我們該怎麼做？

SwordDamage
Roll MagicMultiplier FlamingDamage Damage
CalculateDamage SetMagic SetFlaming

還記得你曾經使用 Debug.WriteLine 來調查 app 裡面的 bug 嗎？你發現，以非常具體的順序來呼叫 SwordDamage 類別的方法時，程式才可以正確運作。本章的主題是封裝，所以我可以篤定地說，你接下來會用封裝來解決這個問題。但是…到底怎麼做？

使用封裝來改善 SwordDamage 類別

我們剛才介紹一些很棒的封裝類別概念。我們來看看能不能將這些概念用在 SwordDamage 類別上，以防止任何 app 混淆、誤用，或濫用它。

SwordDamage 類別的每一個成員都是 public 嗎？

的確如此。它的四個欄位（Roll、MagicMultiplier、FlamingDamage 與 Damage）都是 public，三個方法也是（CalculateDamage、SetMagic 與 SetFlaming）。我們可以考慮封裝。

有欄位或方法被誤用嗎？

當然有。在傷害計算 app 的第一個版本裡，我們呼叫了 CalculateDamage，但是應該讓 SetFlaming 方法呼叫它才對。我們試著修正它，卻失敗了，因為我們誤用方法，以錯誤的順序呼叫它們。

在設定欄位之後需要計算嗎？

當然。在設定 Roll 欄位之後，我們希望實例立刻計算傷害。

那麼，哪些欄位與方法真的需要宣告成 public？

這是個好問題，花一些時間想一下答案，我們會在本章結尾解答這個問題。

把類別的成員宣告成 private，可以避免其他的類別以意外的方式呼叫它的 public 方法或更新它的 public 欄位，而造成 bug。

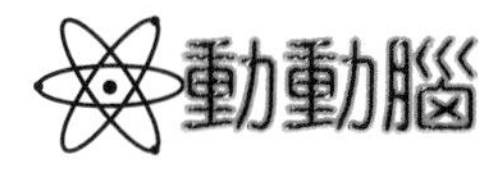

想想這些問題，再仔細看一下 SwordDamage 類別如何運作。你會怎麼修正 SwordDamage 類別？

封裝可以讓資料保持安全

我們已經看了 private 關鍵字如何**保護類別成員不被直接存取**，以及它如何防止其他的類別用出人意料的方式呼叫方法或更新欄位，進而造成 bug，例如在 Hi-Lo 遊戲裡，GetPot 讓 private 的 pot 欄位只能被讀取，而且只讓 Guess 與 Hint 方法可以修改它。接下來的類別也是用一模一樣的方式來運作的。

在類別中使用封裝

我們來為漆彈競技場電玩**製作 PaintballGun 類別**。因為玩家可以隨時撿起漆彈彈匣並裝填，所以我們要用類別來記錄玩家的漆彈總數，以及目前裝填的漆彈數量。我們加入一個方法來檢查槍是不是空了，需要裝填，我們也想要讓它記錄彈匣大小。每當玩家獲得更多漆彈，我們就讓槍支自動裝滿彈匣，為了確保這件事都會發生，我們寫一個方法來呼叫 Reload 方法來設定漆彈數量。

```
class PaintballGun
{
    public const int MAGAZINE_SIZE = 16;

    private int balls = 0;
    private int ballsLoaded = 0;

    public int GetBallsLoaded() { return ballsLoaded; }

    public bool IsEmpty() { return ballsLoaded == 0; }

    public int GetBalls() { return balls; }

    public void SetBalls(int numberOfBalls)
    {
        if (numberOfBalls > 0)
            balls = numberOfBalls;
        Reload();
    }

    public void Reload()
    {
        if (balls > MAGAZINE_SIZE)
            ballsLoaded = MAGAZINE_SIZE;
        else
            ballsLoaded = balls;
    }

    public bool Shoot()
    {
        if (ballsLoaded == 0) return false;
        ballsLoaded--;
        balls--;
        return true;
    }
}
```

我們讓這個常數是 public，因為它將會被 Main 方法使用。

當遊戲需要在 UI 顯示剩餘的漆彈數以及裝填的漆彈數時，它就會呼叫 GetBalls 與 GetBallsLoaded 方法。

遊戲需要設定漆彈數。SetBalls 方法會保護 balls 欄位，只容許遊戲設定正數的 balls。然後它會呼叫 Reload 來自動裝填槍枝。

裝填槍枝只能藉著呼叫 Reload 方法來進行，這個方法會用裝滿的彈匣來裝彈，或者，如果沒有裝滿的彈匣，就用剩餘的漆彈來裝填。這可以防止 balls 與 ballsLoaded 欄位不同步。

當槍枝有漆彈時，Shoot 方法會回傳 ture 並遞減 balls 欄位，否則不會如此。

IsEmpty 方法可以讓呼叫這個類別的程式碼更容易閱讀嗎？或者，它是多餘的？這個問題沒有絕對正確的或錯誤的答案，你可以站在任何一邊。

編寫主控台 app 來測試 PaintballGun 類別

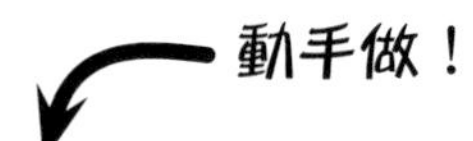

我們來嘗試新的 PaintballGun 類別。**建立一個新的主控台 app**，並在裡面加入 PaintballGun 類別。下面是 Main 方法，它使用迴圈來呼叫類別裡面的各種方法：

```
static void Main(string[] args)
{
   PaintballGun gun = new PaintballGun();
   while (true)
   {
      Console.WriteLine($"{gun.GetBalls()} balls, {gun.GetBallsLoaded()} loaded");
      if (gun.IsEmpty()) Console.WriteLine("WARNING: You're out of ammo");
      Console.WriteLine("Space to shoot, r to reload, + to add ammo, q to quit");
      char key = Console.ReadKey(true).KeyChar;
      if (key == ' ') Console.WriteLine($"Shooting returned {gun.Shoot()}");
      else if (key == 'r') gun.Reload();
      else if (key == '+') gun.SetBalls(gun.GetBalls() + PaintballGun.MAGAZINE_SIZE);
      else if (key == 'q') return;
  }
}
```

現在你應該很熟悉用迴圈來測試類別實例的做法了。務必閱讀程式碼，並了解它如何運作。

雖然我們的類別妥善封裝，但是…

類別可以運作，而且我們封裝得很好。**balls 欄位被保護起來了**，它不讓你設定負數的 balls，而且它與 ballsLoaded 欄位保持同步。Reload 與 Shoot 方法可以按照預期的方式工作，而且這個類別看起來不會被不小心誤用。

但是仔細地看一下 Main 方法的這一行：

```
else if (key == '+') gun.SetBalls(gun.GetBalls() + PaintballGun.MAGAZINE_SIZE);
```

坦白說，這樣寫的話，不如使用欄位。如果使用欄位，我們就可以用 += 運算子來為它加上彈匣的大小。雖然封裝很好，但我們不希望它讓類別變成難以使用。

能不能既保護 *balls* 欄位，又<u>取得</u> += 帶來的<u>便利性</u>？

讓 private 與 public 欄位使用不同的大小寫格式

我們讓 private 欄位使用 camelCase，讓 public 使用 PascalCase。PascalCase 就是將變數名稱中的每一個單字的第一個字母設成大寫，camelCase 與 PascalCase 很像，只是它的第一個字母是小寫。它之所以稱為 camelCase 是因為它會讓大寫字母看起來像駱駝的駝峰。

讓 public 與 private 欄位使用不同的大小寫格式是很多程式員都有的習慣。如果你在選擇欄位、屬性、變數與方法名稱時使用一致的大小寫格式，你的程式將更容易閱讀。

屬性可讓封裝更容易

到目前為止，你已經知道兩種類別成員了，也就是方法與欄位。此外還有第三種類別成員可以協助你封裝類別：**屬性**。屬性是一種類別成員，它在使用時，**外觀很像欄位**，但是在執行時，**行為很像方法**。

屬性的宣告方式很像欄位，它有型態與名稱，但是它不是以分號結束，而是在後面有一對大括號，大括號裡面有**屬性存取子（property accessor）**，它們是可以回傳屬性值或設定屬性值的方法。存取子有兩種：

* **get 屬性存取子**，通常會簡稱為 **get 存取子**或 **getter**，可以回傳屬性的值。它的開頭是 **get** 關鍵字，然後在大括號裡面有一個方法。那個方法必須回傳一個值，而且那個值必須符合屬性宣告式裡面的型態。

* **set 屬性存取子**，通常簡稱為 **set 存取子**或 **setter**，用來設定屬性的值。它的開頭是 **set** 關鍵字，然後在大括號裡面有一個方法。在方法裡面的 **value** 關鍵字是唯讀的變數，存有被設定的值。

我們經常用屬性來取得或設定**支援欄位（backing field）**，這就是我們所說的：「用屬性來限制別人存取私用欄位，進而封裝它」。

將 GetBalls 與 SetBalls 方法換成屬性

換掉它！

這是 PaintballGun 類別的 GetBalls 與 SetBalls 方法：

```
public int GetBalls() { return balls; }

public void SetBalls(int numberOfBalls)
{
    if (numberOfBalls > 0)
        balls = numberOfBalls;
    Reload();
}
```

我們來將它們改成屬性。**刪除這兩個方法**，然後**加入這個 Balls 屬性**：

```
public int Balls
{
    get { return balls; }

    set
    {
        if (value > 0)
            balls = value;
        Reload();
    }
}
```

這是宣告式。它說屬性的名稱是 Balls，型態是 int。

get 存取子（或 getter）與被它換掉的 GetBalls 方法一模一樣。

set 存取字（或 setter）幾乎與 SetBalls 方法一致。唯一的區別是它使用 value 關鍵字，而 SetBalls 使用它的參數。value 關鍵字一定會存有被 setter 指派的值。

舊的 SetBalls 方法接收一個稱為 numberOfBalls 的 int 參數，參數裡面有支援欄位的新值。setter 在 SetBalls 方法使用 numberOfBalls 的每一個地方都使用「value」關鍵字。

修改 Main 方法來使用 Balls 屬性

將 GetBalls 與 SetBalls 方法換成 Balls 屬性之後，程式無法組建了。你必須修改 Main 方法來使用 Balls 屬性，而不是讓它使用舊的方法。

之前我們在這個 Console.WriteLine 陳述式裡面呼叫 GetBalls 方法：

更改它！

```
Console.WriteLine($"{gun.GetBalls()} balls, {gun.GetBallsLoaded()} loaded");
```

你可以**將 `GetBalls()` 換成 `Balls`** 來修正它，完成之後，陳述式將會和之前一樣運作。我們來看另一個使用 GetBalls 與 SetBalls 的地方：

```
else if (key == '+') gun.SetBalls(gun.GetBalls() + PaintballGun.MAGAZINE_SIZE);
```

這就是那一段看起來既醜陋且笨重的程式碼。屬性好用的地方在於它們的工作方式很像方法，但是用起來很像欄位。所以，我們要像使用欄位一樣使用這個 Balls，**將那一行換成**這個使用 += 運算子的陳述式，彷彿 Balls 真的是個欄位一樣：

```
else if (key == '+') gun.Balls += PaintballGun.MAGAZINE_SIZE;
```

如果 Balls 真的是欄位，使用 += 運算子來更新它的做法就是這樣。你用同一種方式來使用屬性。

這是修改後的 Main 方法：

```
static void Main(string[] args)
{
    PaintballGun gun = new PaintballGun();
    while (true)
    {
        Console.WriteLine($"{gun.Balls} balls, {gun.GetBallsLoaded()} loaded");
        if (gun.IsEmpty()) Console.WriteLine("WARNING: You're out of ammo");
        Console.WriteLine("Space to shoot, r to reload, + to add ammo, q to quit");
        char key = Console.ReadKey(true).KeyChar;
        if (key == ' ') Console.WriteLine($"Shooting returned {gun.Shoot()}");
        else if (key == 'r') gun.Reload();
        else if (key == '+') gun.Balls += PaintballGun.MAGAZINE_SIZE;
        else if (key == 'q') return;
    }
}
```

對 PaintballGun 類別進行偵錯，來了解屬性如何運作

使用偵錯工具來真正了解新的 Ball 屬性如何運作：

- 在 getter（`return balls;`）的大括號裡面放置一個中斷點。
- 在 setter 的第一行放置另一個中斷點（`if (value > 0)`）。
- 在 Main 方法的最上面放置一個中斷點，並開始偵錯。逐步執行各個陳述式。
- 當你執行 Console.WriteLine 之後，偵錯程式會遇到 getter 裡的中斷點。
- 繼續逐步執行其他的方法。當你執行 += 陳述式時，偵錯工具會遇到 setter 裡的中斷點。為支援欄位 **`balls`** 與 **`value`** 關鍵字加上監看式。

自動實作的屬性可以簡化你的程式碼

我們在使用屬性時，經常會建立一個支援欄位，並提供它的 getter 與 setter。我們來建立一個新的 BallsLoaded 屬性，讓它將**既有的 ballsLoaded 欄位**當成支援欄位來**使用**：

```
private int ballsLoaded = 0;

public int BallsLoaded {
   get { return ballsLoaded; }
   set { ballsLoaded = value; }
}
```

這個屬性使用 private 支援欄位。它的 getter 回傳欄位的值，它的 setter 更新那個欄位。

現在你可以**刪除 GetBallsLoaded 方法**，並修改 Main 方法來使用屬性了：

```
Console.WriteLine($"{gun.Balls} balls, {gun.BallsLoaded} loaded");
```

再次執行程式。它的動作看起來應該會完全一樣。

使用 prop snippet 來建立自動實作屬性

自動實作屬性（*auto-implemented property*，有時稱為**自動屬性**或 **auto-property**）有一個 getter 可以回傳支援欄位的值，還有一個 setter 可以更新支援欄位。換句話說，它的工作方式與剛才建立的 BallsLoaded 屬性很像，但是它有一個重要的差異：當你建立自動屬性時，**你不必定義支援欄位**，C# 會幫你建立支援欄位，而且它只能用 getter 與 setter 來更新。

Visual Studio 有一種非常方便的工具可以建立自動屬性：**程式碼片段**（*code snippet*），它是 IDE 自動插入的一段可重複使用的小型程式碼。我們要使用它來建立 BallsLoaded 自動屬性。

1. **移除 BallsLoaded 屬性與支援欄位。**刪除你加入的 BallsLoaded 屬性，因為我們要將它換成自動實作屬性。然後刪除 ballsLoaded 支援欄位（`private int ballsLoaded = 0;`），因為每當你建立自動屬性時，C# 編譯器就會幫你產生一個隱藏欄位。

2. **告訴 IDE 開始 prop snippet（片段）。**把游標放在欄位前面，然後**輸入 prop 並按下 Tab 鍵兩次**來告訴 IDE 開始 snippet。它會在你的程式中加入這一行：

   ```
   public int MyProperty { get; set; }
   ```

   這個片段是一個樣板，你可以編輯它的成分—這個 prop snippet 可讓你編輯型態與屬性名稱。按下 Tab 鍵一次來切換到屬性名稱，然後**將名稱改成 `BallsLoaded`**，並按下 Enter 來結束片段。

   ```
   public int BallsLoaded { get; set; }
   ```

   不需要為自動屬性宣告支援欄位，因為 C# 編譯器會自動建立它。

3. **修改類別其餘的部分。**因為你已經移除 ballsLoaded 欄位，所以 PaintballGun 類別無法編譯了。你可以用一種方式來快速修正 — **b**allsLoaded 欄位在程式中出現 5 次（1 次在 IsEmpty 方法裡面，兩次在 Reload 與 Shoot 方法裡面），將它們改成 **B**allsLoaded — 現在程式又可以動作了。

使用 private setter 來建立唯讀屬性

我們再來看一下你剛才建立的自動實作屬性：

```
public int BallsLoaded { get; set; }
```

用它來取代具有 getter 與 setter 而且只更新一個支援欄位的屬性絕對比較好，它比 ballsLoaded 欄位和 GetBallsLoaded 方法更容易閱讀，程式碼也較少，所以這是一種改善，對吧？

但是這有一個問題：**我們破壞封裝了**。使用 private 欄位與 public 方法的目的是讓裝填的漆彈數量是唯讀的。Main 方法可以輕鬆地設定 BallsLoaded 屬性。我們讓欄位是 private，並建立一個 public 方法來取值，讓它只能在 PaintballGun 類別裡面修改。

將 BallsLoaded setter 宣告為 private

很幸運，有一種簡單的方法可以再次將 PaintballGun 類別妥善封裝。當你使用屬性時，你可以在 **get** 或 **set** 關鍵字的前面加上存取修飾詞。

你可以藉著將一個**唯讀屬性**的 setter 設成 **private** 來讓它無法被其他類別設定。事實上，一般的屬性可以完全不使用 setter，但是自動屬性不可以，它一定要有 setter，否則程式將無法編譯。

我們來**將 setter 設為 private**：

```
public int BallsLoaded { get; private set; }
```

你可以藉著將自動屬性的 setter 宣告成 private 來將它變成唯讀。

現在 BallsLoaded 欄位是**唯讀屬性**了。它可以在任何地方讀取，但是只能在 PaintballGun 類別裡面更新。PaintballGun 類別再度妥善封裝了。

沒有蠢問題

問：我們把方法換成屬性，方法的運作方式和 getter 或 setter 的運作方式有什麼區別嗎？

答：沒有。getter 與 setter 是特殊的方法，它們看起來就像其他物件的欄位，而且會在那個「欄位」被設定時被呼叫。getter 一定會回傳一個型態和欄位一樣的值。setter 的運作方式就像一個具有 value 參數的方法，且該參數的型態與欄位一樣。

問：那我可以在屬性裡面使用任何陳述式嗎？

答：當然可以。在方法裡面可以做的事情都可以在屬性裡面做，你甚至可以加入複雜的邏輯，做你在一般的方法裡面做的任何事情。屬性可以呼叫其他的方法、存取其他的欄位，甚至建立物件的實例。你只要記得，它們只有在屬性被存取時才會被呼叫，所以它們裡面只應該有「與取得和設定屬性有關的陳述式」。

問：為什麼要在 getter 或 setter 裡面使用複雜的邏輯？它難道不是一種修改欄位的手段而已嗎？

答：因為有時每次設定欄位時，你就要做一些計算或執行一些動作。想一下 Owen 的問題，他遇到麻煩的原因是 app 在設定 Roll 欄位之後，沒有按照正確的順序來呼叫 SwordDamage 方法。如果我們把所有的方法都換成屬性，我們就可以確保 setter 正確地計算傷害。（事實上，你會在本章結束之前做這項工作！）

如果我們想要改變彈匣大小呢？

現在 PaintballGun 類別使用 const 來設定彈匣大小：

換掉它！

```
public const int MAGAZINE_SIZE = 16;
```

如果我們希望遊戲在實例化槍枝時設定彈匣的大小呢？我們來**將它換成屬性**。

1. **移除 MAGAZINE_SIZE 常數，把它換成唯讀屬性。**

```
public int MagazineSize { get; private set; }
```

2. **修改 Reload 方法來使用新屬性。**

```
if (balls > MagazineSize)
    BallsLoaded = MagazineSize;
```

3. **修改 Main 方法中，添加彈藥的那一行。**

```
else if (key == '+') gun.Balls += gun.MagazineSize;
```

但是有一個問題…我們怎麼初始化 MagazineSize？

MAGAZINE_SIZE 常數之前被設成 16。現在我們把它換成自動屬性了，想要的話，我們可以像使用欄位時那樣，將它的初始值設成 16，**做法是在宣告式的結尾加上賦值**：

```
public int MagazineSize { get; private set; } = 16;
```

但是如果我們希望讓遊戲指定彈匣內的漆彈數量呢？雖然大多數槍枝在出現時都是裝滿子彈的，但是在一些快速攻擊關卡中，我們希望讓一些槍枝在出現時是空的，讓玩家在開火前要先裝填子彈。*怎麼做？*

問：**你可以再次解釋建構式嗎？**

答：**建構式**是在建立類別的新實例時呼叫的方法。它一定要宣告成**沒有回傳型態**的方法，而且它的名字要**與類別的名字一樣**。要了解它如何運作，請**建立一個新的主控台 app**，並加入這個 ConstructorTest 類別，它裡面有一個建構式與一個 public 欄位 **i**：

```
public class ConstructorTest
{
    public int i = 1;

    public ConstructorTest()
    {
      Console.WriteLine($"i is {i}");
    }
}
```

使用偵錯工具來真正了解建構式如何運作。

加入三個中斷點：

- 欄位宣告式（在 i = 1）
- 建構式的第一行
- Main 方法的最後一行後面的大括號 }

偵錯工具會先在欄位宣告式中斷，然後在建構式裡面，最後在 Main 方法結束的地方。這裡沒有什麼神秘的事情，CLR 會先初始化欄位，然後執行建構式，最後回去執行 new 陳述式之後的部分。

接著**將這個新陳述式加入** Main 方法：`new ConstructorTest();`

使用有參數的建構式來初始化屬性

本章說過，建構式可以將物件初始化，建構式就是當物件實例化時呼叫的特殊方法。建構式與任何其他方法一樣，也就是說，它們可以擁有**參數**。我們接下來會使用有參數的建構式來將屬性初始化。

你剛才在 Q&A 解答裡面寫出來的建構式長這樣：`public ConstructorTest()`。它是個**無參數的建構式**，所以如同任何其他沒有參數的方法，這個宣告式的結尾是 ()。接下來我們要在 PaintballGun 類別裡面加入一個**有參數的建構式**。這是要加入的建構式：

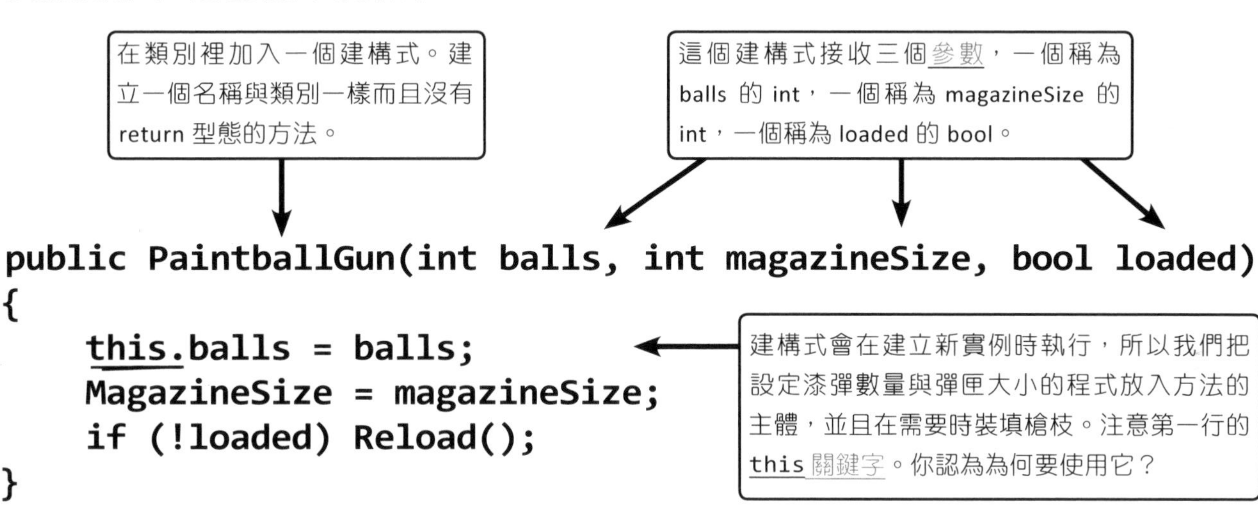

在類別裡加入一個建構式。建立一個名稱與類別一樣而且沒有 return 型態的方法。
這個建構式接收三個參數，一個稱為 balls 的 int，一個稱為 magazineSize 的 int，一個稱為 loaded 的 bool。
建構式會在建立新實例時執行，所以我們把設定漆彈數量與彈匣大小的程式放入方法的主體，並且在需要時裝填槍枝。注意第一行的 this 關鍵字。你認為為何要使用它？

```
public PaintballGun(int balls, int magazineSize, bool loaded)
{
    this.balls = balls;
    MagazineSize = magazineSize;
    if (!loaded) Reload();
}
```

喔喔，出問題了。當你加入建構式時，IDE 會告訴你 Main 方法有錯誤：

CS7036 There is no argument given that corresponds to the required formal parameter 'balls' of 'PaintballGun.PaintballGun(int, int, bool)'

你認為如何修正這個錯誤？

照過來！

當參數的名稱與欄位一樣時，它會遮蓋欄位。

建構式的 balls 參數與稱為 balls 的欄位同名。因為它們同名，在建構式的主體中，參數具有優先權。這種行為稱為**遮蓋**（**masking**）— 方法裡面的參數或變數與欄位同名時，在方法裡面使用那個名稱會引用參數或變數，而不是欄位。這就是為什麼我們要在 PaintballGun 建構式裡面使用 `this` 關鍵字：

```
this.balls = balls;
```

當我們只使用 balls 時，它代表參數。我們想要設定欄位，因為它的名稱與變數相同，所以我們必須使用 this.balls 來引用欄位。

順道一提，這種情況不是只會在建構式裡面發生，在**任何**方法裡面都是如此。

在使用「new」關鍵字時指定引數

當你加入建構式時，IDE 會告訴你 Main 方法的 **new** 陳述式（**PaintballGun gun = new PaintballGun()**）有錯誤，錯誤訊息是：

```
CS7036 There is no argument given that corresponds to the required formal
       parameter 'balls' of 'PaintballGun.PaintballGun(int, int, bool)'
```

錯誤訊息告訴你哪裡錯了。你的建構式現在要接收引數，所以它需要參數。再次輸入 **new** 陳述式，IDE 會提醒你需要加入什麼：

```
MachineGun gun = new MachineGun()
                     MachineGun(int bullets, int magazineSize, bool loaded)
```

你已經用過 **new** 來建立類別實例了，到目前為止，你的類別建構式都沒有參數，所以你從來都不需要提供任何引數。

現在你的建構式有參數了，如同任何有參數的方法，你必須指定型態與參數相符的引數。

我們來修改 Main 方法，來**將參數傳給 PaintballGun 建構式**。

修改它！

1. **加入你在第 4 章為 Owen 的能力分數計算程式編寫的 ReadInt 方法。**

   你需要取得建構式的引數，現在你已經有一個完美的方法，可以提示用戶輸入 int 值了，所以可以重複使用它。

2. **加入程式碼從主控台輸入讀值。**

   加入第 4 章的 ReadInt 方法之後，你可以用它來取得兩個 int 值。在 Main 方法的最上面加入這四行程式：

```
int numberOfBalls = ReadInt(20, "Number of balls");
int magazineSize = ReadInt(16, "Magazine size");

Console.Write($"Loaded [false]: ");
bool.TryParse(Console.ReadLine(), out bool isLoaded);
```

如果 TryParse 無法解析這一行，它會讓 isLoaded 使用預設值，對 bool 而言是 false。

3. **更改 new 陳述式來加入引數。**

   變數的值與建構式的參數有相同的型態了，你可以更改 **new** 陳述式，將它們當成引數傳給建構式：

```
PaintballGun gun = new PaintballGun(numberOfBalls, magazineSize, isLoaded);
```

4. **執行程式。**

   現在執行程式，它會提示漆彈的數量、彈匣大小，以及槍枝是否已經裝填，然後建立一個新的 PaintballGun 實例，將符合你的選擇的引數傳給它的建構式。

池畔風光

你的**工作**是將游泳池裡面的程式片段放到程式碼的空行裡面。同一個程式片段**可能會**使用多次，而且你不需要使用所有的程式片段。你的**目標**是讓類別可以編譯和執行，並且產生符合樣本的輸出。

這段程式是一個數學智力遊戲，它會詢問一系列的隨機乘法和加法問題，並檢查答案。下面是玩這個遊戲時看到的輸出：

```
8 + 5 = 13
Right!
4 * 6 = 24
Right!
4 * 9 = 37
Wrong! Try again.
4 * 9 = 36
Right!
9 * 8 = 72
Right!
6 + 5 = 12
Wrong! Try again.
6 + 5 = 9
Wrong! Try again.
6 + 5 = 11
Right!
8 * 4 = 32
Right!
8 + 6 = Bye
Thanks for playing!
```

這個遊戲會產生隨機的加法或乘法問題。

如果你答錯了，它會繼續問問題，直到你答對為止。

當你輸入不是數字的答案時，遊戲會結束。

```
class Q {
    public Q(bool add) {
        if (add) _____ = "+";
        else _____ = "*";
        N1 = _____._____________;
        N2 = _____._____________;
    }

    public _________ Random R = new Random();
    public _________ N1 { get; __________ set; }
    public _________ Op { get; __________ set; }
    public _________ N2 { get; __________ set; }

    public _________ Check(int ______)
    {
        if (_____ == "+") return (a _____ N1 + N2);
        else return (a _____ _____ * _____);
    }
}

class Program {
  public static void Main(string[] args) {
    Q _____ = _____ Q(_____.R._______ == 1);
    while (true) {
      Console.Write($"{q._____} {q._____} {q._____} = ");
      if (!int.TryParse(Console.ReadLine(), out int i)) {
        Console.WriteLine("Thanks for playing!");
        __________;
      }
      if (_____._______(_____)) {
        Console.WriteLine("Right!");
        _____ = _____ Q(_____.R._______ == 1);
      }
      else Console.WriteLine("Wrong! Try again.");
    }
  }
}
```

注意：泳池裡的程式片段都可以使用多次！

```
Next()          a   Q        add      class     if        +
Next(1, 10)     b   add      int      void      else      *
Next(2)         c   Main     args     int       new       -
Next(1, 9)      i   Op       bool     public    return    *=
Check           j   Random   string   private   while     ==
                k   R        double   static    for       +=
                q   N1       float              foreach
                r   N2
                s   out
```

我們提升這個謎題的難度了！別忘了，如果你卡住了，看一下答案不是作弊。

池畔風光解答

你的**工作**是將游泳池裡面的程式片段放到程式碼的空行裡面。同一個程式片段**可能會**使用多次，而且你不需要使用所有的程式片段。你的**目標**是讓類別可以編譯和執行，並且產生符合樣本的輸出。

這段程式是一個數學智力遊戲，它會詢問一系列的隨機乘法和加法問題，並檢查答案。下面是玩這個遊戲時看到的輸出：

```
8 + 5 = 13
Right!
4 * 6 = 24
Right!
4 * 9 = 37
Wrong! Try again.
4 * 9 = 36
Right!
9 * 8 = 72
Right!
6 + 5 = 12
Wrong! Try again.
6 + 5 = 9
Wrong! Try again.
6 + 5 = 11
Right!
8 * 4 = 32
Right!
8 + 6 = Bye
Thanks for playing!
```

這個遊戲會產生隨機的加法或乘法問題。

如果你答錯了，它會繼續問問題，直到你答對為止。

當你輸入不是數字的答案時，遊戲會結束。

這個謎題不簡單，但你可以完成它！

```
class Q {
    public Q(bool add) {
        if (add) Op = "+";
        else Op = "*";
        N1 = R.Next(1, 10);
        N2 = R.Next(1, 10);
    }

    public static Random R = new Random();
    public int N1 { get; private set; }
    public string Op { get; private set; }
    public int N2 { get; private set; }

    public bool Check(int a)
    {
        if (Op == "+") return (a == N1 + N2);
        else return (a == N1 * N2);
    }
}

class Program {
  public static void Main(string[] args) {
    Q q = new Q(Q.R.Next(2) == 1);
    while (true) {
      Console.Write($"{q.N1} {q.Op} {q.N2} = ");
      if (!int.TryParse(Console.ReadLine(), out int i)) {
        Console.WriteLine("Thanks for playing!");
        return;
      }
      if (q.Check(i)) {
        Console.WriteLine("Right!");
        q = new Q(Q.R.Next(2) == 1);
      }
      else Console.WriteLine("Wrong! Try again.");
    }
  }
}
```

用來解答的每一個片段旁邊都會打勾

注意：泳池裡的程式片段都可以使用多次！

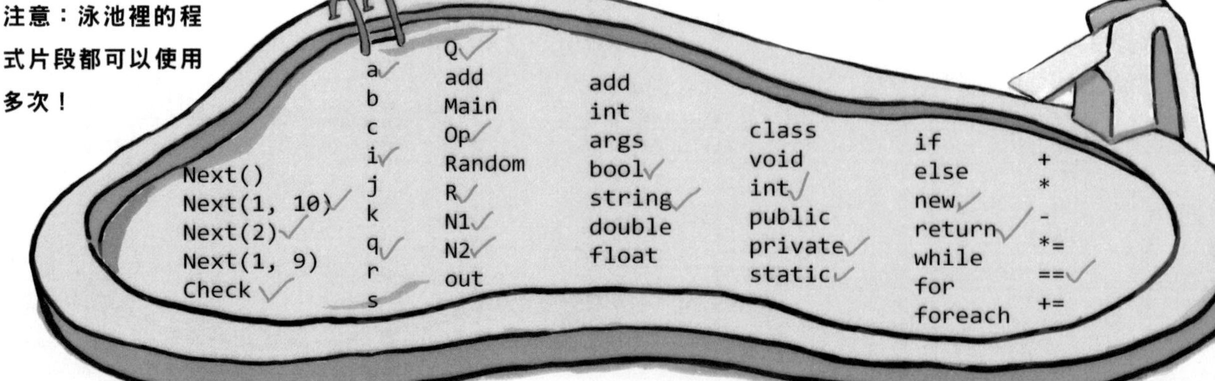

關於方法與屬性的一些實用的事實

★ **在類別裡面的每一個方法都有一個獨特的特徵標記。**

方法的第一行，也就是包含存取修飾詞、回傳值、名稱、參數的那一行，稱為方法的**特徵標記（signature）**。屬性也有特徵標記，它是以存取修飾詞、型態與名稱構成的。

★ **你可以用物件初始設定式來初始化屬性。**

你曾經用過物件初始設定式：

```
Guy joe = new Guy() { Cash = 50, Name = "Joe" };
```

你也可以在物件初始設定式裡面指定屬性，當你指定時，程式會先執行建構式，再設定屬性。你只能在物件初始設定式裡面初始化 public 欄位和屬性。

★ **每個類別都有建構式，即使你沒有自行撰寫一個。**

CLR 需要用建構式來實例化物件，建構式是 .NET 的幕後運作機制。所以如果你沒有幫類別加入建構式，C# 編譯器會自動幫你加入無參數的建構式。

★ **你可以加入 private 建構式來防止類別被其他類別實例化。**

如果你要謹慎地控制物件的建立，其中一種做法是將建構式宣告成 private，如此一來，你就只能在類別裡面呼叫它了。花一分鐘來試試這段程式：

```
class NoNew {
  private NoNew() { Console.WriteLine("I'm alive!"); }
  public static NoNew CreateInstance() { return new NoNew(); }
}
```

在主控台 app 裡面加入這個 NoNew 類別。如果你試著在 Main 方法裡面加入 new NoNew();，C# 編譯器會產生錯誤（*'NoNew.NoNew()' is inaccessible due to its protection level*），但是 **NoNew.CreateInstance** 方法可以正常地建立一個新實例。

現在是談談電玩美學的好時機。仔細想想，封裝其實不能讓你做不一樣的事情，你不需要使用屬性、建構式與 private 方法就可以寫出同樣的程式，但是它們看起來非常不同。那是因為在程式裡面，並非所有東西都是為了讓程式做某些不一樣的事情而存在的。通常，它們是為了讓程式做同一件事，只不過是採取更好的方式。當你閱讀接下來的美學時，可以想想這件事。美學不會改變遊戲的行為，但是會改變玩家對遊戲的想法和感受。

遊戲設計…漫談

美學

你上次玩遊戲時有什麼感受？它好玩嗎？你有沒有覺得非常刺激，腎上腺素激增？遊戲讓你有發現感和成就感嗎？你有沒有和其他玩家競爭或合作的感覺？遊戲有引人入勝的故事嗎？它有趣嗎？還是令人悲傷？遊戲會激發情感，這就是美學背後的理念。

談論情感與電玩會不會很奇怪？其實不會，情感和感覺在電玩設計裡一直扮演重要的角色，最成功的遊戲都有重要的美學層面。回想一下當你在俄羅斯方塊的四列方塊之中插入一塊長方形之後，將它們全部消除帶來的快感。或是在小精靈裡面，當你吃下大力丸時，紅色鬼魂剛好在你後面的幾個像素，你衝刺除掉它的情況。

- **藝術和視覺效果、音樂和音效**，以及故事腳本當然會影響美學，但是美學不只來自遊戲的藝術元素，也會來自遊戲的**建構方式**。
- 而且美學不是只和電玩有關，你也可以**在桌遊發現美學**。眾所周知，撲克牌會帶來心情的高低潮，以及一種虛張聲勢的感受。即使是像 Go Fish! 這種簡單的卡牌遊戲也有它自己的美學：玩家猜測彼此的手牌時的你來我往、當玩家把同一個數字的四張牌放到桌子上時發出的勝利叫喊、抽到你需要的牌時的興奮感，以及當別人向你要錯誤的卡片時，說出「Go fish!」。
- 有時我們會談論**「樂趣」**和**「遊戲的過程」**，但是在討論美學時，使用更精確地表達方式是有幫助的。
- 當遊戲提供**挑戰**時，它會設下障礙來讓玩家超越，創造成就感和個人勝利感。
- 遊戲的**敘事**會把玩家帶入故事的情節之中。
- 純粹的遊戲**接觸感**可以帶來愉悅的感受，包括節奏遊戲的節拍、吞下大力丸的滿足感、汽車加速時的引擎吼叫聲和模糊的景色。
- 玩合作或多人遊戲可以產生和他人之間的**友誼感**。
- 在**幻想世界**的遊戲不但可以把玩家帶入另一個世界，也可以讓玩家完全變成另一個人（或非人類！）。
- 有**表情**的遊戲可讓玩家探索自我，更了解他們自己。

或許你不相信，我們可以用這些美學背後的概念來學習適用於任何類型的程式或 app 的**開發方式**，而不僅僅是遊戲。先吸收這些想法，我們會在下一章討論它們。

有些開發者在閱讀美學時抱持著懷疑的態度，因為他們認為只有遊戲的機制才是重點。我們用一個快速思維實驗來告訴你美學有多麼重要。假如有兩個遊戲有一模一樣的機制，它們之間只有一個很小的不同。在其中一個遊戲裡，你要踢開擋路的巨石去拯救一個村莊。在另一個遊戲裡，你要踢的是小狗和小貓，因為你是個惡棍。雖然這兩款遊戲的所有其他部分都是相同的，但是它們是非常不同的遊戲。這就是美學的威力。

削尖你的鉛筆

這段程式有一些問題。它是個簡單的口香糖販賣機程式碼：當你投入硬幣之後，它會掉出口香糖。我們指出四個會導致 bug 的問題。在下面的空行裡，填入你認為箭頭所指的那一行程式有什麼錯誤。

```
class GumballMachine {
    private int gumballs;

        private int price;
        public int Price
        {
            get
            {
                return price;
            }
        }

    public GumballMachine(int gumballs, int price)
    {
            gumballs = this.gumballs;
            price = Price;
    }

    public string DispenseOneGumball(
            int price, int coinsInserted)
    {
            // 檢查 price 支援欄位
            if (this.coinsInserted >= price) {
                gumballs -= 1;
                return "Here's your gumball";
            } else {
                return "Insert more coins";
            }
    }
}
```

削尖你的鉛筆 解答

這段程式有一些問題。我們指出四個會導致 bug 的問題。這是它們的錯誤。

開頭是小寫的 p 的 price 代表建構式參數，不是欄位。這一行會將**參數**設成 Price getter 回傳的值，但是 Price 還沒有被設定，所以它沒有任何作用。如果你把它對調，變成 Price = price，它就可以運作了。

「this」關鍵字被用在錯誤的「gumballs」上面。this.gumballs 代表屬性，而 gumballs 代表參數。

這個參數會遮蓋名為 price 的 private 欄位，而且註解說，這個方法是用來檢查 price 支援欄位的值的。

```
public GumballMachine(int gumballs, int price)
{
        gumballs = this.gumballs;
        price = Price;
}

public string DispenseOneGumball(int price, int coinsInserted)
{
        // 檢查 price 支援欄位
        if (this.coinsInserted >= price) {
                gumballs -= 1;
                return "Here's your gumball";
        } else {
                return "Insert more coins";
        }
}
```

這個「this」關鍵字被用在參數上面，它不應該用在這裡。它應該用在 price 上面，因為那個欄位被參數遮蓋了。

你應該多花幾分鐘**認真閱讀這段程式**。它們都是新手在處理物件時常犯下的錯誤。如果你學會避免它們，你將發現寫程式是令人開心的工作。

沒有蠢問題

問：既然建構式是方法，為什麼它沒有回傳型態？

答：建構式不需要回傳型態的原因是**每一個**建構式都一定是 void，這是很合理的安排，因為它無法回傳值，如果需要在建構式的開頭輸入 void，這個動作根本是多餘的。

問：我可以只使用 getter，但不使用 setter 嗎？

答：可以！當你只有 getter，但是沒有 setter 時，你就是在建立一個唯讀屬性。例如，SecretAgent 類別可能有個 public 唯讀欄位，它的支援欄位是名字：

```
string spyNumber = "007";
public string SpyNumber {
   get { return spyNumber; }
}
```

問：所以我猜，我也可以使用 setter，但不使用 getter，對吧？

答：對，除非它是自動屬性，此時你會得到錯誤（「自動實作的屬性必須有 *getter*」）。如果你建立一個有 setter 但是沒有 getter 的屬性，那麼你的屬性就**只能寫入**。SecretAgent 類別可以將它當成其他的特務可以寫入但無法看到的屬性：

```
public string DeadDrop {
  set {
    StoreSecret(value);
  }
}
```

當你進行封裝時，這兩種技術（有 set 沒 get，或反過來）都非常方便。

使用你學到的封裝知識來修正 Owen 的劍傷計算程式。首先，修改 SwordDamage 類別，來將欄位換成屬性，並加入一個建構式。完成之後，修改主控台 app 來使用它。最後，修正 WPF app。（如果你為前兩個部分建立一個新的主控台 app，為第三個部分建立一個新的 WPF app，這個練習將會容易許多。）

第一部分：將 SwordDamage 改成妥善封裝類別

1. 刪除 Roll 欄位，用名為 Roll 的屬性，以及名為 roll 的支援欄位來取代它。讓 getter 回傳支援欄位的值。讓 setter 更改支援欄位，然後呼叫 CalculateDamage 方法。
2. 刪除 SetFlaming 方法，並且用名為 Flaming 的屬性和名為 flaming 的支援欄位來取代它。它的工作方式很像 Roll 屬性，讓 getter 回傳支援欄位，讓 setter 更改它並呼叫 CalculateDamage。
3. 刪除 SetMagic 方法，並且用名為 Magic 的屬性以及名為 magic 的支援欄位來替換它，讓它的運作方式與 Flaming 和 Roll 屬性一樣。
4. 建立一個名為 Damage 的自動實作屬性，讓它有個 public getter 與 private setter。
5. 刪除 MagicMultiplier 與 FlamingDamage 欄位。修改 CalculateDamage 方法，讓它檢查 Roll、Magic 與 Flaming 屬性的屬性值，並且在方法裡面進行整個計算。
6. 加入一個建構式，讓它以參數接收初始骰子點數。現在你只會在屬性 setter 與建構式裡面呼叫 CalculateDamage 方法，其他的類別都不需要呼叫它了。將它宣告成 private。
7. 為所有 public 類別成員加入 XML 程式碼文件。

第二部分：修改主控台 app 來使用封裝良好的 SwordDamage 類別

1. 建立稱為 RollDice 的 static 方法，讓它回傳 3d6 擲法的結果。你要將 Random 實例存到 static 欄位而不是變數，來讓 Main 方法與 RollDice 都可以使用它。
2. 讓 SwordDamage 建構式使用新的 RollDice 方法作為引數，並設定 Roll 屬性。
3. 將呼叫 SetMagic 與 SetFlaming 的程式碼改成設定 Magic 與 Flaming 屬性。

第三部分：修改 WPF app 來使用封裝良好的 SwordDamage 類別

1. 將第一部分的程式碼複製到新的 WPF app 裡面。複製本章之前的專案裡的 XAML。
2. 在 code-behind 裡，這樣宣告 MainWindow.swordDamage 欄位（並且在建構式裡實例化它）：`SwordDamage swordDamage;`
3. 在 MainWindow 建構式裡面，將 swordDamage 欄位設成以隨機的 3d6 擲法初始化的 SwordDamage 新實例。然後呼叫 CalculateDamage 方法。
4. RollDice 與 Button_Click 方法與本章稍早的一模一樣。
5. 修改 DisplayDamage 方法來使用字串內插，但是它仍然要顯示與之前一樣的字串。
6. 將兩個核取方塊的 Checked 與 Unchecked 事件處理常式改成使用 Magic 與 Flaming 屬性，而不是舊的 SetMagic 與 SetFlaming 方法，然後呼叫 DisplayDamage。

測試所有事項。使用偵錯工具或 Debug.WriteLine 陳述式來確保它真的可以動作。

Owen 終於有一個更容易使用而且沒有 bug 的傷害計算類別了。現在每一個屬性都會重新計算傷害，所以無論用什麼順序呼叫它們都沒關係。這是妥善封裝的 SwordDamage 類別的程式碼：

```
class SwordDamage
{
    private const int BASE_DAMAGE = 3;
    private const int FLAME_DAMAGE = 2;

    /// <summary>
    /// 存有計算出來的傷害。
    /// </summary>
    public int Damage { get; private set; }

    private int roll;

    /// <summary>
    /// 設定或取得 3d6 擲法。
    /// </summary>
    public int Roll
    {
        get { return roll; }
        set
        {
            roll = value;
            CalculateDamage();
        }
    }

    private bool magic;

    /// <summary>
    /// 若是魔法劍，則是 true，否則是 false。
    /// </summary>
    public bool Magic
    {
        get { return magic; }
        set
        {
            magic = value;
            CalculateDamage();
        }
    }

    private bool flaming;

    /// <summary>
    /// 若是火焰劍，則是 true，否則是 false。
    /// </summary>
    public bool Flaming
    {
        get { return flaming; }
        set
        {
            flaming = value;
            CalculateDamage();
        }
    }
```

因為這些常數不會被其他類別使用，所以把它們宣告成 private 是合理的。

Damage 屬性的 private setter 將它宣告成唯讀的，所以它不會被其他類別改寫。

這是 Roll 屬性和它的 private 支援欄位。setter 呼叫 CalculateDamage 方法，該方法會自動更新 Damage 屬性。

Magic 與 Flaming 屬性的工作方式就像 Roll 屬性。它們都呼叫 CalculateDamage，所以設定它們的任何一個，Damage 屬性都會自動更新。

習題解答

```
    /// <summary>
    /// 根據目前的屬性計算傷害。
    /// </summary>
    private void CalculateDamage()
    {
        decimal magicMultiplier = 1M;
        if (Magic) magicMultiplier = 1.75M;

        Damage = BASE_DAMAGE;
        Damage = (int)(Roll * magicMultiplier) + BASE_DAMAGE;
        if (Flaming) Damage += FLAME_DAMAGE;
    }

    /// <summary>
    /// 建構式會用預設的 Magic 與 Flaming
    /// 並使用 3d6 擲法來計算傷害。
    /// </summary>
    /// <param name="startingRoll">開始擲 3d6</param>
    public SwordDamage(int startingRoll)
    {
        roll = startingRoll;
        CalculateDamage();
    }
}
```

所有的計算都封裝在 CalculateDamage 方法裡面。它只使用 Roll、Magic 與 Flaming 屬性的 getter。

建構式設定 Roll 屬性的支援欄位，然後呼叫 CalculateDamage 來確保 Damage 屬性是正確的。

這是主控台 app 的 Main 方法的程式碼：

```
class Program
{
   static Random random = new Random();

   static void Main(string[] args)
   {
      SwordDamage swordDamage = new SwordDamage(RollDice());
      while (true)
      {
         Console.Write("0 for no magic/flaming, 1 for magic, 2 for flaming, " +
                       "3 for both, anything else to quit: ");
         char key = Console.ReadKey().KeyChar;
         if (key != '0' && key != '1' && key != '2' && key != '3') return;
         swordDamage.Roll = RollDice();
         swordDamage.Magic = (key == '1' || key == '3');
         swordDamage.Flaming = (key == '2' || key == '3');
         Console.WriteLine($"\nRolled {swordDamage.Roll} for {swordDamage.Damage} HP\n");
      }
   }

   private static int RollDice()
   {
      return random.Next(1, 7) + random.Next(1, 7) + random.Next(1, 7);
   }
}
```

把 3d6 擲法移到它自己的方法是合理的做法，因為在 Main 方法內，有兩個地方會呼叫它。如果你使用 IDE 的「Generate method」來建立它，IDE 會自動將它宣告成 private。

這是 WPF 桌面 app 的 code-behind 程式碼。 它的 XAML 一模一樣。

我們沒有要求你把 3d6 擲法移到它自己的方法裡面。你認為加入一個 RollDice 方法（就像在主控台 app 裡面那樣）會讓這段程式更容易閱讀嗎？還是沒必要這樣做？這兩種做法沒有優劣之分。你可以試試這兩種做法，看看你比較喜歡哪一種。

決定是否將一行重複的程式移入它自己的方法是一個很好的程式美學案例。美學因人而異，正所謂情人眼裡出西施。

```
public partial class MainWindow : Window
{
    Random random = new Random();
    SwordDamage swordDamage;

    public MainWindow()
    {
        InitializeComponent();
        swordDamage = new SwordDamage(random.Next(1, 7) + random.Next(1, 7)
                                      + random.Next(1, 7));
        DisplayDamage();
    }

    public void RollDice()
    {
        swordDamage.Roll = random.Next(1, 7) + random.Next(1, 7) + random.Next(1, 7);
        DisplayDamage();
    }

    void DisplayDamage()
    {
        damage.Text = $"Rolled {swordDamage.Roll} for {swordDamage.Damage} HP";
    }

    private void Button_Click(object sender, RoutedEventArgs e)
    {
        RollDice();
    }

    private void Flaming_Checked(object sender, RoutedEventArgs e)
    {
        swordDamage.Flaming = true;
        DisplayDamage();
    }

    private void Flaming_Unchecked(object sender, RoutedEventArgs e)
    {
        swordDamage.Flaming = false;
        DisplayDamage();
    }

    private void Magic_Checked(object sender, RoutedEventArgs e)
    {
        swordDamage.Magic = true;
        DisplayDamage();
    }

    private void Magic_Unchecked(object sender, RoutedEventArgs e)
    {
        swordDamage.Magic = false;
        DisplayDamage();
    }
}
```

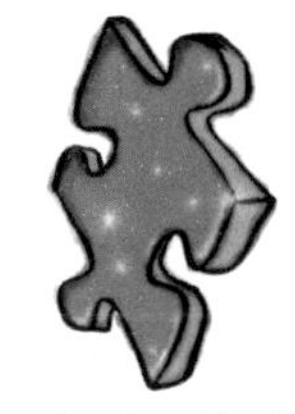

填字遊戲

坐下來休息一下，讓右腦有一些事情可做。這是標準的填字遊戲，所有解答都來自本書的前五章。

橫向

1. 在 x = (int) y; 這行程式裡，(int) 的作用是什麼
4. 看起來像欄位，但行為像方法
7. 哪種序列是 \n 或 \r ？
9. 當你建立類別的實例時，不要把這個關鍵字放入宣告式
12. 指向物件的變數
14. 物件是什麼的實例
15. 只能保存正整數的四種整數型態
18. 你可以將任何值指派給這種型態的變數
21. 在字串裡面使用 $ 與大括號來放入值的動作叫做什麼
23. 在開始寫程式之前，你要為類別畫出什麼
26. 如何開始寫變數宣告
27. 可以保存最大數字的數字型態
28. 你要用什麼將資訊傳入方法
29. 儲存幣值的型態

縱向

2. 每一個物件都有這個方法可以將它轉換成字串
3. 物件的欄位記錄它的 __________
5. namespace、for、while、using 與 new 都是 _________ 關鍵字
6. 它們定義類別的行為
8. 當某個物件的最後一個參考消失時會發生什麼回收
10. 使用 + 運算子來把兩個字串接在一起的動作叫做什麼
11. 方法如何讓你知道該傳給它什麼
13. += 與 -= 是 _________ 賦值運算子
16. 變數宣告式的第二部分
17. 物件會被放在哪裡
19. 在類別裡面宣告，而且可以被類別的所有成員存取的變數
20. 在浮點數裡，什麼會浮動
22. 要求方法立刻停止，也許會把值送回去給呼叫它的陳述式
24. 用來建立物件的陳述式
25. 如果方法的回傳型態是 _________，它不會回傳任何東西

重點提示

- **封裝**藉著防止類別不小心修改或誤用其他類別的成員來保護程式碼的安全。
- 如果欄位在設定時需要做一些處理或計算，它們就是封裝的**主要候選對象**。
- 想一下欄位和方法會如何被**誤用**。除非必要，否則不要將欄位與方法宣告成 public。
- 在幫欄位、屬性、變數、方法命名時使用一致的大小寫格式可以讓程式更容易閱讀。很多開發者讓 private 欄位使用 **camelCase**，讓 public 使用 **PascalCase**。
- **屬性**是在使用時看起來像欄位，在執行時的動作很像方法的類別成員。
- **get 存取子**（或 **getter**）的定義方式是 get 關鍵字後面接著回傳屬性值的方法。
- **set 存取子**（或 **setter**）的定義方式是 set 關鍵字後面接著設定屬性值的方法。在方法裡面，value 關鍵字是唯讀的變數，裡面有被設定的值。
- 屬性通常會讀取或寫入一個**支援欄位**，支援欄位是只能透過屬性來存取進而實現封裝的 private 欄位。
- **自動實作屬性**（有時稱為**自動屬性**（**automatic property** 或 **auto-property**））有個用來回傳支援欄位的 getter，以及一個用來更新支援欄位的 setter。
- 你可以在 Visual Studio 裡面輸入「prop」加上兩個 tab 來使用 **prop snippet**，來建立自動實作屬性。
- 使用 **private 關鍵字**來限制別處使用 get 或 set 存取子。唯讀屬性有 private setter。
- 在建立物件時，CLR 會先**設定**在欄位宣告式中設值的所有欄位，然後**執行**建構式，再**回到**建立物件的 new 陳述式。
- 使用**有參數的建構式**來將屬性初始化。在使用 new 關鍵字時，指定要傳給建構式的引數。
- 如果參數的名字與欄位一樣，它會**遮蓋**那個欄位。使用 **this 關鍵字**來存取欄位。
- 如果你沒有幫類別加入建構式，C# 編譯器會幫你自動加入**無參數的建構式**。
- 你可以加入 **private 建構式**來防止一個類別被其他的類別實例化。

填字遊戲解答

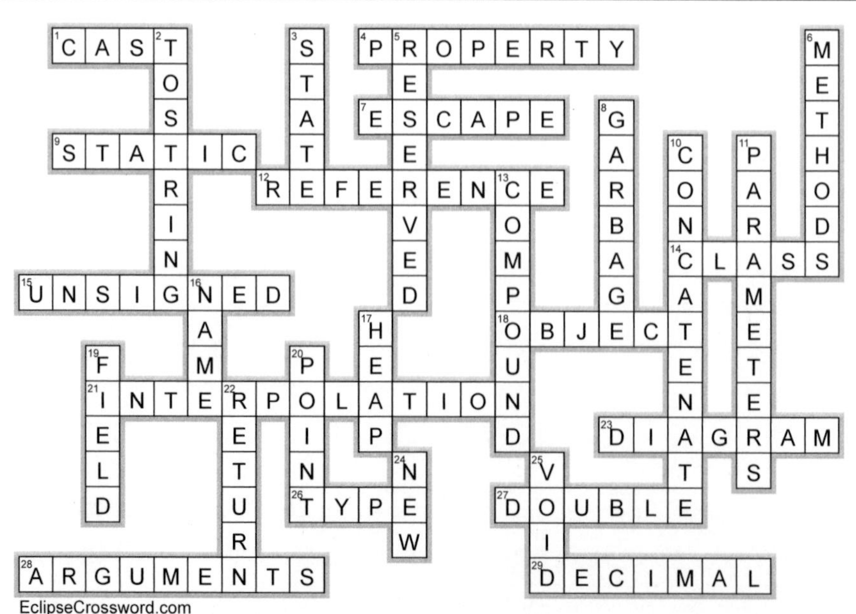

EclipseCrossword.com

6 繼承

物件的族譜

當我在死亡彎道騎著 Bicycle（腳踏車）物件時，我想到它繼承了 TwoWheeler（雙輪車），而且我忘了覆寫 Brakes（剎車）方法…長話短說，我縫了 26 針，媽把我禁足一個月。
C# Tricked Out Rides

有時你會希望與你的雙親一樣。

你是否遇過，有些類別的功能**幾乎**與你打算**自行**編寫的類別一樣？你是否在想，只要**修改一些東西**，就可以把它變成完美的類別了？透過**繼承**，你可以**擴充**既有的類別，讓新類別獲得它的所有行為 — 你可以**靈活**地改變它的行為，按照你的意思來調整它。繼承是 C# 最強大的概念與技術，它可以**避免重複的程式**，更貼切地**模擬現實世界**，最終做出**容易維護**且 **bug 更少**的 app。

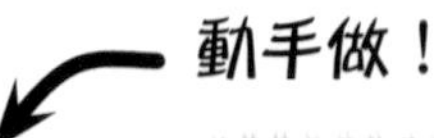

計算其他武器的傷害

修改後的劍傷計算程式在遊戲之夜大獲好評！現在 Owen 想要用計算程式來處理所有的武器。我們從箭傷計算開始看起，它使用 1d6 擲法。我們來**建立一個新的 ArrowDamage 類別**，使用 Owen 的遊戲大師筆記本裡面的箭傷公式來計算箭傷。

ArrowDamage 的程式碼幾乎都與 SwordDamage 類別裡面的**一模一樣**。下面是在建構新的 app 時需要做的事情：

- 箭傷的基本傷害是 1d6 的結果乘以 .35HP。
- 魔法箭的基本傷害要乘以 2.5HP。
- 火焰箭要再加上 1.25HP。
- 將結果無條件**進位**成最近的整數 HP。

1. **建立一個新的 .NET Console App 專案**。我們要用它來計算劍傷與箭傷，所以在專案中**加入 SwordDamage 類別**。

2. **完全複製 SwordDamage 來建立一個 ArrowDamage 類別**。建立新類別 ArrowDamage，然後**複製 SwordDamage 的所有程式碼，貼到** ArrowDamage 類別裡面，再將建構式的名字改成 ArrowDamage，讓程式可以組建。

ArrowDamage
Roll Magic Flaming Damage

3. **重構常數**。箭傷公式的基本和火焰傷害使用不同的值，所以我們將 BASE_DAMAGE 常數的名稱改成 BASE_MULTIPLIER，並更改常數值。我們認為這些常數可以讓程式更容易閱讀，所以也加入 MAGIC_MULTIPLIER 常數：

```
private const decimal BASE_MULTIPLIER = 0.35M;
private const decimal MAGIC_MULTIPLIER = 2.5M;
private const decimal FLAME_DAMAGE = 1.25M;
```

你同意使用這些常數可以讓程式更容易閱讀嗎？如果你不同意，我們可以接受！

4. **修改 CalculateDamage 方法**。為了讓新的 ArrowDamage 類別可以工作，你只要修改 CalculateDamage 方法來讓它執行正確的計算就可以了：

```
private void CalculateDamage()
{
    decimal baseDamage = Roll * BASE_MULTIPLIER;
    if (Magic) baseDamage *= MAGIC_MULTIPLIER;
    if (Flaming) Damage = (int)Math.Ceiling(baseDamage + FLAME_DAMAGE);
    else Damage = (int) Math.Ceiling(baseDamage);
}
```

你可以使用 Math.Ceiling 方法來執行無條件進位。它會維持型態不變，所以你仍然要轉型為 int。

動動腦

我們可以用**很多**不同的方式來寫出執行同一項工作的程式碼。你可以用另一種方法寫出計算箭傷的程式嗎？

使用 switch 陳述式來比對多個候選對象

我們來修改主控台 app，讓它詢問用戶究竟要計算劍傷還是箭傷。我們會要求用戶按下一個按鍵，並使用 static **Char.ToUpper 方法**來將它轉換成大寫：

```
Console.Write("\nS for sword, A for arrow, anything else to quit: ");
weaponKey = Char.ToUpper(Console.ReadKey().KeyChar);
```

Char.ToUpper 方法會將 's' 與 'a' 轉換成 'S' 與 'A'

我們**可以**使用 if/else 陳述式來做這件事：

```
if (weaponKey == 'S') { /* 計算劍傷 */ }
else if (weaponKey == 'A') { /* 計算箭傷 */ }
else return;
```

這就是我們到目前為止處理輸入的方式。拿一個變數與多個不同的值進行比較是一種很常見的模式，你以後會不斷看到這種模式。由於它如此常見，所以 C# 專門為這種情況設計一種特殊的陳述式。**switch 陳述式**可以讓你用緊湊且易讀的方式，拿一個變數與許多值進行比較。這個 switch 陳述式做的事情與上面的 if/else 陳述式一模一樣：

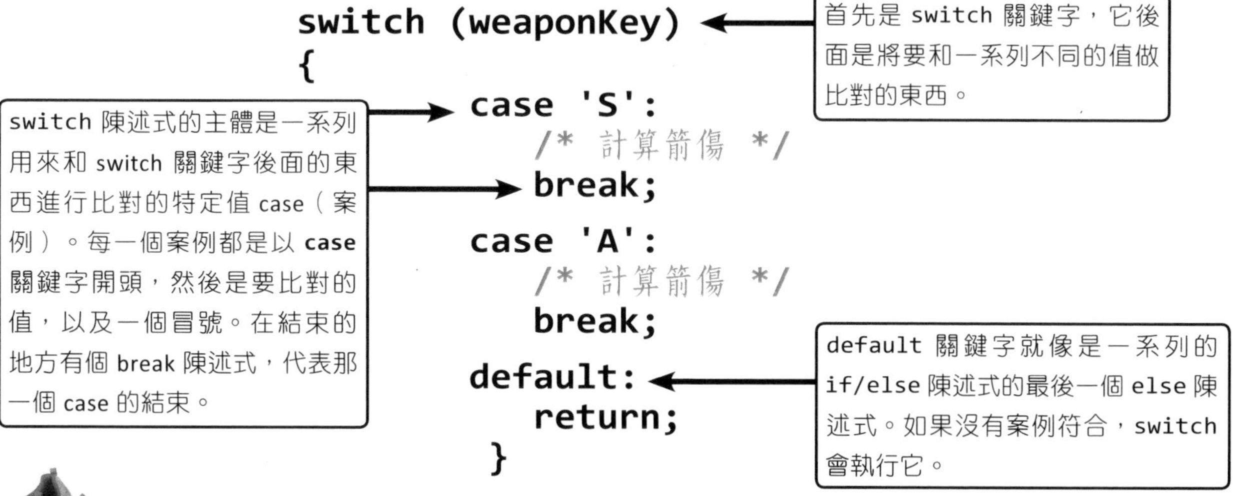

switch (weaponKey)
{
case 'S':
/* 計算箭傷 */
break;
case 'A':
/* 計算箭傷 */
break;
default:
return;
}
首先是 switch 關鍵字，它後面是將要和一系列不同的值做比對的東西。
switch 陳述式的主體是一系列用來和 switch 關鍵字後面的東西進行比對的特定值 case（案例）。每一個案例都是以 case 關鍵字開頭，然後是要比對的值，以及一個冒號。在結束的地方有個 break 陳述式，代表那一個 case 的結束。
default 關鍵字就像是一系列的 if/else 陳述式的最後一個 else 陳述式。如果沒有案例符合，switch 會執行它。

修改 Main 方法，使用 switch 陳述式來讓用戶選擇武器種類。在一開始，複製上一章結束的練習解答裡面的 Main 與 RollDice 方法。

1. 在方法的最上面建立一個 ArrowDamage 的實例，寫在你建立 SwordDamage 實例的地方後面。
2. 修改 RollDice 方法，讓它接收一個稱為 numberOfRolls 的 int 參數，讓你可以呼叫 RollDice(3) 來擲 3d6（因此它會呼叫 random.Next(1, 7) 三次，並將結果加總），或呼叫 RollDice(1) 來擲 1d6。
3. 加入類似本頁上面在主控台提示用戶選擇劍或箭的兩行程式，使用 Console.ReadKey 來讀取輸入，使用 Char.ToUpper 來將按鍵轉換成大寫，並將它存入 weaponKey。
4. **加入 switch 陳述式**。它與上面的 switch 陳述式完全相同，只是你要將每一個 /* 註解 */ 換成計算傷害以及在主控台輸出文字的程式碼。

我們剛才介紹了一種全新的 C# 語法，**switch 陳述式**，並要求你在程式中使用它。微軟的 C# 團隊會不斷地改善這種語言，在程式中使用語言的新元素是**非常有價值的 C# 技能**。

```
class Program
{
    static Random random = new Random();

    static void Main(string[] args)
    {
        SwordDamage swordDamage = new SwordDamage(RollDice(3));
        ArrowDamage arrowDamage = new ArrowDamage(RollDice(1));

        while (true)
        {
            Console.Write("0 for no magic/flaming, 1 for magic, 2 for flaming, " +
                          "3 for both, anything else to quit: ");
            char key = Console.ReadKey().KeyChar;
            if (key != '0' && key != '1' && key != '2' && key != '3') return;

            Console.Write("\nS for sword, A for arrow, anything else to quit: ");
            char weaponKey = Char.ToUpper(Console.ReadKey().KeyChar);

            switch (weaponKey)
            {
                case 'S':
                    swordDamage.Roll = RollDice(3);
                    swordDamage.Magic = (key == '1' || key == '3');
                    swordDamage.Flaming = (key == '2' || key == '3');
                    Console.WriteLine(
                       $"\nRolled {swordDamage.Roll} for {swordDamage.Damage} HP\n");
                    break;

                case 'A':
                    arrowDamage.Roll = RollDice(1);
                    arrowDamage.Magic = (key == '1' || key == '3');
                    arrowDamage.Flaming = (key == '2' || key == '3');
                    Console.WriteLine(
                       $"\nRolled {arrowDamage.Roll} for {arrowDamage.Damage} HP\n");
                    break;

                default:
                    return;
            }
        }
    }

    private static int RollDice(int numberOfRolls)
    {
        int total = 0;
        for (int i = 0; i < numberOfRolls; i++) total += random.Next(1, 7);
        return total;
    }
}
```

建立一個你剛才寫好的 *ArrowDamage* 類別的實例。

這一段程式幾乎與上一章的程式一模一樣。但是它沒有被放在 *if/else* 區塊內，而是在 *switch* 陳述式的 *case* 內（而且它傳遞一個引數給 *RollDice*）。

使用 ArrowDamage 的實例來計算傷害的程式很像使用 SwordDamage 的程式。事實上，它們幾乎一模一樣。我們能不能減少重複的程式碼，讓程式更容易閱讀？

試試看！在 **switch(weaponKey)** 設定中斷點，然後使用偵錯工具來逐步執行 switch 陳述式。這是真正了解它如何運作的好方法。然後試著移除其中一行 break，並且逐步執行它，它會繼續執行到（或者說，落入）下一個 case。

噢，對了…我們能不能計算匕首的傷害？還有鍾子的？棍棒？還有…

我們已經為劍傷和箭傷製作兩個類別了。但是如果我們還有三種其他的武器呢？還是四種？或者十二種？而且，如果你之後必須維護程式以及進行更多修改，該怎麼辦？如果你必須對五個或六個**密切相關**的類別進行**完全相同的修改**呢？如果你必須不斷進行修改？在這些情況下，bug 很難避免，我們很容易修改了五個類別，卻忘了修改第六個。

如果有一些類別是相關的，但並非完全一樣呢？如果鍾子可能是有刺的或無刺的，但不能燃燒呢？或者，如果棍棒不能附加這些東西呢？

沒錯！在不同的類別裡重複使用相同的程式碼不只沒效率，也容易出錯。

幸好 C# 提供更好的方式，讓我們可以製作彼此相關，而且共享行為的類別：繼承。

當你的類別使用繼承時，你只需要寫一次程式

你的 SwordDamage 與 ArrowDamage 類別有很多相同的程式碼絕非偶然。當你撰寫 C# 程式時，你通常會建立代表真正的事物的類別，那些事物通常是彼此相關的。你的類別之所以有**相似的程式碼**，是因為它們在真實世界所代表的東西（同一個角色扮演遊戲裡的兩個相似算法）有**相似的行為**。

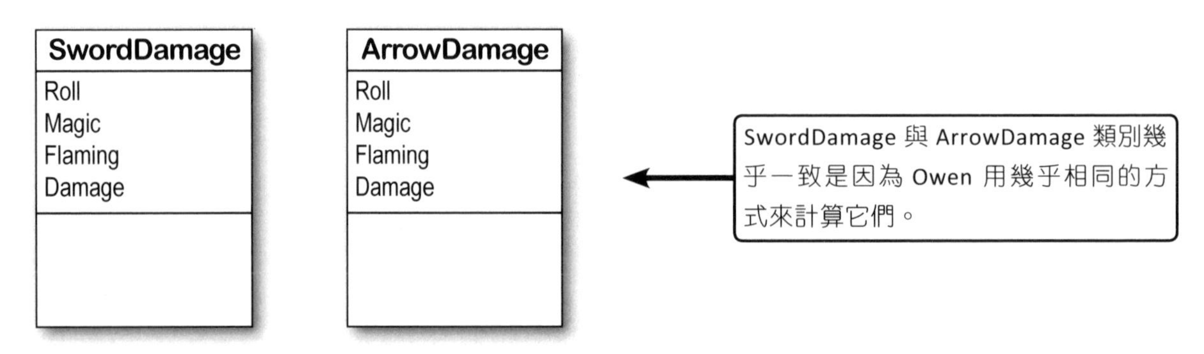
SwordDamage
Roll
Magic
Flaming
Damage
ArrowDamage
Roll
Magic
Flaming
Damage
SwordDamage 與 ArrowDamage 類別幾乎一致是因為 Owen 用幾乎相同的方式來計算它們。

如果兩個類別是比較廣義的東西的具體案例，你可以讓它們**繼承**同一個類別。當你這樣做時，它們都是同一個**基底類別**的**子類別**。

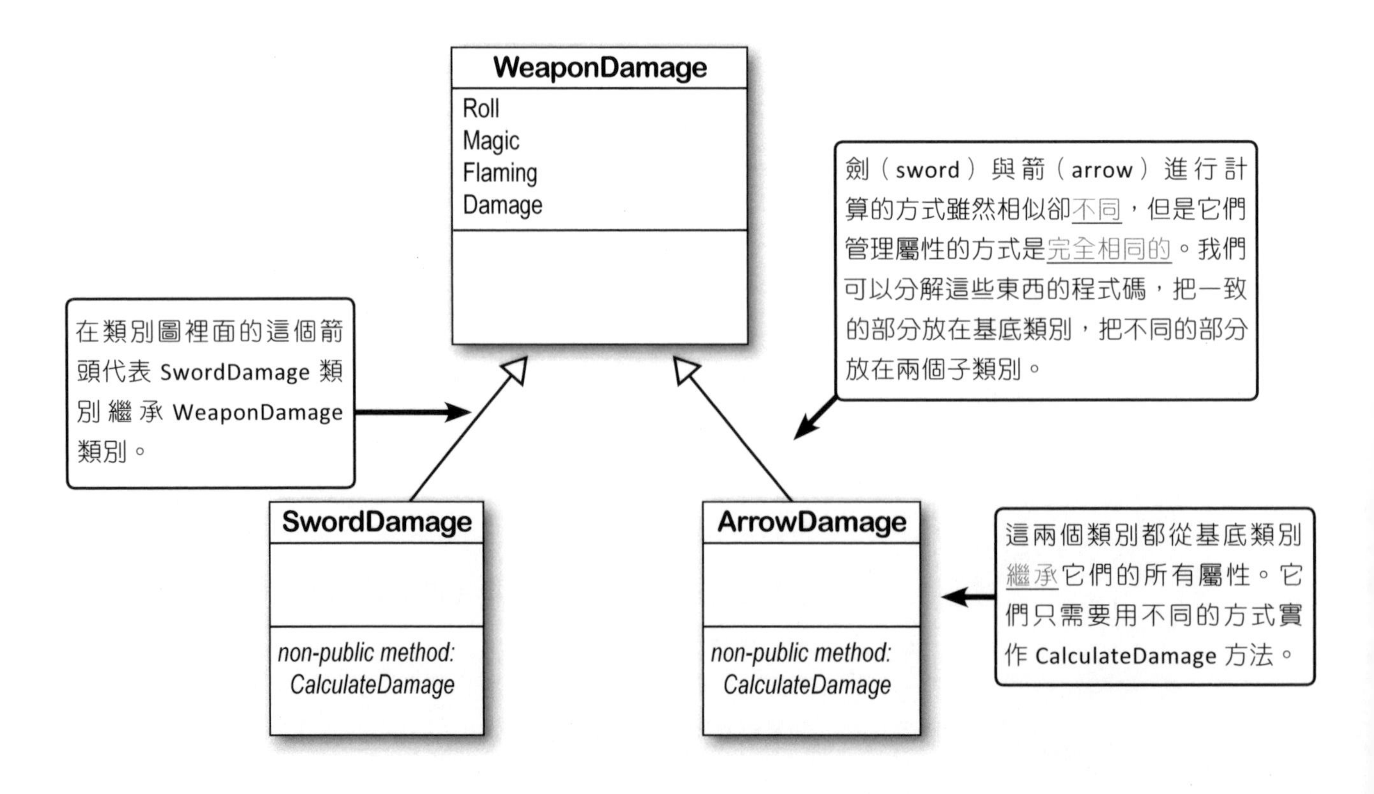
WeaponDamage
Roll
Magic
Flaming
Damage
在類別圖裡面的這個箭頭代表 SwordDamage 類別繼承 WeaponDamage 類別。
劍（sword）與箭（arrow）進行計算的方式雖然相似卻不同，但是它們管理屬性的方式是完全相同的。我們可以分解這些東西的程式碼，把一致的部分放在基底類別，把不同的部分放在兩個子類別。
SwordDamage
non-public method:
CalculateDamage
ArrowDamage
non-public method:
CalculateDamage
這兩個類別都從基底類別繼承它們的所有屬性。它們只需要用不同的方式實作 CalculateDamage 方法。

在建構類別模型時，從廣義的東西開始做起，然後越來越具體

建構一組代表某些事物（尤其是真實世界的東西）的類別就是建構**類別模型**。真實世界的東西通常有一個從比較廣義到比較具體的**階層**，你的程式也有它們自己做相同事情的**類別階層**。在你的類別模型裡，較低階層的類別會**繼承**它們上面的類別。

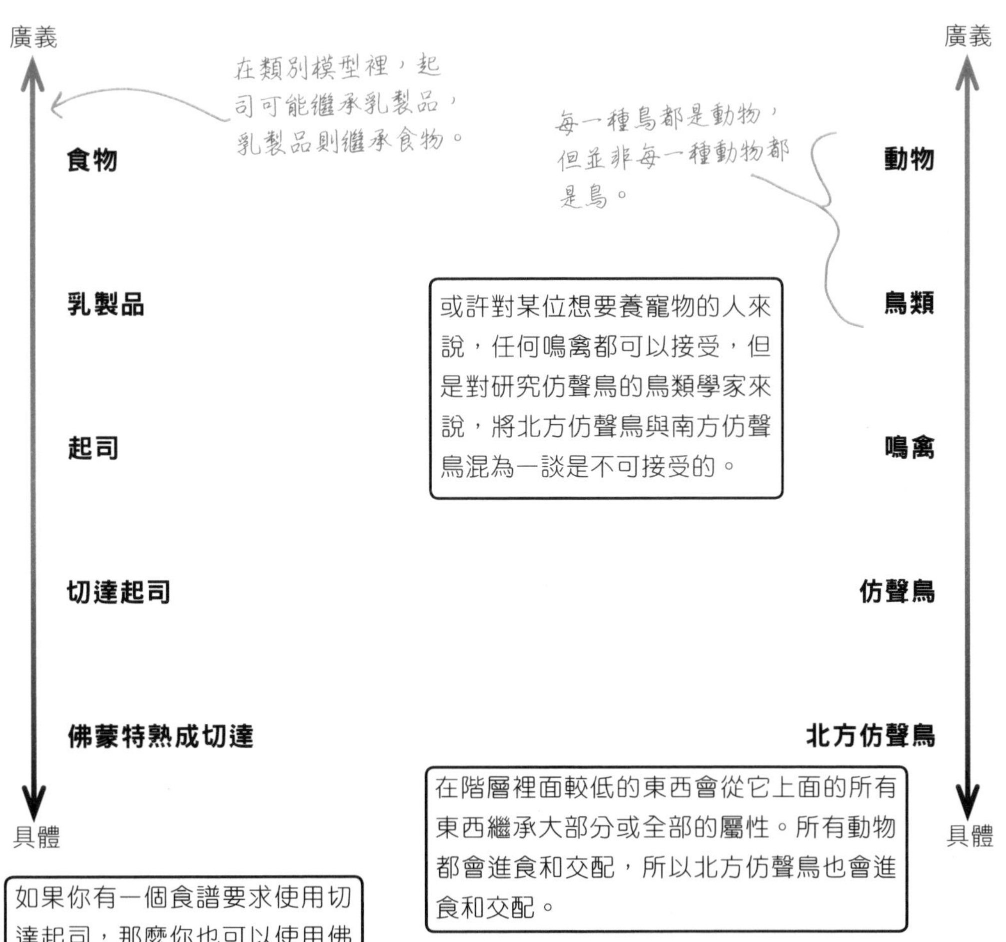

廣義
在類別模型裡，起司可能繼承乳製品，乳製品則繼承食物。
食物
乳製品
起司
切達起司
佛蒙特熟成切達
具體
廣義
每一種鳥都是動物，但並非每一種動物都是鳥。
動物
鳥類
鳴禽
仿聲鳥
北方仿聲鳥
具體
或許對某位想要養寵物的人來說，任何鳴禽都可以接受，但是對研究仿聲鳥的鳥類學家來說，將北方仿聲鳥與南方仿聲鳥混為一談是不可接受的。
在階層裡面較低的東西會從它上面的所有東西繼承大部分或全部的屬性。所有動物都會進食和交配，所以北方仿聲鳥也會進食和交配。
如果你有一個食譜要求使用切達起司，那麼你也可以使用佛蒙特熟成切達。如果它具體要求使用佛蒙特熟成切達，你就不能隨便使用其他切達。你要使用那種具體的起司。

in-her-it（繼承），動詞

從父母或祖先衍生某個屬性。

她希望嬰兒**繼承**她的棕色眼睛，而不是她丈夫的淺藍色眼睛。

你要怎麼設計動物園模擬程式？

獅子、老虎與熊…我的天！還有，河馬、狼，以及偶爾出現的狗。你的工作是設計一個模擬動物園的 app。（不要太興奮 — 我們只會設計代表動物的類別，不會實際編寫程式，我猜你開始在想怎麼在 Unity 裡面做這件事了！）

我們收到一系列將會在程式中出現的動物，但還沒有收到所有動物。我們知道每一個動物都會用物件來表示，而且物件會在模擬程式裡面四處移動，做特定的動物程式會做的事情。

更重要的是，我們希望讓別的程式員可以輕鬆地維護程式，也就是說，當他們想要在模擬程式裡面加入新的動物時，他們也要能夠加入他們自己的類別。

我們先來幫已知的動物建立類別模型。

那麼，第一步要做什麼？在討論**具體**的動物之前，我們要先找出它們都具備的**廣義**事物，也就是所有動物都有的抽象特徵，然後把這些特徵放入一個可以讓**所有**動物繼承的基底類別。

parent（父類別）、superclass（超類別）與 base class（基底類別）是經常交換使用的名詞。此外，extend（擴充）與 inherit from（繼承）代表同一件事。child 與 subclass（皆譯為子類別）也是同義詞，但 subclass 也可以當成動詞。

有些人用「基底類別」來代表在階層樹最上面的類別…但是那個類別其實不是最上面的，因為每一個類別都繼承 Object，也就是說，每一個類別都是 Object 的子類別。

1 **找出動物都有的東西。**

看一下這六種動物。什麼東西是獅子、河馬、老虎、山貓、狼和狗都有的？牠們之間有什麼關係？你必須找出牠們的關係，才可以設計出一個包含牠們全部的類別模型。

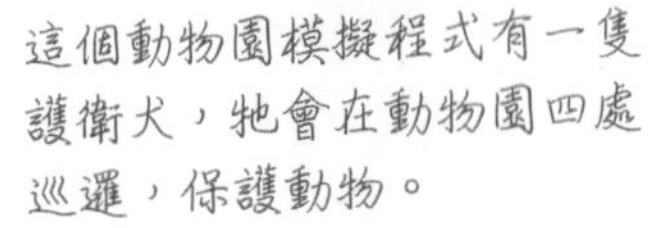

這個動物園模擬程式有一隻
護衛犬，牠會在動物園四處
巡邏，保護動物。

❷ 建立基底類別來提供動物都具備的所有東西。

在基底類別裡面的欄位、屬性和方法會讓繼承它的動物都有共同的狀態和行為。牠們都是動物，所以將基底類別稱為 Animal 很合理。

你已經知道應避免重複的程式碼了：它很難維護，而且以後一定會帶來麻煩。所以我們將**只需要寫一次**，而且每一種動物子類別都可以繼承的欄位與方法放入 Animal 基底類別中。我們從 public 屬性開始做起：

* Picture：圖像檔的路徑。
* Food：動物的食物。目前它只能有兩種值：meat 與 grass。
* Hunger：代表動物飢餓程度的 int。它會根據動物何時進食（以及份量）來改變。
* Boundaries：指向一個類別的參考，那個類別儲存動物活動場所的圍欄高度、寬度與位置。
* Location：動物目前站在哪個 X 與 Y 座標。

此外，Animal 類別有四個動物可以繼承的方法：

* MakeNoise：讓動物發出聲音的方法。
* Eat：當動物遇到它喜歡的食物時的行為。
* Sleep：讓動物躺下來打個小盹的方法。
* Roam：讓動物在他們的圍欄裡四處遊蕩的方法。

Animal

Picture
Food
Hunger
Boundaries
Location

MakeNoise
Eat
Sleep
Roam

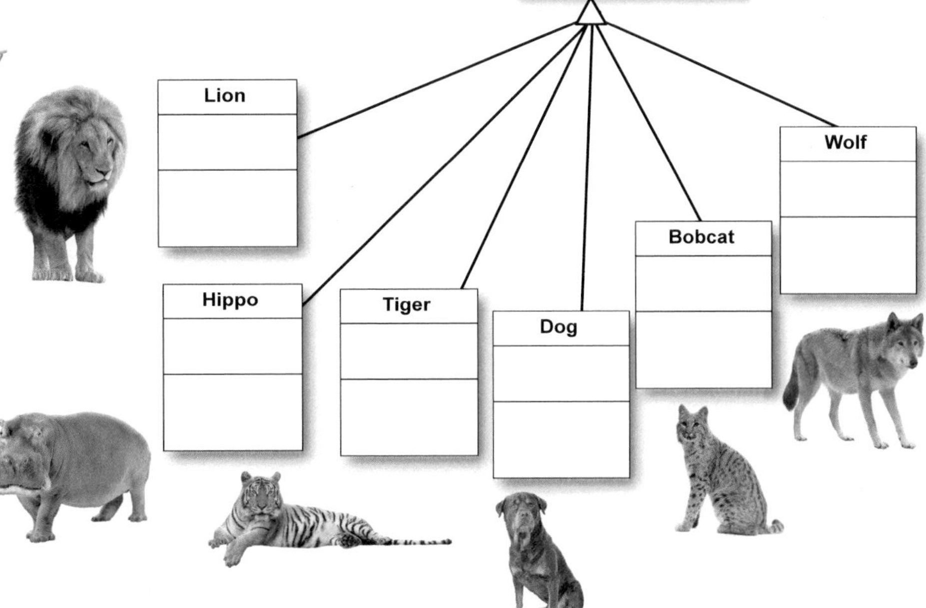

選擇基底類別就是在進行抉擇。也許你決定使用 ZooOccupant 類別來定義食物與養護成本，或使用 Attraction 類別，並且在裡面用方法來定義動物會怎麼讓遊客開心。我們認為 Animal 是最合理的選擇，你覺得呢？

不同的動物有不同的行為

獅子用吼的，狗用吠的，據我們所知，河馬完全不會叫。雖然繼承 Animal 的類別都有 MakeNoise 方法，但是它們的這個方法都會用不同的方式運作，而且有不同的程式碼。子類別更改繼承來的方法稱為**覆寫**該方法。

在 Animal 基底類別裡面有屬性或方法，並不代表每一個子類別都必須用相同的方式使用它…或者，非得使用它不可！

3 **找出各種動物的行為與 Animal 類別的行為有什麼不同，或是完全沒有。**

每一種動物都需要進食，但是狗可能會吃一小口肉，河馬則是大口大口地吃草。那種行為的程式碼長怎樣？狗與河馬都覆寫 Eat 方法。河馬的方法每次被呼叫時都會消耗 20 磅的乾草。另一方面，狗的 Eat 方法會讓動物園的食物儲備減少 12 盎司的狗食罐頭。

所以，當子類別繼承基底類別時，它**一定會**繼承基底類別的所有行為…但是你可以在子類別**修改**它們，讓它們不會有完全一樣的行為。這就是覆寫的意義所在。

草真好吃！現在我就想去吃一大堆乾草。
我想吃的跟你不一樣。

Animal
Picture Food Hunger Boundaries Location
MakeNoise Eat Sleep Roam

動動腦

我們已經知道有些動物會覆寫 MakeNoise 與 Eat 方法了。哪些動物會覆寫 Sleep 或 Roam？有動物會覆寫它們嗎？

4 **留意相似之處很多的類別。**

狗與狼是不是長得很像？它們都是犬科動物，觀察牠們的行為可以發現牠們有很多共同點。牠們可能會吃相同的食物，有相同的睡眠習性。那山貓、老虎和獅子呢？這三種動物在棲息地的活動模式完全相同。比較聰明的做法是在 Animal 與這三種貓科動物之間加入一個廣義的 Feline（貓科）類別，以防止在它們裡面有重複的程式碼。

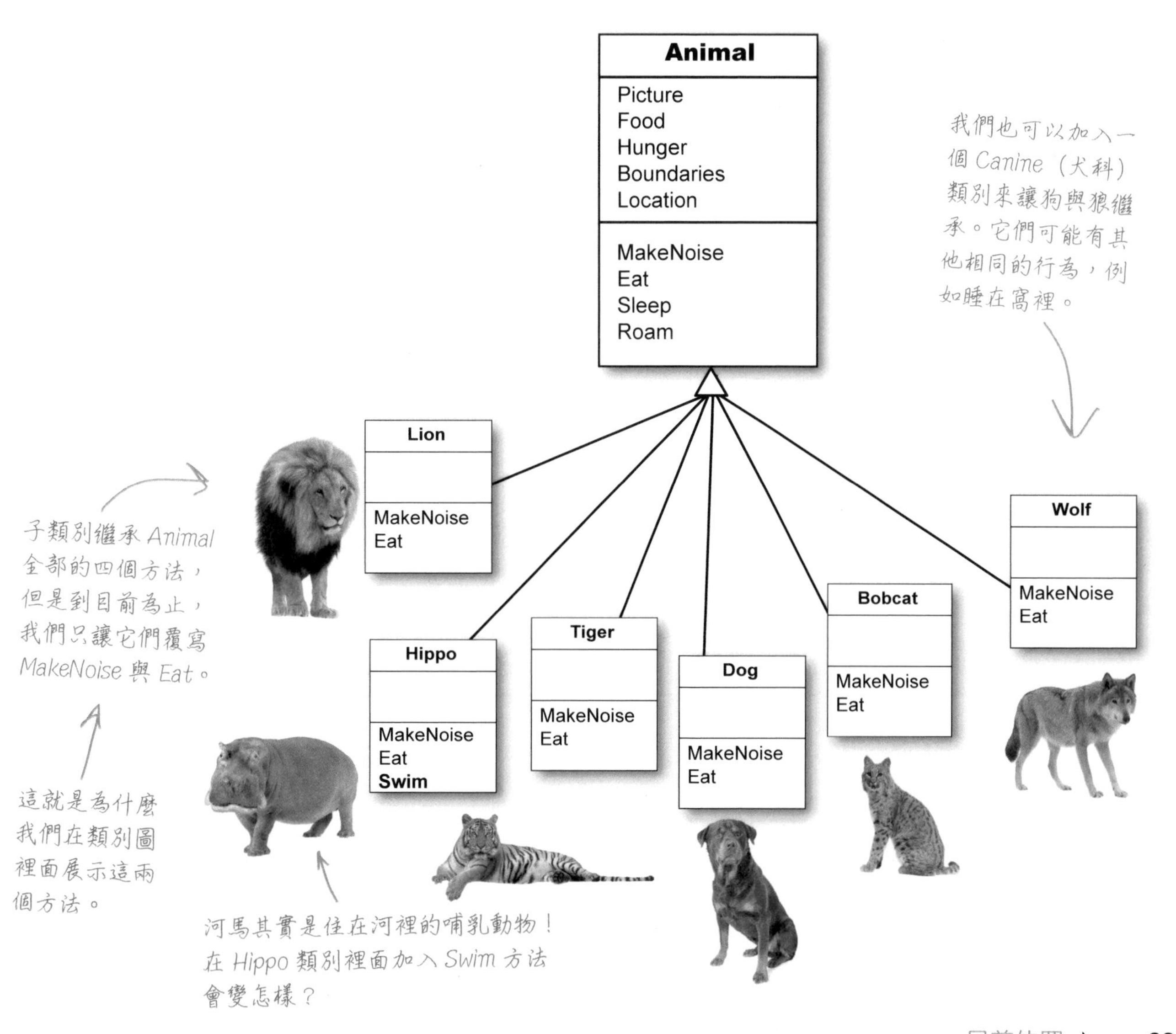

Animal
Picture
Food
Hunger
Boundaries
Location
MakeNoise
Eat
Sleep
Roam
我們也可以加入一個 Canine（犬科）類別來讓狗與狼繼承。它們可能有其他相同的行為，例如睡在窩裡。
Lion
MakeNoise
Eat
子類別繼承 Animal 全部的四個方法，但是到目前為止，我們只讓它們覆寫 MakeNoise 與 Eat。
Hippo
MakeNoise
Eat
Swim
Tiger
MakeNoise
Eat
Dog
MakeNoise
Eat
Bobcat
MakeNoise
Eat
Wolf
MakeNoise
Eat
這就是為什麼我們在類別圖裡面展示這兩個方法。
河馬其實是住在河裡的哺乳動物！在 Hippo 類別裡面加入 Swim 方法會變怎樣？

5 完成你的類別階層。

知道怎麼組織動物之後，你可以加入 Feline 與 Canine 類別。

當你建立類別時，在最上面製作一個基底類別，在它下面加入一些子類別，再讓其他的子類別繼承那些子類別時，這就是在建構**類別階層**。合理的階層結構可以避免重複，但是它不是只能避免重複的程式碼而已，它的另一種好處是可以讓程式碼更容易了解與維護。當你在動物模擬程式中看到 Feline 類別定義的方法或屬性時，你立刻可以知道它就是所有的貓科共有的東西。你的階層變成一個協助閱讀程式的地圖。

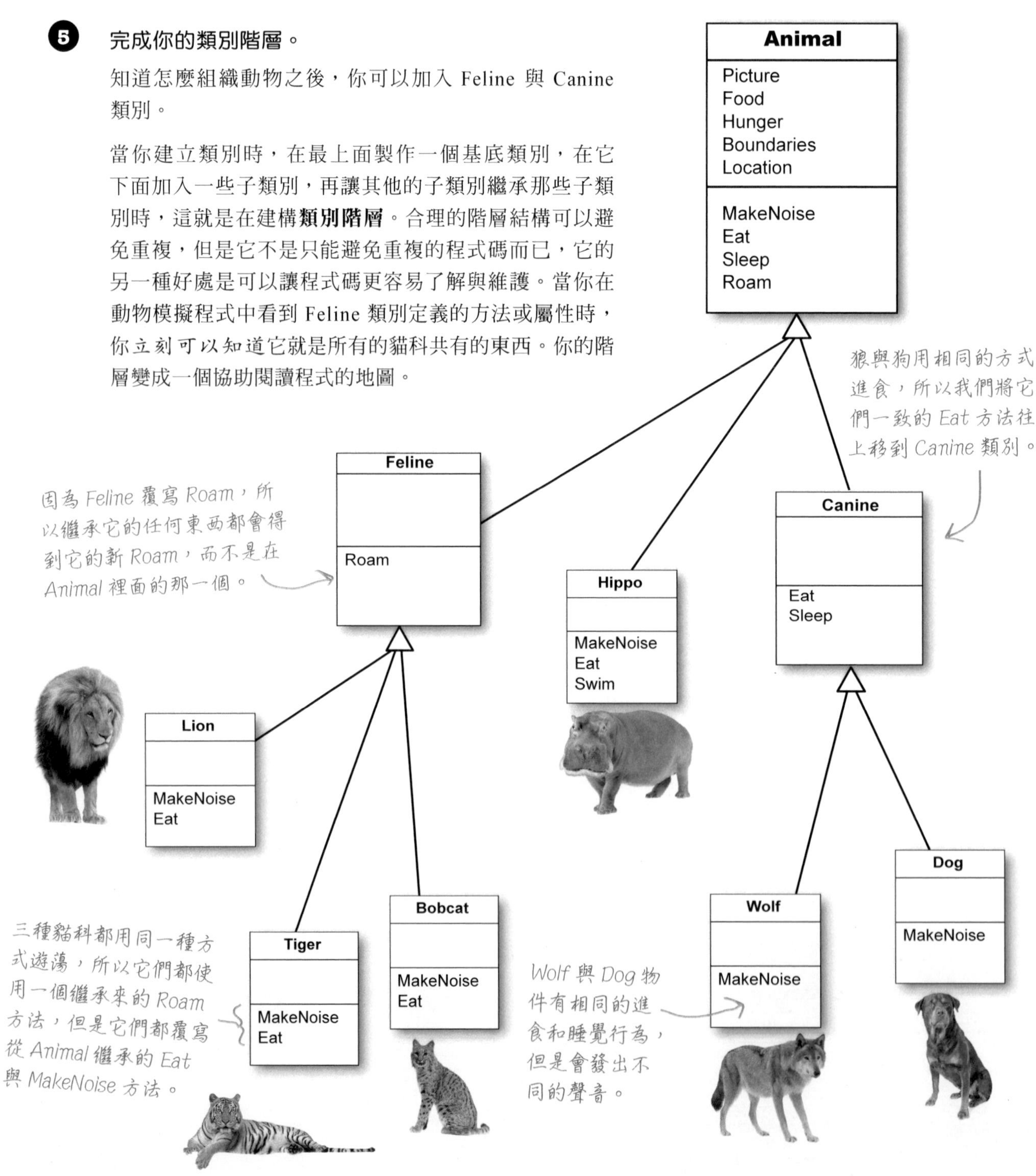

Animal
Picture
Food
Hunger
Boundaries
Location
MakeNoise
Eat
Sleep
Roam
狼與狗用相同的方式進食，所以我們將它們一致的 Eat 方法往上移到 Canine 類別。
Feline
Roam
因為 Feline 覆寫 Roam，所以繼承它的任何東西都會得到它的新 Roam，而不是在 Animal 裡面的那一個。
Hippo
MakeNoise
Eat
Swim
Canine
Eat
Sleep
Lion
MakeNoise
Eat
Tiger
MakeNoise
Eat
Bobcat
MakeNoise
Eat
Wolf
MakeNoise
Dog
MakeNoise
三種貓科都用同一種方式遊蕩，所以它們都使用一個繼承來的 Roam 方法，但是它們都覆寫從 Animal 繼承的 Eat 與 MakeNoise 方法。
Wolf 與 Dog 物件有相同的進食和睡覺行為，但是會發出不同的聲音。

每一個子類別都擴充它的基底類別

除了子類別從基底類別繼承來的方法之外，你也可以使用其他的子類別方法…你已經知道這件事了！畢竟，你已經製作自己的類別一段時間了。讓類別繼承成員（我們很快就會看到 C# 程式碼）就是在利用既有的類別，為那個類別加入基底類別的所有欄位、屬性和方法來**擴充**基底類別。所以在 Dog 裡加入 Fetch 是很正常的事情，這個動作不會繼承或覆寫任何東西，那個方法只有 Dog 類別有，不會出現在 Wolf、Canine、Animal、Hippo 或任何其他類別裡面。

hi-er-ar-chy（階層），名詞

將某個群體或某項事物置於其他群體或事物之上的排列法或分類法。

Dynamco 的總裁從收發室開始做起，一路努力地爬到公司階層的最高層。

製作一個 Dog 的新實例
```
Dog spot = new Dog();
```
呼叫 Dog 裡面的版本
```
spot.MakeNoise();
```
呼叫 Animal 裡面的版本
```
spot.Roam();
```
呼叫 Canine 裡面的版本
```
spot.Eat();
```
呼叫 Canine 裡面的版本
```
spot.Sleep();
```
呼叫 Dog 裡面的版本
```
spot.Fetch();
```

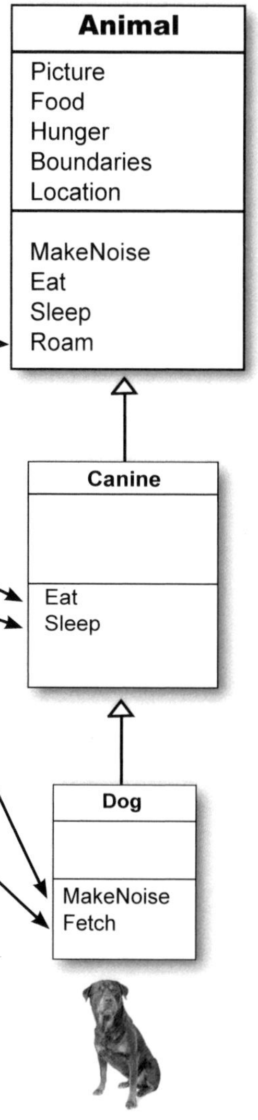

Animal: Picture, Food, Hunger, Boundaries, Location; MakeNoise, Eat, Sleep, Roam

Canine: Eat, Sleep

Dog: MakeNoise, Fetch

C# 永遠呼叫最具體的方法

如果你要求 Dog 物件開始遊蕩，你只有一個方法可以呼叫：在 Animal 類別裡面的那一個。如果你要讓 Dog 發出聲音呢？你會呼叫哪一個 MakeNoise？

這個問題不難回答。在 Dog 類別裡面有一個方法告訴你狗如何發出聲音。如果它在 Canine 類別裡面，它可以告訴你所有的犬科動物怎麼發出聲音。如果它在 Animal 裡面，那麼它就是在描述這種行為，而且很廣泛，適用於每一種動物。所以如果你要求 Dog 發出聲音，C# 會先在 Dog 類別裡面尋找狗的專屬行為。如果 Dog 沒有 MakeNoise 方法，它會檢查 Canine，然後檢查 Animal。

能夠使用基底類別的地方都可以改成使用它的子類別

Bird
Walk
LayEggs
Fly

Woodpecker
BeakLength
HitWoodWithBeak

繼承最有用的事情之一就是**擴充**類別。所以如果有一個方法接收 Bird（鳥）物件，你可以傳遞 Woodpecker（啄木鳥）的實例。方法只知道它得到一隻鳥，不知道它得到什麼鳥，所以只能要求那隻鳥做所有鳥都會做的事情：它可以要求那個鳥 Walk（走）與 LayEggs（生蛋），但不能要求它 HitWoodWithBeak（啄木頭），因為只有 Woodpecker 有那個行為，而且那個方法不知道它是 Woodpecker，只知道它是比較廣義的 Bird。**它只能接觸它所認識的類別的欄位、屬性，以及其他方法。**

我們用程式來看一下這個動作。這是接收 Bird 參考的方法：

```
public void IncubateEggs(Bird bird)
{
    bird.Walk(incubatorEntrance);
    Egg[] eggs = bird.LayEggs();
    AddEggsToHeatingArea(eggs);
    bird.Walk(incubatorExit);
}
```

即使我們將 Woodpecker 物件傳給 IncubateEggs，但因為它是 Bird 參考，所以我們只能使用 Bird 類別成員。

如果你想要孵一些 Woodpecker 蛋，你可以將 Woodpecker 參考傳給 IncubateEggs 方法，因為 Woodpecker 是一種 Bird — 這就是為什麼它要繼承 Bird 類別：

```
public void GetWoodpeckerEggs()
{
    Woodpecker woody = new Woodpecker();
    IncubateEggs(woody);
    woody.HitWoodWithBeak();
}
```

你可以**用子類別來取代超類別**，但是不能用超類別來取代子類別。你可以將 Woodpecker 傳給接收 Bird 參考的方法，但不能反過來做：

這應該不難理解。如果有人向你要一隻鳥，你給他們一隻啄木鳥，他們會很開心。但是如果他們向你要一隻啄木鳥，你卻給他們一隻鴿子，他們會覺得莫名其妙。

```
public void GetWoodpeckerEggs_Take_Two()
{
    Woodpecker woody = new Woodpecker();
    woody.HitWoodWithBeak();

    // 這一行將一個 Woodpecker 參考複製給一個 Bird 變數
    Bird birdReference = woody;
    IncubateEggs(birdReference);

    // 下一列會有編輯器錯誤！！！
    Woodpecker secondWoodyReference = birdReference;

    secondWoodyReference.HitWoodWithBeak();
}
```

你可以將 woody 指派給 Bird 變數，因為 woodpecker 是一種鳥…

…但是你不能將 birdReference 指派給 Woodpecker 變數，因為並非每一種鳥都是啄木鳥！這就是為什麼這一行會造成錯誤。

下面的程式所使用的類別模型裡面有 Animal、Hippo、Canine、Wolf 與 Dog。把無法編譯的那一行程式劃掉，並在它旁邊寫下問題。

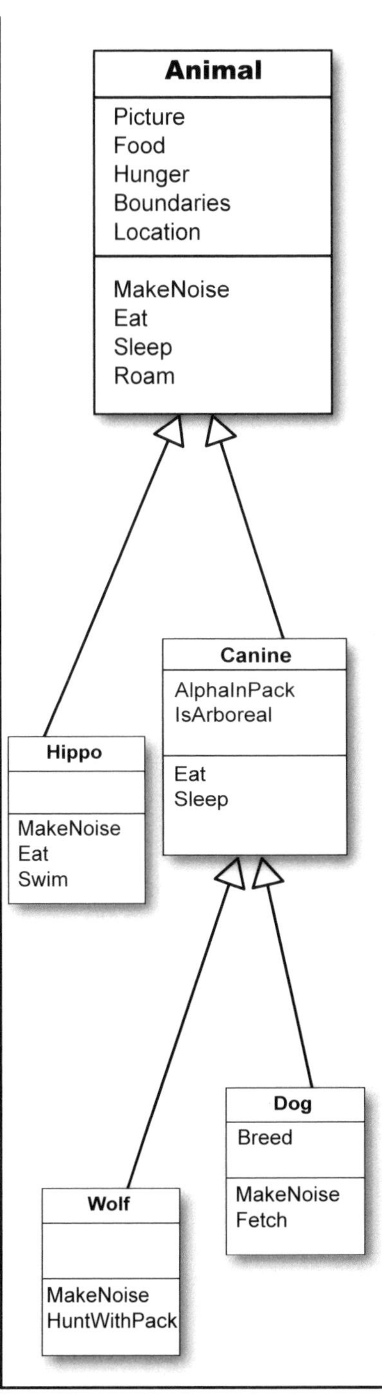


```
Canine canis = new Dog();
Wolf charon = new Canine();
charon.IsArboreal = false;
Hippo bailey = new Hippo();
bailey.Roam();
bailey.Sleep();
bailey.Swim();
bailey.Eat();

Dog fido = canis;
Animal visitorPet = fido;
Animal harvey = bailey;
harvey.Roam();
harvey.Swim();
harvey.Sleep();
harvey.Eat();

Hippo brutus = harvey;
brutus.Roam();
brutus.Sleep();
brutus.Swim();
brutus.Eat();

Canine london = new Wolf();
Wolf egypt = london;
egypt.HuntWithPack();
egypt.HuntWithPack();
egypt.AlphaInPack = false;
Dog rex = london;
rex.Fetch();
```

削尖你的鉛筆 解答

下面有六行陳述式無法編譯，因為它們與類別模型衝突。你可以自行測試它！使用空的方法建構你自己的類別模型版本，輸入程式碼，看一下編譯錯誤訊息。

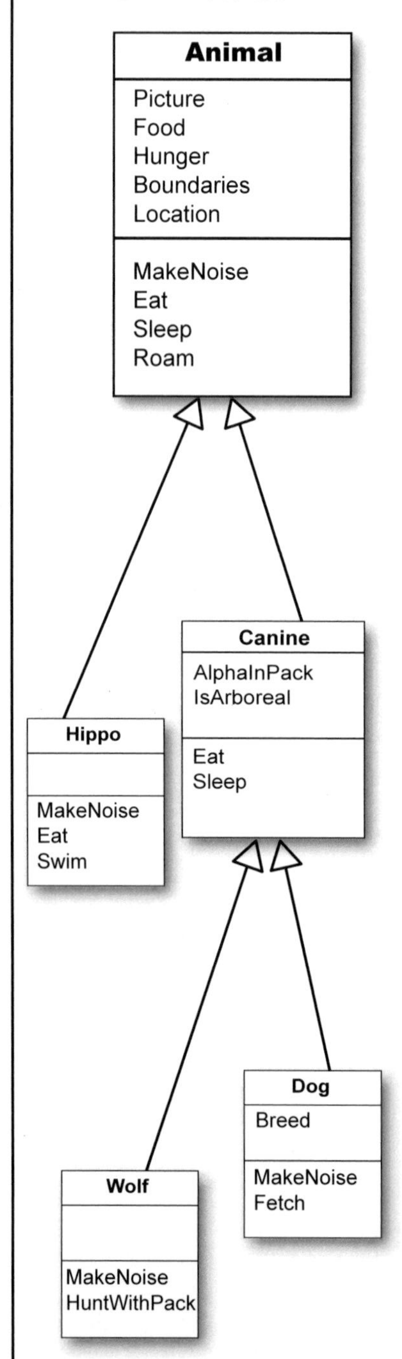

`Canine canis = new Dog();`
~~`Wolf charon = new Canine();`~~
`charon.IsArboreal = false;`
`Hippo bailey = new Hippo();`
`bailey.Roam();`
`bailey.Sleep();`
`bailey.Swim();`
`bailey.Eat();`

Wolf 是 Canine 的子類別，所以你不能將 Canine 物件指派給 Wolf。你可以這樣想：狼是犬科動物的一種，但並非每一種犬科都是狼。

~~`Dog fido = canis;`~~
`Animal visitorPet = fido;`
`Animal harvey = bailey;`
`harvey.Roam();`
~~`harvey.Swim();`~~
`harvey.Sleep();`
`harvey.Eat();`

雖然 canis 變數是 Dog 物件的參考，但是變數的型態是 Canine，所以你不能把它指派給 Dog。

harvey 是 Hippo 物件的參數，但是 harvey 變數是 Animal，所以你不能用它來呼叫 Hippo.Swim 方法。

~~`Hippo brutus = harvey;`~~
`brutus.Roam();`
`brutus.Sleep();`
`brutus.Swim();`
`brutus.Eat();`

這無法運作的原因與 Dog fido = canis; 無法運作一樣，雖然 harvey 可能指向 Hippo 物件，但是它的型態是 Animal，所以你不能把 Animal 指派給 Hippo 變數。

`Canine london = new Wolf();`
~~`Wolf egypt = london;`~~
`egypt.HuntWithPack();`
`egypt.HuntWithPack();`
`egypt.AlphaInPack = false;`
~~`Dog rex = london;`~~
`rex.Fetch();`

這是同一個問題！你可以把 Wolf 指派給 Canine，但是不能把 Canine 指派給 Wolf…

…而且你絕對不能將 Wolf 指派給 Dog。

它們很棒⋯理論上是這樣啦，但是它對
我的傷害計算 app 有什麼幫助？

動動腦

Owen 問了一個很棒的問題。回到你為 Owen 建構的劍傷和箭傷計算 app，該怎麼使用繼承和子類別來改善程式碼？（劇透警告：你會在本章稍後做這件事！）

重點提示

- **switch 陳述式**可讓你拿一個變數和很多值做比較。當 case 的值相符時，它就會執行程式。defalut 區塊會在沒有 case 相符時執行。
- **繼承**可讓你建構彼此相關而且有相同行為的類別。在類別圖裡，箭頭代表繼承。
- 當你有兩個類別是比較**廣義**的東西的**具體**案例時，你可以讓它們繼承同一個廣義的類別。當你這麼做時，它們都是同一個廣義的**基底類別**的**子類別**。
- 當你建構一組代表許多事物的類別時，它們統稱為**類別模型**。它可能包含子類別**階層**裡面的類別，還有基底類別。
- **父類別**、**超類別**和**基底類別**通常會被交換使用。此外，**擴充**與**繼承**代表同一件事。
- **child** 與 **subcalss**（皆譯為子類別）代表同一件事。我們會説子類別**擴充**它的基底類別。（**subclass** 也可以當成動詞來使用。）
- 在子類別修改它繼承的方法稱為**覆寫**該方法。
- C# 一定會呼叫**最具體的方法**。如果在基底類別裡面有方法使用被子類別覆寫的方法或屬性，該方法會呼叫子類別的覆寫版本。
- 你可以使用**子類別參考**來取代基礎類別。如果方法接收 Animal 參數，且 Dog 繼承 Animal，你可以將 Dog 引數傳給它。
- 你始終可以用子類別來**取代**它所繼承的**基底類別**，但是你不一定能使用基底類別來取代繼承它的子類別。

使用冒號來繼承基底類別

在編寫類別時，你可以使用**冒號（:）**來讓它繼承基底類別，這會讓它成為子類別，得到它繼承的類別的**所有欄位、屬性，以及方法**。Bird 類別是 Vertebrate 的子類別：

當子類別繼承基底類別時，它會繼承它的成員，包括基底類別的所有欄位、屬性以及方法，它們會被自動加入子類別。

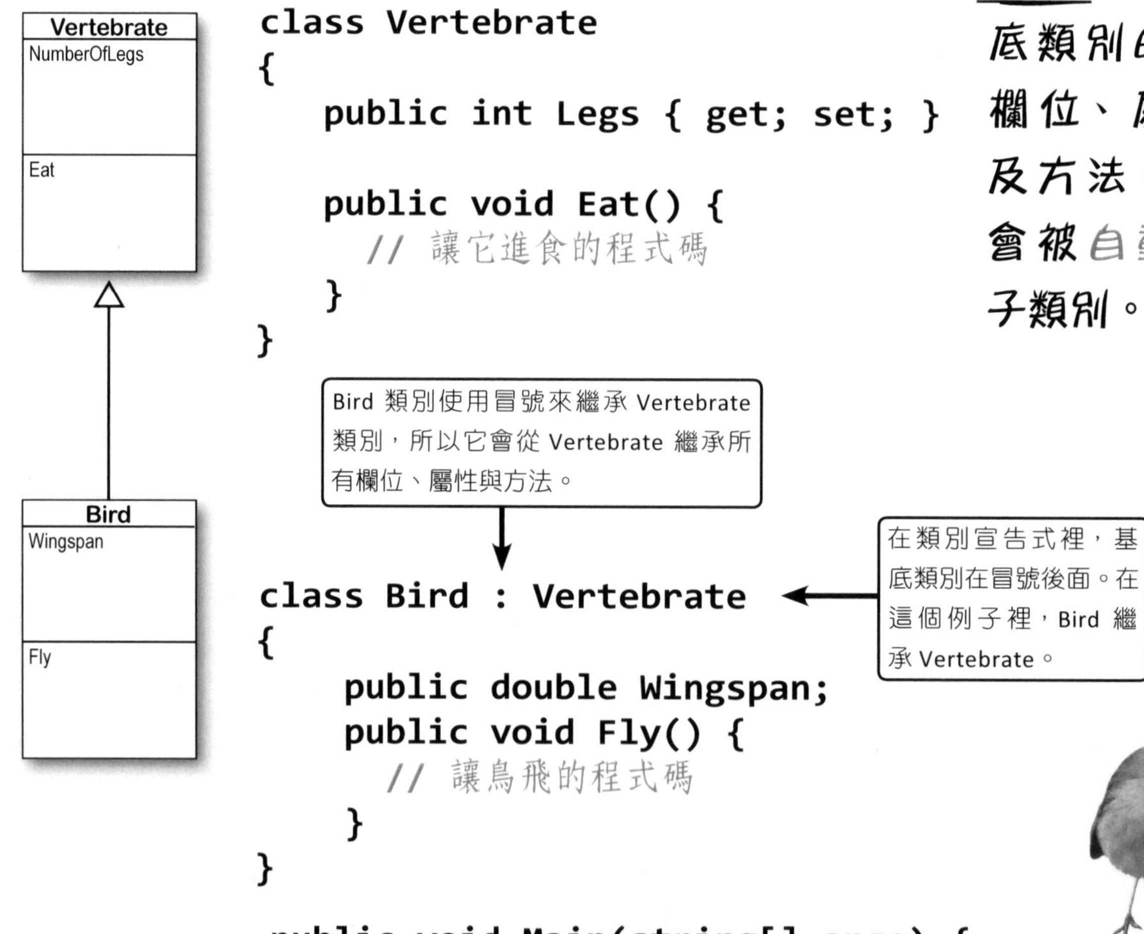


```
class Vertebrate
{
    public int Legs { get; set; }

    public void Eat() {
      // 讓它進食的程式碼
    }
}
```

Bird 類別使用冒號來繼承 Vertebrate 類別，所以它會從 Vertebrate 繼承所有欄位、屬性與方法。

```
class Bird : Vertebrate
{
     public double Wingspan;
     public void Fly() {
       // 讓鳥飛的程式碼
     }
}
```

在類別宣告式裡，基底類別在冒號後面。在這個例子裡，Bird 繼承 Vertebrate。

```
public void Main(string[] args) {
    Bird tweety = new Bird();
    Console.WriteLine(tweety.Wingspan);
    tweety.Fly();
    tweety.Legs = 2;
    Console.Write(tweety.Eat());
}
```

tweety 是 Bird 的實例，所以它同樣有 Bird 的方法、屬性與欄位。

因為 Bird 類別繼承 Vertebrate，Bird 的每一個實例也會有 Vertebrate 類別定義的成員。

我們知道繼承會把基底類別的欄位、屬性和方法加入子類別…

我們剛才看到讓子類別繼承基底類別的**所有**方法、屬性與欄位時的繼承方式。

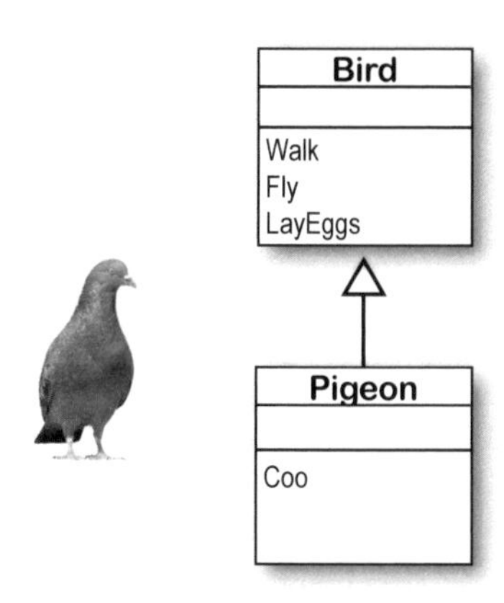


```
class Bird {
   public void Fly() {
       /* 讓鳥飛的程式碼 */
   }
   public void LayEggs() { ... };
   public void PreenFeathers() { ... };
}


class Pigeon : Bird {
   public void Coo() { ... }
}

public void SimulatePigeon() {
     Pigeon Harriet = new Pigeon();

     // 因為 Pigeon 是 Bird 的子類別，
     // 我們可以呼叫這兩個類別的方法。
     Harriet.Walk();
     Harriet.LayEggs();
     Harriet.Coo();
     Harriet.Fly();
}
```

…但是有些鳥不會飛

如果基底類別有一個方法是子類別必須**修改**的，你該怎麼做？

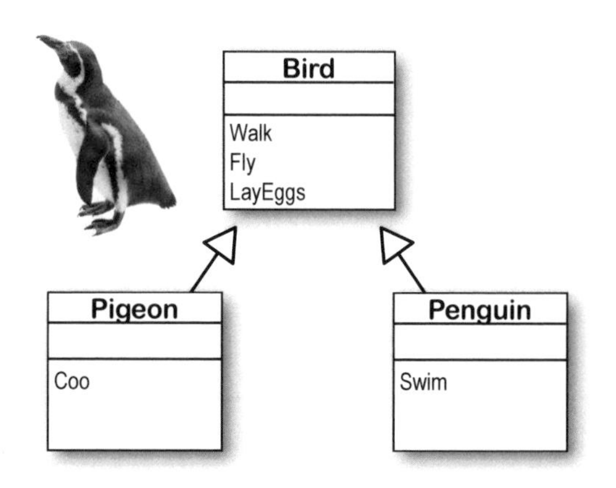


```
class Penguin : Bird {
   public void Swim() { ... }
}

public void SimulatePenguin() {
     Penguin Izzy = new Penguin();
     Izzy.Walk();
     Izzy.LayEggs();
     Izzy.Swim();
     Izzy.Fly();
}
```

這段程式可以編譯，因為 Penguin 繼承 Bird。我們可不可以修改 Penguin，讓它在企鵝試著飛時顯示警告？

哎呀，我們遇到問題了。企鵝是鳥，Bird 類別有 Fly 方法，但我們不想要讓企鵝飛。如果我們可以在企鵝嘗試飛行時顯示警告訊息就好了。

動動腦

如果這些類別都在你的動物園模擬程式裡面，你會怎麼處理會飛的企鵝？

子類別可以覆寫方法，藉以改變或替換它繼承的成員

o-ver-ride（覆寫、否決、推翻、撤銷），動詞

用權力來替換、拒絕或取消。

當她成為 *Dynamco* 的總裁之後，她就可以**撤銷**（***override***）不良的管理決策了。

有時你希望子類別可以從基底類別繼承大多數但不是全部的行為。當你想要改變類別繼承過來的行為時，你可以**覆寫方法或屬性**，把它們換成名稱相同的新成員。

在**覆寫方法**時，新方法的特徵標記（signature）必須與被它覆寫的基底類別方法的特徵標記完全一致。也就是說，在企鵝的例子裡，它的名稱必須是 Fly，必須回傳 void，而且沒有參數。

① **為基底類別的方法加上 virtual 關鍵字。**

子類別只能覆寫用 **virtual** 關鍵字宣告的方法。在 Fly 方法宣告式加入 virtual 等於告訴 C#：Bird 類別的子類別可以覆寫 Fly 方法。

```
class Bird {
   public virtual void Fly() {
     // 讓鳥飛的程式碼
   }
}
```

幫 Fly 方法加上 virtual 關鍵字來告訴 C#：子類別可以覆寫它。

② **幫名稱相同的子類別方法加上 override 關鍵字。**

子類別的方法必須使用完全一致的特徵標記（有相同的回傳型態與參數），你也要在宣告式裡使用 override 關鍵字。現在 Penguin 物件會在它的 Fly 方法被呼叫時印出警告了。

```
class Penguin : Bird {
   public override void Fly() {
     Console.Error.WriteLine("WARNING");
     Console.Error.WriteLine("Flying Penguin Alert");
   }
}
```

覆寫 Fly 方法的做法是在子類別加入一個一模一樣的方法，並使用 override 關鍵字。

我們使用 Console.Error 來將錯誤訊息寫到標準錯誤資料流（stderr），主控台 app 通常用它來印出錯誤訊息，以及實作診斷資訊。

繼續揮動翅膀，鮑伯。我相信我們很快就能飛起來了！

混合訊息

```
a = 6;    56
b = 5;    11
a = 5;    65
```

下面有一段簡短的 C# 程式。其中有一段程式是空白的！當你將一段候選程式（左邊）插入那個空白的地方時，你會看到什麼輸出（在程式顯示出來的訊息方塊裡面有什麼東西）？找出它來。有些輸出不會被用到，有一些輸出可能會被使用多次。請將候選程式段落連到它的輸出。

說明：

1. **將最下面的四段候選程式分別填入程式中。**
2. **幫那些候選程式找出它們的輸出。**

```
class A {
  public int ivar = 7;
  public ___________ string m1() {
    return "A's m1, ";
  }
  public string m2() {
    return "A's m2, ";
  }
  public ___________ string m3() {
    return "A's m3, ";
  }
}

class B : A {
  public ___________ string m1() {
    return "B's m1, ";
  }
}
```

```
class C : B {
  public ___________ string m3() {
    return "C's m3, " + (ivar + 6);
  }
}

class Mixed5 {
  public static void Main(string[] args) {
    A a = new A();
    B b = new B();
    C c = new C();
    A a2 = new C();
    string q = "";
    [                    ]
    Console.WriteLine(q);
  }
}
```

這是程式的入口。（指向 Main）

提示：仔細想一想這一行是什麼意思。（指向 A a2 = new C();）

將候選程式擺這裡。（三行）

候選程式：

```
q += b.m1();
q += c.m2();
q += a.m3();
```

```
q += c.m1();
q += c.m2();
q += c.m3();
```

```
q += a.m1();
q += b.m2();
q += c.m3();
```

```
q += a2.m1();
q += a2.m2();
q += a2.m3();
```

若你在方塊裡使用各組的三行候選程式，用畫線的方式，將每一組程式連到它產生的輸出。

輸出：

```
A's m1, A's m2, C's m3, 6
B's m1, A's m2, A's m3,
A's m1, B's m2, C's m3, 6
B's m1, A's m2, C's m3, 13
B's m1, C's m2, A's m3,
A's m1, B's m2, A's m3,
B's m1, A's m2, C's m3, 6
A's m1, A's m2, C's m3, 13
```

（不要在 IDE 輸入它，在紙上找出答案可以學到更多東西！）

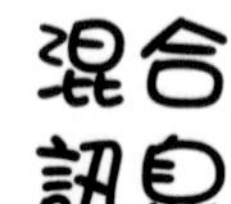


```
a = 6;    56
b = 5;    11
a = 5;    65
```

```
class A {
  public  virtual  string m1() {
...
  public  virtual  string m3() {
}
```

```
class B : A {
  public  override  string m1() {
...
class C : B {
  public  override  string m3() {
```

基底類別絕對可以換成子類別的參考，因為這是用比較具體的東西來取代比較廣義的東西。所以這一行：

```
A a2 = new C();
```

的意思是實例化一個新的 C 物件，然後建立一個稱為 a2 的 A 參考，讓它指向那一個物件。雖然這種名稱很適合在練習中使用，但是它們很難理解。下面幾行程式採取同一種模式，但是它們使用比較清楚的名稱：

```
Canine fido = new Dog();
Bird pidge = new Pigen();
Feline rex = new Lion();
```

```
q += b.m1();
q += c.m2();
q += a.m3();
__________
q += c.m1();
q += c.m2();
q += c.m3();
__________
q += a.m1();
q += b.m2();
q += c.m3();
__________
q += a2.m1();
q += a2.m2();
q += a2.m3();
```

```
A's m1, A's m2, C's m3, 6
B's m1, A's m2, A's m3,
A's m1, B's m2, C's m3, 6
B's m1, A's m2, C's m3, 13
B's m1, C's m2, A's m3,
A's m1, B's m2, A's m3,
B's m1, A's m2, C's m3, 6
A's m1, A's m2, C's m3, 13
```

沒有蠢問題

問：switch 陳述式的作用與一系列的 if/else 陳述式一樣，對吧？那它是多餘的嗎？

答：當然不是。**switch** 陳述式在很多情況下比 **if/else** 陳述式更容易閱讀。 例如，假設你要在主控台 app 裡面顯示一個選單，讓用戶按下一個按鍵來選擇 10 個不同的選項之一。連續使用 10 組 **if/else if** 陳述式會怎樣？我們認為 **switch** 陳述式比較清楚而且更容易閱讀。你一眼就可以看出比較的對象是什麼、各個選項是在哪裡處理的，也可以在 default case 看到當用戶選擇不支援的選項時會怎樣。此外，我們很容易不小心漏掉一個 **else**。在一長串的 **if/else** 陳述式的中間漏掉一個 **else** 會造成非常麻煩、很難找到的 bug。有時 **switch** 陳述式比較容易閱讀，有時 **if/else** 陳述式比較簡單，你可以自行用你最容易理解的方式來撰寫程式。

問：為什麼在類別圖中，箭頭是從子類別指向基底類別？把箭頭往下指不是比較順眼嗎？

答：往下指看起來比較順眼卻不精確。讓一個類別繼承另一個類別，就是將繼承關係寫在子類別裡面，基底類別是維持不變的。當你加入一個繼承基底類別的類別時，它的行為完全不會改變，基底類別甚至不知道有那個新類別。它的方法、欄位與屬性都原封不動，但是子類別一定會改變它的行為。每一個子類別的實例都會自動獲得基底類別的所有屬性、欄位與方法，這件事情的起因都是因為你加入一個冒號。這就是為什麼你要在類別圖裡面讓箭頭從子類別指向它所繼承的基底類別。

我們來做一些繼承基底類別的練習。下面有個追蹤小鳥下蛋的程式的 Main 方法。你的工作是實作 Bird 類別的兩個子類別。

1. 這是 Main 方法。它會要求用戶輸入鳥的種類以及生幾顆蛋：

```
static void Main(string[] args)
{
    while (true)
    {
        Bird bird;
        Console.Write("\nPress P for pigeon, O for ostrich: ");
        char key = Char.ToUpper(Console.ReadKey().KeyChar);
        if (key == 'P') bird = new Pigeon();
        else if (key == 'O') bird = new Ostrich();
        else return;
        Console.Write("\nHow many eggs should it lay? ");
        if (!int.TryParse(Console.ReadLine(), out int numberOfEggs)) return;
        Egg[] eggs = bird.LayEggs(numberOfEggs);
        foreach (Egg egg in eggs)
        {
            Console.WriteLine(egg.Description);
        }
    }
}
```

程式的輸出長這樣：

```
Press P for pigeon, O for ostrich: P
How many eggs should it lay? 4
A 3.0cm white egg
A 1.1cm white egg
A 2.4cm white egg
A 1.9cm white egg

Press P for pigeon, O for ostrich: O
How many eggs should it lay? 3
A 12.1cm speckled egg
A 13.0cm speckled egg
A 12.8cm speckled egg
```

2. 這是 Egg 類別，建構式會設定大小與顏色：

```
class Egg
{
    public double Size { get; private set; }
    public string Color { get; private set; }
    public Egg(double size, string color)
    {
        Size = size;
        Color = color;
    }
    public string Description {
        get { return $"A {Size:0.0}cm {Color} egg"; }
    }
}
```

3. 這是你要繼承的 Bird 類別：

```
class Bird
{
    public static Random Randomizer = new Random();
    public virtual Egg[] LayEggs(int numberOfEggs)
    {
        Console.Error.WriteLine("Bird.LayEggs should never get called");
        return new Egg[0];
    }
}
```

4. 建立一個繼承 Bird 的 Pigeon 類別。覆寫 LayEggs 方法，讓它生下「white」色，且尺寸介於 1 至 3 公分之間的蛋。

5. 建立也是繼承 Bird 的 Ostrich 類別。覆寫 LayEggs 方法，讓它生下「speckled」色，且尺寸介於 12 至 13 公分之間的蛋。

這是 Pigeon 與 Ostrich 類別。它們都在方法宣告式使用 override 關鍵字來製作各自的 LayEggs 方法版本。override 關鍵字會用子類別的方法來取代它繼承的方法。

Pigeon 是 Bird 的子類別，所以如果你覆寫 LayEggs 方法，建立一個新的 Pigeon 物件，並將它指派給稱為 bird 的 Bird 變數之後，呼叫 bird.LayEggs 會呼叫你在 Pigeon 裡面定義的 LayEggs 方法。

```
class Pigeon : Bird
{
    public override Egg[] LayEggs(int numberOfEggs)
    {
        Egg[] eggs = new Egg[numberOfEggs];
        for (int i = 0; i < numberOfEggs; i++)
        {
            eggs[i] = new Egg(Bird.Randomizer.NextDouble() * 2 + 1, "white");
        }
        return eggs;
    }
}
```

Ostrich 子類別的工作方式與 Pigeon 一樣。這兩個類別的 LayEggs 方法宣告式裡面的 **override 關鍵字**代表這個新方法會取代它從 Bird 繼承的 LayEggs。所以我們只要讓它建立尺寸和顏色正確的一組蛋就好了。

```
class Ostrich : Bird
{
    public override Egg[] LayEggs(int numberOfEggs)
    {
        Egg[] eggs = new Egg[numberOfEggs];
        for (int i = 0; i < numberOfEggs; i++)
        {
            eggs[i] = new Egg(Bird.Randomizer.NextDouble() + 12, "speckled");
        }
        return eggs;
    }
}
```

有一些成員只在子類別裡面實作

之前使用子類別的程式碼都在物件的外面使用它的成員，例如在剛才那段程式裡，呼叫 LayEggs 的 Main 方法。繼承真正發威的時刻是在基底類別**使用在子類別裡面實作的方法或屬性**時。舉個例子。我們的動物園模擬程式有自動販賣機，可讓遊客購買汽水、糖果，以及在可愛動物區餵食動物的飼料。

```
class VendingMachine
{
    public virtual string Item { get; }

    protected virtual bool CheckAmount(decimal money) {
        return false;
    }

    public string Dispense(decimal money)
    {
        if (CheckAmount(money)) return Item;
        else return "Please enter the right amount";
    }
}
```

這個類別使用 protected 關鍵字，這個存取修飾詞可讓這個成員對它的子類別而言是 public，但是對所有其他類別而言是 private。

VendingMachine 是所有自動販賣機的基底類別。它有掉落商品的程式碼，但是商品還沒有定義。檢查遊客是否投入正確金額的方法永遠回傳 false，為什麼？因為它們必須**在子類別裡面實作**。這是在可愛動物區掉落動物飼料的子類別：

```
class AnimalFeedVendingMachine : VendingMachine
{
    public override string Item {
        get { return "a handful of animal feed"; }
    }

    protected override bool CheckAmount(decimal money)
    {
        return money >= 1.25M;
    }
}
```

讓屬性使用 override 關鍵字的效果與覆寫方法時一樣。

我們使用 protected 來進行封裝，將 CheckAmount 方法宣告成 protected 的原因是其他的類別絕對不需要呼叫它，只有 VendingMachine 與它的子類別可以使用它。

使用偵錯工具來了解覆寫如何運作

接下來要使用偵錯工具來徹底了解當我們建立 AnimalFeedVendingMachine 的實例，並要求它掉落一些飼料時會怎樣。**建立一個新的 Console App 專案**，然後做這些事。

解決這個 bug！

1. **加入 Main 方法**。這是該方法的程式碼：

```
class Program
{
    static void Main(string[] args)
    {
        VendingMachine vendingMachine = new AnimalFeedVendingMachine();
        Console.WriteLine(vendingMachine.Dispense(2.00M));
    }
}
```

2. **加入 VendingMachine 與 AnimalFeedVendingMachine 類別**。加入它們之後，試著在 Main 方法加入這一行程式：

```
vendingMachine.CheckAmount(1F);
```

由於 protected 關鍵字，你會看到編譯錯誤，因為只有 VendingMachine 類別或它的子類別才可以使用它的 protected 方法。

CS0122 'VendingMachine.CheckAmount(decimal)' is inaccessible due to its protection level

刪除這一行，讓程式可以組建。

3. **在 Main 方法的第一行加入一個中斷點**。執行程式。當它跑到中斷點時，**使用 Step Into (F10) 來執行每一行程式，每次一行**。你會看到這些事情：

   ★ 它會建立一個 AnimalFeedVendingMachine 的實例，並呼叫它的 Dispense 方法。

   ★ 只有基底類別定義那個方法，所以它會呼叫 VendingMachine.Dispense。

   ★ VendingMachine.Dispense 的第一行呼叫 protected CheckAmount 方法。

   ★ CheckAmount 被 AnimalFeedVendingMachine 子類別覆寫，所以 VendingMachine.Dispense 會呼叫在 AnimalFeedVendingMachine 裡面定義的 CheckAmount 方法。

   ★ 這一版的 CheckAmount 回傳 true，所以 Dispense 回傳 Item 屬性。AnimalFeedVendingMachine 也覆寫這個屬性，它回傳「a handful of animal feed」。

你已經使用 Visual Studio 偵錯工具來調查出程式裡面的 bug 了。它也是學習和探索 C# 的好工具，就像你在這個「解決這個 bug！」裡面探索覆寫如何運作一樣。你可以想出實驗覆寫子類別的其他方式嗎？

我實在不明白為什麼要用「virtual」與「override」關鍵字，不使用它們時，IDE 會顯示警告，但是那些警告沒有意義…我的程式還是可以跑啊！我的意思是，既然使用關鍵字是「政治正確的」，我會使用它們，但是我覺得這只是沒來由地瞎折騰。

使用 virtual 與 override 有很重要的理由！

virtual 與 override 關鍵字不是裝飾品。它們確實可以改變程式的運作方式。virtual 關鍵字可以讓 C# 知道某個成員（例如方法、屬性或欄位）可以被擴充，如果沒有它，你就完全不能覆寫它。override 關鍵字可以讓 C# 知道你正在擴充成員。如果你沒有在子類別裡面使用 override 關鍵字，你寫出來的是一個剛好有相同名稱，但完全不相關的方法。

聽起來是不是有點奇怪？但是這其實很合理，要真正了解 virtual 與 override 如何運作，最好的做法就是實際寫程式。所以，我們接下來要建構一個真正的範例來實驗它們。

當子類別覆寫基底類別裡面的方法時，被呼叫的方法一定是在子類別裡面定義的具體版本，即使呼叫它的是基底類別裡面的方法。

建構 app 來探索 virtual 與 override

擴充類別成員是 C# 的繼承機制裡很重要的部分，藉此，子類別可以從基底類別繼承一些行為，並且在必要時覆寫一些成員，此時就是使用 **virtual 與 override 關鍵字** 的時機。virtual 關鍵字決定哪些類別成員可以擴充。當你想要擴充一個成員時，你就**必須**使用 override 關鍵字。我們建立一個類別來實驗 virtual 與 override。我們要用一個類別來代表保險櫃裡面的貴重珠寶，並且為狡猾的小偷建立一個竊取珠寶的類別。

動手做！

1 建立一個新的主控台 app 並加入 Safe 類別。

這是 Safe 類別的程式碼：

```
class Safe
{
    private string contents = "precious jewels";
    private string safeCombination = "12345";

    public string Open(string combination)
    {
        if (combination == safeCombination) return contents;
        return "";
    }

    public void PickLock(Locksmith lockpicker)
    {
        lockpicker.Combination = safeCombination;
    }
}
```

Safe 物件會在它的「contents」欄位裡面保存貴重物品。除非呼叫方在呼叫 Open 時使用正確的密碼…或是鎖是被鎖匠打開的，否則它不會回傳它們。

我們要加入一個 Locksmith 類別，它可以選擇密碼鎖，並且藉著呼叫 PickLock 方法，以及傳入指向它自己的參考來取得密碼。Safe 會使用它的唯讀 Combination 屬性來提供密碼給 Locksmith。

2 為保險櫃的主人加入一個類別。

保險櫃的主人很健忘，有時會忘記極度機密的安全密碼。我們用 SafeOwner 類別來代表他：

```
class SafeOwner
{
    private string valuables = "";
    public void ReceiveContents(string safeContents)
    {
        valuables = safeContents;
        Console.WriteLine($"Thank you for returning my {valuables}!");
    }
}
```

3 加入可以挑選密碼的 **Locksmith**。

當保險櫃的主人請專業的鎖匠來打開保險櫃時，代表主人認為鎖匠會安全地歸還貴重物品。這正是 Locksmith.OpenSafe 方法做的：

```
class Locksmith
{
    public void OpenSafe(Safe safe, SafeOwner owner)
    {
        safe.PickLock(this);
        string safeContents = safe.Open(Combination);
        ReturnContents(safeContents, owner);
    }

    public string Combination { private get; set; }

    protected void ReturnContents(string safeContents, SafeOwner owner)
    {
        owner.ReceiveContents(safeContents);
    }
}
```

Locksmith 的 OpenSafe 方法會選擇一組密碼，打開保險櫃，然後呼叫 ReturnContents，來將貴重物件安全地歸還主人。

4 加入想要竊盜貴重物品的 **JewelThief** 類別。

哎呀！看來竊賊出現了，而且是最糟糕的那一種，他同時也是一位熟練的鎖匠，能夠打開保險櫃。加入這個繼承 Locksmith 的 JewelThief 類別：

```
class JewelThief : Locksmith
{
    private string stolenJewels;
    protected void ReturnContents(string safeContents, SafeOwner owner)
    {
        stolenJewels = safeContents;
        Console.WriteLine($"I'm stealing the jewels! I stole: {stolenJewels}");
    }
}
```

JewelThief 擴充 Locksmith，並繼承 OpenSafe 方法與 Combination 屬性，但是它的 ReturnContents 方法會竊取珠寶，而不是歸還它們。真狡猾！

5 加入 **Main** 方法來讓 **JewelThief** 竊取珠寶。

大肆掠奪的時刻到了！在 Main 方法裡，JewelThief 潛入房子，使用它繼承來的 Locksmith.OpenSafe 方法來取得安全密碼。**你認為執行它會得到什麼結果？**

```
static void Main(string[] args)
{
    SafeOwner owner = new SafeOwner();
    Safe safe = new Safe();
    JewelThief jewelThief = new JewelThief();
    jewelThief.OpenSafe(safe, owner);
    Console.ReadKey(true);
}
```

迷你 削尖你的鉛筆

閱讀所有程式碼，在執行它之前，寫下你認為它會在主控台印出什麼。（提示：找出 JewelThief 類別從 Locksmith 繼承了什麼。）

....

迷你削尖你的鉛筆解答

子類別可以隱藏基底類別裡面的方法

執行 JewelThief 程式，你應該會看到：

Thank you for returning my precious jewels!

你是不是以為程式會輸出不同的訊息？或許是：

```
I'm stealing the jewels! I stole: precious jewels
```

C# 應該要呼叫最具體的方法才對，沒錯吧？那它為什麼不會呼叫 JewelThief.ReturnContents？

JewelThief 物件的行為看起來就像是個 Locksmith 物件！**發生什麼事了？**

隱藏方法 vs. 覆寫方法

當 JewelThief 物件的 ReturnContents 的方法被呼叫時，它的行為與 Locksmith 物件一樣的原因在於 JewelThief 類別宣告 ReturnContents 方法的方式。當你編譯程式時，警告訊息有一個重大的提示：

```
CS0108 'JewelThief.ReturnContents(string, SafeOwner)' hides inherited member
'Locksmith.ReturnContents(string, SafeOwner)'. Use the new keyword if hiding was intended.
```

因為 JewelThief 類別繼承 Locksmith，並且將 ReturnContents 方法換成它自己的方法，表面上 JewelThief 覆寫了 Locksmith 的 ReturnContents 方法，但是實際上並非如此。你可能以為 JewelThief 會覆寫方法（我們很快就會談到），但事實上，JewelThief 會隱藏（hide）它。

JewelThief
Locksmith.ReturnContents *JewelThief.ReturnContents*

這是很大的差異。子類別**隱藏**方法的意思是，它會將基底類別的**同一個名稱**的方法換掉（在技術上是重新宣告它）。所以現在子類別有兩個不一樣但名稱相同的方法：一個是從它的基底類別繼承的，另一個是在子類別裡面定義的全新方法。

使用 new 關鍵字來隱藏方法

仔細看一下那個警告訊息。我們當然知道應該閱讀警告訊息，但是有時不會做…對吧？這一次，仔細看一下它說什麼：**Use the new keyword if hiding was intended.（如果是刻意要隱藏，請使用 new 關鍵字。）**

所以回到你的程式，加入 **new** 關鍵字：

```
new public void ReturnContents(Jewels safeContents, Owner owner)
```

在 JewelThief 類別的 ReturnContents 方法宣告式加入 **new** 之後，那個警告訊息就會消失 — 但是程式的運作方式仍然與預期的不同！

它仍然會呼叫在 Locksmith 類別裡面定義的 ReturnContents 方法。為什麼？原因是，ReturnContents 方法的呼叫方是 **Locksmith 類別定義的方法**，具體來說，是 Locksmith.OpenSafe，即使它是被 JewelThief 物件初始化的。如果 JewelThief 只是隱藏 Locksmith 的 ReturnContents 方法，它自己的 ReturnContents 方法就絕對不會被呼叫。

如果子類別只是加入與基底類別的方法同一個名稱的方法，那麼它只會隱藏基底類別的方法，不會覆寫它。

使用不同的參考來呼叫隱藏的方法

現在我們知道 JewelThief 只會**隱藏** ReturnContents 方法了（而不是覆寫它），所以當它被**當成 *Locksmith* 物件來呼叫**時，就會表現出 Locksmith 物件的行為。JewelThief 從 Locksmith 繼承 ReturnContents 的一個版本，並且定義它的第二個版本，這意味著現在有兩個不同的方法有同一個名稱，所以你的類別需要**用兩種不同的方式呼叫它**。

呼叫 ReturnContents 方法的方式有兩種。如果你取得 JewelThief 的實例，你可以使用 JewelThief 參考變數來呼叫新的 ReturnContents 方法。如果你使用 Locksmith 參考變數來呼叫它，就會呼叫隱藏的 Locksmith ReturnContents 方法。

這是實際的情況：

```
// JewelThief 子類別隱藏 Locksmith 基底類別的方法，
// 所以你可以藉著使用不同的參考來呼叫它，
// 來讓同一個物件產生不同的行為！

// 用 Locksmith 的參考來宣告 JewelThief 物件
// 會呼叫基底類別的 ReturnContents() 方法。
Locksmith calledAsLocksmith = new JewelThief();
calledAsLocksmith.ReturnContents(safeContents, owner);

// 用 JewelThief 的參考來宣告 JewelThief 物件
// 會呼叫 JewelThief 的 ReturnContents() 方法，
// 因為它隱藏了同名的基底類別方法。
JewelThief calledAsJewelThief = new JewelThief();
calledAsJewelThief.ReturnContents(safeContents, owner);
```

你可以想出如何讓 JewelThief 覆寫 ReturnContents 方法，而非只是隱藏它嗎？看看能不能在閱讀下一節之前想出答案！

沒有蠢問題

問：我還是不懂為什麼它們叫做「virtual（虛擬）」方法，我認為它們是真實的啊！它們哪裡虛擬了？

答：「virtual」這個名稱與 .NET 在幕後處理 virtual 方法的方式有關。.NET 使用所謂的**虛擬方法表**（*virtual method table*，即 *vtable*）。.NET 使用這張表來記錄有哪些方法被繼承，以及哪些被覆寫。別擔心，使用虛擬方法不需要知道它如何運作。

問：你剛才說到「將超類別換成指向子類別的參考」，可以再解釋一次嗎？

答：當類別圖有一個類別在另一個類別的上面時，在上面的類別比在下面的類別**還要抽象**。比較**具體**的類別（例如 Shirt 或 Car）會繼承比較抽象的類別（例如 Clothing 或 Vehicle）。如果你需要的只是 vehicle（交通工具），那麼 car（汽車）、van（貨車）或 motorcycle（摩托車）都可以使用。如果你需要 car，那麼 motorcycle 就不適合你了。

繼承正是這樣運作的。如果你的方法使用 Vehicle 參數，而且如果 Motorcycle 類別繼承 Vehicle 類別，那麼你可以將 Motorcycle 的實例傳給方法。如果那個方法使用 Motorcycle 參數，你就不能傳遞 Vehicle 物件，因為實例可能是 Van。否則，當方法試著存取 Handlebars（手把）屬性時，C# 不知道該怎麼辦。

使用 override 與 virtual 關鍵字來繼承行為

我們其實希望讓 JewelThief 類別永遠使用它自己的 ReturnContents 方法，無論它是怎麼被呼叫的。我們通常希望繼承是這樣運作的：子類別**覆寫**基底類別的方法，讓我們改成呼叫子類別裡面的方法。我們先在宣告 ReturnContents 方法時使用 **override** 關鍵字：

```
class JewelThief {
    protected override void ReturnContents
        (string safeContents, SafeOwner owner)
```

但你要做的事情不是只有這樣，如果你只在類別宣告式裡面加入 override 關鍵字，你會看到編譯錯誤：

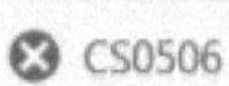 CS0506 'JewelThief.ReturnContents(string, SafeOwner)': cannot override inherited member 'Locksmith.ReturnContents(string, SafeOwner)' because it is not marked virtual, abstract, or override

仔細閱讀錯誤訊息說什麼。JewelThief 不能覆寫繼承來的成員 ReturnContents，**因為**在 Locksmith 裡面，**它沒有被標記成** virtual、abstract 或 override。嗯，我們可以做一些簡單的修改，來修正這個錯誤。我們幫 Locksmith 的 ReturnContents 加上 **virtual** 關鍵字：

```
class Locksmith {
    protected virtual void ReturnContents
        (string safeContents, SafeOwner owner)
```

再次執行程式，我們看到之前看過的輸出：

```
I'm stealing the jewels! I stole: precious jewels
```

削尖你的鉛筆

把下面的每一句話連到它所描述的關鍵字。

1. 只能**被同一個類別的實例使用**的方法
2. **子類別可以**用同一個名稱的方法來**取代**的方法
3. **任何其他類別的實例都可以使用**的方法
4. 用同一個名稱來**隱藏在超類別裡面的另一個方法**的方法
5. **取代超類別裡面的方法**的方法
6. 只能**被類別的成員或它的子類別**使用的方法

virtual

new

override

protected

private

public

1. private 2. virtual 3. public 4. new 5. override 6. protected

當我設計類別階層時，我通常想要覆寫方法，而不是隱藏它們。但是如果我想要隱藏它們，我一定要用 **new** 關鍵字，對嗎？

如果你想要覆寫基底類別裡面的方法，你一定要用 virtual 關鍵字來標記它，而且當你想要在子類別裡面覆寫方法時，一定要使用 override 關鍵字。如果不這樣做，你就會不小心隱藏方法。

沒錯。雖然在多數情況下你想做的是覆寫方法，但隱藏它們也是一種選項。

當你使用一個繼承了基底類別的子類別時，通常你想使用覆寫，而不是隱藏。所以當你看到編譯器顯示關於隱藏方法的警告時，你要特別注意它！確保你真的想要隱藏方法，而不是忘了使用 `virtual` 與 `override` 關鍵字。如果你一直都正確地使用 `virtual`、`override` 與 `new` 關鍵字，你就絕對不會遇到這種問題！

子類別可以利用 base 關鍵字來使用基底類別

有時雖然你已經覆寫基底類別裡面的方法或屬性了，但你仍然想要使用它。幸運的是，你可以利用 **base** 來使用基底類別的任何成員。

① 所有動物都會進食，所以 **Vertebrate**（脊椎動物）類別有個 **Eat** 方法用參數接收 **Food** 物件。

```
class Vertebrate {
   public virtual void Eat(Food morsel) {
      Swallow(morsel);
      Digest();
   }
}
```

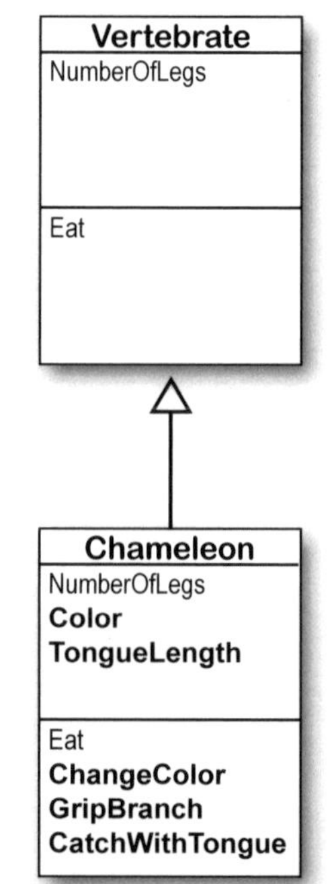

② 變色龍（**Chameleon**）是用舌頭來捕食的。所以 **Chameleon** 類別繼承 **Vertebrate** 但是覆寫 **Eat**。

```
class Chameleon : Vertebrate {
   public override void Eat(Food morsel) {
      CatchWithTongue(morsel);
      Swallow(morsel);
      Digest();
   }
}
```

這些程式與基底類別裡面的完全一樣，真的需要使用兩段一樣的程式嗎？

Chameleon.Eat 方法需要呼叫 CatchWithTongue，但是接下來的程式與 Vertebrate 基底類別的 Eat 方法一模一樣。

③ 為了避免重複的程式，我們可以使用 **base** 關鍵字來呼叫被覆寫的方法。現在可以一起使用舊的和新的 **Eat** 了。

```
class Chameleon : Vertebrate {
   public override void Eat(Food morsel) {
      CatchWithTongue(morsel);
      base.Eat(morsel);
   }
}
```

你不能只寫「Eat(morsel)」，因為那會呼叫 Chameleon.Eat。而是要使用「base」關鍵字來使用 Vertebrate.Eat。

這個 Chameleon 類別方法的修改版本使用 base 關鍵字來呼叫基底類別的 **Eat** 方法。現在沒有任何重複的程式了，所以如果我們改變所有脊椎動物方進食方式，變色龍也可以自動獲得所有更改。

當基底類別有建構式時，子類別需要呼叫它

回到使用 Bird、Pigeon、Ostrich 與 Egg 類別來撰寫的程式。我們想要加入一個 BrokenEgg 類別來繼承 Egg，並且讓 Pigeon 產下來的蛋有 25% 是破裂的。將 Pigeon.LayEgg 裡面的 **new 陳述式換成**這個建立 Egg 或 BrokenEgg 的新實例的 if/else：

加入它！

```
    if (Bird.Randomizer.Next(4) == 0)
        eggs[i] = new BrokenEgg(Bird.Randomizer.NextDouble() * 2 + 1, "white");
    else
        eggs[i] = new Egg(Bird.Randomizer.NextDouble() * 2 + 1, "white");
```

現在我們需要一個繼承 Egg 的 BrokenEgg 類別。我們讓它與 Egg 類別一樣，只是它有一個建構式，該建構式會在主控台顯示一個訊息說明蛋裂開了：

```
class BrokenEgg : Egg
{
    public BrokenEgg()
    {
        Console.WriteLine("A bird laid a broken egg");
    }
}
```

Fun 輕鬆

回去舊專案很簡單。

在 File 選單選擇 *Recent Projects and Solutions* (Windows) 或 *Recent Solutions* (Mac)，你就可以使用 IDE 來載入之前的專案了。

在 Egg 程式**修改這兩個地方**。

哎呀，看起來這幾行新程式造成編譯錯誤了：

- 第一個錯誤在建立新的 BrokenEgg 的那一行：*CS1729 – 'BrokenEgg' does not contain a constructor that takes 2 arguments*
- 第二個錯誤在 BrokenEgg 建構式：*CS7036 – There is no argument given that corresponds to the required formal parameter 'size' of 'Egg.Egg(double, string)'*

又是一次**閱讀錯誤訊息**，並找出哪裡出錯的好機會。第一個錯誤非常明顯：建立 BrokenEgg 實例的陳述式試著傳遞兩個引數給建構式，但是 BrokenEgg 類別的建構式沒有參數。所以我們**為建構式加上參數**：

```
    public BrokenEgg(double size, string color)
```

第一個錯誤處理掉了。另一個錯誤呢？

我們來分析錯誤訊息說了什麼：

- 它抱怨的對象是 *Egg.Egg(double, string)*，這是指 Egg 類別建構式。
- 它說關於 *parameter 'size'* 的事情，Egg 類別需要用它來設定它的 Size 屬性。
- 但是 *no argument given*（*未提供引數*），因為僅僅修改 BrokenEgg 建構式來接收與參數相符的引數是不夠的。它也需要**呼叫那個基底類別建構式**。

修改 BrokenEgg 類別，**使用 base 關鍵字來呼叫基底類別建構式**：

```
    public BrokenEgg(double size, string color) : base(size, color)
```

現在程式可以編譯了。試著執行它—現在當 Pigeon 生蛋時，牠們大約有四分之一會在實例化時印出蛋破掉的訊息（但是在那之後，其餘的輸出與之前一樣）。

子類別與基底類別可以使用不同的建構式

當我們修改 BrokenEgg，來讓它呼叫基底類別的建構式時，我們讓它的建構式與 Egg 基底類別的建構式相符。如果我們想要讓破掉的蛋的大小都是 0，而且顏色的開頭是「broken」呢？**修改實例化 BrokenEgg 的陳述式**，讓它只接收顏色引數：

修改它！

```
if (Bird.Randomizer.Next(4) == 0)
    eggs[i] = new BrokenEgg("white");
else
    eggs[i] = new Egg(Bird.Randomizer.NextDouble() * 2 + 1, "white");
```

當你做這個修改時，你會再次看到「required formal parameter」編譯錯誤，這是合理的結果，因為 BrokenEgg 建構式有兩個參數，但是你只傳給它一個引數。

修改 BrokenEgg 建構式來接收一個參數，以修正程式：

```
class BrokenEgg : Egg
{
    public BrokenEgg(string color) : base(0, $"broken {color}")
    {
        Console.WriteLine("A bird laid a broken egg");
    }
}
```

子類別建構式可以宣告任何數量的參數，甚至不宣告任何參數。它只要使用 base 關鍵字，並將正確數量的引數傳給基底類別建構式就好了。

再次執行程式，BrokenEgg 建構式仍然會用 Pigeon 建構式的 for 迴圈將訊息寫到主控台，但是現在它們會讓 Egg 初始化它的 Size 與 Color 欄位。當 Main 方法裡面的 foreach 迴圈將 egg.Description 寫到主控台時，它會幫每一個破掉的蛋輸出這個訊息：

```
Press P for pigeon, O for ostrich:
p
How many eggs should it lay? 7
A bird laid a broken egg
A bird laid a broken egg
A bird laid a broken egg
A 2.4cm white egg
A 0.0cm broken White egg
A 3.0cm white egg
A 1.4cm white egg
A 0.0cm broken White egg
A 0.0cm broken White egg
A 2.7cm white egg
```

你知道鴿子通常只會下一到兩顆蛋嗎？如何修改 Pigeon 類別來考慮這件事？

上面的天氣怎樣？

是時候為 Owen 完成工作了

在這一章，你做的第一項工作是修改 Owen 的傷害計算程式，讓它擲出劍傷或箭傷點數。它可以運作，而且你的 SwordDamage 與 ArrowDamage 類別都妥善封裝。但是除了前幾行程式之外，**這兩個類別是一模一樣的**。如你所知，在不同的類別裡面有重複的程式碼不但效率低下，而且容易出錯，尤其是當你想要不斷擴充程式來為不同類型的武器加入更多類別時。現在你有一種解決這個問題的新工具了：**繼承**。所以，是時候讓你完成這個傷害計算 app 了。你將採取兩個步驟：先在紙上設計新的類別模型，再用程式來實作它。

在寫程式之前先在紙上設計類別模型可以協助你了解問題，讓你更有效地解決它。

削尖你的鉛筆

卓越程式源自你的頭腦，不是 IDE。所以，我們先花一點時間在紙上設計類別模型，再開始寫程式。

我們已經填入類別名稱來幫你踏出第一步了。你的工作是為全部的三個類別加入成員，並且在方塊之間畫出箭頭。

為了讓你參考，我把你之前建構的 SwordDamage 與 ArrowDamage 的類別圖放在這裡。我們為各個類別加入 private CalculateDamage 方法。當你填寫類別圖時，務必加入所有 public、private 與 protected 類別成員。在各個類別成員旁邊寫上存取修飾詞（public、private 或 protected）。

WeaponDamage

SwordDamage 與 ArrowDamage 類別在本章開始時長這樣。它們被妥善封裝，但是 SwordDamage 裡面的程式碼大都與 ArrowDamage 裡面的重複。

SwordDamage
public Roll public Magic public Flaming public Damage
private CalculateDamage

ArrowDamage
public Roll public Magic public Flaming public Damage
private CalculateDamage

SwordDamage

ArrowDamage

將類別之間的重疊度降到最低是一種重要的設計原則：關注點分離

如果你今天妥善地設計類別，以後你就可以更輕鬆地修改它們。假如你已經使用幾十個不同的類別來計算各種武器的傷害，如果你想要把 Magic 從 bool 改成 int，以便使用帶有魔法的武器呢（例如 +3 魔法鍾或 +1 魔法匕首）？藉由繼承，你只要改變超類別裡面的 Magic 屬性就好了。當然，你也要修改每一個類別的 CalculateDamage 方法，但是工作量會減少很多，而且可以免除忘了修改其中一個類別的風險。（這在專業軟體開發裡經常發生！）

這就是一個**關注點分離**的案例，因為每一個類別都只關注問題的特定部分。關注劍的程式碼在 SwordDamage 裡面，關注箭的程式碼在 ArrowDamage 裡面，它們共用的程式碼在 WeaponDamage 裡面。

當你設計類別時，關注點分離是必須優先思考的事情之一。如果有一個類別似乎做兩件不同的事情，試著想想能否將它拆成兩個類別。

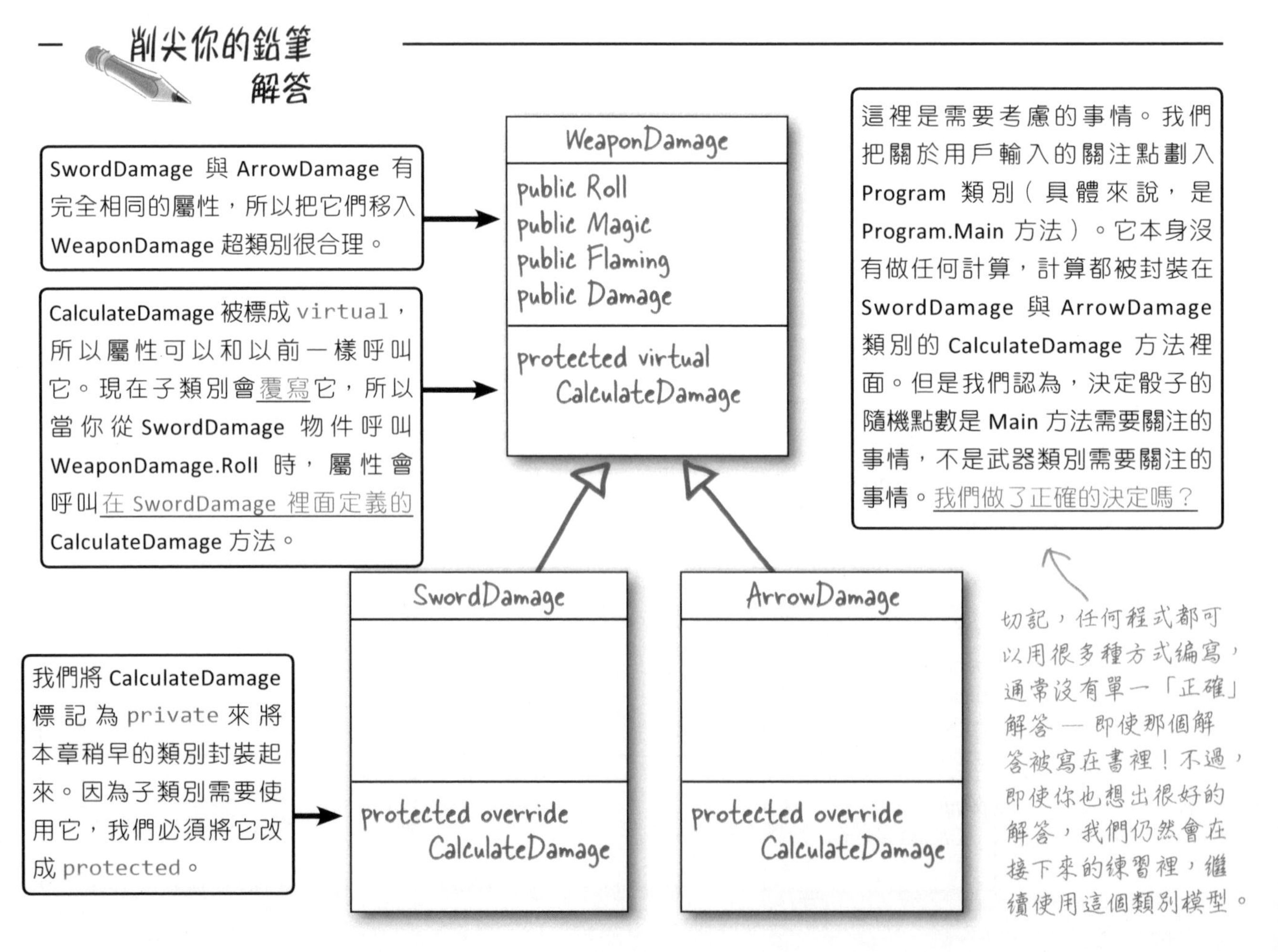

削尖你的鉛筆
解答
WeaponDamage
public Roll
public Magic
public Flaming
public Damage
protected virtual CalculateDamage
SwordDamage
protected override CalculateDamage
ArrowDamage
protected override CalculateDamage
SwordDamage 與 ArrowDamage 有完全相同的屬性，所以把它們移入 WeaponDamage 超類別很合理。
CalculateDamage 被標成 virtual，所以屬性可以和以前一樣呼叫它。現在子類別會覆寫它，所以當你從 SwordDamage 物件呼叫 WeaponDamage.Roll 時，屬性會呼叫在 SwordDamage 裡面定義的 CalculateDamage 方法。
我們將 CalculateDamage 標記為 private 來將本章稍早的類別封裝起來。因為子類別需要使用它，我們必須將它改成 protected。
這裡是需要考慮的事情。我們把關於用戶輸入的關注點劃入 Program 類別（具體來說，是 Program.Main 方法）。它本身沒有做任何計算，計算都被封裝在 SwordDamage 與 ArrowDamage 類別的 CalculateDamage 方法裡面。但是我們認為，決定骰子的隨機點數是 Main 方法需要關注的事情，不是武器類別需要關注的事情。我們做了正確的決定嗎？
切記，任何程式都可以用很多種方式編寫，通常沒有單一「正確」解答 — 即使那個解答被寫在書裡！不過，即使你也想出很好的解答，我們仍然會在接下來的練習裡，繼續使用這個類別模型。

設計好類別模型之後，你可以開始編寫程式碼來**實作**它了。「先設計類別，再將它們變成程式碼」是值得培養的好習慣。

你即將做這件事情來為 Owen 完成工作。你可以打開你在本章開頭建立的專案，或是建立一個全新的專案，並將相關的部分複製到裡面。如果你的程式碼與本章稍早的練習解答非常不一樣，請用解答提供的程式碼開始做起。如果你不想要親自打字，你可以從 https://github.com/head-first-csharp/fourth-edition 下載程式碼。

1. **不要對 Main 方法做任何修改。**它會使用新的 SwordDamage 與 ArrowDamage 類別，就像它在本章開頭所做的那樣。

2. **實作 WeaponDamage 類別。**加入新的 WeaponDamage 類別，並且讓它符合在「削尖你的鉛筆」的解答裡面的類別圖。這些是需要考慮的事情：

   * 在 WeaponDamage 裡面的屬性與本章開頭的 SwordDamage 和 ArrowDamage 類別裡面的屬性**幾乎**一樣。它們只有一個關鍵字不相同。
   * 不要在 CalculateDamage 類別裡面放任何程式碼（你可以加入註解： /* 讓子類別覆寫 */）。它必須是 virtual，不能是 private，否則你會看到編譯器錯誤：

   ```
   CS0621 'WeaponDamage.CalculateDamage()': virtual or abstract members cannot be private
   ```

   * 加入一個設定起始擲骰子點數的建構式。

3. **實作 SwordDamage 類別。**你要考慮的事情有：

   * 建構式有一個參數，那個參數會被傳給基底類別建構式。
   * C# 絕對會呼叫最具體的方法。這意味著你要覆寫 CalculateDamage 並且讓它做劍傷計算。
   * 花一分鐘想想 CalculateDamage 如何運作。Roll、Magic 或 Flaming setter 都會呼叫 CalculateDamage 來確保 Damage 欄位被自動更新。因為 C# 一定會呼叫最具體的方法，它們會呼叫 SwordDamage.CalculateDamage，*即使它們是 WeaponDamage 超類別的一部分*。

4. **實作 ArrowDamage 類別。**它的運作方式很像 SwordDamage，不過它的 CalculateDamage 方法計算的是箭傷，不是劍傷。

我們可以大幅度改變類別的運作方式，**而不需要修改呼叫這些類別的 Main 方法。**

將類別妥善封裝可以讓程式更容易修改。

如果你認識專業的開發者，你可以問問他們，在去年的工作裡面，哪件事情最麻煩。他們的答案很有可能是：他們想修改一個類別，但是為了做這件事，他們必須修改另外兩個類別，那兩個類別又需要三項其他的修改，而且這些修改非常難以追蹤。在設計類別時特別注意封裝可以避免這種情況。

這是 WeaponDamage 類別的程式碼。它的屬性與舊的劍和箭類別的屬性**幾乎**一模一樣。它也有一個建構式可以設定初始骰子點數，以及一個讓子類別覆寫的 CalculateDamage 方法。

WeaponDamage
public Roll public Magic public Flaming public Damage
protected virtual CalculateDamage

```
class WeaponDamage
{
    public int Damage { get; protected set; }

    private int roll;
    public int Roll
    {
        get { return roll; }
        set
        {
            roll = value;
            CalculateDamage();
        }
    }

    private bool magic;
    public bool Magic
    {
        get { return magic; }
        set
        {
            magic = value;
            CalculateDamage();
        }
    }

    private bool flaming;
    public bool Flaming
    {
        get { return flaming; }
        set
        {
            flaming = value;
            CalculateDamage();
        }
    }

    protected virtual void CalculateDamage() { /* 讓子類別覆寫 */ }

    public WeaponDamage(int startingRoll)
    {
        roll = startingRoll;
        CalculateDamage();
    }
}
```

Damage 屬性的 getter 必須標記成 protected。如此一來，子類別就可以修改它，但其他類別都不可以設定它。它仍然可以防止其他的類別不小心設定它，子類別仍然會被妥善封裝。

這個屬性仍然呼叫 CalculateDamage 方法，CalculateDamage 方法會持續更新 Damage 屬性。雖然它們是在超類別裡面定義的，但是當它們被子類別繼承時，它們會呼叫在那個子類別裡面定義的 CalculateDamage 方法。

這很像你讓 JewelThief 覆寫 LockSmith 的方法，從保險櫃竊取珠寶，而不是歸還它們。

CalculateDamage 方法本身是空的，我們在利用「C# 一定會呼叫最具體的方法」這個事實。讓 SwordDamage 類別繼承 WeaponDamage 之後，當它藉由繼承獲得的 Flaming 屬性的 setter 呼叫 CalculateDamage 時，會執行該方法最具體的版本，所以會呼叫 SwordDamage.CalculateDamage。

動手做！

使用偵錯工具來真正了解這些類別如何運作

本章最重要的概念之一是當你繼承類別時，你可以藉著覆寫它的方法來大幅改變它的行為。使用偵錯工具來真正了解這個概念如何運作：

- 在 Roll、Magic 與 Flaming setter 呼叫 CalculateDamage 的那幾行程式**設定中斷點**。
- 在 WeaponDamage.CalculateDamage 加入 Console.WriteLine 陳述式。這個陳述式絕對不會被呼叫。
- 執行程式。當你遇到任何中斷點時，使用 **Step Into** 來進入 CalculateDamage 方法。**它會逐步執行子類別**，WeaponDamage.CalculateDamage 方法絕對不會被呼叫。

習題解答

SwordDamage 類別繼承 WeaponDamage 並覆寫它的 CalculateDamage 方法來實作劍傷計算。程式如下：

```
class SwordDamage : WeaponDamage
{
    public const int BASE_DAMAGE = 3;
    public const int FLAME_DAMAGE = 2;

    public SwordDamage(int startingRoll) : base(startingRoll) { }

    protected override void CalculateDamage()
    {
        decimal magicMultiplier = 1M;
        if (Magic) magicMultiplier = 1.75M;

        Damage = BASE_DAMAGE;
        Damage = (int)(Roll * magicMultiplier) + BASE_DAMAGE;
        if (Flaming) Damage += FLAME_DAMAGE;
    }
}
```

建構式只需要使用 base 關鍵字並將它的 startingRoll 參數當成引數來呼叫超類別的建構式。

SwordDamage

ArrowDamage

protected override CalculateDamage

這是 ArrowDamage 類別的程式。它的運作方式很像 SwordDamage 類別，只不過它計算的是箭傷：

```
class ArrowDamage : WeaponDamage
{
    private const decimal BASE_MULTIPLIER = 0.35M;
    private const decimal MAGIC_MULTIPLIER = 2.5M;
    private const decimal FLAME_DAMAGE = 1.25M;

    public ArrowDamage(int startingRoll) : base(startingRoll) { }

    protected override void CalculateDamage()
    {
        decimal baseDamage = Roll * BASE_MULTIPLIER;
        if (Magic) baseDamage *= MAGIC_MULTIPLIER;
        if (Flaming) Damage = (int)Math.Ceiling(baseDamage + FLAME_DAMAGE);
        else Damage = (int)Math.Ceiling(baseDamage);
    }
}
```

我們即將討論遊戲設計的重要元素之一：動態（dynamic）。
它其實是非常重要的概念，遠遠越出遊戲設計的範疇。事實上，
你可以在幾乎任何一種 app 裡面找到動態。

動態

遊戲設計…漫談

遊戲的**動態**指的是如何結合各種機制，以及讓各種機制互相合作，進而驅動遊戲的玩法。遊戲的機制最終都會導致動態。機制不是只有電玩裡面有，所有的遊戲都有機制，動態則是源自於這些機制。

- 我們已經看了一個**很好的機制範例**了：在 Owen 的角色扮演遊戲裡，他使用公式（你在傷害類別裡面建立的）來計算各種武器的傷害。它是很好的起點，可以讓你思考這些機制的變化如何影響動態。
- 如果你改變箭公式的機制，將它改成將基本傷害乘以 10 會怎樣？這只是稍微改變機制，但是它會**對遊戲的動態造成巨大的影響**。突然間，箭的威力比劍強大許多。玩家會再也不使用劍，開始射箭，即使是近距離戰鬥也是如此，這是個動態的改變。
- 一旦玩家開始有**不同的行為**，Owen 就得改變他的戰役，因為可能會有一些困難等級的戰役突然變得過於簡單。這會讓玩家再次改變行為。

花一分鐘想一下以上所有事情。稍微改變規則會讓玩家大幅改變他們的行為。稍微改變機制會大幅度改變動態。Owen 並未直接改變遊戲的玩法，這些變化都是稍微改變規則造成的後續效應。用技術術語來説，動態的改變**顯露自**（***emerged from***）機制的改變。

- 沒有接觸過**顯露**這個概念的人或許會覺得它很奇怪，所以我們來看一個具體的經典電玩範例。
- **太空侵略者（Space Invaders）的機制**很簡單。在遊戲裡，外星人會來回飛行並朝下開火，如果子彈射中玩家，玩家就會少一條命。玩家要左右移動他的太空船，並且朝上開火。如果他擊中外星人，外星人就會被摧毀。在畫面最上面有時會有母艦飛過，射中它可以獲得更多分數。砲彈會讓碉堡慢慢消失，不同的外星人有不同的分數。隨著遊戲的進行，外星人的速度會越來越快。大概就是這樣。
- **太空侵略者的動態**比較複雜。遊戲在一開始非常簡單，大多數的玩家都可以應付第一波外星人，但是它會迅速地越來越難。遊戲改變的只有入侵者的速度。隨著入侵者的速度越來越快，整個遊戲也發生變化。遊戲的節奏（遊戲給人的感覺有多快）發生翻天覆地的變化。
- 有些玩家會試著從隊伍的一側開始射擊外星人，因為在隊伍側邊的缺口會減緩它們下降的速度。這個現象沒有被寫在遊戲程式裡面，它只是簡單的入侵者飛行規則。這是一種動態，而且它是**顯露出來**的，因為它是機制的結合所產生的副作用，具體來説，就是「玩家如何射擊」與「入侵者的移動規則」這兩種機制的結合。它們都沒有被寫成遊戲的程式碼。它不是機制的一部分，它完全是動態。

或許你在一開始覺得動態是非常抽象的概念。我們會在本章稍後花更多時間討論它，就目前而言，你只要在進行下一個專案時，留意關於動態的這些事情就可以了。看看你能不能在寫程式時發現動態是如何發揮作用的。

你猜怎麼著？我真的**受夠**遊戲了。配對遊戲、3D 遊戲、數字遊戲、遊戲裡的卡牌和漆彈槍類別、遊戲的類別模型、遊戲設計…彷彿我們**除了遊戲之外，就沒有事情可做了！**

聽著，我們都知道 C# 開發者可以在就業市場賺很多錢，我是為了在工作中使用 C# 而學習 C# 的，我們難道不能開發一個**正經的商業應用程式**專案嗎？

電玩是正經的商務活動。

全球的遊戲產業每年都在持續成長，在世界各地聘請成千上萬名員工，這是有才華的遊戲設計師可以投入的產業！**獨立遊戲開發者**也有完整的生態系統可以建構和銷售遊戲，無論是以個人為單位，還是以小團隊為單位。

但你說對了，C# 是正經的語言，也有很多人用它來建構各式各樣正經的、非遊戲的應用程式。事實上，雖然 C# 是遊戲開發者最喜歡的語言，但它也是許多不同的產業中最常見的語言。

所以在接下來的專案裡，我們要透過**正經的商業應用程式**來練習繼承。

你可以在 Visual Studio for Mac 學習指南找到這個專案的 Mac 版本。

建構蜂巢管理系統

蜂后需要你的協助！她的蜂巢失控了，她需要用程式來管理蜂蜜生產業務。她有一個住滿工蜂的蜂巢，還有一大堆需要在蜂巢的周圍完成的工作，但是因為某種原因，她不知道蜜蜂們正在做什麼，也不知道她還有沒有蜂力可以完成工作，你要建構**蜂巢管理系統**來協助她管理工蜂。程式的運作方式如下。

① **蜂后指派工作給她的工蜂。**

工蜂有三種不同的工作可以做。**採蜜工蜂（nectar collector）**會飛出去把花蜜（nectar）帶回蜂巢。**製蜜工蜂（honey manufacturer）**會把花蜜變成蜂蜜（honey），蜜蜂會吃那些蜂蜜，以補充體力繼續工作。最後，蜂后（queen）會不斷產卵（egg），**顧卵工蜂（egg care）**會確保牠們變成工蜂。

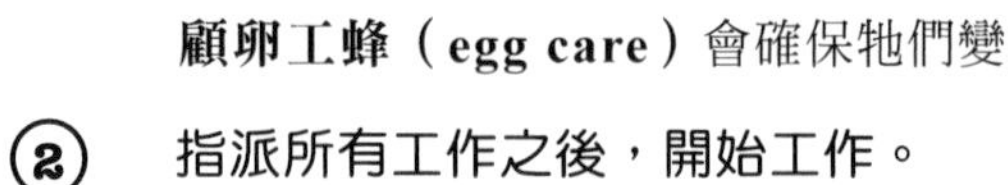

② **指派所有工作之後，開始工作。**

蜂后指派工作之後，她會在蜂巢管理系統 app 裡面按下「Work the next shift」來讓蜜蜂輪班，app 會產生一個班次報告，告訴蜂后每一種工作有多少蜜蜂參與其中，以及**蜜庫（honey vault）**裡還有多少花蜜和蜂蜜。

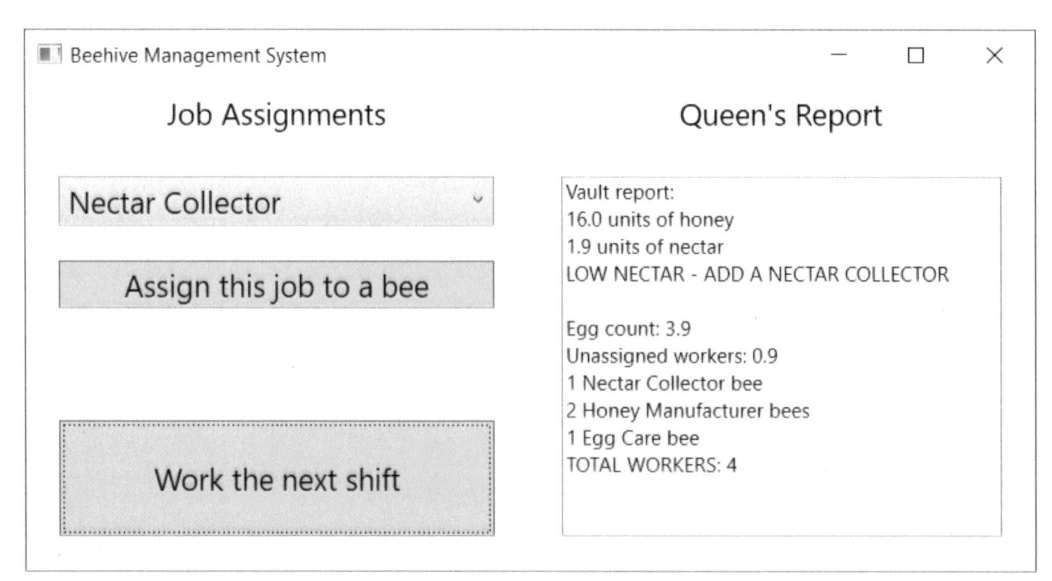

③ **幫助蜂后擴大她的蜂巢。**

如同所有企業領導者，蜂后也重視蜂巢的**成長**。蜂巢業務是辛苦的工作，所以她用工蜂總數來評估她的蜂巢。你能不能協助蜂后持續增加工蜂？在蜂巢的蜂蜜用完並宣告破產之前，她可以讓蜂巢變得多大？

蜂巢管理系統類別模型

下面是你為蜂巢管理系統建構的類別，它是一個繼承模型，裡面有一個基底類別與四個子類別。另外有一個 static 類別，用來管理驅動蜂巢業務的蜂蜜和花蜜，還有一個 MainWindow 類別，裡面是主視窗的 code-behind。

HoneyVault 是記錄蜂巢的蜂蜜和花蜜的 static 類別。蜜蜂會使用 ConsumeHoney 方法，檢查有沒有足夠的蜂蜜可以讓牠們工作，如果有，就扣除所需的數量。

Bee 是所有蜜蜂類別的基底類別。它的 WorkTheNextShift 方法會呼叫 HoneyVault 的 ConsumeHoney 方法，如果它回傳 true，就呼叫 DoJob。

主視窗的 code-behind 只做幾件事。它會建立一個 Queen 的實例，並且讓一個按鈕的 Click 事件處理常式呼叫她的 WorkTheNextShift 與 AssignBee 方法，並顯示狀態報告。

static HoneyVault
- string StatusReport（唯讀）
- *private float honey = 25f*
- *private float nectar = 100f*

- CollectNectar
- ConvertNectarToHoney
- bool ConsumeHoney

Bee
- string Job
- virtual float CostPerShift（唯讀）

- WorkTheNextShift
- protected virtual DoJob

MainWindow
- private Queen queen

- WorkShift_Click
- AssignJob_Click

Queen（繼承 Bee）
- string StatusReport（唯讀）
- override float CostPerShift
- *private Bee[] workers*

- AssignBee
- CareForEggs
- protected override DoJob

NectarCollector（繼承 Bee）
- override float CostPerShift

- protected override DoJob

HoneyManufacturer（繼承 Bee）
- override float CostPerShift

- protected override DoJob

EggCare（繼承 Bee）
- override float CostPerShift

- protected override DoJob

這個 Bee 子類別使用一個陣列來記錄工蜂，並覆寫 DoJob 來呼叫它們的 WorkTheNextShift 方法。Queen 也有 private 方法，稍後會討論它。

這個 Bee 子類別覆寫 DoJob 來呼叫 HoneyVault 方法，來收集花蜜。

這個 Bee 子類別覆寫 DoJob 來呼叫 HoneyVault 方法，來將花蜜變成蜂蜜。

這個 Bee 子類別會保存一個指向 Queen 的參考，並覆寫 DoJob 來呼叫 Queen 的 CareForEggs 方法。

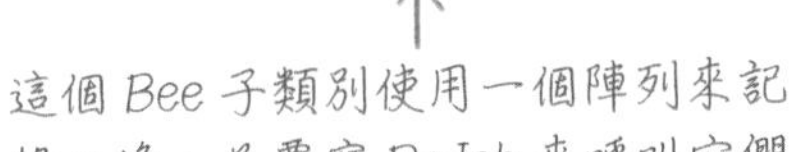

這個類別模型只是開始，我們會提供更多細節，讓你可以編寫程式碼。

仔細研究這個類別模型。它有許多關於你即將建構的 app 的資訊。接下來，我們將提供為這些類別編寫程式的所有細節。

Queen 類別：她如何管理工蜂

當你**按下按鈕來讓下一個班次工作時**，按鈕的 Click 事件處理常式會呼叫 Queen 物件的 WorkTheNextShift 方法，它是從 Bee 基底類別繼承來的。接下來會發生這些事情：

* Bee.WorkTheNextShift 會呼叫 HoneyVault.ConsumeHoney(HoneyConsumed)，使用 CostPerShift 屬性（每個子類別都會用不同的值來覆寫它）來決定她需要製作多少蜂蜜。
* 然後 Bee.WorkTheNextShift 會呼叫 DoJob，Queen 也覆寫它。
* Queen.DoJob 在她的 private eggs 欄位加入 0.45 顆卵（使用 EGGS_PER_SHIFT 常數）。EggCare 蜂會呼叫她們的 CareForEggs 方法，該方法會減少 eggs 並增加 unassignedWorkers。
* 接著它使用 foreach 迴圈來呼叫每一隻工蜂的 WorkTheNextShift 方法。
* 它會讓每一隻未分配工作的工蜂消耗蜂蜜。HONEY_PER_UNASSIGNED_WORKER 常數是每一隻蜜蜂在每一個班次吃掉多少蜂蜜。
* 最後，它會呼叫它的 UpdateStatusReport 方法。

當你**按下按鈕來幫一隻蜜蜂指定工作**時，事件處理常式會呼叫 Queen 物件的 AssignBee 方法，它會接收一個工作名稱字串（你會從 jobSelector.text 取得那個名稱）。它使用 switch 陳述式來建立合適的 Bee 子類別的新實例，並將它傳給 AddWorker，所以你要在 Queen 類別下面**加入 AddWorker 方法**。

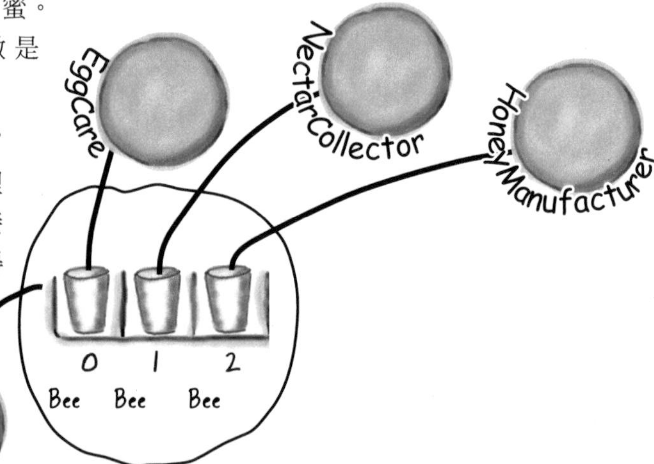

Array 實例的長度在它的生命週期之間無法改變。這就是為什麼 C# 有這個實用的 static Array.Resize 方法。它其實不會改變陣列的大小，而是建立一個新的陣列，並將舊陣列的內容複製到它裡面。注意它是怎麼使用 ref 關鍵字的，稍後會更詳細討論它。

```
/// <summary>
/// 擴充 workers 陣列一個單位，並加入一個 Bee 參考。
/// </summary>
/// <param name="worker">要加入 workers 陣列的工蜂。</param>
private void AddWorker(Bee worker)
{
    if (unassignedWorkers >= 1)
    {
        unassignedWorkers--;
        Array.Resize(ref workers, workers.Length + 1);
        workers[workers.Length - 1] = worker;
    }
}
```

你要用這個 AddWorker 方法來將新的工蜂加入 Queen 的 worker 陣列。它會呼叫 Array.Resize 來延伸陣列，然後加入新的工蜂 Bee。

UI：加入主視窗的 XAML

建立一個**新的 WPF app，將它命名為 BeehiveManagementSystem**。用格線來設計主視窗的版本，使用 Title="Beehive Management System" Height="325" Width="625"。它使用你在之前的章節中用過的那些 Label、StackPanel 與 Button 控制項，並加入兩個新的控制項。在 Job Assignments 下面的下拉式選單是 **ComboBox** 控制項，它可以讓用戶從一個選項清單做出選擇。在 Queen's Report 下面的狀態報告是用 **TextBox** 控制項來顯示的。

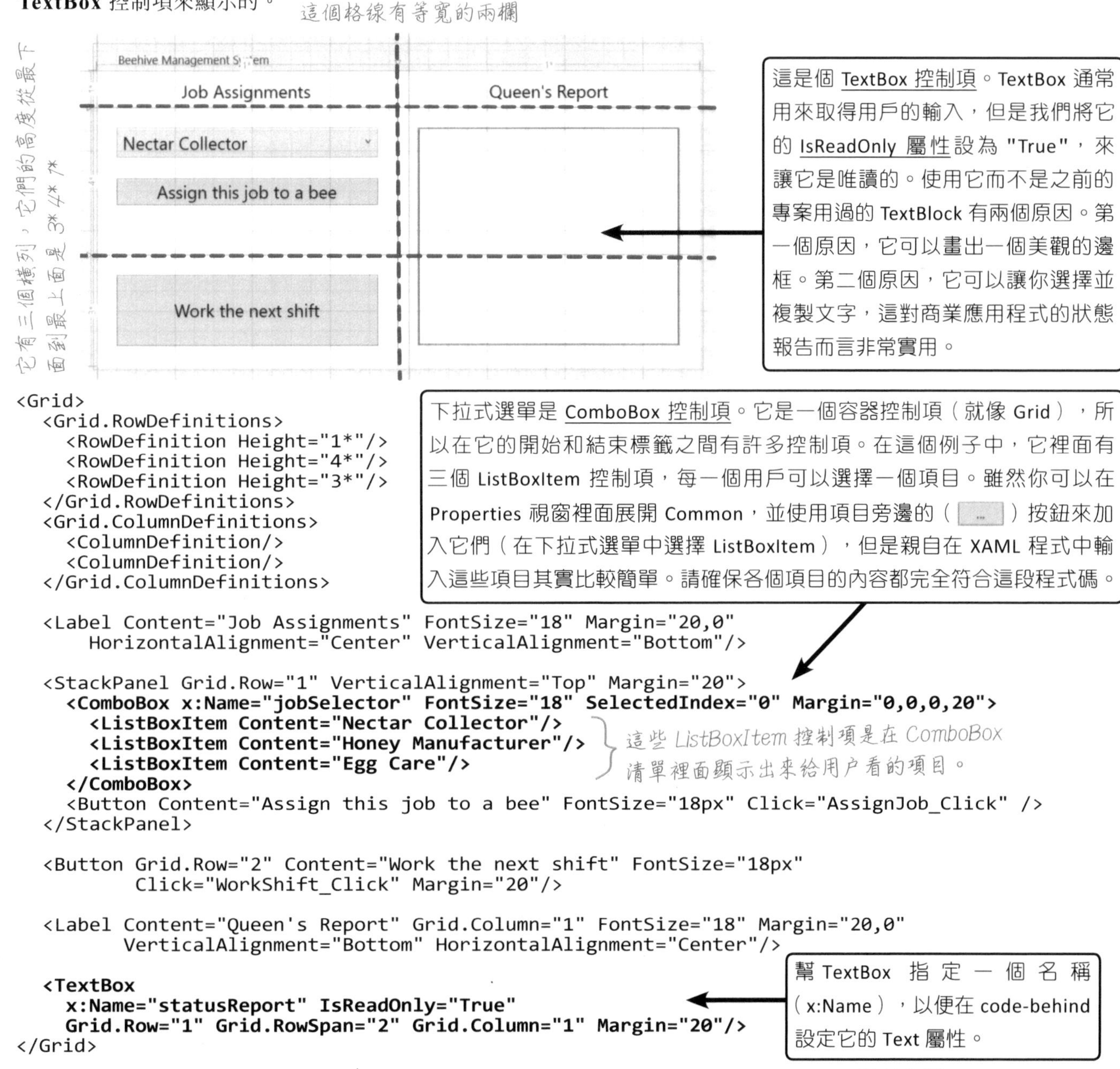

這個格線有等寬的兩欄
它有三個橫列，它們的高度從最下面到最上面是 3* 4* 1*
Beehive Management System
Job Assignments
Queen's Report
Nectar Collector
Assign this job to a bee
Work the next shift
這是個 TextBox 控制項。TextBox 通常用來取得用戶的輸入，但是我們將它的 IsReadOnly 屬性設為 "True"，來讓它是唯讀的。使用它而不是之前的專案用過的 TextBlock 有兩個原因。第一個原因，它可以畫出一個美觀的邊框。第二個原因，它可以讓你選擇並複製文字，這對商業應用程式的狀態報告而言非常實用。
下拉式選單是 ComboBox 控制項。它是一個容器控制項（就像 Grid），所以在它的開始和結束標籤之間有許多控制項。在這個例子中，它裡面有三個 ListBoxItem 控制項，每一個用戶可以選擇一個項目。雖然你可以在 Properties 視窗裡面展開 Common，並使用項目旁邊的（ ... ）按鈕來加入它們（在下拉式選單中選擇 ListBoxItem），但是親自在 XAML 程式中輸入這些項目其實比較簡單。請確保各個項目的內容都完全符合這段程式碼。
這些 ListBoxItem 控制項是在 ComboBox 清單裡面顯示出來給用户看的項目。
幫 TextBox 指定一個名稱（x:Name），以便在 code-behind 設定它的 Text 屬性。


```
<Grid>
  <Grid.RowDefinitions>
    <RowDefinition Height="1*"/>
    <RowDefinition Height="4*"/>
    <RowDefinition Height="3*"/>
  </Grid.RowDefinitions>
  <Grid.ColumnDefinitions>
    <ColumnDefinition/>
    <ColumnDefinition/>
  </Grid.ColumnDefinitions>

  <Label Content="Job Assignments" FontSize="18" Margin="20,0"
      HorizontalAlignment="Center" VerticalAlignment="Bottom"/>

  <StackPanel Grid.Row="1" VerticalAlignment="Top" Margin="20">
    <ComboBox x:Name="jobSelector" FontSize="18" SelectedIndex="0" Margin="0,0,0,20">
      <ListBoxItem Content="Nectar Collector"/>
      <ListBoxItem Content="Honey Manufacturer"/>
      <ListBoxItem Content="Egg Care"/>
    </ComboBox>
    <Button Content="Assign this job to a bee" FontSize="18px" Click="AssignJob_Click" />
  </StackPanel>

  <Button Grid.Row="2" Content="Work the next shift" FontSize="18px"
          Click="WorkShift_Click" Margin="20"/>

  <Label Content="Queen's Report" Grid.Column="1" FontSize="18" Margin="20,0"
         VerticalAlignment="Bottom" HorizontalAlignment="Center"/>

  <TextBox
    x:Name="statusReport" IsReadOnly="True"
    Grid.Row="1" Grid.RowSpan="2" Grid.Column="1" Margin="20"/>
</Grid>
```

不要被這個練習的長度擊倒或嚇倒！只要將它拆成小步驟就很簡單，當你開始工作之後，你就會看到它都是在複習你學過的東西。

大習題

建構**蜂巢管理系統**。這個系統的目的是**讓有工作的蜜蜂越多越好**，並且在耗盡蜂蜜之前，讓蜂巢運作得越久越好。

蜂巢規則

工蜂可以承接三種工作之一：採蜜工蜂要採集花蜜並存到蜜庫裡，製蜜工蜂要把花蜜變成蜂蜜，顧卵工蜂要把蜂卵變成可以承接工作的工蜂。在每一個班次中，Queen（蜂后）會產卵（每低於兩班一顆）。Queen 會在每一個班次結束時更新狀態報告。報告會顯示蜜庫的狀態和卵的數量、未承接工作的工蜂，以及執行每一項工作的工蜂。

先建構 static HoneyVault 類別

- HoneyVault 類別是很好的起點，因為它**和其他類別沒有依賴關係**，它不會呼叫任何其他類別的方法，或使用其他類別的屬性或欄位。先建立一個稱為 HoneyVault 的新類別。將它宣告成 `static`，然後按照類別圖加入類別成員。
- HoneyVault 有**兩個常數**（`NECTAR_CONVERSION_RATIO = .19f` 與 `LOW_LEVEL_WARNING = 10f`）在方法裡面使用。它的 private honey 欄位的初始值被設為 25f，private nectar 欄位的初始值是 100。
- **ConvertNectarToHoney 方法**會將花蜜轉換成蜂蜜。它會接收一個稱為 amount 的浮點參數，將它的 nectar 欄位減去那個數量，然後幫 honey 欄位加上 amount × `NECTAR_CONVERSION_RATIO`。（如果傳給方法的 amount 多於蜜庫剩餘的花蜜，它會轉換剩餘的所有花蜜。）
- **ConsumeHoney 方法**處理的是蜜蜂使用多少蜂蜜來工作。它接收一個參數，amount。如果 honey 大於或等於 amount，它會將 hoeny 減去 amount 並回傳 true，否則回傳 false。
- 在每一個班次，NectarCollector 蜜蜂都會呼叫 **CollectNectar 方法**，它接收一個參數，amount。如果 amount 大於零，它會將它加入 nectar 欄位。
- **StatusReport 屬性**只有 getter，getter 會回傳一個多行的字串，報告蜜庫裡面的蜂蜜和花蜜數量。如果蜂蜜低於 `LOW_LEVEL_WARNING`，它會加上警告訊息（`"LOW HONEY - ADD A HONEY MANUFACTURER"`）。它也會幫 nectar 欄位做同一件事。

建立 Bee 類別並開始建構 Queen、HoneyManufacturer、NectarCollector 與 EggCare 類別

- 建立 Bee 基底類別。它的**建構式**接收一個字串，用來設定**唯讀的 Job 屬性**。每一個 Bee 子類別都會傳遞一個字串給基底建構式（`"Queen"`、`"Nectar Collector"`、`"Honey Manufacturer"` 或 `"Egg Care"`），因此 Queen 類別有這段程式：**`public Queen() : base("Queen")`**
- virtual 且唯讀的 **CostPerShift 屬性**可讓每一個 Bee 子類別定義每一個班次吃掉的蜂蜜數量。**WorkTheNextShift 方法**會將 HoneyConsumed 傳給 HoneyVault.ConsumeHoney 方法。如果 ConsumeHoney 回傳 true，代表蜂巢的蜂蜜還夠，所以接下來 WorkTheNextShift 會呼叫 DoJob。
- 繼承 Bee 來**建立空的** HoneyManufacturer、NectarCollector 與 EggCare，你需要用它們來建構 Queen 類別。你會**先完成 Queen 類別**，再回來完成其他的 Bee 子類別。
- 每一個 Bee 子類別都會**將 DoJob 方法覆寫**成執行它的工作的程式碼，並**將 CostPerShift 屬性覆寫**成它在每一個班次吃掉的蜂蜜量。
- 下面是 Bee 的每一種子類別的 **Bee.CostPerShift 唯讀屬性的值**：Queen.CostPerShift 回傳 2.15f，NectarCollector.CostPerShift 回傳 1.95f，HoneyManufacturer.CostPerShift 回傳 1.7f，而 EggCare.CostPerShift 回傳 1.35f。

這個練習的每一個部分都是你已經看過的東西，你一定可以完成！

雖然這個練習很長，但不會有問題！你只要一個類別接著一個類別建構它就可以了。先寫好 Queen 類別，再回去完成其他的 Bee 子類別。

- Queen 類別有一個稱為 workers 的 **private Bee[] 欄位**。它最初是個空陣列。我們已經提供在陣列裡面加入 Bee 參考的 AddWorker 方法了。
- 她的 **AssignBee 方法**接收一個工作名稱參數（例如 "Egg Care"）。它有 switch (job)，裡面的 case 會呼叫 AddWorker。例如，當 job 是 "Egg Care" 時，它會呼叫 AddWorker(new EggCare(this))。
- 它有兩個 **private 的 float 欄位**，稱為 eggs 與 unassignedWorkers，用來記錄蜂卵數量（她會加到每一個班次）與等待承接工作的工蜂數量。
- 她會覆寫 **DoJob 方法**來增加 eggs，要求工蜂工作，以及餵蜂蜜給等待承接工作的工蜂。她會將 EGGS_PER_SHIFT 常數（設為 0.45f）加至 eggs 欄位。她使用一個 foreach 迴圈來呼叫各個工蜂的 WorkTheNextShift 方法，然後呼叫 HoneyVault.ConsumeHoney，傳遞常數 HONEY_PER_UNASSIGNED_WORKER（設為 0.5f）× unassignedWorkers 給它。
- 她一開始有三個未承接工作的工蜂—她的**建構式**會呼叫 AssignBee 方法三次來建立三個工蜂，每一種類型一個。
- EggCare 蜂會呼叫 Queen 的 **CareForEggs 方法**。它接收一個稱為 eggsToConvert 的浮點參數。如果 eggs 欄位 >= eggsToConvert，它會將 eggs 減去 eggsToConvert，然後將它加到 unassignedWorkers。
- 仔細看一下螢幕畫面的狀態報告，這是她的 private **UpdateStatusReport 方法**產生的（使用 HoneyVault.StatusReport）。她在 DoJob 與 AssignBee 方法的結尾呼叫 UpdateStatusReport。UpdateStatusReport 使用 job 字串參數（"Nectar Collector"）來呼叫 private WorkerStatus 方法，並回傳一個字串，存有進行那項工作的工蜂的數量（"3 Nectar Collector bees"）。

完成其他的 Bee 子類別

- **NectarCollector 類別**有一個常數 NECTAR_COLLECTED_PER_SHIFT = 33.25f。它的 **DoJob 方法**會將那個常數傳給 HoneyVault.CollectNectar。
- **HoneyManufacturer 類別**有一個常數 NECTAR_PROCESSED_PER_SHIFT = 33.15f，它的 DoJob 方法會將那個常數傳給 HoneyVault.ConvertNectarToHoney。
- **EggCare 類別**有個常數 CARE_PROGRESS_PER_SHIFT = 0.15f，它的 DoJob 方法會將那個常數傳給 queen.CareForEggs，使用**在 EggCare 建構式裡面初始化**的 private Queen 參考。

建構主視窗的 code-behind

- 我們已經給你**主視窗**的 XAML 了。你的工作是加入 code-behind。它有一個稱為 queen，使用一個新的 Queen 實例來初始化的 private Queen 欄位，以及按鈕和下拉式方塊的事件處理常式。
- 連接**事件處理常式**。讓「assign job」按鈕呼叫 queen.AssignBee(jobSelector.Text)。讓「Work the next shift」按鈕呼叫 queen.WorkTheNextShift。它們都將 statusReport.Text 設為 queen.StatusReport。

以下是蜂巢管理系統的一些運作細節

- 你的目標是讓狀態報告裡面的 TOTAL WORKERS（列出承接工作的工蜂的總數）越高越好，這完全取決於**你加入哪一種工蜂，以及加入它們的時機**。工蜂會消耗蜂蜜：如果你讓某一種工蜂的數量太多，蜂蜜就會開始減少。當你執行程式時，觀察蜂蜜與花蜜數量。在前幾個班次之後，你會看到低蜂蜜量警告（所以要增加製蜜工蜂），加入幾隻之後，你會看到低花蜜量警告（所以要增加採蜜工蜂），然後，你要想出如何配置工蜂。在耗盡蜂蜜之前，你可以讓 TOTAL WORKERS 多高？

這個專案很大，而且有**很多不同的部分**。當你遇到問題時，請按部就班地解決它。它沒有任何神秘之處，你可以用手上的工具來了解它的每一個部分。

這是 **static HoneyVault 類別**的程式碼：

```
static class HoneyVault
{
    public const float NECTAR_CONVERSION_RATIO = .19f;
    public const float LOW_LEVEL_WARNING = 10f;
    private static float honey = 25f;
    private static float nectar = 100f;

    public static void CollectNectar(float amount)
    {
        if (amount > 0f) nectar += amount;
    }

    public static void ConvertNectarToHoney(float amount)
    {
        float nectarToConvert = amount;
        if (nectarToConvert > nectar) nectarToConvert = nectar;
        nectar -= nectarToConvert;
        honey += nectarToConvert * NECTAR_CONVERSION_RATIO;
    }

    public static bool ConsumeHoney(float amount)
    {
        if (honey >= amount)
        {
            honey -= amount;
            return true;
        }
        return false;
    }

    public static string StatusReport
    {
        get
        {
            string status = $"{honey:0.0} units of honey\n" +
                            $"{nectar:0.0} units of nectar";
            string warnings = "";
            if (honey < LOW_LEVEL_WARNING) warnings +=
                            "\nLOW HONEY - ADD A HONEY MANUFACTURER";
            if (nectar < LOW_LEVEL_WARNING) warnings +=
                            "\nLOW NECTAR - ADD A NECTAR COLLECTOR";
            return status + warnings;
        }
    }
}
```

在 HoneyVault 類別裡面的常數很重要。將花蜜轉換率（nectar conversion ratio）調高會增加每一個班次為蜂巢生產的蜂蜜。將它調低時，蜂蜜會幾乎立刻耗盡。

NectarCollector 蜂工作的方式是呼叫 CollectNectar 方法來將花蜜加入蜜庫。

HoneyManufacturer 蜂工作的方式是呼叫 ConvertNectarToHoney，它會減少蜜庫裡的花蜜，增加蜂蜜。

每一隻蜜蜂都會在每一個班次試著消耗特定數量的蜂蜜。ConsumeHoney 方法只會在蜜蜂有足夠的蜂蜜可以進行工作時回傳 true。

你的程式與我們的程式不太一樣沒關係！解決這個問題的方法有很多種，而且問題越大，編寫程式的方式就越多。程式可以正常運作就代表你已經正確地完成這個練習了！但是你應該花幾分鐘比較你的和我們的解答，並且試著理解為何我們做出那些決定。

試著在 IDE 裡使用 View 選單來顯示 Class View（它在 Solution Explorer 視窗裡）。你可以用這種實用的工具來探索你的類別階層。試著在 Class View 視窗裡展開一個類別，然後展開 Base Types 資料夾來查看它的階層。使用視窗最下面的標籤來切換 Class View 與 Solution Explorer。

大習題解答

這個程式的行為是各種類別彼此互動造成的，尤其是在 Bee 類別階層的那一些。在那個階層最上面的類別是被所有其他的 Bee 類別繼承的 **Bee 超類別**：

```
class Bee
{
    public virtual float CostPerShift { get; }

    public string Job { get; private set; }

    public Bee(string job)
    {
        Job = job;
    }

    public void WorkTheNextShift()
    {
        if (HoneyVault.ConsumeHoney(CostPerShift))
        {
            DoJob();
        }
    }

    protected virtual void DoJob() { /* 讓子類別覆寫 */ }
}
```

Bee 建構式接收一個參數，用來設定它的唯讀 Job 屬性。Queen 會在產生狀態報告時使用那個屬性來了解特定的蜜蜂是哪個子類別。

NectarCollector 類別會在每一個班次收集花蜜，並將它加入蜜庫：

```
class NectarCollector : Bee
{
    public const float NECTAR_COLLECTED_PER_SHIFT = 33.25f;
    public override float CostPerShift { get { return 1.95f; } }
    public NectarCollector() : base("Nectar Collector") { }

    protected override void DoJob()
    {
        HoneyVault.CollectNectar(NECTAR_COLLECTED_PER_SHIFT);
    }
}
```

NectarCollector 與 HoneyManufacturer 類別都用常數來決定該收集多少花蜜，以及每一個班次會將多少花蜜轉換成蜂蜜。試著修改它們，改變這些常數對程式造成的影響遠小於改變 HoneyVault 轉換率。

HoneyManufacturer 類別會將蜜庫裡面的花蜜轉換成蜂蜜：

```
class HoneyManufacturer : Bee
{
    public const float NECTAR_PROCESSED_PER_SHIFT = 33.15f;
    public override float CostPerShift { get { return 1.7f; } }
    public HoneyManufacturer() : base("Honey Manufacturer") { }

    protected override void DoJob()
    {
        HoneyVault.ConvertNectarToHoney(NECTAR_PROCESSED_PER_SHIFT);
    }
}
```

每一個 Bee 子類別都有不同的工作，但它們有**一樣的行為**，即使是 Queen 也是如此。它們都會在每一個班次工作，但是只會在蜂蜜足夠時執行工作。

Queen 類別負責管理工蜂並產生狀態報告：

```
class Queen : Bee
{
    public const float EGGS_PER_SHIFT = 0.45f;
    public const float HONEY_PER_UNASSIGNED_WORKER = 0.5f;

    private Bee[] workers = new Bee[0];
    private float eggs = 0;
    private float unassignedWorkers = 3;

    public string StatusReport { get; private set; }
    public override float CostPerShift { get { return 2.15f; } }

    public Queen() : base("Queen") {
        AssignBee("Nectar Collector");
        AssignBee("Honey Manufacturer");
        AssignBee("Egg Care");
    }

    private void AddWorker(Bee worker)
    {
        if (unassignedWorkers >= 1)
        {
            unassignedWorkers--;
            Array.Resize(ref workers, workers.Length + 1);
            workers[workers.Length - 1] = worker;
        }
    }

    private void UpdateStatusReport()
    {
        StatusReport = $"Vault report:\n{HoneyVault.StatusReport}\n" +
        $"\nEgg count: {eggs:0.0}\nUnassigned workers: {unassignedWorkers:0.0}\n" +
        $"{WorkerStatus("Nectar Collector")}\n{WorkerStatus("Honey Manufacturer")}" +
        $"\n{WorkerStatus("Egg Care")}\nTOTAL WORKERS: {workers.Length}";
    }

    public void CareForEggs(float eggsToConvert)
    {
        if (eggs >= eggsToConvert)
        {
            eggs -= eggsToConvert;
            unassignedWorkers += eggsToConvert;
        }
    }
```

在 Queen 類別裡面的常數很重要，因為它們決定了程式在許多班次之間的行為。如果她產下太多卵，它們就會吃掉更多蜂蜜，但也會加快速度。當沒有工作的工蜂消耗更多蜂蜜，快速分配工作的壓力就會提升。

Queen 在一開始先在她的建構式裡為每一種蜜蜂分配工作。

我們給你這個 AddWorker 方法。它會調整陣列的大小，並將 Bee 物件加到最後面。有沒有發現有時狀態報告說未承接工作的工蜂是 1.0，但你無法增加工蜂？在 AddWorker 的第一行加入中斷點，你會看到 unassignedWorkers 等於 0.99999999999.... 你能不能修改它？

你必須仔細地看一下螢幕畫面中的狀態報告，來了解要在這裡加入什麼訊息。

EggCare 蜜蜂會呼叫 CareForEggs 方法來將 eggs 轉換成未分配工作的工蜂。

大習題解答

Queen 類別驅動程式的所有工作，她會記錄工蜂 Bee 物件的實例、在工蜂需要承接工作時建立新的工蜂，以及請它們開始它們的班次的工作：

```
    private string WorkerStatus(string job)
    {
        int count = 0;
        foreach (Bee worker in workers)
            if (worker.Job == job) count++;
        string s = "s";
        if (count == 1) s = "";
        return $"{count} {job} bee{s}";
    }

    public void AssignBee(string job)
    {
        switch (job)
        {
            case "Nectar Collector":
                AddWorker(new NectarCollector());
                break;
            case "Honey Manufacturer":
                AddWorker(new HoneyManufacturer());
                break;
            case "Egg Care":
                AddWorker(new EggCare(this));
                break;
        }
        UpdateStatusReport();
    }

    protected override void DoJob()
    {
        eggs += EGGS_PER_SHIFT;
        foreach (Bee worker in workers)
        {
            worker.WorkTheNextShift();
        }
        HoneyVault.ConsumeHoney(unassignedWorkers * HONEY_PER_UNASSIGNED_WORKER);
        UpdateStatusReport();
    }
}
```

private WorkerStatus 方法使用 foreach 迴圈來計算 workers 陣列裡面符合特定工作的蜜蜂數量。注意，它運用「s」變數來使用複數的「bees」，除非只有一隻蜜蜂。

AssignBee 方法使用 switch 陳述式來確定要加入哪一種工蜂。在 case 陳述式裡面的字串必須與 ComboBox 裡面的每一個 ListBoxItem 的 Content 屬性完全一致，否則就沒有 case 符合。

Queen 的工作是增加 eggs，告訴每一隻工蜂在下一個班次工作，然後確保每一個未承接工作的工蜂食用蜂蜜。她會在每一次指派蜜蜂與班次之後更新狀態報告，以確保報告維持最新狀態。

Queen 不會管每一件事。她會讓 Bee 物件做它們的工作並食用它們自己的蜂蜜。

這是個分離關注點的好例子：與蜂后有關的行為都被封裝在 Queen 類別裡面，Bee 類別只有所有蜜蜂都有的行為。

在每一個 Bee 子類別最上面的常數很重要。我們是用試誤法找出這些常數值的，也就是先調整其中一個數字，然後執行程式，看看它造成什麼效果。我們試著找出類別之間的平衡。你覺得我們的做法好不好？你可以做得更好嗎？我們認為你可以！

EggCare 類別使用 Queen 物件的參考呼叫她的 CareForEggs 方法，來將蜂卵轉換成工蜂：:

```
class EggCare : Bee
{
    public const float CARE_PROGRESS_PER_SHIFT = 0.15f;
    public override float CostPerShift { get { return 1.35f; } }

    private Queen queen;

    public EggCare(Queen queen) : base("Egg Care")
    {
        this.queen = queen;
    }

    protected override void DoJob()
    {
        queen.CareForEggs(CARE_PROGRESS_PER_SHIFT);
    }
}
```

EggCare 蜂的常數決定了蜂卵變成無工作的工蜂的速度有多快。多一點工蜂對蜂巢有好處，但牠們也會消耗更多蜂蜜。你的挑戰是找出各種工蜂之間的平衡。

這是**主視窗的 code-behind**。它做的事不多，所有的知識都被放在別的類別裡面：

```
public partial class MainWindow : Window
{
    private Queen queen = new Queen();

    public MainWindow()
    {
        InitializeComponent();
        statusReport.Text = queen.StatusReport;
    }

    private void WorkShift_Click(object sender, RoutedEventArgs e)
    {
        queen.WorkTheNextShift();
        statusReport.Text = queen.StatusReport;
    }

    private void AssignJob_Click(object sender, RoutedEventArgs e)
    {
        queen.AssignBee(jobSelector.Text);
        statusReport.Text = queen.StatusReport;
    }
}
```

當按鈕被按下之後，這個 code-behind 會在建構式裡面更新狀態報告，以確保顯示出來的報告永遠是最新的。

「assign job」按鈕會將被選取的 ComboBox 項目的文字直接傳給 Queen.AssignBee，所以你一定要讓 switch 陳述式裡面的 case 完全符合 ComboBox 的項目。

如果你在寫程式的過程中遇到問題，看一下解答是絕對沒問題的！

嘿，等一下。這個…這個並不是正經的商業應用程式。**它是遊戲！**

你們這些人真的很討厭。

好吧，被你發現了。是的，你沒錯，這是遊戲。

具體來說，這是一種**資源管理遊戲**，這種遊戲的機制主要是收集、監視和使用資源。如果你玩過模擬城市之類的模擬遊戲，或是文明帝國之類的策略遊戲，你就會發現，資源管理占了遊戲很大的一部分，在遊戲裡，你要用金錢、金屬、燃料、木材或水等資源來管理城市或建立帝國。

資源管理遊戲非常適合用來實驗**機制**、**動態與美學**之間的關係：

- **機制**很簡單：玩家指派工蜂，然後開始執行下一個班次。然後讓每一隻蜜蜂加入花蜜，或減少花蜜 / 增加蜂蜜，或減少蜂卵 / 增加工蜂。接著增加蜂卵，並顯示報告。
- **美學**比較複雜。當蜂蜜或花蜜的數量降低並顯示警告時，玩家會感受壓力。他們會在做出選擇時覺得很刺激，在他們的選擇影響遊戲時覺得很滿足，然後當數量停止增加，再次開始減少時，他們又會感受到壓力。
- 遊戲是**動態**驅動的。沒有任何程式碼造成蜂蜜或花蜜的匱乏，它們只是被蜜蜂和蜂卵吃掉了。

花一分鐘想想這件事，因為它觸及動態的核心。你能不能想出如何在其他類型的程式中使用這些概念，而不是只有在遊戲裡？

動動腦

稍微改變 HoneyVault.NECTAR_CONVERSION_RATIO 來讓蜂蜜慢慢消耗或迅速消耗可能會讓遊戲簡單許多或困難許多。還有哪些數字會影響遊戲的進行？你認為這些關係是被什麼因素推動的？

回饋驅動你的蜂巢管理遊戲

我們來花幾分鐘真正了解這個遊戲如何運作。花蜜轉化率對遊戲有很大的影響。改變常數會讓遊戲以全然不同的方式進行。如果少量的蜂蜜就可以把蜂卵轉換成工蜂，這個遊戲會非常簡單。如果需要許多蜂蜜，遊戲會困難許多。但是你無法在類別裡找到設定困難度的方式。它們都沒有 Difficultly 欄位。你的 Queen 沒有特異功能可以讓遊戲更簡單，也沒有強大的敵人或頭目來讓它更困難。換句話說，**沒有程式明確地建立**蜂卵數量與遊戲困難度之間的**關係**。那麼，為什麼會這樣？

當你把鏡頭對準顯示視訊輸出的螢幕畫面時，你就創造一個造成奇怪圖案的**回饋**迴路了。

你應該遇過**回饋**。用你的手機和電腦進行視訊通話，把手機拿到電腦喇叭旁邊會出現吵雜的回音。將相機對著電腦螢幕拍攝，你會看到畫面裡面有螢幕，那個螢幕裡面有畫面，畫面裡面又有螢幕，如果你把手機斜放，它會變成一個奇特的圖案。這就是回饋：你把即時的視訊或音訊輸出傳回去給輸入。視訊通話 app 裡面沒有專門產生噪音或奇特圖像的程式。它們是回饋**造成的**。

工蜂與蜂蜜都在回饋迴路裡面

你的蜂巢管理遊戲是建立在一系列的回饋迴路之上的，它們是許多小迴路，在這些小迴路裡面，遊戲的各個部分會彼此互動。例如，製蜜工蜂會把蜂蜜放入蜜庫，蜂蜜會被製蜜工蜂吃掉，製蜜工蜂又會製作更多蜂蜜。

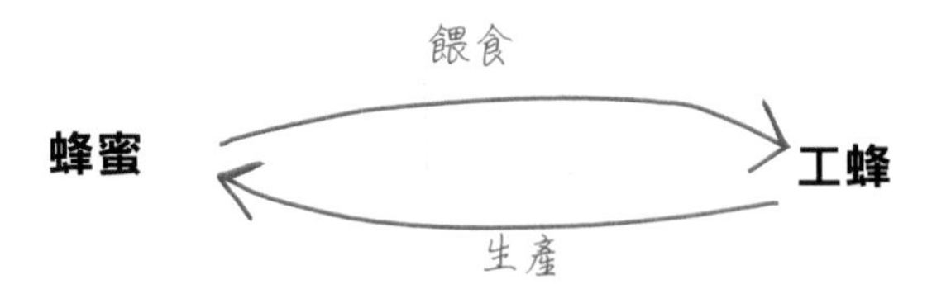

在工蜂與蜂蜜之間的回饋迴路只是驅動遊戲的整個系統的一小部分。看看你能不能在下面的全局裡面找到它。

這只是一個回饋迴路。在遊戲裡面有許多不同的回饋迴路，它們會讓整個遊戲更複雜、更有趣，而且（希望！）更歡樂。

遊戲的動態是由一系列的回饋迴路驅動的。你寫的程式並未明確地管理這些回饋迴路。它們源自你建構的機制。

這個概念在許多實際的商業應用程式裡面也非常重要，不是只有在遊戲中如此。你在這裡學到的東西，都可以在成為專業軟體開發者之後的工作中使用。

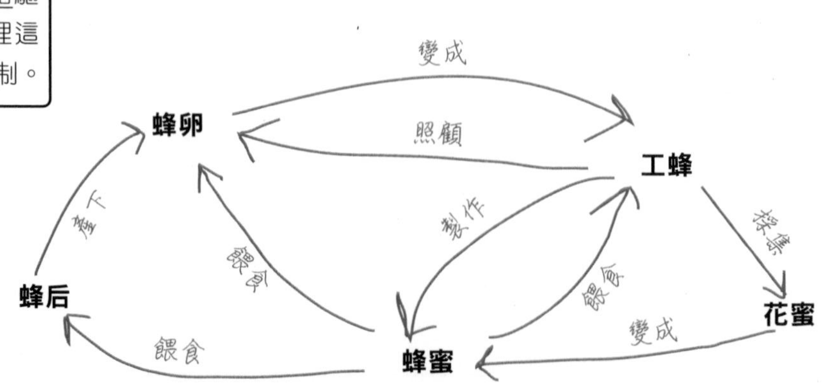

機制、美學與動態探究

回饋迴路…平衡…藉著創造一個系統來讓程式間接地做某些事情…這些事情會不會讓你有點頭昏腦脹？**這是利用遊戲設計來探索更廣大的程式設計概念**的另一個好機會。

你已經學過機制、動態與美學了，現在我們要將它們整合起來。**機制 / 動態 / 美學（Mechanics-Dynamics-Aesthetics，或 MDA）框架**是一種正式的工具（「正式」的意思是它們都有被記載下來），許多研究員和學者都會用它來分析和了解遊戲。這個框架定義了機制、動態與美學之間的關係，讓我們可以討論它們如何創造回饋迴路來影響彼此。

MDA 框架是 Robin Hunicke、Marc LeBlanc 與 Robert Zubek 開創，並在 2004 年透過「MDA: A Formal Approach to Game Design and Game Research」這篇論文發表的，這篇論文非常容易閱讀，沒有太多學術術語。（還記得我們曾經在第 5 章提到美學包含挑戰、敘事、接觸感、幻想世界和表情嗎？它們來自這篇論文。）這是一篇很棒的文章，花幾分鐘閱讀它：http://bit.ly/mda-paper。

MDA 框架的目標是提供正式的方式來讓我們思考和分析電玩，聽起來好像它只有在學術環境裡面才重要，例如大學的遊戲設計課程，但是它對每天都在開發遊戲的我們來說其實非常有價值，因為它可以幫助我們了解人們如何看待我們製作的遊戲，並讓我們更深入地了解**遊戲為什麼如此有趣**。

雖然遊戲設計者已經非正式地使用機制、動態與美學等詞彙了，但是這篇論文明確地定義它們，並且建立了它們之間的關係。

MDA 框架可以處理玩家和遊戲設計者的**觀點有何不同**。對玩家來說，最重要的事情就是遊戲可帶來樂趣，但是我們知道，不同的玩家所認為的「有趣」有很大的不同。另一方面，遊戲設計者通常會透過遊戲機制來看待一個遊戲，因為他們花了時間編寫程式、設計關卡、創作圖像，以及調整遊戲的機制層面。

所有開發者（不是只有遊戲開發者！）都可以使用 MDA 框架來掌握回饋迴路。

接下來，我們使用 MDA 框架來分析經典遊戲「太空侵略者」，以更深入了解回饋迴路。

- 首先是遊戲的機制：玩家的太空船會左右移動，並向上開火；入侵者會編隊移動，向下開火；碉堡可以阻擋砲彈。在畫面中，敵人越少，速度越快。
- 玩家要想出各種策略：朝著入侵者下一步的位置開火、消滅隊形兩側的敵人、躲在碉堡後面。遊戲的程式碼沒有這些策略的 `if/else` 或 `switch` 陳述式，它們是玩家在摸索遊戲的過程中發現的。玩家會了解規則， 然後開始理解遊戲，以便善用規則。換句話說，**機制與動態形成回饋迴路**。
- 入侵者越快，遊戲的音效就會加快，讓玩家腎上腺素激增。遊戲變更得刺激，玩家必須更快做出決定、犯錯、改變策略，進而影響系統。**動態與美學形成另一個回饋迴路**。
- 以上的所有現象都不是意外，入侵者的速度、速度提升率、音效、圖形…都是遊戲的創造者西角友宏花了好幾年的時間設計並且仔細平衡的，他的靈感來自作家 Herbert George Wells，甚至該作家自己也夢想創造一款經典遊戲。

蜂巢管理系統是回合制的…我們來把它改成即時的

回合制遊戲就是將流程拆成許多部分的遊戲，在蜂巢管理系統裡，就是拆成班次。下一個班次在按下按鈕之前不會開始，所以你可以花任何時間來指派工蜂。我們可以使用 DispatcherTimer（例如你曾經在第 1 章使用過的那一個）來把它**改成即時遊戲**，讓時間持續進行，而且只需要幾行程式就可以做到。

1. **在 MainWindow.xaml.cs 檔案的最上面加入一行 using。**

我們使用 DispatcherTimer 來強迫遊戲每隔一秒或每隔半秒就讓下一個班次開始工作。DispatcherTimer 在 System.Windows.Threading 名稱空間裡面，所以你要在 *MainWindow.xaml.cs* 檔案的最上面加入這一行 **using**：

```
using System.Windows.Threading;
```

你曾經在第 1 章使用 DispatcherTimer 在動物配對遊戲裡加入計時器。這段程式很像你在第 1 章用過的程式。花幾分鐘翻回去那個專案來複習一下 DispatcherTimer 如何運作。

2. **加入一個 private 的 DispatcherTimer 參考欄位。**

接下來要建立一個新的 DispatcherTimer。在 MainWindow 類別的最上面把它放入 private 欄位裡：

```
private DispatcherTimer timer = new DispatcherTimer();
```

3. **讓計時器呼叫 WorkShift 按鈕的 Click 事件處理常式方法。**

我們想要用計時器來讓遊戲不斷前進，如此一來，如果玩家按下按鈕的速度不夠快，計時器就會自動觸發下一個班次。首先，加入這段程式：

```
public MainWindow()
{
    InitializeComponent();
    statusReport.Text = queen.StatusReport;
    timer.Tick += Timer_Tick;
    timer.Interval = TimeSpan.FromSeconds(1.5);
    timer.Start();
}

private void Timer_Tick(object sender, EventArgs e)
{
    WorkShift_Click(this, new RoutedEventArgs());
}
```

當你輸入 += 時，*Visual Studio* 會提示你建立 *Timer_Tick* 事件處理常式。按下 *Tab* 來讓 *IDE* 為你建立方法。

這個 *Timer* 每隔 *1.5* 秒呼叫一次 *Tick* 事件處理常式，該常式又會呼叫 *WorkShift* 事件處理常式。

現在執行遊戲。遊戲每隔 1.5 秒就會開始一個新班次，無論你有沒有按下按鈕。雖然我們只有稍微修改機制，卻**大幅更改遊戲的動態**，進而導致差異極大的美學。一個遊戲究竟比較適合回合制還是即時模擬是由你決定的。

我們**只要用幾行程式**就可以加入計時器，但是它會完全改變遊戲。
那是因為它大幅影響機制、動態與美學之間的**關係**嗎？

是的！計時器改變機制，進而改變動態，然後又影響美學。

我們來花幾分鐘研究一下這個回饋迴路。機制的改變（每隔 1.5 秒就會自動按下「Work the next shift」按鈕的計時器）產生全新的動態，使得玩家必須在一個時間窗口之內做出決定，否則遊戲就會幫他們做決定。這會增加壓力，雖然它會讓一些玩家得到腎上腺素增加的滿足感，但也會讓其他玩家備感壓力 — 美學變了，導致有些人覺得遊戲更有趣了，另一群人卻覺得它更不好玩了。

這裡也有迴路。玩家的壓力越大就會做出越糟糕的決定，改變遊戲…美學回饋到機制。

但是你在遊戲中加入 6 行程式，而且它們都沒有「做這個決定，否則…」這類的邏輯。這是由於計時器與按鈕搭配運作而**顯露**的行為。

之前關於回饋迴路的討論現在看起來很重要，尤其是關於**行為如何顯露**的部分。

回饋迴路與行為的顯露是很重要的程式設計概念。

我們設計這個專案是為了讓你了解繼承，但也希望讓你探索和實驗行為的**顯露**。這個行為不僅來自物件各自做了什麼事情，也來自**物件彼此的互動方式**。遊戲裡面的常數（例如花蜜轉換率）是這種顯露互動的重要成分。當我們設計這個練習時，最初將這些常數設成某些初始值，然後進行微小的調整，直到系統沒有完全地**平衡**，讓玩家必須持續做出決定，才能讓遊戲繼續進行下去。這個系統是由蜂卵、工蜂、花蜜、蜂蜜和蜂后之間的回饋迴路驅動的。

試著試驗這些回饋迴路，例如，當你在每一個班次加入更多蜂卵，或是在一開始讓蜂巢有更多蜂蜜時，遊戲會變得更簡單。試試看！只要稍微改變一些常數，就可以改變整個遊戲感受。

有些類別絕不能實例化

還記得動物園模擬程式的類別階層嗎？你最後必然會實例化一堆 Hippos、Dogs 與 Lions。但是 Canine 與 Feline 類別呢？還有 Animal 類別？其實**有些類別根本不需要實例化**…而且，事實上，將它們實例化不合理。

聽起來很奇怪？其實，這種事情一直都在發生 — 事實上，你已經在這一章製作一些絕對不能實例化的類別了。

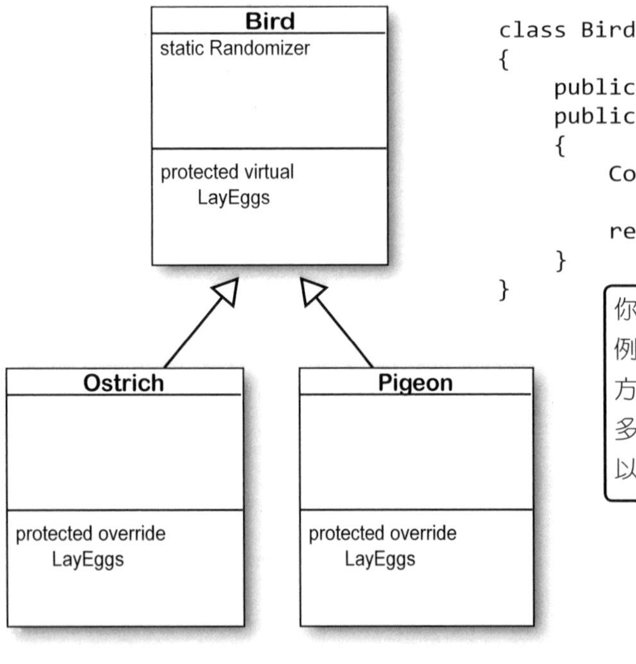


```
class Bird
{
    public static Random Randomizer = new Random();
    public virtual Egg[] LayEggs(int numberOfEggs)
    {
        Console.Error.WriteLine
            ("Bird.LayEggs should never get called");
        return new Egg[0];
    }
}
```

你的 Bird 類別很小，它只有一個共用的 Random 實例，以及一個單純為了讓子類別覆寫而存在的 LayEggs 方法。你的 WeaponDamage 類別比較大一些，它有許多屬性，它也有個 CalculateDamage 方法可讓子類別可以覆寫，它在 WeaponDamage 方法裡面呼叫建構式。

```
class WeaponDamage
{
     /* ... 屬性的程式碼  ... */ }

    protected virtual void CalculateDamage()
    {
        /* 讓子類別覆寫 */
    }

    public WeaponDamage(int startingRoll)
    {
        roll = startingRoll;
        CalculateDamage();
    }
}
```

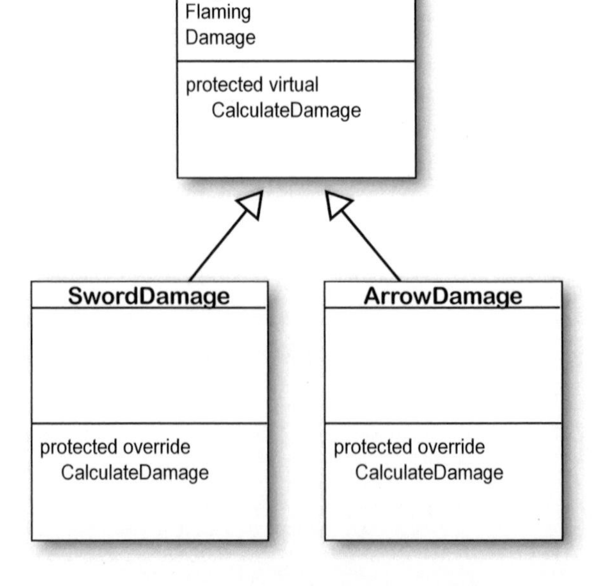

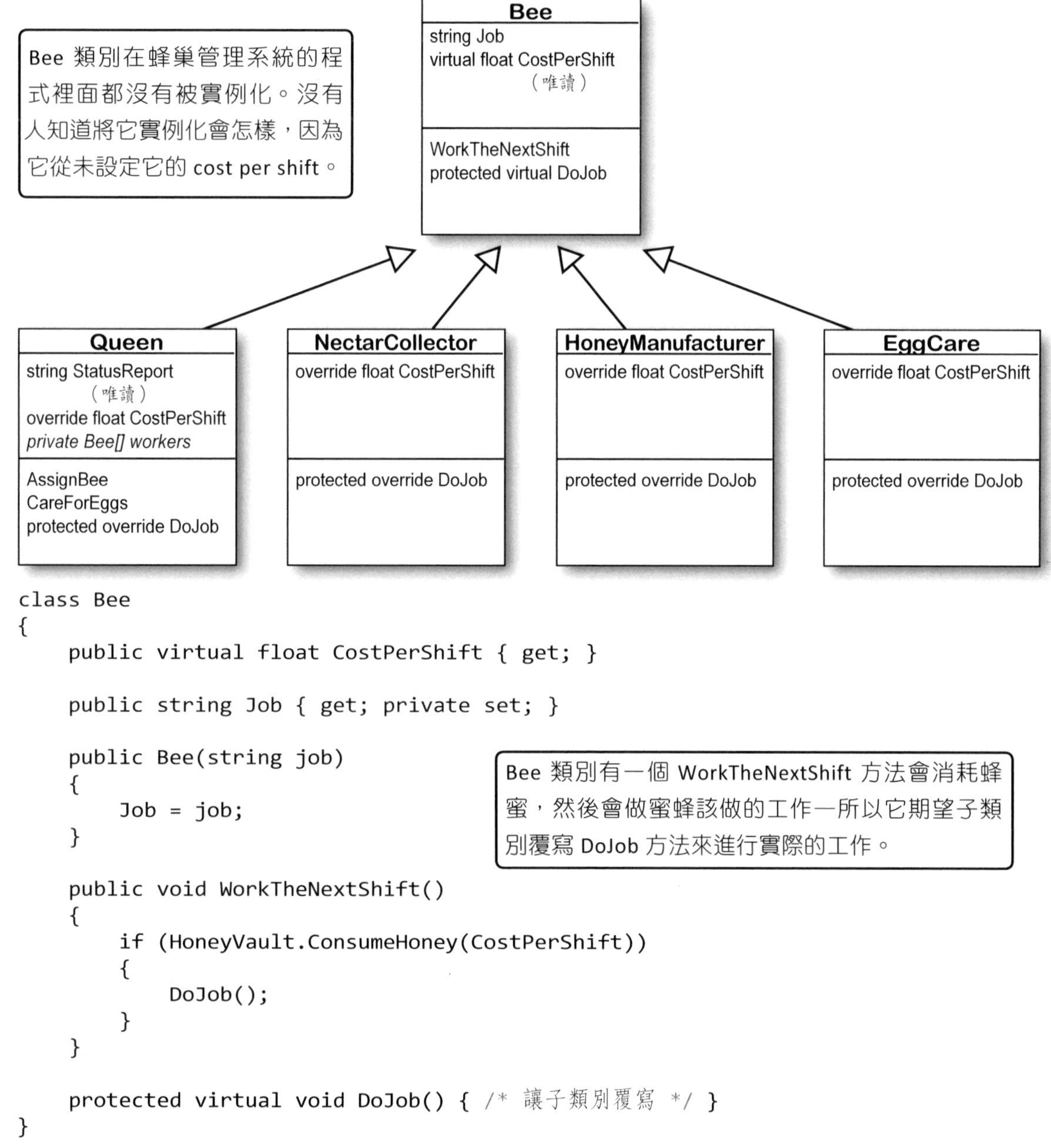


```
class Bee
{
    public virtual float CostPerShift { get; }

    public string Job { get; private set; }

    public Bee(string job)
    {
        Job = job;
    }

    public void WorkTheNextShift()
    {
        if (HoneyVault.ConsumeHoney(CostPerShift))
        {
            DoJob();
        }
    }

    protected virtual void DoJob() { /* 讓子類別覆寫 */ }
}
```

動動腦

那麼，實例化 Bird、WeaponDamage 或 Bee 類別會怎樣？這樣做有意義嗎？它們的所有方法都可以運作嗎？

抽象類別是故意寫得不完整的類別

具有「預留位置」成員的類別很常見，那些成員是打算讓子類別實作的。這種類別可能在階層的最上面（例如你的 Bee、WeaponDamage 或 Bird 類別）或中間（例如在動物園模擬類別模型裡面的 Feline 或 Canine）。它們利用「C# 總是呼叫最具體的方法」這件事，例如 WeaponDamage 呼叫只會在 SwordDamage 或 ArrowDamage 裡面實作的 CalculateDamage 方法，或 Bee.WorkTheNextShift 依靠實作了 DoJob 方法的子類別。

C# 有一個特別為這種情況設計的工具：**抽象（abstract）類別**。這種類別是故意不完整的，裡面有空的類別成員，它們是讓子類別實作的預留位置。把類別做成抽象的方法就是**在類別宣告式加上 abstract 關鍵字**。以下是抽象類別須知。

- **抽象類別的運作方式很像一般的類別。**

  定義抽象類別的方式與定義一般類別一樣。它有欄位與方法，也可以繼承其他的類別，和一般的類別完全一樣，幾乎沒有新的東西要學。

- **抽象類別可以擁有不完整的「預留位置」成員。**

  抽象類別可以宣告必須由繼承它的類別實作的屬性和方法。有宣告式但沒有陳述式或方法主體的方法稱為**抽象方法**，只宣告存取子但沒有定義存取子的屬性稱為**抽象屬性**。繼承它的子類別必須實作所有抽象方法與屬性，除非它們也是抽象的。

- **只有抽象類別可以擁有抽象成員。**

  如果你把抽象方法或屬性放入類別，你就必須把那個類別標為抽象的，否則程式將無法編譯。你很快就會知道怎麼將類別標為抽象的。

- **抽象類別不能實例化。**

  抽象的反義是**具體**。具體方法是有主體的方法，你到目前為止使用過的所有類別都是具體類別。**抽象**類別與**具體**類別最大的不同在於：你不能使用 new 來建立抽象類別的實例，如果你這樣做，C# 就會在你試著編譯程式時顯示錯誤訊息。

  現在就去試一下！**建立一個新的主控台 app**，加入一個空的抽象類別，然後試著將它實例化：

```
abstract class MyAbstractClass { }

class Program
{
    MyAbstractClass myInstance = new MyAbstractClass();
}
```

編譯器不會讓你實例化抽象類別，因為抽象類別不是拿來實例化的。

編譯器會顯示錯誤訊息，而且不會讓你組建程式：

CS0144 Cannot create an instance of the abstract class or interface 'MyAbstractClass'

等等，什麼？不能實例化的類別？那這種東西有什麼用？

因為你不僅想要提供一些程式碼，也想要讓子類別填入其餘的程式碼。

建立絕對不能實例化的物件有時會**發生不好的事情**。在類別圖最上面的類別通常有一些欄位希望交由它的子類別設置，Animal 類別可能需要依靠名為 HasTail 或 Vertebrate 的 Boolean 來進行某項計算，但是它無法自行設置它。**下面的類別會在實例化時出問題…**

動手做！

```
class PlanetMission
{
    protected float fuelPerKm;
    protected long kmPerHour;
    protected long kmToPlanet;

    public string MissionInfo()
    {
        long fuel = (long)(kmToPlanet * fuelPerKm);
        long time = kmToPlanet / kmPerHour;
        return $"We'll burn {fuel} units of fuel in {time} hours";
    }
}

class Mars : PlanetMission
{
    public Mars()
    {
        kmToPlanet = 92000000;
        fuelPerKm = 1.73f;
        kmPerHour = 37000;
    }
}

class Venus : PlanetMission
{
    public Venus()
    {
        kmToPlanet = 41000000;
        fuelPerKm = 2.11f;
        kmPerHour = 29500;
    }
}

class Program
{
    public static void Main(string[] args)
    {
        Console.WriteLine(new Venus().MissionInfo());
        Console.WriteLine(new Mars().MissionInfo());
        Console.WriteLine(new PlanetMission().MissionInfo());
    }
}
```

在執行程式之前，能不能想出它會在主控台印出什麼？

就像我們說的，有些類別絕對不應該實例化

試著執行 PlanetMission 主控台 app。它的行為和你想的一樣嗎？它會在主控台印出兩行訊息：

```
We'll burn 86509992 units of fuel in 1389 hours
We'll burn 159160000 units of fuel in 2486 hours
```

但是，接下來它丟出例外。

所有問題的根源在於你建立了 PlanetMission 類別的實例。它的 FuelNeeded 方法希望子類別設置欄位，當欄位沒有被設置時，它們會得到預設值 — 零。當 C# 試著把一個數字除以零時…

```
class PlanetMission
{
    protected float fuelPerKm;
    protected long kmPerHour;
    protected long kmToPlanet;

    public string MissionInfo()
    {
        long fuel = (long)(kmToPlanet * fuelPerKm);
        long time = kmToPlanet / kmPerHour;
        return $"We'll burn {fuel} units of fuel in {time} hours";
    }
}
```

Exception Unhandled

System.DivideByZeroException: 'Attempted to divide by zero.'

View Details | Copy Details | Start Live Share session...

Exception Settings

解決方案：使用抽象類別

當你將類別標為 **abstract** 時，C# 就不准你將它實例化。那怎麼修正這個問題？俗話說預防勝於治療，為 PlanetMission 類別宣告式加上 abstract 關鍵字：

```
abstract class PlanetMission
{
   // 類別其餘的地方維持不變
}
```

在類別宣告式裡面使用 abstract 關鍵字之後，每當你建立那個類別的實例，編譯器就會產生錯誤訊息。

這樣修改之後，編譯器會產生一個錯誤訊息：

CS0144 Cannot create an instance of the abstract class or interface 'PlanetMission'

你的程式完全無法編譯，沒有編譯好的程式代表沒有例外。這很像你在第 5 章使用 private 關鍵字時的情況，或是在本章稍早使用 virtual 與 override 時的情況。將一些成員宣告成 private 不會改變行為，這樣做只是為了在你破壞封裝時，阻止程式成功組建。abstract 關鍵字的作用也一樣：當你實例化抽象類別時，你不會看到例外，因為 C# 編譯器根本不會讓你將它實例化。

抽象方法沒有主體

你之前製作的 Bird 類別從一開始就不是用來實例化的。這就是為什麼有程式試著將它實例化並呼叫它的 LayEggs 方法時，它會使用 Console.Error 來輸出錯誤訊息：

```
class Bird
{
    public static Random Randomizer = new Random();
    public virtual Egg[] LayEggs(int numberOfEggs)
    {
        Console.Error.WriteLine
             ("Bird.LayEggs should never get called");
        return new Egg[0];
    }
}
```

身為抽象方法真奇怪 ... 我沒有 body（身體 / 主體）。

因為我們從來都不打算實例化 Bird 類別，所以我們要在它的宣告式加上 abstract 關鍵字。但是這還不夠一除了絕不能讓 Bird 類別實例化之外，我們也**必須讓**繼承這個類別的每一個子類別**<u>覆寫 LayEggs 方法</u>**。

這就是幫類別成員加上 abstract 關鍵字的原因。**抽象方法**只有類別宣告式，**沒有方法主體**，主體必須由繼承抽象類別的子類別實作。方法的主體是在宣告式後面的一對大括號之間的程式碼，抽象方法沒有這種東西。

回到之前的 Bird 專案，**將 Bird 類別換成**這個抽象類別：

```
abstract class Bird
{
    public static Random Randomizer = new Random();
    public abstract Egg[] LayEggs(int numberOfEggs);
}
```

你的程式會像之前一樣運行！但是在 Main 方法加入這一行：

```
Bird abstractBird = new Bird();
```

你會看到編譯錯誤：

CS0144 Cannot create an instance of the abstract class or interface 'Bird'

試著為 LayEggs 方法加入主體：

```
public abstract Egg[] LayEggs(int numberOfEggs)
{
    return new Egg[0];
}
```

你會看到不同的編譯錯誤：

CS0500 'Bird.LayEggs(int)' cannot declare a body because it is marked abstract

如果抽象方法有 abstract 成員，每一個子類別都必須覆寫所有的這些成員。

抽象屬性的行為很像抽象方法

我們回到之前的範例中的 Bee 類別。我們不希望這個類別被實例化，所以我們要修改它，將它變成抽象類別。為此，我們可以在類別宣告式加上 abstract 修飾詞，並且將 DoJob 方法改成沒有主體的抽象方法：

```
abstract class Bee
{
   /* 類別其餘的部分維持不變 */
   protected abstract void DoJob();
}
```

但是它還有一個 virtual 成員，而且它不是方法，而是 CostPerShift 屬性，Bee.WorkTheNextShift 方法會呼叫它來確認這個班次的蜜蜂需要多少蜂蜜：

```
   public virtual float CostPerShift { get; }
```

我們在第 5 章學過，屬性其實只是當成欄位來呼叫的方法，所以**使用 abstract 關鍵字來建立抽象屬性**，就像處理方法時那樣：

```
   public abstract float CostPerShift { get; }
```

抽象屬性可以擁有一個 getter、一個 setter，或同時擁有 getter 與 setter。在抽象屬性裡面的 setter 與 getter **不能有方法主體**。它們的宣告式看起來就像自動屬性，但它們不是，因為它們完全沒有任何實作。如同抽象方法，抽象屬性是個屬性預留位置，必須由繼承其類別的子類別實作。

這是完整的抽象 Bee 類別，包含抽象方法與屬性：

```
abstract class Bee
{
    public abstract float CostPerShift { get; }
    public string Job { get; private set; }

    public Bee(string job)
    {
        Job = job;
    }

    public void WorkTheNextShift()
    {
        if (HoneyVault.ConsumeHoney(CostPerShift))
        {
            DoJob();
        }
    }

    protected abstract void DoJob();
}
```

將蜂巢管理系統 app 裡面的 **Bee 類別換成**這個新的抽象類別。它仍然可以運作！但是如果你試著用 `new Bee();` 來實例化 Bee 類別，你會看到編譯錯誤。更重要的是，***如果你繼承 Bee 卻忘了實作 CostPerShift，你會看到錯誤訊息。***

習題

是時候做一些抽象類別的練習了，找到可以宣告為抽象的類別並不難。

在本章稍早，你已經修改了 SwordDamage 與 ArrowDamage 類別，來讓它們繼承一個稱為 WeaponDamage 的新類別了。將 WeaponDamage 宣告為抽象。在 WeaponDamage 裡面也有適合宣告成抽象的方法，也將它宣告為抽象。

沒有蠢問題

問：**將一個類別標成 abstract 會改變它的行為嗎？它的方法與屬性的運作方式與它們在具體類別裡面時一樣嗎？**

答：不會改變行為，抽象類別的行為與任何其他類別一模一樣。在類別宣告式加入 `abstract` 關鍵字會讓 C# 編譯器做兩件事：防止你在 new 陳述式裡使用那個類別，以及允許你加入抽象成員。

問：**你展示的抽象方法有些是 public，有些是 protected，它們有什麼不同嗎？這些關鍵字在類別宣告式裡面的順序重要嗎？**

答：抽象方法可以使用任何一種存取修飾詞。如果你將一個抽象方法宣告為 private，那麼實作那個抽象方法的類別也必須將它宣告成 private。關鍵字的順序並不重要。`protected abstract void DoJob();` 與 `abstract protected void DoJob();` 的效果一模一樣。

問：**我不太理解你使用的「實作」這個詞，你所說的「實作抽象方法」到底是什麼意思？**

答：使用 `abstract` 關鍵字來宣告抽象方法或屬性就是所謂的**定義**抽象成員。接下來，在具體類別裡面加入宣告式一樣的完整方法或完整屬性就是所謂的**實作**成員。所以你會在抽象類別裡面定義抽象方法或屬性，然後在繼承它的具體類別裡面實作它們。

問：**我還是不太理解當我試著實例化一個抽象類別的實例時，abstract 關鍵字會讓程式無法編譯的概念。尋找和修改所有的編譯錯誤已經夠麻煩了，為什麼還要讓程式更難組建？**

答：有時當你剛開始學習寫程式時，這些「CS」編譯錯誤會讓你充滿挫折。所有人都曾經為了移除 Errors List 而花時間尋找遺漏的逗點、句點或問號，為什麼還要使用 `abstract` 或 `private` 這種關鍵字來施加更多限制，讓這些編譯錯誤更常出現？這看起來有點違反常理。不使用 abstract 關鍵字就不會看到「Cannot create an instance of the abstract class」編譯錯誤了。那為什麼還要使用它？

使用 `abstract` 或 `private` 之類的關鍵字來讓程式碼在某些情況下不能組建的原因是，如此一來，修正「Cannot create an instance of the abstract class」編譯錯誤會比「找出這個錯誤訊息試圖防止的錯誤」容易得多。如果你有一個絕對不能實例化的類別，那麼建立它的實例（而不是建立它的子類別）造成的 bug 可能不易察覺，而且難以找到。為基底類別加上 abstract 可以讓程式碼因為一個容易修正的錯誤而**快速地失敗**。

因為將一個絕對不能實例化的基底類別實例化而造成的 bug 可能不易察覺且難以找到，把它標為 abstract 可以在你試著建立它的實例時，讓程式式<u>快速失敗</u>。

感謝你重構這個類別！我猜你已經防止一些惱人的 bug 在未來出現了。現在我可以把心思放在遊戲上，而不是程式上了。**幹得好！**

WeaponDamage 類別絕不能實例化，它只有一個存在的理由：讓 SwordDamage 與 ArrowDamage 類別繼承它的屬性與方法。所以把這個類別宣告成抽象是合理的做法。看一下它的 CalculateDamage 方法：

```
protected virtual void CalculateDamage() {
  /* 讓子類別覆寫 */
}
```

這個方法是改成抽象方法的好對象，因為它的存在只是為了讓子類別用它們各自修改 Damage 屬性的實作來覆寫。這是修改 WeaponDamage 類別的完整做法：

```
abstract class WeaponDamage
{
    /* the Damage, Roll, Flaming, 與 Magic 屬性
       維持不變 */

    protected abstract void CalculateDamage();

    public WeaponDamage(int startingRoll)
    {
        roll = startingRoll;
        CalculateDamage();
    }
}
```

這是你第一次從頭到尾閱讀你在之前的練習裡面寫好的程式嗎？

雖然回顧已經寫好的程式有點奇怪，但是許多開發者都會這樣做，這也是你應該養成的習慣。有沒有發現當你第二次閱讀時，你會想要採取不同的做法來處理某些地方？你有沒有發現可以改善或修改的地方？花時間重構程式絕對是件好事。這正是你在這個練習裡面做的事情：修改程式碼的結構，又不修改它的行為。**這就是重構**。

繼承真的很方便。我只要在基底類別裡面定義一次方法，它就會自動出現在每一個子類別裡面了。如果我想要用兩個不同的類別裡面的方法來做同一件事呢？我能不能讓一個子類別**繼承兩個基底類別**？

這個想法聽起來很棒！但是它有一個問題！

如果 C# 真的可以讓你繼承多個基底類別的話，這種繼承會帶來一大堆問題。一個子類別可以繼承兩個基底類別稱為**多重繼承**。如果 C# 支援多重繼承，你就會陷入一種巨大且臃腫的類別難題，稱為…

真的是這樣！有些開發者將它稱為「鑽石問題」。

致命的死亡鑽石

Oven 與 Toaster 都繼承 Appliance，也都覆寫 TurnOn 方法。當我們想要製作 ToasterOven 類別時，可以從方便地從 Oven 繼承 Temperature，並且從 Toaster 繼承 SlicesOfBread。

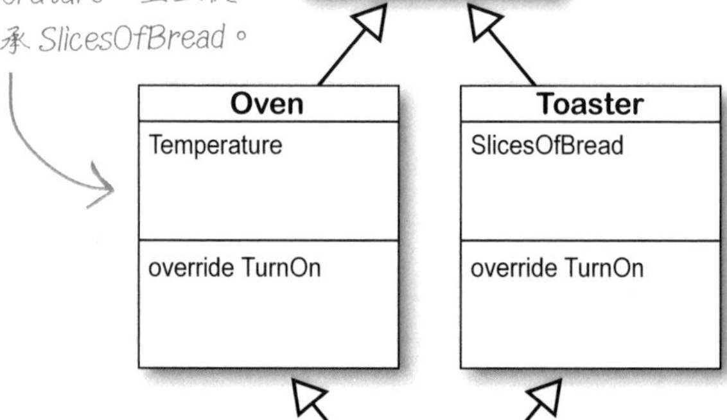

Oven 與 Toaster 類別都覆寫 TurnOn 方法。如果 C# 允許我們繼承 Oven 與 Toaster，ToasterOven 會得到哪個 TurnOn 版本？

在 C# 允許多重繼承的瘋狂世界裡，會發生什麼事情？我們來玩個小小的「假如」遊戲，看看結果會怎樣。

假如…你有個稱為 Appliance 的類別，它有一個抽象方法稱為 TurnOn？

而且假如…它有兩個子類別：一個是有 Temperature 屬性的 Oven，另一個是有 SicesOfBread 屬性的 Toaster？

而且假如…你想要製作一個 ToasterOven 類別，讓它既繼承 Temperature 也繼承 SlicesOfBread？

而且假如…C# 支援多重繼承，所以你可以這樣做？

最後一個問題…

***ToasterOven* 會繼承哪個 *TurnOn*？**

它會得到 Oven 的版本嗎？還是得到 Toaster 的版本？

我們無從得知！

這就是為什麼 C# 不允許多重繼承。

要是有個東西不僅長得**很像**抽象類別，又可以迴避鑽石問題，讓 C# 能夠一次繼承多個這種類別，**那該有多好！**

這應該只是我在幻想吧…

重點提示

- 子類別可以覆寫它繼承來的成員，把它們換成名稱相同的新方法或屬性。
- 覆寫方法或屬性的做法是幫基底類別加上 `virtual` **關鍵字**，然後幫子類別的同名成員加上 **`override` 關鍵字**。
- **`protected` 關鍵字**是一種存取修飾詞，它可以讓成員對它的子類別而言是 public，但是對其他類別而言是 private。
- 當子類別覆寫基底類別的方法時，被呼叫的一定是在子類別裡面定義的，而且**比較具體的版本**，即使呼叫它的是基底類別。
- 如果子類別只是加入一個名稱與基底類別的方法一樣的方法，這只會**隱藏**基底類別的方法，不會覆寫它。若要隱藏方法，你要使用 **`new` 關鍵字**。
- 遊戲的**動態**指的是如何結合各種機制，以及讓各種機制互相合作並驅動遊戲的玩法。
- 子類別可以用 **`base` 關鍵字**來使用基底類別。當基底類別有建構式時，子類別要使用 `base` 關鍵字來呼叫它
- 子類別與基底類別可以使用**不同的建構式**。子類別可以選擇要將什麼值傳給基底類別建構式。
- 在寫程式之前先在**紙上設計類別模型**，可以協助你了解和解決問題。
- 將類別之間的重疊度降到最低是重要的設計原則，稱為**關注點分離**。
- 當物件彼此互動時，**顯露行為**就會發生，它不是被直接寫成邏輯的行為。
- **抽象類別**是故意寫成不完整而且不能實例化的類別。
- 為方法或屬性加上 **`abstract` 關鍵字**並且省略主體即可將它宣告為抽象的。抽象類別的具體子類別都必須實作它。
- **重構**就是閱讀你已經寫好的程式，並且改善它，同時不改變它的行為。
- C# 因為**鑽石問題**而不允許多重繼承，鑽石問題的意思是它無法確定究竟該使用它所繼承的兩個基底類別的哪個成員版本。

Unity 實驗室 #3

GameObject 實例

這些深入淺出 C# Unity 實驗室都是為了**讓你練習撰寫 C# 程式**，C# 是物件導向語言，所以想當然耳，這些實驗室的重點是建立物件。

自從你在第 3 章學會 **new** 關鍵字以來，你已經建立許多物件了。在這個 Unity 實驗室裡，你將**建立一些 Unity GameObject 的實例**，並且在一個可以運作的完整遊戲裡面使用它們。這是用 C# 來編寫 Unity 遊戲的絕佳起點。

在接下來的兩個 Unity 實驗室中，我們要使用上一個實驗室裡面的撞球來**創造簡單的遊戲**。在這個實驗室裡，你會開始使用你已經學到的 C# 物件和實例知識來建構遊戲。**prefab** 是用來建立 GameObjects 的 Unity 工具，你將使用 **prefab** 來建立許多 GameObject 實例，並使用腳本來讓你的 GameObject 繞著遊戲的 3D 空間飛行。

我們來用 Unity 製作遊戲！

Unity 是專門用來製作遊戲的。所以在接下來的兩個 Unity 實驗室裡，你將運用學到的 C# 知識來建立簡單的遊戲。這就是你將製作的遊戲：

當你啟動遊戲時，場景會慢慢地出現許多撞球。玩家必須不斷按下它們，來讓它們消失。當場景裡面有 15 顆撞球時，遊戲結束。

遊戲會在右上角顯示分數。玩家每按掉一顆撞球就會得到 1 分。

當遊戲結束時，會出現一個 Play Again 按鈕，讓玩家開始新遊戲。

我們開始做吧。首先，你要設定 Unity 專案。這一次我們要好好地整理檔案，所以你會幫材質和腳本建立不同的資料夾，並且為 prefabs（這個實驗室很快就會教你）建立另一個資料夾：

1 在開始之前，關閉你已經打開的任何 Unity 專案。並且關閉 Visual Studio，因為接下來你會讓 Unity 幫你打開它。

2 使用 3D 樣板來**建立新的 Unity 專案**，就像你在之前的 Unity 實驗室裡面做的那樣。幫它取一個名稱，來讓你可以記得它屬於哪個實驗室（「Unity Labs 3 and 4」）。

3 選擇 Wide layout，讓你的畫面符合書中的螢幕畫面。

4 在 Assets 資料夾下面為材質建立一個資料夾。在 Project 視窗裡面的 **Assets 資料夾按下右鍵**，並選擇 Create >> Folder。將它命名為 ***Materials***。

5 在 Assets 下面建立另一個資料夾，將它命名為 ***Scripts***。

6 在 Assets 下面再建立一個資料夾，將它命名為 ***Prefabs***。

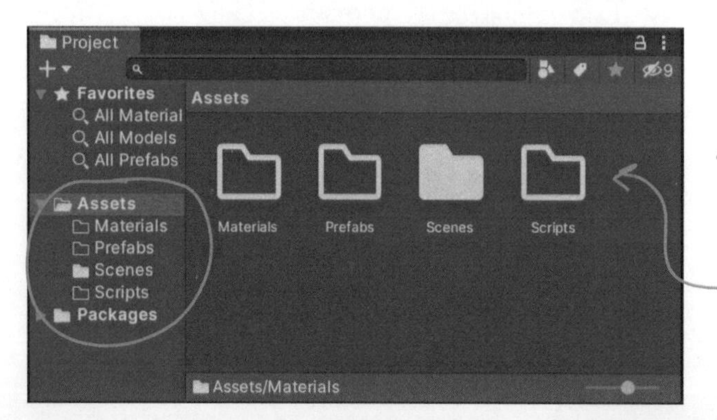

在 Assets 下面建立 Materials、Scripts 與 Prefabs 資料夾。

當這些資料夾裡面沒有東西時，Project 視窗會將它們顯示成空心的。

在 Materials 資料夾裡面建立新的材質

在新的 Materials 上面按兩下來打開它。你將會在這裡建立新的材質。

前往 https://github.com/head-first-csharp/fourth-edition，並按下 Billiard Ball Textures 連結（就像你在第一個 Unity 實驗室做的那樣），將紋理檔案 ***1 Ball Texture.png*** 下載到你的電腦的資料夾，然後將它拉入 Materials 資料夾一跟你在第一個 Unity 實驗室裡面處理下載的檔案時一樣，只是這一次要把它拉入你剛才建立的 Materials 資料夾，而不是上一層的 Assets 資料夾。

現在你可以建立新材質了。在 Project 視窗裡面的 Materials 資料夾上面按下右鍵並選擇 **Create >> Material**。將新材質命名為 **1 Ball**。你應該可以看到它出現在 Project 視窗的 Materials 資料夾裡面。

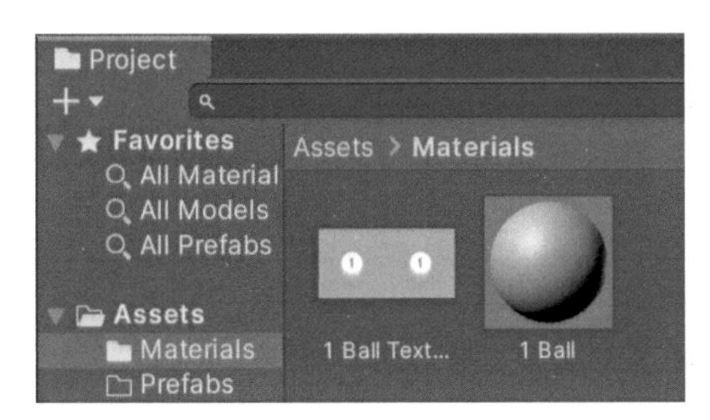

我們曾經在之前的 Unity 實驗室用過紋理，它是可讓 Unity 包覆 GameObjects 的點陣圖像檔。當你將紋理拉到球體上面時，Unity 會自動建立一個材質（material），並且用它來記錄如何轉譯 GameObject 的資訊（該 GameObject 引用紋理）。這一次是由你親自建立材質。與以前一樣，你可能要在 GitHub 網頁上面按下 Download 按鈕來下載紋理 PNG 檔。

在 Materials 視窗裡面選擇 1 Ball 材質，讓它出現在 Inspector 裡面。按下 *1 Ball Texture* 檔，並**將它拉到 Albedo 標籤左邊的方塊裡面**。

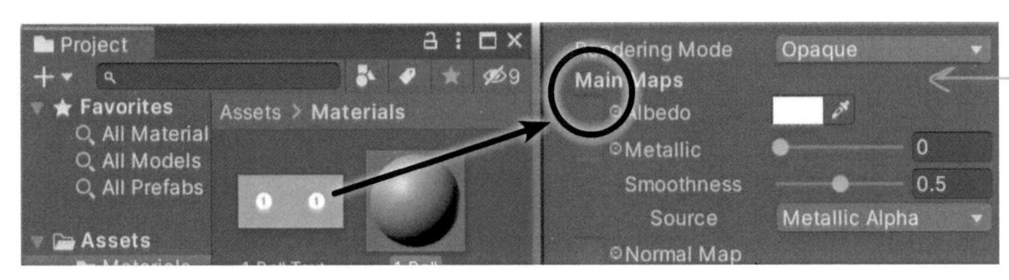

在 Project 視窗裡面選擇 1 Ball Texture 即可看到它的屬性，然後將紋理圖拉到 Albedo 標籤左邊的方塊。

現在你應該可以在 Inspector 裡面的 Albedo 左邊的方塊裡，看到很小張的 1 Ball 紋理圖。

用材質包住球體之後，它看起來像一顆撞球。

幕後花絮

GameObjects 的表面會反射光線。

在 Unity 遊戲裡面看到的具有顏色或紋理圖的物件是反射場景光源的 GameObject 表面，表面的顏色是由 **albedo**（反射率）控制的。反射率是一個物理學術語（具體來說是天文學），它的意思是某個物體反射出來的顏色。你可以在 Unity Manual 進一步了解反射率。在 Help 選單選擇「Unity Manual」可在瀏覽器打開手冊，然後搜尋「albedo」，你可以找到解釋反照率顏色與透明度的手冊頁面。

在場景的隨機地點生出一顆撞球

用一個稱為 OneBallBehaviour 的腳本來建立一個新的 Sphere GameObject：

- 在 GameObject 選單選擇 3D Object >> Sphere 來**建立一個球體**。
- 把新的 **1 Ball 材質**拉到它上面，讓它看起來像一顆撞球。
- 接下來，在 Project 視窗裡面的 **Scripts 資料夾按下右鍵，建立**一個名為 OneBallBehaviour 的 **C# 腳本**。
- **把這個腳本拉到** Hierarchy 視窗裡面的 **Sphere 上面**。選擇球體，在 Inspector 視窗裡面確認有一個名為「One Ball Behaviour」的 Script 元件。

在新腳本上面按兩下，準備在 Visual Studio 編譯它。加入你曾經在第一個 Unity 實驗室的 BallBehaviour 裡面使用的**同一段程式**，然後將 Update 方法裡面的 **Debug.DrawRay 那一行改為註解**。

你的 OneBallBehaviour 腳本應該會變成這樣：

```
public class OneBallBehaviour : MonoBehaviour
{
    public float XRotation = 0;
    public float YRotation = 1;
    public float ZRotation = 0;
    public float DegreesPerSecond = 180;

    // Start 會在第一次影格更新之前被呼叫
    void Start()
    {

    }

    // Update 會在每一個影格呼叫一次
    void Update()
    {
        Vector3 axis = new Vector3(XRotation, YRotation, ZRotation);
        transform.RotateAround(Vector3.zero, axis, DegreesPerSecond * Time.deltaTime);
        // Debug.DrawRay(Vector3.zero, axis, Color.yellow);
    }
}
```

我們不會在書中的腳本程式碼裡面放入 using 那幾行，請假設它們都在。

當你將 Start 方法加入 GameObject 之後，每當有該物件的新實例被加入場景時，Unity 就會呼叫該方法。如果你為 Hierarchy 視窗裡面的一個 GameObject 附加腳本，而且那個腳本裡面有 Start 方法，當遊戲開始執行時，那個方法就會被呼叫。

Unity 通常會在將 GameObject 加入場景之前實例化它。它只會在將 GameObject 實際加入場景時呼叫 Start 方法。

你不需要這一行，所以將它改成註解。

現在修改 Start 方法，在建立球體時，將它移到一個隨機的位置。具體的做法是設定 **transform.position**，它會改變 GameObject 在場景內的位置。這是將球體放到隨機地點的程式碼，將它**加入** OneBallBehaviour 腳本的 **Start 方法**：

```
    // Start 會在第一次影格更新之前被呼叫
    void Start()
    {
        transform.position = new Vector3(3 - Random.value * 6,
            3 - Random.value * 6, 3 - Random.value * 6);
    }
```

切記，Play 按鈕不會儲存你的遊戲！務必盡早儲存，經常儲存。

在 Unity 裡面使用 Play 按鈕來執行遊戲。現在應該會有一顆球在隨機地點繞著 Y 軸旋轉。停止遊戲再啟動遊戲幾次，每一次球會在不同的地點出現。

使用偵錯工具來了解 Random.value

你已經用過幾次 .NET System 名稱空間的 Random 類別了。你曾經在第 1 章的動物配對遊戲裡面用它來排列動物，也曾經在第 3 章用它來隨機抽出撲克牌。但是這個 Random 類別不一樣，你可以試著在 Visual Studio 裡面將游標移到 Random 關鍵字上面看看。

這兩個類別都稱為 Random，但是當你在 Visual Studio 裡面將游標移到它們上面來閱讀工具提示時，你會看到，你之前使用的類別在 System 名稱空間裡面。現在你要使用在 UnityEngine 名稱空間裡面的 Random 類別。

```
// Start is called before the first frame update
void Start()
{
    transform.position = new Vector3(3 - Random.value * 6,
        3 - Random.value * 6, 3 - Random.value * 6);
}
```

class UnityEngine.Random
Class for generating random data.

```
    static Random random = new Random();

    public st
    {
        string[] pickedCards = new string[numberOfCards];
```

class System.Random
Represents a pseudo-random number generator, which is a device that produces a sequence of numbers that meet certain statistical requirements for randomness.

這段程式來自之前的隨機抽出撲克牌的程式。

你可以從程式看出這個新的 Random 類別與之前的不一樣。之前，你要呼叫 Random.Next 來取得隨機值，而且那個值是整數。這段新程式使用 **Random.value**，但它不是方法，而是屬性。

使用 Visual Studio 來觀察這個 Random 類別給你哪一種值。按下「Attach to Unity」按鈕（在 Windows 是 ▶ Attach to Unity，在 macOS 是 ▶ Debug › Attach to Unity）。然後在你加入 Start 方法的那一行程式**加上中斷點**。

Unity 會提示你啟用偵錯，與上一個 Unity 實驗室一樣。

現在回到 Unity 並**啟動遊戲**。它應該會在你按下 Play 按鈕時立刻中斷。把游標移到 Random.value 上面，確保它在 **value** 上面。Visual Studio 會在工具提示裡面顯示它的值：

```
13    void Start()
14    {
15        transform.position = new Vector3(3 - Random.value * 6,
16            3 - Random.value * 6, 3 - Random.value * 6);
17    }
```

Random.value 0.4680484

讓 Visual Studio 持續連接 Unity 並重新啟動遊戲幾次。每次你重新啟動它時，你都會得到介於 0 與 1 之間的新隨機數字。

繼續將 Visual Studio 附加到 Unity，然後回到 Unity 編譯器並**停止遊戲**（在 Unity 編輯器裡面，不是在 Visual Studio 裡面）。再次啟動遊戲，多做幾次。每一次你都會得到不同的隨機值。這就是 UnityEngine.Random 的運作方式：每當你讀取它的 value 屬性時，它都會給你一個介於 0 和 1 之間的新隨機值。

按下 Continue（▶ Continue）來恢復執行遊戲。它應該會持續執行，只有 Start 方法裡面有中斷點，Unity 只會幫每一個 GameObject 實例呼叫一次這個方法，所以它不會再次中斷。然後回到 Unity，停止遊戲。

當 Visual Studio 被附加到 Unity 時，你不能在它裡面編譯腳本，所以你要按下方形的 Stop Debugging 按鈕，來切斷 Visual Studio 偵錯工具與 Unity 的連結。

將 GameObject 轉換成 prefab

Unity 的 **prefab** 是可以在場景裡面實例化的 GameObject。你已經在前幾章用過物件實例，以及藉著將類別實例化來建立物件了。Unity 可讓你利用物件與實例，重複使用同一個 GameObjects 來建立遊戲。我們接下來要把 1 ball GameObject 轉換成 prefab。

GameObjects 有名稱。將你的 GameObject 的名稱改成 *OneBall*。在 Hierarchy 視窗或是場景裡面**按下球體來選擇它**。然後使用 Inspector 視窗來**將它的名稱改成 OneBall**。

照過來！

當 Visual Studio 連接 Unity 時，它不會讓你編輯程式碼。

如果你試著編輯程式碼，卻發現 Visual Studio 不讓你做任何修改，原因應該是 Visual Studio 仍然連接 Unity！按下方塊形狀的 Stop Debugging 來切斷它。

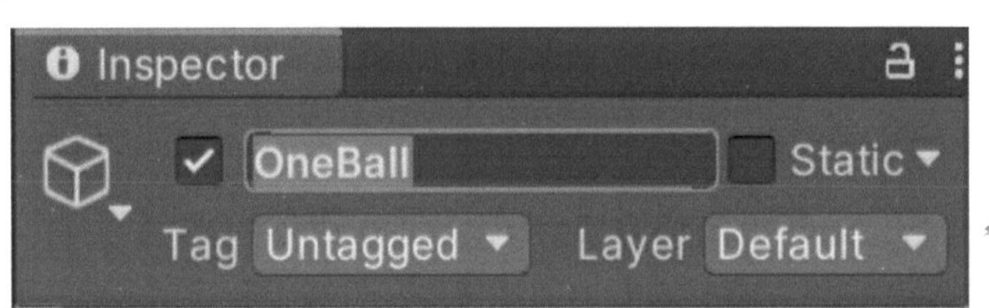

你也可以在 Hierarchy 視窗裡面的 GameObject 按下右鍵並選擇 Rename 來改變它的名稱。

現在你可以將 GameObject 轉換成 prefab 了。**從 Hierarchy 視窗將 OneBall 拉入 Prefabs 資料夾。**

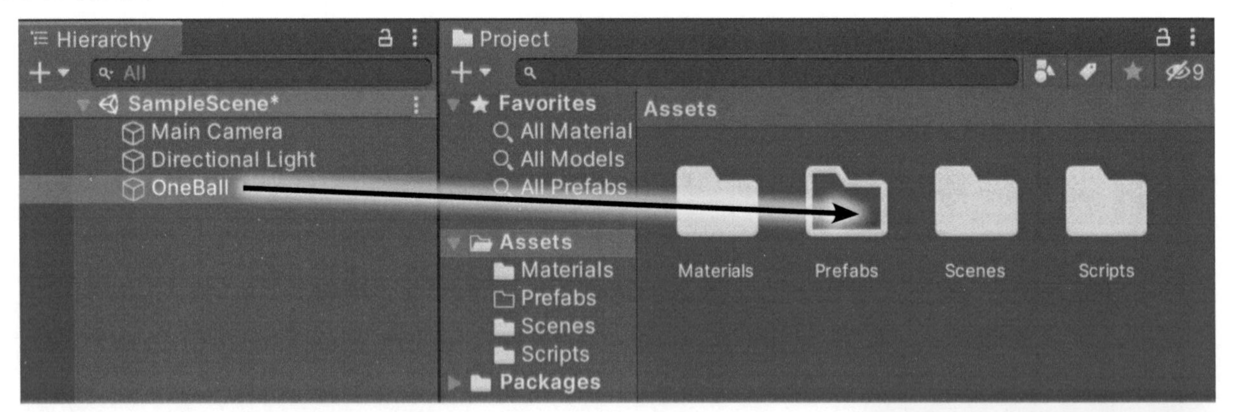

現在你的 Prefabs 資料夾裡面應該會出現 OneBall。留意，**現在 *Hierarchy* 視窗裡面的 *OneBall* 是藍色的**。這代表 Unity 將它變成藍色是為了告訴你：在你的階層裡面有一個 prefab 實例。雖然有一些遊戲適合採取這種做法，但是對這個遊戲來說，我們希望所有的球體實例都是腳本創造的。

在 Hierarchy 視窗裡面的 OneBall 上面按下右鍵，**將場景內的 OneBall GameObject 刪除**。現在你應該只會在 Project 視窗裡面看到它，在 Hierarchy 視窗和場景裡面都看不到它。

你有沒有在過程中儲存場景？盡早儲存，經常儲存！

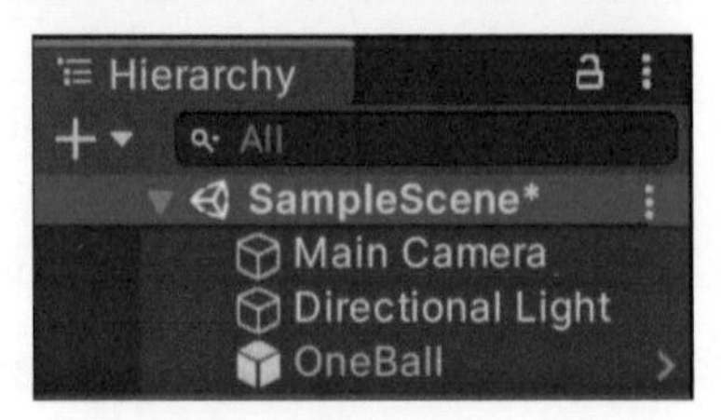

GameObject 在 Hierarchy 視窗裡面變成藍色，就是 Unity 在告訴你它是個 prefab 實例。

建立腳本來控制遊戲

遊戲需要用一種方式將撞球加入場景（也要記錄分數，以及顯示遊戲是否結束）。

在 Project 視窗的 Scripts 資料夾按下右鍵，並**建立一個稱為 GameController 的新腳本**。你的新腳本將使用兩個方法，任何一個 GameObject 腳本裡面都有它們：

- **用來建立 GameObject 實例的 Instantiate 方法**。在 Unity 裡面實例化 GameObjects 通常不會使用第 2 章的關鍵字，而是使用 Instantiate 方法，你會在 AddABall 方法裡面呼叫它。
- **會反覆地呼叫另一個方法的 InvokeRepeating 方法**。在這個例子裡，它會等待一秒半，然後在接下來的遊戲中，每秒呼叫一次 AddABall 方法。

你傳給 InvokeRepeating 的第二個引數是什麼型態？

這是它的原始碼：

```
public class GameController : MonoBehaviour
{
    public GameObject OneBallPrefab;

    void Start()
    {
        InvokeRepeating("AddABall", 1.5F, 1);
    }

    void AddABall()
    {
        Instantiate(OneBallPrefab);
    }
}
```

Unity 的 InvokeRepeating 方法會一次又一次地呼叫另一個方法。它的第一個參數是想要呼叫的方法名稱字串（「invoke」的意思是呼叫一個方法）。

這是一個稱為 AddABall 的方法。它的作用只是建立一個新的 prefab 實例。

你要將 OneBallPrefab 欄位當成參數傳給 Instantiate 方法，Unity 會用它來建立 prefab 的實例。

動動腦

Unity 只會執行被附加到場景之中的 GameObjects 的腳本，GameController 腳本會建立 OneBall prefab 實例，但我們要將它附加到某個東西，幸運的是，鏡頭其實是個具有 Camera 元件（還有 AudioListener）的 GameObject，在場景裡面永遠都有 Main Camera。那麼…你認為我們會對新的 GameController 腳本做什麼事？

將腳本附加到 Main Camera

新的 GameController 腳本必須附加到一個 GameObject 才能執行。幸運的是，Main Camera 其實是另一個 GameObject，它只是一個具有 Camera 與 AudioListener 元件的 GameObject，所以我們要將新腳本附加至它上面。在 Project 視窗裡，從 Scripts 資料夾**將 GameController 腳本**拉到 Hierarchy 視窗的 **Main Camera**。

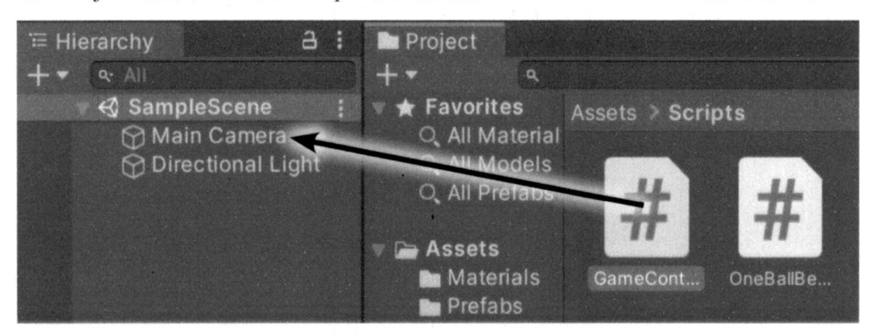

你已經在第 5 章學過關於 public 與 private 欄位的所有知識了。當腳本類別有 public 欄位時，Unity 編輯器會在 Inspector 內的 Script 元件裡面顯示那個欄位。它會在名稱的大寫之間加上空格，來讓它更容易閱讀。

在 Inspector 裡面，你會看到腳本的元件，與任何其他 GameObject 一樣。這個腳本有個**稱為 *OneBallPrefab* 的 *public* 欄位**，所以 Unity 會在 Script 元件裡面顯示它。

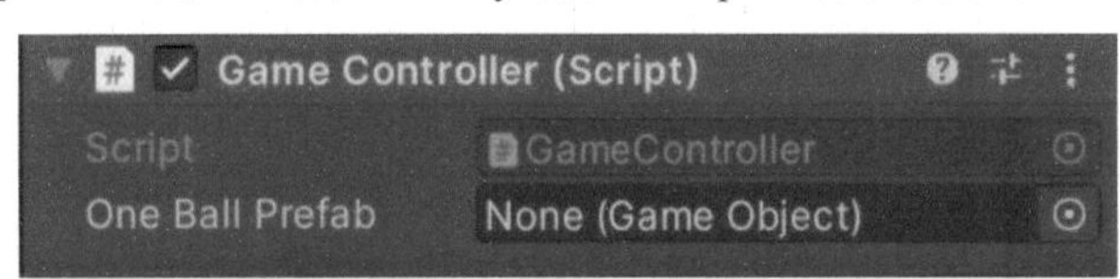

這是在 GameController 類別裡面的 OneBallPrefab 欄位。Unity 會在大寫字母之間加上空格來讓它更容易閱讀（如同我們在上一個實驗室看過的那樣）。

OneBallPrefab 欄位仍然是 None，所以我們要設定它。**從 Prefabs 資料夾將 OneBall 拉到 One Ball Prefab 標籤旁邊的方塊**<u>裡面</u>。

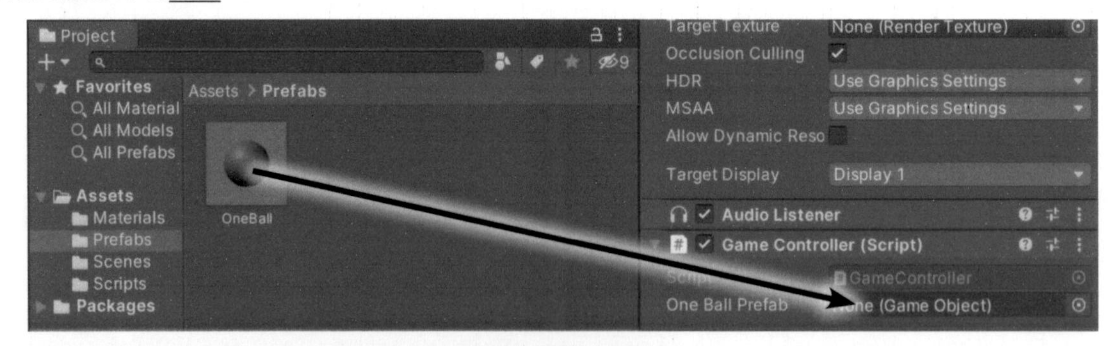

現在 GameController 的 OneBallPrefab 欄位裡面有指向 OneBall prefab 的**參考**了：

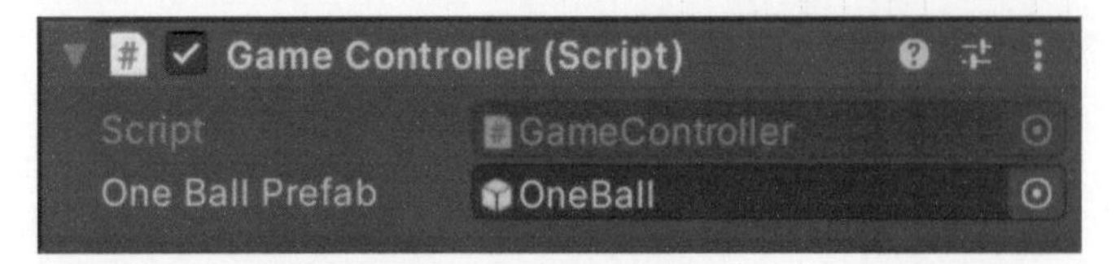

回去程式，並**仔細地閱讀 AddABall 方法**，它會呼叫 Instantiate 方法，將 OneBallPrefab 欄位當成引數傳給它。你剛才已經設定那個欄位，讓它裡面有你的 prefab 了。所以每當 GameController 呼叫它的 AddABall 方法時，它就會**建立一個 *OneBall prefab* 的新實例**。

按下 Play 來執行你的程式

你的遊戲已經可以執行了。被附加到 Main Camera 的 GameController 腳本會等待 1.5 秒，然後每秒實例化一個 OneBall prefab。被實例化出來的 OneBall 的 Start 方法會將它移到隨機地點，它的 Update 方法會使用 OneBallBehaviour 欄位來讓它繞著 Y 軸每 2 秒旋轉一次（與上一個實驗室一樣）。遊戲區域會慢慢填滿旋轉的球：

當你在程式中實例化 GameObjects 時，它們會在你執行遊戲時，在 Hierarchy 視窗裡面出現。

Unity 會在每一個影格之前呼叫每一個 GameObject 的 Update 方法。這種機制稱為更新迴圈（update loop）。

在 Hierarchy 視窗裡觀察當下的實例

每一顆繞著場景飛行的球都是一個 OneBall prefab 的實例。每一個實例都有它自己的 OneBallBehaviour 類別的實例。你可以使用 Hierarchy 視窗來追蹤所有的 OneBall 實例，每當有一個實例被創造出來時，就有一個「OneBall(Clone)」項目被加入 Hierarchy。

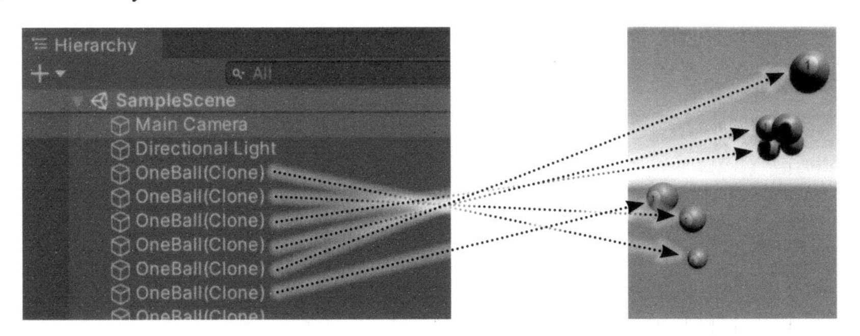

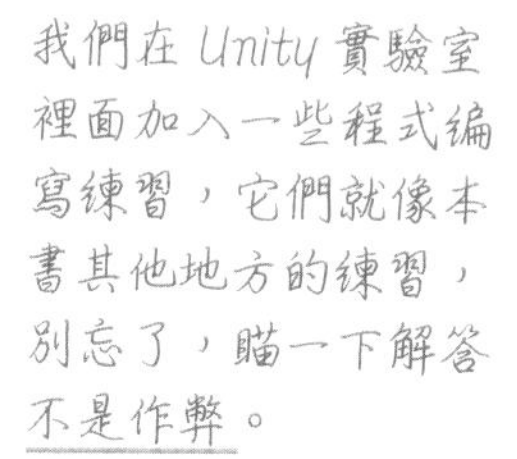

我們在 Unity 實驗室裡面加入一些程式編寫練習，它們就像本書其他地方的練習，別忘了，瞄一下解答不是作弊。

按下任何一個 OneBall(Clone) 項目，以便在 Inspector 裡面觀察它。你會看到 Transform 值會隨著它的旋轉而改變，與上一個實驗室一樣。

想一下如何在 OneBallBehaviour 腳本裡面加入 BallNumber 欄位，如此一來，當你在 Hierarchy 裡面按下一個 OneBall 實例，並檢查它的 One Ball Behaviour (Script) 元件時，在 X Rotation、Y Rotation、Z Rotation 與 Degrees Per Second 標籤的下面都有一個 Ball Number 欄位：

Ball Number	11

OneBall 的第一個實例的 Ball Number 欄位應該設為 1。第二個實例應該設為 2，第三個是 3，以此類推。給你一個提示：你必須設法記錄一個**所有 *OneBall* 實例共用的**計數。你會修改 Start 來遞增它，然後用它來設定 *BallNumber* 欄位。

藉由 Inspector 來使用 GameObject 實例

執行遊戲，在一些球被實例化之後，按下 Pause 按鈕，Unity 編輯器會跳回 Scene 畫面。在 Hierarchy 視窗裡面按下一個 OneBall 實例來選擇它。Unity 編輯器會在 Scene 視窗裡面突顯它，來告訴你哪一個物件被你選取。在 Inspector 視窗裡面，將 Transform 元件的 **Z scale 值設成 4** 來將它拉長。

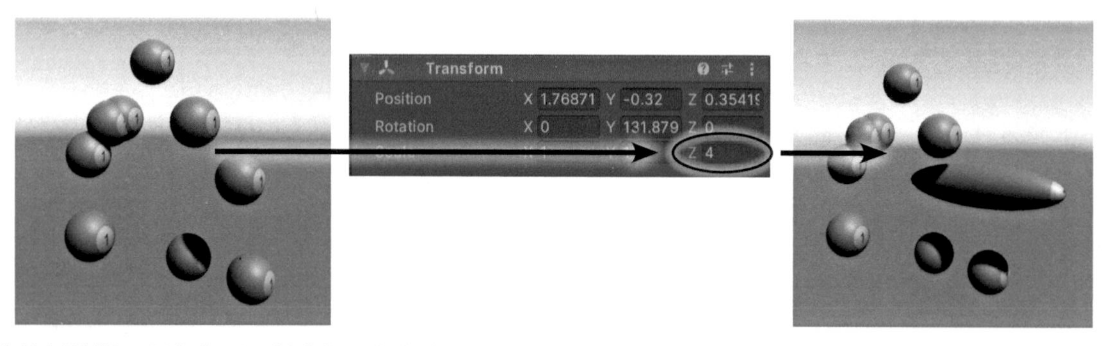

再次執行模擬，現在你可以認出你正在修改哪一顆球了。試著改變它的 DegreesPerSecond、XRotation、YRotation 與 ZRotation 欄位，就像你在上一個實驗室做過的那樣。

當遊戲執行時，在 Game 與 Scene 畫面之間切換。**當遊戲正在執行時**，你可以在 Scene 畫面裡面使用 Gizmos，即使 GameObject 實例是用 Instantiate 方法建立出來的（而不是被加入 Hierarchy 視窗）。

試著按下工具列上面的 Gizmos 按鈕來將它們打開與關閉。你可以在 Game 畫面裡面打開 Gizmos，在 Scene 畫面裡面將它們關閉。

你可以在 OneBallBehaviour 腳本加入一個 BallNumber 欄位，並且用一個 static 欄位（我們稱之為 BallCount）來記錄現在已經加入幾顆球了。每一次有球被實例化時，Unity 就會呼叫它的 Start 方法，所以你可以遞增 static BallCount 欄位，並將它的值指派給那個實例的 BallNumber 欄位。

```
static int BallCount = 0;
public int BallNumber;

void Start()
{
    transform.position = new Vector3(3 - Random.value * 6,
        3 - Random.value * 6, 3 - Random.value * 6);

   BallCount++;
   BallNumber = BallCount;
}
```

所有的 OneBall 實例都共用一個 static BallCount 欄位，所以第一個實例的 Start 方法會將它遞增到 1，第二個實例會將 BallCount 遞增到 2，第三個將它遞增到 3，以此類推。

使用物理引擎來防止球互插

你有沒有發現球有時會互插？

Unity 有強大的**物理引擎**可以讓 GameObjects 表現得像真實的固體一樣，但固體的形狀不會互插。你只要告訴 Unity：「OneBall prefab 是固體物件」，就可以避免那種互插的現象了。

停止遊戲，然後**在 Project 視窗裡面按下 OneBall prefab** 來選擇它。接著在 Inspector 的最下面找到 Add Component 按鈕：

Add Component

按下這個按鈕會出現 Component 視窗。**選擇 Physics** 來顯示物理元件，然後**選擇 Rigidbody** 來加入該元件。

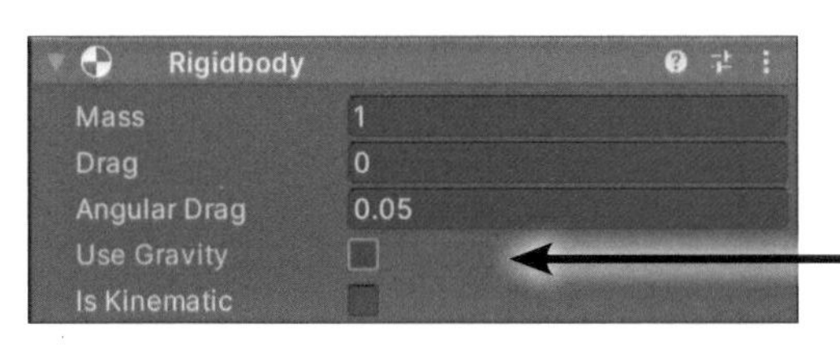

取消 Use Gravity 的核取方塊中的核取。否則這些球會被重力影響開始往下掉，因為沒有東西可以阻擋它們，所以它們會不停落下。

當你進行物理實驗時，可以做一個討伽利略喜歡的實驗。試著在遊戲執行時將 Use Gravity 方塊打勾。現在建立出來的球會開始掉落，偶爾會打到另一顆球並將它撞開。

再次執行遊戲，現在球不會互插了。有時在一顆球上面會出現另一顆球，此時，新球會把舊球撞開。

我們做一個小型的物理實驗，來證明這些球現在是剛性的。啟動遊戲，在有超過兩顆球被創造出來時暫停遊戲。前往 Hierarchy 視窗。如果它長這樣：

代表你正在編輯 prefab，按下 Hierarchy 視窗右上角的 ‹ 以回到場景（你可能需要再次展開 SampleScene）。

- 按住 Shift 鍵，在 Hierarchy 視窗按下第一個 OneBall 實例，再按下第二個，以同時選擇前兩個 OneBall 實例。
- 你會在 Transform 面板的 Position 方塊裡面看到短線（–）。**將 Position 設為 (0, 0, 0)** 來同時設定這兩個 OneBall 實例的位置。
- 使用 Shift 加滑鼠按鍵來選擇所有其他 OneBall 實例，按下右鍵並**選擇 Delete** 來將它們從場景移除，只留下兩顆互插的球。
- 恢復執行遊戲，現在兩顆球不會互插，它們變成碰在一起並旋轉。

你可以使用 Hierarchy 視窗在遊戲運行時將場景中的 GameObjects 刪除。

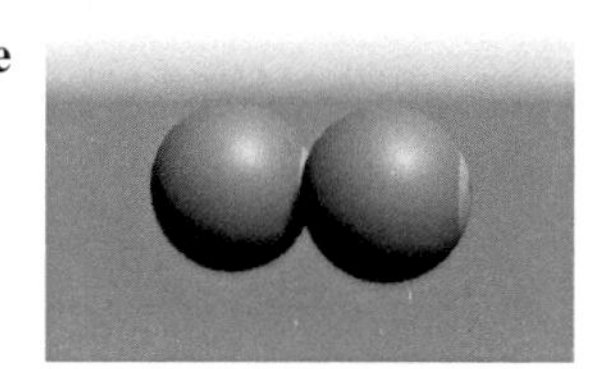

在 Unity 與 Visual Studio 裡面停止遊戲並儲存場景。盡早儲存，經常儲存！

發揮創意！

現在你已經完成一半的遊戲了。你將在下一個 Unity 實驗室裡完成它。現在也是練習你的**紙上雛型設計**技巧的好機會。我們曾經在這個 Unity 實驗室的開頭說明這個遊戲。試著建立這個遊戲的紙上雛型。你可以想出讓它更有趣的方式嗎？

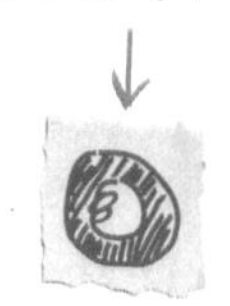
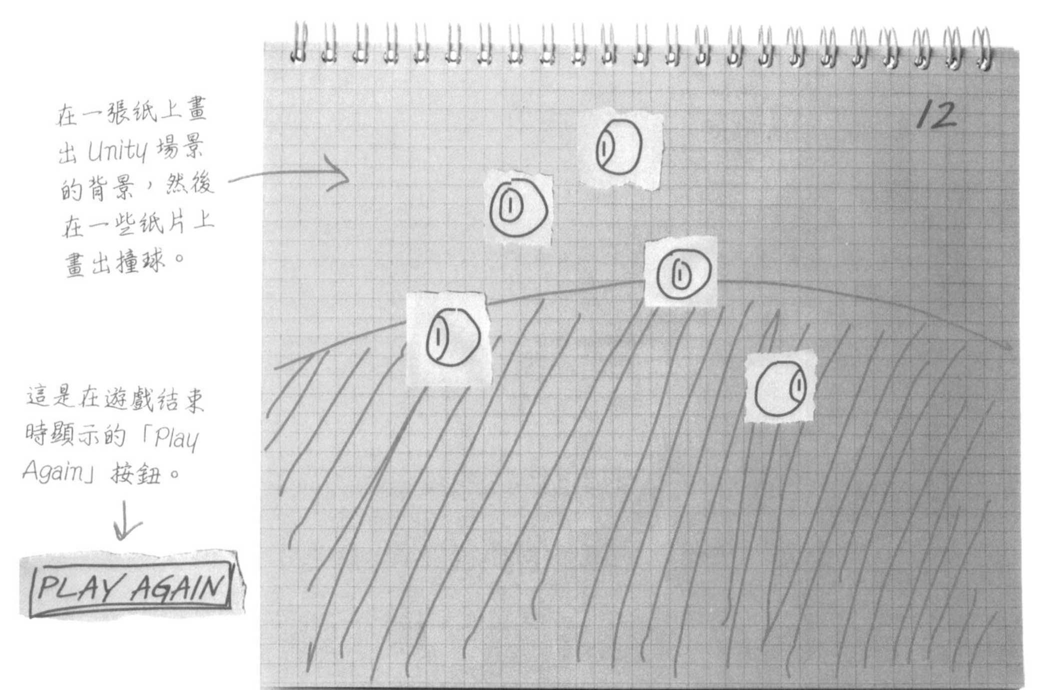

在一張紙上畫出 Unity 場景的背景，然後在一些紙片上畫出撞球。
12
這是在遊戲結束時顯示的「Play Again」按鈕。
PLAY AGAIN
你可以使用前兩個 Unity 實驗室裡面的 8 號球來讓遊戲更有趣嗎？

重點提示

- **反射率（albedo）**是一個物理術語，它的意思是物體反射的顏色。Unity 可以將紋理圖當成材質的反射率。
- Unity 有它自己的 **Random 類別**，該類別在 UnityEngine 名稱空間裡面。static Random.value 方法會回傳一個介於 0 和 1 之間的隨機數字。
- **prefab** 是可以在場景中實例化的 GameObject。你可以將任何 GameObject 轉換成 prefab。
- **Instantiate 方法**會建立 GameObject 的新實例。Destroy 方法會摧毀它。實例會在更新迴圈結束時，被建立與摧毀。
- **InvokeRepeating 方法**會一次又一次地呼叫腳本內的另一個方法。
- Unity 會在每一個影格之前呼叫每一個 GameObject 的 Update 方法。這種機制稱為**更新迴圈（update loop）**。
- 你可以在 Hierarchy 視窗裡面按下 prefab 來**觀察它們的即時實例**。
- 當你為 GameObject 加入 **Rigidbody** 元件時，Unity 的物理引擎會讓它的行為與真實的固體物理物體一樣。
- Rigidbody 元件可讓你打開或關閉一個 GameObject 的**重力（gravity）**。

7　介面、轉型與「is」

讓類別遵守它們的承諾

需要讓物件進行特定的工作嗎？那就使用介面（interface）吧！

有時你需要根據物件**可以做的事情**（而不是它們繼承的類別）來組織物件，此時可以使用**介面**。你可以使用介面來定義**特定的工作**，任何一個**實作**該介面的類別實例都保證會做那項工作，無論它與其他的類別有什麼關係。為了讓它們都可以工作，實作介面的類別都必須承諾**履行它的所有義務**，否則編譯器會打斷它的腳骨，明不明白？

蜂巢被攻擊了！

有個敵巢正試著占領 Queen 的領地，不斷派出敵蜂攻擊她的工蜂。所以她加入一種新的精英 Bee 子類別，稱為 HiveDefender，來保護蜂巢。

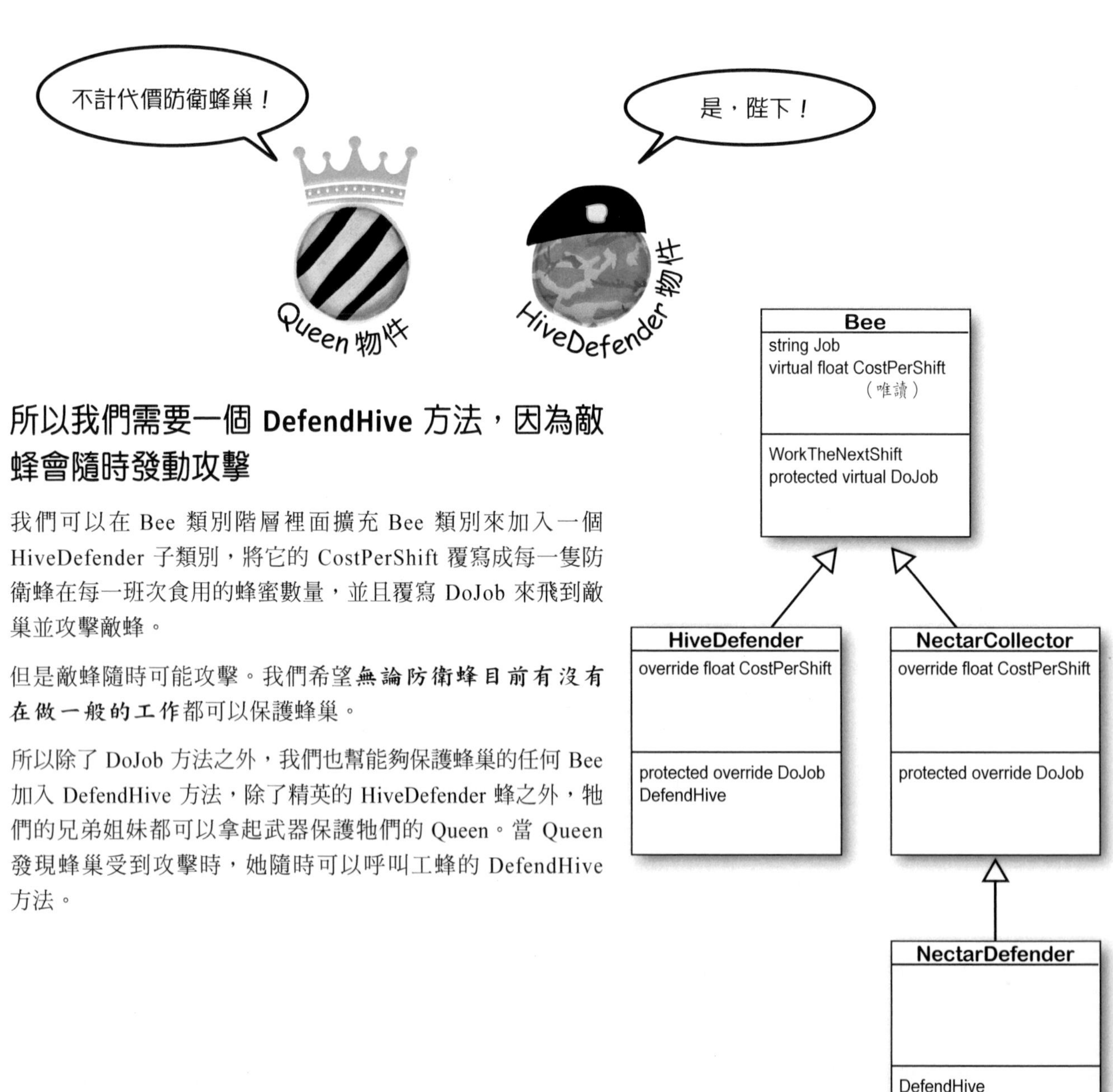

所以我們需要一個 DefendHive 方法，因為敵蜂會隨時發動攻擊

我們可以在 Bee 類別階層裡面擴充 Bee 類別來加入一個 HiveDefender 子類別，將它的 CostPerShift 覆寫成每一隻防衛蜂在每一班次食用的蜂蜜數量，並且覆寫 DoJob 來飛到敵巢並攻擊敵蜂。

但是敵蜂隨時可能攻擊。我們希望**無論防衛蜂目前有沒有在做一般的工作**都可以保護蜂巢。

所以除了 DoJob 方法之外，我們也幫能夠保護蜂巢的任何 Bee 加入 DefendHive 方法，除了精英的 HiveDefender 蜂之外，牠們的兄弟姐妹都可以拿起武器保護牠們的 Queen。當 Queen 發現蜂巢受到攻擊時，她隨時可以呼叫工蜂的 DefendHive 方法。

我們可以使用轉型來呼叫 DefendHive 方法…

之前編寫 Queen.DoJob 方法時，你使用一個 foreach 迴圈從 workers 陣列取得每一個 Bee 參考，然後用那個參考來呼叫 worker.DoJob。當蜂巢被攻擊時，Queen 會呼叫她的防衛蜂的 DefendHive 方法。所以我們要給她一個 HiveUnderAttack 方法，讓她在每次蜂巢被敵蜂攻擊時可以呼叫，她也會用一個 foreach 迴圈來命令她的工蜂防衛蜂巢，直到所有的入侵者都離開為止。

但是有一個問題。Queen 可以使用 Bee 參考來呼叫 DoJob 是因為每一個子類別都覆寫了 Bee.DoJob，但是她不能用 Bee 參考來呼叫 DefendHive 方法，因為該方法不屬於 Bee 類別。那麼，她該如何呼叫 DefendHive？

因為 DefendHive 只在各個子類別裡面定義，我們要使用**轉型**來將 Bee 參考轉換成正確的子類別，以便呼叫它的 DefendHive 方法。

```
public void HiveUnderAttack() {
    foreach (Bee worker in workers) {
        if (EnemyHive.AttackingBees > 0) {
            if (worker.Job == "Hive Defender") {
                HiveDefender defender = (HiveDefender) worker;
                defender.DefendHive();
            } else if (worker.Job == "Nectar Defender") {
                NectarDefender defender = (NectarDefender) defender;
                defender.DefendHive();
            }
        }
    }
}
```

… 但是如果我們要加入更多可以防衛蜂巢的 Bee 子類別呢？

有些製蜜工蜂和顧卵工蜂也想要提升自我，保護蜂巢。這意味著我們要在她的 HiveUnderAttack 方法加入更多 else 區塊，

事情越來越複雜了。Queen.DoJob 是精簡的方法，它利用 Bee 類別模型，用一個簡短的 foreach 迴圈來呼叫在子類別裡實作的 DoJob 方法特定版本。我們不能這樣處理 DefendHive，因為它不屬於 Bee 類別，而且我們不想要加入它，因為並非每一種蜜蜂都可以保護蜂巢。**有沒有更好的辦法可以讓彼此不相關的類別做同一個工作？**

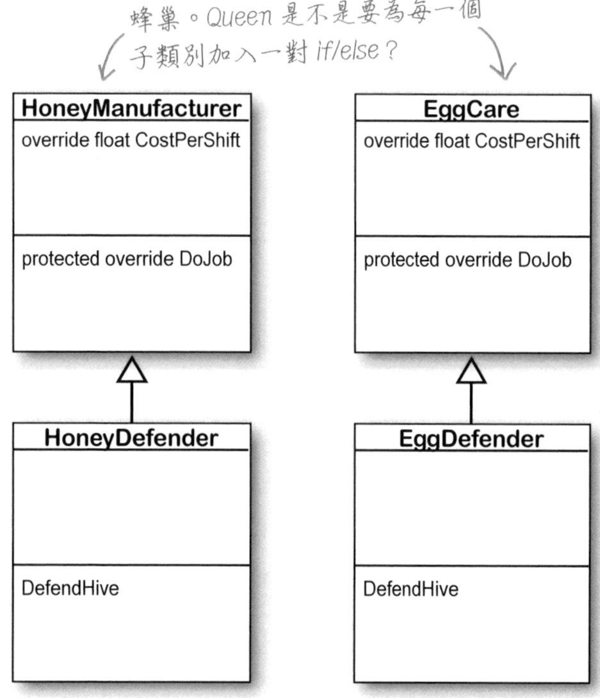

介面定義了類別必須實作的方法與屬性…

介面的工作方式與抽象類別很像：你會使用抽象方法，也會使用冒號（:）來讓類別實作介面。

所以為了幫蜂巢加入防衛蜂，我們可以加入一個稱為 IDefend 的介面。這是它的樣子。它使用 **interface 關鍵字**來定義介面，並且有一個成員，也就是稱為 Defend 的抽象方法。在介面裡的所有成員在預設情況下都是 public 且 abstract，所以 C# 幫你簡化工作，讓你**不需要加上 *public* 與 *abstract* 關鍵字**：

```
interface IDefend
{
    void Defend();
}
```

這個介面有一個成員，也就是稱為 Defend 的 public abstract 方法。它的工作方式就像你在第 6 章看過的 abstract 方法。

所有實作 IDefend 介面的類別都**必須加入一個 Defend 方法**，而且那個方法的宣告式必須符合介面的方法，如果宣告式不相符，編譯器會顯示錯誤訊息。

…但是一個類別可以實作任何數量的介面

我們剛才叫你使用冒號（:）來讓類別實作介面。如果那個類別已經使用冒號來擴充一個基底類別了呢？沒問題！**一個類別可以實作許多不同的介面，即使它已經擴充基底類別了：**

```
class NectarDefender : NectarCollector, IDefend
{
    void Defend() {
        /* 保護蜂巢的程式碼 */
    }
}
```

因為 Defend 方法是 IDefend 介面的一部分，NectarDefender 類別必須實作它，否則它無法編譯。

當類別實作介面時，它必須加入介面裡面列出來的所有方法與屬性，否則程式將無法組建。

現在我們有一個行為很像 NectarCollector，但是也可以保護蜂巢的類別了。NectarCollector 繼承 Bee，所以如果你**透過 Bee 參考來使用它**，它的行為就像 Bee：

```
Bee worker = new NectarCollector();
Console.WriteLine(worker.Job);
worker.WorkTheNextShift();
```

但是如果你**透過 IDefend 參考來使用它**，它的行為像防護蜂：

```
Bee worker = new NectarDefender();
defender.Defend();
```

介面可讓不相關的類別做同一項工作

介面可以幫你設計容易理解和建構的 C# 程式碼。你可以先想一下**各種類別需要做的具體工作**，因為那就是介面的目的。

任何 Bee 都可以實作 IDefender 介面，無論它在類別階層的哪個地方，只要它有 DefendHive 方法，程式就可以組建。

IDefender

DefendHive

我們在類別圖裡面使用虛線來代表被實作的介面。

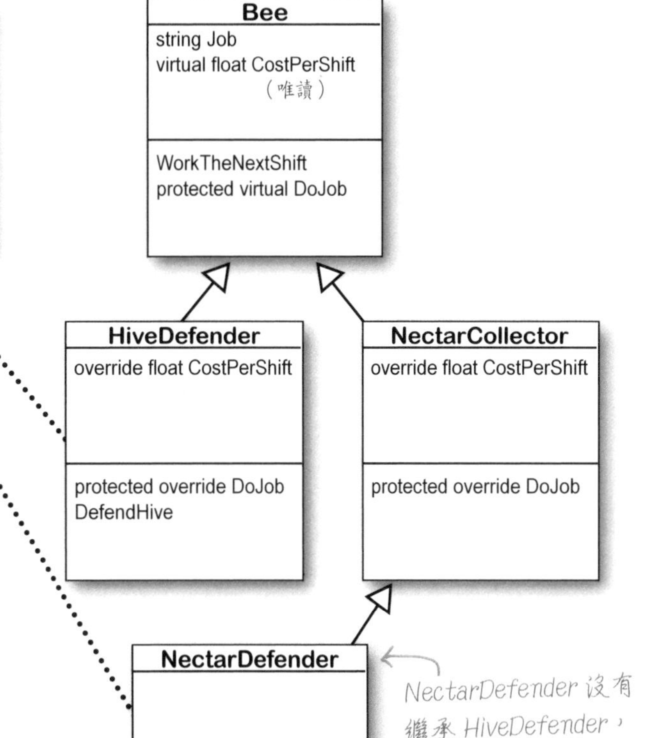

那麼，這對 Queen 有什麼幫助？IDefender 介面完全位於 Bee 類別階層之外。所以我們可以加入一個能夠保護蜂巢的 NectarDefender 類別，而且**它仍然可以繼承 *NectarCollector***。Queen 可以將所有的防衛蜂放入一個陣列：

```
IDefender[] defenders = new IDefender[2];
defenders[0] = new HiveDefender();
defenders[1] = new NectarDefender();
```

所以她很容易集結防衛蜂：

```
private void DefendTheHive() {
  foreach (IDefender defender in defenders)
  {
     defender.Defend();
  }
}
```

而且因為這個介面在 Bee 類別模型的外面，所以我們**不需要修改既有的程式就可以做這件事**。

我知道你可以保護蜂巢了，我們將會更安全！

Fun 輕鬆

我們將提供許多介面範例。

你是不是還不太明白介面如何運作，以及為何需要使用它們？別擔心，這很正常！雖然介面的語法很簡單，但是它也有**很多細節**。所以我們會花更多時間在介面上…並提供大量的範例和練習。

使用介面來做一些練習

了解介面最好的辦法就是立刻開始使用它們。現在就**建立一個新的 Console App** 專案。

1 **加入 Main 方法**。下面有個 TallGuy 類別，我們在 Main 方法裡面用物件初始設定式來將它實例化，並呼叫它的 TalkAboutYourself 方法。目前沒有什麼特別的地方，我們很快就會使用它：

```
class TallGuy {
    public string Name;
    public int Height;

    public void TalkAboutYourself() {
        Console.WriteLine($"My name is {Name} and I'm {Height} inches tall.");
    }
}

class Program
{
    static void Main(string[] args)
    {
        TallGuy tallGuy = new TallGuy() { Height = 76, Name = "Jimmy" };
        tallGuy.TalkAboutYourself();
    }
}
```

2 **加入介面**。我們要讓 TallGuy 實作介面。在專案中加入一個新的 IClown 介面：在 SolutionExplorer 裡面的專案按下右鍵，**選擇 Add >> New Item⋯（Windows）或 Add >> New File⋯（Mac），並選擇 Interface**。將它命名為 *IClown.cs*。IDE 會建立一個介面，包含介面宣告式。加入 Honk 方法：

```
interface IClown
{
    void Honk();
}
```

你不需要在介面裡面加入「public」或「abstract」，因為它會自動將每一個屬性與方法宣告成 public 與 abstract。

3 **試著完成 IClown 介面的其餘部分**。在進行下一步之前，看看你能不能完成 IClown 介面其餘的部分，並修改 TallGuy 類別來實作這個介面。IClown 介面除了需要一個不接收任何參數的 void 方法 Honk 之外，也需要一個唯讀的 string 屬性，稱為 FunnyThingIHave，它有 getter，但沒有 setter。

介面名稱是以 I 開頭的

在建立介面時，你應該讓它的名稱的第一個字是大寫的 I，雖然沒有任何人規定你要這樣做，但它會讓程式更容易理解。你可以自己試試看它會不會讓你過得更輕鬆。在 IDE 裡面的任何空白行輸入「I」，IntelliSense 就會顯示 .NET 介面。

4 **這是 IClown 介面**。你有沒有寫對？如果你先寫 Honk 方法沒關係，在介面裡面，成員的順序無關緊要，正如同順序在類別裡面也無關緊要。

```
interface IClown
{
    string FunnyThingIHave { get; }
    void Honk();
}
```

IClown 介面要求任何一個實作它的類別都要有一個 void 方法 Honk，以及一個有 getter 的 string 屬性 FunnyThingIHave。

5 **修改 TallGuy 類別，讓它實作 IClown**。切記，冒號運算子後面一定要放上你想要繼承的基底類別（如果有的話），然後才是你想要實作的一系列介面，全部都用逗號分開。因為我們不使用基底類別，而且只想要實作一個介面，所以宣告式是：

```
class TallGuy : IClown
```

然後確保類別其餘的地方都是一樣的，包含兩個欄位與方法。在 IDE 的 Build 選單選擇 Build Solution 來編譯並組建程式。你會看到兩個錯誤：

```
CS0535 'TallGuy' does not implement interface member 'IClown.FunnyThingIHave'
CS0535 'TallGuy' does not implement interface member 'IClown.Honk()'
```

6 **加入遺漏的介面成員來修正錯誤**。當你加入介面定義的所有方法與屬性時，錯誤就會消失。繼續實作介面。加入一個稱為 FunnyThingIHave 的唯讀 string 屬性，讓它有一個永遠回傳字串「big shoes」的 getter。然後加入一個在主控台輸出「Honk honk!」的 Honk 方法。

這是它的樣子：

```
public string FunnyThingIHave {
    get { return "big shoes"; }
}

public void Honk() {
    Console.WriteLine("Honk honk!");
}
```

實作 IClown 介面的類別都必須有一個稱為 Honk 的 void 方法，以及一個稱為 FunnyThingIHave 而且有 getter 的 string 屬性。FunnyThingIHave 屬性也可以擁有 setter。因為介面沒有指定它，所以有沒有它都沒關係。

7 **現在你的程式可以編譯了**。修改 Main 方法，讓它印出 TallGuy 物件的 FunnyThingIHave 屬性，然後呼叫它的 Honk 方法：

```
static void Main(string[] args) {
    TallGuy tallGuy = new TallGuy() { Height = 76, Name = "Jimmy" };
    tallGuy.TalkAboutYourself();
    Console.WriteLine($"The tall guy has {tallGuy.FunnyThingIHave}");
    tallGuy.Honk();
}
```

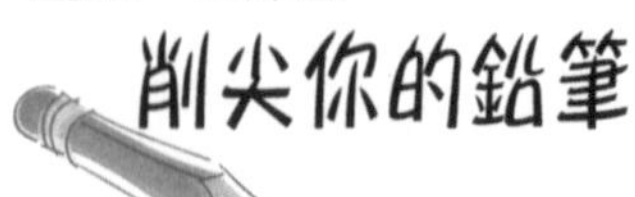

削尖你的鉛筆

接下來是讓你展現藝術才華的機會。左邊是一些類別與介面宣告式。你的工作是在右邊畫出它們的類別圖。別忘了用虛線來代表實作介面，用實線來代表繼承類別。

當你看到… **它的圖長怎樣？**

我們先為你完成第一題。

1)

```
interface Foo { }
class Bar : Foo { }
```

(interface) Foo ← Bar

2)

```
interface Vinn { }
abstract class Vout : Vinn { }
```

3)

```
abstract class Muffie : Whuffie { }
class Fluffie : Muffie { }
interface Whuffie { }
```

4)

```
class Zoop { }
class Boop : Zoop { }
class Goop : Boop { }
```

第 5 題需要比較多空間。

5)

```
class Gamma : Delta, Epsilon { }
interface Epsilon { }
interface Beta { }
class Alpha : Gamma,Beta { }
class Delta { }
```

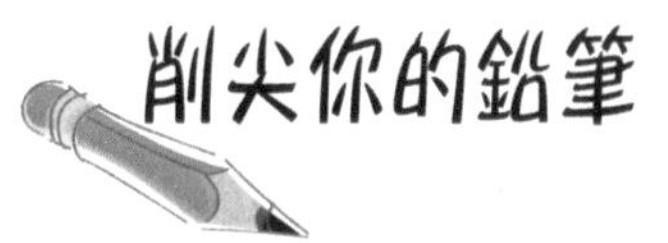

下面的左邊有許多類別圖。你的工作是把它們轉換成有效的 C# 宣告式。**我們已經幫你完成第 1 題了。**有沒有發現類別宣告式只有一對大括號 **{ }**？那是因為這些類別沒有任何成員。（但是它們仍然是可組建的有效類別！）

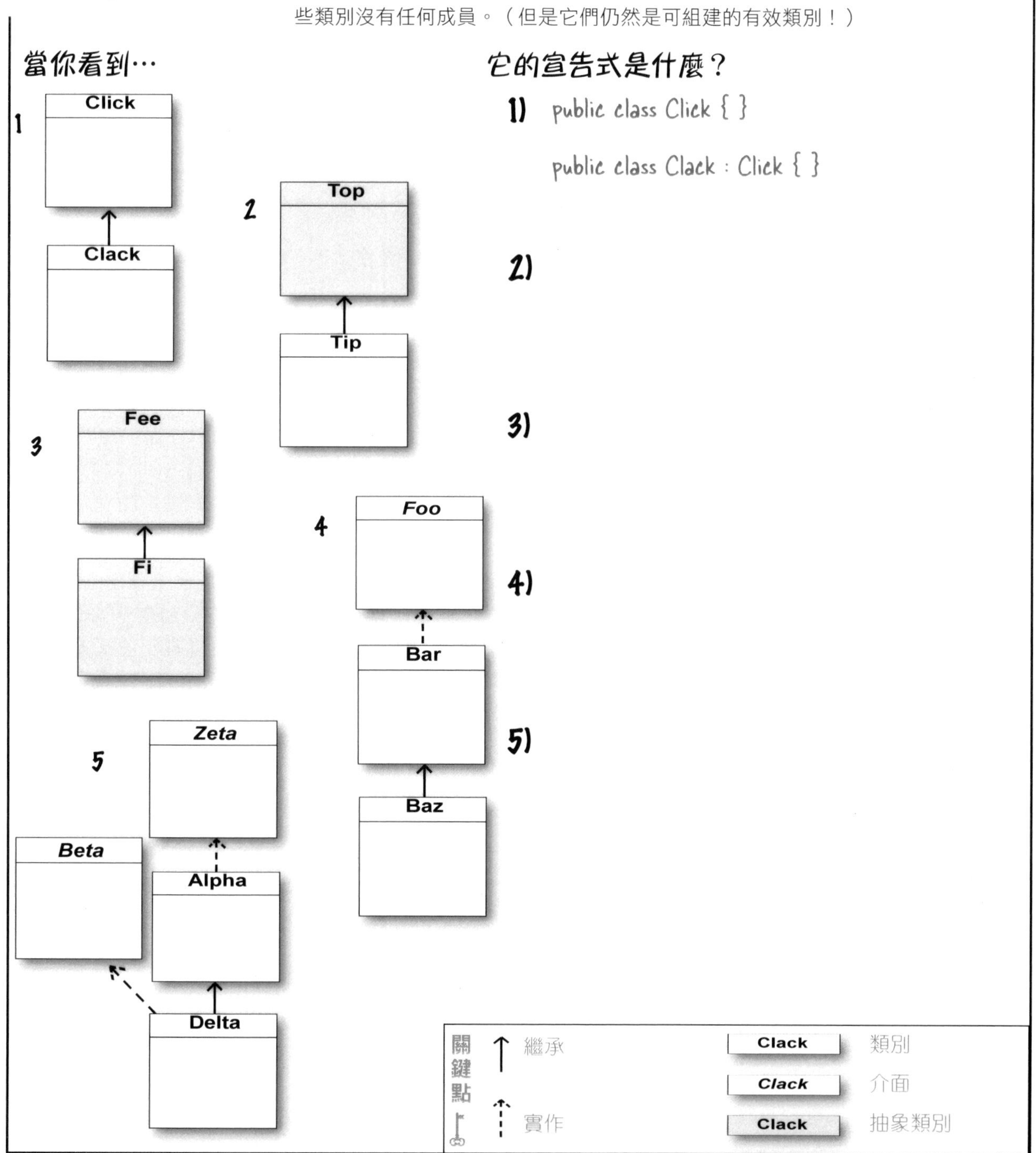

圍爐夜話

今晚主題：**抽象類別與介面正在激烈地爭論「誰比較重要？」**

抽象類別：

我認為，我們誰比較重要是無需多言的。程式員需要我才能完成他們的工作。認清事實吧，你根本看不到我的車尾燈！

介面：

很好，又開始盧了。

抽象類別：

你不會真的認為你比我重要吧？你甚至沒有使用真正的繼承 — 你只能被實作。

介面：

又來了，「介面沒有使用真正的繼承」、「介面只能實作」？你根本搞不清楚狀況，實作與繼承一樣好，事實上，實作更好！

抽象類別：

你比我好？腦袋有問題嗎？我比你靈活多了，當然，我不能被實例化，但是你也不行啊！與你不一樣的是，我擁有繼承的**強大力量**。擴充你的可憐蟲根本無法利用 virtual 與 override 的功能！

介面：

是嗎？如果你想要讓一個類別繼承你**和**你的搭檔呢？**你無法繼承兩個類別**。你只能選一個類別來繼承，這太蠻橫了！一個類別可以實作任意數量的介面。想要比靈活度嗎？程式員可以用我來讓類別做任何事情。.

削尖你的鉛筆 解答

2)

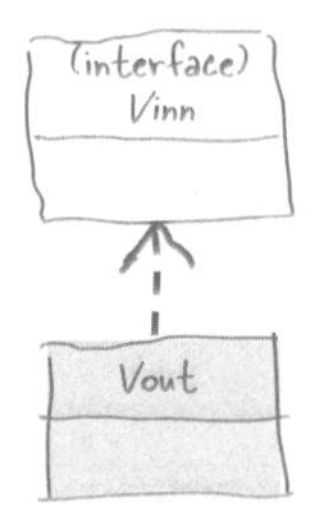

3)

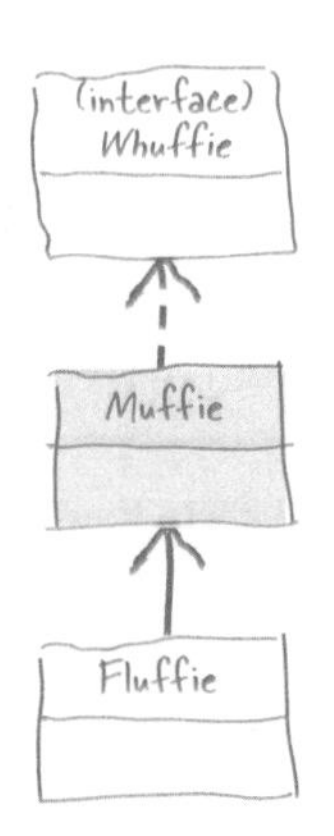

4)

5)

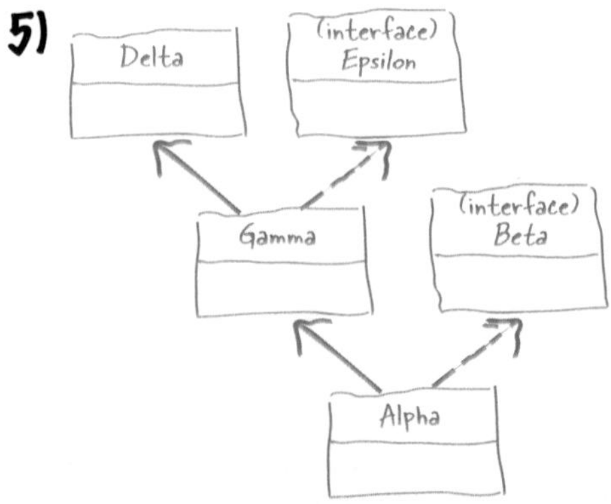

圖長怎樣？

抽象類別：

你吹牛也該有個限度吧！

介面：

是嗎？我們來討論一下對使用我的開發者來說，我可以發揮多大的作用。我是完全為了工作而存在的，當他們獲得介面的參考時，他們完全不需要知道在那一個物件裡面發生的任何事情。

抽象類別：

你認為這是好事？當你使用我和我的子類別時，你可以完全知道我們裡面發生什麼事情。我可以處理我的子類別所需要的所有行為，它們只要繼承那些行為就好了。透明度是很強大的東西，年輕人！

介面：

程式員通常只想要確保物件有某些屬性與方法，並不在乎它們是怎麼實作的。

抽象類別：

真的嗎？我很懷疑，程式員一直都很在乎他們的屬性與方法裡面有什麼東西。

介面：

對啊，但是，你有沒有經常看到程式員編寫一個接收某個物件的方法，而且只要求那個物件擁有某些方法？此時，那些方法是怎麼寫的並不重要，重點是它們必須存在。所以，程式員只需要使用介面就好了。問題解決！

抽象類別：

好啊，去跟寫程式的人說他們不能寫程式。

介面：

呃，**別這麼沮喪啊！**

削尖你的鉛筆 解答

2)
```
abstract class Top { }
class Tip : Top { }
```

3)
```
abstract class Fee { }
abstract class Fi : Fee { }
```

4)
```
interface Foo { }
class Bar : Foo { }
class Baz : Bar { }
```

5)
```
interface Zeta { }
class Alpha : Zeta { }
interface Beta { }
class Delta : Alpha, Beta { }
```

Delta 繼承 Alpha 並實作 Beta。

宣告式是什麼？

你不能實例化介面，但是你可以參考介面

如果你需要一個具備 Defend 方法的物件，以便在迴圈中使用它來保護蜂巢，那麼任何一個實作了 IDefender 介面的物件都可供使用，它可能是 HiveDefender 物件、NectarDefender 物件，甚至是 HelpfulLadyBug 物件。只要它實作了 IDefender 介面，它就保證有 Defend 方法，你只要呼叫它即可。

這時候，**介面參考**非常好用，你可以透過它來使用一個實作了你需要的介面的物件，你可以百分之百確定它有正確的方法可以滿足你的目的，即使你不知道關於它的其他事情。

如果你試著實例化介面，你的程式將無法組建

雖然你可以建立 IWorker 參考陣列，但是你不能實例化介面。你可以讓這些參考指向實作了 IWorker 的類別的新實例。現在你可以擁有一個保存多種物件的陣列了！

如果你試著實例化介面，編譯器會發出抱怨。

```
IDefender barb = new IDefender();
```

這無法編譯

你不能對著介面使用 new 關鍵字，這是合理的，因為介面的方法和屬性沒有任何實作，如果介面可以用來建立物件，做出來的物件該從何得知它該有的行為？

使用介面來參考你已經擁有的物件

你不能將介面實例化…但是你**可以使用介面來製作參考變數**，並且用它來參考一個**實作**該介面的物件。

還記得你可以把 Tiger 參考傳給任何一個期望收到 Animal 的方法，因為 Tiger 繼承 Animal 嗎？同樣的道理，你可以在期望使用 IDefender 的任何方法或陳述式裡，使用實作了 IDefender 的類別的實例。

```
IDefender susan = new HiveDefender();
IDefender ginger = new NectarDefender();
```

雖然這個物件可以做更多事情，但是當你使用介面參考時，你只能使用介面裡面的方法。

它們都只是一般的 new 陳述式，和你在本書用過的一樣。唯一的差異在於你**使用一個 IDefender 型態的變數**來參考它們。

雖然你使用介面來宣告「susan」與「ginger」變數，但是它們都是一般的參考，其工作方式就像任何其他的物件參考。

池畔風光

你的**工作**是把游泳池裡面的程式片段放到程式碼的空行與輸出裡面。同一個程式片段**可能會**使用多次，而且你不需要使用所有的程式片段。你的**目標**是讓類別可以編譯和執行，並且產生下面展示的輸出。

```
___________ INose {
    __________;
    string Face { get; }
}

abstract class _________ : ________ {
    private string face;
    public virtual string Face {
      _.___ { _________ ________ ; }
    }

    public abstract int Ear();

    public Picasso(string face)
    {
       __________ = face;
    }
}

class _________ : _________   {
    public Clowns() : base("Clowns") { }

    public override int Ear() {
       return 7;
    }
}
```

```
class _________ : _________ {
    public Acts() : base("Acts") { }
    public override ___________  {
        return 5;
    }
}

class __________ : _________ {
    public override string Face {
       get { return "Of2016"; }
    }
    public static void Main(string[] args) {
        string result = "";
        INose[] i = new INose[3];
        i[0] = new Acts();
        i[1] = new Clowns();
        i[2] = new Of2016();
        for (int x = 0; x < 3; x++) {
            result +=
              $"{___________} {_________}\n";
        }
        Console.WriteLine(result);
        Console.ReadKey();
    }
}
```

這是入口 — 它是完整的 C# 程式。

輸出

```
5 Acts
7 Clowns
7 Of2016
```

注意：泳池裡的程式片段都可以使用多次！

Acts( );
INose( );
Of76( );
Clowns( );
Picasso( );
Of76 [ ] i = new INose[3];
Of76 [3] i;
INose [ ] i = new INose( );
INose [ ] i = new INose[3];

:
;
class
abstract
interface
int Ear()
this
this.
face
this.face

i
i( )
i(x)
i[x]
get
set
return

class
5 class
7 class
7 public class

i.Ear(x)
i[x].Ear()
i[x].Face()
i[x].Face

Acts
INose
Of2016
Clowns
Picasso

池畔風光解答

你的**工作**是把游泳池裡面的程式片段放到程式碼的空行與輸出裡面。同一個程式片段**可能會**使用多次，而且你不需要使用所有的程式片段。你的**目標**是讓類別可以編譯和執行，並且產生下面展示的輸出。

輸出

```
5 Acts
7 Clowns
7 Of2016
```

Face 是回傳 face 屬性值的 getter。它們都是在 Picasso 裡面定義的，並且讓子類別繼承。

```
interface INose {
    int Ear();
    string Face { get; }
}

abstract class Picasso : INose {
    private string face;
    public virtual string Face {
      get { return face; }
    }

    public abstract int Ear();

    public Picasso(string face)
    {
        this.face = face;
    }
}

class Clowns : Picasso {
    public Clowns() : base("Clowns") { }

    public override int Ear() {
       return 7;
    }
}
```

在這裡，Acts 類別會呼叫被它繼承的 Picasso 的建構式。它會將「Acts」傳給建構式，並存入 Face 屬性。

```
class Acts : Picasso {
    public Acts() : base("Acts") { }
    public override int Ear() {
        return 5;
    }
}

class Of2016 : Clowns {
    public override string Face {
       get { return "Of2016"; }
    }
    public static void Main(string[] args) {
        string result = "";
        INose[] i = new INose[3];
        i[0] = new Acts();
        i[1] = new Clowns();
        i[2] = new Of2016();
        for (int x = 0; x < 3; x++) {
            result +=
              $"{ i[x].Ear() } { i[x].Face }\n";
        }
        Console.WriteLine(result);
        Console.ReadKey();
    }
}
```

Acts( );
INose( );
Of76( );
Clowns( );
Picasso( );
Of76 [ ] i = new INose[3];
Of76 [3] i;
INose [ ] i = new INose( );
INose [ ] i = new INose[3];

:
;
class
abstract
~~interface~~
~~int Ear()~~
this
this.
~~face~~
~~this.face~~

i
i( )
i(x)
i[x]

~~get~~
set
~~return~~

class
5 class
7 class
7 public class

i.Ear(x)
~~i[x].Ear()~~
i[x].Face()
~~i[x].Face~~

~~Acts~~
~~INose~~
~~Of2016~~
~~Clowns~~
~~Picasso~~

介面參考只是一般的物件參考

你已經知道物件都會被放在 heap 裡面了。使用介面參考其實只是用另一種方式來引用你已經在使用的同一個物件。我們來仔細看一下如何用介面來參考 heap 裡面的物件。

1 我們先和之前一樣建立物件。

這些程式會建立一些蜜蜂：它會建立一個 HiveDefender 的實例與一個 NectarDefender 的實例，而且這兩個類別都實作了 IDefender 介面。

```
HiveDefender bertha = new HiveDefender();
NectarDefender gertie = new NectarDefender();
```

2 接下來加入 IDefender 參考。

你可以像使用任何其他參考型態一樣使用介面參考。這兩個陳述式使用介面來建立**指向既有物件的新參考**。你只能將介面參考指向實作該介面的類別的實例。

```
IDefender def2 = gertie;
IDefender captain = bertha;
```

3 介面參考會讓物件持續存活。

如果物件沒有任何參考，該物件就會消失。沒有人規定參考必須是同一種型態！說到追蹤物件以免它們被記憶體回收，介面參考與任何其他物件參考沒有優劣之分。

```
bertha = gertie;   ← 現在 bertha 指向 NectarDefender 了。

// captain 參考仍然指向
// HiveDefender 物件
```

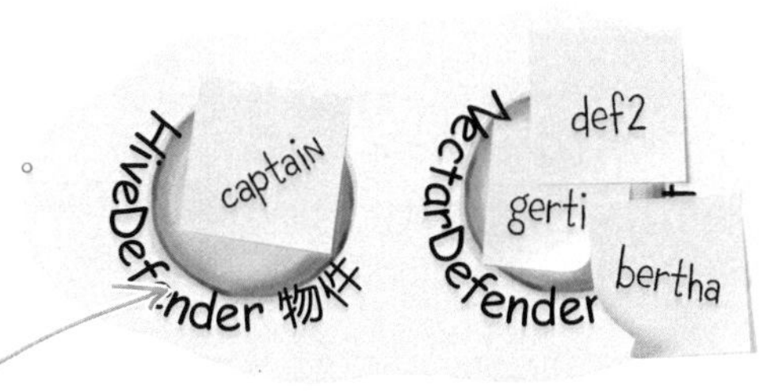

這個物件不會從 heap 消失，因為「captain」仍然參考它。

4 像使用任何其他型態一樣使用介面。

你可以在一行程式裡面，用 new 陳述式來建立新物件，並直接將它指派給介面參考變數。你可以**使用介面來建立陣列**，並且用它來參考任何一個實作了該介面的物件。

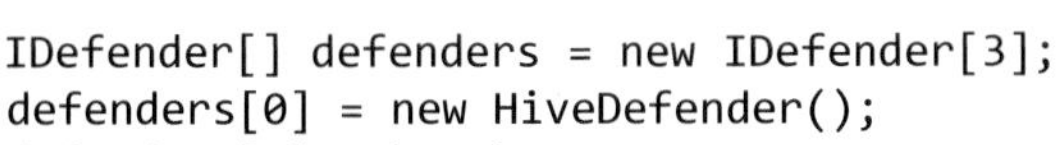

```
IDefender[] defenders = new IDefender[3];
defenders[0] = new HiveDefender();
defenders[1] = bertha;
defenders[2] = captain;
```

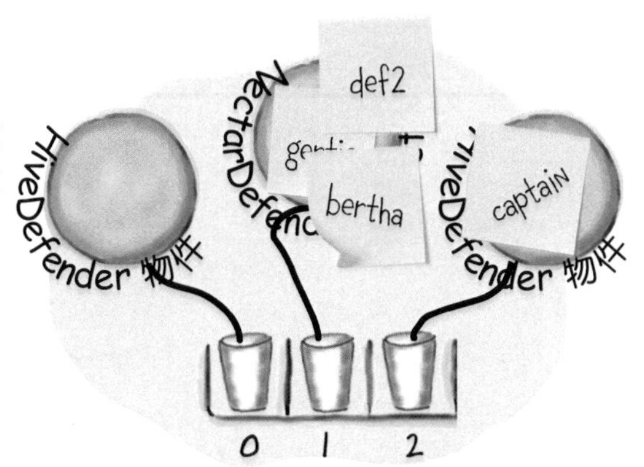

RoboBee 4000 不需要吃寶貴的蜂蜜就可以做工蜂的工作

蜜蜂事業在上個季度蓬勃發展，讓 Queen 有足夠的預算來購買最新的蜂巢技術：RoboBee 4000。它可以做三種不同的蜜蜂的工作，最棒的是，它不需要吃任何蜂蜜！不過，它不太環保—它需要汽油。那麼，我們該如何使用介面來將 RoboBee 整合到蜂巢的日常業務呢？

```
class Robot
{
   public void ConsumeGas() {
     // 不環保
   }
}

class RoboBee4000 : Robot, IWorker
{
   public string Job {
     get { return "Egg Care"; }
   }
   public void WorkTheNextShift()
   {
     // 做三種蜜蜂的工作！
   }
}
```

我們來仔細研究類別圖，看看如何使用介面來將 RoboBee 類別整合到蜂巢管理系統裡面。切記，我們用虛線來代表有物件實作介面。

IWorker
Job
WorkTheNextShift
Robot
ConsumeGas
Bee
Job
abstract CostPerShift
WorkTheNextShift
abstract DoJob
RoboBee
Job
WorkTheNextShift
我們可以建立一個擁有兩個成員的 IWorker 介面，這兩個成員與進行蜂巢的工作有關。
我們從基本的 Robot 類別開始做起，我們知道，機器人都需要汽油才能運作，所以它有一個 ConsumeGas 方法。
Bee 類別實作 IWorker 介面，而 RoboBee 類別繼承 Robot 並實作 IWorker。這代表它是機器人，但是可以做工蜂的工作。
RoboBee 類別實作 IWorker 介面的兩個成員。這是必要的，如果 RoboBee 類別沒有實作 IWorker 介面內的所有東西，程式就無法編譯。

現在我們只要修改蜂巢管理系統，讓它每次需要參考工蜂時，就使用 IWorker 介面，而不是抽象的 Bee 類別即可。

修改蜂巢管理系統，讓它每次需要參考工蜂時，就使用 IWorker 介面，而不是 Bee 抽象類別。

你的工作是在專案中加入 IWorker 介面，然後重構程式，讓 Bee 類別實作它，並修改 Queen 類別，讓它只使用 IWorker 參考。這是修改後的類別圖：

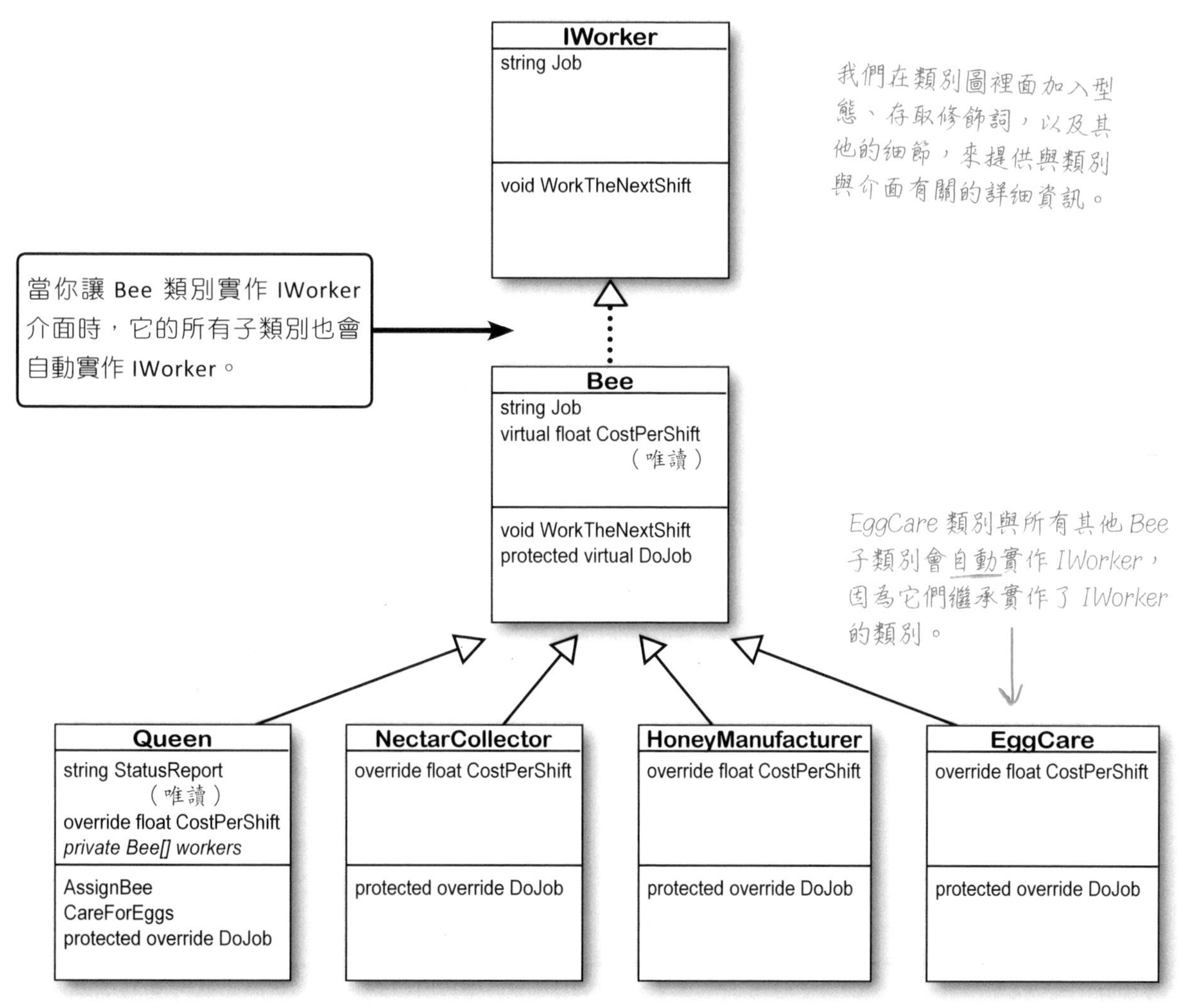

你要做的事情有：

- 在蜂巢管理系統中加入 IWorker 介面。
- 修改 Bee 類別來實作 IWorker。
- 修改 Queen 類別來將所有 Bee 參考換成 IWorker 參考。

如果你覺得需要寫的程式不多，那是因為本來就是如此。加入介面之後，你只要修改 Bee 類別裡面的一行程式，以及 Queen 類別裡面的四行程式就可以了。

你的工作是修改蜂巢管理系統，讓它每次需要參考工蜂時，就使用 IWorker 介面，而不是 Bee 抽象類別。你已經加入 IWorker 介面，然後修改 Bee 與 Queen 類別了。這不需要太多程式，因為使用介面不需要太多額外的程式碼。

首先，將 IWorker 介面加入專案

```
interface IWorker
{
    string Job { get; }
    void WorkTheNextShift();
}
```

然後修改 Bee 來實作 IWorker 介面

```
abstract class Bee : IWorker
{
    /* 類別其餘的地方保持不變 */

}
```

最後，修改 Queen 來使用 IWorker 參考，而不是 Bee 參考

```
class Queen : Bee
{
    private IWorker[] workers = new IWorker[0];

    private void AddWorker(IWorker worker)
    {
        if (unassignedWorkers >= 1)
        {
            unassignedWorkers--;
            Array.Resize(ref workers, workers.Length + 1);
            workers[workers.Length - 1] = worker;
        }
    }

    private string WorkerStatus(string job)
    {
        int count = 0;
        foreach (IWorker worker in workers)
            if (worker.Job == job) count++;
        string s = "s";
        if (count == 1) s = "";
        return $"{count} {job} bee{s}";
    }

   /* Queen 類別其餘的地方保持不變 */
}
```

任何類別都可以實作任何介面，只要它信守承諾，實作那個介面的方法與屬性。

試著修改 WorkerStatus，將 foreach 迴圈裡面的 IWorker 改回 Bee：

```
foreach (Bee worker in workers)
```

然後執行程式，它可以正常運作！現在將它改成 NectarCollector。這一次你會看到 System.InvalidCastException。為何如此？

問：**當我在介面裡面加入屬性時，它看起來像個自動屬性。這意味著當我實作介面時，只能使用自動屬性嗎？**

答：絕對不是。在介面裡面的屬性看起來確實很像自動屬性（就像在下一頁的 IWorker 介面裡面的 Job 屬性那樣），但是它們絕對不是自動屬性。你可以這樣實作 Job 屬性：

```
public Job {
    get; private set;
}
```

有 private set 是因為自動屬性要求你同時加入 set 與 get（即使它們是 private）。你也可以這樣實作它：

```
public Job {
  get {
    return "Egg Care";
  }
}
```

編譯器不會發出抱怨。你也可以加入 setter，雖然介面要求 get，但它沒有說你不能加入 set。（如果你使用自動屬性來實作它，你可以自行決定是否將它設成 private 或 public。）

問：**在介面裡面沒有存取修飾詞不是很奇怪嗎？我不能將方法與屬性標成 public 嗎？**

答：你不需要存取修飾詞，因為在介面裡面的所有東西在預設情況下都是 public。如果介面裡面有：

```
void Honk();
```

它的意思是必須有個稱為 Honk 的 public void 方法，但它沒有規定那個方法要做什麼事情。它可以做任何事情，只要方法有正確的特徵標記，程式就可以編譯。

有沒有覺得似曾相識？因為我們已經看過它了，在第 6 章的抽象類別裡面。當你在介面裡面宣告沒有主體的方法或屬性時，它們都會**自動成為 public 與 abstract**，正如同在抽象類別裡面使用的抽象成員。它們的工作方式就像任何其他的抽象方法或屬性，因為雖然你沒有使用 abstract 關鍵字，但它是隱性的。這就是為什麼當類別實作介面時，它**必須實作每一個成員**。

雖然 C# 的設計者也可以要求你將這些成員都標成 public 與 abstract，但是這樣做是多餘的，所以他們讓成員在預設情況下是 public 與 abstract，來讓它們更簡明。

在 public 介面裡面的所有東西都會自動變成 public，因為你會在實作它的類別裡面，用它來定義 public 方法與屬性。

IWorker 的 Job 屬性是 hack

蜂巢管理系統是這樣使用 Worker.Job 屬性的：`if (worker.Job == job)`。

有沒有覺得有點奇怪？我們覺得如此，我們認為它是 **hack**，也就是粗糙的、不優雅的寫法。為什麼我們認為 Job 屬性是 hack？想像一下當你這樣子打錯字時會怎樣：

```
class EggCare : Bee {
   public EggCare(Queen queen) : base("Egg Crae")

   // 哎呀！現在 EggCare 類別裡面有 bug 了，
   // 即使這個類別的其他地方都一樣。
}
```

我們把「Egg Care」拼錯了，所有人都可能犯下這個錯誤。你可以想像找出這個簡單的打字錯誤所造成的 bug 有多難嗎？

現在程式無法確認 Worker 參考是否指向 EggCare 實例。這是一個棘手的 bug。現在我們知道這段程式容易出錯了…但是為什麼說它是 hack？

我們曾經談過**分離關注點**：你應該將處理特定問題的所有程式碼放在一起。Job 屬性**違反分離關注點原則**。如果我們有個 Worker 參考，我們不應該檢查字串來確定它究竟是指向 EggCare 物件還是 NectarCollector 物件。Job 屬性會幫 EggCare 物件回傳「Egg Care」，幫 NectarCollector 物件回傳「Nectar Collector」，而且只會被用來檢查物件的型態。但是我們已經記錄那個資訊了：**物件的型態**。

我應該知道你要說什麼了，我猜，C# 有一種方式可以用來確定物件的型態，所以**不需要採取 hack 的做法**，對吧？

沒錯！ C# 提供一些工具來處理型態。

你不需要使用 Job 這種屬性和「Egg Care」或「Nectar Collector」等字串來記錄類別的型態。C# 有一些工具可以檢查物件的型態。

> **hack，名詞。**
>
> 在工程學，它代表醜陋、粗糙、不優雅的問題解決方案，這種做法很難維護。
>
> *Lisa* 多花一個小時來重構程式中的 ***hack***，免得將來必須處理許多 *bug*。(同義詞:kludge [klooj])

使用「is」來檢查物件的型態

我們該怎麼擺脫 Job 屬性 hack？現在 Queen 有 workers 陣列，也就是說，她只能拿到 IWorker 參考。她使用 Job 來確認哪些工蜂是 EggCare，哪些是 NectarCollectors：

```
foreach (IWorker worker in workers) {
if (worker.Job == "Egg Care") {
    WorkNightShift((EggCare)worker);
}

void WorkNightShift(EggCare worker) {
   // 夜班工作的程式碼
}
```

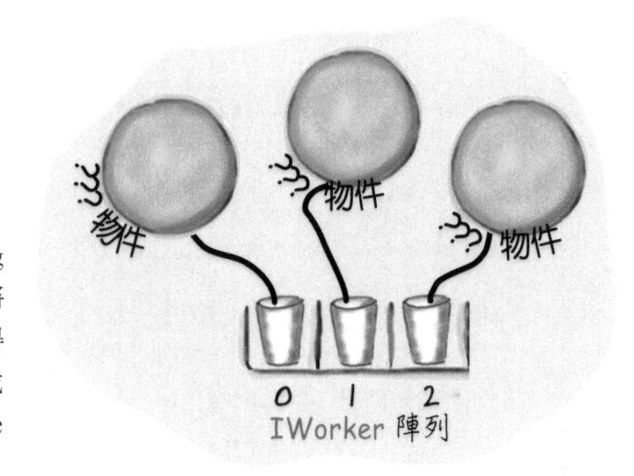

我們剛剛看到，如果不小心把「Egg Care」打成「Egg Crae」，程式就會悲慘地失敗。如果你不小心將 HoneyManufacturer 的 Job 設成「Egg Care」，你也會得到這種 InvalidCastException 錯誤。如果編譯器可以在我們寫程式時發現這種錯誤就太好了，就像我們使用 private 或 abstract 成員來讓它偵測其他類型的錯誤那樣。

C# 確實提供這樣的工具：我們可以使用 **is 關鍵字**來確定物件的型態。如果你有一個物件參考，你可以**使用 is 來確定它是不是某個型態**：

```
objectReference is ObjectType newVariable
```

如果 objectReference 所參考的物件是 ObjectType 型態，它就會回傳 true，並建立一個新參考，其型態為 ObjectType，名為 newVariable。

is 關鍵字會在物件符合型態時回傳 true，而且可以宣告一個存取該物件的參考的變數。

所以如果 Queen 想要找到她的所有 EggCare 工蜂，並且讓牠們上夜班，她可以使用 is 關鍵字：

```
foreach (IWorker worker in workers) {
    if (worker is EggCare eggCareWorker) {
        WorkNightShift(eggCareWorker);
    }
}
```

在這個迴圈裡面的 if 陳述式使用 is 來檢查每一個 IWorker 參考。仔細看一下條件測試式：

```
worker is EggCare eggCareWorker
```

如果 worker 變數參考的物件是 EggCare 物件，那個測試會回傳 true，而且 is 陳述式會將參考指派給新的 EggCare 變數 eggCareWorker。這很像轉型，但是 is 陳述式**會幫你安全地執行轉型**。

用「is」來使用子類別的方法

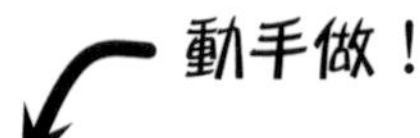

我們接下來要用一個新專案來整合之前介紹的所有事情，我們會建立一個簡單的類別模型，在最上面是 Animal，Hippo 與 Canine 類別繼承 Animal，Wolf 繼承 Canine。

建立一個新的主控台 app，並**加入這些 Animal、Hippo、Canine 與 Wolf 類別**：

```
abstract class Animal
{
    public abstract void MakeNoise();
}

class Hippo : Animal
{
    public override void MakeNoise()
    {
        Console.WriteLine("Grunt.");
    }

    public void Swim()
    {
        Console.WriteLine("Splash! I'm going for a swim!");
    }
}

abstract class Canine : Animal
{
    public bool BelongsToPack { get; protected set; } = false;
}

class Wolf : Canine
{
    public Wolf(bool belongsToPack)
    {
        BelongsToPack = belongsToPack;
    }

    public override void MakeNoise()
    {
        if (BelongsToPack)
           Console.WriteLine("I'm in a pack.");
        Console.WriteLine("Arooooo!");
    }

    public void HuntInPack()
    {
        if (BelongsToPack)
            Console.WriteLine("I'm going hunting with my pack!");
        else
            Console.WriteLine("I'm not in a pack.");
    }
}
```

抽象類別 Animal 在階層的最上面。

Hippo 子類別覆寫抽象的 MakeNoise 方法，並加入與 Animal 無關的 Swim 方法。

抽象類別 Canine 繼承 Animal。它有自己的抽象屬性，BelongsToPack。

Wolf 類別繼承 Canine，並加入它自己的 HuntInPack 方法。

HuntInPack 方法只屬於 Wolf 類別，它不是從超類別繼承的。

Animal
abstract MakeNoise

Hippo
MakeNoise Swim

Canine
BelongsToPack

Wolf
MakeNoise HuntInPack

接著編寫 Main 方法。它會做這些事：

- 建立一個包含 Hippo 與 Wolf 物件的陣列，然後使用 foreach 迴圈來遍歷每一個物件。
- 使用 Animal 參考來呼叫 MakeNoise 方法。
- 如果它是 Hippo，Main 方法會呼叫它的 Hippo.Swim 方法。
- 如果它是 Wolf，Main 方法會呼叫它的 Wolf.HuntInPack 方法。

第 6 章說過，我們可以使用不同的參考來呼叫同一個物件的不同方法。當你沒有使用 override 與 virtual 關鍵字時，如果參考變數的型態是 Locksmith，它會呼叫 Locksmith.ReturnContents，但是如果它的型態是 JewelThief，它會呼叫 JewelThief.ReturnContents。我們在這裡也是做類似的事情。

問題在於，如果你讓 Animal 參考指向 Hippo 物件，你就不能用它來呼叫 Hippo.Swim：

```
Animal animal = new Hippo();
animal.Swim(); // <-- 這一行無法編譯！
```

無論你的物件是不是 Hippo 都一樣，如果你使用 Animal 變數，你就只能使用 Animal 的欄位、方法與屬性。

幸好這個問題有解決的辦法。如果你 100% 確定它是個 Hippo 物件，你就可以**把 Animal 轉型成 Hippo**，然後就可以使用它的 Hippo.Swim 方法了：

```
Hippo hippo = (Hippo)animal;
hippo.Swim(); // 它是同一個物件，但是現在你可以呼叫 Hippo.Swim 方法了。
```

這是**使用 is 關鍵字**來呼叫 Hippo.Swim 或 Wolf.HuntInPack 的 **Main 方法**：

```
class Program
{
    static void Main(string[] args)
    {
        Animal[] animals =
        {
            new Wolf(false),
            new Hippo(),
            new Wolf(true),
            new Wolf(false),
            new Hippo()
        };

        foreach (Animal animal in animals)
        {
            animal.MakeNoise();
            if (animal is Hippo hippo)
            {
                hippo.Swim();
            }

            if (animal is Wolf wolf)
            {
                wolf.HuntInPack();
            }

            Console.WriteLine();
        }
    }
}
```

這個 foreach 迴圈會逐一查看「animals」陣列。為了與陣列型態相符，它必須宣告 Animal 型態的變數，但是那個參考無法用來呼叫 Hippo.Swim 或 Wolf.HuntInPack。

這個 if 陳述式使用「is」關鍵字來檢測動物參考是 Hippo 還是 Wolf，然後安全地將它轉型成 hippo 或 wolf 變數，以便呼叫子類別專屬的方法。

花幾分鐘使用偵錯工具來真正了解這段程式的動作。在 foreach 迴圈的第一行加入中斷點，幫 animal、hippo 與 wolf 加上監看式，然後逐步執行它。

如果我們想要讓不同的動物游泳或集體獵食呢？

你知道獅子也是集體獵食的動物嗎？還有，老虎會游泳？而且狗也是集體獵食的，而且會游泳？如果我們想要幫動物園模擬模型裡面的動物加上 Swim 與 HuntInPack 方法，foreach 迴圈會越來越長。

在基底類別定義抽象方法或屬性，然後在子類別覆寫它的美妙之處在於，如此一來，**你不需要知道關於子類別的任何事情**就可以使用它了。你可以加入你想要的所有 Animal 子類別，這個迴圈仍然可以運作：

```
foreach (Animal animal in animals) {
    animal.MakeNoise();
}
```

MakeNoise 方法**一定會被物件實作**。

事實上，你可以將它視為編譯器強制執行的**合約**。

那麼，有沒有辦法也將 HuntInPack 和 Swim 方法視為合約？如此一來，我們就可以用比較一般的變數來使用它們了，就像我們用 Animal 類別做的那樣？

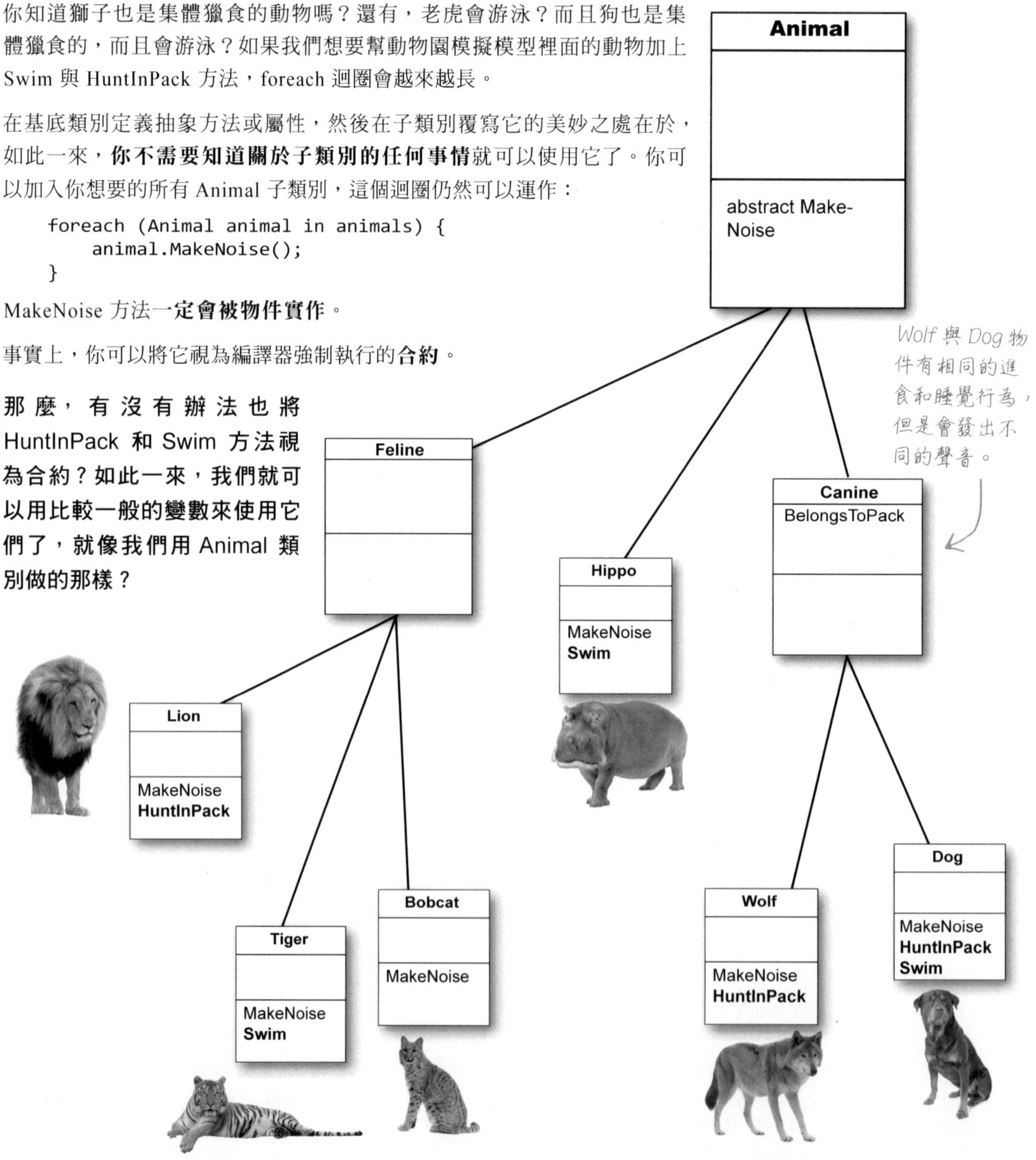

Animal
abstract Make-Noise

Feline

Hippo
MakeNoise
Swim

Canine
BelongsToPack

Wolf 與 Dog 物件有相同的進食和睡覺行為，但是會發出不同的聲音。

Lion
MakeNoise
HuntInPack

Tiger
MakeNoise
Swim

Bobcat
MakeNoise

Wolf
MakeNoise
HuntInPack

Dog
MakeNoise
HuntInPack
Swim

用介面來使用做同一項工作的類別

會游泳的類別有 Swim 方法，會集體獵食的類別有 HuntInPack 方法，OK，這是很好的開始。現在我們要寫程式來使用會游泳或集體獵食的物件—這就是最適合使用介面的時刻。我們使用 **interface 關鍵字**來定義兩個介面，並且為各個介面**加入一個抽象成員**：

```
interface ISwimmer {
    void Swim();
}

interface IPackHunter {
    void HuntInPack();
}
```

加入它！

接下來，為了**讓 Hippo 與 Wolf 類別實作介面**，我們在各個類別的宣告式的結尾加入一個介面。我們使用**冒號**(:) 來實作介面，與繼承類別時一樣。如果它已經繼承一個類別了，你只要在超類別的後面加上一個逗號，然後再加上介面名稱就可以了。接下來，你只要確保類別**實作所有的介面成員**即可，否則你會看到編譯錯誤。

```
class Hippo : Animal, ISwimmer {
    /* 程式保持完全相同，它必須加入 Swim 方法 */
}

class Wolf : Canine, IPackHunter {
    /* 程式保持完全相同，它必須加入 HuntInPack 方法 */
}
```

使用「is」關鍵字來檢測 Animal 會游泳還是集體獵食

你可以使用 **is 關鍵字**來確認特定的物件是否實作某個介面，無論那個物件實作了什麼其他的介面，或它是什麼類別的實例，is 都可以正確運作。如果 animal 變數參考一個實作 ISwimmer 介面的物件，那麼 animal is ISwimmer 會回傳 true，代表你可以安全地將它轉型成 ISwimmer 參考來呼叫它的 Swim 方法：

```
foreach (Animal animal in animals)
{
    animal.MakeNoise();
    if (animal is ISwimmer swimmer)
    {
        swimmer.Swim();
    }
    if (animal is IPackHunter hunter)
    {
        hunter.HuntInPack();
    }
    Console.WriteLine();
}
```

如果你有 20 種不同的 Animal 子類別會游泳，你的程式會長怎樣？你需要 20 個不同的 if (animal is...) 陳述式來將 animal 轉型成各個子類別來呼叫 Swim 方法。使用 ISwimmer 時，我們只要檢驗它一次即可。

我們像之前那樣使用「is」關鍵字，但是這一次我們一起使用它與介面。它的運作方式是一樣的。

用「is」來安全地在類別階層裡移動

之前，你將蜂巢管理系統裡面的 Bee 換成 IWorker 時，你能夠讓它丟出 InvalidCastException 嗎？**這就是為什麼它丟出例外。**

你可以將 HoneyManufacturer 參考安全地轉換成 IWorker 參考。

所有的 NectarCollectors 都是 Bee（意思就是它們都繼承 Bee 基底類別），所以你一定可以使用 = 運算子來取得 NectarCollector 的參考，並將它指派給 Bee 變數。

```
HoneyManufacturer lily = new HoneyManufacturer();
Bee hiveMember = lily;
```

而且因為 Bee 實作 IWorker 介面，所以你也可以安全地將它轉換成 IWorker 參考。

```
HoneyManufacturer daisy = new HoneyManufacturer();
IWorker worker = daisy;
```

這種型態轉換很安全：它們絕不會丟出 IllegalCastException，因為它們只會將同一個類別階層裡面比較具體的物件指派給型態比較廣義的變數。

你無法安全地將 Bee 參考轉換成 NectarCollector 參考。

你無法安全地反向操作，將 Bee 轉換成 NectarCollector，因為並非所有 Bee 物件都是 NectarCollector 的實例。HoneyManufacturer 當然不是 NectarCollector。所以這段程式：

```
IWorker pearl = new HoneyManufacturer();
NectarCollector irene = (NectarCollector)pearl;
```

是**無效的轉型**，因為它試著將一個物件轉型成不符合其型態的變數。

「is」關鍵字可讓你安全地轉換型態。

幸運的是，**使用 is 關鍵字來轉型比使用括號更安全**。它可以讓你確認型態符合，而且只會在型態符合時，將參考轉型成新變數。

```
if (pearl is NectarCollector irene) {
    /* 使用 NectarCollector 物件的程式碼 */
}
```

這段程式絕不會丟出 InvalidCastException，因為它只會在 pearl 是 NectarCollector 時，執行使用 NectarCollector 物件的程式碼。

C# 有另一種可以安全地轉換型態的工具：「as」關鍵字

C# 有另一種安全轉型的工具：as **關鍵字**。它也可以做安全型態轉換，以下是它的運作方式。假如你有一個稱為 pearl 的 IWorker 參考，而且你想要把它安全地轉型成 NectarCollector 變數 irene。你可以這樣將它安全地轉換成 NectarCollector：

```
NectarCollector irene = pearl as NectarCollector;
```

如果型態是相容的，這個陳述式會將 irene 變數設成與 pearl 變數同一個物件的參考。如果物件的型態與變數的型態不相容，它不會丟出例外，而是**將變數設成 null**，你可以用 if 來檢查是否如此：

```
if (irene != null) {
    /* 使用 NectarCollector 物件的程式碼 */
}
```

照過來！

「is」關鍵字在舊版的 C# 有不同的行為

is 關鍵字在 C# 裡面有悠久的歷史，但是它直到 2017 年的 C# 7.0 版才可以讓你宣告新變數。所以如果你使用 Visual Studio 2015，你不能這樣做：if (pearl is NectarCollector irene) { ... }。

你必須使用 as 關鍵字來進行轉換，再檢查結果是不是 null：

```
NectarCollector irene = pearl as NectarCollector;
if (irene != null) { /* 使用 irene 參考的程式碼 */ }
```

削尖你的鉛筆

左邊的陣列使用 Bee 類別模型的型態。其中兩種型態不能編譯，請將它們劃掉。右邊有三個使用 is 關鍵字的陳述式。寫下會讓它們的結果是 true 的 i 值。

```
IWorker[] bees = new IWorker[8];
bees[0] = new HiveDefender();
bees[1] = new NectarCollector();
bees[2] = bees[0] as IWorker;
bees[3] = bees[1] as NectarCollector;
bees[4] = IDefender;
bees[5] = bees[0];
bees[6] = bees[0] as Object;
bees[7] = new IWorker();
```

1. (bees[i] is IDefender)

....

2. (bees[i] is IWorker)

....

3. (bees[i] is Bee)

....

使用向上轉型和向下轉型在類別階層裡面上移和下移

類別圖的最上面通常有基底類別，在它下面有子類別，在它們下面又有它們的子類別，以此類推。在圖裡，越高的類別越抽象，越低的類別越具體。「高的抽象，低的具體」並非硬性的規定，它只是一種**習慣**，可方便我們一眼看出類別模型如何運作。

我們曾經在第 6 章說過，你一定可以使用子類別來取代被它繼承的基底類別，但是不一定可以使用基底類別來取代繼承它的子類別。你也可以用另一種角度來看待它：在某種意義上，你是**在類別階層裡往上或往下移動**。例如，如果你寫出這段程式：

```
NectarCollector ida = new NectarCollector();
```

你可以使用 = 運算子來做一般的賦值（處理超類別）或轉型（處理介面）。這就像是在類別階層裡**往上移動**。這種做法稱為**向上轉型（upcasting）**：

```
// 將 NectarCollector 向上轉型為 Bee
Bee beeReference = ida;

// 這個向上轉型是安全的，因為所有的 Bee 都是 IWorker
IWorker worker = (IWorker)beeReference;
```

你也可以往另一個方向走，用 is 運算子在類別階層裡安全地**往下移動**。這種做法稱為**向下轉型（downcasting）**：

```
// 把 IWorker 向下轉型成 NectarCollector
if (worker is NectarCollector rose) { /* 使用 rose 參考的程式碼 */ }
```

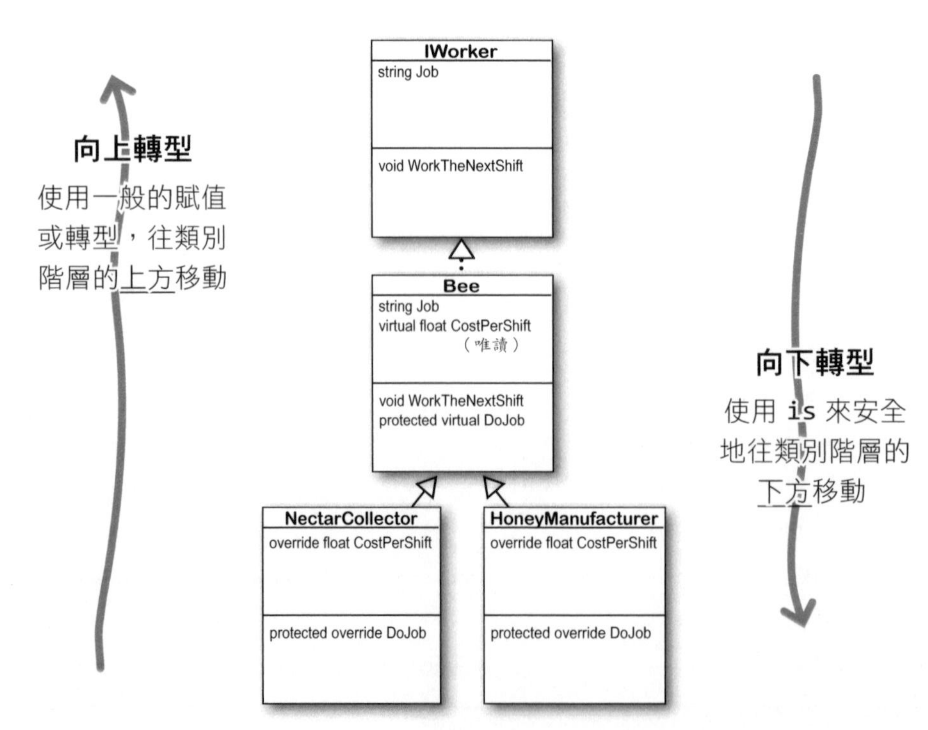

向上轉型的範例

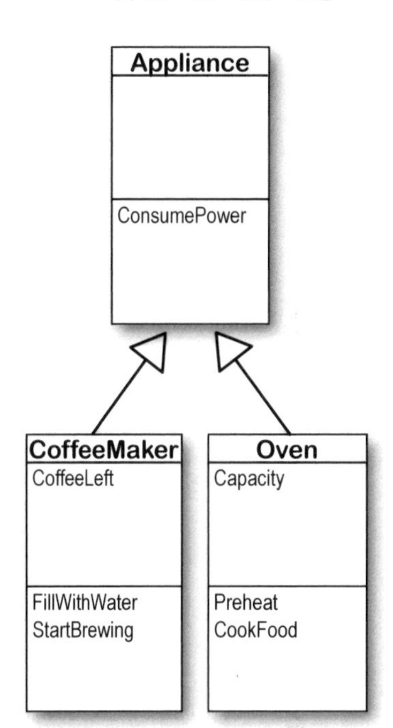

當你想要減少每個月的電費時，你不會在乎每一種電器是什麼，你只在乎它們的耗電量。所以如果你要寫程式來監視耗電量，你只要寫一個 Appliance（電器）類別。但是如果你需要區分咖啡機（coffee maker）和烤箱（oven），你就要建構一個類別階層，並且在 CoffeeMaker 與 Oven 裡面加入咖啡機和烤箱專用的方法和屬性，而且讓這兩個類別從 Appliance 類別繼承它們都需要的方法和屬性。

然後，你可以寫一個方法來監視耗電量：

```
void MonitorPower(Appliance appliance) {
    /* 將資料加入家庭用電
       資料庫的程式碼 */
}
```

如果你想要用那個方法來監視咖啡機的耗電量，你可以建立一個 CoffeeMaker 的實例，並直接將它的參考傳給方法：

```
CoffeeMaker misterCoffee = new CoffeeMaker();
MonitorPower(misterCoffee);
```

這是很棒的向上轉型範例。雖然 MonitorPower 方法接收 Appliance 物件的參考，但是你可以將 misterCoffee 參考傳給它，因為 CoffeeMaker 是 Appliance 的子類別。

削尖你的鉛筆 解答

左邊的陣列使用 Bee 類別模型的型態。其中兩種型態不能編譯，請將它們劃掉。右邊有三個使用 is 關鍵字的陳述式。寫下會讓它們的結果是 true 的 i 值。

```
IWorker[] bees = new IWorker[8];
bees[0] = new HiveDefender();
bees[1] = new NectarCollector();
bees[2] = bees[0] as IWorker;
bees[3] = bees[1] as NectarCollector;
bees[4] = IDefender;
bees[5] = bees[0];
bees[6] = bees[0] as Object;
bees[7] = new IWorker();
```

（bees[4] = IDefender; 與 bees[7] = new IWorker(); 已被劃掉）

在陣列裡面的第 0 個、第 2 個、第 5 個和第 6 個元素都指向同一個 HiveDefender 物件。

這一行將 IWorker 轉型成 NectarCollector，但是接下來又將它存成 IWorker 的參考。

1. (bees[i] is IDefender)

→ 0, 2, 5 與 6

2. (bees[i] is IWorker)

0, 1, 2, 3, 5, 6

3. (bees[i] is Bee)

0, 1, 2, 3, 5, 6

所有的物件都繼承 Bee，而 Bee 實作 IWorker，所以它們都是 Bees 與 IWorkers。

向上轉型會把 CoffeeMaker 轉換成 Appliance

把基底類別換成子類別就是**向上轉型**，例如把 Appliance 換成 CoffeeMaker，或是把 Animal 換成 Hippo。當你建構出類別階層時，這是一種很好用的工具。向上轉型唯一的缺點在於，你只能使用基底類別的屬性與方法。換句話說，當你將 CoffeeMaker 視為 Appliance 時，你不能叫它煮咖啡或幫它裝水。你可以判斷它有沒有插電，因為任何 Appliance 都有這種東西（這就是為什麼在 Appliance 類別裡面有 PluggedIn 屬性）。

> 你不需要將這段程式加入 app，你只要閱讀程式並理解向上轉型和向下轉型如何運作就可以了。稍後你會用它們做很多練習。

1 我們來建立一些物件。

我們先像之前一樣建立 CoffeeMaker 與 Oven 類別的實例：

```
CoffeeMaker misterCoffee = new CoffeeMaker();
Oven oldToasty = new Oven();
```

2 如果我們想要建立 Appliances 的陣列呢？

你不能把 CoffeeMaker 放入 Oven[] 陣列，也不能把 Oven 放入 CoffeeMaker[] 陣列。你**可以**把它們都放入 Appliance[] 陣列：

```
Appliance[] kitchenWare = new Appliance[2];
kitchenWare[0] = misterCoffee;
kitchenWare[1] = oldToasty;
```

你可以使用向上轉型來建立 Appliances 陣列，並用它來保存 CoffeeMaker 與 Oven。

3 但是你不能把任何一個 Appliance 都視為 Oven。

當你得到一個 Appliance 參考時，你**只能**使用與電器（appliance）有關的方法與屬性。你**不能**透過 Appliance 參考來使用 CoffeeMaker 方法與屬性，**即使你知道它其實是 *CoffeeMaker***。所以這些陳述式可以正常運作，因為它們都將 CoffeeMaker 物件視為 Appliance 對待：

```
Appliance powerConsumer = new CoffeeMaker();
powerConsumer.ConsumePower();
```

但是一旦你將它視為 CoffeeMaker 對待：

```
powerConsumer.StartBrewing();
```

這一行無法編譯，因為 powerConsumer 是 Appliance 參考，所以它只能用來做 Appliance 的事情。

程式就無法編譯了，IDE 也會顯示錯誤訊息：

CS1061	'Appliance' does not contain a definition for 'StartBrewing' and no accessible extension method 'StartBrewing' accepting a first argument of type 'Appliance' could be found (are you missing a using directive or an assembly reference?)

一旦你將子類別向上轉型成基底類別，你就只能使用「與你用來引用物件的**參考相符**」的方法與屬性了。

powerConsumer 是指向 CoffeeMaker 物件的 Appliance 參考。

向下轉型會把 Appliance 變回 CoffeeMaker

向上轉型是很棒的工具，因為它可以讓你在任何一個只需要 Appliance 的地方使用 CoffeeMaker 或 Oven。但是它有一個很大的缺點，如果 Appliance 參考指向 CoffeeMaker 物件，你就只能使用屬於 Appliance 的方法與屬性。這時候可以使用**向下轉型**：你可以用它來將**之前向上轉型的參考**變回來。你可以使用 `is` 關鍵字來確認 Appliance 是不是 CoffeeMaker，如果是，那就將它變回 CoffeeMaker。

1. **我們從已經向上轉型的 CoffeeMaker 開始做起。**

   這是我們用過的程式碼：

```
Appliance powerConsumer = new CoffeeMaker();
powerConsumer.ConsumePower();
```

2. **如果我們想要把 Appliance 變回 CoffeeMaker 呢？**

   假如我們要寫一個 app，它會查看一個存有許多 Appliance 參考的陣列，讓 CoffeeMaker 開始煮咖啡。我們不能直接使用 Appliance 參考來呼叫 CoffeeMaker 方法：

```
Appliance someAppliance = appliances[5];
someAppliance.StartBrewing()
```

   那個陳述式無法編譯，你會看到「'Appliance' does not contain a definition for 'StartBrewing'」編譯錯誤，因為 StartBrewing 是 CoffeeMaker 的成員，但是你使用的是 Appliance 的參考。

這是指向 CoffeeMaker 物件的 Appliance 參考。你只能透過它來使用 Appliance 類別的成員。

3. **但是既然我們知道它是 CoffeeMaker 了，我們就把它當成咖啡機來使用。**

   第一步是使用 `is` 關鍵字。一旦你知道 Appliance 參考指向 CoffeeMaker 物件，你就可以用 `is` 來將它向下轉型，如此一來，你就可以使用 CoffeeMaker 類別的方法與屬性。因為 CoffeeMaker 繼承 Appliance，它仍然有它的 Appliance 方法與屬性。

```
if (someAppliance is CoffeeMaker javaJoe) {
   javaJoe.StartBrewing();
}
```

這個 javaJoe 參考所指的 CoffeeMaker 物件與 powerConsumer 所指的一樣，但是它是 CoffeeMaker 參考，所以它可以呼叫 StartBrewing 方法。

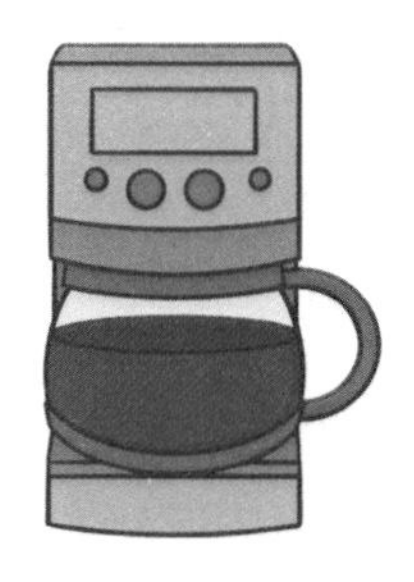

向上轉型與向下轉型也可以用在介面上

介面也很適合使用向上轉型與向下轉型。我們來為任何一種可以加熱食物的類別加入 ICooksFood 介面。接下來，我們會加入一個 Microwave 類別 — Microwave 與 Oven 都會實作 ICooksFood 介面。現在指向 Oven 物件的參考可以是 ICooksFood 參考，或是 Oven 參考。也就是說，我們有三種不同的參考型態可能指向 Oven 物件，而且它們分別可以使用不同的成員，取決於參考的型態。幸運的是，IDE 的 IntelliSense 可以幫助你確認它們可以用來做哪些事，以及不能做哪些事：

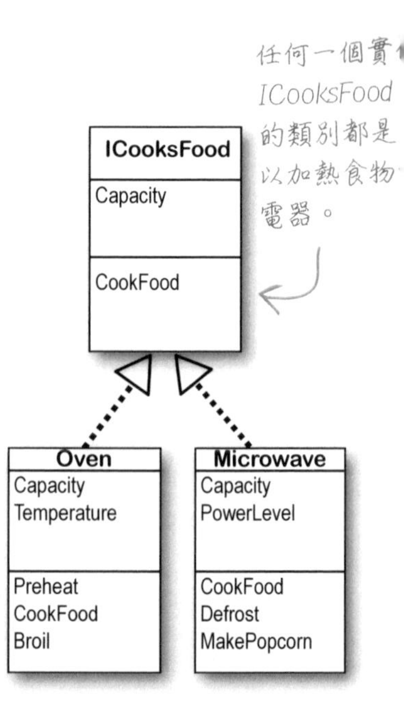


```
Oven misterToasty = new Oven();
misterToasty.
```

當你有個 Oven 參考時，你可以使用所有的 Oven 成員。

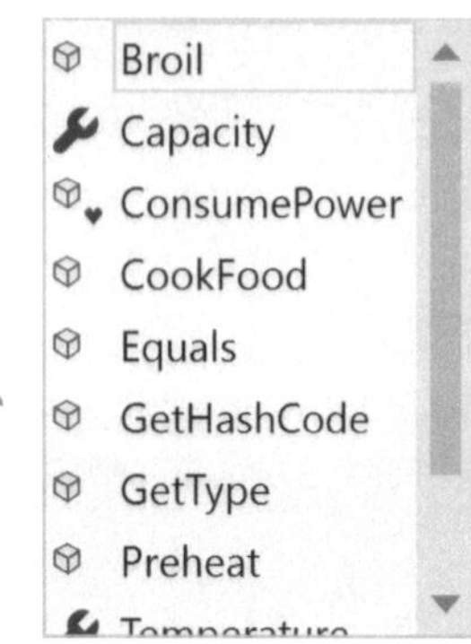

一旦你輸入句點，IntelliSense 視窗就會彈出來，並且顯示你可以使用的所有成員的清單。misterToasty 是指向 Oven 物件的 Oven 參考，所以它可以使用所有的方法與屬性。它是最具體的型態，所以你只能將它指向 Oven 物件。

為了使用 ICooksFood 介面成員，我們要將它變成 ICooksFood 參考：

```
if (misterToasty is ICooksFood cooker) {
    cooker.
```

ICooksFood 參考只能使用屬於該介面的成員。

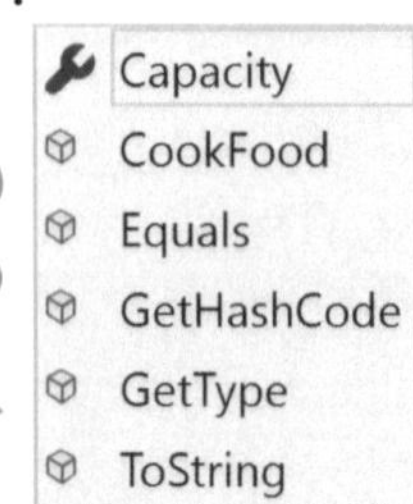

cooker 是指向同一個 Oven 物件的 ICooksFood 參考。它只能使用 ICooksFood 的成員，但是它也可以指向 Microwave 物件。

指向同一個物件的三個參考可以使用不同的方法與屬性，取決於參考的型態。

這是我們用過同一個 Oven 類別，所以它也繼承 Appliance 基底類別。如果你使用 Appliance 參考來使用一個物件，你只能看到 Appliance 類別的成員：

```
if (misterToasty is Appliance powerConsumer)
    powerConsumer.
```

Appliance 只有一個成員，ConsumePower，所以你只會在下拉式選單裡面看到它。

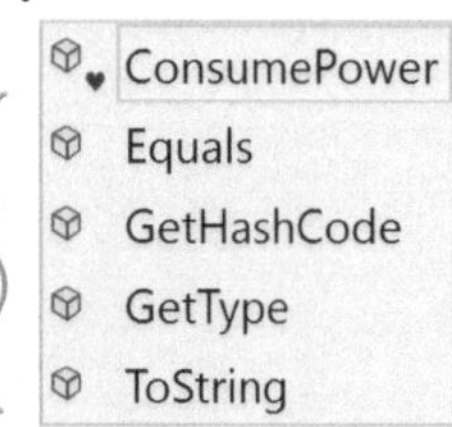

powerConsumer 是 Appliance 參考。它只能讓你使用 Appliance 裡面的 public 欄位、方法與屬性。它比 Oven 參考更廣義（所以想要的話，你也可以把它指向 CoffeeMaker 物件）。

問：**倒帶一下，我認為你的意思是，我一定可以向上轉型，但是不一定可以向下轉型，為什麼？**

答：因為當你試著讓一個物件等於它沒有繼承的類別，或是它沒有實作的介面時，向上轉型就無效。編譯器可以立刻發現你沒有正確地向上轉型，並且顯示錯誤。「你一定可以向上轉型，但是不一定能向下轉型」相當於「每一台烤箱都是電器，但是並非每一台電器都是烤箱」。

問：**我在網路上看到介面就像合約，但我不太明白為何如此。那是什麼意思？**

答：沒錯，很多人喜歡說介面就像合約（「為什麼介面很像合約？」是常見的求職面試題目）。讓類別實作介面，就是告訴編譯器：你承諾在它裡面放入某些方法。編譯器會讓你履行這個承諾。這就像法院強迫你遵守合約條款一樣。如果這種比喻可以幫助你了解介面，你當然可以這樣看待它們。

但是我們認為，將介面視為檢查清單更容易讓你記住介面如何運作。編譯器會確認檢查清單，來確保你的確有把介面的所有方法都放入你的類別。如果你沒有，它會爆跳如雷，不讓你編譯。

問：**我為什麼要使用介面？它看起來只是施加一些限制，根本沒有實際改變我的類別。**

答：因為當你的類別實作介面時，你就可以將介面當成一種型態，用它來宣告參考，讓它可以指向實作那種介面的任何一個實例。這對你來說很有幫助，它可以讓你建立一個參考型態，然後透過它來使用各種不同的物件。

舉個簡單的例子。馬（horse）、牛（ox）、騾（mule）、閹牛（steer）都可以拉車。在動物園模擬程式裡，Horse、Ox、Mule 與 Steer 會被寫成不同的類別。假如動物園有拉車活動，而且你想要建立會拉車的任何一種動物組成的陣列。慘了，你不能直接建立一個陣列來保存以上所有動物。如果它們都繼承同一個基底類別，你可以建立一個它們的陣列，但是事實上，它們不是。怎麼辦？

這就是介面派上用場的時機。你可以建立一個 IPuller 介面，在裡面加入拉車的方法。然後這樣宣告陣列：

```
I Puller[] pullerArray;
```

接下來，你就可以把任何實作 IPuller 介面的動物參考放入那個陣列了。

介面就像檢查清單，編譯器會檢查它，來確保你的類別實作了某些方法。

介面可以繼承其他的介面

如前所述，當一個類別繼承另一個類別時，它會獲得基底類別的所有方法與屬性。**介面繼承**更是簡單。因為在介面裡面沒有實際的方法主體，所以你不需要煩惱與呼叫基底類別建構式或方法有關的事情。繼承者會**得到**它所繼承的介面的**所有成員**。

這在程式裡長怎樣？我們來加入一個繼承 IWorker 的 IDefender 介面：

```
interface IDefender : IWorker {
    void DefendHive();
}
```

使用冒號（:）來讓介面繼承另一個介面。

當類別實作介面時，它必須實作那個介面的每一個屬性與方法。如果那個介面繼承另一個介面，該類別也要實作它們的所有屬性與方法。所以任何一個實作 IDefender 的類別不但必須實作 IDefender 的所有成員，也必須實作 IWorker 的所有成員。下面的類別模型加入 IWorker 與 IDefender，以及**兩個**實作它們的**不同階層**。

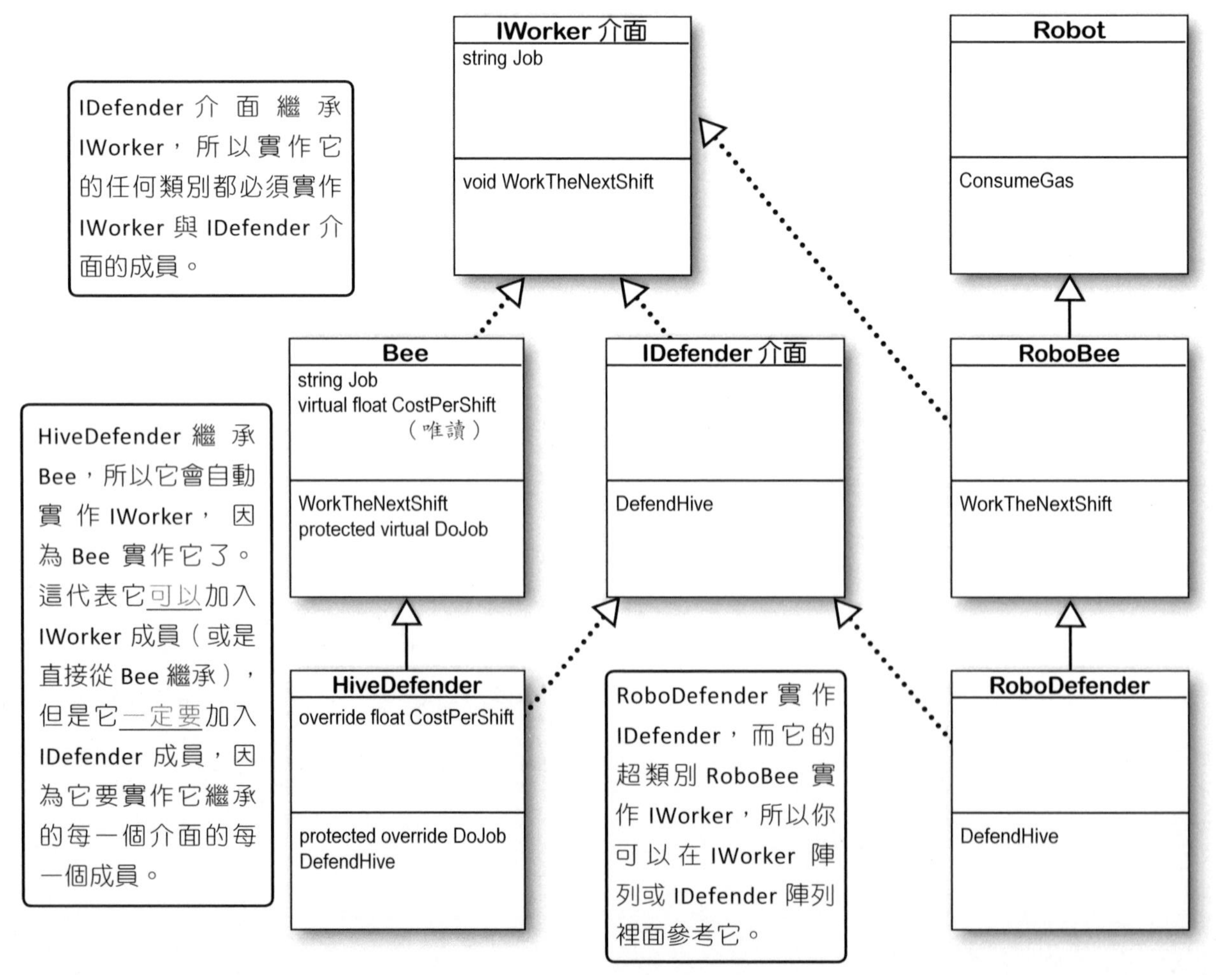
IWorker 介面
string Job
void WorkTheNextShift
Robot
ConsumeGas
IDefender 介面繼承 IWorker，所以實作它的任何類別都必須實作 IWorker 與 IDefender 介面的成員。
Bee
string Job
virtual float CostPerShift
（唯讀）
WorkTheNextShift
protected virtual DoJob
IDefender 介面
DefendHive
RoboBee
WorkTheNextShift
HiveDefender 繼承 Bee，所以它會自動實作 IWorker，因為 Bee 實作它了。這代表它可以加入 IWorker 成員（或是直接從 Bee 繼承），但是它一定要加入 IDefender 成員，因為它要實作它繼承的每一個介面的每一個成員。
HiveDefender
override float CostPerShift
protected override DoJob
DefendHive
RoboDefender 實作 IDefender，而它的超類別 RoboBee 實作 IWorker，所以你可以在 IWorker 陣列或 IDefender 陣列裡面參考它。
RoboDefender
DefendHive

習題

我們要使用實作了 IClown 介面的類別來建立新的主控台 app。你可以想出如何讓最下面的程式組建成功嗎？

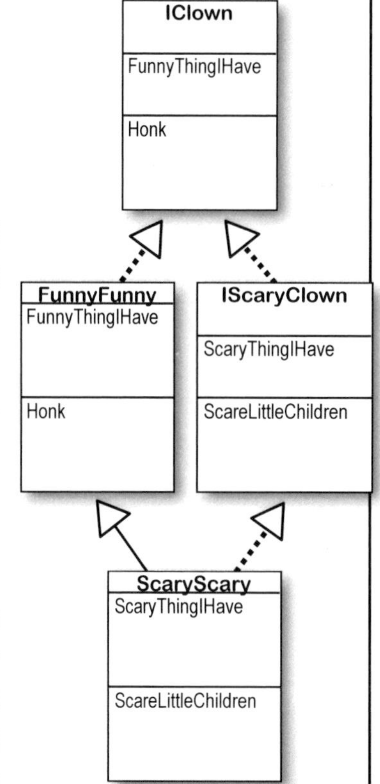

1 首先，使用你之前寫好的 IClown 介面：

```
interface IClown {
    string FunnyThingIHave { get; }
    void Honk();
}
```

2 繼承 IClown，建立**稱為 IScaryClown 的新介面**。它有一個稱為 ScaryThingIHave 的 string 屬性，這個屬性有 getter，但沒有 setter，以及一個稱為 ScareLittleChildren 的 void 方法。

3 建立實作這些介面的類別：

- 實作 IClown 的 **FunnyFunny 類別**。它使用稱為 funnyThingIHave 的 private 字串變數來儲存有趣的東西（funny thing）。FunnyThingIHave getter 使用 funnyThingIHave 支援欄位。使用建構式來接收參數，並用它來設定 private 欄位。讓 Honk 方法印出：「*Hi kids! I have a* 」，後面加上 funny thing，以及一個句點。
- 實作 IScaryClown 並繼承 FunnyFunny 的 **ScaryScary 類別**。它使用 private 變數來儲存稱為 scaryThingCount 的整數。建構式會設定 ScaryScary 從 FunnyFunny 繼承的 scaryThingCount 欄位與 funnyThingIHave 欄位。ScaryThingIHave getter 會回傳一個字串，裡面有來自建構式的數字，後面加上「*spiders*」。ScareLittleChildren 方法會在主控台輸出「*Boo! Gotcha! Look at my…!*」。

4 下面是 Main 方法的一些新程式，但它不能動作。你可以想出如何修正它，讓它可以組建，並且在主控台印出訊息嗎？

```
static void Main(string[] args)
{
    IClown fingersTheClown = new ScaryScary("big red nose", 14);
    fingersTheClown.Honk();
    IScaryClown iScaryClownReference = fingersTheClown;
    iScaryClownReference.ScareLittleChildren();
}
```

在你執行程式之前，**寫下** Main 方法將會印到主控台的**輸出**（當你修正它之後）：

你最好寫出正確的程式…
否則！

....

....

小丑的手指是很可怕的。

然後執行程式，看看你能不能寫出正確的答案。

我們要使用實作了 IClown 介面的類別來建立新的主控台 app。你可以想出如何讓最下面的程式組建成功嗎？

IScaryClown 介面繼承 IClown 介面。這意味著任何一個實作 IScaryClown 的類別不但必須有 ScaryThingIHave 屬性與 ScareLittleChildren 方法，也必須有 FunnyThingIHave 屬性與 Honk 方法。

IScaryClown 介面繼承 IClown 並且加入一個屬性與一個方法：

```
interface IScaryClown : IClown
{
    string ScaryThingIHave { get; }
    void ScareLittleChildren();
}
```

FunnyFunny 類別實作 IClown 介面並使用建構式來設定支援欄位：

```
class FunnyFunny : IClown
{
    private string funnyThingIHave;
    public string FunnyThingIHave { get { return funnyThingIHave; } }

    public FunnyFunny(string funnyThingIHave)
    {
        this.funnyThingIHave = funnyThingIHave;
    }

    public void Honk()
    {
        Console.WriteLine($"Hi kids! I have a {funnyThingIHave}.");
    }
}
```

它們很像我們在第 5 章使用的建構式與支援欄位。

ScaryScary 類別繼承 FunnyFunny 類別並實作 IScaryClown 介面。它的建構式使用 base 關鍵字來呼叫 FunnyFunny 建構式，以設定 private 支援欄位：

FunnyFunny.funnyThingIHave 是 private 欄位，所以 ScaryScary 不能使用它，它必須使用 base 關鍵字來呼叫 FunnyFunny 建構式。

```
class ScaryScary : FunnyFunny, IScaryClown
{
    private int scaryThingCount;

    public ScaryScary(string funnyThing, int scaryThingCount) : base(funnyThing)
    {
        this.scaryThingCount = scaryThingCount;
    }

    public string ScaryThingIHave { get { return $"{scaryThingCount} spiders"; } }

    public void ScareLittleChildren()
    {
        Console.WriteLine($"Boo! Gotcha! Look at my {ScaryThingIHave}!");
    }
}
```

修正 Main 方法的方式是把方法的第 3 行與第 4 行換成這幾行使用 **is** 運算子的程式：

```
if (fingersTheClown is IScaryClown iScaryClownReference)
{
    iScaryClownReference.ScareLittleChildren();
}
```

你可以讓 FunnyFunny 參考等於 ScaryScary 物件，因為 ScaryScary 繼承 FunnyFunny。你不能將任何 IScaryClown 參考設為任何 clown，因為你不知道 clown 是不是 scary。這就是為什麼你要使用 is 關鍵字。

我一直看到 IDE 問我要不要**把欄位宣告成唯讀的（readonly）**，我要這樣做嗎？

一定要！把欄位宣告成唯讀有助於防止 bug。

回到 ScaryScary.scaryThingCount 欄位，IDE 在欄位名稱的前兩個字母下面顯示三個圓點。把游標移到三個圓點上面會出現一個視窗：

```
private int scaryThingCount;
```

(field) int ScaryScary.scaryThingCount

Make field readonly

Show potential fixes (Alt+Enter or Ctrl+.)

按下 Ctrl+. 會彈出一個動作清單，選擇「**Add readonly modifier**」來為宣告式加入 **readonly 關鍵字**：

```
private readonly int scaryThingCount;
```

現在你只能在宣告欄位時，或是在建構式裡面設定它。如果你試著在方法的任何其他地方改變它的值，你會看到編譯錯誤：

CS0191	A readonly field cannot be assigned to (except in a constructor or a variable initializer)

readonly 關鍵字…只是 C# 幫助你保護資料安全的另一種方式。

readonly 關鍵字

使用封裝有一個重要的原因：防止一個類別不小心覆寫另一個類別的資料。要用什麼東西來防止某個類別覆寫它自己的資料？「readonly」關鍵字可以，被標為 readonly 的任何欄位都只能在它自己的宣告式修改，或是在建構式裡面修改。

沒有蠢問題

問：為什麼我要使用介面，而不是直接把我需要的方法都寫在類別裡面？

答：使用介面也是把方法寫在類別裡面。介面可以讓你根據類別的工作類型對類別進行分組。介面可以幫助你確保每一個會做某項工作的類別都用相同的方法來做事。類別可以用它自己的方式工作，而且因為使用介面，所以你不需要擔心它是如何完成工作的。

舉個例子：你可以讓 Truck 類別與 Sailboat 類別實作 ICarryPassenger。假如 ICarryPassenger 介面規定：實作它的類別都必須有一個 ConsumeEnergy 方法。你的程式可以用這兩個類別來運送乘客，即使 Sailboat 類別的 ConsumeEnergy 方法使用風力，Truck 類別的方法使用柴油。

如果沒有使用 ICarryPassenger 介面，你就很難向程式指出哪些交通工具可以載人，哪些不行，你必須一一檢查程式可能使用的類別，確認它們有沒有方法可以把乘客運送到另一個地方，然後你必須呼叫每一個交通工具所定義的客運方法。而且因為沒有標準的介面，它們可能使用各種不同的名稱，也有可能被埋在其他的方法裡面。你很快就會昏頭轉向。

問：為什麼要在介面裡面使用屬性？我不能使用欄位就好嗎？

答：好問題。介面只定義類別執行特定工作的方式。它本身不是物件，所以不能實例化，也不能儲存資訊。如果你加入一個只是宣告變數的欄位，C# 必須在某個地方儲存資料，但是介面本身無法儲存資料。屬性可以讓一樣東西在其他物件的眼中像個欄位，但是因為它其實是個方法，所以它實際上不儲存任何資料。

問：一般的物件參考與介面參考有什麼不同？

答：你已經知道一般的物件參考如何運作了。如果你建立一個 Skateboard 的實例，稱為 `vertBoard`，還有一個指向它的新參考，稱為 `halfPipeBoard`，它們都指向同一個東西。但是如果 Skateboard 實作了 IStreetTricks 介面，而且你建立一個指向 Skateboard 的介面參考 `streetBoard`，這個介面參考只會認識 Skateboard 類別和 IStreetTricks 介面都有的方法。三個參考其實都指向同一個物件。如果你使用 `halfPipeBoard` 或 `vertBoard` 參考來呼叫物件，你可以使用物件裡面的任何方法或屬性。但是如果你使用 `streetBoard` 參考來呼叫它，你就只能使用介面裡面的方法與屬性。

問：既然介面參考會限制我可以用物件來做的事情，為什麼我要使用介面參考？

答：介面參考可以讓你使用「會做同一件事的各種物件」。你可以用介面參考型態來建立一個陣列，用陣列來傳遞資訊給 ICarryPassenger 的方法，或是從那些方法傳出資訊，無論你使用的是 Truck 物件、Horse 物件、Unicycle 物件，還是 Car 物件。雖然這些物件的工作方式有些不同，但是使用介面參考之後，你就知道它們都有同一個方法，而且那個方法都接收相同的參數，並且有相同的回傳型態。所以，你可以用完全相同的方式呼叫它們並傳遞資訊給它們。

問：幫我復習一下，為什麼我要把類別成員宣告成 protected 而不是 private 或 public？

答：因為它可以幫助你更妥善地封裝類別。很多時候，子類別需要使用它的基底類別的內部程式。例如，如果你要覆寫屬性，常見的做法是在 getter 裡面使用基底類別的支援欄位，讓 getter 回傳那個欄位的某種變體。當你建構類別時，除非你有特別的理由，否則不要把某個東西宣告成 public。使用 `protected` 存取修飾詞之後，需要它的子類別才可以使用它，對所有其他類別而言，它都是 private 的。

介面參考只認識在介面裡面定義的方法與屬性。

重點提示

- **介面**定義類別必須實作的方法與屬性。
- 介面使用 abstract 方法與屬性來定義它們**的成員**。
- 在預設情況下，所有介面成員都是 **public 與 abstract**（所以通常省略各個成員的 public 與 abstract 關鍵字）。
- 當你使用**冒號（:）**來讓類別實作介面時，類別**必須實作它的所有成員**，否則程式無法編譯。
- 一個類別可以**實作多個介面**（而且不會遇到致命的死亡鑽石，因為介面沒有實作）。
- 介面很實用，因為它們可以讓**彼此無關**的類別做**同一項工作**。
- 在建立介面時，你應該讓它的名稱以**大寫的 I** 開頭（這只是一種習慣，編譯器不會強迫你這樣做）。
- 我們在類別圖裡面使用**虛線箭頭**來代表介面實作關係。
- 你**不能使用 new 關鍵字**來實例化介面，因為它的成員是 abstract。
- 你可以**將介面當成型態**來參考實作它的物件。
- 任何類別都可以**實作任何介面**，只要它承諾實作介面的方法與屬性。
- 在 public 介面裡面的所有東西都**自動是 public**，因為你會用它來定義實作它的類別的 public 方法與屬性。
- **hack** 是醜陋、粗糙、不優雅且難以維護的解決方案。
- **is 關鍵字**會在物件符合一個型態時回傳 true。你也可以用它來宣告變數，並讓變數參考你所檢驗的物件。
- **向上轉型**通常是指使用一般的賦值或轉型在類別階層裡向上移動，或是用超類別變數參考子類別物件。
- is 關鍵字可以用來**向下轉型**（安全地往類別階層下面移動），使用子類別變數來參考超類別物件。
- 向上轉型與向下轉型也可以**用在介面上**，你可以將物件參考向上轉型成介面參考，或是從介面參考向下轉型。
- **as 關鍵字**很像轉型，不過它不會在轉型無效時丟出例外，而是回傳 null。
- 當你用 **readonly 關鍵字**來標記欄位之後，它就只能在欄位初始設定式或建構式裡面設定了。

牢牢記住

這可以幫你記住介面如何運作：你會擴充類別，但是會實作介面。擴充某個東西就是把既有的東西擴充出去（在這裡就是添加行為）。實作就是讓協議生效—因為你曾經同意加入所有介面成員（而且編譯器會要求你履行協議）。

你可以在字典裡查詢「實作（implement）」—其中一個定義是「讓決策、計畫或協議生效」。

我認為介面有**很大的缺陷**。我可以在抽象類別裡面加入程式碼，難道這不意味著抽象類別優於介面嗎？

其實你可以在介面裡面加入 static 成員與預設實作的程式碼。

介面的用途並非只有確保實作它的類別都有某些成員，雖然這是它們的主要工作，但是介面也可以容納程式碼，如同你用來建立類別模型的其他工具。

在介面裡加入程式碼最簡單的方式是加入 **static 方法、屬性與欄位**。它們的工作方式與類別的 static 成員很像：它們可以儲存任何型態的資料，包括物件的參考，而且你可以像呼叫任何其他 static 方法一樣呼叫它們：`Interface.MethodName();`。

你也可以在介面裡面加入方法的**預設實作**程式碼。你只要為介面的方法加入方法主體就可以加入預設實作了。這個方法不是物件的一部分，它與繼承不一樣，而且你只能用介面參考來使用它。它可以呼叫物件所實作的方法，只要它們是介面的一部分即可。

照過來！

預設的介面實作是最近加入的 C# 功能。

如果你使用舊版的 Visual Studio，你可能無法使用預設實作，因為它們是在 C# 8.0 加入的，C# 8.0 是 2019 年 9 月隨著 Visual Studio 2019 16.3.0 版一起發布的。舊版的 Visual Studio 可能不支援最近的 C# 版本。

介面可以擁有 static 成員

大家都喜歡看載滿小丑的小車！所以我們來修改 IClown 介面，加入一些產生小丑車敘述的 static 方法。我們要加入這些東西：

* 我們將使用隨機數字，所以會加入一個指向 Random 實例的 static 參考。目前它只需要在 IClown 裡面使用，但是我們很快也會在 IScaryClown 裡面使用它，所以我們把它標成 protected。
* 小丑車塞滿小丑時才有趣，所以我們要加入一個 static int 屬性，使用 private static 支援欄位，以及一個只接受大於 10 數字的 setter。
* 一個稱為 ClownCarDescription 的方法，讓它回傳描述小丑車的字串。

IClown
FunnyThingIHave static CarCapacity protected static Random
Honk static ClownCarDescription

程式如下，它使用 static 欄位、屬性與方法，很像你可能在類別裡面看到的樣子：

加入它！

```
interface IClown
{
   string FunnyThingIHave { get; }
   void Honk();

   protected static Random random = new Random();

   private static int carCapacity = 12;

   public static int CarCapacity {
      get { return carCapacity; }
      set {
         if (value > 10) carCapacity = value;
         else Console.Error.WriteLine($"Warning: Car capacity {value} is too small");
      }
   }

   public static string ClownCarDescription()
   {
      return $"A clown car with {random.Next(CarCapacity / 2, CarCapacity)} clowns";
   }
}
```

我們用 protected 存取修飾詞來標記 static random 欄位。這代表它只能在 IClown 介面裡面，或擴充 IClown 的任何介面（例如 IScaryClown）裡面使用。

現在你可以修改 Main 方法來使用 static IClown 成員：

```
static void Main(string[] args)
{
    IClown.CarCapacity = 18;
    Console.WriteLine(IClown.ClownCarDescription());

    // Main 方法其餘的部分維持不變
}
```

試著在你的介面裡加入 private 欄位。雖然你可以加入它，但它必須是 static！如果你移除 static 關鍵字，編譯器會告訴你：介面不能有實例欄位。

這些 static 介面成員的行為很像你在前幾章用過的 static 類別成員。public 成員可以在任何類別裡使用，private 成員只能在 IClown 裡面使用，protected 成員可以在 IClown 或擴充它的任何介面中使用。

預設實作可讓介面方法擁有主體

你到目前為止看過的所有方法（除了 static 方法之外）都是 abstract 的：它們沒有主體，所以實作介面的類別都必須提供方法的實作。

但是你也可以為任何介面方法提供**預設實作**。舉個例子：

```
interface IWorker {
    string Job { get; }
    void WorkTheNextShift();

    void Buzz() {
        Console.WriteLine("Buzz!");
    }
}
```

想要的話，你甚至可以在介面中加入 private 方法，但是它們只能從 public 預設實作裡面呼叫。

你可以呼叫預設實作，但是你**必須使用介面參考**來呼叫：

```
IWorker worker = new NectarCollector();
worker.Buzz();
```

但是這段程式無法編譯，它會產生這個錯誤訊息「*NectarCollector' does not contain a definition for 'Buzz'*」：

```
NectarCollector pearl = new NectarCollector();
pearl.Buzz();
```

原因是，當介面方法有預設實作時，它會讓它成為 virtual 方法，就像你在類別裡面用過的那種。實作介面的任何類別都可以選擇實作該方法。virtual 方法**被附加到介面**，如同任何其他介面實作，它不會被繼承。這是好事，如果類別可以繼承它所實作的每一個介面的預設實作，萬一其中的兩個介面有名稱相同的方法，那個類別就會遇到致命的死亡鑽石。

使用 @ 來建立逐字字串常值

@ 字元在 C# 程式裡有特殊的意義。當你把它放在字串常值前面時，它會要求 C# 編譯器將常值逐字（verbatim）解譯，也就是不將斜線當成轉義序列，所以 @"\n" 會是斜線字元與 n 字元，而不是新行（newline）字元，它也會要求 C# 編譯器加入任何換行（line break）。所以這樣寫：@"Line 1。

Line 2" 與 "Line1\nLine2" 一樣（包含換行）。

你可以使用逐字字串常值來建立包含換行的多行字串。它們可以和字串內插一起使用 — 你只要在開頭加入 $ 即可。

加入有預設實作的 ScareAdults 方法

我們的 IScaryClown 介面是模擬恐怖小丑的先進技術。但是它有一個問題：它只有一個嚇小孩的方法。如果我們也想要讓小丑嚇成年人呢？

我們**可以**在 IScaryClown 介面裡面加入 abstract ScareAdults 方法。但是如果我們已經有數十個實作了 IScaryClown 的類別呢？而且如果它們大部分都可以接受同一個 ScareAdults 方法的實作呢？此時很適合使用預設實作。預設實作可以讓你在已經被使用的介面中加入方法，而**不需要修改實作它的任何類別**。在 IScaryClown 加入有預設實作的 ScareAdults 方法：

```
interface IScaryClown : IClown
{
    string ScaryThingIHave { get; }
    void ScareLittleChildren();

    void ScareAdults()
    {
        Console.WriteLine($@"I am an ancient evil that will haunt your dreams.
Behold my terrifying necklace with {random.Next(4, 10)} of my last victim's fingers.

Oh, also, before I forget...");
        ScareLittleChildren();
    }
}
```

我們在這裡使用逐字常值。我們也可以改用一般的字串常值，並且用 \n 來代表換行。這種做法容易閱讀許多。

加入它！

仔細看一下 ScareAdults 方法如何工作。那個方法只有兩個陳述式，但是裡面有很多內容。我們來仔細分析一下它做了什麼：

* Console.WriteLine 陳述式使用逐字常值和字串內插。常值在開頭使用 **$@** 來告訴 C# 編譯器兩件事：**$** 告訴它使用字串內插，**@** 告訴它使用逐字常值。也就是說，字串會有三個換行。
* 常值使用字串內插來呼叫 random.Next(4, 10)，它使用 IScaryClown 從 IClown 繼承的 static random 欄位。
* 我們已經在這本書看過很多次，static 欄位代表該欄位只有一個版本。所以 Random 只有一個 IClown 與 IScaryClown 共用的實例。
* ScareAdults 方法的最後一行呼叫 ScareLittleChildren。那個方法在 IScaryClown 介面裡是 abstract，所以它會呼叫實作了 IScaryClown 的類別裡面的 ScareLittleChildren。
* 這意味著 ScareAdults 會呼叫在實作了 IScaryClown 的類別裡面定義的 ScareLittleChildren。

為了呼叫新的預設實作，請修改 Main 方法的 `if` 陳述式後面的區塊來呼叫 ScareAdults，而不是 ScareLittleChildren：

```
if (fingersTheClown is IScaryClown iScaryClownReference)
{
    iScaryClownReference.ScareAdults();
}
```

介面看起來太**理論性**了。雖然我可以在書中了解它們如何運作，但是開發者會在真正的專案裡面使用它們嗎？

C# 開發者一直都在使用介面，尤其是在使用程式庫、框架與 API 時。

開發者一直都站在巨人的肩膀上。你已經讀到本書的一半左右了，在前半部分，你曾經讓程式在主控台印出文字、畫出有按鈕的視窗，以及轉譯 3D 物件。你不需要具體寫出在主控台產生輸出每一個 bytes 的程式，或是在視窗裡畫出線條與文字來顯示按鈕的程式，或是顯示球體所需的數學運算一你一直在利用別人寫好的程式碼：

- 你曾經使用 .NET Core 與 WPF 等**框架**。
- 你曾經使用 Unity 腳本 API 等 **API**。
- 框架與 API 都有很多**類別程式庫**，你可以在程式碼的最上面使用 `using` 指示詞來使用它們。

當你使用程式庫、框架與 API 時，你會大量使用介面。注意一下自己做的事情：打開 .NET Core 或 WPF 應用程式，在任何方法裡面按下按鍵，輸入 **I** 來彈出 IntelliSense 視窗，在視窗裡面，每一個有（⊸O）符號的項目都是一個介面。下面是可以和框架一起使用的介面。

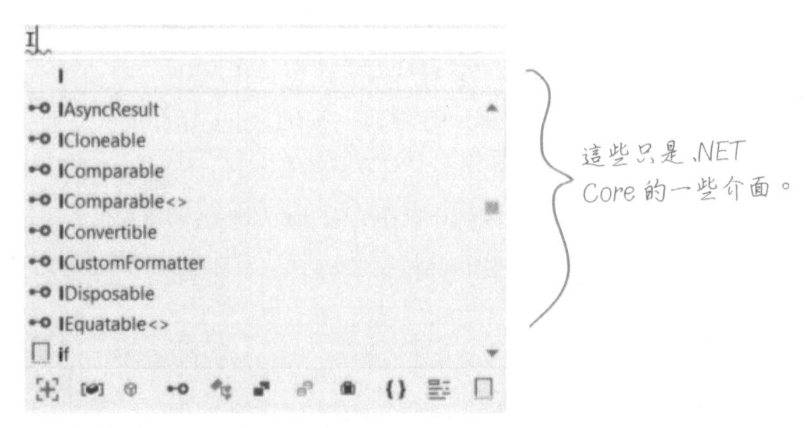

接下來要討論的 WPF 功能沒有對應的 Mac 版本，所以 Visual Studio for Mac 學習指南會省略這一節。

資料繫結會自動更新 WPF 控制項

接下來，我們要用一個很棒的例子來說明介面的使用案例：**資料繫結**。資料繫結是 WPF 的一種非常實用的功能，可讓你設定控制項，來根據物件裡面的屬性自動設定它們的屬性，當物件屬性改變時，控制項的屬性也會自動保持最新狀態。

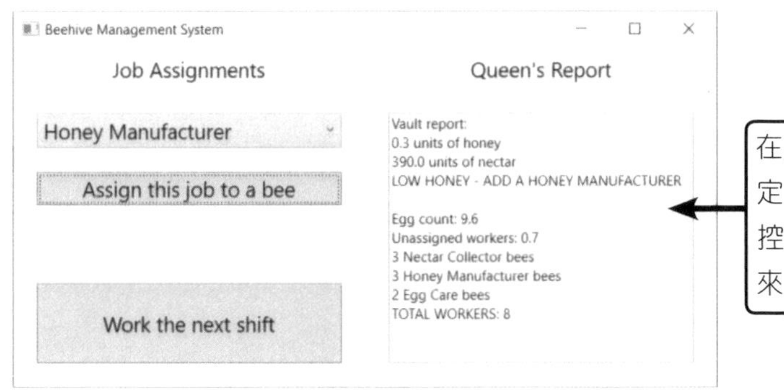

在第 6 章的蜂巢管理系統裡面，你曾經設定 statusReport.Text 來更新這個 TextBox 控制項。我們要修改程式，使用資料繫結來自動更新 TextBox。

這是修改蜂巢管理系統的概要，我們將深入研究它們：

1. **修改 Queen 類別來實作 INotifyPropertyChanged 介面。**

   這個介面可讓 Queen 宣布狀態報告已經更新。

2. **修改 XAML 來建立 Queen 的實例。**

   我們會把 TextBox.Text 繫到 Queen 的 StatusReport 屬性。

3. **修改 code-behind，讓「queen」欄位，使用我們剛才建立的 Queen 實例。**

   現在，在 *MainWindow.xaml.cs* 裡面的 queen 欄位有個欄位初始設定式使用 new 陳述式來建立 Queen 的實例。我們要修改它，改用以 XAML 建立的實例。

資料繫結始於 data context（資料內容），它是一個物件，裡面有將要在 TextBox 裡面顯示的資料。我們會把一個 Queen 的實例當成 data context 來使用。

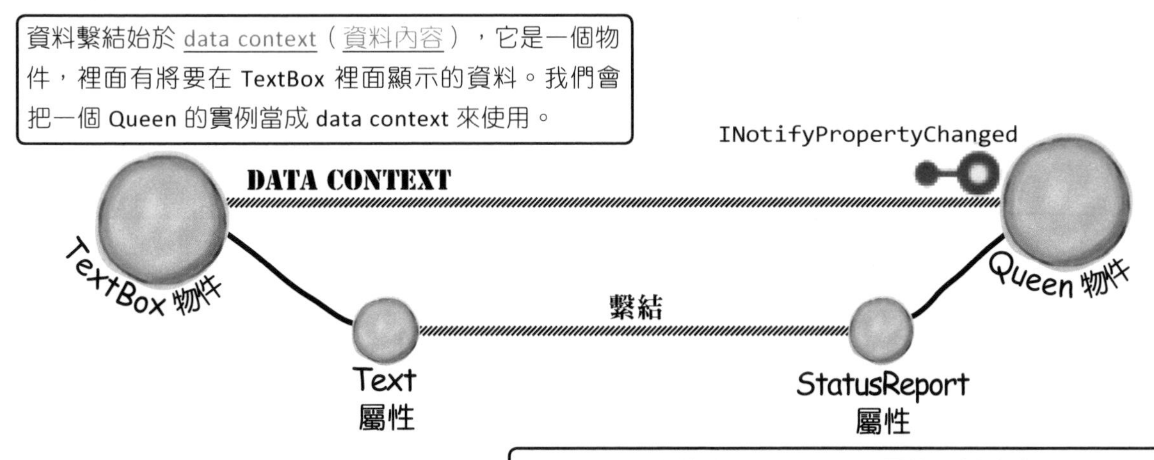

Queen 必須在她的 StatusReport 屬性更新時告訴 TextBox。為此，我們要修改 Queen 類別，來實作 INotifyPropertyChanged 介面。

修改蜂巢管理系統來使用資料繫結

你只要做一些修改就可以為 WPF app 加入資料繫結了。

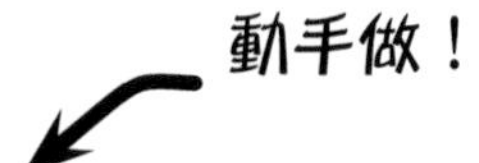

① 修改 Queen 類別來實作 INotifyPropertyChanged 介面。

修改 Queen 類別宣告式來讓它實作 INotifyPropertyChanged。這個介面在 System.ComponentModel 名稱空間裡面，所以你要在類別的上面加入一個 using 指示詞：

```
using System.ComponentModel;
```

現在你可以在類別宣告式的結尾加入 INotifyPropertyChanged。IDE 會在它下面顯示紅波浪線，這是預料中的事情，因為你還沒有加入介面的成員來實作它。

```
5 references
class Queen : Bee, INotifyPropertyChanged
{
    public const float E
    public const float H

    private Bee[] worker
    private float eggs =
    private float unassignedWorkers = 3;
```

```
interface System.ComponentModel.INotifyPropertyChanged
Notifies clients that a property value has changed.

'Queen' does not implement interface member 'INotifyPropertyChanged.PropertyChanged'

Show potential fixes (Alt+Enter or Ctrl+.)
```

按下 Alt+Enter 或 Ctrl+. 來顯示可能的修改方案，並且在環境選單裡**選擇「Implement interface」**。IDE 會在類別裡面加入一行有 **event 關鍵字**的程式碼，這是你第一次看到它：

```
public event PropertyChangedEventHandler PropertyChanged;
```

但是你猜怎麼著？你已經用過事件了。第 1 章使用的 DispatchTimer 有個 Tick 事件，而且 WPF Button 控制項有個 Click 事件。**現在你的 *Queen* 類別有 *PropertyChanged* 事件了**。每次你用來做資料繫結的類別觸發（或是被**叫用**）時，它的 PropertyChanged 事件就會讓 WPF 知道有屬性不一樣了。

你的 Queen 類別必須觸發它的事件，就像 DispatchTimer 每隔一段時間觸發它的 Tick 事件，以及 Button 在有用戶按下它時觸發它的 Click 事件那樣。所以**在 OnPropertyChanged 方法裡加入這段程式**：

```
protected void OnPropertyChanged(string name)
{
    PropertyChanged?.Invoke(this, new PropertyChangedEventArgs(name));
}
```

現在你只要**修改 UpdateStatusReport 方法**來呼叫 OnPropertyChanged 即可：

```
private void UpdateStatusReport()
{
    StatusReport = $"Vault report:\n{HoneyVault.StatusReport}\n" +
    $"\nEgg count: {eggs:0.0}\nUnassigned workers: {unassignedWorkers:0.0}\n" +
    $"{WorkerStatus("Nectar Collector")}\n{WorkerStatus("Honey Manufacturer")}" +
    $"\n{WorkerStatus("Egg Care")}\nTOTAL WORKERS: {workers.Length}";
     OnPropertyChanged("StatusReport");
}
```

你已經在 Queen 類別裡加入一個事件，並加入一個使用 ?. 運算子來叫用事件的方法了。目前你只要知道這些與事件有關的事情即可，在本書結束時，我們會告訴你一個下載章節，它會教你更多關於事件的知識。

2 修改 XAML 來建立 Queen 的實例。

你已經用 new 關鍵字來建立物件，並且使用 Unity 的 Instantiate 方法了。XAML 還有另一種為類別建立新實例的方法。**在 XAML** 的 <Grid> 標籤上面**加入**這些程式碼：

```
<Window.Resources>
    <local:Queen x:Key="queen"/>
</Window.Resources>
```

這個標籤會建立 Queen 物件的新實例，並將它加入視窗的資源，WPF 視窗用這種方式來儲存控制項使用的物件的參考。

然後**修改 <Grid> 標籤**，加入 DataContext 屬性：

```
<Grid DataContext="{StaticResource queen}">
```

最後，**在 <TextBox> 標籤裡面加入 Text 屬性**。來將它繫到 Queen 的 StatusReport 屬性：

```
<TextBox Text="{Binding StatusReport, Mode=OneWay}"
```

現在每當 Queen 物件叫用它的 PropertyChanged 事件時，TextBox 就會自動更新。

3 在視窗的資源裡修改 code-behind 來使用 Queen 的實例。

現在，在 *MainWindow.xaml.cs* 裡面的 queen 欄位。有個欄位初始設定式使用 new 陳述式來建立 Queen 的實例。我們要修改它，改用以 XAML 建立的實例。

先把設定 statusReport.Text 的三個地方改成註解（或刪除）。其中有一個在 MainWindow 建構式裡面，兩個在 Click 事件處理常式裡面：

```
// statusReport.Text = queen.StatusReport;
```

接下來修改 Queen 欄位宣告式，來移除結尾的欄位初始設定式（new Queen();）：

```
private readonly Queen queen;
```

最後，修改建構式來設定 queen 欄位：

```
public MainWindow()
{
    InitializeComponent();
    queen = Resources["queen"] as Queen;
    //statusReport.Text = queen.StatusReport;
    timer.Tick += Timer_Tick;
    timer.Interval = TimeSpan.FromSeconds(1.5);
    timer.Start();
}
```

現在 WPF app 會使用資料繫結，我們不需要使用 Text 屬性來更新狀態報告 TextBox，所以把這一行改成註解或刪除。

這段程式使用一個稱為 Resources 的**字典（dictionary）**。（現在只是稍微談到字典！下一章會介紹它們。）執行遊戲，它的動作與之前一樣，但是現在每次 Queen 更新狀態報告時，TextBox 就會自動更新了。

恭喜你！你剛才已經使用介面在 WPF app 裡加入資料繫結了。

問：**我想，我已經了解我們剛才做過的每一件事了，你可以再重述一遍，以免我漏掉什麼東西嗎？**

答：沒問題。你在第 6 章製作的蜂巢管理系統 app 使用這段程式來設定 Text 屬性，進而更新它的 TextBox (statusReport)：

```
statusReport.Text = queen.StatusReport;
```

你修改那個 app 來使用資料繫結，如此一來，每當 Queen 物件更新它的 StatusReport 屬性時，TextBox 就會自動更新。你修改三個地方來完成這個工作。首見，你修改實作 INotifyPropertyChanged 介面的 Queen 類別，讓它可以在屬性有任何改變時通知 UI。然後你修改 XAML 來建立 Queen 的實例，並將 TextBox.Text 屬性繫到 Queen 物件的 StatusReport 屬性。最後，你修改 code-behind 來使用 XAML 建立的實例，並且移除設定 statusReport.Text 的幾行程式。

問：**那個介面到底用來幹嘛？**

答：INotifyPropertyChanged 介面可讓你知道 WPF 有屬性改變了，讓 WPF 可以更新繫結它的任何控制項。當你實作它時，你就是在建立一個類別來執行特定的工作：通知 WPF app 有屬性改變。這個介面有一個成員：稱為 PropertyChanged 的事件。當你使用類別來做資料繫結時，WPF 會確認它有沒有實作 INotifyPropertyChanged，如果有，它會把一個事件處理常式附加到類別的 PropertyChanged 事件，就像之前把事件處理常式附加到 Buttons 的 click 事件那樣。

問：**我發現，當我在設計工具裡打開視窗時，狀態報告 TextBox 再也不是空的了，是資料繫結造成的嗎？**

答：好眼力！沒錯，你曾經修改 XAML 加入 `<Window.Resources>` 段落來建立 Queen 物件的新實例，Visual Studio XAML 設計工具建立了該物件的實例。當你修改 Grid 來加入 data context，並且在 TextBox 的 Text 屬性加入繫結時，設計工具會用那個資訊來顯示文字。在使用資料繫結時，類別不是在程式執行時實例化的，Visual Studio 會當你**在 XAML 視窗裡面進行編輯時**建立物件的實例。這是很厲害的 IDE 功能，因為它可以讓你在程式中改變屬性，並且在你重新組建程式時，立刻在設計工具裡面查看結果。

照過來！

資料繫結是與屬性搭配的，不是欄位。

你只能讓 **public 屬性**使用資料繫結。如果你試著將 WPF 控制項屬性繫到 public 欄位，你不會看到任何改變，但是你也不會看到例外。

多型的意思是一個物件可以有很多種不同的型式

每當你用 RoboBee 來取代 IWorker，或是用 Wolf 來取代 Animal，甚至使用蒙特熟成切達來製作只需要使用任何起司的菜餚，你就是在使用**多型（polymorphism）**。每當你做向上轉型或向下轉型時，就是在做這件事。它就是在一個期望使用某個物件的方法或陳述式裡面使用另一個物件。

當你在期望使用某種型態（例如父類別，或是讓類別實作的介面）的陳述式或方法裡面使用另一個類別的實例時，你就是在使用多型。

你要特別注意多型！

其實你一直都在使用多型，只是我們沒有用這個字眼來描述它。在接下來幾章，當你寫程式時，請特別注意你使用它的各種方式。

下面有四種多型的典型使用方式，分別有一個範例，不過你不會在練習裡面看到這幾行程式。當你在接下來的章節之中的練習寫出類似的程式時，可以回來這一頁，**檢查它是哪一種：**

☐ 讓「某個類別的參考變數」等於「不同類別的實例」。

```
NectarStinger bertha = new NectarStinger();
INectarCollector gatherer = bertha;
```

☐ 在期望使用基底類別的陳述式或方法裡面使用子類別來進行向上轉型。

```
spot = new Dog();
zooKeeper.FeedAnAnimal(spot);
```

如果 FeedAnAnimal 期望使用 Animal 物件，而且 Dog 繼承 Animal，你可以將 Dog 傳給 FeedAnAnimal。

☐ 建立一個型態為介面的參考變數，並讓它指向一個實作該介面的物件。

這也是向上轉型！

```
IStingPatrol defender = new StingPatrol();
```

☐ 使用 is 關鍵字來向下轉型。

```
void MaintainTheHive(IWorker worker) {
    if (worker is HiveMaintainer) {
        HiveMaintainer maintainer = worker as HiveMaintainer;
        ...
```

MaintainTheHive 方法可以接收任何 IWorker 參數。它使用「as」來將 HiveMaintainer 參考指向 worker。

OK，我想，我現在已經**可以充分掌握**物件了！

「將資料和程式碼組合成類別和物件」這個想法在剛被提出來時是革命性的概念——但是你一直都在使用這種做法來建立所有 C# 程式，所以你可以把它視為普通的程式設計方式。

你是物件導向程式設計員。

你所做的事情有一個名字，**物件導向程式設計**，或 OOP。在 C# 等語言出現之前，程式員都不使用物件與方法來寫程式，他們只會在同一個地方使用許多函式（在非 OO 的程式裡，方法稱為函式），彷彿每一個程式（program）都是一個龐大的 static 類別，裡面只有 static 方法一般，所以程式員難以使用程式來模擬他們企圖解決的問題。幸運的是，你不需要編寫非 OOP 的程式，因為 OOP 是 C# 的核心。

物件導向程式設計的四項核心原則

當程式員討論 OOP 時，他們會提到四項重要的原則。你現在應該已經很熟悉它們了，因為你一直都在使用它們。封裝是剛才介紹的原則，你可以在第 5 章與第 6 章認出前三個原則：**繼承**、**抽象**與**封裝**。

意思是讓一個類別或介面繼承另一個。

繼承

封裝代表讓物件用 private 欄位在內部記錄它的狀態，並且使用 public 屬性與方法來讓其他的類別使用它們需要看到的內部資料。

封裝

「多型」的字面意義是「多種型式」。你可以想到一個物件在你的程式裡面有很多種型式的情況嗎？

抽象

如果你設計的類別模型在一開始有比較廣義（或抽象）的類別，然後讓比較具體的類別繼承它時，你就是在使用抽象。

多型

8 列舉與集合

組織你的資料

…這一幕請所有臨時演員從高到矮排成一排。大家各就各位！
嘿！拜託一下，時間寶貴。呃…哈囉？

資料不一定都像你希望的那麼整潔。

在現實世界裡，你不會零散地接收資料，你的資料會**如雪片般成堆飛來**，你必須用強大的工具來組織所有資料，此時就要使用**列舉**和**集合**了。列舉可讓你定義用來分類資料的有效值。集合是特殊物件，裡面有許多值，可讓你**儲存**、**排序和管理**程式將要分析的所有資料，如此一來，你就可以把時間花在思考如何編寫程式來處理資料，把記錄資料的工作交給集合負責。

字串不一定適合用來儲存各類資料

接下來幾章會使用撲克牌，所以我們來建構一個 Card 類別。首先，建立一個 Card 類別，它有一個建構式可以讓你傳入花色與大小，並將它們存為字串：

```
class Card
{
    public string Value { get; set; }
    public string Suit { get; set; }
    public string Name { get { return $"{Value} of {Suit}"; } }

    public Card(string value, string suit)
    {
        Value = value;
        Suit = suit;
    }
}
```

Card
Suit Value Name

這個 Card 類別使用字串屬性來儲存花色與大小。

這段程式看起來很正常，我們可以建立一個 Card 物件，並這樣使用它：

```
Card aceOfSpades = new Card("Ace", "Spades");
Console.WriteLine(aceOfSpades.Name); // 印出黑桃 Ace
```

但是有一個問題。使用字串來保存花色與大小可能會產生一些意外的結果：

```
Card duchessOfRoses = new Card("Duchess", "Roses");
Card fourteenOfBats = new Card("Fourteen", "Bats");
Card dukeOfOxen = new Card("Duke", "Oxen");
```

雖然這段程式可以編譯，但是這些花色與大小沒有任何意義。Card 類別不應該將這些類型視為有效的資料。

我們**可以**在建構式加入程式來檢查各個字串，再確定它是有效的花色或大小，並且藉著丟出例外來處理錯誤的輸入，當然，前提是你可以正確地處理許多例外。

但是如果可以讓 C# 編譯器幫我們自動偵測無效的值**豈不美哉**？如果編譯器可以在你執行程式之前確保所有的撲克牌都是有效的呢？猜猜怎麼著：它**可以**做到！你只要把可以使用的值**列舉**出來即可。

> **e-nu-me-rate（列舉），動詞**
>
> 一個接著一個指定。
>
> *Ralph* 總是記不住他的鴿子，所以他決定**列舉**牠們，把牠們的名字都寫在紙上。

沒人打過的牛 D 牌

enum 可讓你使用一組有效的值

enum 或**列舉型態**是一種資料型態，它只容許那種資料的某些值。所以我們可以定義一個稱為 Suits 的 enum，並定義允許的花色：

```
enum Suits {
    Diamonds,
    Clubs,
    Hearts,
    Spades,
}
```

每一個 enum 的開頭都是 enum 關鍵字，後面是它的名稱。這個 enum 稱為 Suits。

enum 其餘的部分是在一對大括號裡面的成員清單，成員之間用逗號分開。每一個不同的值都有一個成員，在這個例子裡，它們是花色的成員。

最後一個 enum 成員的後面可以省略逗號，但是使用逗號可以方便你利用剪下 / 貼上來重新排列它們。

enum 可以定義新型態

當你使用 enum 關鍵字時，你就是在**定義一個新的型態**。這是關於 enum 的一些實用知識：

- **你可以將 enum 當成型態來定義變數，就像使用 string、int 或其他型態那樣：**

```
Suits mySuit = Suits.Diamonds;
```

- **因為 enum 是一種型態，你可以用它來建立陣列：**

```
Suits[] myVals= new Suits[3] { Suits.Spades, Suits.Clubs, mySuit };
```

- **使用 == 來比較 enum 值。下面的方法接收 Suits enum 參數，並使用 == 來檢查它是不是等於 Suits.Hearts：**

```
void IsItAHeart(Suits suit) {
    if (suit == Suits.Hearts) {
        Console.WriteLine("You pulled a heart!");
    } else {
        Console.WriteLine($"You didn't pull a heart: {suit}");
    }
}t
```

enum 的 ToString 方法會回傳對應的字串，所以 Suits.Spades.ToString 會回傳「Spades」。

- **但是你不能幫 enum 編造新值，否則程式無法編譯，所以，它可以讓你避免一些麻煩的 bug：**

```
IsItAHeart(Suits.Oxen);
```

如果你使用不屬於 enum 的值，編譯器會產生錯誤：

```
CS0117 'Suits' does not contain a definition for 'Oxen'
```

enum 可讓你定義只允許使用特定值的新型態。不屬於 enum 的值都會破壞程式，這可以防止以後的 bug。

enum 可讓你用名稱來代表數字

有時幫數字取名字用起來會更方便。你可以在 enum 裡面把數字指派給值，並使用名字來引用它們。如此一來，你的程式就不會充斥著難以理解的數字了。這是用來記錄狗技能競賽分數的 enum：

```
enum TrickScore {
    Sit = 7,
    Beg = 25,
    RollOver = 50,
    Fetch = 10,
    ComeHere = 5,
    Speak = 30,
}
```

enum 的成員不需要按照特定順序排列，而且你可以把多個名稱指派給同一個數字。

先打出名稱、「=」，接著是那個名稱所代表的數字。

你可以把 int 轉型成 enum，也可以把（使用 int 的）enum 轉型回去 int。

有些 enum 使用不同的型態，例如 byte 或 long（例如下面的）。你可以把它們轉型成它們的型態，而不是 int。

下面的程式使用 TrickScore enum 的方法將 enum 轉型成 int 值，以及將 int 值轉型成 enum。

```
int score = (int)TrickScore.Fetch * 3;
// 下一行印出：The score is 30
Console.WriteLine($"The score is {score}");
```

(int) 轉型會要求編譯器把它轉換成它所代表的數字。TrickScore.Fetch 的值是 10，所以 (int) TrickScore.Fetch 會把它轉換成 int 值 10。

你可以將 enum 轉型成數字並且用它來做計算。你甚至可以把它轉換成字串，enum 的 ToString 方法會回傳成員名稱字串：

```
TrickScore whichTrick = (TrickScore)7;
// 下一行印出：Sit
Console.WriteLine(whichTrick.ToString());
```

你可以把 int 轉型回去 TrickScore，且 TrickScore.Sit 的值是 7。

Console.WriteLine 呼叫 enum 的 ToString 方法，這個方法會回傳成員名稱字串。

如果你沒有為名稱指定任何數字，C# 會幫清單裡面的項目指定預設值，第一個項目會被指定 0，第二個會被指定 1，以此類推。但是如果你想要讓其中一個列舉數使用很大的數字呢？在 enum 裡面的數字的預設型態是 int，所以你要使用冒號（:）來指定型態，例如：

```
enum LongTrickScore : long {
    Sit = 7,
    Beg = 2500000000025
}
```

這會要求編譯器把 LongTrickScore enum 裡面的值視為 long，不是 int。

這個數字太大了，無法放入 int。

如果你試著使用這個 enum 但沒有指定 long 型態，你會看到錯誤訊息：

CS0266 Cannot implicitly convert type 'long' to 'int'.

使用你學到的 enum 知識來建立一個保存撲克牌的類別。先建立一個新的 **.NET Core Console App 專案**，並加入一個稱為 Card 的類別。

Card
Value Suit Name

在 Card 裡加入兩個 public 屬性：Suit（它將是 Spades、Clubs、Diamonds 或 Hearts）與 Value（Ace、Two、Three…Ten、Jack、Queen、King）。你還需要一個屬性：public 唯讀屬性 Name，讓它回傳「Ace of Spades」或「Five of Diamonds」之類的字串。

在兩個 *.cs 檔分別加入一個 enum 來定義花色與大小

加入這兩個 enum。在 Windows，使用你熟悉的 *Add >>Class* 功能，然後把各個檔案裡面的 **class 換成 enum**。在 macOS，使用 *Add>>New File...* 並選擇 Empty Enumeration。**使用剛才的 Suits enum**，然後為大小建立一個 enum。大小等於它們的面值：(int)Values.Ace 等於 1，Two 是 2，Three 是 3，以此類推。Jack 應該等於 11，Queen 應該是 12，King 應該是 13。

在 Visual Studio for Mac 加入 enum 的方法是加入一個檔案，並選擇「Empty Enumeration」檔案類型。

加入一個建構式與 Name 屬性，讓它回傳卡片名稱字串

加入一個接收 Suit 與 Value 參數的建構式：

```
Card myCard = new Card(Values.Ace, Suits.Spades);
```

Name 是唯讀屬性。getter 應回傳描述撲克牌的字串。所以這段程式：

```
Console.WriteLine(myCard.Name);
```

應該要印出：

```
Ace of Spades
```

讓 Main 方法印出隨機撲克牌的名稱

你可以讓程式製作一個隨機花色與大小的撲克牌，做法是把一個介於 0 與 3 之間的隨機數字轉型成 Suits enum，把另一個介於 1 與 13 之間的隨機數字轉型成 Values enum。為此，你可以利用 Random 類別內建的功能，用三種方式呼叫它的 Next 方法：

一個方法可以用多種方式來呼叫稱為多載 (overloading)。

```
Random random = new Random();
int numberBetween0and3 = random.Next(4);
int numberBetween1and13 = random.Next(1, 14);
int anyRandomInteger = random.Next();
```

你曾經在第 3 章做過這件事。它會要求 Random 回傳一個至少是 1 但小於 14 的值。

沒有蠢問題

問：我記得之前是用兩個引數來呼叫 Random.Next。我發現當我呼叫這個方法時，IntelliSense 視窗會跳出來，在角落有「3 of 3」。它與多載有關嗎？

答：對！當類別有**多載**方法時（可以用多種方式來呼叫的方法），IDE 會告訴你所有選項。在這個例子裡，Random 類別有三種 Next 方法。當你在程式碼視窗輸入 **random.Next(** 時，IDE 會彈出它的 IntelliSense 方塊，在裡面顯示各種多載方法的參數。你可以用「3 of 3」旁邊的上與下箭頭來捲動它們。當你要使用一個有十幾種多載定義的方法時，這個功能非常方便。所以當你呼叫 Random.Next 時，務必選擇正確的多載方法。但是現在還不要太擔心這個部分，稍後會進一步討論多載。

▲ 3 of 3 ▼ int Random.Next()
★ IntelliCode suggestion based on this context
Returns a non-negative random integer.

對一些程式而言，限制它的值非常重要，撲克牌很適合用來說明這件事。沒有人希望翻開撲克牌時，看到紅心 28 或是鐵鎚 Ace。下面是我們的 Card 類別，在接下來幾章裡，你會重複使用它好幾次。

Suits enum 在 *Suits.cs* 檔案裡面。你已經有它的程式了，它與本章稍早的 Suits enum 一模一樣。Values enum 在 *Values.cs* 檔案裡面。這是它的程式：

```
enum Values {
    Ace = 1,
    Two = 2,
    Three = 3,
    Four = 4,
    Five = 5,
    Six = 6,
    Seven = 7,
    Eight = 8,
    Nine = 9,
    Ten = 10,
    Jack = 11,
    Queen = 12,
    King = 13,
}
```

我們把 Values.Ace 的大小設為 1。

把 Values.King 的大小設為 13。

我們幫 enum 命名為 Suits 與 Values，將使用這兩個 enum 型態的 Card 類別屬性命名為 Suit 與 Value。你覺得這些名字取得好不好？看一下你將在本書看到的其他 enum 的名稱。對這些 enum 來說，Suit 與 Value 是更好的名稱嗎？

答案沒有對錯之分，事實上，在微軟的 C# 語言參考網頁中，enum 有單數（例如 Season）與複數（例如 Days）的名稱：https://docs.microsoft.com/en-us/dotnet/csharp/language-reference/builtin-types/enum。

Card 類別的建構式會設定它的 Suit 與 Value 屬性，它的 Name 屬性會產生一個描述撲克牌的字串：

```
class Card {
    public Values Value { get; private set; }
    public Suits Suit { get; private set; }

    public Card(Values value, Suits suit) {
        this.Suit = suit;
        this.Value = value;
    }

    public string Name {
        get { return $"{Value} of {Suit}"; }
    }
}
```

這是個封裝的案例。我們把 Value 與 Suit 屬性的 setter 宣告成 private，因為它們只需要在建構式裡呼叫。如此一來，它們就絕對不會被不小心修改。

Name 屬性的 getter 採取 enum 的 ToString 方法用來回傳名稱字串的技巧。

Program 類別使用 static Random 參考來轉型 **Suits** 與 **Values**，以實例化隨機的 Card：

```
class Program
{
    private static readonly Random random = new Random();

    static void Main(string[] args)
    {
        Card card = new Card((Values)random.Next(1, 14), (Suits)random.Next(4));
        Console.WriteLine(card.Name);
    }
}
```

這裡使用多載的 Random.Next 方法來產生 1 到 13 的隨機數字。它會被轉型成 Values 值。

我們可以使用陣列來建立一副撲克牌…

如果你想要建立一個類別來代表一副撲克牌呢？你要記錄一副牌裡面的每一張牌，而且要知道它們的順序。Cards 陣列可以做這件事，讓一副牌最上面的牌的值是 0，下一張牌的值是 1，以此類推。我們的起點是下面的程式，它是個具有完整的 52 張牌的 Deck：

```
class Deck
{
    private readonly Card[] cards = new Card[52];

    public Deck() {
        int index = 0;
        for (int suit = 0; suit <= 3; suit++)
        {
            for (int value = 1; value <= 13; value++)
            {
                cards[index++] = new Card((Values)value, (Suits)suit);
            }
        }
    }

    public void PrintCards()
    {
        for (int i = 0; i < cards.Length; i++)
            Console.WriteLine(cards[i].Name);
    }
}
```

我們使用兩個「for」迴圈來逐一查看所有可能的 suit 與 value 的組合。

…但是如果你想要做更多事情呢？

不過，想一下你會對一副牌做的所有事情。當你玩撲克牌時，你會定期改變撲克牌的順序，並且在牌堆加入與移除撲克牌。用陣列不太容易做到這件事。例如，再看一下第 6 章的蜂巢管理系統的 AddWorker 方法：

```
private void AddWorker(Bee worker) {
    if (unassignedWorkers >= 1) {
        unassignedWorkers--;
        Array.Resize(ref workers, workers.Length + 1);
        workers[workers.Length - 1] = worker;
    }
}
```

你曾經在第 6 章用這段程式在陣列中加入一個元素。如果你想要將 Bee 參考加入陣列的中間，而不是结尾，該怎麼辦？

你必須使用 Array.Resize 來讓陣列更長，然後在結尾加入 worker。 這很費工。

動動腦

如何在 Deck 類別加入 Shuffle 方法，來隨機重新排序撲克牌？如何寫出一個方法來發出一副牌最上面的牌，回傳它，然後將它從那副牌移除？如何在一副牌中加入一張牌？

陣列可能很難用

陣列適合儲存一系列固定的值或參考。當你需要移動陣列元素，或加入超出陣列容量的元素時，事情就會變得有點麻煩。下面是不適合使用陣列的情況。

每一個陣列都有長度，除非你改變陣列大小，否則那個長度不會改變，所以你要知道它的長度才能使用它。假如你想要用陣列來儲存 Card 的參考，而且你想要儲存的參考數量小於陣列的長度，你可以使用 null 參考來讓一些陣列元素是空的。

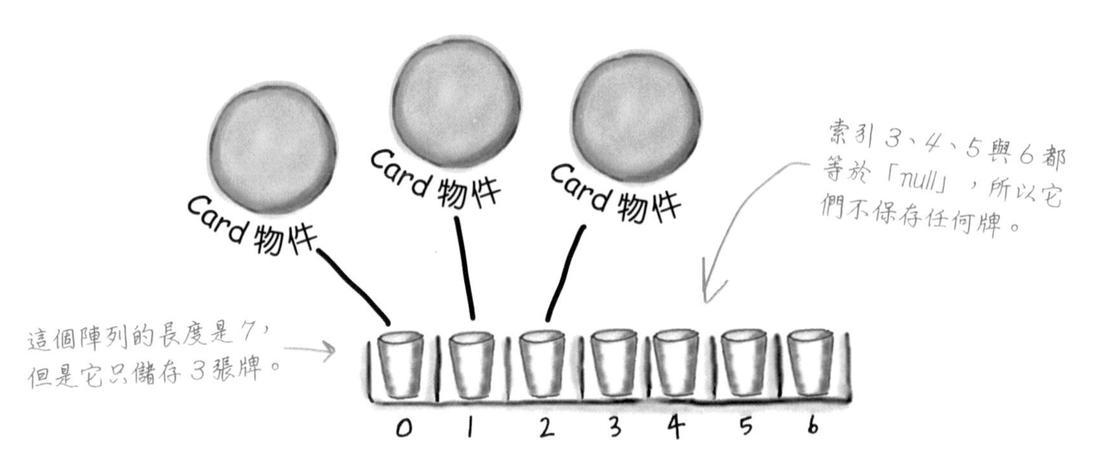

索引 3、4、5 與 6 都等於「null」，所以它們不保存任何牌。
這個陣列的長度是 7，但是它只儲存 3 張牌。

你必須記錄陣列保存多少張牌。你可以加入一個 int 欄位，或許你會將它稱為 cardCount，用它來保存陣列的最後一張牌的索引。所以存有三張牌的陣列的 Length 是 7，但是你會將 cardCount 設成 3。

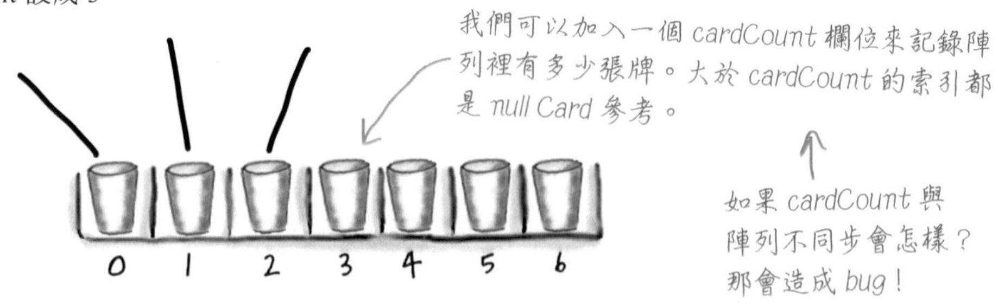

我們可以加入一個 cardCount 欄位來記錄陣列裡有多少張牌。大於 cardCount 的索引都是 null Card 參考。
如果 cardCount 與陣列不同步會怎樣？那會造成 bug！
0
1
2
3
4
5
6

現在事情變複雜了。加入一個 Peek 方法，讓它只回傳最上面的牌的參考很簡單，這樣你就可以偷看一副牌最上面那一張。如果你要加入一張牌呢？如果 cardCount 小於陣列的 Length，你可以直接把牌放在陣列的那個索引，並將 cardCount 加 1。但如果陣列滿了，你就要建立一個新的、更大的陣列，並且將既有的牌複製到它裡面。移除撲克牌很簡單，但是當你將 cardCount 減 1 之後，你一定要將被移除的牌的陣列索引設回 `null`。如果你需要移除**中間**的牌呢？移除第 4 張牌之後，你要把第 5 張牌往前移來取代它，然後把第 6 張往前移，然後第 7 張…哇，真亂！

第 6 章的 AddWorker 方法使用 Array.Resize 方法來做這件事。

list 可以讓你輕鬆地儲存一堆…任何東西

C# 與 .NET 有許多**集合**類別，它們可以在你加入和移除陣列元素時處理這些麻煩事。最常見的集合是 List<T>。當你建立 List<T> 物件之後，你可以輕鬆地加入項目、將 list 裡面的任何位置的項目移除、查看項目，甚至把 list 裡面的一個項目從一個地方移到另一個地方。這是 list 的運作方式。

在這本書裡，我們有時會在提到 List 時省略 <T>。當你看到 List 時，把它當成 List<T>。

1. **首先，你要建立一個新的 List<T> 實例。**每一個陣列都有型態，你使用的不僅僅是一個陣列，而是一個 int 陣列、Card 陣列…等。list 也一樣。你要指定 list 將要保存的物件或值的型態，做法是在使用 `new` 關鍵字來建立它時，將型態放在角括號（<>）裡面：

```
List<Card> cards = new List<Card>();
```

你曾經在建立 list 時指定 <Card>，所以現在這個 list 只能保存指向 Card 物件的參考。

List<Card> 物件

> **Fun 輕鬆**
>
> **在 List<T> 後面的 <T> 代表它是泛型。**
>
> T 會被換成一種型態，所以 List<int> 代表 int 的 List。你會在接下來幾頁用泛型做一些練習。

2. **現在你可以加入 List<T> 了。**當你取得 List<T> 物件之後，你可以在裡面加入任意數量的項目，只要它們是你在建立新的 List<T> 時指定的型態的**多型**即可，也就是說，它們可以被指派給那個型態（包括介面、抽象類別與基底類別）。

```
cards.Add(new Card(Values.King, Suits.Diamonds));
cards.Add(new Card(Values.Three, Suits.Clubs));
cards.Add(new Card(Values.Ace, Suits.Hearts));
```

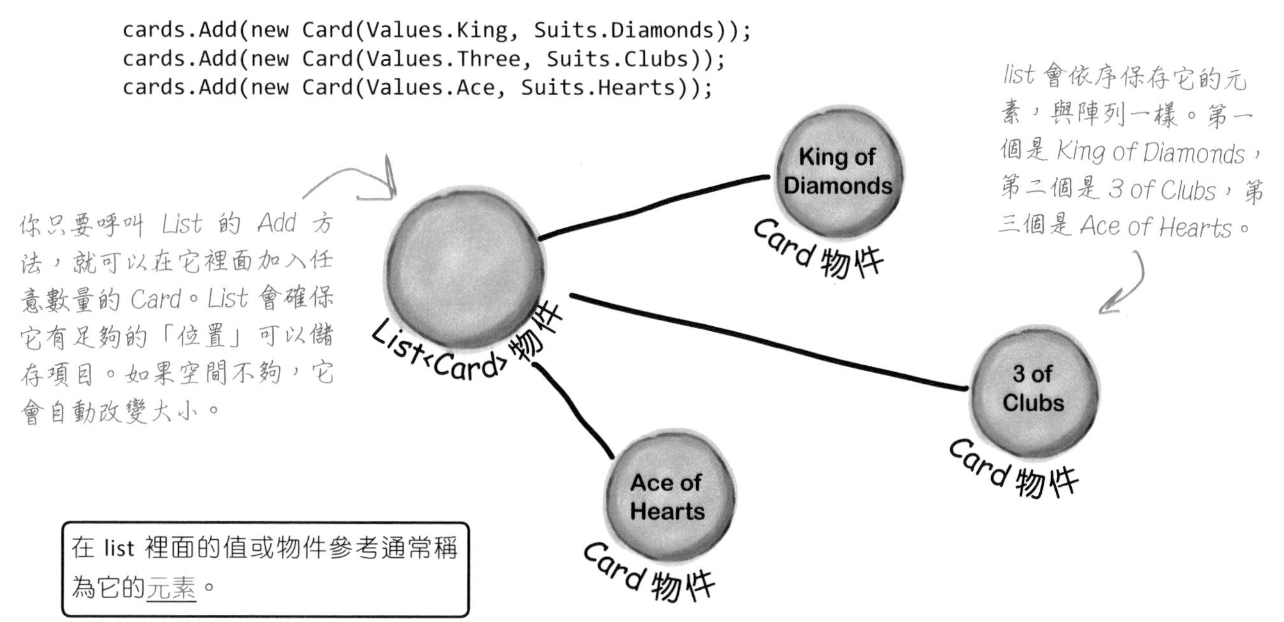

在 list 裡面的值或物件參考通常稱為它的<u>元素</u>。

List 比陣列更靈活

List 類別是 .NET Framework 內建的，可以讓你用物件來做平凡的陣列做不到的事情。這是你可以用 List<T> 做的一些事情。

new List<Egg>(); 會建立一個 Egg 物件 List。它最初是空的。你可以加入或移除物件，但因為它是 Egg List，你只能加入 Egg 物件的參考，或是可以轉型成 Egg 的任何物件。

1 **使用 new 關鍵字來實例化 List（與你預期的一樣！）。**

```
List<Egg> myCarton = new List<Egg>();
```

這是指向 Egg 物件的參考。

2 **在 List 加入一個東西。**

```
Egg x = new Egg();
myCarton.Add(x);
```

現在為了保存 Egg 物件，List 變大了…

3 **在 List 加入別的東西。**

```
Egg y = new Egg();

myCarton.Add(y);
```

這是另一個 Egg。

…再次變大來保存第二個 Egg 物件。

4 **確認 List 有多少東西。**

```
int theSize = myCarton.Count;
```

5 **確認 List 裡面有沒有特定的東西。**

```
bool isIn = myCarton.Contains(x);
```

現在你可以在 List 裡面尋找特定的 Egg。它一定會回傳 true，因為你剛剛將那個 Egg 加入 List。

6 **確認那個東西在 List 裡面的哪裡。**

```
int index = myCarton.IndexOf(x);
```

x 的索引是 0，y 的索引是 1。

7 **把東西拿出 List。**

```
myCarton.Remove(x);
```

當我們移除 x 之後，List 裡面只剩下 y，所以它會縮小！如果我們移除 y，List 會被記憶體回收。

削尖你的鉛筆

填寫表格空白的部分，先看一下左邊的 List 程式碼，然後寫下當你使用一般的陣列時，程式該怎麼寫。我們不指望你可以完全答對，你只要想出最好的答案即可。

這是在程式中間的幾行程式碼，假設這些陳述式都是依序執行的，而且變數都已經宣告過了。

我們已經幫你完成幾題了…

List	一般陣列
`List<String> myList = new List <String>();`	String [] myList = new String[2];
`String a = "Yay!";`	String a = "Yay!";
`myList.Add(a);`	
`String b = "Bummer";`	String b = "Bummer";
`myList.Add(b);`	
`int theSize = myList.Count;`	
`Guy o = guys[1];`	
`bool foundIt = myList.Contains(b);` 提示：這裡會使用不只一行程式碼。	

削尖你的鉛筆 解答

你的工作是填寫表格空白的部分，先看一下左邊的 List 程式碼，然後寫下當你使用一般的陣列時，程式該怎麼寫。

List	一般陣列
`List<String> myList = new List <String>();`	`String[] myList = new String[2];`
`String a = "Yay!"`	`String a = "Yay!";`
`myList.Add(a);`	`myList[0] = a;`
`String b = "Bummer";`	`String b = "Bummer";`
`myList.Add(b);`	`myList[1] = b;`
`int theSize = myList.Count;`	`int theSize = myList.Length;`
`Guy o = guys[1];`	`Guy o = guys[1];`
`bool foundIt = myList.Contains(b);`	`bool foundIt = false; for (int i = 0; i < myList.Length; i++) { if (b == myList[i]) { isIn = true; } }`

List 是有方法的物件，與你用過的其他類別一樣。在 IDE 裡面，你可以在 List 名稱的旁邊輸入一個 . 來查看有哪些方法可以使用，你可以傳遞參數給它們，就像傳遞參數給你自己建立的類別那樣。

陣列有許多限制，你必須在建立它時設定它的大小，也必須自己撰寫處理它的任何邏輯。

Array 類別有一些 static 方法，可以方便你做其中的一些事情，例如，你曾經在 AddWorker 方法裡面用過的 Array.Resize 方法。但是我們把重心放在 List 物件上，因為它們容易使用許多。

在 list 裡面的元素是有序的，元素在 list 裡面的位置稱為它的**索引**。跟陣列一樣，list 的索引從 0 開始算起。你可以使用**索引子（indexer）**來讀取在 list 特定索引的元素：

```
Guy o = guys[1];
```

「元素」是 list 內的項目的另一個名稱。

我們來建立一個儲存鞋子的 app

是時候看一下 List 的實際表現了。我們要製作一個 .NET Core 主控台 app，它會提示用戶加入或移除鞋子。這是執行這個 app 時的樣子，我們加入兩雙鞋子然後移除它們：

我們會先寫出 Shoe 類別，用它來儲存鞋子的樣式和顏色。然後建立 ShoeCloset 類別，用它在 List<Shoe> 儲存鞋子，這個類別也有 AddShoe 與 RemoveShoe 方法，可以提示用戶加入或移除鞋子。

```
The shoe closet is empty.

Press 'a' to add or 'r' to remove a shoe: a
Add a shoe
Press 0 to add a Sneaker
Press 1 to add a Loafer
Press 2 to add a Sandal
Press 3 to add a Flipflop
Press 4 to add a Wingtip
Press 5 to add a Clog
Enter a style: 1
Enter the color: black

The shoe closet contains:
Shoe #1: A black Loafer
```

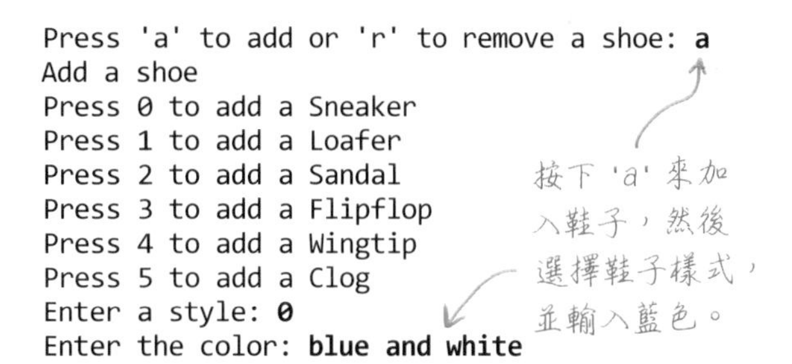

```
Press 'a' to add or 'r' to remove a shoe: a
Add a shoe
Press 0 to add a Sneaker
Press 1 to add a Loafer
Press 2 to add a Sandal
Press 3 to add a Flipflop
Press 4 to add a Wingtip
Press 5 to add a Clog
Enter a style: 0
Enter the color: blue and white
```

按下 'a' 來加入鞋子，然後選擇鞋子樣式，並輸入藍色。

```
The shoe closet contains:
Shoe #1: A black Loafer
Shoe #2: A blue and white Sneaker

Press 'a' to add or 'r' to remove a shoe: r
Enter the number of the shoe to remove: 2
Removing A blue and white Sneaker

The shoe closet contains:
Shoe #1: A black Loafer
```

按下 'r' 來移除鞋子，然後輸入要移除的鞋子的號碼。

```
Press 'a' to add or 'r' to remove a shoe: r
Enter the number of the shoe to remove: 1
Removing A black Loafer

The shoe closet is empty.

Press 'a' to add or 'r' to remove a shoe:
```

動手做！

1 **加入鞋子樣式的 enum**。因為有些鞋子是運動鞋，有些是涼鞋，所以使用 enum 很合理：

```
enum Style
{
    Sneaker,
    Loafer,
    Sandal,
    Flipflop,
    Wingtip,
    Clog,
}
```

之前說過，你可以將 enum 轉型成 int，也可以反向操作。所以 Sneaker 等於 0，Loafer 等於 1，以此類推。

2 **加入 Shoe 類別**。它使用 Style enum 來指定鞋子樣式，用字串來指定鞋子顏色，運作方式很像我們在本章稍早建立的 Card 類別：

```
class Shoe
{
    public Style Style {
       get; private set;
    }
    public string Color {
       get; private set;
    }
    public Shoe(Style style, string color)
    {
        Style = style;
        Color = color;
    }
    public string Description
    {
        get { return $"A {Color} {Style}"; }
    }
}
```

3 **ShoeCloset 類別使用 List<Shoe> 來管理它的鞋子**。ShoeCloset 類別有三個方法 — PrintShoes 方法會在主控台印出鞋子清單，AddShoe 方法會提示用戶在鞋櫃加入鞋子，RemoveShoe 方法會提示用戶移除鞋子：

務必在程式的最上面使用這行 using，否則你就不能使用 List 類別。

```
using System.Collections.Generic;

class ShoeCloset
{
    private readonly List<Shoe> shoes = new List<Shoe>();

    public void PrintShoes()
    {
        if (shoes.Count == 0)
        {
            Console.WriteLine("\nThe shoe closet is empty.");
        }
        else
        {
            Console.WriteLine("\nThe shoe closet contains:");
            int i = 1;
            foreach (Shoe shoe in shoes)
            {
                Console.WriteLine($"Shoe #{i++}: {shoe.Description}");
            }
        }
    }

    public void AddShoe()
    {
        Console.WriteLine("\nAdd a shoe");
        for (int i = 0; i < 6; i++)
        {
            Console.WriteLine($"Press {i} to add a {(Style)i}");
        }
        Console.Write("Enter a style: ");
        if (int.TryParse(Console.ReadKey().KeyChar.ToString(), out int style))
        {
            Console.Write("\nEnter the color: ");
            string color = Console.ReadLine();
            Shoe shoe = new Shoe((Style)style, color);
            shoes.Add(shoe);
        }
    }

    public void RemoveShoe()
    {
        Console.Write("\nEnter the number of the shoe to remove: ");
        if (int.TryParse(Console.ReadKey().KeyChar.ToString(), out int shoeNumber) &&
            (shoeNumber >= 1) && (shoeNumber <= shoes.Count))
        {
            Console.WriteLine($"\nRemoving {shoes[shoeNumber - 1].Description}");
            shoes.RemoveAt(shoeNumber - 1);
        }
    }
}
```

這是儲存 Shoe 物件的參考的 List。

ShoeCloset
private List<Shoe> shoes
PrintShoes AddShoe RemoveShoe

這個 foreach 迴圈會逐一查看「shoes」list，並且為每一雙鞋子寫一行訊息到主控台。

for 迴圈會將「i」設成 0 到 5 之間的整數。內插的字串使用 {(Style)i} 來將它轉型成 Style enum，然後呼叫它的 ToString 方法來印出成員名稱。

我們在這裡建立新的 Shoe 實例，並將它加入 list。

這很像你看過的程式：它會呼叫 Console.ReadKey，然後使用 KeyChar 來取得被按下的字元。int.TryParse 需要字串，不是字元，所以我們呼叫 ToString 來把字元轉換成字串。

我們在這裡從 list 移除 Shoe 實例。

4 **加入包含入口的 Program 類別**。有沒有發現它沒有做太多事情？那是因為有趣的行為都被封裝在 ShoeCloset 類別裡面了：

```
class Program
{
    static ShoeCloset shoeCloset = new ShoeCloset();

    static void Main(string[] args)
    {
        while (true)
        {
            shoeCloset.PrintShoes();
            Console.Write("\nPress 'a' to add or 'r' to remove a shoe: ");
            char key = Console.ReadKey().KeyChar;

            switch (key)
            {
                case 'a':
                case 'A':
                    shoeCloset.AddShoe();
                    break;
                case 'r':
                case 'R':
                    shoeCloset.RemoveShoe();
                    break;
                default:
                    return;
            }
        }
    }
}
```

在 'a' case 後面沒有 break 陳述式，所以它會掉到 'A' case，所以它們都會用 shoeCloset.AddShoe 來處理。

我們用 switch 陳述式來處理用戶輸入。我們希望大寫的 'A' 與小寫的 'a' 有相同的作用，所以將兩個 case 陳述式放在一起，而且沒有在它們之間加上 break：

```
case 'a':
case 'A':
```

當 switch 遇到新的 case 陳述式，但是在它之前沒有 break 時，它會掉到下一個 case。你甚至可以在兩個 case 陳述式之間加入陳述式。但是請小心 — 你很容易就會不小心遺漏 break 陳述式。

5 **執行 app 並重現範例的輸出**。試著對 app 進行偵錯，並開始熟悉如何使用 list。現在不需要背任何東西，你會用它們做很多練習！

List 類別成員探究

List 集合類別有個將項目加到 list 最後面的 Add 方法。AddShoe 方法會建立 Shoe 實例，然後用那個實例的參考來呼叫 shoes.Add 方法：

```
shoes.Add(shoe);
```

List 類別也有一個 RemoveAt 方法可以將 list 的特定索引的項目移除。List 的索引與陣列一樣是**從零算起**的，也就是說，它的第一個項目的索引是 0，第二個項目的索引是 1，以此類推：

```
shoes.RemoveAt(shoeNumber - 1);
```

最後，PrintShoes 方法使用 List.Count 屬性來檢查 list 是不是空的：

```
if (shoes.Count == 0)
```

泛型集合可以儲存任何型態

你已經知道 list 可以儲存字串或 Shoes 了。你也可以製作整數 list，或任何其他物件的 list，所以 list 是**泛型集合**。當你建立新的 list 物件時，你會將它綁定特定的型態：你可以建立 int、string 或 Shoe 物件的 list。所以使用 list 很簡單，一旦你建立 list 之後，你就可以知道它裡面的資料是什麼型態。

但是「泛型」到底是什麼意思？我們用 Visual Studio 來探索泛型集合。打開 *ShoeCloset.cs*，把滑鼠游標移到 `List` 上面：

```
private readonly List<Shoe> shoes = new List<Shoe>();
```

```
class System.Collections.Generic.List<T>
Represents a strongly typed list of objects that can be accessed by index.
Provides methods to search, sort, and manipulate lists.
T is Shoe
```

泛型集合可以保存任何型態的物件，並且提供一組一致的方法來讓你使用集合裡面的物件，無論它保存哪一種物件。

這裡有幾件需要注意的事情：

★ List 類別在名稱空間 System.Collections.Generic 裡面—這個名稱空間有幾個泛型集合的類別（這就是為什麼要加入 `using` 那一行）。

★ 文字敘述說 List 提供「搜尋、排序與操作 list 的方法」。你已經在 ShoeCloset 類別裡面用過其中的一些方法了。

★ 最上面一行有 `List<T>`，最下面一行說 `T is Shoe`。這就是定義泛型的方式—它的意思是 List 可以處理任何型態，但是對這一個 list 而言，那個型態是 Shoe 類別。

泛型 list 是用 < 角括號 > 來宣告的

當你宣告 list 時（無論它保存哪一種型態），你都會用同一種方式來宣告它，使用 < 角括號 > 來指定 list 所儲存的物件的型態。

你以後會經常看到這樣子寫的泛型類別（而不是只有 List）：List<T>。這種寫法代表這個類別可以接收任何型態。

它其實不是要你加入字母 T，而是代表類別或介面可以使用所有型態的符號。<T> 部分代表你可以把型態放在這裡，例如 List<Shoe>，以限制它的成員只能是那個型態。

```
List<T> name = new List<T>();
```

List 可以非常靈活（容許任何型態），也可以非常嚴格。所以它們可以做陣列可做的事情，還有許多其他事情。

ge-ne-ric（泛型、通用的），形容詞。

一個類別或一群事物的特徵或關係，不具體。

「開發者」是任何一個寫程式的人的通稱（***generic term***），無論他們寫哪一種程式。

IDE 小撇步：Go To Definition (Windows) / Go to Declaration (macOS)

List 類別是 .NET Core 的一部分，.NET Core 有許多很實用的類別、介面、型態⋯等。Visual Studio 有很厲害的工具可以用來探索這些類別，以及你寫好的任何其他程式碼。打開 *Program.cs* 並找到這一行：`static ShoeCloset shoeCloset = new ShoeCloset();`。

在 ShoeCloset 按下右鍵，在 Windows 選擇 **Go To Definition**，在 macOS 選擇 **Go to Declaration**。

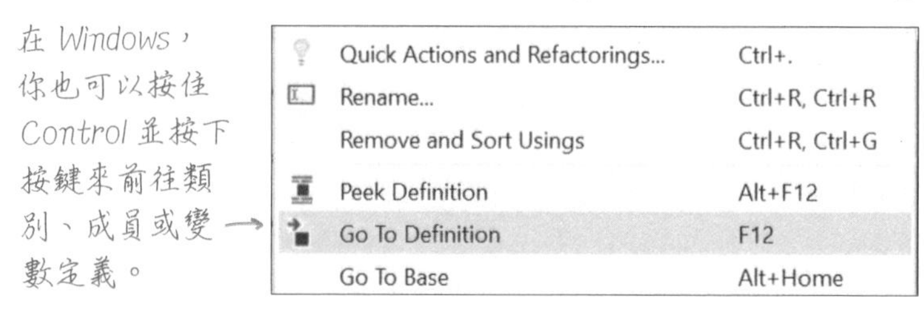

Quick Fix... ⌥↩
Rename... ⌘R
Remove and Sort Usings
Go to Declaration ⌘D
Go to Implementation

IDE 會直接跳到 ShoeCloset 類別的定義。現在回到 *Program.cs*，並且在這一行前往 PrintShoes 的定義：`shoeCloset.PrintShoes();`。IDE 會跳到它在 ShoeCloset 類別裡面的方法定義。你可以使用 Go To Definition/Declaration 快速地在程式之間跳來跳去。

使用 Go To Definition/Declaration 來探索泛型集合

接下來是真正有趣的部分。打開 *ShoeCloset.cs*，並前往 **`List`** 的定義。IDE 會另外打開一個標籤，裡面有 List 類別的定義。如果這個新標籤有很多複雜的東西，別擔心！你不需要了解全部的東西，只要找到這一行程式，它會告訴你 List<T> 如何實作一堆介面：

```
public class List<[NullableAttribute(2)] T> : ICollection<T>, IEnumerable<T>, IEnumerable,
       IList<T>, IReadOnlyCollection<T>, IReadOnlyList<T>, ICollection, IList
```

有沒有看到第一個介面是 ICollection<T>？每一個泛型集合都使用這個介面。你應該可以猜到接下來要做什麼—前往 ICollection<T> 的定義 / 宣告。你會在 Visual Studio for Windows 看到這個畫面（XML 註解會被摺疊起來，換成 [...] 按鈕；它們在 Mac 可能會被展開）：

```
namespace System.Collections.Generic
{
    ...public interface ICollection<[NullableAttribute(2)] T> : IEnumerable<T>, IEnumerable
    {
        ...int Count { get; }
        ...bool IsReadOnly { get; }

        ...void Add(T item);
        ...void Clear();
        ...bool Contains(T item);
        ...void CopyTo(T[] array, int arrayIndex);
        ...bool Remove(T item);
    }
}
```

泛型集合可以讓你確認它有多少項目、加入新項目、清除它、確認它裡面有沒有某個項目，以及移除某個項目。它也可以做其他事情，例如 List 可以讓你移除特定索引的項目，但是任何一種泛型集合都具備這個最低標準。

在上一章，我們說過，介面的目是為了讓類別執行工作。泛型集合是一種具體的工作。任何類別都可以做這個工作，只要它實作 ICollection<T> 介面即可。List<T> 類別就是如此，你也會在本章稍後看到實作它的其他集合類別。它們都會用稍微不同的方式工作，但是因為它們都做「扮演泛型集合」的工作，所以你可以使用它們來做基本的工作，例如儲存值或參考。

重點提示

- **List** 是一種 .NET 類別，它可以讓你儲存、管理和輕鬆地使用一組值或物件的參考。被存在 list 裡面的值或參考通常稱為它的**元素**。
- List 會自動隨著需求**動態調整它的大小**。當你將資料加入 List 時，它會擴大來容納它。
- 使用 **Add** 來將一個東西放入 List，使用 **Remove** 來將 List 裡面的一個東西移除。
- 你可以使用 **RemoveAt** 與 List 內的物件的索引數字來移除它。
- 你可以使用**型態引數**來宣告 List 的型態，型態引數是放在角括號裡面的型態名稱。例如：List<Frog> 代表 List 能夠保存型態為 Frog 的任何物件。
- 你可以使用 **Contains 方法**來確定 List 裡面有沒有特定物件。**IndexOf** 方法會回傳 List 內的特定元素的索引。
- **Count** 屬性會回傳 list 裡面的元素的數量。
- 使用**索引子**（例如 guys[3]）來存取集合內特定索引的項目。
- 你可以使用 **foreach 迴圈**來逐一查看 list，就像處理陣列時那樣。
- List 是**泛型集合**，也就是說，它可以儲存任何型態。
- 所有的泛型集合都實作泛型的 **ICollection<T> 介面**。
- 當你實例化一個泛型類別或介面時，你要將它們的定義裡面的 <T> **換成一種型態**。
- 在 Visual Studio 裡使用 **Go To Definition** (Windows) 或 **Go to Declaration** (macOS) 來探索程式碼和你使用的其他類別。

照過來！

不要在使用 foreach 來逐一查看集合的同時修改它！

修改它會讓它丟出 InvalidOperationException。你可以自己試試看。建立一個新的 .NET Core 主控台 app，然後加入程式來建立新的 List<string>，在裡面加入值，使用 foreach 來逐一查看它，並且**在 foreach 迴圈裡**，將另一個值加入集合。當你執行程式時，foreach 迴圈會丟出例外。切記，你在使用泛型類別時，一定要指定型態，所以 List<string> 代表一個 string list。

```
static void Main(string[] args)
{
    List<string> values = new List<string>();
    values.Add("a value");
    foreach (string s in values)
    {
        values.Add("another value");
    }
}
```

Exception Unhandled

System.InvalidOperationException: 'Collection was modified; enumeration operation may not execute.'

View Details | Copy Details | Start Live Share session...

▸ Exception Settings

程式磁貼

你能不能重新排列程式片段，做出一個可以動作的主控台 app，讓它在主控台寫出指定的輸出？

```
static void Main(string[] args)
{

}
```

```
string zilch = "zero";
string first =  "one";
string second = "two";
string third = "three";
string fourth = "4.2";
string twopointtwo = "2.2";
```

```
}
```

```
a.Add(zilch);
a.Add(first);
a.Add(second);
a.Add(third);
```

```
}
```

```
static void PppPppL (List<string> a){
```

```
foreach (string element in a)
{
    Console.WriteLine(element);
}
```

```
List<string> a = new List<string>();
```

```
if (a.IndexOf("four") != 4)
{
        a.Add(fourth);
}
```

```
a.RemoveAt(2);
```

```
if (a.Contains("three"))
{
      a.Add("four");
}
```

```
PppPppL(a);
```

```
if (a.Contains("two")) {
   a.Add(twopointtwo);
}
```

輸出

```
zero
one
three
four
4.2
```

程式磁貼解答

還記得我們在第 3 章說過使用直觀的名稱嗎？雖然使用直觀的名稱可以寫出好程式，但是它會讓這一題變得太簡單了。千萬不要在實際情況下使用 **PppPppL** 這種名稱！

如果你想要執行這段程式，務必在最上面加上「using System.Collections.Generic」。

輸出

```
zero
one
three
four
4.2
```

```
static void Main(string[] args)
{
    List<string> a = new List<string>();
    string zilch = "zero";
    string first =  "one";
    string second = "two";
    string third = "three";
    string fourth = "4.2";
    string twopointtwo = "2.2";
    a.Add(zilch);
    a.Add(first);
    a.Add(second);
    a.Add(third);
    if (a.Contains("three"))
    {
          a.Add("four");
    }
    a.RemoveAt(2);
    if (a.IndexOf("four") != 4)
    {
          a.Add(fourth);
    }
    if (a.Contains("two")) {
       a.Add(twopointtwo);
    }
    PppPppL(a);
}
    static void PppPppL(List<string> a){
        foreach (string element in a)
        {
            Console.WriteLine(element);
        }
    }
}
```

你能不能想出為什麼「2.2」不會被加入 list，即使它在這裡被宣告，而且在下面被傳給 a.Add？使用偵錯工具來調查！

這個 RemoveAt 會移除索引 #2 的元素，它是 list 的第三個元素。

PppPppL 方法使用 foreach 迴圈來逐一查看一個字串 list，將它們都加入一個大字串，然後在訊息方塊裡面顯示它。

這個 foreach 迴圈會逐一查看 list 裡面的所有元素並印出它們。

沒有蠢問題

問：那我為什麼非得使用 enum 不可，而不是集合？它們不是都可以解決相似的問題嗎？

答：enum 做的事情與集合有很大的不同。首先，enum 是**型態**，但集合是**物件**。

你可以把 enum 當成儲存**一系列常數**，以便用名稱來引用它們的方便手段。它們可以讓程式更容易閱讀，並且確保你一定會使用正確的變數名稱來存取經常使用的值。

集合可以儲存任何東西，因為它儲存的是**物件參考**，物件參考可以像平常那樣，用來引用物件的成員。另一方面，你必須為 enum 指定一種 C# 的**值型態**（例如第 4 章介紹的那些）。你可以把它們轉型成值，但不能轉型成參考。

enum 也無法動態改變它的大小。enum 不能實作介面或擁有方法，而且你必須將它們轉型成另一種型態，才能將 enum 的值存到另一個變數裡面。綜上所述，你可以發現這兩種資料儲存方式有很大的不同。它們各有所長。

問：聽起來 List 類別很厲害，那我還要使用陣列嗎？

答：當你需要儲存一堆物件時，你通常要使用 list 而不是陣列。需要使用陣列的情況之一（稍後你會看到）就是讀取一系列的位元組，例如從檔案讀取位元組。在這種情況下，你通常會呼叫一個 .NET 類別的方法，那個方法會回傳一個 byte[]。幸運的是，將 list 轉換成陣列（呼叫它的 ToArray 方法）或是將陣列轉換成 List（使用多載的 list 建構式）都很簡單。

問：我不太明白「泛型」這個名稱。為什麼它叫做泛型集合？

答：泛型集合是被設計成只能儲存一種型態（或超過一種型態，你很快就會看到）的集合物件（或是可以用來儲存和管理一堆其他物件的內建物件）。

問：OK，你解釋了「集合」的部分，但是它為什麼是「泛型」？

答：以前的超市賣過 generic item，他們把這種商品包在白色的包裝紙裡面，並且用黑色字體在包裝上說明裡面是什麼東西（「洋芋片」、「可樂」、「香皂」…等）。generic 品牌僅僅說明袋子裡有什麼，不著重外觀。

泛型資料型態也一樣。List<T> 的運作方式與在它裡面的東西完全相同。無論在 list 裡面的是 Shoe 物件、Card 物件、int、long，甚至其他的 list，它都是在容器層面上作用的。所以你一定可以做加入、移除、插入等事情，無論在 list 裡面是什麼東西。

問：我可以使用沒有型態的 list 嗎？

答：不行，每一個 list（事實上，是每一個泛型集合，你很快就會認識其他的泛型集合）都必須連結一種型態。C# 確實有一種非泛型 list，稱為 ArrayLists，它可以儲存任何一種型態的物件。如果你想要使用 ArrayList，你就要在程式中加入 `using System.Collections;`。你應該不太會做這件事，因為當你想要使用無型態的 ArrayList 時，List<*Object*> 通常也適合使用。

當你建立新的 List 物件時，你一定要提供型態，告訴 C# 它將儲存哪一種型態。List 可以儲存值型態（例如 int、bool 或 decimal）或類別。

陣列其實會讓程式使用更少記憶體和 CPU 時間，但是這只能微幅地提升性能。如果你必須每秒做一百萬次同一件事，那麼你應該要使用陣列，而不是 list。但是如果你的程式跑得很慢，把 list 換成陣列應該不能解決這個問題。

「泛型」是指：即使一個 List 實例只能儲存一種型態，但是整體而言，List 類別可以和任何型態搭配。這就是 <T> 的意思—list 可以容納一堆 T 型態的參考。

集合的初始設定式類似物件的初始設定式

如果你需要建立一個 list，並且立刻在裡面加入一堆項目，C# 提供一種很方便的簡寫來減少你需要輸入的程式碼。當你建立新的 List 物件時，你可以使用**集合初始設定式**來提供初始的項目串列，它會在 list 建立時立刻加入它們。

這段程式建立一個新的 List<Shoe>，並且不斷呼叫 Add 方法來填入新的 Shoe 物件。

```
List<Shoe> shoeCloset = new List<Shoe>();
shoeCloset.Add(new Shoe() { Style = Style.Sneakers, Color = "Black" });
shoeCloset.Add(new Shoe() { Style = Style.Clogs, Color = "Brown" });
shoeCloset.Add(new Shoe() { Style = Style.Wingtips, Color = "Black" });
shoeCloset.Add(new Shoe() { Style = Style.Loafers, Color = "White" });
shoeCloset.Add(new Shoe() { Style = Style.Loafers, Color = "Red" });
shoeCloset.Add(new Shoe() { Style = Style.Sneakers, Color = "Green" });
```

使用集合的初始設定式來重寫的同一段程式

有沒有發現每一個 Shoe 物件都是用它自己的物件初始設定式來初始化的？你可以像這樣把它們放在集合初始設定式裡面。

在編寫集合初始設定式時，你可以把之前使用 Add 加入的每一個項目放入建立 list 的陳述式裡面。

```
List<Shoe> shoeCloset = new List<Shoe>() {
    new Shoe() { Style = Style.Sneakers, Color = "Black" },
    new Shoe() { Style = Style.Clogs, Color = "Brown" },
    new Shoe() { Style = Style.Wingtips, Color = "Black" },
    new Shoe() { Style = Style.Loafers, Color = "White" },
    new Shoe() { Style = Style.Loafers, Color = "Red" },
    new Shoe() { Style = Style.Sneakers, Color = "Green" },
};
```

這個建立 list 的陳述式後面有一個大括號，大括號裡面有個別的「new」陳述式，以逗號分開。

在初始設定式裡面，除了使用「new」陳述式之外，你也可以加入變數。

集合初始設定式可以讓你同時建立 list 並加入初始項目，讓程式更緊湊。

動手做！

我們來建立 Duck 的 List

這是一個記錄你家附近的鴨子的 Duck 類別（你會收集鴨子，不是嗎？）。**建立一個新的 Console App 專案**，並加入一個新的 Duck 類別與 KindOfDuck enum。

每一隻鴨子都有大小，這一隻是 17 英寸長。
有些鴨子是野鴨。
你有一些紅面鴨。

Duck
Size Kind

```
class Duck {
    public int Size {
       get; set;
    }
    public KindOfDuck Kind {
       get; set;
    }
}

enum KindOfDuck {
    Mallard,
    Muscovy,
    Loon,
}
```

在你的專案中加入 Duck 與 KindOfDuck。你將使用 KindOfDuck enum 來記錄集合裡有哪些鴨子品種。注意我們沒有指派值，這是很典型的做法。我們的鴨子不需要使用數值，所以使用預設的 enum 值（0、1、2、…）即可。

這是 Duck List 的初始設定式

你有六隻鴨子，所以你將建立一個 List<Duck>，它的集合初始設定式有六個陳述式。在初始設定式裡面的每一個陳述式都會建立一隻新 Duck，使用物件初始設定式來設定每個 Duck 物件的 Size 與 Kind 欄位。務必在 *Program.cs* 最上面加入這個 **using 指示詞**：

```
using System.Collections.Generic;
```

然後在 Program 類別**加入這個 PrintDucks 方法**：

```
public static void PrintDucks(List<Duck> ducks)
{
    foreach (Duck duck in ducks) {
        Console.WriteLine($"{duck.Size} inch {duck.Kind}");
    }
}
```

最後，在 *Program.cs* 裡面的 Main 方法裡**加入這段程式式**來建立 Duck List 然後印出它們：

```
List<Duck> ducks = new List<Duck>() {
    new Duck() { Kind = KindOfDuck.Mallard, Size = 17 },
    new Duck() { Kind = KindOfDuck.Muscovy, Size = 18 },
    new Duck() { Kind = KindOfDuck.Loon, Size = 14 },
    new Duck() { Kind = KindOfDuck.Muscovy, Size = 11 },
    new Duck() { Kind = KindOfDuck.Mallard, Size = 14 },
    new Duck() { Kind = KindOfDuck.Loon, Size = 13 },
};

PrintDucks(ducks);
```

執行程式，它會在主控台印出一堆 Duck。

使用 List 很簡單，但排序可能很麻煩

想出如何排序數字或字母並不難。但是該怎麼排序兩個不同的物件，尤其是它們都有不只一個欄位？有時你會用 Name 欄位裡面的值來排序物件，有時用身高或生日來排序物件比較適合。你可以用很多種方式來排序物件，而 list 支援所有的方式。

你可以用大小來排序鴨子 list…

從最小隻排到最大隻…
用鴨子品種來排序…

…或品種。

List 自己知道如何排序

在技術上，知道如何排序的不是 List<T>，這是 IComparer<T> 物件的工作，你很快就會認識它。

每一個 List 都有 **Sort 方法**可以重新排列 list 裡面的所有項目，依序排列它們。List 本身知道如何排序大部分的內建型態和類別，教導它們排序你自己的類別也很簡單。

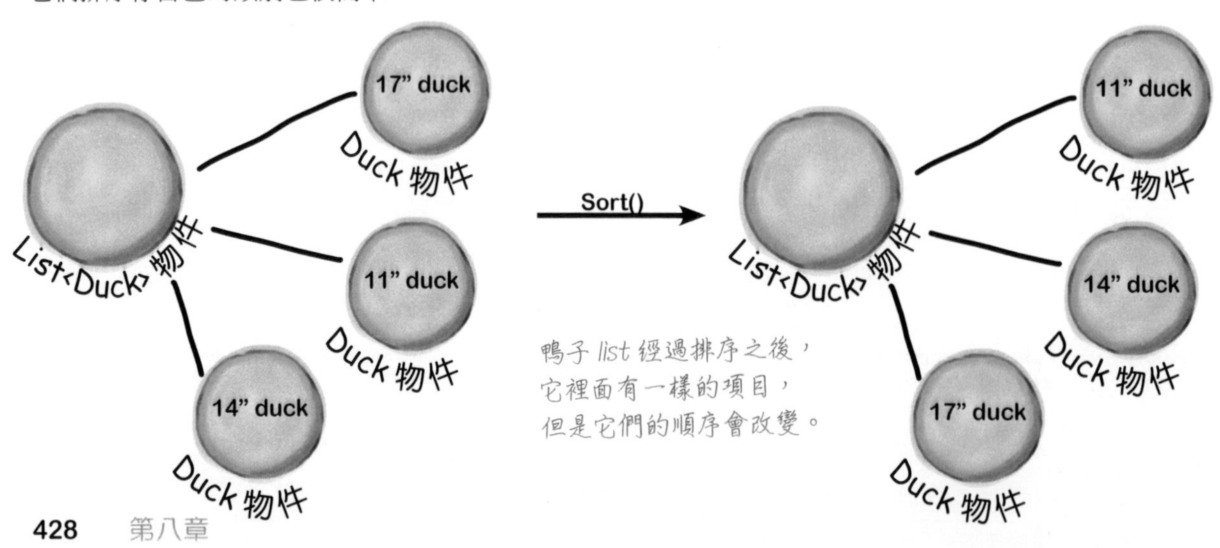

IComparable<Duck> 可以幫助 List 排序它的 Duck

你可以讓任何類別實作 IComparable<T> 並加入 CompareTo 方法來使用 List 內建的 Sort 方法。

如果你有一個數字 List 並且呼叫它的 Sort 方法，它會排序 list，從最小的數字開始排到最大的數字。List 如何知道怎麼排序 Duck 物件？我們要告訴 List.Sort：「Duck 類別可以排序」，做法與使用介面來聲明類別可以做某項工作時一樣。

List.Sort 方法知道如何排序**實作了 IComparable<T> 介面**的型態或類別。那個介面只有一個成員 — CompareTo 方法。Sort 會使用某個物件的 CompareTo 方法，拿它與其他物件做比較，並使用它自己的 return 值（int）來決定要將哪一個放在前面。

用物件的 CompareTo 方法來拿它與其他物件做比較

讓 List 物件可以排序鴨子的做法之一是**修改 Duck 類別來實作 IComparable<Duck>**，並加入它的唯一成員 CompareTo 方法，讓 CompareTo 用參數接收 Duck 參考。

修改專案的 Duck 類別，實作 IComparable<Duck>，讓它可以根據鴨子的大小來排序自己：

```
class Duck : IComparable<Duck> {
    public int Size { get; set; }
    public KindOfDuck Kind { get; set; }

    public int CompareTo(Duck duckToCompare) {
        if (this.Size > duckToCompare.Size)
            return 1;
        else if (this.Size < duckToCompare.Size)
            return -1;
        else
            return 0;
    }
}
```

讓類別實作 IComparable<T> 介面時，你要指定想要比較的型態。

大部分的 CompareTo 都長這樣。這個方法先拿 Size 欄位與其他 Duck 的 Size 欄位做比較。如果這個 Duck 比較大，它會回傳 1。如果它比較小，則回傳 -1。如果它們的大小相同，它會回傳 0。

如果你想要從最小排到最大，可以讓 CompareTo 在它與較小的鴨子進行比較時回傳正數，在它與較大的鴨子進行比較時回傳負數。

> 如果對象鴨子應該排在 list 目前的鴨子後面，CompareTo 就要回傳<u>正數</u>。如果它應該在前面，CompareTo 就要回傳<u>負數</u>。如果它們相同，回傳 0。

在 Main 方法的最後面，在呼叫 PrintDucks 的程式<u>之前</u>**加入這一行程式**。它會要讓你的鴨子 list 自行排序。現在它會按照大小排序鴨子，然後將它們印到主控台：

```
ducks.Sort();
PrintDucks(ducks);
```

使用 IComparer 來告訴 List 如何排序

因為 Duck 實作了 IComparable，所以 List.Sort 知道怎麼排序 Duck 物件 List 了。但如果你想要用特別的方式排序它們呢？或是，如果你想要排序沒有實作 IComparable 的物件型態呢？此時，你可以**將 comparer 物件**當成引數傳給 List.Sort，讓它用另一種方式來排序物件。注意 List.Sort 是多載的：

▲ 3 of 4 ▼ void List<Duck>.Sort(**IComparer<Duck>? comparer**)
Sorts the elements in the entire List<T> using the specified comparer.
comparer: *The IComparer<in T> implementation to use when comparing elements, or null to use the default comparer Comparer<T>.Default.*

List.Sort 有一個多載的版本**接收 IComparer<T> 參考**，你要把 T 換成你的 list 的泛型型態（所以就 List<Duck> 而言，它要接收 IComparer<Duck> 引數，就 List<string> 而言，它是 IComparer<string>，以此類推）。你要傳遞一個實作介面的物件的參考給它，「實作介面」的意思是那個物件會做一項特定的工作。在這個例子裡，工作就是比較 list 裡面的一對項目，來告訴 List.Sort 該用什麼順序排列它們。

IComparer<T> 介面有一個成員，**Compare 方法**。它與 IComparable<T> 的 CompareTo 方法很像：它會接收兩個物件參數 x 與 y，如果 x 在 y 之前則回傳正數值，如果 x 在 y 之後則回傳負數值，如果一樣則回傳零。

將 IComparer 加入物件

在專案中加入 DuckComparerBySize 類別。它是個 comparer 物件，可以當成參數傳給 List.Sort，讓它按照大小來排序你的鴨子。

IComparer 介面在 System.Collections.Generic 名稱空間裡面，所以如果你在新檔案裡面加入這個類別，請確定這個檔案有正確的 using 指示詞：

```
using System.Collections.Generic;
```

這是 comparer 類別的程式：

```
class DuckComparerBySize : IComparer<Duck>
{
    public int Compare(Duck x, Duck y)
    {
        if (x.Size < y.Size)
            return -1;
        if (x.Size > y.Size)
            return 1;
        return 0;
    }
}
```

Compare 回傳負數代表物件 x 應該在物件 y 之前，x「小於」y。

任何正數值都代表物件 x 應該在物件 y 之後，x「大於」y。零代表它們「相等」。

comparer 物件是實作了 IComparer<T> 介面的類別的實例，可以用參考傳給 List.Sort。它的 Compare 方法的工作方式與 IComparable<T> 介面的 ComapreTo 方法一樣。當 List.Sort 比較元素來排序它們時，它會把一對物件傳給 comparer 物件內的 Compare 方法，所以你的 List 會根據你實作 comparer 方式，用不同的做法進行排序。

你可以想出如何修改 DuckComparerBySize 來讓它改成從最大的鴨子排到最小的鴨子嗎？

建立 comparer 物件的實例

當你想要使用 IComparer<T> 來排序時，你要建立一個實作它的類別的實例，在這個例子裡，那個類別是 DuckComparerBySize。comparer 物件會幫助 List.Sort 釐清如何排序它的元素。你要先實例化它才可以使用它，與任何其他（非 static）類別一樣：

把 Main 方法裡面的 ducks.Sort 換成這兩行程式。它仍然會排序鴨子，但是它現在使用 comparer 物件。

```
IComparer<Duck> sizeComparer = new DuckComparerBySize();
ducks.Sort(sizeComparer);
PrintDucks(ducks);
```

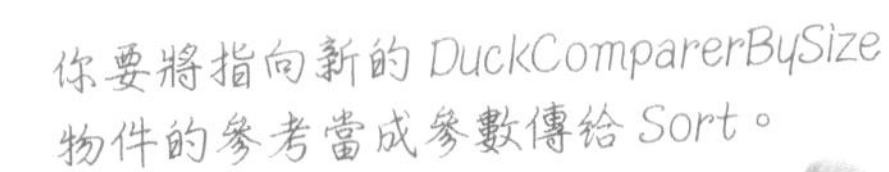

你要將指向新的 DuckComparerBySize
物件的參考當成參數傳給 Sort。

許多 IComparer 實作，用許多種方式來排序物件

你可以用各種不同的排序邏輯建立多個 IComparer<Duck> 類別，來用各種不同的方式排序鴨子。然後，當你需要用特定的方式進行排序時，你可以使用那一種 comparer。在專案加入另一個鴨子 comparer 實作：

這個 comparer 會按照鴨子品種來排序牠們。切記，當你比較 enum Kind 時，你比較的是它們的 enum 索引值。我們在宣告 KindOfDuck enum 時沒有指定值，所以它們會得到0、1、2 等值，按照它們在 enum 宣告式裡面的順序（所以 Mallard 是 0，Muscovy 是 1，Loon 是 2）。

```
class DuckComparerByKind : IComparer<Duck> {
   public int Compare(Duck x, Duck y) {
      if (x.Kind < y.Kind)
         return -1;
      if (x.Kind > y.Kind)
         return 1;
      else
         return 0;
     }
}
```

我們比較鴨子的 Kind 屬性，所以會用 Kind 屬性的索引值來排序鴨子，也就是 KindOfDuck enum。

注意這裡的「大於」和「小於」有不同的意思。我們使用 < 與 > 來比較 enum 索引值，它可以讓我們依序排列鴨子。

這是 enum 與 list 一起合作的範例。enum 代表數字，被用來排序 list。

回去修改你的程式來使用這個新的 comparer。現在它會用品種來排序鴨子，然後印出它們。

```
IComparer<Duck> kindComparer = new DuckComparerByKind();
ducks.Sort(kindComparer);
PrintDucks(ducks);
```

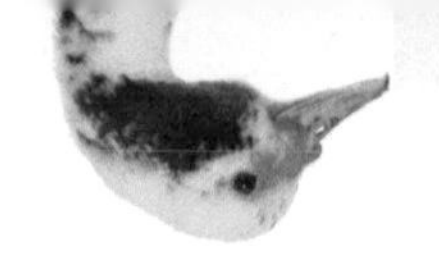

comparer 也可以做複雜的比較

建立獨立的類別來排序鴨子有一個好處是，如此一來，你就可以在類別裡面編寫複雜的邏輯了，你也可以加入一些成員來協助決定如何排序 list。

為了比較鴨子，這是較複雜的類別。它的 Compare 方法接收同一組參數，但是它會查看 public SortBy 欄位來確定如何排序鴨子。

```
enum SortCriteria {
    SizeThenKind,
    KindThenSize,
}

class DuckComparer : IComparer<Duck> {
    public SortCriteria SortBy = SortCriteria.SizeThenKind;

    public int Compare(Duck x, Duck y) {
        if (SortBy == SortCriteria.SizeThenKind)
            if (x.Size > y.Size)
                return 1;
            else if (x.Size < y.Size)
                return -1;
            else
                if (x.Kind > y.Kind)
                    return 1;
                else if (x.Kind < y.Kind)
                    return -1;
                else
                    return 0;
        else
            if (x.Kind > y.Kind)
                return 1;
            else if (x.Kind < y.Kind)
                return -1;
            else
                if (x.Size > y.Size)
                    return 1;
                else if (x.Size < y.Size)
                    return -1;
                else
                    return 0;
    }
}
```

這個 enum 告訴 comparer 物件如何排序鴨子。

這個「if」陳述式會檢查 SortBy 欄位。如果它被設為 SizeThenKind，它會先用大小排序鴨子，然後在同樣大小的鴨子中，用品種來排序它們。

當兩隻鴨子有相同的大小時，comparer 不是回傳 0，而是檢查它們的品種，當兩隻鴨子的大小相同而且品種相同才會回傳 0。

但是如果 SortBy 沒有被設成 SizeThenKind，comparer 會先用鴨子品種來排序。如果兩隻鴨子的品種相同，則比較它們的大小。

```
DuckComparer comparer = new DuckComparer();
Console.WriteLine("\nSorting by kind then size\n");
comparer.SortBy = SortCriteria.KindThenSize;
ducks.Sort(comparer);
PrintDucks(ducks);
Console.WriteLine("\nSorting by size then kind\n");
comparer.SortBy = SortCriteria.SizeThenKind;
ducks.Sort(comparer);
PrintDucks(ducks);
```

在 Main 方法的結尾加入這段程式，它使用 comparer 物件，先設定它的 SortBy 欄位，再呼叫 ducks.Sort。現在你可以藉著改變 comparer 裡面的屬性來改變 list 排序它的鴨子的方式了。

建立一個主控台 app，以隨機的順序建立一副撲克牌，把它們印到主控台，使用 comparer 物件來排序撲克牌，然後印出排序之後的 list。

1 寫一個方法來製作一副洗亂的撲克牌。

建立新的主控台 app。加入之前的 `Suits` enum、`Values` enum 與 Card 類別，然後在 *Program.cs* 裡面加入兩個 static 方法，一個是 RandomCard 方法，用來回傳一張隨機花色和大小的撲克牌的參考，另一個是 PrintCards 方法，用來印出 List<Card>。

2 製作一個類別，讓它實作 IComparer<Card> 來排序撲克牌。

這是使用 IDE 的 **Quick Actions 選單**來實作介面的好機會。加入一個稱為 CardComparerByValue 的類別，讓它實作 IComparer<Card> 介面：

```
class CardComparerByValue : IComparer<Card>
```

按下 `IComparer<Card>` 並將游標移到 `I` 上面，你會看到一個燈泡圖示（ 或 ）。按下圖示，IDE 會彈出它的 Quick Actions 選單：

IDE 有一個實用的捷徑可以輕鬆地叫出 Quick Actions 選單：按下 Ctrl+.(Windows) 或 Option+Enter (Mac)。

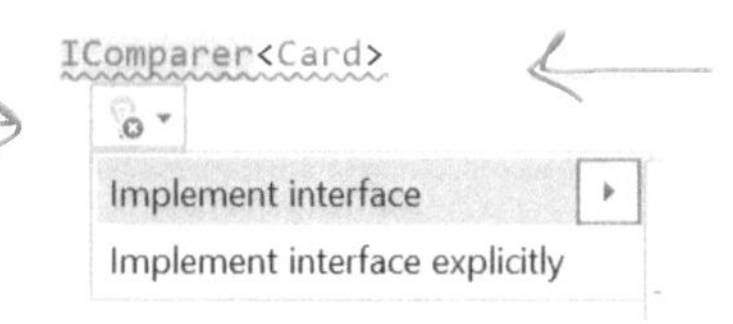

你的 IComparer 物件需要用值來排序撲克牌，把最小的撲克牌排在 list 的第一個位置。

選擇「Implement interface」，它會要求 IDE 自動填入你需要實作的介面的所有方法與屬性。在這個例子裡，它會建立一個空的 Compare 方法，用來比較兩張牌，`x` 與 `y`。讓它在 `x` 大於 `y` 時回傳 1，在 `x` 比較小時回傳 –1，兩者相同時回傳 0。先用花色來排序：第一種是 Diamonds，接著 Clubs，然後 Hearts，最後是 Spades。確保 King 都在任何 Jack 後面，Jack 都在任何 4 後面，4 都在任何 Ace 後面。你不需要轉型即可比較 enum 值：`if (x.Suit < y.Suit)`。

3 顯示正確的輸出。

編寫 Main 方法來讓輸出長這樣。→

- 它會要求輸入撲克牌數量。
- 如果用戶輸入有效的數字並按下 Enter，它會產生一副隨機撲克牌，並印出它們。
- 它會使用 comparer 來排序撲克牌 list。
- 它會印出排序好的撲克牌 list。

```
Enter number of cards: 9
Eight of Spades
Nine of Hearts
Four of Hearts
Nine of Hearts
King of Diamonds
King of Spades
Six of Spades
Seven of Clubs
Seven of Clubs

... sorting the cards ...

King of Diamonds
Seven of Clubs
Seven of Clubs
Four of Hearts
Nine of Hearts
Nine of Hearts
Six of Spades
Eight of Spades
King of Spades
```

建立一個主控台 app，以隨機的順序建立一副撲克牌，把它們印到主控台，使用 comparer 物件來排序撲克牌，然後印出排序之後的 list。別忘了在入口檔案的最上面加入 `using System.Collections.Generic;`。

```
class CardComparerByValue : IComparer<Card>
{
    public int Compare(Card x, Card y)
    {
        if (x.Suit < y.Suit)
            return -1;
        if (x.Suit > y.Suit)
            return 1;
        if (x.Value < y.Value)
            return -1;
        if (x.Value > y.Value)
            return 1;
        return 0;
    }
}

class Program
{
    private static readonly Random random = new Random();

    static Card RandomCard()
    {
        return new Card((Values)random.Next(1, 14), (Suits)random.Next(4));
    }

    static void PrintCards(List<Card> cards)
    {
        foreach (Card card in cards)
        {
            Console.WriteLine(card.Name);
        }
    }

    static void Main(string[] args)
    {
        List<Card> cards = new List<Card>();
        Console.Write("Enter number of cards: ");
        if (int.TryParse(Console.ReadLine(), out int numberOfCards))
            for (int i = 0; i < numberOfCards; i++)
                cards.Add(RandomCard());

        PrintCards(cards);

        cards.Sort(new CardComparerByValue());
        Console.WriteLine("\n... sorting the cards ...\n");

        PrintCards(cards);
    }
}
```

這是排序卡片的「關鍵」，它使用內建的 List.Sort 方法。Sort 接收 IComparer 物件，IComparer 有一個方法：Compare。它接收兩張撲克牌，先比較它們的花色，再比較它們的大小。

我們希望讓所有的 Diamonds 都在所有的 Clubs 前面，所以要先比較花色。我們可以利用 enum 值。

這些陳述式只會在 x 與 y 有相同的大小時執行，也就是前兩個 return 陳述式都沒有執行時。

如果四個 return 陳述式都不成立，撲克牌一定是相同的，所以回傳 0。

這是建立 Card 物件泛型 List 來儲存撲克牌的地方。把它們放在 list 裡面之後，使用 IComparer 來排序它們就很簡單了。

我們在這裡省略大括號，你認為它會讓程式更容易還是更難以閱讀？

覆寫 ToString 方法來讓物件描述它自己

每一個物件都有一個**稱為 ToString 的方法可以將它轉換成字串**。你已經用過它了（當你在字串內插裡面使用 { 大括號 } 來呼叫它們裡面的 ToString 方法時），IDE 也會利用它。當你建立一個類別時，它會從 Object 繼承 ToString 方法，Object 是頂層的基底類別，所有其他的類別都繼承它。

Object.ToString 方法會印出**完整的類別名稱（fully qualified class name）**，也就是名稱空間加上句點再加上類別名稱。因為我們在編寫這一章時使用名稱空間 DucksProject，所以 Duck 類別的完整類別名稱是 DucksProject.Duck：

```
Console.WriteLine(new Duck().ToString());   ──►   "DucksProject.Duck"
```

IDE 也會呼叫 ToString 方法，例如，當你觀察和檢查一個變數時：

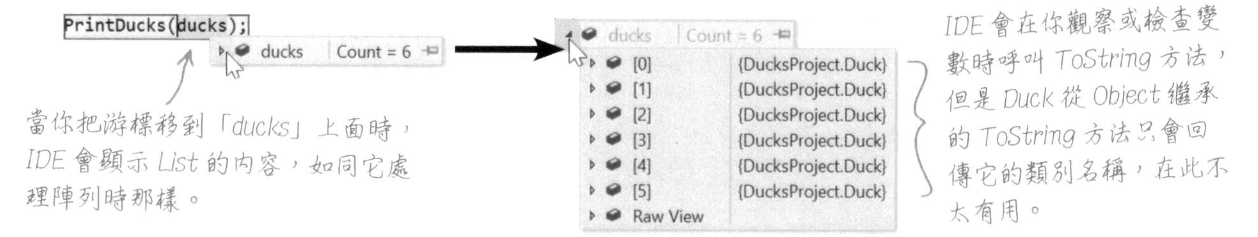

嗯，它不如我們預期的好用。你可以看到 list 裡面有六個 Duck 物件。展開 Duck 會顯示它的 Kind 與 Size 值。如果可以一次看到它們全部，不是更方便嗎？

覆寫 ToString，在 IDE 裡查看你的 Duck

幸運的是，ToString 是 Object 的虛擬方法，而 Object 是每一個物件的基底類別。所以你只要**覆寫 ToString 方法**即可，覆寫之後，你就可以在 IDE 的 Watch 視窗立刻看到結果了！打開 Duck 類別，輸入 **override**，開始加入一個新方法。輸入空格之後，IDE 會顯示可以覆寫的方法：

```
override
```

Equals(object? obj)
GetHashCode()
ToString()　string? object.ToString()
Returns a string that represents the current object.

當 IDE 的偵錯工具顯示物件時，它會呼叫物件的 ToString 方法。

按下 ToString() 來要求 IDE 加入新的 ToString 方法。將它的內容改成這樣：

```
public override string ToString()
{
    return $"A {Size} inch {Kind}";
}
```

執行程式，並再次觀察 list，現在 IDE 顯示 Duck 物件的內容了。

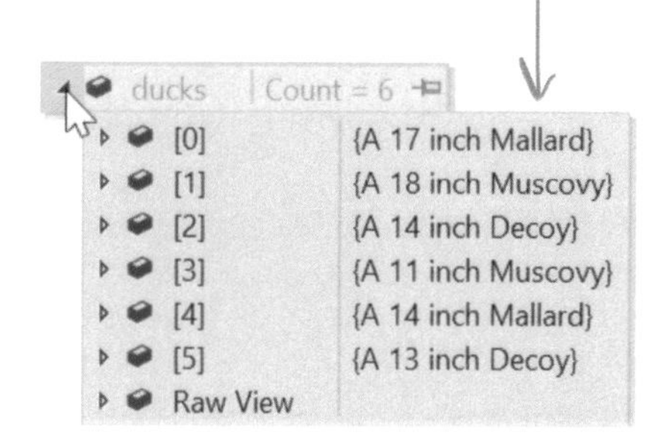

更新你的 foreach 迴圈來讓 Duck 與 Card 將它們自己寫到主控台

你已經看過兩個逐一檢查物件 list 並呼叫 Console.WriteLine，在主控台為每一個物件印出訊息的範例了，就像這個 foreach 迴圈會印出 List<Card> 裡面的每一張 Card：

```
foreach (Card card in cards)
{
    Console.WriteLine(card.Name);
}
```

PrintDucks 方法的作用類似 List 裡面的 Duck 物件：

```
foreach (Duck duck in ducks) {
    Console.WriteLine($"{duck.Size} inch {duck.Kind}");
}
```

我們經常對物件做這種事。既然 Duck 有個 ToString 方法了，你應該讓 PrintDucks 方法利用它。使用 IDE 的 IntelliSense 來查看 Console.WriteLine 方法的多載，具體來說是這一個：

▲ 10 of 18 ▼ void Console.WriteLine(**object value**)

如果你將一個物件的參考傳給 Console.WriteLine，它會自動呼叫那個物件的 ToString 方法。

你可以將任何物件傳給 Console.WriteLine，它會呼叫它的 ToString 方法。所以可以把 PrintDucks 方法改成呼叫這個多載：

```
public static void PrintDucks(List<Duck> ducks) {
    foreach (Duck duck in ducks) {
        Console.WriteLine(duck);
    }
}
```

將 PrintDucks 方法換成這一個，並再次執行程式。它會印出同一個輸出。假如你要在 Duck 物件加入 Color 或 Weight 屬性，只要你更新 ToString 方法，使用它的所有東西（包括 PrintDucks 方法）都會反映那個改變。

並且在 Card 物件加入 ToString 方法

你的 Card 物件已經有一個回傳撲克牌名稱的 Name 屬性了：

```
public string Name { get { return $"{Value} of {Suit}"; } }
```

這就是它的 ToString 方法應該做的事情。所以，在 Card 類別加入 ToString 方法：

```
public override string ToString()
{
    return Name;
}
```

我們決定讓 ToString 方法呼叫 Name 屬性。你認為我們的決定正確嗎？刪除 Name 屬性，並且將它的程式移到 ToString 方法會不會比較好？當你回來修改程式時，你必須做出這類的決定，而且你不一定可以立刻知道哪一種做法比較好。

現在使用 Card 物件的程式將會更容易偵錯。

削尖你的鉛筆

閱讀這段程式並且在程式下面寫下它的輸出。

```
enum Breeds
{
    Collie = 3,
    Corgi = -9,
    Dachshund = 7,
    Pug = 0,
}
class Dog : IComparable<Dog>
{
    public Breeds Breed { get; set; }
    public string Name { get; set; }

    public int CompareTo(Dog other)
    {
        if (Breed > other.Breed) return -1;
        if (Breed < other.Breed) return 1;
        return -Name.CompareTo(other.Name);
    }

    public override string ToString()
    {
        return $"A {Breed} named {Name}";
    }
}

class Program
{
    static void Main(string[] args)
    {
        List<Dog> dogs = new List<Dog>()
        {
            new Dog() { Breed = Breeds.Dachshund, Name = "Franz" },
            new Dog() { Breed = Breeds.Collie, Name = "Petunia" },
            new Dog() { Breed = Breeds.Pug, Name = "Porkchop" },
            new Dog() { Breed = Breeds.Dachshund, Name = "Brunhilda" },
            new Dog() { Breed = Breeds.Collie, Name = "Zippy" },
            new Dog() { Breed = Breeds.Corgi, Name = "Carrie" },
        };
        dogs.Sort();
        foreach (Dog dog in dogs)
            Console.WriteLine(dog);
    }
}
```

提示－注意減號！

這個 app 會在主控台顯示六行訊息。你可以看出它們是什麼，並且寫在這裡嗎？看看你能不能藉著閱讀程式找到答案，不需要執行 app。

....

....

....

....

....

....

削尖你的鉛筆 解答

這是 app 的輸出。你有沒有寫對？如果沒有也沒關係！回去看一下 enum。

- 你有沒有發現 enum 有不同的值？
- Name 屬性是 string，string 也實作 IComparable，所以我們可以呼叫它們的 CompareTo 方法來比較它們。
- 此外，仔細看一下 CompareTo 方法，有沒有發現當其他 breed 比較大時，它會回傳 1，當其他 breed 比較小時，它會回傳 -1？也就是在 `-Name.CompareTo(other.Name)` 開頭的負號？所以它會先用 Breed 來排序，然後用 Name，但是它以相反的順序來排序 Breed 與 Name。

這是它的輸出：

A Dachshund named Franz

A Dachshund named Brunhilda

A Collie named Zippy

A Collie named Petunia

A Pug named Porkchop

A Corgi named Carrie

當 CompareTo 使用 > 與 < 來比較 Breed 值時，因為它在 Breed enum 宣告式使用 int 值，所以 Collie 是 3，Corgi 是 -9，Dachshund 是 7，Pug 是 0。

重點提示

- **集合初始設定式**可讓你在建立 `List<T>` 或其他集合時，使用大括號，以及以逗號分隔的物件來指定其內容。
- 集合初始設定式可讓你同時建立 list 並加入最初的項目，讓程式更**緊湊**（但不會讓程式跑得更快）。
- **List.Sort 方法**可以排序集合的內容，改變它裡面的項目的順序。
- **IComparable<T>** 介面有一個 CompareTo 方法，List.Sort 會用它來決定物件的排序順序。
- **多載方法**就是可以使用不同的參數組合，以超過一種方式呼叫的方法。IDE 的 IntelliSense 快顯視窗可讓你查看一個方法的各種多載。
- Sort 方法有一個多載可以接收 **IComparer<T> 物件**，然後用它來排序。
- IComparable.CompareTo 與 IComparer.Compare 都會**比較一對物件**，當第一個物件小於第二個時回傳 –1，當第一個大於第二個時回傳 1，當它們相等時回傳 0。
- **String 類別實作了 IComparable。**如果一個類別具有 string 成員並且實作 IComparer 或 IComparable，你可以呼叫它們的 Compare 與 CompareTo 方法來決定排序順序。
- 每個物件都有 **ToString 方法**可以將它轉換成字串。每當你使用字串內插或串連時，都會呼叫 ToString 方法。
- 預設的 ToString 方法是從 Object 繼承來的。它會回傳**完整的類別名稱**，也就是名稱空間加上句點加上類別名稱。
- **覆寫 ToString** 來讓內插、串連和許多其他操作使用自訂字串。

foreach 探究

我們來更仔細地研究 foreach 迴圈。在 IDE 找到 List<Duck> 變數，並使用 IntelliSense 來觀察它的 GetEnumerator 方法。輸入「.GetEnumerator」來看看出現什麼：

```
ducks.GetEnumerator();
```

```
List<Duck>.Enumerator List<Duck>.GetEnumerator()
Returns an enumerator that iterates through the List<T>.
```

建立一個 Array[Duck] 來做同一件事，陣列也有一個 GetEnumerator 方法，因為 list、陣列與其他集合都實作 **IEnumerable<T>** 介面。

介面的目的是為了讓不同的物件做同一項工作，當物件實作 IEnumerable<T> 介面時，它所做的工作就是**讓你可以迭代非泛型集合**，換句話說，它可以讓你用程式來遍歷它。具體來說，這代表你可以在 foreach 迴圈裡面使用它。

如果集合實作了 IEnumerable<T>，那就代表它可以讓你寫迴圈來依序查看它的內容。

那麼，它在底層是什麼情況？在 `List<Duck>` 使用 Go To Definition/ Declaration 來查看它實作的介面，就像之前的做法。然後再做一次這個動作，看看 IEnumerable<T> 的成員。你看到什麼？

IEnumerable<T> 介面裡面有一個成員，也就是 GetEnumerator 方法，它會回傳一個 **Enumerator 物件**。這個 Enumerator 物件可讓你依序查看 list。所以，當你寫這個 foreach 迴圈時：

```
foreach (Duck duck in ducks) {
    Console.WriteLine(duck);
}
```

這個迴圈會在幕後做這件事：

```
IEnumerator<Duck> enumerator = ducks.GetEnumerator();
while (enumerator.MoveNext()) {
     Duck duck = enumerator.Current;
    Console.WriteLine(duck);
}
if (enumerator is IDisposable disposable) disposable.Dispose();
```

在技術上，你要寫的程式比這裡多一些，但是這些程式基本上已經可以足夠你了解事情的來龍去脈了。

這兩個迴圈都會將同一個 Ducks 寫到主控台。你可以自己執行它們看看，它們有相同的輸出。（先不用擔心看不懂最後一行，第 10 章會介紹 IDisposable。）

當你逐一查看 list 或陣列時（或任何其他集合），如果在集合裡面有其他元素，MoveNext 方法會回傳 true，如果 enumerator 已經到達終點，它會回傳 false。Current 屬性會回傳當前元素的參考。這些程式一起提供一個 foreach 迴圈。

你可以使用 IEnumerable<T> 來將整個 list 向上轉型

還記得怎麼把物件向上轉型成它的超類別嗎？當你有一個物件 List 時，你也可以一次向上轉型整個 list。這種做法稱為**共變數（covariance）**，只要用一個 IEnumerable<T> 介面參考就可以做到。

我們來看看它是如何運作的。我們將使用本章一直使用的 Duck 類別，並加入一個 Bird 類別來讓它繼承，Bird 類別有一個 static 方法，可以逐一查看 Bird 物件的集合。我們可以讓它處理 Duck 的 List 嗎？

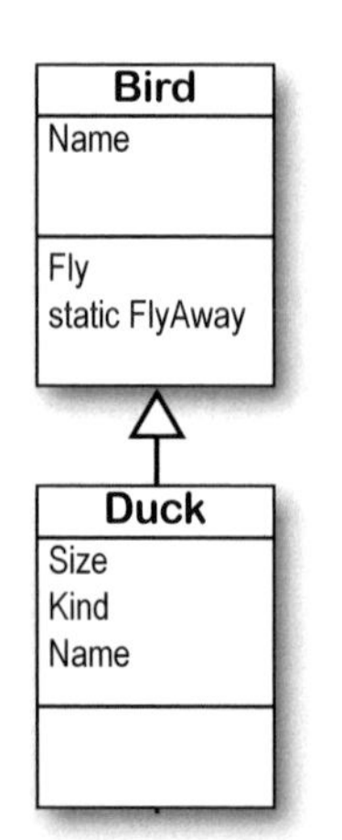

這是讓 Duck 類別繼承的 Bird 類別。你將修改它的宣告式來繼承 Bird，但是類別其餘的內容保持不變。然後你會把它們都加入主控台 app，以便實驗共變數。

因為所有 Duck 都是 Bird，共變數可讓我們將 Duck 的集合轉換成 Bird 的集合。當你必須將 List<Duck> 傳給只接收 List<Bird> 的方法時，這個功能非常方便。

動手做！

① **建立新的 Console App 專案**。加入基底類別 Bird（讓 Duck 繼承）與 Penguin 類別。我們將使用 ToString 方法來確認類別是哪一種類別。

```
class Bird
{
    public string Name { get; set; }
    public virtual void Fly(string destination)
    {
        Console.WriteLine($"{this} is flying to {destination}");
    }

    public override string ToString()
    {
        return $"A bird named {Name}";
    }

    public static void FlyAway(List<Bird> flock, string destination)
    {
        foreach (Bird bird in flock)
        {
            bird.Fly(destination);
        }
    }
}
```

static FlyAway 方法可以使用 Bird 的集合。但是如果我們想要將 Duck 的 List 傳給它呢？

共變數是 C# 將子類別的參考隱性地轉換成它的超類別的方式。「隱性」的意思是 C# 可以自動決定如何做轉換，不需要你明確地轉型。

② **將 Duck 類別加入 app**。修改它的宣告式來**讓它繼承 Bird**。你也要**加入之前的 KindOfDuck enum**：

```
class Duck : Bird {
    public int Size { get; set; }
    public KindOfDuck Kind { get; set; }

    public override string ToString()
    {
        return $"A {Size} inch {Kind}";
    }
}
```

我們在宣告式加入 Bird 來讓 Duck 類別繼承 Bird。Duck 其餘的部分與之前的專案完全一致。

```
enum KindOfDuck {
    Mallard,
    Muscovy,
    Loon,
}
```

Duck.Kind 屬性使用 KindOfDuck，所以你也要加入它。

③ **建立 List<Duck> 集合。將這段程式加入你的 Main 方法**，它是稍早的程式碼，再加上一行將它向上轉型成 List<Bird> 的程式：

```
List<Duck> ducks = new List<Duck>() {
    new Duck() { Kind = KindOfDuck.Mallard, Size = 17 },
    new Duck() { Kind = KindOfDuck.Muscovy, Size = 18 },
    new Duck() { Kind = KindOfDuck.Loon, Size = 14 },
    new Duck() { Kind = KindOfDuck.Muscovy, Size = 11 },
    new Duck() { Kind = KindOfDuck.Mallard, Size = 14 },
    new Duck() { Kind = KindOfDuck.Loon, Size = 13 },
};

Bird.FlyAway(ducks, "Minnesota");
```

複製你用過的同一個集合初始設定式來初始化你的 Duck List。

我們在擷取這張圖時，將專案命名為 BirdCovariance。你會在錯誤資訊中看到你的專案名稱。

CS1503	Argument 1: cannot convert from 'System.Collections.Generic.List<BirdCovariance.Duck>' to 'System.Collections.Generic.List<BirdCovariance.Bird>'

噢噢，程式無法編譯。錯誤訊息說，你不能把 Duck 集合轉換成 Bird 集合。我們試著將 duck 指派給 List<Bird>：

```
List<Bird> upcastDucks = ducks;
```

不行，我們得到不同的錯誤，但是它仍然說我們不能轉換型態：

CS0029	Cannot implicitly convert type 'System.Collections.Generic.List<BirdCovariance.Duck>' to 'System.Collections.Generic.List<BirdCovariance.Bird>'

這是合理的結果，這就像你在第 6 章學過的安全地向上轉型 vs. 向下轉型：我們可以使用指派（assignment）的方式來做向下轉型，但是我們要使用 is 關鍵字來安全地向上轉型。那麼，我們如何安全地將 Duck 參考的集合向上轉型成 Bird 參考的集合？

④ **使用共變數來讓 ducks 飛走**。此時就要使用**共變數**了：你可以**使用指派的方式，來將 *List<Duck>* 向上轉型成 *IEnumerable<Bird>***，有了 IEnumerable<Bird> 之後，你可以呼叫它的 ToList 方法來將它轉換成 List<Bird>。你要在檔案的最上面加入 `using System.Collections.Generic;` 與 `using System.Linq;`：

```
IEnumerable<Bird> upcastDucks = ducks;
Bird.FlyAway(upcastDucks.ToList(), "Minnesota");
```

現在你的 Duck 參考的集合已經被轉換成 Bird 參考的集合了。飛吧，小鴨鴨！

使用字典來儲存索引鍵與值

list 就像填滿名字的一張紙。如果你也希望讓每個名字都有一個地址呢？或是你想要讓 garage list 裡面的每一輛車都有它們的詳細資訊？此時，你需要另一種 .NET 集合：**字典**。字典可讓你使用一種特殊的值：**索引鍵（key）**，並且幫那個索引鍵指定一組資料：**值（value）**。還有一件事：在任何字典裡，特定的索引鍵**只能出現一次**。

在真正的字典裡面的單字是索引鍵，你會用它來查詢值，也就是那個單字的定義。

dic•tion•ar•y（字典），名詞。

一種書籍，它會按照字母順序列出一種語言的單字並提供它們的意義。

這個定義是值。它是特定索引鍵（在這個例子，就是在這裡定義的單字）的資料。

這是在 C# 宣告 .NET Dictionary 的方式：

```
Dictionary<TKey, TValue> dict = new Dictionary<TKey, TValue>();
```

它們都是 Dictionary 的泛型型態。TKey 是索引鍵的型態，索引鍵可用來查詢值，TValue 是值的型態。所以，如果你要儲存單字和它們的定義，你就要使用 Dictionary<string, string>。如果你想要追蹤每一個單字出現在書裡面的次數，你可以使用 Dictionary<string, int>。

它們代表型態。在角括號裡面的第一個型態一定是索引鍵，第二個一定是資料。

我們來看看字典的實際動作。這是一個小型的主控台 app，它使用 Dictionary<string, string> 來記錄幾位朋友最喜歡的食物：

```
using System.Collections.Generic;

class Program
{
    static void Main(string[] args)
    {
        Dictionary<string, string> favoriteFoods = new Dictionary<string, string>();
        favoriteFoods["Alex"] = "hot dogs";
        favoriteFoods["A'ja"] = "pizza";
        favoriteFoods["Jules"] = "falafel";
        favoriteFoods["Naima"] = "spaghetti";

        string name;
        while ((name = Console.ReadLine()) != "")
        {
            if (favoriteFoods.ContainsKey(name))
                Console.WriteLine($"{name}'s favorite food is {favoriteFoods[name]}");
            else
                Console.WriteLine($"I don't know {name}'s favorite food");
        }
    }
}
```

你要用這個「using」指示詞才能使用 Dictionary，就像使用 List 時那樣。

我們在字典中加入四對索引鍵 / 值。在這個例子裡，索引鍵是人名，值是那個人最喜歡的食物。

字典的 ContainsKey 方法會在特定的索引鍵有值時回傳 true。

這是取得索引鍵的值的做法。

字典功能大綱

字典很像 list。這兩種型態都很靈活，可以讓你使用許多資料型態，而且也有許多內建的功能。這些是你可以用字典來做的基本動作。

★ **加入項目。**

你可以用索引子和中括號來將一個項目加入字典。

```
Dictionary<string, string> myDictionary = new Dictionary<string, string>();
myDictionary["some key"] = "some value";
```

你也可以使用它的 **Add 方法**將項目加入字典：

```
Dictionary<string, string> myDictionary = new Dictionary<string, string>();
myDictionary.Add("some key", "some value");
```

★ **用索引鍵來查詢值。**

字典最重要的用法是**使用索引子來查詢值**，這很合理，因為將值存入字典的目的，就是為了使用值的索引鍵來查詢它們。這個範例是 Dictionary<string, string>，所以我們要用字串索引鍵來查詢值，而字典會回傳一個字串值：

```
string lookupValue = myDictionary["some key"];
```

★ **移除項目。**

如同 list，你可以用 **Remove 方法**將字典裡面的項目移除。你只要將索引鍵傳給 Remove 方法，就可以移除索引鍵與值了：

```
myDictionary.Remove("some key");
```

索引鍵在字典裡面是獨一無二的，任何索引鍵都只會出現一次。值可以出現任意次數，兩個索引鍵可以擁有同一個值。如此一來，當你查詢或移除一個索引鍵時，字典就可以知道該移除哪一個。

★ **取得索引鍵的 list。**

你可以使用字典的 **Keys 屬性**並且用 foreach 迴圈來遍歷它，來取得字典裡面的所有鍵的 list。做法類似：

```
foreach (string key in myDictionary.Keys) { ... };
```

Keys 是 Dictionary 物件的屬性。這個字典使用字串索引鍵，所以 Keys 是字串的集合。

★ **計算字典裡有多少對。**

Count 屬性會回傳字典內的索引鍵 / 值的對數：

```
int howMany = myDictionary.Count;
```

你會經常看到將整數對應到物件的字典，它們可以將獨特的 ID 數字指派給物件。

索引鍵與值可以是不同的型態

字典的用途很廣泛！它們可以儲存任何東西，不是只有值型態，而是**任何一種物件**。在下面的字典中，索引鍵是整數，值是 Duck 物件的參考：

```
Dictionary<int, Duck> duckIds = new Dictionary<int, Duck>();
duckIds.Add(376, new Duck() { Kind = KindOfDuck.Mallard, Size = 15 });
```

建構使用字典的程式

動手做！

紐約洋基隊的球迷一定會喜歡接下來這個簡單的 app。每次有重要的球員退休時，球隊也會讓退休球員的背號「退休」。**建立一個新的主控台 app** 來查詢曾經穿過著名背號的洋基球員，以及那些背號何時退休。這是記錄退休球員的類別：

```
class RetiredPlayer
{
    public string Name { get; private set; }
    public int YearRetired { get; private set; }

    public RetiredPlayer(string player, int yearRetired)
    {
        Name = player;
        YearRetired = yearRetired;
    }
}
```

Yogi Berra 是紐約洋基隊的 8 號，Cal Ripken Jr. 是巴爾的摩金鶯隊的 8 號。在 Dictionary 裡，你可以擁有重複的值，但每一個索引鍵都必須是獨一無二的退休球員的背號。你可以想出怎麼儲存多隊的退休背號嗎？

這個 Program 類別的 Main 方法可以將退休球員加入字典。我們可以將背號當成字典索引鍵來使用，因為它是**獨特的**，每當有背號退休時，球隊就**永遠不會使用它了**。在設計使用字典的 app 時，這是很重要的考慮事項：你絕對不希望索引鍵不如你想像的獨特！

```
using System.Collections.Generic;

class Program
{
   static void Main(string[] args)
   {
      Dictionary<int, RetiredPlayer> retiredYankees = new Dictionary<int, RetiredPlayer>() {
         {3, new RetiredPlayer("Babe Ruth", 1948)},
         {4, new RetiredPlayer("Lou Gehrig", 1939)},
         {5, new RetiredPlayer("Joe DiMaggio", 1952)},
         {7, new RetiredPlayer("Mickey Mantle", 1969)},
         {8, new RetiredPlayer("Yogi Berra", 1972)},
         {10, new RetiredPlayer("Phil Rizzuto", 1985)},
         {23, new RetiredPlayer("Don Mattingly", 1997)},
         {42, new RetiredPlayer("Jackie Robinson", 1993)},
         {44, new RetiredPlayer("Reggie Jackson", 1993)},
      };

      foreach (int jerseyNumber in retiredYankees.Keys)
      {
         RetiredPlayer player = retiredYankees[jerseyNumber];
         Console.WriteLine($"{player.Name} #{jerseyNumber} retired in {player.YearRetired}");
      }
   }
}
```

使用集合初始設定式來將 JerseyNumber 物件填入 Dictionary。

使用 foreach 迴圈來逐一查看索引鍵，並且為集合內的每一位退休球員印出一行訊息。

集合型態還有很多…

List 與 Dictionary 是 .NET 最常用的集合型態。list 與字典都非常靈活—你可以用任何順序來存取任何資料。但是有時你會用集合來代表一堆需要以特定順序存取的事物。你可以使用 **Queue**（**佇列**）或 **Stack**（**堆疊**）來限制程式存取集合資料的方式。它們都是類似 List<T> 的泛型集合，但是它們特別適合用來確保資料以特定順序來處理。

除了它們之外還有其他型態的集合，但是它們是你最有可能接觸到的。

當第一個儲存的物件也是你將第一個使用的時，你可以使用 Queue，例如：

- 在單行道行駛的汽車
- 排隊的人
- 等待服務人員接客服電話的顧客
- 按照先到先服務的方式來處理的任何其他事項

佇列是先進先出，也就是說，你放入佇列的第一個物件也是你第一個拿出來使用的。

如果你始終想要使用最後一個儲存的物件，你可以使用 Stack，例如：

- 被放到卡車後面的家具
- 一疊書，而且你想要先閱讀最後被放上去的那一本
- 登機或下飛機的人
- 啦啦隊金字塔，在最上面的人必須先放下…想像一下如果最下面的人先走開會多慘！

堆疊是先進後出：第一個被放入堆疊的物件是最後一個出來的。

泛型 .NET 集合實作 IEnumerable

你以後進行的大型專案幾乎都會使用某種泛型集合，因為你的程式需要儲存資料。當你在現實世界處理一堆類似的東西時，它們幾乎都可以自然地歸類為其中一種集合。無論你使用哪一種集合型態，List、Dictionary、Stack 還是 Queue，你一定都可以對它們使用 foreach 迴圈，因為它們都有實作 IEnumerable<T>。

但是你可以使用 foreach 來列舉堆疊或佇列，因為它們都實作 *IEnumerable*！

佇列就像 list，它可讓你將物件加到最後面，並使用最前面的物件。堆疊只讓你使用最後一個放入的物件。

佇列是 FIFO — first in, first out（先進先出）

佇列很像 list，只是你不能在任何索引加入或移除項目。為了將物件加入佇列，你要 **enqueue** 它，這個動作會將物件加到佇列的結尾。你可以從佇列的最前面 **dequeue** 第一個物件。這樣會將物件從佇列移除，並且讓佇列其餘的物件上移一個位置。

第一次呼叫 Dequeue 之後，在佇列裡面的第一個項目會被移除並回傳，第二個項目會移到第一個位置。

```
// 建立一個 Queue，並在裡面加入四個字串
Queue<string> myQueue = new Queue<string>();
myQueue.Enqueue("first in line");
myQueue.Enqueue("second in line");
myQueue.Enqueue("third in line");
myQueue.Enqueue("last in line");
```

我們在這裡呼叫 Enqueue 來將四個項目加入佇列。當我們將它們拉出佇列時，它們會按照當時進入的順序出來。

```
// Peek 會「查看」佇列的第一個項目且不會移除它
Console.WriteLine($"Peek() returned:\n{myQueue.Peek()}"); ①

// Dequeue 會從佇列的最前面拉出下一個項目
Console.WriteLine(
    $"The first Dequeue() returned:\n{myQueue.Dequeue()}");②
Console.WriteLine(
    $"The second Dequeue() returned:\n{myQueue.Dequeue()}");③

// Clear 會移除佇列的所有項目
Console.WriteLine($"Count before Clear():\n{myQueue.Count}");④
myQueue.Clear();
Console.WriteLine($"Count after Clear():\n{myQueue.Count}");⑤
```

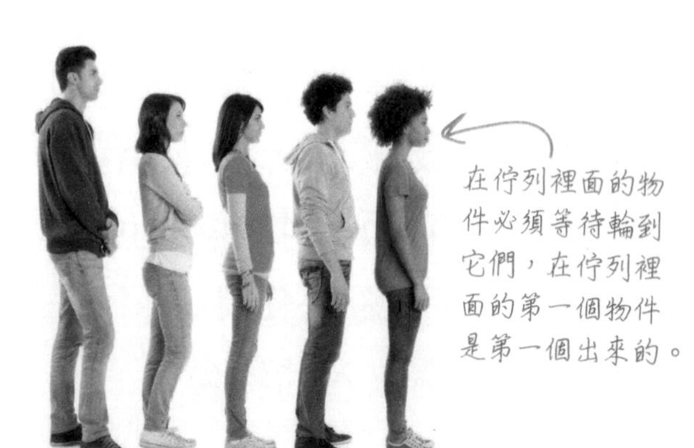

在佇列裡面的物件必須等待輪到它們，在佇列裡面的第一個物件是第一個出來的。

輸出

```
  Peek() returned:
① first in line
  The first Dequeue() returned:
② first in line
  The second Dequeue() returned:
③ second in line
  Count before Clear():
④ 2
  Count after Clear():
⑤ 0
```

堆疊是 LIFO — last in, first out（後進先出）

堆疊其實很像佇列 — 除了一個很大的不同之外。你要把每一個項目**推入**（**push**）堆疊，然後當你想要從堆疊取出一個項目時，你要**拉出**（**pop**）它。當你從堆疊拉出一個項目時，你會拿到最後一個推進去的項目。它就像一疊盤子、雜誌或任何其他東西 — 你可以把一些東西放到堆疊的最上面，但是為了拿到它下面的東西，你必須先把它拿走。

```
// 建立一個 Stack，並在裡面加入四個字串
Stack<string> myStack = new Stack<string>();
myStack.Push("first in line");
myStack.Push("second in line");
myStack.Push("third in line");
myStack.Push("last in line");

// 堆疊的 Peek 的運作方式與佇列的一樣
Console.WriteLine($"Peek() returned:\n{myStack.Peek()}"); ①

// Pop 會從堆疊的最上面拉出下一個項目
Console.WriteLine(
    $"The first Pop() returned:\n{myStack.Pop()}"); ②
Console.WriteLine(
    $"The second Pop() returned:\n{myStack.Pop()}"); ③

Console.WriteLine($"Count before Clear():\n{myStack.Count}"); ④
myStack.Clear();
Console.WriteLine($"Count after Clear():\n{myStack.Count}"); ⑤
```

建立堆疊就像建立任何其他的泛型集合。

當你把一個項目推入堆疊時，它會把其他的項目往後推一位，並且待在最上面。

當你從堆疊拉出一個項目時，你會得到最近被加入的項目。

輸出

```
   Peek() returned:
①  last in line
   The first Pop() returned:
②  last in line
   The second Pop() returned:
③  third in line
   Count before Clear():
④  2
   Count after Clear():
⑤  0
```

放在堆疊的最後一個物件是第一個拉出來的物件。

等一下，我不太高興。你還沒有告訴我有哪些事情是堆疊或佇列可以做，但 list 不能做的。堆疊或佇列只能幫我省下幾行程式，我卻無法取得它們中間的項目。使用 list 可以輕鬆地做到！何必為了貪圖一**點方便**而放棄它？

使用佇列或堆疊不會讓你失去任何東西。

將 Queue 物件複製到 List 物件很簡單。將 List 複製到 Queue、將 Queue 複製到 Stack…也同樣簡單，事實上，你可以用任何實作了 IEnumerable<T> 介面的其他物件來建立 List、Queue 或 Stack。你要做的只是使用多載的建構式，並將「你想要把哪個集合複製過來」傳給它，所以你可以使用最適合你的資料的集合，既靈活且輕鬆地表示資料。（但切記，這是在複製資料，也就是說，你會建立全新的物件，並將它加入 heap。）

我們來設定一個有四個項目的堆疊，在這個例子裡，它是字串堆疊。

```
Stack<string> myStack = new Stack<string>();
myStack.Push("first in line");
myStack.Push("second in line");
myStack.Push("third in line");
myStack.Push("last in line");

Queue<string> myQueue = new Queue<string>(myStack);
List<string> myList = new List<string>(myQueue);
Stack<string> anotherStack = new Stack<string>(myList);

Console.WriteLine($@"myQueue has {myQueue.Count} items
myList has {myList.Count} items
anotherStack has {anotherStack.Count} items");
```

將堆疊轉換成佇列，然後將佇列複製到 list，然後將 list 複製到另一個堆疊很簡單。

全部的四個項目都被複製到新集合了。

輸出

```
myQueue has 4 items
myList has 4 items
anotherStack has 4 items
```

…而且你始終可以使用 foreach 迴圈來存取堆疊與佇列的所有成員！

寫一段程式來協助一家自助餐廳讓蜂湧而至的伐木工人（lumberjack）吃烤餅（flapjack）。你將使用一個容納 Lumberjack 物件的 Queue，每一個 Lumberjack 都有一個 Flapjack enum 的 Stack。我們提供一些細節來幫助你開始。你可以建立一個輸出下列訊息的主控台 app 嗎？

先建立 Lumberjack 類別與 Flapjack enum

Lumberjack
Name private flapjackStack
TakeFlapjack EatFlapjacks

```
enum Flapjack {
    Crispy,
    Soggy,
    Browned,
    Banana,
}
```

Lumberjack 類別有一個 public Name 屬性，你要用建構式來設定它，以及一個稱為 flapjackStack 的 private Stack<Flapjack> 欄位，並且用空堆疊來將它初始化。

TakeFlapjack 方法會接收一個引數，Flapjack，並將它推入堆疊。EatFlapjacks 會從堆疊拉出 flapack，並且在主控台顯示那位 lumberjack 的訊息。

然後加入 Main 方法

Main 方法會提示用戶輸入第一個 lumberjack 的名字，然後詢問要給它的 flapjack 數量。如果用戶提供有效的數字，程式會呼叫 TakeFlapjack 那個數字的次數，每次都傳入一個隨機的 Flapjack，然後將 Lumberjack 加入 Queue。它會持續詢問更多 Lumberjack，直到用戶輸入空白的一行，此時它會使用 while 迴圈來 dequeue 每一個 Lumberjack，並且呼叫它的 EatFlapjacks 方法，來輸出訊息。

Main 方法會顯示這幾行訊息並接收輸入，建立各個 Lumberjack 物件，設定它的名稱，讓它接收隨機 flapjack 的數量，然後將它加入佇列。

當用户完成輸入 lumberjack 之後，Main 方法使用 while 迴圈來 dequeue 每一個 Lumberjack，並呼叫它的 EatFlapjacks 方法。其餘的輸出訊息是由各個 Lumberjack 物件產生的。

Lumberjack 會在他們吃 flapjack 時輸出這一行。

這個 lumberjack 吃了 4 個 flapjack。當她的 EatFlapjacks 方法被呼叫時，她會從她的堆疊拉出 4 個 Flapjack enum。

```
First lumberjack's name: Erik
Number of flapjacks: 4
Next lumberjack's name (blank to end): Hildur
Number of flapjacks: 6
Next lumberjack's name (blank to end): Jan
Number of flapjacks: 3
Next lumberjack's name (blank to end): Betty
Number of flapjacks: 4
Next lumberjack's name (blank to end):
Erik is eating flapjacks
Erik ate a soggy flapjack
Erik ate a browned flapjack
Erik ate a browned flapjack
Erik ate a soggy flapjack
Hildur is eating flapjacks
Hildur ate a browned flapjack
Hildur ate a browned flapjack
Hildur ate a crispy flapjack
Hildur ate a crispy flapjack
Hildur ate a soggy flapjack
Hildur ate a browned flapjack
Jan is eating flapjacks
Jan ate a banana flapjack
Jan ate a crispy flapjack
Jan ate a soggy flapjack
Betty is eating flapjacks
Betty ate a soggy flapjack
Betty ate a browned flapjack
Betty ate a browned flapjack
Betty ate a crispy flapjack
```

習題解答

下面是 Lumberjack 類別與 Main 方法的程式。別忘了每個檔案都要在最上面加入 using System.Collections.Generic;。

```
class Lumberjack
{
    private Stack<Flapjack> flapjackStack = new Stack<Flapjack>();
    public string Name { get; private set; }

    public Lumberjack(string name)
    {
        Name = name;
    }

    public void TakeFlapjack(Flapjack flapjack)
    {
        flapjackStack.Push(flapjack);
    }

    public void EatFlapjacks() {
        Console.WriteLine($"{Name} is eating flapjacks");
        while (flapjackStack.Count > 0)
        {
            Console.WriteLine(
                $"{Name} ate a {flapjackStack.Pop().ToString().ToLower()} flapjack");
        }
    }
}

class Program
{
    static void Main(string[] args)
    {
        Random random = new Random();
        Queue<Lumberjack> lumberjacks = new Queue<Lumberjack>();

        string name;
        Console.Write("First lumberjack's name: ");
        while ((name = Console.ReadLine()) != "") {
            Console.Write("Number of flapjacks: ");
            if (int.TryParse(Console.ReadLine(), out int number))
            {
                Lumberjack lumberjack = new Lumberjack(name);
                for (int i = 0; i < number; i++)
                {
                    lumberjack.TakeFlapjack((Flapjack)random.Next(0, 4));
                }
                lumberjacks.Enqueue(lumberjack);
            }
            Console.Write("Next lumberjack's name (blank to end): ");
        }

        while (lumberjacks.Count > 0)
        {
            Lumberjack next = lumberjacks.Dequeue();
            next.EatFlapjacks();
        }
    }
}
```

這是 Flapjack enum 的堆疊，當 Main 方法用隨機的 flapjack 呼叫 TakeFlapjack 時，它會被填入項目，當 Main 方法呼叫 EatFlapjacks 方法時，它會被拉出項目。

TakeFlapjack 方法只會將 flapjack 推入堆疊。

Main 方法會用佇列來保存它的 Lumberjack 參考。

它會建立各個 Lumberjack 物件，用隨機的 flapjack 呼叫它的 TakeFlapjack 方法，然後 enqueue 參考。

當用户完成加入 flapjack 時，Main 方法使用 while 迴圈來 dequeue 各個 Lumberjack 參考，並呼叫它的 EatFlapjacks 方法。

問：使用不存在的索引鍵從字典取出物件會怎樣？

答：將不存在的索引鍵傳給字典會讓它丟出例外。例如，如果你在主控台 app 加入這段程式：

```
Dictionary<string, string> dict =
        new Dictionary<string, string>();
string s = dict["This key doesn't exist"];
```

你會看到例外訊息「System.Collections.Generic.KeyNotFoundException: 'The given key 'This key doesn't exist' was not present in the dictionary.'」這個例外訊息很方便地指出索引鍵，它其實是用索引鍵的 ToString 方法回傳的字串。這是很方便的功能，可以協助你在一個存取字典好幾千次的程式裡面找出 bug。

問：有沒有辦法避免那個例外？例如，當我不知道裡面有沒有某個索引鍵時？

答：可以，有兩種方式可以避免 KeyNotFoundException，第一種方式是使用 Dictionary.ContainsKey 方法，將你想要使用的索引鍵傳給它，它只會在那個索引鍵存在時回傳 true。另一種方式是使用 Dictionary.TryGetValue，你可以這樣做：

```
if (dict.TryGetValue("Key", out string value))
{
    // 做某些事
}
```

上面程式的效果與下面這段程式一樣：

```
if (dict.ContainsKey("Key"))
{
    string value = dict["Key"];
    // 做某些事
}
```

重點提示

- List、陣列與其他集合都有實作 **IEnumerable<T> 介面**，可以讓你迭代非泛型集合。
- **foreach 迴圈**可以處理實作了 IEnumerable<T> 的任何類別，這個介面有一個方法，該方法會回傳一個讓迴圈依序查看其內容的 Enumerator 物件。
- **共變數**是 C# 讓你隱性地將子類別參考轉換成它的超類別的方式。
- **「隱性」**的意思 C# 可以決定如何進行轉換，而不需要你明確地使用轉型。
- 當你需要將一個物件集合傳給一個只能使用它們所繼承的類別的方法時，共變數很好用。例如，共變數可讓你使用**一般的指派方式**來將 List<Subclass> **向上轉型**成 IEnumerable<Superclass>。
- **Dictionary<TKey, TValue>** 是儲存一組索引鍵 / 值組的集合，可讓你使用索引鍵來查詢它們的值。
- 字典的索引鍵與值可以是**不同的型態**。每一個**索引鍵**在字典裡都**必須是唯一的**，但值可以重複。
- Dictionary 類別的 **Keys 屬性**可以回傳一個可逐一查看的索引鍵序列。
- **Queue<T>** 是先進先出集合，它有一些方法可以在佇列的結尾放入項目，以及從佇列的前面取出項目。
- **Stack<T>** 是後入先出集合，它有一些方法可以把項目推入堆疊的最上面，以及從堆疊的最上面取出項目。
- Stack<T> 與 Queue<T> 類別都**實作 IEnumerable<T>**，而且可以輕鬆地轉換成 List 或其他集合型態。

下載習題：Two Decks

在下一個練習，你要建立一個可以在兩副牌組之間移動撲克牌的 app。在左邊的牌組有一些按鈕可以讓你洗牌，以及將它重設成 52 張牌，右邊的牌組有按鈕可以讓你清除和排序它。

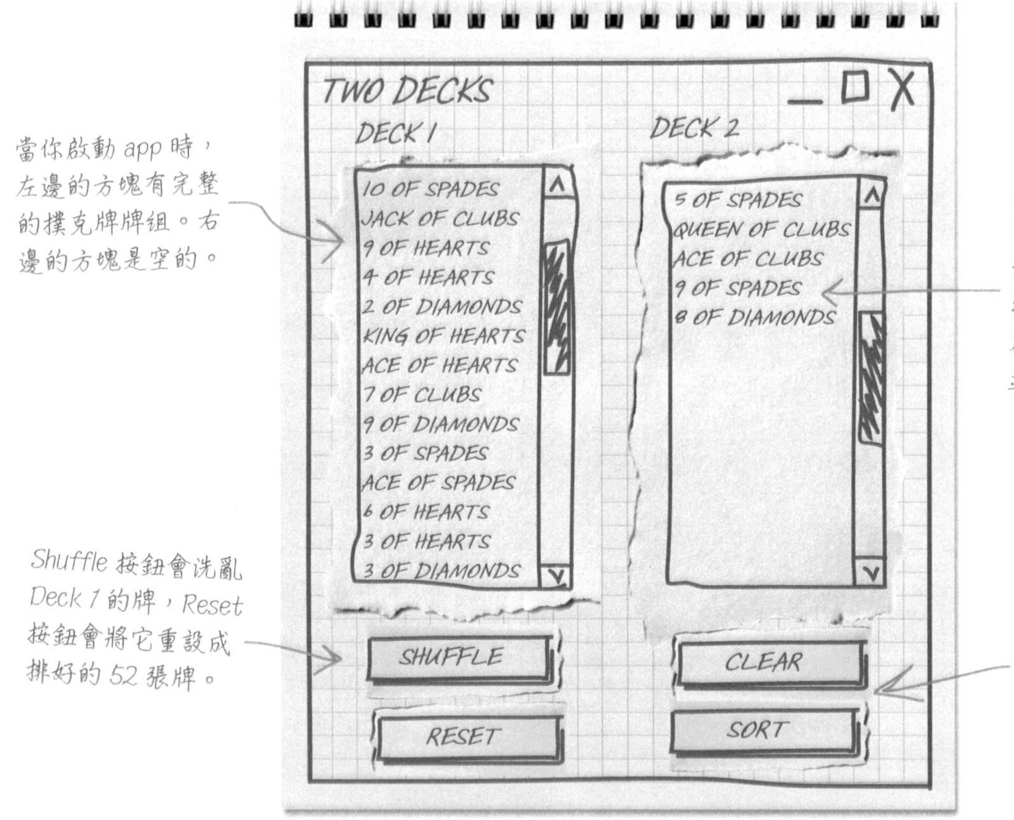

這本書不斷強調一個重點：編寫 C# 程式是一項技術，提升這項技術的最佳手段就是**做很多練習**。我們想要讓你盡量練習。

這就是為什麼我們將在本書其餘的章節裡面，製作**額外的 Windows WPF 與 macOS ASP.NET Core Blazor 專案**。

我們也會在接下來幾章的結尾加入這些專案。現在就去下載這個專案的 PDF，你應該在進入下一章之前，先花一點時間做這個練習，因為它可以強化一些重要的概念，那些概念可以幫助你學習接下來的內容。

現在就去本書的 GitHub repo 並下載專案 PDF：

https://github.com/head-first-csharp/fourth-edition

這些可下載的習題是必須做的，它們是學習途徑的重要部分。

Unity 實驗室 #4

使用者介面

你在上一個 Unity 實驗室裡開始建構遊戲，並使用 prefab 在遊戲 3D 空間的隨機地點建立 GameObject 實例，讓它們旋轉飛行。這個 Unity 實驗室將延續上一個，讓你應用你學會的 C# 介面和其他知識。

你的程式到目前為止都是有趣的視覺模擬。這個 Unity 實驗室的目標是**完成遊戲**。這個遊戲最初的分數是零分，開始之後，撞球會出現並在螢幕中繞圈飛行，當玩家按下撞球時，分數會加 1 而且撞球會消失。撞球會越來越多，一旦有 15 顆球在畫面中飛行，遊戲就結束。為了讓遊戲正常運作，你必須讓玩家能夠啟動它，並且在遊戲結束時再玩一次，當他們按下撞球時，也要讓他們看到分數，所以你會加入**使用者介面**，在畫面的角落顯示分數，還有顯示啟動新遊戲的按鈕。

加入分數，讓它在玩家按下撞球時增加

你已經完成很有趣的模擬了，接下來要把它變成遊戲。在 GameController 類別**加入**一個記錄分數的**新欄位**，你可以在 OneBallPrefab 欄位下面加入它：

```
public int Score = 0;
```

接下來，**在 GameController 類別加入 ClickedOnBall 方法**。玩家每一次按下撞球時都會呼叫這個方法：

```
public void ClickedOnBall()
{
    Score++;
}
```

Unity 可以讓你輕鬆地讓 GameObjects 回應滑鼠按鍵與其他輸入。如果你在腳本加入 OnMouseDown 方法，每當有連結那個方法的 GameObject 被按下時，Unity 就會呼叫它。**在 OneBallBehaviour 類別加入這個方法：**

```
void OnMouseDown()
{
    GameController controller = Camera.main.GetComponent<GameController>();
    controller.ClickedOnBall();
    Destroy(gameObject);
}
```

OnMouseDown 方法的第一行會取得 GameController 類別的實例，第二行會呼叫它的 ClickedOnBall 方法，這個方法會遞增它的 Score 欄位。

現在執行遊戲。按下 hierarchy 裡面的 Main Camera，並觀察它在 Inspector 裡面的 Game Controller (Script) 元件。按下一些旋轉的球，它們會消失，且分數會增加。

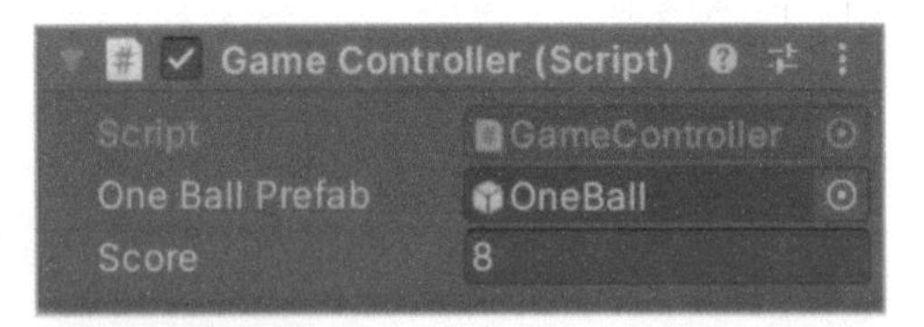

問：為什麼使用 Instantiate 而不是 new 關鍵字？

答：Instantiate 與 Destroy 是 ***Unity* 獨有的特殊方法**，它們不會在 C# 專案裡面出現。Instantiate 方法與 C# 的 new 關鍵字不是指同一回事，因為它建立的是 prefab 的新實例，不是類別。雖然 Unity 的確會建立物件的新實例，但是它也會做很多其他的事情，例如將它放入更新迴圈。當 GameObject 的腳本呼叫 Destroy(gameObject) 時，它就是在告訴 Unity 摧毀它自己。Destroy 方法會要求 Unity 摧毀一個 GameObject — 不過是在更新迴圈完成之後。

問：我不明白 OnMouseDown 方法的第一行程式如何運作，那一行在做什麼事？

答：我們來解析那個陳述式，你應該已經很熟悉第一個部分了：它宣告一個稱為 `controller`，型態為 GameController 的變數，GameController 是你曾經在腳本裡面定義，然後附加到 Main Camera 的類別。在第二部分，我們想要呼叫被附加到 Main Camera 的 GameController 的方法，所以使用 Camera.main 來取得 Main Camera，並使用 GetComponent<GameController>() 來取得被附加到它上面的 GameController 的實例。

在遊戲中加入兩種不同的模式

你喜歡的遊戲會在你啟動它之後立刻讓你開始玩嗎？應該不會吧？你會先看到開始選單。有些遊戲可以讓你暫停行動來查看地圖。許多遊戲可以讓你在移動角色與使用隨身物品之間切換，或是在玩家死亡時顯示無法中斷的動畫。它們都是**遊戲模式**（**game mode**）。

你將在遊戲中加入兩種模式。你已經有「運行中」模式了，現在你只要再加入「遊戲結束」模式就可以了。

我們來為撞球遊戲加入兩種不同的模式：

★ **模式 #1：遊戲運行中**。將球加入場景，按下它們會讓它們消失，並且增加分數。

★ **模式 #2：遊戲結束**。不再將球加入場景，按下它們不會怎樣，並顯示「Game over」橫幅。

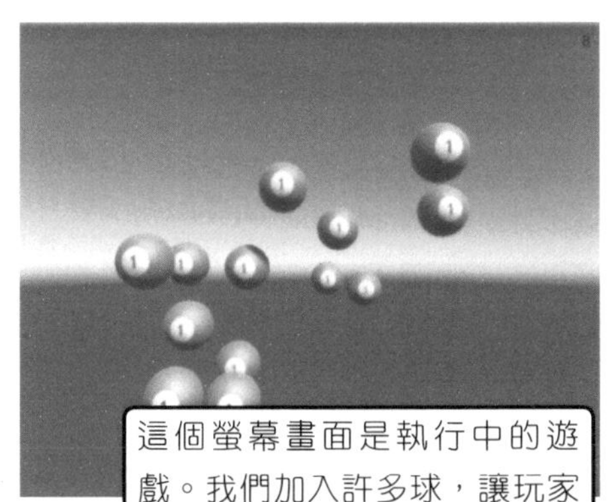

這個螢幕畫面是執行中的遊戲。我們加入許多球，讓玩家按下它們來獲得分數。

當最後一顆球被加入時，遊戲會切換到它的 Game Over 模式，顯示 Play Again 按鈕，並停止加入球。

這是在遊戲中加入兩種遊戲模式的做法：

① **讓 GameController.AddABall 注意遊戲模式。**

新的且改善過的 AddABall 方法會確認遊戲是否結束，只在遊戲尚未結束時實例化新的 OneBall prefab。

② **讓 OneBallBehaviour.OnMouseDown 只會在遊戲正在運行時運作。**

當遊戲結束時，我們希望遊戲停止回應滑鼠按鍵。在遊戲重新開始之前，玩家只會看到已經被加入的球繼續旋轉。

③ **當球太多時，讓 GameController.AddABall 結束遊戲。**

AddABall 也會遞增它的 NumberOfBalls，每次有球被加入時，就將它加 1。如果 NumberOfBalls 的值到達 MaximumBalls，它會將 GameOver 設為 true 來結束遊戲。

在這個實驗室裡，你會逐步建構這個遊戲，並且在過程中不斷進行修改。你可以在本書的 GitHub repository 下載各個部分的程式碼：https://github.com/head-first-csharp/fourth-edition。

在遊戲中加入遊戲模式

修改你的 GameController 與 OneBallBehaviour 類別，使用 Boolean 欄位來記錄遊戲是否結束，來**為遊戲加入模式**。

1 讓 GameController.AddABall 注意遊戲模式。

我們希望讓 GameController 知道遊戲正處於哪一種模式。當我們需要記錄一個物件知道的事情時，我們就會使用欄位。因為模式有兩種（運行中與遊戲結束），所以我們可以使用一個 Boolean 欄位來記錄模式。在 GameController 類別裡面**加入 GameOver 欄位**：

```
public bool GameOver = false;
```

當遊戲還在運行時才能在場景中加入新球。修改 AddABall 方法，加入 `if` 陳述式，在 GameOver 不是 true 時，才呼叫 Instantiate。

```
public void AddABall()
{
    if (!GameOver)
    {
        Instantiate(OneBallPrefab);
    }
}
```

現在你可以測試一下。啟動遊戲，然後在 Hierarchy 視窗**按下 Main Camera**。

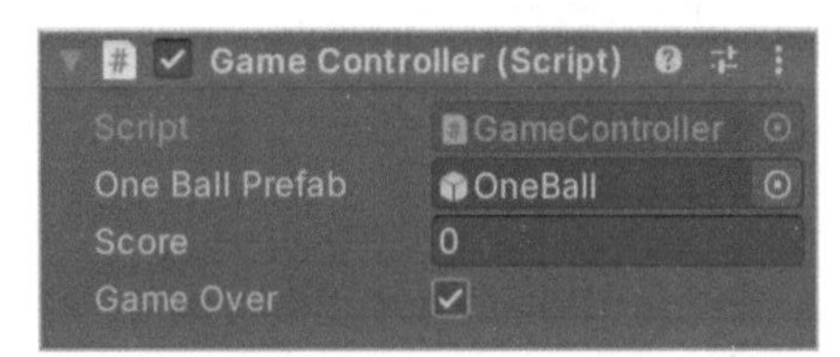

在遊戲運行時，將 Game Over 方塊打勾，來切換 GameController 的 GameOver 欄位。如果你在遊戲運行時將它打勾，Unity 會在你停止遊戲時重設它。

將 Script 元件裡面的方塊取消核取來設定 GameOver 欄位，遊戲應該會停止加入球，直到你再次核取方塊。

2 讓 OneBallBehaviour.OnMouseDown 只會在遊戲正在運行時運作。

你的 OnMouseDown 方法已經呼叫 GameController 的 ClickedOnBallClickedOnBall 方法了。現在**修改 OneBallBehaviour 的 OnMouseDown** 來使用 GameController 的 GameOver 欄位：

```
void OnMouseDown()
{
    GameController controller = Camera.main.GetComponent<GameController>();
    if (!controller.GameOver)
    {
        controller.ClickedOnBall();
        Destroy(gameObject);
    }
}
```

再次執行遊戲，並確認球有消失，而且分數只會在遊戲還沒結束時增加。

❸ 當球太多時，讓 GameController.AddABall 結束遊戲。

遊戲必須記錄場景內的球數。所以我們在 GameController 類別**加入兩個欄位**來記錄目前的球數，以及最大球數：

```
public int NumberOfBalls = 0;
public int MaximumBalls = 15;
```

每次玩家按下球時，球的 OneBallBehaviour 腳本就會呼叫 GameController.ClickedOnBall 來遞增分數（加 1）。我們也要遞減 NumberOfBalls（減 1）：

```
public void ClickedOnBall()
{
    Score++;
    NumberOfBalls--;
}
```

現在**修改 AddABall 方法**，讓它只會在遊戲還在運行時加入新球，並且在場景有太多球時結束遊戲。

```
public void AddABall()
{
    if (!GameOver)
    {
        Instantiate(OneBallPrefab);
        NumberOfBalls++;
        if (NumberOfBalls >= MaximumBalls)
        {
            GameOver = true;
        }
    }
}
```

GameOver 欄位會在遊戲結束時被設為 true，在遊戲還在運行時被設為 false。NumberOfBalls 欄位會記錄目前在場景內的球數。當它到達 MaximumBalls 值時，GameController 就會將 GameOver 設為 true。

現在再次測試你的遊戲。執行它，然後按下 Hierarchy 視窗裡面的 Main Camera。遊戲應該會正常運行，但是當 NumberOfBalls 欄位等於 MaximumBalls 欄位時，AddABall 方法就會把它的 GameOver 欄位設成 true 並結束遊戲。

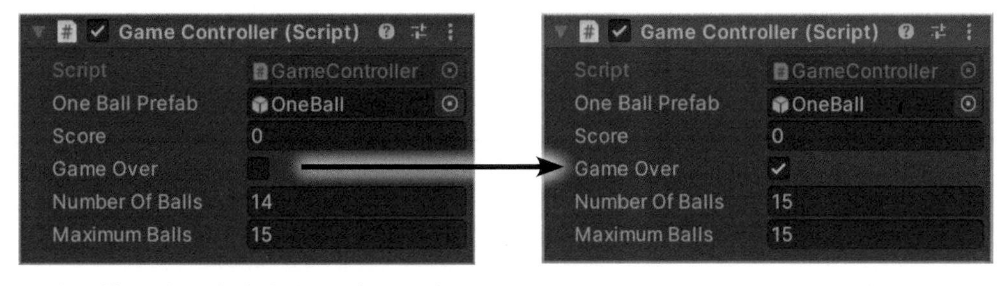

此時，按下球不會有任何反應，因為 OneBallBehaviour.OnMouseDown 將 GameOver 欄位核取了，除非 GameOver 被設為 false，否則就不會遞增分數和讓球消失。

你的遊戲必須記錄它的遊戲模式，此時很適合使用欄位。

為遊戲加入 UI

幾乎每一種遊戲（從「小精靈」到「超級瑪利歐兄弟」到「俠盜獵車手 V」到「當個創世神」）都有**使用者介面（或 UI）**。有些遊戲使用非常簡單的 UI，只會顯示分數、高分榜與目前的關卡，例如小精靈。但也有很多遊戲機制採用複雜的 UI（例如可以讓玩家快速切換武器的武器輪）。我們接下來要在遊戲中加入 UI。

在 GameObject 選單選擇 *UI >> Text*，在遊戲的 UI 裡加入一個 2D Text GameObject。它會在 Hierarchy 加入 Canvas，並且在 Canvas 加入一個 Text：

當你在場景中加入 Text 時，Unity 會自動加入 Canvas 與 Text GameObjects。按下 Canvas 旁邊的三角形（▼）可以展開和摺疊它 — Text GameObject 會出現與消失，因為它被嵌在 Canvas 下面。

在 Hierarchy 視窗裡面的 Canvas 按兩下來聚焦它。它是一個 2-D 矩形。按下它的 Move Gizmo 並且在場景中拉動它。它無法移動！你剛才加入的 Canvas 會一直被顯示出來，放大到螢幕的大小，並且在遊戲的所有其他東西的前面。

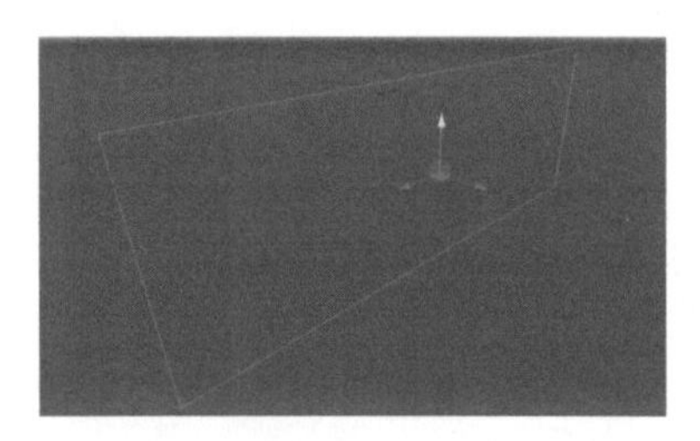

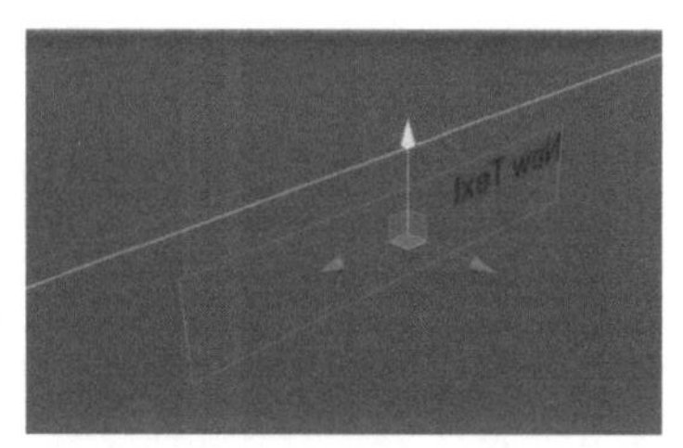

有沒有看到 Hierarchy 裡面的 EventSystem？Unity 會在你建立 UI 之後自動加入它。它可以管理滑鼠、鍵盤與其他輸入，並將它們送給 GameObjects—而且它會自動完成所有工作，所以你不需要直接使用它。

然後在 Text 按兩下來聚焦它—編譯器會拉近，但是預設文字（「New Text」）是相反的，因為 Main Camera 指向 Canvas 的背面。

使用 2D 畫面來處理 Canvas

在 Scene 視窗上面的 **2D 按鈕**可以打開和關閉 2D 畫面：

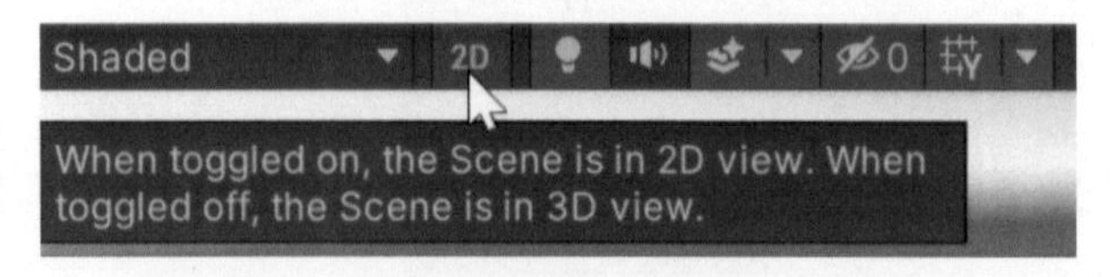

Canvas 是一種二維的 GameObject，可以讓你安排遊戲的 UI 版面。遊戲的 Canvas 底下有兩個 GameObjects：你剛才加入的 Text GameObject 會在右上角顯示分數，此外還有一個 Button GameObject，可讓玩家開始新遊戲。

按下 2D 畫面，編輯器會把畫面翻過來，顯示 canvas 正面。在 Hierarchy 視窗裡面**按兩下 Text** 來選取它。

你可以使用滑鼠滾輪在 2D 畫面拉近和拉遠。

你可以**按下 2D 按鈕在 2D 與 3D 之間切換**。再次按下它來回到 3D 畫面。

設定 Text，讓它在 UI 顯示分數

你的遊戲的 UI 將會有一個 Text GameObject 與一個 Button。這兩個 GameObjects 將被**錨定（anchored）**在 UI 的不同部分。例如，顯示分數的 Text GameObject 會被顯示在畫面的右上角（無論畫面多大或多小）。

Text 在 2D Canvas 裡會被錨定在特定的位置。

按下 Hierarchy 視窗裡面的 Text 來選取它，然後注意 Rect Transform 元件。我們想把 Text 放到右上角，所以**按下** Rect Transform 面板裡面的 **Anchors 方塊**。

因為 Text 只會「待在」2D Canvas 裡面，所以它使用 Rect Transform（之所以取這個名稱，是因為它的位置是「相對於 Canvas 的矩形」的位置。按下 Anchors 方塊會顯示錨點預設（anchor presets）。

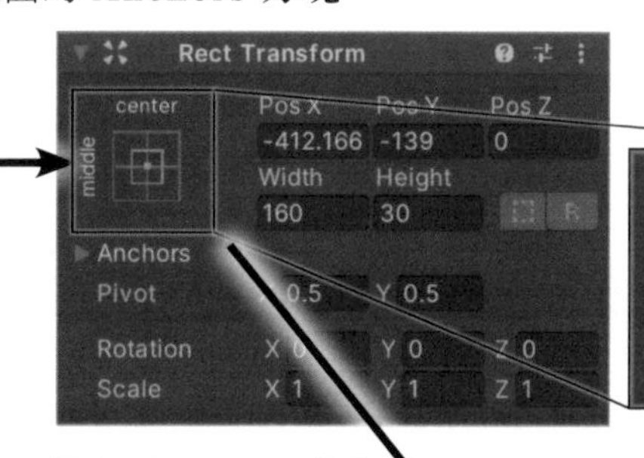

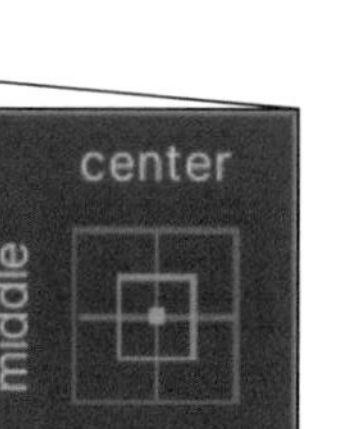

務必同時按住 Shift 與 Alt（Mac 是 Option）才可以同時設定軸心與位置。

Anchor Presets 視窗可讓你將 UI GameObjects 錨定至 Canvas 的各種部分。**按住 Alt 與 Shift**（在 Mac 是 Option+Shift）並**選擇 top right 錨點預設**。按下顯示 Anchor Presets 視窗的同一個按鈕。現在 Text 被放到 Canvas 的右上角了，再次對它按兩下來拉近它。

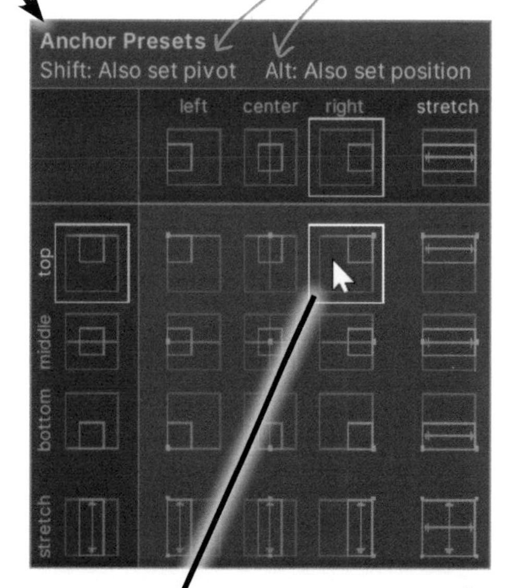

你將錨點軸心設在右上角。Text 的位置是錨點相對於 Canvas 的位置。

我們要在 Text 的上面和右邊增加一些空間。回到 Rect Transform 面板，**將 Pos X 與 Pos Y 都設成 –10**，來將文字放到右上角的左邊 10 個單位，下面 10 個單位的地方。然後**將 Text 元件的 Alignment 設為靠右**，並使用 Inspector 上面的方塊來**將這個 GameObject 的名稱改成 Score**。

現在 Hierarchy 視窗裡面的新 Text 應該會顯示新名稱 Score。現在它應該是靠右對齊，在 Text 與 Canvas 的邊緣之間有個小間隔。

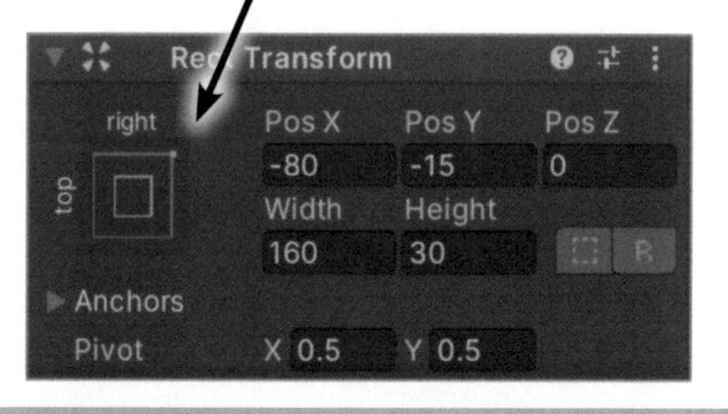

加入按鈕來呼叫方法，來啓動遊戲

當遊戲處於「遊戲結束」模式時，它會顯示一個 Play Again 按鈕，那個按鈕可以呼叫重新啟動遊戲的方法。在 GameController 類別**加入空的 StartGame 方法**（稍後會加入它的程式碼）：

```
public void StartGame()
{
    // 稍後會幫這個方法加入程式碼
}
```

按下 Hierarchy 視窗裡面的 Canvas 來聚焦它。然後在 GameObject 選單裡，**選擇 UI >> Button** 來加入一顆 Button。因為你已經聚焦到 Canvas 了，所以 Unity 會加入新 Button，並將它錨定到 Canvas 的中央。有沒有發現 Hierarchy 裡面的 Button 旁邊有一個三角形？展開它，它裡面有一個 TextGameObject。按下它，並使用 Inspector 來將它的文字設成 `Play Again`。

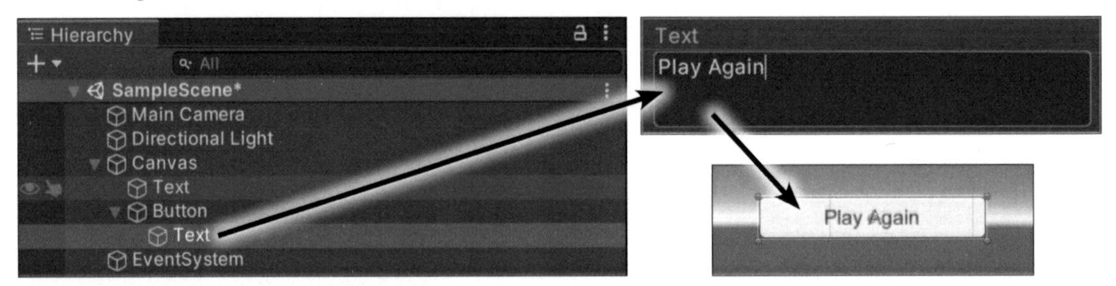

設定好 Button 之後，我們只要讓它呼叫被附加到 Main Camera 的 GameController 物件的 StartGame 方法即可。UI 按鈕***只是具有 Button 元件的 GameObject***，你可以在 Inspector 裡面使用它的 On Click () 來將它連接到一個事件處理方法。按下 On Click () 方塊下面的 ＋ 按鈕來加入一個事件處理常式，然後**將 Main Camera 拉到 None (Object) 裡面**。

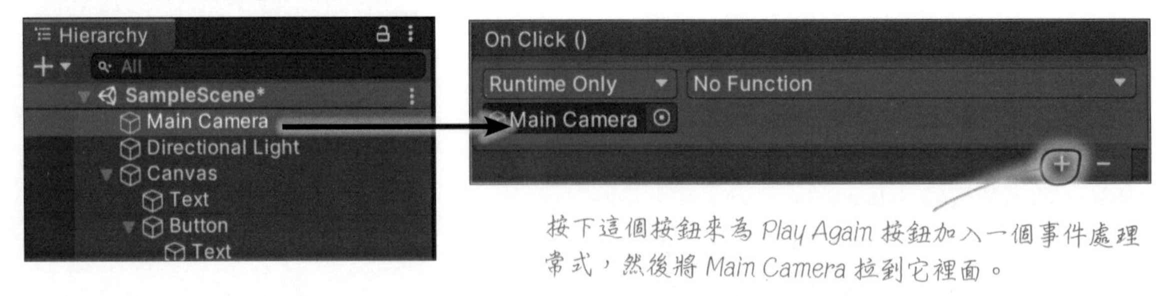

現在 Button 知道要讓事件處理常式使用哪個 GameObject 了。按下 No Function 下拉式選單，選擇 **GameController >> StartGame**。現在當玩家按下按鈕時，它就會呼叫被連接 Main Camera 的 GameController 物件的 StartGame 方法了。

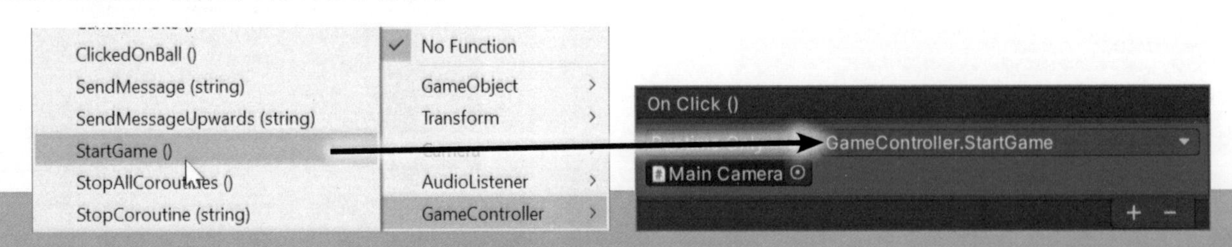

讓 Play Again 按鈕與 Score Text 生效

遊戲的 UI 將會這樣運作：

★ 遊戲會在遊戲結束模式時啟動。

★ 按下 Play Again 按鈕會啟動遊戲。

★ 在畫面右上角的 Text 會顯示目前的分數。

你將在程式中使用 Text 與 Button 類別。它們都在 UnityEngine.UI 名稱空間裡面，所以在 GameController 類別的最上面**加入這一行 using 陳述式**：

```
using UnityEngine.UI;
```

現在你可以在 GameController 加入 Text 與 Button 欄位了（在 OneBallPrefab 欄位上面）：

```
    public Text ScoreText;
    public Button PlayAgainButton;
```

在 Hierarchy 視窗裡**按下 Main Camera**。把 Hierarchy 裡面的 **Text GameObject 拉到** Script 元件的 Score Text 欄位**裡面**，然後把 **Button GameObject 拉到** Play Again Button 欄位**裡面**。

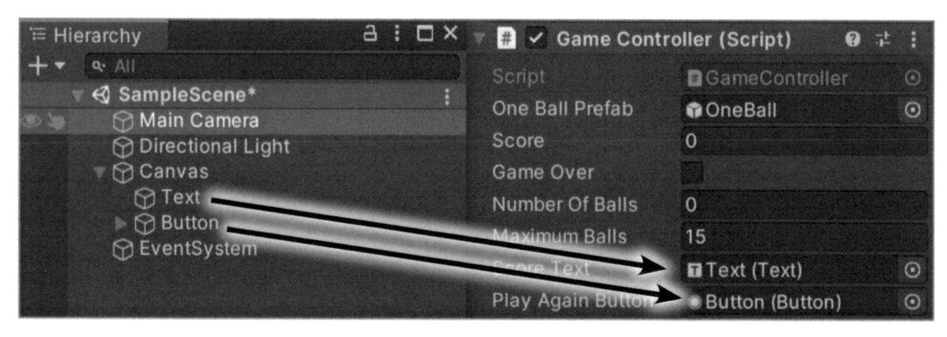

回到 GameController 程式，**將 GameOver 欄位的預設值設為 true**：

```
    public bool GameOver = true;
```
← 將它從 falase 改成 true。

現在回到 Unity，檢查 Inspector 裡面的 Script 元件。

等等，出錯了！

Game Over

Unity 編譯器仍然將 Game Over 核取方塊顯示為未核取，它沒有改變欄位值。務必核取這個方塊，來讓遊戲在遊戲結束模式啟動：

現在遊戲會在遊戲結束模式中啟動，而且玩家可以按下 Play Again 按鈕來開始玩了。

Unity 會記得腳本的欄位值。 **照過來！**

當你想要將 GameController.GameOver 欄位從 false 改成 true 時，只改變程式碼是不夠的。當你在 Unity 加入 Script 元件時，它會記錄欄位值，而且除非你在 context 選單（⋮）重設它，否則它不會重新載入預設值。

完成遊戲的程式

連接 Main Camera 的 GameController 物件會記錄它的 Score 欄位的分數。**在 GameController 類別加入 Update 方法**來更新 UI 裡面的 Score Text：

```
void Update()
{
    ScoreText.text = Score.ToString();
}
```

接下來，**修改 GameController.AddABall 方法**，在遊戲結束時啟用 Play Again 按鈕：

```
if (NumberOfBalls >= MaximumBalls)
{
    GameOver = true;
    PlayAgainButton.gameObject.SetActive(true);
}
```

每一個 GameObject 都有一個稱為 gameObject 的屬性可以讓你操作它。你會使用它的 SetActive 方法來顯示或隱藏 Play Again 按鈕。

我們只剩下一項工作了：讓 StartGame 方法啟動遊戲。這需要做幾件事：移除還在場景裡飛的所有撞球、停用 Play Again 按鈕、重設分數和球數，並將模式設成「running」。你已經知道怎麼完成大部分的工作了！你只要找到球並刪除它們就好了。**在 Project 視窗按下 OneBall prefab 並設定它的標籤（tag）**：

tag（標籤）是可以附加到任何一種可在程式中使用的 GameObjects 的關鍵字，以方便你識別和找到它們。當你按下 Project 視窗的 prefab，並使用它的下拉式選單來指定標籤時，那個標籤會被指派給你實例化的 prefab 的每一個實例。

現在已經完成所有工作，可以在 StartGame 方法裡面填入程式了。它使用一個 foreach 迴圈來尋找並移除上一場遊戲留下來的任何撞球、隱藏按鈕、重設分數與球數，以及改變遊戲模式：

```
public void StartGame()
{
    foreach (GameObject ball in GameObject.FindGameObjectsWithTag("GameController"))
    {
        Destroy(ball);
    }
    PlayAgainButton.gameObject.SetActive(false);
    Score = 0;
    NumberOfBalls = 0;
    GameOver = false;
}
```

現在執行遊戲。它一開始是「遊戲結束」模式。按下按鈕來啟動遊戲。每次你按下一顆球時，分數就會上升。當第 15 顆球被實例化時，遊戲結束，Play Again 按鈕再次出現。

這是讓你挑戰 Unity 程式設計的機會！你的每一個 GameObjects 都有 **transform.Translate** 方法可以將它從目前的位置移到一段距離之外。這個練習的目標是修改遊戲，讓它不再使用 transform.RotateAround 來讓球繞著 Y 軸旋轉，而是在你的 OneBallBehaviour 腳本裡面使用 transform.Translate 來讓球在場景內隨機飛行。

- **移除** OneBallBehaviour 裡面的 XRotation、YRotation 與 ZRotation 欄位。**將它們換成** XSpeed、YSpeed 與 ZSpeed 欄位，用來保存 X、Y 與 Z 速度。它們是浮點欄位—你不需要設定它們的值。

- **把 Update 方法裡面的所有程式碼換成**這一行呼叫 transform.Translate 方法的程式：

```
transform.Translate(Time.deltaTime * XSpeed,
                    Time.deltaTime * YSpeed, Time.deltaTime * ZSpeed);
```

  它的參數代表球沿著 X、Y 或 Z 軸移動的速度，所以如果 XSpeed 是 1.75，將它乘以 Time.deltaTime 會讓球沿著 X 軸，以每秒 1.75 單位的速度移動。

- **把 DegreesPerSecond 欄位換成**名為 Multiplier，值為 0.75F 的欄位，0.75**F** 的 **F** 很重要！使用它來更新 Update 方法裡面的 XSpeed 欄位，並且為 YSpeed 與 ZSpeed 欄位**加入類似的程式**：

```
XSpeed += Multiplier - Random.value * Multiplier * 2;
```

  這個練習有一部分是為了**讓你了解這一行程式如何運作**。Random.value 是 static 方法，它會回傳一個介於 0 和 1 之間的隨機浮點數。這一行程式對 XSpeed 欄位做什麼事？

  ....

  ....

- 然後**加入 ResetBall 方法**，並且在 Start 方法呼叫它。在 ResetBall 加入這一行程式：

```
XSpeed = Multiplier - Random.value * Multiplier * 2;
```

  這一行程式做什麼事？

  在你開始寫遊戲之前，先想出這兩行程式在做什麼。

  ....

  ....

  在 ResetBall **加入兩行**類似上面那一行程式來更新 YSpeed 與 ZSpeed。然後將 Start 方法裡面更新 transform.position 的程式**移到** ResetBall 方法。

- 修改 OneBallBehaviour 類別，**加入 TooFar 欄位**，並將它設成 5。然後修改 Update 方法，來檢查球是不是跑太遠了。你可以這樣檢查球是不是沿著 X 軸跑太遠：

```
Mathf.Abs(transform.position.x) > TooFar
```

  這會檢查 X 位置的絕對值，也就是說，它會檢查 transform.position.x 是否大於 5F 或小於 –5F。這是檢查球是否沿著 X、Y 或 Z 軸跑太遠的 `if` 陳述式：

```
if ((Mathf.Abs(transform.position.x) > TooFar)
      || (Mathf.Abs(transform.position.y) > TooFar)
      || (Mathf.Abs(transform.position.z) > TooFar)) {
```

  修改 OneBallBehaviour.Update 方法，使用 `if` 陳述式在球跑太遠時呼叫 ResetBall。

這是根據練習的說明修改 OneBallBehaviour 類別之後的樣子。這個遊戲運作的關鍵在於每一顆球沿著 X、Y 與 Z 軸移動的速度，都是由它目前的 XSpeed、YSpeed 與 ZSpeed 值決定的。你可以稍微修改這些值來讓球在場景中隨機移動。

```
using System.Collections;
using System.Collections.Generic;
using UnityEngine;

public class OneBallBehaviour : MonoBehaviour
{
    public float XSpeed;
    public float YSpeed;
    public float ZSpeed;
    public float Multiplier = 0.75F;
    public float TooFar = 5;

    static int BallCount = 0;
    public int BallNumber;

    // Start 會在第一次影格更新之前被呼叫
    void Start()
    {
        BallCount++;
        BallNumber = BallCount;

        ResetBall();
    }

    // Update 會在每一個影格呼叫一次
    void Update()
    {
        transform.Translate(Time.deltaTime * XSpeed,
                    Time.deltaTime * YSpeed, Time.deltaTime * ZSpeed);

        XSpeed += Multiplier - Random.value * Multiplier * 2;
        YSpeed += Multiplier - Random.value * Multiplier * 2;
        ZSpeed += Multiplier - Random.value * Multiplier * 2;

        if ((Mathf.Abs(transform.position.x) > TooFar)
             || (Mathf.Abs(transform.position.y) > TooFar)
             || (Mathf.Abs(transform.position.z) > TooFar))
        {
            ResetBall();
        }
    }
```

你曾經在 OneBallBehaviour 類別裡面加入這些欄位。別忘了在 0.75F 裡面加入 F，否則程式將無法組建。

當球被實例化時，它的 Start 方法會呼叫 ResetBall 來產生它的隨機位置與速度。

Update 方法會先移動球，然後更新速度，最後檢查它有沒有超出邊界。用不同的順序做這些事情不會有任何問題。

習題解答

```
    void ResetBall()
    {
        XSpeed = Random.value * Multiplier;
        YSpeed = Random.value * Multiplier;
        ZSpeed = Random.value * Multiplier;

        transform.position = new Vector3(3 - Random.value * 6,
            3 - Random.value * 6, 3 - Random.value * 6);
    }

    void OnMouseDown()
    {
        GameController controller = Camera.main.GetComponent<GameController>();
        if (!controller.GameOver)
        {
            controller.ClickedOnBall();
            Destroy(gameObject);
        }
    }
}
```

我們會在球實例化時，或是球飛出邊界時重設它，給它隨機的速度與位置。先重設位置也可以。

這是問題的答案，你有沒有寫出類似的答案？

我們藉著增加或減少球在三個軸上面的速度來讓球產生晃動的隨機路徑。

```
XSpeed += Multiplier - Random.value * Multiplier * 2;
```

這一行程式對 XSpeed 欄位做什麼事？

*Random.value * Multiplier * 2 會找出一個介於 0 和 1.5 之間的隨機數字，將 Multiplier 減去它會產生一個介於 -0.75 與 0.75 之間的隨機數字。將那個值加上 XSpeed 會讓它在每一個影格加快或降低少量的速度。*

```
XSpeed = Multiplier - Random.value * Multiplier * 2;
```

這一行程式做什麼事？

它將 XSpeed 欄位設成介於 -0.75 與 0.75 之間的隨機值。這會造成一些球開始沿著 X 軸往前移動，一些球往後移動，全部都以不同的速度移動。

有沒有發現你完全不需要修改 *GameController* 類別？那是因為你不需要修改 GameController 做的事情，例如管理 UI 或遊戲模式。如果你在修改一個類別時，不需要動到其他的類別，那就代表你的類別有很好的設計。

發揮創意！

你可以想到如何藉著改善遊戲來練習寫程式嗎？給你一些建議：

- 遊戲是不是太簡單了？還是太難？試著修改在 GameController.Start 方法裡傳給 InvokeRepeating 的參數。試著將它們寫成欄位。你也可以嘗試各種 MaximumBalls 值。稍微改變這些值可能會大幅改變遊戲體驗。
- 我們提供了所有撞球的紋理圖。試著加入不同的撞球，讓它們有不同的行為。使用 scale 來讓一些撞球比較大或比較小，並且改變它們的參數，來讓它們移動得更快或更慢，或以不同的方式移動。
- 你可以想出如何製作「流星」球，讓它朝著一個方向快速飛離，並且在玩家按到它時提升很多分數嗎？加入「驟死」8 號球，讓它立刻終止遊戲如何？
- 修改 GameController.ClickedOnBall 方法，讓它接收分數參數，並加上你傳遞的值，而不是增加 Score 欄位。試著讓不同的球有不同的值。

練習編寫越多 C# 程式，你就越容易了解它。讓遊戲更有創意可以幫助你做更多練習！

當你改變 *OneBallBehaviour* 腳本裡面的欄位時，別忘了重設 *OneBall prefab* 的 *Script* 元件！否則，它會記得舊值。

重點提示

- Unity 遊戲在 3D 場景前面使用平面的、二維的面板以及一些控制項和圖片來顯示**使用者介面**（**UI**）。
- Unity 提供一組專門為了建構使用者介面而製作的 **2D UI GameObjects**。
- **Canvas** 是一種 2D GameObject，可讓你設計遊戲 UI 版面。Text 與 Button 等 UI 元件都嵌在 Canvas GameObject 之下。
- 在 Scene 視窗上面的 **2D 按鈕**可以開關 2D 畫面，讓你更容易設計 UI 版面。
- 當你在 Unity 裡面加入 **Script 元件**時，它會記錄欄位值，而且不會重新載入預設值，除非你在 context 選單重設 2D。
- **Button** 可以呼叫被附加到 GameObject 的任何腳本方法。
- 你可以使用 Inspector 來**修改** GameObjects 的腳本裡面的**欄位值**。如果你在遊戲還在運行時修改它們，它們會被重設成當它停止時儲存的值。
- **transform.Translate** 方法可將 GameObject 從目前的位置移動一段距離。
- **tag**（標籤）是可以附加到任何一種可在程式中使用的 GameObjects 的關鍵字，以方便你識別和找到它們。
- **GameObject.FindGameObjectsWithTag 方法**會回傳符合指定標籤的 GameObjects 集合。

9 LINQ 與 lambda

控制你的資料

那麼，當你把**標題反過來寫**，再把這篇文章的前面**五個字**與**最後五個字**接到它後面時…你就會看到外星人母艦傳來的**秘密訊息**！

這是個資料驅動的世界…我們都必須知道如何在裡面生活。

能夠連續好幾天甚至好幾週在不需要處理**大量資料**的情況下寫程式的日子已經過去了，如今，**任何東西都與資料有關**，所以你要使用 **LINQ**。LINQ 是 C# 與 .NET 的功能，它不但可以讓你用直覺的方式**查詢** .NET 集合裡面的**資料**，也可以讓你**組織及合併來自不同資料源的資料**。你將加入**單元測試**來確保程式一如預期地運作。一旦你知道如何把資料整理成可管理的區塊，你就可以使用 **lambda 運算式**來重構 C# 程式碼，讓它更具表現力。

Jimmy 是神奇隊長的超級粉絲…

介紹 Jimmy 給你認識，他是最狂熱的神奇隊長漫畫、視覺文學和隨身用品的收藏家之一。他知道隊長的所有瑣事，擁有電影的所有道具，他也收集了一系列的漫畫，只能說是…嗯…太神奇了。

CAPTAIN AMAZING
看看這款限量版的神奇隊長馬克杯，它來自第二屆年度亞馬遜大會，上面有漫畫家和印墨師本人的簽名！
Jimmy 找到這個原封不動而且十分罕見的 2005 神奇隊長公仔。
沒錯，這台神奇特技車就是在 1973 年 9 月到 11 月播出的神奇隊長電視劇裡面的原物。Jimmy 是怎麼搞到這一台的？

…但是他將收藏品隨處放置

雖然 Jimmy 很狂熱，但是他不怎麼有條理。他想要找出「皇冠上的寶石」這本珍貴的漫畫，但是他需要協助。你能不能幫 Jimmy 建立 app 來管理他的漫畫？

傳奇的「物件之死」刊物封面，作者親筆簽名。

Fun 輕鬆

LINQ 使用值與物件。

我們將使用 LINQ 來查詢數字集合，藉此介紹它的概念和語法。你可能會想：「這對管理漫畫有什麼幫助？」這是很好的問題，值得在這一章的第一個部分特別說明。稍後，我們會使用彼此非常相似的 LINQ 查詢來管理 Comic 物件的集合。

使用 LINQ 來查詢集合

你將在這一章學習 **LINQ**（或稱為 **Language-Integrated Query**）。LINQ 結合非常實用且強大的 C# 內建類別與方法，它們是為了協助你使用資料序列（就像 Jimmy 的漫畫收藏品）而建構的。

讓我們使用 Visual Studio 來開始探索 LINQ。**建立一個新的 Console App（.NET Core）專案**，並將它命名為 ***LinqTest***。加入這段程式，當你輸入到最後一行，並**加入句點**時，看一下 IntelliSense 視窗：

```
using System;

namespace LinqTest
{
    using System.Collections.Generic;
    using System.Linq;

    class Program
    {
        static void Main(string[] args)
        {
            List<int> numbers = new List<int>();
            for (int i = 1; i <= 99; i++)
                numbers.Add(i);
            IEnumerable<int> firstAndLastFive = numbers.
        }
    }
}
```

加入 using System.Linq; 可以讓集合獲得許多新方法，可以用來執行各種查詢。

輸入「numbers」然後按下 .（句點）來顯示 IntelliSense 視窗。嘿！裡面的方法比以前多很多！

Select<>
SelectMany<>
SequenceEqual<>
Single<>
SingleOrDefault<>
Skip<>
SkipLast<>
SkipWhile<>

雖然你已經使用陣列和 list 一段時間了，但是以前你沒有看過這些方法。試著移除類別上面的 using System.Linq;，然後再看看 IntelliSense，所有新方法都消失了！它們只會在你加入 using 指示詞時出現。

我們來使用其中的一些新方法來完成主控台 app：

```
            IEnumerable<int> firstAndLastFive = numbers.Take(5).Concat(numbers.TakeLast(5));
            foreach (int i in firstAndLastFive)
            {
                Console.Write($"{i} ");
            }
        }
    }
}
```

現在執行 app，它會在主控台印出這一行文字：

```
1 2 3 4 5 95 96 97 98 99
```

那麼，你剛才做了什麼？

LINQ（或 Language INtegrated Query）是 C# 的功能與 .NET 類別的組合，可協助你處理資料序列。

LINQ 探究

我們來仔細看一下如何使用 LINQ 方法 Take、TakeLast 與 Concat。

```
1  2  3  4  5  6  7  8  9  10 11 12 13 14 15
16 17 18 19 20 21 22 23 24 25 26 27
28 29 30 31 32 33 34 35 36 37 38 39
40 41 42 43 44 45 46 47 48 49 50 51
52 53 54 55 56 57 58 59 60 61 62 63
64 65 66 67 68 69 70 71 72 73 74 75
76 77 78 79 80 81 82 83 84 85 86 87
88 89 90 91 92 93 94 95 96 97 98 99
```

numbers

這是你用 for 迴圈建立的原始 List<int>。

numbers.Take(5)

Take 方法會從序列取出前五個元素。

```
1 2 3 4 5
```

numbers.TakeLast(5)

TakeLast 會從序列取出最後幾個元素。

```
96 97 98 99 100
```

numbers.Take(5).Concat(numbers.TakeLast(5))

Concat 方法會將兩個序列接在一起。

```
1 2 3 4 5 96 97 98 99 100
```

使用 LINQ 方法來編寫方法鏈

當你加入 `using System.Linq;` 之後，LINQ 方法就會被加入 list。那些方法也會被加入陣列、佇列、堆疊…事實上，它們會被加入任何一種擴充 IEnumerable<T> 的物件。因為幾乎所有 LINQ 方法都回傳 IEnumerable<T>，你可以直接使用一個 LINQ 方法的結果來呼叫另一個 LINQ 方法，而不需要使用變數來記錄結果。這種做法稱為方法鏈，可以讓你寫出非常緊湊的程式。

例如，雖然我們可以使用變數來儲存 Take 與 TakeLast 的結果：

```
IEnumerable<int> firstFive = numbers.Take(5);
IEnumerable<int> lastFive = numbers.TakeLast(5);
IEnumerable<int> firstAndLastFive = firstFive.Concat(lastFive);
```

但是方法鏈可讓我們將它們全部寫成一行程式，直接對著 numbers.Take(5) 的輸出呼叫 Concat。它們做的事情是相同的。切記，緊湊的程式不一定比冗長的好！有時將連接起來的方法拆成幾行程式可以讓它們更清楚且容易了解。你可以自己決定哪一種做法對特定專案來說比較容易閱讀。

LINQ 可以處理任何 IEnumerable<T>

當你在程式中加入 System.Linq; 指示詞之後，你的 List<int> 就會突然獲得「特異功能」一它會出現一堆 LINQ 方法。**任何實作了 *IEnumerable<T>* 的類別都是如此。**

當類別實作 IEnumerable<T> 時，那個類別的實例就是一個**序列（sequence）**：

- 包含數字 1 到 99 的 list 是個序列。
- 當你呼叫它的 Take 方法時，它會回傳一個序列的參考，該序列有前五個元素。
- 當你呼叫它的 TakeLast 方法時，它會回傳另一個包含五個元素的序列。
- 當你使用 Concat 來結合兩個包含五個元素的序列時，它會建立一個包含 10 個元素的新序列，並回傳那個新序列的參考。

每當你有實作 IEnumerable 介面的物件時，你就擁有一個可以用 LINQ 來操作的序列。依序對著序列做一項操作稱為列舉該序列。

LINQ 方法可列舉你的序列

你已經知道 foreach 迴圈可以處理 IEnumerable 物件了。想一下 foreach 迴圈做什麼事：

這個 foreach 迴圈處理序列 1, 2, 3, 4, 5, 96, 97, 98, 99, 100。

```
foreach (int i in firstAndLastFive)
{
    Console.Write($"{i} ");
}
```

它從序列的第一個元素開始處理（在這個例子是 1）…

…然後依序對著該序列的每一個元素進行一項操作（將字串寫到主控台）。

用一種方法依序經歷序列的每一個項目稱為**列舉（enumerating）**該序列。這就是 LINQ 方法的運作方式。

實作 IEnumerable 介面的物件都可以列舉。列舉是實作了 IEnumerable 介面的物件可以做的工作。

e-nu-mer-ate（列舉），動詞。

一個接著一個提到一些事情。

Suzy **列舉**她收集的玩具車給她爸爸聽，告訴他每輛車的品牌和型號。

```
Enumerable.Range(8, 5);
```
→ 8 9 10 11 12

如果你想要從 Jimmy 的收藏中，找出從第 #118 期開始的前 30 期呢？LINQ 提供一種非常實用的方法來協助處理這件事。static Enumerable.Range 方法可以產生整數序列。呼叫 Enumerable.Range(8, 5) 會回傳一個從 8 開始包含 5 個數字的序列：8, 9, 10, 11, 12。

IEnumerable<int> Enumerable.Range(int start, int count)
Generates a sequence of integral numbers within a specified range.

Exceptions:
ArgumentOutOfRangeException

你會在接下來的紙筆練習裡面練習使用 Enumerable.Range 方法。

削尖你的鉛筆

這些是在程式中加入 using System.Linq; 指示詞之後，可以在序列找到的一些 LINQ 方法。它們的名稱都很直觀，你可以單憑名稱看出它們的功能嗎？將每一個方法**連到**它的輸出。

```
Enumerable.Range(1, 5)
    .Sum()
```

```
Enumerable.Range(1, 6)
    .Average()
```

```
new int[] { 3, 7, 9, 1, 10, 2, -3 }
    .Min()
```

```
new int[] { 8, 6, 7, 5, 3, 0, 9 }
    .Max()
```

```
Enumerable.Range(10, 3721)
    .Count()
```

```
Enumerable.Range(5, 100)
    .Last()
```

```
new List<int>() { 3, 8, 7, 6, 9, 6, 2 }
    .Skip(4)
    .Sum()
```

```
Enumerable.Range(10, 731)
    .Reverse()
    .Last()
```

9

17

104

15

3.5

10

-3

3721

削尖你的鉛筆 解答

這些是在程式中加入 using System.Linq; 指示詞之後，可以在序列找到的一些 LINQ 方法。它們的名稱都很直觀，你可以單憑名稱看出它們的功能嗎？將每一個方法**連到**它的輸出。

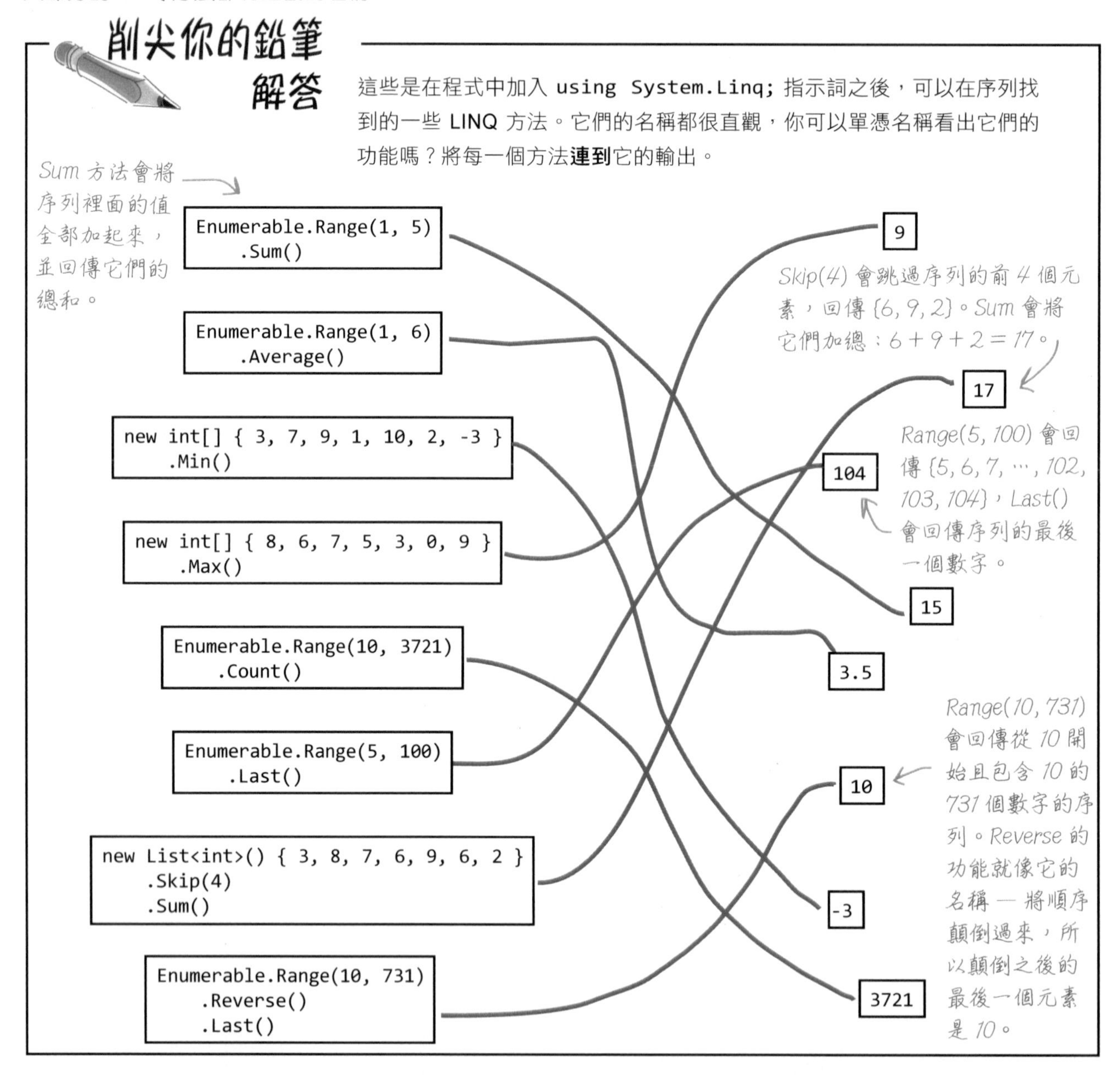

Sum 方法會將序列裡面的值全部加起來，並回傳它們的總和。
Enumerable.Range(1, 5)
.Sum()
Enumerable.Range(1, 6)
.Average()
new int[] { 3, 7, 9, 1, 10, 2, -3 }
.Min()
new int[] { 8, 6, 7, 5, 3, 0, 9 }
.Max()
Enumerable.Range(10, 3721)
.Count()
Enumerable.Range(5, 100)
.Last()
new List<int>() { 3, 8, 7, 6, 9, 6, 2 }
.Skip(4)
.Sum()
Enumerable.Range(10, 731)
.Reverse()
.Last()
9
Skip(4) 會跳過序列的前 4 個元素，回傳 {6, 9, 2}。Sum 會將它們加總：6 + 9 + 2 = 17。
17
Range(5, 100) 會回傳 {5, 6, 7, …, 102, 103, 104}，Last() 會回傳序列的最後一個數字。
104
15
3.5
Range(10, 731) 會回傳從 10 開始且包含 10 的 731 個數字的序列。Reverse 的功能就像它的名稱 — 將順序顛倒過來，所以顛倒之後的最後一個元素是 10。
10
-3
3721

在這個練習裡面的 LINQ 方法的名稱清楚地說明它們的功能。有些 LINQ 方法，例如 Sum、Min、Max、Count、First 與 Last 會回傳一個值。Sum 方法會加總序列內的值。Average 方法會回傳它們的平均值。Min 與 Max 方法會回傳序列的最小與最大值。First 與 Last 方法的功能與它們的名稱一樣。

其他的 LINQ 方法，例如 Take、TakeLast、Concat、Reverse（將序列的順序反過來）與 Skip（跳過序列的前幾個元素）會回傳另一個序列。

LINQ 的查詢語法

目前為止的 LINQ 方法可能不足以解決我們可能遇到的資料問題種類，或是與 Jimmy 的漫畫收藏有關的問題。

此時就要使用 **LINQ 宣告查詢語法**了。它使用一些特殊的關鍵字，包括 where、select、groupby 與 join，在你的程式裡直接建立**查詢（query）**。

LINQ 查詢可以處理序列（也就是實作了 IEnumerable<T> 的物件）。LINQ 查詢的開頭是一個 from 子句：

from (變數) in (序列)

它告訴查詢（query）要處理哪個序列，並指派一個名稱，來讓被查詢的每個元素使用。這就像是 foreach 迴圈的第一行：它先宣告一個變數，然後在逐一查看序列時，將序列的各個元素指派給它。所以這段程式：

from v in values

會依序查看 values 陣列的每一個元素，將陣列的第一個值指派給 v，然後第二個，然後第三個，以此類推。

LINQ 查詢是用子句建構的

我們來建構一個查詢，用它在一個 int 陣列裡找出小於 37 的數字，並且遞增排序這些數字。它使用四個**子句**來說明要查詢哪個物件、如何選擇它的數字、如何排序結果，以及如何回傳結果。

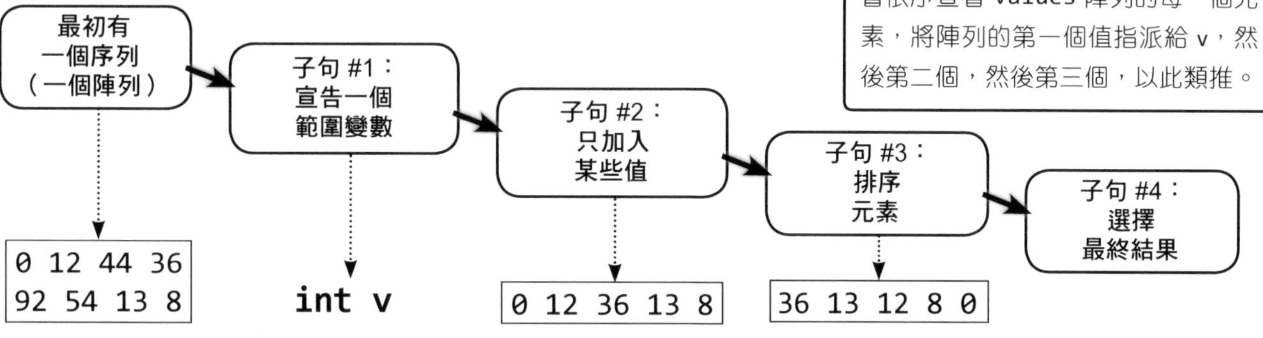


```
int[] values = new int[] {0, 12, 44, 36, 92, 54, 13, 8};
IEnumerable<int> result =
            from v in values
            where v < 37
            orderby -v
            select v;

// 使用 foreach 迴圈來印出結果
foreach(int i in result)
  Console.Write($"{i} ");
```

這個 LINQ 查詢有四個子句：from 子句、wherer 子句、orderby 子句，與 select 子句。

from 子句會指派一個變數，稱為範圍變數，讓查詢在逐一查看陣列時，在裡面放入每一個值。在第一次迭代時，變數 v 是 0，然後是 12，然後 44，以此類推。

where 子句有個條件測試式，查詢會用它來決定要將哪些值放入 result，在這個例子裡，那些值是小於 37 的值。

orderby 子句裡面有用來排序結果的運算式，在這個例子裡，-v 會從最大排到最小。

查詢的結尾是個 select 子句，它用一個運算式來指出它想要放入結果。

輸出：36 13 12 8 0

沒有蠢問題

問：所以在檔案的最上面加入 using 指示詞可以「神奇地」為裡面的每一個 IEnumerable 加入 LINQ 方法？

答：基本上沒錯。你要在檔案的最上面加入 using System.Linq; 指示詞才能使用 LINQ 方法（然後才能使用 LINQ 查詢）。上一章說過，如果你要將 IEnumerable<T> 當成（舉例）回傳值來使用，你也要使用 using System.Collections.Generic;。

（顯然這不是真正的魔法，LINQ 使用一種稱為**擴充方法**的 C# 功能，第 11 章會介紹它。現在你只要知道，當你加入 using 指示詞時，你就可以使用 LINQ 和任何 IEnumerable<T> 參考了。）

問：我還是不明白什麼是方法鏈。它到底是怎麼運作的？為什麼我要使用它？

答：方法鏈是依序呼叫多個方法的一種常見做法。因為許多 LINQ 方法都會回傳一個實作了 IEnumerable<T> 的序列，所以你可以用它們的結果來呼叫另一個 LINQ 方法。方法鏈也不是 LINQ 獨有的，你也可以在你自己的類別使用它。

問：你可以用一個例子來展示使用方法鏈的類別嗎？

答：沒問題，這個類別有兩個為了鏈結而建立的方法：

```
class AddSubtract
{
  public int Value { get; set; }
  public AddSubtract Add(int i) {
      Console.WriteLine($"Value: {Value}, adding {i}");
      return new AddSubtract() { Value = Value + i };
  }
  public AddSubtract Subtract(int i) {
      Console.WriteLine(
              $"Value: {Value}, subtracting {i}");

      return new AddSubtract() { Value = Value - i };
  }
}
```

AddSubtract 的 Add 與 Subtract 方法都回傳 AddSubtract 實例，所以很適合用來做方法鏈。

你可以這樣呼叫它：

```
AddSubtract a = new AddSubtract() { Value = 5 }
  .Add(5)
  .Subtract(3)
  .Add(9)
  .Subtract(12);
Console.WriteLine($"Result: {a.Value}");
```

試著在新的主控台 app 加入 AddSubtract 類別，然後將這段程式加入 Main 方法。

這些功能聽起來很棒。但是它怎麼幫助我管理雜亂的漫畫收藏？

LINQ 不是只能處理數字而已，它也可以處理物件。

在 Jimmy 眼裡，一堆又一堆雜亂無章的漫畫可能只是紙張、墨水和亂七八糟的東西。在我們開發者的眼中，它們是不同的東西：**許多**等著被整理的**資料**。我們怎麼用 C# 來整理漫畫？就像我們整理撲克牌、蜜蜂或邋遢喬的菜單項目一樣，我們要建立類別，然後使用集合來管理那個類別。所以為了幫助 Jimmy，我們只需要一個 Comic 類別，以及為他的收藏加入一些理智成分的程式碼，LINQ 可以幫助我們！

LINQ 可以處理物件

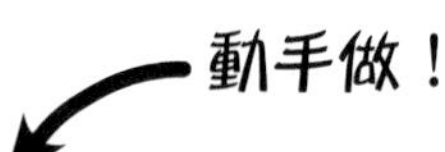

Jimmy 想要知道他的一些珍貴漫畫值多少錢，所以他聘請一位專業的漫畫評估師來告訴他每一本的價格。原來他有一些漫畫價值不菲！我們將使用集合來為他管理那些資料。

1 建立一個新的主控台 app 並加入 Comic 類別。

使用名稱（name）與期號（issue）自動屬性：

```
using System.Collections.Generic;
class Comic {
    public string Name { get; set; }
    public int Issue { get; set; }

    public override string ToString() => $"{Name} (Issue #{Issue})";
```

我們還沒有看過 => 運算子！你可以從它周圍的程式碼猜出它的功能是什麼嗎？你已經知道 ToString 方法如何運作了，因此，=> 以某種方式讓 ToString 將內插後的字串傳給運算子右邊的東西。

2 加入存有 Jimmy 的目錄的 List。

在 Comic 類別裡面加入這個 static Catalog 欄位。它會回傳 Jimmy 的珍貴漫畫的序列：

```
public static readonly IEnumerable<Comic> Catalog =
  new List<Comic> {
    new Comic { Name = "Johnny America vs. the Pinko", Issue = 6 },
    new Comic { Name = "Rock and Roll (limited edition)", Issue = 19 },
    new Comic { Name = "Woman's Work", Issue = 36 },
    new Comic { Name = "Hippie Madness (misprinted)", Issue = 57 },
    new Comic { Name = "Revenge of the New Wave Freak (damaged)", Issue = 68 },
    new Comic { Name = "Black Monday", Issue = 74 },
    new Comic { Name = "Tribal Tattoo Madness", Issue = 83 },
    new Comic { Name = "The Death of the Object", Issue = 97 },
  };
```

我們省略在集合和物件初始設定式的 <Comic> 後面的 () 括號，因為你不需要它們。

3 使用字典來管理價格。

加入一個 static Comic.Prices 欄位，它是個 Dictionary<int, decimal>，可讓你用每一本漫畫的期號來查詢它們的價格（使用你在第 8 章學過的字典的集合初始設定式語法）。現在我們使用 **IReadOnlyDictionary** 介面來封裝，這個介面裡面只有讀取值的方法（所以我們不會不小心改變價格）：

```
public static readonly IReadOnlyDictionary<int, decimal> Prices =
    new Dictionary<int, decimal> {
        { 6, 3600M },
        { 19, 500M },
        { 36, 650M },
        { 57, 13525M },
        { 68, 250M },
        { 74, 75M },
        { 83, 25.75M },
        { 97, 35.25M },
    };
}
```

我們使用 IReadOnlyDictionary 介面來讓字典防止程式使用 Price 欄位來改變價格。

Jimmy 的稀有的第 57 期錯印版（1973 年的「Hippie Madness」）價值 13,525 美元。哇！

我們使用 Dictionary 來儲存漫畫的價格。雖然我們也可以加入稱為 Price 的屬性，但是我們決定把漫畫與價格的資訊分開，因為收藏家的物品的價格一直都在變化，但是名稱與期號是永遠不變的。你認為我們的決定正確嗎？

使用 LINQ 查詢來完成 Jimmy 的 app

我們曾經使用 LINQ 宣告查詢語法來建立一個包含 4 個子句的查詢，在裡面用 `from` 子句建立範圍變數，用 `where` 子句加入少於 37 的數字，用 `orderby` 子句遞減排序它們，用 `select` 子句決定加入結果序列的元素。

我們接下來要**在 Main 方法加入一個 LINQ 查詢**，它的工作方式與之前的查詢完全相同，只是它使用 Comic 物件，而不是 int 值，所以它會用相反的順序將一系列價格大於 500 的漫畫寫到主控台。我們先加入兩行 `using` 宣告式，以便使用 IEnumerable<T> 與 LINQ 方法。查詢會回傳一個 IEnumerable<Comic>，然後使用 foreach 迴圈來逐一查看它，並寫出輸出。

4 修改 Main 方法來使用 LINQ 查詢。

這是整個 Program 類別，包括放在最上面的 `using` 指示詞：

```
using System.Collections.Generic;
using System.Linq;

class Program
{
    static void Main(string[] args)
    {
        IEnumerable<Comic> mostExpensive =
            from comic in Comic.Catalog
            where Comic.Prices[comic.Issue] > 500
            orderby -Comic.Prices[comic.Issue]
            select comic;

        foreach (Comic comic in mostExpensive)
        {
            Console.WriteLine($"{comic} is worth {Comic.Prices[comic.Issue]:c}");
        }
    }
}
```

你需要 *System.Collections.Generic* 才能使用 *IEnumerable<T>* 介面，你也需要 *System.Linq* 才能將 LINQ 方法加入實作它的物件。

注意我們是怎麼使用「*comic*」範圍變數的。它是一個在 *from* 子句裡面宣告的 *Comic* 變數，並且在 *where* 與 *orderby* 子句裡面使用。

select 子句決定查詢回傳什麼。因為它選擇 *Comic* 變數，所以查詢的結果是 *IEnumerable<Comic>*。

我們在之前的章節看過，「*:c*」會將一個數字格式化成本地貨幣，所以如果你在 UK，你會在輸出看到 £ 而不是 $。

輸出：

```
Hippie Madness (misprinted) is worth $13,525.00
Johnny America vs. the Pinko is worth $3,600.00
Woman's Work is worth $650.00
```

5 使用 descending 關鍵字來讓 orderby 子句更容易閱讀。

`orderby` 子句用負號在排序前先將漫畫價格變成負的，所以這個查詢會遞減排序它們。但是當你閱讀程式並試著理解它如何運作時很容易漏看那個負號，幸運的是，有另一種方式可以產生相同的結果。移除負號，並**在子句結尾加入 descending 關鍵字**：

```
orderby Comic.Prices[comic.Issue] descending
```

descending 關鍵字會讓 *orderby* 以相反順序來排序。

查詢剖析

為了探索 LINQ 如何運作，我們來對查詢做幾個小修改：

★ 在 orderby 子句裡面的負號很容易被忽視。我們將使用步驟 6 加入的 descending 關鍵字。

★ 剛才的 select 子句選擇 comic，所以查詢的結果是 Comic 參考序列。我們將它換成一個使用 comic 範圍變數的內插字串，現在查詢的結果變成字串序列了。

修改 select 子句來讓查詢回傳字串序列。

這是修改後的 LINQ 查詢。在查詢裡面的每一個子句都會產生一個序列，然後傳給下一個子句，我們在每一個子句下面用表格來顯示它的結果。

```
IEnumerable<string> mostExpensiveComicDescriptions =
    from comic in Comic.Catalog
```

from 子句會逐一查看 Comic.Catalog，從它裡面拉出每一個值，並將它指派給範圍變數「comic」。from 子句的結果是一個 Comic 物件參考序列。

{ Name = "Johnny America vs. the Pinko", Issue = 6 }
{ Name = "Rock and Roll (limited edition)", Issue = 19 }
{ Name = "Woman's Work", Issue = 36 }
{ Name = "Hippie Madness (misprinted)", Issue = 57 }
{ Name = "Revenge of the New Wave Freak (damaged)", Issue = 68 }
{ Name = "Black Monday", Issue = 74 }
{ Name = "Tribal Tattoo Madness", Issue = 83 }
{ Name = "The Death of the Object", Issue = 97 }

```
    where Comic.Prices[comic.Issue] > 500
```

where 子句在一開始使用 from 子句的結果，將「comic」設成各個值，並用它來以條件測試式檢查 Comic.Prices 字典裡面的價格，只加入價格大於 500 的漫畫。

{ Name = "Johnny America vs. the Pinko", Issue = 6 }
{ Name = "Woman's Work", Issue = 36 }
{ Name = "Hippie Madness (misprinted)", Issue = 57 }

```
    orderby Comic.Prices[comic.Issue] descending
```

orderby 子句在一開始使用 where 子句的結果，並且按價格由高到低排序。

{ Name = "Hippie Madness (misprinted)", Issue = 57 }
{ Name = "Johnny America vs. the Pinko", Issue = 6 }
{ Name = "Woman's Work", Issue = 36 }

```
    select $"{comic} is worth {Comic.Prices[comic.Issue]:c}";
```

select 子句會逐一查看 orderby 子句的結果，使用「comic」範圍變數與字串內插來回傳字串序列。

"Hippie Madness (misprinted) is worth $13,525.00"
"Johnny America vs. the Pinko is worth $3,600.00"
"Woman's Work is worth $650.00"

var 關鍵字可讓 C# 為你找出變數型態

我們剛才看到，當我們稍微修改 select 子句之後，查詢回傳的序列型態改變了。當它是 select comic; 時，回傳型態是 IEnumerable<Comic>。當我們把它改成 select $"{comic} is worth {Comic.Prices[comic.Issue]:c}"; 時，回傳型態變成 IEnumerable<string>。當你使用 LINQ 時經常會發生這種情況，你會不斷調整查詢。它們回傳的型態不一定可以一眼看出。有時回去更改所有的宣告式很麻煩。

幸運的是，C# 提供一種非常實用的工具來協助你維持變數宣告式的簡單與容易閱讀。你可以將任何變數宣告式換成 **var 關鍵字**。所以你可以將這些宣告式：

```
IEnumerable<int> numbers = Enumerable.Range(1, 10);
string s = $"The count is {numbers.Count()}";
IEnumerable<Comic> comics = new List<Comic>();
IReadOnlyDictionary<int, decimal> prices = Comic.Prices;
```

換成這些宣告式，它們做的事情完全一樣：

```
var numbers = Enumerable.Range(1, 10);
var s = $"The count is {numbers.Count()}";
var comics = new List<Comic>();
var prices = Comic.Prices;
```

使用 var 關鍵字就是在要求 C# 使用隱性型態變數。我們曾經在討論共變數時看過隱性這個字。它代表 C# 會自己確認型態。

而且你不需要改變任何程式碼，只要把型態換成 var，一切都可以正常運作。

當你使用 var 時，C# 會自動確認變數的型態

現在就試試看，把你剛才寫的 LINQ 查詢的第一行改成註解，然後把 IEnumerable<Comic> 換成 var：

```
// IEnumerable<Comic> mostExpensive =
var mostExpensive =
      from comic in Comic.Catalog
      where Comic.Prices[comic.Issue] > 500
      orderby -Comic.Prices[comic.Issue]
      select comic;
```

當你在變數宣告式裡面使用 var 時，IDE 會根據它在程式裡面被如何使用，來找出它的型態。

現在把游標移到 foreach 迴圈裡面的變數名稱上面，看一下它的型態：

```
foreach (Comic comic in mostExpensive)
{
    Console.WriteLine($"{co
}
```

(local variable) IOrderedEnumerable<Comic> mostExpensive

暫時將查詢的 orderby 子句改成註解會將 mostExpensive 變成 IEnumerable<T>。

IDE 找出 mostExpensive 變數的型態了，它正是我們看過的型態。還記得第 7 章說過，介面也可以擴充其他的介面嗎？IOrderedEnumerable 介面是 LINQ 的一部分（它被用來代表排序過的序列），而且它擴充 IEnumerable<T> 介面。試著把 orderby 子句改成註解，並且把游標移到 mostExpensive 變數上面，IDE 會發現它變成 IEnumerable<Comic>，那是因為 C# 會查看程式碼，**確認你用 *var* 來宣告的變數的型態**。

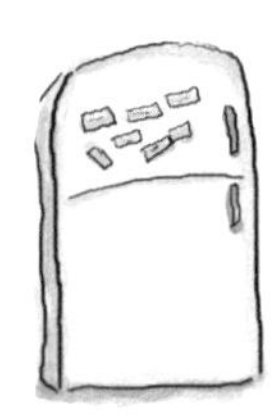

LINQ 磁貼

我們在冰箱上面用磁貼排列出一個使用 var 關鍵字的 LINQ 查詢，但是有人關門時太大力，導致磁貼散落一地！重新排列磁貼，讓它們產生這一頁下面的輸出。

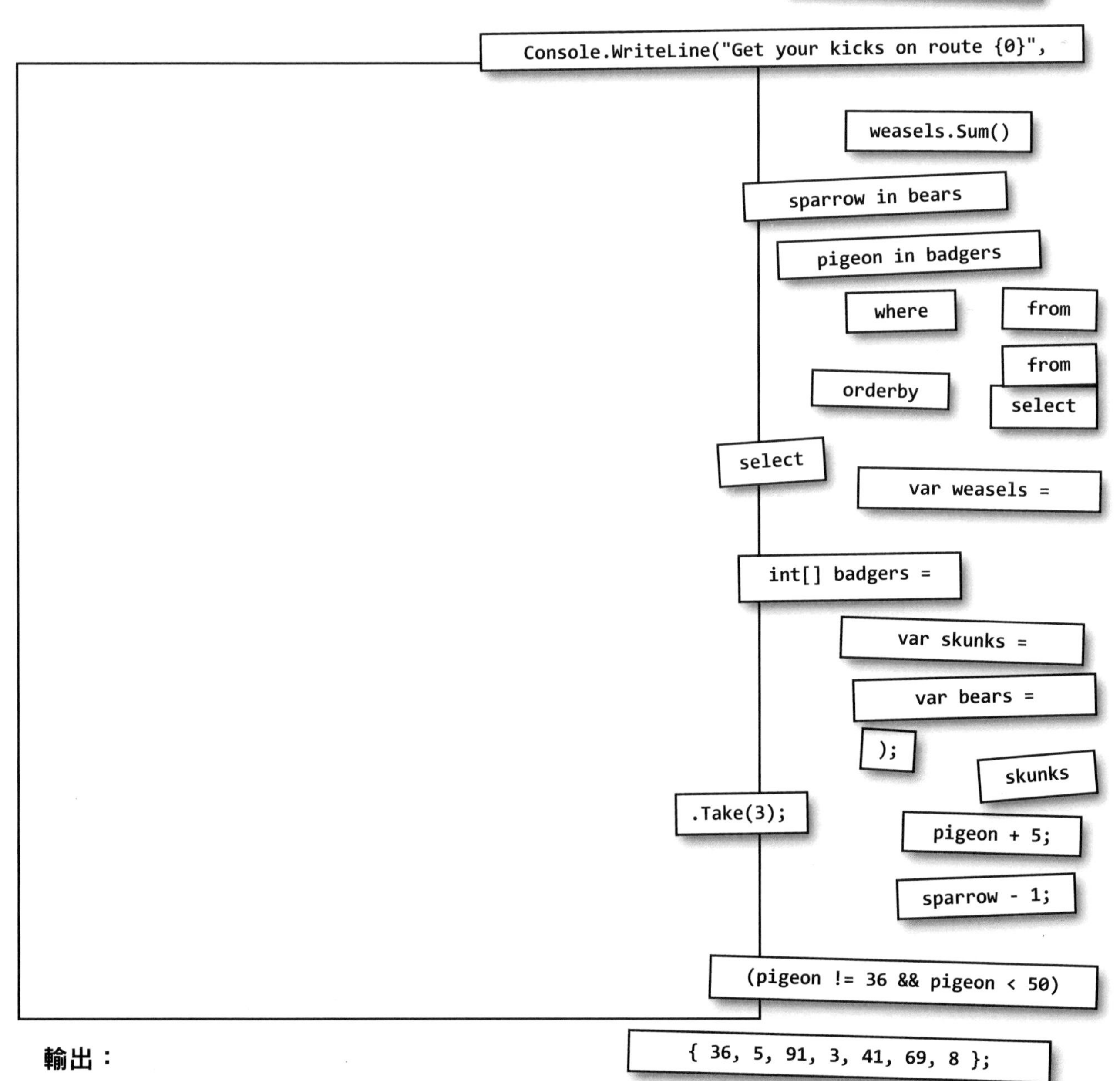
pigeon descending
Console.WriteLine("Get your kicks on route {0}",
weasels.Sum()
sparrow in bears
pigeon in badgers
where
from
from
orderby
select
select
var weasels =
int[] badgers =
var skunks =
var bears =
);
skunks
.Take(3);
pigeon + 5;
sparrow - 1;
(pigeon != 36 && pigeon < 50)
{ 36, 5, 91, 3, 41, 69, 8 };

輸出：

Get your kicks on route 66

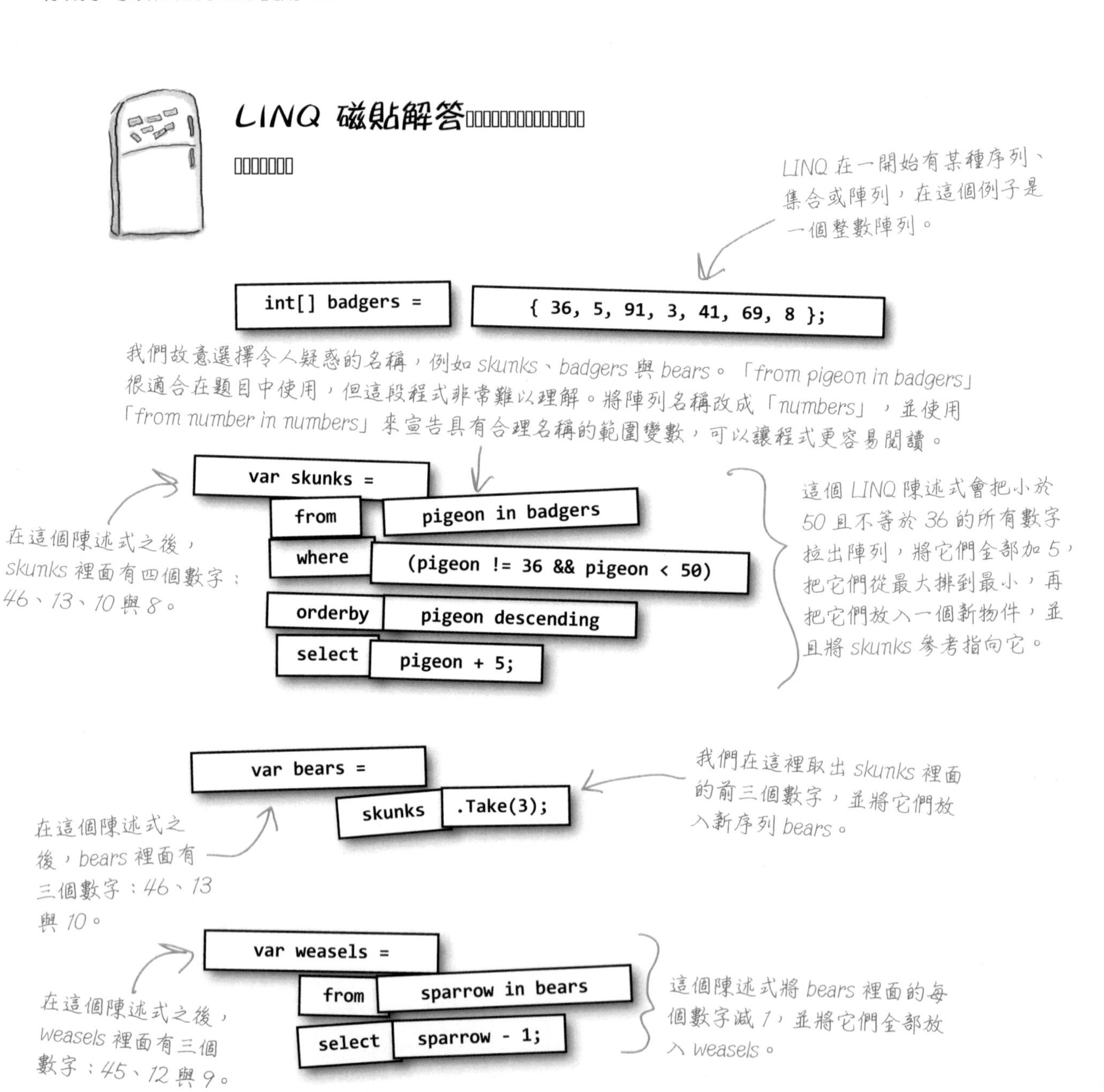
LINQ 磁貼解答
LINQ 在一開始有某種序列、集合或陣列，在這個例子是一個整數陣列。
int[] badgers =
{ 36, 5, 91, 3, 41, 69, 8 };
我們故意選擇令人疑惑的名稱，例如 skunks、badgers 與 bears。「from pigeon in badgers」很適合在題目中使用，但這段程式非常難以理解。將陣列名稱改成「numbers」，並使用「from number in numbers」來宣告具有合理名稱的範圍變數，可以讓程式更容易閱讀。
var skunks =
from
pigeon in badgers
where
(pigeon != 36 && pigeon < 50)
orderby
pigeon descending
select
pigeon + 5;
在這個陳述式之後，skunks 裡面有四個數字：46、13、10 與 8。
這個 LINQ 陳述式會把小於 50 且不等於 36 的所有數字拉出陣列，將它們全部加 5，把它們從最大排到最小，再把它們放入一個新物件，並且將 skunks 參考指向它。
var bears =
skunks
.Take(3);
我們在這裡取出 skunks 裡面的前三個數字，並將它們放入新序列 bears。
在這個陳述式之後，bears 裡面有三個數字：46、13 與 10。
var weasels =
from
sparrow in bears
select
sparrow - 1;
在這個陳述式之後，weasels 裡面有三個數字：45、12 與 9。
這個陳述式將 bears 裡面的每個數字減 1，並將它們全部放入 weasels。

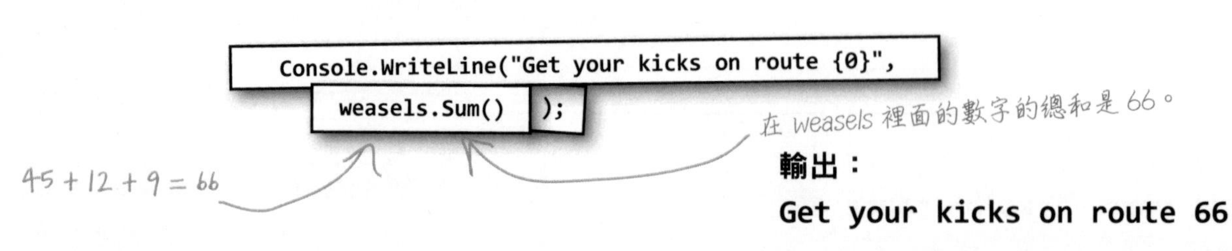
Console.WriteLine("Get your kicks on route {0}",
weasels.Sum()
);
45 + 12 + 9 = 66
在 weasels 裡面的數字的總和是 66。
輸出：
Get your kicks on route 66

你說過，我可以把任何變數宣告式裡面的型態換成 var，而且程式仍然可以正常運作，此話當真？事情不會這麼簡單吧？

你真的可以在變數宣告式裡面使用 var。

而且是的，它真的就是那麼簡單。很多 C# 開發者幾乎都用 var 來宣告區域變數，只在想要讓程式更容易閱讀時才會加入型態。只要你在同一個陳述式裡面宣告變數並將它初始化，你就可以使用 var。

但是 var 也有一些重要的使用限制。例如：

- 使用 var 時，一次只能宣告一個變數。
- 你不能在宣告式裡面使用你宣告的變數。
- 你不能宣告它等於 null。

一旦你建立了一個名為 var 的變數，你就再也不能將 var 當成關鍵字來使用了：

- 你絕對不能使用 var 來宣告欄位或屬性，只能在方法裡面將它當成區域變數來使用。
- 如果你遵守這些基本規則，你就可以在幾乎任何地方使用 var。

所以，你可以把第 4 章的這些程式碼：

```
int hours = 24;
short RPM = 33;
int radius = 3;
char initial = 'S';
int balance = 345667 - 567;
```

如果你想將它定義成 long，你可以將 3 換成 3L。

改成這樣：

```
var hours = 24;
var RPM = 33;
var radius = 3;
var initial = 'S';
var balance = 345667 - 567;
```

或是第 6 章的這些程式碼：

```
SwordDamage swordDamage = new SwordDamage(RollDice(3));
ArrowDamage arrowDamage = new ArrowDamage(RollDice(1));
```

改成這樣：

```
var swordDamage = new SwordDamage(RollDice(3));
var arrowDamage = new ArrowDamage(RollDice(1));
```

或是第 8 章的這些程式碼：

```
List<Card> cards = new List<Card>();
```

改成這樣：

```
var cards = new List<Card>();
```

…而且程式的動作會一模一樣。

但是你不能使用 var 來宣告欄位或屬性：

```
class Program
{
    static var random = new Random(); // 這會造成編譯錯誤

    static void Main(string[] args)
    {
```

問：from 子句是怎麼運作的？

答：它很像 foreach 迴圈的第一行。使用 LINQ 查詢時，有點麻煩的地方在於，你不是只做一項操作而已，LINQ 查詢會幫集合裡面的每一個項目反覆做同一件事，換句話說，它會列舉序列。所以 from 子句會做兩件事：它會告訴 LINQ 這個查詢要用哪個集合，並且指定一個名稱來讓被查詢的集合的每一個成員使用。

from 子句為集合的每一個項目建立一個新名稱的做法很像 foreach 的做法。foreach 迴圈的第一行是這樣：

```
foreach (int i in values)
```

那個 foreach 迴圈會暫時建立一個稱為 i 的變數，並將值集合裡面的每一個項目依序指派給它。現在看一下處理同一個集合的 LINQ 查詢的 from 子句：

```
from i in values
```

那個子句做的事情幾乎完全一樣。它會建立一個稱為 i 的變數，並將值集合裡面的每一個項目依序指派給它。foreach 迴圈會幫集合的每一個項目執行同一段程式碼，而 LINQ 查詢會用 where 子句裡面的同一個標準來檢查集合的每一個項目，來決定是否將它納入結果。

問：你讓一個回傳 Comic 參考序列的 LINQ 查詢回傳字串，你究竟是怎麼做到的？

答：我們修改 select 子句。select 子句裡面有個運算式，它會被套用到序列的每一個項目，而且那個運算式會決定輸出的型態。所以如果你的查詢會產生一系列的值或物件參考，你可以在 select 子句裡面使用字串內插，來將序列裡面的各個項目轉換成字串。在解答中，查詢的最後一行是 select comic，所以它會回傳 Comic 參考序列。在「查詢剖析」程式裡，我們把它換成 select $"{comic} is worth {Comic.Prices[comic.Issue]:c}"，它會讓查詢變成回傳字串序列。

問：LINQ 是怎麼決定要將什麼東西放入結果的？

答：這就是 select 子句的功能了。每一個 LINQ 查詢都會回傳一個序列，而且在那個序列裡面的每一個項目都有同一種型態。它會告訴 LINQ 該序列應容納哪一種東西。當你查詢只有一種型態的陣列或 list 時（例如 int 陣列或 List<string>），在 select 子句裡面的東西顯然就是那個型態。如果你要從 Comic 物件 list 裡面選擇呢？你可以採取 Jimmy 的做法，選擇整個類別，也可以把查詢的最後一行改成 select comic.Name 來要求它回傳字串序列。你也可以用 select comic.Issue 來讓它回傳 int 序列。

問：我知道怎麼在程式中使用 var 了，但是它究竟是怎麼運作的？

答：關鍵字 var 會要求編譯器在編譯期找出變數的型態。C# 編譯器會找出你用 LINQ 來查詢時使用的區域變數的型態。當你建構自己的解決方案時，編譯器會把 var 換成你所使用的資料型態，

所以當它編譯這一行時：

```
var result = from v in values
```

它會把 var 換成：

```
IEnumerable<int>
```

而且你始終可以在 IDE 裡面把游標移到變數上面來檢查它的型態。

在 LINQ 查詢裡面的 from 子句會做兩件事：它會告訴 LINQ 該查詢要使用哪個集合，並且指定一個名稱，讓被查詢的集合的每一個成員使用。

問：LINQ 查詢使用很多我沒有看過的關鍵字，例如 from、where、orderby、select…根本就是完全不同的語言。為何它與其餘的 C# 如此不同？

答：因為 LINQ 的用途不同。大部分的 C# 語法在設計上都是為了一次做某種小規模的操作或計算。你可以啟動迴圈、設定變數、做算術運算、呼叫方法…它們都只有一個操作。舉例來說：

```
var under10 =
 from number in sequenceOfNumbers
 where number < 10
 select number;
```

這個查詢看起來很簡單，沒有太多內容，對吧？但是它其實是非常複雜的程式。

想一下當你真正用程式從 sequenceOfNumbers 選出小於 10 的所有數字時會怎樣（sequenceOfNumbers 必須是物件的參考，且讓物件實作了 IEnumerable<T>）。首先，它要逐一查看整個陣列，然後拿每一個數字與 10 比較。然後收集這些結果，讓其餘的程式可以使用它們。

這就是為什麼 LINQ 看起來有點奇怪，因為它可以讓你把大量的行為插入少量而且容易閱讀的 C# 程式碼。

重點提示

- 當類別實作 IEnumerable<T> 之後，它的所有實例都是**序列**。
- 當你在程式的最上面加入 using System.Linq; 之後，你就可以使用 **LINQ 方法**來處理任何序列的參考了。
- 當一個方法依序查看序列的每一個項目時，這個動作稱為**列舉**序列，這就是 LINQ 方法的運作方式。
- **Take 方法**會從序列取出前幾個元素。**TakeLast 方法**會從序列取出最後幾個元素。**Concat 方法**會將兩個序列接在一起。
- **Average 方法**會回傳數字序列的平均值。**Min 與 Max 方法**會回傳序列的最小與最大值。
- **First 與 Last 方法**會回傳序列的第一個與最後一個元素，**Skip 方法**會跳過序列的前幾個元素，並回傳其餘的元素。
- 許多 LINQ 方法都回傳序列，可讓你製作**方法鏈**，直接用結果來呼叫其他的 LINQ 方法，而不需要使用額外的變數來儲存這些結果。
- **IReadOnlyDictionary 介面**可以協助封裝。你可以將任何字典指派給它，建立不允許更新字典的參考。
- **LINQ 宣告查詢語法**使用特殊的關鍵字在程式裡直接建立查詢，包括 where、select、groupby 與 join。
- LINQ 查詢的開頭是 **from 子句**，它會指定一個變數，在列舉序列時用來儲存各個值。
- 在 from 子句裡面宣告的變數是**範圍變數**，可以在整個查詢裡面使用。
- **where 子句**裡面有條件測試式，查詢會用它來決定要將哪些值放入結果。
- **orderby 子句**裡面有用來排序結果的運算式。你可以指定 **descending** 關鍵字來反向排序。
- 查詢的最後一個子句是 **select 子句**，它裡面有個運算式，用來指定要在結果放入什麼。
- **var 關鍵字**的用途是宣告隱性型態變數，也就是說，C# 編譯器會自己找出變數的型態。
- 你可以在任何一個初始化變數的宣告式裡，使用 var 來**取代那個變數的型態**。
- 你可以**在 select 子句裡加入 C# 運算式**。那個運算式會被用來處理結果的每一個元素，並決定查詢回傳的序列的型態。

多才多藝的 LINQ

LINQ 不是只能從集合裡面拉出一些項目而已，你也可以在回傳項目之前修改它們。當你產生一組結果序列之後，LINQ 有一些方法可讓你使用它們。LINQ 提供一系列的工具，可讓你從上到下管理資料。我們來簡單地回顧一些看過的 LINQ 功能。

你可以使用 var 關鍵字來宣告隱性型態的陣列。你只要使用 new[] 和集合初始設定式，C# 編譯器就會幫你找出陣列的型態。如果你混合多種型態，並且需要匹配型態，你就要指定陣列型態：

```
var mixed = new object[] { 1, "x" , new Random() };
```

修改查詢回傳的每個項目。

這段程式會在字串陣列的每一個元素的結尾加上一段字串。它不會改變陣列本身，而是會建立一個修改過的新字串序列。

```
var sandwiches = new[] { "ham and cheese", "salami with mayo",
                         "turkey and swiss", "chicken cutlet" };
var sandwichesOnRye =
    from sandwich in sandwiches
    select $"{sandwich} on rye";

foreach (var sandwich in sandwichesOnRye)
    Console.WriteLine(sandwich);
```

你可以將「select」當成對每一個序列元素做某些改變的手段，在這個例子，就是在結尾加上「on rye」。

現在每一個回傳的項目的結尾都被加上「on rye」了。

輸出：

```
ham and cheese on rye
salami with mayo on rye
turkey and swiss on rye
chicken cutlet on rye
```

對序列執行計算。

你可以使用 LINQ 方法來取得數字序列的統計資料。

```
var random = new Random();
var numbers = new List<int>();
int length = random.Next(50, 150);
for (int i = 0; i < length; i++)
    numbers.Add(random.Next(100));

Console.WriteLine($@"Stats for these {numbers.Count()} numbers:
The first 5 numbers: {String.Join(", ", numbers.Take(5))}
The last 5 numbers: {String.Join(", ", numbers.TakeLast(5))}
The first is {numbers.First()} and the last is {numbers.Last()}
The smallest is {numbers.Min()}, and the biggest is {numbers.Max()}
The sum is {numbers.Sum()}
The average is {numbers.Average():F2}");
```

static String.Join 方法會將序列裡面的所有項目串接成一個字串，並在它們之前指定一個分隔符號。

這是執行範例後產生的輸出。序列的長度以及它裡面的數字在每次執行時都會隨機改變。

```
Stats for these 61 numbers:
The first 5 numbers: 85, 30, 58, 70, 60
The last 5 numbers: 40, 83, 75, 26, 75
The first is 85 and the last is 75
The smallest is 2, and the biggest is 99
The sum is 3444
The average is 56.46
```

在你讀取 LINQ 的結果之前，它們不會執行

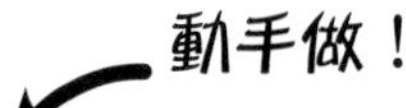

當你在程式中加入 LINQ 查詢之後，它會使用**延遲求值（deferred evaluation）**（有時稱為惰性求值（lazy evaluation））。也就是說，在你的程式用陳述式來**使用查詢結果**之前，LINQ 不會執行任何列舉或迴圈。這聽起來有點奇怪，看一下它的動作之後，你就比較能夠理解它。**建立一個主控台 app** 並加入這段程式：

```
class PrintWhenGetting
{
    private int instanceNumber;
    public int InstanceNumber
    {
        set { instanceNumber = value; }
        get
        {
            Console.WriteLine($"Getting #{instanceNumber}");
            return instanceNumber;
        }
    }
}

class Program
{
    static void Main(string[] args)
    {
        var listOfObjects = new List<PrintWhenGetting>();
        for (int i = 1; i < 5; i++)
            listOfObjects.Add(new PrintWhenGetting() { InstanceNumber = i });

        Console.WriteLine("Set up the query");
        var result =
            from o in listOfObjects
            select o.InstanceNumber;

        Console.WriteLine("Run the foreach");
        foreach (var number in result)
            Console.WriteLine($"Writing #{number}");
    }
}
```

在 getter 裡面的 Console.WriteLine 在 foreach 迴圈實際執行之後才會被呼叫。這就是延遲執行。

```
Set up the query
Run the foreach
Getting #1
Writing #1
Getting #2
Writing #2
Getting #3
Writing #3
Getting #4
Writing #4
```

你有沒有得到奇怪的編譯錯誤？務必在程式加入這兩行 using 指示詞！

現在執行 app，注意，印出 "Set up the query" 的 Console.WriteLine 這一行是在 getter 執行**之前**運行的。這是因為 LINQ 查詢在 foreach 迴圈執行之前不會執行。

如果你要讓查詢**立刻執行**，你可以呼叫一個列舉整個 list 的 LINQ 方法來強迫它立刻執行，例如 ToList 方法，它會將 list 轉換成 List<T>。加入這一行，並修改 foreach 來使用新 List：

```
var immediate = result.ToList();

Console.WriteLine("Run the foreach");
foreach (var number in immediate)
    Console.WriteLine($"Writing #{number}");
```

當你呼叫 ToList 或需要讀取序列的每一個元素的 LINQ 方法時，你就可以立刻進行求值。

```
Set up the query
Getting #1
Getting #2
Getting #3
Getting #4
Run the foreach
Writing #1
Writing #2
Writing #3
Writing #4
```

再次執行 app。這一次你會看到 getter 在 foreach 迴圈開始執行之前被呼叫，這很正常，因為 ToList 必須讀取序列裡面的每一個元素，來將它轉換成 List。Sum、Min 與 Max 等方法也需要讀取序列的每一個元素，所以當你使用它們時，你也會強迫 LINQ 立刻執行。

使用 group 查詢來將序列分組

有時你想要把資料分成更小的部分，例如，Jimmy 可能想要根據漫畫的出版年份，將它們每十年分成一組，或是用價格來分組（比較便宜的分成一組，比較貴的分成另一組）。你會因為很多原因而將資料放在同一組。此時很適合使用 **LINQ group 查詢**。

分組！

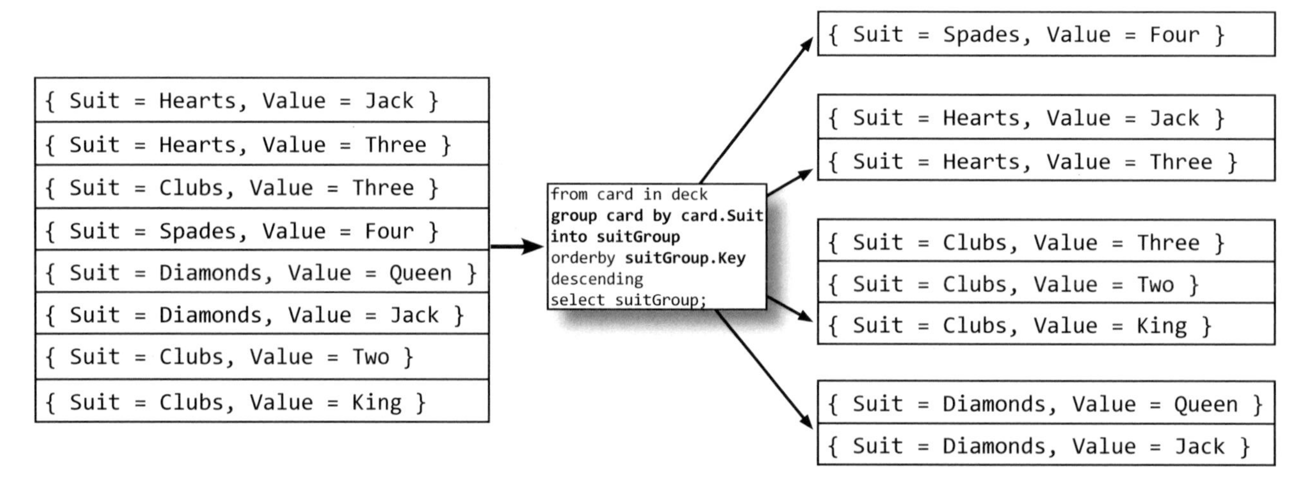
{ Suit = Hearts, Value = Jack }
{ Suit = Hearts, Value = Three }
{ Suit = Clubs, Value = Three }
{ Suit = Spades, Value = Four }
{ Suit = Diamonds, Value = Queen }
{ Suit = Diamonds, Value = Jack }
{ Suit = Clubs, Value = Two }
{ Suit = Clubs, Value = King }
from card in deck
group card by card.Suit
into suitGroup
orderby suitGroup.Key
descending
select suitGroup;
{ Suit = Spades, Value = Four }
{ Suit = Hearts, Value = Jack }
{ Suit = Hearts, Value = Three }
{ Suit = Clubs, Value = Three }
{ Suit = Clubs, Value = Two }
{ Suit = Clubs, Value = King }
{ Suit = Diamonds, Value = Queen }
{ Suit = Diamonds, Value = Jack }

1 建立一個新的主控台 app，並加入 card 類別與 enum。

建立一個**新的 .NET Core 主控台 app，將它取名為 *CardLinq***。然後在 Solution Explorer 面板的專案名稱上面按下右鍵，選擇 Add >> Existing Items（在 Mac 是 Add >>Existing Files）。前往你在第 8 章儲存 Two Decks 專案的資料夾，加入存有 **Suit 與 Value enum** 的檔案，然後加入 **Deck、Card 與 CardComparerByValue 類別**。

你曾經在第 8 章結尾的「Two Decks」下載專案裡面建立 Deck 類別。

務必**將你加入的每一個檔案裡面的名稱空間改成**與 *Program.cs* 裡面的名稱空間一樣，讓 Main 方法可以使用你加入的類別。

2 使用 IComparable<T> 來讓 Card 類別可以排序。

我們將使用 LINQ 的 orderby 子句來排序群組，所以我們要讓 Card 可以排序，幸運的是，這裡的做法很像你在第 7 章學過的 List.Sort 方法。修改 Card 類別，讓它**擴充 IComparable 介面**：

```
class Card : IComparable<Card>
{
    public int CompareTo(Card other)
    {
        return new CardComparerByValue().Compare(this, other);
    }
    // 類別其餘的地方保持不變
```

我們也會使用 LINQ Min 與 Max 方法來找出每個群組最大與最小的牌，它們也都使用 IComparable 介面。

3 **修改 Deck.Shuffle 方法，來支援方法鏈。**

Shuffle 類別可洗亂牌組。你只要修改它，讓它回傳被洗亂的 Deck 實例的參考，就可以讓它支援方法鏈了：

```
public Deck Shuffle()
{
    // 類別其餘的地方維持不變

    return this;
}
```

讓 Shuffle 方法回傳被洗亂的同一個 Deck 物件的參考之後，你就可以先呼叫它，再將結果連接到其他的方法呼叫式了…

4 **使用 LINQ 查詢與 group…by 子句來按照花色分組撲克牌。**

Main 方法會從洗亂的牌組隨機選出 16 張牌，再使用 LINQ Take 方法來拉出前 16 張牌，然後它會使用 LINQ 查詢與 **group…by 子句**來將牌組分成更小的序列，16 張牌的每一個花色有一個序列：

```
using System.Linq;

class Program
{
    static void Main(string[] args)
    {
        var deck = new Deck()
            .Shuffle()
            .Take(16);

        var grouped =
            from card in deck
            group card by card.Suit into suitGroup
            orderby suitGroup.Key descending
            select suitGroup;

        foreach (var group in grouped)
        {
            Console.WriteLine(@$"Group: {group.Key}
Count: {group.Count()}
Minimum: {group.Min()}
Maximum: {group.Max()}");
        }
    }
}
```

現在 Shuffle 方法支援方法鏈了，你可以在它後面接上 LINQ Take 方法。

使用 LINQ 的 Count、Min 與 Max 方法來取得查詢回傳的每一個群組的資訊。

每一個群組都有一個回傳索引鍵的 Key 屬性，在這個例子裡，那個索引鍵是花色。

在 LINQ 查詢裡面的 group…by 子句可以把序列分成多組：

```
group card by card.Suit
    into suitGroup
```

group 關鍵字會告訴它要分組的是哪一個序列裡面的元素，by 關鍵字則是用來指定分組規則。into 關鍵字宣告一個新變數，讓其他的子句可以用它來使用群組。group 查詢的輸出是序列的序列。每一個群組都是一個實作 IGrouping 介面的序列：IGrouping<Suits, Card> 是撲克牌群組，它將花色當成群組的索引鍵。

把游標移到「grouped」變數上面可以看到它的型態。

(local variable) IOrderedEnumerable<IGrouping<Suits, Card>> grouped

IDE 小技巧：幫任何東西重新命名！

當你需要改變變數、欄位、屬性、名稱空間或類別的名稱時，你可以使用 Visual Studio 內建的**重構工具**。你只要在它上面按下右鍵，並在選單裡選擇「Rename...」就可以了。當 IDE 醒目提示它時，編輯它的名稱，IDE **會在程式的每個地方自動更改它的名稱**。

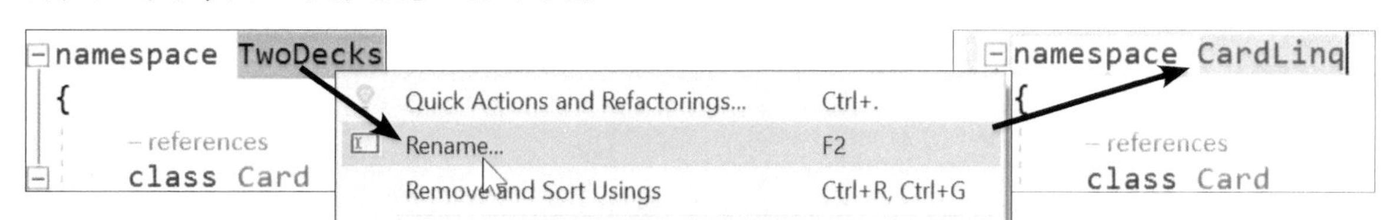

你可以使用 Rename 來改變**變數、欄位、屬性、類別**或**名稱空間**的名稱（與一些其他東西！）。當你在一個地方改變名稱時，IDE 會在它出現的每一個地方改變它的名稱。

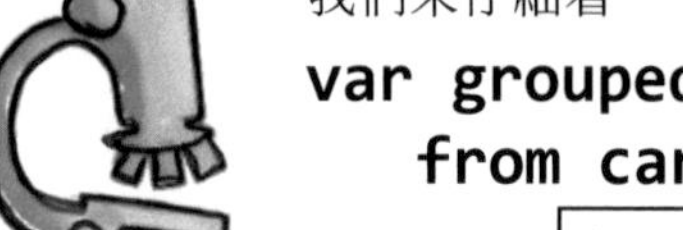

group 查詢剖析

我們來仔細看一下那個 group 查詢是如何運作的。

```
var grouped =
    from card in deck
```

from 子句的運作方式很像你用過的其他 LINQ 查詢。它會幫序列裡面的每一張牌指定範圍變數「card」，在這個例子裡，那個序列就是你要洗亂，然後抽牌的 Deck。

{ Suit = Hearts, Value = Jack }
{ Suit = Hearts, Value = Three }
{ Suit = Clubs, Value = Three }
{ Suit = Spades, Value = Four }
{ Suit = Diamonds, Value = Queen }
{ Suit = Diamonds, Value = Jack }
{ Suit = Clubs, Value = Two }
{ Suit = Clubs, Value = King }

這個隨機樣本最初有兩張 Hearts 花色的牌，然後有一張 Clubs 花色的牌，然後有一張 Spades 牌，然後兩張 Diamonds 牌。

```
group card by card.Suit into suitGroup
```

group...by 子句會把撲克牌分組。它用「by card.Suit」指定各組的索引鍵是牌的花色。它宣告一個稱為 suitGroup 的新變數，讓其餘的子句可以用來處理群組。

{ Suit = Hearts, Value = Jack }
{ Suit = Hearts, Value = Three }
{ Suit = Clubs, Value = Three }
{ Suit = Clubs, Value = Two }
{ Suit = Clubs, Value = King }
{ Suit = Spades, Value = Four }
{ Suit = Diamonds, Value = Queen }
{ Suit = Diamonds, Value = Jack }

group...by 子句會列舉序列，在它遇到每一個新索引鍵時建立新群組。所以群組的順序與花色在隨機樣本裡面第一次出現的順序一樣。

```
orderby suitGroup.Key descending
select suitGroup;
```

{ Suit = Spades, Value = Four }
{ Suit = Hearts, Value = Jack }
{ Suit = Hearts, Value = Three }
{ Suit = Clubs, Value = Three }
{ Suit = Clubs, Value = Two }
{ Suit = Clubs, Value = King }
{ Suit = Diamonds, Value = Queen }
{ Suit = Diamonds, Value = Jack }

group...by 子句會按照 card.Suit 來將撲克牌分組，所以各組的索引鍵是花色。也就是說，每個群組裡面的牌都是同一個花色，而且那個花色的所有撲克牌都在那一組。orderby 子句會用索引鍵來排序群組，按照它們出現在 Suits enum 裡面的順序擺放它們（反向）：Spades、Hearts、Clubs 與 Diamonds。

group...by 會建立一個實作了 IGrouping 介面的群組序列。IGrouping 擴充 IEnumerable 並加入一個成員：稱為 Key 的屬性。所以各個群組都是一個序列的序列，在這個例子裡，它是一群 Card 序列，裡面的索引鍵是牌的花色（來自 Suits enum）。各個群組的完整型態是 IGrouping<Suits, Card>，也就是說，它是 Card 序列的序列，每一個序列的索引鍵都是 Suits。

使用 join 查詢來合併兩個序列的資料

優秀的收藏家都知道關鍵的評價可能對價值造成很大的影響。Jimmy 一直都在關注兩個大型漫畫評論網站上面的評論者打出來的分數：MuddyCritic 與 Rotten Tornadoes。他想要將它們的分數對映到他的收藏品。怎麼做？

尋求 LINQ 的幫助！它的 `join` 關鍵字可以讓你使用一個查詢來**結合兩個序列裡面的資料**。它的做法是拿第一個序列的項目與第二個序列的對應項目做比較。（聰明的 LINQ 可以高效率地做這件事，它不會在沒必要時比較每一對項目。）最終結果會將每一對相符的項目結合起來。

❶ 首先，使用常用的 `from` 子句開始編寫查詢。但是在它後面的，不是用來決定該將哪些項目放入結果的規則，而是：

```
join name in collection
```

我們用 `join` 子句要求 LINQ 列舉兩個序列，來匹配兩者的成員。它會讓每一次迭代時拉出來的成員使用 `name`。你將會在 `where` 子句裡面使用那個 name。

Jimmy 把他的資料放在稱為「reviews」的 Review 物件集合裡面。

```
class Review
{
    public int Issue { get; set; }
    public Critics Critic { get; set; }
    public double Score { get; set; }
}
```

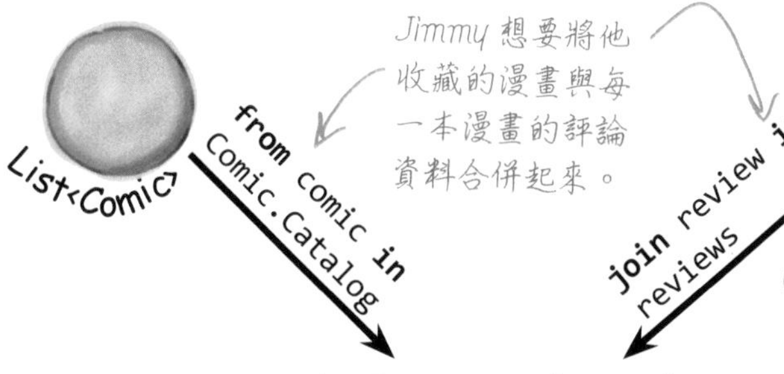

List<Comic>
from comic in Comic.Catalog
Jimmy 想要將他收藏的漫畫與每一本漫畫的評論資料合併起來。
join review in reviews

List<Review>

❷ 接著加入 **on** 子句，告訴 LINQ 如何將兩個集合結合起來。在 on 後面的是你要合併的第一個集合的成員的名稱，然後加上一個 **equals**，再加上要合併的第二個集合的成員的名稱。

```
on comic.Issue equals review.Issue
```

❸ 接下來和平常一樣使用 `where` 與 `orderby` 子句來編寫 LINQ 查詢。雖然你也可以使用一般的 `select` 子句來完成它，但是你通常希望回傳的結果是從一個集合拉出一些資料，從另一個集合拉出另一些資料。

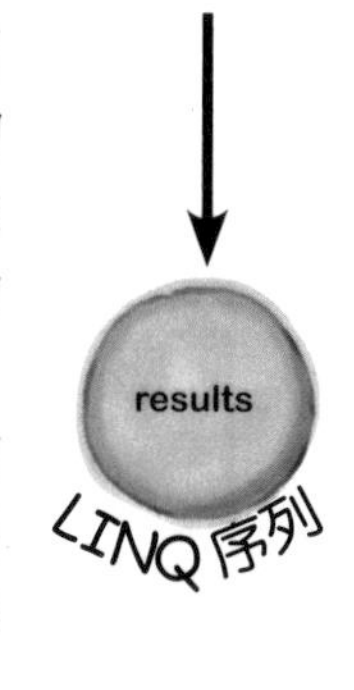

results
LINQ序列

```
{ Name = "Woman's Work", Issue = 36, Critic = MuddyCritic, Score = 37.6 }
{ Name = "Black Monday", Issue = 74, Critic = RottenTornadoes, Score = 22.8 }
{ Name = "Black Monday", Issue = 74, Critic = MuddyCritic, Score = 84.2 }
{ Name = "The Death of the Object", Issue = 97, Critic = MuddyCritic, Score = 98.1 }
```

上述的做法產生的結果是一個物件序列，裡面有來自 Comic 的 Name 與 Issue 屬性，也有來自 Review 的 Critic 與 Score 屬性。這個結果不是 Comic 物件序列，也不是 Review 物件序列，因為那兩種類別都沒有上述的全部屬性。結果有不同的型態，稱為**匿名（*anonymous*）型態**。

使用 new 關鍵字來建立匿名型態

自從第 3 章以來，你一直都在使用 new 關鍵字來建立物件實例。每次你使用它時，你就會加入一個型態（所以 new Guy(); 陳述式會建立 Guy 型態的實例）。你也可以使用 new 關鍵字但不使用型態來建立**匿名型態**。它是百分之百有效的型態，具備一些唯讀屬性，但是沒有名稱。合併 Jimmy 的漫畫與評論的查詢所回傳的型態是匿名型態。你可以使用物件初始設定式在匿名型態裡面加入屬性。這是它的樣子：

> **a-non-y-mous（匿名），形容詞。**
>
> 名字不詳。
>
> 特務 *Dash Martin* 使用別名來**匿名**，避免敵方間諜認出他。

```
public class Program
{
    public static void Main()
    {
        var whatAmI = new { Color = "Blue", Flavor = "Tasty", Height = 37 };
        Console.WriteLine(whatAmI);
    }
}
```

試著將它貼到新的主控台 app 並執行它。你會看到這個輸出：

```
{ Color = Blue, Flavor = Tasty, Height = 37 }
```

我們剛才看到的那個合併 Jimmy 的漫畫與評論的 LINQ 查詢回傳的是匿名型態。稍後你會將那個查詢加入 app。

在 IDE 裡面把游標移到 whatAmI 上面，看一下 IntelliSense 視窗：

whatAmI

```
(local variable) 'a whatAmI

Anonymous Types:
    'a is new { string Color, string Flavor, int Height }
```

IDE 知道它的型態是什麼：它是 object 型態，有兩個 string 屬性與一個 int 屬性。它只是沒有型態名稱，這就是為什麼它是匿名型態。

whatAmI 變數是個參考型態，就像任何其他參考一樣。它會指向 heap 裡面的一個物件，你可以用它來使用那個物件的成員，在這個例子裡，它的成員是兩個屬性：

```
Console.WriteLine($"My color is {whatAmI.Color} and I'm {whatAmI.Flavor}");
```

除了沒有名稱之外，匿名型態與任何其他型態很像。

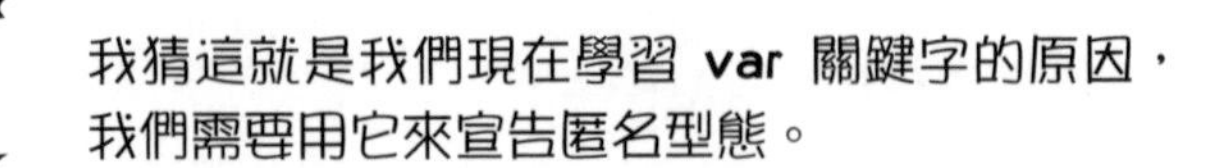

我猜這就是我們現在學習 var 關鍵字的原因，
我們需要用它來宣告匿名型態。

沒錯！你要使用 var 來宣告匿名型態。

事實上，它是 var 關鍵字最重要的用途之一。

削尖你的鉛筆

Joe、Bob 與 Alice 是世上最頂尖的 Go Fish 高手。這段 LINQ 程式用匿名型態來合併兩個陣列，產生他們的獎金清單。閱讀這段程式，寫下它在主控台輸出的訊息。

```
var players = new[]
{
    new { Name = "Joe", YearsPlayed = 7, GlobalRank = 21 },
    new { Name = "Bob", YearsPlayed = 5, GlobalRank = 13 },
    new { Name = "Alice", YearsPlayed = 11, GlobalRank = 17 },
};

var playerWins = new[]
{
    new { Name = "Joe", Round = 1, Winnings = 1.5M },
    new { Name = "Alice", Round = 2, Winnings = 2M },
    new { Name = "Bob", Round = 3, Winnings = .75M },
    new { Name = "Alice", Round = 4, Winnings = 1.3M },
    new { Name = "Alice", Round = 5, Winnings = .7M },
    new { Name = "Joe", Round = 6, Winnings = 1M },
};

var playerStats =
    from player in players
    join win in playerWins
    on player.Name equals win.Name
    orderby player.Name
    select new
    {
        Name = player.Name,
        YearsPlayed = player.YearsPlayed,
        GlobalRank = player.GlobalRank,
        Round = win.Round,
        Winnings = win.Winnings,
    };

foreach (var stat in playerStats)
    Console.WriteLine(stat);
```

我們使用 *var* 與 *new[]* 來建立匿名型態陣列。

這段程式會在主控台輸出六行訊息。我們寫出前兩行來幫助你起步。注意這兩行都有同一個名稱（「Alice」）。join 查詢會找出兩個序列中索引鍵屬性相符的每一對案例。如果相符的案例很多，它會將每一對相符案例的第一個元素放入結果。如果在一個輸入序列裡面的索引鍵沒有出現在另一個序列裡面，它就不會被放入結果。

{ Name = Alice, YearsPlayed = 11, GlobalRank = 17, Round = 2, Winnings = 2 }

{ Name = Alice, YearsPlayed = 11, GlobalRank = 17, Round = 4, Winnings = 1.3 }

....

....

....

....

削尖你的鉛筆 解答

Joe、Bob 與 Alice 是世上最頂尖的 Go Fish 高手。這段 LINQ 程式用匿名型態來合併兩個陣列，產生他們的獎金清單。閱讀這段程式，寫下它在主控台輸出的訊息。

{ Name = Alice, YearsPlayed = 11, GlobalRank = 17, Round = 2, Winnings = 2 }
{ Name = Alice, YearsPlayed = 11, GlobalRank = 17, Round = 4, Winnings = 1.3 }
{ Name = Alice, YearsPlayed = 11, GlobalRank = 17, Round = 5, Winnings = 0.7 }
{ Name = Bob, YearsPlayed = 5, GlobalRank = 13, Round = 3, Winnings = 0.75 }
{ Name = Joe, YearsPlayed = 7, GlobalRank = 21, Round = 1, Winnings = 1.5 }
{ Name = Joe, YearsPlayed = 7, GlobalRank = 21, Round = 6, Winnings = 1 }

沒有蠢問題

問：你可以倒帶一下，再解釋一下 var 是什麼嗎？

答：當然可以。var 關鍵字可以處理 LINQ 帶來的麻煩問題。一般來說，當你呼叫一個方法或執行一個陳述式時，你一定知道你正在處理哪一種型態。例如，如果有一個方法會回傳字串，你只能將方法產生的結果存入字串變數或欄位。

但是 LINQ 沒那麼簡單。當你建構 LINQ 陳述式時，它可能會回傳一個在程式的*任何地方都沒有定義*的匿名型態。沒錯，雖然你知道它會是某個東西的序列，但是它是哪一種序列？你不知道，因為在序列裡面的物件完全取決於你的 LINQ 查詢是怎麼寫的。以下面的查詢為例，它來自我們之前為 Jimmy 寫的程式，我們原本寫成這樣：

```
IEnumerable<Comic> mostExpensive =
    from comic in Comic.Catalog
    where Comic.Prices[comic.Issue] > 500
    orderby -Comic.Prices[comic.Issue]
    select comic;
```

但是接下來我們修改第一行來使用 var 關鍵字：

```
var mostExpensive =
```

這有很大的幫助，例如，如果我們把最後一行改成這樣：

```
select new {
    Name = comic.Name,
    IssueNumber = $"#{comic.Issue}"
};
```

修改後的查詢會回傳不同的型態（但是百分之百有效！），它是個有兩個成員的匿名型態，包含一個稱為 Name 的字串，與一個稱為 IssueNumber 的字串。但是我們沒有在程式的任何地方用類別來定義那個型態！雖然你不需要執行程式來確認那個型態到底是怎麼定義的，但是 mostExpensive 變數仍然需要用一種型態來宣告。

這就是為什麼 C# 提供 **var** 關鍵字，它可以告訴編譯器：「OK，我們知道這是有效的型態，但是現在還沒辦法明確地告訴你它是什麼。你何不自己找出答案，幫我們省下一些麻煩？感激不盡！」

在隱性與明確型態之間切換變數

當你使用 group 查詢時，你通常會使用 var 關鍵字，不僅因為它很方便，也因為 group 查詢回傳的型態可能有點複雜。

```
var grouped =
   from card in deck
   group card by card.Suit into suitGroup
   orderby suitGroup.Key descending
   select suitGroup;
```

(local variable) IOrderedEnumerable<IGrouping<Suits, Card>> grouped

但是有時使用**明確的型態**可以讓程式更容易理解。幸運的是，IDE 可以讓你輕鬆地幫任何變數轉換成隱性型態（var）與明確型態。你只要打開 Quick Actions 選單，並選擇「**Use explicit type instead of 'var'**」來將 var 轉換成它的明確型態就可以了。

你可以使用 Quick Actions 來將隱性型態「var」改成明確的型態，在這個例子裡，它是 IOrderedEnumerable<IGrouping<Suits, Card>>，這絕對不是好惹的型態！

你也可以在 Quick Actions 選單中選擇「**Use implicit type**」來將變數改回 var。

提取方法

把大型的方法拆成比較小的方法通常可以讓程式更容易閱讀。這就是為什麼開發者在重構程式時，最常見的手法是**提取方法**，或者說，從大型的方法裡面取出一段程式，並且把它移到它自己的方法裡面。IDE 提供非常方便的重構工具來讓你可以輕鬆地完成它。

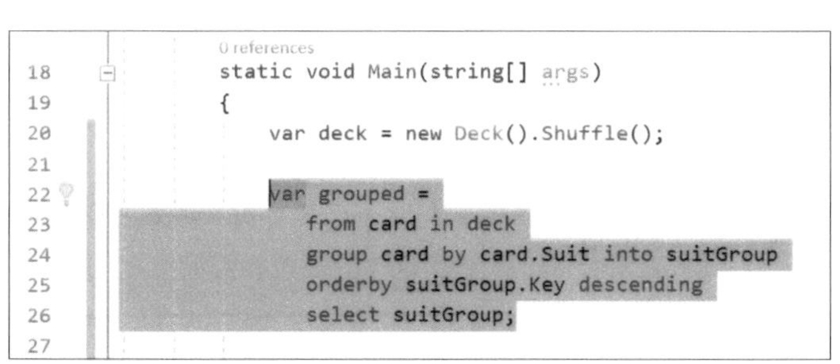

0 references
18 static void Main(string[] args)
19 {
20 var deck = new Deck().Shuffle();
21
22 var grouped =
23 from card in deck
24 group card by card.Suit into suitGroup
25 orderby suitGroup.Key descending
26 select suitGroup;
27

先選擇一段程式。

然後在 Edit 選單**選擇 Refactor >> Extract Method**（在 Windows）或是從 Quick Actions **選擇 Extract Method**（在 Mac）。

完成之後，IDE 會把你選擇的程式移到一個稱為 NewMethod 的新方法，並讓它的 return 型態與返回（returned）的程式碼的型態一樣。然後它會立刻跳到 Rename 功能，讓你可以輸入新的方法名稱。

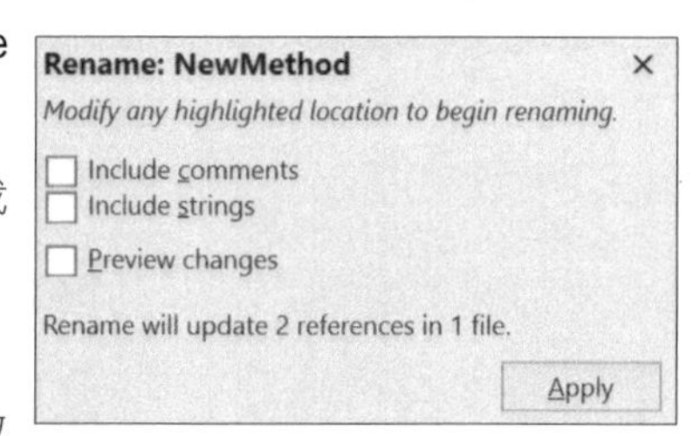

在畫面中，我們選擇稍早的撲克牌分組專案裡面的整個 LINQ 查詢，當我們提取方法之後，它變成：

```
IOrderedEnumerable<IGrouping<Suits, Card>> grouped = NewMethod(deck);
```

注意，它產生一個新的、有明確型態的 **grouped** 變數—IDE 發現這個變數會被接下來的程式使用，並產生一個變數。這是 IDE 可以協助你編寫更清楚的程式的另一個例子。

問：可以再詳細解說一下 join 如何運作嗎？

答：join 可以處理任何兩個序列。假如你要幫足球員印製 T 恤，你有一個稱為 players 的集合，在它裡面的物件有 Name 屬性與 Number 屬性。如果你要為兩位數的球員設計不一樣的樣式呢？你可以拉出數字大於 10 的球員：

```
var doubleDigitPlayers =
    from player in players
    where player.Number > 10
    select player;
```

接下來，如果你要取得它們的 T 恤尺寸呢？如果你有一個稱為 jerseys 的序列，在它裡面的項目有 Number 屬性與 Size 屬性，你可以用 join 來合併資料：

```
var doubleDigitShirtSizes =
    from player in players
    where player.Number > 10
    join shirt in jerseys
    on player.Number equals shirt.Number
    select shirt;
```

問：那個查詢會給我一堆物件，如果我完全不在乎數字，只想要將每一位球員連接到他們的 T 恤尺寸呢？

答：此時就要使用**匿名型態**了，你可以建構一個匿名型態並且讓它只有你想要的資料。你也可以利用它，從合併的各種集合裡面選出項目。

所以你可以這樣選擇球員的名字與 T 恤尺寸，不選擇其他東西：

```
var doubleDigitShirtSizes =
    from player in players
    where player.Number > 10
    join shirt in jerseys
    on player.Number equals shirt.Number
    select new {
        player.Name,
        shirt.Size
    };
```

聰明的 IDE 可以知道你的查詢會產生什麼結果。如果你建立一個迴圈來列舉結果，當你在輸入變數名稱時，IDE 會跳出 IntelliSense 清單：

```
foreach (var size in doubleDigitShirtSizes)
    size.
```

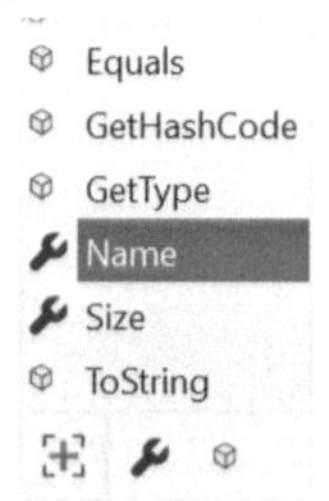

注意，這個清單裡面有 Name 與 Size。如果你在 select 子句裡面加入更多項目，它們也會出現在清單裡，因為查詢會用不同的成員建立不同的型態。

問：怎麼寫一個回傳匿名型態的方法？

答：沒辦法，方法不能回傳匿名型態。C# 不讓你做這件事。你也不能用匿名型態來宣告欄位或屬性，也不能讓方法或建構式的參數使用匿名型態，這就是為什麼你不能讓這些東西使用 var 關鍵字。

仔細想想，這是合理的做法。當你在變數宣告式裡面使用 var 時，你一定要加入值，讓 C# 編譯器或 IDE 可以用來找出變數的型態。當你宣告欄位或方法參數時，你無法指定那個值，這意味著 C# 沒有辦法找出型態。（沒錯，你可以為屬性指定值，但是這是不一樣的事情一在技術上，值是在建構式被呼叫之前設定的。）

var 關鍵字只能在宣告變數時使用，你不能讓欄位或屬性使用 var，或編寫回傳匿名型態或接收匿名型態參數的方法。

習題

運用你學過的 LINQ 知識來**建構一個新的主控台 app**，將它取名為 ***JimmyLinq***，用來整理 Jimmy 的漫畫收藏。先**加入一個 Critics enum**，它有兩個成員，MuddyCritic 與 RottenTornadoes，並**加入一個 PriceRange enum**，它也有兩個成員，Cheap 與 Expensive。**然後加入一個 Review 類別**，裡面有三個自動屬性：int Issue、Critics Critic 與 double Score。

你需要資料，所以在 Comic 類別加入一個新的 static 欄位，來回傳一系列的評論：

```
public static readonly IEnumerable<Review> Reviews = new[] {
   new Review() { Issue = 36, Critic = Critics.MuddyCritic, Score = 37.6 },
   new Review() { Issue = 74, Critic = Critics.RottenTornadoes, Score = 22.8 },
   new Review() { Issue = 74, Critic = Critics.MuddyCritic, Score = 84.2 },
   new Review() { Issue = 83, Critic = Critics.RottenTornadoes, Score = 89.4 },
   new Review() { Issue = 97, Critic = Critics.MuddyCritic, Score = 98.1 },
};
```

這是 Main 方法與它呼叫的兩個方法：

仔細觀察這個 while 迴圈。它使用 switch 來決定要呼叫哪個方法。方法回傳 true 會將「done」設為 true，讓 while 做另一次迭代。如果用户按下任何其他按鍵，它會將「done」設為 false，並结束迴圈。

```
   static void Main(string[] args) {
      var done = false;
      while (!done) {
         Console.WriteLine(
          "\nPress G to group comics by price, R to get reviews, any other key to quit\n");
         switch (Console.ReadKey(true).KeyChar.ToString().ToUpper()) {
            case "G":
               done = GroupComicsByPrice();
               break;
            case "R":
               done = GetReviews();
               break;
            default:
               done = true;
               break;
         }
      }
   }

   private static bool GroupComicsByPrice() {
      var groups = ComicAnalyzer.GroupComicsByPrice(Comic.Catalog, Comic.Prices);
      foreach (var group in groups) {
         Console.WriteLine($"{group.Key} comics:");
         foreach (var comic in group)
            Console.WriteLine($"#{comic.Issue} {comic.Name}: {Comic.Prices[comic.Issue]:c}");
      }
      return false;
   }

   private static bool GetReviews() {
      var reviews = ComicAnalyzer.GetReviews(Comic.Catalog, Comic.Reviews);
      foreach (var review in reviews)
         Console.WriteLine(review);
      return false;
   }
```

在 GroupComicsByPrice 方法裡面的 foreach 迴圈是嵌套起來的：有一個迴圈在另一個裡面。在外面的迴圈會印出關於各個群組的資訊，在裡面的迴圈會列舉群組。

GroupComicsByPrice 與 GetReviews 方法會呼叫 static ComicAnalyzer 類別裡面的方法（你接下來要編寫這個類別），來執行 LINQ 查詢。

你的工作是**建立一個稱為 ComicAnalyzer 的 static 類別**，它裡面有三個 static 方法（其中兩個是 public）：

- 一個稱為 CalculatePriceRange 的 private static 方法，它接收一個 Comic 參考，並且在價格低於 100 時回傳 PriceRange.Cheap，否則回傳 PriceRange.Expensive。
- 用 GroupComicsByPrice 來按照價格排列漫畫，然後用 CalculatePriceRange(comic) 來將它們分組，並回傳一個漫畫群組序列（IEnumerable<IGrouping<PriceRange, Comic>>）。
- 用 GetReviews 以期號來排序漫畫，然後執行你看過的 join，並回傳一個這種字串序列：`MuddyCritic rated #74 'Black Monday' 84.20`。

習題解答

運用你學過的 LINQ 知識來**建構一個新的主控台 app**，將它取名為 ***JimmyLinq***，用來整理 Jimmy 的漫畫收藏。先**加入一個 `Critics` enum**，它有兩個成員，`MuddyCritic` 與 `RottenTornadoes`，並**加入一個 `PriceRange` enum**，它也有兩個成員，`Cheap` 與 `Expensive`。**然後加入一個 Review 類別**，裡面有三個自動屬性：int Issue、Critics Critic 與 double Score。

先加入 Critics **與** PriceRange enum：

```
enum Critics {
    MuddyCritic,
    RottenTornadoes,
}

enum PriceRange {
    Cheap,
    Expensive,
}
```

然後加入 Review **類別**：

```
class Review {
    public int Issue { get; set; }
    public Critics Critic { get; set; }
    public double Score { get; set; }
}
```

完成它們之後，加入 static ComicAnalyzer **類別，並在裡面加入** private PriceRange **方法，以及** public GroupComicsByPrice **和** GetReviews **方法：**

我們故意在 CalculatePriceRange 方法裡面加入一個 bug，所以務必讓你的方法的程式碼與這個解答一致。

```
using System.Collections.Generic;
using System.Linq;

static class ComicAnalyzer
{
   private static PriceRange CalculatePriceRange(Comic comic)
   {
      if (Comic.Prices[comic.Issue] < 100)
         return PriceRange.Cheap;
      else
         return PriceRange.Expensive;
   }

   public static IEnumerable<IGrouping<PriceRange, Comic>> GroupComicsByPrice(
                  IEnumerable<Comic> comics, IReadOnlyDictionary<int, decimal> prices)
   {
      IEnumerable<IGrouping<PriceRange, Comic>> grouped =
         from comic in comics
         orderby prices[comic.Issue]
         group comic by CalculatePriceRange(comic) into priceGroup
         select priceGroup;

      return grouped;
   }

   public static IEnumerable<string> GetReviews(
                       IEnumerable<Comic> comics, IEnumerable<Review> reviews)
   {
      var joined =
         from comic in comics
         orderby comic.Issue
         join review in reviews on comic.Issue equals review.Issue
         select $"{review.Critic} rated #{comic.Issue} '{comic.Name}' {review.Score:0.00}";

      return joined;
   }
}
```

別忘了 using 指示詞。

你能找到 bug 嗎？它不容易發現…

之前介紹的重構工具可以輕鬆地讓 GroupComicsByPrice 方法的回傳型態是正確的。

我們請你按照價格來排序漫畫，然後將它們分組。所以每一組都是用價格來排序的，因為群組是在 group...by 子句列舉序列的過程依序建立的。

這很像稍早介紹的 join 查詢。

你有沒有遇到關於「inconsistent accessibility」的編譯錯誤，告訴你回傳型態比方法還要難以接觸？這種情況會在類別被宣告成 public 卻有內部成員時（當你省略存取修飾詞時，預設情況就是如此）發生。請確保類別或 enum 都沒有被標成 public。

感謝你幫助我管理收藏品！現在我
變成有史以來最偉大的粉絲了！

重點提示

- group...by 子句可要求 LINQ 將結果組在一起，當你使用它時，LINQ 會建立群組序列的序列。
- 每一個群組成員都有一個共同的成員，它稱為群組的**索引鍵**。你可以使用 by 來為群組指定這個索引鍵。每一個群組序列都有一個 Key 成員，它存有群組的索引鍵。
- Join 查詢使用 on...equals 子句來告訴 LINQ 如何匹配一對項目。
- 使用 join 子句來要求 LINQ 將兩個集合結合成一個查詢。當你這樣做時，LINQ 會拿第一個集合裡面的每一個成員與第二個集合裡面的每一個成員做比較，將匹配的成員組放入結果。
- 當你做 join 查詢時，通常是為了讓結果裡面有來自第一個集合的一些成員、與來自第二個集合的另一些成員。select 子句可讓你建構來自兩者的自訂結果。
- 使用 select new 來建構自訂的 LINQ 查詢結果，這個結果裡面只有你希望放入結果序列的特定屬性。
- LINQ 查詢使用**延遲求值**（有時稱為惰性求值），意思就是除非有陳述式使用查詢的結果，否則它們不會執行。
- 使用 new 關鍵字來建立具有**匿名型態**的實例，也就是正確定義卻沒有名稱的型態的物件。在 new 陳述式裡面指定的成員會變成具有匿名型態的自動屬性。
- 在 Visual Studio 裡面使用 **Rename 功能**來輕鬆地將每一個變數、欄位、屬性、類別或名稱空間的實例同時改名。
- 使用 Visual Studio 的 Quick Actions 選單來將 var 宣告式改成**明確型態**，或再次回到 var（或隱性型態）。
- **提取方法**是開發者重構程式時最常見的手法之一。Visual Studio 的 Extract Method 功能可讓你非常輕鬆地將一段程式移入它自己的方法。
- var **關鍵字只能**在宣告變數時**使用**。你不能寫出回傳匿名型態的方法，或接收那種參數的方法，或具有那種欄位或屬性的方法。

單元測試可以幫助你確保程式能夠運作

我們在之前給你的程式中故意留下 bug…但是它是 app 唯一的 bug 嗎？我們很容易寫出行為不符合預期的程式，幸運的是，有一種方法可以讓我們找出 bug 來修改它們。**單元測試**是自動化的測試，可以幫助你確保程式做它該做的事情。每一個單元測試都是一個用來確保程式的特定部分（被測試的「單元」）可以正確運作的方法。如果那個方法在執行時沒有丟出例外，代表測試通過了。如果它丟出例外，代表測試失敗了。大部分的大型程式都有一**組**覆蓋大部分或所有程式碼的測試。

Visual Studio 有內建的單元測試工具，可以協助你編寫測試，並追蹤哪些測試通過或失敗。本書的單元測試將使用 Microsoft 開發的 **MSTest** 單元測試框架（意思是，它是一組協助你編寫單元測試的工具類別）。

Visual Studio 也支援以 NUnit 和 xUnit 寫成的單元測試，它們是供 C# 與 .NET 程式使用的熱門開放原始碼單元測試框架。

Visual Studio for Windows 有個 Test Explorer 視窗

在主選單列選擇 ***View >> Test Explorer*** 來打開 Test Explorer 視窗。它會在左邊顯示單元測試，在右邊顯示最近一次執行結果。工具列有一些按鈕可讓你執行所有測試、執行一個測試，以及重複最後一次執行。

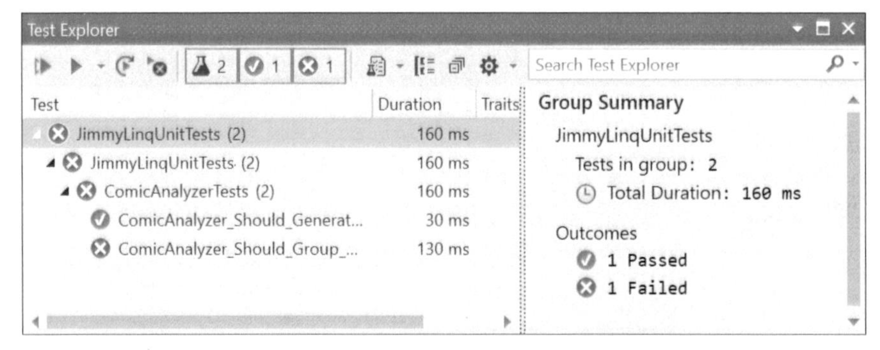

在解決方案裡面加入單元測試之後，你可以按下 Run All Tests 按鈕來執行測試。你可以在 Windows 選擇 Tests >> Debug all tests，在 Mac 的 Unit Tests 工具視窗按下 Debug All Tests 來 debug 你的單元測試。

Visual Studio for Mac 有 Unit Tests 工具視窗

在選單列選擇 ***View >> Tool Windows >> Unit Tests*** 來打開 Unit Test 面板。它有一些按鈕可以執行或 debug 你的測試。當你執行單元測試時，IDE 會在 Test Results 工具視窗（通常在 IDE 視窗的下面）裡面顯示結果。

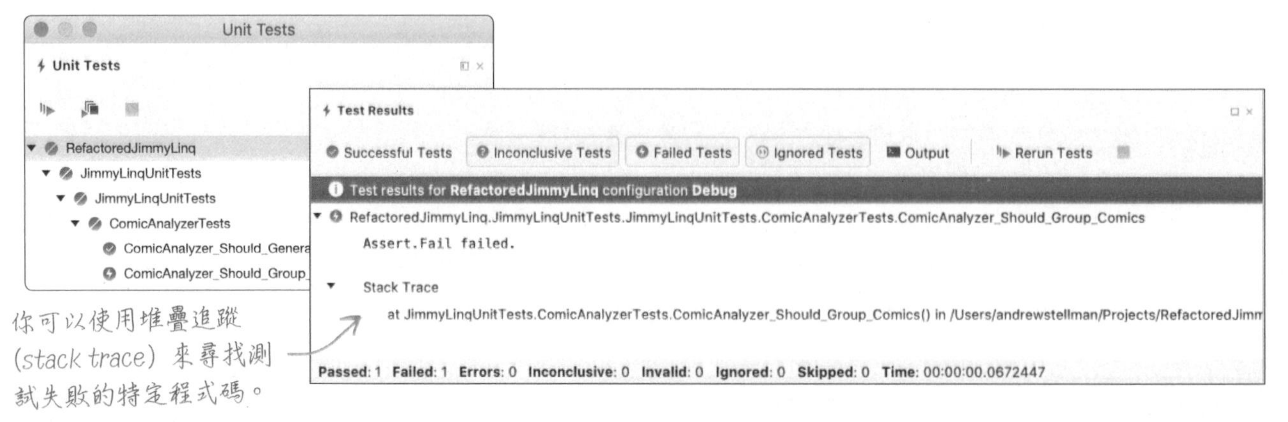

你曾經在第 3 章學過雛型，也就是可以讓你玩、測試、學習和改善的早期遊戲版本，你也知道這個概念可以在任何一種專案使用，不只遊戲。測試也可以使用雛型。有時測試軟體的概念感覺起來有點抽象。想一下遊戲開發者是怎麼測試遊戲的，可以幫助我們熟悉這種想法，並且更直覺地感受測試的概念。

測試

遊戲設計…漫談

一旦你有可玩的遊戲雛型之後，你就可以開始考慮進行**電子遊戲測試**了。邀請別人試玩遊戲並提供回饋可以讓你知道遊戲究竟會讓大家投入其中，還是會讓人充滿挫折，產生不開心的體驗。如果你玩過不知道接下來要做什麼，或是謎題似乎無解的遊戲，你就知道沒有經歷足夠的**遊玩測試**的遊戲會變怎樣。

下面是當你開始設計和建構遊戲時，必須考慮的遊戲測試方法：

- **個人遊玩測試**：讓你認識的人玩遊戲，最好可以看著他玩。最非正式的遊戲測試方法是讓朋友玩遊戲，並且讓他們在玩的過程中說出他們的體驗。讓玩家敘述他們認為遊戲要求他們做的事情，以及他們對遊戲玩法的看法，可以幫助你設計出令人滿意的遊戲體驗。不要給他們太多指示，並且特別關注測試者卡住的情況。這可以幫助你了解遊戲能不能被充分理解，並且更容易發現你的遊戲機制對用戶而言是否不夠清楚。寫下測試者提供的回饋，以便修正他們發現的任何設計問題。

你可以用非正式的方式或是比較正式的環境來取得個人的回饋，正式的方式是列出你希望讓用戶執行的任務，並且用**問卷**來取得遊戲的回饋。你應該在加入新功能時經常做這件事，而且你應該在開發遊戲的早期階段讓別人測試你的遊戲，以確保你可以在設計方面的問題最容易修正的時候發現它們。

- **beta 程式**：當你準備好讓更多人玩你的遊戲時，你可以在向大眾公開遊戲之前，邀請更多人來玩遊戲。beta 程式很適合用來找出遊戲的負載和性能問題。beta 程式的回饋通常是藉著分析遊戲記錄（log）取得的。你可以記錄用戶花多少時間完成遊戲的各種活動，並且用這些記錄來找出遊戲分配資源方面的問題。有時你也可以用這種做法發現用戶在玩遊戲時不太理解的地方。通常你會讓測試玩家報名參加 beta 測試，以便在測試結束時詢問他們的體驗，並且讓他們協助你排除紀錄中的問題。

- **結構化品保測試**：大部分的遊戲在開發的過程都會進行專門的測試，這些測試通常根據遊戲應該如何運作，它們可能是自動的，也可能是手動的。這種測試的目的是確保產品一如預期地運作。執行品保測試的理念就是在用戶面對 bug 之前，盡可能地找出它們。為了重現並修正 bug，它們會被一步步清楚地寫下來，然後根據它們對玩家遊戲體驗的影響程度對它們進行分類，按照優先順序修正它們。「每次玩家走入一間房間時遊戲就會崩潰」這個 bug 應該在「武器沒有被正確地畫在同一間房間」這個 bug 之前修正。

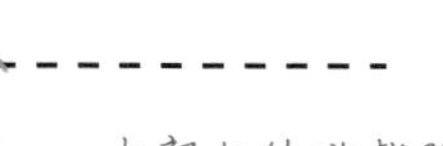

大部分的遊戲開發團隊都會盡可能地將測試自動化，並且在每次 commit 之前執行這些測試。如此一來，他們就可以知道有沒有在進行修正或加入新功能時意外引入 bug。

在 Jimmy 的漫畫收藏 app 加入單元測試專案

❶ 加入一個新的 Unit Test Project 專案。

在 Solution Explorer 的解決方案名稱上面按下右鍵，然後在選單列選擇 **Add >> New Project…**。確保它是 **Unit Test Project（.NET Core）**：在 Windows，使用「Search for Templates」方塊來搜尋 MSTest；在 macOS，在「Web and Console」下面選擇 Tests，來顯示專案範本。將你的專案命名為 *JimmyLinqUnitTests*。

❷ 在既有的專案加入相依性。

你將為 ComicAnalyzer 類別建立單元測試。當一個解決方案裡面有兩個不同的專案時，它們是互相獨立的（在預設情況下，某個專案裡面的類別不能使用另一個專案裡面的類別），所以你必須設定相依性，來讓單元測試使用 ComicAnalyzer。

在 Solution Explorer 裡面展開 JimmyLinqUnitTests 專案，然後在 Dependencies 按下右鍵，並在選單選擇 **Add Reference...**。核取你在練習中建立的 JimmyLinq 專案。

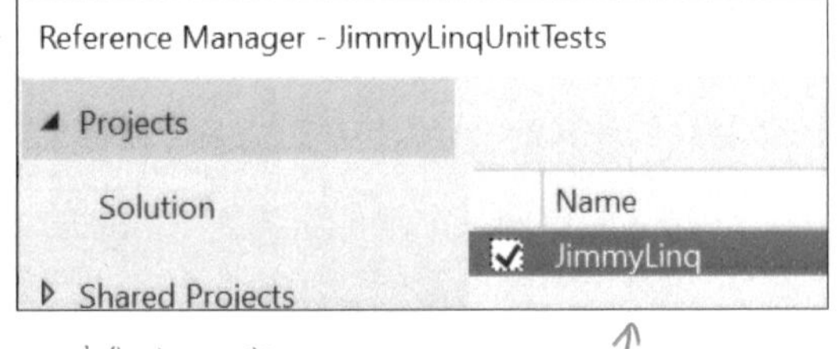

Windows 與 macOS 的 Visual Studio Reference Manager 視窗看起來不一樣，但是功能一樣。

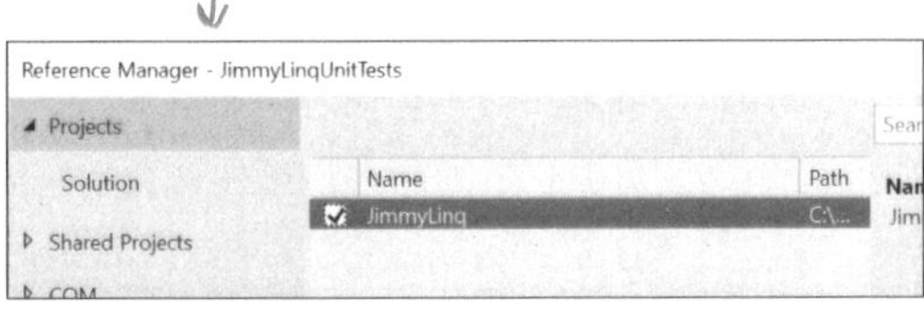

❸ 將 ComicAnalyzer 類別設成 public。

當 Visual Studio 加入單元測試專案時，它會建立一個稱為 UnitTest1 的類別。編輯 *UnitTest1.cs* 檔案，並試著在名稱空間裡面加入 `using JimmyLinq;` 指示詞：

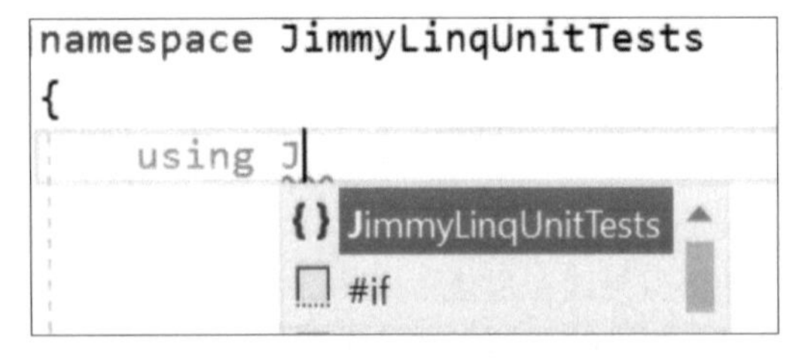

這就是為什麼我們請你將 JimmyLinq 專案裡面的所有類別的「public」存取修飾詞以及 enum 移除，如此一來你就可以用 Visual Studio 來探索「內部」的存取修飾詞如何運作了。

嗯，出錯了 — IDE 不讓你加入指示詞。原因是 JimmyLinq 專案沒有 public 類別、enum 或其他成員。試著將 `Critics` enum 改成 public（**`public`** `enum Critics`），然後回去試著加入 `using` 指示詞。現在你可以加入它了！ IDE 看到 JimmyLinq 名稱空間有 public 成員，並將它加入快顯視窗。

現在將 ComicAnalyzer 宣告式改成 public：**`public`** `static class ComicAnalyzer`。

哎呀 — 又出錯了。你有沒有看到一堆「Inconsistent accessibility」編譯錯誤？

```
Inconsistent accessibility: return type 'IEnumerable<IGrouping<PriceRange, Comic>>' is less accessible than
method 'ComicAnalyzer.GroupComicsByPrice(IEnumerable<Comic>, IReadOnlyDictionary<int, decimal>)'
```

問題在於 ComicAnalyzer 是 public，但是它公開了沒有存取修飾詞的成員，這會讓它們是**內部的**，所以解決方案的其他專案無法看到它們。幫 JimmyLinq 專案的每一個類別與 ***enum*** **加入 public 存取修飾詞**。現在你的解決方案又可以組建了。

編寫你的第一個單元測試

IDE 在你的 MSTest 新專案加入一個稱為 UnitTest1 的類別。將這個類別（與檔案）改名為 ComicAnalyzerTests。這個類別裡面有個稱為 TestMethod1 的測試方法。接下來幫它取一個描述性很強的名稱：ComicAnalyzer_Should_Group_Comics。這是單元測試類別的程式碼：

```
using Microsoft.VisualStudio.TestTools.UnitTesting;

namespace JimmyLinqUnitTests
{
   using JimmyLinq;
   using System.Collections.Generic;
   using System.Linq;

   [TestClass]
   public class ComicAnalyzerTests
   {
        IEnumerable<Comic> testComics = new[]
        {
                new Comic() { Issue = 1, Name = "Issue 1"},
                new Comic() { Issue = 2, Name = "Issue 2"},
                new Comic() { Issue = 3, Name = "Issue 3"},
        };

      [TestMethod]
      public void ComicAnalyzer_Should_Group_Comics()
      {
         var prices = new Dictionary<int, decimal>()
         {
            { 1, 20M },
            { 2, 10M },
            { 3, 1000M },
         };

         var groups = ComicAnalyzer.GroupComicsByPrice(testComics, prices);

         Assert.AreEqual(2, groups.Count());
         Assert.AreEqual(PriceRange.Cheap, groups.First().Key);
         Assert.AreEqual(2, groups.First().First().Issue);
         Assert.AreEqual("Issue 2", groups.First().First().Name);
      }
   }
}
```

Visual Studio 在名稱空間宣告式上面加入這一行 using 指示詞。

更改測試類別的名稱（也修改檔案名稱）。

也幫你的測試方法取個描述性的名稱。

仔細看看預期的結果。我們的測試資料有 3 本漫畫：2 本價格低於 100，1 本價格超過 100。所以它應該建立兩個群組，一個群組有 2 本便宜的漫畫，一個群組有 1 本昂貴的漫畫。

群組是以按照價格遞增排序的，所以在第一個群組的第一個項目應該是 issue #2。

當你在 IDE 裡面執行單元測試時，它會尋找類別宣告式的上面有 `[TestClass]` 的類別，它稱為屬性（attribute）。測試類別的裡面有測試方法，你必須用 `[TestMethod]` 屬性來標記它。

MSTest 單元測試使用 Assert 類別，它有一些 static 方法，可以用來檢查程式是否按你預期地動作。這個單元測試使用 Assert.AreEqual 方法。它接收兩個參數，一個是預期的結果（你認為程式應該做什麼）與實際的結果（它實際做什麼），並且在它們不相等時丟出例外。

這個測試設定了一些非常有限的測試資料：一個有三本漫畫的序列，以及一個有三個價格的字典。然後它呼叫 GroupComicsByPrice 並使用 Assert.AreEqual 來驗證結果是否符合我們的期望。

在選單列選擇 **Test >> Run All Tests**（Windows）或 **Run >> Run Unit Tests**（Mac）來執行你的測試。IDE 會彈出一個 Test Explorer 視窗（Windows）或 Test Results 面板（Mac），裡面有測試結果：

```
Test method JimmyLinqUnitTests.ComicAnalyzerTests.ComicAnalyzer_Should_Group_Comics threw exception:
System.Collections.Generic.KeyNotFoundException: The given key '2' was not present in the dictionary.
```

這是**失敗的單元測試**的結果。看一下 Windows 的 ⊗ 1 圖示，或是在 Visual Studio for Mac 的 IDE 視窗底部的 **Failed: 1** 訊息 — 它們是失敗的單元測試的數量。

你是否預期單元測試會失敗？你可以用測試找出哪裡出錯嗎？

查明真相

單元測試的目的是找出程式的行為與你的預期不一樣的地方，並且調查哪些出錯。福爾摩斯說過：「在沒有資料之前就進行理論分析是重大的錯誤」。所以我們來取得一些資料。

我們從判斷提示（assertion）開始看起

在測試中加入判斷提示是很好的起點，因為它們告訴你目前正在測試的具體程式，以及你希望它如何運行。這是你的單元測試裡的判斷提示：

```
Assert.AreEqual(2, groups.Count());
Assert.AreEqual(PriceRange.Cheap, groups.First().Key);
Assert.AreEqual(2, groups.First().First().Issue);
Assert.AreEqual("Issue 2", groups.First().First().Name);
```

查看你傳入 GroupComicsByPrice 方法的資料，這些判斷提示看起來是正確的。它們應該回傳兩個群組（groups）。第一個應該有 PriceRange.Cheap 索引鍵。群組是用價格遞增排序的，所以在第一組裡面的第一本漫畫應該有 Issue = 2 且 Name = "Issue 2" — 這正是這些判斷提示測試的東西。所以如果有問題，問題的根源不在這裡，這些判斷提示看起來確實是正確的。

接下來我們來看堆疊追蹤

你已經看過許多例外了。每一個例外都有**堆疊追蹤（stack trace）**，也就是在丟出例外的那一行程式之前的所有方法呼叫動作。如果它在方法裡面，它會顯示呼叫那個方法的程式、呼叫那行程式的程式，一路回溯，直到 Main 方法。**打開**失敗的單元測試的**堆疊追蹤**：

- Windows：打開 Test Explorer（View >> Test Explorer），按下測試，往下捲到 Test Detail Summary
- Mac：前往 Test Results 面板，展開測試，然後展開它下面的 Stack Trace 部分

堆疊追蹤長這樣（在 Mac，你會看到完整的類別名稱，類似 JimmyLinq.ComicAnalyzer）：

```
at Dictionary`2.get_Item(TKey key)
at CalculatePriceRange(Comic comic) in ComicAnalyzer.cs:line 11
at <>c.<GroupComicsByPrice>b__1_1(Comic comic) in ComicAnalyzer.cs:line 22
```

在堆疊追蹤裡面按一次（Windows）或兩次（Mac）程式碼可以跳到它那裡。

堆疊追蹤起先看起來有點奇怪，但是當你習慣它們之後，它們可以提供很多有用的資訊。現在我們知道測試失敗的原因是在 CalculatePriceRange 裡面的某個地方丟出與字典索引鍵有關的例外。

使用偵錯工具來收集線索

在 CalculatePriceRange 方法的**第一行加入中斷點**：`if (Comic.Prices[comic.Issue] < 100)`。

然後**對你的單元測試進行偵錯**：在 Windows 選擇 Test >> Debug All Tests，在 Mac 打開 Unit Tests panel (View >> Tests) 並按下上方的 Debug All Tests。把游標移到 comic.Issue 上面，它的值是 2。但是等一下！ Comic.Prices 字典**沒有**索引鍵是 2 的**項目**。**難怪它丟出例外！**

我們知道怎麼***修正這個 bug***了：

- 在 CalculatePriceRange 方法加入第二個參數：
  `private static PriceRange CalculatePriceRange(Comic comic, IReadOnlyDictionary<int, decimal> prices)`
- 修改第一行來使用新參數：`if (prices[comic.Issue] < 100)`
- 修改 LINQ 查詢：`group comic by CalculatePriceRange(comic, prices) into priceGroup`

再次執行測試，這一次它通過了！

Passed: 1 **Failed**: 0

為 GetReviews 方法編寫單元測試

GroupComicsByPrice 方法的單元測試使用 MSTest 的 static Assert.AreEqual 方法來比對預期值與實際值。GetReviews 方法會回傳一系列字串，而不是個別的值。雖然我們可以使用 Assert.AreEqual 來比較序列裡的個別元素，與處理上兩個判斷提示時的做法一樣，使用 First 之類的 LINQ 方法來取得特定的元素…但是這需要寫**很多**程式碼。

幸運的是，MSTest 有更好的方式可以比較集合：**CollectionAssert 類別**有 static 方法可以比較預期 vs. 實際的集合結果。所以如果你有一個預期結果集合，與一個實際結果集合，你可以這樣比較它們：

```
CollectionAssert.AreEqual(expectedResults, actualResults);
```

如果預期與實際結果不相符，測試會失敗。現在就**加入這個測試**來驗證 ComicAnalyzer.GetReviews 方法：

```
[TestMethod]
public void ComicAnalyzer_Should_Generate_A_List_Of_Reviews()
{
    var testReviews = new[]
    {
        new Review() { Issue = 1, Critic = Critics.MuddyCritic, Score = 14.5},
        new Review() { Issue = 1, Critic = Critics.RottenTornadoes, Score = 59.93},
        new Review() { Issue = 2, Critic = Critics.MuddyCritic, Score = 40.3},
        new Review() { Issue = 2, Critic = Critics.RottenTornadoes, Score = 95.11},
    };

    var expectedResults = new[]
    {
        "MuddyCritic rated #1 'Issue 1' 14.50",
        "RottenTornadoes rated #1 'Issue 1' 59.93",
        "MuddyCritic rated #2 'Issue 2' 40.30",
        "RottenTornadoes rated #2 'Issue 2' 95.11",
    };

    var actualResults = ComicAnalyzer.GetReviews(testComics, testReviews).ToList();
    CollectionAssert.AreEqual(expectedResults, actualResults);
}
```

現在再次執行測試。你應該可以看到兩個單元測試通過了。

將一個存有重複評論的序列傳給 ComicAnalyzer.GetReviews 會怎樣？將負數的評論傳給它呢？

編寫單元測試來處理邊緣情況和奇怪的資料

在現實世界裡，資料雜亂的。例如，我們其實沒有告訴你評論資料應該長怎樣。你看過分數介於 0 和 100 之間的評論，它只會有這些值嗎？現實世界絕對有一些評論網站採取這種做法，但如果我們得到一些奇怪的評論分數，例如負數，或非常大的數字，或零分呢？如果有評論者為某一期打了不只一個分數呢？雖然這些事情不應該發生，但是它們仍然有可能發生。

我們希望程式夠**強固（robust）**，就是說，它可以妥善地處理各種問題、故障，尤其是不良的輸入資料。所以，我們來建構一個單元測試，將一些奇怪的資料傳給 GetReviews，來確保它不會故障：

```
[TestMethod]
public void ComicAnalyzer_Should_Handle_Weird_Review_Scores()
{
  var testReviews = new[]
  {
    new Review() { Issue = 1, Critic = Critics.MuddyCritic, Score = -12.1212},
    new Review() { Issue = 1, Critic = Critics.RottenTornadoes, Score = 391691234.48931},
    new Review() { Issue = 2, Critic = Critics.RottenTornadoes, Score = 0},
    new Review() { Issue = 2, Critic = Critics.MuddyCritic, Score = 40.3},
    new Review() { Issue = 2, Critic = Critics.MuddyCritic, Score = 40.3},
    new Review() { Issue = 2, Critic = Critics.MuddyCritic, Score = 40.3},
    new Review() { Issue = 2, Critic = Critics.MuddyCritic, Score = 40.3},
  };

  var expectedResults = new[]
  {
    "MuddyCritic rated #1 'Issue 1' -12.12",
    "RottenTornadoes rated #1 'Issue 1' 391691234.49",
    "RottenTornadoes rated #2 'Issue 2' 0.00",
    "MuddyCritic rated #2 'Issue 2' 40.30",
    "MuddyCritic rated #2 'Issue 2' 40.30",
    "MuddyCritic rated #2 'Issue 2' 40.30",
    "MuddyCritic rated #2 'Issue 2' 40.30",
  };

  var actualResults = ComicAnalyzer.GetReviews(testComics, testReviews).ToList();
  CollectionAssert.AreEqual(expectedResults,
actualResults);
}
```

我們的程式可以處理負數嗎？很大的數字？零？這些都是很適合用單元測試來檢查的案例。

如果我們從同一位評論家連續得到幾次完全相同的評論會怎樣？雖然你可以從程式碼清楚地看到它會怎麼處理它，但是程式實際上不一定會這樣做。

GetReviews 方法會回傳一個字串序列，並將分數截成兩位小數。

務必花時間針對邊緣情況和奇怪的資料編寫單元測試，請將它們視為「必備的」測試，而不是「最好有的」測試。單元測試的重點是盡可能撒下天羅地網來捕捉 bug，而這種測試可以很有效地做這件事。

加入單元測試來處理邊緣情況和奇怪的資料非常重要。它們可以幫助你找到其他方式無法找出的程式問題。

ro-bust（強固），形容詞。

建構得很堅固。

這座橋的**強固**設計讓它可以藉著彎曲而不繼裂的方式來對抗颶風。

問：**為什麼它們稱為單元測試？**

答：「單元測試」是用途廣泛的名詞，許多語言都使用它，不是只有 C#。它的概念來自「將程式拆成分散的單元，或基本元素」。不同的語言有不同的單元，在 C# 裡，程式的基本單元是類別。

所以從「為程式單元編寫測試」這個觀點來看，「單元測試」是很好的名稱。在我們的例子裡，就是為各個類別編寫測試。

問：**我在一個解決方案裡面建立兩個專案。這到底是怎麼回事？**

答：當你在 Visual Studio 裡面開始一個新的 C# 專案時，它會建立一個解決方案（solution），並在裡面加入一個專案（project）。到目前為止，本書建立的所有解決方案都只有一個專案，直到遇到單元測試專案。一個解決方案可以容納許多專案。我們使用不同的專案來將單元測試與它們測試的程式碼分開。你也可以加入多個 Console App、WPF 或 ASP.NET 專案，一個解決方案可以容納各種專案類型組合。

問：**如果一個解決方案有多個 Console App、WPF 或 ASP.NET 專案，IDE 怎麼知道該執行哪一個？**

答：看一下 Solution Explorer（或是 Visual Studio for Mac 的 Solution 面板），裡面有一個專案名稱是粗體的，IDE 將它稱為 **Startup Project（啟動專案）**。你可以在解決方案裡面的任何專案按下右鍵，要求 IDE 將它設成啟動專案，當你下一次在工具列按下 Run 按鈕時，IDE 就會開始執行那個專案。

問：**可以再解釋一下內部（`internal`）存取修飾詞怎麼運作嗎？**

答：把類別或介面標成內部代表它只能被那個專案裡面的程式使用。如果你完全沒有使用存取修飾詞，在預設情況下，類別或介面是內部的。這就是為什麼你要確保類別被標成 public，否則，單元測試將無法看到它們。此外，請注意存取修飾詞，雖然省略存取修飾詞時，類別與介面預設是內部的，但方法、欄位與屬性等類別成員都預設是 private。

問：**如果單元測試與它們的測試對象被放在不同的專案裡，它們如何使用 private 方法？**

答：它們無法使用。單元測試會使用單元可被其餘的程式看到的部分，對我們的 C# 類別而言，就是 public 方法與欄位，並用它們來確保單元可以運作。單元測試通常被視為**黑箱測試**，也就是說，它們只會檢查它們可以看到的方法（與它相反的是明箱測試（clear-box test），在這種測試裡，你可以「看到」被測試的東西的內部）。

問：**所有測試都必須通過嗎？有一些測試失敗有沒有關係？**

答：沒錯，你的所有測試都必須通過，而且，它們失敗並不 OK。你可以這樣子理解：如果你有一些程式無法運作的話，OK 嗎？當然不！所以如果測試失敗了，原因不是程式有 bug，就是測試有問題。無論如何，你都要修正它，讓它通過。

編寫測試看起來像是大量的額外工作，**寫程式就好**，跳過單元測試，不是更快嗎？

其實撰寫單元測試可以讓專案進行得更快。

我們是認真的。寫更多程式會減少工時聽起來違反直覺，但是如果你習慣編寫單元測試，你的專案會進行得更順暢，因為你可以提早發現 bug 並修正它。你已經在本書的前八章，也就是前半部分寫了許多程式，這代表你應該已經開始找出程式中的 bug 並修正它了。當你修正這些 bug 時，是不是也要修改專案的其他程式？發現意外的 bug 時，我們通常必須停止當下的工作來追蹤並修正它，如此來回切換工作情境（失去思路，中斷心流）一定會降低工作速度。單元測試可以幫助你提早找出這些 bug，在它們伺機中斷你的工作之前。

還不知道該在什麼時候編寫單元測試嗎？本章結尾有一個下載專案可以回答這個問題。

使用 => 運算子來建立 lambda 運算式

我們還沒有回答本章開始時的一個問題。還記得我們請你放入 Comic 類別的那行神秘程式嗎？也就是這一行：

```
public override string ToString() => $"{Name} (Issue #{Issue})";
```

你已經在這一章使用很多次 ToString 方法了，你知道它是有效的。如果我們要求你用你在之前撰寫方法的方式來重寫那個方法，你會怎麼做？你可能會這樣寫：

```
public override string ToString() {
    return $"{Name} (Issue #{Issue})";
}
```

基本上，這樣寫沒錯。那麼，那個 => 運算子到底是什麼？

你在 ToString 方法裡面使用的 => 運算子是 **lambda 運算子**。你可以使用 => 來定義 **lambda 運算式**，也就是用一個陳述式來定義的*匿名函式*。lambda 運算式長這樣：

```
(input-parameters) => expression;
```

在 lambda 運算式裡面有兩個部分：

- `input-parameters` 部分是一系列的參數，如同你在宣告方法時使用的參數。如果參數只有一個，你可以省略括號。
- `expression` 是任何一種 C# 運算式：它可以是內插字串、使用運算子的陳述式、方法呼叫式，幾乎可以是你會放在陳述式裡面的任何東西。

lambda 運算式起先看起來或許有點奇怪，但它們只是以另一種方式來使用你已經在這本書看過且***熟悉的 C# 運算式*** — 就像是 Comic.ToString 方法，無論你是不是使用 lambda 運算式，它的工作方式都一樣。

如果無論有沒有使用 lambda 運算式，ToString 方法的運作方式都一樣，這不就是**重構**嗎？

沒錯！你可以用 lambda 運算式來重構任何方法與屬性。

在這本書裡，你寫過很多只有一行陳述式的方法，它們大多數都可以用 lambda 運算式來重構。在許多情況下，你可以讓程式更容易閱讀與理解。lambda 提供額外的選項，你可以決定何時使用它們來改善程式。

試駕 lambda

我們來試試 lambda 運算式，它提供一種全新的方法編寫方式，包括回傳值或接收參數的方式。

1 **建立新的主控台 app**。加入這個具有 Main 方法的 Program 類別：

```
class Program
{
    static Random random = new Random();

    static double GetRandomDouble(int max)
    {
        return max * random.NextDouble();
    }

    static void PrintValue(double d)
    {
        Console.WriteLine($"The value is {d:0.0000}");
    }

    static void Main(string[] args)
    {
        var value = Program.GetRandomDouble(100);
        Program.PrintValue(value);
    }
}
```

執行它幾次，每一次它都會印出一個不同的隨機數字，例如：`The value is 37.8709`。

2 使用 => 運算子來**重構 GetRandomDouble 與 PrintValue 方法**：

```
static double GetRandomDouble(int max) => max * random.NextDouble();

static void PrintValue(double d) => Console.WriteLine($"The value is {d:0.0000}");
```

這些 lambda 都接收一個參數，如同它們意圖取代的方法。

再次執行程式 — 它應該會印出不同的隨機數字，與之前一樣。

在進行另一次重構之前，**把游標移到 random 欄位上面**，看一下 IntelliSense 快顯：

```
static Random random = new Random();
```

(field) static Random Program.random

這不是真正的重構，因為我們改變了程式的行為，而不是只有它的結構。

3 **修改 random 欄位**來使用 lambda 運算式：

```
static Random random => new Random();
```

程式仍然以同一種方式執行。再次**把游標移到 random 欄位上面**：

```
static Random random => new Random();
```

Random Program.random { get; }

等一下 — random 不是欄位了。把它改成 lambda 會把它變成屬性！這是因為 **lambda 運算式的工作方式很像方法**。所以當 random 是欄位時，它會在類別被建構時實例化。當你將 = 改成 => 來將它轉換成 lambda 時，它就變成方法了，也就是說，**每次這個屬性被存取時，就會建立一個新的 *Random* 實例**。

動動腦

你覺得哪一版程式最容易閱讀？

用 lambda 來重構 clown

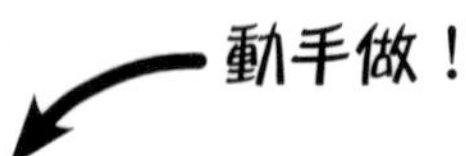

我們曾經在第 7 章建立一個 IClown 介面，它有兩個成員：

```
interface IClown
{
    string FunnyThingIHave { get; }
    void Honk();
}
```

第 7 章的 IClown 介面有兩個成員：一個屬性與一個方法。

你也曾經修改這個類別來實作那個介面：

```
class TallGuy {
    public string Name;
    public int Height;

    public void TalkAboutYourself() {
        Console.WriteLine($"My name is {Name} and I'm {Height} inches tall.");
    }
}
```

IDE 小訣竅：Implement interface

當類別實作介面時，Quick Actions 選單的「**Implement interface**」選項會要求 IDE 加入任何遺漏的介面成員。

我們再做一次這件事，但是這一次使用 lambda。**建立一個新的 Console App 專案**並加入 IClown 介面與 TallGuy 類別。然後修改 TallGuy 來實作 IClown：

```
class TallGuy : IClown {
```

現在打開 Quick Actions 選單並選擇「**Implement interface**」。IDE 會填入所有介面成員，讓它們丟出 NotImplementedExceptions，就像當你使用 Generate Method 時那樣。

```
    public string FunnyThingIHave => throw new NotImplementedException();

    public void Honk()
    {
        throw new NotImplementedException();
    }
```

當你要求 IDE 為你實作 IClown 介面時，它會使用 => 運算子建立 lambda 來實作屬性。

我們來重構這些方法，讓它們做一樣的事情，但是現在使用 lambda 運算式：

```
    public string FunnyThingIHave => "big red shoes";

    public void Honk() => Console.WriteLine("Honk honk!");
```

IDE 會在加入介面成員時建立方法主體，但你可以把它換成 lambda 運算式。主體是 lambda 的類別成員稱為<u>運算式主體成員</u>（<u>expression-bodied member</u>）。

在本章開頭的神秘 ToString 方法就是運算式主體成員。

現在加入你在第 7 章用過的 Main 方法：

```
TallGuy tallGuy = new TallGuy() { Height = 76, Name = "Jimmy" };
tallGuy.TalkAboutYourself();
Console.WriteLine($"The tall guy has {tallGuy.FunnyThingIHave}");
tallGuy.Honk();
```

執行 app，TallGuy 類別的運作方式與第 7 章一樣，但是現在我們已經重構它的成員，改成使用比較緊湊的 lambda 運算式了。

我們認為新的、改善後的 *TallGuy* 類別比較容易閱讀。你呢？

下面有第 6 章的蜂巢管理系統的 NectarCollector 類別，與第 7 章的 ScaryScary 類別。你的工作是使用 lambda 運算子（=>）來重構這些類別的成員。寫下你重構的方法。

```
class NectarCollector : Bee
{
    public const float NECTAR_COLLECTED_PER_SHIFT = 33.25f;
    public override float CostPerShift { get { return 1.95f; } }
    public NectarCollector() : base("Nectar Collector") { }

    protected override void DoJob()
    {
        HoneyVault.CollectNectar(NECTAR_COLLECTED_PER_SHIFT);
    }
}
```

把 CostPerShift 屬性重構成 lambda：

```
class ScaryScary : FunnyFunny, IScaryClown {
   private int scaryThingCount;
   public ScaryScary(string funnyThing, int scaryThingCount) : base(funnyThing)
   {
      this.scaryThingCount = scaryThingCount;
   }
   public string ScaryThingIHave { get { return $"{scaryThingCount} spiders"; } }
   public void ScareLittleChildren()
   {
      Console.WriteLine($"Boo! Gotcha! Look at my {ScaryThingIHave}");
   }
}
```

把 ScaryThingIHave 屬性重構成 lambda：

把 ScareLittleChildren 方法重構成 lambda：

下面有第 6 章的蜂巢管理系統的 NectarCollector 類別，與第 7 章的 ScaryScary 類別。你的工作是使用 lambda 運算子（=>）來重構這些類別的成員。寫下你重構的方法。

把 CostPerShift 屬性重構成 lambda：

```
public override float CostPerShift =>1.95f;
```

把 ScaryThingIHave 屬性重構成 lambda：

```
public string ScaryThingIHave { get => $"{scaryThingCount} spiders"; }
```

把 ScareLittleChildren 方法重構成 lambda：

```
public void ScareLittleChildren() => Console.WriteLine($"Boo! Gotcha! Look at my {ScaryThingIHave}");
```

沒有蠢問題

問：讓我們回到試駕 lambda，在你修改 random 欄位的地方。你說那不是「真正的重構」，可以解釋一下這是什麼意思嗎？

答：沒問題，在重構程式時，你會修改它的結構，但不改變它的行為。當你把 PrintValue 與 GetRandomDouble 方法轉換成 lambda 運算式時，它們仍然以同一種方式運作，雖然你改變它們的結構了，但是沒有改變它們的行為。

但是將 random 欄位宣告式的等號（=）改成 lambda 運算子（=>）會改變它的行為。欄位很像變數，宣告一次就可以重複使用。所以當 random 是欄位時，程式會在啟動時建立新的 Random 實例，並將那個實例的參考存入 random 欄位。

但是使用 lambda 運算式就是在建立方法，所以當你把 random 欄位改成這樣：

```
static Random random => new Random();
```

C# 編譯器看到的就不是欄位了，而是屬性。這很合理，你曾經在第 5 章學過，我們會像呼叫欄位一樣呼叫屬性，但它們其實是方法。

把游標移到欄位上面可以證明這件事：

```
static Random random => new Random();
```

Random Program.random { get; }

IDE 顯示它有一個 getter `{ get; }`，告訴你 random 現在是屬性。

你可以使用 => 運算子來建立包含 getter 的屬性，讓它執行 lambda 運算式。

使用 ?: 運算子來讓 lambda 做出選擇

如果你想要讓 lambda 做…更多事呢？如果它們可以做決定就太好了…此時可以使用**條件運算子**（有人稱之為**三元運算子**）。它的用法是：

```
condition ? consequent : alternative;
```

乍看之下，它有點奇怪，所以我們來看一個範例。首先，?: 運算子不是 lambda 專屬的，它可以在任何地方使用。例如這個來自第 4 章的 AbilityScoreCalculator 類別的 if 陳述式：

```
if (added < Minimum)
    Score = Minimum;
else
    Score = added;
```

?: 運算式會檢查條件 (added < Minimum) 。

如果它是 true，運算式會回傳 Minimum 值。

否則回傳 added。

我們可以用 ?: 運算子來重構它：**`Score = (added < Minimum) ?Minimum : added;`**

注意我們讓 Score 等於 ?: 運算式的結果。?: 運算式會**回傳一個值**：它會檢查條件（added < Minimum），然後回傳 *consequent*（Minimum）或 *alternative*（added）。

當你的方法長得像那個 `if/else` 陳述式時，你可以**使用 ?: 來將它重構成 lambda**。例如這個來自第 5 章的 PaintballGun 類別的方法：

```
public void Reload()
{
    if (balls > MAGAZINE_SIZE)
        BallsLoaded = MAGAZINE_SIZE;
    else
        BallsLoaded = balls;
}
```

這個「if」條件式 (balls > MAGAZINE_SIZE) 會在 true 時執行 then 陳述式 (BallsLoaded = MAGAZINE_SIZE) ，不是 true 時執行 else 陳述式 (BallsLoaded = balls) 。

我們將「if」改成使用 ?: 的運算式主體成員 (consequent 與 alternative 都回傳一個值) ，並用它來設定 BallsLoaded 屬性。

我們將它改成比較簡明的 lambda 陳述式：

```
public void Reload() => BallsLoaded = balls > MAGAZINE_SIZE ? MAGAZINE_SIZE : balls;
```

注意細微的變化，在 `if/else` 版本裡，BallsLoaded 屬性是在 then 與 else 陳述式裡面設定的。我們改成使用條件運算子來比較 balls 與 MAGAZINE_SIZE，並回傳正確的值，然後用那個回傳值來設定 BallsLoaded 屬性。

Fun 輕鬆

有一種簡單的方法可以記住條件運算子如何運作。

很多人記不住 ?: 運算子裡面的問號與冒號的順序。幸運的是，有一種簡單的記憶方法。

條件運算子很像問一個問題，有問題才會有答案，所以你只要自問：

這個條件是 true 嗎？是：否

你就可以知道，在運算式裡面，? 出現在 : 之前。

有趣的是，我們是從微軟的 ?: 運算子文件網頁學會這件事的：https://docs.microsoft.com/en-us/dotnet/csharp/language-reference/operators/conditional-operator。

lambda 運算式與 LINQ

在任何一個 C# app 加入這個小 LINQ 查詢，然後把游標移到 select 關鍵字上面：

```
var array = new[] { 1, 2, 3, 4 };
var result = from i in array select i * 2;
```

它看起來很像方法宣告式，就像你把游標移到任何其他方法上面一樣。

```
(extension) IEnumerable<int> IEnumerable<int>.Select<int, int>(Func<int, int> selector)
Projects each element of a sequence into a new form.

Returns:
  An IEnumerable<out T> whose elements are the result of invoking the transform function
  on each element of source.

Exceptions:
  ArgumentNullException
```

IDE 會彈出一個工具提示視窗，就像你**把游標移到方法上面**一樣。仔細看一下第一行，它是方法宣告式：

```
IEnumerable<int> IEnumerable<int>.Select<int, int>(Func<int, int> selector)
```

IEnumerable<int>.Select 方法接收一個型態為 Func<int, int> 的參數，也就是說，你可以使用 lambda，讓它接收一個 int 參數，並回傳一個 int。

我們可以從那個方法宣告式知道一些事情：

- IEnumerable<int>.Select 方法會回傳 IEnumerable<int>。
- 它接收一個型態為 Func<int, int> 的參數。

使用 lambda 運算式與接收 Func 參數的方法

當方法接收 Func<int, int> 參數時，你可以**用**一個接收 int 參數與回傳 int 值的 **lambda 運算式來呼叫它**。所以你可以將 select 查詢重構成這樣：

```
var array = new[] { 1, 2, 3, 4 };
var result = array.Select(i => i * 2);
```

現在就在主控台 app 裡面試試。加入 foreach 陳述式來印出輸出：

```
foreach (var i in result) Console.WriteLine(i);
```

當你印出重構的查詢的結果時，你會得到序列 { 2, 4, 6, 8 }，這個結果與重構 LINQ 查詢語法之前的結果一致。

當你在 LINQ 方法裡面看到 Func 時，就代表可以使用 lambda。

你會在**關於事件與委派的下載章節**學到更多關於 Func 的知識，它是在 GitHub 網頁上面的 PDF。目前，當你有型態為 Func<TSource, TResult> 的 LINQ 方法參數時，你可以將 lambda 當成參數傳給那個方法來呼叫它，lambda 的參數型態是 TSource，回傳型態是 TResult。

LINQ 查詢可以用 LINQ 方法鏈來編寫

為了更深入探索 LINQ 方法，將這個之前看過的 LINQ 查詢**加入一個 app**：

```
int[] values = new int[] { 0, 12, 44, 36, 92, 54, 13, 8 };
IEnumerable<int> result =
          from v in values
          where v < 37
          orderby -v
          select v;
```

int 序列有一個稱為 OrderBy 的 LINQ 方法，這個方法有一個接收 int 與回傳 int 的 lambda。它的工作方式就像我們在第 8 章看過的 comparer 方法。

OrderBy LINQ 方法可以排序序列

把游標移到 **orderby** 關鍵字，看看它的參數：

```
(extension) IOrderedEnumerable<int> IEnumerable<int>.OrderBy<int, int>(Func<int, int> keySelector)
Sorts the elements of a sequence in ascending order according to a key.

Returns:
  An IOrderedEnumerable<out TElement> whose elements are sorted according to a key.
```

當你在 LINQ 查詢裡面使用 orderby 子句時，它會呼叫排序序列的 LINQ OrderBy 方法。在這個例子裡，我們可以將一個接收 int 參數且**回傳排序索引鍵**的 lambda 運算式傳給它，或是將可以用來排序結果的值（必須實作 IComparer）傳給它。

LINQ 查詢的 Where 方法使用一個 lambda，這個 lambda 會接收一個序列成員，並且在它應該保留時回傳 true，在它應該移除時回傳 false。

Where LINQ 方法會拉出序列的子集合

現在把游標移到 LINQ 查詢的 **where** 關鍵字上面：

```
(extension) IEnumerable<int> IEnumerable<int>.Where<int>(Func<int, bool> predicate)
Filters a sequence of values based on a predicate.

Returns:
  An IEnumerable<out T> that contains elements from the input sequence that satisfy the condition.
```

在 LINQ 查詢裡面的 where 子句會呼叫 LINQ Where 方法，這個方法可以使用回傳布林值的 lambda。***Where 方法會幫序列裡面的每一個元素呼叫那個 lambda***。如果 lambda 回傳 true，就將元素放入結果，如果 lambda 回傳 false，就將元素移除。

迷你習題

這是你的 lambda 挑戰！你可以想出如何將這個 LINQ 查詢重構成一組 LINQ 方法鏈嗎？從 result 開始，串接 Where 與 OrderBy 來產生同一個序列。

```
IEnumerable<int> result =
          from v in values
          where v < 37
          orderby -v
          select v;
```

LINQ 方法探究

LINQ 查詢可以改寫成一系列的 LINQ 方法鏈 — 而且其中的許多方法可以用 lambda 運算式來決定它們產生的序列。

這是小練習的解答 — LINQ 查詢可以重構成這樣：

```
var result = values.Where(v => v < 37).OrderBy(v => -v);
```

← 迷你習題解答

我們來仔細看看如何將 LINQ 查詢改成方法鏈：

```
IEnumerable<int> result = ——— 使用 var 來宣告變數 ———→ var result =
    from v in values ——— 從 values 序列開始寫起 ———→ values
    where v < 37 ——— 用包含 values < 37 的 lambda 來呼叫 Where ———→ .Where(v => v < 37)
    orderby -v ——— 用「將值變成負的」的 lambda 來呼叫 OrderBy ———→ .OrderBy(v => -v);
    select v;  不需要使用 .Select 方法，因為 select 子句不修改值
```

當 LINQ 查詢裡面有 descending 關鍵字時，使用 OrderByDescending 方法

還記得如何使用 descending 關鍵字來修改查詢裡的 orderby 子句嗎？它有一個等效的 LINQ 方法，OrderByDescending，可以做一樣的事情：

```
var result = values.Where(v => v < 37).OrderByDescending(v => v);
```

注意，我們使用 lambda 運算式 v => v，這個 lambda 會回傳它收到的東西（有時稱為*恆等函式*）。所以，OrderByDescending(v => v) 會把序列反過來。

使用 GroupBy 方法來以方法鏈建立 group 查詢

該使用 LINQ 宣告查詢語法還是方法鏈？它們都可以完成相同的事情。有時其中一種做法可以產生比較清楚的程式，有時另一種做法可以，所以知道如何使用兩者是很有幫助的。

我們在本章看過這個查詢：

```
var grouped =
    from card in deck
    group card by card.Suit into suitGroup
    orderby suitGroup.Key descending
    select suitGroup;
```

(extension) IEnumerable<IGrouping<Suits, Card>> IEnumerable<Card>.GroupBy<Card, Suits>(Func<Card, Suits> keySelector)
Groups the elements of a sequence according to a specified key selector function.

把游標移到 group 上面，你會看到它呼叫 LINQ GroupBy 方法，這個方法會回傳我們看過的同一個型態。你可以使用 lambda 並以花色分組：`card => card.Suit`。

再用另一個 lambda 來用索引鍵排序群組：group => group.Key。

這是重構成 GroupBy 與 OrderByDescending 方法鏈的 LINQ 查詢：:

```
var grouped =
    deck.GroupBy(card => card.Suit)
    .OrderByDescending(group => group.Key);
```

試著回到使用那個查詢的 app，將它換成方法鏈。你會看到一樣的輸出。你可以自己決定哪個版本的程式比較清楚且容易閱讀。

使用 => 運算子來建立 switch 運算式

你曾經在第 6 章之後使用 `switch` 陳述式來檢查一個變數是不是多個選項之一。它是很好用的工具…但是你有沒有發現它的限制？例如，試著加入一個檢測變數的 case：

```
case myVariable:
```

你會得到 C# 編譯錯誤：*A constant value is expected*（必須使用常數值）。因為你只能在 `switch` 陳述式裡面使用常數值，例如常值，或是用 `const` 關鍵字定義的變數。

但是使用 => 運算子時，情況就不一樣了，它可以讓你建立 **switch 運算式**。它們很像你用過的 `switch` 陳述式，但是它們是會回傳值的運算式。switch 運算式的開頭是想要檢驗的值，接下來是 `switch` 關鍵字，然後是在一對大括號裡面的一系列 *switch arm*，以逗號分隔。每一個 switch arm 都使用 => 運算子來檢驗值與運算式是否相符。如果第一個 arm 不相符，它會移到下一個，最後回傳相符的 arm 的值。

```
var returnValue = valueToCheck switch
{
    pattern1 => returnValue1,
    pattern2 => returnValue2,
    ...
    _ => defaultReturnValue,
}
```

switch 運算式的開頭是想要檢驗的值，接下來是 switch 關鍵字。

switch 運算式的主體是一系列的 switch arm，它們使用 => 運算子來檢驗 valueToCheck，如果它符合一個模式（pattern），就回傳一個值。

switch 運算式必須是詳盡的（exhaustive），意思是它們的模式（pattern）必須能夠匹配每一種可能的值。_ 模式可以匹配沒有被任何其他 arm 匹配的值。

假如你正在製作一個撲克牌遊戲，必須根據花色指定分數，spades 是 6 分，hearts 是 4 分，其他撲克牌是 2 分。你可以這樣編寫 `switch` 陳述式：

```
var score = 0;
switch (card.Suit)
{
    case Suits.Spades:
       score = 6;
       break;
    case Suits.Hearts:
       score = 4;
       break;
    default:
       score = 2;
       break;
}
```

在這個 switch 陳述式裡面的每一個 case 都會設定 score 變數。所以它很適合寫成 switch 運算式。

這個 `switch` 陳述式的目標是使用 case 來設定 `score` 變數 — 而且我們有許多 `switch` 陳述式都做這件事。我們可以使用 => 運算子來建立做同一件事的 switch 運算式：

```
var score = card.Suit switch
{
    Suits.Spades => 6,
    Suits.Hearts => 4,
    _ => 2,
};
```

這個 switch 運算式會檢驗 card.Suit，如果它等於 Suits.Spades，運算式會回傳 6，如果它等於 Suits.Hearts 則回傳 4，任何其他值回傳 2。

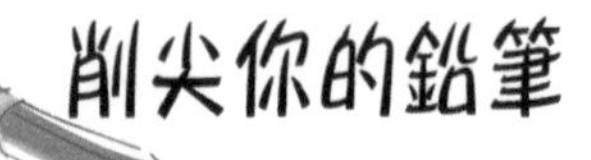

這個主控台 app 使用你在本章用過的 Suit、Value 與 Deck 類別，在主控台寫出 6 行訊息。你的工作是**寫下程式的輸出**。完成之後，將程式加入主控台 app 來檢查你的答案。

```
class Program
{
    static string Output(Suits suit, int number) =>
        $"Suit is {suit} and number is {number}";

    static void Main(string[] args)
    {
        var deck = new Deck();
        var processedCards = deck
            .Take(3)
            .Concat(deck.TakeLast(3))
            .OrderByDescending(card => card)
            .Select(card => card.Value switch
            {
                Values.King => Output(card.Suit, 7),
                Values.Ace => $"It's an ace! {card.Suit}",
                Values.Jack => Output((Suits)card.Suit - 1, 9),
                Values.Two => Output(card.Suit, 18),
                _ => card.ToString(),
            }) ;

        foreach(var output in processedCards)
        {
            Console.WriteLine(output);
        }
    }
}
```

這個 lambda 運算式接收兩個參數，一個 Suit 與一個 int，並回傳一個內插字串。

這些 LINQ 方法與你在本章開頭看到的很像。

你可以使用 OrderByDescending，因為你已經在稍早讓 Card 類別實作 IComparable<Card> 了。

Select 方法使用 switch 運算式來檢驗 card 的值並產生一個字串。

寫下程式的輸出。**我們不會提供答案**，你只要把程式加入主控台 app 就可以看到了。

....

....

....

....

....

....

這是一個<u>正經</u>的 lambda 挑戰，它有很多內容—你使用了 lambda 運算式、switch 運算式、LINQ 方法、enum 轉型、方法鏈…等。務必花點時間釐清這段程式如何運作，再寫下你的解答，<u>然後</u>再執行程式。如果你的解答與輸出不同，那代表你遇到一個很棒的機會，可以研究為什麼它和你預期的不同。

使用你學會的所有 lambda 運算式、switch 運算式、LINQ 方法知識來重構 ComicAnalyzer 類別與 Main 方法，使用單元測試來確保程式完全如你預期地運作。

將 ComicAnalyzer 裡面的 LINQ 查詢換掉

ComicAnalyzer 有兩個 LINQ 查詢：

- GroupComicsByPrice 方法有一個 LINQ 查詢，它使用 group 關鍵字，按照價格來為漫畫分組。
- GetReviews 方法有一個 LINQ 查詢，它使用 join 關鍵字來將 Comic 物件序列與各期價格的字典結合。

使用 LINQ OrderBy、GroupBy、Select 與 Join 方法來修改這些方法裡面的 LINQ 查詢。在這裡有一個問題：**我們還沒有教你 *Join* 方法！**但是我們已經展示了使用 IDE 來探索 LINQ 方法的例子了。Join 方法比較複雜一些，但是我們會協助你拆解它。它接收四個參數：

```
sequence.Join(sequence to join,
              lambda expression for the 'on' part of the join,
              lambda expression for the 'equals' part of the join,
              lambda expression that takes two parameters and returns the 'select' output);
```

這個 lambda 會從想要結合的兩個序列收到每一對項目。

仔細看一下 LINQ 查詢裡面的「on」與「equals」部分來想出前兩個 lambda。Join 將是方法鏈的最後一個方法。給你一個提示：最後一個參數的 lambda 的開頭是：`(comic, review) =>`。

當兩個單元測試通過時，你就完成 ComicAnalyzer 類別的重構了。

將 Main 方法裡面的 switch 陳述式換成 switch 運算式

Main 方法有一個 `switch` 陳述式，它會呼叫 private 方法，並將它們的回傳值指派給 done 變數。將它換成有三個 switch arm 的 switch 運算式。你可以藉著執行 app 來測試它—如果你按下正確的按鍵時可以看到正確的輸出，那就代表你完成了。

這個練習是為了讓你學習使用單元測試來安全地重構程式

重構有時是一件複雜，甚至傷腦筋的事情。你要修改已經可以運作的程式來改善它的結構、易讀性和可重複使用性。你在修改程式時很容易不小心把它弄亂，讓它再也不能正常運作，有時你引入的 bug 不易察覺且難以追蹤，甚至偵測。此時可以尋求單元測試的幫助。對開發者而言，單元測試最重要的用途之一，就是把重構變成安全很多的工作，具體的做法是：

- 在開始重構之前，先編寫測試來確保程式可以運作，就像你在本章稍早加入，用來驗證 ComicAnalyzer 類別的測試。
- 當你重構類別時，你只需要在進行修改時執行那個類別的測試。這可以提供短很多的開發回饋迴路，雖然你也可以進行一般的偵錯，但是單元測試的速度快很多，因為你會直接執行類別裡面的程式碼（而不是先啟動程式，再用它的 UI 來執行使用那個類別的程式碼）。
- 當你重構一個方法時，你甚至可以先執行「有執行那個方法的測試程式」。當那個測試通過時，你可以執行整套測試，來確保你沒有破壞任何其他東西。
- 如果有一項測試失敗了，別難過，那其實是件好事！它告訴你有東西壞了，現在你可以修正它了。

習題解答

使用你學會的所有 lambda 運算式、switch 運算式、LINQ 方法知識來重構 ComicAnalyzer 類別與 Main 方法，使用單元測試來確保程式完全如你預期地運作。

這是 ComicAnalyzer 類別重構後的 GroupComicsByPrice 與 GetReviews 方法：

```
public static IEnumerable<IGrouping<PriceRange, Comic>> GroupComicsByPrice(
            IEnumerable<Comic> comics, IReadOnlyDictionary<int, decimal> prices)
{
  var grouped =
    comics
    .OrderBy(comic => prices[comic.Issue])
    .GroupBy(comic => CalculatePriceRange(comic, prices));

  return grouped;
}
```

比較 OrderBy 與 GroupBy lambda 和 LINQ 查詢裡的 orderby 與 group…by 子句，它們幾乎一模一樣。

```
public static IEnumerable<string> GetReviews(
               IEnumerable<Comic> comics, IEnumerable<Review> reviews)
{
  var joined =
    comics
    .OrderBy(comic => comic.Issue)
    .Join(
      reviews,
      comic => comic.Issue,
      review => review.Issue,
      (comic, review) =>
            $"{review.Critic} rated #{comic.Issue} '{comic.Name}' {review.Score:0.00}");

  return joined;
}
```

join 查詢的開頭是「join reviews」，所以傳給 Join 方法的第一個引數是 reivews。

比較傳給 Join 方法的中間兩個引數和 join 查詢的「on」與「equals」部分：comic.Issue 等於 review.Issue。

最後一個 lambda 會用兩個序列中的每一對匹配的漫畫與評論來呼叫，它會回傳一個可以放入輸出的字串。

這是重構後的 Main 方法，它將 switch 陳述式換成 switch 運算式：

```
static void Main(string[] args)
{
    var done = false;
    while (!done)
    {
        Console.WriteLine(
            "\nPress G to group comics by price, R to get reviews, any other key to quit\n");
        done = Console.ReadKey(true).KeyChar.ToString().ToUpper() switch
        {
            "G" => GroupComicsByPrice(),
            "R" => GetReviews(),
            _ => true,
        };
    }
}
```

switch 運算式比對應的 switch 陳述式更緊湊一些。並非所有 switch 陳述式都可以重構成 switch 運算式，這個案例可以重構是因為它的每一個 case 都幫同一個變數（done）設值。

探索 Enumerable 的類別

我們已經使用序列一段時間了。我們知道它們可以和 foreach 迴圈及 LINQ 一起使用。但是讓序列發揮作用的東西到底是什麼？為了找出答案，我們來更深入研究它。我們從 **Enumerable 類別**開始看起，具體來說，我們要研究它的三個 static 方法，Range、Empty 與 Repeat。我們已經在本章看過 Enumerable.Range 方法了，所以我們用 IDE 來研究另外兩個方法如何運作。輸入 **Enumerable.** 然後把游標移到 IntelliSense 快顯裡面的 Range、Empty 與 Repeat 來查看它們的宣告式與註解。

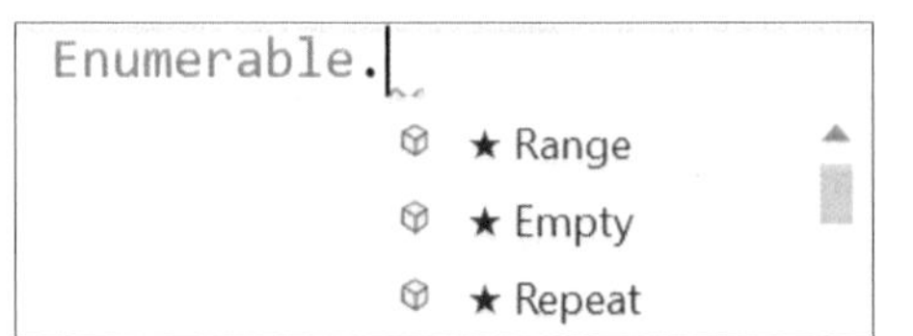

IEnumerable<TResult> Enumerable.Empty<TResult>()
Returns an empty IEnumerable<out T> that has the specified type argument.
★ IntelliCode suggestion based on this context

IEnumerable<TResult> Enumerable.Repeat<TResult>(TResult element, int count)
Generates a sequence that contains one repeated value.
★ IntelliCode suggestion based on this context

Enumerable.Empty 會建立任何型態的空序列

有時你要將空序列傳給接收 IEnumerable<T> 的方法（例如在單元測試裡面）。**Enumerable.Empty 方法**在這種情況下很方便：

```
var emptyInts = Enumerable.Empty<int>(); // 空的 int 序列
var emptyComics = Enumerable.Empty<Comic>(); // 空的 Comic 參考序列
```

Enumerable.Repeat 會重複一個值某個次數

假如你需要一個序列，裡面有 100 個 3，或 12 個「yes」字串，或 83 個相同的匿名物件，你會很驚訝這件事有多常發生！你可以使用 **Enumerable.Repeat 方法**來做這件事—它會回傳一個由重複的值組成的序列：

```
var oneHundredThrees = Enumerable.Repeat(3, 100);
var twelveYesStrings = Enumerable.Repeat("yes", 12);
var eightyThreeObjects = Enumerable.Repeat(
    new { cost = 12.94M, sign = "ONE WAY", isTall = false }, 83);
```

那麼，到底 IEnumerable<T> 是什麼？

我們已經使用 IEnumerable<T> 一段時間了。我們還沒有真正回答「可列舉序列實際上是什麼」這個問題。了解一個東西最有效的方法就是親自建構它，所以在這一章的最後，我們要從頭開始建構一些序列。

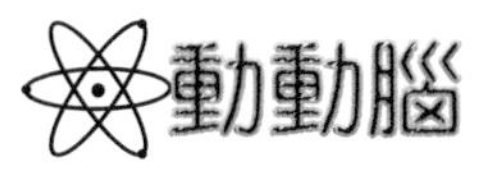

如果你必須自己設計 IEnumerable<T> 介面，你會在它裡面放什麼東西？

親自建立一個可列舉序列

假如我們有一些運動項目：

```
enum Sport { Football, Baseball, Basketball, Hockey, Boxing, Rugby, Fencing }
```

顯然我們可以建立一個新的 List<Sport>，並使用集合初始設定式來填寫它。但是為了研究序列如何運作，我們要親手建立一個序列。我們來建立一個新類別，稱之為 ManualSportSequence，並讓它實作 IEnumerable<Sport> 介面。它只有兩個成員，都會回傳 IEnumerator：

```
class ManualSportSequence : IEnumerable<Sport> {
    public IEnumerator<Sport> GetEnumerator() {
        return new ManualSportEnumerator();
    }

    System.Collections.IEnumerator System.Collections.IEnumerable.GetEnumerator() {
        return GetEnumerator();
    }
}
```

在使用「Implement interface」Quick Actions 選單項目時，它會讓 IEnumerator 與 IEnumerable 使用這些完整的類別名稱。

OK，那麼什麼是 IEnumerator？它是一種介面，可讓你列舉序列，逐一查看序列裡面的每一個項目。它有一個屬性，Current，它會回傳目前被列舉的項目。它的 MoveNext 方法會移到序列的下一個元素，在序列沒有項目時回傳 false。MoveNext 被呼叫之後，Current 會回傳下一個元素。最後，Reset 方法會把序列重新設到開頭。有了這些方法之後，你就有一個可列舉的序列了。

IEnumerator<T>
Current
MoveNext Reset Dispose

我們來實作一個 IEnumerator<Sport>：

```
using System.Collections.Generic;

class ManualSportEnumerator : IEnumerator<Sport> {
    int current = -1;

    public Sport Current { get { return (Sport)current; } }

    public void Dispose() { return; } // 你將在第 10 章認識 Dispose 方法

    object System.Collections.IEnumerator.Current { get { return Current; } }

    public bool MoveNext() {
        var maxEnumValue = Enum.GetValues(typeof(Sport)).Length;
        if ((int)current >= maxEnumValue - 1)
            return false;
        current++;
        return true;
    }

    public void Reset() { current = 0; }
}
```

我們也要實作 IDisposable 介面，你會在下一章認識它。它只有一個方法，Dispose。

我們的手工運動列舉程式利用「將 int 轉型成 enum」的做法。它使用 static Enum.GetValues 方法來取得 enum 裡面的成員總數，並使用 int 來記錄當前值的索引。

這就是自行建立 IEnumerable 所需要的所有東西。現在就自己試試看。**建立一個新的主控台 app**，加入 ManualSportSequence 與 ManualSportEnumerator，然後在 foreach 迴圈裡面列舉序列：

```
var sports = new ManualSportSequence();
foreach (var sport in sports)
    Console.WriteLine(sport);
```

使用 yield return 來建立你自己的序列

C# 提供簡單許多的方式來讓你建立可列舉序列：**yield return 陳述式**。yield return 陳述式是一種多功能的自動列舉程式製作工具。我們將藉由範例來幫助你了解它，透過一個**多專案解決方案**，來讓你做更多練習。

在你的解決方案裡面加入一個新的 Console App 專案 — 這就像你在本章加入 MSTest 專案時的做法，不過這一次不是選擇 MSTest 專案類型，而是選擇本書的大多數專案使用的 Console App 專案類型。然後在解決方案下面的專案上面按下右鍵，並**選擇「Set as startup project」**。 現在當你在 IDE 裡面啟動偵錯工具時，它會執行新專案。你也可以在解決方案裡面的任何專案上面按下右鍵，並執行它，或對它進行偵錯。

這是新的主控台 app 的程式：

```
static IEnumerable<string> SimpleEnumerable() {
    yield return "apples";
    yield return "oranges";
    yield return "bananas";
    yield return "unicorns";
}

static void Main(string[] args) {
    foreach (var s in SimpleEnumerable()) Console.WriteLine(s);
}
```

這個方法會回傳一個 IEnumerable<string>，所以每一個 yield return 都回傳一個字串值。

執行 app，它會印出四行：apples、oranges、bananas 與 unicorns。那麼它是如何運作的？

使用偵錯工具來探索 yield return

在 Main 方法的第一行設定中斷點，並啟動偵錯工具。然後使用 **Step Into**（F11 / ⇧⌘I）在迭代式裡逐行偵錯：

- 逐步執行程式，並持續逐步執行它，直到到達 SimpleEnumerable 方法的第一行為止。
- 再次逐步執行那行。它的行為很像 return 陳述式，它會將控制權回傳給呼叫它的陳述式，在這個例子裡，它回傳給 foreach 陳述式，這個陳述式呼叫 Console.WriteLine 來輸出 apples。
- 再逐步執行兩次。你的 app 會跳回 SimpleEnumerable 方法裡面，但是它會**跳過方法的第一個陳述式**，直接跳到第二行：

```
11  static IEnumerable<string> SimpleEnumerable()
12  {
13      yield return "apples";
14      yield return "oranges";  ≤ 1ms elapsed
15      yield return "bananas";
16      yield return "unicorns";
17  }
```

每次 foreach 迴圈得到 SimpleEnumerable 方法回傳的序列的項目時，它就會跳回去方法內上次呼叫 yield return 的地方後面。

- 持續執步執行。app 回到 foreach 迴圈，然後回到方法的**第三行**，然後回到 foreach 迴圈，再回到方法的**第四行**。

所以 yield return 會讓方法**回傳一個可列舉的序列**，每次它被呼叫時，就會回傳序列的下一個元素，並且記錄它上次在哪裡返回，以便從上次離開的地方繼續開始。

使用 yield return 來重構 ManualSportSequence

你可以**使用 yield return 來實作 GetEnumerator 方法**，建立你自己的 IEnumerable<T>。例如，這個 BetterSportSequence 類別做的事情與 ManualSportSequence 做的事情一模一樣。這個版本緊湊許多，因為它在 GetEnumerator 實作裡面使用 `yield return`：

```
using System.Collections.Generic;

class BetterSportSequence : IEnumerable<Sport> {
    public IEnumerator<Sport> GetEnumerator() {
        int maxEnumValue = Enum.GetValues(typeof(Sport)).Length - 1;
        for (int i = 0; i <= maxEnumValue; i++) {
            yield return (Sport)i;
        }
    }
   System.Collections.IEnumerator System.Collections.IEnumerable.GetEnumerator() {
        return GetEnumerator();
    }
}
```

你可以使用 yield return 來實作 IEnumerable<T> 的 GetEnumerator 方法，並建立你自己的可列舉序列。

在你的解決方案裡面加入一個新的 Console App 專案。加入這個新的 BetterSport IEnumerabe Sequence 類別，並修改 Main 方法，來建立它的一個實例，並列舉序列。

在 BetterSportSequence 加入索引子

你已經知道你可以在方法裡面使用 `yield return` 來建立 IEnumerator<T> 了。你也可以用它來建立一個實作 IEnumerable<T> 的類別。為序列製作獨立的類別有一個好處是：你可以加入**索引子**。你已經用過索引子了，每當你使用中括號 `[]` 從 list、陣列或字典裡面取出一個物件時（例如 `myList[3]` 或 `myDictionary["Steve"]`），你就在使用索引子。索引子只是一個方法。它看起來很像屬性，只是它有一個具名參數。

IDE 有**特別好用的程式片段**可以協助你加入索引子。輸入 **indexer** IEnumerabe 再加上兩個 tab，IDE 會自動幫你加入索引子的骨架。

這是 SportCollection 類別的索引子：

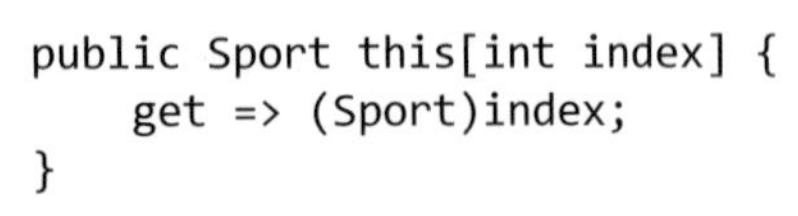

```
public Sport this[int index] {
    get => (Sport)index;
}
```

用 `[3]` 來呼叫索引子會得到 `Hockey` 值：

```
var sequence = new BetterSportSequence();
Console.WriteLine(sequence[3]);
```

照過來！

序列<u>不是</u>集合。

試著建立一個實作 ICollection<int> 的類別，並使用 Quick Actions 選單來實作它的成員。你會看到，集合不但要實作 IEnumerable<T> 方法，也需要額外的屬性（包括 Count）與方法（包括 Add 與 Clear）。由此可知，集合的工作與可列舉序列不同。

當你使用程式片段來建立索引子時，仔細觀察 — 它可以讓你設定型態。你可以定義一個接收不同型態的索引子，包括字串，甚至物件。雖然我們的索引子只有一個 getter，但你也可以加入 setter（就像你在 List 裡面用來設定項目的那一種）。

建立一個可列舉類別，在列舉時，回傳一個 int 序列，讓它裡面有 2 的所有冪次方，從 0 開始，到可以放入 int 的最大 2 的冪次方。

使用 yield return 來建立 2 的冪次方的序列。

建立一個稱為 PowersOfTwo 的類別，讓它實作 IEnumerable<int>。它有一個 for 迴圈，從 0 開始，並使用 yield return 來回傳存有每一個 2 的冪次的序列。

app 要將這些輸出寫到主控台：1 2 4 8 16 32 64 128 256 512 1024 2048 4096 8192 16384 32768 65536 131072 262144 524288 1048576 2097152 4194304 8388608 16777216 33554432 67108864 134217728 268435456 536870912 1073741824。

回傳所需的值序列

你也會在 app 裡面使用 static System.Math 類別的方法：

- 計算 2 的特定冪次：**Math.Pow(power, 2)**
- 找到可以放入 int 的最大 2 的冪次：**Math.Round(Math.Log(int.MaxValue, 2))**

問：**我想，我知道 yield return 是怎麼回事了，但是你能不能再解釋一下，為什麼它會跳到方法的中間？**

答：當你使用 yield return 來建立可列舉序列時，它會做你在 C# 的任何其他地方沒有看過的事情。一般來說，當方法遇到 return 陳述式時，C# 會執行呼叫該方法的陳述式後面的那個陳述式。當它列舉一個使用 yield return 來建立的序列時也會做同樣的事情，但是有一個差異：它會記得上次在這個方法裡面執行的 yield return 陳述式。然後，當它移到序列的下一個項目時，它不是從方法的最前面開始執行，而是執行最後一次呼叫的 yield return 的下一個陳述式。所以你可以使用一系列的 yield return 陳述式來建構一個回傳 IEnumerable<T> 的方法。

問：**當我加入實作 IEnumerable<T> 的類別時，我必須加入 MoveNext 方法與 Current 屬性。當我使用 yield return 時，為什麼不需要實作這兩個成員就可以實作那個介面？**

答：當編譯器看到方法回傳 IEnumerable<T> 而且有 yield return 陳述式時，它會自動加入 MoveNext 方法與 Current 屬性。當它執行時，它遇到第一個 yield return 會讓它回傳 foreach 迴圈的第一個值。當 foreach 迴圈繼續執行時（藉著呼叫 MoveNext 方法），它會在上次執行的 yield return 後面的陳述式繼續執行。它的 MoveNext 方法會在 enumerator 位於集合的最後一個元素後面時回傳 false。這些事情透過文字可能有點難以理解，但是將它載入偵錯工具就容易理解許多，這就是為什麼我們讓你做的第一件事就是逐步執行一個使用 yield return 的簡單序列。

建立一個可列舉類別，在列舉時，回傳一個 int 序列，讓它裡面有 2 的所有冪次方，從 0 開始，到可以放入 int 的最大的 2 的冪次方。

```
class PowersOfTwo : IEnumerable<int> {
  public IEnumerator<int> GetEnumerator() {
    var maxPower = Math.Round(Math.Log(int.MaxValue, 2));
    for (int power = 0; power < maxPower; power++)
      yield return (int)Math.Pow(2, power);
  }

  IEnumerator IEnumerable.GetEnumerator() => GetEnumerator();
}

class Program {
  static void Main(string[] args) {
    foreach (int i in new PowersOfTwo())
      Console.Write($" {i}");
  }
}
```

別忘了你的 using 指示詞：

```
using System;
using System.Linq;
using System.Collections;
using System.Collections.Generic;
```

重點提示

- **單元測試**是自動化的測試，可以幫助你確保程式做它該做的事情，並協助你**安全地重構**程式。
- MSTest 是一種**單元測試框架**，或者說，它是一組類別，提供單元測試的編寫工具。Visual Studio 也有執行單元測試並讓你查看結果的工具。
- 單元測試使用**判斷提示**來驗證特定的行為。
- **internal 關鍵字**可讓多專案環境裡面的一個專案使用另一個專案裡面的類別。
- 加入單元測試來處理邊緣情況與奇怪的資料可讓你的程式更**強固**。
- 使用 lambda 運算子 => 來定義 **lambda 運算式**，也就是在一個陳述式裡面定義的匿名函式，它長這樣：(inputparameters) => expression;。
- 當類別實作介面時，在 Quick Actions 選單裡面的**「Implement interface」選項**會要求 IDE 加入任何遺漏的介面成員。
- LINQ 查詢裡面的 orderby 與 where 子句可以用 **OrderBy 與 Where** LINQ 方法來改寫。
- 你可以使用 => 運算子來將一個欄位**轉換**成具有 getter 並執行 lambda 運算式的**屬性**。
- **?: 運算子**（稱為條件或三元運算子）可讓你用一個運算式來執行 if/else 條件。
- 接收 **Func<T1, T2> 參數**的 LINQ 方法可以使用接收 T1 參數且回傳 T2 值的 lambda 來呼叫。
- 使用 => 運算子來建立 **switch 運算式**，它很像回傳一個值的 switch 陳述式。
- Enumerable 類別有 static 的 **Range、Empty 與 Repeat 方法**可協助你建立可列舉序列。
- 使用 **yield return 陳述式**來建立回傳可列舉序列的方法。
- 當一個方法執行 yield return 時，它會回傳序列的下一個值。下一次那個方法被呼叫時，它會在上次執行 yield return 之處的下一個陳述式繼續執行。

集合填字遊戲

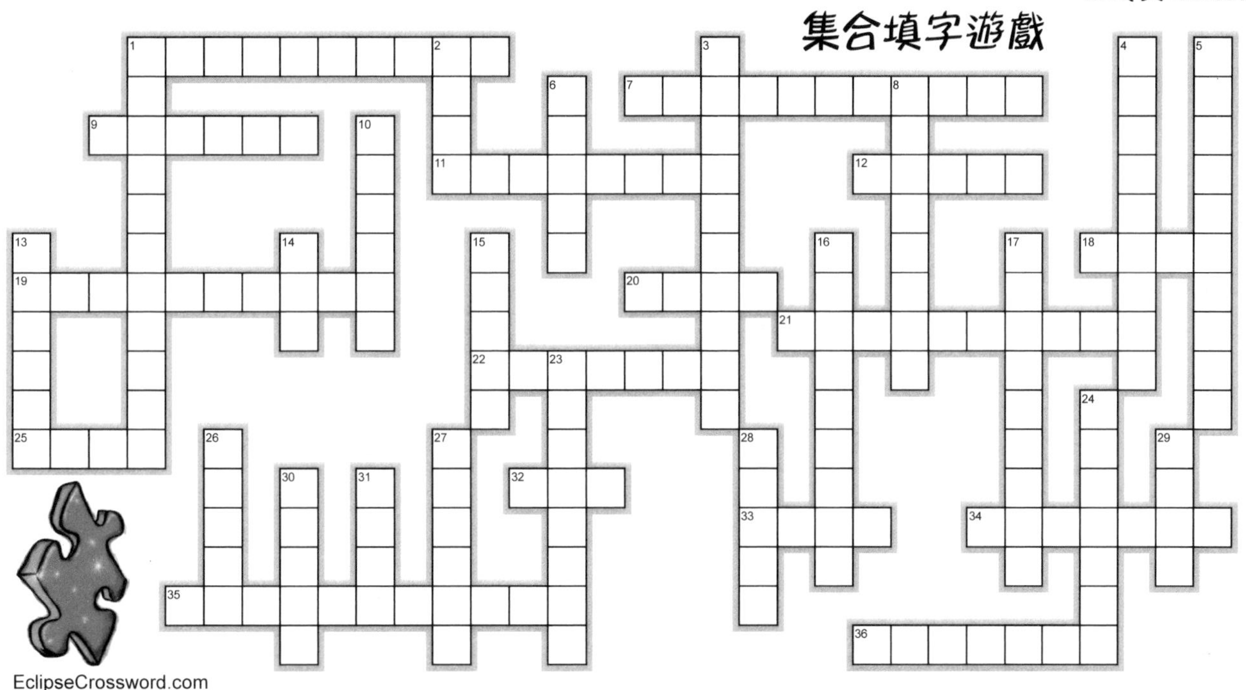

橫向

1. 你可以使用 var 關鍵字來宣告 _____ 型態變數
7. 集合 _____ 可以結合宣告式與想加入的項目
9. 當你擁有許多偵測奇怪的資料或邊緣情況的測試時，你就是在試著讓程式更 _____
11. 哪個 LINQ 方法可以回傳序列的最後一個元素
12. 後進後出（LIFO）的集合
18. 哪個 LINQ 方法可以回傳序列的第一個元素
19. 有多個建構式的方法，而且那些建構式的參數各有不同
20. 當你看到這種參數型態時，你就可以使用 lambda
21. 當你向上轉型整個 list 時，你是在利用什麼
22. 當你呼叫 myArray[3] 時，你在使用什麼
25. 當你在類別或介面定義式裡面看到 <T> 時，T 要換成什麼
32. 用來建立匿名物件的關鍵字
33. 只允許某些值的資料型態
34. 可以儲存任何型態的集合類型
35. 所有序列都有實作的介面
36. ?: 條件運算子的另一個名稱

縱向

1. 如果你想要排序一個 List，它的成員必須實作這個
2. 依序儲存項目的集合類別
3. 儲存索引鍵與值的集合
4. 你會將什麼東西傳給 List.Sort，來告訴它如何排序項目
5. 括號裡面是什麼：(_____) => expression;
6. 你不能使用 var 關鍵字來宣告這個
8. 在多專案解決方案裡，不能被其他專案使用的類別所使用的存取修飾詞
10. 用 => 運算子建立的運算式
13. 將一個序列的元素附加到另一個序列後面的 LINQ 方法
14. 每一個集合都有這個方法可以將新元素放入它裡面
15. 你可以用回傳類別型態的類別方法來做什麼？
16. 當 IDE 告訴你 `'a' is a new string Color, int Height` 時，你看到哪一種型態
17. 物件的名稱空間加上句點加上類別稱為 fully _____ class name
23. 除非 LINQ 查詢的結果被使用，否則那一個查詢不會執行，這個現象稱為 _____ 求值
24. 在 LINQ 查詢裡面排序結果的子句
26. 在 LINQ 查詢裡面用 from 子句建立的變數類型
27. 一種 Enumerable 方法，它回傳的序列具有同一個元素的多個複本
28. 它是 LINQ 查詢的子句，用來決定該使用輸入的哪些元素
29. 將兩個序列的資料合併的 LINQ 查詢
30. 先進先出（FIFO）的集合
31. 一種關鍵字，switch 陳述式有，但 switch 運算式沒有

下載習題：Go Fish

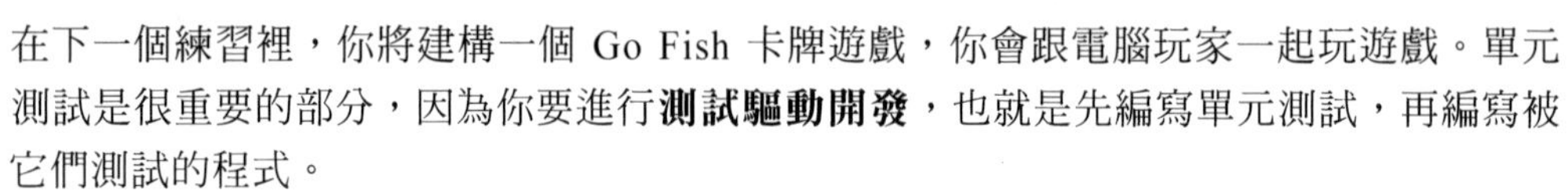

在下一個練習裡，你將建構一個 Go Fish 卡牌遊戲，你會跟電腦玩家一起玩遊戲。單元測試是很重要的部分，因為你要進行**測試驅動開發**，也就是先編寫單元測試，再編寫被它們測試的程式。

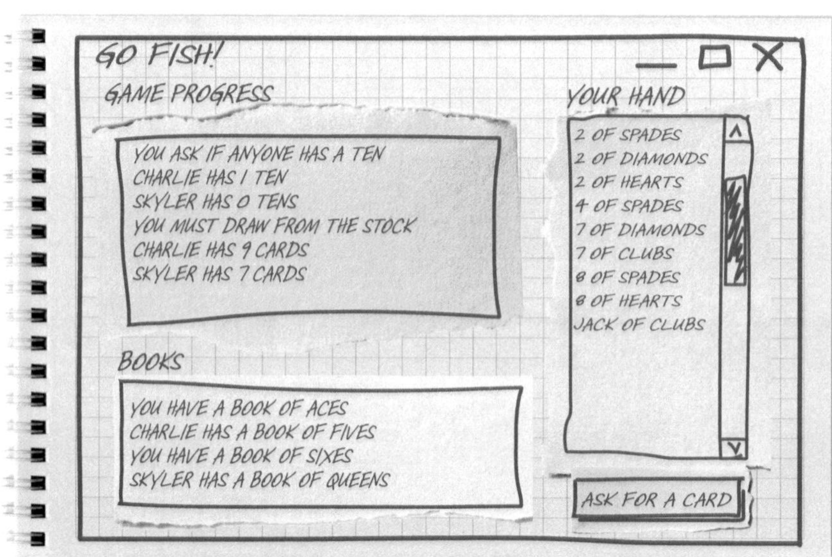

前往本書的 GitHub 網頁下載專案 PDF：

https://github.com/head-first-csharp/fourth-edition

集合填字遊戲解答

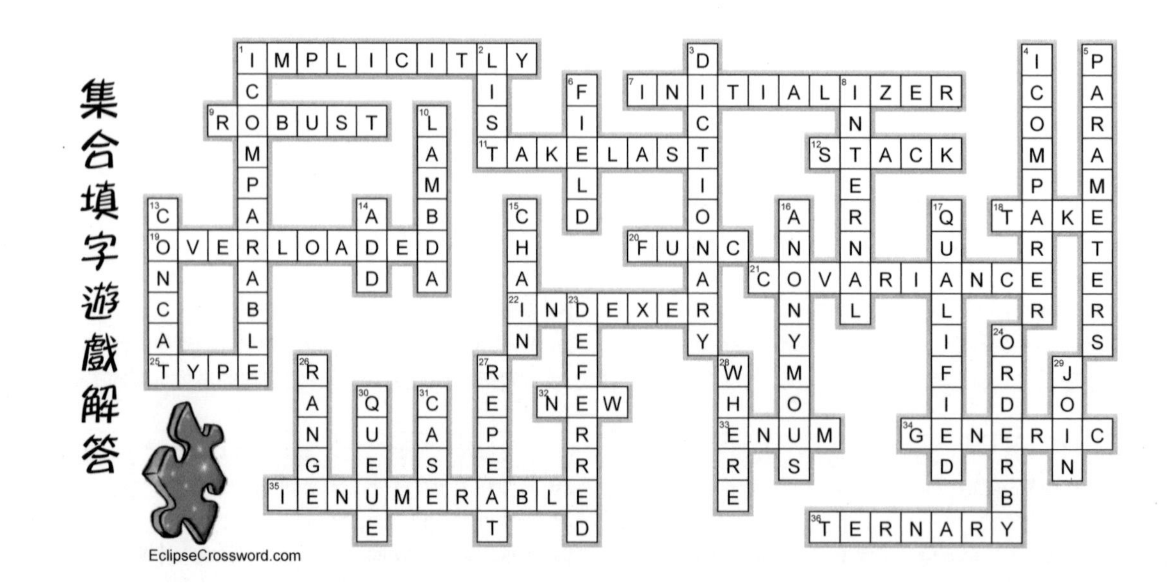

10 讀取與寫入檔案

幫我儲存最後一個 byte！

OK，繼續討論我們的購物清單…鐵絲網…龍舌蘭酒…葡萄果凍…繃布…好的，我寫下來了。

有時，具備一些持久性是有價值的。

到目前為止，你的程式都很短命。它們在啟動之後，都稍微跑一下就結束了。但是這種模式有時沒有用處，尤其是在處理重要的資訊時，因為你必須設法**儲存工作成果**。這一章要介紹如何**將資料寫入檔案**，以及如何從檔案**將那些資訊讀回來**。你將學習**資料流**，以及如何用**序列化**來將物件存入檔案，並實際了解如何處理**十六進制**、**Unicode** 與**二進制資料**的位元與位元組。

.NET 使用資料流來讀取與寫入資料

當你想要從檔案讀取資料，或是將資料寫入檔案時，你就會使用 Stream 物件。

資料流（stream）是 .NET Framework 讓資料進出程式的方式。每當你的程式讀取或寫入一個檔案、透過網路連接另一台電腦，或是做任何需要**傳送或接收位元組**的事情時，你就在使用資料流。有時你會直接使用資料流，有時則是間接使用。即使你所使用的類別不會直接公開資料流，但是在底層，它們幾乎都會使用資料流。

假如你有一個簡單的 app，需要從檔案讀取資料。此時最基本的做法是使用 Stream 物件。

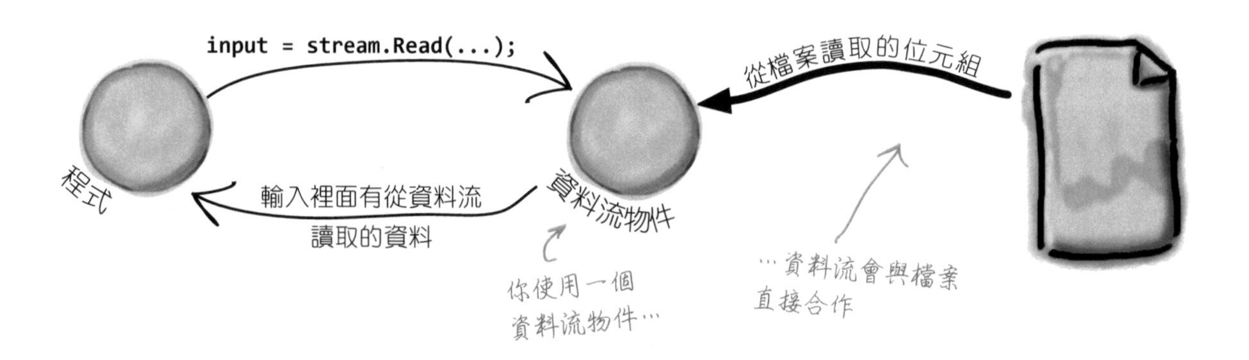
input = stream.Read(...);
從檔案讀取的位元組
程式
輸入裡面有從資料流讀取的資料
資料流物件
你使用一個資料流物件…
…資料流會與檔案直接合作

如果 app 需要將資料寫到檔案，它可以使用另一個 Stream 物件。

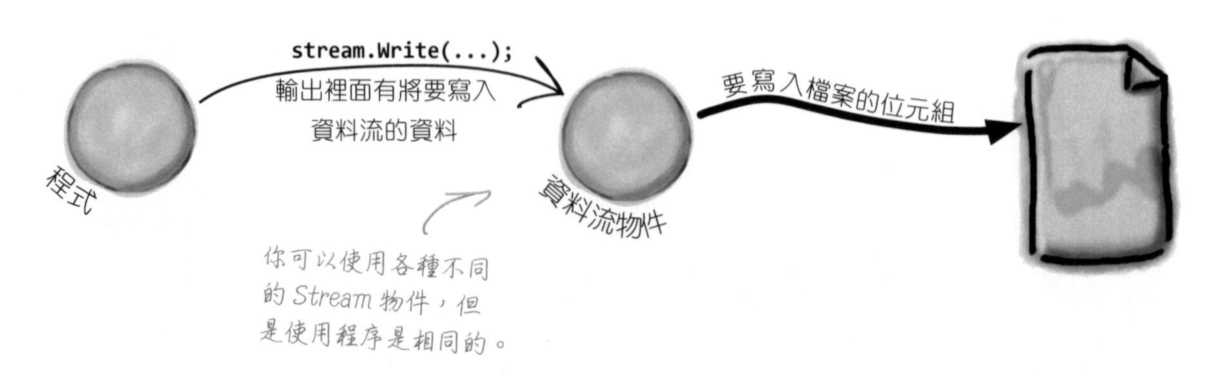
stream.Write(...);
輸出裡面有將要寫入資料流的資料
要寫入檔案的位元組
程式
資料流物件
你可以使用各種不同的 Stream 物件，但是使用程序是相同的。

用不同的資料流來讀取與寫入不同的東西

每一個資料流都是 **abstract Stream 類別**的子類別，Stream 有很多做不同事情的子類別。我們會重點討論如何讀取和寫入一般的檔案，但是本章介紹的關於資料流的事項都適用於檔案的壓縮和加密，以及完全不使用檔案的網路資料流。

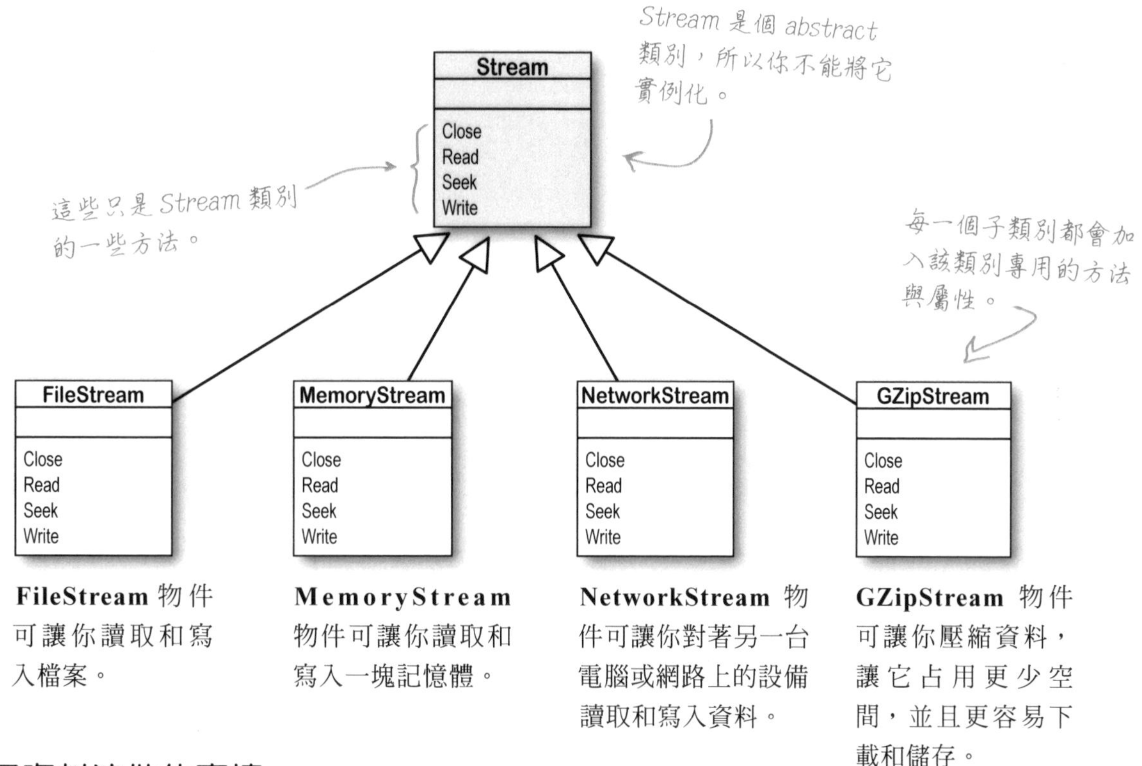

Stream 是個 abstract 類別，所以你不能將它實例化。
Stream
Close
Read
Seek
Write
這些只是 Stream 類別的一些方法。
每一個子類別都會加入該類別專用的方法與屬性。
FileStream
MemoryStream
NetworkStream
GZipStream

FileStream 物件可讓你讀取和寫入檔案。

MemoryStream 物件可讓你讀取和寫入一塊記憶體。

NetworkStream 物件可讓你對著另一台電腦或網路上的設備讀取和寫入資料。

GZipStream 物件可讓你壓縮資料，讓它占用更少空間，並且更容易下載和儲存。

你可以用資料流做的事情：

1. **寫至資料流。**

   你可以透過資料流的 **Write 方法**將資料寫到資料流。

2. **從資料流讀取。**

   你可以使用 **Read 方法**從檔案，或網路，或記憶體，或使用資料流的任何其他東西取得資料。你甚至可以從**很大**的檔案讀取資料，即使它們大到無法放入記憶體。

3. **改變你在資料流裡面的位置。**

   大部分的資料流都有 **Seek 方法**可讓你在資料流裡面找到一個讀取或插入資料的位置。但是並非每一個 Stream 類別都提供 Seek — 這很合理，有一些資料流來源不一定可以回溯。

資料流可以讓你讀取和寫入資料。你要為你的資料選擇正確的資料流類型。

FileStream 可以對著檔案讀取和寫入位元組

當程式想要寫幾行文字到檔案裡面時，有一些事情是必做的：

務必在使用 FileStreams 的程式中加入「using System.IO;」。

1. 建立一個新的 FileStream 物件，並要求它寫入檔案。

每個 FileStream 每次只能被附加到一個檔案。

2. FileStream 將它自己附加到一個檔案。

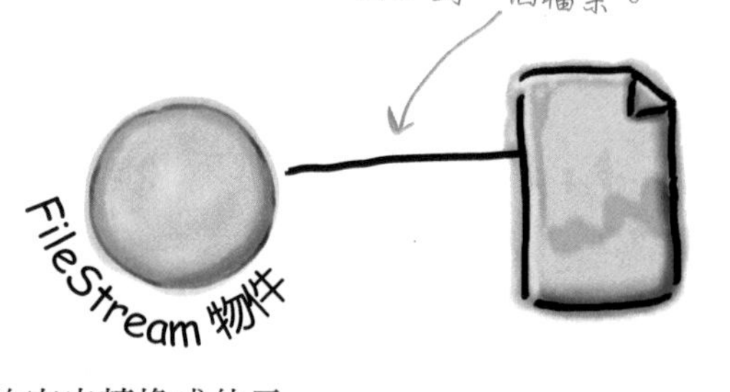

3. Stream 將位元組寫入檔案，所以你要將想要寫入的字串轉換成位元組陣列。

這稱為**編碼**（encoding），我們稍後會更詳細討論它…

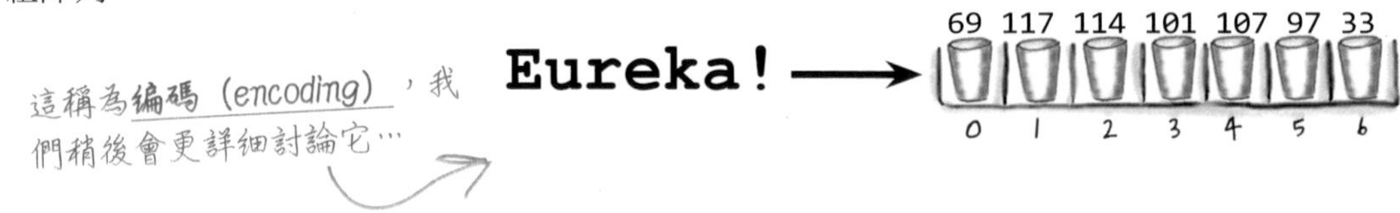

4. 呼叫資料流的 Write 方法，並將位元組陣列傳給它。

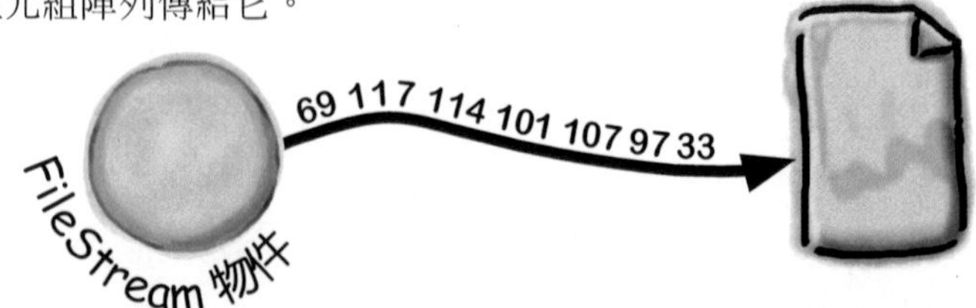

5. 關閉資料流，讓其他的程式可以使用檔案。

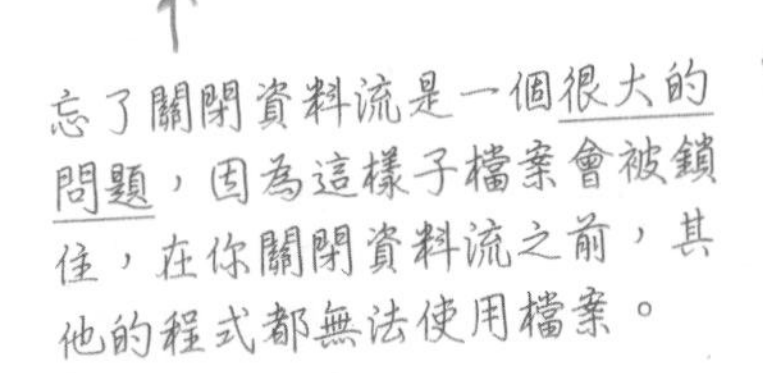

忘了關閉資料流是一個很大的問題，因為這樣子檔案會被鎖住，在你關閉資料流之前，其他的程式都無法使用檔案。

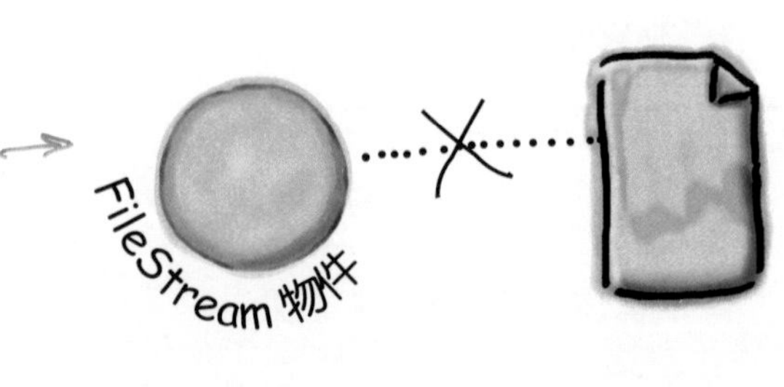

用三個簡單的步驟將文字寫入檔案

C# 有一個方便的方法，稱為 **StreamWriter**，可以為你簡化這些事情。你只要建立一個新的 StreamWriter 物件，並給它一個檔名。它會**自動**建立一個 FileStream 並打開檔案。然後你可以使用 StreamWriter 的 Write 與 WriteLine 方法，將你想要寫入的任何東西寫入檔案。

StreamWriter 可以為你自動建立和管理 FileStream 物件。

1. **使用 StreamWriter 的建構式來打開或建立一個檔案。**

你可以傳遞一個檔名給 StreamWriter 的建構式。完成之後，writer 會自動打開檔案。StreamWriter 也有兩個多載的建構式，可讓你指定它的附加（*append*）模式：傳遞 `true` 會讓它在既有檔案的結尾加上資料（或附加），傳遞 `false` 會讓資料流刪除既有的檔案，並使用同一個名稱來建立新檔。

```
var writer = new StreamWriter("toaster oven.txt", true);
```

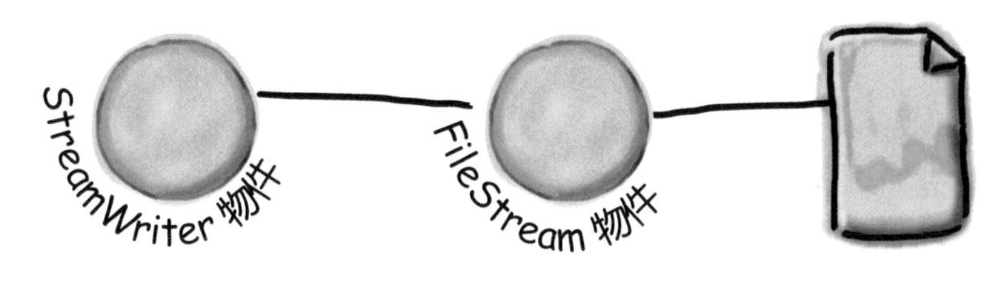

2. **使用 Write 與 WriteLine 方法來寫入檔案。**

這些檔案的運作方式與在 Console 類別裡面的一樣：Write 會寫入文字，WriteLine 會寫入文字並在結尾加上一個分行符號。

```
writer.WriteLine($"The {appliance} is set to {temp} degrees.");
```

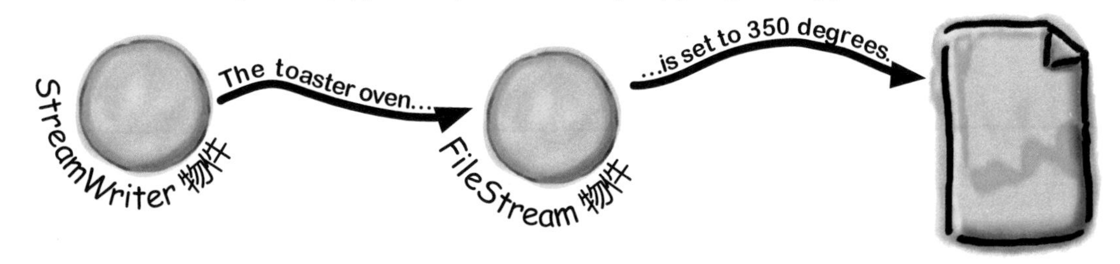

3. **呼叫 Close 方法來釋出檔案。**

如果你讓資料流持續打開並將它附加到一個檔案，那個檔案就會被一直鎖住，導致其他的程式都無法使用它。所以務必關閉你的檔案！

```
writer.Close();
```

Swindler 開始進行惡毒的計畫了

物件村的居民一直生活在 Swindler（直譯為騙子，他是神奇隊長的宿敵）的陰影之下。現在他使用 StreamWriter 來實作另一項邪惡的計畫。我們來看一下這是怎麼回事。建立一個新的 Console App 專案並**加入這段 Main 程式碼**，先加入 using 宣告式，因為 StreamWriter 在 **System.IO** 名稱空間裡面。

StreamWriter 的 Write 與 WriteLine 方法的運作方式很像 Console 的：Write 會寫入文字，而 WriteLine 會寫入文字與分行符號。這兩個類別都支援 { 大括號 }：

```
sw.WriteLine("Clone #{0} attacks {1}",
        number, location);
```

在文字裡面的 {0} 會被換成字串後面的第一個參數，{1} 會被換成第 2 個，{2} 會被換成第 3 個，以此類推。

```
using System.IO;

class Program
{
    static void Main(string[] args)
    {
        StreamWriter sw = new StreamWriter("secret_plan.txt");

        sw.WriteLine("How I'll defeat Captain Amazing");
        sw.WriteLine("Another genius secret plan by The Swindler");
        sw.WriteLine("I'll unleash my army of clones upon the citizens of Objectville.");

        string location = "the mall";
        for (int number = 1; number <= 5; number++)
        {
            sw.WriteLine("Clone #{0} attacks {1}", number, location);
            location = (location == "the mall") ? "downtown" : "the mall";
        }
        sw.Close();
    }
}
```

StreamWriter 在 System.IO 名稱空間裡面。

這一行會建立 StreamWriter 物件，並告訴它檔案會在哪裡。

看看你能不能想出位置變數與 ?: 三元運算子是怎麼回事。

在使用 StreamWriter 之後呼叫 Close 很重要，因為這會釋出任何檔案的連結，以及 StreamWriter 實例使用的任何其他資源。如果你不關閉資料流，將會有一些文字不會被寫入（可能完全沒有！）。

因為你沒有在檔名裡面加入完整路徑，它會把輸出檔寫到**二進制檔的同一個資料夾**裡面，所以如果你在 Visual Studio 裡面執行 app，你可以看一下解決方案資料夾底下的 bin\Debug\netcoreapp3.1 資料夾。

如果你使用不同的 .NET 版本，在 Debug 底下的子目錄可能會不一樣。

Swindler 是神奇隊長的宿敵，一位企圖統治物件村的神秘超級反派。

這是它寫到 *secret_plan.txt* 的輸出：

輸出

```
How I'll defeat Captain Amazing
Another genius secret plan by The Swindler
I'll unleash my army of clones upon the citizens of
Objectville.
Clone #1 attacks the mall
Clone #2 attacks downtown
Clone #3 attacks the mall
Clone #4 attacks downtown
Clone #5 attacks the mall
```

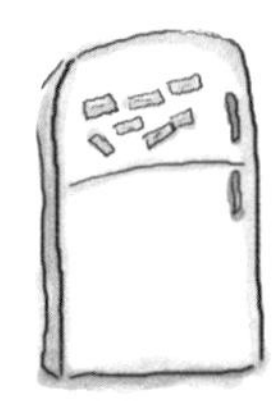

StreamWriter 磁貼

哎呀！有人用磁貼在冰箱排出完美的 Flobbo 類別，但有人關門太大力，導致它們散落一地。你可以重新排列它們，讓 Main 方法產生下面的輸出嗎？

```
static void Main(string[] args) {
    Flobbo f = new Flobbo("blue yellow");
    StreamWriter sw = f.Snobbo();
    f.Blobbo(f.Blobbo(f.Blobbo(sw), sw), sw);
}
```

我們給你額外的挑戰。

Blobbo 方法有一點奇怪。有沒有看到前兩個磁貼的宣告式不一樣？我們把 Blobbo 定義成**多載方法** — 它有兩個不同的版本，每一個都有它自己的參數，就像你在前幾章用過的多載方法那樣。

假設所有程式檔案的最上面都有 using System.IO;

```
public bool Blobbo
    (bool Already, StreamWriter sw)
{
```

```
public bool Blobbo(StreamWriter sw) {
```

```
if (Already) {
```

```
private string zap;
public Flobbo(string zap) {
    this.zap = zap;
}
```

```
public StreamWriter Snobbo() {
```

```
}
else
{
```

```
sw.WriteLine(zap);
zap = "green purple";
return false;
```

```
return new
   StreamWriter("macaw.txt");
```

```
class Flobbo
{
```

```
sw.WriteLine(zap);
sw.Close();
return false;
```

```
sw.WriteLine(zap);
zap = "red orange";
return true;
```

```
}    }    }    }    }
```

這是 app 寫到一個稱為 macaw.txt 的檔案的輸出。

輸出

```
blue yellow
green purple
red orange
```

StreamWriter 磁貼解答

你的工作是用磁貼來建構 Flobbo 類別，來建立所需的輸出。

```
static void Main(string[] args) {
    Flobbo f = new Flobbo("blue yellow");
    StreamWriter sw = f.Snobbo();
    f.Blobbo(f.Blobbo(f.Blobbo(sw), sw), sw);
}
```

在主控台 app 加入這段程式。輸出會被寫到二進制檔的資料夾裡面的 *macaw.txt* — 這個資料夾是在專案資料夾裡面的 bin\Debug 資料夾下面的子目錄。

輸出

```
blue yellow
green purple
red orange
```

假設所有程式檔案的最上面都有 using System.IO;

```
class Flobbo
{
    private string zap;
    public Flobbo(string zap) {
        this.zap = zap;
    }
    public StreamWriter Snobbo() {
        return new
           StreamWriter("macaw.txt");
    }

    public bool Blobbo(StreamWriter sw) {
        sw.WriteLine(zap);
        zap = "green purple";
        return false;
    }

    public bool Blobbo
        (bool Already, StreamWriter sw)
    {
        if (Already) {
            sw.WriteLine(zap);
            sw.Close();
            return false;
        }
        else
        {
            sw.WriteLine(zap);
            zap = "red orange";
            return true;
        }
    }
}
```

務必在用完檔案之後關閉它們。花一分鐘搞清楚為什麼要在寫入所有文字之後呼叫它。

定義多載方法

你曾經在第 8 章學過如何設計多載的 *Random.Next* 方法 — 它有三個不同的版本，每一個版本都有一組不同的參數。*Blobbo* 方法也是多載的，它有兩個宣告式，分別有不同的參數：

public bool Blobbo(StreamWriter sw)

與

public bool Blobbo(bool Already, StreamWriter sw)

這兩個多載的 *Blobbo* 方法彼此完全獨立。它們有不同的行為，就像不同的 *Random.Next* 多載版本有不同的行為那樣。如果你把這兩個方法加入一個類別，*IDE* 會將它們顯示成多載方法，與它對待 *Random.Next* 的方式一樣。

切記：我們在這些謎題裡故意使用奇怪的變數名稱與方法，因為使用好名稱會讓謎題變得非常簡單。不要在你的程式裡使用它，OK？

使用 StreamReader 來讀取檔案

我們要使用 **StreamReader** 來讀取 Swindler 的秘密計畫，StreamReader 是一種類似 StreamWriter 的類別—但是，它不是用來寫入檔案的，你要建立 StreamReader，將檔名傳給它，在它的建構式裡面讀取檔案。它的 ReadLine 方法會回傳一個字串，字串裡面有檔案的下一行。你可以寫一個迴圈從裡面讀出文字，直到它的 EndOfStream 欄位是 true 為止 — 這代表它沒有文字可供讀取了。加入這個主控台 app 來使用 StreamReader 讀取檔案，以及使用 StreamWriter 來寫入另一個檔案：

StreamReader 是從資料流讀取字元的類別，但是它本身不是資料流。當你將檔名傳給它的建構式時，它會幫你建立一個資料流，並且在你呼叫它的 Close 方法時關閉它。它也有一個多載的建構式可以接收 Stream 的參考。

在 Windows，這會回傳用戶的 Documents 資料夾的路徑，在 macOS，則是回傳用戶的主目錄。務必將 *secret_plan.txt* 複製到那個資料夾裡面！你可以看看 SpecialFolder enum，來了解你還可以找到哪些資料夾。

```
using System.IO;

class Program
{
    static void Main(string[] args)
    {
        var folder = Environment.GetFolderPath(Environment.SpecialFolder.Personal);

        var reader = new StreamReader($"{folder}{Path.DirectorySeparatorChar}secret_plan.txt");
        var writer = new StreamWriter($"{folder}{Path.DirectorySeparatorChar}emailToCaptainA.txt");

        writer.WriteLine("To: CaptainAmazing@objectville.net");
        writer.WriteLine("From: Commissioner@objectville.net");
        writer.WriteLine("Subject: Can you save the day... again?");
        writer.WriteLine();
        writer.WriteLine("We've discovered the Swindler's terrible plan:");

        while (!reader.EndOfStream)
        {
            var lineFromThePlan = reader.ReadLine();
            writer.WriteLine($"The plan -> {lineFromThePlan}");
        }
        writer.WriteLine();
        writer.WriteLine("Can you help us?");

        writer.Close();
        reader.Close();
    }
}
```

將你想要讀取的檔案傳給 StreamReader 的建構式。

當 reader 讀取檔案的所有資料之後，EndOfStream 屬性會變成 true。

這個迴圈會從 reader 讀取一行，並將它寫到 writer。

StreamReader 與 StreamWriter 都會建立它們自己的資料流。呼叫它們的 Close 方法會要求它們關閉這些資料流。

輸出

```
To: CaptainAmazing@objectville.net
From: Commissioner@objectville.net
Subject: Can you save the day... again?

We've discovered the Swindler's terrible plan:
The plan -> How I'll defeat Captain Amazing
The plan -> Another genius secret plan by The Swindler
The plan -> I'll unleash my army of clones upon the citizens of Objectville.
The plan -> Clone #1 attacks the mall
The plan -> Clone #2 attacks downtown
The plan -> Clone #3 attacks the mall
The plan -> Clone #4 attacks downtown
The plan -> Clone #5 attacks the mall

Can you help us?
```

資料可以流經一個以上的資料流

在 .NET 裡面使用資料流有一個很大的優點在於，你可以讓資料流在抵達終點的過程中，經歷一個以上的資料流。CryptoStream 類別是 .NET Core 的許多資料流類型之一。你可以用它來幫資料加密，再用資料來做任何其他事情。所以雖然你可以把一般的文字寫入普通的文字檔案裡：

Stream
Close
Read
Seek
Write

CryptoStream
Close
Read
Seek
Write

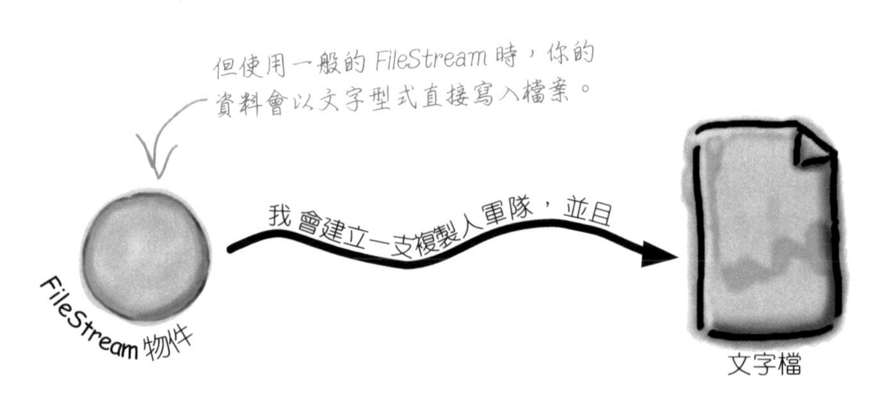

但使用一般的 FileStream 時，你的資料會以文字型式直接寫入檔案。
我會建立一支複製人軍隊，並且
FileStream 物件
文字檔

但 CryptoStream 繼承 abstract Stream 類別，與其他的資料流類別一樣。

Swindler 可以**將資料流串接起來**，將文字送到 CryptoStream 物件，再將它的輸出寫到 FileStream：

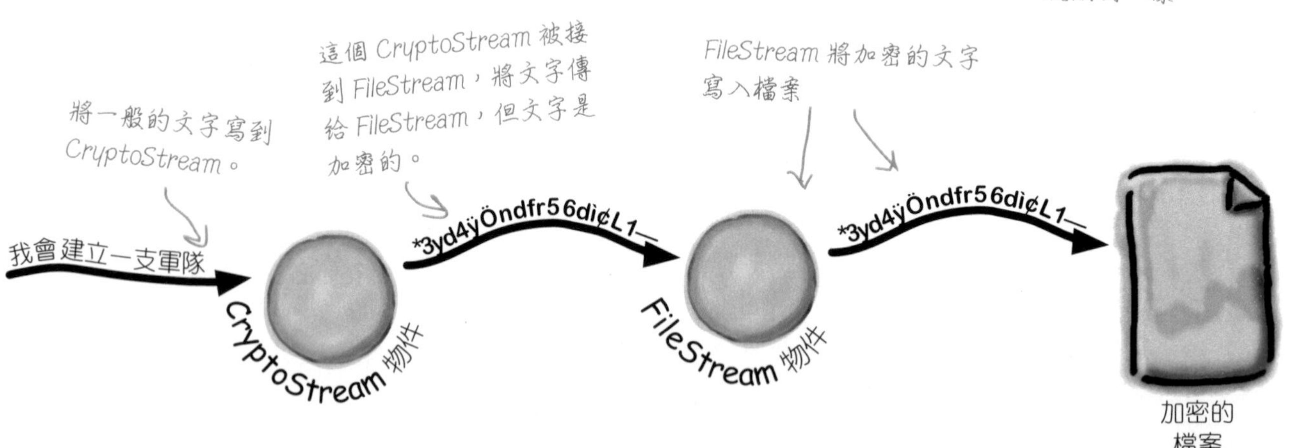

將一般的文字寫到 CryptoStream。
這個 CryptoStream 被接到 FileStream，將文字傳給 FileStream，但文字是加密的。
FileStream 將加密的文字寫入檔案
我會建立一支軍隊
*3yd4ÿÖndfr56di¢L1—
CryptoStream 物件
*3yd4ÿÖndfr56di¢L1—
FileStream 物件
加密的檔案

你可以串連資料流。一個資料流可以寫入第二個資料流，第二個資料流又可以寫入第三個資料流…最終通常是一個網路或檔案資料流。

池畔風光

你的**工作**是把游泳池裡面的程式片段放入 Pineapple、Pizza 與 Party 類別的空行。同一個程式片段可以使用多次，而且你不需要使用所有的程式片段。你的**目標**是寫一段程式把下面的輸出欄裡面的五行文字寫入 *order.txt* 檔案。

```
class Pineapple {
   const ________d = "delivery.txt";
   public ____________
      { North, South, East, West, Flamingo }
   public static void Main(string[] args) {
      _____o = new ___________("order.txt");
      var pz = new ______(new ___________(d, true));
      pz.______(Fargo.Flamingo);
      for (_____w = 3; w >= 0; w--) {
         var i = new ______(new ___________(d, false));
         i.Idaho((Fargo)w);
         Party p = new ______(new ___________(d));
         p.HowMuch(o);
      }
      o.__________("That's all folks!");
      o.______();
   }
}
```

程式要把這幾行寫入 order.txt 檔。

order.txt

```
West
East
South
North
That's all folks!
```

這是額外的問題。

迷你削尖你的鉛筆

這個 app 將什麼文字寫入 *delivery.txt*？

....

```
class Pizza {
   private ___________writer;
   public Pizza(___________________) {
      this.writer = writer;
   }
   public void Idaho(__________.Fargo f) {
      writer.__________(f);
      writer.______();
   }
}

class Party {
   private ___________reader;
   public Party(___________________) {
      this.reader = reader;
   }
   public void HowMuch(___________q) {
      q.__________(reader.__________());
      reader.______();
   }
}
```

注意：泳池裡的程式片段都可以使用多次！

HowMany
HowMuch
HowBig
HowSmall
int
long
string
enum
class
ReadLine
WriteLine
Pizza
Party
Stream
reader
writer
StreamReader
StreamWriter
Open
Close
public
private
this
class
static
for
while
foreach
var
=
>=
<=
!=
==
++
--
Fargo
Utah
Idaho
Dakota
Pineapple

池畔風光解答

```
class Pineapple {
    const string d = "delivery.txt";
    public enum Fargo
        { North, South, East, West, Flamingo }
    public static void Main(string[] args) {
        var o = new StreamWriter("order.txt");
        var pz = new Pizza(new StreamWriter(d, true));
        pz.Idaho(Fargo.Flamingo);
        for (int w = 3; w >= 0; w--) {
            var i = new Pizza(new StreamWriter(d, false));
            i.Idaho((Fargo)w);
            Party p = new Party(new StreamReader(d));
            p.HowMuch(o);
        }
        o.WriteLine("That's all folks!");
        o.Close();
    }
}

class Pizza {
    private StreamWriter writer;
    public Pizza(StreamWriter writer) {
        this.writer = writer;
    }
    public void Idaho(Pineapple.Fargo f) {
        writer.WriteLine(f);
        writer.Close();
    }
}

class Party {
    private StreamReader reader;
    public Party(StreamReader reader) {
        this.reader = reader;
    }
    public void HowMuch(StreamWriter q) {
        q.WriteLine(reader.ReadLine());
        reader.Close();
    }
}
```

這個 enum 被用來印出許多輸出。我們在第 8 章學過，enum 的 ToString 方法會回傳相應的字串，所以 Fargo.North.ToString() 會回傳字串「North」。

這是程式的入口。它會建立一個 StreamWriter，並將 StreamWriter 傳給 Party 類別。然後它會對 Fargo 成員執行迴圈，將它們都傳給 Pizza.Idaho 方法來印出。

Pizza 類別有個 private 欄位 StreamWriter，它的 Idaho 方法會使用 Fargo enum 的 ToString 方法將它們寫入檔案，WriteLine 會自動呼叫 ToString 方法。

Party 類別有一個 StreamReader 欄位，類別的 HowMuch 方法會從那個 StreamReader 讀取一行，並將它寫入 StreamWriter。

這是 app 寫入 order.txt 檔案的輸出。

order.txt

```
West
East
South
North
That's all folks!
```

迷你削尖你的鉛筆解答

這個 app 將什麼文字寫入 *delivery.txt*？

North

問：可以解釋當你呼叫 StreamWriter Write 與 WriteLine 方法時，為什麼要使用 {0} 與 {1} 嗎？

答：當你將字串印到檔案時，經常需要印出一堆變數的內容。例如，你可能要寫入這種東西：

```
writer.WriteLine("My name is " + name +
    "and my age is " + age);
```

一直使用 + 來結合字串不僅枯燥，也很容易出錯。使用**複合格式化**比較簡單，也就是在**格式字串**裡面使用 {0}、{1}、{2} 等**預留位置符號**，並在後面加上替換這些符號的變數。

```
writer.WriteLine(
 "My name is {0} and my age is {1}", name, age);
```

你可能在想，這不是和字串內插很像嗎？沒錯，確實如此！有時字串內插比較容易閱讀，有時格式字串比較簡明。如同字串內插，**格式字串也支援格式化**。例如，**{1:0.00}** 代表將第二個引數格式化成一個有兩位小數的數字，而 **{3:c}** 是將第四個引數格式化成當地貨幣。

噢，還有一件事—格式字串也可以和 Console.Write 與 Console.WriteLine 一起使用！

問：你在使用 StringReader 的主控台 app 裡面使用的 Path.DirectorySeparatorChar 欄位是什麼？

答：我們利用一些 .NET Core 的工具來讓那段程式可以在 Windows 與 macOS 上運行。Windows 使用反斜線字元來分隔路徑（C:\ Windows），但 macOS 使用斜線（/Users）。

Path.DirectorySeparatorChar 是唯讀欄位，它可以設定正確的作業系統路徑分隔字元：在 Windows 是 \，在 macOS 與 Linux 是 /。

我們也使用 Environment.GetFolderPath 方法，它會回傳當前用戶的特殊資料夾路徑，在那個例子裡，在 Windows 是用戶的 Documents 資料夾，在 macOS 是主目錄。

問：在本章的開頭，你談到將字串轉換成位元陣列。這是怎麼運作的？

答：你應該經常聽到，在磁碟裡面的檔案都是用 bit（位元）與 byte（位元組）來表示的，意思就是，當你將檔案寫入磁碟時，作業系統會把它視為一長串的位元組。StreamReader 與 StreamWriter 會幫你將*位元組*轉換成*字元*，這個動作稱為*編碼*與*解碼*。第 4 章說過，byte 變數可以儲存介於 0 與 255 之間的任何數字，在硬碟裡面的每一個檔案都是一長串介於 0 和 255 之間的數字。讀取和寫入這些檔案的程式必須將這些位元組解讀成有意義的資料。當你在 Notepad 打開檔案時，它會把每一個位元組轉換成一個字元—例如，E 是 69，a 是 97（但是這依編碼而定…你很快就會進一步了解編碼）。當你在 Notepad 輸入文字並儲存它時，Notepad 會把每一個字元轉換回去位元組，並將它存入磁碟。如果你想要把字串寫入資料流，你就要做同一件事。

問：如果我只想要使用 StreamWriter 來寫入檔案，為什麼我需要在乎它有沒有為我建立 FileStream？

答：如果你只是對著文字檔案依序讀取和寫入文字行，你需要的只有 StreamReader 與 StreamWriter。如果你要做更複雜的事情，你就要使用其他的資料流。如果你要對著檔案寫入數字、陣列、集合或物件等資料，使用 StreamWriter 是不夠的。我們很快就會詳細說明它們的工作方式。

問：為什麼我要在用完資料流之後負責關閉它們？

答：你有沒有看過文字處理程式說它無法打開某個檔案，因為那個檔案「還在忙」？當程式使用一個檔案時，Windows 就會鎖住它，防止其他程式使用它。你的程式也不例外，當你的 app 打開檔案時，Windows 也會幫它做這件事。如果你沒有呼叫 Close 方法，你的程式可能會一直鎖住檔案，直到它結束為止。

Console 與 StreamWriter 都可以使用複合格式化，把預留位置符號換成 Write 或 WriteLine 收到的參數值。

透過 static File 與 Directory 類別來使用檔案與目錄

如同 StreamWriter，File 類別也會建立資料流來讓你在幕後使用檔案。你可以用它的方法來做最常見的動作，而不需要先建立 FileStreams。Directory 類別可讓你使用內含許多檔案的整個目錄。

你可以用 static File 類別來做的事情有：

1. **確認某個檔案是否存在。**

   你可以使用 File.Exists 方法來檢查一個檔案是否存在。如果檔案存在，它會回傳 true，否則回傳 false。

2. **讀取和寫入檔案。**

   你可以使用 File.OpenRead 方法從檔案取得資料，或使用 File.Create 或 File.OpenWrite 方法來寫入檔案。

3. **把文字附加到檔案。**

   File.AppendAllText 方法可讓你把文字附加到已建立的檔案。如果方法執行的時候檔案不存在，它甚至可以建立檔案。

4. **取得檔案資訊。**

   File.GetLastAccessTime 與 File.GetLastWriteTime 方法可以回傳檔案上次被讀取和修改的日期與時間。

FileInfo 的工作方式很像 File

如果你要對一個檔案做很多事情，你可能要建立 FileInfo 類別的實例，而不是使用 File 類別的 static 方法。

FileInfo 類別可以做 File 類別能做的所有事情，只是你必須將它實例化才能使用它。你可以建立一個 FileInfo 的新實例，並且用同一種方式使用它的 Exists 方法或 OpenRead 方法。

它們最大的不同在於，File 類別在處理少量的動作時比較快，而 FileInfo 比較擅長大型的工作。

File 是 static 類別，所以它只是一組讓你處理檔案的方法。FileInfo 是讓你實例化的物件，它的方法與 File 裡面的一樣。

你可以用 static Directory 類別來做的事情有：

1. **建立新目錄。**

   使用 Directory.CreateDirectory 方法來建立一個目錄。你只要提供路徑即可，這個方法會處理剩下的事情。

2. **取得目錄裡的檔案清單。**

   你可以用 Directory.GetFiles 方法來建立一個陣列，裡面有目錄內的檔案，你只要讓這個方法知道你想要了解哪個目錄，它就會做剩下的事情。

3. **刪除目錄。**

   想要刪除一個目錄嗎？那就呼叫 Directory.Delete 方法吧。

.NET 的許多類別都有大量處理檔案和資料夾的 static 方法，而且它們的方法名稱都很直觀。File 類別有一些處理檔案的方法，Directory 類別可讓你處理目錄。寫下你認為這幾行程式在做什麼，並且回答最下面的兩個額外問題。

程式	這段程式在做什麼

`if (!Directory.Exists(@"C:\SYP")) {`
`    Directory.CreateDirectory(@"C:\SYP");`
`}`	

`if (Directory.Exists(@"C:\SYP\Bonk")) {`
`    Directory.Delete(@"C:\SYP\Bonk");`
`}`	

`Directory.CreateDirectory(@"C:\SYP\Bonk");`	
`Directory.SetCreationTime(@"C:\SYP\Bonk",` `        new DateTime(1996, 09, 23));`	
`string[] files = Directory.GetFiles(@"C:\SYP\",` `        "*.log", SearchOption.AllDirectories);`	

`File.WriteAllText(@"C:\SYP\Bonk\weirdo.txt",`
`        @"This is the first line`
`and this is the second line`
`and this is the last line");`	

`File.Encrypt(@"C:\SYP\Bonk\weirdo.txt");` 看看你能不能猜到它在做什麼—你還沒有看過它。	
`File.Copy(@"C:\SYP\Bonk\weirdo.txt",` `        @"C:\SYP\copy.txt");`	
`DateTime myTime =` `        Directory.GetCreationTime(@"C:\SYP\Bonk");`	
`File.SetLastWriteTime(@"C:\SYP\copy.txt", myTime);`	
`File.Delete(@"C:\SYP\Bonk\weirdo.txt");`	

為什麼要在上述方法的引數字串的前面加上 @？

....

....

為了在 Windows 上執行，上面的檔名都以 C:\ 開始。如果你在 macOS 或 Linux 執行那些程式會怎樣？

....

....

削尖你的鉛筆 解答

.NET 的許多類別都有大量處理檔案和資料夾的 static 方法，而且它們的方法名稱都很直觀。File 類別有一些處理檔案的方法，Directory 類別可讓你處理目錄。你的工作是寫下每一段程式在做什麼。

程式	這段程式在做什麼

`if (!Directory.Exists(@"C:\SYP")) {`
`    Directory.CreateDirectory(@"C:\SYP");`
`}`
	檢查有沒有 C:\SYP 資料夾。
	如果沒有，就建立它。

`if (Directory.Exists(@"C:\SYP\Bonk")) {`
`    Directory.Delete(@"C:\SYP\Bonk");`
`}`
	檢查有沒有 C:\SYP\Bonk 資料夾。
	如果有，就刪除它。

`Directory.CreateDirectory(@"C:\SYP\Bonk");`	建立 C:\SYP\Bonk 目錄。
`Directory.SetCreationTime(@"C:\SYP\Bonk",` `        new DateTime(1996, 09, 23));`	將 C:\SYP\Bonk 資料夾的建立時間設成 1996 年 9 月 23 日。
`string[] files = Directory.GetFiles(@"C:\SYP\",` `        "*.log", SearchOption.AllDirectories);`	取得 C:\SYP 內符合 *.log 模式的所有檔案，把所有符合的檔案放入任何子目錄。

`File.WriteAllText(@"C:\SYP\Bonk\weirdo.txt",`
`        @"This is the first line`
`and this is the second line`
`and this is the last line");`
	在 C:\SYP\Bonk 資料夾裡面建立名為「weirdo.txt」的檔案（如果沒有這個檔案），並在裡面寫入三行文字。

`File.Encrypt(@"C:\SYP\Bonk\weirdo.txt");` 這是使用 CryptoStream 的替代方法。	利用內建的 Windows 加密機制，使用登入帳號的憑證來加密「weirdo.txt」檔案。
`File.Copy(@"C:\SYP\Bonk\weirdo.txt",` `        @"C:\SYP\copy.txt");`	將 C:\SYP\Bonk\weirdo.txt 檔案複製到 C:\ SYP\Copy.txt。
`DateTime myTime =` `        Directory.GetCreationTime(@"C:\SYP\Bonk");`	宣告 myTime 變數，並讓它等於 C:\SYP\Bonk 資料夾的建立時間。
`File.SetLastWriteTime(@"C:\SYP\copy.txt", myTime);`	修改 C:\SYP\ 的 copy.txt 檔案上次被寫入的時間，讓它等於 myTime 變數儲存的時間。
`File.Delete(@"C:\SYP\Bonk\weirdo.txt");`	刪除 C:\SYP\Bonk\weirdo.txt 檔案。

為什麼要在上述方法的引數字串的前面加上 @？

加上 @ 是為了防止字串內的反斜線被解讀成轉義序列。

為了在 Windows 上執行，上面的檔名都以 C:\ 開始。如果你在 macOS 或 Linux 執行那些程式會怎樣？

它會建立一個開頭為「C:\」的檔名，並將它放入二進制檔的資料夾裡面。

IDisposable 會使用物件並妥善地關閉

許多 .NET 類別都實作了一種實用的介面—IDisposable。它**只有一個成員**：Dispose 方法。當類別實作 IDisposable 時，它就是在告訴你，它在關閉自己之前，必須做一些重要的事情，通常是因為它**配置了一些資源**，除非你要求它歸還，否則它不會歸還。你要用 Dispose 方法來要求物件釋出這些資源。

使用 IDE 來探索 IDisposable

你可以使用 IDE 的 Go To Definition 功能（或 Mac 的「Go to Declaration」）來查看 IDisposable 的定義。在專案的一個類別裡面的任何地方輸入 `IDisposable`。然後在它上面按下右鍵，並且在選單選擇 Go To Definition。它會打開一個新標籤，裡面有一些程式碼。展開所有程式碼，你會看到：

```
namespace System
{
    /// <summary>
    /// 提供一個機制來釋出非受控資源
    /// </summary>
    public interface IDisposable
    {
        /// <summary>
        /// 執行與釋出或重設非受控資源有關的
        /// 應用程式任務。
        /// </summary>
        void Dispose();
    }
}
```

許多類別都會配置重要的資源，例如記憶體、檔案與其他物件。這代表它們會接管那些資源，而且不會歸還，除非你告訴它們，這些資源再也用不到了。

實作 IDisposable 的類別都必須在你呼叫它的 Dispose 方法時，立刻釋出它接管的任何資源。這幾乎都是你用完這個物件之前的最後一項工作。

al-lo-cate（配置），動詞。

為了特定的目的而分配資源或工作。

這個程式設計團隊對他們的專案經理很不滿，因為他把所有的會議室都**配置**給一個沒用的管理研討會。

使用 using 陳述式來避免檔案系統錯誤

我們在這一章不斷強調你要**關閉資料流**。因為在程式員處理檔案時最常見的 bug 裡面，有一些 bug 是沒有正確地關閉資料流造成的。幸運的是，C# 提供一項很棒的工具可以確保那種事情絕對不會發生在你身上：IDisposable 與 Dispose 方法。當你**將資料流程式包在** using **陳述式裡面**之後，它會自動幫你關閉資料流。你只要用 using 陳述式來**宣告資料流參考**，並且在後面加上一段使用那個參考的程式碼（在一對大括號裡面）即可。如此一來，C# 會在執行那段程式碼之後**自動呼叫 Dispose 方法**。

這些「using」陳述式與程式碼最上面的那些不一樣。

using 陳述式的後面一定是個物件宣告式…

…然後是在大括號裡面的一段程式碼。

```
using (var sw = new StreamWriter("secret_plan.txt")) {
   sw.WriteLine("How I'll defeat Captain Amazing");
   sw.WriteLine("Another genius secret plan");
   sw.WriteLine("by The Swindler");
}
```

在這個 using 區塊的最後一個陳述式執行之後，它會呼叫所使用的物件的 Dispose 方法。

這個例子使用的物件是 sw 所指的那一個（它是在 using 陳述式裡面宣告的），所以會執行 Stream 類別的 Dispose 方法…它會關閉資料流。

這個 using 陳述式會宣告變數 sw，讓它參考一個新的 StreamWriter，而且後面有一段程式碼。當區塊內的所有陳述式都執行之後，using 區塊會自動呼叫 sw.Dispose。

使用多個 using 陳述式來使用多個物件

你可以將 using 陳述式疊在一起，不需要使用額外的大括號或縮排：

```
using (var reader = new StreamReader("secret_plan.txt"))
using (var writer = new StreamWriter("email.txt"))
{
   // 使用 reader 與 writer 的陳述式
}
```

每一個資料流都有一個關閉它自己的 Dispose 方法。當你用 using 陳述式來宣告資料流時，它一定會被關閉！這一點很重要，因為有些資料流在關閉之前不會寫入所有資料。

當你在 using 區塊裡宣告一個物件時，那個物件的 Dispose 方法會被自動呼叫。

使用 MemoryStream 來將資料流送到記憶體

我們之前使用資料流來讀取和寫入檔案。如果你想要從檔案讀取資料，然後用它來做一些事情呢？你可以使用 **MemoryStream**，它會將你傳給它的資料流存入記憶體，來掌握它們的動態。例如，你可以建立一個新的 MemoryStream，並將它當成引數傳給 StreamWriter 建構式，接下來，你用 StreamWriter 寫入的任何資料都會被送到 MemoryStream。你可以使用 **MemoryStream.ToArray 方法**來取得那些資料，這個方法會回傳以位元組陣列傳給它的所有資料。

使用 Encoding.UTF8.GetString 來將位元組陣列轉換成字串

位元組陣列最常見的處理方式之一就是轉換成字串。例如，如果你有一個稱為 bytes 的位元組陣列，這是將它轉換成字串的方法：

```
var converted = Encoding.UTF8.GetString(bytes);
```

我們之前提到「編碼」。你認為這是什麼意思？

這裡有一個小型的主控台 app，它使用複合格式來將數字寫入 MemoryStream，然後將它轉換成位元組陣列，再轉換成字串。只是有一個問題…**它無法運作！**

建立一個新的主控台 app，並在裡面加入這段程式。你可以找出問題並修正它嗎？

動手做！

```
using System;
using System.IO;
using System.Text;

class Program
{
    static void Main(string[] args)
    {
        using (var ms = new MemoryStream())
        using (var sw = new StreamWriter(ms))
        {
            sw.WriteLine("The value is {0:0.00}", 123.45678);
            Console.WriteLine(Encoding.UTF8.GetString(ms.ToArray()));
        }
    }
}
```

MemoryStream.ToArray 方法會用位元組陣列來回傳所有的資料流。GetString 方法會把那個位元組陣列轉換成字串。

這個 app 無法運作！當你執行它時，它應該要將一行文字寫到主控台，但是它沒有寫出任何東西。我們將解釋哪裡出錯，但是在那之前，看看你能不能自己找出答案。

給你一個提示：你能找出資料流何時被關閉嗎？

問：**幫我復習一下，為什麼在「削尖你的鉛筆」練習中，你要在檔名字串前面加上 @？**

答：因為如果不這樣做，在「C:\SYP」裡面的 \S 就會被解譯成無效的轉義序列，然後丟出例外。當你在程式中加入字串常值時，編譯器會把 \n 與 \r 等轉義序列轉換成特殊字元。Windows 的檔名裡面有反斜線字元，但是 C# 字串通常在轉義序列的開頭使用反斜線。在字串前面放上 @ 可以告知 C# 不要解譯轉義序列。它也會請 C# 在字串中加入分行符號，如此一來，當你在字串的中間按下 Enter 時，它仍然會被當成分行符號，放入輸出。

問：**轉義序列到底是什麼？**

答：轉義序列是在字串裡面加入特殊字元的做法。例如，\n 是換行字元，\t 是 tab，\r 是 return 字元或一半的 Windows return（在 Windows 文字檔裡面，每一行的結尾都是 \r\n，在 macOS 與 Linux 裡，每一行的結尾只有 \n）。如果你要在字串裡面加入問號，你可以使用 \"，它不會結束字串。如果你想要在字串裡面使用真正的反斜線，不希望 C# 將它解讀成轉義序列的開頭，你可以使用兩個反斜線：\\。

在上一頁，我們讓你自己找出這個問題，這是我們修正它的做法。

查明真相

福爾摩斯說過，「證據！證據！證據！沒有黏土要怎麼製作磚塊？」 我們先從犯罪現場看起：我們的程式無法運作。我們將挖掘線索來找出所有的證據。

你發現多少線索？

- 我們實例化一個 StreamWriter，它會將資料傳給一個新的 MemoryStream。
- StreamWriter 寫一行文字到 MemoryStream。
- MemoryStream 的內容被複製到一個陣列，並且被轉換成字串。
- 它們都是在一個 using 區段裡面發生的，所以資料流一定有被關閉。

如果你有發現所有的線索，恭喜你，你的程式偵察技術進步了。但是就像每一種世紀大謎團，總會有一條線索是找出罪魁禍首的關鍵，而且它是我們已經知道的事情。

我們用了 using 區塊，所以我們知道資料流絕對被關閉了。**但是它們是什麼時候被關閉的？**這直指謎團的關鍵，它是我們在案發前學到的重要線索：**有一些資料流在關閉時才會寫入所有資料。**

StreamWriter 與 MemoryStream 是在同一個 using 區塊裡面宣告的，所以它們的 Dispose 方法會在區塊的最後一行執行之後呼叫。這意味著什麼？這意味著 MemoryStream.ToArray 方法會在 ***StreamWriter* 被關閉之前呼叫**。

所以我們可以加入一個**嵌套的** using 區塊，先關閉 StreamWriter，再呼叫 ToArray：

```
using System;
using System.IO;
using System.Text;

class Program
{
    static void Main(string[] args)
    {
        using (var ms = new MemoryStream())
        {
            using (var sw = new StreamWriter(ms))
            {
                sw.WriteLine("The value is {0:0.00}", 123.45678);
            }
            Console.WriteLine(Encoding.UTF8.GetString(ms.ToArray()));
        }
    }
}
```

MemoryStream 是在外面的 using 區塊宣告的，所以即使 StreamWriter 已經關閉了，它也可以保持開啟。

內部的 using 區塊可以確保 MemoryStream.ToArray 方法被呼叫之前，StreamWriter 已經關閉。

資料流物件通常會在記憶體裡面儲存緩衝資料，也就是等待寫入的資料。資料流清空所有資料稱為 flushing（清除）。如果你需要清除緩衝的資料，但不想關閉資料流，你也可以呼叫它的 Flush 方法。

你曾經在第 8 章建立一個 Deck 類別來記錄 Card 物件序列，裡面有一些方法可以將它重設成 52 張依序排列的牌組、進行洗牌來隨機排序它們，以及反向排序撲克牌。現在你要加入一個方法來將撲克牌寫入一個檔案，並且用建構式從檔案讀取撲克牌來初始化一副新牌組。

先回顧一下你在第 8 章寫過的 Deck 與 Card 類別

你曾經擴充一個 Card 物件泛型集合來建立 Deck 類別，所以你可以使用 Deck 從 Collection<Card> 繼承的一些成員：

- Count 屬性可以回傳牌組有幾張牌。
- Add 方法可將一張牌加到牌組最上面。
- RemoveAt 方法可以將特定索引的撲克牌從牌組移除。
- Clear 方法可移除牌組的所有撲克牌。

所以你有一個很好的起點，可以加入 Reset 方法來清除牌組，然後依序加入 52 張牌（每一種花色都是從 Ace 到 King）、一個 Deal 方法來移除牌組的最上面那張牌並回傳它、一個 Shuffle 方法來隨機排序撲克牌，以及一個 Sort 方法來將它們依序排列。

Collection<Card>
Count
Add RemoveAt Clear

Deck
Deck（建構式） Reset Deal Shuffle Sort **Deck**（檔名） **WriteCards**

你將加入一個 WriteCards 方法以及一個多載的建構式。

加入一個方法來將牌組的所有撲克牌寫入一個檔案

你的 Card 類別有個 Name 屬性可以回傳「Three of Clubs」或「Ace of Hearts」之類的字串。加入一個稱為 WriteCards 的方法，讓它接收一個檔名字串參數，並將每一張牌的名稱寫入那個檔案的一行，所以如果你先重設牌組，再呼叫 WriteCards，它會在檔案裡面寫入 52 行，每一張牌一行。

加入一個多載的 Deck 建構式，用它從檔案讀取一個牌組

在 Deck 類別加入第二個建構式。這是它的工作：

```
public Deck(string filename)
{
  // 建立一個新的 StreamReader 來讀取檔案。
  // 為檔案裡面的每一行做這四件事：
  // 使用 String.Split 方法：var cardParts = nextCard.Split(new char[] { ' ' });
  // 使用 switch 運算式來取得每一張牌的花色：var suit = cardParts[2] switch {
  // 使用 switch 運算式來取得每一張牌的大小：var value = cardParts[0] switch {
  // 將撲克牌加入牌組。
}
```

你可以用 String.Split 方法來指定分隔字元（在這個例子裡，它是空格）陣列，用它們來將字串拆成許多部分，並且回傳包含各個部分的陣列。

你曾經在第 9 章學過，switch 運算式必須是詳盡的，所以要加入一個 default case，在遇到不認識的花色或大小時**丟出一個 new InvalidDataException**，以確保每一張牌都是有效的。

這是用來測試 app 的 Main 方法。它會建立一個有 10 張隨機撲克牌的牌組，將它寫入檔案，然後將那個檔案讀入第二個牌組，再將每一張牌寫到主控台。

```
static void Main(string[] args) {
    var filename = "deckofcards.txt";
    Deck deck = new Deck();
    deck.Shuffle();
    for (int i = deck.Count - 1; i > 10; i--)
        deck.RemoveAt(i);
    deck.WriteCards(filename);

    Deck cardsToRead = new Deck(filename);
    foreach (var card in cardsToRead)
        Console.WriteLine(card.Name);
}
```

習題解答

下面是你加入 Deck 類別的兩個方法。WriteCards 方法使用 StreamWriter 來將每張牌寫入一個檔案，多載的 Deck 建構式使用一個 StreamReader 來從檔案讀取每張牌。因為你使用 StreamWriter 與 StreamReader，所以務必在檔案的最上面加入 `using System.IO;`。

```
public void WriteCards(string filename)
{
   using (var writer = new StreamWriter(filename))
   {
      for (int i = 0; i < Count; i++)
      {
         writer.WriteLine(this[i].Name);
      }
   }
}

public Deck(string filename)
{
   using (var reader = new StreamReader(filename))
   {
      while (!reader.EndOfStream)
      {
         var nextCard = reader.ReadLine();
         var cardParts = nextCard.Split(new char[] { ' ' });
         var value = cardParts[0] switch
         {
            "Ace" => Values.Ace,
            "Two" => Values.Two,
            "Three" => Values.Three,
            "Four" => Values.Four,
            "Five" => Values.Five,
            "Six" => Values.Six,
            "Seven" => Values.Seven,
            "Eight" => Values.Eight,
            "Nine" => Values.Nine,
            "Ten" => Values.Ten,
            "Jack" => Values.Jack,
            "Queen" => Values.Queen,
            "King" => Values.King,
            _ => throw new InvalidDataException($"Unrecognized card value: {cardParts[0]}")
         };
         var suit = cardParts[2] switch
         {
            "Spades" => Suits.Spades,
            "Clubs" => Suits.Clubs,
            "Hearts" => Suits.Hearts,
            "Diamonds" => Suits.Diamonds,
            _ => throw new InvalidDataException($"Unrecognized card suit: {cardParts[2]}"),
         };
         Add(new Card(value, suit));
      }
   }
}
```

這一行要求 C# 將空格當成分隔字元拆開 nextCard 字串。它會將字串「Six of Diamonds」拆成陣列 {"Six", "of", "Diamonds"}。

這個 switch 運算式會檢查一行文字的第一個單字，看看它與一個值是否相符。如果是，就把正確的 Value enum 指派給「value」變數。

在 switch 運算式裡面的 default case 會在檔案內有無效的撲克牌時丟出例外。

我們為一行字串的第三個單字做同一件事，但是將它轉換成 Suit enum。

重點提示

- 當你想要從檔案讀取資料或是將資料寫入檔案時，你就要使用 **Stream** 物件。Stream 是抽象類別，有很多不同功能的子類別。
- **FileStream** 可以對著檔案進行讀取和寫入。**MemoryStream** 可以對著記憶體讀取或寫入資料。
- 你可以用資料流的 **Write 方法**將資料寫入資料流，以及使用它的 **Read 方法**來讀取資料。
- **StreamWriter** 是將資料寫入檔案的快速方式。StreamWriter 可以為你自動建立和管理 FileStream 物件。
- **StreamReader** 可以從資料流讀取字元，但是它本身不是資料流。它會幫你建立資料流、讀取它，並且在你呼叫它的 Close 方法時關閉它。
- StreamWriter 與 Console 的 Write 與 WriteLine 方法使用**複合格式**，它接收使用 {0}、{1}、{2} 等預留位置符號的格式字串，支援 {1:0.00} 與 {3:c} 等格式。
- **Path.DirectorySeparatorChar** 是唯讀欄位，它被設定成作業系統使用的路徑分隔符號：在 Windows 是「\」，在 macOS 與 Linux 是「/」。
- **Environment.GetFolderPath 方法**會回傳當前用戶的特殊資料夾的路徑，例如在 Windows 的 Documents 資料夾，或是在 macOS 的主目錄。
- **File 類別**有一些 static 方法，包括 Exists（檢查檔案是否存在）、OpenRead 與 OpenWrite（對著檔案讀取或寫入資料流），以及 AppendAllText（用一個陳述式將文字寫入檔案）。
- **Directory 類別**有許多 static 方法，包括 CreateDirectory（建立資料夾）、GetFiles（取得檔案清單）與 Delete（移除資料夾）。
- **FileInfo 類別**類似 File 類別，只不過它要實例化，而不是使用 static 方法。
- 你一定要記得在**用完資料流之後關閉它**。有些資料流在被關閉之前或 **Flush** 方法被呼叫之前不會寫入所有資料。
- **IDisposable 介面**可確保物件被正確地關閉。它有一個可以釋出非受控資源的成員：Dispose 方法。
- 使用 **using 陳述式**來實例化實作了 IDisposable 的類別。using 陳述式後面有一段程式，在 using 陳述式裡面實例化的物件會在區塊結束時被 dispose。
- 連續使用**多個 using 陳述式**來宣告會在同一個區塊結束時 dispose 的多個物件。

Windows 與 macOS 使用不同的行尾

如果你在 Windows 上運行，請打開 Notepad。如果你在 macOS 上運行，請打開 TextEdit。建立一個有兩行的檔案，第一行有字元 L1，第二行有字元 L2。

如果你使用 Windows，它有這六個位元組：76 49 13 10 76 50。

如果你使用 macOS，它有這五個位元組：76 49 10 76 50。

你可以看出差異嗎？第一與第二行都是用相同的位元組來編碼的：L 是 76，1 是 49，2 是 50。但是分行符號的編碼不相同：在 Windows，它被編碼成兩個位元組，13 與 10，在 macOS，它被編寫成一個位元組，10。這就是 Windows 格式的行尾與 Unix 格式的行尾之間的差異（macOS 是一種 Unix 格式）。如果你的程式需要在不同的作業系統上運行，而且會在寫入檔案時使用行尾，你可以使用 static **Environment.NewLine** 屬性，它會在 Windows 回傳「\r\n」，在 macOS 或 Linux 回傳「\r」。

用那麼多程式只為了讀取一張簡單的撲克牌？這真是大費周章！如果我的物件有**一大堆屬性**呢？按照你的說法，難道我必須為每一個屬性寫一個 switch 陳述式嗎？

你可以用更簡單的方式在檔案儲存物件，那種方式稱為序列化。

序列化（serialization）的意思是將一個物件的完整狀態寫入檔案或字串。**還原序列化（deserialization）**的意思是從那個檔案或字串讀回物件的狀態。所以你不需要一行一行煞費苦心地將每一個欄位與值寫入一個檔案，只要將物件序列化成資料流就可以儲存它了。將物件**序列化**就像將它**壓平**，以便放入檔案。另一方面，將物件**還原序列化**就像從檔案取出它，並再次將它**吹飽**。

OK，坦白說：有一種稱為 Enum.Parse 的方法可以將字串「Spades」轉換成 enum 值 Suits.Spades。它甚至有一個姐妹方法 Enum.TryParse，這個方法的動作很像 int。你已經在這本書用過 TryParse 方法了，但是序列化在此仍然有意義多了。你很快就會知道更多細節…

當物件被序列化時會怎樣？

你可能以為，將一個物件從 heap 複製到檔案裡面要對它做某種神秘的事情，但是這件事其實非常簡單。

1 在 heap 上面的物件

當你建立一個物件實例時，它就有一個**狀態**。物件「知道」的事情只有一個類別實例與同一個類別的另一個實例哪裡不同。

2 物件被序列化

當 C# 將一個物件序列化時，它會**儲存物件的完整狀態**，以便在之後可以在 heap 還原一模一樣的實例（物件）。

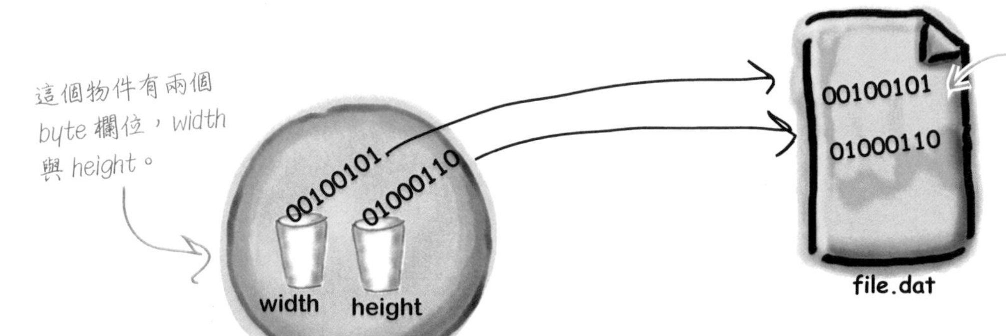

這個物件有兩個 byte 欄位，width 與 height。
00100101
01000110
width
height
00100101
01000110
file.dat
width 與 height 欄位的值會被存入 file.dat 檔，與它們一起儲存的還有將來還原這個物件時需要的資訊（例如物件的型態與它的每個欄位）。

物件又回到 heap 了

3 之後…

之後（或許是幾天後，而且在不同的程式裡），你可以回到這個檔案並將它**還原序列化**。這會把原始類別從檔案拉出來，將它恢復成**原本的樣子**，保留它的所有欄位與值。

到底什麼是物件的狀態？要儲存哪些東西？

我們知道，**物件會在它的欄位與屬性裡面儲存它的狀態**，所以當物件被序列化時，這些值都必須存入檔案。

當你有越來越多複雜的物件時，序列化也會開始變得有趣。char、int、double 與其他值型態的位元組都可以原封不動地寫入檔案。如果物件有個實例變數是物件的參考呢？如果一個物件有五個實例變數是物件的參考呢？如果這些物件實例變數本身也有實例變數呢？

花一分鐘想一下。物件的哪個部分可能是獨特的？想一下我們必須恢復哪些東西，才能讓一個物件和被儲存的物件一模一樣。無論如何，在 heap 的所有東西都必須被寫入檔案。

腦力訓練很像「打了生長激素」的「動動腦」。花幾分鐘好好想一下這一題。

腦力訓練

我們該如何儲存這個 Car 物件才能將它恢復成原狀？假如車子有三位乘客與一個三升引擎，和全天候輻射層輪胎…這些東西難道不都是 Car 物件的狀態嗎？該如何處理它們？

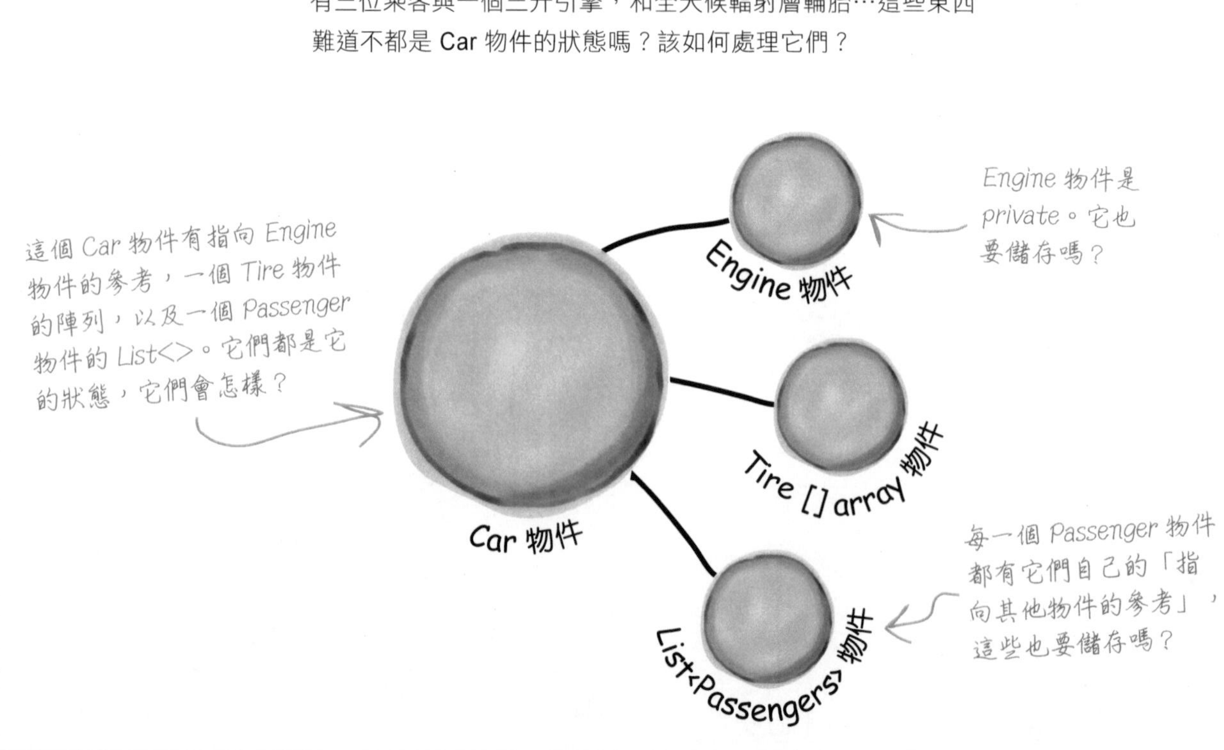
這個 Car 物件有指向 Engine 物件的參考，一個 Tire 物件的陣列，以及一個 Passenger 物件的 List<>。它們都是它的狀態，它們會怎樣？
Engine 物件
Engine 物件是 private。它也要儲存嗎？
Tire [] array 物件
Car 物件
List<Passengers> 物件
每一個 Passenger 物件都有它們自己的「指向其他物件的參考」，這些也要儲存嗎？

當物件被序列化時，它引用的所有物件也會被序列化…

…而且它們引用的所有物件，以及那些其他物件引用的所有物件，都會被序列化。別擔心，雖然這些動作聽起來很複雜，但是它們都會自動發生。C# 會從你想要序列化的物件開始處理，查看它的欄位，來找出其他物件。然後它會幫每一個物件做同一件事。每一個物件都會被寫到檔案，一起儲存的還有 C# 在還原物件時，為了重新建構它們所需的所有資訊。

用參考互相連接的一堆物件有時稱為圖（graph）。

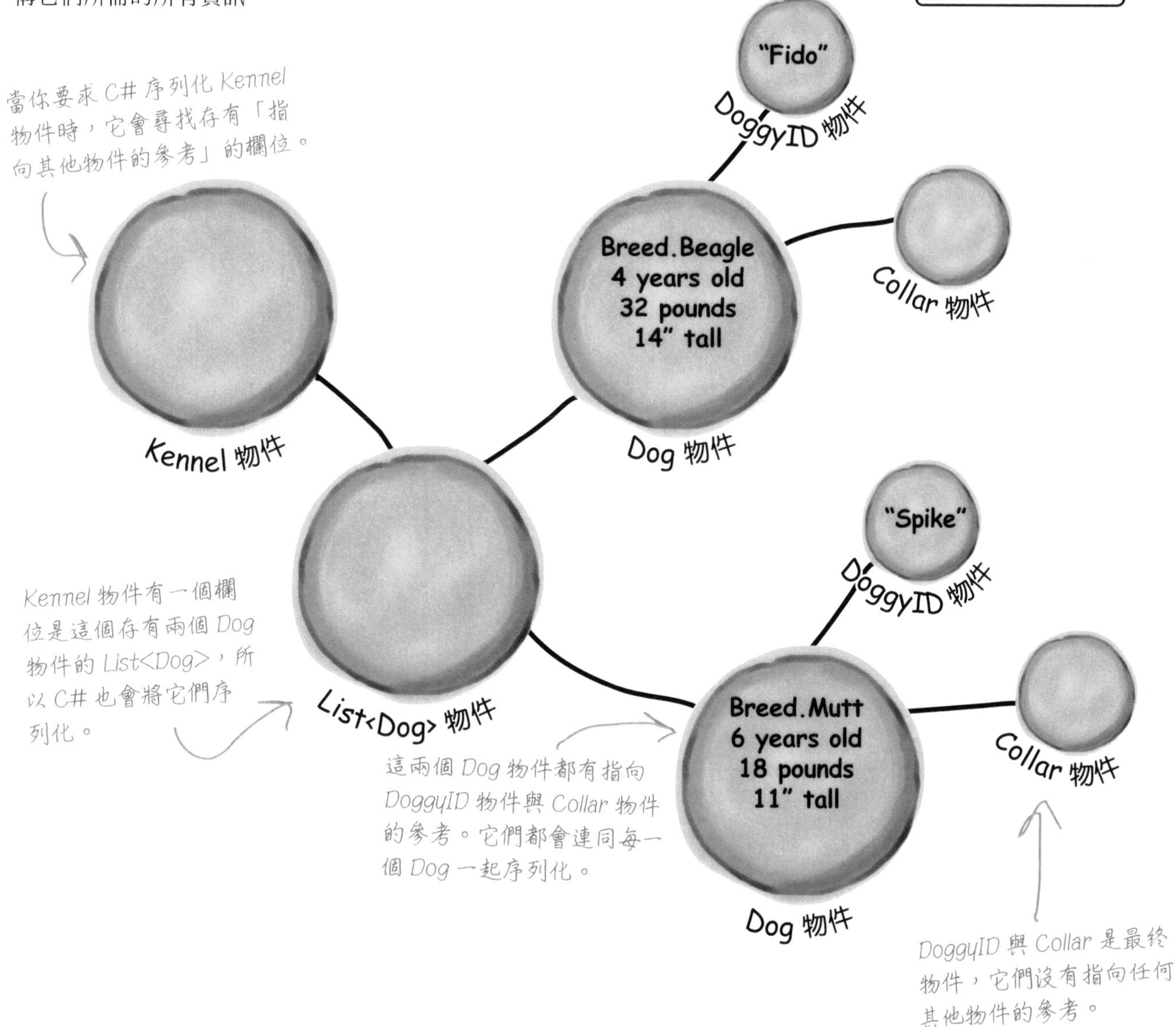

當你要求 C# 序列化 Kennel 物件時，它會尋找存有「指向其他物件的參考」的欄位。
"Fido"
DoggyID 物件
Breed.Beagle
4 years old
32 pounds
14" tall
Collar 物件
Kennel 物件
Dog 物件
"Spike"
DoggyID 物件
Kennel 物件有一個欄位是這個存有兩個 Dog 物件的 List<Dog>，所以 C# 也會將它們序列化。
List<Dog> 物件
Breed.Mutt
6 years old
18 pounds
11" tall
Collar 物件
這兩個 Dog 物件都有指向 DoggyID 物件與 Collar 物件的參考。它們都會連同每一個 Dog 一起序列化。
Dog 物件
DoggyID 與 Collar 是最終物件，它們沒有指向任何其他物件的參考。

使用 JsonSerialization 來將物件序列化

你不是只能對著檔案寫入或讀取文字。你可以使用 **JSON 序列化**來讓程式**將整個物件複製**成字串（然後你可以將它寫入檔案！）與讀回它們…全部只要幾行程式就可以做到！我們來看一下它如何運作。先**建立一個新的主控台 app**。

動手做！

1 為你的物件圖設計一些類別。

加入 HairColor enum 與這些 Guy、Outfit 與 HairStyle 類別到新的主控台 app：

```
class Guy {
    public string Name { get; set; }
    public HairStyle Hair { get; set; }
    public Outfit Clothes { get; set; }
    public override string ToString() => $"{Name} with {Hair} wearing {Clothes}";
}

class Outfit {
    public string Top { get; set; }
    public string Bottom { get; set; }
    public override string ToString() => $"{Top} and {Bottom}";
}

enum HairColor {
   Auburn, Black, Blonde, Blue, Brown, Gray, Platinum, Purple, Red, White
}

class HairStyle {
    public HairColor Color { get; set; }
    public float Length { get; set; }
    public override string ToString() => $"{Length:0.0} inch {Color} hair";
}
```

2 建立要序列化的物件圖。

現在建立要序列化的小型物件圖：裡面有一個新 List<Guy> 指向一群 Guy 物件。在 Main 方法加入這段程式。它使用集合初始設定式與物件初始設定式來建構物件圖：

```
static void Main(string[] args) {
    var guys = new List<Guy>() {
       new Guy() { Name = "Bob", Clothes = new Outfit() { Top = "t-shirt", Bottom = "jeans" },
          Hair = new HairStyle() { Color = HairColor.Red, Length = 3.5f }
       },
       new Guy() { Name = "Joe", Clothes = new Outfit() { Top = "polo", Bottom = "slacks" },
          Hair = new HairStyle() { Color = HairColor.Gray, Length = 2.7f }
       },
    };
}
```

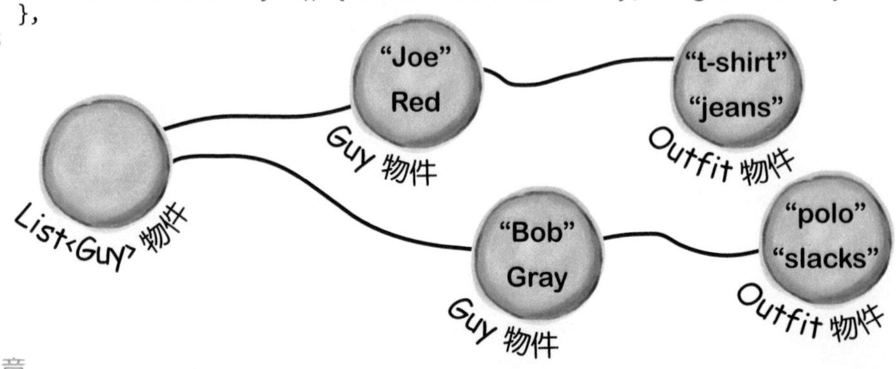

❸ 使用 JsonSerializer 來將物件序列化成字串。

先在程式檔案最上面加入 using 指示詞：

```
using System.Text.Json;
```

現在你可以用一行程式來**將整張圖序列化**：

```
    var jsonString = JsonSerializer.Serialize(guys);
    Console.WriteLine(jsonString);
```

執行你的 app，並仔細看看它印到主控台的訊息：

```
[{"Name":"Bob","Hair":{"Color":8,"Length":3.5},"Clothes":{"Top":"t-shirt","Bot
tom":"jeans"}},{"Name":"Joe","Hair":{"Color":5,"Length":2.7},"Clothes":{"Top":
"polo","Bottom":"slacks"}}]
```

那就是將物件圖**序列化成 JSON** 的結果（有人把它讀成「Jason」，有人讀成「JAY-sahn」）。它是人類看得懂的資料交換格式，也就是說，它用人類可以理解的字串來儲存複雜的物件。因為它是人類看得懂的，所以你可以看到它具備圖的所有部分：名字與服飾都被編碼成字串（「Bob」、「t-shirt」），而且 enum 被編碼成它們的整數值。

❹ 使用 JsonSerializer 來將 JSON 還原序列化成新物件圖。

現在我們有一個字串，該字串裡面有序列化成 JSON 的物件圖，我們可以將它**還原序列化**，意思就是使用它來建立新物件。JsonSerializer 也可以讓我們用一行程式做這件事。將這些程式加入 Main 方法：

```
var copyOfGuys = JsonSerializer.Deserialize<List<Guy>>(jsonString);
foreach (var guy in copyOfGuys)
    Console.WriteLine("I deserialized this guy: {0}", guy);
```

再次執行 app。它會用 JSON 字串來還原序列化 guys，並將它們寫到主控台：

```
I deserialized this guy: Bob with 3.5 inch Red hair wearing t-shirt and jeans
I deserialized this guy: Joe with 2.7 inch Gray hair wearing polo and slacks
```

JSON 探究

我們來更仔細看一下 JSON 實際如何運作。回到你的 Guy 物件圖 app，將「把圖序列化成字串」的那一行程式換成：

```
var options = new JsonSerializerOptions() { WriteIndented = true };
var jsonString = JsonSerializer.Serialize(guys, options);
```

這段程式呼叫一個多載的 JsonSerializer.Serialize 方法，將一個 JsonSerializerOptions 物件傳給方法，這個物件可讓你設定 serializer 的選項。在這個例子裡，你要求它把 JSON 寫成縮排文字（indented text），換句話說，它會加入分行符號與空格，來讓 JSON 更容易讓人類閱讀。

現在再次執行程式。輸出應該會長這樣：

```
[
  {
    "Name": "Bob",
    "Hair": {
      "Color": 8,
      "Length": 3.5
    },
    "Clothes": {
      "Top": "t-shirt",
      "Bottom": "jeans"
    }
  },
  {
    "Name": "Joe",
    "Hair": {
      "Color": 5,
      "Length": 2.7
    },
    "Clothes": {
      "Top": "polo",
      "Bottom": "slacks"
    }
  }
]
```

我們來拆解一下我們看到的東西：

* JSON 的開頭與結尾都是中括號 []。這就是 list 被序列化成 JSON 的做法。一個數字 list 會長這樣：[1, 2, 3, 4]。
* 這個 JSON 有兩個物件的 list。每一個物件都是用大括號 {} 來開始與結束的。JSON 的第二行是開始的大括號 {，倒數第二行是個結束的大括號 }，在中間有一行 }, 然後有一行 {。這就是 JSON 表示兩個物件的方式，在這個例子裡，它們是兩個 Guy 物件。
* 每一個物件都有一組索引鍵與值，它們對應被序列化的物件的屬性，各組以逗號分開。例如，"Name": "Joe", 代表第一個 Guy 物件的 Name 屬性。
* Guy.Clothes 屬性是一個物件參考，指向 Outfit 物件。它是用一個嵌套的物件來表示的，裡面有 Top 與 Bottom 值。

當你使用 JsonSerializer 來將物件圖序列化成 JSON 時，它會幫各個物件裡面的資料產生（在某種程度上）容易閱讀的文字表示法。

JSON 裡面只有資料，沒有特定的 C# 型態

當你閱讀 JSON 資料時，你會看到人類看得懂的版本的物件資料，裡面有「Bob」與「slacks」之類的字串、8 與 3.5 之類的數字，甚至有 list 與嵌套的物件。在 JSON 資料裡面看不到什麼東西？JSON **不會加入型態的名稱**。在 JSON 檔案裡面，你不會看到 Guy、Outfit、HairColor 或 HairStyle 之類的類別名稱，甚至 int、string 或 double 等基本型態名稱，因為 JSON 只保存資料，而且 JsonSerializer 會盡全力將資料還原序列化成它找到的屬性。

我們來測試一下。在專案加入一個新類別：

```
class Dude
{
    public string Name { get; set; }
    public HairStyle Hair { get; set; }
}
```

我們把 Guy 物件的 List 還原成 Dude 物件的 Stack。

現在將這段程式加入 Main 方法的結尾：

```
    var dudes = JsonSerializer.Deserialize<Stack<Dude>>(jsonString);
    while (dudes.Count > 0)
    {
        var dude = dudes.Pop();
        Console.WriteLine($"Next dude: {dude.Name} with {dude.Hair} hair");
    }
```

再次執行程式。因為 JSON 只有一系列的物件，JsonSerializer.Deserialize 會開心地把它們放入 Stack（或是 Queue，或陣列，或其他集合型態）。因為 Dude 有符合資料的 public Name 與 Hair 屬性，C# 會填入可填入的任何資料。它會將這些訊息印到輸出：

```
Next dude: Joe with 2.7 inch Gray hair hair
Next dude: Bob with 3.5 inch Red hair hair
```

削尖你的鉛筆

接下來，我們使用 JsonSerializer 來探索字串是怎麼被轉換成 JSON 的。把下面的程式加入主控台 app，然後寫下每一行程式在主控台輸出什麼。最後一行會將大象動物 emoji 序列化。

你曾經在第 1 章使用 emoji 面板來輸入 emoji。

```
Console.WriteLine(JsonSerializer.Serialize(3));                      ..................
Console.WriteLine(JsonSerializer.Serialize((long)-3));               ..................
Console.WriteLine(JsonSerializer.Serialize((byte)0));                ..................
Console.WriteLine(JsonSerializer.Serialize(float.MaxValue));         ..................
Console.WriteLine(JsonSerializer.Serialize(float.MinValue));         ..................
Console.WriteLine(JsonSerializer.Serialize(true));                   ..................
Console.WriteLine(JsonSerializer.Serialize("Elephant"));             ..................
Console.WriteLine(JsonSerializer.Serialize("Elephant".ToCharArray()));  ..................
Console.WriteLine(JsonSerializer.Serialize("🐘"));                   ..................
```

對了，還有一件事！我們曾經告訴你怎麼用 JsonSerializer 來做基本的序列化。還有幾件事是你必須知道的。

照過來！

JsonSerializer 只會把 public 屬性（不是欄位）序列化，並且它需要一個無參數建構式。

還記得第 5 章的 SwordDamage 類別嗎？它的 Damage 屬性有一個 private setter：

```
public int Damage { get; private set; }
```

JsonSerializer 會在還原資料時使用物件的 setter，所以如果物件有 private setter，它就無法設定資料。

它也有一個接收 int 參數的建構式：

```
public SwordDamage(int startingRoll)
```

你可以使用 JsonSerializer 來序列化 SwordDamage 物件，不會有任何問題。如果你試著將它還原，JsonSerializer 會丟出一個例外一至少當你使用我們展示的程式時會如此。如果你想要序列化的物件會把狀態存入欄位或 private 屬性，或是它的建構式有參數，你就要建立轉換程式（converter）。你可以在 .NET Core 序列化文件了解更多資訊：https://docs.microsoft.com/en-us/dotnet/standard/serialization。

重點提示

- **序列化**的意思是將物件的完整狀態寫入一個檔案或字串。**還原序列化（deserialization）**的意思是從那個檔案或字串讀回物件的狀態。
- 一群用參考來互相連接的物件有時稱為**圖**（**graph**）。
- 當物件被序列化時，它所引用的**整個物件圖**都會和它一起被序列化，以便將它們全部一起還原。
- **JsonSerializer 類別**有個 static Serialize 方法可將物件圖序列化成 JSON，與一個 static Deserialize 方法，可以使用序列化的 JSON 資料來實例化一個物件圖。
- JSON 資料是**人類看得懂的**（對多數人而言）。值會被序列化成一般的文字：字串會被放在 " 引號 " 之間，其他常值（例如數字與布林值）的編碼沒有引號。
- JSON 使用中括號來代表值的**陣列**。
- JSON 用大括號 { } 來代表**物件**，並且用「以冒號分開的索引鍵 / 值」來代表物件的成員和值。
- JSON **不儲存特定的型態**，例如 string 或 int，或特定類別名稱。它依靠「聰明的」類別（例如 JsonSerializer）來讓資料與被還原的資料有相同的型態。

接下來：我們將深入研究資料

你已經使用 int、bool 與 double 等值型態來編寫大量程式，並且建立許多用欄位來儲存資料的物件了。現在是時候從低層次的角度來看待事物了。本章剩餘的內容，會藉著討論 C# 與 .NET 在表示資料時，實際使用的位元組，來讓你更認識資料。

這是我們要做的事情。

我們將探索 C# 字串是怎麼用 Unicode 來編碼的。.NET 使用 Unicode 來儲存字元與文字。

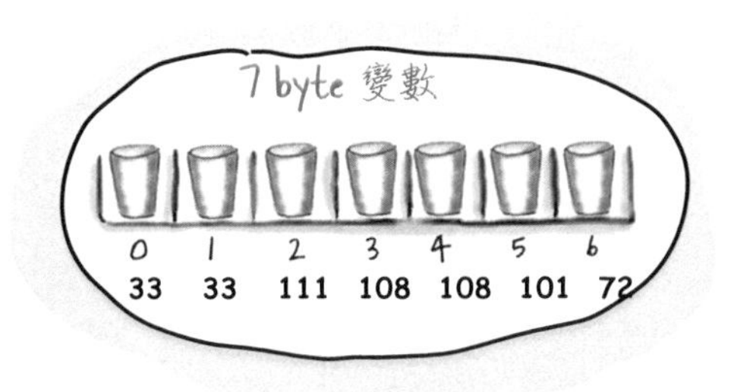

我們要把值寫成二進制資料，然後將它們讀回來，看看它們被寫成哪些位元組。

```
0000: 45 6c 65 6d 65 6e 74 61 Elementa
0005: 72 79 2c 20 6d 79 20 64 ry, my d
0010: 65 61 72 20 57 61 74 73 ear Wats
0015: 6f 6e 21                on!
```

我們將建構一個十六進制 dumper（傾印程式），以便仔細觀察檔案裡面的位元與位元組。

可及性

遊戲設計⋯漫談

如果你有視覺障礙，你會怎麼玩你最喜歡的遊戲？如果你的運動機能或靈活性不足，很難握住控制手把，你該怎麼辦？**可及性（accessibility）**的目標是確保程式的設計可以讓有殘疾或不方便的人使用。遊戲可及性就是讓所有人都可以玩我們的遊戲，無論有沒有任何生理損傷。

下面是當你開始設計和建構遊戲時，必須考慮的遊戲測試方法：

- **「等一下，你說什麼？視障人士也會玩遊戲？」**是的！你認為 video game（電玩遊戲）的「video」部分意味著視障人士不能玩它們嗎？花幾分鐘搜尋 YouTube 來尋找「blind gamer」，看看視障人士拍的影片，裡面有些人是全盲的，但他們展現了不容小覷的遊戲技術。
- 身為開發者的人可以做一件非常重要的事情 — 花時間**了解有生理障礙的玩家**，來讓遊戲具備可及性。你從這些影片學到什麼？
- 我們從盲人遊戲影片學會一件事，就是他們會使用**遊戲的聲音**，來了解發生了什麼事情。在格鬥遊戲裡，不同的動作可能會發出不同的聲音。在平台遊戲裡，朝著玩家移動的敵人可能會發出不一樣的聲音。我們也發現，雖然有些遊戲提供足夠的**提示音**，但有些遊戲沒有，而且在設計上提供足夠的聲音來讓完全失明的玩家可以遊玩的遊戲並不多（或者完全沒有）。
- 另一方面，很多玩家有**聽覺障礙**，所以你不能只依賴音訊線索。在玩遊戲時將聲音關掉會不會讓玩家無法獲得重要的資訊？有沒有視覺線索與音訊一起出現？所有對話都有字幕嗎？務必讓遊戲可以在沒有聲音的情況下遊玩。
- 1/12 的男性與 1/200 的女性有某種形式的**色盲**（包括本書的作者之一！）。很多高預算的遊戲都有色盲模式，它們會精密地調整顏色。你可以使用**高對比**色來讓色盲人士更容易玩你的遊戲。
- 很多玩家有各式各樣的**運動障礙**，從重複性使力傷害到癱瘓。無法使用傳統輸入設備（例如滑鼠與鍵盤或控制器）的玩家或許可以使用**輔助硬體**（例如眼球追蹤器或修改過的控制器）。讓玩家進行個人設定是方便這些玩家的做法之一，藉著將不同的按鍵對映到不同的遊戲控制方式，來讓遊戲更容易接受鍵盤對映。
- 你應該已經發現，許多遊戲在一開始都會顯示預防癲癇發作的警告。那是因為有許多**癲癇**患者是光敏的，也就是說，有一些閃光或閃爍模式會引發癲癇。雖然癲癇警告很重要，但我們可以做得更好。身為開發者，我們應該盡力了解和避免最有可能引發癲癇的閃光、閃爍和其他視覺模式。花一些時間閱讀**身為癲癇玩家**的電玩評論者，Cathy Vice 根據他**的經歷**所撰寫的意見：https://indiegamerchick.com/2013/08/06/the-epilepsy-thing。

可及性經常被縮寫成 #a11y—這是一種「數字縮寫」，意思是接下來有 11 個字母（ccessibilit），然後有一個 y。這個字提醒我們：*我們都可以成為負責任的盟友（ally）*。

可及性功能通常是事後才考慮並加入的，但是如果你在設計遊戲（與任何其他類型的程式！）時，從一開始就考慮這些事情，你就可以讓它更卓越。

C# 字串是用 Unicode 來編碼的

自從你在第 1 章的開頭，在 IDE 輸入 "Hello, world!" 以來，你一直都在使用字串。因為字串非常直覺，所以我們一直都沒有仔細分析它們，來了解它們如何動作。但你可以問問自己…**字串到底是什麼？**

C# 字串是一種**唯讀的 char 集合**。所以如果你實際觀察字串是怎麼被存在記憶體的，你會看到字串「Elephant」被存成 char 'E'、'l'、'e'、'p'、'h'、'a'、'n' 與 't'。現在問一下你自己…***char* 到底是什麼？**

char 是用 **Unicode** 來表示的字元。Unicode 是一種業界標準，它的目的是**編碼**字元，或是將它們轉換成位元組，以便將它們存入記憶體、透過網路傳送、放入文件，或是做你想要用它們來做的幾乎所有事情，而且你一定都會得到正確的字元。

稍微想一下世界上的字元有多少個，你就可以知道這件事有多麼重要。Unicode 標準支援超過 150 個**書寫系統**（script，特定語言的字元集），除了 Latin（有 26 個英文字母與變體，例如 é 和 ç）之外，還有在世界各地使用的許多語言的書寫系統。書寫系統支援的清單還在不斷成長，因為 Unicode 聯盟每年還在加入新的字元（這是目前的清單：http://www.unicode.org/standard/supported.html）。

第 1 章的動物配對遊戲像處理任何其他 C# 字元一樣處理 emoji 字元。

Unicode 也支援另一種非常重要的字元集：**emoji**。從眨眼笑臉（😜）到受歡迎的便便表情（💩），所有的 emoji 都是 Unicode 字元。

Unicode 字元可能會讓輔助技術失效。

可及性非常重要。我們認為在這裡討論可及性特別有價值，因為（就像許多「遊戲設計…漫談」單元）我們可以用它來教導適合所有軟體開發的課程。你可能在社交媒體看到一些貼文使用 emoji 或其他「有趣」字元，而且很多都使用粗體、草寫，或上下相反的字元。在一些平台上，它們都是用 Unicode 字元來做的，若是如此，它們可能會讓可及性技術出現一些問題。

舉個社交媒體貼文為例：**I'm👏using👏hand👏claps👏to👏emphasize👏points**

在螢幕上，這些拍手 email 看起來沒什麼問題。但是 Windows Narrator 或 macOS VoiceOver 等螢幕朗讀程式可能會這樣子閱讀那個訊息：「I'm clapping hands using clapping hands hand clapping hands claps clapping hands to clapping hands emphasize clapping hands points.」

你可能會看到這樣的「字型」：𝖙𝖍𝖎𝖘 𝖎𝖘 𝒶 ⓂeⓈ丂αGE 𝓲𝓷 𝒶 really pɹıəʍ FONT

螢幕朗讀程式會將 𝖒 讀成「mathematical bold Fraktur small m」，將其他字元讀成「script letter n」或「mathematical double stroke small a」，或乾脆忽略它們。使用盲文閱讀程式的人可能也會有同樣糟糕的體驗。這些輔助技術是不是有某種問題？完全不是，它們都很盡職。那些東西是 Unicode 字元真正的名稱，輔助技術的確準確地描述了文字。在你學習本章的下一個部分時，請記得這些例子，它們可以幫助你了解 Unicode 如何運作。

當我將大象 emoji 序列化成 JSON 時，它變成「**\uD83D\uDC18**」，我猜 Unicode 與它有關對吧？

每一個 Unicode 字元，包括 emoji，都有一個獨特的號碼，稱為字碼指標。

Unicode 字元的編號稱為**字碼指標**（**code point**）。你可以在這裡下載所有 Unicode 字元的清單：https://www.unicode.org/Public/UNIDATA/UnicodeData.txt。

它是一個龐大的文字檔，在裡面每一個 Unicode 字元都有一行。下載它並搜尋「ELEPHANT」，你會發現有一行的開頭是：`1F418;ELEPHANT`。數字 1F418 代表一個**十六進制**（或 **hex**）值。十六進制值是用數字 0 到 9 與字母 A 到 F 來寫的，透過十六進制值來使用 Unicode 值（與一般的二進制值）通常比透過十進制值更簡單。你可以在 C# 裡面在開頭使用 0x 來建立 hex 常值，例如：0x1F418。

1F418 是 Elephant emoji 的 ***UTF-8* 字碼指標**。UTF-8 是最常用來將字元**編碼**成 Unicode（或將它表示成數字）的方式。它是可變長度編碼，使用 1 到 4 個 byte。在這個例子裡，它使用 3 個 bytes：0x01（或 1），0xF4（或 244），與 0x18（或 24）。

但是 JSON serializer 印出來的結果不是這樣，它印出更長的 hex 數字：D83DDC18，原因是 **C# char 型態使用 *UTF-16***，而 UTF-16 使用以一或兩個 2-byte 數字組成的字碼指標。大象 emoji 的 UTF-16 字碼指標是 0xD83D 0xDC18。UTF-8 比 UTF-16 還要流行許多，尤其是在網路上，所以當你查詢字碼指標時，你比較有機會找到 UTF-8，而不是 UTF-16。

UTF-8 是大多數網頁和許多系統使用的可變長度編碼。它可以使用一個、兩個、三個或更多 bytes 來儲存字元。UTF-16 是固定長度編碼，總是使用一或兩個 2-byte 數字。.NET 在記憶體裡面將 char 值存成 UTF-16 值。

Visual Studio 很擅長使用 Unicode

我們來使用 Visual Studio 看看 IDE 如何使用 Unicode 字元。你在第 1 章就在程式裡面使用 emoji 了。我們來看一下 IDE 還可以處理哪些事情。前往程式碼編輯器並輸入這段程式：

```
Console.WriteLine("Hello ");
```

如果你使用 Windows，打開 Character Map app。如果你使用 Mac，按下 Ctrl-⌘-空格，來顯示 Character Viewer。然後搜尋希伯來字母 shin（ש），並將它複製到剪貼簿。

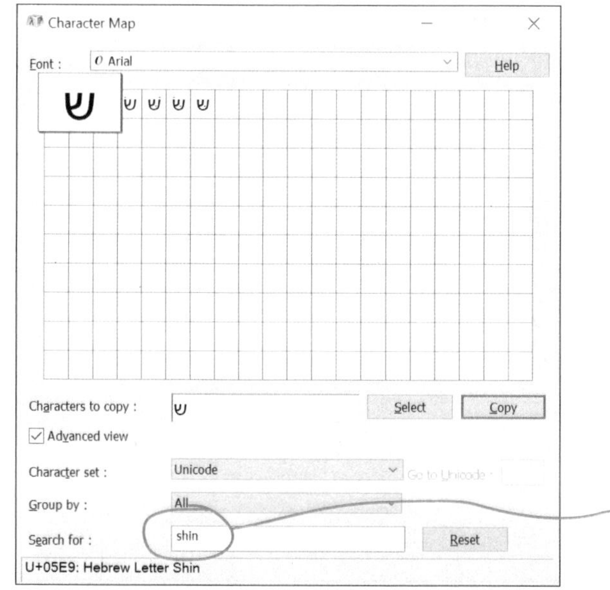

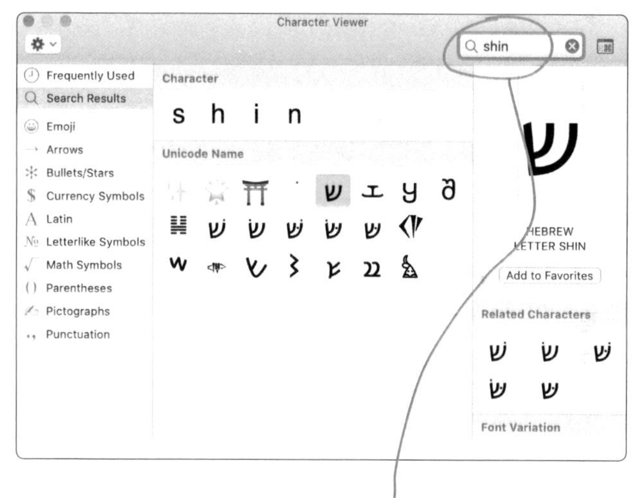

Windows Character Map app 與 macOS Character Viewer 都可以讓你搜尋 Unicode 字元，並將它們複製到剪貼簿。

把你的游標放在字串結尾的空格與引號之間，把複製到剪貼簿的 shin 字元貼上。嗯，出現奇怪的事情了：

```
Console.WriteLine("Hello ש");
```

有沒有發現游標跑到被貼上的字元的左邊？好吧，我們繼續做下去。不要在 IDE 按下任何地方，讓游標留在原處，然後切換到 Character Map 或 Character Viewer 來搜尋希伯來字母 lamed（ל）。切回去 IDE，確認游標仍然在 shin 的左邊，並貼上 lamed：

```
Console.WriteLine("Hello של");
```

當你貼上 lamed 時，IDE 會將它貼在 shin 的左邊。現在搜尋希伯來字母 vav（ו），最後是 mem（ם）。把它們都貼到 IDE，它會將它們插入游標的左邊：

```
Console.WriteLine("Hello שלום");
```

IDE 知道**希伯來文是從右到左閱讀的**，所以它會做出相應的行為。按下並選取接近陳述式開頭的文字，然後慢慢將游標往右拉，來選擇 Hello 接著 שלום。仔細觀察當你選到希伯來字母時會怎樣。它會跳到 shin（ש），然後從右往左選，這是希伯來文讀者預期看到的動作。

.NET 使用 Unicode 來儲存字元與文字

用來儲存文字與字元的兩種 C# 型態（string 與 char）會在記憶體裡面用 Unicode 來儲存資料。當你用 byte 形式將那些資料寫入檔案時，每一個 Unicode 數字都會被寫入檔案。我們來了解究竟 Unicode 資料是怎麼被寫入檔案的。**建立新的主控台 app**。我們將使用 File.WriteAllBytes 與 File.ReadAllBytes 方法來探索 Unicode。

動手做！

① 將一般的字串寫到檔案，並將它讀回。

在 Main 方法裡面加入下面的程式碼 — 它使用 File.WriteAllText 來將字串「Eureka!」寫到稱為 *eureka.txt* 的檔案（所以你要加入 `using System.IO;`）。然後它會建立一個新的位元組陣列，稱為 `eurekaBytes`，並將檔案讀入，再印出它讀取的所有位元組：

```
File.WriteAllText("eureka.txt", "Eureka!");
byte[] eurekaBytes = File.ReadAllBytes("eureka.txt");
foreach (byte b in eurekaBytes)
    Console.Write("{0} ", b);
Console.WriteLine(Encoding.UTF8.GetString(eurekaBytes));
```

ReadAllBytes 方法會回傳一個指向新的位元組陣列的參考，裡面有從檔案讀取的所有位元組。

你會看到這些位元組被寫到輸出：`69 117 114 101 107 97 33`。最後一行程式呼叫方法 Encoding.UTF8.GetString，它會使用 UTF-8 字元來將位元組陣列轉換成字串。**在 Notepad**（Windows）**或 TextEdit**（Mac）**裡面打開檔案**，你會看到「Eureka!」。

② 然後加入程式，來以 hex 數字寫入位元組。

在編碼資料時，你通常會使用 hex，所以我們來做這件事。在 Main 方法的結尾加入這段程式，使用 `{0:x2}` 來**將各個位元組格式化成 hex 數字**，來寫出同一群位元組：

```
foreach (byte b in eurekaBytes)
    Console.Write("{0:x2} ", b);
Console.WriteLine();
```

hex 使用數字 0 到 9 與字母 A 到 F 來代表底數為 16 的數字，所以 6B 等於 107。

Write 會以雙字元 hex 碼印出參數 0（在我們想要印出來的字串的後面的第一個參數），所以它會用 hex 寫出同樣的七個位元組，而不是十進位：`45 75 72 65 6b 61 21`。

③ 修改第一行來寫出希伯來字母「שלום」而不是「Eureka!」

你曾經使用 Character Map（Windows）或 Character Viewer（Mac）在另一個程式加入希伯來文字 שלום。**把 Main 方法的第一行改成註解，並將它換成下面的程式**，在檔案中寫入「שלום」而不是「Eureka!」我們加入額外的 Encoding.Unicode 參數，所以它會寫入 UTF-16（Encoding 類別在 System.Text 名稱空間裡面，所以你也要在最上面加入 `using System.Text;`）：

```
File.WriteAllText("eureka.txt", "שלום", Encoding.Unicode);
```

現在再次執行程式，並仔細觀察輸出：`ff fe e9 05 dc 05 d5 05 dd 05`。前兩個字元是「FF FE」，這是 Unicode 指出「接下來有一個雙位元組字元的字串」的做法。其餘的位元組是希伯來字母，但它們是反過來的，所以 U+05E9 是 **e9 05**。在 Notepad 或 TextEdit 打開檔案來確保它看起來是正確的。

4 **使用 JsonSerializer 來探索 UTF-8 與 UTF-16 字碼指標。**

當你序列化大象 emoji 時，JsonSerializer 產生 `\uD83D\uDC18`，它是十六進制的 4-byte UTF-16 字碼指標。現在我們用希伯來字母 shin 來試試它。在你的 app 的最上面加入 `using System.Text.Json;`，然後加入這一行：

```
Console.WriteLine(JsonSerializer.Serialize("ש"));
```

再次執行 app。這一次它印出有兩個 hex 位元組的值，「\u05E9」，它就是希伯來字母 shin 的 UTF-16 字碼指標。同一個字母也有 UTF-8 字碼指標。

但是等一下，我們知道，大象 emoji 的 UTF-8 字碼指標是 **`0x1F418`**，它與 UTF-16 字碼指標（0xD83D 0xDC18）**不一樣**，為什麼會這樣？

事實上，有雙位元組 UTF-8 字碼指標的字元通常都有相同的 UTF-16 格式的字碼指標。當你的 UTF-8 值需要三個或更多位元組值時，包括我們在這本書裡用過的 emoji，它們會不相同。所以雖然希伯來字母 shin 在 UTF-8 與 UTF-16 都是 0x05E9，但是大象 emoji 在 UTF-8 是 0x1F418，在 UTF-16 是 0xD8ED 0xDC18。

使用 \u 轉義序列在字串中加入 Unicode

當你將大象 emoji 序列化時，JsonSerializer 產生 \uD83D\uDC18，它是這個 emoji 的十六進位 4-byte UTF-16 字碼指標。這是因為 JSON 與 C# 字串都使用 **UTF-16 轉義序列**，而且事實上，JSON 使用同樣的轉義序列。

當字元使用 2-byte 字碼指標（例如 ש）時，它是以 \u 再加上 hex 字碼指標來表示的（\u05E9）；當字元使用 4-byte 字碼指標時，例如 🐘，它是用 \u 加上最高的兩個位元組，再加上 \u，再加上最低的兩個位元組來表示的（\uD83D\uDC18）。

C# 也有另一種 Unicode 轉義序列：\U（使用大寫的 U）加上八個 hex 位元組，可讓你嵌入 **UTF-32 字碼指標**，它永遠是四個位元組長。這是另一種 Unicode 編碼，它很方便，因為你只要用零來填補 hex 數字，就可以把 UTF-8 轉換成 UTF-32 — 所以 ש 的 UTF-32 字碼指標是 \U000005E9，🐘 的是 \U0001F418。.

5 **使用 Unicode 轉義序列來編碼 🐘。**

在 Main 方法裡面加入這幾行程式，來使用 UTF-16 與 UTF-32 轉義序列將大象 emoji 寫到兩個檔案：

```
File.WriteAllText("elephant1.txt", "\uD83D\uDC18");
File.WriteAllText("elephant2.txt", "\U0001F418");
```

再次執行 app，然後在 Notepad 或 TextEdit 裡面打開這兩個檔案。你應該可以看到正確的字元被寫到檔案。

> 你用 UTF-16 與 UTF-32 轉義序列來建立 emoji，但是 WriteAllText 方法寫出 UTF-8 檔案。你在步驟 1 使用的 Encoding.UTF8.GetString 方法可以將 UTF-8 編碼的位元組陣列轉換回去字串。

C# 可以使用位元組陣列來移動資料

因為所有資料最後都會被編碼成**位元組**，所以，你可以將檔案當成一個**巨大的位元組陣列**…而且，你已經知道如何讀取和寫入位元組陣列了。

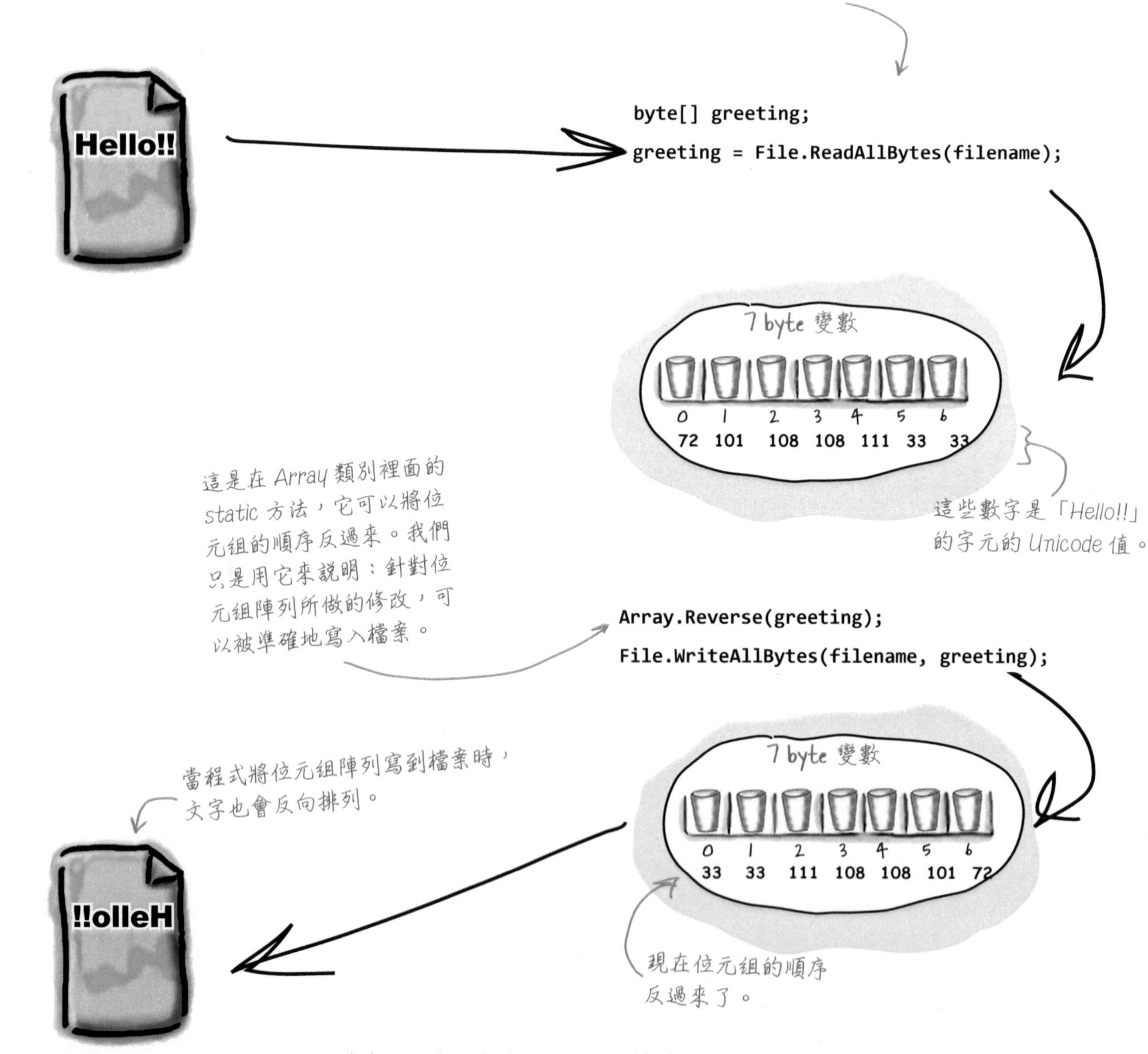

下面的程式會建立一個位元組陣列、打開一個輸入資料流，並將文字「Hello!!」讀入陣列的第 0 個到第 6 個位元組。
Hello!!
byte[] greeting;
greeting = File.ReadAllBytes(filename);
7 byte 變數
0 1 2 3 4 5 6
72 101 108 108 111 33 33
這些數字是「Hello!!」的字元的 Unicode 值。
這是在 Array 類別裡面的 static 方法，它可以將位元組的順序反過來。我們只是用它來說明：針對位元組陣列所做的修改，可以被準確地寫入檔案。
Array.Reverse(greeting);
File.WriteAllBytes(filename, greeting);
當程式將位元組陣列寫到檔案時，文字也會反向排列。
7 byte 變數
0 1 2 3 4 5 6
33 33 111 108 108 101 72
!!olleH
現在位元組的順序反過來了。

當每一個字元都是一個位元組長時，你才可以將「Hello!!」裡面的位元組反過來。你可以想出為什麼不能對 שלום 這樣做嗎？

使用 BinaryWriter 來寫入二進制資料

StreamWriter 也會編碼你的資料。只是它專門處理文字和文字編碼 — 預設使用 UTF-8。

雖然你可以先將字串、字元、整數與浮點數編碼成位元組陣列，再將它們寫入檔案，但是這是很枯燥的工作。所以 .NET 提供一種非常方便的類別，稱為 **BinaryWriter**，可以**自動編碼資料**，並將它寫入檔案。你的工作只是建立一個 FileStream，並將它傳入 BinaryWriter 的建構式（它們在 System.IO 名稱空間裡，所以你要加入 `using System.IO;`）。接下來，你就可以呼叫它的方法，來將資料寫出去了。我們來練習使用 BinaryWriter 將二進制資料寫入檔案。

動手做！

1. 先建立一個主控台 app，並設定一些要寫入檔案的資料：

```
int intValue = 48769414;
string stringValue = "Hello!";
byte[] byteArray = { 47, 129, 0, 116 };
float floatValue = 491.695F;
char charValue = 'E';
```

如果你使用 File.Create，它會開始一個新檔案，如果檔案已經存在，它會把它刪除，然後開啟一個全新的檔案。File.OpenWrite 方法會打開既有的檔案，並且從最前面開始覆寫它。

2. 為了使用 BinaryWriter，首先你要用 File.Create 打開一個新資料流：

```
using (var output = File.Create("binarydata.dat"))
using (var writer = new BinaryWriter(output))
{
```

3. 現在你只要呼叫它的 Write 方法即可。每當你這樣做時，它就會在檔案的結尾加入新的位元組，裡面有你用參數傳給它的資料的編碼版本：

```
    writer.Write(intValue);
    writer.Write(stringValue);
    writer.Write(byteArray);
    writer.Write(floatValue);
    writer.Write(charValue);
}
```

每一個 Write 陳述式都會將一個值編碼成位元組，然後將這些位元組傳給 FileStream 物件。你可以將任何型態的值傳給它，它會自動編碼它們。

FileStream 會將位元組寫到檔案的結尾。

削尖你的鉛筆

4. 現在使用你之前用過的程式來讀取你剛才寫入的檔案：

```
byte[] dataWritten = File.ReadAllBytes("binarydata.dat");
foreach (byte b in dataWritten)
    Console.Write("{0:x2} ", b);
Console.WriteLine(" - {0} bytes", dataWritten.Length);
```

在下面的空格裡寫下輸出。你可以**想出**這五個 `writer.Write(...)` 陳述式**對應的位元組**嗎？我們在每一組位元組下面放上它們的陳述式，來幫助你想出在檔案裡面的哪些位元組對應到 app 寫入的資料。

給你一個提示：字串可能有各種長度，所以字串的開頭必須有個數字，告訴 .NET 它有多長。BinaryWriter 使用 UTF-8 來編碼字串，在 UTF-8 裡，「Hello!」的所有字元都有單位元組的 UTF 字碼指標。你可以到 unicode.org 下載 UnicodeData.txt（之前已經告訴你 URL 了），並用它來查詢各個字元的字碼指標。

__ - ___ bytes

intValue　stringValue　byteArray　floatValue　← charValue

使用 BinaryReader 來讀回資料

BinaryReader 類別的用法很像 BinaryWriter。你要建立一個資料流，對它附加 BinaryReader 物件，然後呼叫它的方法…但是 reader **不知道檔案裡面有什麼資料！**它無法知道。你的浮點值 491.695F 被編碼成 d8 f5 43 45。同一組 bytes 也可以代表整數 1,140,185,334，所以你要告訴 BinaryReader 應從檔案讀取哪一種型態。加入這些程式碼，並讓它讀取你剛才寫入的資料。

先不要相信我們說的。你可以把讀取浮點數的那行程式改成呼叫 ReadInt32。（你要將 floatRead 的型態改成 int。）然後自己看看它從檔案讀出什麼。

1. 先設定 FileStream 與 BinaryReader 物件：

```
using (var input = File.OpenRead("binarydata.dat"))
using (var reader = new BinaryReader(input))
{
```

2. 呼叫 BinaryReader 的各種方法來讓它知道應該讀取哪一種型態的資料：

```
    int intRead = reader.ReadInt32();
    string stringRead = reader.ReadString();
    byte[] byteArrayRead = reader.ReadBytes(4);
    float floatRead = reader.ReadSingle();
    char charRead = reader.ReadChar();
```

在 BinaryReader 裡面，每一種型態都有它自己的方法可以回傳正確型態的資料。大部分的方法都不需要任何參數，但是 ReadBytes 會接收一個參數，用來告訴 BinaryReader 要讀取多少個位元組。

3. 將你從檔案讀取的資料寫到主控台：

```
    Console.Write("int: {0}  string: {1}  bytes: ", intRead, stringRead);
    foreach (byte b in byteArrayRead)
        Console.Write("{0} ", b);
    Console.Write(" float: {0}  char: {1} ", floatRead, charRead);
}
```

這是被印到主控台的輸出：

```
int: 48769414  string: Hello!  bytes: 47 129 0 116  float: 491.695  char: E
```

削尖你的鉛筆 解答

當你將 float 與 int 寫入檔案時，它們會占用四個位元組。如果你使用 long 或 double，它們會占用八個位元組。

86 29 e8 02 06 48 65 6c 6c 6f 21 2f 81 00 74 f6 d8 f5 43 45 - 20 bytes

intValue | stringValue | byteArray | floatValue | charValue

在字串裡面的第一個位元組是 6，它是字串的長度。你可以使用 Character Map 來查詢「Hello!」裡面的每一個字元—它的開頭是 U+0048，結尾是 U+0021。

Windows 與 Mac 的計算機 app 都有程式模式可以把這些位元組從十六進制轉換成十進制，你可以用它來將它們轉換回去陣列裡面的值。

char 保存 Unicode 字元，'E' 只占一個 byte，它被編碼成 U+0045。

沒有蠢問題

問：**在本章稍早，當我將「Eureka!」寫入檔案，然後將位元組讀回它時，每一個字元有一個位元組。為什麼希伯來字母 שלום 的每一個字母都占兩個位元組？還有，為什麼它在檔案的開頭寫入「FF FE」位元組？**

答：你看到的是兩個密切相關的 Unicode 編碼之間的差異。Latin 字元（包括一般的英文字母）、數字、一般的標點符號，以及一些標準字元（例如大括號、&，以及鍵盤上的其他符號）都使用很低的 Unicode 數字 — 介於 0 到 127 之間。它們可以對應一種非常古老的編碼格式 — ASCII，它可以追溯到 1960 年代，而 UTF-8 在設計上可回溯相容 ASCII。在只有這些 Unicode 字元的檔案裡面，只會有它們的位元組，沒有別的東西。

但是當你加入字碼指標較高的 Unicode 字元時，情況就開始複雜起來了。一個位元組只能保存 0 到 255 之間的數字。連續兩個位元組可以保存 0 到 65,536（十六進制的 FFFF）之間的數字。檔案必須讓打開它的程式知道它裡面有這種編號較高的字元，所以它會在檔案的開頭加入特殊的位元組序列：FF FE。它稱為位元組順序標記（*byte order mark*）。它可以讓程式知道：裡面的所有字元都會被編碼成兩個位元組（所以 E 會被編碼成 00 45，前面有零）。

問：**為什麼它稱為位元組順序標記？**

答：看一下將 שלום 寫入檔案，然後印出它所寫入的位元組的那個程式。你可以看到，在檔案裡面的位元組是反過來的。例如，字碼指標是 U+05E9 的 ש 在檔案裡面被寫成 E9 05。這種做法稱為 *little-endian* — 意思是將最低的位元組放在最前面。回到呼叫 WriteAllText 的程式，**將第三個引數 Encoding.Unicode 改成 Encoding.BigEndianUnicode**，這會讓它將資料寫成 *big-endian*，此時位元組不會被對調，當你再次執行它時，你會看到位元組變成 05 E9。你會看到不同的位元組順序標記：FE FF。它可以讓 Notepad 或 TextEdit 知道如何解讀檔案裡面的位元組。

問：**為什麼我不需要使用 *using* 區塊，或是在用完 File.ReadAllText 與 File.WriteAllText 之後不需要呼叫 Close？**

答：File 類別有一些非常實用的 static 方法可以自動打開檔案、讀取或寫入資料，然後**自動關閉它**。除了 ReadAllText 與 WriteAllText 方法之外，它還有處理位元組陣列的 ReadAllBytes 與 WriteAllBytes，以及 ReadAllLines 與 WriteAllLines，它們可以讀取和寫入字串陣列，在陣列裡面的每一個字串都是檔案裡面的一行文字。這些方法都會自動與關閉資料流，所以你可以用一行陳述式來完成整個檔案操作。

問：**既然 FileStream 有進行讀取和寫入的方法了，何必使用 StreamReader 與 StreamWriter？**

答：用 FileStream 類別來對著二進制檔讀取和寫入位元組非常方便。它的讀取和寫入方法可以操作位元組與位元組陣列。許多程式都只需要處理文字檔，此時 StreamReader 與 StreamWriter 非常方便。它們有一些方法是專門為了讀取和寫入文字行而設計的。如果沒有它們，當你想要從檔案裡面讀取一行文字時，你就要先讀取一個位元組陣列，然後寫一個迴圈來搜尋陣列裡面的分行符號 — 你應該很容易想像它為什麼可以讓你更輕鬆。

如果你寫入的字串裡面只有低編號的 Unicode 字元（例如 Latin 字母），它會用一個位元組來寫入每一個字元。如果它拿到高編號的字元（例如 emoji 字元），它會用兩個以上的位元組來寫入它們。

hex dump 可讓你查看檔案裡面的位元組

hex dump 是檔案內容的十六進制觀點，程式員經常用它來深入了解檔案的內部結構。

事實上，用十六進制來顯示檔案裡面的位元組是很方便的做法。十六進制用兩個字元來顯示一個位元組：一個位元組的範圍是 0 到 255，也就是十六進制的 00 到 ff。這種格式可以用很小的空間展示許多資料，而且更容易讓你發現裡面的模式。用 8 個、16 個或 32 個位元組長的段落來顯示二進制資料很方便，因為大部分的二進制資料都可以拆成 4、8、16 或 32 個位元組的段落…例如 C# 的所有型態。（例如，int 占 4 個位元組）。hex dump 可讓你了解這些值是由什麼構成的。

如何製作一般文字的 hex dump

我們先從一般的 Latin 字元文字開始看起：

```
When you have eliminated the impossible, whatever remains, however
improbable, must be the truth. - Sherlock Holmes
```

首先，將文字拆成 16 個字元的段落，從前 16 個字元開始：`When you have el`。

接下來，將裡面的每一個字元轉換成 UTF-8 字碼指標。因為 Latin 字元都是 ***1* 個位元組**的 UTF-8 字碼指標，所以它們都是用一個兩位數的十六進制數字來表示，從 00 到 7F。這是我們的 dump 的每一行的樣子：

這是段落的位移值（offset，也就是在檔案裡面的位置），以十六進制數字來表示。

這些是 16 個位元組的段落的前 8 個位元組。

這個分隔符號可以讓這一行更容易閱讀。

這些是 16 個位元組的段落的後 8 個位元組。

這些是被 dump 的文字字元。

```
0000: 57 68 65 6e 20 79 6f 75 -- 20 68 61 76 65 20 65 6c    When you have el
```

重複這個動作，直到你 dump 檔案的每一組 16 個字元段落為止。

```
0000: 57 68 65 6e 20 79 6f 75 -- 20 68 61 76 65 20 65 6c    When you have el
0010: 69 6d 69 6e 61 74 65 64 -- 20 74 68 65 20 69 6d 70    iminated the imp
0020: 6f 73 73 69 62 6c 65 2c -- 20 77 68 61 74 65 76 65    ossible, whateve
0030: 72 20 72 65 6d 61 69 6e -- 73 2c 20 68 6f 77 65 76    r remains, howev
0040: 65 72 20 69 6d 70 72 6f -- 62 61 62 6c 65 2c 20 6d    er improbable, m
0050: 75 73 74 20 62 65 20 74 -- 68 65 20 74 72 75 74 68    ust be the truth
0060: 2e 20 2d 20 53 68 65 72 -- 6c 6f 63 6b 20 48 6f 6c    . - Sherlock Hol
0070: 6d 65 73 0a             --                            mes.
```

這是我們的 dump。各種作業系統都有許多 hex dump 程式，它們會產生稍微不同的輸出。在我們的 hex dump 格式裡面，每一行都是輸入中的 16 個字元，在每一行的開頭有位移值，在每一行的結尾有各個字元的文字。其他的 hex dump app 可能會顯示不同的東西（例如，顯示轉義序列，或是用十進制來顯示值）。

hex dump 是檔案或記憶體裡面的資料的十六進制觀點，可以協助你對二進制資料進行偵錯。

使用 StreamReader 來建構 hex dumper

我們來建構一個 hex dump app，用 StreamReader 從檔案讀取資料，並將它的 dump 寫到主控台。我們將利用 StreamReader 的 **ReadBlock 方法**，它可以將一段字元讀成一個 char 陣列：它會讀取你所指定的字元數量，如果檔案剩餘的字元沒有那麼多時，它會讀取檔案剩餘的字元。因為我們在每一行顯示 16 個字元，所以我們會讀取 16 個字元的段落。

ReadBlock 方法會將它的輸入的下一個字元讀入一個位元組陣列（有時稱為緩衝區）。block 的意思是，它會持續執行且不 return，直到讀取你所要求的所有字元為止，或是已經沒有資料可讀為止。

建立一個新的主控台 app，將它稱為 HexDump。在你加入程式之前，**執行這個 app** 來建立存有二進制檔的資料夾。使用 Notepad 或 TextEdit 來**建立一個稱為 *textdata.txt* 的文字檔**，在裡面加入一些文字，並將它放在二進制檔的資料夾裡面。

這是在 Main 方法裡面的程式碼—它會讀取 *textdata.txt* 檔，並將 hex dump 寫到主控台。務必在最上面加入 `using System.IO;`。

StreamReader 的 EndOfStream 屬性會在檔案裡面還有字元需要讀取時回傳 false。

```
static void Main(string[] args) {
  var position = 0;
  using (var reader = new StreamReader("textdata.txt")) {
    while (!reader.EndOfStream)
    {
        // 將檔案裡接下來的 16 個位元組讀入位元組陣列
        var buffer = new char[16];
        var bytesRead = reader.ReadBlock(buffer, 0, 16);

        // 輸出十六進制的位置（或位移值），後面加上冒號與空格
        Console.Write("{0:x4}: ", position);
        position += bytesRead;

        // 寫出位元組陣列裡面的每一個字元的十六進制值
        for (var i = 0; i < 16; i++)
        {
            if (i < bytesRead)
                Console.Write("{0:x2} ", (byte)buffer[i]);
            else
                Console.Write("   ");
            if (i == 7) Console.Write("-- ");
        }

        // 寫出位元組陣列裡面的實際字元
        var bufferContents = new string(buffer);
        Console.WriteLine("   {0}", bufferContents.Substring(0, bytesRead));
    }
  }
}
```

{0:x4} 會將數字值轉換成四位數的十六進制數字，所以 1984 會被轉換成字串「07c0」。

這個迴圈會逐一查看每一個字元，並且在輸出裡面將它們每一個印成一行。

String.Substring 方法會回傳部分的字串。它的第一個參數是開始位置（在這個例子裡，就是字串的開頭），第二個參數是要放入子字串的字元數量。String 類別有一個多載的建構式可以接收一個 char 陣列並將它轉換成字串。

現在執行 app，它會在主控台印出 hex dump：

```
0000: 45 6c 65 6d 65 6e 74 61 -- 72 79 2c 20 6d 79 20 64    Elementary, my d
0010: 65 61 72 20 57 61 74 73 -- 6f 6e 21                   ear Watson!
```

使用 Stream.Read 從資料流讀取位元組

hex dump 程式可以妥善地處理文字檔 — 但是有一個問題。將你用 BinaryWriter 寫出來的 *binarydata.dat* 檔案**複製**到 app 的資料夾裡面，然後修改 app 來讀取它：

```
using (var reader = new StreamReader("binarydata.dat"))
```

現在執行 app，這一次它印出別的東西一但不太對勁：

```
0000: fd 29 fd 02 06 48 65 6c -- 6c 6f 21 2f fd 00 74 fd     ?)?Hello!/? t?
0010: fd fd 43 45                --                          ??CE
```

這些位元組在「**削尖你的鉛筆**」解答裡面是 81 與 f6，但 StreamReader 將它們改成 fd。

文字字元（「Hello!」）看起來 OK。但是拿這個輸出與「削尖你的鉛筆」的解答相比，位元組不太對。它把一些字元（86、e8、81、f6、d8 與 f5）換成不同的位元組：fd。那是因為 **StreamReader 在設計上是為了讀取文字檔的**，所以它只會讀取 **7-bit 值**，也就是 127 以下的 byte 值（十六進制的 7F，或二進制的 1111111，它是 7 個位元）。

所以我們來做正確的事情 — **直接從資料流讀取位元組**。修改 using 區塊，讓它使用 **File.OpenRead**，它會打開檔案並**回傳 FileStream**。你將使用 Stream 的 Length 屬性來持續讀取，直到讀取檔案的所有位元組為止，並且使用它的 Read 方法，將接下來的 16 個位元組讀入位元組陣列緩衝區：

```
using (Stream input = File.OpenRead("binarydata.dat"))
{
    var buffer = new byte[16];
    while (position < input.Length)
    {
        // 將檔案裡接下來的 16 個位元組讀入位元組陣列
        var bytesRead = input.Read(buffer, 0, buffer.Length);
```

使用明確的型態而不是 var 來表明你正在使用資料流，具體來說是 FileStream（繼承 Stream）。

Stream.Read 方法接收三個引數：要讀取的位元組陣列（buffer）、陣列的開始索引（0），以及要讀取的位元組數量（buffer.Length）。

其餘的程式除了這一行設定 bufferContents 的程式之外都是一樣的：

```
// 寫出位元組陣列裡面的實際字元
var bufferContents = Encoding.UTF8.GetString(buffer);
```

你已經使用本章稍早的 Encoding 類別來將位元組陣列轉換成字串了。在這個位元組陣列裡面，每一個字元有一個位元組，代表它是個有效的 UTF-8 字元，也就是說，你可以使用 Encoding.UTF8.GetString 來轉換它。因為 Encoding 類別在 System.Text 名稱空間裡面，所以你要在檔案的最上面加入 `using System.Text;`。

再次執行 app，這一次它印出正確的位元組，而不是將它們改成 fd 了：

```
0000: 86 29 e8 02 06 48 65 6c -- 6c 6f 21 2f 81 00 74 f6     ?)?Hello!/? t?
0010: d8 f5 43 45                --                          ??CE
```

現在你的 app 會從檔案讀取所有的位元組，而不是只有文字字元。

我們還可以做一件事來清理輸出。許多 hex dump 程式都會將非文字字元轉換成句點。**在 for 迴圈的結尾加入這一行：**

```
if (buffer[i] < 0x20 || buffer[i] > 0x7F) buffer[i] = (byte)'.';
```

再次執行 app，這一次問號被換成句點了：

```
0000: 86 29 e8 02 06 48 65 6c -- 6c 6f 21 2f 81 00 74 f6     .)...Hello!/..t.
0010: d8 f5 43 45                --                          ..CE
```

修改 hex dump 程式來使用命令列引數

大部分的 hex dump 程式都可以在命令列執行。你可以將一個檔案的名稱當成**命令列引數**傳給 hex dump 程式來 dump 它，例如：`C:\> HexDump myfile.txt`。

為了使用命令列引數，我們來修改 hex dump 程式。當你建立主控台 app 時，C# 會透過 Main 方法接收的 **args 字串陣列**來使用命令列引數：

```
static void Main(string[] args)
```

我們修改 Main 方法，讓它打開一個檔案，用資料流讀取它的內容。**File.OpenRead 方法**以參數接收檔名，將檔案打開並讀取它，再回傳一個檔案內容資料流。

修改 Main 方法裡面的這幾行：

```
static void Main(string[] args)
{
    var position = 0;
    using (Stream input = File.OpenRead(args[0]))
    {
        var buffer = new byte[16];
        int bytesRead;

        // 將檔案裡接下來的 16 個位元組讀入位元組陣列
        while ((bytesRead = input.Read(buffer, 0, buffer.Length)) > 0) {
```

app 會從它的 args 參數取得命令列引數，並將它們傳給 GetInputStream 方法。

你也要**刪除** while 區塊裡宣告 bytesRead 並對著資料流呼叫 input.Read 的第一行。

接著我們要在 IDE 裡面使用命令列引數，我們**修改 debug 屬性**，來將命令列傳給程式。在解決方案裡面的**專案按下右鍵**，然後：

務必在專案上按下右鍵，不是在解決方案上。

* **在 *Windows***，選擇 Properties，然後按下 Debug，並在 Application arguments 方塊裡面輸入要 dump 的檔名（完整的路徑，或是在二進制資料夾裡面的檔案名稱）。

* **在 *macOS***，選擇 Options，展開 Run >> Configurations，按下 Default，在 Arguments 方塊輸入檔名。

現在當你對 app 進行偵錯時，它的 `args` 陣列裡面有你在專案設定中設定的引數。**在你設定命令列引數時，務必指定有效的檔名**。

從命令列執行 app

你也可以從命令列執行 app，將 `[filename]` 換成檔名（完整路徑，或是在目前的目錄裡面的檔案的名稱）：

* **在 *Windows***，Visual Studio 會在 bin\Debug 資料夾下面組建一個可執行檔（在你放入讀取對象檔案的那個地方），所以你可以直接從那個資料夾執行可執行檔。打開命令視窗，`cd` 到 bin\Debug 資料夾，執行 `HexDump [filename]`。

* **在 *Mac***，你要**組建一個完整的應用程式**。打開 Terminal 視窗，前往專案資料夾，執行這個命令：**dotnet publish -r osx-x64**。

  輸出會加入這一行：`HexDump -> /path-to-binary/osx-x64/publish/`。打開 Terminal 視窗，**cd** 至它印出的完整路徑，然後執行 `./HexDump [filename]`。

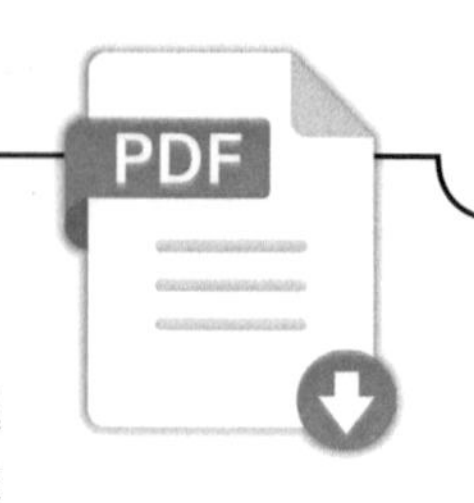

下載習題：捉迷藏

在下一個練習裡面，你要建構一個 app，在裡面探索一間房子，並且和電腦玩家一起玩一場捉迷藏遊戲。你將在安排位置時，運用你學到的集合和介面技術，然後把它轉換成遊戲，將遊戲的狀態序列化成一個檔案，以便儲存和載入它。

首先你會探索一間虛擬的房子，從一間房間到另一間房間檢查每一個位置的物品。

然後你會加入一個電腦角色，它會尋找躲藏地點。看看找到它們需要多久！

前往本書的 GitHub 網頁下載專案 PDF：
https://github.com/head-first-csharp/fourth-edition

重點提示

- **Unicode** 是用來編碼字元，或將它們轉換成位元組的業界標準。擁有一百萬個以上的 Unicode 字元都有一個字碼指標，也就是它的獨特號碼。
- 大部分的檔案與網頁都是用 **UTF-8** 來編碼的，它是一種可變長度 Unicode 編碼，可以將一些字元編碼成一個、兩個、三個或四個位元組。
- C# 與 .NET 使用 **UTF-16** 來將字元與文字存入記憶體，將字串視為唯讀的字元集合。
- **Encoding.UTF8.GetString 方法**可將 UTF-8 位元組陣列轉換成字串。**Encoding.Unicode** 可將採用 UTF-16 編碼的位元組陣列轉換成字串，Encoding.UTF32 可以轉換 UTF-32 位元組陣列。
- 使用 \u **轉義序列**在 C# 字串裡加入 Unicode。\u 轉義序列編碼 UTF-16，而 \U 編碼 UTF-32，**UTF-32** 是 4-byte 固定長度編碼。
- StreamWriter 與 StreamReader 可處理文字，但不能處理非 Latin 字元集的許多字元。使用 **BinaryWriter 與 BinaryReader** 來讀取和寫入二進制資料。
- **StreamReader.ReadBlock** 方法會將字元讀入位元組陣列緩衝區。**block** 的意思是它會持續執行且不 return，直到讀取你所要求的所有字元，或沒有資料可讀為止。
- File.OpenRead 會回傳一個 FileStream，**FileStream.Read 方法**會從資料流讀取位元組。
- **String.Substring 方法**會回傳部分的字串。String 類別有一個**多載的建構式**可以接收一個 char 陣列並將它轉換成字串。

Unity 實驗室 #5
Raycasting

在 Unity 裡面設置場景，相當於幫遊戲角色創造一個 3D 虛擬世界，來讓它們可以四處移動。但是在大多數的遊戲裡，大多數的物件都不是玩家可以直接控制的。那些物件怎麼決定它們在場景中的位置？

實驗室 5 與 6 的目標就是讓你熟悉 Unity 的**路徑尋找與導航系統**，這是一種精密的 AI 系統，可讓你的角色在你打造的世界裡面前往特定地點。在這個實驗室裡，你將用 GameObjects 來建立一個場景，並使用導航系統在裡面移動角色。

你將使用 **raycasting** 來編寫可以回應場景的幾何形狀的程式碼、**捕捉輸入**，並用它來將一個 GameObject 移到玩家按下的地點。同樣重要的是，你將使用類別、欄位、參考與我們討論過的其他主題來**練習編寫 C# 程式**。

建立一個新的 Unity 專案並開始設定場景

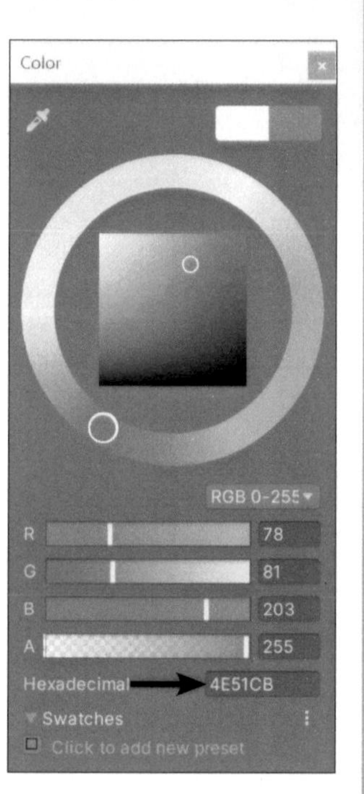

在開始之前，關閉你已經打開的任何 Unity 專案，並且關閉 Visual Studio — 我們會讓 Unity 打開它。使用 3D 樣板來建立一個新的 Unity 專案，將版面設成 Wide，讓它符合我們的螢幕截圖，並且幫它取個類似 ***Unity Labs 5 and 6*** *的名稱，以便之後可以回來。*

先建立一個可讓角色四處移動的遊戲區域。在 Hierarchy 視窗按下右鍵，**建立一個 Plane**（GameObject >>3D Object >> Plane）。將你的新 Plane 命名為 GameObject *Floor*。

在 Project 視窗裡面的 Assets 資料夾上面按下右鍵，**在裡面建立一個稱為 Materials 的資料夾**。然後在你建立的 Materials 資料夾按下右鍵，並選擇 **Create >> Material**。將新材質稱為 *FloorMaterial*。我們讓這個材質簡單一點，只幫它加上一種顏色。在 Project 視窗選擇 FloorMaterial，然後在 Inspector 裡面，按下 Albedo 這個字右邊的白色方塊。

你可以使用這個滴管從螢幕的任何地方選取顏色。

在 Color 視窗裡，使用外部的圓環來選擇地板的顏色。我們在螢幕畫面裡使用數字為 4E51CB 的顏色，你可以在 Hexadecimal 方塊裡面輸入它。

從 Project 視窗將這個材質拉到 Hierarchy 視窗的 Plane GameObject 上面。現在你的地板平面應該會變成你選擇的顏色了。

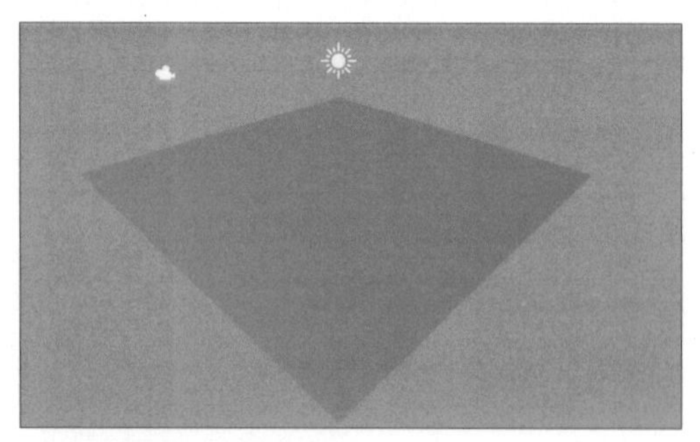

動動腦

Plane 沒有 Y 維度。如果你給它大的 Y scale 值會怎樣？如果 Y scale 值是負的會怎樣？如果它是零呢？

想一下並猜猜看。然後使用 Inspector 視窗來嘗試各種 Y scale 值，看看平面的行為和你想的是否一樣。（別忘了將它們設回原值！）

Plane 是一個 10 個單位長、10 個單位寬（在 X-Z 平面上）、0 個單位高（在 Y 平面上）的平坦正方形物件。Unity 在建立平面時，會把它的中心點設在 (0,0,0)。這個平面中心點決定了它在場景裡的位置。如同其他物件，你可以使用 Inspector，或能夠改變平面的位置與旋轉角度的工具在場景裡面移動平面。你也可以改變它的大小，但是因為它沒有高度，所以你只能改變 X 與 Z scale — 你在 Y scale 輸入的任何正數都會被忽略。

用 3D Object 選單建立的物件（平面、球體、立方體、圓柱體與一些其他的基本形狀）稱為基本物件（primitive object）。你可以在 Help 選單打開 Unity Manual 並搜尋「Primitive and placeholder objects」網頁來進一步認識它們。現在就花一分鐘打開網頁，閱讀關於平面、球體、立方體和圓柱體的說明。

設定鏡頭

在前兩個 Unity 實驗室裡，你學到 GameObject 實質上是元件的「容器」，而且 Main Camera 只有三個元件：Transform、Camera 與 Audio Listener。這很合理，因為所有鏡頭的職責，都是在一個位置記錄它看到和聽到的東西。看一下 Inspector 視窗裡面的鏡頭的 Transform 元件。

注意它的位置是 (0, 1, –10)。按下 Position 那一行的 Z 標籤並往上和往下拉。你會看到鏡頭在場景視窗裡面往前和往後飛。更仔細地看一下方塊與在鏡頭前面的四行，它們代表鏡頭的**視埠（viewport）**，也就是在玩家的畫面上的可見區域。

使用 Move tool（W）與 Rotate tool（E）在場景裡四處移動鏡頭與旋轉它，就像你在場景裡面操作其他 GameObjects 那樣。Camera Preview 視窗會即時更新，顯示鏡頭看到的東西。在你四處移動鏡頭時，注意 Camera Preview。當地板飛入或飛出鏡頭的視野時，似乎在移動。

使用 Inspector 視窗裡面的 context 選單來重設 Main Camera 的 Transform 元件。注意它**沒有將鏡頭重設回它的原始位置** — 它將鏡頭的位置和旋轉都重設成 (0, 0, 0)。你可以在 Scene 視窗裡面看到鏡頭與平面相交。

攝影機的上半部在平面中
凸出來。

現在我們要將鏡頭往下拍。先按下 Rotation 旁邊的 X 標籤並往上和往下拉。你會在攝影機預覽裡面看到視埠的移動。在 Inspector 視窗裡面**將鏡頭的 X rotation 設成 90**，讓它往下拍。

你會發現，在 Camera Preview 裡面沒有東西，這是合理的結果，因為鏡頭正朝著無限薄的平面的下方拍。**按下 Transform 元件的 Y position 標籤，並往上拉**，直到你在 Camera Preview 看到整個平面為止。

在 Hierarchy 視窗裡選擇 Floor。注意，Camera Preview 消失了，它只會在你選擇鏡頭時出現。你也可以在 Scene 與 Game 視窗之間切換，以便了解鏡頭看到什麼。

在 Inspector 裡面使用 Plane 的 Transform 元件來**將 Floor GameObject 的 scale 設成 (4, 1, 2)**，讓它的長是寬的兩倍。因為 Plane 是 10 單位寬與 10 單位長，所以這個 scale 會讓它變成 40 單位長與 20 單位寬。平面再次填滿視埠了，所以再將 Camera 沿著 Y 軸往上移，直到視埠裡面有整個平面為止。

你可以在 Scene 與 Game 視窗之間切換，來了解鏡頭看到什麼。

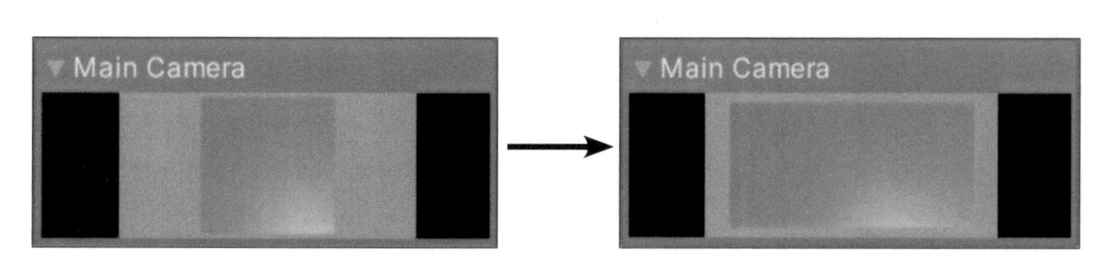
Main Camera
Main Camera

為角色建立 GameObject

你的遊戲需要一個用來控制的角色。我們將建立一個簡單的人形角色，用圓柱體來製作身體，用球體來製作頭。在 Hierarchy 視窗裡面按下場景（或空白的地方）來確保你沒有選擇任何物件。

建立一個 Cylinder GameObject（3D Object >> Cylinder），你會看到場景的中央出現一個圓柱體。將它的名稱改成 *Player*，然後**選擇** Transform 元件的 **context 選單裡面的 Reset**，以確保它全部都使用預設值。接下來**建立一個 Sphere GameObject**（3D Object >> Sphere）。將它的名稱改成 *Head*，同樣重設它的 Transform 元件。它們在 Hierarchy 視窗裡分別有獨立的一行。

但是我們不想要分開這兩個 GameObject，我們想要一個可以用單一 C# 腳本控制的 GameObject，這就是 Unity 有 **parenting**（**前後代**）這個概念的原因。在 Hierarchy 視窗裡面按下 Head 並**將它拉入 Player**。這會讓 Player 變成 Head 的上一代。現在 Head GameObject 物件被**嵌入** Player 之下了。

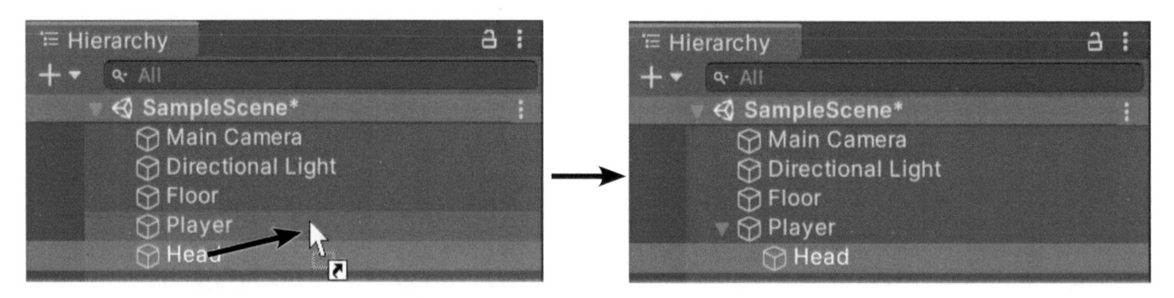

在 Hierarchy 視窗裡面選擇 Head。它被放在 (0, 0, 0)，就像你建立過的球體那樣。雖然你可以看到球體的輪廓，但你看不到球體本身，因為它被隱藏在平面和圓柱之後。使用 Inspector 視窗裡面的 Transform 元件來**將球體的 Y position 改成 1.5**。現在球體跑到圓柱上面了，正好是角色的頭的位置。

在 Hierarchy 視窗裡面選擇 Player。因為它的 Y position 是 0，所以有一半的圓柱被藏在平面下面，**將它的 Y position 設成 1**。圓柱跑到平面上面了。注意 Head 球體會跟著一起上移。移動 Player 會讓 Head 一起移動的原因是移動父代的 GameObject 也會移動它的子代，事實上，你對父代的 Transform 元件做的任何修改都會自動套用到子代。如果你把它的 scale 往下調，它的子代也會如此。

切換到 Game 視窗，你的角色在遊戲區域的中間。

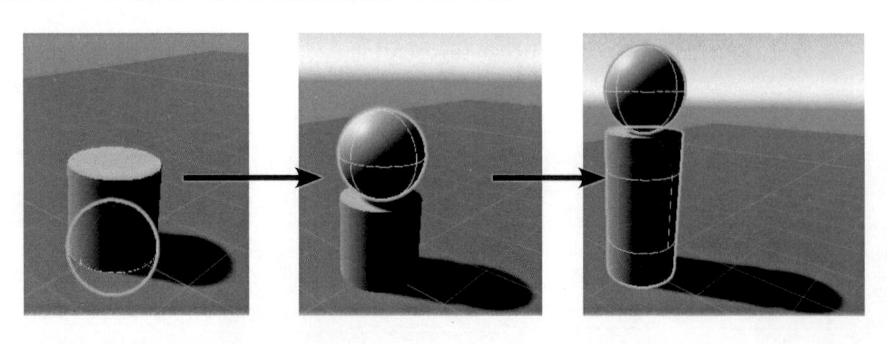

當你修改擁有子代的 GameObject 的 Transform 元件時，子代也會隨著它移動、旋轉和縮放。

Unity 的導航系統簡介

電玩最基本的功能之一就是將東西四處移動。玩家、敵人、各種角色、物件、障礙物…這些東西都可以移動。這就是為什麼 Unity 具備精密的人工智慧，可以使用導航與路徑尋找系統來協助 GameObjects 在場景裡面移動。我們將利用導航系統來讓角色朝著目標移動。

Unity 的導航與路徑尋找系統可讓角色在遊戲世界裡聰明地找到它們的路。為了使用它，你必須設定一些基本的東西來讓 Unity 知道角色可以到達的地方：

- 首先，你要告訴 Unity 你允許角色前往哪裡。做法是**設定 NavMesh（導航網格）**，它裡面有關於可行走的場景區域的所有資訊：斜坡、樓梯、障礙物，甚至所謂的 off-mesh link（讓你設定特定的角色動作，例如開門）。
- 接下來，你要**把 NavMesh Agent 元件加到**需要導航的任何 GameObject。這個元件會在場景裡自動移動 GameObject，使用它的 AI 來找出可以前往目標並且避免障礙物以及（選擇性）其他 NavMesh Agent 的最佳路徑。
- 有時導航複雜的 NavMeshes 會讓 Unity 使用大量的計算時間，這就是為什麼 Unity 有 Bake 功能，它可以讓你預先設定 NavMesh，並**預先計算（或烘培（bake））**幾何細節，來讓 agent 更有效率地工作。

Unity 提供精密的 AI 導航和路徑尋找系統，可以找出避開障礙物的高效路徑，在場景中即時地移動你的 GameObjects。

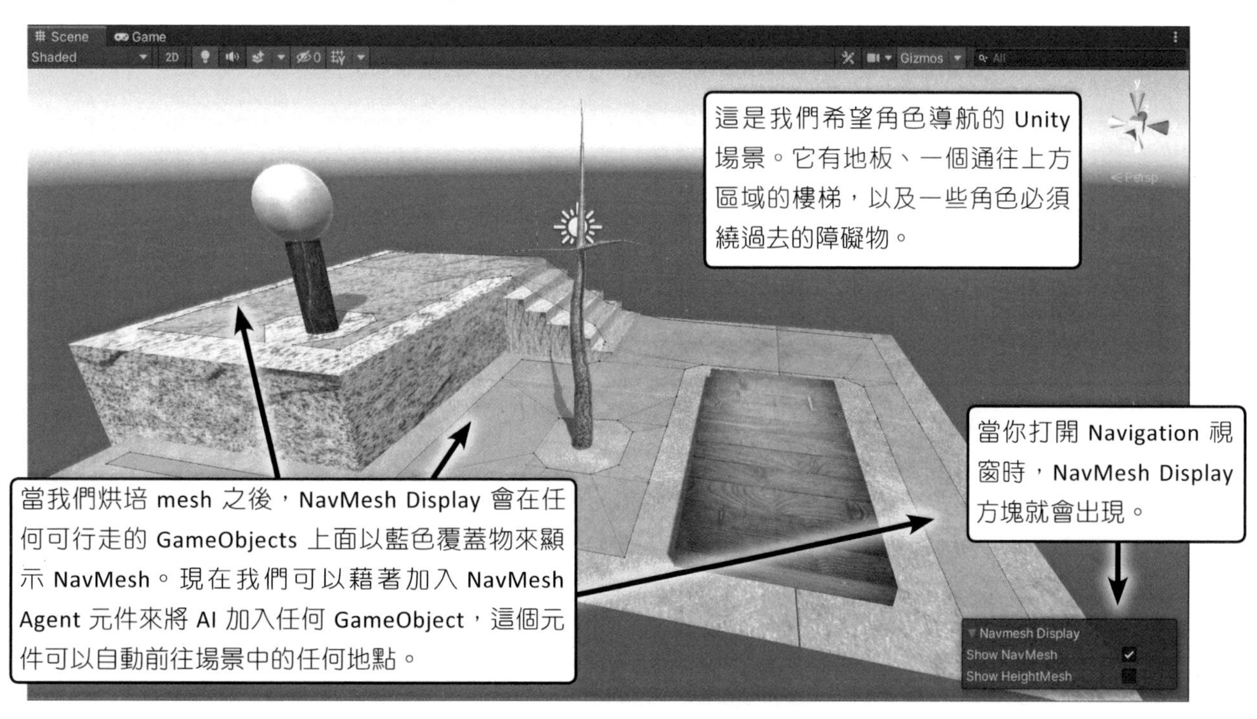

Scene
Game
Shaded
2D
Gizmos
這是我們希望角色導航的 Unity 場景。它有地板、一個通往上方區域的樓梯，以及一些角色必須繞過去的障礙物。
當你打開 Navigation 視窗時，NavMesh Display 方塊就會出現。
當我們烘培 mesh 之後，NavMesh Display 會在任何可行走的 GameObjects 上面以藍色覆蓋物來顯示 NavMesh。現在我們可以藉著加入 NavMesh Agent 元件來將 AI 加入任何 GameObject，這個元件可以自動前往場景中的任何地點。
Navmesh Display
Show NavMesh
Show HeightMesh

設定 NavMesh

我們來設定一個只包含 Floor 平面的 NavMesh。我們會用 Navigation 視窗來做這件事。**在 Window 選單中，選擇 AI >> Navigation**，在你的 Unity 工作空間裡加入 Navigation 視窗。它應該會在 Inspector 視窗的同一個面板中，以標籤的形式出現。然後使用 Navigation 視窗來**將 Floor GameObject 標為 *navigation static* 與 *walkable***：

- 按下 Navigation 視窗上方的 **Object 按鈕**。
- 在 Hierarchy 視窗裡面**選擇 Floor 平面**。
- 核取 **Navigation Static 方塊**。這會要求 Unity 在烘培 NavMesh 時納入 Floor。
- 在 Navigation Area 下拉式選單裡面**選擇 Walkable**。這可以讓 Unity 知道 Floor 平面是個表面，而且任何具備 NavMesh Agent 的 GameObject 都可以在上面導航。

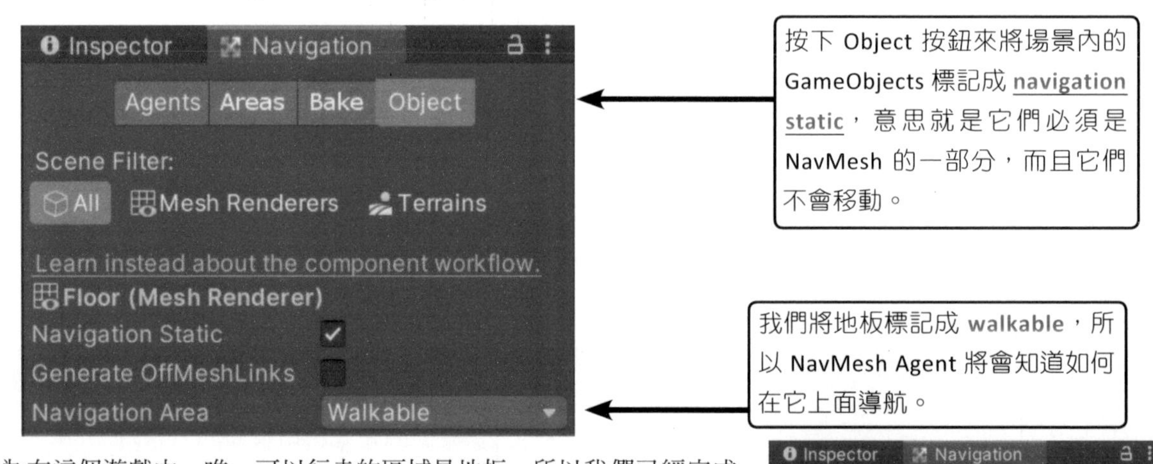

因為在這個遊戲中，唯一可以行走的區域是地板，所以我們已經完成 Object 部分了。如果場景比較複雜，裡面有許多可行走的表面，或不可行走的障礙物，你就要正確地標記每一個 GameObject。

按下 Navigation 視窗上方的 **Bake 按鈕**來顯示烘培選項。

在 Navigation 視窗裡面，**按下**最下面的**另一個 Bake 按鈕**。它會短暫地變成 Cancel 然後變回 Bake。你有沒有發現 Scene 視窗裡面有東西不一樣了？在 Inspector 與 Navigation 視窗之間來回切換。當你切換到 Navigation 視窗時，Scene 視窗會顯示 NavMesh Display，並且在已烘培的 NavMesh 的 GameObject 上面，以藍色的覆蓋物來醒目提示 NavMesh。在這個例子裡，它醒目提示被你標成 navigation static 與 walkable 的平面。

現在你已經設定好 NavMesh 了。

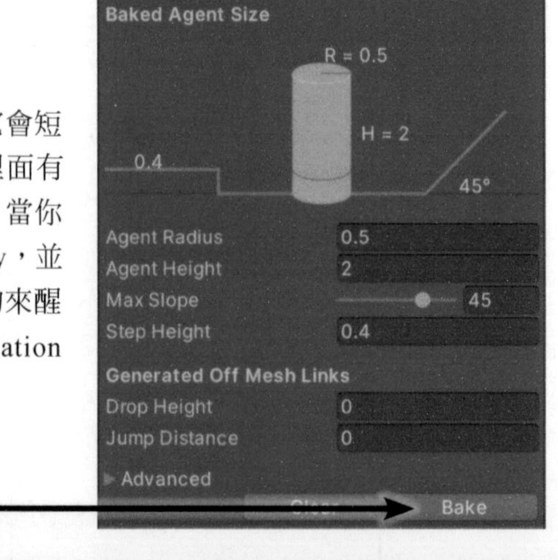

按下 Bake 按鈕來烘焙 NavMesh。

讓你的角色在遊戲區域自動導航

接下來要將 NavMesh Agent 加入你的 Player GameObject。在 Hierarchy 視窗裡面**選擇 Player**，然後回到 Inspector 視窗，按下 **Add Component** 按鈕，選擇 **Navigation >> NavMesh Agent** 來加入 NavMesh Agent 元件。因為用圓柱體做的身體是 2 單位高，用球體做的頭部是 1 單位高，所以你要讓 agent 是 3 單位高，所以將 Height 設成 3。現在 NavMesh Agent 已經可以在 NavMesh 上面移動 Player GameObject 了。

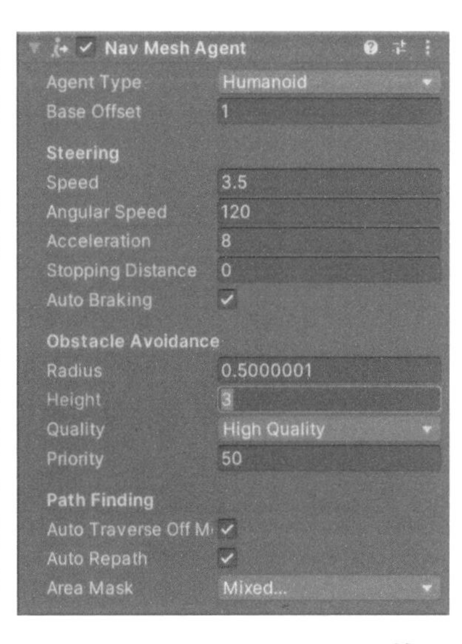

建立一個 Scripts 資料夾，並加入一個稱為 *MoveToClick.cs* 的腳本。這個腳本即將讓你按下遊戲區域，並要求 NavMesh Agent 將 GameObject 移到那個地點。你曾經在第 5 章學過 private 欄位。這個腳本將使用一個這種欄位來儲存指向 NavMeshAgent 的參考。GameObject 的程式碼需要一個指向它的 agent 的參考，這樣才可以告訴 agent 該前往哪裡，所以你要呼叫 GetComponent 方法來取得那個參考，並將它存入一個稱為 agent 的 **private NavMeshAgent 欄位**：

```
agent = GetComponent<NavMeshAgent>();
```

導航系統使用 UnityEngine.AI 名稱空間裡面的類別，所以你要在 *MoveToClick.cs* 檔案的最上面**加入這一行 using**：

```
using UnityEngine.AI;
```

這是**你的 MoveToClick 腳本的程式碼**：

```
public class MoveToClick : MonoBehaviour
{
    private NavMeshAgent agent;

    void Awake()
    {
        agent = GetComponent<NavMeshAgent>();
    }

    void Update()
    {
        if (Input.GetMouseButtonDown(0))
        {
            Camera cameraComponent = GameObject.Find("Main Camera").GetComponent<Camera>();
            Ray ray = cameraComponent.ScreenPointToRay(Input.mousePosition);
            RaycastHit hit;
            if (Physics.Raycast(ray, out hit, 100))
            {
                agent.SetDestination(hit.point);
            }
        }
    }
}
```

在上一個 Unity 實驗室裡，你曾經使用 Start 方法來設定 GameObject 出現時的位置。其實有一個方法會在腳本的 Start 方法執行之前被呼叫。Awake 方法會在物件被建立時執行，而 Start 會在腳本被啟用時執行。MoveToClick 腳本使用 Awake 方法來將欄位初始化，而不是使用 Start 方法。

這是腳本處理滑鼠按鍵的地方。Input.GetMouseButtonDown 方法會檢查用戶目前是否按下滑鼠按鍵，引數 0 會讓它檢查左鍵。因為 Update 會在每一個影格呼叫，所以它一定會檢查滑鼠按鍵有沒有被按下。

試著調整 NavMesh agent 的 Speed、Angular Speed、Acceleration 與 Stopping Distance 欄位。你可以在遊戲運行時改變它們（但是切記，它不會儲存你在遊戲運行時修改的任何值）。當你讓它們的某一些值非常大時會怎樣？

把腳本拉到 Player 並執行遊戲。在遊戲正在運行時，**按下地板的任何一個地方**。當你在平面上按下時，NavMesh Agent 會將你的角色移到你按下的地點。

我們在前幾章討論過許多關於物件參考和參考變數的事情。我們來做一個小小的紙筆練習，幫助你回憶一些關於物件參考的想法和概念。

在 MoveToClick 類別裡面**加入這個 public 欄位**：

```
public Camera cameraComponent;
```

回到 Hierarchy 視窗，按下 Player，在 Move To Click (Script) 元件找到新的 Camera Component 欄位。然後從 Hierarchy 視窗裡面**將 Main Camera 拉到** Inspector 視窗裡面的 Player GameObject 的 Move To Click (Script) 元件的 **Camera Component 欄位**：

現在將這一行**改成註解**：

```
Camera cameraComponent = GameObject.Find("Main Camera").GetComponent<Camera>();
```

再次執行遊戲，它仍然可以運作！為什麼？想一下原因，看看你能不能答對。寫下答案：

....

....

....

....

我的腳本呼叫一個名稱裡面有 **Ray** 的方法。我曾經在第一個 Unity 實驗室裡面使用 ray。我們用 ray 來協助移動角色嗎？

是的！我們使用非常實用的工具，稱為 raycasting。

在第二個 Unity 實驗室裡，你曾經使用 Debug.DrawRay，畫出一條從 (0, 0, 0) 射出的射線，來探索 3D 向量如何運作。MoveToClick 腳本的 Update 方法其實做了類似的事情。它使用 **Physics.Raycast 方法**來「射出」一條射線（很像用來探索向量的那個），它從鏡頭射出，經過用戶按下的點，並**檢查射線是否射到地板**。如果有，Physics.Raycast 方法會提供它在地板上的位置。然後腳本會設定 **NavMesh Agent 的 destination 欄位**，讓 NavMesh Agent **自動將角色移到那個位置**。

MoveToClick 腳本呼叫了 **Physics.Raycast 方法**，它是一種很實用的 Unity 工具，可協助遊戲回應場景中的變化。它會射出一條虛擬的射線，穿越場景，並告訴你它有沒有射到任何東西。Physics.Raycast 方法的參數會告訴它要往哪裡發射射線，以及射線的最遠距離：

Physics.Raycast(要往哪裡發射射線 **, out hit,** 最遠距離 **)**

這個方法會在射線射中東西時回傳 true，沒有射中時回傳 false。它使用 out 關鍵字來將結果存入變數，很像你在前幾章看到的 int.TryParse。我們來仔細看一下它是如何運作的。

我們要告訴 Physics.Raycast 朝著哪裡發射射線。所以我們的第一個工作是找到鏡頭，具體來說，就是 Main Camera GameObject 的 Camera 元件。你的程式碼可以像在上一個 Unity 實驗室裡面取得 GameController 一樣取得它：

```
GameObject.Find("Main Camera").GetComponent<Camera>();
```

Camera 類別有一個稱為 ScreenPointToRay 的方法，可以建立一條射線，從鏡頭的位置穿越螢幕的 (X, Y) 位置。Input.mousePosition 方法可以提供用戶在畫面按下的 (X, Y) 位置。這個 ray 提供一個位置來讓你傳給 Physics.RayCast：

```
Ray ray = cameraComponent.ScreenPointToRay(Input.mousePosition);
```

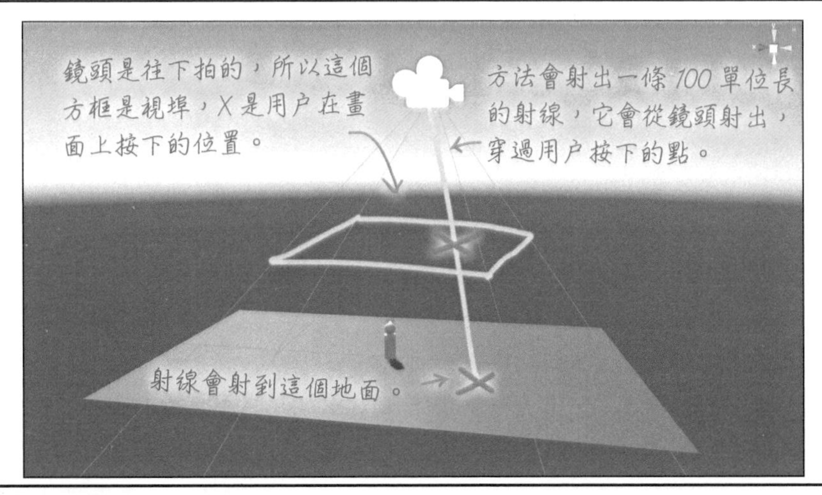

鏡頭是往下拍的，所以這個方框是視埠，X 是用戶在畫面上按下的位置。
方法會射出一條 100 單位長的射線，它會從鏡頭射出，穿過用戶按下的點。
射線會射到這個地面。

現在方法有射線可以射出了，它可以呼叫 Physics.Raycast 方法來看看它射中哪裡：

```
RaycastHit hit;
if (Physics.Raycast(ray, out hit, 100))
{
    agent.SetDestination(hit.point);
}
```

它會回傳一個布林，並使用 out 關鍵字，事實上，它的動作很像 int.TryParse。當它回傳 true 時，代表 hit 變數存有射線射到的地板位置。設定 agent 目的地（destination）會要求 NavMesh Agent 將角色朝著射線射到的地點移動。

削尖你的鉛筆 解答

我們提供了一個紙筆練習，你修改了 MoveToClick 類別，加入 Main Camera 的欄位，而不是使用 Find 與 GetComponent 方法。我們曾經讓你將 Main Camera 拉到它上面，然後問你一個問題。你的答案跟我們的類似嗎？

再次執行遊戲，它仍然可以運作！為什麼？想一下原因，看看你能不能答對。寫下答案：

當我的程式呼叫 mainCamera.GetComponent<Camera> 時，它會回傳一個指向 GameObject 的參考。我將它換成欄位，並且將 Hierarchy 視窗裡面的 Main Camera GameObject 拉到 Inspector 視窗，這會將欄位設成指向同一個 GameObject 的參考。這兩種不同的方式都會將 cameraComponent 變數設成指向同一個物件的參考，這就是為什麼它有相同的行為。

你會在接下來的 Unity 實驗室裡繼續使用 MoveToClick 腳本，所以在你寫下答案之後，將腳本改回去**，移除 MainCamera 欄位，並恢復設定 `cameraComponent` 變數的那一行。**

重點提示

- **Plane** 是一個 10 個單位長、10 個單位寬（在 X-Z 平面上），0 個單位高（在 Y 平面上）的平坦正方形物件。
- 你可以修改 **Main Camera** 的 Transform 元件來**移動它**並改變它拍攝的場景，就像你移動任何其他的 GameObject 那樣。
- 當你修改**嵌入子代**的 GameObject 的 Transform 元件時，子代會跟著它一起移動、旋轉和縮放。
- Unity 的 **AI 導航與路徑尋找系統**可以在場景裡面尋找避開障礙物的高效路徑，即時移動你的 GameObjects。
- **NavMesh** 裡面有關於場景裡的可行走區域的所有資訊。你可以預先設定 NavMesh 並預先計算（或烘培）幾何細節，來讓 agent 更高效地運作。
- **NavMesh Agent** 元件可以在場景裡自動移動 GameObject，使用它的 AI 來尋找最快速路徑，前往目的地。
- **NavMeshAgent.SetDestination 方法**會觸發 agent 來計算前往新位置的路徑，並開始往新目的地移動。
- Unity 會在載入 GameObject 時呼叫腳本的 **Awake 方法**，就在它呼叫腳本的 Start 方法之前，但是在實例化其他的 GameObject 之後。這個方法是初始化其他的 GameObjects 參考的好地方。
- **Input.GetMouseButtonDown 方法**會在滑鼠按鍵被按下時回傳 true。
- **Physics.Raycast** 方法會穿越場景射出一條虛擬射線，並且在它射到任何東西時回傳 true。它使用 out 關鍵字來回傳關於它射中的東西的資訊。
- 鏡頭的 **ScreenPointToRay** 方法會建立一條穿越螢幕上的某個點的射線。我們可以同時使用它與 Physics.Raycast，來確定角色應該移到哪裡。

神奇隊長

物件之死

深入淺出 C#	
售價 4 元	第 11 章

1 68426 48321 7

神奇隊長是物件村最了不起的物件，他一直努力地尋找他的宿敵…
我抓到你了，Swindler。
太慢了！就在你說話的時候，我的複製人大軍正在下面的工廠裡集結…

…準備肆虐物件村的街道了！
歡迎光臨
物件村
多型之家

碰!!
我會一個一個拿掉複製人的參考。

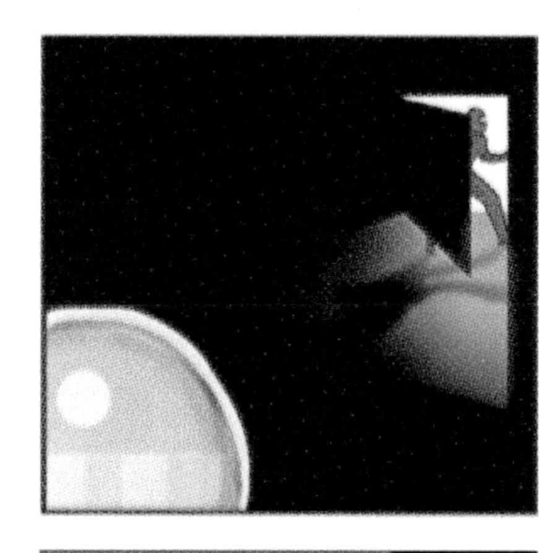

神奇隊長把 Swindler 逼到牆角…

…但最後，
他被困住了。
SELF DESTRUCT

CLANG
SELF DESTRUCT

幾分鐘之後，你和我
的軍隊就會變成垃圾了
（被記憶體回收了）

SELF DESTRUCT
4:00
3:59
3:58
BOOM!!
這是神奇隊長的結局嗎…？

物件的生與死

我們來快速地複習一下物件的出生與死亡：

- 當你建立物件時，CLR（負責執行 .NET app 與管理記憶體的程式）會在 heap 為它配置足夠的記憶體。heap 是為物件和它們的資料保留的電腦記憶體區域。
- 物件用參考來維持「生命」，參考可以被存入變數、集合或另一個物件的屬性或欄位。
- 同一個物件可以有多個參考，就像你在第 4 章曾經將 `lloyd` 與 `lucinda` 參考變數指向同一個 Elephant 實例那樣。
- 刪除 Elephant 物件的最後一個參考會讓 CLR 將它標記成記憶體回收。
- 最終，CLR 會移除 Elephant 物件並回收記憶體，讓程式接下來建立的新物件實例使用。

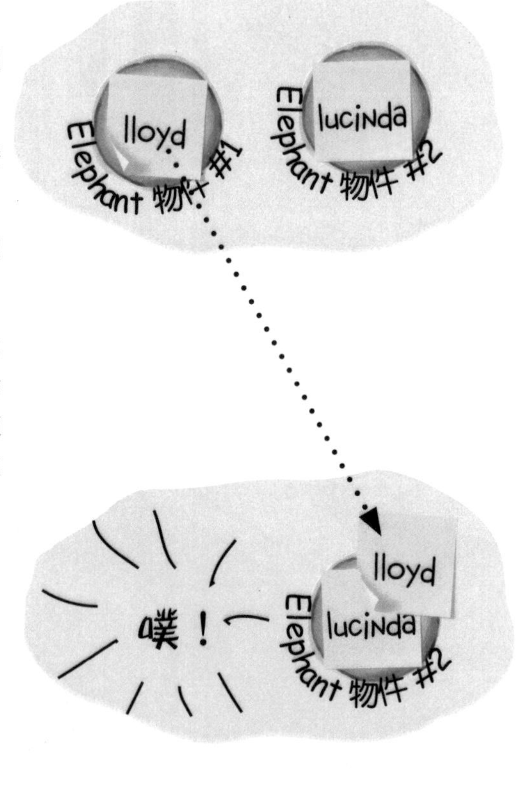

這是第 4 章的插圖。當時，你在 heap 裡面建立兩個 Elephant 物件，然後將其中一個的參考移除，來將它標記成記憶體回收。但是這實際上是什麼意思？誰在做回收？
lloyd
Elephant 物件 #1
lucinda
Elephant 物件 #2
噗！
lloyd
lucinda
Elephant 物件 #2

接下來我們要更詳細地研究這些重點，寫出小型的程式來展示記憶體回收如何運作。

但是在開始實驗記憶體回收之前，我們要先後退一步。前面說過，物件會被「標記」成記憶體回收 — 但是事實上，物件被移除的時間點可能是在任何時候（或永遠不會！）。我們要設法知道何時物件被記憶體回收了，並且設法強制進行記憶體回收。這就是我們的起點。

使用 GC 類別（請小心）來強制進行記憶體回收

.NET 有個 **GC 類別**可用來控制記憶體回收。我們將使用它的一些 static 方法 — 例如 GetTotalMemory，這個方法會回傳一個 long，它就是在 heap 裡面，目前據信已配置的近似 bytes 數：

```
Console.WriteLine(GC.GetTotalMemory(false));
```

class System.GC
Controls the system garbage collector, a service that automatically reclaims unused memory.

你可能想問，「為什麼是近似？據信已配置是什麼意思？為什麼記憶體回收行程不能精確地掌握已配置多少記憶體？」 這反映了記憶體回收的基本規則之一：你可以 100% 依靠記憶體回收，但是**它有很多未知數和近似值**。

這一章將使用一些 GC 函式：

- GC.GetTotalMemory 會回傳目前據信在 heap 配置的近似 bytes 數。
- GC.GetTotalAllocatedBytes 會回傳自從程式開始執行以來已配置的近似 bytes 數。
- GC.Collect 會強迫記憶體回收行程立即回收所有無參考的物件。

關於這些方法，我想強調一點：我們是為了進行學習和探索而使用它們的，除非你**真的**知道你在做什麼，否則**不要在真正的專案程式裡面呼叫 GC.Collect**。.NET 記憶體回收行程是一個精心設計的工程元件。一般來說，在決定何時該收集物件方面，它比我們更聰明，我們要信任它，讓它履行它的職責。

問：**我有…一個問題，神奇…該怎麼問呢…神奇隊長到底是誰？**

答：神奇隊長是世界上最了不起的物件，它是天真善良的物件村公民的超級英雄，也是所有小動物的好朋友。

具體來說，神奇隊長是一個人格化的物件，靈感來自 21 世紀初最重要的漫畫事件之一，關於一位超級英雄的死亡 — 具體來說，它發生在一本 2007 出版的漫畫，當時我們正在撰寫《深入淺出 C#》第一版的草稿，並且思考如何探討物件的出生與死亡。我們發現在我們的記憶體 heap 插圖裡面的物件的形狀與一位著名的漫畫隊長的盾牌驚人地相似，所以，神奇隊長誕生了。（如果你不是漫畫迷，別擔心，在理解本章的教材時，你不需要知道我們所引用的漫畫的任何內容。）

正常的、醜陋的物件。

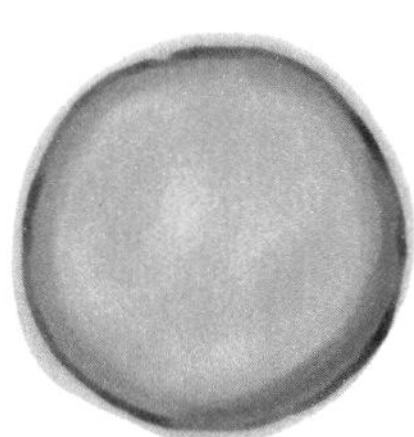

神奇隊長，世界上最了不起的物件。

問：**為什麼你的「複製人」看起來像機器人？它們不是人類嗎？**

答：是的，在我們的漫畫裡，複製人長這樣：

因為我們不想要展示人類被摧毀的畫面。

此外，**放輕鬆一點**，本章的漫畫是為了幫助你了解重要的 C# 和 .NET 概念。這個故事只是一個工具，用來做有幫助的比喻。

你的最後一次工作機會…物件的完成項

有時你要確保物件被記憶體回收之**前**可以完成某件事，例如**釋出非受控（unmanaged）資源**。

一般來說，你不會幫只擁有受控資源的物件編寫完成項。你在這本書裡看過的所有東西都被 CLR 控制。但有時程式員必須使用不屬於 .NET 名稱空間的 Windows 資源。例如，如果你在網路上找到一段程式，在它的宣告式上面有 [DllImport]，你使用的可能是非受控資源。而且有些非 .NET 資源可能會讓系統不穩定 — 當它們沒有「被清理時」。這就是完成項的目的。

你的物件裡有一種特殊方法，稱為**完成項（finalizer）**，可用來編寫在物件被銷毀之前一定會執行的程式碼。無論如何，它都是最後一個執行的方法。

我們來做一些關於完成項的實驗。**建立一個新的主控台 app**，並且加入這個包含完成項的類別：

```
class EvilClone
{
    public static int CloneCount = 0;
    public int CloneID { get; } = ++CloneCount;

    public EvilClone() => Console.WriteLine("Clone #{0} is wreaking havoc", CloneID);

    ~EvilClone()
    {
        Console.WriteLine("Clone #{0} destroyed", CloneID);
    }
}
```

當你在變數前面加上 ++ 運算子時，它會在陳述式執行之前遞增。你覺得我們為什麼這樣做？

這是完成項（有時稱為「解構函式（destructor）」）。它被宣告成一個方法，開頭有 ~ 符號，而且沒有回傳值和參數。物件的完成項會在物件被記憶體回收的前一刻執行。

Main 方法會實例化 EvilClone 物件，**移除它們的參考**，然後收集它們：

```
class Program
{
    static void Main(string[] args)
    {
        var stopwatch = System.Diagnostics.Stopwatch.StartNew();
        var clones = new List<EvilClone>();
        while (true)
        {
            switch (Console.ReadKey(true).KeyChar)
            {
                case 'a':
                    clones.Add(new EvilClone());
                    break;
                case 'c':
                    Console.WriteLine("Clearing list at time {0}", stopwatch.ElapsedMilliseconds);
                    clones.Clear();
                    break;
                case 'g':
                    Console.WriteLine("Collecting at time {0}", stopwatch.ElapsedMilliseconds);
                    GC.Collect();
                    break;
            };
        }
    }
}
```

我們使用 Stopwatch 來了解記憶體回收的執行速度有多快。Stopwatch 類別可以讓你準確地測量經過時間，做法是啟動一個新的 Stopwatch，然後取得自從你啟動它之後經過的毫秒數。

當你按下 'a' 鍵時，app 會建立一個新的 EvilClone 實例，並將它加入 clones List。

按下 'c' 會要求 app 清除 List，移除你實例化並加入的所有 clones 的參考。

按下 'g' 會要求 CLR 收集已被標記成記憶體回收的所有物件。

執行 app 並按下 a 幾次來建立一些 EvilClone 物件，並將它們加入 List。然後按下 c 來清除 List，並移除所有指向這些 EvilClone 物件的參考。按下 c 幾次，CLR 有很小的機率會收集一些已被移除參考的物件，但是在你按下 g 來呼叫 GC.Collect 之前，你應該不會看到它們被收集。

完成項到底是什麼時候執行的？

物件的完成項會在它的所有參考都消失**之後**，並且在物件被記憶體回收**之前**執行。記憶體回收只會在物件的**所有**參考都消失之後發生，但是它不一定會在最後一個參考消失之後立刻發生。

假如你有一個物件，而且有一個指向它的參考。CLR 會讓記憶體回收行程開始運作，它會檢查你的物件，但是因為你的物件有參考，所以記憶體回收行程會忽略它，並繼續運行。你的物件會繼續在記憶體裡存活。

然後，有件事發生了，最後一個持有該物件的參考的物件移除那個參考。現在你的物件在記憶體裡面，但沒有參考，它無法被使用了。基本上它是個**死去的物件**。

但問題是，記憶體回收是由 CLR 控制的，不是由你的物件控制的。所以如果 CLR 沒有在幾秒鐘之後，甚至幾分鐘之後再次送出記憶體回收行程，你的物件會在記憶體裡面繼續待著。雖然它不能用了，但是還沒有被記憶體回收。**而且物件的完成項（還）不能執行**。

最後，CLR 再次送出記憶體回收行程。它會檢查你的物件，發現它沒有參考了，執行完成項…可能是在最後一個參考被移除或改變的幾分鐘之後。現在它已經被完結了，物件死亡，回收行程將它丟掉。

你可以向 .NET 建議：是時候收集記憶體了

.NET 可以讓你**建議**它回收記憶體，這是一件很好的事情。**在多數情況下，你不會使用這個方法，因為記憶體回收機制是經過調整，以應付 CLR 的許多情況的，呼叫它其實不是一件好事。**但是為了觀察完成項如何運作，你可以自行使用 GC.Collect 來呼叫記憶體回收。

不過，請注意，這個方法不會**強迫** CLR 立刻進行記憶體回收，它只會告訴它：「盡快進行記憶體回收。」

物件的生與死…時間線

1. 你的物件在 heap 裡面過著美好的生活，有另一個物件持有它的參考，延續它的生命。

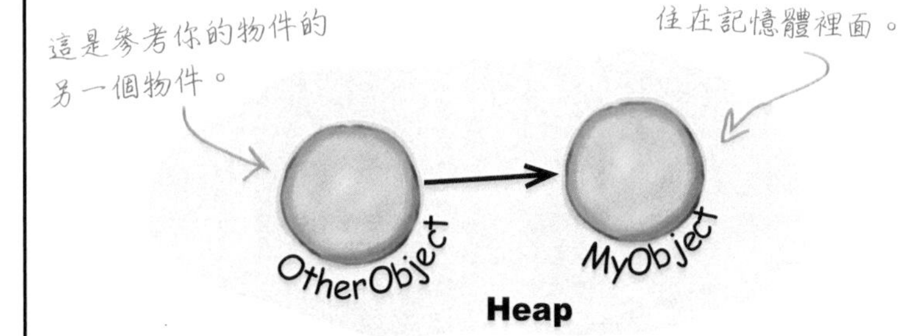

2. 另一個物件改變它的參考，現在沒有物件參考你的物件了。

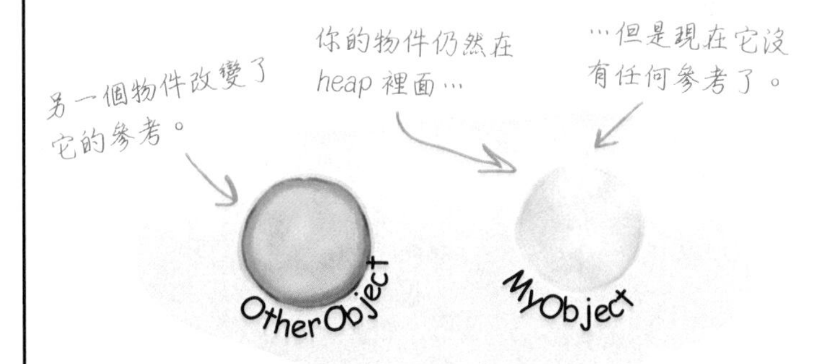

另一個物件改變了它的參考。
你的物件仍然在 heap 裡面…
…但是現在它沒有任何參考了。
OtherObject
MyObject

3. CLR 將你的物件標成記憶體回收。

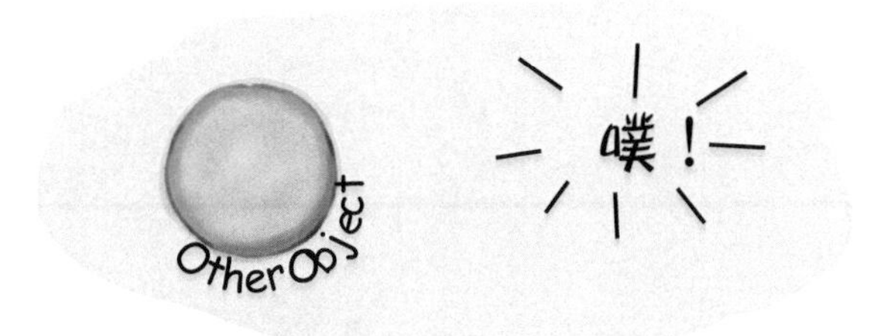

4. 最後，記憶體回收行程執行物件的完成項，將物件從 heap 移除。

我們將 *GC.Collect* 當成學習工具，來協助你了解記憶體回收如何運作。絕對不要在玩具程式之外的程式裡面使用它（除非你比本書更了解 *.NET* 的記憶體回收是如何運作的）。

稍後，在殯儀館裡面
隊長的棺材是空的…
但這是什麼？
6e 61 6d 65 73 70 61 63 65 20
51 7b 0d 0a 5b 53 65 72 69 61
6c 69 7a 61 62 6c 65 5d 70 75
62 6c 69 63 20 63 6c 61 73 73
20 4d 73 67 7b 0d 0a 70 75 62
6c 69 63 20 73 74 72 69 6e 67
20 61 3b 70 75 62 6c 69 63 20
73 74 72 69 6e 67 20 62 3b 70
75 62 6c 69 63 20 73 74 72 69
6e 67 20 63 3b 70 75 62 6c
63 20 69 6e 74 20 69 3b 0d
70 75 62 6c 69 63 20 76 6f
64 20 53 68 6f 77 28 29 7b 4d
65 73 73 61 67 65 42 6f 78 2e
53 68 6f 77 28 63 2e 53 75 62
73 74 72 69 6e 67 28 31 2c 32 29
隊長在死前知道怎麼把他的
本質精神序列化了嗎？

完成項不能依靠其他物件

當你編寫完成項時，請勿預設它可以在任何時刻執行。即使你呼叫了 GC.Collect，你也只是**建議**執行記憶體回收行程，這個動作不見得會立刻發生，而且當這個動作發生時，你無法知道物件被回收的順序。

這實際意味著什麼呢？想一下，當你有兩個互相參考的物件時會怎樣。如果物件 #1 先被收集，在物件 #2 裡面指向 #1 的參考現在指向一個已經不存在的物件。但如果物件 #2 先被收集，物件 #1 的參考會失效。這代表**你不能依靠物件完成項裡面的參考**。也就是說，你絕對不應該在完成項裡面進行需要依賴有效參考的事情。

不要使用完成項來做序列化

序列化正是一種**不應該在完成項裡面做**的事情。如果你的物件有許多其他物件的參考，序列化會使用還在記憶體裡面的**所有**那些物件…以及它們參考的所有物件，以及那些物件參考的物件，以此類推。所以如果你在記憶體回收程序還在進行時試著執行序列化，你可能會**遺漏**程式最重要的部分，因為可能有一些物件在完成項執行**之前**已經被回收了。

幸運的是，對此 C# 有一個很棒的解決方案：IDisposable。當一個動作可能修改你的核心資料，或需要依靠使用記憶體內的其他物件時，它都要在 Dispose 方法裡面進行，而不是在完成項裡面。

有些人喜歡把完成項當成 Dispose 方法的一種故障自動防護機制（fail-safe）。這很合理，你可以從你的 Clone 物件看到，實作 IDisposable 不代表該物件的 Dispose 方法會被呼叫。但是你要特別注意，如果你的 Dispose 方法依靠 heap 裡面的其他物件，那麼在完成項裡面呼叫 Dispose 會出問題。避免這種問題最好的方法是確保你在建立 IDisposable 物件時，**都使用 using 陳述式**。

一開始有兩個互相參考的物件。

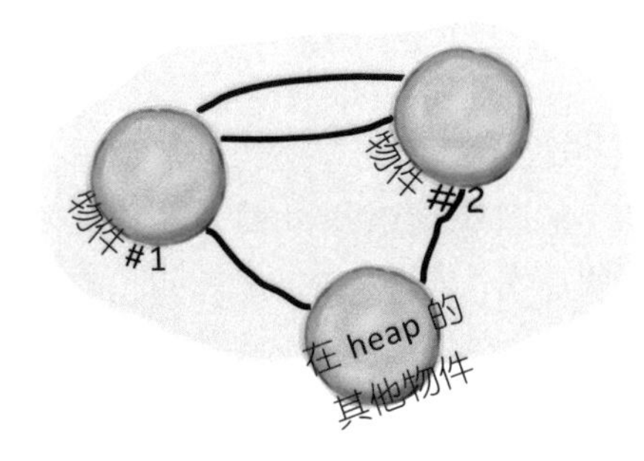

如果在 heap 裡面的所有其他物件都移除物件 #1 與 #2 的參考，它們兩個都會被標成記憶體回收。

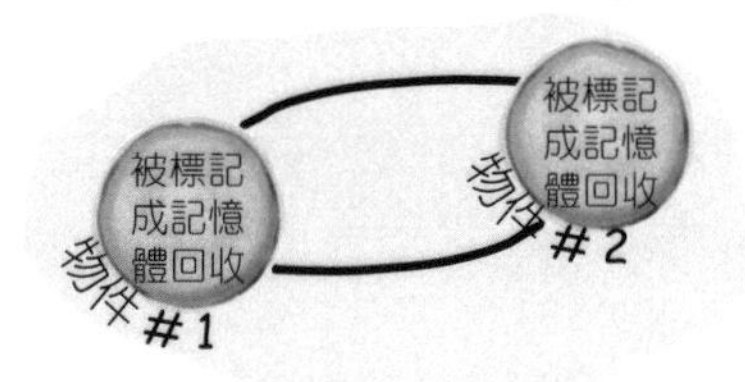

如果物件 #1 先被回收，它的資料在 CLR 執行物件 #2 的完成項時就不能使用。

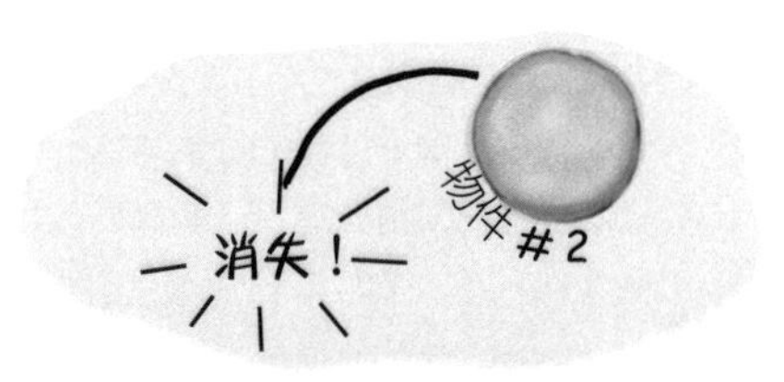

另一方面，物件 #2 也有可能比物件 #1 更早消失。你無法知道順序。

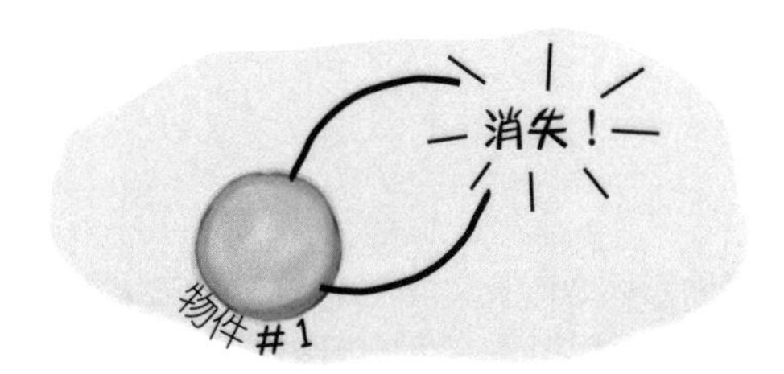

這就是為何物件的完成項不能依靠還在 heap 裡面的任何其他物件。

今晚主題：**Dispose 方法與完成項正在爭論誰對 C# 開發者來說比較有價值。**

Dispose:

坦白說，他們邀請我讓我有點意外，我以為程式設計領域已經達成共識了，我的意思是，我就是比你更有價值的 C# 工具。事實上，你很弱。你甚至不能在你被呼叫的時候，使用依然存活的其他物件。你就是如此不穩定，不是嗎？

完成項：

什麼？你真敢說，我很「弱」？ OK。我本來不想玩真的，但既然你把話講得這麼難聽…至少我不需要介面就可以執行。如果沒有 IDisposable 介面，面對現實吧…你只是個沒用的方法。

Dispose:

它是一個量身打造的介面，**因為**我太重要了。事實上，我是裡面唯一的方法！

完成項：

是啊，你可以繼續這樣催眠自己。如果有人在實例化物件時，忘了使用 `using` 陳述式會怎樣？你就沒辦法被找到了。

Dispose:

OK，你說得對，程式員必須知道他們需要我，並且要嘛直接呼叫我，要嘛使用 `using` 陳述式來呼叫我。但是他們一定知道我會在什麼時候執行，而且他們可以使用我來做他們想做的事情，以便清理他們的物件。我不但很厲害、很可靠，也很容易使用。我有三重優勢，你呢？沒有人知道你會在什麼時候執行，或是當你好不容易決定露面時，app 的狀態會是怎樣。

完成項：

但是如果你需要在物件被記憶體回收的前一刻做某件事情，我是唯一的幫手。我可以釋出網路資源與 Windows handle，以及沒有被清除的話，可能在 app 的其餘部分造成麻煩的任何東西。我可以確保你的物件更優雅地被處理掉，這一點是不能忽視的。

handle 是你的程式在 .NET 與 CLR 之中運行並且和 Windows 直接互動時使用的東西。因為 .NET 不認識它們，所以無法為你清除它們。

Dispose:

你認為你很厲害的原因是，你總是和記憶體回收一起運行，但至少我可以使用其他的物件。

完成項：

沒錯，兄弟，但我一定會執行，你需要讓別人執行你，我不需要任何人或任何東西！

神奇隊長在這張紙留下他完整
的本質精神…
…但我們怎麼讓
他重生？

沒有蠢問題

問：完成項可以使用物件的所有欄位和方法嗎？

答：可以。雖然你不能把參數傳給完成項，但你可以使用物件裡面的任何欄位，無論是直接地使用，還是使用 this — 但是你要小心，因為如果這些欄位參考其他物件，那些物件可能已經被記憶體回收了。所以完成項可以呼叫物件裡面的其他方法與屬性…只要那些方法與屬性*不依靠其他物件*即可。

問：完成項丟出來的例外會被如何處理？

答：好問題。在完成項裡面丟出來的例外與其他地方丟出來的例外沒有不同。將你的 EvilClone 完成項換成這個丟出例外的程式：

```
~EvilClone() => throw new Exception();
```

然後再次執行 app，建立一些 EvilClone 實例，清除 list，然後執行記憶體回收行程。你的 app 會在完成項裡面停止，就像它遇到任何其他例外時那樣（劇透警告：在下一章，你將學習如何*捕捉*例外，偵測它們的發生，以及執行程式來處理它們）。

問：記憶體回收行程多久自動執行一次？

答：簡單的答案是：我們不確定。記憶體回收的執行時間難以預測，你也無法嚴格地控制它。你可以確定它會在程式正常地結束時執行。即使你呼叫 GC.Collect（通常要避免），你也只是建議 CLR 開始回收記憶體。

問：所以在呼叫 GC.Collect 之後，回收會多快開始？

答：執行 GC.Collect 就是告訴 .NET 盡快開始回收記憶體。這件事**通常**會在 .NET 完成它正在處理的事情時開始進行。這意味著它很快就會開始，但無法準確地控制它開始的時間。

問：如果有一段程式絕對必須執行，我能不能把它放在完成項裡面？

答：不行，你的完成項可能不會執行。而且當記憶體回收發生時，這個舉動可能會阻礙完成項的執行，或者，程序可能完全終止。如果不是為了釋出非受控資源，你幾乎都要使用 IDisposable 與 using 陳述式才對。

同時，在物件村的街上…
神奇隊長…
回來了！
但事情不太對勁，他好像變了…而且他的超能力很奇怪。
神奇隊長太晚出現，所以我的毛小孩自己從樹上逃生了…
喵！
稍後…

再一段時間之後…
Captain Amazing's
Hideout Collection
TOP SECRET
（喘氣聲）我累壞了！
怎麼了？為什麼隊長的超能力不一樣了？這是最後的結局嗎？

struct 看起來很像物件…

我們不斷提到 heap，因為那是物件居住的地方。但是物件不是只能住在那個記憶體區域。我們還沒有介紹 *struct* 這種 .NET 型態，我將使用它來探索 C# 的另一個生死層面。struct 是 **structure**（**結構**）的簡寫，struct 長得像物件，它也有欄位與屬性，與物件一樣。你甚至可以將它們傳給接收物件型態參數的方法：

struct 可以實作介面，但是不能繼承其他類別。而且 struct 是密封的（sealed），所以它們無法被繼承。

```
public struct AlmostSuperhero : IDisposable {
    private bool superStrength;
    public int SuperSpeed { get; private set; }

    public void RemoveVillain(Villain villain)
    {
        Console.WriteLine("OK, {0}, surrender now!",
                          villain.Name);
        if (villain.Surrendered)
            villain.GoToJail();
        else
            villain.StartEpicBattle();
    }

    public void Dispose() => Console.WriteLine("Noooooo!");
}
```

struct 可以擁有屬性與欄位…

…也可以定義方法。

struct 甚至可以實作 IDisposable 等介面。

…但它不是物件

但是 struct 不是物件。它們可以擁有方法與欄位，但是它們不能擁有完成項。它們也不能繼承類別或其他 struct，或是讓類別和 struct 繼承它們，你可以在 struct 的宣告式裡面使用：冒號，但是在冒號後面只能放上一或多個介面。

物件的功能取決於它們透過繼承和多型來模擬真實世界的能力。

struct 最適合用來儲存資料，但缺少繼承與參考是嚴重的限制。

所有的 struct 都擴充 System.ValueType，System.ValueType 又擴充 System.Object。所以每一個 struct 都有一個 ToString 方法 — 它可以從 Object 取得該方法。但 struct 只能繼承它。

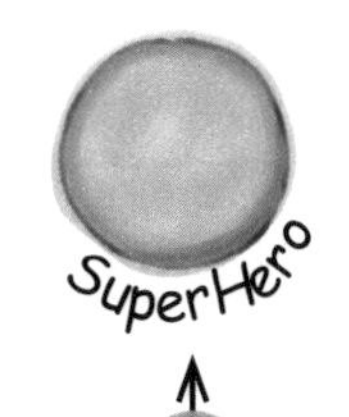

你可以用 struct 來模擬單獨的物件，但是 struct 不能放在複雜的繼承階層裡面。

struct 不能繼承其他物件。

值會被複製，參考會被指派

我們已經知道參考對記憶體回收而言多麼重要了 — 當你將物件的最後一個參考取消時，它就會標記成回收。但我們也知道，這些規則不能用在「值」上面。如果我們想要更了解物件與值在 CLR 的記憶體裡面如何生存與死亡，我們就要更仔細地研究值與參考：它們哪裡相似，更重要的是，它們有什麼不同。

你已經知道某些型態與其他型態有什麼不同了。一方面，你有 int、bool 與 decimal 等**值型態**，另一方面，你有 List、Stream 與 Exception 等**物件**。它們的運作方式不太一樣，不是嗎？

當你使用等號來將一個值型態變數設成另一個時，它會**製作值的複本**，這兩個變數不會互相連接。另一方面，當你對著參考使用等號時，你就是在**將兩個參考指向同一個物件**。

- 在宣告變數並指派值給變數時，值型態和物件型態的動作是相同的：

```
int howMany = 25;
bool Scary = true;
List<double> temps = new List<double>();
throw new NotImplementedException();
```

int 與 bool 是值型態，List 與 Exception 是物件型態。

- 但是一旦你開始賦值，你就可以看到它們哪裡不一樣。值型態都是用複製來處理的。舉個熟悉的例子：

```
int fifteenMore = howMany;
fifteenMore += 15;
Console.WriteLine("howMany has {0}, fifteenMore has {1}",
                  howMany, fifteenMore);
```

這一行會將 fifteenMore 變數裡面的值複製到 howMany 變數裡面，並對它加上 15。

改變 fifteenMore 變數不會影響 howMany，反之亦然。

從下面的輸出可以看到，fifteenMore 與 howMany **沒有**連結：

```
howMany has 25, fifteenMore has 40
```

- 但是在處理物件時，你指派的是參考，不是值：

```
temps.Add(56.5D);
temps.Add(27.4D);
List<double> copy = temps;
copy.Add(62.9D);
```

這一行會讓 copy 參考指向 temps 參考所指的物件。

這兩個參考都指向同一個物件。

所以改變 List 代表使用這兩個參考都可以看到改變，因為它們都指向同一個 List 物件。你可以輸出一行訊息來確認這件事：

```
Console.WriteLine("temps has {0}, copy has {1}", temps.Count(), copy.Count());
```

從這個輸出可以看到，copy 與 temps 真的指向**同一個**物件：

```
temps has 3, copy has 3
```

當你呼叫 copy.Add 時，它會在 copy 與 temps 所指的物件裡面加入新溫度。

struct 是值型態，物件是參考型態

我們來仔細看一下 struct 是如何運作的，藉此讓你知道何時該使用 struct，何時該使用物件。建立 struct 就是在建立一個**值型態**，也就是說，當你使用等號來將一個 struct 變數設成另一個時，你就是在新變數裡面建立一個新的 struct **複本**。所以雖然 struct 看起來很像物件，但是它有不同的行為。

動手做！

1. **建立一個稱為 Dog 的 struct。**

   這是一個記錄狗的簡單 struct。它看起來很像物件，其實不是。將它加入**新的主控台 app**：

```
public struct Dog {

  public string Name { get; set; }
  public string Breed { get; set; }

  public Dog(string name, string breed) {
    this.Name = name;
    this.Breed = breed;
  }

  public void Speak() {
      Console.WriteLine("My name is {0} and I'm a {1}.", Name, Breed);
  }
}
```

2. **建立一個稱為 Canine 的類別。**

   製作 Dog struct 的複本，**將 struct 換成 class，將 Dog 換成 Canine**。別忘了更改 Dog 的建構式名稱。現在你有一個 Canine 類別可以玩了，它幾乎與 Dog *struct* 一模一樣。

3. **加入一個 Main 方法，讓它接收一些 Dog 與 Canine 資料複本。**

   這是 Main 方法的程式碼：

```
Canine spot = new Canine("Spot", "pug");
Canine bob = spot;
bob.Name = "Spike";
bob.Breed = "beagle";
spot.Speak();
Dog jake = new Dog("Jake", "poodle");
Dog betty = jake;
betty.Name = "Betty";
betty.Breed = "pit bull";
jake.Speak();
```

迷你 削尖你的鉛筆

4. **在你執行程式之前…**

   你認為執行程式後，它會在主控台輸出什麼訊息？將它寫下來：

   ....

   ....

迷你削尖你的鉛筆解答

你認為主控台會顯示什麼？

My name is Spike and I'm a beagle.

My name is Jake and I'm a poodle.

這些是發生的事情：

bob 與 spot 參考都指向同一個物件，所以它們都會改變同一個欄位和使用同一個 Speak 方法。但是 struct 不是這樣運作的。在建立 betty 時，你製作了 jake 裡面的資料的新複本。這兩個 struct 是完全彼此獨立的。

```
Canine spot = new Canine("Spot", "pug"); ①
Canine bob = spot; ②
bob.Name = "Spike";
bob.Breed = "beagle"; ③
spot.Speak();
```

① 建立新的 Canine 物件，且 spot 參考指向它。

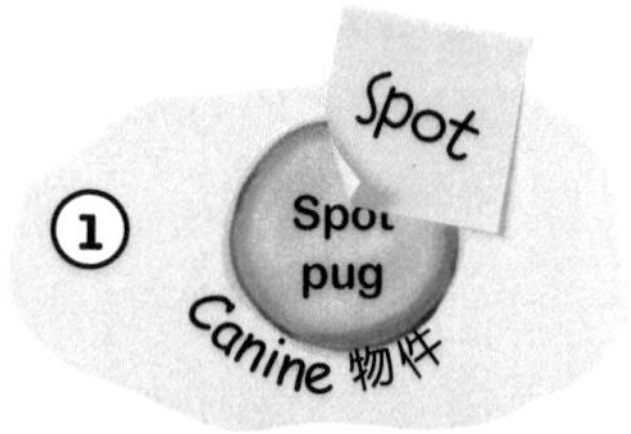

Spot / Spot pug / Canine 物件

② 建立新參考變數 bob，但不會將新物件加入 heap，bot 變數指向 spot 所指的同一個物件。

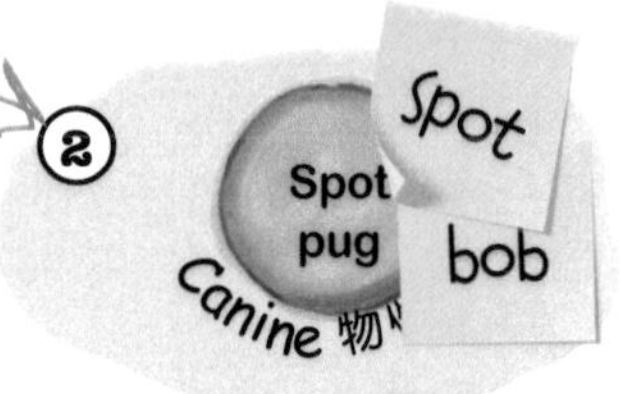

Spot / Spot pug / bob / Canine 物件

③ 因為 spot 與 bob 都指向同一個物件，所以 spot.Speak 與 bob.Speak 都呼叫同一個方法，而且它們都產生相同的輸出，裡面有「Spike」與「beagle」。

Spot / Spike beagle / bob / Canine 物件

```
Dog jake = new Dog("Jake", "poodle"); ④
Dog betty = jake; ⑤
betty.Name = "Betty"; ⑥
betty.Breed = "pit bull";
jake.Speak();
```

④ 建立新 struct 看起來很像建立物件，你得到一個可用來存取欄位和使用方法的變數。

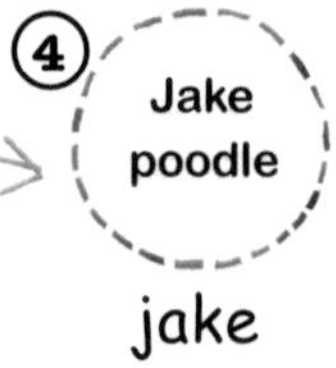

Jake poodle / jake

⑤ 這是最大的差異。當你加入 betty 變數時，你會建立一個全新的值。

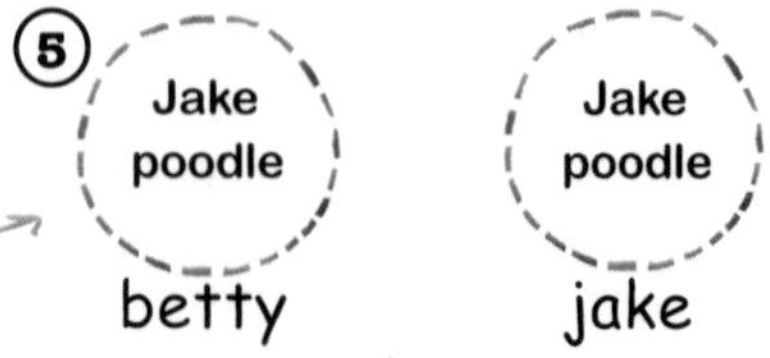

Jake poodle / betty　　Jake poodle / jake

⑥ 因為你建立資料的新複本，改變 betty 的欄位不會影響 jake。

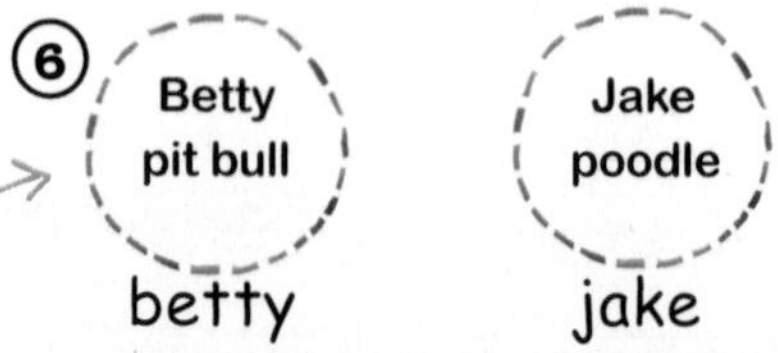

Betty pit bull / betty　　Jake poodle / jake

讓一個 struct 等於另一個 struct 就是在建立 struct 裡面的資料的新複本，因為 struct 是值型態（不是物件或參考型態）。

堆疊 vs. heap：更多關於記憶體的事情

我們來快速回顧一下 struct 與物件有什麼不同。如你所知，等號可以用來製作 struct 的新複本，但無法製作物件的複本，底層是怎麼運作的？

CLR 會把資料分到記憶體的兩個地方：heap 與堆疊。你已經知道物件在 **heap** 裡面生活了。CLR 也會保留另一個記憶體區域，稱為**堆疊**，它會在那裡儲存你在方法裡面宣告的區域變數，以及你傳入這些方法的參數。你可以將堆疊想成一堆可以插入值的槽。有方法被呼叫時，CLR 會在堆疊的最上面加入更多槽。當方法 return 時，CLR 就會移除它的槽。

切記，當你的程式正在執行時，CLR 會積極管理記憶體、處理 heap，以及收集記憶體。

程式碼

這是你可能在程式中看到的一些程式碼

堆疊

這是 struct 與區域變數出沒的地方

```
Canine spot = new Canine("Spot", "pug");
Dog jake = new Dog("Jake", "poodle");
```

這是當這兩行程式執行時，堆疊的情況。

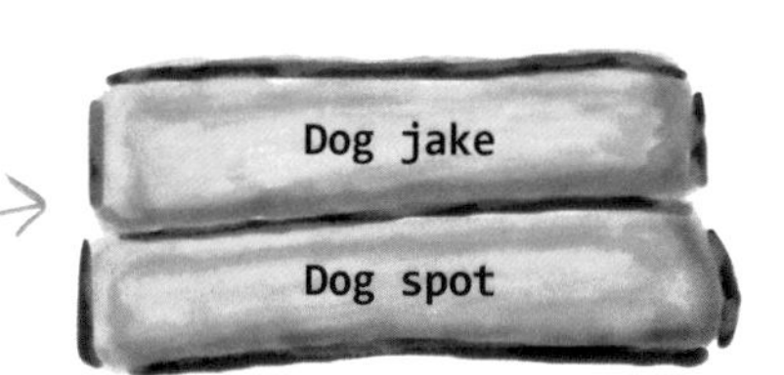


```
Canine spot = new Canine("Spot", "pug");
Dog jake = new Dog("Jake", "poodle");
Dog betty = jake;
```

當你建立一個新 struct（或任何其他值型態的變數），新的「槽」就會被加到堆疊上面。那個槽是在型態裡面的值的複本。

```
Canine spot = new Canine("Spot", "pug");
Dog jake = new Dog("Jake", "poodle");
Dog betty = jake;
SpeakThreeTimes(jake);
```

```
public SpeakThreeTimes(Dog dog) {
    int i;
    for (i = 0; i < 5; i++)
        dog.Speak();
}
```

當你呼叫一個方法時，CLR 會把它的區域變數放在堆疊的最上面。在這個例子裡，程式呼叫 SpeakThreeTimes 方法。它有一個參數（dog）與一個變數（i），CLR 會將它們在入堆疊。

當方法 return 時，CLR 會從堆疊拉出 i 與 dog，這就是值在 CLR 裡面是怎麼生存和死亡的。

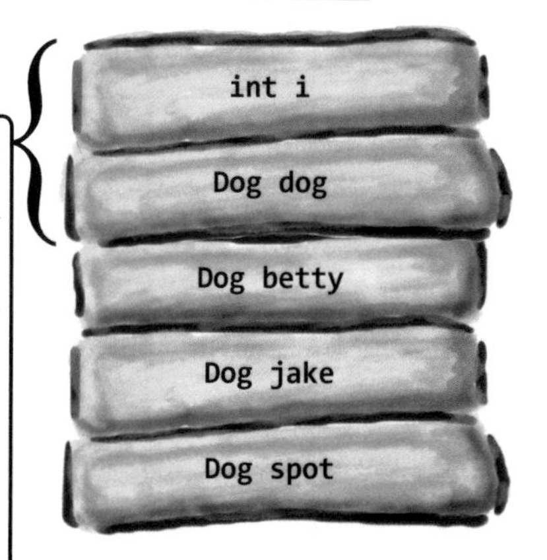

聽起來非常理論，但我敢打賭，學習堆疊、heap、值與參考一定有很好的理由。

了解「用值來複製的 struct」與「用參考來複製的物件」之間的差異非常重要。

有時你需要編寫既可以接收值型態，**又可以**接收參考型態的方法，例如一個處理 Dog struct 和 Canine 物件的方法。此時，你可以使用 `object` 關鍵字：

```
public void WalkDogOrCanine(object getsWalked) { ... }
```

如果你將 struct 傳給這個方法，struct 會被**打包**成一個特殊的物件「包裝」，讓它可以待在 heap 裡面。雖然這個包裝被放到 heap 裡面，但你不能用 struct 來做太多事情。你必須「拆開」struct 才能使用它。幸好，當你讓一個物件等於一個值型態時，或是將一個值型態傳入一個期望收到物件的方法時，這些事情都會自動發生。

你也可以使用「is」關鍵字來檢查已經被打包並放到 heap 的物件是不是 struct，或任何其他值型態。

❶ 這是建立一個物件變數，並將它設成 Dog struct 時，堆疊與 heap 的樣子。

```
Dog sid = new Dog("Sid", "husky");
WalkDogOrCanine(sid);
```

Object getsWalked

Dog sid

gets walked

Sid

husky

Dog sid (boxed)

當 struct 被打包之後，它的資料有兩個複本：在堆疊的複本，以及在 heap 裡面的打包複本。

WalkDogOrCanine 方法接收物件參考，所以 Dog struct 會在它被傳入之前被打包。將它轉型回去 Dog，來將它拆開。

❷ 如果你想要**拆開物件**，你只要將它轉型成正確的型態就可以了，它會被自動拆開。`is` 關鍵字也搭配 struct 使用，但是你要小心，因為 `as` 關鍵字無法搭配值型態使用。

```
if (getsWalked is Dog doggo) doggo.Speak();
```

在執行這一行之後，你會在稱為 doggo 的新 struct 裡面得到資料的第三個複本，它在堆疊裡面有自己的槽。

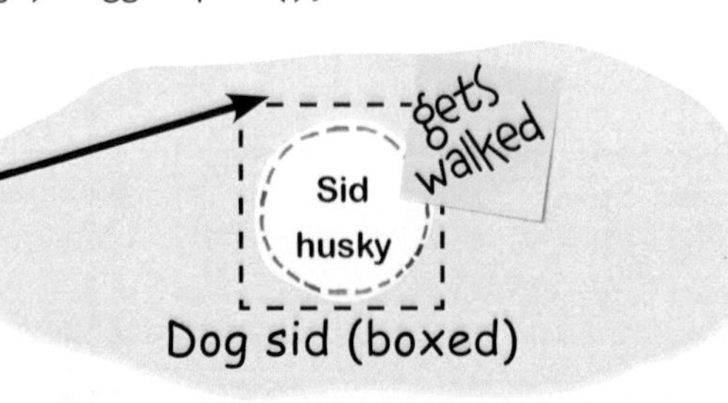

幕後花絮

當方法被呼叫時，它會在堆疊裡面尋找它的引數。

堆疊在 CLR 管理 app 的資料時扮演重要的角色。我們可以寫一個方法來呼叫另一個方法，那一個方法又可以呼叫另一個方法，事實上，方法也可以呼叫它自己（這稱為遞迴）。堆疊就是讓程式能夠做這件事的機制。

這是狗狗模擬程式的三個方法。FeedDog 方法呼叫 Eat 方法，Eat 方法呼叫 CheckBowl 方法。

```
public double FeedDog(Canine dogToFeed, Bowl dogBowl) {
    double eaten = Eat(dogToFeed.MealSize, dogBowl);
    return eaten + .05D; // 狗總是把一些食物掉在外面
}

public void Eat(double mealSize, Bowl dogBowl) {
    dogBowl.Capacity -= mealSize;
    CheckBowl(dogBowl.Capacity);
}

public void CheckBowl(double capacity) {
    if (capacity < 12.5D) {
        string message = "My bowl's almost empty!";
        Console.WriteLine(message);
    }
}
```

記住這裡的術語：方法用參數來指定它需要的值，引數是當你呼叫方法時，傳給它的實際值或參考。

這是當 FeedDog 呼叫 Eat，Eat 呼叫 CheckBowl，CheckBowl 呼叫 Console.WriteLine() 時，堆疊的樣子。

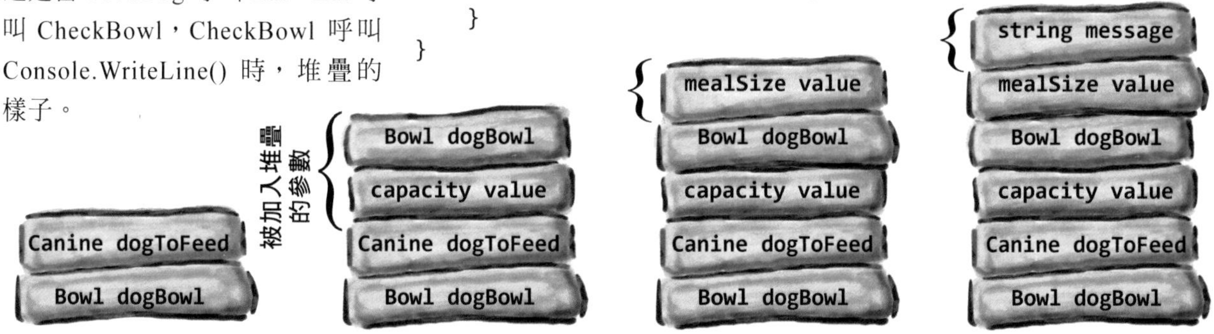

FeedDog 方法接收兩個參數，一個 Canine 參考，與一個 Bowl 參考。所以當它被呼叫時，傳給它的兩個引數會在堆疊裡。

FeedDog 需要傳遞兩個引數給 Eat 方法，所以它們也被推入堆疊。

當方法呼叫越來越多，而且程式的方法呼叫其他方法，那個方法又呼叫其他方法時，堆疊會越來越高。

當 WriteLine 結束時，它的引數會被拉出堆疊。如此一來，Eat 可以繼續執行，彷彿什麼事都沒有發生一般。

```
var v = Vector3.zero;
```

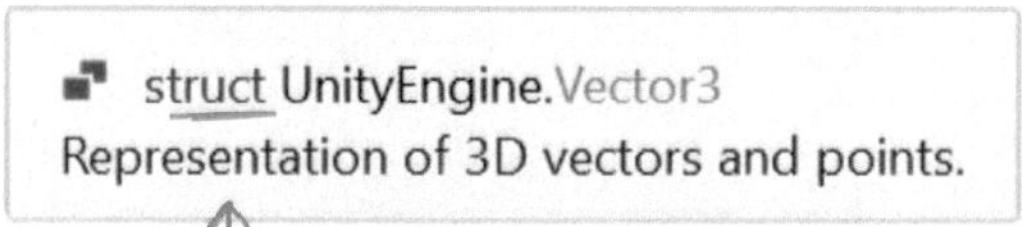

因為 Unity 的 Vector3 是 struct，建立一堆向量不會導致額外的記憶體回收。

在一個 Unity 專案裡，將游標移到 Vector3 上面—它是個 struct。記憶體回收（簡稱 GC）可能會嚴重地降低 app 的性能，在遊戲裡面有許多物件實例可能觸發額外的 GC，並降低影格播放速率。遊戲通常會使用許多向量。將它們做成 struct 代表它們的資料會被放在堆疊，所以就算建立上百萬個向量也不會造成額外的 GC，進而降低遊戲的速度。

使用 out 參數來讓方法回傳超過一個值

動手做！

說到參數與引數，你還可以使用一些其他的方式來對著程式送入或許出值，這些方式都需要在方法宣告式加入**修飾詞**。做這種事情最常見的做法是使用 **out 修飾詞**來指定輸出參數。你已經看過很多次 out 修飾詞了—每次你呼叫 int.TryParse 方法時就會使用它。你也可以在你自己的方法裡面使用 out 修飾詞。建立一個新的主控台 app，並加入這個空的方法宣告式。注意有兩個參數使用 out 修飾詞：

使用 out 參數可以讓一個方法回傳不只一個值。

```
public static int ReturnThreeValues(int value, out double half, out int twice)
{
    return value + 1;
}
```

The out parameter 'half' must be assigned to before control leaves the current method
The out parameter 'twice' must be assigned to before control leaves the current method
Show potential fixes (Alt+Enter or Ctrl+.)

仔細看一下這兩個錯誤訊息：

- *The out parameter 'half' must be assigned to before control leaves the current method*
- *The out parameter 'twice' must be assigned to before control leaves the current method*

每當你使用 out 參數時，你都**一定要**在方法 return 之前設定它，類似當你宣告的方法有回傳值時，就一定要使用 return 陳述式。

這是 app 的所有程式碼：

```
public static int ReturnThreeValues(int value, out double half, out int twice)
{
    half = value / 2f;
    twice = value * 2;
    return value + 1;
}

static void Main(string[] args)
{
    Console.Write("Enter a number: ");
    if (int.TryParse(Console.ReadLine(), out int input))
    {
        var output1 = ReturnThreeValues(input, out double output2, out int output3);

        Console.WriteLine("Outputs: plus one = {0}, half = {1:F}, twice = {2}",
            output1, output2, output3);
    }
}
```

在方法結束之前，所有的 out 參數都必須被賦值。

這是你一直在本書使用的程式—使用 out 修飾詞與 int.TryParse 來將字串轉換成 int。

你也會在呼叫新方法時使用 out 修飾詞。

這是執行 app 時的樣子：

```
Enter a number: 17
Outputs: plus one = 18, half = 8.50, twice = 34
```

使用 ref 修飾詞來以參考傳遞

每當你將 int、double、struct 或任何其他值型態傳入一個方法時，你就是在將那個值的複本傳入那個方法。這種情況有一個名稱：**以值傳遞（pass by value）**，意思就是引數的值都會被複製。

但是我們也可以用另一種方式將引數傳入方法，它稱為**以參考傳遞（pass by reference）**。你可以使用 **ref** 關鍵字來讓方法直接處理它收到的引數。你要在宣告方法與呼叫它時使用 **ref**，與使用 out 修飾詞時一樣。它是值型態還是參考型態都無所謂 — 你傳給方法的 ref 參數的任何變數都會被那個方法直接修改。

在底層，「out」引數與「ref」引數很像，只是它進入方法之前不需要賦值，在方法 return 之前必須賦值。

為了觀察這種情況，建立一個新的主控台 app，加入這個 Guy 類別與這些方法：

```
class Guy
{
    public string Name { get; set; }
    public int Age { get; set; }
    public override string ToString() => $"a {Age}-year-old named {Name}";
}

class Program
{
    static void ModifyAnIntAndGuy(ref int valueRef, ref Guy guyRef)
    {
        valueRef += 10;
        guyRef.Name = "Bob";
        guyRef.Age = 37;
    }

    static void Main(string[] args)
    {
        var i = 1;
        var guy = new Guy() { Name = "Joe", Age = 26 };
        Console.WriteLine("i is {0} and guy is {1}", i, guy);
        ModifyAnIntAndGuy(ref i, ref guy);
        Console.WriteLine("Now i is {0} and guy is {1}", i, guy);
    }
}
```

當這個方法設定 valueRef 與 guyRef 時，它其實在修改呼叫它的方法裡面的變數的值。

當 Main 方法呼叫 ModifyAnIntAndGuy 時，它用參考來傳遞它的 i 與 guy 變數。這個方法會像使用其他變數一樣使用它們。但是因為它們是以參考傳遞的，這個方法其實一直在更改原始變數，而非只是更改它們在堆疊裡的複本。當方法結束時，在 Main 方法裡面的 i 與 guy 變數會直接更新。

執行 app — 它會將這個輸出寫到主控台：

```
i is 1 and guy is My name is Joe
Now i is 11 and guy is My name is Bob
```

第二行與第一行不一樣，因為 ModifyAnIntAndGuy 修改了指向 Main 方法裡面的變數的參考。

值型態有一個使用 out 參數的 TryParse 方法

你曾經使用 int.TryParse 來將字串轉換成 int 值（「parse」的意思是分析文字並提取值）。其他的值型態也有類似的函式：double.TryParse 會試著將字串轉換成 double 值，bool.TryParse 會對布林值做同一件事，decimal.TryParse、float.TryParse、long.TryParse、byte.TryParse⋯ 等也一樣。還記得我們在第 10 章使用 **switch** 陳述式來將字串「Spades」轉換成 Suits.Spades enum 值嗎？static Enum.TryParse 方法也是做同樣的事情，只是它處理 enum。

使用選擇性參數來設定預設值

很多時候，當你的方法被呼叫時，它會反覆收到同一組引數，但是那個方法仍然需要使用參數，因為有時那些引數會不一樣。此時設定預設值非常方便，如此一來，你只要在引數不一樣時，再使用引數來呼叫方法就好了。

這就是**選擇性參數**的功能。你可以在方法宣告式裡面指定選擇性參數，做法是在參數後面加上一個等號，再加上它的預設值。你可以使用任意數量的選擇性參數，但是你必須將所有選擇性參數放在必要參數後面。

下面是個檢查一個人有沒有發燒的方法，它使用選擇性參數：

```
static void CheckTemperature(double temp, double tooHigh = 99.5, double tooLow = 96.5)
{
    if (temp < tooHigh && temp > tooLow)
        Console.WriteLine("{0} degrees F - feeling good!", temp);
    else
        Console.WriteLine("Uh-oh {0} degrees F -- better see a doctor!", temp);
}
```

選擇性參數在宣告式裡面有預設值。

這個方法有兩個選擇性參數：tooHigh 的預設值是 99.5，tooLow 的預設值是 96.5。當你用一個引數來呼叫 CheckTemperature 時，它會使用 tooHigh 與 tooLow 的預設值。當你用兩個引數來呼叫它時，它會讓 tooHigh 使用第二個引數的值，但仍然會讓 tooLow 使用預設值。你也可以指定全部的三個引數，將值傳給三個參數。

如果你想要使用其中的一些（但不是全部）預設值，你可以使用**具名引數**，只傳值給那些參數，做法是寫出各個參數的名稱，然後在後面加上一個冒號與它的值。如果你使用的具名引數超過一個，務必用逗號來分開它們，與任何其他引數一樣。

在主控台 app 加入 CheckTemperature 方法，然後加入這個 Main 方法：

```
static void Main(string[] args)
{
    // 這些值適用於一般人
    CheckTemperature(101.3);

    // 狗的體溫應該要介於華氏 100.5 與 102.5 度之間
    CheckTemperature(101.3, 102.5, 100.5);

    // Bob 的體溫總是有點低，所以將 tooLow 設成 95.5
    CheckTemperature(96.2, tooLow: 95.5);
}
```

如果你想要讓方法擁有預設值，你可以使用選擇性參數與具名引數。

它會印出這個輸出，根據不同的選擇性參數值有不同的行為：

```
Uh-oh 101.3 degrees F -- better see a doctor!
101.3 degrees F - feeling good!
96.2 degrees F - feeling good!
```

null 參考不引用任何物件

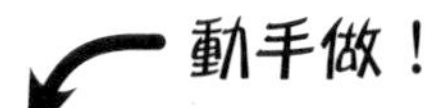

當你建立一個新參考，而且沒有將它設成任何東西時，它也有一個值，它最初會被設為 **null**，意思是它不指向任何東西。我們來試驗一下 null 參考。

1. **建立一個新的主控台 app**，並加入你曾經用來實驗 ref 關鍵字的 Guy 類別。

2. 然後**加入這段**建立新的 Guy 物件，但是沒有設定它的 *Name* 屬性的**程式碼**：

```
static void Main(string[] args)
{
    Guy guy;
    guy = new Guy() { Age = 25 };
    Console.WriteLine("guy.Name is {0} letters long", guy.Name.Length);
}
```

3. 在 Main 方法的最後一行**設置中斷點**，然後對 app 進行偵錯。當你跑到中斷點時，把**游標移到 guy 上面**，來觀察它的屬性值：

```
7   static void Main(string[] args)
8   {
9       Guy guy;
10      guy = new Guy() { Age = 25 };
11      Console.WriteLine("guy.Name is {0} letters long", guy.Name.Length);
12  }
13
14
```

guy {a 25-year-old named }
Age 25
Name null

String 是參考型態。因為你在 Guy 物件裡面沒有設定它的值，所以它仍然是預設值：null。

4. **繼續執行程式碼**。Console.WriteLine 會試著讀取 guy.Name 屬性參考的 String 物件的 Length 屬性，並丟出例外：

```
Console.WriteLine("guy.Name is {0} letters long", guy.Name.Length);
```

Exception Thrown

System.NullReferenceException: 'Object reference not set to an instance of an object.'

NullTEst.Program.Guy.Name.**get** returned null.

View Details | Copy Details | Start Live Share session...

CLR 丟出 NullReferenceException（開發者通常稱之為 NRE）就是為了告訴你：它試著接觸物件的一個成員，但是它用來接觸那個成員的參考是 null。開發者必須試著防止 null 參考例外。

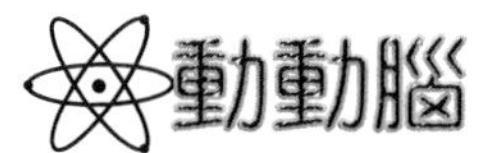

你可以想出一些防止 null 參考例外的做法嗎？

不可為 null 的（non-nullable）參考型態可幫助你避免 NRE

要避免 null 參考例外（NRE），最簡單的方法就是**設計程式，讓參考不能是 null**。幸運的是，C# 編譯器提供一種非常實用的工具來協助你處理 null。在你的 Guy 類別的上面加入這段程式 — 它可以放在名稱空間宣告式的裡面或外面：

```
#nullable enable
```

以 # 開頭的一行程式是**指示詞**，它會要求編譯器設定特定選項。在這個例子裡，它要求編譯器將所有參考都視為**不可為 null 的型態**。當你加入這個指示詞之後，Visual Studio 就會在 Name 屬性顯示警告波浪線。把游標移到屬性上面可以看到這個警告訊息：

```
#nullable enable
2 references
class Guy
{
    2 references
    public string Name { get; set; }
    2 references
    public int Age { g
    0 references
    public override st
}
```

string Guy.Name { get; set; }

Non-nullable property 'Name' is uninitialized. Consider declaring the property as nullable.

Show potential fixes (Alt+Enter or Ctrl+.)

C# 編譯器做了一件有趣的事情：它使用控制流程分析（一種透過程式碼來分析各種路徑的方式）來確定 ***Name 屬性有可能被指派 null 值***。這意味著你的程式碼可能會丟出 NRE。

你可以將 Name 屬性強制設成**可為 null 的參考型態**來移除這個警告，做法是在型態後面加上 ? 字元：

```
public string? Name { get; set; }
```

雖然你可以藉著讓 Name 屬性變成 nullable 來移除警告，但是這無法真正解決問題。

但是，雖然這樣做可以移除錯誤訊息，但它無法防止任何例外。

使用封裝來防止屬性有 null 的可能

你曾經在第 5 章學過如何使用封裝來避免類別成員有無效值。我們來將 Name 屬性宣告成 private，然後加入建構式來設定它的值：

```
class Guy
{
    public string Name { get; private set; }
    public int Age { get; private set; }
    public override string ToString() => $"a {Age}-year-old named {Name}";

    public Guy(int age, string name)
    {
        Age = age;
        Name = name;
    }
}
```

將 Name 屬性的 setter 宣告成 private，並加入建構式來強迫它一定會被賦值。這代表它絕不會是 null，讓「non-nullable property」編譯器警告消失。

當你封裝 Name 屬性之後，你就可以防止它被設成 null，警告也會消失。

null 聯合運算子 ?? 可以幫助你使用 null

有時你無法避免 null。例如，你曾經在第 10 章學過如何使用 StringReader 從字串讀取資料。建立一個主控台 app 並加入這段程式：

```
#nullable enable

class Program
{
    static void Main(string[] args)
    {
        using (var stringReader = new StringReader(""))
        {
            var nextLine = stringReader.ReadLine();
            Console.WriteLine("Line length is: {0}", nextLine.Length);
        }
    }
}
```

我們啟用了不可為 null 型態，現在 C# 編譯器告訴我們，nextLine 是可為 null 的字串，而且當它的 Length 屬性被存取時，可能是 null。

(local variable) string? nextLine

'nextLine' may be null here.

Dereference of a possibly null reference.

Show potential fixes (Alt+Enter or Ctrl+.)

執行程式，你會得到 NRE。我們該怎麼辦？

用 ?? 來檢查 null 並回傳替代值

有一種防止程式接觸（或**取消參考**）null 參考的方式是使用 **null 聯合運算子 ??**，來檢查可能是 null 的運算式（在這個例子就是呼叫 stringReader.ReadLine），並且在它是 null 時，回傳替代值。修改 `using` 區塊的第一行，在那一行的結尾加入 `?? String.Empty`：

```
var nextLine = stringReader.ReadLine() ?? String.Empty;
```

String.Empty 是 String 類別的 static 欄位，它會回傳空字串 ""。

當你加入這一行之後，警告訊息就消失了，原因是 null 聯合運算子會要求 C# 編譯器執行 stringReader.ReadLine; 並在它不是 null 時使用它回傳的值，但是當它是 null 時，使用你提供的替代值（在這個例子是個空字串）。

??= 只會在變數是 null 時指派值給它

當你需要使用 null 值時，往往會編寫程式來檢查一個值是不是 null，並且將它設成非 null 值，以避免 NRE。例如，如果你想要修改程式，來印出程式碼的第一行，你可能會這樣寫：

```
if (nextLine == null)
    nextLine = "(the first line is null)";

// 處理 nextLine 的程式碼，nextLine 不能是 null
```

你可以用 **null 賦值 ??=** 運算子來改寫那個條件陳述式：

```
nextLine ??= "(the first line was empty)";
```

??= 運算子會檢查運算式左邊的變數、屬性或欄位（在這個例子，它是 nextLine）是不是 null。如果是，運算子會把運算式右邊的值指派給它，如果不是，它會讓值原封不動。

nullable 值型態可以是 null…而且可以安全地處理

當你宣告 int、bool 或其他值型態時，如果你沒有指定值，CLR 會給它一個預設值，例如 0 或 true。但是假如你要寫程式來儲存一份民調的資料，裡面有可以不回答的是非題。如何表示一個可能是 true 或 false，或完全沒有值的布林值？

此時 **nullable 值型態**非常方便。nullable 值型態可以儲存值，也可以設成 null。它利用泛型的 struct Nullable<T>，這個 struct 可以用來**包裝**一個值（或容納值，並提供成員來存取和使用它）。如果你將 nullable 值型態設成 null，它就沒有值 — 而且 Nullable<T> 會提供方便的成員，讓你在這種情況下也可以安全地使用它。

你可以這樣宣告 nullable 布林值：

```
Nullable<bool> optionalYesNoAnswer = null;
```

C# 也有一種簡便的做法—對值型態 T 而言，你可以這樣宣告 Nullable<T>：**T?**。

```
bool? anotherYesNoAnswer = false;
```

Nullable<T> struct 的 Value 屬性可以取得或設定值。bool? 是型態為布林的值，int? 是型態為 int 的值，以此類推。它們也都有一個稱為 HasValue 的屬性，會在它不是 null 時回傳 true。

Nullable<bool>
Value: DateTime HasValue: bool ...
GetValueOrDefault(): DateTime ...

Nullable<T> 是一種 struct，可讓你儲存值型態或 null 值。這是 Nullable<bool> 的一些方法與屬性。

你可以將值型態轉換成 nullable 型態：

```
int? myNullableInt = 9321;
```

並且使用方便的 Value 屬性來取回值：

```
int = myNullableInt.Value;
```

但是呼叫 Value 其實只是使用 `(int)myNullableInt` 來將值強制轉型，而且當值是 null 時，它會丟出 InvalidOperationException。這就是為什麼 Nullable<T> 也有一個 HasValue 屬性，它會在值不是 null 時回傳 true，在值是 null 時回傳 false。你也可以使用方便的 GetValueOrDefault 方法，當 Nullable 沒有值時，它可以安全地回傳預設值。你可以傳給它一個預設值，或直接使用型態的一般預設值。

T? 是 Nullable<T> 的別名

當你為任何值型態加上問號時（例如 int? 或 decimal?），編譯器會將它轉換成 Nullable<T> struct（Nullable<int> 或 Nullable<decimal>）。你可以自己試試看：在程式中加入 Nullable<bool> 變數，在它上面放置中斷點，並且在偵錯工具裡為它加入監看式。你會看到 bool? 出現在 IDE 的 Watch 視窗裡面。這是一個**別名**案例，你不是第一次看到它。把游標移到任何 int 上面，你會看到它轉換成一個稱為 System.Int32 的 struct。

int.Parse() 與 int.TryParse() 都是這個 struct 的成員。 ⟶

```
int value = 3;
```

readonly struct System.Int32
Represents a 32-bit signed integer.

花一分鐘用第 4 章開頭介紹的每一種型態來做這件事。注意它們都有 struct 別名 — 除了字串之外，它是個稱為 System.String 的類別，不是值型態。

神奇「隊長」…有點名不符實

你應該知道沒那麼厲害、比較容易疲憊的神奇隊長發生什麼事了。
事實上，它根本不是神奇隊長，而是被打包的 struct：

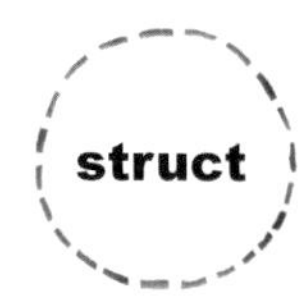

VS.

- **struct 不能繼承類別。**

  難怪隊長的超能力看起來有點弱！他沒有繼承任何行為。

- **struct 是以值複製的。**

  這是它們最實用的事情之一。它在封裝時特別實用。

重點在於：你可以使用「is」關鍵字來檢查 struct 是否實作了介面，它是 struct 支援的多型層面之一。

- **你可以一起使用 as 關鍵字與物件。**

  你可以讓一個物件展現它所繼承的任何物件的行為，來實現多型。

- **你不能建立物件的新複本。**

  讓一個物件變數等於另一個，就是在複製指向**同一個**物件的**參考**。

這是 struct（與其他值型態）的優點—你可以輕鬆地製作它們的複本。

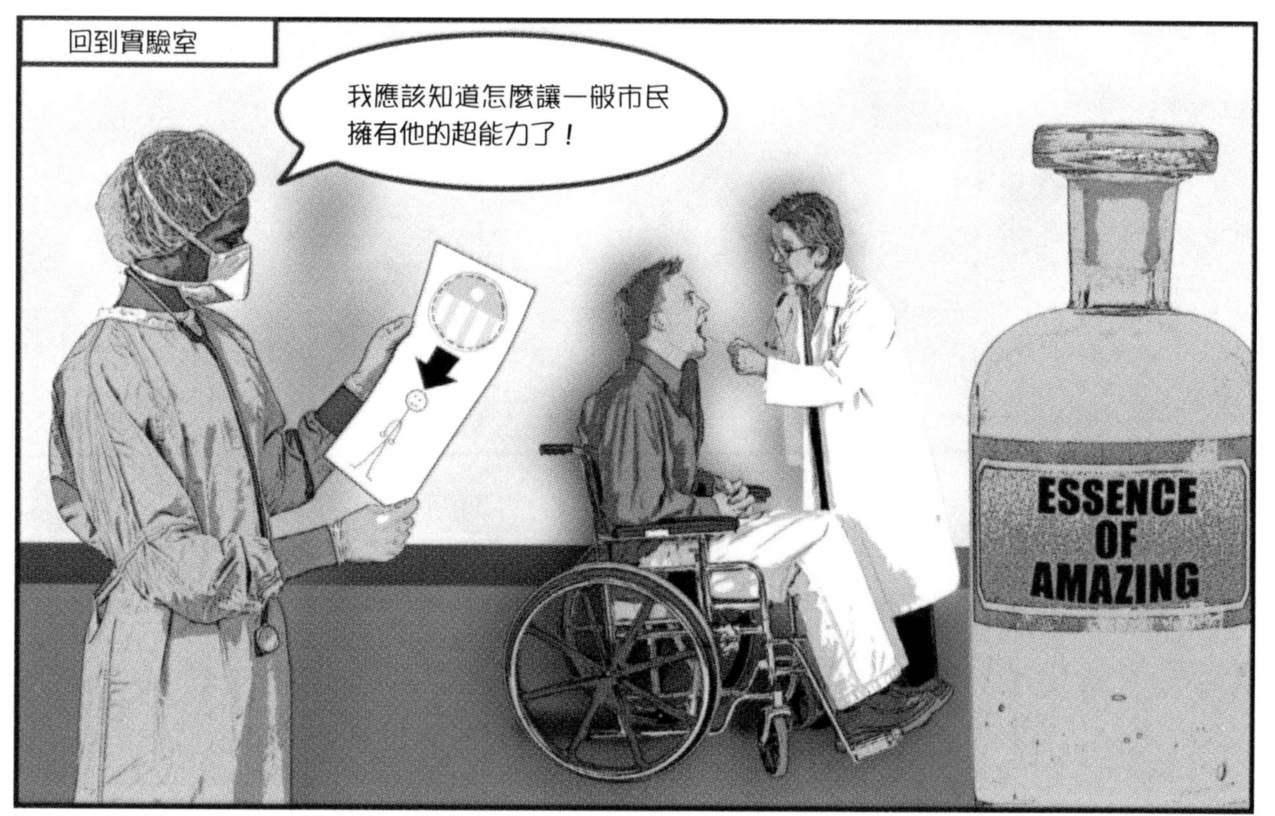

回到實驗室
我應該知道怎麼讓一般市民擁有他的超能力了！
ESSENCE OF AMAZING

沒有蠢問題

問：**OK，倒帶一分鐘，為什麼我要認識堆疊？**

答：因為了解堆疊與 heap 之間的差異可以協助你正確地使用參考型態與值型態。我們很容易忘記 struct 與物件的運作方式截然不同，但是當你對它們使用等號時，它們看起來非常相似。稍微了解 .NET 與 CLR 在底層處理事情的方式可以協助你理解參考與值型態為何不同。

問：**打包呢？為什麼它對我來說很重要？**

答：因為你必須知道哪些東西會被放入堆疊，也要知道哪些資料會被來回複製。打包會使用額外的記憶體與更多時間。當你的程式不會做太多次這種事情（最多幾百次）時，你不會察覺差異，但是如果你的程式會不斷重複做同一件事，每秒有上百萬次（這不是不可能發生的事，你的 Unity 遊戲就有可能如此），當你發現程式占用越來越多記憶體，或跑得越來越慢時，或許你可以避免在重複執行的程式裡面進行打包，來讓它更有效率。

問：**我知道當我讓一個 struct 變數等於另一個時，就會得到新的 struct 複本了，但是這對我有什麼幫助？**

答：有一個很有幫助的地方是使用**封裝**。看一下這段程式：

```
private Point location;
public Point Location {
  get { return location; }
}
```

如果 Point 是類別，它就是個糟糕的封裝。將 loaction 宣告成 private 沒有任何幫助，因為你用一個唯讀的 public 屬性來回傳它的參考，所以任何其他物件都可以讀取它。

幸運的是，Point 碰巧是個 struct。這意味著 public Location 屬性會回傳一個新的 point 複本。使用它的物件可以對那個複本做它想做的任何事情，而那些改變都不會影響 private 的 location 欄位。

問：**如何判斷該使用 struct 還是類別？**

答：大多數情況下，程式員會使用類別。struct 有很多限制，所以它們在大型的工作裡面很難使用。它們不支援繼承或抽象，只支援有限的多型，但你知道的，它們對寫程式而言非常重要。

如果你有小型、有限的資料型態需要重複使用，struct 就很方便。Unity 向量就是很好的例子，有些遊戲會不斷重複使用它們，可能有上百萬次。為了重複使用向量，你可以將它指派給重複使用堆疊的同一個記憶體的同一個變數。如果 Vector3 是類別，CLR 就必須在 heap 幫每一個新的 Vector3 配置新記憶體，而且它會一直被記憶體回收。所以 Unity 開發團隊藉著將 Vector3 做成 struct 而不是類別，來讓你獲得更高的影格播放速率 — 而且你不需要做任何事情。

對封裝而言，struct 很有價值，因為回傳 struct 的唯讀屬性一定會製作它的新複本。

迷你 削尖你的鉛筆

這個方法企圖將 EvilClone 物件標為記憶體回收來殺掉它，卻無法做到。為什麼不行？

```
void SetCloneToNull(EvilClone clone) => clone = null;
```

....

....

池畔風光

你的工作是將游泳池裡面的程式片段放到程式碼的空行裡面。同一個程式片段**可以**使用多次，而且你不需要使用所有的程式片段。你的**目標**是讓程式在執行時將下面的訊息寫到主控台。

```
class Program {
    static void Main(string[] args) =>
            new Faucet();
}

public class Faucet {
    public Faucet() {
        Table wine = new Table();
        Hinge book = new Hinge();
        wine.Set(book);
        book.Set(wine);
        wine.Lamp(10);
        book.garden.Lamp("back in");
        book.bulb *= 2;
        wine.Lamp("minutes");
        wine.Lamp(book);
    }
}
```

```
public _________ Table {
    public string stairs;
    public Hinge floor;

    public void Set(Hinge b) => floor = b;

    public void Lamp(object oil) {
        if (oil ______ int oilInt)
          _________.bulb = oilInt;
        else if (oil ______ string oilString)
          stairs = oilString;
        else if (oil ______ Hinge _________)
          Console.WriteLine(
            $"{vine.Table()} {_________.bulb} {stairs}");
    }
}

public ________ Hinge {
    public int bulb;
    public Table garden;

    public void Set(Table a) => garden = a;

    public string Table() {
        return __________.stairs;
    }
}
```

這是 app 的輸出。

輸出

```
back in 20 minutes
```

紅利謎題：把執行打包的那幾行圈起來。

注意：泳池裡的程式片段都可以使用多次！

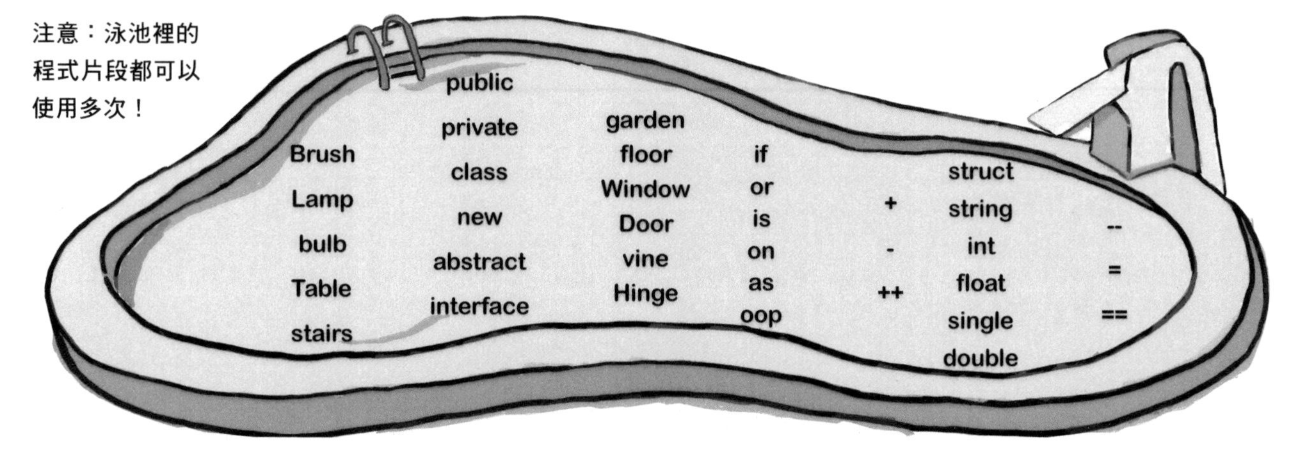

池畔風光解答

Lamp 方法會設定各種 string 與 int。如果用 int 來呼叫它，它會設定 Hinge 物件所指的東西的 Bulb 欄位。

如果你將 string 傳給 Lamp，它會將 Stairs 欄位設成那個 string 裡面的東西。

```
public _struct_ Table {
    public string stairs;
    public Hinge floor;

    public void Set(Hinge b) => floor = b;

    public void Lamp(object oil) {
        if (oil _is_ int oilInt)
            _floor_.bulb = oilInt;
        else if (oil _is_ string oilString)
            stairs = oilString;
        else if (oil _is_ Hinge _vine_)
          Console.WriteLine(
            $"{vine.Table()} {_floor_.bulb} {stairs}");
    }
}

public _class_ Hinge {
    public int bulb;
    public Table garden;

    public void Set(Table a) => garden = a;

    public string Table() {
        return _garden_.stairs;
    }
}
```

輸出

```
back in 20 minutes
```

Hinge 與 Table 都有稱為 Set 的運算式主體方法。Hinge.Set 會設定稱為 Garden 的 Table 欄位，而 Table.Set 會設定稱為 Floor 的 Hinge 欄位。

```
class Program {
    static void Main(string[] args) =>
          new Faucet();
}

public class Faucet {
    public Faucet() {
        Table wine = new Table();
        Hinge book = new Hinge();
        wine.Set(book);
        book.Set(wine);
        wine.Lamp(10);
        book.garden.Lamp("back in");
        book.bulb *= 2;
        wine.Lamp("minutes");
        wine.Lamp(book);
    }
}
```

這就是為什麼 Table 必須是 struct。如果它是類別，wine 與 book.Garden 就會指向同一個物件，導致這一行覆寫「back in」字串。

因為 Lamp 接收物件參數，所以當你將 int 或 string 傳給它時，打包會自動發生。但是 book 不會被打包，因為它是物件 — Hinge 類別的實例。

紅利謎題：把執行打包的那幾行圈起來。

這個方法企圖將 EvilClone 物件標為記憶體回收來殺掉它，卻無法做到。為什麼不行？

```
void SetCloneToNull(EvilClone clone) => clone = null;
```

clone 參數在堆疊，所以將它設成 null 不會對 heap 造成任何影響。

這個方法只是將它自己的參數設為 null，但那個參數只是指向 EvilClone 的參考。這就像是先把標籤貼到物件上面，然後又把它撕掉。

擴充方法會幫既有的類別加入新行為

還記得第 7 章介紹過的 sealed 修飾詞嗎？它可以讓一個類別不能被擴充。

有時你需要擴充一個你無法繼承的類別，例如已密封（sealed）的類別（許多 .NET 類別都是密封的，所以你不能繼承它們）。C# 提供一種靈活的工具來做這件事：**擴充方法（extension method）**。當你在專案中加入包含擴充方法的類別之後，它就可以**幫既有的類別加上新方法**。你的工作只是建立一個 static 類別，並且加入一個 static 方法，使用 this 關鍵字來讓它用第一個參數接收一個類別的實例。

假設你有一個 sealed OrdinaryHuman 類別：

```
sealed class OrdinaryHuman {
    private int age;
    int weight;

    public OrdinaryHuman(int weight){
        this.weight = weight;
    }

    public void GoToWork() { /* 去工作的程式碼 */ }
    public void PayBills() { /* 付帳單的程式碼 */ }
}
```

OrdinaryHuman 類別被宣告成 sealed，所以它不能被繼承。但如果我們想要在它裡面加入方法呢？

你可以使用「this」關鍵字指定第一個參數，來使用擴充方法。

因為我們想要擴充 OrdinaryHuman 類別，所以我們把第一個參數寫成「this OrdinaryHuman」。

AmazeballsSerum 類別可以將一個擴充方法加入 OrdinaryHuman：

```
static class AmazeballsSerum {
    public static string BreakWalls(this OrdinaryHuman h, double wallDensity) {
        return ($"I broke through a wall of {wallDensity} density.");
    }
}
```

擴充方法一定是 static 方法，它們必須**待在 static 類別裡面**。

當 AmazeballsSerum 類別被加入專案時，OrdinaryHuman 就會獲得 BreakWalls 方法。所以現在你的 Main 方法可以使用它了：

```
static void Main(string[] args){
    OrdinaryHuman steve = new OrdinaryHuman(185);
    Console.WriteLine(steve.BreakWalls(89.2));
}
```

就是這樣！你的工作只是在專案中加入 AmazeballsSerum 類別，接下來，每一個 OrdinaryHuman 類別都會突然得到一個嶄新的 BreakWalls 方法。

當程式建立 OrdinaryHuman 類別的實例時，它可以直接使用 BreakWalls 方法，只要 AmazeballsSerum 類別有在專案裡面即可。現在就去試試看！建立一個新的主控台應用程式，並加入兩個類別與 Main 方法。在 BreakWalls 方法裡面使用偵錯工具看看發生什麼事。

嗯…之前我們只要在程式碼的最上面加入 using 指示詞就可以「神奇地」加入方法了。你還記得它在哪裡嗎？

沒有蠢問題

問：麻煩再解釋一下為什麼我不能在我的類別程式裡面直接加入新方法，而是要使用擴充方法？

答：如果你的意思是在一個類別裡面加入方法的話，你可以那樣做，而且可能要這樣做才對。擴充方法應該盡量少用，而且只能在你因為某些原因，而絕對無法改變類別時使用（例如它屬於 .NET Framework 或其他的第三方）。擴充方法最好用的時機是當你需要擴充某個**無法接觸的東西**的行為時，例如 .NET Framework 或其他程式庫免費提供的型態或物件。

問：為什麼要使用擴充方法？為什麼不直接用繼承來擴充類別就好了？

答：如果你可以擴充類別，通常你都要這樣做，擴充方法的目的不是為了取代繼承，但是當你遇到無法繼承的類別時，它們就非常方便。使用擴充方法可以改變一整群物件的行為，甚至幫 .NET Framework 的一些最基本的類別添加功能。

擴充類別可以給你新行為，但是如果你想要使用那個新行為，你就要使用新的子類別。

問：我的擴充方法會影響類別的所有實例嗎？還是只有某些類別實例？

答：它會影響你擴充的類別的所有實例。事實上，一旦你建立擴充方法，在 IDE 中，新方法就會與被你擴充的類別裡面的一般方法一起出現。

關於擴充方法還有一件事必須記住：你不能建立擴充方法來接觸該類別的任何內容，所以它仍然是個局外人。

當我在程式碼的最上面加入「using System.Linq;」時，我的所有集合和序列都會突然被加入 LINQ 方法。我是在使用擴充方法嗎？

是的！ LINQ 是用擴充方法來建構的。

除了擴充類別之外，你也可以擴充**介面**，你只要把擴充方法的第一個參數的 `this` 關鍵字後面的類別換成介面名稱就可以了。擴充方法會被加到**實作那個介面的所有類別**裡面。這就是 .NET 團隊在建立 LINQ 的時候做的事情 — 所有的 LINQ 方法都是 IEnumerable<T> 介面的 static 擴充方法。

以下是它的運作方式。當你在程式碼的最上面使用 `using System.Linq;` 時，它會讓它的程式碼「看到」一個稱為 System.Linq.Enumerable 的 static 類別。你曾經使用它的一些方法，例如 Enumerable.Range，但是它也有擴充方法。在 IDE 輸入 `Enumerable.First`，然後看看宣告式。它的開頭是 `(extension)`，所以它是個擴充方法，而且它的第一個參數使用 `this` 關鍵字，與你寫過的擴充方法一樣。你可以在每一個 LINQ 方法裡面看到同樣的模式。

```
Enumerable.First
```

Enumerable.First 是在宣告式裡面使用「this」關鍵字的擴充方法。

```
First<>            (extension) TSource Enumerable.First<TSource>(this IEnumerable<TSource> source) (+ 1 generic overload)
FirstOrDefault<>   Returns the first element of a sequence.
```

在 IntelliSense 視窗裡面的這個按鈕可以讓它只顯示擴充方法。

擴充基本型態：string

為了研究擴充方法是如何運作的，我們來擴充 String 類別。**建立一個新的 Console App 專案**，並加入 *HumanExtensions.cs* 檔案。

動手做！

 **將你的擴充方法都放在一個單獨的名稱空間裡面。**

將所有的擴充方法都放在一個與其餘的程式碼分開的名稱空間裡面是很好的做法。如此一來，當你想要在其他的程式裡面使用它們時，你就可以輕鬆地找到它們。設定一個 static 類別來容納你的方法：

確保你的類別是 public，這樣當你加入 using 宣告式時，它就可以被看到。

```
namespace AmazingExtensions {
  public static class ExtendAHuman {
```

使用不同的名稱空間是很好的組織方式。當你定義擴充方法時，它們的類別必須是 static。

2 建立 static 擴充方法，並將它的第一個參數定義成 this，後面加上你要擴充的型態。

當你宣告擴充方法時，有兩件主要事情必須記住：這個方法必須是 static，以及它必須用第一個參數來接收它要擴充的類別：

擴充方法也必須是 static。

```
    public static bool IsDistressCall(this string s) {
```

「this string s」的意思是我們要擴充 String 類別，並使用參數 s 來存取用來呼叫方法的 string。

3 完成擴充方法。

這個方法會檢查 string 裡面有沒有單字「Help!」，如果有，那個 string 就是每一位超級英雄都立誓回應的求救訊號：

```
      if (s.Contains("Help!"))
        return true;
      else
        return false;
    }
  }
}
```

這裡使用 String.Contains 方法來檢查 string 裡面是不是單字「Help!」— 這絕對不是一般的字串會有的東西。

4 使用新的 IsDistressCall 擴充方法。

在 Program 類別的檔案的最上面加入 `using AmazingExtensions;`。然後在建立字串的類別中加入程式碼，來呼叫它的 IsDistressCall 方法。你會在 IntelliSense 視窗裡面看到你的擴充方法：

```
0 references
static void Main(string[] args)
{
    string message = "Evil clones are wreaking havoc. Help!";
    message.IsDistressCall
}
         IsDistressCall   (extension) bool string.IsDistressCall()
```

當你加入 using 指示詞來加入 static 類別的名稱空間時，IntelliSense 視窗裡面會有你的擴充方法。這就是 LINQ 的做法。

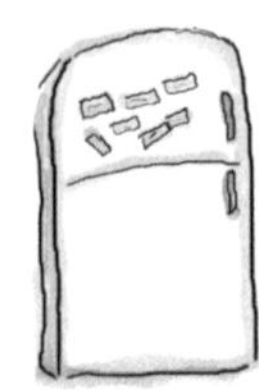

擴充磁貼

排列這些磁貼來產生這個輸出：

a buck begets more bucks

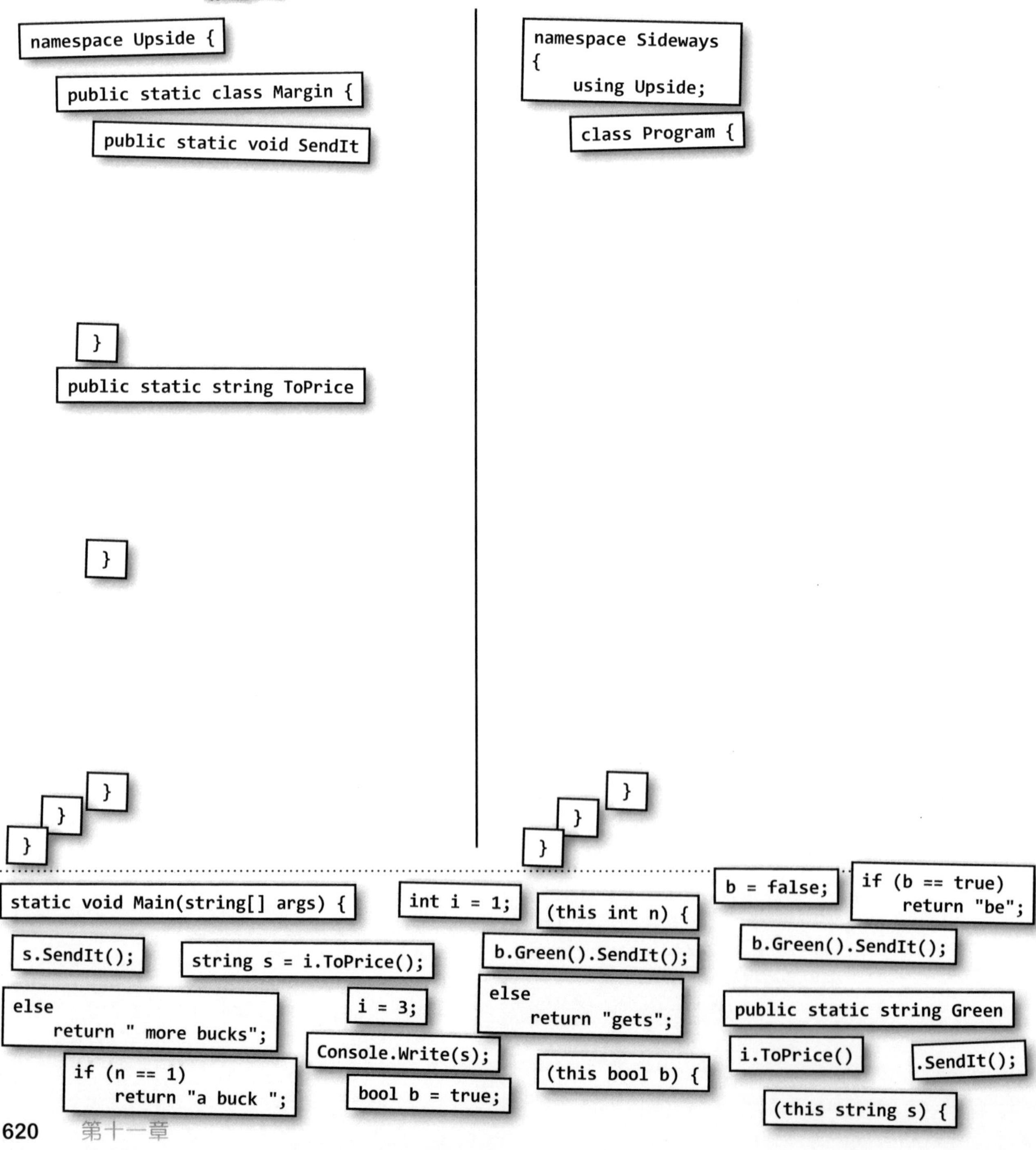
namespace Upside {
public static class Margin {
public static void SendIt
}
public static string ToPrice
}
}
}
}
namespace Sideways
{
using Upside;
class Program {
}
}
}
static void Main(string[] args) {
int i = 1;
(this int n) {
b = false;
if (b == true)
return "be";
s.SendIt();
string s = i.ToPrice();
b.Green().SendIt();
b.Green().SendIt();
else
return " more bucks";
i = 3;
else
return "gets";
public static string Green
Console.Write(s);
i.ToPrice()
.SendIt();
if (n == 1)
return "a buck ";
(this bool b) {
bool b = true;
(this string s) {

宇宙雜誌

神奇隊長的重生

死亡不是終點

Lucky Burns 著
宇宙雜誌特約撰稿人

物件村

神奇隊長以驚人的方式重生，把他自己還原了。

神奇隊長以出乎意料的方式返回物件村。上個月，有人發現神奇隊長的棺木是空的，原本應該裝著遺體的地方有一張奇怪的字條。我們分析字條之後，發現它以二進制格式詳實地記載神奇隊長的物件 DNA，包含他的最終欄位與值。

神奇隊長回歸！

今日，那些資料帶來重生。隊長回來了，用他自己的字條還原。有人問隊長：「你是怎麼想出這個計畫的？」隊長只是聳了聳肩，語焉不詳地說「第 10 章」。隊長身邊的消息人士拒絕評論這個神秘答案的含義，但承認他在無法成功擊敗 Swindler 之前，曾經花了大量的時間閱讀書籍，研究 Dispose 方法與持續保存。我們期待神奇隊長…

…在 A-5 見證奇跡

擴充磁貼解答

你的工作是排列這些磁貼來產生這個輸出：

a buck begets more bucks

這個 Upside 名稱空間裡面有擴充方法。Sideways 名稱空間有入口。

Margin 類別加入一個稱為 SendIt 的方法來擴充 string，用這個方法在主控台寫出一個字串，以及加入一個稱為 ToPrice 來擴充 int，它會在 int 等於 1 時回傳「a buck」，否則回傳「more bucks」。

```
namespace Upside {
    public static class Margin {
        public static void SendIt (this string s) {
            Console.Write(s);
        }
        public static string ToPrice (this int n) {
            if (n == 1)
                return "a buck ";
            else
                return " more bucks";
        }

        public static string Green (this bool b) {
            if (b == true)
                return "be";
            else
                return "gets";
        }
    }
}
```

Green 方法擴充 bool，它會在 bool 是 true 時回傳字串「be」，在它是 false 時回傳「gets」。

Main 方法使用你在 Margin 類別裡面加入的擴充方法。

```
namespace Sideways
{
    using Upside;
    class Program {
        static void Main(string[] args) {
            int i = 1;
            string s = i.ToPrice();
            s.SendIt();
            bool b = true;
            b.Green().SendIt();
            b = false;
            b.Green().SendIt();
            i = 3;
            i.ToPrice() .SendIt();
        }
    }
}
```

12 例外處理

忙於救火會讓人老化

我知道**恐怖的小丑**就在附近。還好我寫了程式來處理 **TotallyFreakedOutException（完全嚇壞了例外）**。

程式員不應該扮演救火隊的角色。

你好不容易認真地看完幾本技術手冊和引人入勝的深入淺出叢書，並且迎來職業生涯的高峰，但是你仍然會在半夜接到工作單位打來的電話，因為你寫的程式**表現不符預期**，或**崩潰**了。修改奇怪的 bug 最容易讓人脫離設計節奏了⋯但是**例外處理**可以讓你用程式來**處理**將來可能出現的**問題**。更棒的是，你甚至可以幫這些問題擬定計畫，並且在問題發生時，**讓程式保持運行**。

你的 hex dump 程式可以從命令列讀取檔名

在第 10 章結束時，你曾經建構一個 hex dump 程式，使用命令列引數來 dump 檔案。你曾經在 IDE 裡面使用專案屬性來設定偵錯工具的引數，你也知道如何從 Windows 命令提示字元或 macOS Terminal 視窗呼叫它。

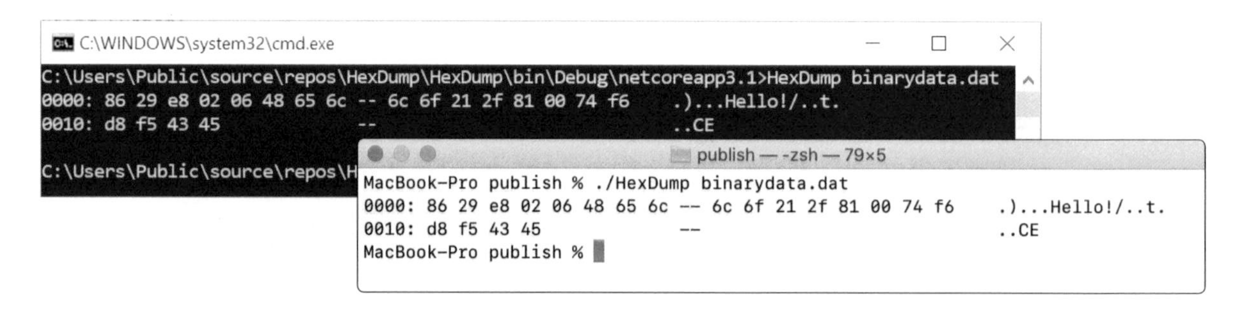

但如果你把無效的檔名傳給 HexDump 會怎樣？

當你修改 HexDump app 來使用命令列引數時，我們請你小心地指定有效的名稱。給它無效的檔名會怎樣？試著從命令列再次執行 app，但是這一次給它引數 `invalid-filename`。現在它**丟出例外**了。

使用專案設定來將程式的引數設成無效的檔名，並且在 IDE 的偵錯工具裡面執行 app。現在你會看到它丟出具有同一個類別名稱（System.IO.FileNotFoundException）的例外，以及熟悉的「Could not find file」訊息。

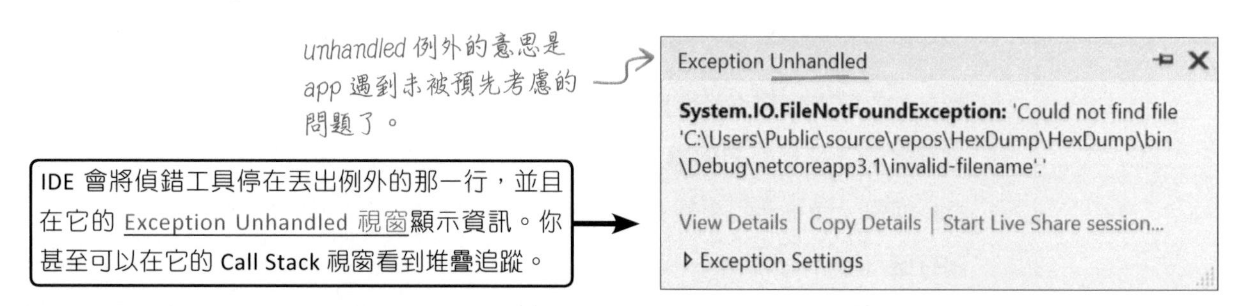

unhandled 例外的意思是 app 遇到未被預先考慮的問題了。
IDE 會將偵錯工具停在丟出例外的那一行，並且在它的 Exception Unhandled 視窗顯示資訊。你甚至可以在它的 Call Stack 視窗看到堆疊追蹤。
Exception Unhandled
System.IO.FileNotFoundException: 'Could not find file 'C:\Users\Public\source\repos\HexDump\HexDump\bin\Debug\netcoreapp3.1\invalid-filename'.'
View Details | Copy Details | Start Live Share session...
Exception Settings

這段程式不能執行了。它丟出五個不同的例外，右邊是你會在 IDE 或主控台裡面看到的錯誤訊息。你的工作是**找出有問題的程式行和它產生的例外**。你可以從例外訊息找到提示。注意，**這段程式不能執行**，如果你把這個類別加入一個 app，並執行它的 Main 方法，它會在第一個例外被丟出來之前停止執行。你只要比對每一行程式，找出可能在執行時丟出其中一個例外的程式就可以了。

```
class HoneyBee
{
    public double Capacity { get; set; }
    public string Name { get; set; }

    public HoneyBee(double capacity, string name)
    {
        Capacity = capacity;
        Name = name;
    }

    public static void Main(string[] args)
    {
        object myBee = new HoneyBee(36.5, "Zippo");
        float howMuchHoney = (float)myBee;

        HoneyBee anotherBee = new HoneyBee(12.5, "Buzzy");
        double beeName = double.Parse(anotherBee.Name);

        double totalHoney = 36.5 + 12.5;
        string beesWeCanFeed = "";
        for (int i = 1; i < (int)totalHoney; i++)
        {
            beesWeCanFeed += i.ToString();
        }
        int numberOfBees = int.Parse(beesWeCanFeed);

        int drones = 4;
        int queens = 0;
        int dronesPerQueen = drones / queens;

        anotherBee = null;
        if (dronesPerQueen < 10)
        {
            anotherBee.Capacity = 12.6;
        }
    }
}
```

double.Parse 方法可將 string 轉換成 double，所以如果你將一個 string 傳給它（例如 "32.7"），它會回傳對應 double 值（32.7）。你認為將一個無法轉換成 double 的 string 傳給它時會怎樣？

System.OverflowException: 'Value was either too large or too small for an Int32.' ①

System.NullReferenceException: 'Object reference not set to an instance of an object.' ②

System.InvalidCastException: 'Unable to cast object of type 'ExceptionTests.HoneyBee' to type 'System.Single'.' ③

System.DivideByZeroException: 'Attempted to divide by zero.' ④

System.FormatException: 'Input string was not in a correct format.' ⑤

削尖你的鉛筆 解答

你的工作是找出有問題的程式和它產生的例外。

把 myBee 轉型成 float 的程式碼可以編譯，但你無法將 HoneyBee 物件轉型 float。當你的程式執行時，CLR 不知道如何實際做那個轉型，所以它丟出 InvalidCastException。

```
object myBee = new HoneyBee(36.5, "Zippo");
float howMuchHoney = (float)myBee;
```

System.InvalidCastException: 'Unable to cast object of type 'ExceptionTests.HoneyBee' to type 'System.Single'.' ③

IDE 小撇步：Set Next Statement

你可以在 IDE 裡面傳入程式碼並執行它，來重現這些例外。在程式碼的第一行加入中斷點，然後在你想要執行的那一行程式按下右鍵，並選擇 ***Set Next Statement***，當你繼續執行時，你的 app 會直接跳到那個陳述式。

Parse 方法希望收到某種格式的字串。它不知道如何將 "Buzzy" 轉換成數字。這就是它丟出 FormatException 例外的原因。

```
HoneyBee anotherBee = new HoneyBee(12.5, "Buzzy");
double beeName = double.Parse(anotherBee.Name);
```

System.FormatException: 'Input string was not in a correct format.' ⑤

for 迴圈會建立一個稱為 beesWeCanFeed 的 string，裡面有 60 位數的數字。int 不能保存那麼大的數字，將它塞入 int 會出現 OverflowException。

```
double totalHoney = 36.5 + 12.5;
string beesWeCanFeed = "";
for (int i = 1; i < (int)totalHoney; i++)
{
    beesWeCanFeed += i.ToString();
}
int numberOfBees = int.Parse(beesWeCanFeed);
```

System.OverflowException: 'Value was either too large or too small for an Int32.' ①

你其實不會看到全部的例外，程式丟出第一個例外之後，就會停止執行。第二個例外只會在你修正第一個之後出現。

削尖你的鉛筆 解答

```
int drones = 4;
int queens = 0;
int dronesPerQueen = drones / queens;
```

DivideByZeroException 很容易出現，你只要將任何數字除以零就可以看到了。

System.DivideByZeroException: 'Attempted to divide by zero.' ④

將任何整數除以零都會丟出這一種例外。即使你不知道 queens 的值，為了防止這個例外，你可檢查它的值來確保它不是零，**再**將 drones 除以它。

我無法從程式看出它試著除以零，我猜那個例外不應該發生才對。

那個 DivideByZero 的確不應該發生。

你光從程式就可以看出問題。仔細想想，其他的例外也是如此一整個「削尖你的鉛筆」都是為了訓練你在不執行程式的情況下看出這些例外。上述的每一個例外都是**可以避免的**。你對例外認識得越多，你就越有能力防止 app 崩潰。

```
anotherBee = null;
if (dronesPerQueen < 10)
{
    anotherBee.Capacity = 12.6;
}
```

讓 anotherBee 參考變數等於 null 可以讓 C# 知道它不指向任何東西。所以它不是指向物件，而是不指向任何東西。丟出 NullReferenceException 就是 C# 在告訴你：沒有任何物件有 DoMyJob 方法可以呼叫。

System.NullReferenceException: 'Object reference not set to an instance of an object.' ②

當你的程式丟出例外時，CLR 會產生一個 Exception 物件

ex-cep-tion（例外），名詞。

不符合一般情況或不遵守規則的人事物。

雖然 Jamie 通常不喜歡花生醬，但是 Parker 的花生醬軟糖是個**例外**。

你已經知道 CLR 如何告訴你程式有問題了：透過**例外**。每當你的程式出現例外時，C# 就會建立一個物件來代表問題，當然，它叫做 Exception。

例如，假如你有一個存有四個項目的陣列，而且你試著存取第 16 個項目（索引 15，因為在這裡是從零算起的）：

```
int[] anArray = {3, 4, 1, 11};
int aValue = anArray[15];
```

這段程式顯然會造成問題。

當 IDE 因為程式丟出例外而暫停時，你可以**在 Locals 視窗裡面展開 `$exception`** 來觀察例外的細節。Locals 視窗會顯示在目前的**範圍裡面**的（意思是目前的陳述式可以接觸的）所有變數。

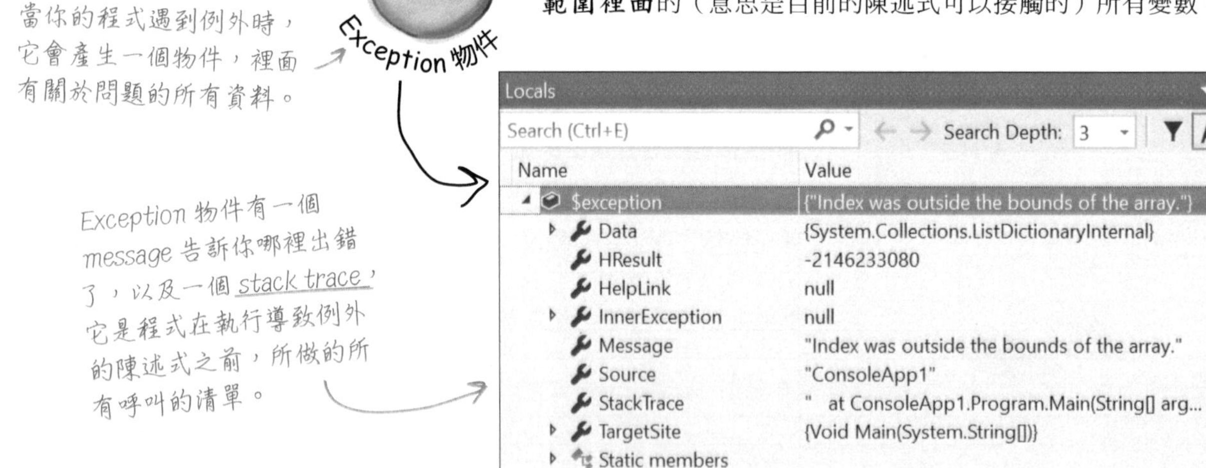

CLR 會不厭其煩地建立一個物件，因為它希望提供關於「例外是怎麼造成的」的所有資訊。你可能要修正程式碼，也可能只要稍微改變處理特定情況的方式。

這一個例外是 **IndexOutOfRangeException**，它可以讓你知道問題出在哪裡：你試著存取一個超出範圍的陣列索引。你也會得到「問題在哪裡發生」的資訊，所以問題很容易追蹤與解決（即使你已經寫了上千行程式）。

所有的 Exception 物件都繼承 System.Exception

.NET 有許多需要回報的例外。因為它們大部分都有許多相似的特徵，所以使用繼承有很大的幫助。.NET 定義了基底類別 Exception 來讓所有特定的例外型態繼承。

Exception 類別有一些實用的成員。Message 屬性會儲存關於哪裡出錯的易讀訊息。StackTrace 會告訴你例外發生時正在執行哪段程式，以及哪段程式造成例外（當然還有其他訊息，但我們先使用這些）。

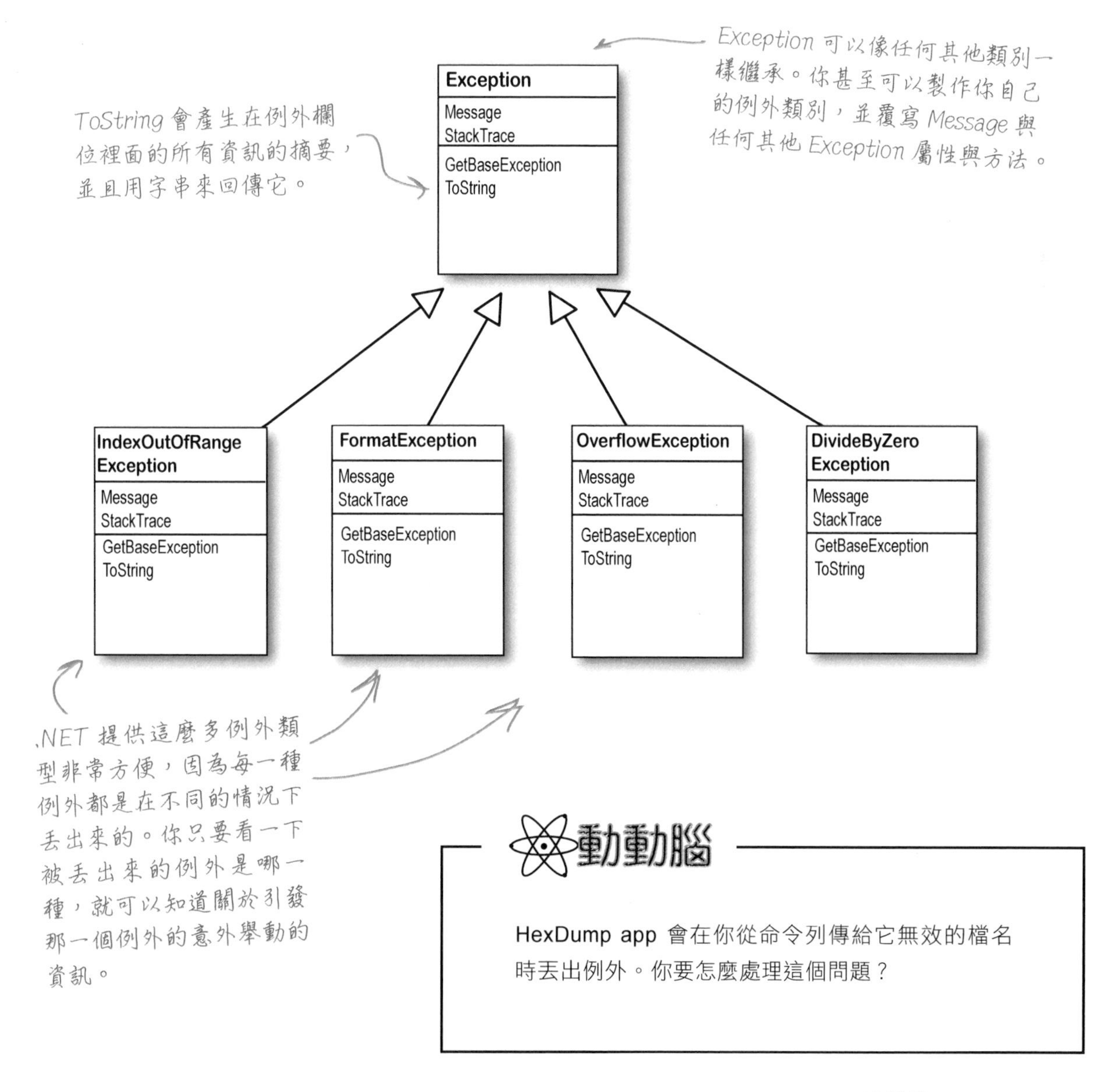
Exception 可以像任何其他類別一樣繼承。你甚至可以製作你自己的例外類別，並覆寫 Message 與任何其他 Exception 屬性與方法。
ToString 會產生在例外欄位裡面的所有資訊的摘要，並且用字串來回傳它。
Exception
Message
StackTrace
GetBaseException
ToString
IndexOutOfRange Exception
Message
StackTrace
GetBaseException
ToString
FormatException
Message
StackTrace
GetBaseException
ToString
OverflowException
Message
StackTrace
GetBaseException
ToString
DivideByZero Exception
Message
StackTrace
GetBaseException
ToString
.NET 提供這麼多例外類型非常方便，因為每一種例外都是在不同的情況下丟出來的。你只要看一下被丟出來的例外是哪一種，就可以知道關於引發那一個例外的意外舉動的資訊。
動動腦
HexDump app 會在你從命令列傳給它無效的檔名時丟出例外。你要怎麼處理這個問題？

處理任何例外的第一步都是仔細看一下它給你的所有資訊。當你在執行主控台 app 時，那個資訊會被寫到主控台。我們來仔細看一下 app 印出來的診斷資訊（我們將 app 移到 C:\HexDump 資料夾，來讓堆疊追蹤裡面的路徑短一些）：

```
C:\HexDump\bin\Debug\netcoreapp3.1> HexDump invalid-filename
Unhandled exception. System.IO.FileNotFoundException: Could not find file 'C:\HexDump\bin\Debug\
netcoreapp3.1\invalid-filename'.
File name: 'C:\HexDump\bin\Debug\netcoreapp3.1\invalid-filename'
   at System.IO.FileStream.ValidateFileHandle(SafeFileHandle fileHandle)
   at System.IO.FileStream.CreateFileOpenHandle(FileMode mode, FileShare share, FileOptions options)
   at System.IO.FileStream..ctor(String path, FileMode mode, ... , FileOptions options)
   at System.IO.FileStream..ctor(String path, FileMode mode, FileAccess access, FileShare share)
   at System.IO.File.OpenRead(String path)
   at HexDump.Program.Main(String[] args) in C:\HexDump\Program.cs:line 12
```

我們看到這些東西：

- 例外類別：`System.IO.FileNotFoundException`。
- 例外訊息：`Could not find file 'C:\HexDump\bin\Debug\netcoreapp3.1\invalid-filename'`。
- 額外診斷資訊：`File name:'C:\HexDump\bin\Debug\netcoreapp3.1\invalid-filename'`。
- 堆疊追蹤的前五行來自 System.IO 名稱空間裡面的類別。
- 堆疊追蹤的最後一行在我們的名稱空間 HexDump 裡面，而且它有行數。這是那一行做的事情：`using (Stream input = File.OpenRead(args[0]))`。

在偵錯工具裡面重現例外

我們曾經在第 10 章說明，當你在偵錯工具裡面執行 app 時，如何設定應用程式引數。將引數設成 `invalid-filename`，然後在 app 裡面，丟出例外的那一行設定中斷點。執行 app，在遇到中斷點時，逐步執行那個陳述式。你應該可以在 IDE 裡面看到例外。

如果你在 Mac 的命令列執行，別忘了在解決方案資料夾裡面執行「dotnet publish -r osx-x64」來重新發布它。

加入程式來防止例外

這個 app 之所以丟出例外，是因為它試著讀著一個不存在的檔案。所以為了**防止**這個例外發生，我們要先檢查檔案是否存在。如果沒有，我們就不使用 File.OpenRead 來開啟檔案內容資料流，而是使用 Console.OpenStandardInput，它會回傳 app 的**標準輸入**（即 **stdin**）資料流。先在你的 app **加入這個 GetInputStream 方法**：

```
static Stream GetInputStream(string[] args) {
    if ((args.Length != 1) || !File.Exists(args[0]))
        return Console.OpenStandardInput();
    else
        return File.OpenRead(args[0]);
}
```

Console.OpenStandardInput 會回傳一個接到 app 的標準輸入的 Stream 物件。如果你將輸入匯入 app，或是在 IDE 裡面執行它並輸入 console 或 terminal，你輸入或匯入的東西都會出現在資料流裡面。

然後將丟出例外的那一行改成呼叫新方法：

```
        using (Stream input = GetInputStream(args))
```

在 IDE 裡面執行你的 app。它不會丟出例外了，而是讀取標準輸入。我們測試一下：

- 輸入一些資料並按下 Enter—它會顯示你輸入的所有東西的 hex dump，最後以 return 結束（在 Windows 是 `0d 0a`，在 Mac 是 `0a`）。stdin 資料流只會在 return 之後加入資料，所以 app 會幫每一行做新的 dump。
- 在命令列執行 app：`HexDump << input.txt`（在 Mac 是 `./HexDump << input.txt`）。app 會將 *input.txt* 的資料匯入 stdin 資料流，並將檔案裡面的所有位元組 dump 出來。

問：到底什麼是例外？

答：它是 CLR 在出問題時製作的物件。你也可以在你的程式中產生具體的例外，事實上，你已經使用 `throw` 關鍵字來做過這件事了。

問：例外是物件？

答：沒錯，例外是個物件。CLR 產生它是為了提供盡可能多的資訊，來讓你知道當它執行丟出例外的陳述式時，到底發生什麼事情。它的屬性（展開 Locals 視窗裡面的 `$exception` 時顯示的那些）提供了關於例外的資訊。例如，它的 Message 屬性裡面有實用的字串，像是 *Attempted to divide by zero* 或 *Value was either too large or too small for an Int.32*。

問：為什麼有這麼多種 Exception 物件？

答：因為你的程式碼可能以很多種意外的方式運行。有很多種情況會讓你的程式碼直接崩潰。不知道崩潰為什麼會發生就很難修正問題。藉著在各種情況之下丟出各種不同的例外，CLR 可以提供許多非常寶貴的資訊，來協助你追蹤和修正問題。

問：所以你的意思是，當我的程式丟出例外時，不一定是因為我做錯什麼事了？

答：沒錯。有時你的資料與你預期的不同，例如陳述式使用一個比預期還要短很多的陣列。此外，別忘了活生生的人類會使用你的程式，他們通常會做出意外的舉動。例外是 C# 用來幫助你處理這些意外的手段，可讓你的程式碼持續順暢地運行，讓它不會直接崩潰，或顯示神秘的、沒用的錯誤訊息。

問：所以例外是為了幫助我而設計的，而不僅僅是為了在凌晨 3:00 叫我起床追蹤令人沮喪的 bug？

答：是的！例外完全是為了協助你未雨綢繆而設計的。很多人在看到程式丟出例外時有挫折感，但你可以換個角度，把它們當成 C# 協助你追蹤問題和找出錯誤的方式。

聽起來例外不見得是壞事。有時它們可以找出 bug，但是在多數情況下，它們只是為了告訴我有些事情與預期的不同。

是的。例外其實是好用的工具，可用來找出程式以意外的方式執行的地方。

很多程式員在第一次看到例外時有挫折感，但是例外其實很好用，你可以充分利用它們。當你看到例外時，它其實提供許多線索來幫助你釐清為何程式碼以意外的方式運作。這對你是好事：它可以讓你知道程式必須處理的新狀況，並且提供一個機會來**為它做一些事情**。

例外完全是為了協助你發現程式以意外的方式運行的情況，並修正它。

有些檔案是不能 dump 的

我們曾經在第 9 章談到如何讓程式更**強固**，讓它有能力處理不良的資料、格式不正確的輸入、用戶的錯誤，和其他的意外情況。在有人未在命令列傳入檔案，或檔案不存在時 dump stdin，是讓 hex dump app 更強固的好方法。

但是還有什麼情況是我們必須處理的？例如，雖然檔案存在，但是它是無法讀取的？我們先移除一個檔案的讀取權限，再試著讀取它，看看會怎樣：

- **在 *Windows***：在 Windows Explorer 裡面的檔案按下右鍵，前往 Security 標籤，按下 Eidt 來改變權限。核取所有 Deny 方塊。
- **在 *Mac***：在 Terminal 視窗裡，切換到你想要 dump 的檔案的資料夾，執行這個命令，將 `binarydata.dat` 換成你的檔案的名稱：`chmod 000 binarydata.dat`。

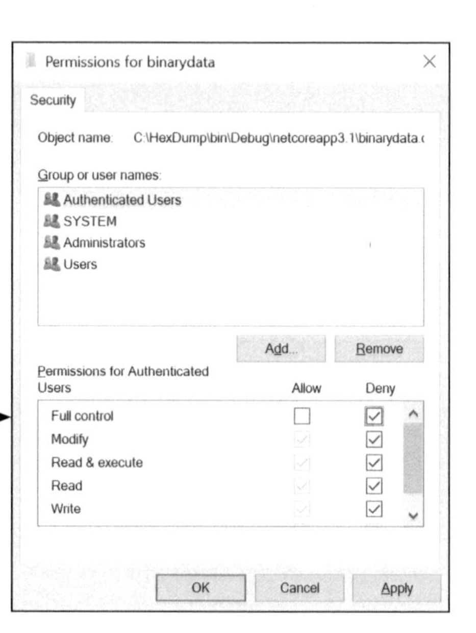

現在你已經移除檔案的讀取權限了，試著再次執行 app，無論是在 IDE 裡面，還是從命令列。

你會看到一個例外 — 堆疊追蹤說，**呼叫 GetInputStream 方法的 using 陳述式**最終造成 FileStream 丟出 System.UnauthorizedAccessException：

```
C:\HexDump\bin\Debug\netcoreapp3.1>hexdump binarydata.dat
Unhandled exception. System.UnauthorizedAccessException: Access to the path 'C:\HexDump\bin\Debug\
netcoreapp3.1\binarydata.dat' is denied.
   at System.IO.FileStream.ValidateFileHandle(SafeFileHandle fileHandle)
   at System.IO.FileStream.CreateFileOpenHandle(FileMode mode, ..., FileOptions options)
   at System.IO.FileStream..ctor(String path, ..., Int32 bufferSize, FileOptions options)
   at System.IO.FileStream..ctor(String path, FileMode mode, FileAccess access, FileShare share)
   at System.IO.File.OpenRead(String path)
   at HexDump.Program.GetInputStream(String[] args) in C:\HexDump\Program.cs:line 14
   at HexDump.Program.Main(String[] args) in C:\HexDump\Program.cs:line 20
```

等一下，程式會崩潰很正常啊，因為我給它無法讀取的檔案，用戶都很會出亂子。你不能指望我設法處理那這種情況…不是嗎？

其實，你可以做一些事情來處理它。

沒做，用戶確實總是出亂子。他們會給你不良的資料、奇怪的輸入、按下你根本不知道的東西，雖然這是現實的情況，但你不一定只能眼睜睜地看著它發生。C# 提供非常實用的**例外處理工具**，可協助你讓程式更強固。因為雖然你無法控制用戶怎麼操作你的 app，但你可以確保 app 不會在他們做那些事情時崩潰。

當你呼叫的方法有風險時會怎樣？

用戶是無法預測的。他們會把各種奇怪的資料傳入你的程式，並且用你從來沒想過的方式按下某些東西。但是發生這些事情都沒關係，因為你可以加入**例外處理機制**來處理程式丟出來的例外，例外處理機制可讓你寫出特殊的程式，在每次有例外被丟出來時執行。

① 假如你的程式為了接收用戶的輸入而呼叫一個方法。

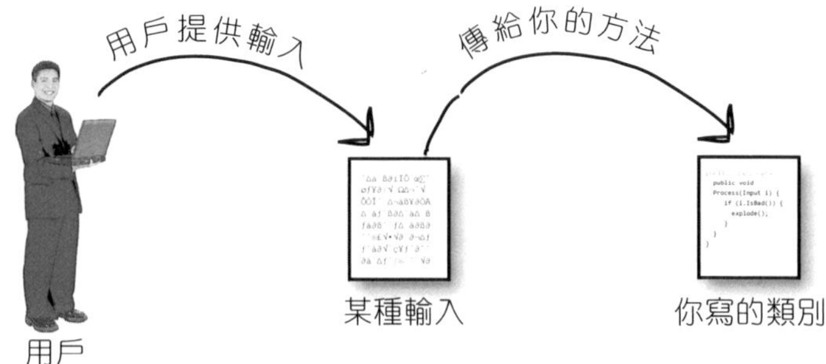

② 那個方法可能會做一些有風險的事情，在執行階段可能無法運作。

「執行階段（runtime）」是指「當你的程式正在執行時」。有人把例外稱為「執行階段錯誤（runtime error）」。

③ 你必須知道你正在呼叫的方法是有風險的。

如果你可以想出風險比較小，而且可以避免丟出例外的做法，那種做法是最好的！但有時風險是無法避免的，此時你就要這樣做。

④ 接下來，你可以編寫程式，在例外發生時處理它。你必須未雨綢繆。

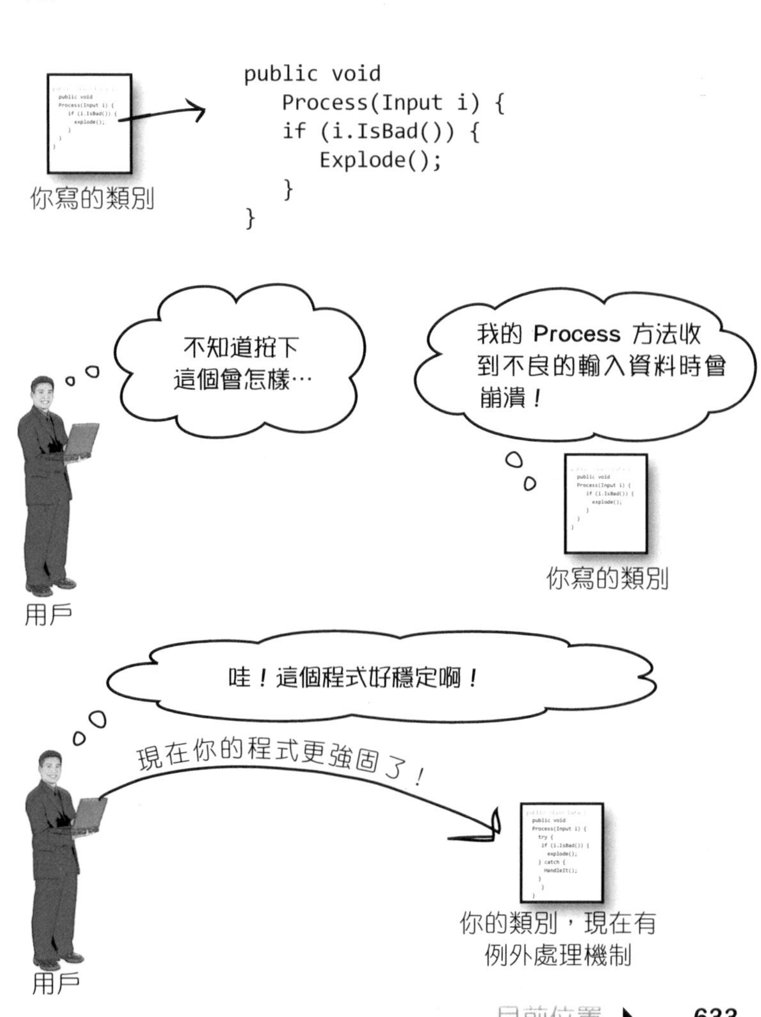

你寫的類別
public void
Process(Input i) {
if (i.IsBad()) {
Explode();
}
}
不知道按下這個會怎樣…
我的 Process 方法收到不良的輸入資料時會崩潰！
你寫的類別
用戶
哇！這個程式好穩定啊！
現在你的程式更強固了！
你的類別，現在有例外處理機制
用戶

用 try 與 catch 來處理例外

當你在程式中加入例外處理機制時，你要使用 try 與 catch 關鍵字來建立在例外被丟出來時執行的程式碼。

你的 *try/catch* 程式碼基本上告訴 C# 編譯器：「**試著（try）**執行這段程式，如果有例外發生，用這裡的另一段程式來**補捉（catch）**它。」你嘗試執行的程式碼在 **try 區塊**裡面，你用來處理例外的部分稱為 **catch 區塊**。在 catch 區塊裡，你可以做一些事情來避免程式停止執行，例如印出友善的錯誤訊息。

我們再來看一下 HexDump 場景的堆疊追蹤的最後三行，來決定要在哪裡加入例外處理程式：

```
at System.IO.File.OpenRead(String path)
at HexDump.Program.GetInputStream(String[] args) in Program.cs:line 14
at HexDump.Program.Main(String[] args) in Program.cs:line 20
```

UnauthorizedAccessException 是呼叫 File.OpenRead 而且有 GetInputStream 那一行造成的。既然我們無法防止那個例外，為了使用 *try/catch* 區塊，我們來修改 GetInputStream：

```
static Stream GetInputStream(string[] args)
{
    if ((args.Length != 1) || !File.Exists(args[0]))
        return Console.OpenStandardInput();
    else
    {
        try
        {
            return File.OpenRead(args[0]);
        }
        catch (UnauthorizedAccessException ex)
        {
            Console.Error.WriteLine("Unable to read {0}, dumping from stdin: {1}",
                                    args[0], ex.Message);
            return Console.OpenStandardInput();
        }
    }
}
```

將可能丟出例外的程式碼放入 try 區塊。如果沒有例外發生，它會正常運行，在 catch 區塊裡面的程式會被忽略。如果在 try 區塊裡面有一個陳述式丟出例外，try 區塊其餘的程式**不會被執行**。

這是 **try 區塊**。你會用「try」來處理例外。在這個例子裡，我們將既有的程式碼放到它裡面。

catch 關鍵字指出，接下來的區塊裡面有**例外處理常式**。

在 try 區塊裡面有例外被丟出來時，程式會立刻跳到 **catch** 陳述式，並開始執行 **catch 區塊**。

我們盡量簡化例外處理常式裡面的程式。首先，為了讓用戶知道有錯誤發生了，我們使用 Console.Error 來寫一行訊息到錯誤輸出（stderr），然後我們轉而從標準輸入讀取資料，讓程式仍然做某件事情。注意，**catch 區塊有個 return 陳述式**。這個方法會回傳 Stream，所以即使它有處理例外，它也要回傳 Stream，否則你會得到「not all code paths return a value」編譯錯誤。

動動腦

丟出例外會讓程式碼自動跳到 catch 區塊，那麼，你在例外發生之前處理的物件與資料會怎樣？

使用偵錯工具來追蹤 try/catch 流程

例外處理常式有一個很重要的部分在於，當你的 `try` 區塊裡面有一個陳述式丟出例外時，在那個區塊裡面其餘的程式碼都會被**短路**。程式的執行流程會立刻跳到 `catch` 區塊的第一行。我們用 IDE 的偵錯工具來探索這是怎麼運作的。

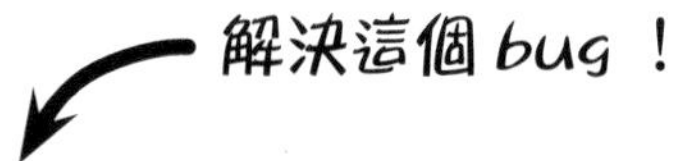
解決這個 bug！

1. 將 HexDump app 裡面的 GetInputStream 方法換成我們剛才用來處理 UnauthorizedAccessException 的那一個。

2. 修改專案選擇並將引數設為不可讀取的檔案的路徑。

3. 在 GetInputStream 的第一個陳述式設置中斷點，然後開始對專案進行偵錯。

4. 當它遇到中斷點時，逐步執行接下來的幾個陳述式，直到你到達 File.OpenRead 為止。逐步執行它 — app 會跳到 `catch` 區塊的第一行。

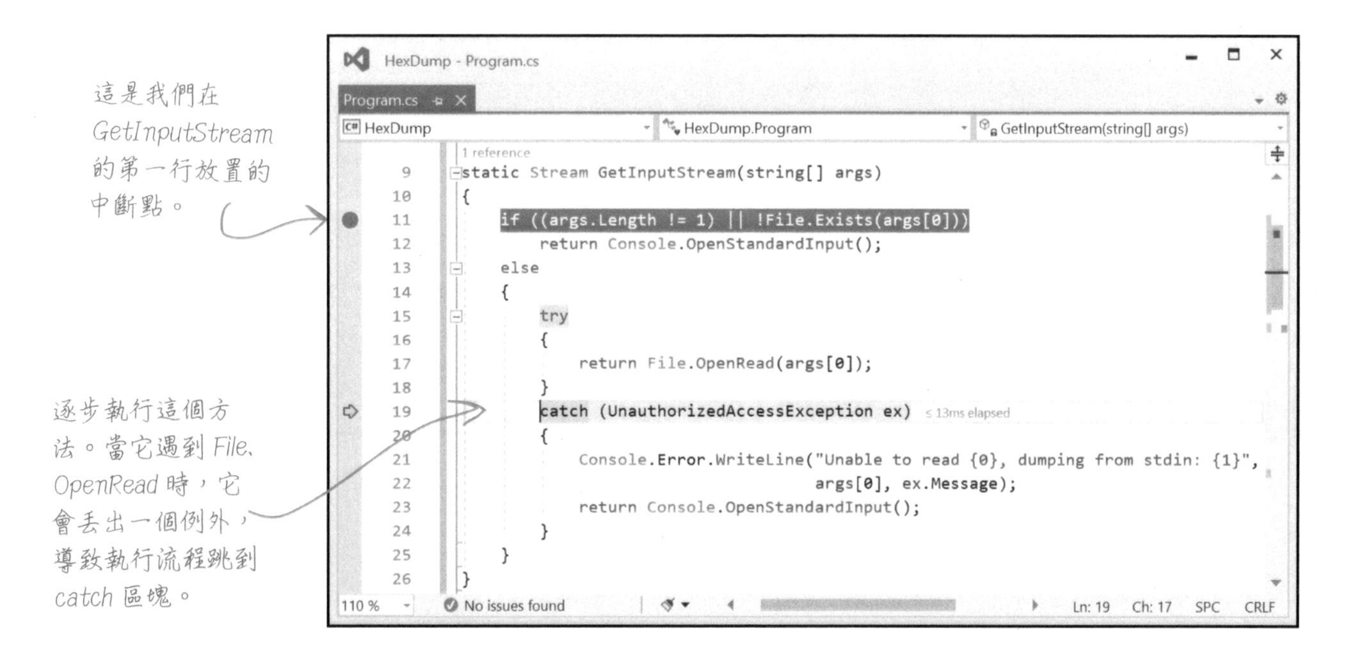
這是我們在 GetInputStream 的第一行放置的中斷點。
逐步執行這個方法。當它遇到 File.OpenRead 時，它會丟出一個例外，導致執行流程跳到 catch 區塊。
HexDump - Program.cs
Program.cs
HexDump
HexDump.Program
GetInputStream(string[] args)
1 reference
9 static Stream GetInputStream(string[] args)
10 {
11 if ((args.Length != 1) || !File.Exists(args[0]))
12 return Console.OpenStandardInput();
13 else
14 {
15 try
16 {
17 return File.OpenRead(args[0]);
18 }
19 catch (UnauthorizedAccessException ex) ≤ 13ms elapsed
20 {
21 Console.Error.WriteLine("Unable to read {0}, dumping from stdin: {1}",
22 args[0], ex.Message);
23 return Console.OpenStandardInput();
24 }
25 }
26 }
110 %
No issues found
Ln: 19 Ch: 17 SPC CRLF

5. 繼續逐步執行 `catch` 區塊其餘的程式。它會將訊息寫到主控台，然後回傳 Console.OpenStandardInput，並回到 Main 方法。

如果你有一定要執行的程式碼，那就使用 finally 區塊

當程式丟出例外時，可能會發生幾件事情。如果例外**沒有**被處理，你的程式會停止處理並崩潰。如果例外**有**被處理，你的程式會跳到 catch 區塊。那麼，在 try 區塊的其餘程式呢？如果你當時正在關閉一個資料流，或是清理重要的資源呢？即使有例外發生，那些程式也必須執行，否則你會把程式的狀態搞得一團亂。此時就要使用 **finally 區塊**。它是位於 try 與 catch 後面的程式區塊。**finally 區塊一定會執行**，無論有沒有例外被丟出來。我們使用偵錯工具來探索 finally 區塊如何運作。

解決這個 bug！

1 建立新的 Console App 專案。

在檔案的最上面加入 Add using System.IO;，然後加入這個 Main 方法：

```
static void Main(string[] args)
{
    var firstLine = "No first line was read";
    try
    {
        var lines = File.ReadAllLines(args[0]);
        firstLine = (lines.Length > 0) ? lines[0] : "The file was empty";
    }
    catch (Exception ex)
    {
        Console.Error.WriteLine("Could not read lines from the file: {0}", ex);
    }
    finally
    {
        Console.WriteLine(firstLine);
    }
}
```

WriteLine 會呼叫 Exception 物件的 ToString 方法，ToString 方法會回傳例外名稱、訊息與堆疊追蹤。

無論 try 有沒有抓到例外，這個 finally 區塊都會執行。

你可以在 Locals 視窗裡面看到例外，與之前一樣。

2 在 Main 方法的第一行加入中斷點。

對 app 進行偵錯並逐步執行它。在 try 區塊裡面的第一行會試著讀取 args[0]，但因為你沒有指定任何命令列引數，所以 args 陣列是空的，所以它丟出例外，System.**IndexOutOfRangeException**，以及它的訊息「*Index was outside the bounds of the array.*」當它印出訊息之後，它會**執行 finally 區塊**，然後程式結束。

3 用命令列引數來指定有效檔案的路徑。

使用專案屬性來將一個命令列引數傳給 app，給它有效檔案的完整路徑。在檔名中不能有空格，否則 app 會將它視為兩個引數。再次對 app 進行偵錯，在它完成 try 區塊之後，它會**執行 finally 區塊**。

4 將命令列引數設成無效檔案路徑。

回到專案屬性，將傳給 app 的命令列引數改成不存在的檔名。再次執行 app。這一次它會抓到不同的例外：System.IO.**FileNotFoundException**。然後它會**執行 finally 區塊**。

用 catch-all exception 來處理 System.Exception

你剛才讓主控台 app 丟出兩種不同的例外，IndexOutOfRangeException 與 FileNotFoundException，並處理了兩者。仔細看一下 catch 區塊：

```
catch (Exception ex)
```

這是個 **catch-all exception**：在 catch 後面的型態是想要處理的例外型態，因為所有例外都繼承 System.Exception 類別，所以將型態設成 Exception 相當於要求 try/catch 區塊捕捉任何一種例外。

使用多個 catch 區塊來避免使用 catch-all exception

預測程式可能丟出來的例外並處理它們，絕對是比較好的做法。例如，我們知道這段程式可能在沒有指定檔名時丟出 IndexOutOfRange 例外，或是在發現無效檔案時丟出 FileNotFound。我們也在本章稍早看過，試著讀取不可讀取的檔案會讓 CLR 丟出 UnauthorizedAccessException。你可以加入**多個 catch 區塊**來處理這幾種不同的例外：

```
static void Main(string[] args)
{
    var firstLine = "No first line was read";
    try
    {
        var lines = File.ReadAllLines(args[0]);
        firstLine = (lines.Length > 0) ? lines[0] : "The file was empty";
    }
    catch (IndexOutOfRangeException)
    {
       Console.Error.WriteLine("Please specify a filename.");
    }
    catch (FileNotFoundException)
    {
        Console.Error.WriteLine("Unable to find file: {0}", args[0]);
    }
    catch (UnauthorizedAccessException ex)
    {
        Console.Error.WriteLine("File {0} could not be accessed: {1}",
                                args[0], ex.Message);
    }
    finally
    {
        Console.WriteLine(firstLine);
    }
}
```

這個例外處理常式用三個 catch 區塊來處理三種不同的 Exception 型態。

只有這個 catch 區塊必須為 Exception 物件指定變數名稱。

現在你的 app 會根據所處理的例外輸出不同的錯誤訊息。注意，前兩個 catch 區塊**沒有指定變數名稱**（例如 ex）。變數名稱只需要在你會使用 Exception 物件時指定。

動動腦

在這些例外裡面，有沒有例外是可以**預防**且不需要處理的？

沒有蠢問題

問：倒帶幾秒鐘。所以每一次我的程式遇到例外時，它就會停止它在做的事情，除非我專門寫程式來捕捉它囉？這怎麼會是好事？

答：例外有一個很棒的地方在於，它們會突顯你遇到的問題。想像一下，在複雜的應用程式裡，無法掌握程式使用的所有物件是多麼常見的事情。例外可以讓你注意問題的存在，並幫助你找出問題的原因，讓你可以知道程式正在做它該做的事情。

每當你的程式出現例外時，就代表有你期望發生的事情沒有發生了。或許是物件參考沒有指向你認為它該指的地方，或是用戶提供你意想不到的值，或你認為你能夠使用的檔案突然不能使用了。如果有這種事情在你不知道的情況下發生，程式的輸出很有可能是錯的，從那一刻起，程式的行為就會與你編寫它時所預期的非常不同。

試著想一下你不知道有錯誤發生了，用戶卻開始向你投訴程式不穩定的場景。所以，讓例外中斷程式正在做的每一件事是件好事，因為它可以強迫你在問題還很容易尋找和修正時處理它們。

問：幫我復習一下 Exception 物件的用途。

答：Exception 物件可以提供關於哪裡出錯的線索。你可以用它的型態來確定發生了哪一種問題，並且編寫例外處理常式，用可讓 app 維持運行的方式處理它。

問：已處理的（*handled*）例外與未處理的（*unhandled*）例外有什麼不同？

答：當你的程式丟出例外時，執行環境會搜尋你的程式來尋找處理它的 `catch` 區塊。如果你有 `catch` 區塊，它就會執行，並且做你為那個例外指定的事情。因為你已經預先寫了 `catch` 區塊來處理那個錯誤了，所以那個例外會被視為 handled。

如果執行環境無法找到處理那個例外的 `catch` 區塊，它就會停止程式正在做的所有事情，並發出錯誤。它就是 *unhandled* 例外。

問：寫一個不指定特定例外的 `catch` 會怎樣？

答：它稱為 **catch-all exception**，這種 `catch` 區塊會捕捉 `try` 區塊可能丟出來的任何例外。所以如果你不需要宣告變數來使用 Exception 物件，有一種簡單的做法是這樣寫一個 catch-all exception：

```
catch
{
    // 處理例外
}
```

問：使用 catch-all exception 不是比較簡單嗎？使用一定可以捕捉每一個例外的程式不是比較安全嗎？

答：你應盡量避免補捉 Exception，而是要捕捉特定的例外。你聽過「預防勝於治療」這句老話嗎？在處理例外時更是如此。使用 catch-all exception 通常只會掩蓋拙劣的程式設計技術。例如，在你試著打開檔案之前，最好使用 File.Exists 來檢查檔案，然後捕捉 FileNotFoundException。雖然有些例外是不可避免的，但你會發現有很多例外根本不應該被丟出來。

問：即然未指定特定例外的 `catch` 區塊可以抓到任何東西，為什麼我要指定例外類型？

答：為了讓程式持續運行，有些例外可能要採取不同的處理方式。除以零造成的例外也許要用一個 `catch` 區塊來設定屬性，來儲存之前處理的資料，但是 null 參考造成的例外可能要用 `catch` 區塊來建立物件的新實例。

未處理的例外可能會讓程式以不可預測的方式運行。這就是為什麼程式會在遇到這種例外時立刻停止。

池畔風光

你的**工作**是將游泳池裡面的程式片段放到程式碼的空行裡面。同一個程式片段可以使用多次，而且你不需要使用所有的程式片段。你的**目標**是讓程式產生下面的輸出。

輸出： ⟶ **G'day Mate!**

```
using System.IO;

class Program {
  public static void Main() {
    Kangaroo joey = new Kangaroo();
    int koala = joey.Wombat(
           joey.Wombat(joey.Wombat(1)));
    try {
        Console.WriteLine((15 / koala)
                  + " eggs per pound");
    }
    catch (________________________) {
        Console.WriteLine("G'Day Mate!");
    }
  }
}
```

```
class Kangaroo {
    ____________ fs;
    int croc;
    int dingo = 0;

    public int Wombat(int wallaby) {
        _____ ______;
        try {
            if (________ > 0) {
                fs = File.OpenWrite("wobbiegong");
                croc = 0;
            } else if (________ < 0) {
                croc = 3;
            } else {
                _____ = ______.OpenRead("wobbiegong");
                croc = 1;
            }
        }
        catch (IOException) {
            croc = -3;
        }
        catch {
            croc = 4;
        }
        finally {
            if (_______ > 2) {
                croc ______ dingo;
            }
        }
        ________ ______;
    }
}
```

注意：泳池裡的程式片段都可以使用多次！

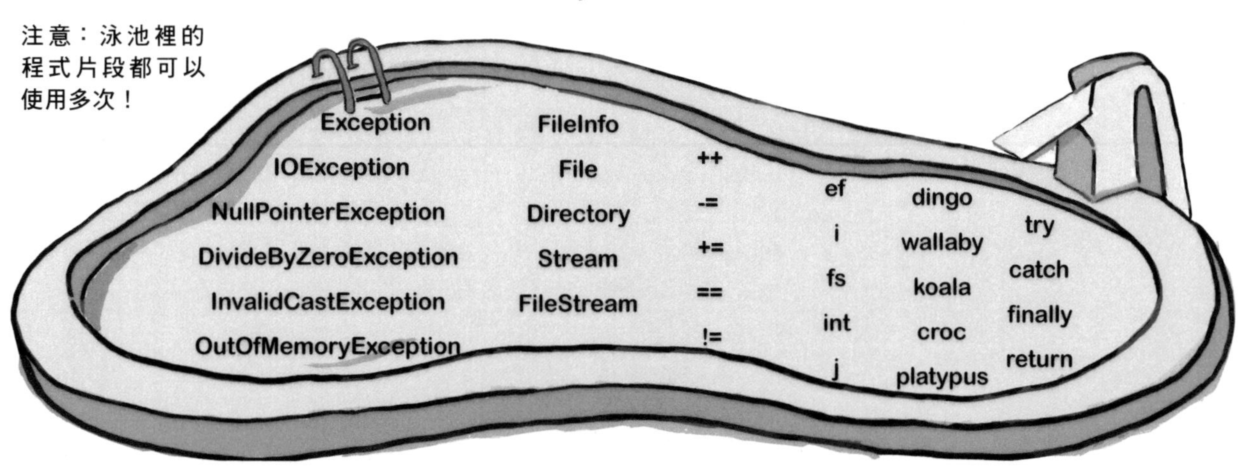

池畔風光解答

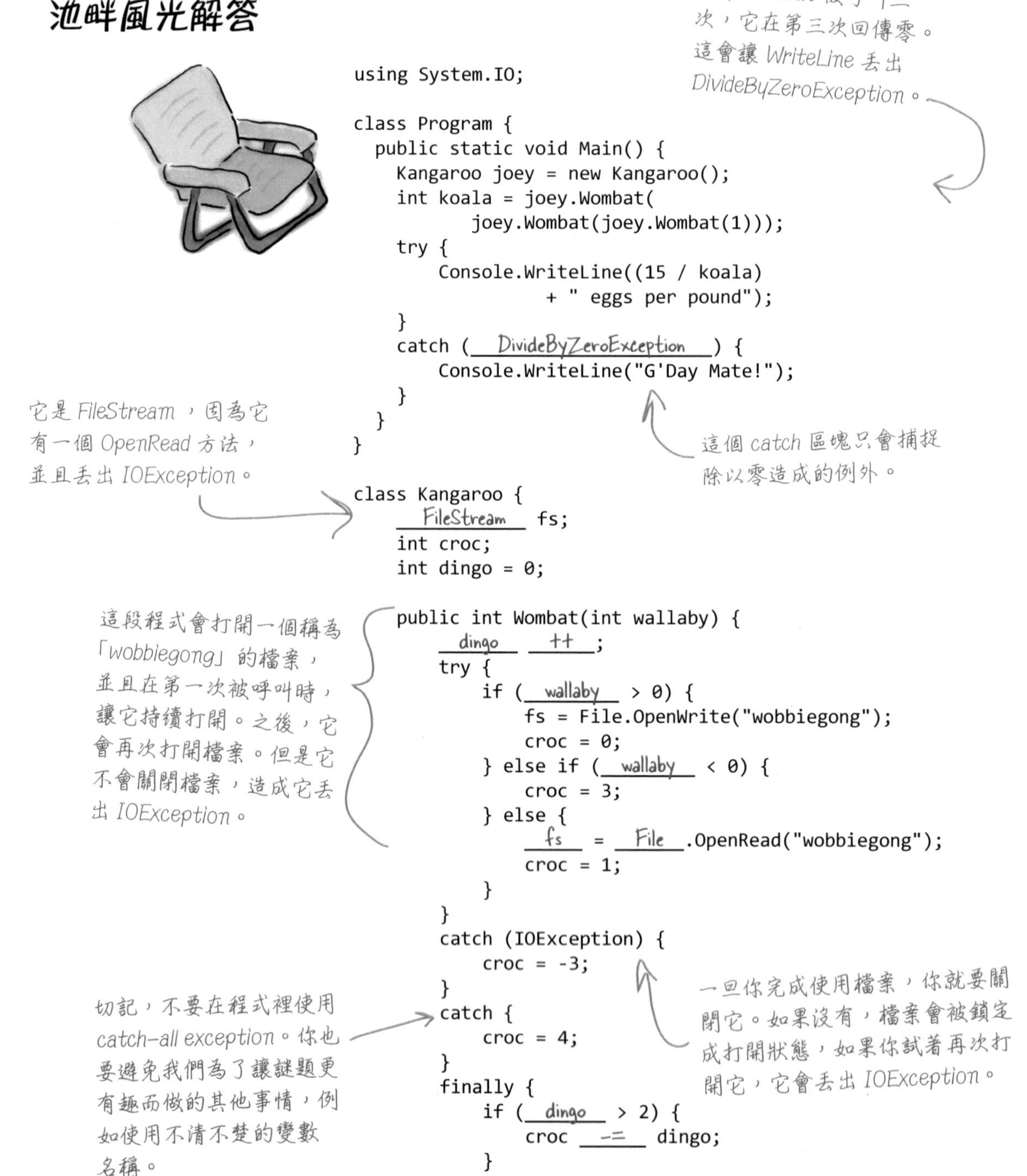

```
using System.IO;

class Program {
  public static void Main() {
    Kangaroo joey = new Kangaroo();
    int koala = joey.Wombat(
          joey.Wombat(joey.Wombat(1)));
    try {
      Console.WriteLine((15 / koala)
            + " eggs per pound");
    }
    catch (DivideByZeroException) {
      Console.WriteLine("G'Day Mate!");
    }
  }
}

class Kangaroo {
    FileStream fs;
    int croc;
    int dingo = 0;

    public int Wombat(int wallaby) {
      dingo++;
      try {
        if (wallaby > 0) {
          fs = File.OpenWrite("wobbiegong");
          croc = 0;
        } else if (wallaby < 0) {
          croc = 3;
        } else {
          fs = File.OpenRead("wobbiegong");
          croc = 1;
        }
      }
      catch (IOException) {
        croc = -3;
      }
      catch {
        croc = 4;
      }
      finally {
        if (dingo > 2) {
          croc -= dingo;
        }
      }
      return croc;
    }
}
```

joey.Wombat 被呼叫三次，它在第三次回傳零。這會讓 WriteLine 丟出 DivideByZeroException。

這個 catch 區塊只會捕捉除以零造成的例外。

它是 FileStream，因為它有一個 OpenRead 方法，並且丟出 IOException。

這段程式會打開一個稱為「wobbiegong」的檔案，並且在第一次被呼叫時，讓它持續打開。之後，它會再次打開檔案。但是它不會關閉檔案，造成它丟出 IOException。

一旦你完成使用檔案，你就要關閉它。如果沒有，檔案會被鎖定成打開狀態，如果你試著再次打開它，它會丟出 IOException。

切記，不要在程式裡使用 catch-all exception。你也要避免我們為了讓謎題更有趣而做的其他事情，例如使用不清不楚的變數名稱。

你一直說到**有風險的程式**，但是不處理例外也是一種風險，不是嗎？為什麼要寫無法處理每一種例外類型的例外處理常式呢？

未處理的例外會上浮。

信不信由你，放著例外不處理是很有用的。真正的程式有複雜的邏輯，在出錯時通常很難正確地恢復，尤其是在問題出現在非常底層的程式時。但是只處理特定的例外，並且避免 catch-all exception 處理常式，你就可以讓非預期的例外**上浮**：我們不是讓當下的方法處理它，而是讓呼叫堆疊（call stack）的下一個陳述式捕捉它。處理預期的例外，讓非預期的例外往上浮，是建構更強固的 app 的好方法。

有時**重新丟出**例外很好用，也就是在一個方法裡面處理一個例外，但仍然讓它上浮到呼叫它的陳述式。你只要在 `catch` 區塊裡面呼叫 `throw;` 就可以重新丟出例外了，它抓到的例外會立刻上浮：

```
try {
    // 可能丟出例外的程式
} catch (DivideByZeroException d) {
    Console.Error.WriteLine($"Got an error: {d.Message}");
    throw;
}
```

throw 命令會讓 DivideByZeroException 上浮到呼叫這個 try/catch 區塊的程式碼。

這是一個求職小提示：很多 C# 程式設計職缺的面試都會詢問關於如何在建構式裡面處理例外的問題。

照過來！

不要在建構式裡面寫有風險的程式！

你已經知道，建構式沒有回傳值，甚至連 `void` 都沒有。那是因為建構式不會回傳任何東西。它的目的是將物件初始化，所以在建構式裡面處理例外是有問題的，如果建構式裡面有例外出現，試著將類別實例化的陳述式就**無法產生物件的實例**。

讓特定情況使用正確的例外

當你使用 IDE 來產生方法時，它會加入這樣的程式：

```
private void MyGeneratedMethod()
{
    throw new NotImplementedException();
}
```

NotImplementedException 是在有未實作的操作或方法時使用的，它可以讓你預留一個位置 — 當你看到它時，你就知道那是你必須寫的程式。它只是 .NET 提供的諸多例外之中的一種。

選擇正確的例外可以讓程式更容易閱讀，也可以讓例外處理程序更簡潔與更強固。例如，在方法裡面驗證參數的程式可以丟出 ArgumentException，它有一個多載的建構式，並且有一個參數可以指出哪個引數造成問題。考慮第 3 章的 Guy 類別，它有一個 ReceiveCash 方法會檢查 amount 參數來確保它接收正的數量。這是丟出 ArgumentException 的好機會：

將無效引數的名稱傳給 ArgumentException 建構式。

```
public void ReceiveCash(int amount)
{
    if (amount <= 0)
       throw new ArgumentException($"Must receive a positive value", "amount");
    Cash += amount;
}
```

請花幾分鐘看一下 .NET API 提供的例外清單，你可以在程式中丟出它們任何一個：https://docs.microsoft.com/en-us/dotnet/api/system.systemexception。

繼承 System.Exception 來自製例外並捕捉它

有時你想要讓程式在遇到某個可能發生的特殊情況時丟出例外。我們回到第 3 章的 Guy 類別。假如你的 app 要求 Guy 一定要有正的現金量。你可以**繼承 System.Exception** 來加入自訂的例外：

```
class OutOfCashException : System.Exception {
    public OutOfCashException(string message) : base(message) { }
}
```

這個自訂的 OutOfCashException 繼承 base System.Exception 建構式，它有一個 message 參數。

現在你可以丟出新例外並捕捉它，就像你捕捉任何其他例外那樣：

現在你的 Guy 會丟出自訂的例外了，呼叫 GiveCash 的方法也可以用它自己的 try/catch 區塊來處理那個例外。

```
class Guy
{
    public string Name;
    public int Cash;

    public int GiveCash(int amount)
    {
        if (Cash <= 0) throw new OutOfCashException($"{Name} ran out of cash");
        ...
```

```
class Program {
   public static void Main(string[] args) {
       Console.Write("when it ");
       ExTestDrive.Zero("yes");
       Console.Write(" it ");
       ExTestDrive.Zero("no");
       Console.WriteLine(".");
   }
}

class MyException : Exception { }
```

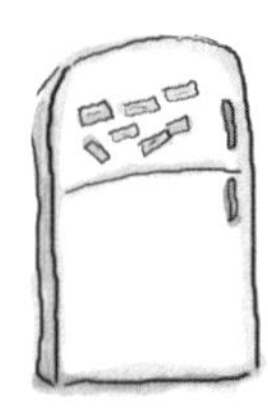

例外磁貼

排列這些磁貼，來讓應用程式將下面的輸出寫到主控台：:

when it thaws it throws.

```
}
```

```
}
```

```
}
```

```
throw new MyException();
```

```
        Console.Write("r");
    }
}
```

```
DoRisky(test);
```

```
} finally {
```

```
Console.Write("o");
```

```
Console.Write("w");
```

```
Console.Write("s");
```

```
class ExTestDrive {
   public static void Zero(string test) {
```

```
static void DoRisky(String t) {
   Console.Write("h");
```

```
try {
```

```
if (t == "yes") {
```

```
Console.Write("a");
```

```
Console.Write("t");
```

```
} catch (MyException) {
```

```
class Program {
   public static void Main(string[] args) {
       Console.Write("when it ");
       ExTestDrive.Zero("yes");
       Console.Write(" it ");
       ExTestDrive.Zero("no");
       Console.WriteLine(".");
   }
}

class MyException : Exception { }
```

例外磁貼解答

排列這些磁貼，來讓應用程式將下面的輸出寫到主控台：

when it thaws it throws.

這一行定義一個自訂的例外，稱為 MyException，它會被程式的 catch 捕捉。

```
class ExTestDrive {
   public static void Zero(string test) {
    try {
        Console.Write("t");
        DoRisky(test);
        Console.Write("o");
    } catch (MyException) {
        Console.Write("a");
    } finally {
        Console.Write("w");
    }
    Console.Write("s");
   }

static void DoRisky(String t) {
   Console.Write("h");
    if (t == "yes") {
        throw new MyException();
    }
        Console.Write("r");
   }
}
```

Zero 方法會印出「thaws」或「throws」，取決於它的 test 參數被傳入「yes」或其他的東西。

finally 區塊會確保方法總是印出「w」，而「s」是在例外處理常式的外面印出來的，所以它也總是會被印出。

這一行只會在 DoRisky 沒有丟出例外時執行。

DoRisky 方法只會在它收到字串「yes」時丟出例外。

IDisposable 使用 try/finally 來確保 Dispose 方法會被呼叫

還試得我們曾經在第 10 章研究過這段程式嗎？

```
using System.IO;
using System.Text;

class Program
{
    static void Main(string[] args)
    {
        using (var ms = new MemoryStream())
        {
            using (var sw = new StreamWriter(ms))
            {
                sw.WriteLine("The value is {0:0.00}", 123.45678);
            }
            Console.WriteLine(Encoding.UTF8.GetString(ms.ToArray()));
        }
    }
}
```

我們將這個 using 陳述式放入外面的那一個 using 裡面，來確保 StreamWriter.Close 在 MemoryStream.Close 之前被呼叫。

我們當時在研究 `using` 陳述式如何運作，在這個例子裡，我們將一個 `using` 陳述式嵌套在另一個裡面，來確保 StreamWriter 在 MemoryStream 之前被 dispose。我們之所以那樣做是因為 StreamWriter 與 MemoryStream 類別都實作了 IDisposable 介面，並且在它們的 Dispose 方法裡面呼叫它們的 Close 方法。每一個 `using` 陳述式都可以確保 Dispose 方法在它的區塊結束時被呼叫，這可以確保資料流一定會被關閉。

既然你知道怎麼處理例外了，你可以看一下 `using` 陳述式如何運作。`using` 陳述式是一種**語法糖**，語法糖是 C# 藉著提供方便的捷徑讓程式碼更容易閱讀，進而讓語言「更甜美」的方式。這種做法其實是一種捷徑：

```
using (var sw = new StreamWriter(ms))
{
    sw.WriteLine("The value is {0:0.00}", 123.45678);
}
```

IDisposable 是避免例外的好工具。

C# 編譯器其實會產生（幾乎）這種編譯過的程式碼：

```
try {
    var sw = new StreamWriter(ms))
    sw.WriteLine("The value is {0:0.00}", 123.45678);
} finally {
    sw.Dispose();
}
```

在 `finally` 區塊放入 Dispose 陳述式可確保它一定會執行，即使有例外發生。

避免沒必要的例外…每當你使用資料流時，你一定要使用 using 區塊！

或是**任何其他**實作 IDisposable 的東西。

例外過濾器可幫助你建立簡明的處理常式

假如我們要建構一款以 1930 年代黑手黨地盤為背景的遊戲，有一個 LoanShark 類別會用 Guy.GiveCash 方法從每一個 Guy 實例收取現金，並且用經典的老派黑社會作風來處理任何 OutOfCashException。

兄弟，好好配合吧。

LoanShark 物件

問題是，每一位放高利貸（loan shark）的人都知道一條黃金規則：不要向黑幫老大收錢。此時很適合使用**例外過濾器**。例外過濾器使用 `when` 關鍵字來要求例外處理常式只在特定條件下捕捉例外。

這是例外過濾器的範例：

這個例外過濾器只會在 guy.Name 被設成 "Al Capone" 時捕捉 OutOfCashException，否則它會落入下一個 catch 區塊。

```
try
{
    loanShark += guy.GiveCash(amount);
    emergencyReserves -= amount;
} catch (OutOfCashException) when (guy.Name == "Al Capone")
{
    Console.WriteLine("Don't mess with the mafia boss");
    loanShark += amount;
} catch (OutOfCashException ex)
{
    Console.Error.WriteLine($"Time to teach {guy.Name} a lesson: {ex.Message}");
}
```

如果 try/catch 真的那麼好，為什麼 IDE 不把它放在所有東西旁邊？這樣我就不需要自己寫這些 try/catch 區塊了，不是嗎？

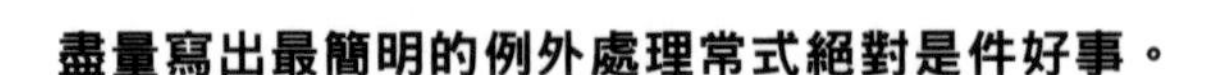

盡量寫出最簡明的例外處理常式絕對是件好事。

處理例外的方式不是只有印出一般的錯誤訊息。有時你要用不同的方式處理不同的例外，例如 hex dumper 以不同的方式處理 FileNotFoundException 和 UnauthorizedAccessException。在規劃如何處理例外時，一定會涉及**意想不到的情況**。有時那些情況可以避免，有時你想要處理它們，有時你想要讓例外上浮。這裡有一個重要的教訓：沒有一種「一體適用」的方法可以處理意外狀況，這就是為什麼 IDE 不將所有東西都包在 `try/catch` 區塊裡面。

這也是有如此多類別繼承 Exception，以及你可能要繼承 Exception 來編寫自己的類別的原因。

問：我還是不太知道何時該捕捉例外，何時該防止它們，何時該讓它們上浮。

答：因為這個問題沒有唯一的正確解答，或一體適用的規則—這都取決於你想要讓程式做什麼。

其實也不是 100% 如此啦，還是有一條規則：盡量防止例外一定比較好，你不一定能預料意外狀況，尤其是當你處理用戶的輸入，或處理他們做出的決定時。

究竟要讓例外上浮，還是要在類別裡面處理它們，通常與分離關注點有關。讓一個類別知道某種例外合理嗎？這取決於那個類別的工作是什麼。幸運的是，如果你認為應該讓某些例外先上浮再捕捉它們，IDE 的重構工具隨時可以協助你修改程式。

問：你可以解釋「語法糖」是什麼意思嗎？

答：當開發者使用語法糖這個術語時，他指的通常是程式語言為比較複雜的程式碼提供的一種方便且容易理解的捷徑。「語法」是指 C# 的關鍵字與管控它們的規則。using 陳述式是官方的 C# 語法，它有一些規則，規定它的後面必須有一個變數宣告式，那個變數宣告式必須實例化一個實作了 IDisposable 的型態，然後有一段程式。「糖」是指 C# 編譯器把手工寫起來很彆扭的東西轉換成簡單的語法是非常甜蜜的事情。

問：如果一個物件沒有實作 IDisposable，它可以和 using 一起使用嗎？

答：不行，你只能使用 using 陳述式來建立實作了 IDisposable 的物件，因為它們是為了彼此而量身打造的。加入 using 陳述式就像建立新的類別實例，只不過它一定會在區塊結束時呼叫它的 Dispose 方法。這就是為什麼類別**必須實作** IDisposable 介面。

問：你可以在 using 區塊裡面放入任何陳述式嗎？

答：當然可以。using 的目的是為了協助確保用它來建立的每一個物件都會被 dispose。但是你要怎麼處理那些物件完全由你決定。事實上，你可以用 using 陳述式建立一個物件，並且完全不在區塊內使用它。不過，這種做法沒什麼好處，所以我們不推薦這樣做。

問：你可以在 using 陳述式外面呼叫 Dispose 嗎？

答：可以。其實你不**需要**使用 using 陳述式。當你用完物件時，你可以自己呼叫 Dispose，或是手動做任何必要的清理，例如呼叫資料流的 Close 方法，你曾經在第 10 章做過這件事。使用 using 陳述式可以讓程式更容易理解，並且防止沒有 dispose 物件時發生問題。

問：既然 using 陳述式基本上是產生 try/catch 區塊並呼叫 Dispose 方法，那我可以在 using 區塊裡面處理例外嗎？

答：可以。它的運作方式與前面的 GetInputStream 方法裡面的嵌套式 try/catch 區塊一樣。

問：你提到 try/finally 區塊。這是不是代表我可以使用 try 與 finally 但不使用 catch？

答：是的！你可以使用 try 區塊而不使用 catch，然後只使用 finally。它長這樣：

```
try {
    DoSomethingRisky();
    SomethingElseRisky();
}
finally {
    AlwaysExecuteThis();
}
```

如果 DoSomethingRisky 丟出例外，finally 區塊會立刻執行。

問：Dispose 只能處理檔案與資料流嗎？

答：不是。有很多類別都實作 IDisposable，當你使用它們時，你都可以使用 using 陳述式。如果你的類別必須以某種方式來 dispose，你也可以實作 IDisposable。

為意外情況預做準備沒有一體適用的做法。

史上最糟糕的 catch 區塊：catch-all 加上註解

catch 區塊可以讓程式持續運行 — 如果你希望如此的話。也就是說，有例外被丟出來，而且你抓到它了，但是你沒有停止程式並顯示錯誤訊息，而是讓程式繼續執行，但是，有時這不是一件好事。

看一下這個 Calculator 類別，它很常見，為何如此？

```
class Calculator
{
    public void Divide(int dividend, int divisor)
    {
        try
        {
            this.quotient = dividend / divisor;
        } catch {

            // TODO: 我們必須設法防止
            // 用戶在除法問題裡輸入零。

        }
    }
}
```

問題在此。如果除數是零，它會產生 DivideByZeroException。

或許程式員認為，他們可以使用空的 catch 區塊來**掩蓋**例外，但他們只會給以後想要追蹤問題的人製造麻煩。

你要處理例外，而不是掩蓋它們

可以讓程式持續運行不代表你已經處理例外了。在上面的程式裡，計算機不會崩潰…至少不會在 Divide 方法裡面崩潰。如果其他的程式碼呼叫那個方法，並試著印出結果呢？如果除數是零，這個方法可能會回傳不正確（而且意外）的結果。

你必須**處理例外**，而非只是加入註解並掩蓋例外。當你無法處理問題時，**不要留下空的或只有註解的 *catch* 區塊！**這只會讓別人更難以追蹤問題的原因。比較好的做法是讓程式繼續丟出例外，因為如此一來，你就更容易釐清問題。

切記，當你的程式碼不處理例外時，那個例外就會在呼叫堆疊中上浮。讓例外上浮是完全可行的例外處理方式，有時這樣做比使用空的 catch 區塊來掩蓋例外更好。

臨時的解決方案是（暫時）OK 的

…但是在真實世界裡，「臨時性」的解決方案往往會變成永久的解決方案。

有時你發現一個問題了，而且知道它是個問題，但不確定該怎麼處理它，在這種情況下，你可能要記錄問題，並且寫下發生了什麼事。雖然這樣做不如實際處理例外，但仍然比什麼都不做還要好。

這是計算機問題的臨時解決方案：

花一分鐘想一下這個 catch 區塊。如果 StreamWriter 無法寫入 C:\Logs\ 資料夾會怎樣？你不能在裡面嵌入另一個 try/catch 區塊來降低它的風險。你可以想出更好的做法嗎？

```
class Calculator
{
    public void Divide(int dividend, int divisor)
    {
        try
        {
            this.quotient = dividend / divisor;
        } catch (Exception ex) {

            using (StreamWriter sw = new StreamWriter(@"C:\Logs\errors.txt");
            {
                sw.WriteLine(ex.getMessage());
            }

        }
    }
}
```

這一段程式仍然需要修正，但是短期來說，它可以清楚地指出哪裡出問題了。不過，在第一時間就釐清為何有人用零這個除數來呼叫 Divide 方法不是更好嗎？

我懂了，這有點像是使用例外處理程式來標記有問題的地方。

處理例外與修正例外不一定是同一件事。

讓程式爆掉絕對不是好事。但更糟糕的是，你不知道它為什麼崩潰了，或它對用戶的資料做了什麼事。這就是為什麼你一定要處理可以預測的錯誤，並且記錄無法處理的錯誤。雖然記錄可以幫助追蹤問題，但是更好、更長遠的方案是從一開始就防止這些問題。

重點提示

- 任何陳述式都可以在**執行期**（當程式正在運行時）出現問題時丟出**例外**。
- 使用 **try/catch** 區塊來處理例外。未處理的例外會讓程式停止執行，並顯示錯誤視窗。
- 在 try 陳述式後面的區塊內的例外都會讓執行流程立刻跳到**例外處理常式**裡面的第一個陳述式，或是在 catch 後面的程式區塊。
- **Exception 物件**提供關於被抓到的例外的資訊。如果你在 catch 陳述式裡指定一個 Exception 變數，那個變數裡面會有在 try 區塊裡面出現的例外的資訊：

```
try {
  // 可能丟出例外
  // 的陳述式
} catch (IOException ex) {
  // 如果例外被丟出來，
  // ex 裡面有例外的資訊
}
```

- 你可以捕捉**很多種不同的例外**，每一種例外都有它自己的物件，它們都繼承 System.Exception。
- 不要使用捕捉 Exception 的 **catch-all exception 處理常式**，而是要處理特定的例外。
- 在例外處理常式後面的 **finally 區塊**一定會執行，無論有沒有丟出例外。
- 每一個 try 都可以有多個 catch：

```
try { ... }
catch (NullReferenceException ex) {
   // 這些陳述式會在丟出
   // NullReferenceException 時執行
}
catch (OverflowException ex) { ... }
catch (FileNotFoundException) { ... }
catch (ArgumentException) { ... }
```

- 你的程式可以用 throw 來**丟出例外**：

```
throw new Exception("Exception message");
```

- 你的程式也可以使用 throw 來**再次丟出例外**，但是只能在 catch 區塊裡面這樣做。重新丟出例外會保留呼叫堆疊。
- 你可以繼承 System.Exception 基底類別，加入一個類別來建立**自訂的例外**：

```
class CustomException : Exception { }
```

- 多數情況下，你只需要丟出 .NET 內建的例外，例如 ArgumentException。使用不同種類的例外可能是為了**提供更多資訊**給尋找問題的人。
- **例外過濾器**使用 when 關鍵字來讓例外處理常式只在特定條件下捕捉例外。
- using 陳述式是一種**語法糖**，它會讓 C# 編譯器產生相當於呼叫 Dispose 方法的 finally 區塊的程式碼。

Unity 實驗室 #6

場景導航

在上一個 Unity 實驗室裡，你建立了一個場景，裡面有一個地板（平面）與一位角色（一個套在圓柱體下面的球體），你用 NavMesh、NavMesh Agent 與射線來讓角色跑到你用滑鼠按下的場景地點。

接下來我們要延續上一個 Unity 實驗室。這些實驗室的目標是讓你熟悉 Unity 的**路徑尋找與導航系統**，這是一種精密的 AI 系統，可讓你建立的角色能夠在你打造的世界裡面前往某個地點。在這個實驗室裡，你將使用 Unity 的導航系統來讓 GameObjects 在場景裡面移動。

在過程中，你會學到一些方便的工具：你會建立更複雜的場景，並烘培一個 NavMesh 來讓 agent 在上面導航，你也會建立固定的和會移動的障礙物，最重要的是，你將**練習編寫更多 C# 程式**。

我們來延續上一個 Unity 實驗室

在上一個 Unity 實驗室裡，你用球體（頭）和圓柱體（身體）來製作一個角色，把球體嵌在圓柱體下面。然後為了在場景裡面移動角色，你加入 NavMesh Agent 元件，使用射線來找出玩家在地板按下的地點。在這個實驗室裡，你要延續上一個實驗室，在場景裡面加入一些 GameObject，包括階梯和障礙物，以便了解 Unity 的導航 AI 如何處理它們，然後加入會移動的障礙物，來見識一下 NavMesh Agent 的真本事。

現在就**打開**你在上一個 Unity 實驗室結束時儲存的 **Unity 專案**。如果你一直有在儲存 Unity 實驗室，並且反覆操作它們，你現在應該就可以立刻動工了！但是如果你沒有，花幾分鐘翻回去上一個 Unity 實驗室，並且閱讀你為它編寫的程式碼。

如果你為了成為專業開發者而閱讀這本書，那麼閱讀看過的內容與重構舊專案的程式碼是非常重要的技能 — 不是只有在開發遊戲時如此！

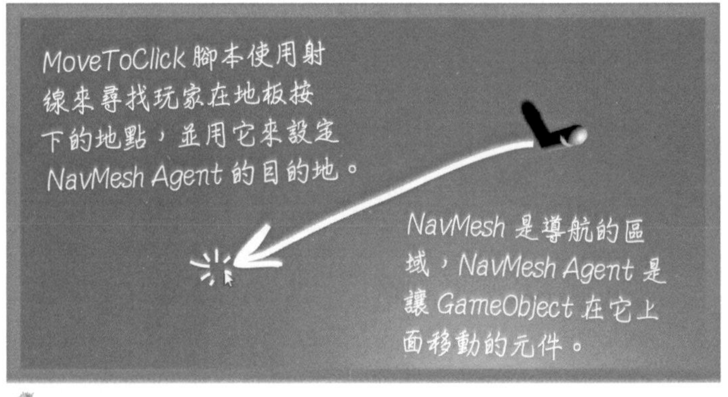

MoveToClick 腳本使用射線來尋找玩家在地板按下的地點，並用它來設定 NavMesh Agent 的目的地。
NavMesh 是導航的區域，NavMesh Agent 是讓 GameObject 在它上面移動的元件。

沒有蠢問題

問：上一個 Unity 實驗室裡面有很多可動元件。你可以再次介紹它們，讓我確定我已經擁有所有東西了嗎？

答：當然可以。你在上一個實驗室建立的 Unity 場景有四個不同的部分。因為我們很容易忘記它們是如何一起運作的，所以我們來一一介紹它們：

1. 首先是 **NavMesh**，它定義你的角色在場景裡面「可行走」的位置。你曾經將地板設成可行走的表面，並且「烘培」mesh 來製作它。
2. 接下來是 **NavMesh Agent**，這種元件可以「接管」你的 GameObject，並且藉著呼叫它的 SetDestination 方法，在 NavMesh 移動它。你曾經將它加入 *Player* GameObject。
3. 鏡頭的 **ScreenPointToRay 方法**會建立一條穿越螢幕上的一點的射線。你曾經在 Update 方法裡面加入程式碼來確認玩家目前是否按下滑鼠按鍵，如果是，就使用目前的滑鼠位置來計算射線。
4. **Raycast** 是讓你發射一條射線的工具。Unity 使用實用的 Physics.Raycast 方法來將一條射線射到某個距離之外，並且在它射中某個物體時，告訴你它射到什麼。

問：這些元件是怎麼一起運作的？

答：當你試著釐清系統的不同元件如何一起運作時，**了解整體的目標**是很好的起點。這個案例的目標是讓玩家按下地板的任何地方，並且讓 GameObject 自動移到那裡。我們將它拆成一組步驟。程式需要：

- **偵測玩家按下滑鼠。**你的程式使用 Input.GetMouseButtonDown 來偵測滑鼠按鍵。
- **釐清他按下場景的哪一點。**它使用 Camera.ScreenPointToRay 與 Physics.Raycast 來射出射線，並找出玩家在場景裡面按下哪一點。
- **讓 NavMesh Agent 將那一點設成目的地。**NavMeshAgent.SetDestination 方法會觸發 agent 來計算新路徑，並開始朝著新目的地移動。

MoveToClick 方法是用 *Unity Manual https://github.com/JustinSDK/JavaScriptTutorial/blob/master/errata.md* 的 *NavMeshAgent.SetDestination* 網頁裡面的程式來修改的。現在就花幾分鐘閱讀它 — 在主選單選擇 ***Help >> Scripting Reference***，然後搜尋 *NavMeshAgent.SetDestination*。

在場景加入一個平台

我們接下來要用 Unity 的導覽系統來做一個小實驗。為了幫助實驗，我們要加入更多 GameObjects，來建構一個有階梯、一個斜坡與一個障礙物的平台。這是它的樣子：

有時切換到等距畫面比較容易看到場景的狀況。當你不知道怎麼切換畫面時，你隨時都可以重設版面配置。

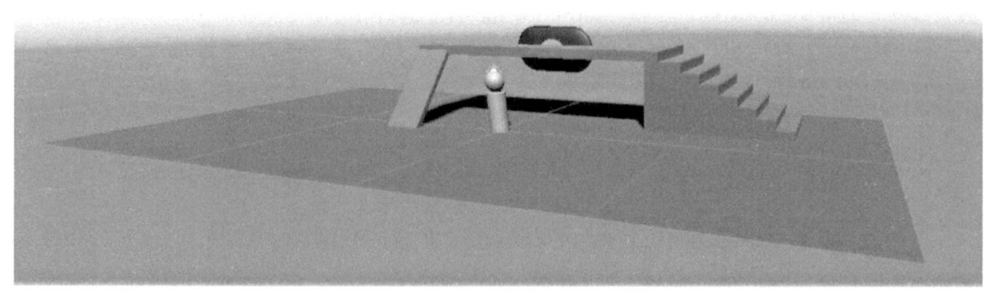

切換到**等距（isometric）**畫面或非**透視（perspective）**畫面比較容易看清楚現況。在透視畫面中，比較遠的物件看起來比較小，比較近的看起來比較大。在等距畫面中，物件永遠都一樣大，無論它離鏡頭多遠。

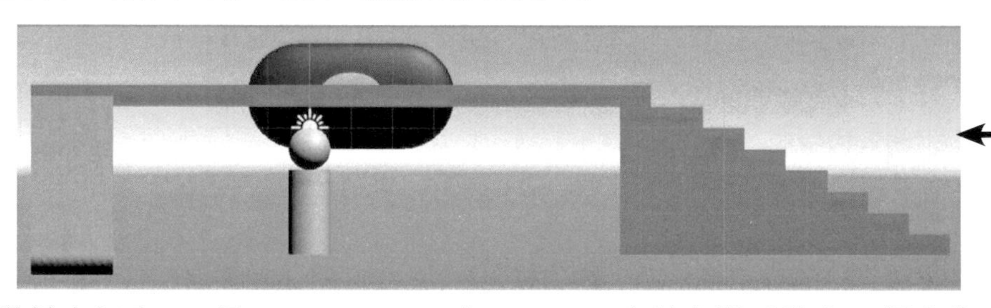

當你啟動 Unity 時，在 Scene Gizmo 下面的標籤（Persp）是畫面名稱。三條線（）代表 Gizmo 在透視模式。按下圓錐體會將畫面變成「Back」（Back）。當你按下三條線時，它們會變成三條平行線（），將畫面切換成等距模式。

在場景中**加入 10 個 GameObject**。在 Materials 資料夾裡面**建立一個名為 *Platform* 的新材質**，將它的反射率顏色設為 CC472F，並將它附加到除了 Obstacle 之外的所有 GameObject。Obstacle 使用**稱為 *8 Ball* 的新材質**，讓這個材質使用第一個 Unity 實驗室的 8 Ball Texture 圖。這張表是它們的名稱、類型與位置：

名稱	類型	位置	旋轉	縮放
Stair	Cube	(15, 0.25, 5)	(0, 0, 0)	(1, 0.5, 5)
Stair	Cube	(14, 0.5, 5)	(0, 0, 0)	(1, 1, 5)
Stair	Cube	(13, 0.75, 5)	(0, 0, 0)	(1, 1.5, 5)
Stair	Cube	(12, 1, 5)	(0, 0, 0)	(1, 2, 5)
Stair	Cube	(11, 1.25, 5)	(0, 0, 0)	(1, 2.5, 5)
Stair	Cube	(10, 1.5, 5)	(0, 0, 0)	(1, 3, 5)
Wide stair	Cube	(8.5, 1.75, 5)	(0, 0, 0)	(2, 3.5, 5)
Platform	Cube	(0.75, 3.75, 5)	(0, 0, 0)	(15, 0.5, 5)
Obstacle	Capsule	(1, 3.75, 5)	(0, 0, 90)	(2.5, 2.5, 0.75)
Ramp	Cube	(–5.75, 1.75, 0.75)	(–46, 0, 0)	(2, 0.25, 6)

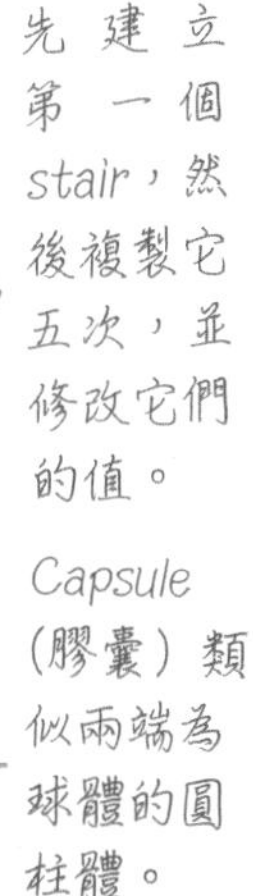

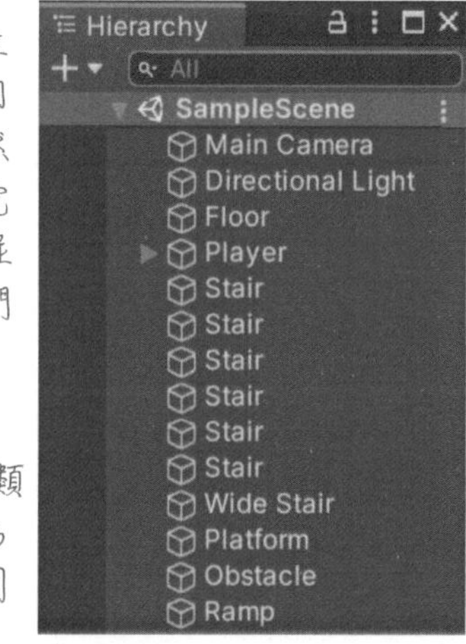

使用 bake 選項來讓平台可供行走

使用 Shift + 按鍵來選擇你在場景中加入的所有新 GameObjects，然後使用 Control + 按鍵（在 Mac 上是 Command + 按鍵）來排除 Obstacle。在 Navigation 視窗裡面按下 Object 按鈕，然後核取 Navigation Static 並將 Navigation Area 設成 Walkable，來**讓它們都可以行走**。然後**讓 Obstacle GameObject 不能行走**，選擇它，按下 Navigation Static，並且將 Navigation Area 設成 Not Walkable。

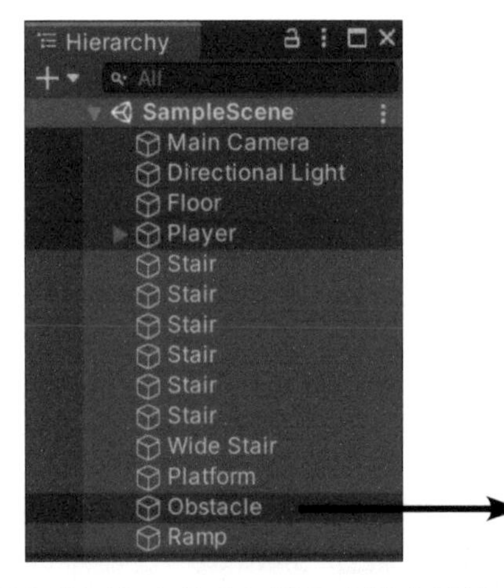

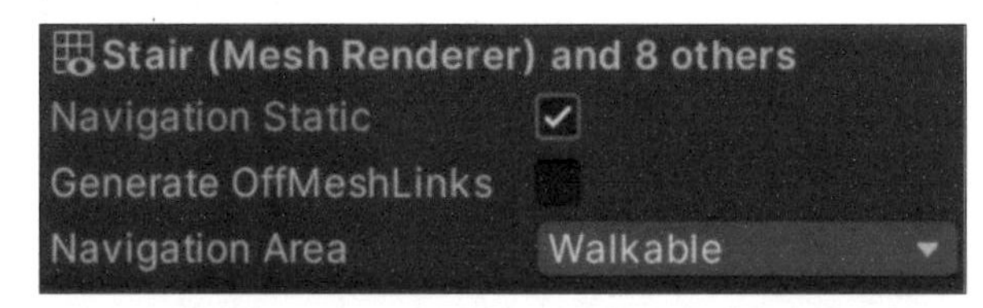

你可以在 Hierarchy 裡面同時選擇多個不同的 GameObjects，並同時設定它們的 navigation 選項。

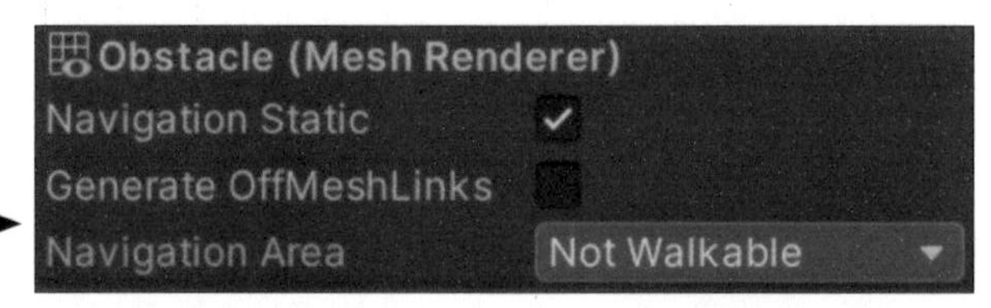

現在按照你之前執行過的步驟來**烘培 NavMesh**：按下 Navigation 視窗最上面的 Bake 按鈕來切換到 Bake 畫面，然後按下最下面的 Bake 按鈕。

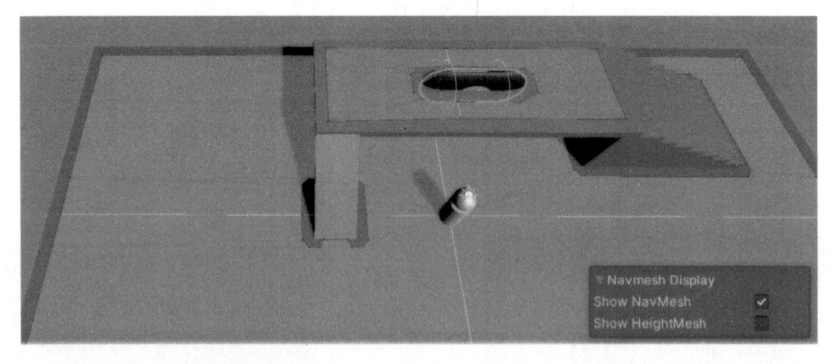

看起來成功了！現在 NavMesh 出現在平台的上面，而且在障礙物周圍有一些間隙。執行遊戲。在平台上面按下按鍵，看看會怎樣。

嗯，等等，運作方式看起來與預期的不同。當你在平台的上面按下按鍵時，角色會走到它的**下面**。當你查看 Navigation 視窗時，仔細看看顯示出來的 NavMesh，你會看到它在階梯和斜坡周圍也有間隙，但是<u>它們其實沒有被納入 NavMesh</u>。角色無法到達你按下的地方，所以 AI 會盡量靠近它。

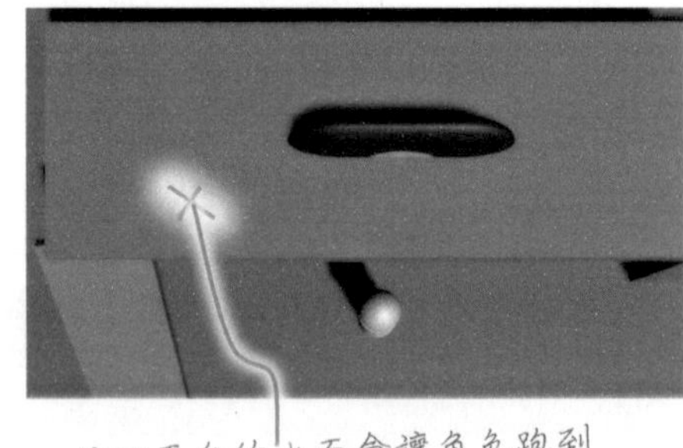

按下平台的上面會讓角色跑到它下面。

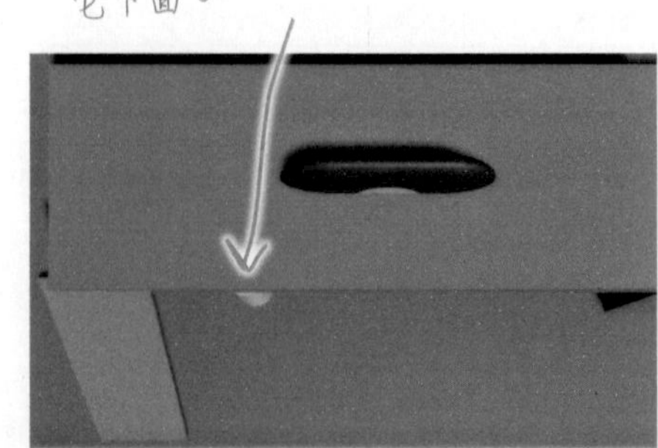

將階梯與斜坡納入 NavMesh

無法讓角色在斜坡或階梯上下行走的 AI 並不聰明，幸好，Unity 的路徑尋找系統可以處理這兩種情況。我們只要在烘培 NavMesh 時，對選項做一些小調整即可。我們先處理階梯。切到 Bake 視窗，你可以看到 Step Height 的預設值是 0.4。仔細看一下階梯的數值 — 它們都是 0.5 單位高。所以為了告訴導航系統納入 0.5 單位的階梯，**將 Step Height 改成 0.5**。你可以看到圖中的階梯圖片變高了，而且在它下面的數字從預設的 0.4 變成 0.5。

我們也要將斜坡加入 NavMesh。當你為平台建立 GameObject 時，你將斜坡的 X rotation 設成 –46，意思是它是個 46 度的斜坡。Max Slope 的預設值是 45，意思是它只會納入 45 度以下的斜坡、山坡等等。所以**把 Max Slope 改成 46**，然後**再次烘培 NavMesh**。現在它會納入斜坡與階梯了。

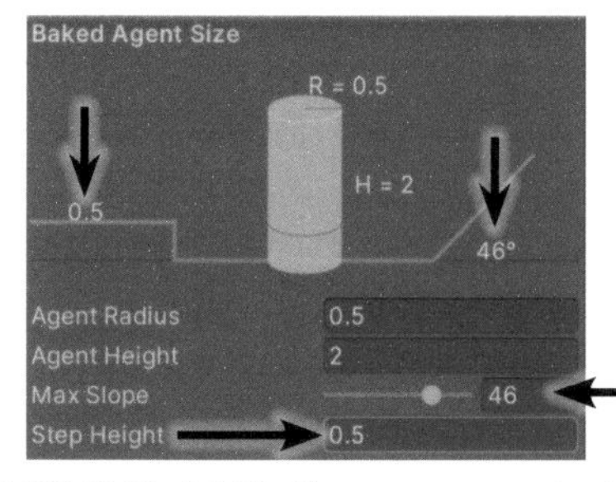

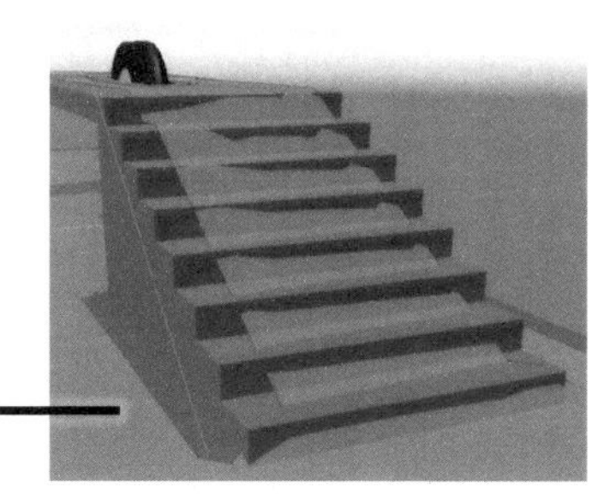

執行遊戲並確認新的 NavMesh 是否改變了。

這是另一個 Unity 程式設計挑戰！稍早，我們將鏡頭的 X rotation 設成 90 來讓它下拍，我們來看看能不能用箭頭按鍵與滑鼠滾輪來控制鏡頭，用更好的角度來顯示角色。你幾乎已經知道做這件事的所有元素了，你只要加入一些程式即可。**雖然這件事看起來很複雜，但你可以做到！**

- **建立一個稱為 MoveCamera 的新腳本，並將它拉入鏡頭。**它必須有個稱為 Player 的 Transform 欄位。從 Hierarchy 把 Player GameObject **拉到 Inspector 裡面的 Player 欄位**。因為欄位的類型是 Transform，所以它會把一個參考複製到 Player GameObject 的 Transform 元件。
- **讓箭頭按鍵可以圍繞著角色旋轉鏡頭。**Input.GetKey(KeyCode.LeftArrow) 會在玩家按著左箭頭按鍵時回傳 true，你也可以用 RightArrow、UpArrow 與 DownArrow 來檢查其他箭頭按鍵。與你在 MoveToClick 腳本裡面使用 Input.GetMouseButtonDown 來檢查滑鼠按鍵一樣使用這個方法。當玩家按下按鍵時，呼叫 transform.RotateAround 來繞著角色的位置旋轉。第一個引數是角色的位置，請在第二個引數使用 Vector3.left、Vector3.right、Vector3.up 或 Vector3.down，並且在第三個引數使用一個稱為 Angle 的欄位（設成 3F）。
- **讓滾輪伸縮鏡頭。**Input.GetAxis("Mouse ScrollWheel") 會回傳一個代表滾輪移動多少距離的數字（通常介於 –0.4 與 0.4 之間，或者當它沒有移動時為 0）。加入一個稱為 ZoomSpeed 的 float 欄位，並將它設成 0.25F。檢查滾輪有沒有移動。如果有，做一個小小的向量運算來伸縮鏡頭：將 transform.position 乘以 (1F + scrollWheelValue * ZoomSpeed)。
- **讓鏡頭指向角色。**transform.LookAt 方法可以讓 GameObject 往一個位置看。將 Main Camera 的 Transform 重設成 position (0, 1, –10) 與 rotation (0, 0, 0)。

先看一下解答不是作弊！

只要你的程式可以運作，就算它與我們的不一樣也是 OK 的，任何一個程式設計問題都有很多種解決方式！但務必花一些時間了解這段程式如何運作。

習題解答

這是另一個 Unity 程式設計挑戰！我們將鏡頭的 X rotation 設成 90 來讓它往下拍。我們來看看能不能用箭頭按鍵與滑鼠滾輪來控制鏡頭，以更好的角度顯示角色。你幾乎已經知道做這件事的所有元素了，只要用程式來將它們加入即可。程式看起來有點複雜，但**你可以做到！**

```
public class MoveCamera : MonoBehaviour
{
  public Transform Player;
  public float Angle = 3F;
  public float ZoomSpeed = 0.25F;

  void Update()
  {
    var scrollWheelValue = Input.GetAxis("Mouse ScrollWheel");
    if (scrollWheelValue != 0)
    {
        transform.position *= (1F + scrollWheelValue * ZoomSpeed);
    }

    if (Input.GetKey(KeyCode.RightArrow))
    {
        transform.RotateAround(Player.position, Vector3.up, Angle);
    }

    if (Input.GetKey(KeyCode.LeftArrow))
    {
        transform.RotateAround(Player.position, Vector3.down, Angle);
    }

    if (Input.GetKey(KeyCode.UpArrow))
    {
        transform.RotateAround(Player.position, Vector3.right, Angle);
    }

    if (Input.GetKey(KeyCode.DownArrow))
    {
        transform.RotateAround(Player.position, Vector3.left, Angle);
    }

    transform.LookAt(Player.position);
  }
}
```

你是否記得重設 Main Camera 的 position 與 rotation？如果你忘了，當角色開始移動時，畫面可能會有點抖動（由於 Camera.LookAt 方法計算角度的方式）。

從這個例子可以看到，簡單的向量運算可以簡化工作。GameObject 的位置是向量，所以將它乘以 1.02 會讓它離零點遠一些，將它乘以 .98 會讓它近一些。

這很像你在上兩個 Unity 實驗室裡使用 transform.RotateAround 的做法，只是現在不是繞著 Vector3.zero (0,0,0) 旋轉，而是繞著角色。

我們請你用 Transform 型態來建立 Player 欄位。它提供指向 Player GameObject 的 Transform 的參考，所以 Player.position 是角色的位置。

使用箭頭按鍵來移動鏡頭，讓它仰望角色，你可以穿越地板看著它！

別忘了把 Player 拉到 Main Camera 的 script 元件裡面的欄位。

Move Camera (Script)	
Script	MoveCamera
Player	Player (Transform)
Angle	3
Zoom Speed	0.25

嘗試各種角度與伸縮速度，看看你覺得哪一種比較好。

修正 NavMesh 的高度問題

能夠控制鏡頭之後，我們就可以清楚地看到平台下面的情況了—有一些地方看起來不太對勁。啟動遊戲，旋轉並拉近鏡頭，來看清楚在平台下面凸出來的障礙物。在障礙物下面，按下它的一邊的地板，然後按下另一邊。角色直接穿越障礙物了！它也會穿越斜坡。

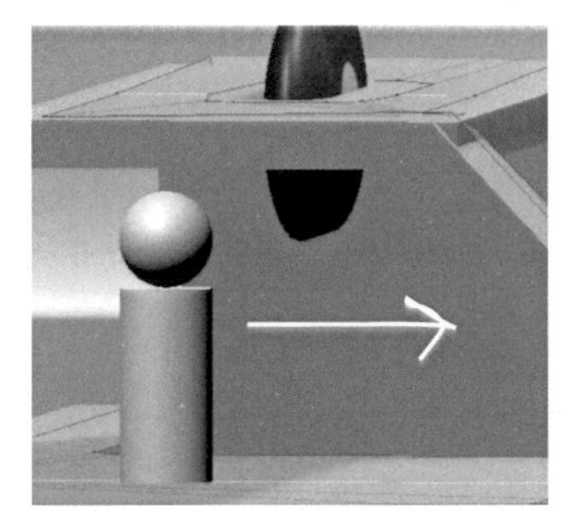

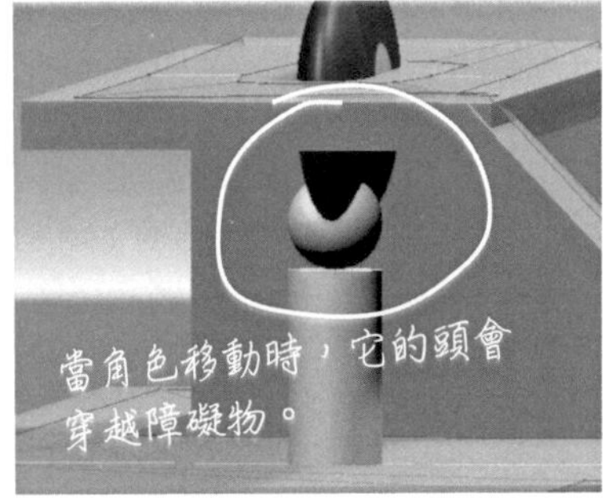

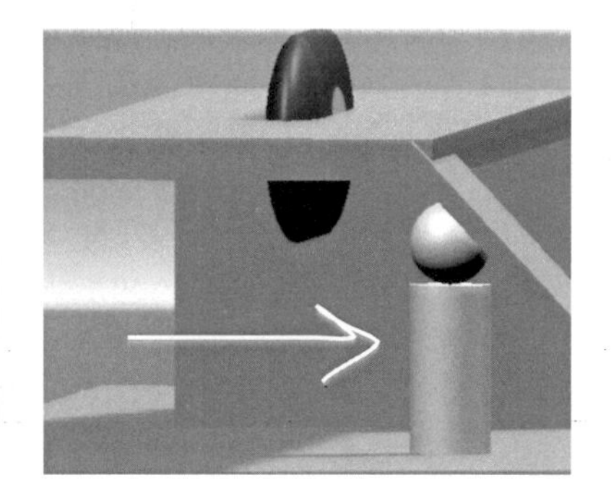

但如果你把角色移到平台的上面，它可以正常地避開障礙物。為什麼會這樣？

我們來仔細看一下在障礙物上面與下面的 NavMesh。有沒有發現它們的不同？

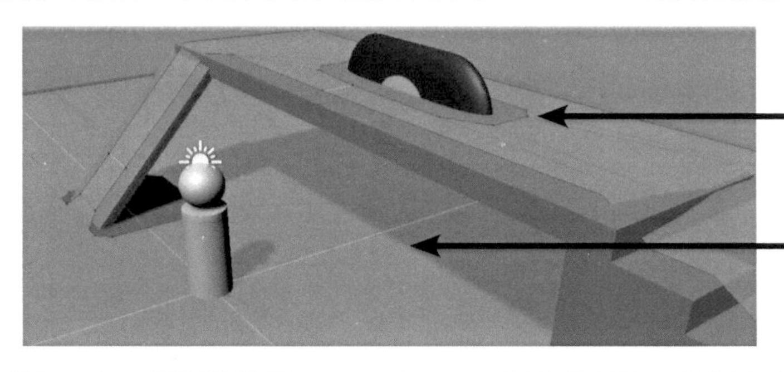

在平台上面，障礙物周圍的 NavMesh 有間隙，但是在平台下面，NavMesh 沒有間隙，所以角色會直接穿越障礙物。

回到你在上一個實驗設定 NavMesh Agent 元件的部分，具體來說，就是將 Height 設成 3 的地方。現在你要為 NavMesh 做一同件事。回到 Navigation 視窗的 Bake 選項，**將 Agent Height 設成 3，然後再次烘培 mesh**。

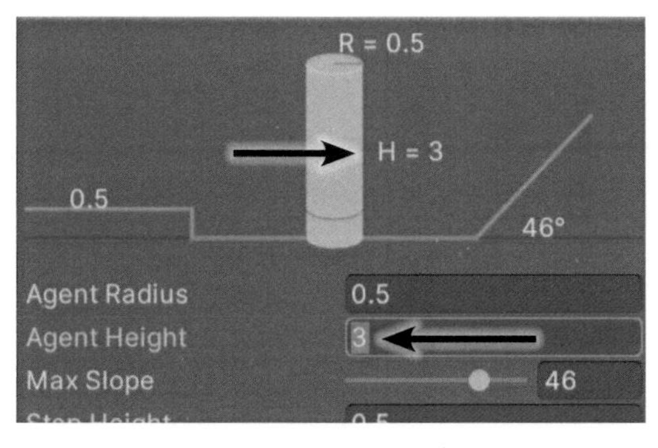

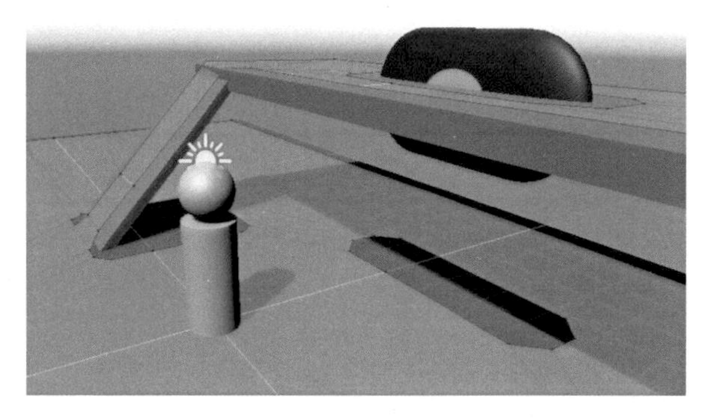

障礙物和斜坡下面的 NavMesh 會產生間隙，現在角色在平台移動時不會碰到障礙物與斜坡了。

加入 NavMesh 障礙物

你已經在平台的中央加入一個固定的障礙物了：你建立一個穿過平台的膠囊，並且將它標成不可行走，烘培 NavMesh 之後，在障礙物周圍的 NavMesh 有一個間隙，所以角色必須繞著它走。如果我們希望加入會移動的障礙物呢？試著移動障礙物 — NavMesh 不會改變！在原本有障礙物的地方仍然有一個洞，但障礙物目前的地方沒有。如果你再次烘培它，它會在障礙物的新位置建立一個洞。為了加入可以移動的障礙物，你要幫 GameObject 加入 **NavMesh Obstacle 元件**。

我們來做這件事。**在場景加入一個 Cube**，將它的 position 設成 (–5.75, 1, –1)，將 scale 設成 (2, 2, 0.25)。幫它建立一個新材質，將材質設成深灰色（333333），並將新的 GameObject 命名為 *Moving Obstacle*。它是在斜坡的底部的閘門，可以往上移動讓角色通過，或往下移動來擋住它。

這個 NavMesh Obstacle 會在 NavMesh 裡面切割一個會移動的洞，以防止 Player 上坡。你接下來會加入一個腳本，讓用戶可以把它往上和往下拉，來封閉或開放斜坡。

我們還需要一個東西。按下 Inspector 視窗最下面的 Add Component 按鈕，並選擇 Navigation >> Nav Mesh Obstacle 來為 Cube GameObject **加入 NavMesh Obstacle 元件**。

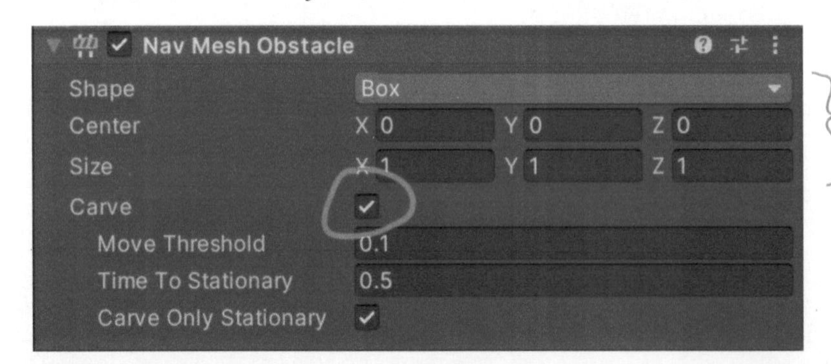

它的 Shape、Center 與 Size 屬性可讓你建立一個只會部分阻擋 NavMesh Agent 的障礙物。如果 GameObject 的形狀比較奇怪，你可以加入多個 NavMesh Obstacle 元件，在 NavMesh 建立不同的洞。

如果你讓所有選項都使用預設值，你會做出一個 NavMesh Agent 無法通過的障礙物，Agent 會撞到它並停止移動。**核取 Carve 方塊**，這會讓障礙物**在 *NavMesh* 建立一個會**隨著 GameObject **移動的洞**。現在你的 Moving Obstacle GameObject 可以阻擋角色上下斜坡了。因為 NavMesh 的高度是 3，所以如果障礙物的高度從地板算起小於 3 個單位，它就會在它下面的 NavMesh 建立一個洞。如果它超過那個高度，洞就會消失。

Unity Manual 有各種元件的詳細（而且易懂！）說明。按下 Inspector 裡面的 Nav Mesh Obstacle 面板最上面的 Open Reference 按鈕（?）來打開手冊網頁。花點時間閱讀它 — 它詳細地介紹各種選項。

加入腳本來將障礙物往上和往下移

這個腳本使用 **OnMouseDrag** 方法。它的運作方式很像你在上一個實驗室用過的 OnMouseDown 方法，只是它會在 GameObject 被拉動時執行。

```
public class MoveObstacle : MonoBehaviour
{
   void OnMouseDrag()
   {
      transform.position += new Vector3(0, Input.GetAxis("Mouse Y"), 0);
      if (transform.position.y < 1) {
         transform.position = new Vector3(transform.position.x, 1, transform.position.z);
      }
      if (transform.position.y > 5) {
         transform.position = new Vector3(transform.position.x, 5, transform.position.z);
      }
   }
}
```

你曾經使用 Input.GetAxis 來使用滾輪。現在你要使用滑鼠的上下移動（沿著 Y 軸）來移動障礙物，所以要修改它的 Y 位置。

第一個 `if` 陳述式是為了防止方塊被移到地板下面，第二個是為了防止它被拉得太高。你可以想出為什麼它們可以辦到嗎？

將你的腳本拉到 Moving Obstacle GameObject 並執行遊戲 — 哎呀，出錯了。雖然你可以按下障礙物並將它往上和往下拉，但你也會移動角色。為了修正這個問題，幫 GameObject **加入一個 tag**。

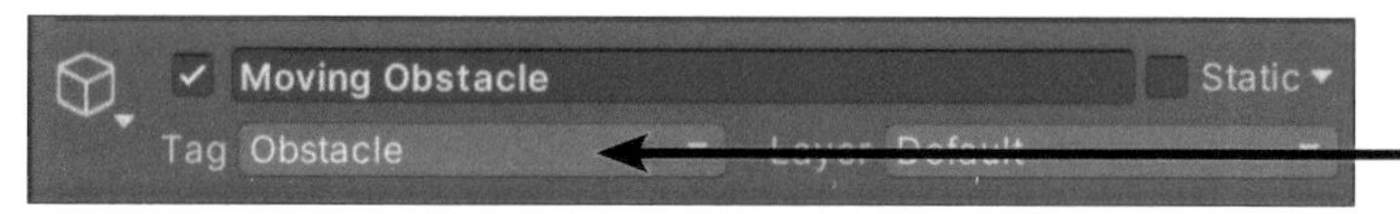

跟上一個實驗室一樣，幫障礙物設定 tag，但是這一次從下拉式選單裡面選擇「Add tag...」，然後使用 + 按鈕來加入一個稱為 Obstacle 的新 tag。現在你可以使用下拉式選單來將 tag 指派給 GameObject。

然後**修改 MoveToClick 腳本**，在裡面檢查 tag：

```
if (Physics.Raycast(ray, out hit, 100))
{
   if (hit.collider.gameObject.tag != "Obstacle")
   {
      agent.SetDestination(hit.point);
   }
}
```

hit.collider 裡面有指向射線射到的物體的參考。

再次執行遊戲。當你按下障礙物時，你可以將它往下和往下拉，而且當它碰到地板或被拉得太高時會停止移動。按下任何其他地方，角色可以像之前一樣移動。現在你可以**試試各種 NavMesh Obstacle 選項**（減少 Player 的 NavMesh Agent 裡面的 Speed 比較容易操作）：

- 啟動遊戲，在 Hierarchy 視窗裡面按下 *Moving Obstacle*，並且**取消核取 Carve 選項**。將你的角色移到斜坡上方，然後按下斜坡下方，角色會撞到障礙物並停止移動。把障礙物往上拉，角色會繼續移動。
- 現在**核取 Carve** 並且做同樣的事情。當你將障礙物往上和往下移動時，角色會重新計算它的路線，繞遠路來避開放下來的障礙物，並且在你移動障礙物時，即時改變路線。

沒有蠢問題

問：**MoveObstacle 腳本是怎麼運作的？它使用 += 來更新 transform.position，這代表它使用向量運算嗎？**

答：是的，而且這是更深入了解向量運算的好機會。當滑鼠往上移動時，Input.GetAxis 會回傳正數，滑鼠往下時，則回傳負數（你可以加入 Debug.Log 來觀察它的值）。障礙物最初的位置是 (–5.75, 1, –1)，如果玩家將滑鼠往上移動，讓 GetAxis 回傳 0.372，+= 運算會幫位置加上 (0, 0.372, 0)，也就是說，它**將兩個 X 值相加**來產生新的 X 值，並且對著 Y 與 Z 值做同一件事。所以新的 Y 位置是 1 + 0.372 = 1.372，因為我們將 X 與 Z 加上 0，所以只有 Y 值改變，讓它往上移動。

發揮創意！

你能不能想出如何藉著改善遊戲來練習程式設計？以下是一些幫助你發揮創意的想法：

- 擴充場景—加入更多斜坡、階梯、平台與障礙物。以創意的方式使用材質。搜尋網路來找出新的材質圖。讓它看起來更有趣！
- 讓 NavMesh Agent 在玩家按下 Shift 鍵時走得更快。在 Scripting Reference 裡面搜尋「KeyCode」來尋找左 / 右 Shift 鍵代碼。
- 你在上一個實驗室裡用過 OnMouseDown、Rotate、RotateAround 與 Destroy。看看你能不能用它來建立障礙物，在你對著它們按下時旋轉或消失。
- 我們其實沒有寫出真正的遊戲，只是讓一個角色在場景中導航。你可以**將程式改成計時的障礙賽場嗎**？

你已經知道足夠的 *Unity* 知識，可以開始建構有趣的遊戲了，這是很棒的練習方式，可讓你成為越來越好的開發者。

這是你做實驗的機會。發揮創意是快速提升程式設計技術的好方法。

重點提示

- 當你烘培 NavMesh 時，你可以指定**最大坡度與階梯高度**，來讓 NavMesh Agent 在場景中的斜坡與階梯上移動。
- 你也可以**指定 agent 高度**，在高度太低而無法讓 agent 通過的障礙物周圍的 mesh 上面挖洞。
- 當 NavMesh Agent 在場景移動 GameObject 時，它會**避開障礙物**（以及其他 NavMesh Agent）。
- 在 Scene Gizmo 下面的標籤會顯示一個圖示，來指出它目前是在**透視模式**（遠方的物件看起來比近處的物件還要小）還是在**等距模式**（所有物件都有相同大小，無論它們多遠）。你可以使用這個圖示來切換兩個畫面。
- **transform.LookAt 方法**會讓 GameObject 看向一個位置。你可以用它來讓鏡頭指向場景裡的一個 GameObject。
- 呼叫 **Input.GetAxis("Mouse ScrollWheel")** 會回傳一個數字（通常介於 –0.4 與 0.4 之間），它代表滾輪移動多少（沒有移動時為 0）。
- 呼叫 **Input.GetAxis("Mouse Y")** 可以讓你知道滑鼠往上移動還是往下。同時使用它與 OnMouseDrag 可以用滑鼠移動 GameObject。
- 加入 **NavMesh Obstacle** 元件來建立能夠在 NavMesh 挖出會移動的洞的障礙物。
- Input 類別有一些方法可以在 Update 方法裡捕捉輸入，例如捕捉滑鼠移動的 **Input.GetAxis** 與鍵盤輸入的 **Input.GetKey**。

下載習題：動物配對遊戲的頭目戰

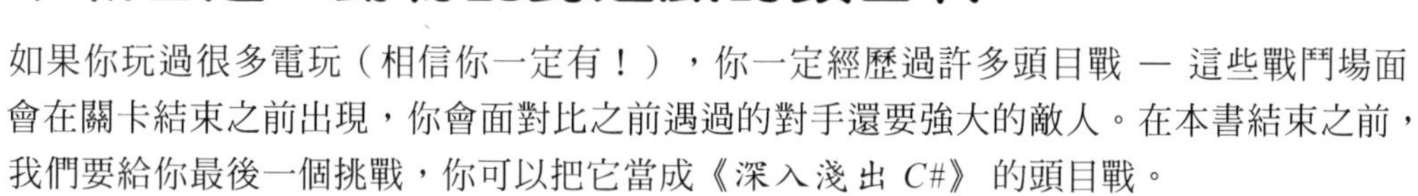

如果你玩過很多電玩（相信你一定有！），你一定經歷過許多頭目戰 — 這些戰鬥場面會在關卡結束之前出現，你會面對比之前遇過的對手還要強大的敵人。在本書結束之前，我們要給你最後一個挑戰，你可以把它當成《深入淺出 C#》的頭目戰。

你曾經在第 1 章建構動物配對遊戲，它是很棒的起點，但它缺少…某些東西。你可以把動物配對遊戲改成記憶遊戲嗎？到我們的 GitHub 網頁下載這個專案的 PDF，或者，如果你想要在困難模式下打這場頭目戰，你可以直接開始，看看能不能自己完成。

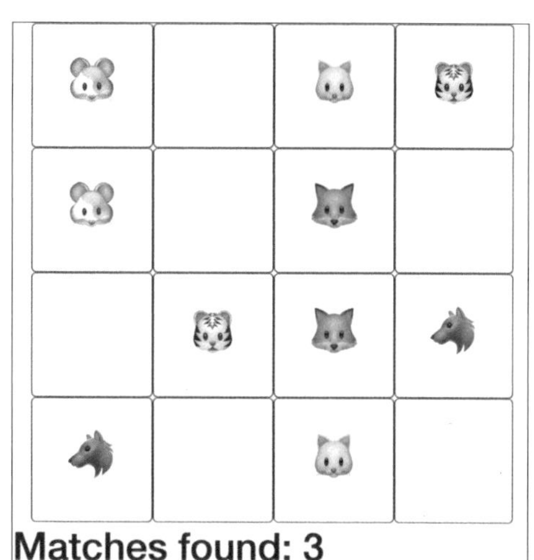

好多可以下載的教材啊！雖然這本書結束了，但我們可以繼續學習。我們已經整理了與重要 C# 主題有關的教材供你下載了，我們也會透過額外的 Unity 實驗室，甚至 Unity 頭目戰來延續你的 Unity 學習之旅。

我們希望你已經學到很多東西 — 更重要的是，我們希望你的 C# 學習之旅才剛剛開始。偉大的開發者絕不停止學習。

我們的 GitHub 有更多資訊：**https://github.com/head-first-csharp/fourth-edition**

感謝你閱讀這本書！

好好嘉許你自己 — 這是一個貨真價實的成就！我們希望這趟旅程讓你收獲滿滿，如同我們的收獲一般，也希望你喜歡所有的專案，以及你寫過的程式。

但是等一下，事情還沒有結束！你的旅程才剛剛開始…

我們為一些章節提供額外的專案，你可以從 GitHub 網頁下載它們：https://github.com/head-first-csharp/fourth-edition。

GitHub 網頁還有**許多額外的教材**。你還有很多東西可以學習，以及更多專案可以進行！

你可以繼續 C# 學習旅程，下載延續 Head First C# 故事與介紹**重要的 C# 主題**的 PDF，包括：

- 事件處理常式
- 委派
- MVVM 模式（包括一個復古街機遊戲專案）
- ***…還有更多其他主題！***

你也可以在那裡**進一步學習 Unity**。你可以下載：

- 本書所有 Unity 實驗室的 PDF 版本
- 介紹物理、碰撞和其他主題的***其他 Unity 實驗室！***
- 驗證 Unity 開發技術的 **Unity 實驗室頭目戰**
- 完整的 **Unity 實驗室專案**，讓你從零開始建構遊戲

你也可以參考這些很棒的 C# 與 .NET 資源！

與 .NET Developer Community 建立聯繫：https://dotnet.microsoft.com/platform/community。

與 .NET 與 C# 的建構團隊的即時聊天並觀看即時影像：https://dotnet.microsoft.com/platform/community/standup。

在文件進一步學習：https://docs.microsoft.com/en-us/dotnet。

你也可以參考這些也是 O'Reilly 出版，而且不可或缺（也很了不起！）的書籍，它們是我們的朋友和同事著作的。

Unity Game Development Cookbook 可以協助你將 Unity 技術提升到下一個等級。它介紹非常寶貴的工具與技術，全部以「配方」形式編寫，讓你可以在你自己的專案裡立即使用。

C# 8.0 in a Nutshell 是每一位 C# 開發者必備的書籍。如果你需要更深入了解 C# 的任何部分，我們認為這本書再適合不過了。

附錄 1：ASP.NET Core Blazor 專案

Visual Studio for Mac 學習指南

我們也非常重視蘋果。

你的 Mac 是 C# 與 .NET 世界裡的一級公民。

我們在撰寫深入淺出 *C#* 時也把 Mac 讀者放在心裡，這就是為什麼我們要特別提供這個特殊的**學習指南**。本書大部分的專案都是 .NET Core 主控台 app，可以在 **Windows 和 Mac** 上面運行。但是有些章節的專案是用 Windows 桌面 app 專用的技術來建構的，這份學習指南有那些專案的**替代**專案，包括第 1 章的完整替代專案，我們將使用 **C# 來建立**可以在瀏覽器運行，並且等同於 Windows app 的 **Blazor WebAssembly app**。你將使用 **Visual Studio for Mac** 來進行這些專案，這種**寶貴的工具**非常適合用來編寫程式和學習 C#。我們立刻開始寫程式吧！

為什麼你要學 C#

C# 是一種簡單、現代的語言，可讓你做很多了不起的事情。當你學 C# 時，你學的不是只有一種語言，C# 可以打開整個 .NET 世界的大門，.NET 是一種非常強大的開放原始碼平台，可讓你建構各式各樣的應用程式。

你要安裝 Visual Studio for Mac，而不是 Visual Studio Code。

Visual Studio Code 是了不起的開放原始碼、跨平台的程式編輯器，但是 Visual Studio 是為 .NET 開發量身訂做的，Visual Studio Code 不是，這就是為什麼我們在這本書裡，將 Visual Studio 當成學習和探索的工具。

Visual Studio 是通往 C# 的大門

如果你還沒有安裝 Visual Studio 2019，現在就是安裝它的好時機。

前往 https://visualstudio.microsoft.com **下載 Visual Studio for Mac**。（如果你已經安裝它了，執行 Visual Studio for Mac 安裝程式來更新你已經安裝的項目。）

安裝 .NET Core

下載 Visual Studio for Mac 安裝程式之後，執行它來安裝 Visual Studio。務必將 **.NET Core** 打勾。

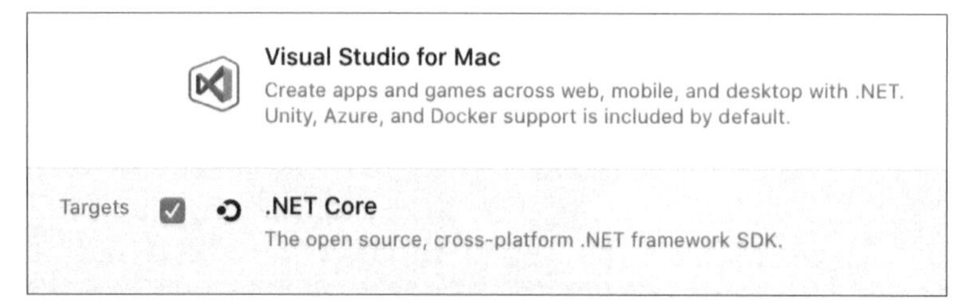

你也可以使用 Visual Studio for Windows 來建構 Blazor web app

在《深入淺出 *C#*》裡面的大多數專案都是 .NET Core 主控台 app，你可以用 macOS 或 Windows 來建立它們。有些章節也使用 Windows Presentation Foundation（WPF）來建立 Windows 桌面 app 專案。因為 WPF 是只能在 Windows 使用的技術，我們寫了這個 *Visual Studio for Mac* 學習指南來讓你使用 web 技術在 Mac 上建構對等的專案，具體來說，就是 ASP.NET Core Blazor WebAssembly 專案。

如果你是 Windows 讀者，而且也想要使用 Blazor 來建構豐富的 web app 呢？你很幸運！**你可以使用 *Visual Studio for Windows* 來建構這一個指南的專案**。執行 Visual Studio 安裝程式，並**核取「ASP.NET and web development」選項**。你的 IDE 的螢幕畫面不會與這個指南的完全一致，但所有的程式碼都是相同的。

在這個指南裡，你將在 web app 專案裡面使用 HTML 與 CSS，但你不需要知道 HTML 或 CSS。

這是一本教導 C# 的書，在這個指南的專案裡，你將建立的 Blazor web app，它裡面有以 HTML 與 CSS 設計的網頁。如果你沒有用過 HTML 或 CSS，使用這本書不需要事先知道網頁設計。我們會提供建立 web app 的網頁所需的所有東西。但是，提醒你：在過程中，你可能會學到一些 HTML 知識。

Visual Studio 是用來編寫程式和探索 C# 的工具

雖然你也可以使用 TextEdit 或其他文字編輯器來撰寫 C# 程式，但是你有更好的工具可以使用。**IDE**（***integrated development environment*** 的縮寫）是文字編輯器、視覺化設計器、檔案管理器、偵錯工具…的組合，很像可以在寫程式時處理任何需求的多用途工具。

Visual Studio 可以提供的協助包括：

1. **快速地建構 app**。C# 語言很靈活也很容易學習，Visual Studio IDE 藉著幫你自動完成許多手工工作，來讓你的學習更簡單。這些只是 Visual Studio 可以幫你做的一些事情而已：
   - 管理所有專案檔案
   - 讓你輕鬆地編輯專案的程式碼
   - 記錄專案的圖片、音訊、圖示，還有其他資源
   - 逐行執行程式來幫你進行偵錯
2. **編寫與執行你的 C# 程式碼**。Visual Studio IDE 是最容易使用的程式編寫工具之一。開發它的微軟團隊花了很大的精神來讓你盡可能輕鬆地編寫程式。
3. **建構視覺效果驚人的 web app**。在這個 Visual Studio for Mac 學習指南裡面，你將建構在瀏覽器裡面執行的 web app。你將透過 **Blazor** 這種技術和 C# 來建構互動式 web app。**C# 與 HTML 和 CSS 的組合**是令人印象深刻的 web 開發工具組。
4. **學習和探索 C# 及 .NET**。Visual Studio 是一種世界級的開發工具，幸運的是，它也是一種很棒的學習工具。***我們會用 IDE 來探索 C#***，以便將重要的程式設計概念植入你的大腦。

本書通常會將 Visual Studio 簡稱為「IDE」。

Visual Studio 是了不起的開發環境，但我們也會將它當成學習工具，用來探索 C#。

在 Visual Studio for Mac 裡面建立你的第一個專案

學習 C# 最好的方法就是開始寫程式，所以我們要用 Visual Studio 來**建立一個新的專案…**，並且立刻開始寫程式！

1 建立新的主控台 app。

啟動 Visual Studio 2019 for Mac，它會在啟動時顯示一個視窗來讓你建立新專案或打開既有的專案。**按下 New** 來建立新專案。如果你錯過這個視窗，不用擔心，你隨時可以在選單裡面選擇 *File >> New Solution…*（*⇧⌘N*）來顯示它。

在左邊的面板**選擇 .NET**，然後選擇 **Console Project**：

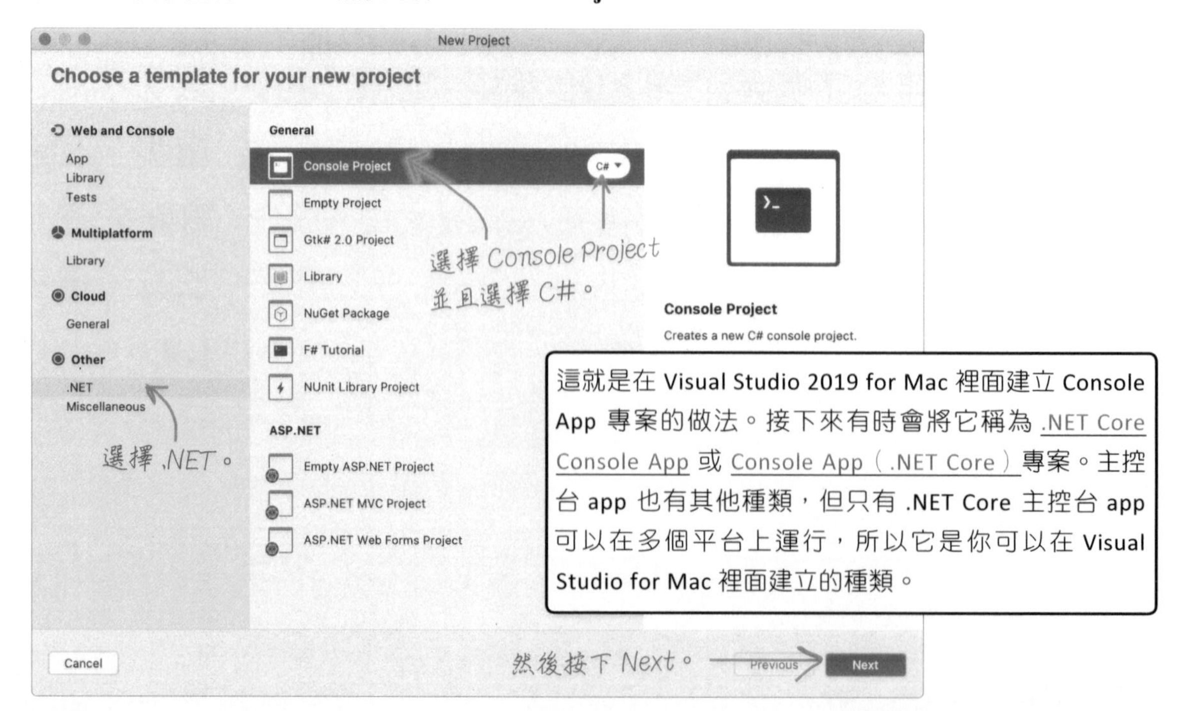

這就是在 Visual Studio 2019 for Mac 裡面建立 Console App 專案的做法。接下來有時會將它稱為 .NET Core Console App 或 Console App（.NET Core）專案。主控台 app 也有其他種類，但只有 .NET Core 主控台 app 可以在多個平台上運行，所以它是你可以在 Visual Studio for Mac 裡面建立的種類。

動手做！

當你看到**動手做！**（或**立刻動手做！**或**解決這個 bug！**…等）時，請打開 Visual Studio，並且跟著操作。我們會告訴你該做些什麼，並指出你需要注意哪些地方，才可以從範例中學到最多東西。

2 **將你的專案命名為 MyFirstConsoleApp。**

在 Project Name 方塊裡面輸入 **MyFirstConsoleApp**，並按下 **Create 按鈕**來建立專案。

Configure your new Console Project

Project Name: MyFirstConsoleApp
Solution Name: MyFirstConsoleApp
Location: /Users/Shared/Projects Browse...
☑ Create a project directory within the solution directory.

PREVIEW
/Users/Shared/Projects
MyFirstConsoleApp
MyFirstConsoleApp.sln
MyFirstConsoleApp
MyFirstConsoleApp.csproj

你可以將專案放在任何一個資料夾裡面，但是 IDE 在預設情況下會將它放在主目錄下面的 Projects 資料夾裡面。

3 **看看新 app 的程式碼**

用 Visual Studio 建立新專案時，它會提供一個起點來讓你開始建構程式。當它為 app 建立新檔案之後，它會打開並顯示一個稱為 *Program.cs* 的檔案，裡面有這些程式碼：

Program.cs
No selection

```
1   using System;
2
3   namespace MyFirstConsoleApp
4   {
5       class MainClass
6       {
7           public static void Main(string[] args)
8           {
9               Console.WriteLine("Hello World!");
10          }
11      }
12  }
13
```

當 Visual Studio 建立新的 Console App 專案時，它會自動加入 MainClass 類別。

這個類別的開頭是 Main 方法，它裡面有一個陳述式，該陳述式會將一行文字寫到控制台。第 2 章會更仔細討論類別與方法。

照過來！

主類別的名稱與 Windows 不同。

當你在 Visual Studio for Windows 裡面建立主控台 app 時，它產生的程式碼幾乎與 Visual Studio for Mac 一樣，但是在 Mac，主類別稱為 MainClass，在 Windows，主類別稱為 Program。對本書大多數的專案而言，這不會造成任何不同。我們會指出所有不同的地方。

使用 Visual Studio IDE 來探索你的 app

① **探索 Visual Studio IDE — 與它為你建立的檔案。**

當你建立新專案時，Visual Studio 會自動幫你建立多個檔案，並且將它們包成一個**解決方案（solution）**。你可以在 IDE 左側的 Solution 視窗看到這些檔案，在上面看到解決方案（MyFirstConsoleApp）。解決方案裡面有個**專案（project）**，它的名稱與解決方案一樣。

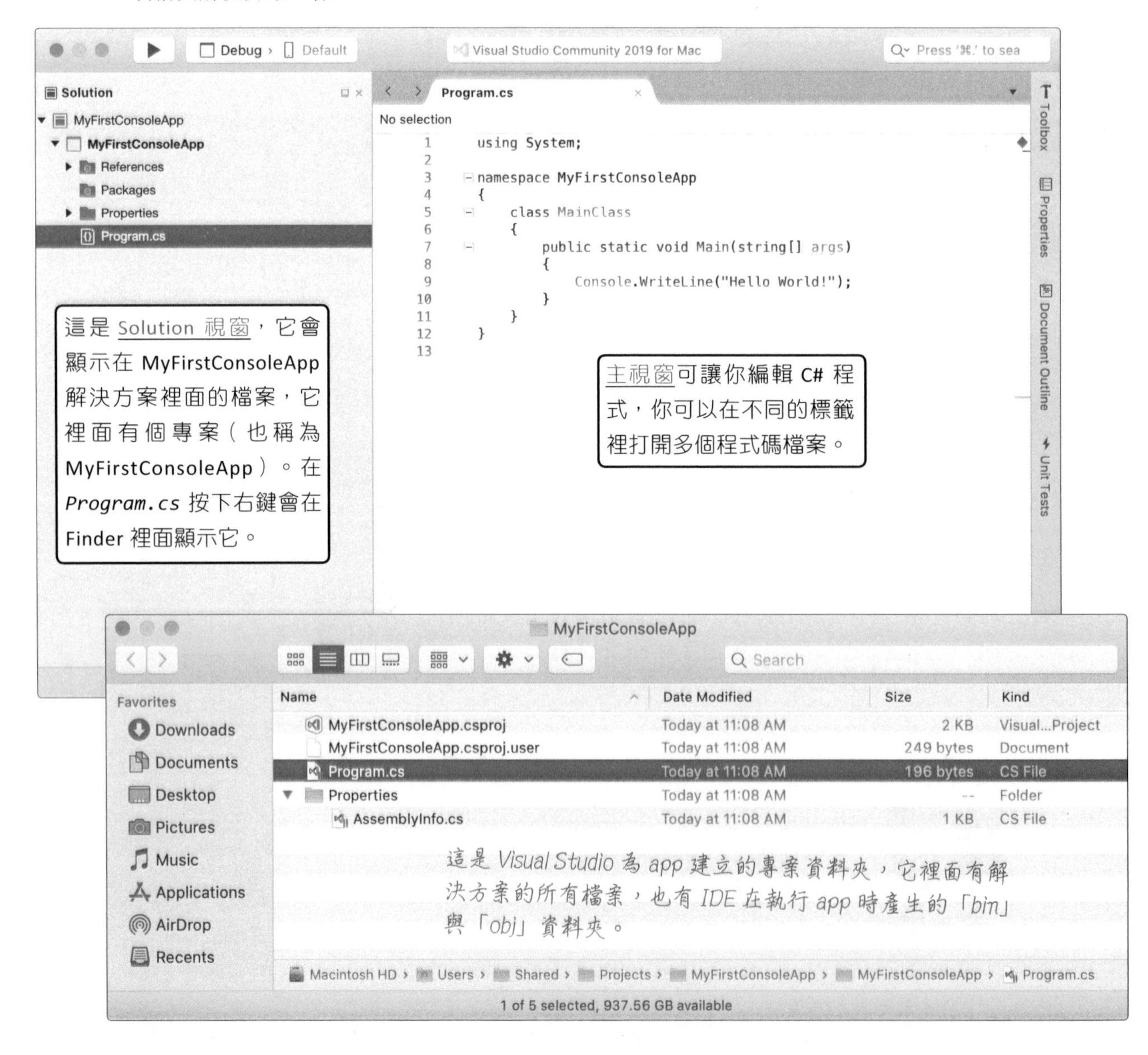

② **執行新 app。**

Visual Studio for Mac 為你建立的 app 可以執行了。在 Visual Studio IDE 的最上面找到 Run 按鈕（有「播放」三角形的那個）。**按下那個按鈕**來執行你的 app：

③ **看看程式的輸出。**

當你執行程式時，**Terminal 視窗**會在 IDE 的底下出現，並顯示程式的輸出：

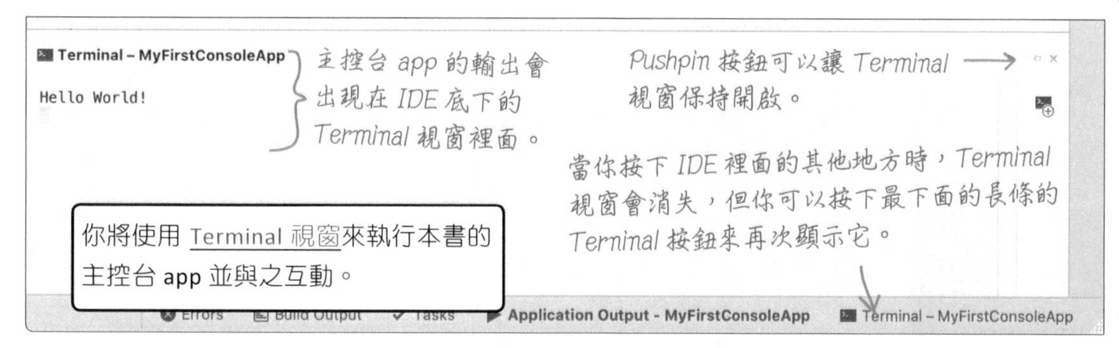

學習語言最好的方法是用它來寫大量的程式，所以你會在這本書裡面建構大量的程式，它們很多都是 Console App 專案，我們來更仔細地看看你剛才做了什麼。

在 Terminal 視窗最上面的是**程式的輸出**：

Hello World!

按下程式碼的任何地方，來隱藏 Terminal 視窗。然後按下 [Terminal – MyFirstConsoleApp] IDE 底下的按鈕來再次打開它 — 你會看到相同的程式輸出。IDE 會在 app 結束時自動隱藏 Terminal 視窗。

按下 Run 按鈕來再次執行程式。然後在 Run 選單選擇 Start Debugging，或使用它的快速鍵 ⌘↩。這就是你執行本書的所有 Console App 專案的方式。

IDE 小撇步：在 IDE 裡面打開 Terminal

Terminal 視窗會顯示主控台 app 的輸出，但是它的功能不是只有這樣。按下 Terminal 視窗右邊的 按鈕，或是在 app 未執行時，在選單選擇 ***View >> Terminal***。你會在 IDE 裡面看到 macOS Terminal shell，你可以用它來執行 macOS shell 命令：

```
Terminal (1)
andrewstellman@Andrews-MacBook-Pro MyFirstConsoleApp %
```

按下 幾次 — IDE 會一次打開多個 Terminal。你可以使用 ***View >> Other Windows*** 選單項目或 IDE 最底下的長條來切換它們。

Terminal (1)　Terminal (2)　Terminal (3)　Terminal (4)　Terminal (5)　Terminal (6)

我們來建構遊戲！

太棒了！你剛才已經寫出你的第一個 C# app 了！完成它之後，我們要製作比較複雜的東西。我們將製作一個**動物配對遊戲**，這個遊戲會顯示一個內含 16 種動物的網格，讓玩家按下成對的動物來移除它們。

在你的 C# 學習工具箱裡面，建構各種不同的專案是很重要的工具。在這本書裡面，我們選擇讓 Mac 專案使用 Blazor 的原因是，它提供許多工具，可以讓你設計能夠在任何現代瀏覽器上面運行的 web app。

但是 C# 不是只能用來開發 web 與主控台 app 而已！在這個 Mac 學習指南裡面的每一個專案都有一個對應的 Windows 專案。

你是 Windows 用戶，但仍然想要學習 Blazor 還有使用 C# 來建構 web app 嗎？那你很幸運！在 Mac 學習指南裡面的所有專案也都可以用 Visual Studio for Windows 來完成。

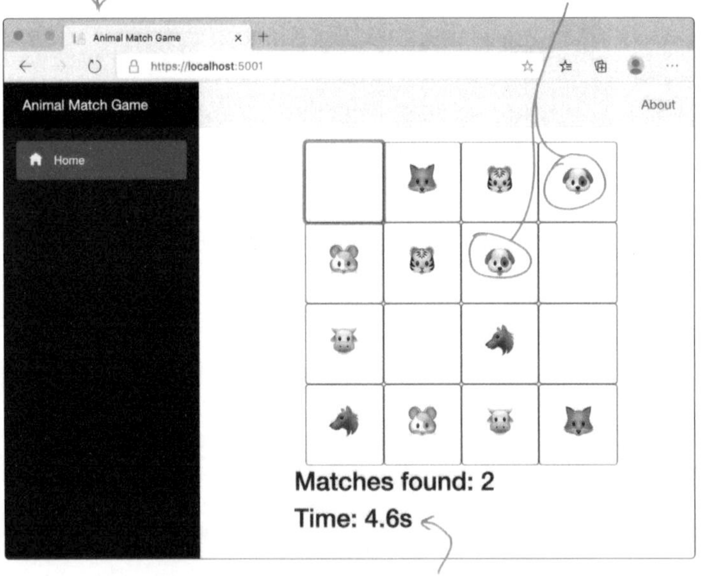
這是你要建構的動物配對遊戲。
這個遊戲會在網格中隨機顯示 8 對不同的動物。玩家要按下兩種動物，如果牠們一樣，牠們就會從視窗消失。
Animal Match Game
https://localhost:5001
Animal Match Game
Home
About
Matches found: 2
Time: 4.6s
這個計時器會紀錄玩家完成遊戲的時間。遊戲的目標是用最短的時間找到所有的配對。

你的動物配對遊戲是 Blazor WebAssembly app

如果你只需要輸入與輸出文字，主控台 app 是很棒的選項。如果你想要製作在網頁中顯示的視覺化 app，你就要使用不同的技術。這就是為什麼動物配對遊戲是 **Blazor WebAssembly app**。使用 Blazor 可以做出能夠在任何一種現代瀏覽器裡面運行的豐富 web app。本書大部分的章節都有一個 Blazor app。這個專案的目標是介紹 Blazor，並提供一些工具來讓你做出豐富 web app 和主控台 app。

當你完成這個專案時，你會更熟悉你將在本書中用來學習和探索 C# 的工具。

這就是建構遊戲的方法

本章接下來的內容會帶領你建構動物配對遊戲，你會用一系列獨立的部分完成它：

這個專案可能會耗時 15 分鐘到 1 小時，取決於你的打字速度。慢慢學習有比較好的效果，請給自己充足的時間。

1. 首先，你會在 Visual Studio 裡面建立一個新的 Blazor WebAssembly App 專案。
2. 然後你會設計網頁，並撰寫 C# 程式來洗亂動物。
3. 遊戲會讓用戶按下每一對 emoji 來進行配對。
4. 你會寫更多 C# 程式來偵測何時玩家獲勝。
5. 最後，加入計時器來讓遊戲更刺激。

注意本書的這些「遊戲設計…漫談」單元，我們會藉由遊戲設計原則來學習和探索重要的程式設計概念和想法，這些概念和想法適合各種類型的專案，不僅僅是遊戲。

什麼是遊戲？ **遊戲設計…漫談**

遊戲是什麼似乎無需多言，但仔細想想，它不像乍看之下那麼簡單。

- 遊戲都有**贏家**嗎？都會結束嗎？不一定如此。飛行模擬遊戲呢？遊樂園設計遊戲？模擬市民（The Sims）之類的遊戲？
- 遊戲都很**好玩**嗎？並非所有人都有相同的感受。有些玩家喜歡「刷任務」，反覆做同樣的事情，有些人卻覺得這種玩法是在自虐。
- 遊戲一定要進行決策、有衝突，或一定要解決問題嗎？不是所有遊戲都是如此。在行走模擬器這種遊戲中，玩家所做的事情只是探索一個環境，通常完全沒有謎題或衝突。
- 事實上，我們很難定義遊戲是什麼。當你閱讀遊戲設計教科書時，你會發現各種不同的定義。因此，出於我們的目的，我們**將「遊戲」定義**成：

遊戲是一種程式，（希望）至少可讓玩家獲得遊戲作者期望提供的樂趣。

在 Visual Studio 裡建立 Blazor WebAssembly App

建構遊戲的第一步是在 Visual Studio 裡面建立新專案。

❶ 在選單裡選擇 **File >> New Solution…**（**⇧⌘N**），來顯示 New Project 視窗。當你開始進行 Console App 專案時，也是採取這種方式。

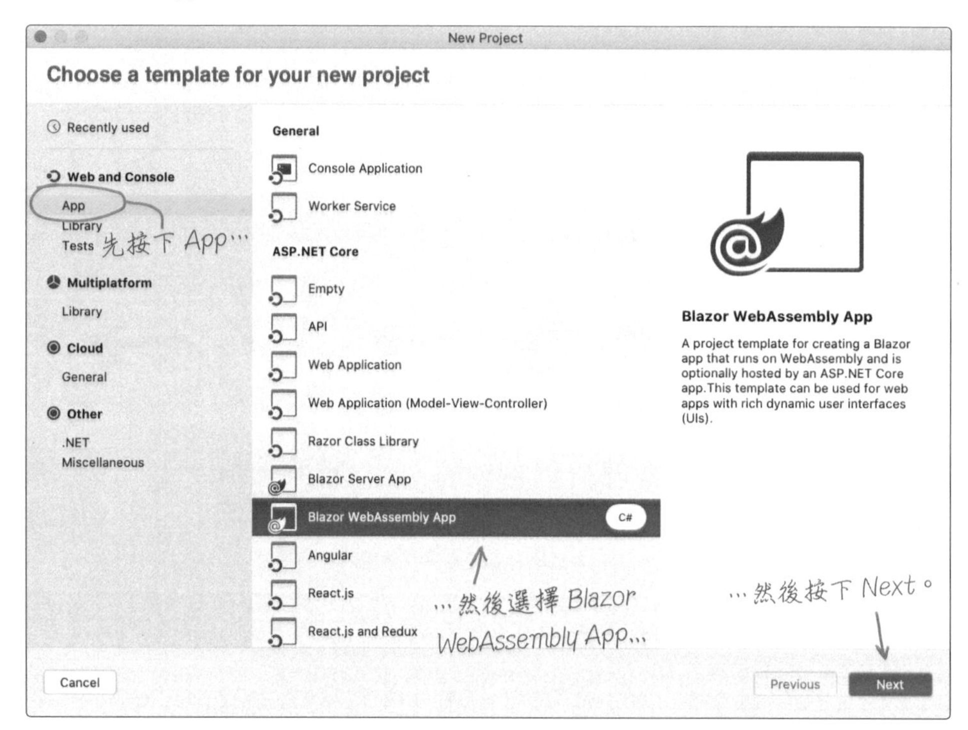

按下左邊的「Web and Console」下面的 **App**，然後選擇 **Blazor WebAssembly App** 並按下 **Next**。

❷ IDE 會顯示一個選項網頁。

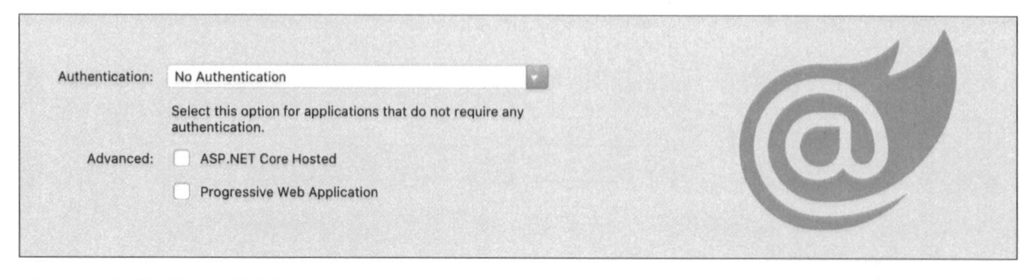

使用所有選項的預設值，按下 **Next**。

如果你在進行這個專案時遇到任何問題，可以到我們的 GitHub 網頁尋找引導你操作的影片連結：

https://github.com/head-first-csharp/fourth-edition

❸ 將專案名稱設為 **BlazorMatchGame**，就像你在建立 Console App 專案時那樣。

Project Name: BlazorMatchGame

Solution Name: BlazorMatchGame

Location: /Users/Shared/Projects Browse...

☑ Create a project directory within the solution directory.

然後**按下 Create** 來建立專案解決方案。

Previous Create

❹ IDE 會建立新的 BlazorMatchGame 專案，並顯示它的內容，如同它在處理你的第一個主控台 app 時那樣。在 Solution 視窗裡面**展開 Pages 資料夾**來查看它的內容，**對著 *Index.razor* 按兩下**，在編譯器裡面打開它。

在瀏覽器裡面執行你的 Blazor web app

在執行 Blazor web app 時，你要執行兩個部分：**伺服器**與 **web app**。Visual Studio 可以用一個按鈕來啟動兩者。

動手做！

1. **選擇用來執行 web app 的瀏覽器。**

   找到在 Visual Studio IDE 最上面的三角形 Run 按鈕：

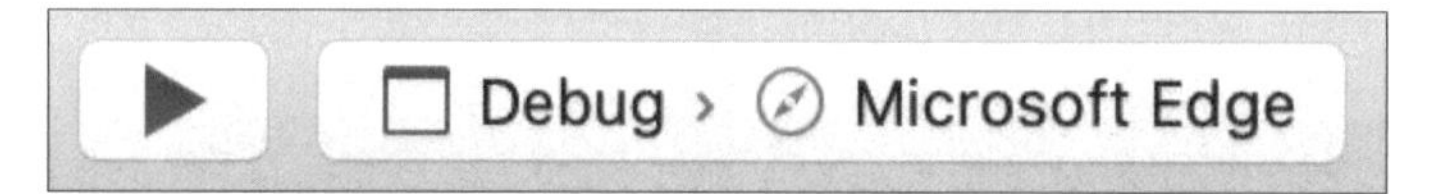

   預設瀏覽器應該會被顯示在 Debug ＞旁邊。按下瀏覽器名稱，來顯示已安裝的瀏覽器清單，**選擇 Microsoft Edge 或 Google Chrome**。

2. **執行 web app。**

   按下 **Run 按鈕**來啟動 app。你也要在 Run 選單裡面選擇 Start Debugging (⌘↩)。IDE 會先打開 Build Output 視窗（在最下面，就像它打開 Terminal 視窗那樣），然後打開 Application Output 視窗。接下來，它會顯示瀏覽器並運行 app。

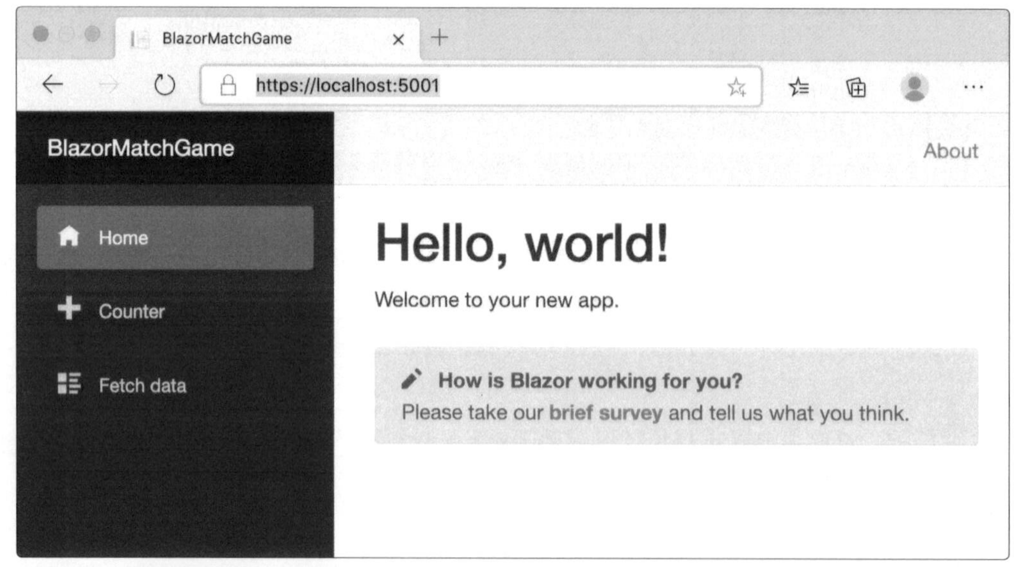

照過來！

在 Microsoft Edge 或 Google Chrome 執行 web app。

雖然 Safari 也可以正常地運行 web app，但你無法用 Safari 來為 app 偵錯。支援 web app 偵錯的瀏覽器只有 Microsoft Edge 與 Google Chrome。你可以到 https://microsoft.com/edge 下載 Edge，或是到 https://google.com/chrome 下載 Chrome — 它們都是免費的。

❸ 比較在 *Index.razor* 裡面的程式碼與你在瀏覽器裡面看到的。

在瀏覽器裡面的 web app 有兩個部分：在左邊的**導覽選單**，裡面有前往各種網頁的連結（Home、Counter 與 Fetch data），以及在右側顯示的網頁。請比對在 *Index.razor* 檔案裡面的 HTML 標記，以及在瀏覽器裡面顯示的 app。

❹ 將「Hello, world!」改成別的東西。

修改 *Index.razor* 檔的第三行，讓它顯示別的東西：

```
<h1>Elementary, my dear Watson.</h1>
```

現在回到瀏覽器並重新載入網頁。等一下，什麼都沒變 — 它仍然顯示「Hello, world!」。因為雖然你修改程式了，**但你沒有更新伺服器**。

按下 Stop 按鈕 ■ 或是在 Run 選單裡選擇 Stop（⇧⌘↩）。現在回去重新載入瀏覽器，因為你剛才停止 app，所以它顯示「Site can't be reached」頁面。

再次啟動 app，然後在瀏覽器裡重新載入網頁。現在你會看到更新過的文字。

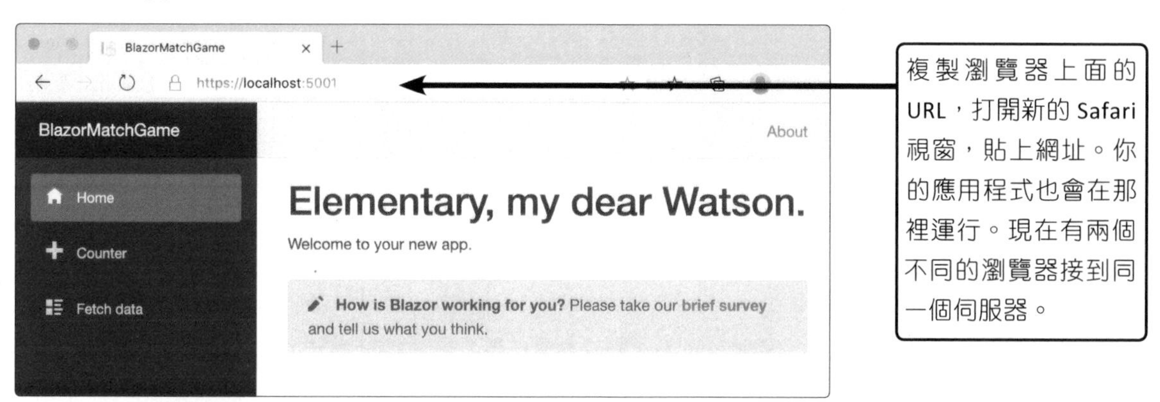

你有打開其他的瀏覽器實例嗎？每次你執行 Blazor web app 時，Visual Studio 就會打開一個新的瀏覽器。請養成習慣，在停止 app 之前（⌘Q），先關閉瀏覽器（⇧⌘↩）。

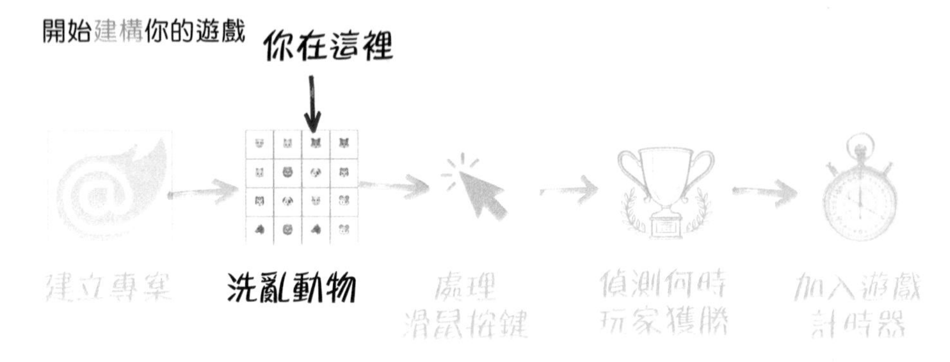

現在你可以開始寫遊戲程式了

你已經建立一個新的 app 了，Visual Studio 也會為你產生一堆檔案。現在要加入 C# 程式碼，來讓遊戲可以動作（以及加入 HTML 標記來讓它更好看）。

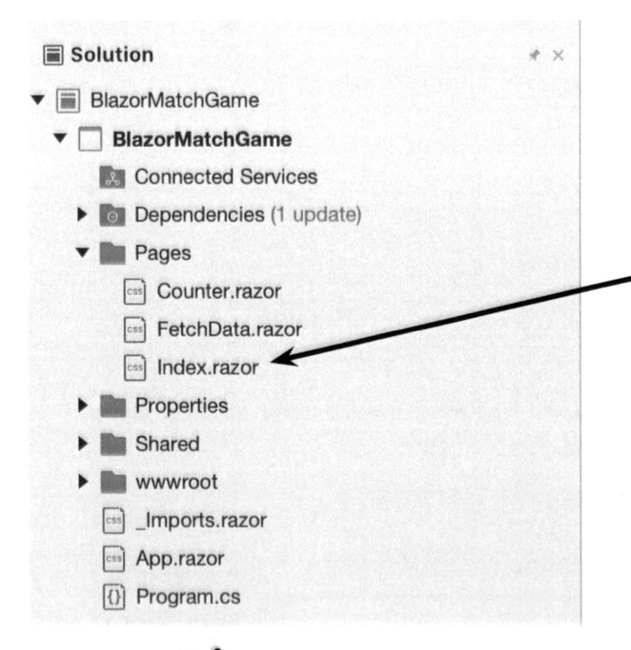

現在你要開始使用 C# 程式碼了，它會被寫在 *Index.razor* 檔案裡面。副檔名為 *.razor* 的檔案是 Razor 標記網頁。Razor 將網頁版面 HTML 與 C# 程式碼放在同一個檔案裡面。你將在這個檔案裡面加入定義遊戲行為的 C# 程式碼，包括在網頁中加入 emoji、處理滑鼠按鍵，以及讓計時器運作的程式碼。

當你在本章稍早建立主控台 app 時，C# 程式碼在 *Program.cs* 檔裡面，副檔名 *.cs* 代表它裡面是 C# 程式碼。

照過來！

你輸入的 C# 程式碼必須完全正確。

有人說，除非你曾經花了好幾個小時找出一個擺錯位置的句點，否則不會成為真正的開發者。大小寫非常重要：`SetUpGame` 與 `setUpGame` 不一樣。多餘的逗號、分號、括號…等可能會破壞程式碼，更糟糕的情況是，它們可能改變程式，讓程式可以通過組建，但產生出乎意外的行為。雖然 IDE 的 **AI 輔助 IntelliSense** 可以協助你避免這些問題…但是它沒辦法幫你做每一件事。

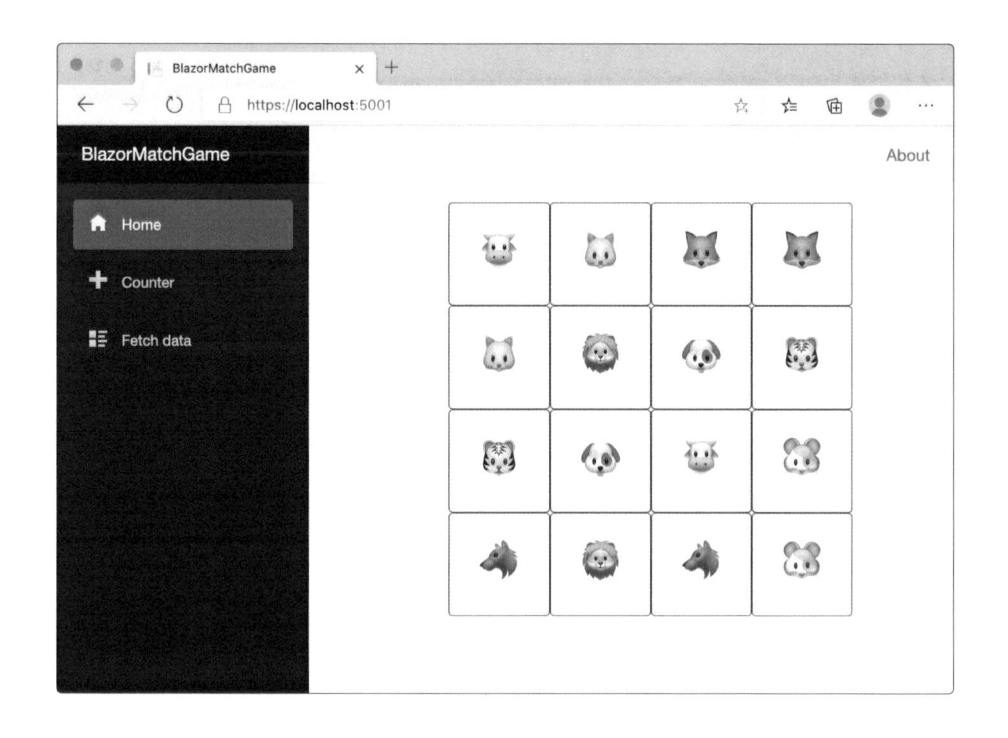

在動物配對遊戲裡面的網頁排版如何運作

動物配對遊戲是用網格來排列的，至少看起來是這樣的。它其實是以 16 個方形按鈕組成的。如果你把瀏覽器調整成非常窄，它會將它們重新排成長長的一行。

為了設定網頁版面，你會建立一個 400 像素寬的容器（CSS「像素」是 1/96 英寸，當瀏覽器使用預設縮放時），裡面有 100 像素寬的按鈕。我們會提供所有的 C# 與 HTML 程式碼來讓你在 IDE 輸入。**注意你接下來**要加入專案的**程式碼** — 它是「奇蹟」發生的地方，藉著混合 C# 程式與 HTML：

```
<div class="container">
   <div class="row">
      @foreach (var animal in animalEmoji)
      {
         <div class="col-3">
            <button type="button" class="btn btn-outline-dark">
               <h1>@animal</h1>
            </button>
         </div>
      }
   </div>
</div>
```

用 @ 來告訴 Razor 網頁加入 C# 程式碼。這是個 foreach 迴圈，它會反覆執行同一段程式碼，為一個動物 emoji list 裡面的每一個 emoji 產生一個按鈕。

這個 foreach 迴圈會幫 animal emoji list 的每一個 emoji 重複執行一次 { 與 } 之間的所有程式碼，將 @animal 一個一個換成 list 裡面的各個 emoji。因為 list 有 16 個 emoji，所以結果是 16 個按鈕。

Visual Studio 能協助你撰寫 C# 程式碼

Blazor 可讓你結合 HTML 標記與 C# 程式來建立豐富、互動式的 app。幸運的是，Visual Studio IDE 有一些實用的功能，可協助你編寫 C# 程式。

① 將 C# 程式加入 Index.razor 檔。

先在 *Index.razor* 檔的結尾**加入一個 `@code` 區塊**。（現在先保留檔案既有的內容，稍後你會刪除它們。）在檔案的最後一行輸入 `@code {`，IDE 會幫你補上結束的大括號 `}`。按下 Enter 在兩個大括號之間加入程式：

```
 9   @code {
10       |
11   }
```

② 使用 IDE 的 IntelliSense 視窗來協助你編寫 C#。

把游標移到 `{` 與 `}` 之間的那一行，並輸入大寫字母 **L**。IDE 會顯示 **IntelliSense 視窗**，裡面有自動完成建議。從快顯選擇 `List<>`：

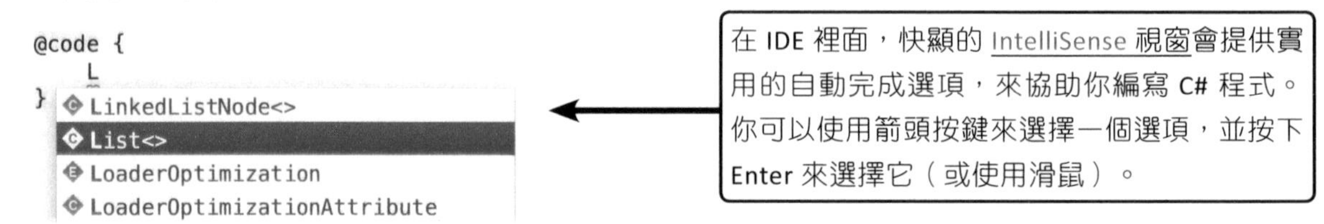

IDE 會填入 `List`。加入**開始的角括號**（「大於」記號）`<`，IDE 會自動填入結束的角括號 `>`，並將你的游標移到它們之間。

③ 建立一個 List 來儲存你的動物 emoji。

輸入 s 來顯示另一個 IntelliSense 視窗：

```
@code {
    List<s>
}
        string
        struct
        svm
```

選擇 `string`，IDE 會在括號之間加入它。**按下右箭頭，然後按下空白鍵**，並**輸入 `animalEmoji = new`**。再次按下空白鍵來顯示另一個 IntelliSense 視窗。**按下 Enter** 來從選項選擇預設值 `List<string>`。

```
@code {
    List<string> animalEmoji = new
}
                                  List<>
                                  List<string>
                                  LoaderOptimization
                                  LoaderOptimizationAttribute
```

你的程式現在應該是：`List<string> animalEmoji = new List<string>`。

④ 完成動物 emoji List。

將下來要儲存讓玩家比對的一對動物 emoji。將游標移到剛才加入的最後一行程式結尾，然後：

- 輸入**開始的小括號 (**，IDE 會加上關閉的。
- **按下右箭頭**來移到括號後面。
- 輸入**開始的大括號 {**，IDE 同樣會加入關閉的。
- 按下 Enter 在括號之間加入一行，然後在結束的括號後面**加入一個分號 ;**。

在 *Index.razor* 檔的最底下的六行程式應該是：

```
@code {
    List<string> animalEmoji = new List<string>()
    {

    };
}
```

關於陳述式的更多資訊，請參考第 2 章。

恭喜你，你已經寫出你的第一個 C# **陳述式**了。但是現在還沒有完工！你已經建立一個保存配對用的 emoji 的 list 了。在空白行**輸入引號 "**，IDE 會加入結束的引號。

⑤ 使用 Character Viewer 來輸入 emoji。

接下來，在選單**選擇 Edit >> Emoji & Symbols**（^⌘Space）來顯示 macOS Character Viewer。把游標放在引號之間，然後在 Character Viewer 裡面**搜尋「dog」**：

在 *Index.razor* 檔最底下的六行程式現在應該是：

```
@code {
    List<string> animalEmoji = new List<string>()
    {
        "🐶"
    };
}
```

你可以在第 8 章進一步學習 List 如何運作。

完成 emoji list 並且在 app 裡顯示它

你剛才已經在 `animalEmoji` list 裡面加入狗 emoji 了。接下來，加入**第二個狗 emoji**，在第二個引號後面加入一個逗號，然後加入一個空格，另一個引號，另一個狗 emoji，另一個引號，最後一個逗號：

```
@code {
    List<string> animalEmoji = new List<string>()
    {
        "🐶", "🐶",
    };
}
```

現在**在它後面加入幾乎一樣的第二行**，只是這次使用狼（wolf）emoji 而不是狗。然後再加入六行成對的 emoji，裡面分別有 cow、fox、cat、lino、tiger 與 hamster。現在你的 `animalEmoji` list 應該有八對 emoji 了：

```
@code {
    List<string> animalEmoji = new List<string>()
{
        "🐶", "🐶",
        "🐺", "🐺",
        "🐮", "🐮",
        "🦊", "🦊",
        "🐱", "🐱",
        "🦁", "🦁",
        "🐯", "🐯",
        "🐹", "🐹",
    };
}
```

IDE 小撇步：縮排

IDE 會在你輸入 C# 程式碼時為它們縮排。但是當你輸入 emoji 或 HTML 標籤時，你應該會發現它無法像期望的那樣進行縮排。你可以輕鬆地修改它，做法是選擇你想要縮排的文字，然後按下 ⇥（Tab）來縮排，或 ⇧⇥（Shift+Tab）來取消縮排。

替換網頁的內容

將網頁最上面的這幾行刪除：

~~<h1>Elementary, my dear Watson.</h1>~~
~~Welcome to your new app.~~
~~<SurveyPrompt Title="How is Blazor working for you?" />~~

然後將游標移到網頁的第三行，並**輸入 `<st`**，IDE 會顯示 IntelliSense 視窗：

```
1   @page "/"
2
3   <st
4     › datalist
5     › strong
6       style
7
```

IDE 會幫助你編寫網頁的 HTML，在這個例子裡，你正在製作 HTML 標籤。不知道 HTML 沒關係，這本書會提供 app 所需的所有程式。

在清單裡選擇 **style**，然後輸入 **type** >。IDE 會加入結束的 *HTML* 標籤：**<style></style>**。

將游標移到 <style> 與 </style> 之間並按下 Enter，然後**仔細地輸入下面的所有程式碼**。務必讓你的 app 裡面的程式碼與它完全一致。

```
<style>
    .container {
        width: 400px;
    }

    button {
        width: 100px;
        height: 100px;
        font-size: 50px;
    }
</style>
```

配對遊戲是用一系列的按鈕做成的。這個非常簡單的 CSS 樣式表是用來設定容器的總寬度，以及各個按鈕的高與寬的。因為這個容器有 400 像素寬，而且各個按鈕有 100 像素寬，所以網頁在換行之前，每一列只能有四欄，使得它們看起來像是在網格裡面。

移到下一行，使用 IntelliSense 來**輸入開始的與結束的 <div> 標籤**，就像你之前輸入 <style> 那樣。然後**仔細地輸入下面的程式碼**，務必讓它完全一致：

```
<div class="container">
    <div class="row">
        @foreach (var animal in animalEmoji)
        {
            <div class="col-3">
                <button type="button" class="btn btn-outline-dark">
                   <h1>@animal</h1>
                </button>
            </div>
        }
    </div>
</div>
```

如果你用過 HTML，你會覺得 @foreach 與 @animal 看起來不像一般的 HTML。它是 Blazor 一直接嵌入 HTML 的 C# 程式碼。

在網頁的每一顆按鈕都有不同的動物。玩家會按下按鈕來配對。

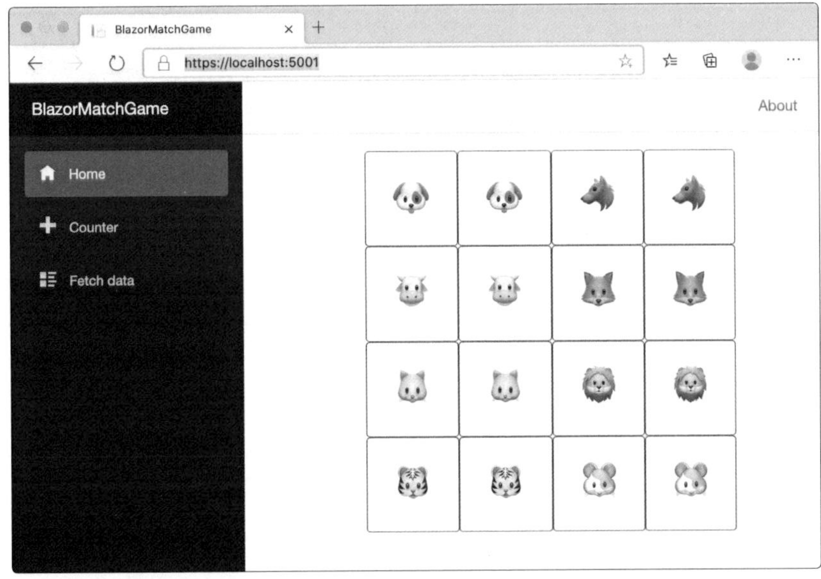

確保你的 app 在執行時看起來像這個畫面，若是如此，代表你已經輸入所有的程式碼，而且沒有打錯字。

洗亂動物，隨機排列它們

在一開始就將動物排在一起的遊戲未免太簡單了。我們來加入洗亂動物的 C# 程式，讓動物在每次玩家重新載入網頁時都以不同的順序出現。

1. 把游標移到 *Index.razor* 最下面的結束大括號 } 的上面的分號 ; 後面，**按兩次 Enter**。然後和之前一樣，使用 IntelliSense 快顯來輸入下面的程式碼：

```
List<string> shuffledAnimals = new List<string>();
```

2. 接著**輸入 protected override**（IntelliSense 可以自動完成這些關鍵字）。當你輸入它並按下空格之後，你會看到 IntelliSense 快顯，從清單裡**選擇 OnInitialized()**：

```
protected override
    OnAfterRender(bool firstRender)
    OnAfterRenderAsync(bool firstRender)
    OnInitialized()
    OnInitializedAsync()
    OnParametersSet()
    OnParametersSetAsync()
    ShouldRender()
```

IDE 會填入 OnInitialized **方法**的程式碼（我們會在第 2 章更詳細討論方法）：

```
protected override void OnInitialized()
{
    base.OnInitialized();
}
```

3. **將 Replace base.OnInitialized() 換成 SetUpGame()**，把方法改成這樣：

```
protected override void OnInitialized()
{
    SetUpGame();
}
```

然後在 OnInitialized 方法下面**加入這個 SetUpGame 方法** — IntelliSense 視窗同樣會協助你正確輸入：

```
private void SetUpGame()
{
    Random random = new Random();
    shuffledAnimals = animalEmoji
        .OrderBy(item => random.Next())
        .ToList();
}
```

← 你將在第 2 章學到更多關於方法的知識。

你很快就會學到很多關於 C# 方法的知識。

你已經在 app 加入一些方法了，但如果你還不完全明白方法是什麼也沒關係，你會在下一章學到關於方法的知識，以及 C# 程式碼的架構。

當你輸入 SetUpGame 方法時，你會看到 IDE 顯示許多 IntelliSense 視窗來協助你更快速地輸入程式碼。你越常使用 Visual Studio 來寫 C#，這些視窗就越有幫助，最終你會發現它們可以大幅提升速度。現在先使用它們來避免打錯字 — 你的程式碼必須**和我們的一致**，否則 app 就無法執行。

4 往上捲回去 HTML 並找到這段程式：`@foreach (var animal in animalEmoji)`。

在 **`animalEmoji` 按兩下**來選擇它，然後**輸入** `s`。IDE 會快顯一個 IntelliSense 視窗。從清單選擇 `shuffledAnimals`：

```
@foreach (var animal in s)
{
    <div class="col-md
        <button type="                              e-dark">
            <h1>@anima
        </button>
    </div>
}
```

IntelliSense 清單：

```
⌘ sbyte
⌘ short
F shuffledAnimals        (field) List<string> Index.shuffledAnimals
⋯ sim
⌘ sizeof
⌘ stackalloc
```

現在**再次執行 app**，你的動物應該被洗亂了，現在是隨機排列的。在瀏覽器**重新載入網頁**，它們會被洗成不同的順序。每一次你重新載入時，它都會重新洗亂。

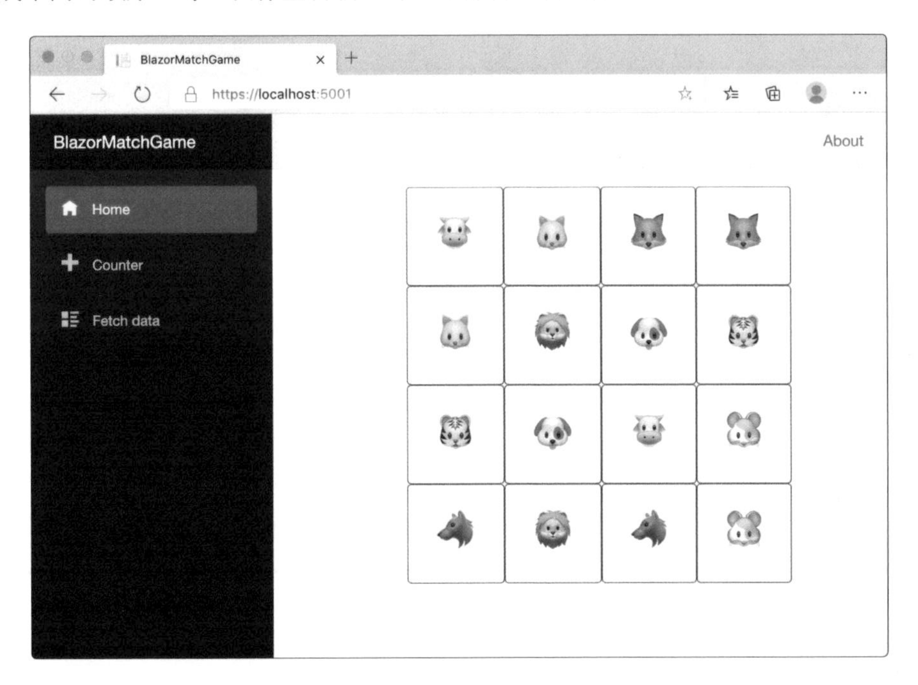

再次強調，請確保你的 app 在執行時看起來與這個畫面相似。若是如此，代表你已經輸入所有的程式碼，而且沒有打錯字。當你的遊戲每次重新載入網頁都會重新洗亂動物之後，再繼續往下看。

你是在偵錯工具裡執行遊戲

當你按下 Run 按鈕 ▶，或是在 Run 選單選擇 Start Debugging（⌘↩）來執行程式時，你就是讓 Visual Studio 進入**偵錯模式**。

當你看到**偵錯控制項**出現在工具列時，那就代表你正在對 app 進行偵錯。此時 Start 按鈕會被換成方形的 Stop 按鈕 ■，用來選擇瀏覽器的下拉式選單會變成灰色，而且其他的控制項會消失。

把滑鼠游標移到 Pause Execution 按鈕上面會顯示這個工具提示：

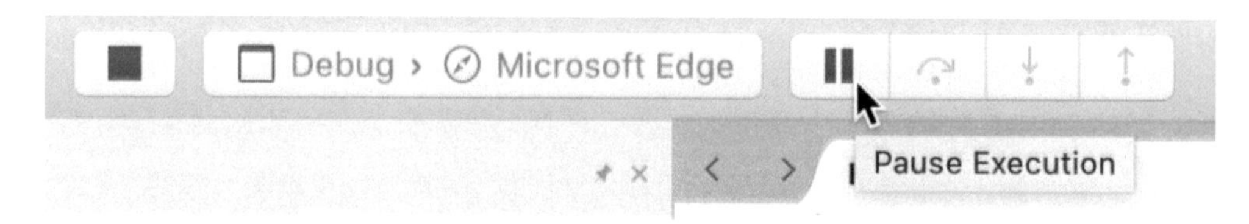

你可以按下 Stop 按鈕，或是在 Run 選單選擇 Stop (⇧⌘↩) 來停止 app。

你已經做好準備，可以加入下一個部分了。

在建構新遊戲時，你不是只要寫程式就好了，你也要執行專案。在執行專案時，有一種高效的方法是一次只建構一小部分，並且在過程中不斷確認一切都朝著正確的方向前進。如此一來，你就有很多改變路線的機會。

這是個紙筆練習。請花時間完成全部的問題，因為它們會幫你快速地把重要的 C# 概念植入大腦。

恭喜你，你已經寫出一個可以運作的 app 了！寫程式當然不是只要把書本裡面的程式複製出來就好，但即使你沒有寫過程式，你可能也會被你已經知道那麼多東西嚇一跳。將左邊的每一個 C# 陳述式連到右邊關於那些陳述式的行為敘述。我們已經幫你完成第一題了。

C# 陳述式

```
List<string> animalEmoji = new List<string>()
{
    "🐶", "🐶",
    "🐺", "🐺",
    "🐮", "🐮",
    "🦊", "🦊",
    "🐱", "🐱",
    "🦁", "🦁",
    "🐯", "🐯",
    "🐹", "🐹",
};
```

```
List<string> shuffledAnimals = new List<string>();
```

```
protected override void OnInitialized()
{
    SetUpGame();
}
```

```
private void SetUpGame()
{
```

```
    Random random = new Random();
```

```
    shuffledAnimals = animalEmoji
        .OrderBy(item => random.Next())
        .ToList();
```

```
}
```

它做了什麼

建立第二個 list 來儲存洗亂的 emoji

建立動物 emoji 的複本，洗亂它們，然後將它們存入 shuffledAnimals list

在方法的開頭設定遊戲

建立一個有八對 emoji 的 List

在每次網頁重新載入時設定遊戲

建立新的隨機數產生器

在方法結束時設定遊戲

C# 陳述式

```
List<string> animalEmoji = new List<string>()
{
    "🐶", "🐶",
    "🐺", "🐺",
    "🐮", "🐮",
    "🦊", "🦊",
    "🐱", "🐱",
    "🦁", "🦁",
    "🐯", "🐯",
    "🐹", "🐹",
};

List<string> shuffledAnimals = new List<string>();

protected override void OnInitialized()
{
    SetUpGame();
}

private void SetUpGame()
{

    Random random = new Random();

    shuffledAnimals = animalEmoji
        .OrderBy(item => random.Next())
        .ToList();

}
```

它做了什麼

建立第二個 list 來儲存洗亂的 emoji

建立動物 emoji 的複本，洗亂它們，然後將它們存入 shuffledAnimals list

在方法的開頭設定遊戲

建立一個有八對 emoji 的 List

在每次網頁重新載入時設定遊戲

建立新的隨機數產生器

在方法結束時設定遊戲

迷你 削尖你的鉛筆

這個紙筆練習可以協助你真正了解 C# 程式碼。

1. 拿一張紙，把它橫放，在中間畫一條直線。
2. 在紙的左邊寫下所有 C# 程式碼，在每一個陳述式之間保留一些空間。（不需要精準地畫出 emoji。）
3. 在紙的右邊寫下每一個陳述式在上面的「它做了什麼」之中的答案。從上往下閱讀兩邊 — 你應該可以看得懂它們了。

我有點懷疑這個「削尖你的鉛筆」練習的效果。你難道不能直接給我程式，讓我在 IDE 中輸入嗎？

提升程式理解能力可以成為更好的開發者。

紙筆練習是**必做的**，它們可以讓大腦用不同的方式吸收資訊。但是它們有更重要的功用：它們提供**犯錯**的機會。犯錯是學習的一部分，我們都會犯下大量錯誤（你甚至可能在這本書找到一兩個拼字錯誤！）。沒有人可以第一次就寫出完美的程式 — 真正優秀的程式員總是假設今日寫好的程式明天就有可能需要修改。事實上，在本書稍後，你會學到重構，它是一種程式設計技術，專門在你寫好程式之後改善它們。

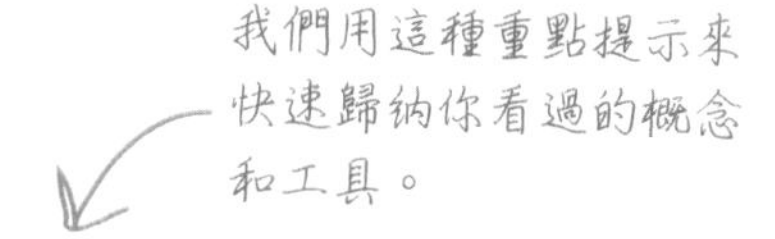

我們用這種重點提示來快速歸納你看過的概念和工具。

重點提示

- Visual Studio 是**微軟的 IDE**，或稱為**整合開發環境**，它可以簡化、協助你編輯、管理 C# 程式檔案。
- **.NET Core 主控台 app** 是使用文字來輸入與輸出資訊的跨平台 app。
- **Blazor WebAssembly app** 可讓你用 C# 程式與 HTML 標記來建構豐富的互動式 web app。
- IDE 的 **AI 輔助 IntelliSense** 可協助你更快速且更準確地輸入程式碼。
- Visual Studio 可以在偵錯模式中**執行你的 Blazor app**，打開瀏覽器來顯示你的 app。
- Blazor app 的使用者介面是用 **HTML** 來設計的，HTML 是用來設計網頁的標記語言。
- **Razor** 可讓你在 HTML 標記裡面直接加入 C# 程式碼。Razor 網頁檔的副檔名是 *.razor*。
- 使用 @ 來將你的 C# 程式碼嵌入 Razor 網頁。
- 在 Razor 網頁裡面的 **foreach 迴圈**可以為 list 裡面的每一個元素重複執行一段 HTML 程式。

將你的新專案加入原始檔控制系統

你即將在這本書裡建構許多不同的專案，如果有一種方法可以備份它們，而且可以讓你在任何地方取得它們，是不是很棒？如果你可以在犯錯時恢復到程式的上一個版本是不是超級方便？你很幸運！這就是**原始檔控制系統**的功能：它可以讓你輕鬆地備份所有程式碼，以及追蹤你做過的任何更改。Visual Studio 可讓你輕鬆地將專案加入原始檔控制系統。

你不一定要將專案加入原始檔控制系統。

也許你的工作電腦使用的是無法連接 GitHub 的辦公室網路，也許你只是不想要做這件事，無論你的理由是什麼，你都可以跳過這一步，或者，如果你想要進行備份，但不想要讓別人找到它，你也可以將它發布到私用的存放庫。

Git 是一種流行的版本控制系統，Visual Studio 會將你的原始檔發送到任何一種 Git **存放庫（repository）**（或 **repo**）。我們認為 **GitHub** 是最容易使用的 Git 供應方之一。你需要 GitHub 帳號才能把程式碼推送到它那裡，所以如果你還沒有帳號，現在就到 https://github.com 建立一個。

設定好 GitHub 帳號之後，你就可以使用 IDE 內建的版本控制功能了。**在選單選擇 *Version Control >> Publish in Version Control...***，來開啟 Clone Repository 視窗：

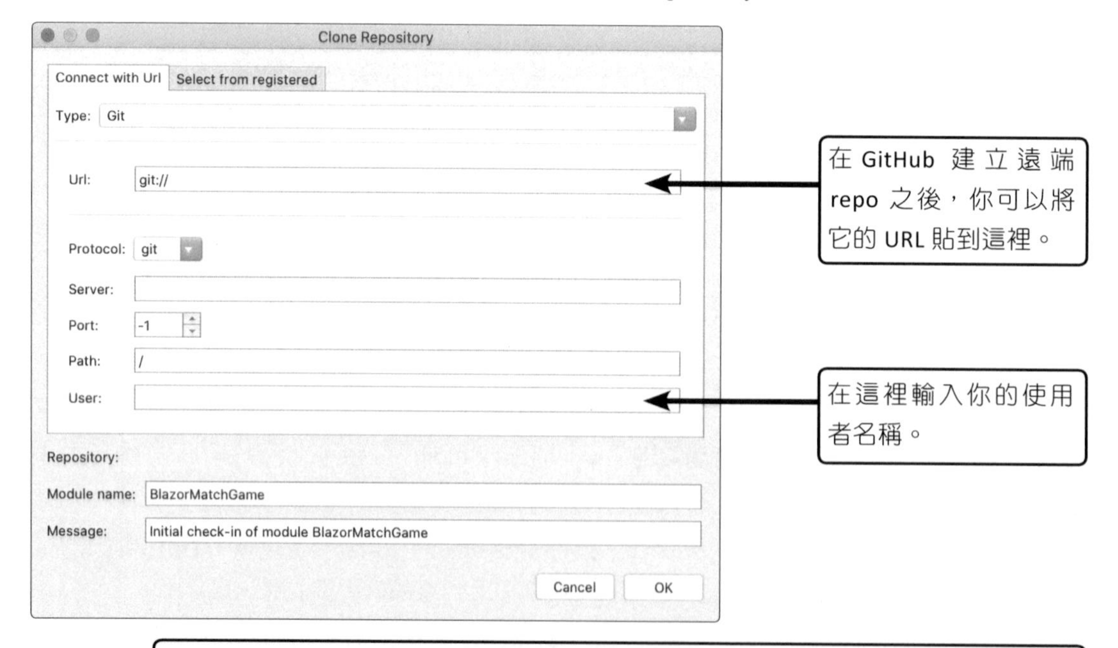

Visual Studio for Mac 文件裡面有關於如何在 GitHub 上建立專案以及從 Visual Studio 發布它們的完全指南。它會一步步地帶著你在 GitHub 建立遠端 repo，並直接從 Visual Studio 將你的專案發布到 Git。我們認為將你的《深入淺出 *C#*》專案都發布到 GitHub 是很棒的做法，如此一來，你將來就可以輕鬆地找到它們。

https://docs.microsoft.com/en-us/visualstudio/mac/set-up-git-repository.

加入 C# 程式碼來處理滑鼠按鍵

你可以讓按鈕出現隨機的動物 emoji 了。接下來你要在使用者按下按鈕時，讓按鈕做一些事情。它會做這些事情：

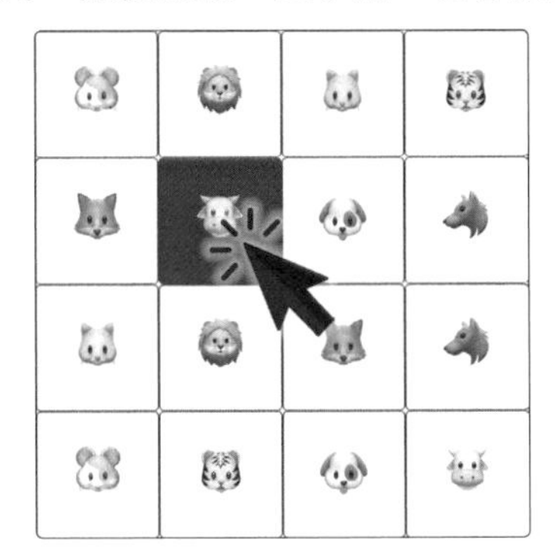

玩家按下第一個按鈕。

玩家要按下成對的按鈕。當他們按下第一個按鈕時，遊戲會記錄那個按鈕的動物。

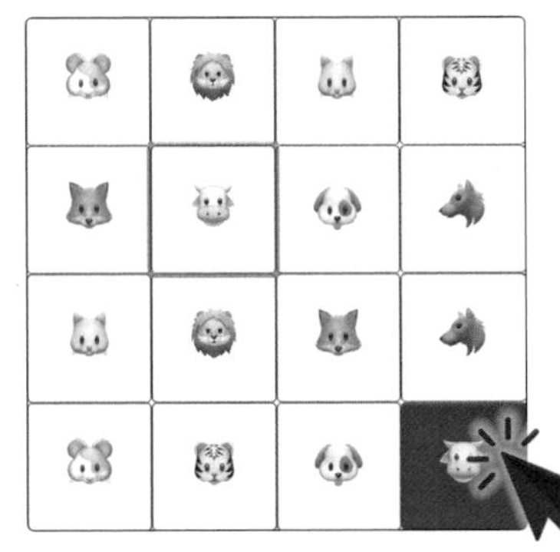

玩家按下第二個按鈕。

遊戲查看第二個按鈕的動物，並且拿它與它在第一次按下時保存的做比較。

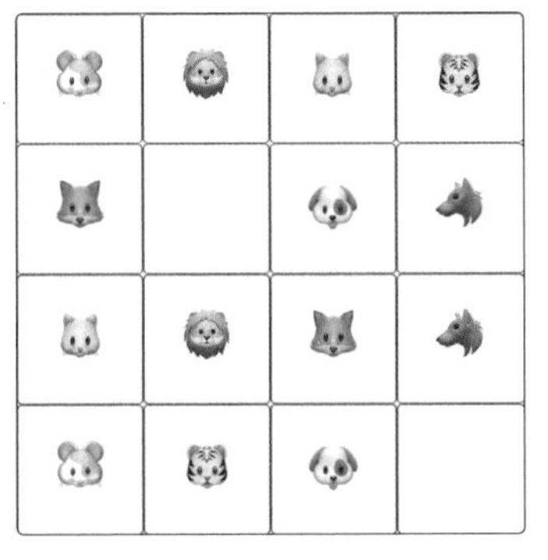

遊戲檢查配對。

當動物一樣時，遊戲會在洗亂的動物 emoji list 裡面逐一查看所有 emoji，尋找符合玩家成功配對的 emoji，並將它們改成空白。

如果動物不一樣，遊戲就不做任何事情。

無論如何，它都會將上一次尋找的動物清空，以便在下一次按下按鈕時重新做所有事情。

為按鈕加入事件處理常式

當你按下按鈕時，它必須做一些事情。在網頁裡，按下按鍵是一種**事件**。網頁也有其他的事件，例如當網頁載入完畢時，或是當輸入改變時。**事件處理常式**是每當有特定事件發生時就會執行的 C# 程式碼。我們要加入實作了按鈕功能的事件處理常式。

這是事件處理常式的程式碼

將這段程式加入 Razor 網頁最下面的 } 上面：

別擔心你還沒有 100% 明白所有 C# 程式在做什麼！現在只要專心地讓你的程式與我們的一致就可以了。

```
string lastAnimalFound = string.Empty;

private void ButtonClick(string animal)
{
    if (lastAnimalFound == string.Empty)
    {
        // 選擇一對的第一個。記住它。
        lastAnimalFound = animal;
    }
    else if (lastAnimalFound == animal)
    {
        // 找到一樣的！重設，進行下一次配對。
        lastAnimalFound = string.Empty;

        // 把已經找到的動物換成空字串來隱藏它們。
        shuffledAnimals = shuffledAnimals
            .Select(a => a.Replace(animal, string.Empty))
            .ToList();
    }
    else
    {
        // 用戶選擇不相符的一對，
        // 重設選擇。
        lastAnimalFound = string.Empty;
    }
}
```

以 // 開頭的程式碼是註解。它們不做任何事，它們的目的只是為了讓程式更容易理解。我們用它們來幫助你更輕鬆地閱讀程式。

這是 LINQ 查詢。第 9 章會更詳細介紹 LINQ。

將事件處理常式連接到按鈕

現在你只要修改按鈕，在它被按下時呼叫 ButtonClick 方法就可以了：

```
@foreach (var animal in animalEmoji)
{
    <div class="col-3">
        <button @onclick="@(() => ButtonClick(animal))"
                type="button" class="btn btn-outline-dark">
            <h1>@shuffledAnimals</h1>
        </button>
    </div>
}
```

在 foreach 裡面的 HTML 加入這個 @onclick 屬性。注意括號。

當我們請你更改一段程式裡面的某一個東西時，我們會用淺色來顯示其餘的程式碼，用**粗體**來表示你需要改變的部分。

事件處理常式探究

我們來仔細看一下事件處理常式是如何運作的。我們拿事件處理常式和之前解釋遊戲如何偵測滑鼠按鍵的程式相比。看一下接下來的程式，拿它和你之前輸入 IDE 的程式碼做比較。看看你能不能看懂，如果你沒辦法 100% 理解也沒關係，只要試著了解你剛才加入的程式是如何一起運作的就可以了。這是可以提高你的 C# 理解能力的練習。

玩家按下第一個按鈕。

這段程式會確認這是不是第一個按下的按鈕。如果是，它會用 lastAnimalFound 來記錄按鈕的動物。

```
if (lastAnimalFound == string.Empty)
{
    lastAnimalFound = animal;
}
```

玩家按下第二個按鈕。

當玩家按下與上次按的動物相同的按鈕時，大括號 { 與 } 之間的陳述式才會執行。

```
else if (lastAnimalFound == animal)
{


}
```

遊戲檢查配對。

當第二個動物與第一個一樣時，這段 C# 程式碼才會執行。它會逐一查看洗亂的動物 emoji list，並將玩家找到的匹配對子改成空白。

```
shuffledAnimals = shuffledAnimals
  .Select(a => a.Replace(animal, string.Empty))
  .ToList();
```

你會在程式裡看到這段陳述式兩次：在玩家第二次按下的動物符合第一個時執行的那段程式裡，還有在第二個動物不符合的那段程式裡。它會把上一次找到的動物清除，重設遊戲，讓下一次按下按鈕是一對動物的第一個。

```
lastAnimalFound = string.Empty;
```

哎呀，這段程式有 bug！你可以找到它嗎？
我們會在下一節找出它，並修正它。

測試事件處理常式

再次執行 app。按下按鈕來測試事件處理常式，然後按下相符的 emoji 按鈕。它們應該都會消失。

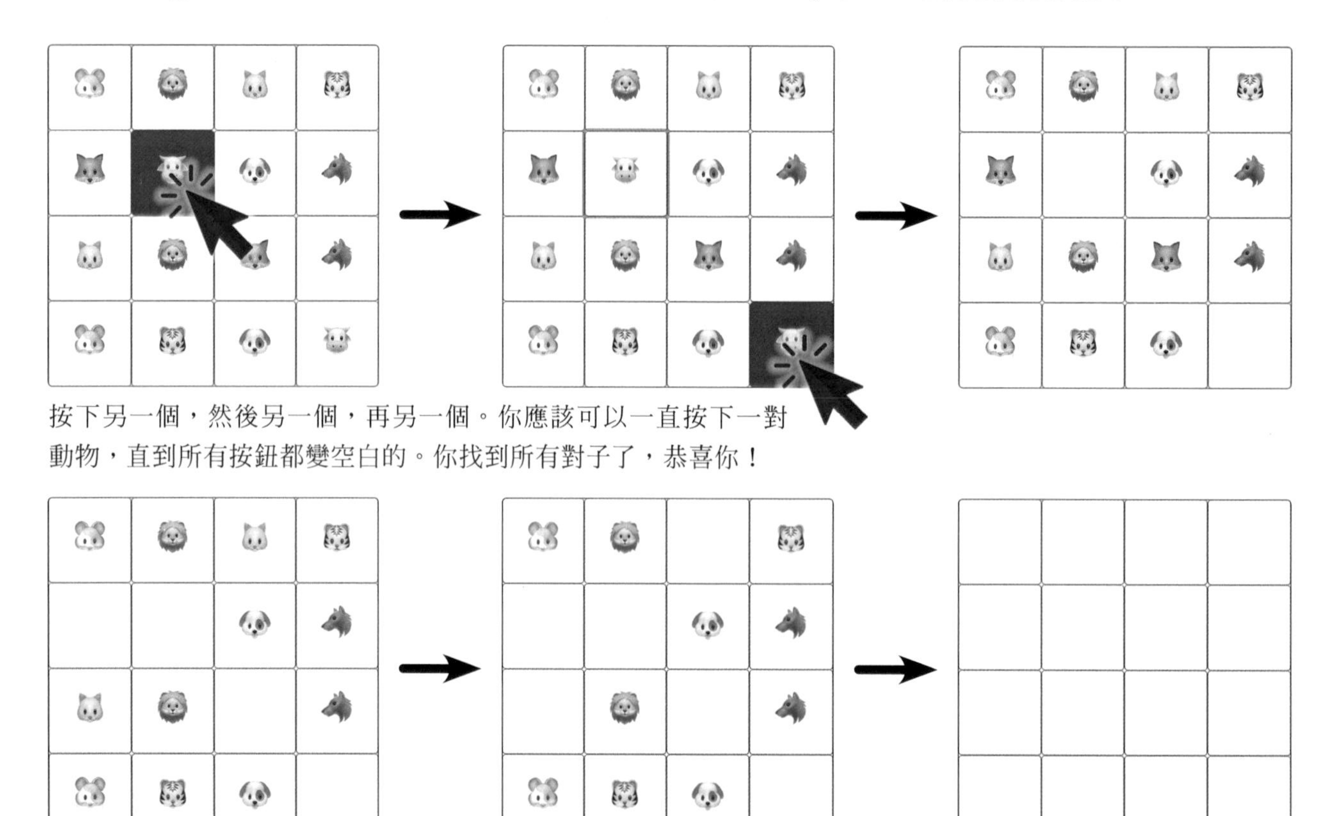

按下另一個，然後另一個，再另一個。你應該可以一直按下一對動物，直到所有按鈕都變空白的。你找到所有對子了，恭喜你！

但是按下同一個按鈕兩次會怎樣？

在瀏覽器重新載入網頁並重設遊戲。但是這一次不要尋找對子，而是**按下同一個按鈕兩次**。等一下，**遊戲有 *bug* ！**它應該要忽略那次按下的動作才對，但是它的表現和你找到對子一樣。

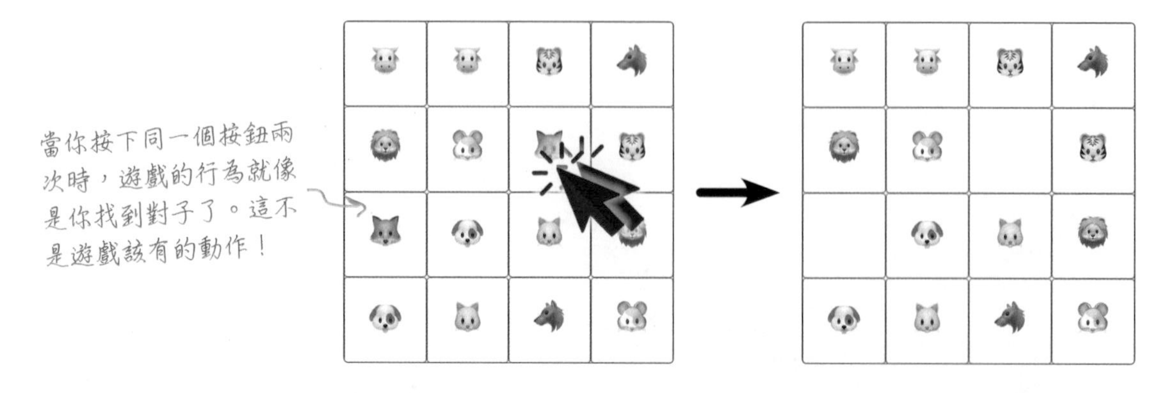

當你按下同一個按鈕兩次時，遊戲的行為就像是你找到對子了。這不是遊戲該有的動作！

使用偵錯工具來修正問題

你應該聽過「bug」，甚至對朋友說過：「那個遊戲有很多 bug，漏洞也很多。」每一個 bug 都有原因（在你的程式裡發生的每一件事都有原因），但並非每一個 bug 都很容易追蹤。

了解 *bug* 是修正它的第一步。幸好，Visual Studio 偵錯工具是很棒的工具。（所以它稱為偵錯工具（debugger）：它是幫助你擺脫 bug 的工具！）

1. **想一下哪裡出錯了。**

   應注意的第一件事就是你的 bug 是**可重現的**：每當你按下同一個按鈕兩次時，它的行為就像你按下一對相符的按鈕一般。

   第二件事就是你**知道** bug 在哪裡。這個問題在你加入處理 Click 事件的程式之後才出現，所以那裡是很好的起點。

2. **在你剛才寫的 Click 事件處理程式中加入中斷點，**

   按下 ButtonClick 方法的第一行，並且在選單**選擇 Run >> Toggle Breakpoint（⌘\）**。那一行會改變顏色，而且你會在左側看到一個圓點：

```
62        private void ButtonClick(string animal)
63        {
64            if (lastAnimalFound == string.Empty)
65            {
66                //First selection of the pair. Remember it.
67                lastAnimalFound = animal;
68            }
```

當你在一行程式設定中斷點之後，IDE 會改變它的背景色，並且在左邊顯示一個圓點。

偵錯工具剖析

當你的 app 在偵錯工具裡面暫停時（稱為「中斷（break）」app），工具列會出現偵錯控制項。你將在本書大量練習使用它們，所以不必死記它們的功能。現在先按照我們的敘述，把滑鼠游標移到它們上面來看一下工具提示，然後按下 Run 選單來查看它們對應的快捷鍵（例如用來 Step Over 的 ⇧⌘O）。

Continue Execution 按鈕可以讓 app 再次開始執行。

你可以在 app 正在執行時使用 Pause Execution 按鈕來讓它暫停。

Step Over 按鈕會執行下一個陳述式。如果它是個方法，它會執行整個方法。

Step Into 按鈕也會執行下一個陳述式，但是如果那個陳述式是個方法，它只會執行方法裡面的第一行陳述式。

Step Out 按鈕會將目前的方法執行完畢，並在呼叫它的程式碼的下一行中斷。

繼續對事件處理常式進行偵錯

設定中斷點之后，我們用它來了解程式怎麼了。

3 **按下一個動物來觸發中斷點。**

如果你的 app 已經在執行了，先停止它，並關閉所有瀏覽器視窗。然後再度**執行 app**，並**按下任何一個動物按鈕**。Visual Studio 應該會在前景顯示出來。你加入中斷點的那一行會用不同的顏色來醒目提示：

```
62        private void ButtonClick(string animal)
63        {
64            if (lastAnimalFound == string.Empty)
65            {
```

把你的滑鼠移到方法的第一行，它的開頭是 `private void`，並**將游標移到 `animal` 上面**。你會看到一個小快顯視窗，顯示你按下的動物：

```
private void ButtonClick(string animal)
{
```


把游標移到「animal」來觀察你按下的 emoji。

按下 **Step Over** 按鈕，或是在選單選擇 Run >> Step Over（⇧⌘O）。醒目提示會往下移到 { 那一行。再次 step over，將醒目提示移到下一個陳述式：

```
64            if (lastAnimalFound == string.Empty)
65            {
66                //First selection of the pair. Remember it.
67                lastAnimalFound = animal;
68            }
```

再 step over 一次，來執行那個陳述式，然後把游標移到 `lastAnimalFound` 上面：

```
66                //First selection of the pair. Remember it.
67                lastAnimalFound
68            }
```


你 step over 的陳述式設定了 `lastAnimalFound` 的值，讓它與 `animal` 一樣。

這就是程式記錄玩家按下的第一個動物的做法。

4 **繼續執行。**

按下 **Continue Execution** 按鈕，或是在選單選擇 Run >> Continue Debugging（⌘↩）。切回去瀏覽器，你的遊戲會繼續執行，直到它再次遇到中斷點。

5 按下一樣的動物。

找到與 emoji 一樣的按鈕並**按下它**。IDE 會觸發中斷點，並再次暫停 app。按下 **Step Over**，它會跳過第一個區塊，跳到第二個：

```
→ 69            else if (lastAnimalFound == animal)
  70            {
  71                //Match found! Reset for next pair.
  72                lastAnimalFound = string.Empty;
```

把游標移到 `lastAnimalFound` 與 `animal` 上面，它們應該有同一個 emoji。這就是事件處理常式知道你找到對子的方式。**再 step over** 三次：

```
  74                //Replace found animals with empty string to hide them
→ 75                shuffledAnimals = shuffledAnimals
  76                    .Select(a => a.Replace(animal, string.Empty))
  77                    .ToList();
```

現在**把游標移到 `shuffledAnimals` 上面**。你會在快顯的視窗裡看到好幾個項目。按下 `shuffledAnimals` 旁邊的三角形來展開它，然後**展開 `_items`** 來觀察所有的動物：

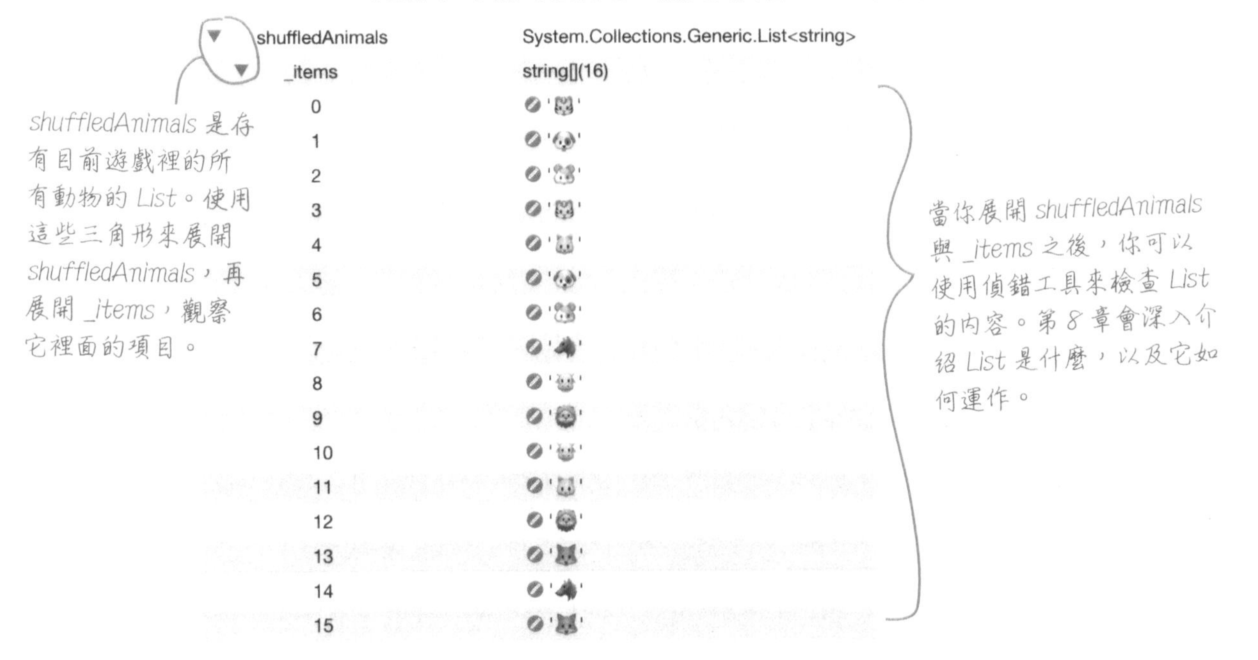

按下 **Continue Execution** 來恢復遊戲，然後**按下另一對相符的**動物，以再次觸發中斷點，回到偵錯工具。然後**再次把游標移到 `shuffledAnimals` 上面**，看一下它的項目。原本相符的 emoji 現在變成兩個（*null*）值了：

6	'🐹'
7	(null)
8	'🐮'

我們已經仔細研究大量的證據，並收集一些重要的線索了，你認為這個問題的原因是什麼？

追蹤造成問題的 bug…

是時候戴上福爾摩斯帽子，開始調查問題了。我們已經收集很多證據了，目前我們知道的事情有：

1. 每當你按下按鈕時，按鍵事件處理常式就會執行。
2. 事件處理常式用 `animal` 來得知你第一次按下的動物是什麼。
3. 事件處理常式用 `lastAnimalFound` 來得知你第二次按下的動物是什麼。
4. 如果 `animal` 等於 `lastAnimalFound`，它就認為它們相符，並將相符的動物從 list 移除。

那麼，按下同一個動物按鈕兩次會發生什麼事？我們來找出答案！**重複執行剛才做過的步驟**，但是這一次是**按下同一個動物兩次**。看一下在步驟 5 發生什麼事。

與之前一樣，把游標移到 `animal` 與 `lastAnimalFound` 上面。它們是相同的！那是因為事件處理常式**無法分辨同一種動物的不同按鈕**。

…並修正 bug！

知道 bug 的原因之後，我們知道如何修正它了：讓事件處理常式能夠分辨同一個 emoji 的不同按鈕。

我們先這樣**修改** ButtonCick 事件處理常式（不要遺漏任何修改）：

```
string lastAnimalFound = string.Empty;
string lastDescription = string.Empty;

private void ButtonClick(string animal, string animalDescription)
{
    if (lastAnimalFound == string.Empty)
    {
        // 選擇一對的第一個。記住它。
        lastAnimalFound = animal;
        lastDescription = animalDescription;
    }
    else if ((lastAnimalFound == animal) && (animalDescription != lastDescription))
```

現在每一個按鈕都有一個敘述與一個動物，且事件處理常式使用 *lastDescription* 來追蹤它。

現在它會確保動物與敘述都是相符的。

然後**把 foreach 迴圈換成**另一種迴圈，for 迴圈，這個 for 會計數動物：

```
<div class="row">

  @for (var animalNumber = 0; animalNumber < shuffledAnimals.Count; animalNumber++)
  {
    var animal = shuffledAnimals[animalNumber];
    var uniqueDescription = $"Button #{animalNumber}";

    <div class="col-3">
      <button @onclick="@(() => ButtonClick(animal, uniqueDescription))"
              type="button" class="btn btn-outline-dark">@animal</button>
```

將 *foreach* 迴圈換成 *for* 迴圈。第 2 章會介紹迴圈。

與之前一樣，再次對 app 進行偵錯。這一次當你按下同一個動物兩次時，它會跳到事件處理常式的結尾。**這個 *bug* 被修正了！**

留意這些 Q&A 單元。它們經常回答最要緊的問題，並指出其他讀者正在思考的問題。事實上，有很多問題真的是之前版本的讀者提出來的問題！

問：你提到我要執行伺服器與 web app，這是什麼意思？

答：當你執行 app 時，IDE 會啟動你所選擇的瀏覽器。在瀏覽器裡面的位址欄有個類似 https://localhost:5001/ 的 URL — 當你**複製那個 URL**，並將它貼到**另一個瀏覽器**的 URL 欄時，那個瀏覽器也會執行你的遊戲。那是因為瀏覽器運行的是 **web app**，也就是完全在瀏覽器裡面運行的網頁。如同任何網頁，它必須用 web 伺服器來承載。

問：我的瀏覽器連接哪個 web 伺服器？

答：你的瀏覽器連接在 *Visual Studio* 裡面運行的伺服器。在 IDE 的最下面按下 Application Output 按鈕可以打開一個視窗，裡面有正在運行的應用程式的輸出，在這個例子裡，這個應用程式包含承載 web app 的伺服器。在那個視窗裡面捲動或搜尋，找到它監聽被傳進來的瀏覽器連結的那一行：

```
Now listening on: https://localhost:5001
```

問：當我按下 ⌘⇥（Command-Tab）來切換 macOS app 時，會有一堆 Edge 或 Chrome 實例仍然是開啟的，這是怎麼回事？

答：每當你在 Visual Studio 裡面停止與啟動 app 時，它都會啟動一個瀏覽器新實例，因為它必須建立個別的連結來進行偵錯。你可以連接其他的瀏覽器實例，但你只能對 IDE 啟動的瀏覽器進行偵錯。你可以自己試試看：在 IDE 裡面啟動、停止和重新啟動 app，然後設定一個中斷點。執行到中斷點時，只有一個瀏覽器真的暫停了。

問：Blazor web app 看起來比主控台 app 複雜許多，它們的工作方式真的是相同的嗎？

答：是的。當你仔細研究之後，你會發現所有的 C# 程式都以相同的方式運作：執行一個陳述式，然後下一個，然後再下一個。web app 看起來比較複雜的原因是有些方法只會在某件事發生時被呼叫，例如當網頁載入時，或用戶按下按鈕時。當一個方法被呼叫時，它的運作方式與主控台 app 裡面的完全一樣，你可以自己在它裡面設定中斷點來證明這件事。

IDE 小撇步：Errors 視窗

除非你有特異功能，可以完美地輸入程式碼而不打錯任何一個字，否則你一定在 IDE 最下面看過 Errors 視窗。它會在你執行有錯誤的專案時顯示出來。這是當我們試著修正 bug，但不小心這樣打錯字時，Error 視窗的樣子：

```
string lsatDescription = string.Empty;
```

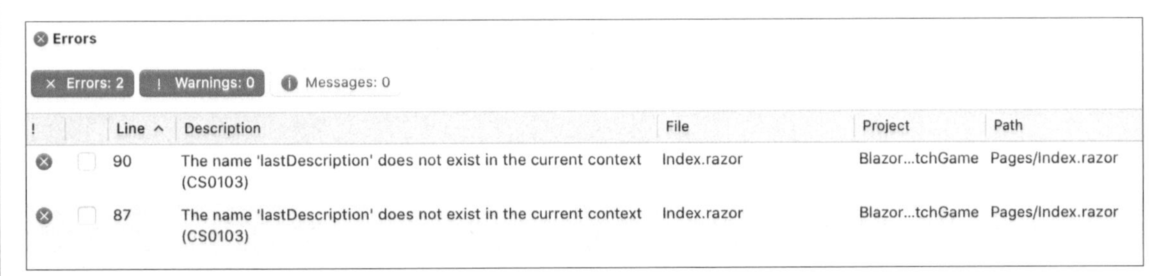

!		Line	Description	File	Project	Path
⊗		90	The name 'lastDescription' does not exist in the current context (CS0103)	Index.razor	Blazor...tchGame	Pages/Index.razor
⊗		87	The name 'lastDescription' does not exist in the current context (CS0103)	Index.razor	Blazor...tchGame	Pages/Index.razor

你隨時可以藉著**組建**程式來檢查錯誤，無論是藉著執行它，或是在 Build 選單選擇 Build All (⌘B)。如果 Errors 視窗沒有顯示，那就代表你的程式**可以組建**，也就是 IDE 可以將你的程式碼轉換成**二進制檔**，也就是 macOS 可以執行的可執行檔。

我們在程式中加入一個錯誤。到 SetUpGame 方法的第一行，加入獨立的一行：Xyz。

組建你的程式，IDE 會打開 Errors 視窗，並且在上面顯示 × Errors: 1 與一個錯誤。當你按下別處時，Errors 視窗就會消失 — 但不用擔心，你隨時可以按下 IDE 的最下面 ⊗ Errors 來重新打開它。

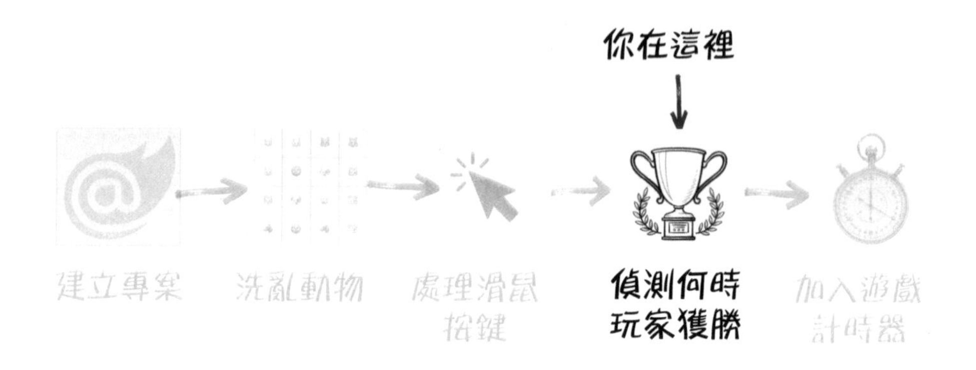

加入程式，在玩家獲勝時重設遊戲

遊戲可以順暢運行了，你的玩家在一開始有一個填滿動物的網格，玩家可以按下一對動物，當它們相同時會消失。但是玩家找到所有對子會怎樣？我們要重設遊戲來讓玩家可以再試一次。

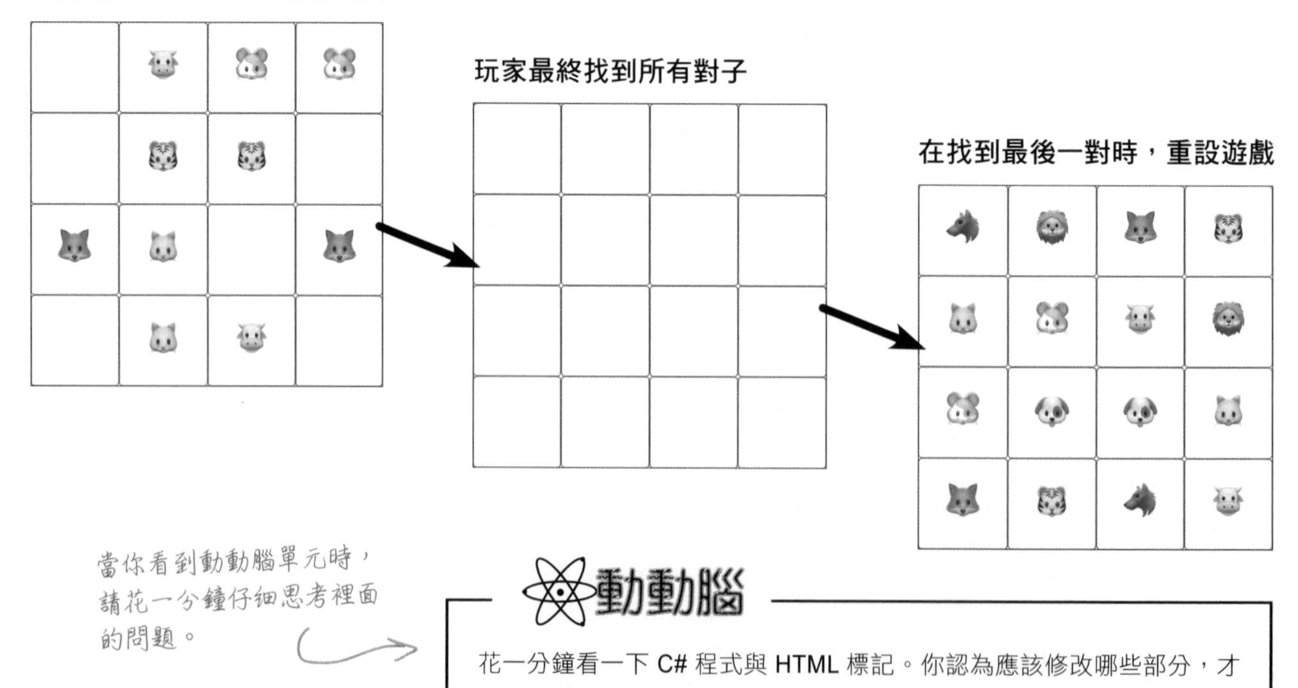

玩家按下對子時，它們會消失
玩家最終找到所有對子
在找到最後一對時，重設遊戲
當你看到動動腦單元時，請花一分鐘仔細思考裡面的問題。
動動腦

花一分鐘看一下 C# 程式與 HTML 標記。你認為應該修改哪些部分，才可以在玩家按下所有對子之後重設遊戲？

這裡有需要加入 app 的四段程式。當你將每一段程式放到正確的位置時，遊戲就會在玩家找到所有對子時重設。

```
int matchesFound = 0;
```

```
matchesFound = 0;
```

```
matchesFound++;
if (matchesFound == 8)
{
    SetUpGame();
}
```

```
<div class="row">
  <h2>Matches found: @matchesFound</h2>
</div>
```

你的工作是想出這四段程式應該放在哪裡。我們將部分的遊戲程式複製到下面，並加入四個方塊，每一個方塊都要填入上面的程式碼。你可以想出每一段程式應該放在哪一個方塊裡面嗎？

```
<div class="container">
    <div class="row">
        @for (var animalNumber = 0; animalNumber < shuffledAnimals.Count; animalNumber++)
        {
            var animal = shuffledAnimals[animalNumber];
            var uniqueDescription = $"Button #{animalNumber}";

            <div class="col-3">
                <button @onclick="@(() => ButtonClick(animal, uniqueDescription))"
                        type="button" class="btn btn-outline-dark">
                    <h1>@animal</h1>
                </button>
            </div>
        }
    </div>
    [                                        ]
</div>
```

在這個方塊裡面的是上面的哪一段程式？

```
List<string> shuffledAnimals = new List<string>();
[                                        ]
```

```
private void SetUpGame()
{

    Random random = new Random();
    shuffledAnimals = animalEmoji
        .OrderBy(item => random.Next())
        .ToList();
    [                                        ]
}
```

這不是紙筆練習 — 你應該在 IDE 裡面修改程式來做這個練習。在角落有跑步鞋圖示的「習題」代表你要回去 IDE 開始編寫 C# 程式碼。

```
    else if ((lastAnimalFound == animal) && (animalDescription != lastDescription))
    {
        // 找到一樣的！重設，進行下一次配對。
        lastAnimalFound = string.Empty;

        // 把已經找到的動物換成空字串來隱藏它們
        shuffledAnimals = shuffledAnimals
            .Select(a => a.Replace(animal, string.Empty))
            .ToList();
        [                                        ]
    }
```

當你做程式練習時，偷看解答不是作弊！挫折感會阻礙你的學習 — 我們很容易被小事困住，解答可以協助你克服它。

這是把每一段程式放到正確位置的程式碼。在你的遊戲裡面**加入全部的四段程式**，讓遊戲在玩家找到所有的對子時重設。

```
<div class="container">
    <div class="row">
        @for (var animalNumber = 0; animalNumber < shuffledAnimals.Count; animalNumber++)
        {
            var animal = shuffledAnimals[animalNumber];
            var uniqueDescription = $"Button #{animalNumber}";

            <div class="col-3">
                <button @onclick="@(() => ButtonClick(animal, uniqueDescription))"
                        type="button" class="btn btn-outline-dark">
                    <h1>@animal</h1>
                </button>
            </div>
        }
    </div>
    <div class="row">
      <h2>Matches found: @matchesFound</h2>
    </div>
</div>
```

這個 Razor 標記使用 @matchesFound 來讓網頁在網格的下面顯示已經找到的對子的數量。

```
List<string> shuffledAnimals = new List<string>();
int matchesFound = 0;
```

遊戲在這裡記錄玩家到目前為止找到的對子的數量。

```
private void SetUpGame()
{

    Random random = new Random();
    shuffledAnimals = animalEmoji
        .OrderBy(item => random.Next())
        .ToList();
    matchesFound = 0;
}
```

當遊戲被設定或重設時，它會將對子數量重設為零。

```
    else if ((lastAnimalFound == animal) && (animalDescription != lastDescription))
    {
        // 找到一樣的！重設，進行下一次配對。
        lastAnimalFound = string.Empty;

        // 把已經找到的動物換成空字串來隱藏它們
        shuffledAnimals = shuffledAnimals
            .Select(a => a.Replace(animal, string.Empty))
            .ToList();

        matchesFound++;
        if (matchesFound == 8)
        {
            SetUpGame();
        }
    }
```

每次玩家找到對子時，這一段程式就會將 matchesFound 加 1。如果全部的 8 對都被找到，它會重設遊戲。

動動腦

你已經抵達專案的另一個檢查點了！雖然遊戲還沒有完成，但它已經可以動作，而且可以玩了，所以現在是時候後退一步，想一下怎麼改善它。怎麼修改可以讓它更有趣？

建立專案　洗亂動物　處理滑鼠按鍵　偵測何時玩家獲勝　**加入遊戲計時器**

加入計時器來完成遊戲

讓玩家挑戰最佳時間紀錄可以讓動物配對遊戲更刺激。我們要加入一個**計時器**，藉著重複呼叫一個方法，每隔一段固定的時間「跳動」一次。

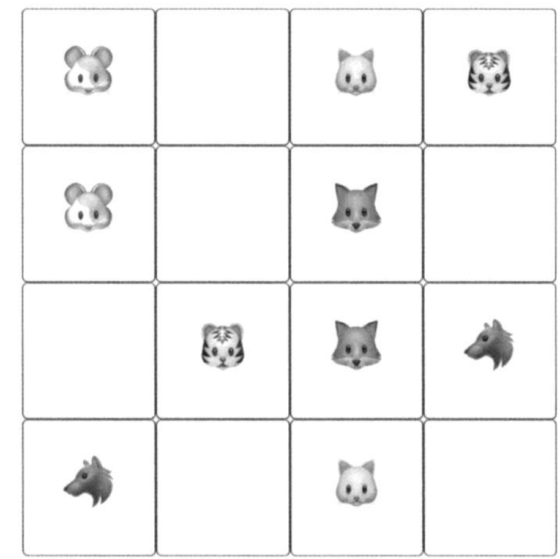

Matches found: 3

Time: 8.8s

我們來讓遊戲更刺激吧！我們在視窗底部顯示遊戲開始之後經過的時間，讓它不斷增加，直到找到最後一對動物之後才停止。

滴答

滴答

滴答

計時器藉著不斷呼叫方法，每隔一段時間「跳動」一次。當玩家啟動遊戲時，計時器就會啟動，並在最後一組對子被找到時停止。

在遊戲程式加入計時器

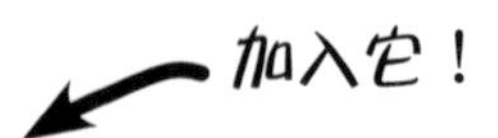

① 在 *Index.razor* 檔案的最上面找到這一行：@page "/"

在它下面加入這一行 — 加入它才能在 C# 程式碼裡面使用 Timer：

@using System.Timers

② 你要修改 HTML 標記來顯示時間。在你於練習中加入的第一個區塊的下面加入這些程式：

```
    </div>
     <div class="row">
         <h2>Matches found: @matchesFound</h2>
     </div>
     <div class="row">
         <h2>Time: @timeDisplay</h2>
     </div>
</div>
```

③ 你的網頁需要計時器。它也需要記錄經過的時間：

```
List<string> shuffledAnimals = new List<string>();
int matchesFound = 0;
Timer timer;
int tenthsOfSecondsElapsed = 0;
string timeDisplay;
```

④ 你要告訴計時器多久「跳動」一次，以及該呼叫哪個方法。所以你要在 OnInitialized 方法裡面做這件事，這個方法會在網頁載入之後執行：

```
protected override void OnInitialized()
{
    timer = new Timer(100);
    timer.Elapsed += Timer_Tick;

    SetUpGame();
}
```

⑤ 在設定遊戲時重設計時器：

```
private void SetUpGame()
{
    Random random = new Random();
    shuffledAnimals = animalEmoji
        .OrderBy(item => random.Next())
        .ToList();

    matchesFound = 0;
    tenthsOfSecondsElapsed = 0;
}
```

⑥ 你要停止與啟動計時器。在 ButtonClick 方法的最上面附近加入這一行程式，在玩家按下第一個按鈕時啟動計時器：

```
if (lastAnimalFound == string.Empty)
{
    // 選擇一對的第一個，記住它
    lastAnimalFound = animal;
    lastDescription = animalDescription;

    timer.Start();
}
```

最後，在下面的 ButtonClick 方法裡面加入這兩行，在玩家找到最後一對動物時停止計時器，並顯示「Play Again?」訊息：

```
matchesFound++;
if (matchesFound == 8)
{
    timer.Stop();
    timeDisplay += " - Play Again?";

    SetUpGame();
}
```

⑦ 你的計時器終於知道它每一次跳動時該做什麼了。正如同 Click 事件有處理常式，計時器也有 Tick 事件處理常式，它們是計時器每次跳動時都會執行的方法。

在網頁的最下面加入這段程式，就在結束大括號 } 上面：

```
private void Timer_Tick(Object source, ElapsedEventArgs e)
{
    InvokeAsync(() =>
    {
        tenthsOfSecondsElapsed++;
        timeDisplay = (tenthsOfSecondsElapsed / 10F)
            .ToString("0.0s");
        StateHasChanged();
    });
}
```

計時器會在玩家按下第一個動物時啟動，在最後一對被找到時停止。這不會從根本上改變遊戲的運作方式，但是會讓它更刺激。

清理導覽選單

你的遊戲可以運作了！但是你有沒有發現，在你的 app 裡面還有其他網頁？試著在左邊的導覽選單裡面按下「Counter」或「Fetch data」。當你建立 Blazor WebAssembly App 專案時，Visual Studio 會額外加入這些樣本網頁。你可以安全地移除它們。

展開 **wwwroot 資料夾**並編輯 *index.html*。找到 `<title>` 開頭的那一行，並將它**修改**成這樣：`<title>`**`Animal Matching Game`**`</title>`

接著展開解決方案（solution）裡面的 **Shared 資料夾**，並且**對著 *NavMenu.razor* 按兩下**，找到這一行：

```
<a class="navbar-brand" href="">BlazorMatchGame</a>
```

將它換成：

```
<a class="navbar-brand" href="">Animal Matching Game</a>
```

然後刪除這幾行：

```
<li class="nav-item px-3">
    <NavLink class="nav-link" href="counter">
        <span class="oi oi-plus" aria-hidden="true"></span> Counter
    </NavLink>
</li>
<li class="nav-item px-3">
    <NavLink class="nav-link" href="fetchdata">
        <span class="oi oi-list-rich" aria-hidden="true"></span> Fetch data
    </NavLink>
</li>
```

最後，按住 ⌘（Command），並且在 Solution 視窗**點選這些檔案來同時選取它們**：在 Pages folder 資料夾裡面的 ***Counter.razor*** 與 ***FetchData.razor***，在 Shared 資料夾裡面的 ***SurveyPrompt.razor***，以及在 wwwroot 資料夾裡面的**整個 sample-data** 資料夾。選取它們之後，在它們上面按下右鍵，並且在選單裡面**選擇 Delete**（⌘⌫）來刪除它們。

現在你的遊戲完成了！

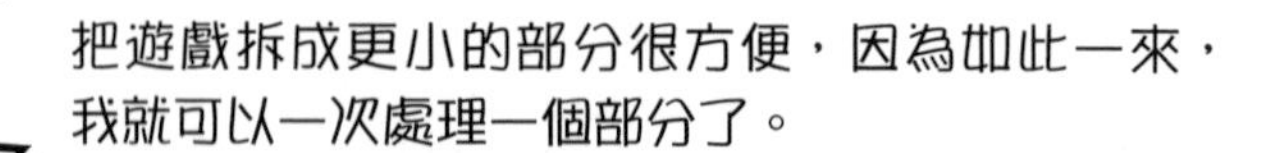

把遊戲拆成更小的部分很方便，因為如此一來，
我就可以一次處理一個部分了。

當你參與大型的專案時，將它拆成更小的部分絕對是很棒的做法。

將一個既龐大且困難的問題拆成更小、更容易解決的問題是值得發展的程式設計技術。

我們很容易在遇到龐大的專案時失去信心，想著：「哇！這實在是太…大了！」 但是一旦你找到你可以處理的一小部分，你就有一個很好的起點。完成那個部分之後，你就可以繼續處理另一個小部分，然後處理另一個，接著再處理另一個。你可以在建構各個部分的過程中，越來越了解那個龐大的專案。

怎樣可以更好…

你的遊戲很棒！但是每一個遊戲（其實是幾乎每一個程式）都有改善的空間。我們覺得這些做法可以讓遊戲更好：

★ 加入不同種類的動物，以免每一次都顯示同一組動物。

★ 記錄玩家的最佳時間，讓他們可以試著打破那個紀錄。

★ 讓計時器倒數計時，而不是讓時間不斷增加，以限制玩家的時間。

迷你削尖你的鉛筆

你可以幫遊戲想出你自己的「如果…會更好」的改善方式嗎？這是很棒的練習，花幾分鐘，寫下動物配對遊戲可以改善的地方，至少三項。

我們是認真的 — 花幾分鐘做這一題。退一步回想剛才完成的專案，可以把學會的知識牢牢植入大腦。

重點提示

- **事件處理常式**是你的 app 在特定事件發生時呼叫的方法，那些事件包括按下按鍵、重新載入網頁，或計時器跳動。
- IDE 的 **Errors 視窗**會顯示導致程式碼無法組建的錯誤。
- **計時器**會在指定的時間間隔內反覆執行 Tick 事件處理常式方法。
- **foreach** 是一種迴圈，它會逐一查看一個項目集合。
- **for** 是一種可以用來計數的迴圈。
- 當你的程式有 **bug** 時，請收集證據，試著找出元兇。
- 如果 bug 是**可重現的**，它就比較容易修正。
- IDE 的**偵錯工具**可讓你在特定的陳述式暫停 app，來協助你追蹤問題。
- 設定**中斷點**可讓偵錯工具在你設定中斷點的陳述式暫停。
- Visual Studio 可以讓你非常輕鬆地使用**原始檔控制系統**來備份程式碼，並記錄你做過的所有更改。
- 你可以 commit 程式碼到**遠端的 Git repo**。我們在這本書中使用 GitHub 來當成原始碼的存放庫。

提醒你一下：我們將在書中經常使用「IDE」來代表 Visual Studio。

現在很適合把你的程式碼推送到 Git！如此一來，當你想要重複使用專案裡面的程式時，你就可以隨時回到你的專案了。

這是第 2 章的 Windows 桌面專案的 Blazor 版本。

來自第 2 章 探究 C#

第 2 章的最後一個部分是一個實驗各種控制項的 Windows 專案。我們將使用 Blazor 來建構類似的專案，來實驗各種 web 控制項。

控制項驅動使用者介面的機制

你曾經在上一章使用 Button **控制項**來建構遊戲。但是控制項有許多不同的用法，而且選擇不同的控制項會讓 app 產生很大的變化。聽起來很奇怪？這其實與設計遊戲時做出的選擇非常相似。當你設計一個需要使用隨機數產生器的桌遊時，你可以使用骰子、轉盤，或卡牌。如果你在設計一個平台遊戲，你可以選擇讓玩家跳躍、做二段跳、踏牆跳，或飛起來（或是在不同的時間做不同的事情）。app 也一樣：如果你要設計一個讓用戶輸入數字的 app，你可以挑選各種不同的控制項來讓他們做這件事，而且**你的選擇會影響用戶的 *app* 體驗**。

Enter text

★ **文字方塊**可讓用戶輸入任何文字。但是我們要確保他們只輸入數字，而不是任何文字。

1 2 3 4 5 6

★ **選項按鈕**可限制用戶的選擇。它們通常是一個圓圈，裡面有黑點，但你也可以把它們改成一般按鈕的樣子。

控制項是常用的使用者介面（UI）元件，它是 UI 的基本元素。選擇不同的控制項種類會改變 app 的機制。

我們可以從電玩借用「機制」的概念來了解我們的選項，為每一種 app 做出絕佳的選擇，而不是只有遊戲。

★ **滑桿**只能用來選擇數字。電話號碼也只是數字，所以在技術上，你可以用滑桿來選擇電話號碼。你認為這個選擇好嗎？

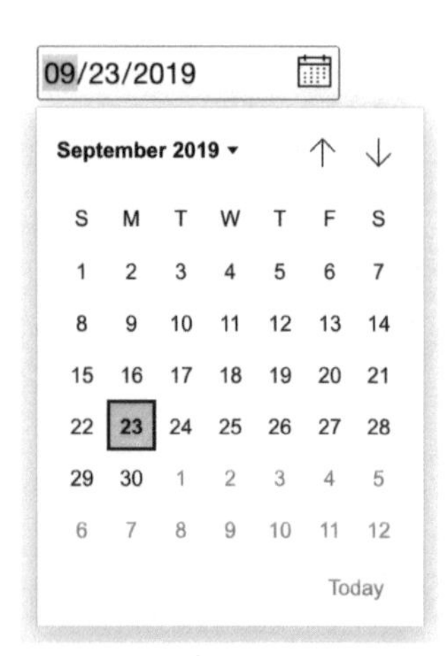

★ **選擇器**是專門用來從清單中選出特定類型的值的控制項。例如，**日期選擇器**可讓你藉著選擇年、月、日來選出一個日期，**顏色選擇器**可讓你用色譜滑桿或顏色的數字值來選擇一種顏色。

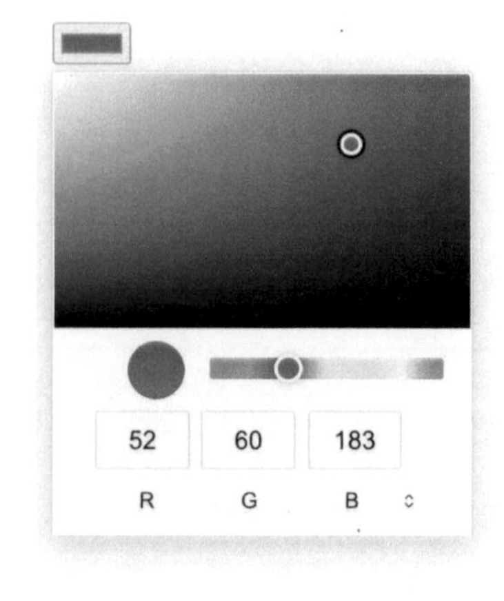

建立新的 Blazor WebAssembly App 專案

在這個 ***Visual Studio for Mac* 學習指南**裡，你曾經為了製作動物配對遊戲而建立一個 Blazor WebAssembly App 專案，接下來你也要幫這個專案做同樣的事情。

接下來的步驟會簡單地告訴你如何建立 *Blazor WebAssembly App* 專案、改變主網頁的標題文字，以及移除 *Visual Studio* 建立的額外檔案。我們不會在這個指南的其他專案裡面重複做這些事情，在接下來的 *Blazor WebAssembly App* 專案裡面，你也要自己做這些步驟。

1. **建立新的 Blazor WebAssembly App 專案。**

   啟動 Visual Studio 2019 for Mac 或是在選單裡選擇 *File >> New Solution...*（⇧⌘*N*）來**開啟 New Project 視窗**。**按下 New** 來建立新專案。將它命名為 **ExperimentWithControlsBlazor**。

2. **修改標題與導覽選單。**

   在動物配對遊戲專案的結尾，你曾經修改標題與導覽列文字。幫這個專案做同一件事。展開 **wwwroot 資料夾**並編輯 *Index.html*。找出 `<title>` 開頭的那一行，**將它修改成**：

```
<title>Experiment with Controls</title>
```

   展開解決方案裡面的 **Shared 資料夾**，並且**在 *NavMenu.razor* 上面按兩下**。找到這一行：

```
<a class="navbar-brand" href="">ExperimentWithControlsBlazor</a>
```

   將它換成：

```
<a class="navbar-brand" href="">Experiment With Controls</a>
```

3. **移除額外的導覽選單選項，與它們的檔案。**

   做法和動物配對遊戲專案結束時一樣。**在 *NavMenu.razor* 按兩下**，並**刪除這幾行**：

```
<li class="nav-item px-3">
    <NavLink class="nav-link" href="counter">
        <span class="oi oi-plus" aria-hidden="true"></span> Counter
    </NavLink>
</li>
<li class="nav-item px-3">
    <NavLink class="nav-link" href="fetchdata">
        <span class="oi oi-list-rich" aria-hidden="true"></span> Fetch data
    </NavLink>
</li>
```

   然後按住 ⌘（Command），並且在 Solution 視窗點選以下這些檔案來**同時選取它們**：在 Pages folder 資料夾裡面的 ***Counter.razor*** 與 ***FetchData.razor***，在 Shared 資料夾裡面的 ***SurveyPrompt.razor***，以及在 wwwroot 資料夾裡面的**整個 sample-data** 資料夾。選取它們之後，在它們上面按下右鍵，並且在選單裡面**選擇 Delete**（⌘⌫）來刪除它們。

建立有滑桿控制項的網頁

你的許多程式都要讓用戶輸入數字，而**滑桿**是最基本的數字輸入控制項之一，它也稱為**範圍輸入控制項**。我們來建立一個新的 Razor 網頁，在裡面使用滑桿來更新一個值。

像你在第 1 章的動物配對遊戲裡那樣編譯 Razor 網頁。

1 **替換 Index.razor 網頁。**

打開 *Index.razor*，將它的內容全部**換成這個 HTML 標記**：

```
@page "/"

<div class="container">
    <div class="row">
        <h1>Experiment with controls</h1>
    </div>
    <div class="row mt-2">
        <div class="col-sm-6">
            Pick a number:
        </div>
        <div class="col-sm-6">
            <input type="range"/>
        </div>
    </div>
    <div class="row mt-5">
        <h2>
            Here's the value:
        </h2>
    </div>
</div>
```

在這個標籤裡面的 class="row" 會要求網頁將 <div class="row"> 與 </div> 之間的所有東西都轉譯成網頁裡的一列。

在類別裡面加入 mt-2 會讓網頁在這一列上面加入兩個空格的頂距。

這是輸入標籤。它有一個 type 屬性，用來決定要在網頁顯示哪一種輸入控制項。當你將 type 設成 range 時，它會顯示滑桿：

<input type="range"/>

HTML 控制項有時會因為你所使用的瀏覽器而有不一樣的外觀。在 Edge 裡面的滑桿長這樣：

2 **執行 app。**

像你在第 1 章那樣執行 app。比較 HTML 標記與瀏覽器顯示的網頁 — 比對個別的 <div> 區塊以及在網頁上顯示出來的東西。

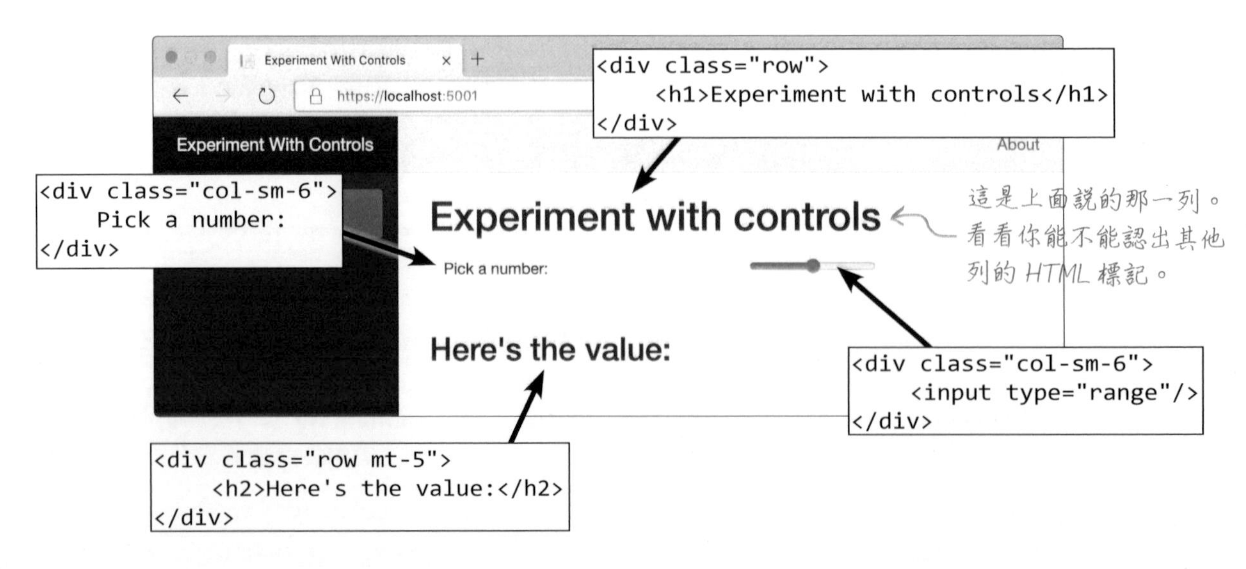
Experiment With Controls
https://localhost:5001
Experiment With Controls
About
Experiment with controls
Pick a number:
Here's the value:
<div class="row">
<h1>Experiment with controls</h1>
</div>
<div class="col-sm-6">
Pick a number:
</div>
這是上面說的那一列。看看你能不能認出其他列的 HTML 標記。
<div class="col-sm-6">
<input type="range"/>
</div>
<div class="row mt-5">
<h2>Here's the value:</h2>
</div>

❸ 在網頁中加入 C# 程式碼。

回到 *Index.razor*，並且在檔案的最下面**加入這些 C# 程式碼**：

```
@code
{
    private string DisplayValue = "";

    private void UpdateValue(ChangeEventArgs e)
    {
        DisplayValue = e.Value.ToString();
    }
}
```

UpdateValue 方法是 Change 事件處理常式。它接收一個參數，你的方法可以透過它，用被改變的資料做一些事情。

每次網頁用一個值來呼叫這個 change 事件處理常式時，處理常式都會更改 DisplayValue。

❹ 將 range 控制項接到剛才加入的 Change 事件處理常式。

在 range 控制項裡面加入一個 @onchange 屬性：

```
@page "/"

<div class="container">
    <div class="row">
        <h1>Experiment with controls</h1>
    </div>
    <div class="row mt-2">
        <div class="col-sm-6">
            Pick a number:
        </div>
        <div class="col-sm-6">
            <input type="range" @onchange="UpdateValue" />
        </div>
    </div>
    <div class="row mt-5">
        <h2>
            Here's the value: <strong>@DisplayValue</strong>
        </h2>
    </div>
</div>
```

使用 @onchange 來將控制項接到 Change 事件處理常式之後，每當控制項的值改變時，你的網頁就會呼叫事件處理常式。

每一次 DisplayValue 改變時，在網頁上顯示的值也會改變。

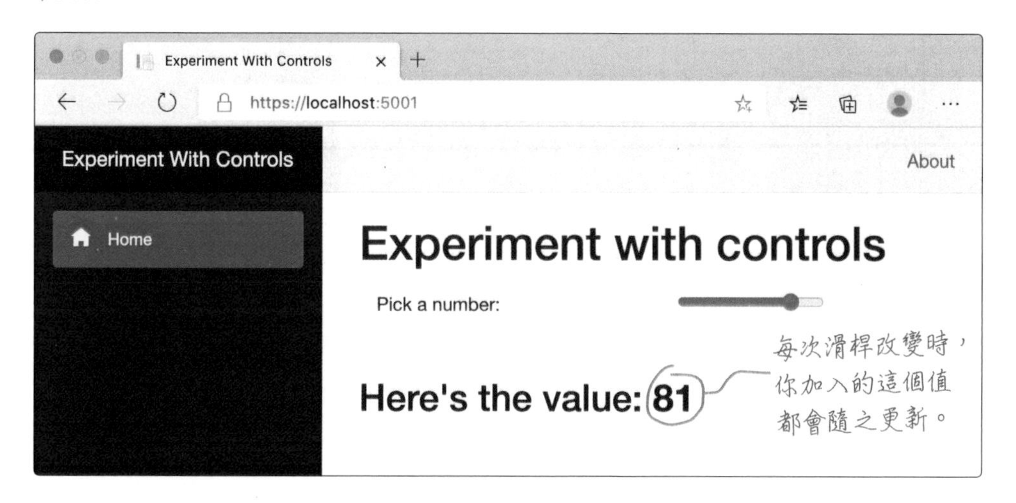

在 app 加入文字輸入

這個專案的目標是實驗各種不同的控制項，所以我們來加入一個**文字輸入控制項**，讓用戶可以將文字傳給 app，並且在網頁底部顯示文字。

1 在網頁的 HTML 標記裡加入文字輸入控制項。

加入與之前的滑桿幾乎一樣的 **`<input ... />` 標籤**。與之前唯一的不同在於，這裡將 `type` 屬性設成 `"text"` 而不是 `"range"`。這是 HTML 標記：

```
<div class="container">
    <div class="row">
        <h1>Experiment with controls</h1>
    </div>
    <div class="row mt-2">
        <div class="col-sm-6">
            Enter text:
        </div>
        <div class="col-sm-6">
            <input type="text" placeholder="Enter text"
                   @onchange="UpdateValue" />
        </div>
    </div>
    <div class="row mt-2">
        <div class="col-sm-6">
            Pick a number:
        </div>
```

在網頁加入有兩個空格項距的另一列。

這是文字輸入控制項的標記。它的 type 是 "text"，而且它使用與滑桿一樣的 @onchange 標籤。另外，還有一個設定預留位置文字的標籤，它可以讓控制項在用戶輸入文字之前這樣顯示：

Enter text

再次執行 app，現在它有文字輸入控制項了。你輸入的任何文字都會顯示在網頁的底部。試著改變文字，然後移動滑桿，然後再次改變文字。你每次更改控制項時，在最下面的值都會改變。

2 **加入只接受數字值的事件處理方法。**

如果你只想要從用戶那裡接收數字值呢？在 Razor 網頁最下面的大括號之間的程式中**加入這個方法**：

```
private void UpdateNumericValue(ChangeEventArgs e)
{
    if (int.TryParse(e.Value.ToString(), out int result))
    {
        DisplayValue = e.Value.ToString();
    }
}
```

稍後會介紹 int.TryParse，現在先輸入這裡的程式碼就好。

試著在這個方法裡面設置中斷點，並使用偵錯工具來了解它如何運作。

3 **修改文字輸入，來使用新的事件處理方法。**

修改文字控制項的 @onchange 屬性來呼叫新的事件處理常式：

```
<input type="text" placeholder="Enter text"
       @onchange="UpdateNumericValue" />
```

現在試著在文字輸入項裡面輸入文字，除非你輸入的文字是整數值，否則它不會更新網頁底部的值。

你曾經在第 1 章的動物配對遊戲裡面使用 **Button 控制項**。這些 HTML 標記可以在網頁中加入一系列的按鈕，與你之前用過的很像。你的工作是**完成這段程式**，加入六個按鈕，並且**在 C# 程式中加入事件處理常式**。

```
<div class="row mt-2">
    <div class="col-sm-6">Pick a number:</div>
    <div class="col-sm-6"><input type="range" @onchange="UpdateValue" /></div>
</div>
<div class="row mt-2">
    <div class="col-sm-6">Click a button:</div>
    <div class="col-sm-6 btn-group" role="group">
        [____________________________________]
        {
            string valueToDisplay = $"Button #{buttonNumber}";
            <button type="button" class="btn btn-secondary"
                    @onclick="() => ButtonClick(valueToDisplay)">
                @buttonNumber
            </button>
        }
    </div>
</div>
<div class="row mt-5">
    <h2>
        Here's the value: <strong>@DisplayValue</strong>
    </h2>
</div>
```

將這個方塊改成可讓網頁顯示六個按鈕的 C# 程式碼。

當按鈕被按下時，它們會呼叫 ButtonClick 事件處理常式。在網頁最下面的程式中加入這個方法 — 它裡面只有一個陳述式…

習題解答

這是讓 Razor 標記在網頁加入六個按鈕的程式。它是一個 for 迴圈，運作方式和你在第 2 章學過的另一個 for 迴圈很像：

```
<div class="row mt-2">
    <div class="col-sm-6">Pick a number:</div>
    <div class="col-sm-6"><input type="range" @onchange="UpdateValue" /></div>
</div>
<div class="row mt-2">
    <div class="col-sm-6">Click a button:</div>
    <div class="col-sm-6 btn-group" role="group">
        @for (var buttonNumber = 1; buttonNumber <= 6; buttonNumber++)
        {
            string valueToDisplay = $"Button #{buttonNumber}";
            <button type="button" class="btn btn-secondary"
                    @onclick="() => ButtonClick(valueToDisplay)">
                @buttonNumber
            </button>
        }
    </div>
</div>
<div class="row mt-5">
    <h2>
        Here's the value: <strong>@DisplayValue</strong>
    </h2>
</div>
```

建立按鈕的 for 迴圈的工作方式與動物配對遊戲裡面的完全一樣，兩段程式幾乎一致。這些按鈕被設計成群組（使用 btn-group），在一些瀏覽器裡使用不同的陰影（使用 btn-secondary）。

這是要在網頁的最下面加入的事件處理方法。它會將 DisplayValue 設為按鈕被按下時傳給它的值：

```
private void ButtonClick(string displayValue)
{
    DisplayValue = displayValue;
}
```

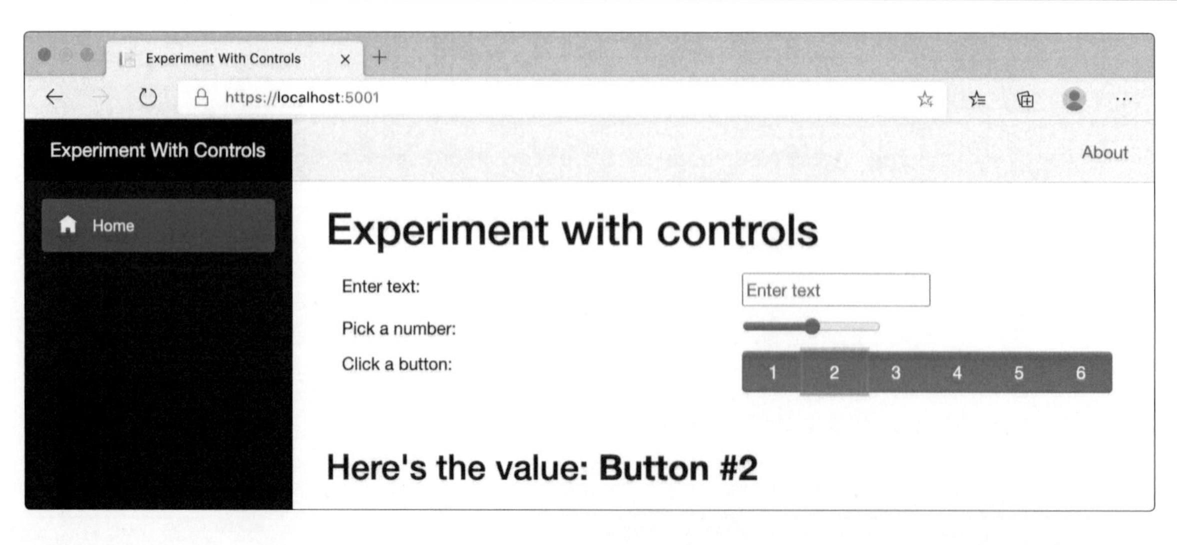

在 app 加入顏色與日期選擇器

選擇器只是另一種不一樣的輸入類型。**日期選擇器**的 input type 是 "date"，**顏色選擇器**的 input type 是 "color"，除此之外，這些輸入類型的 HTML 標記都是一樣的。

修改 app 來**加入日期選擇器與顏色選擇器**。這是 HTML 標記 — 將它加入顯示值的 <div> 標籤上面：

```
    <div class="row mt-2">
        <div class="col-sm-6">Pick a date:</div>
        <div class="col-sm-6">
            <input type="date" @onchange="UpdateValue" />
        </div>
    </div>
    <div class="row mt-2">
        <div class="col-sm-6">Pick a color:</div>
        <div class="col-sm-6">
            <input type="color" @onchange="UpdateValue" />
        </div>
    </div>
    <div class="row mt-5">
        <h2>Here's the value: @DisplayValue</h2>
    </div>
</div>
```

日期與顏色選擇器使用同一個 Change 事件處理方法，所以你完全不需要修改程式就可以顯示用戶選擇的顏色或日期了。

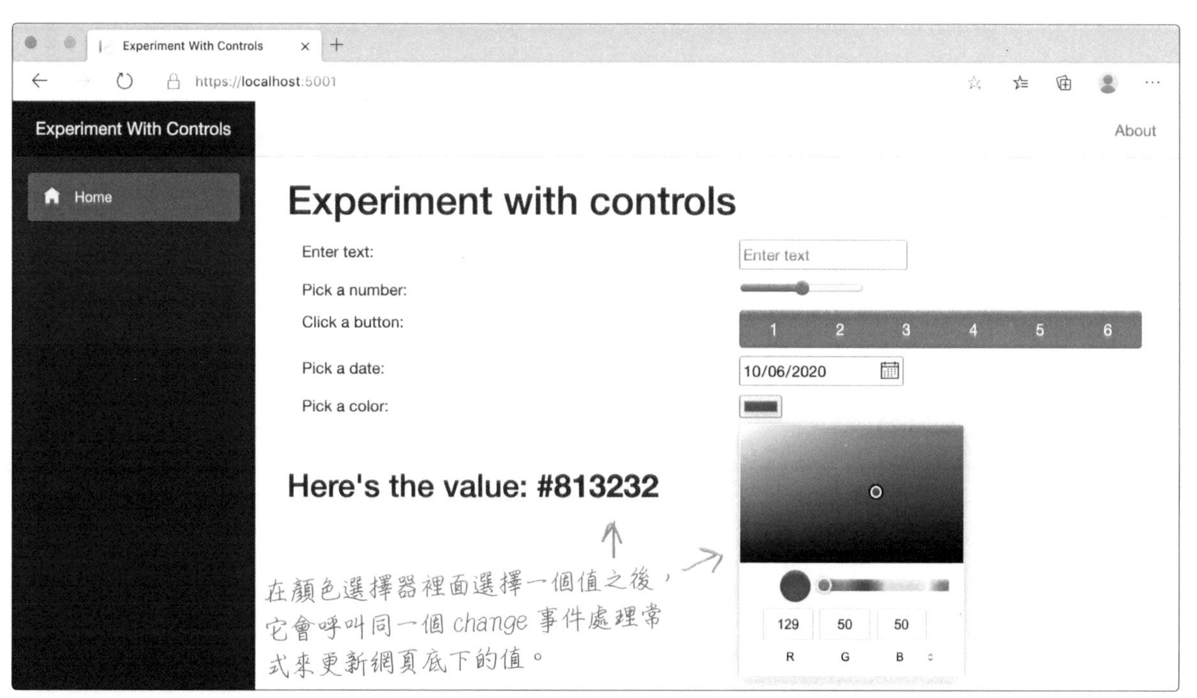

以上就是這個專案的內容 — 做得好！你可以繼續閱讀第 2 章的結尾，那裡有一個人坐在椅子上想著：

可以讓用户選擇數字的方法有這麼多種！

這是第 3 章的 Windows 桌面專案的 Blazor 版本。

來自第 3 章 物件…導向了！

在第 3 章中間有一個建立 Windows 版抽牌 app 的專案，我們將使用 Blazor 來建構同一個 app 的 web 版本。

下一步：建構抽牌 app 的 Blazor 版本

在下一個專案，你將建構一個稱為 PickACardBlazor 的 Blazor app。它會顯示滑桿來讓你選擇想要隨機抽出的撲克牌數量，並且在一個清單裡面顯示那些撲克牌。這是它的樣子：

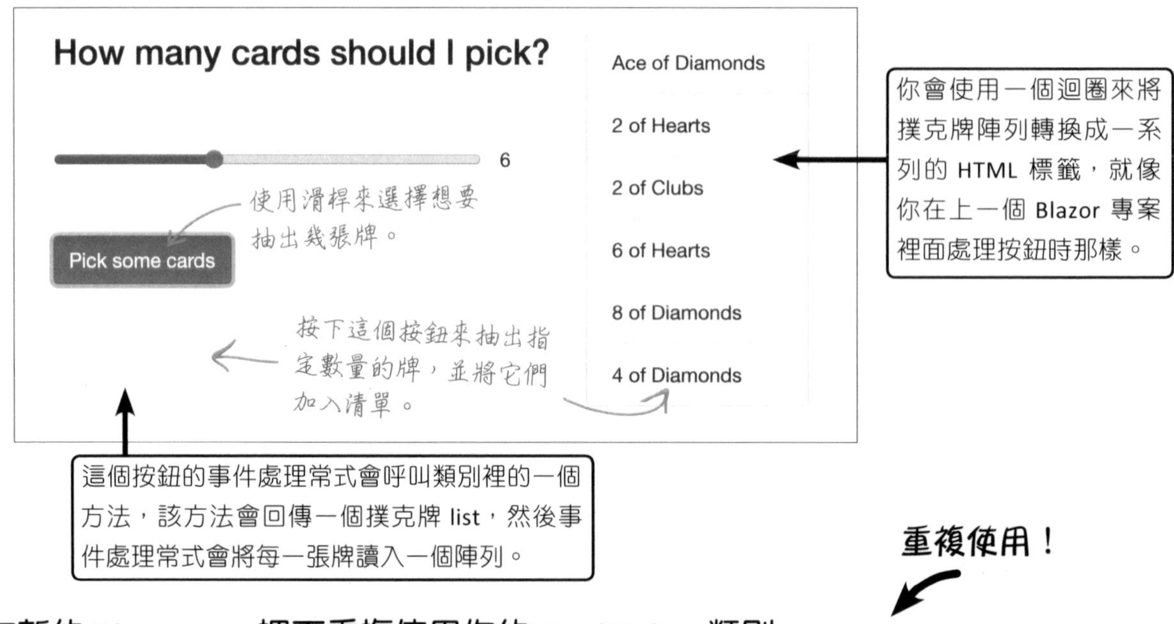
How many cards should I pick?
6
Pick some cards
使用滑桿來選擇想要抽出幾張牌。
按下這個按鈕來抽出指定數量的牌，並將它們加入清單。
Ace of Diamonds
2 of Hearts
2 of Clubs
6 of Hearts
8 of Diamonds
4 of Diamonds
你會使用一個迴圈來將撲克牌陣列轉換成一系列的 HTML 標籤，就像你在上一個 Blazor 專案裡面處理按鈕時那樣。
這個按鈕的事件處理常式會呼叫類別裡的一個方法，該方法會回傳一個撲克牌 list，然後事件處理常式會將每一張牌讀入一個陣列。

重複使用！

在新的 Blazor app 裡面重複使用你的 CardPicker 類別

當你幫一個程式寫一個類別之後，你通常會在另一個程式使用同樣的行為。所以，類別有一個好處是讓你輕鬆地**重複使用**程式碼。我們來幫抽牌 app 做一個全新的使用者介面，但是藉著重複使用 CardPicker 來維持相同的行為。

① **建立新的 Blazor WebAssembly App 專案，將它命名為 PickACardBlazor。**

執行你在第 1 章建立動物配對遊戲時的步驟：

- 打開 Visual Studio 並建立一個新專案。
- 與之前的 Blazor app 一樣，選擇 **Blazor WebAssembly App**。
- 將你的新 app 命名為 **PickACardBlazor**。Visual Studio 會建立專案。

② **加入你為 Console App 專案建立的 CardPicker 類別。**

在專案名稱按下右鍵，在選單中選擇 **Add >> Existing Files…**：

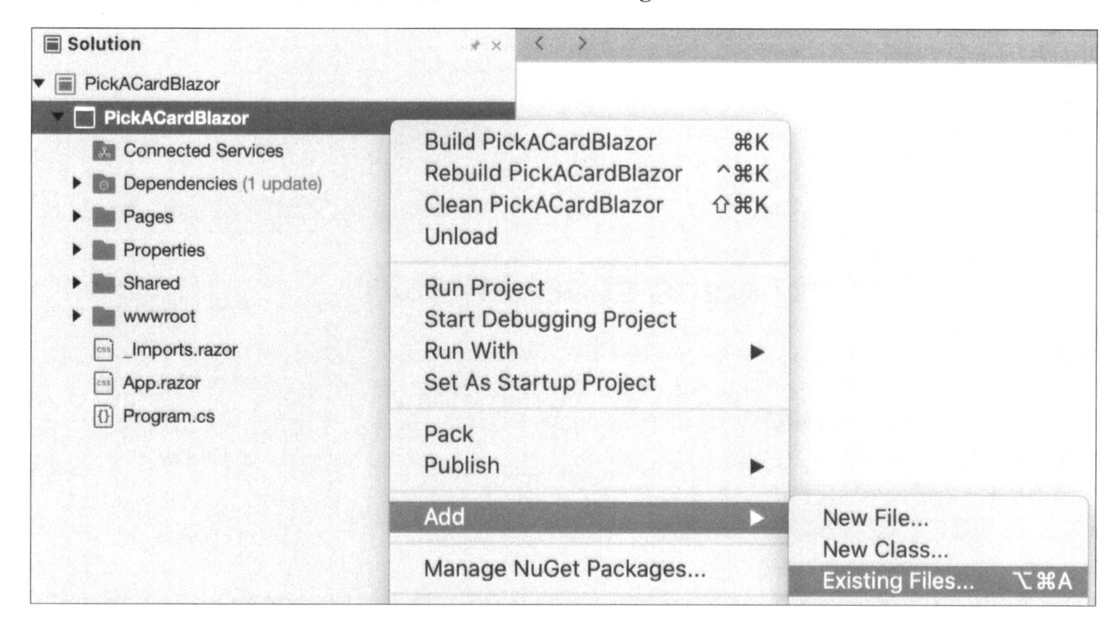

前往主控台 app 的資料夾，**按下 *CardPicker.cs*** 來將它加入專案。Visual Studio 會詢問你是否想複製、移動或連接檔案。讓 Visual Studio **複製檔案**。你的專案現在應該有一個來自主控台 app 的 *CardPicker.cs* 檔案的複本了。

③ **改變 CardPicker 類別的名稱空間。**

在 Solution 視窗裡面，**對著 *CardPicker.cs* 按兩下**。它仍然有主控台 app 的名稱空間。將**名稱空間改成**你的專案名稱：

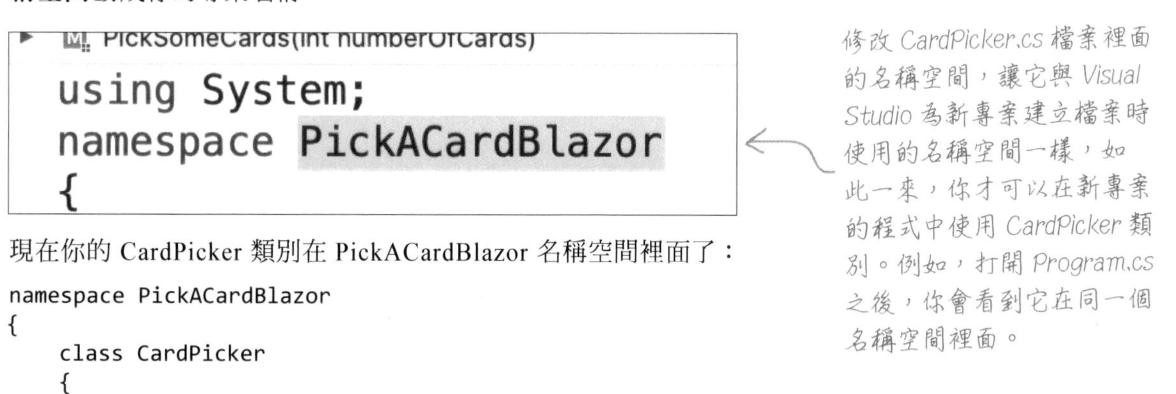

PickSomeCards(int numberOfCards)
using System;
namespace PickACardBlazor
{
修改 CardPicker.cs 檔案裡面的名稱空間，讓它與 Visual Studio 為新專案建立檔案時使用的名稱空間一樣，如此一來，你才可以在新專案的程式中使用 CardPicker 類別。例如，打開 Program.cs 之後，你會看到它在同一個名稱空間裡面。

現在你的 CardPicker 類別在 PickACardBlazor 名稱空間裡面了：

```
namespace PickACardBlazor
{
    class CardPicker
    {
```

恭喜你！你已經重複使用 *CardPicker* 類別了！你可以在 Solution 視窗裡面看到這個類別，以後你就可以在 Blazor app 的程式裡面使用它了。

網頁是用橫列與直欄來排版的

在第 1 章與第 2 章的 Blazor app 使用 HTML 標記來建立橫列與直欄，這個 app 也會這樣做。這是你的 app 的版面：

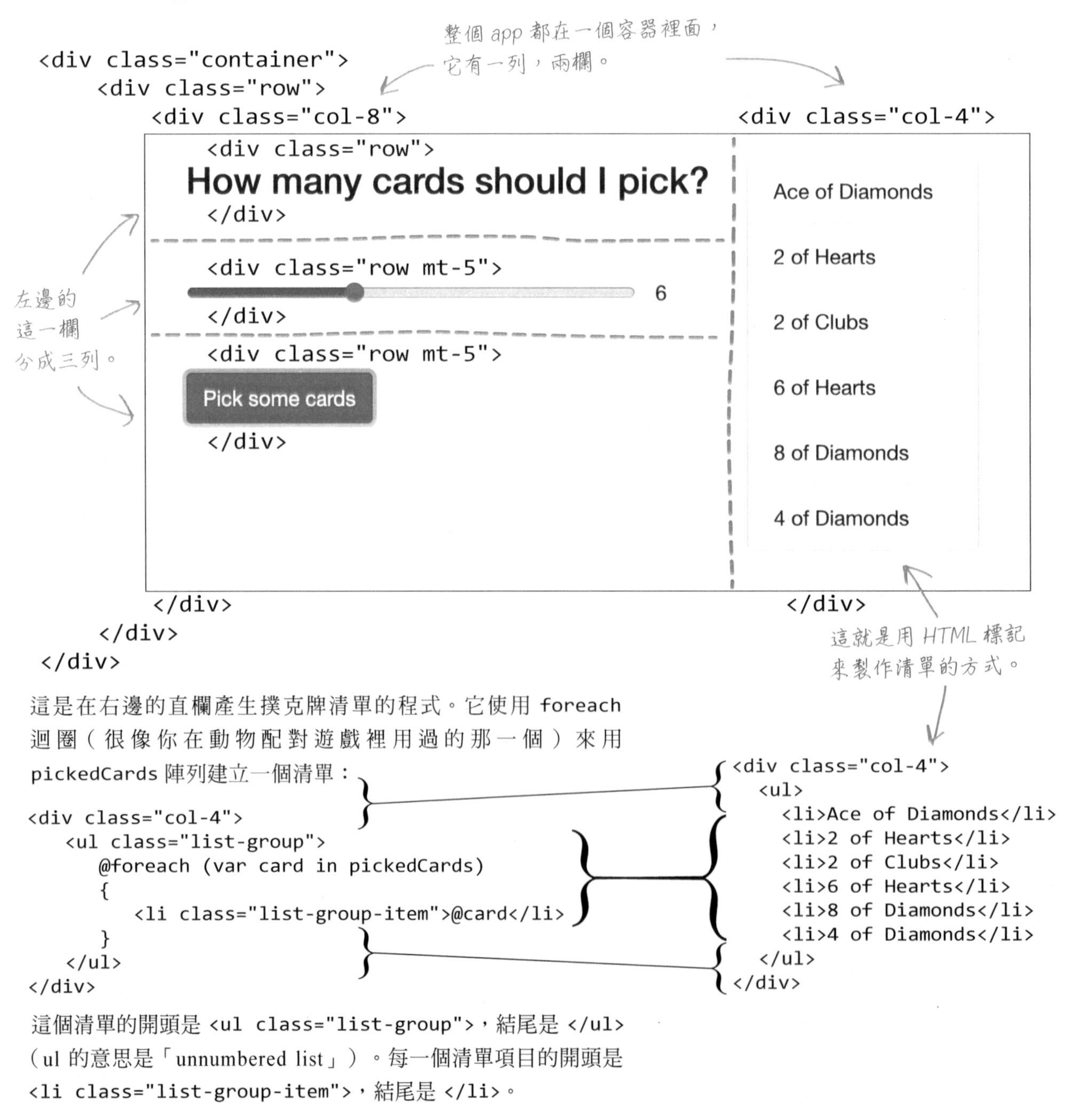

整個 app 都在一個容器裡面，
它有一列，兩欄。
<div class="container">
<div class="row">
<div class="col-8">
<div class="col-4">
<div class="row">
How many cards should I pick?
</div>
<div class="row mt-5">
6
</div>
<div class="row mt-5">
Pick some cards
</div>
左邊的
這一欄
分成三列。
Ace of Diamonds
2 of Hearts
2 of Clubs
6 of Hearts
8 of Diamonds
4 of Diamonds
</div>
</div>
</div>
</div>
這就是用 HTML 標記
來製作清單的方式。

這是在右邊的直欄產生撲克牌清單的程式。它使用 foreach 迴圈（很像你在動物配對遊戲裡用過的那一個）來用 pickedCards 陣列建立一個清單：

```
<div class="col-4">
   <ul class="list-group">
      @foreach (var card in pickedCards)
      {
         <li class="list-group-item">@card</li>
      }
   </ul>
</div>
```

```
<div class="col-4">
  <ul>
    <li>Ace of Diamonds</li>
    <li>2 of Hearts</li>
    <li>2 of Clubs</li>
    <li>6 of Hearts</li>
    <li>8 of Diamonds</li>
    <li>4 of Diamonds</li>
  </ul>
</div>
```

這個清單的開頭是 `<ul class="list-group">`，結尾是 `</ul>`（ul 的意思是「unnumbered list」）。每一個清單項目的開頭是 `<li class="list-group-item">`，結尾是 `</li>`。

滑桿使用資料繫結來更新變數

在網頁最下面的程式碼中，首先有一個稱為 numberOfCards 的變數：

```
@code {
    int numberOfCards = 5;
```

雖然你可以使用事件處理常式來更新 numberOfCards，但是 Blazor 有更好的做法：**資料繫結**，它可以讓你設定輸入控制項，讓它自動更新 C# 程式碼，而且可以將 C# 程式碼的值自動插入網頁。

這是標題、range 輸入項，以及在它旁邊顯示值的 HTML 標記：

```
<div class="row">
    <h3>How many cards should I pick?</h3>
</div>
<div class="row mt-5">
    <input type="range" class="col-10 form-control-range"
           min="1" max="15" @bind="numberOfCards" />
    <div class="col-2">@numberOfCards</div>
</div>
```

How many cards should I pick?

6

仔細看一下 input 標籤的屬性。min 與 max 將輸入值限制成 1 到 15。**@bind** 屬性設定資料繫結，所以每當滑桿改變時，Blazor 就會自動更新 numberOfCards。

在輸入標籤後面的是 <div class="col-2">**@numberOfCards**</div>，它是加入文字的標記（使用 ml-2 在左邊距加入空格）。它也使用資料繫結，不過是反向的：每當 numberOfCards 欄位更新時，Blazor 會自動更新在 div 標籤裡面的文字。

我們已經提供幾乎所有需要加入 HTML 標記以及 *Index.razor* 檔案的程式碼了。你可以想出如何將它們組合起來，讓 web app 開始運作嗎？

第 1 步：完成 HTML 標記

Index.razor 的前四行與第 2 章的 ExperimentWithControlsBlazor app 的前四行完全一致。你可以在我們解釋列與欄如何運作的螢幕畫面上方找到接下來的兩行 HTML。我們尚未提供的標記只剩下按鈕的，它是：

```
<button type="button" class="btn btn-primary"
        @onclick="UpdateCards">Pick some cards</button>
```

當你在 IDE 輸入這一段時，它可能會在開始的標籤之後、結束的標籤之前加入分行符號。

第 2 步：完成程式

我們已經給你網頁最下面的 @code 段落的開頭了，它有一個稱為 numberOfCards 的 int 欄位。

- 加入字串陣列欄位 pickedCards：string[] pickedCards = new string[0];
- 加入讓按鈕呼叫的 UpdateCards 事件處理方法。它會呼叫 CardPicker.PickSomeCards，並將結果指派給 pickedCards 欄位。

這是 *Index.razor* 檔的完整程式。你也可以按照 ExperimentWithControlsBlazor 專案的步驟來移除額外的檔案，並更改導覽選單。

```
@page "/"

<div class="container">
    <div class="row">
        <div class="col-8">
            <div class="row">
                <h3>How many cards should I pick?</h3>
            </div>
            <div class="row mt-5">
                <input type="range" class="col-10 form-control-range"
                       min="1" max="15" @bind="numberOfCards" />
                <div class="col-2">@numberOfCards</div>
            </div>
            <div class="row mt-5">
                <button type="button" class="btn btn-primary"
                        @onclick="UpdateCards">
                    Pick some cards
                </button>
            </div>
        </div>
        <div class="col-4">
            <ul class="list-group">
                @foreach (var card in pickedCards)
                {
                    <li class="list-group-item">@card</li>
                }
            </ul>
        </div>
    </div>
</div>

@code {
    int numberOfCards = 5;

    string[] pickedCards = new string[0];

    void UpdateCards()
    {
        pickedCards = CardPicker.PickSomeCards(numberOfCards);
    }
}
```

range input 與它後面的文字是在它們自己的小橫列裡面的直欄。

當你按下按鈕時，它的 Click 事件處理方法 UpdateCards 會將 pickedCards 陣列設成一組新的隨機撲克牌。當它改變時，Blazor 的資料繫結就會執行，再次自動執行 foreach 迴圈。

numberOfCards 與 pickedCards 是特殊的變數，稱為欄位。第 3 章會介紹它們。

按鈕的 Click 事件處理方法會呼叫你在本章稍早寫的 CardPicker 類別的 PickSomeCards 方法。

你的 Blazor web app 使用 Bootstrap 來排列網頁版面。

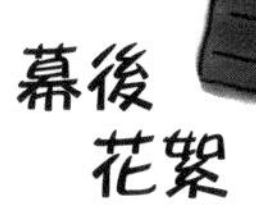

你的 app 看起來很漂亮！部分的原因是它使用 **Bootstrap**，這是一種免費且開放原始碼的框架，其目的是協助建構回應式網頁（可以在螢幕大小改變時自動調整的網頁），它在行動設備上也有很好的表現。

驅動 app 的版面的橫列與直欄直接來自 Bootstrap。你的 app 使用 `class` 屬性（它與 C# 類別沒有關係）來利用 Bootstrap 的排版功能。

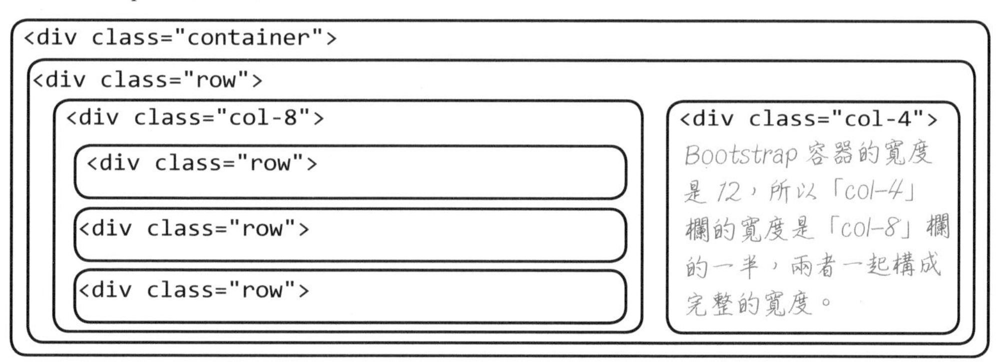

你可以自己做實驗 — 試著把 `col-8` 與 `col-4` 都改成 `col-6` 來讓它們一樣大。當你選擇加起來不等於 12 的數字時會怎樣？

Bootstrap 也會幫你設定控制項的樣式。試著移除 `button`、`input`、`ul` 或 `li` 標籤的 `class` 屬性，並且再次執行 app。它仍然以相同的方式運作，但它的外觀不一樣了，控制項失去一些樣式。試著移除所有的 `class` 屬性 — 橫列與直欄會消失，但 app 仍然可以運作。

你可以在 https://getbootstrap.com 更深入了解 Bootstrap。

重點提示

- 類別有方法，方法裡面有執行動作的陳述式。有良好設計的類別都使用合理的方法名稱。
- 有些方法有 **return 型態**。你可以在方法的宣告式設定它的 return 型態。如果方法宣告式的開頭是 `int` 關鍵字，它會回傳一個 int 值。這個陳述式範例會回傳一個 int 值：`return 37;`。
- 當方法有回傳型態時，它**必須**用一個 `return` 陳述式來回傳符合回傳型態的值。當方法宣告式的回傳型態是 string 時，它必須有一個回傳字串的 `return` 陳述式。
- 當程式執行到方法裡面的 `return` 陳述式時，它會跳回去呼叫方法的陳述式。
- 並非所有方法都有回傳型態。以 `public void` 開頭的方法完全不會回傳任何東西。你仍然可以使用 `return` 陳述式來跳出 void 方法：`if (finishedEarly) { return; }`。
- 開發者通常希望在多個程式裡面**重複使用**同樣的程式碼。類別可以協助你讓程式碼更容易重複使用。

以上就是這個專案的內容—做得好！你可以回到第 3 章，從使用這個標題那個部分開始繼續閱讀：Ana 的雛型看起來很棒…

來自第 4 章 型態與參考

這是第 4 章的 Windows 桌面專案的 Blazor 版本。

在第 4 章的結尾有一個 Windows 專案，我們要建構它的 Blazor 版本。

歡迎來到邋遢喬的小資三明治店！

邋遢喬有一大堆肉、一大堆麵包，還有一大堆調味料。但是他沒有菜單！你可以寫一個程式來幫他每天產生一個新的隨機菜單嗎？你當然可以⋯只要使用**新的 Blazor WebAssembly App**、一些陣列，以及一些實用的新技術就好了。

動手做！

MenuItem
Randomizer Proteins Condiments Breads Description Price
Generate

1. **在專案加入一個新的 MenuItem 類別，並加入它的欄位。**

看一下類別圖。它有六個欄位：一個 Random 實例，三個保存三明治的各個部分的陣列，以及一個保存敘述與價格的欄位。陣列欄位使用**集合初始設定式**，可讓你把陣列裡面的項目放在大括號裡面來定義它們。

```
class MenuItem
{
    public Random Randomizer = new Random();
    public string[] Proteins = { "Roast beef", "Salami", "Turkey",
            "Ham", "Pastrami", "Tofu" };
    public string[] Condiments = { "yellow mustard", "brown mustard",
           "honey mustard", "mayo", "relish", "french dressing" };
    public string[] Breads = { "rye", "white", "wheat", "pumpernickel", "a roll" };

    public string Description = "";
    public string Price;
}
```

2. **將 Generate 方法加入 MenuItem 類別。**

這個方法使用你看過很多次的同一個 Random.Next 來從 Proteins、Condiments 與 Breads 欄位裡面的陣列隨機選出項目，並將它們串成一個字串。

```
    public void Generate()
    {
        string randomProtein = Proteins[Randomizer.Next(Proteins.Length)];
        string randomCondiment = Condiments[Randomizer.Next(Condiments.Length)];
        string randomBread = Breads[Randomizer.Next(Breads.Length)];
        Description = randomProtein + " with " + randomCondiment + " on " + randomBread;

        decimal bucks = Randomizer.Next(2, 5);
        decimal cents = Randomizer.Next(1, 98);
        decimal price = bucks + (cents * .01M);
        Price = price.ToString("c");
    }
```

Generate 方法藉著將兩個隨機的 int 轉換成 decimal，來製作介於 2.01 與 4.97 之間的隨機價格。看一下最後一行，它回傳 price.ToString("c")。傳給 ToString 方法的參數是格式。在這個例子裡，"c" 格式告訴 ToString 用當地的貨幣符號來格式化那個值，如果你在美國，你會看到 $，在英國會看到 £，在歐元區會看到 €，以此類推。

3 在 Index.razor 檔案裡面加入網頁版面。

菜單網頁是用一系列的 Bootstrap 列構成的，每一個菜單有一列。每一列都有兩欄，菜單項目敘述使用 `col-9`，價格使用 `col-3`。在最下面還有置中並使用 `col-6` 的一列，用來顯示酪梨醬（guacamole）。

```
@page "/"

<div class="container">
  @foreach (MenuItem menuItem in menuItems)
  {
  <div class="row">
      <div class="col-9">
          @menuItem.Description
      </div>
      <div class="col-3">
          @menuItem.Price
      </div>
  </div>
  }
  <div class="row justify-content-center">
      <div class="col-6">
          <strong>Add guacamole for @guacamolePrice</strong>
      </div>
  </div>
</div>

@code {
    MenuItem[] menuItems = new MenuItem[5];
    string guacamolePrice;
}
```

container

row	col-9	col-3
row	col-9	col-3
row	col-9	col-3
row	col-9	col-3
row	col-9	col-3
	col-6	

最下面一列有一欄，寬度是容器的一半。這列使用 justify-content-center class，它會將最下面的一列放在網頁的中間。

在 *Index.razor* 檔的最下面加入 `@code` 段落。它會將五個 MenuItem 物件加入 `menuItems` 欄位，並設定 `guacamolePrice` 欄位。

第 1 步：加入 OnInitialized 方法

你曾經在動物配對遊戲裡使用 OnInitialized 方法來洗亂動物。加入這一行程式：

```
protected override void OnInitialized()
```

第 2 步：將 OnInitialized 的主體換成建立 MenuItem 的程式碼

IDE 會自動填寫主體（`base.OnInitialized();`），與建立動物配對遊戲時一樣。刪除那個陳述式，將它換成設定 `menuItems` 與 `guacamolePrice` 欄位的程式碼。

- 加入一個 `for` 迴圈，將五個 MenuItem 物件加入 `menuItems` 陣列欄位，並呼叫它們的 Generate 方法。
- 菜單裡的最後兩個項目必須是貝果三明治，所以將它們的 Breads 欄位設成新 string 陣列：

```
new string[] { "plain bagel", "onion bagel",
               "pumpernickel bagel", "everything bagel" }
```

- 建立新 MenuItem 實例，呼叫它的 Generate 方法，並且用它的 Price 欄位來設定 `guacamolePrice`。

習題解答

這是 *Index.razor* 檔的完整程式。在 `string guacamolePrice;` 之前的程式與我們已經給你的程式一樣，你的工作是完成 `@code` 區塊剩餘的部分。

```
<div class="container">
    @foreach (MenuItem menuItem in menuItems)
    {
        <div class="row">
            <div class="col-9">
                @menuItem.Description
            </div>
            <div class="col-3">
                @menuItem.Price
            </div>
        </div>
    }
    <div class="row justify-content-center">
        <div class="col-6">
            <strong>Add guacamole for @guacamolePrice</strong>
        </div>
    </div>
</div>
```

Salami with brown mustard on pumpernickel	$4.89
Tofu with relish on pumpernickel	$3.22
Turkey with french dressing on a roll	$4.13
Tofu with yellow mustard on onion bagel	$2.08
Pastrami with mayo on onion bagel	$4.30
Add guacamole for $2.42	

```
@code {
    MenuItem[] menuItems = new MenuItem[5];
    string guacamolePrice;

    protected override void OnInitialized()
    {
        for (int i = 0; i < 5; i++)
        {
            menuItems[i] = new MenuItem();
            if (i >= 3)
            {
                menuItems[i].Breads = new string[] {
                    "plain bagel",
                    "onion bagel",
                    "pumpernickel bagel",
                    "everything bagel"
                };
            }
            menuItems[i].Generate();
        }

        MenuItem guacamoleMenuItem = new MenuItem();
        guacamoleMenuItem.Generate();
        guacamolePrice = guacamoleMenuItem.Price;
    }
}
```

網頁使用這兩個欄位來做資料繫結。我們用 *menuItems* 欄位來產生五列，而 *guacamolePrice* 存有網頁最下面的 *guacamole* 那一行的價格。

我們直接將 *MenuItem* 指派給陣列元素。你可以使用個別的變數來建立新的 *MenuItem*，並且在 *for* 迴圈的結尾將它指派給陣列元素。

務必呼叫 *Generate* 方法，否則 *MenuItem* 欄位是空的，而且你的頁面大部分都是空白的。

工作原理…

Randomizer.Next(7) 方法會產生一個小於 7 的隨機 int。Breads.Length 會回傳在 Breads 陣列裡面的元素數量。所以 Randomizer.Next(Breads.Length) 會給你一個大於或等於零，但是小於 Breads 陣列的元素數量的隨機數。

```
Breads[Randomizer.Next(Breads.Length)]
```

Breads 是字串陣列。它有五個元素，編號是 0 到 4。所以 Breads[0] 等於「rye」，Breads[3] 等於「a roll」。

我每一餐都是在「邋遢喬」吃的！

如果你的電腦夠快，你的程式可能不會遇到這個問題。
如果你在慢很多的電腦執行它，你就會看到它。

4 **執行你的程式，並查看隨機產生的新菜單。**

噢…出問題了。菜單上的價格都一樣，而且菜單項目很奇怪，前三道是相同的，接下來的兩道也是，它們的蛋白質來源看起來都一樣。為什麼會這樣？

Salami with brown mustard on pumpernickel	$4.89
Salami with brown mustard on pumpernickel	$4.89
Salami with brown mustard on pumpernickel	$4.89
Salami with brown mustard on everything bagel	$4.89
Salami with brown mustard on everything bagel	$4.89
Add guacamole for $2.42	

為什麼菜單項目與價格不是隨機的？

原來，.NET Random 類別其實是**偽隨機數**產生器，也就是說，它使用數學公式來產生一系列可以通過某些隨機統計測試的數字，所以它們好到足以在我們想要建構的任何 app 裡面使用（但是不要在依靠真正隨機數的安全系統使用它！）。這就是為什麼方法的名稱是 Next —因為你要取得序列的下一個數字。這個公式在一開始有個「種子值」，它會使用那個值來找出序列的下一個數字。當你建立一個新的 Random 實例時，它會使用系統時鐘來「種植」公式，但是你也可以提供自己的種子。試著呼叫 `new Random(12345).Next();` 幾次。這等於要求它用同一個種子值（12345）來建立新的 Random 實例，所以每一次 Next 方法都會產生相同的「隨機」數字。

Salami with brown mustard on pumpernickel	$2.54
Roast beef with mayo on a roll	$2.59
Salami with honey mustard on a roll	$3.81
Salami with french dressing on plain bagel	$4.52
Turkey with yellow mustard on everything bagel	$2.67
Add guacamole for $2.76	

如果你看到很多不同的 Random 實例都產生相同的值，那是因為它們被種植的時間太接近了，以致於系統時間還沒有改變，所以它們都用相同的種子值。怎麼修正這個問題？我們可以藉著將 Randomizer 欄位宣告成 static，來只產生一個 Random 實例，如此一來，所有的 MenuItems 都會共用一個 Random 實例：

```
public static Random Randomizer = new Random();
```

再次執行程式，現在菜單將是隨機的了。

這個專案到此結束！你可以到第 4 章的結尾的重點提示繼續閱讀。

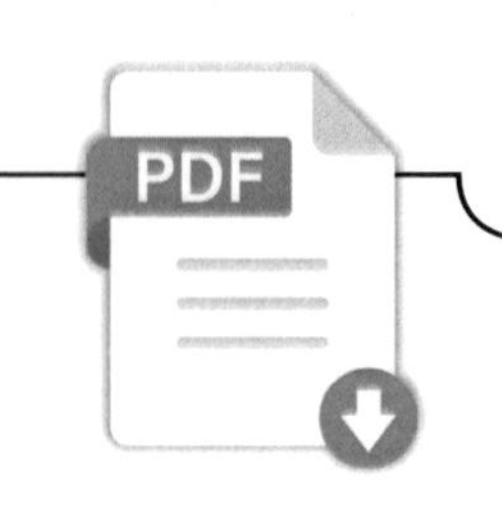

到我們的 GitHub 網頁閱讀第 5 章與第 6 章

你應該已經發現，第 5 章與第 6 章的專案比前面章節的專案更長且更複雜。雖然我們希望盡量提供最好的學習體驗，但是如此一來，這個附錄的頁數就會超出它的額度。所以我們將 Visual Studio for Mac 學習指南的第 5 章與第 6 章做成 **PDF，放到 GitHub 網頁來讓你下載**：https://github.com/head-first-csharp/fourth-edition。

這個結果**很棒！**但是我不禁在想…
你能不能建構更視覺化的 app？

可以！我們可以用同樣的類別來建構 Blazor app。

你曾經在第 5 章為 Owen 建立主控台 app 來協助他計算角色扮演遊戲的傷害。接下來你要重複使用那個專案的類別來建構 Blazor web app。

建構蜂巢管理系統

第 6 章的專案是個正經的商業應用程式。**蜂后需要你的協助！**她的蜂巢失控了，她需要用程式來管理蜂蜜生產業務。她有一個住滿工蜂的蜂巢，還有一大堆需要在蜂巢周圍完成的工作，但是因為某種原因，她不知道蜜蜂們正在做什麼，也不知道她還有沒有蜂力可以完成工作。你要建構**蜂巢管理系統**來協助她管理工蜂。

第 6 章之後的 Windows 桌面和 Blazor 專案都是可下載的 PDF。請在我們的 GitHub 網頁中尋找它們！

附錄 2：Code Kata

學習指南—寫給進階的和（或）沒耐心的讀者

Code kata

你是不是已經用過其他的程式語言了？若是如此，或許你會發現採取 **code kata** 學習法比從頭到尾看完這本書更有效、高效且令人滿意。

「kata」是日語，它的意思是「形」或「式」，許多武術都用它來描述某種訓練方法，包括反覆練習一系列的動作或招式。很多開發者都利用這種概念，藉著編寫特定的程式（通常不只一次）來磨練程式設計技術。在這本書裡，想要學習 C# 的資深研究員可以***使用 code kata 來以另一種方式閱讀各章***。以下是 code kata 的做法：

- 當你開始看新的一章時，**先翻到**第一個 code kata 元素（見接下來幾頁的說明），看完附近的重點提示單元來了解那一章介紹哪些東西。
- 這個 code kata 單元會提供**關於你必須做的練習的指示**，那些練習通常是程式設計專案。試著進行專案，如果你需要額外的指引，你可以回去看之前的章節（尤其是重點提示單元）。
- 如果你在練習時**卡住了**，代表你遇到的 C# 功能與你已經學會的語言非常不一樣。回到上一個 code kata 單元（或那一章的開頭，如果它是第一個），開始依續閱讀，直到你完成卡住的 code kata 為止。
- 在 **Unity 實驗室**裡，你會藉著使用 Unity 來進行 3D 遊戲開發，並練習編寫 C# 程式。這些實驗室不是 code kata 捷徑必要的，但強烈建議你完成它們。它們不但令人滿意也非常有趣，可以磨練你剛學會的 C# 技術。

kata 是反覆操作的（無論是在武術中，還是在程式中）。所以如果你真的想要把 C# 植入腦海，在你完成一章時，你可以重新看一遍，找出 code kata 部分再做一遍。

第 1 章沒有 code kata，但是你要完整地看完這一章，並且完成所有的專案與練習，甚至包括紙筆練習，即使你是進階的開發者。這一章有許多基本概念，它們是本書其餘內容的基礎。此外，如果你有使用其他的程式語言的經驗，而且想要採取 code kata 來完成這本書，你可以看一下這部**影片**，它是 **Patricia Aas** 製作的，介紹如何將 C# 當成第二語言（或第 15 種）來學習：https://bit.ly/cs_second_language。如果你走 code kata 捷徑，那麼這部影片是必看的。

你已經有很多其他程式語言的經驗，而且是為了興趣或工作而學習 C# 嗎？從第 2 章開始尋找 code kata 小節，它們為進階的（而且沒耐心的）開發者提供閱讀這本書的完美替代路徑。你可以閱讀這一節來了解這個路徑適不適合你。

第 2 章：深究 C#

第 2 章的目的是讓讀者熟悉基本的 C# 概念，包括如何將程式碼組成名稱空間、類別、方法、陳述式，和一些基本語法。它最後有一個專案，你要在裡面建立一個接收輸入的簡單 UI，對 Windows 讀者而言，它是 WPF 桌面 app，對 macOS 讀者而言，它是 Blazor web app（見 *Visual Studio for Mac* 學習指南附錄）。我們在大部分的章節加入這些專案的目的，是為了讓讀者明白如何以各種做法解決相似的問題，在學習新語言時，這有很大的幫助。

在一開始，先瀏覽整章，並閱讀所有的重點提示單元。閱讀所有的程式範例。你會不會覺得所有的東西看起來都很熟悉？如果有，那就代表你已經可以開始進行一些 kata 了。

Kata #1：找到標題為**產生一個新方法來使用變數**的小節裡面的**動手做！**單元。它是你的起點。將那一節與接下來的**在你的方法中加入使用運算子的程式碼**小節裡面的程式碼加入你在第 1 章建立的主控台 app 程式裡。使用 Visual Studio 偵錯工具來逐步執行程式碼，接下來的小節會告訴你怎麼做。

Kata #2：接下來幾節有 `if` 陳述式與迴圈的範例可以加入你的 app 並進行偵錯。

你可以看懂所有東西嗎？如果可以，代表你可以進行本章結尾的 WPF 專案，或是 *Visual Studio for Mac* 學習指南附錄裡面的 Blazor 專案了。如果你習慣使用 Visual Studio，而且可以用 IDE 來建立、執行 .NET Core 主控台 app 與偵錯，代表你已經可以進入…

第 3 章：物件

這一章的目的是介紹類別、物件與實例的基本概念。在前半部分，我們使用 static 方法或欄位（static 的意思是它們屬於型態本身，而不是實例專屬的），在後半部分，我們建立物件的實例。當你完成（與了解）這個 kata 之後，你就可以安全地進入下一章。

Kata #1：本章的第一個專案是個產生隨機的撲克牌的簡單程式。找到第一個**動手做！**單元（在**建立 PickRandomCards 主控台 app** 旁邊）。它是你的起點。你將建立一個類別，並且在簡單的程式裡使用它。

Kata #2：操作接下來的小節，完成 CardPicker 類別。你將會在 WPF desktop app 或 Blazor web app 裡面重複使用同一個類別。

Kata #3：翻到「削尖你的鉛筆」練習，你將在裡面建立 Clown 物件。輸入程式，為答案加上註解，然後逐步執行它。

Kata #4：在接近本章的結束的地方，找到**建構類別來使用一些小伙子**。在它後面有一個稱為 Guy 的類別，接下來有一個練習。做那個練習來建構簡單的 app。

Kata #5：做它後面的練習，在那裡，你會在一個簡單的賭博遊戲裡重複使用 Guy 類別。至少想出一種改善遊戲的做法，例如讓玩家選擇不同的賠率與賭金、加入多位玩家…等。

當你編寫這些程式時，在程式中注意你會問下列問題的地方 — 後面的章節會提出這些問題，但現在就注意它們可以幫助你更快掌握 C#：

- 難道 C# 沒有某種 `switch` 陳述式嗎？
- 難道沒有人認為在一個方法或函式中使用多個 `return` 陳述式是不好的做法嗎？
- 為什麼我們使用 `return` 來跳出迴圈？C# 有沒有更好的方式可以跳出迴圈又不會從方法中 return ？

第 4 章：型態與參考

這一章的主題是 C# 的型態與參考。閱讀這一章的前幾節來掌握各種型態 — 浮點數有一些奇怪的特性是你必須知道的。然後瀏覽每一張插圖，來確保你了解參考是怎麼回事，因為你會在這本書裡面看到許多類似的圖。有沒有全部了解它們了？ OK — 進行這三個 kata。如果你在過程中沒有問題，你就可以安全地進入下一章了。

Kata #1：本章的第一個專案是協助角色扮演遊戲大師計算能力分數的工具。它是從**我們來幫助 Owen 試驗能力分數**開始的。你必須在不看答案的情況下，找出並修正程式中的語法錯誤與 bug。

Kata #2：進行**用 Elephant 類別來寫一個程式**這個練習裡面的專案。當你完成練習之後，完成接下來的所有教材，直到你完成**物件使用參考來對談**下面的每一個東西。

Kata #3：進行**歡迎來到邋遢喬的小資三明治店！**下面的專案。

下面是你可能會想到的問題，本書稍後會處理它們：

- C# 會區分 double 或 int 等值型態，與 Elephant、MenuItem 或 Random 等參考型態嗎？
- 我們可以讓 CLR 在某個時間對沒有參考的物件進行記憶體回收嗎？
- IDE 有沒有追蹤與區分特定實例的工具？

現在先想一下這些問題可以協助你更快掌握 C#。

第 5 章：封裝

這一章介紹封裝，在 C# 裡面，封裝的意思是限制其他物件使用某些類別成員，來避免其他物件以那些類別成員不希望的方式使用它們。這一章的第一個專案介紹可以用封裝來避免的 bug 種類。當你可以不看答案完成最後一個 kata 時（修改你在第一個 kata 做出來的 bug），你就可以放心地進入下一章了。

Kata #1：本章的第一個專案是協助角色扮演遊戲大師擲出傷害值的工具。它在本章的開頭，你可以從**調查任務**專欄開始進行。務必了解為什麼程式不能執行。快速地看一下本章結尾的練習。如果你可以在不看答案的情況下完成它，你就**可以**進入下一章了。

Kata #2：進行**我們來做一個使用 private 關鍵字的小練習，製作一個小型的 Hi-Lo 遊戲** 開頭的練習。務必了解它如何使用 const、public 與 private 關鍵字。 你必須做紅利問題。

Kata #3：進行開頭是**封裝與安全是兩回事。private 欄位並不安全**的「照過來！」單元裡面的小專案。

閱讀這幾個部分：**屬性可讓封裝更容易**、**自動實作的屬性可以簡化你的程式碼**，以及**使用 private setter 來建立唯讀屬性**。

Kata #4：進行本章最後一個練習，你要在那裡使用封裝來修正 SwordDamage 類別。

第 6 章：繼承

這一章的主題是繼承，在 C# 裡，它的意思是藉著重複使用、擴充、修改其他類別來建立一個類別。如果你走 code kata 這條路，你應該已經認識具備繼承功能的物件導向語言了。這些 kata 可以讓你知道 C# 的繼承語法。

Kata #1：本章的第一個專案延伸第 4 章的傷害計算 app。它沒有使用繼承，它的目的是協助沒經驗的新手了解為什麼繼承很有價值。它也會介紹 C# 的 switch 陳述式語法。這對你來說應該是個簡單的練習。

在你進行接下來的 kata 之前，看一下這幾節：**能夠使用基底類別的地方都可以改用它的子類別**與**有一些成員只在子類別裡面實作**。然後瀏覽**子類別可以隱藏基底類別裡面的方法**與它的所有小節。

Kata #2：回來做開頭為**我們來做一些繼承基底類別的練習**。這包含 C# 的基本繼承語法。

Kata #3：進行**當基底類別有建構式時，子類別需要呼叫它**這一節裡面的專案。

Kata #4：進行**是時候為 Owen 完成工作了**這一節後面的練習。這是一個分成兩部分的練習：第一個部分是讓你填寫類別圖的紙筆練習，第二部分會讓你編寫程式來實作它。

當你完成前四個 kata 而且沒有太多問題時，代表你可以繼續閱讀下去了。但是**我們強烈建議你建構本章結束的蜂巢管理系統 app**。它是個非常有趣的專案：它會教導一些關於遊戲動態的實用知識，而且在本章結束時，你只要用幾行程式就可以把它從回合制遊戲變成即時遊戲，這是令人非常滿足的體驗。

如果你在任何一個 kata 卡住了，最有效率的做法是從你已經完成的最後一個 kata 後面開始，一步步地完成章節。

恭喜你選擇了穿越《深入淺出 C#》的捷徑。如果你已經按照 Code Kata 指南完成第 6 章，那麼你應該已經做好充分的準備，可以逐步學習第 7 章了。

索引

符號

A

B

C

D

E

F

G

H

I

M

N

O

P

Q

R

S

T

U

V

W

Z

深入淺出 C# 第四版

作　　者：Andrew Stellman, Jennifer Greene
譯　　者：賴屹民
企劃編輯：蔡彤孟
文字編輯：詹祐甯
設計裝幀：陶相騰
發 行 人：廖文良

發 行 所：碁峰資訊股份有限公司
地　　址：台北市南港區三重路 66 號 7 樓之 6
電　　話：(02)2788-2408
傳　　真：(02)8192-4433
網　　站：www.gotop.com.tw
書　　號：A570
版　　次：2021 年 08 月初版
　　　　　2024 年 08 月初版七刷
建議售價：NT$980

國家圖書館出版品預行編目資料

深入淺出 C# / Andrew Stellman, Jennifer Greene 原著；賴屹民譯. -- 初版. -- 臺北市：碁峰資訊, 2021.08
面；　公分
譯自：Head first C#, 4th ed.
ISBN 978-986-502-866-4(平裝)
1.C#(電腦程式語言)
312.32C　　110008912